中国科学院科学出版基金资助出版

U0271781

现代物理基础丛书·典藏版

输 运 理 论

（第二版）

黄祖洽　丁鄂江　著

科 学 出 版 社

北 京

内 容 简 介

　　本书从非平衡统计力学的基础出发，考虑到不同粒子间可能存在反应的条件，建立了关于包含中子、光辐射、原子-分子、高能带电粒子以及等离子体等体系所服从的广义输运方程. 本书内容广泛，讨论了有关求解玻尔兹曼(Boltzmann)方程、弗拉索夫(Vlasov)方程、布朗(Brown)运动中的朗之万(Langevin)方程和福克-普朗克(Fokker-Planck)方程以及晶格玻尔兹曼方程等的前沿专题，也介绍了作者在解决玻尔兹曼方程级数解法中久期项消去的历史性困难方面所作的工作.

　　本书是一本基于"运动论"层次的，从基础到前沿的，关于非平衡态统计力学中输运理论的学术专著，反映了作者多年科研与教学的体会. 可供学习非平衡态统计力学的大学生和研究生参考，也可作为相关国防和民用工程设计理论工作者的参考书和工具书.

图书在版编目(CIP)数据

输运理论/黄祖洽, 丁鄂江著. — 2 版. —北京: 科学出版社, 2008. 1

(现代物理基础丛书·典藏版)

ISBN 978-7-03-020772-2

Ⅰ. 输…　Ⅱ. ①黄…　②丁…　Ⅲ. 输运理论　Ⅳ. O311

中国版本图书馆 CIP 数据核字(2007)第 200462 号

责任编辑: 胡　凯／责任校对: 陈玉凤
责任印制: 张　伟／封面设计: 陈　敬

科 学 出 版 社 出版
北京东黄城根北街 16 号
邮政编码: 100717
http://www.sciencep.com

北京凌奇印刷有限责任公司 印刷
科学出版社发行　　各地新华书店经销
＊

1987 年 9 月第一版　　开本: B5(720×1000)
2008 年 1 月第二版　　印张: 32 3/4
2017 年 1 月印　刷　　字数: 639 000

POD定价:　178.00元
(如有印装质量问题，我社负责调换)

第二版前言

本书第一版发行(1987 年)以来的近 20 年，正是我国改革开放后，经济高速增长，高科技产业大踏步前进，国力日益增长的时期.在工作需要的推动下，有关高科技的从业人员和高校有关专业的师生，有不少想购买本书做参考的，曾来电话或来函向我求助或咨询.可惜我手边已无书可赠，而当初印数不多，坊间早已无书可售.有急需的同志，只好从图书馆把书借出，复印有关部分来看.但这样阅读毕竟不很方便.后来由科学出版社胡凯同志联系，得到中国科学院科学出版基金的资助，决定进行再版发行，以应读者的需要.

趁此第二版发行的机会，我对第一版内容和文字做了 60 多处勘误和改正.另外，本书第一版发行以来的 20 年，是计算机科学突飞猛进的 20 年，也是数值方法在输运理论中获得丰硕成果的 20 年.其中晶格 Boltzmann 方程的理论就是新发展起来的，将数值方法用于输运理论的，一种具有独特优点的形式.为了使读者对这一新的方法有所了解，由原书作者之一丁鄂江教授，加写了第八章，专门介绍晶格 Boltzmann 方程的初步理论和应用.相信它将有助于读者进一步学习和掌握这一新的方法.

第二版进行了重排.在重排过程中又引进了不少误排和错漏之处.虽经一再修改，但差错之处仍然在所难免.希望读者发现后不吝指正！

黄祖洽

2006 年 8 月

第一版前言

输运理论是非平衡态统计力学在运动论层次上的数学表述. 对于辐射输运、反应堆理论、空气动力学、等离子体动力学及其他输运过程的研究, 它都具有重要的意义.

1982 年开始, 我在北京师范大学为研究生开设输运理论课, 以后又曾短期在国防科技大学为有关专业的教师集中讲授. 在师大授课期间, 参加听课的除研究生和本校一些教师外, 还有北京应用物理与计算数学研究所的部分同志. 其中赵玉钧等同志根据我的讲授提纲, 整理成了 "输运理论" 讲义, 油印了若干册进行散发. 其他单位的人也有闻讯前来索取的. 但这本讲义的叙述仍嫌过于简略, 不适于自学. 因此, 我和本书另一作者丁鄂江同志 (他也参加了听课, 1984 年春已基本完成其博士论文工作) 商量, 决定以讲义为原型, 由他先加以适当补充和整理编写, 再由我修改定稿, 写成此书.

本书在详细介绍线性和非线性输运理论的基本内容的同时, 也注意介绍我们所注意到的这领域的新近成果. 我们希望在阅读本书后读者能掌握必要的理论方法, 并能接触到输运理论的前沿. 初读时可略去有 "∗" 号的章节. 关于我国学者在输运理论领域的工作, 尽我们所知在有关内容中作了简略的介绍, 挂一漏万, 在所难免.

本书涉及面广, 由于我们水平有限, 书中肯定有不妥甚至错误之处, 敬望读者不吝指正.

黄祖洽

1986 年 1 月 21 日 于北京

目　　录

第一章 引　　论

§1.1　非平衡统计力学中三种不同层次的描述

输运理论是研究**输运过程**的数学理论. 输运过程是当大量粒子 (或可抽象化为粒子的事物, 如街道中的车辆、城市中的居民, 如此等等) 在空间或某种介质中运动时, 由于各粒子位置、动量和其他特征量的变化而引起的各种有关物理量随时空变化的过程. 例如, 输运理论可以描述中子在核反应堆中的迁移及其所导致的动力学变化; 可以描述光子如何从太阳发射和如何穿过地球大气传播到地面的辐射输运; 也可以描述气体分子运动的规律及其所引起的扩散、黏性与热传导等输运现象; 如此等等. 输运过程在相当广泛的自然现象和日常生活中发生, 所以输运理论已成为物理及工程中的重要工具.

输运理论的**基础**是统计力学. 在平衡的系统中, 粒子的输运不会引起系统宏观状态的变化, 因此输运理论所研究的问题属于**非平衡统计力学**研究的范围.

我们知道, **热力学**只是唯象地讨论宏观基本物理量之间的关系而不涉及系统的微观性质. 也就是说, 热力学可以回答许多宏观现象 "是什么样?" 的问题, 但是不从微观规律出发来解释这些现象 "为什么是这样?". 因此, 尽管热力学是一门应用十分广泛的科学, 但它还不能满足对自然现象深入研究的需要. 从组成物质的微观粒子 (例如分子)间相互作用的规律来解释这些物质所表现的宏观现象, 这正是统计力学的任务.

统计力学的内容可以分成两部分, 一部分研究**平衡态**, 另一部分研究**非平衡态**. 前者已有相当成熟的理论, 其基本假设是系统处于每一可到达微观态的先验概率相等. 从这一假设出发, 许多系统的平衡态的热力学规律可以漂亮地从组成系统的微观粒子间的相互作用导出. 另一方面, 研究非平衡态的非平衡统计力学的方法却还在不断发展中. 除了下面将着重讨论的运动论方法及第六章中将简略提到的**线性响应**理论方法[1,2] 外, 还有近年来发展起来的**闭路 Green 函数**方法[3,4] 以及 Prigogine等对于开放的非线性非平衡系统提出的**耗散结构**理论方法[5] 等.

运动论是从微观动力学出发, 通过单粒子分布函数来讨论系统的宏观性质的理论. 我们假定微观粒子相互作用的机制已经从实验或理论计算给出 (如作用截面或概率), 由此出发建立单粒子分布函数所满足的方程, 即运动论方程, 然后在此基础上研究有关的物理现象. 这样的方法称为运动论方法. 运动论方程也称为输运方程.

由此可见, 运动论不仅包括如何建立输运方程和这方程的基础是否可靠等问题, 也包括从输运方程出发对各种物理问题的讨论.

输运理论在承认输运方程的基础上, 讨论输运方程的性质和求解的数学方法[6]. 因此, 输运理论是运动论的一部分, 而运动论是非平衡统计力学的一种重要研究方法.

分子运动论是最早发展起来的输运理论. 早在 1859 年, J. C. Maxwell 就在前人工作的基础上研究了气体中分子速度的分布. 1868 年后的十余年间, L. Boltzmann 发展了分子碰撞理论, 建立了可以导出 Maxwell 分子速度分布定律的 Boltzmann 方程. 1911 年开始, Chapman 和 Enskog 把 Boltzmann 方程应用于气体中的输运现象. 这些工作构成了经典的分子运动论. 时至今日, 对于研究航天条件下稀薄气体的动力学及聚合物溶液中大分子的取向等现代科学技术中的重要问题, 分子运动论仍然是重要的基础[11,7]. 天体 (特别是太阳) **中辐射输运**的研究也开始得很早[8], 这是因为天体物理学家希望通过对所观测到的天体辐射的分析来推断天体的结构、组成及产生辐射能源的反应. 第二次世界大战以后, 由于核反应堆和核武器设计的需要, 中子输运理论[9] 得到了很大的重视并有了飞速发展. 此外, 在固体热传导和电导方面的声子输运, 在气体放电和可控热核反应装置中的等离子体以及宇宙线簇射中出现的带电粒子输运, 也是输运理论研究的重要方面. 正是因为输运理论有这许多重要的应用, 所以直到今天还吸引着不少物理学家和数学家对它进行各方面的深入研究.

按照所讨论的输运方程对于分布函数是否为线性, 输运理论的内容可以分为线性输运理论和非线性输运理论两大部分. 线性理论发展得比较成熟, 它的方法和结论对于非线性理论也有参考价值, 因此本书中首先讨论线性输运理论. 非线性理论包括的内容比线性理论丰富得多, 而且又是当前十分活跃的理论前沿之一. 已有的输运理论教材中对这部分的讨论都比较单薄, 本书将试图弥补这一缺陷, 用较多的篇幅对非线性输运理论加以讨论 (第四章至第七章).

本章将从非平衡统计力学的一般原理开始讨论. 已经说过, 运动论是非平衡统计力学中用单粒子分布函数来描述系统状态的一种方式. 事实上, 有比运动论描述更为详细的方式, 即**微观层次的描述**; 也有比运动论描述更为简化的方式, 即**流体动力学层次的描述**. 在具体应用中选择哪一层次的描述, 主要取决于所研究现象的类型. 研究流动过程, 流体动力学层次就足够了; 研究中子在某些介质中的迁移或光子与气体的散射, 就要用运动论层次的描述; 研究超短波长的高频行为, 例如非弹性中子散射或激光与等离子体的散射时, 就可能要用微观层次的描述了.

§1.2　微观层次的描述

考虑由 N 个粒子所组成的系统. 如果这是一个经典系统, 那么原则上允许同时确定每个粒子的坐标和动量. 所以, 三维空间中的 N 粒子系统需要有 $6N$ 个变量来描述, 其中 $3N$ 个变量 q_1、q_2、$\cdots$、q_{3N} 描述每个粒子的坐标, 另外 $3N$ 个变量 p_1、p_2、$\cdots$、p_{3N} 描述每个粒子的动量. 描述系统某一时刻状态的 $6N$ 个变量 $\{q_r, p_r\}$, $(r = 1, 2, \cdots, 3N)$, 可以看成某 $6N$ 维空间中某个点的坐标. 我们称这个 $6N$ 维空间为(**系统的**)**相空间**, 称这个点为系统的代表点, 它代表了系统在该时刻的微观态. 随着时间的推移, 系统的微观态发生变化, 相应地在 $6N$ 维相空间中的代表点发生移动, 形成一条轨迹. 我们用 Γ_N 表示相空间中的代表点:

$$\Gamma_N = \{q_r, p_r; r = 1, 2, \cdots, 3N\};$$

假定系统的 Hamilton 量是

$$H = H(\Gamma_N).$$

那么, 代表点的轨迹将由运动方程:

$$\begin{cases} \dot{p}_r = -\dfrac{\partial H}{\partial q_r}, \\ \dot{q}_r = \dfrac{\partial H}{\partial p_r}, \end{cases} \quad r = 1, 2, \cdots, 3N \tag{1.2.1}$$

来决定. 这里圆点表示对时间的微商.

统计力学所讨论的系统是由大量粒子组成的. 我们事实上无法弄清一个代表点的轨迹. 因此, J. W. Gibbs 提出了**系综**的概念. 设想相空间中有一群代表点, 它们代表着不同的微观态. 引入**系综分布函数** $\rho = \rho(\Gamma_N, t)$, 使得当代表点总数为 $\mathscr{N}$ 时, $\mathscr{N}\rho(\Gamma_N, t)\mathrm{d}\Gamma_N$ 表示 t 时刻在相空间 Γ_N 点附近体积元 $\mathrm{d}\Gamma_N$ 中的代表点数. 这里要求 $\mathscr{N}$ 充分大, 否则 ρ 就没有意义. 此外, $\mathrm{d}\Gamma_N$ 既要足够大以保证其中有相当数目的代表点, 又要足够小以保证其中代表点的分布大致均匀. 这样的体积元称为"**物理上无穷小**", 而不是严格数学意义上的无穷小. 由 $\rho(\Gamma_N, t)$ 的定义马上得出归一化条件:

$$\int \mathrm{d}\Gamma_N \rho(\Gamma_N, t) = 1. \tag{1.2.2}$$

代表点在相空间运动时, 既不消失, 也不新产生. 因此 ρ 应当满足相空间中的连续性方程, 即

$$\frac{\partial \rho}{\partial t} + \mathrm{div}(\rho \dot{\Gamma}_N) = 0,$$

其中 div 是系统相空间中的散度算子, 其含意如下:

$$\operatorname{div}(\rho \dot{\Gamma}_N) \equiv \sum_{r=1}^{3N} \left\{ \frac{\partial}{\partial q_r}(\rho \dot{q}_r) + \frac{\partial}{\partial p_r}(\rho \dot{p}_r) \right\}.$$

所以

$$\frac{\partial \rho}{\partial t} + \sum_{r=1}^{3N} \left(\frac{\partial \rho}{\partial q_r}\dot{q}_r + \frac{\partial \rho}{\partial p_r}\dot{p}_r \right) + \rho \sum_{r=1}^{3N} \left(\frac{\partial \dot{q}_r}{\partial q_r} + \frac{\partial \dot{p}_r}{\partial p_r} \right) = 0. \tag{1.2.3}$$

利用 (1.2.1) 式可以证明

$$\frac{\partial \dot{q}_r}{\partial q_r} = \frac{\partial^2 H}{\partial q_r \partial p_r} = -\frac{\partial \dot{p}_r}{\partial p_r}.$$

于是, (1.2.3) 式左边第三项消失, 结果得到

$$\frac{\partial \rho}{\partial t} + \sum_{r=1}^{3N} \left(\frac{\partial \rho}{\partial q_r}\dot{q}_r + \frac{\partial \rho}{\partial p_r}\dot{p}_r \right) = 0. \tag{1.2.4}$$

这就是**Liouville 方程**. 利用 (1.2.1) 式及**Poisson 括号**

$$\{H, \rho\} \equiv \sum_{r=1}^{3N} \left(\frac{\partial H}{\partial q_r}\frac{\partial \rho}{\partial p_r} - \frac{\partial H}{\partial p_r}\frac{\partial \rho}{\partial q_r} \right),$$

可以把 (1.2.4) 式改写成

$$\frac{\partial \rho}{\partial t} = \{H, \rho\}. \tag{1.2.5}$$

注意到 $\rho = \rho(\Gamma_N, t)$, 可以看出 (1.2.4) 式左边就是跟随代表点运动时所观察到的 ρ 的变化率. 将这个变化率记为 $\mathrm{D}\rho/\mathrm{D}t$, 于是 Liouville 方程也可以写成

$$\frac{\mathrm{D}\rho}{\mathrm{D}t} = 0. \tag{1.2.6}$$

该方程说明, 跟随代表点运动时所观察到的 ρ 是固定不变的. 换句话说, 如果考虑一个包含代表点并随之一起运动的小体积元, 那么这小体积元的体积是不随时间变化的. 这就是 Liouville 方程所表示的、相空间体积守恒的性质.

　　通常所谓给定了系统的初态, 并不意味着给定了系统的微观态, 而是指给定了系统的宏观态. 这一个宏观态常常对应着许多微观态, 它们的代表点在相空间里构成一个子空间或超曲面. 由于我们事实上无法知道系统究竟处于哪一个微观态, 因此Gibbs 假定代表点在那个子空间或超曲面上每一处的概率都相等. 这就是先验概率相等假设. 已经说过, 这是平衡态统计力学的基本假设. 但在讨论非平衡态时, 只有这一个假设是不够的.

非平衡统计力学讨论系统状态的时间演变, 它由 Liouville 方程决定. (1.2.4) 式的特征方程是

$$dt = \frac{dp_r}{-\dfrac{\partial H}{\partial q_r}} = \frac{dq_r}{\dfrac{\partial H}{\partial p_r}}, \quad r = 1, 2, \cdots, 3N. \tag{1.2.7}$$

它恰好就是运动方程组 (1.2.1). 所以 Liouville 方程与系统的微观运动方程组是等价的. 但是通过引进系综分布函数ρ, Liouville 方程已把一群代表点 (或一个系综)的时间演变当作整体来讨论.

引入 Liouville 算子 L:

$$L\rho \equiv i\{H, \rho\}, \tag{1.2.8}$$

那么 Liouville 方程又可以写成

$$\frac{\partial \rho}{\partial t} = -iL\rho. \tag{1.2.9}$$

可以写出它的形式解:

$$\rho(\Gamma_N, t) = e^{-iLt}\rho(\Gamma_N, 0). \tag{1.2.10}$$

我们对一个**动力学变量**(以下简称**物理量**)A 的测量不是瞬时完成的. 测量总要持续一段时间, 因此测量的结果实际上是时间平均值:

$$\langle A(t) \rangle_{\text{时间}} = \frac{1}{T} \int_{-\frac{T}{2}}^{\frac{T}{2}} dt' A(\Gamma_N(t + t')), \tag{1.2.11}$$

其中 T 是测量持续时间. 系统的微观态变化是很快的, 例如气体中分子以很高的速度运动, 分子之间十分频繁地发生碰撞, 都使系统的微观态发生改变. 但是, 系统的宏观态 (例如气体的体积、局域温度、局域密度等等) 明显变化所需要的时间却比微观态变化所需的时间长得多. (1.2.11) 式中所取的时间间隔 T 在微观意义上很长, 而在宏观意义上却是极短暂的. 只要 T 的大小属于这一范围, $\langle A(t) \rangle_{\text{时间}}$ 实际上就与 T 无关. 如 (1.2.11) 式中取时间平均之后, 抹去了系统微观态剧烈变化所造成的物理量的快速涨落, 但仍保留了宏观态的较慢变化所对应的物理量随时间的演变.

然而, (1.2.11) 式并未真正解决如何计算物理量测量的结果这一问题, 因为我们无法计算代表点 Γ_N 的轨道. Gibbs 又假定: 一系统状态的时间平均 $\langle A(t) \rangle_{\text{时间}}$ 就等于系综平均 $\langle A(t) \rangle$:

$$\langle A(t) \rangle \equiv \int d\Gamma_N \rho(\Gamma_N, t) A(\Gamma_N) = \langle A(t) \rangle_{\text{时间}}. \tag{1.2.12}$$

将形式解 (1.2.10) 代入 (1.2.12) 式, 可以求得

$$\langle A(t) \rangle = \int d\Gamma_N [e^{-iLt}\rho(\Gamma_N, 0)] A(\Gamma_N),$$

利用算子 L 的定义 (1.2.8) 进行分部积分之后, 上式可以化为

$$\langle A(t)\rangle = \int \mathrm{d}\Gamma_N \rho(\Gamma_N, 0) A(\Gamma_N, t), \qquad (1.2.12')$$

其中

$$A(\Gamma_N, t) \equiv \mathrm{e}^{\mathrm{i}Lt} A(\Gamma_N). \qquad (1.2.13)$$

显然, $A(\Gamma_N, t)$ 满足的方程是

$$\frac{\partial A}{\partial t} = \mathrm{i}LA = \{A, H\}, \qquad (1.2.14)$$

它与 Liouville 方程只差一个符号.

Gibbs 关于时间平均等于系综平均的假定并不是明显成立的, 因此, 这一假定引起了许多讨论. 本书不拟讨论这一假设成立的根据, 而是简单地承认这一假定. 这里只是指出, 对于平衡态, 物理量的测量值不再随时间改变, 因此 T 也可以任意长; 与此同时, ρ 也不随时间改变. 这时, (1.2.12) 式可以改写成

$$\int \mathrm{d}\Gamma_N \rho(\Gamma_N) A(\Gamma_N) = \lim_{T\to\infty} \frac{1}{T} \int_0^T \mathrm{d}t A(\Gamma_N(t)). \qquad (1.2.15)$$

这个式子的右边是时间平均, 也就是物理量 A 的测量值; 左边是系综平均, 也就是按照先验等概率假设计算出的物理量 A 的平均值. 因此 (1.2.15) 式就是平衡态统计力学中的先验等概率假设. 由此可见, Gibbs 关于系综平均等于时间平均的假设是统计力学的最基本假设. 全部统计力学, 不论所研究的是平衡态还是非平衡态, 都建立在这一假设的基础之上.

以上讨论的是经典系统. 如果是一个量子力学系统, 那么讨论的方法应有所改变.

假定此量子力学系统的 **Hamilton 算子** 为 $\hat{H}$, 其所处的微观态 $\psi(t)$ 满足 **Schrödinger 方程**

$$\mathrm{i}\hbar \frac{\partial}{\partial t} \psi(t) = \hat{H}\psi(t),$$

式中 $\hbar = h/2\pi$, $h = 6.62620 \times 10^{-27}\mathrm{erg\cdot s}$ 是 **Planck 常数**[①]. 现在考虑由 $\mathscr{N}$ 个这样的系统 (它们有相同的 Hamilton 算子, 但并不一定处于同样的微观态) 所组成的一个系综. 设它的第 k 个系统处于微观态 $\psi^{(k)}(t)$. Schrödinger 方程可写成

$$\mathrm{i}\hbar \frac{\partial}{\partial t} \psi^{(k)}(t) = \hat{H}\psi^{(k)}(t), \quad k = 1, 2, \cdots, \mathscr{N}. \qquad (1.2.16)$$

取一组不依赖时间的完备正交归一化 **基底函数** $\{\varphi_n : n = 1, 2, \cdots, \infty\}$. 可以把归一化了的波函数 $\psi^{(k)}(t)$ 展开为

$$\psi^{(k)}(t) = \sum_n a_n^{(k)}(t)\varphi_n, \qquad (1.2.17)$$

①1erg $= 10^{-7}$J, 下同.

其中

$$a_n^{(k)}(t) = \int \varphi_n^* \psi^{(k)}(t) \mathrm{d}\tau, \tag{1.2.18}$$

这里 $\mathrm{d}\tau$ 表示 $3N$ 维坐标空间中的体积元. 将 (1.2.18) 式对时间求导, 并利用 (1.2.16) 式, 可以得到

$$\mathrm{i}\hbar \frac{\partial}{\partial t} a_n^{(k)}(t) = \sum_m H_{nm} a_m^{(k)}(t), \tag{1.2.19}$$

式中

$$H_{nm} = \int \varphi_n^* \hat{H} \varphi_m \mathrm{d}\tau. \tag{1.2.20}$$

显然, $|a_n^{(k)}(t)|^2$ 是第 k 个系统在时刻 t 处于 φ_n 态的概率. 根据 $\psi^{(k)}(t)$ 及 φ_n 的归一化条件, 有

$$\sum_n |a_n^{(k)}(t)|^2 = 1, \quad k = 1, 2, \cdots, \mathscr{N}. \tag{1.2.21}$$

定义**密度算子** $\hat{\rho}(t)$, 其矩阵元为

$$\rho_{mn}(t) = \frac{1}{\mathscr{N}} \sum_{k=1}^{\mathscr{N}} a_m^{(k)}(t) a_n^{(k)*}(t). \tag{1.2.22}$$

$\rho_{nn}(t)$ 表示从系综里随机地取出一个系统时, 它在 t 时刻处于 φ_n 态的概率. 由 (1.2.21) 式及 (1.2.22) 式容易知道

$$\mathrm{Tr}\hat{\rho}(t) \equiv \sum_n \rho_{nn}(t) = 1. \tag{1.2.23}$$

将 (1.2.22) 式对时间求导, 用 (1.2.19) 式及其复共轭代入, 再用 (1.2.22) 式, 可以得到

$$\mathrm{i}\hbar \frac{\mathrm{d}}{\mathrm{d}t} \rho_{mn}(t) = \sum_l [H_{ml}\rho_{ln}(t) - \rho_{ml}(t)H_{ln}], \tag{1.2.24}$$

其中用了关系 $H_{nl}^* = H_{ln}$. 定义量子 Poisson 括号:

$$\{\hat{H}, \hat{\rho}\} \equiv \frac{1}{\mathrm{i}\hbar}[\hat{H}\hat{\rho} - \hat{\rho}\hat{H}], \tag{1.2.25}$$

可以把 (1.2.24) 式写成

$$\frac{\mathrm{d}\hat{\rho}(t)}{\mathrm{d}t} = \{\hat{H}, \hat{\rho}(t)\}. \tag{1.2.26}$$

这就是量子力学中的 Liouville 方程, 它与 (1.2.5) 式类似. 设方程 (1.2.26) 的解可以写成

$$\hat{\rho}(t) = \hat{A}(t)\hat{\rho}(0)\hat{B}(t),$$

代入 (1.2.26) 式后可见, 只要

$$\frac{\mathrm{d}\hat{A}(t)}{\mathrm{d}t} = \frac{1}{\mathrm{i}\hbar}\hat{H}\hat{A}(t),$$

$$\frac{\mathrm{d}\hat{B}(t)}{\mathrm{d}t} = \frac{-1}{\mathrm{i}\hbar}\hat{B}(t)\hat{H},$$

(1.2.26) 式就能满足. 由此得到

$$\hat{A}(t) = \mathrm{e}^{-\frac{\mathrm{i}}{\hbar}\hat{H}t}, \quad \hat{B}(t) = \mathrm{e}^{\frac{\mathrm{i}}{\hbar}\hat{H}t}.$$

这样, 方程 (1.2.26) 的解可写成

$$\hat{\rho}(t) = \mathrm{e}^{-\frac{\mathrm{i}}{\hbar}\hat{H}t}\hat{\rho}(0)\mathrm{e}^{\frac{\mathrm{i}}{\hbar}\hat{H}t}. \tag{1.2.27}$$

将 (1.2.27) 式逐次对 t 求导, 可以求得

$$\frac{\mathrm{d}\hat{\rho}(t)}{\mathrm{d}t} = \{\hat{H}, \hat{\rho}(t)\},$$

$$\frac{\mathrm{d}^2\hat{\rho}(t)}{\mathrm{d}t^2} = \left\{\hat{H}, \frac{\mathrm{d}\hat{\rho}(t)}{\mathrm{d}t}\right\} = \{\hat{H}, \{\hat{H}, \hat{\rho}(t)\}\},$$

· · · · · ·

$$\frac{\mathrm{d}^n\hat{\rho}(t)}{\mathrm{d}t^n} = \{\hat{H}, \{\hat{H}, \cdots, \{\hat{H}, \hat{\rho}(t)\}\cdots\}\}_n.$$

最后一式右边的下标 n 表示共有**n 重 Poisson 括号**. 于是

$$\hat{\rho}(t) = \sum_{n=0}^{\infty} \frac{1}{n!}\frac{\mathrm{d}^n\hat{\rho}(t)}{\mathrm{d}t^n}\bigg|_{t=0} \cdot t^n$$

$$= \sum_{n=0}^{\infty} \frac{t^n}{n!}\{\hat{H}, \{\hat{H}, \cdots, \{\hat{H}, \hat{\rho}(0)\}\cdots\}\}_n, \tag{1.2.28}$$

(1.2.28) 式给出了形式解 (1.2.27) 的具体内容.

与经典描述相类似, 我们也可以引入**量子力学的 Liouville 算子**$\hat{\hat{L}}$, 它由下式定义:

$$\hat{\hat{L}}\hat{\rho}(t) \equiv \mathrm{i}\{\hat{H}, \hat{\rho}(t)\}. \tag{1.2.29}$$

注意 $\hat{\hat{L}}$ 与普通的算子不同, 它是作用在算子上的算子. 容易看出 $\hat{\hat{L}}$ 是线性算子:

$$\hat{\hat{L}}(\alpha_1\hat{\rho}_1 + \alpha_2\hat{\rho}_2) = \alpha_1\hat{\hat{L}}\hat{\rho}_1 + \alpha_2\hat{\hat{L}}\hat{\rho}_2.$$

但应注意, 一般

$$\hat{\hat{L}}(\hat{\rho}_1\hat{\rho}_2) \neq (\hat{\hat{L}}\hat{\rho}_1)\hat{\rho}_2.$$

利用 (1.2.29) 式, 可以把 Liouville方程 (1.2.26) 写成

$$\frac{\mathrm{d}\hat{\rho}(t)}{\mathrm{d}t} = -\mathrm{i}\hat{\hat{L}}\hat{\rho}(t). \tag{1.2.30}$$

它的形式解为

$$\hat{\rho}(t) = \mathrm{e}^{-\mathrm{i}\hat{\hat{L}}t}\hat{\rho}(0). \tag{1.2.31}$$

如果定义以

$$\hat{\hat{L}}^{n+1}\hat{\rho} \equiv \hat{\hat{L}}(\hat{\hat{L}}^n\hat{\rho}), \quad n = 1, 2, \cdots \tag{1.2.29'}$$

作为定义 (1.2.29) 的补充, 则形式解 (1.2.31) 的含意是

$$\hat{\rho}(t) = \sum_{n=0}^{\infty} \frac{(-\mathrm{i}\hat{\hat{L}}t)^n}{n!}\hat{\rho}(0)$$

$$= \sum_{n=0}^{\infty} \frac{(-\mathrm{i}t)^n}{n!}\hat{\hat{L}}^n\hat{\rho}(0)$$

$$= \sum_{n=0}^{\infty} \frac{t^n}{n!}\{\hat{H}, \{\hat{H}, \cdots, \{\hat{H}, \hat{\rho}(0)\}\cdots\}\}_n,$$

和 (1.2.28) 式相符. 这说明, 在定义 (1.2.29) 及 (1.2.29′) 条件下, 形式解 (1.2.27) 和 (1.2.31) 式等价.

现在来讨论物理量 A 的测量值 $\langle A(t)\rangle_{时间}$. 按照 Gibbs假设, A 的时间平均就等于其系综平均, 即

$$\langle A(t)\rangle = \frac{1}{\mathscr{N}} \sum_{k=1}^{\mathscr{N}} \int \psi^{(k)^*}(t)\hat{A}\psi^{(k)}(t)\mathrm{d}\tau.$$

利用 (1.2.17) 式及其复共轭, 可以把上式写成

$$\langle A(t)\rangle = \frac{1}{\mathscr{N}} \sum_{k=1}^{\mathscr{N}} \left[\sum_{m,n} a_n^{(k)^*}(t)a_m^{(k)}(t)A_{nm}\right], \tag{1.2.32}$$

其中

$$A_{nm} = \int \varphi_n^*\hat{A}\varphi_m\mathrm{d}\tau. \tag{1.2.33}$$

注意到 (1.2.22) 式, 就得出

$$\langle A(t)\rangle = \sum_{m,n} \rho_{mn}(t)A_{nm} = \mathrm{Tr}[\hat{\rho}(t)\hat{A}]. \tag{1.2.34}$$

如果原来的波函数 $\psi^{(k)}(t)$ 没有归一化, 那么上式就应当换成

$$\langle A(t)\rangle = \frac{\mathrm{Tr}[\hat{\rho}(t)\hat{A}]}{\mathrm{Tr}\hat{\rho}(t)}. \tag{1.2.35}$$

利用 (1.2.27) 式及关系 $\mathrm{Tr}(\hat{A}\hat{B}) = \mathrm{Tr}(\hat{B}\hat{A})$, 可以看出

$$\mathrm{Tr}\hat{\rho}(t) = \mathrm{Tr}\hat{\rho}(0)$$

及

$$\mathrm{Tr}[\hat{\rho}(t)\hat{A}] = \mathrm{Tr}[\hat{A}(t)\hat{\rho}(0)],$$

其中

$$\hat{A}(t) = \mathrm{e}^{\frac{\mathrm{i}}{\hbar}\hat{H}t}\hat{A}\mathrm{e}^{-\frac{\mathrm{i}}{\hbar}\hat{H}t} = \mathrm{e}^{\mathrm{i}\hat{\hat{L}}t}\hat{A}.$$

因此 $\hat{A}(t)$ 仍然满足与经典力学情况下类似的方程

$$\frac{\mathrm{d}\hat{A}(t)}{\mathrm{d}t} = \mathrm{i}\hat{\hat{L}}\hat{A}(t) = -\{\hat{H}, \hat{A}(t)\}.$$

注意, $\hat{A}(t)$ 满足的这个运动方程也和密度算子 $\hat{\rho}(t)$ 所满足的方程 (1.2.26) 差一个符号.

　　本书以后各章将用经典力学描述来讨论.

§1.3　运动论层次的描述

　　在许多物理问题中, 我们感兴趣的物理量 $A(\Gamma_N)$ 可能具有比较简单的形式. 它可能只与单个粒子的广义坐标及动量有关, 如

$$A(\Gamma_N) = A(\boldsymbol{q}_j, \boldsymbol{p}_j), \quad 1 \leqslant j \leqslant N \tag{1.3.1}$$

或

$$A(\Gamma_N) = \sum_{j=1}^{N} A(\boldsymbol{q}_j, \boldsymbol{p}_j). \tag{1.3.2}$$

例如由 N 个同样粒子所组成系统的总动能就是每个粒子的动能之和. 对于这种较简单形式的物理量, 求系综平均时, 有可能简化手续. 对于 (1.3.1) 式, 有

$$\langle A(t)\rangle = \int \mathrm{d}\Gamma_N \rho(\Gamma_N, t) A(\boldsymbol{q}_j, \boldsymbol{p}_j)$$

$$= \int \mathrm{d}\boldsymbol{q}_j \mathrm{d}\boldsymbol{p}_j \left[\int \mathrm{d}\Gamma_{N-1} \rho(\Gamma_N, t)\right] A(\boldsymbol{q}_j, \boldsymbol{p}_j),$$

这里

$$\int \mathrm{d}\Gamma_{N-1} \cdots$$

表示对除第 j 个粒子以外的其他 $N-1$ 个粒子的广义坐标及动量积分. 记

$$f(\boldsymbol{q}_j, \boldsymbol{p}_j, t) = \int \mathrm{d}\Gamma_{N-1} \rho(\Gamma_N, t), \tag{1.3.3}$$

若 $\rho(\Gamma_N, t)$ 对于 N 个粒子为对称 (在我们所考虑的、由 N 个同样粒子组成系统的情形下, 这条件显然是成立的), 则 (1.3.3) 式中函数 f 的形式与 j 无关. 于是有

$$\langle A(t) \rangle = \int \mathrm{d}\boldsymbol{q}\mathrm{d}\boldsymbol{p} f(\boldsymbol{q}, \boldsymbol{p}, t) A(\boldsymbol{q}, \boldsymbol{p}). \tag{1.3.4}$$

我们省略了 $\boldsymbol{q}_j$、$\boldsymbol{p}_j$ 的下标 j, 因为 $\boldsymbol{q}_j$、$\boldsymbol{p}_j$ 都是积分变量. $f(\boldsymbol{q}, \boldsymbol{p}, t)$ 称为**单粒子分布函数**.

对于 (1.3.2) 式, 由于每个粒子在系统中的地位都是平等的. 故有

$$\langle A(t) \rangle = \int \mathrm{d}\Gamma_N \rho(\Gamma_N, t) \sum_j A(\boldsymbol{q}_j, \boldsymbol{p}_j)$$
$$= N \int \mathrm{d}\boldsymbol{q}\mathrm{d}\boldsymbol{p} f(\boldsymbol{q}, \boldsymbol{p}, t) A(\boldsymbol{q}, \boldsymbol{p}). \tag{1.3.5}$$

在这些情形下, 可以把系统相空间中的分布函数约化为单粒子分布函数来讨论系综平均. 用 $\boldsymbol{q}$ 和 $\boldsymbol{p}$ 的六个分量作独立变量所构成的空间称为**粒子相空间**.

考虑粒子相空间的**密度算子**

$$\hat{n}(\boldsymbol{r}, \boldsymbol{p}, t) = \sum_{j=1}^{N} \delta(\boldsymbol{r} - \boldsymbol{q}_j(t)) \delta(\boldsymbol{p} - \boldsymbol{p}_j(t)), \tag{1.3.6}$$

这里 $\boldsymbol{q}_j(t)$ 与 $\boldsymbol{p}_j(t)$ 分别是 t 时刻第 j 个粒子的坐标和动量. 粒子相空间密度算子的系综平均值就是粒子相空间的**密度分布函数**:

$$n(\boldsymbol{r}, \boldsymbol{p}, t) \equiv \langle \hat{n}(\boldsymbol{r}, \boldsymbol{p}, t) \rangle$$
$$= N \int \mathrm{d}\boldsymbol{q}_j \mathrm{d}\boldsymbol{p}_j \delta(\boldsymbol{r} - \boldsymbol{q}_j(t)) \delta(\boldsymbol{p} - \boldsymbol{p}_j(t)) f(\boldsymbol{q}_j, \boldsymbol{p}_j, t)$$
$$= N f(\boldsymbol{r}, \boldsymbol{p}, t), \tag{1.3.7}$$

其中用到 (1.3.5) 式. 因此

$$f(\boldsymbol{r}, \boldsymbol{p}, t) = \frac{1}{N} n(\boldsymbol{r}, \boldsymbol{p}, t). \tag{1.3.8}$$

由 $n(\boldsymbol{r}, \boldsymbol{p}, t)$ 的定义可以知道, $n(\boldsymbol{r}, \boldsymbol{p}, t)\mathrm{d}\boldsymbol{r}\mathrm{d}\boldsymbol{p}$ 表示 t 时刻在 $\boldsymbol{r}$ 附近 $\mathrm{d}\boldsymbol{r}$ 中而动量在 $\boldsymbol{p}$ 附近 $\mathrm{d}\boldsymbol{p}$ 中的粒子数期望值, 因此 $f(\boldsymbol{r}, \boldsymbol{p}, t)\mathrm{d}\boldsymbol{r}\mathrm{d}\boldsymbol{p}$ 表示 t 时刻相应粒子出现的概率. 由 (1.2.2) 式及 (1.3.3) 式知道, $f(\boldsymbol{r}, \boldsymbol{p}, t)$ 是归一化了的:

$$\int \mathrm{d}\boldsymbol{r}\mathrm{d}\boldsymbol{p} f(\boldsymbol{r}, \boldsymbol{p}, t) = 1. \tag{1.3.9}$$

利用 (1.3.8) 及 (1.3.9) 式, 立即得到

$$\int \mathrm{d}\boldsymbol{r}\mathrm{d}\boldsymbol{p} n(\boldsymbol{r}, \boldsymbol{p}, t) = N. \tag{1.3.10}$$

有时, 为方便起见, 可用粒子速度 $\boldsymbol{v}$ 代替动量 $\boldsymbol{p} = m\boldsymbol{v}$ 作自变量. 这时应要求

$$f(\boldsymbol{r}, \boldsymbol{p}, t)\mathrm{d}\boldsymbol{p} = f(\boldsymbol{r}, m\boldsymbol{v}, t)m\mathrm{d}\boldsymbol{v} = \widetilde{f}(\boldsymbol{r}, \boldsymbol{v}, t)\mathrm{d}\boldsymbol{v},$$

其中 $\widetilde{f}$ 表示一个和 f 不同的函数. 以下为了简单, 去掉 $\widetilde{f}$ 上的 $\sim$ 号. 于是 $f(\boldsymbol{r}, \boldsymbol{p}, t)\mathrm{d}\boldsymbol{p}$ 将直接改写为 $f(\boldsymbol{r}, \boldsymbol{v}, t)\mathrm{d}\boldsymbol{v}$. 将 $n(\boldsymbol{r}, \boldsymbol{p}, t)\mathrm{d}\boldsymbol{p}$ 改写为 $n(\boldsymbol{r}, \boldsymbol{v}, t)\mathrm{d}\boldsymbol{v}$ 时, 也应如此理解.

　　$f(\boldsymbol{r}, \boldsymbol{v}, t)$ 或 $n(\boldsymbol{r}, \boldsymbol{v}, t)$ 所满足的方程称为**输运方程**或**运动论方程**. 为实现在运动论层次上的描述, 一方面必须导出输运方程, 另一方面还要说明输运方程适用的条件. 解决这两个问题的合理途径应当是从 Liouville方程出发, 在适当的前提下导出 f 或 n 所满足的方程. 这样作不仅可以导出输运方程, 而且从假设的前提也可以看出方程适用的条件. 但这样作起来比较复杂, 所以留到以后第四章中去讨论. 本节只介绍一种较为直观的推导输运方程的方法.

　　考虑粒子相空间中 $(\boldsymbol{r}, \boldsymbol{v})$ 附近小体积元 $\mathrm{d}\boldsymbol{r}\mathrm{d}\boldsymbol{v}$ 中的粒子数 $n\mathrm{d}\boldsymbol{r}\mathrm{d}\boldsymbol{v}$. 它随时间的变化率

$$\frac{\partial}{\partial t}(n\mathrm{d}\boldsymbol{r}\mathrm{d}\boldsymbol{v})$$

由四部分组成:

　　1. 由于粒子在坐标空间中运动所造成的变化率

$$\left[\frac{\partial}{\partial t}(n\mathrm{d}\boldsymbol{r}\mathrm{d}\boldsymbol{v})\right]_1 ;$$

　　2. 由于粒子在速度空间中迁移所造成的变化率

$$\left[\frac{\partial}{\partial t}(n\mathrm{d}\boldsymbol{r}\mathrm{d}\boldsymbol{v})\right]_2 ;$$

　　3. 由于粒子之间相互碰撞所造成的变化率

$$\left(\frac{\partial n}{\partial t}\right)_{\mathrm{c}} \mathrm{d}\boldsymbol{r}\mathrm{d}\boldsymbol{v};$$

4. 由于源 (或负源) 所造成的变化率

$$\left(\frac{\partial n}{\partial t}\right)_{\mathrm{s}} \mathrm{d}\boldsymbol{r}\mathrm{d}\boldsymbol{v}.$$

即

$$\frac{\partial}{\partial t}(n\mathrm{d}\boldsymbol{r}\mathrm{d}\boldsymbol{v}) = \left[\frac{\partial}{\partial t}(n\mathrm{d}\boldsymbol{r}\mathrm{d}\boldsymbol{v})\right]_1 + \left[\frac{\partial}{\partial t}(n\mathrm{d}\boldsymbol{r}\mathrm{d}\boldsymbol{v})\right]_2 + \left(\frac{\partial n}{\partial t}\right)_{\mathrm{c}}\mathrm{d}\boldsymbol{r}\mathrm{d}\boldsymbol{v} + \left(\frac{\partial n}{\partial t}\right)_{\mathrm{s}}\mathrm{d}\boldsymbol{r}\mathrm{d}\boldsymbol{v}.$$
$$(1.3.11)$$

先讨论第一项. 由于速度在 $\boldsymbol{v}$ 附近 $\mathrm{d}\boldsymbol{v}$ 范围内分子的运动所造成 $\mathrm{d}\boldsymbol{r}$ 体积元中粒子数的增加率为

$$-\mathrm{d}\boldsymbol{v}\oint_\sigma n\boldsymbol{v}\cdot\mathrm{d}\boldsymbol{\sigma},$$

其中 σ 表示小体积 $\mathrm{d}\boldsymbol{r}$ 的表面, $\mathrm{d}\boldsymbol{\sigma}$ 是小面积元, 方向沿表面的外法向. 利用 Gauss 定理把上式改写为体积分

$$-\mathrm{d}\boldsymbol{v}\int\frac{\partial}{\partial\boldsymbol{r}}\cdot(n\boldsymbol{v})\mathrm{d}\boldsymbol{r}.$$

由于 $\boldsymbol{v}$ 和 $\boldsymbol{r}$ 都是独立变量,

$$\frac{\partial}{\partial\boldsymbol{r}}\cdot(n\boldsymbol{v}) = \boldsymbol{v}\cdot\frac{\partial n}{\partial\boldsymbol{r}};$$

又考虑到整个体积就是 $\mathrm{d}\boldsymbol{r}$, 便有

$$\left[\frac{\partial}{\partial t}(n\mathrm{d}\boldsymbol{r}\mathrm{d}\boldsymbol{v})\right]_1 = -\mathrm{d}\boldsymbol{v}\mathrm{d}\boldsymbol{r}\,\boldsymbol{v}\cdot\frac{\partial n}{\partial\boldsymbol{r}}. \tag{1.3.12}$$

用同样的方式讨论第二项, 得

$$\left[\frac{\partial}{\partial t}(n\mathrm{d}\boldsymbol{r}\mathrm{d}\boldsymbol{v})\right]_2 = -\mathrm{d}\boldsymbol{v}\mathrm{d}\boldsymbol{r}\,\frac{\partial}{\partial\boldsymbol{v}}\cdot\left(n\frac{\boldsymbol{F}}{m}\right), \tag{1.3.13}$$

其中 $\boldsymbol{F}$ 是作用在粒子上的外力, m 是粒子的质量. 如果

$$\frac{\partial}{\partial\boldsymbol{v}}\cdot\boldsymbol{F} = 0$$

(如 Lorentz 力), 则由 (1.3.13) 式得

$$\left[\frac{\partial}{\partial t}(n\mathrm{d}\boldsymbol{r}\mathrm{d}\boldsymbol{v})\right]_2 = -\mathrm{d}\boldsymbol{v}\mathrm{d}\boldsymbol{r}\,\frac{\boldsymbol{F}}{m}\cdot\frac{\partial n}{\partial\boldsymbol{v}}. \tag{1.3.14}$$

将 (1.3.12) 式和 (1.3.14) 式代入 (1.3.11) 式, 得

$$\frac{\partial n}{\partial t} + \boldsymbol{v}\cdot\frac{\partial n}{\partial\boldsymbol{r}} + \frac{\boldsymbol{F}}{m}\cdot\frac{\partial n}{\partial\boldsymbol{v}} = \left(\frac{\partial n}{\partial t}\right)_{\mathrm{c}} + \left(\frac{\partial n}{\partial t}\right)_{\mathrm{s}}. \tag{1.3.15}$$

这就是**输运方程的一般形式**. 方程右边两项的具体形式要由所讨论问题的具体内容确定.

如果碰撞是瞬间完成的, 即碰撞时间远比自由飞行时间短, 就可定义**碰撞核函数**$\Sigma(\boldsymbol{r}, \boldsymbol{v}' \to \boldsymbol{v})$, 它表示 $\boldsymbol{r}$ 处一个速度 $\boldsymbol{v}'$ 的粒子经过单位长度路程时受到碰撞并放出速度 $\boldsymbol{v}$ 的粒子的平均数. 再定义**宏观吸收截面**$\Sigma_{\mathrm{a}}(\boldsymbol{r}, v)$, 它表示 $\boldsymbol{r}$ 处一个速率 v 的粒子经过单位长度路程时受到碰撞并被吸收的概率; 定义**总宏观截面**$\Sigma_{\mathrm{t}}(\boldsymbol{r}, v)$, 它表示 $\boldsymbol{r}$ 处一个速率 v 的粒子经过单位长度路程时受到碰撞的概率; 定义**宏观散射截面**$\Sigma_{\mathrm{s}}(\boldsymbol{r}, v) = \Sigma_{\mathrm{t}}(\boldsymbol{r}, v) - \Sigma_{\mathrm{a}}(\boldsymbol{r}, v)$. 以上各种**宏观截面**$\Sigma_{\alpha}(\boldsymbol{r}, v)$ 和相应的**微观截面**$\sigma_{\alpha}(v)$ 有关系: $\Sigma_{\alpha}(\boldsymbol{r}, v) = N(\boldsymbol{r})\sigma_{\alpha}(v)$, $N(\boldsymbol{r})$ 是 $\boldsymbol{r}$ 处介质原子核的数密度. 速率 v 的粒子在 $\boldsymbol{r}$ 处的一次碰撞中所**产生次级粒子数的期望值**$c(\boldsymbol{r}, v)$ 由下式给出:

$$\int \mathrm{d}\boldsymbol{v}' \Sigma(\boldsymbol{r}, \boldsymbol{v} \to \boldsymbol{v}') = c(\boldsymbol{r}, v) \Sigma_{\mathrm{t}}(\boldsymbol{r}, v). \tag{1.3.16}$$

利用碰撞核函数及总宏观截面的概念, 可得**碰撞项**

$$\left(\frac{\partial n}{\partial t}\right)_{\mathrm{c}} = \int \mathrm{d}\boldsymbol{v}' v' \Sigma(\boldsymbol{r}, \boldsymbol{v}' \to \boldsymbol{v}) n(\boldsymbol{r}, \boldsymbol{v}', t) - v\Sigma_{\mathrm{t}}(\boldsymbol{r}, v) n(\boldsymbol{r}, \boldsymbol{v}, t). \tag{1.3.17}$$

这里右边第一项是每单位时间内由于碰撞所造成的、$\boldsymbol{r}$ 处速度 $\boldsymbol{v}$ 的粒子数的增加, 第二项是每单位时间内由于碰撞所引起的、$\boldsymbol{r}$ 处速度 $\boldsymbol{v}$ 的粒子数的减少. 显然, 只有碰撞可看成是瞬时行为时, 才能认为它有确切的位置 $\boldsymbol{r}$.

如果记外源项为

$$\left(\frac{\partial n}{\partial t}\right)_{\mathrm{s}} = s(\boldsymbol{r}, \boldsymbol{v}, t), \tag{1.3.18}$$

并将 (1.3.17) 式及 (1.3.18) 式代入 (1.3.15) 式, 输运方程就可以写成:

$$\frac{\partial n}{\partial t} + \boldsymbol{v} \cdot \frac{\partial n}{\partial \boldsymbol{r}} + \frac{\boldsymbol{F}}{m} \cdot \frac{\partial n}{\partial \boldsymbol{v}}$$
$$= \int \mathrm{d}\boldsymbol{v}' v' \Sigma(\boldsymbol{r}, \boldsymbol{v}' \to \boldsymbol{v}) n(\boldsymbol{r}, \boldsymbol{v}', t) - v\Sigma_{\mathrm{t}}(\boldsymbol{r}, v) n(\boldsymbol{r}, \boldsymbol{v}, t) + s(\boldsymbol{r}, \boldsymbol{v}, t). \tag{1.3.19}$$

如果没有外场, 并记

$$\varphi = \varphi(\boldsymbol{r}, \boldsymbol{v}, t) = vn(\boldsymbol{r}, \boldsymbol{v}, t), \tag{1.3.20}$$

可得输运方程的另一种形式

$$\frac{1}{v}\frac{\partial \varphi}{\partial t} + \frac{\boldsymbol{v}}{v} \cdot \frac{\partial \varphi}{\partial \boldsymbol{r}} + \Sigma_{\mathrm{t}}(\boldsymbol{r}, v)\varphi = \int \mathrm{d}\boldsymbol{v}' \Sigma(\boldsymbol{r}, \boldsymbol{v}' \to \boldsymbol{v})\varphi(\boldsymbol{r}, \boldsymbol{v}', t) + s(\boldsymbol{r}, \boldsymbol{v}, t). \tag{1.3.21}$$

$\varphi(\boldsymbol{r}, \boldsymbol{v}, t)$ 称为**角通量**.相应地,

$$j(\boldsymbol{r}, \boldsymbol{v}, t) = \boldsymbol{v}n(\boldsymbol{r}, \boldsymbol{v}, t) \tag{1.3.22}$$

称为**角流密度**.

粒子相空间的密度分布函数 $n(\boldsymbol{r}, \boldsymbol{v}, t)$ 还可以改用其他自变量. 当用 v 和

$$\hat{\boldsymbol{\Omega}} = \frac{\boldsymbol{v}}{v}$$

代替 $\boldsymbol{v}$ 作自变量时, 可以定义 $n(\boldsymbol{r}, v, \hat{\boldsymbol{\Omega}}, t)$, 使

$$n(\boldsymbol{r}, v, \hat{\boldsymbol{\Omega}}, t)\mathrm{d}v\mathrm{d}\hat{\boldsymbol{\Omega}}\,\mathrm{d}\boldsymbol{r}$$

表示 t 时刻位置在 $\boldsymbol{r}$ 附近的 $\mathrm{d}\boldsymbol{r}$ 内、速率在 v 附近的 $\mathrm{d}v$ 内、速度方向在 $\hat{\boldsymbol{\Omega}}$ 附近的 $\mathrm{d}\hat{\boldsymbol{\Omega}}$ 内的粒子数期望值. 由

$$n(\boldsymbol{r}, \boldsymbol{v}, t)\mathrm{d}\boldsymbol{r}\mathrm{d}\boldsymbol{v} = n(\boldsymbol{r}, v, \hat{\boldsymbol{\Omega}}, t)\mathrm{d}\boldsymbol{r}\mathrm{d}v\mathrm{d}\hat{\boldsymbol{\Omega}}$$

及 $\mathrm{d}\boldsymbol{v} = v^2\mathrm{d}v\mathrm{d}\hat{\boldsymbol{\Omega}}$ 可以知道

$$n(\boldsymbol{r}, v, \hat{\boldsymbol{\Omega}}, t) = v^2 n(\boldsymbol{r}, \boldsymbol{v}, t). \tag{1.3.23}$$

当使用动能

$$E = \frac{1}{2}mv^2$$

及 $\hat{\boldsymbol{\Omega}}$ 代替 $\boldsymbol{v}$ 作自变量时, 可以定义 $n(\boldsymbol{r}, E, \hat{\boldsymbol{\Omega}}, t)$, 使

$$n(\boldsymbol{r}, E, \hat{\boldsymbol{\Omega}}, t)\mathrm{d}\boldsymbol{r}\mathrm{d}E\mathrm{d}\hat{\boldsymbol{\Omega}}$$

表示 t 时刻位置在 $\boldsymbol{r}$ 附近的 $\mathrm{d}\boldsymbol{r}$ 内、动能在 E 附近的 $\mathrm{d}E$ 内, 速度方向在 $\hat{\boldsymbol{\Omega}}$ 附近的 $\mathrm{d}\hat{\boldsymbol{\Omega}}$ 内的粒子数期望值. 容易求得

$$n(\boldsymbol{r}, E, \hat{\boldsymbol{\Omega}}, t) = \frac{v}{m}n(\boldsymbol{r}, \boldsymbol{v}, t)$$

$$= \frac{1}{mv}n(\boldsymbol{r}, v, \hat{\boldsymbol{\Omega}}, t). \tag{1.3.24}$$

角通量 $\varphi(\boldsymbol{r}, \boldsymbol{v}, t)$ 和角流密度 $\boldsymbol{j}(\boldsymbol{r}, \boldsymbol{v}, t)$ 也可以作类似的自变量变换. 例如

$$\varphi(\boldsymbol{r}, E, \hat{\boldsymbol{\Omega}}, t) = \frac{v}{m}\varphi(\boldsymbol{r}, \boldsymbol{v}, t).$$

用它改写 (1.3.21) 式, 得

$$\frac{1}{v}\frac{\partial\varphi}{\partial t} + \hat{\boldsymbol{\Omega}}\cdot\frac{\partial\varphi}{\partial\boldsymbol{r}} + \Sigma_{\mathrm{t}}\varphi(\boldsymbol{r}, E, \hat{\boldsymbol{\Omega}}, t)$$

$$= \int_0^\infty \mathrm{d}E' \int \mathrm{d}\hat{\boldsymbol{\Omega}}'\, \Sigma(\boldsymbol{r}, E'\to E, \hat{\boldsymbol{\Omega}}'\to\hat{\boldsymbol{\Omega}})\varphi(\boldsymbol{r}, E', \hat{\boldsymbol{\Omega}}', t) + s, \tag{1.3.25}$$

式中

$$\Sigma_t = \Sigma_t(\boldsymbol{r}, E) = \Sigma_t(\boldsymbol{r}, v),$$

但

$$\Sigma(\boldsymbol{r}, E' \to E, \hat{\boldsymbol{\Omega}}' \to \hat{\boldsymbol{\Omega}}) = \frac{v}{m} \Sigma(\boldsymbol{r}, \boldsymbol{v}' \to \boldsymbol{v}),$$

$$s = s(\boldsymbol{r}, E, \hat{\boldsymbol{\Omega}}, t) = \frac{v}{m} s(\boldsymbol{r}, \boldsymbol{v}, t).$$

最后, 为以后讨论的需要, 再引入一些概念.

v 粒子的**平均自由程** $l(\boldsymbol{r}, v)$ 定义为相应总宏观截面 $\Sigma_t(\boldsymbol{r}, v)$ 的倒数:

$$l(\boldsymbol{r}, v) \equiv \frac{1}{\Sigma_t(\boldsymbol{r}, v)}. \tag{1.3.26}$$

它表明一个速率为 v 的粒子平均每经过这样一段距离, 就发生一次碰撞.

碰撞特征函数 $f(\boldsymbol{r}, \boldsymbol{v}' \to \boldsymbol{v})$ 定义为

$$f(\boldsymbol{r}, \boldsymbol{v}' \to \boldsymbol{v}) \equiv \frac{\Sigma(\boldsymbol{r}, \boldsymbol{v}' \to \boldsymbol{v})}{c(\boldsymbol{r}, v') \Sigma_t(\boldsymbol{r}, v')}. \tag{1.3.27}$$

它表示当 $\boldsymbol{r}$ 处一个速度为 $\boldsymbol{v}'$ 的粒子发生碰撞时所生成的速度为 $\boldsymbol{v}$ 的粒子与所生成粒子总数之比. 由 $c(\boldsymbol{r}, \boldsymbol{v})$ 的定义知

$$\int \mathrm{d}\boldsymbol{v} f(\boldsymbol{r}, \boldsymbol{v}' \to \boldsymbol{v}) = 1. \tag{1.3.28}$$

v 粒子的**碰撞频率** $\nu(\boldsymbol{r}, v)$ 定义为

$$\nu(\boldsymbol{r}, v) = v\Sigma_t(\boldsymbol{r}, v). \tag{1.3.29}$$

它表示 $\boldsymbol{r}$ 处一个速率为 v 的粒子在单位时间内受到碰撞的平均次数. $\nu(\boldsymbol{r}, v)n(\boldsymbol{r}, \boldsymbol{v}, t)$ 称为**碰撞密度**. 各种速度粒子的碰撞频率的平均值

$$\nu(\boldsymbol{r}) \equiv \frac{\displaystyle\int \nu(\boldsymbol{r}, v)n(\boldsymbol{r}, \boldsymbol{v}, t)\mathrm{d}\boldsymbol{v}}{\displaystyle\int n(\boldsymbol{r}, \boldsymbol{v}, t)\mathrm{d}\boldsymbol{v}}. \tag{1.3.30}$$

称为**平均碰撞频率**; 它表示在 $\boldsymbol{r}$ 处随机地取出一个粒子观察到的碰撞频率的期望值. $\boldsymbol{r}$ 处粒子的平均速率与平均碰撞频率之比

$$l(\boldsymbol{r}) \equiv \frac{\bar{v}}{\nu(\boldsymbol{r})} = \frac{\displaystyle\int vn(\boldsymbol{r}, \boldsymbol{v}, t)\mathrm{d}\boldsymbol{v}}{\displaystyle\int \nu(\boldsymbol{r}, v)n(\boldsymbol{r}, \boldsymbol{v}, t)\mathrm{d}\boldsymbol{v}} \tag{1.3.31}$$

称为 r 处粒子的**平均自由程**. 它表示在 r 处随机地取出一个粒子观察到的平均自由程的期望值. 从 (1.3.26)、(1.3.29) 及 (1.3.31) 式可见,

$$\frac{1}{l(\boldsymbol{r})} = \frac{\int \frac{1}{l(\boldsymbol{r}, v)} \varphi(\boldsymbol{r}, \boldsymbol{v}, t) \mathrm{d}\boldsymbol{v}}{\int \varphi(\boldsymbol{r}, \boldsymbol{v}, t) \mathrm{d}\boldsymbol{v}}. \tag{1.3.32}$$

由定义 (1.3.30)、(1.3.31) 或 (1.3.32) 式可见, 如果分子和分母中的 $n(\boldsymbol{r}, \boldsymbol{v}, t)$ 或 $\varphi(\boldsymbol{r}, \boldsymbol{v}, t)$ 对时间的依赖不能刚好消去, 则 $\nu(\boldsymbol{r})$ 及 $l(\boldsymbol{r})$ 还可能随时间缓慢变化.

§1.4 流体动力学层次的描述

微观层次的描述方式适合于讨论 $6N$ 维 (系统)相空间中的分布函数 $\rho(\Gamma_N, t)$, 而运动论层次的描述方式适合于讨论 6 维 (粒子)相空间中的分布函数 $f(\boldsymbol{r}, \boldsymbol{v}, t)$, 这种方式简单得多了. 但是, 在大多数情况下, 运动论层次的描述仍然是相当复杂的, 所以, 还可以考虑进一步简化描述方式. 当然, 随着描述方式的进一步简化, 信息的损失也增多了.

所谓流体动力学层次的描述, 实质上是只讨论单粒子分布函数 $f(\boldsymbol{r}, \boldsymbol{v}, t)$ 的前三次矩:

$$f_0(\boldsymbol{r}, t) = \int \mathrm{d}\boldsymbol{v} f(\boldsymbol{r}, \boldsymbol{v}, t), \tag{1.4.1}$$

$$\boldsymbol{f}_1(\boldsymbol{r}, t) = \int \mathrm{d}\boldsymbol{v} \boldsymbol{v} f(\boldsymbol{r}, \boldsymbol{v}, t), \tag{1.4.2}$$

$$f_2(\boldsymbol{r}, t) = \int \mathrm{d}\boldsymbol{v} v^2 f(\boldsymbol{r}, \boldsymbol{v}, t). \tag{1.4.3}$$

它们分别称为单粒子分布函数的零次矩、一次矩和二次矩. 以下可见, 它们分别和流体的密度、速度和能量密度密切相关.

考虑**粒子数密度算子**

$$\hat{N}(\boldsymbol{r}, t) = \sum_{j=1}^{N} \delta(\boldsymbol{r} - \boldsymbol{q}_j(t)). \tag{1.4.4}$$

它的系综平均值 $N(\boldsymbol{r}, t)$ 称为**粒子数密度分布函数**. 由 (1.3.5) 式, 将自变量 $\boldsymbol{p}$ 换成 $\boldsymbol{v}$ 后, 求得

$$\begin{aligned}
N(\boldsymbol{r}, t) &= \langle \hat{N}(\boldsymbol{r}, t) \rangle \\
&= N \int \mathrm{d}\boldsymbol{q} \mathrm{d}\boldsymbol{v} f(\boldsymbol{q}, \boldsymbol{v}, t) \delta(\boldsymbol{r} - \boldsymbol{q}(t)) \\
&= N \int \mathrm{d}\boldsymbol{v} f(\boldsymbol{r}, \boldsymbol{v}, t) = \int \mathrm{d}\boldsymbol{v} n(\boldsymbol{r}, \boldsymbol{v}, t),
\end{aligned} \tag{1.4.4a}$$

最后一步利用了 (1.3.8) 式. 和 (1.4.1) 式对比, 得

$$N(\boldsymbol{r}, t) = N f_0(\boldsymbol{r}, t),$$

或

$$f_0(\boldsymbol{r}, t) = \frac{1}{N} N(\boldsymbol{r}, t). \tag{1.4.5}$$

由定义知, $N(\boldsymbol{r}, t)\mathrm{d}\boldsymbol{r}$ 表示 t 时刻在 $\boldsymbol{r}$ 附近 $\mathrm{d}\boldsymbol{r}$ 中的粒子数期望值, 因此 $f_0(\boldsymbol{r}, t)\mathrm{d}\boldsymbol{r}$ 表示 t 时刻在 $\boldsymbol{r}$ 附近 $\mathrm{d}\boldsymbol{r}$ 中粒子出现的概率. 这当然和 $f_0(\boldsymbol{r}, t)$ 的定义 (1.4.1) 式所表达的意义是一致的.

用 m 表示粒子的质量, 则系统 (由粒子组成的流体) 的**质量密度**(简称密度)**分布** 为

$$\rho = \rho(\boldsymbol{r}, t) = m N(\boldsymbol{r}, t) = m N f_0(\boldsymbol{r}, t). \tag{1.4.6}$$

注意, 不要把这里的 ρ 和 §1.2 中的系综分布函数相混淆.

流体中 t 时刻 $\boldsymbol{r}$ 附近的**宏观流速** $\boldsymbol{c} = \boldsymbol{c}(\boldsymbol{r}, t)$ 等于该时该处的粒子平均速度:

$$
\begin{aligned}
\boldsymbol{c} = \boldsymbol{c}(\boldsymbol{r}, t) &= \frac{\displaystyle\int \boldsymbol{v} f(\boldsymbol{r}, \boldsymbol{v}, t)\mathrm{d}\boldsymbol{v}}{\displaystyle\int f(\boldsymbol{r}, \boldsymbol{v}, t)\mathrm{d}\boldsymbol{v}} \\
&= \frac{\boldsymbol{f}_1(\boldsymbol{r}, t)}{f_0(\boldsymbol{r}, t)}.
\end{aligned} \tag{1.4.7}
$$

而 t 时刻 $\boldsymbol{r}$ 附近单位质量流体所具有的**热力学能**为

$$
\begin{aligned}
U = U(\boldsymbol{r}, t) &= \frac{\displaystyle\int \mathrm{d}\boldsymbol{v} \frac{m}{2}(\boldsymbol{v} - \boldsymbol{c})^2 f(\boldsymbol{r}, \boldsymbol{v}, t)}{\displaystyle\int \mathrm{d}\boldsymbol{v} m f(\boldsymbol{r}, \boldsymbol{v}, t)} \\
&= \frac{1}{2}[f_2(\boldsymbol{r}, t) - 2\boldsymbol{c} \cdot \boldsymbol{f}_1(\boldsymbol{r}, t) + c^2 f_0(\boldsymbol{r}, t)]/f_0(\boldsymbol{r}, t).
\end{aligned} \tag{1.4.8}
$$

U 也称为**比热力学能**. (1.4.6)~(1.4.8) 式将单粒子分布函数的前三次矩与流体力学中的基本物理量联系起来了.

依描述对象的不同, 前三次矩或流体力学量所满足的方程也有所不同. 这里我们只讨论分子和中子的情况. 前者在流体动力学层次描述中的方程组就是流体力学方程组, 而后者在流体动力学层次描述中的方程组则导至中子扩散方程. 这些方程组比较彻底的推导是由输运方程出发引入适当的假定再来. 这样作推导不仅可以得到所需的方程组, 同时也可了解在流体动力学层次描述方式的适用范围. 但这种作法比较麻烦, 我们将留到 §4.5 中去讨论. 本节采用比较直观的方式来推导.

先考虑分子的情况. 如果系统由单一种类的分子组成, 而且分子间不发生化学反应, 那么系统中分子数是守恒的. 考虑系统中一个固定的体积元 $\mathrm{d}\boldsymbol{r}$, 它所含质量的增加率等于

$$\frac{\partial \rho}{\partial t}\mathrm{d}\boldsymbol{r},$$

它来自单位时间内流入和流出 $\mathrm{d}\boldsymbol{r}$ 的质量之差, 也就是质量流 $\rho\boldsymbol{c}$ 在 $\mathrm{d}\boldsymbol{r}$ 表面 σ 上的面积分:

$$-\oint_{\sigma} \rho\boldsymbol{c}\cdot\mathrm{d}\boldsymbol{\sigma},$$

其中 $\mathrm{d}\boldsymbol{\sigma}$ 是 σ 上的面积元, 方向沿外法线方向. 由此得到

$$\frac{\partial \rho}{\partial t}\mathrm{d}\boldsymbol{r} + \oint_{\sigma} \rho\boldsymbol{c}\cdot\mathrm{d}\boldsymbol{\sigma} = 0.$$

利用Gauss定理把左边第二项的面积分化成体积分:

$$\oint_{\sigma} \rho\boldsymbol{c}\cdot\mathrm{d}\boldsymbol{\sigma} = \int_{\mathrm{d}\boldsymbol{r}} \frac{\partial}{\partial \boldsymbol{r}}\cdot(\rho\boldsymbol{c})\mathrm{d}\boldsymbol{r} = \frac{\partial}{\partial \boldsymbol{r}}\cdot(\rho\boldsymbol{c})\mathrm{d}\boldsymbol{r},$$

便得

$$\frac{\partial \rho}{\partial t} + \frac{\partial}{\partial \boldsymbol{r}}\cdot(\rho\boldsymbol{c}) = 0. \tag{1.4.9}$$

这就是流体的**连续性方程**. (1.4.9) 式还可以写成另一种形式:

$$\frac{\mathrm{D}\rho}{\mathrm{D}t} + \rho\frac{\partial}{\partial \boldsymbol{r}}\cdot\boldsymbol{c} = 0,$$

其中

$$\frac{\mathrm{D}}{\mathrm{D}_t} \equiv \frac{\partial}{\partial t} + \boldsymbol{c}\cdot\frac{\partial}{\partial \boldsymbol{r}} \tag{1.4.10}$$

称为全时间求导. 它的意义是明显的: 对任何一个物理量 $A(\boldsymbol{r}, t)$, 当观察者随着流体在空间移动时所观察到的 A 的时间变化率就是

$$\frac{\partial A}{\partial t} + \frac{\partial A}{\partial \boldsymbol{r}}\cdot\frac{\mathrm{d}\boldsymbol{r}}{\mathrm{d}t} = \left(\frac{\partial}{\partial t} + \boldsymbol{c}\cdot\frac{\partial}{\partial \boldsymbol{r}}\right)A \equiv \frac{\mathrm{D}A}{\mathrm{D}t}.$$

为得出流体的运动方程, 考虑体积元 $\mathrm{d}\boldsymbol{r}$, 假定它的形状及大小不再固定, 而是随着它所包含的那些流体分子运动, 体积元内外的分子不发生交换, 即

$$\frac{\mathrm{D}}{\mathrm{D}t}(\rho\mathrm{d}\boldsymbol{r}) = 0. \tag{1.4.11}$$

这一小团流体的动量的全时间导数为

$$\frac{\mathrm{D}}{\mathrm{D}t}(\rho\boldsymbol{c}\mathrm{d}\boldsymbol{r}) = \rho\mathrm{d}\boldsymbol{r}\frac{\mathrm{D}\boldsymbol{c}}{\mathrm{D}t} = \rho\mathrm{d}\boldsymbol{r}\left(\frac{\partial \boldsymbol{c}}{\partial t} + \boldsymbol{c}\cdot\frac{\partial \boldsymbol{c}}{\partial \boldsymbol{r}}\right),$$

其中用到 (1.4.11) 式及 (1.4.10) 式. 这一动量改变率由周围流本对 d$\boldsymbol{r}$ 中这一小团流体的作用力引起, 这个力可表示为

$$-\oint_A \mathbf{P} \cdot \mathrm{d}\boldsymbol{A}, \tag{1.4.11'}$$

其中 $\mathbf{P}$ 称为**协强张量**, A 是上述体积元 d$\boldsymbol{r}$ 的表面, d$\boldsymbol{A}$ 的方向沿着外法向. 根据 Newton 运动第二定律, 有

$$\rho\mathrm{d}\boldsymbol{r}\left(\frac{\partial \boldsymbol{c}}{\partial t} + \boldsymbol{c}\cdot\frac{\partial}{\partial \boldsymbol{r}}\boldsymbol{c}\right) = -\oint_A \mathbf{P}\cdot\mathrm{d}\boldsymbol{A}.$$

用Gauss定理将右边化为体积分, 两边消去 d$\boldsymbol{r}$, 和推导 (1.4.9) 式类似, 可得

$$\rho\frac{\partial \boldsymbol{c}}{\partial t} + \rho\boldsymbol{c}\cdot\frac{\partial}{\partial \boldsymbol{r}}\boldsymbol{c} + \frac{\partial}{\partial \boldsymbol{r}}\cdot\mathbf{P} = 0. \tag{1.4.12}$$

这就是流体的**运动方程**. 如果将 (1.4.9) 式两边乘以 $\boldsymbol{c}$, 再与 (1.4.12) 相加, 便得流体运动方程的另一形式

$$\frac{\partial}{\partial t}(\rho\boldsymbol{c}) + \frac{\partial}{\partial \boldsymbol{r}}\cdot(\rho\boldsymbol{c}\boldsymbol{c} + \mathbf{P}) = 0. \tag{1.4.13}$$

如果流体是无黏性的理想流体, 那么协强张量将仅仅决定于流体中的压强分布 $p = p(\boldsymbol{r}, t)$. 从 $\mathbf{P}$ 的定义 (1.4.11$'$) 和压强的物理意义, 不难导出关系: $P_{ij} = p\delta_{ij}$, 这里

$$\delta_{ij} = \begin{cases} 0, & i \neq j \\ 1, & i = j. \end{cases}$$

于是 (1.4.13) 式可以写成

$$\frac{\partial}{\partial t}(\rho\boldsymbol{c}) + \frac{\partial}{\partial \boldsymbol{r}}\cdot(\rho\boldsymbol{c}\boldsymbol{c}) + \frac{\partial p}{\partial \boldsymbol{r}} = 0. \tag{1.4.14}$$

这方程称为**Euler 方程**. 如果流体有黏性, 那么由实验可以确定

$$P_{ij} = p\delta_{ij} + \sigma'_{ij}, \tag{1.4.15}$$

其中

$$\sigma'_{ij} = -\bar{\mu}\left(\frac{\partial c_i}{\partial x_j} + \frac{\partial c_j}{\partial x_i} - \frac{2}{3}\frac{\partial c_k}{\partial x_k}\delta_{ij}\right) - \zeta\frac{\partial c_k}{\partial x_k}\delta_{ij} \tag{1.4.15a}$$

称为**黏性张量**. 这里和以下采用了求和规定, 即对一项中出现的相同附标从 1 到 3 求和, 例如, $\dfrac{\partial c_k}{\partial x_k}$ 就意味着 $\sum\limits_{k=1}^{3}\dfrac{\partial c_k}{\partial x_k}$. (1.4.15a) 式中 $\bar{\mu}$ 称为**黏性系数**或**第一黏性系数**, ζ 称为**第二黏性系数**. 利用 (1.4.15) 式, 可把 (1.4.13) 式写成

$$\frac{\partial}{\partial t}(\rho c_i) + \frac{\partial}{\partial x_i}\left[\rho c_i c_j + p\delta_{ij} - \bar{\mu}\left(\frac{\partial c_i}{\partial x_j} + \frac{\partial c_j}{\partial x_i} - \frac{2}{3}\frac{\partial c_k}{\partial x_k}\delta_{ij}\right) - \zeta\frac{\partial c_k}{\partial x_k}\delta_{ij}\right] = 0, \tag{1.4.16}$$

它称为**Navier-Stokes 方程**.

讨论流体的能量方程时, 取与讨论流体运动方程时相同的体积元 $\mathrm{d}\boldsymbol{r}$. 利用 (1.4.11) 式可知 $\mathrm{d}\boldsymbol{r}$ 体积元所含热力学能的全时间导数为

$$\frac{\mathrm{D}}{\mathrm{D}t}(\rho U \mathrm{d}\boldsymbol{r}) = \rho \mathrm{d}\boldsymbol{r}\left(\frac{\partial U}{\partial t} + \boldsymbol{c} \cdot \frac{\partial U}{\partial \boldsymbol{r}}\right).$$

另外, 流体速度 $\boldsymbol{c}$ 也发生变化, 这造成体积元内动能的全时间导数:

$$\frac{\mathrm{D}}{\mathrm{D}t}\left(\frac{1}{2}\rho c^2 \mathrm{d}\boldsymbol{r}\right) = \rho \mathrm{d}\boldsymbol{r}\boldsymbol{c}\cdot\left(\frac{\partial \boldsymbol{c}}{\partial t} + \boldsymbol{c} \cdot \frac{\partial}{\partial \boldsymbol{r}}\boldsymbol{c}\right) = -\boldsymbol{c}\frac{\partial}{\partial \boldsymbol{r}} : \mathbf{P}\mathrm{d}\boldsymbol{r},$$

其中用到 (1.4.12) 式. 因此, 体积元 $\mathrm{d}\boldsymbol{r}$ 中能量的总增加率为

$$\mathrm{d}\boldsymbol{r}\left[\rho\left(\frac{\partial U}{\partial t} + \boldsymbol{c} \cdot \frac{\partial U}{\partial \boldsymbol{r}}\right) - \boldsymbol{c}\frac{\partial}{\partial \boldsymbol{r}} : \mathbf{P}\right].$$

它来自能量的迁移以及应力作功. 前者可表为

$$-\oint_A \boldsymbol{q} \cdot \mathrm{d}\boldsymbol{A},$$

其中 $\boldsymbol{q}$ 称为**能流矢量**; 或**热流矢量**(见 §4.5) 后者可表为

$$-\oint_A \boldsymbol{c} \cdot \mathbf{P} \cdot \mathrm{d}\boldsymbol{A}.$$

综合以上分析可以得到

$$\mathrm{d}\boldsymbol{r}\left[\rho\left(\frac{\partial U}{\partial t} + \boldsymbol{c} \cdot \frac{\partial U}{\partial \boldsymbol{r}}\right) - \boldsymbol{c}\frac{\partial}{\partial \boldsymbol{r}} : \mathbf{P}\right] = -\oint_A (\boldsymbol{q} + \boldsymbol{c} \cdot \mathbf{P}) \cdot \mathrm{d}\boldsymbol{A}.$$

因此, 像上面一样, 对右边应用 Gauss 定理之后, 得

$$\rho\left(\frac{\partial U}{\partial t} + \boldsymbol{c} \cdot \frac{\partial U}{\partial \boldsymbol{r}}\right) + \frac{\partial}{\partial \boldsymbol{r}} \cdot \boldsymbol{q} + \mathbf{P} : \frac{\partial}{\partial \boldsymbol{r}}\boldsymbol{c} = 0. \tag{1.4.17}$$

这就是流体力学的**能量方程**. 如果用 U 乘 (1.4.9) 式两边之后再与 (1.4.17) 式相加, 便得能量方程的另一形式:

$$\frac{\partial}{\partial t}(\rho U) + \frac{\partial}{\partial \boldsymbol{r}} \cdot (\rho U \boldsymbol{c} + \boldsymbol{q}) + \mathbf{P} : \frac{\partial}{\partial \boldsymbol{r}}\boldsymbol{c} = 0. \tag{1.4.18}$$

实验证明, 能流 $\boldsymbol{q}$ 由温度梯度决定:

$$\boldsymbol{q} = -\bar{\kappa}\frac{\partial T}{\partial \boldsymbol{r}}, \tag{1.4.19}$$

$\bar{\kappa}$ 称为**热导率**. 比热力学能 U 是密度 ρ 及绝对温度 T 的函数. 如果知道了压强 p、密度 ρ 及温度 T 之间的关系 (即, 流体的状态方程), 那么 (1.4.9) 式、(1.4.13) 式及 (1.4.18) 式就构成 ρ、c 及 U 所满足的封闭方程组; 这就是通常的流体力学方程组. 由于实验规律 (1.4.15), (1.4.15a) 式和 (1.4.19) 式都只近似成立, 所以流体力学方程组也只在一定条件下才能封闭 (参见第四章, 特别是 §4.5, §4.13).

现在考虑中子的情况. 在这种情况下, 由输运方程 (1.3.21) 式导出关于中子的流体动力学层次的描述并不很复杂. 事实上, 将 (1.3.21) 式对 $\boldsymbol{v}$ 积分所得的零次矩方程, 就是**中子数密度**

$$N(\boldsymbol{r}, t) = \int n(\boldsymbol{r}, \boldsymbol{v}, t)\mathrm{d}\boldsymbol{v} \tag{1.4.20}$$

所满足的连续性方程:

$$\frac{\partial}{\partial t}N(\boldsymbol{r}, t) = -\frac{\partial}{\partial \boldsymbol{r}} \cdot \boldsymbol{J}(\boldsymbol{r}, t) + [c(\boldsymbol{r}) - 1]\Sigma_{\mathrm{t}}(\boldsymbol{r})uN(\boldsymbol{r}, t) + S(\boldsymbol{r}, t), \tag{1.4.21}$$

这里,

$$\begin{aligned} \boldsymbol{J}(\boldsymbol{r}, t) &= \int \boldsymbol{v}n(\boldsymbol{r}, \boldsymbol{v}, t)\mathrm{d}\boldsymbol{v} \\ &= \int \boldsymbol{j}(\boldsymbol{r}, \boldsymbol{v}, t)\mathrm{d}\boldsymbol{v} \end{aligned} \tag{1.4.22}$$

是**中子流密度**; 而

$$u = \frac{\int vn(\boldsymbol{r}, \boldsymbol{v}, t)\mathrm{d}\boldsymbol{v}}{\int n(\boldsymbol{r}, \boldsymbol{v}, t)\mathrm{d}\boldsymbol{v}} = \frac{\int vn(\boldsymbol{r}, \boldsymbol{v}, t)\mathrm{d}\boldsymbol{v}}{N(\boldsymbol{r}, t)} \tag{1.4.23}$$

是中子的**平均速率**;

$$\Sigma_{\mathrm{t}}(\boldsymbol{r}) = \frac{\int \Sigma_{\mathrm{t}}(\boldsymbol{r}, v)vn(\boldsymbol{r}, \boldsymbol{v}, t)\mathrm{d}\boldsymbol{v}}{\int vn(\boldsymbol{r}, \boldsymbol{v}, t)\mathrm{d}\boldsymbol{v}} \tag{1.4.24}$$

是**平均总宏观截面**;

$$c(\boldsymbol{r}) = \frac{\int c(\boldsymbol{r}, v)\Sigma_{\mathrm{t}}(\boldsymbol{r}, v)vn(\boldsymbol{r}, \boldsymbol{v}, t)\mathrm{d}\boldsymbol{v}}{\int \Sigma_{\mathrm{t}}(\boldsymbol{r}, v)vn(\boldsymbol{r}, \boldsymbol{v}, t)\mathrm{d}\boldsymbol{v}} \tag{1.4.25}$$

是一次碰撞中的**平均次级中子数**. 事实上, 由 (1.4.23) 式至 (1.4.25) 式算出的平均值除和位置 $\boldsymbol{r}$ 有关之外, 一般还和时间 t 有关; 但当 $n(\boldsymbol{r}, \boldsymbol{v}, t)$ 随 t 变动不剧烈或随 t

的变动可分离时, 由于分子、分母中都含有 n, 因此这些平均值将基本上和 t 无关. 最后, (1.4.21) 式右边最后一项是总的**源密度分布**:

$$S(\boldsymbol{r},t) = \int s(\boldsymbol{r},\boldsymbol{v},t)\mathrm{d}\boldsymbol{v}. \qquad (1.4.26)$$

(1.4.21) 式并不封闭, 因为它除未知函数 $N(\boldsymbol{r},t)$ 外, 还包含未知函数 $\boldsymbol{J}(\boldsymbol{r},t)$. 此外, 平均值 u、$\Sigma_t(\boldsymbol{r})$ 及 $c(\boldsymbol{r})$ 也和未知分布函数 $n(\boldsymbol{r},\boldsymbol{v},t)$ 有关. 如果应用经验性的**Fick 定律**:

$$\boldsymbol{J}(\boldsymbol{r},t) = -\boldsymbol{D}(\boldsymbol{r})\frac{\partial}{\partial \boldsymbol{r}}N(\boldsymbol{r},t) \qquad (1.4.27)$$

并认为其中的**扩散系数$D(\boldsymbol{r})$**和 u、$\Sigma_t(\boldsymbol{r})$ 及 $c(\boldsymbol{r})$ 等参量是由系统中介质特性确定的已知量, 那么将 (1.4.27) 式代入 (1.4.21) 式后所得**扩散方程**

$$\frac{\partial}{\partial t}N(\boldsymbol{r},t) = \frac{\partial}{\partial \boldsymbol{r}}\cdot\left[D(\boldsymbol{r})\frac{\partial}{\partial r}N(\boldsymbol{r},t)\right] + [c(\boldsymbol{r})-1]\Sigma_t(\boldsymbol{r})uN(\boldsymbol{r},t) + S(\boldsymbol{r},t), \quad (1.4.28)$$

就是中子情形下在流体动力学层次的描述. 这方程也可以通过**中子通量**[参见 (1.3.20) 式给出的中子角通量 $\varphi(\boldsymbol{r},\boldsymbol{v},t)$] $\phi(\boldsymbol{r},t)$ 写出

$$\frac{1}{u}\frac{\partial}{\partial t}\phi(\boldsymbol{r},t) = \frac{\partial}{\partial \boldsymbol{r}}\cdot\left[\frac{D(\boldsymbol{r})}{u}\frac{\partial}{\partial \boldsymbol{r}}\phi(\boldsymbol{r},t)\right] + [c(\boldsymbol{r})-1]\Sigma_t(\boldsymbol{r})\phi(\boldsymbol{r},t) + S(\boldsymbol{r},t), \quad (1.4.29)$$

这里

$$\begin{aligned}
\phi(\boldsymbol{r},t) &= uN(\boldsymbol{r},t) \\
&= \int vn(\boldsymbol{r},\boldsymbol{v},t)\mathrm{d}\boldsymbol{v} \\
&= \int \varphi(\boldsymbol{r},\boldsymbol{v},t)\mathrm{d}\boldsymbol{v}. \qquad (1.4.30)
\end{aligned}$$

扩散方程 (1.4.28) 式或 (1.4.29) 式的物理意义是明显的: 左边表示单位体积中的中子数随时间的增加率, 右边表示这个增加率由三部分贡献造成. 右边第一项反映了由于中子扩散所造成中子流的贡献; 第二项反映了在和介质原子核的碰撞和反应中中子数的净增; 第三项反映了外中子源的贡献. 中子扩散方程以其显明的物理含意和比较简单的形式在许多涉及中子的实际问题的初步估算中得到了广泛的应用.

§1.5 输运方程的定解条件; 正问题和反问题

以上三节所讨论的非平衡统计力学三种不同层次的描述, 只涉及描述状态所用的函数和相应函数所应满足的方程: 微观层次上采用了描述系统相空间中系综分

布的函数 $\rho(\Gamma_N, t)$, 它满足 Liouville 方程; 运动论层次上采用了描述粒子相空间中单粒子分布的函数 $f(r, v, t)$, 它满足输运方程; 流体动力学层次上采用了描述流体密度、速度和热力学能分布的函数 $\rho(r, t)$、$c(r, t)$ 和 $U(r, t)$, 它们满足流体力学方程组. 要做到完整的数学描述, 还必须为这些方程规定适当的定解条件. 下面我们将就**输运方程**的情况, 讨论如何规定不同物理问题中的**定解条件**.

在 §1.3 中已经得到了输运方程的一般形式, 即 (1.3.15) 式, 它也可以写成

$$\frac{\partial n}{\partial t} + v \cdot \frac{\partial n}{\partial r} + \frac{F}{m} \cdot \frac{\partial n}{\partial v} = \left(\frac{\partial n}{\partial t}\right)_{\mathrm{c}} + s(r, v, t), \tag{1.5.1}$$

式中 $n = n(r, v, t) = Nf(r, v, t)$ 是单粒子相空间中的粒子密度分布, N 是粒子总数. 方程 (1.5.1) 式的定解条件应当包括**初始条件**及 (相空间中的)**边界条件**.

初始条件很简单. 因为输运方程中所含的分布函数对时间的偏导数只是一阶的, 所以给出初始分布已经足够了, 即**初始条件**为

$$n(r, v, 0) = n^{(0)}(r, v), \quad \text{对所有 } r, v; \tag{1.5.2}$$

这里 $n^{(0)}(r, v)$ 是给定的初始分布.

粒子的速度不可能超过光速, 因此通常在输运问题中, 实际上可以用

$$v \to \infty \text{时}, \quad n \to 0 \tag{1.5.3}$$

作为**速度空间**中的**边界条件**.

坐标空间中的边界条件比较复杂, 依照所讨论问题的不同, 边界条件的提法也不同.

当粒子从系统中通过表面离去之后再不返回系统时, 表面就称为自由表面. **自由表面**处的**边界条件**可表示为

$$n(R_s, v, t) = 0, \text{ 当 } R_s \in \partial R, \ v \cdot \hat{e}_s > 0 \text{ 时}. \tag{1.5.4}$$

式中 ∂R 是系统所在区域 R 的边界 (这里认为是自由边界), $\hat{e}_s$ 是 R_s 处边界的内法向单位矢量. 如果区域 R 具有凸几何形状, 则当系统周围为真空或纯吸收介质时, 飞逸出去的粒子就不会回归系统, 这时可用自由表面边界条件. 但如 R 不是凸的, 则飞逸出去的粒子可能穿过一段真空从边界的另一处重新进入系统. 遇到这种情况时, 可以通过引入适当的表面源来考虑粒子的重新进入或通过把周围环境的一部分划入系统而使新系统占据的区域成为凸区域来处理.

如果边界不吸收粒子而是**镜反射**的, 也就是说, 粒子打到边界上之后完全弹性地撞回, 那么边界条件可以写成

$$n(R_s, v, t) = n(R_s, v', t), \quad \text{当} \quad R_s \in \partial R, v' = v - 2\hat{e}_s(v \cdot \hat{e}_s). \tag{1.5.5}$$

注意 $\boldsymbol{v}' \cdot \hat{\boldsymbol{e}}_s = -\boldsymbol{v} \cdot \hat{\boldsymbol{e}}_s$ 及 $\boldsymbol{v} = \boldsymbol{v}' - 2\hat{\boldsymbol{e}}_s(\boldsymbol{v}' \cdot \hat{\boldsymbol{e}}_s)$, 可见 $\boldsymbol{v}$ 及 $\boldsymbol{v}'$ 是可以互换的, 即若它们之中任一个代表入射粒子速度, 则另一个代表反射粒子速度. 这和镜反射的可逆性是相符的.

如果边界吸收一部分粒子同时镜反射其余粒子, 那么边界条件可以写成

$$n(\boldsymbol{R}_s, \boldsymbol{v}, t) = \beta n(\boldsymbol{R}_s, \boldsymbol{v} - 2\hat{\boldsymbol{e}}_s(\boldsymbol{v} \cdot \hat{\boldsymbol{e}}_s), t), \quad 0 \leqslant \beta \leqslant 1, \text{ 当 } \boldsymbol{R}_s \in \partial R, \boldsymbol{v} \cdot \hat{\boldsymbol{e}}_s < 0 \text{ 时,} \tag{1.5.6}$$

β 称为 (边界对于系统的)**反照率**. 自由边界和镜反射边界分别是 $\beta = 0$ 和 $\beta = 1$ 的特例.

在两种介质的交界面上, 如果没有表面源 (包括负表面源), 那么分布函数在粒子运动的方向上应当是**连续**的, 即

$$n\left(\boldsymbol{R}_i + r\hat{\boldsymbol{\Omega}}, v\hat{\boldsymbol{\Omega}}, t + \frac{r}{v}\right) \text{ 是 } r \text{ 的连续函数,} \tag{1.5.7}$$

这里 $\boldsymbol{R}_i$ 是交界面上的点, $\hat{\boldsymbol{\Omega}}$ 是粒子运动方向.

在无限远处, 根据问题中的物理条件, 还可能要引入适当的边界条件.

此外, 对于气体或等离子体中的输运过程, 可能需要讨论更复杂的边界条件. 它们将在以后适当章节讨论.

除了初始条件和边界条件之外, 分布函数还受到一些限制, 首先, 分布函数必需是**非负**的:

$$n(\boldsymbol{r}, \boldsymbol{v}, t) \geqslant 0, \text{ 对所有 } \boldsymbol{r}, \boldsymbol{v}, t \text{ 值.} \tag{1.5.8}$$

其次, 对于有限的系统, 由于粒子总数、总动量及总动能为有限, 因此积分

$$\int \mathrm{d}\boldsymbol{r}\mathrm{d}\boldsymbol{v}v^l n(\boldsymbol{r}, \boldsymbol{v}, t), \quad l = 0, 1, 2 \tag{1.5.9}$$

必须**收敛**. 即使系统无限, 上述积分在任何有限区域内也应收敛.

最后, 在球坐标及柱坐标中, 分布函数还可以有某种**周期性**或**对称性**条件. 例如, 在球坐标系中, $\boldsymbol{r} = (r, \theta, \varphi)$, 由于方位角具有 2π 的周期, 应有

$$n(r, \theta, \varphi, \boldsymbol{v}, t) = n(r, \theta, \varphi + 2\pi, \boldsymbol{v}, t); \tag{1.5.10}$$

如此等等.

初始条件及边界条件如果能保证输运方程的解存在、唯一且稳定, 并且解对于初始条件及边界条件的依赖是连续的, 那么这样的定解问题就称为 "**适定**" 的. 判断初始条件及边界条件是否适定, 作为一个数学问题是十分困难的. 在处理具体物理问题时, 作为一个经验法则, 一般认为: 如果在所考虑的区域 R 内给定了初始分布和源分布, 同时给定了经过边界进入此区域的角流密度分布, 那么输运方程在 R 内

的解存在且唯一; 如果区域内的源及边界上进入区域 R 的角流密度都非负, 那么这个解也非负. 至于这个法则的普遍的严谨数学证明, 现在还远没有完成.

如果我们讨论的是**定态问题**, 那么输运方程可能有解, 也可能无解; 解可能是唯一的, 也可能不唯一. 在这里, 每次碰撞中产生的次级粒子数的期望值 $c(\boldsymbol{r}, v)$ 起着决定的作用. 一般来说, 如果在区域 R 中, $c < 1$, 那么这区域的定态分布由该区域中的源及经边界进入 R 的角流密度决定; 如果 $c > 1$, 那么就可能不存在有限定态解. 以后 (§2.8) 将有例子说明这个结论.

由输运方程及适当的定解条件求分布函数, 这是输运理论中的基本问题之一. 它实际上是, 给定了介质的几何形状、组成性质以及粒子相互作用的微观性质和源, 求介质中粒子的分布函数. 这类问题称为**正问题**. 对于正问题的研究, 现在已有比较丰富的经验和方法, 资料也比较多[7~11], 这是输运理论中比较成熟的部分.

有时需要考虑另一类问题, 就是, 已知系统的分布函数或分布函数的一部分, 需要确定系统的性质及组成结构或对它们有所了解. 这类问题是输运理论中的另一类基本问题, 称为**反问题**. 例如, 从地球上或太空中测得太阳的辐射分布 (仅为太阳辐射场的一部分) 来推断太阳的成分与结构; 又知, 通过测量核装置试验中所放出中子、光辐射及 γ 射线的分布并根据收集到的漂浮沉降物等信息, 来推测核装置爆炸时的情况等. 对这类反问题的研究虽然也早就引起了人们的注意, 但迄今所取得的成果还很不系统, 远不如正问题成熟.

在无外场时, 考虑输运方程 (1.3.19) 式的定态, 方程可以写成

$$\boldsymbol{v} \cdot \frac{\partial}{\partial \boldsymbol{r}} n(\boldsymbol{r}, \boldsymbol{v}) + \frac{vn(\boldsymbol{r}, \boldsymbol{v})}{c(\boldsymbol{r}, \boldsymbol{v})} \int \mathrm{d}\boldsymbol{v}' \varSigma(\boldsymbol{r}, \boldsymbol{v} \to \boldsymbol{v}') - \int \mathrm{d}\boldsymbol{v}' v' \varSigma(\boldsymbol{r}, \boldsymbol{v}' \to \boldsymbol{v}) n(\boldsymbol{r}, \boldsymbol{v}') = s(\boldsymbol{r}, \boldsymbol{v}).$$
(1.5.11)

假设给定了自由表面边界条件 (1.5.4) 式. 在已知 $\varSigma(\boldsymbol{r}, \boldsymbol{v}' \to \boldsymbol{v})$、$c(\boldsymbol{r}, v)$ 及 $s(\boldsymbol{r}, \boldsymbol{v})$ 的条件下求 $n(\boldsymbol{r}, \boldsymbol{v})$, 这是正问题. 如果给定 $n(\boldsymbol{r}, \boldsymbol{v})$ 在 $\boldsymbol{r} = \boldsymbol{R}_s \in \partial R$, $\boldsymbol{v} \cdot \hat{\boldsymbol{e}}_s < 0$ 时的值 $g(\boldsymbol{R}_s, \boldsymbol{v})$、$c(\boldsymbol{r}, v)$ 及 $s(\boldsymbol{r}, \boldsymbol{v})$, 求 $\varSigma(\boldsymbol{r}, \boldsymbol{v}' \to \boldsymbol{v})$, 这就是一种反问题, 因为是要确定介质的性质 —— 碰撞核函数. 如果在给定 $g(\boldsymbol{R}_s, \boldsymbol{v})$ 的同时给定 $\varSigma(\boldsymbol{r}, \boldsymbol{v}' \to \boldsymbol{v})$ 及 $c(\boldsymbol{r}, v)$ 的值, 求源分布 $s(\boldsymbol{r}, \boldsymbol{v})$, 这是另一种反问题, 因为是要确定外源的分布. 反问题的解往往不能完全确定, 因此通常反问题比正问题更为复杂. 由于实际上的需要和数学理论上的兴趣, 对于反问题的研究现在正开始深入[12].

§1.6 输运方程的几种具体形式

本节将给出一些具体问题中输运方程的具体形式并简要介绍其中各项的物理意义; 详细的讨论则将在以后各章节中进行.

1) 中子输运方程. 它描写中子在介质中的迁移过程. 虽然中子在运动中也会受到外场的作用, 例如由于中子具有质量和磁矩, 受到重力场或磁场的作用, 或者当介质是流体时中子会受到一个等效力场的作用 [13]; 但在绝大多数情形下, 这些外场的作用都很小, 可以略去. 用角通量 $\varphi = \varphi(\boldsymbol{r}, E, \hat{\boldsymbol{\Omega}}, t)$ 作为描述中子的分布函数, 由 (1.3.25) 式可得中子的输运方程:

$$\frac{1}{\boldsymbol{v}}\frac{\partial \varphi}{\partial t} + \hat{\boldsymbol{\Omega}} \cdot \frac{\partial \varphi}{\partial \boldsymbol{r}} + \Sigma_{\mathrm{t}}\varphi = \int_0^\infty \mathrm{d}E' \int \mathrm{d}\hat{\boldsymbol{\Omega}}\,' \Sigma(E' \to E, \hat{\boldsymbol{\Omega}}\,' \to \hat{\boldsymbol{\Omega}})\varphi(\boldsymbol{r}, E', \hat{\boldsymbol{\Omega}}\,', t) + S, \quad (1.6.1)$$

式中省略了不必要的宗量. 严格地说, 总宏观截面 Σ_{t} 和碰撞核函数 $\Sigma(E' \to E, \hat{\boldsymbol{\Omega}}\,' \to \hat{\boldsymbol{\Omega}})$ 都与中子的分布有关. 这是因为: 第一, 中子可能与其他中子发生碰撞, 这时碰撞核函数就明显地与中子分布函数有关; 第二, 中子和介质的相互作用会使介质的状态受到扰动, 这时碰撞核函数也要相应地发生一些变化. 这些效应使中子输运方程 (1.6.1) 带有非线性. 不过, 在通常情况下, 中子的数密度不超过 $10^{11}\mathrm{cm}^{-3}$ 量级, 而介质原子核的数密度大约是 $10^{21}\mathrm{cm}^{-3}$ 量级; 也就是说, 中子的数密度一般比介质原子核的数密度小得多, 因此可以忽略中子间的碰撞而只考虑中子与原子核的碰撞, 同时可以认为介质的性质不变. 这样, 中子输运方程一般可看成线性输运方程.

通常给出的定解条件是:

初始条件:

$$\varphi(\boldsymbol{r}, E, \hat{\boldsymbol{\Omega}}, 0) = \varphi^{(0)}(\boldsymbol{r}, E, \hat{\boldsymbol{\Omega}})$$

及自由表面边界条件:

$$\varphi(\boldsymbol{R}_s, E, \hat{\boldsymbol{\Omega}}, t) = 0, \ \text{当} \ \boldsymbol{R}_s \in \partial R, \ \hat{\boldsymbol{\Omega}} \cdot \hat{\boldsymbol{e}}_s > 0 \ \text{时}.$$

另外, 当存在不同介质的界面时, 也有类似于 (1.5.7) 式的连续条件.

如果在源项 s 中将外源 s_0 和由于中子在介质中引起裂变或 $(n, 2n)$、$(n, 3n)$ 等反应而出现的源 s_f 或 s_{2n}、s_{3n} 等都包括在内, 如下式所示:

$$s = s_0 + s_f + s_{2n} + s_{3n} + \cdots$$

则除 s_0 与分布函数无关外, s_f、s_{2n} 及 s_{3n} 等都将与 φ 有关, 例如:

$$s_f = \frac{\chi(E)}{4\pi} \int_0^\infty \mathrm{d}E' \int \mathrm{d}\hat{\boldsymbol{\Omega}}\,' \nu(E') \Sigma_{\mathrm{f}}(E') \varphi(\boldsymbol{r}, E', \hat{\boldsymbol{\Omega}}\,', t),$$

其中 $\nu(E')$ 是每次由能量为 E' 的中子所引起的裂变中释放出的中子数的期望值, $\Sigma_{\mathrm{f}}(E')$ 是能量为 E' 的中子引起介质原子核裂变的宏观截面, $\chi(E)$ 是裂变中子 (假定各向同性地放出) 的能量分布或能谱. 当源项 s 作上述理解时, 碰撞核函数

$$\Sigma(E' \to E, \hat{\boldsymbol{\Omega}}\,' \to \hat{\boldsymbol{\Omega}})$$

中将只包括散射过程, 而

$$\int_0^\infty \mathrm{d}E' \int \mathrm{d}\hat{\boldsymbol{\Omega}}' \varSigma(E \to E', \hat{\boldsymbol{\Omega}} \to \hat{\boldsymbol{\Omega}}') = \varSigma_\mathrm{s}(E),$$

这里 $\varSigma_\mathrm{s}(E)$ 是能量为 E 的中子在介质中的宏观散射截面.

在中子输运理论中通常讨论的物理问题包括: 由源的分布及介质性质决定中子角通量的分布; 在无外源的情况下确定能恰好使中子的产生和吸收相平衡所需要的系统的组成以及形状和尺寸; 已知初始分布求系统内中子分布随时间的演变; 或系统对于变化外源的响应; 如此等等.

2) 辐射输运方程, 或**光子输运方程**. 真空中光子只有一个速度, 即光速 c, 但它的能量 $h\nu$ 却和频率 ν 成正比. 这里 h 是 Planck 常数. 色散介质中, 光速也和频率有关. 但从微观角度看, 光在色散介质中传播速率随频率的变化主要来自辐射和原子的相互作用, 在接连两次相互作用之间光速仍为 c. 因此在辐射输运理论中恒取光速为固定值 c. 天体物理中通常引进**辐射强度角分布函数**

$$I_\nu = I_\nu(\boldsymbol{r}, \hat{\boldsymbol{\Omega}}, t) = h\nu c n(\boldsymbol{r}, \nu, \hat{\boldsymbol{\Omega}}, t), \tag{1.6.2}$$

这里 $n(\boldsymbol{r}, \nu, \hat{\boldsymbol{\Omega}}, t)\mathrm{d}\boldsymbol{r}\mathrm{d}\nu\mathrm{d}\hat{\boldsymbol{\Omega}}$ 是 t 时刻, $\boldsymbol{r}$、ν、$\hat{\boldsymbol{\Omega}}$ 附近 $\mathrm{d}\boldsymbol{r}\mathrm{d}\nu\mathrm{d}\hat{\boldsymbol{\Omega}}$ 中的光子数, $I_\nu\mathrm{d}\nu\mathrm{d}\hat{\boldsymbol{\Omega}}$ 表示 t 时刻单位时间内穿过垂直于 $\hat{\boldsymbol{\Omega}}$ 的单位面积的频率在 ν 附近的 $\mathrm{d}\nu$ 内、方向在 $\hat{\boldsymbol{\Omega}}$ 附近的 $\mathrm{d}\hat{\boldsymbol{\Omega}}$ 内的辐射能量. 光子的输运方程可以写成

$$\frac{\partial n}{\partial t} + c\hat{\boldsymbol{\Omega}} \cdot \frac{\partial}{\partial \boldsymbol{r}} n = N^* A_\nu' - c(N_\mathrm{a}\sigma_\mathrm{a} + N_\mathrm{e}\sigma_\mathrm{s})n + N_\mathrm{e}\sigma_\mathrm{s}c \int \mathrm{d}\nu'\mathrm{d}\hat{\boldsymbol{\Omega}}' K(\nu, \nu', \hat{\boldsymbol{\Omega}} \cdot \hat{\boldsymbol{\Omega}}')n(\nu', \hat{\boldsymbol{\Omega}}'),$$
$$\tag{1.6.3}$$

这里宗量 $\boldsymbol{r}$ 及 t 略去未写; N^* 为具有过剩能量 $h\nu$、并能放出一个 ν 光子的物质粒子 (原子或分子) 的密度; N_a 为能吸收光子的物质粒子的密度; N_e 为电子密度; A_ν' 为发射光子 $(\nu, \hat{\boldsymbol{\Omega}})$ 的概率; σ_a 及 σ_s 是物质粒子对光子的微观吸收截面及电子对光子的微观散射截面; $K(\nu, \nu', \hat{\boldsymbol{\Omega}}, \hat{\boldsymbol{\Omega}}')$ 是 $(\nu', \hat{\boldsymbol{\Omega}}')$ 光子经散射后变为 $(\nu, \hat{\boldsymbol{\Omega}})$ 光子的概率, 即**散射概率函数**.

要是光子服从经典统计, 则发射将是各向同性的, 而且发射概率将与 n 无关, 实际上光子服从**Bose-Einstein 统计**, 因此光子向相空间体积元 $\mathrm{d}\boldsymbol{r}\mathrm{d}\boldsymbol{p}$ 发射的概率同已在此体积元中的光子数有关. 设 $\dfrac{2f}{h^3}$ 为单位相空间中的光子数, 则 f 和 n 显然有下列关系:

$$n\mathrm{d}\boldsymbol{r}\mathrm{d}\nu\mathrm{d}\hat{\boldsymbol{\Omega}} = 2f\frac{\mathrm{d}\boldsymbol{r}\mathrm{d}\boldsymbol{p}}{h^3}, \tag{1.6.4}$$

式中右边的因子 2 计及二极化方向. 光子的动量

$$\boldsymbol{p} = \frac{h\nu}{c}\hat{\boldsymbol{\Omega}},$$

因此

$$\mathrm{d}\boldsymbol{p} = p^2\mathrm{d}p\mathrm{d}\hat{\boldsymbol{\Omega}} = \frac{h^3}{c^3}\nu^2\mathrm{d}\nu\mathrm{d}\hat{\boldsymbol{\Omega}},$$

而

$$f = \frac{c^3}{2\nu^2}n. \tag{1.6.5}$$

从 Bose-Einstein 统计知, 光子向一给定相空间体积元发射的概率与 $1+f$ 成正比, 因此

$$A'_\nu = A_\nu(1+f) = A_\nu\left(1 + \frac{c^3}{2\nu^2}n\right), \tag{1.6.6}$$

式中 A_ν 是各向同性的, 且与 n 无关. 可见, 光子的发射概率可以分成两部分: 与 n 无关的**自发发射概率**A_ν 及正比于 n 的**诱导发射概率** $A_\nu\dfrac{c^3}{2\nu^2}n$. 将 (1.6.6) 式代入 (1.6.3) 式, 可将光子输运方程改写成考虑了诱导发射对吸收作了修正的形式:

$$\frac{1}{c}\frac{\partial n}{\partial t} + \hat{\boldsymbol{\Omega}} \cdot \frac{\partial n}{\partial \boldsymbol{r}} = \frac{N^*}{c}A_\nu - N_\mathrm{a}\sigma_\mathrm{a}\left(1 - \frac{c^2}{2\nu^2}\frac{N^*A_\nu}{N_\mathrm{a}\sigma_\mathrm{a}}\right)n - N_\mathrm{e}\sigma_\mathrm{s}n$$
$$+ N_\mathrm{e}\sigma_\mathrm{s}\int \mathrm{d}\nu'\mathrm{d}\hat{\boldsymbol{\Omega}}'K(\nu,\nu',\hat{\boldsymbol{\Omega}} \cdot \hat{\boldsymbol{\Omega}}')n(\nu',\hat{\boldsymbol{\Omega}}'), \tag{1.6.7}$$

或通过由 (1.6.2) 式引进的辐射强度角分布函数 I_ν 写出

$$\frac{1}{c}\frac{\partial I_\nu}{\partial t} + \hat{\boldsymbol{\Omega}} \cdot \frac{\partial}{\partial \boldsymbol{r}}I_\nu = j_\nu - k_\nu I_\nu - N_\mathrm{e}\sigma_\mathrm{s}I_\nu + N_\mathrm{e}\sigma_\mathrm{s}J_\nu, \tag{1.6.8}$$

式中

$$\begin{cases} j_\nu = N^*h\nu A_\nu, \ k_\nu = N_\mathrm{a}\sigma_\mathrm{a}\left(1 - \dfrac{c^2}{2\nu^2}\dfrac{N^*A_\nu}{N_\mathrm{a}\sigma_\mathrm{a}}\right), \\ J_\nu = \displaystyle\int \mathrm{d}\nu'\mathrm{d}\hat{\boldsymbol{\Omega}}'K(\nu,\nu',\hat{\boldsymbol{\Omega}} \cdot \hat{\boldsymbol{\Omega}}')I_{\nu'}(\hat{\boldsymbol{\Omega}}'). \end{cases} \tag{1.6.9}$$

当光子能量较电子的固有能量 (0.51MeV) 小得多时, 散射对光子的频率改变很小, 可以略去. 这时, 散射概率函数

$$K(\nu,\nu',\hat{\boldsymbol{\Omega}} \cdot \hat{\boldsymbol{\Omega}}') = K(\hat{\boldsymbol{\Omega}} \cdot \hat{\boldsymbol{\Omega}}')\delta(\nu - \nu').$$

在稳态或接近稳态的情形下, 光子输运方程中 $\dfrac{1}{c}\dfrac{\partial n}{\partial t}$ 一项可以略去. 如果不仅辐射, 而且物质也处于稳定态, 则单位体积中物质所吸收的总能量应当等于所发射的, 即

$$\int \mathrm{d}\nu\mathrm{d}\hat{\boldsymbol{\Omega}}\, h\nu cN_\mathrm{a}\sigma_\mathrm{a}n = \int \mathrm{d}\nu\mathrm{d}\hat{\boldsymbol{\Omega}}\, N^*A'_\nu,$$

或利用 (1.6.6) 式改写为

$$\int \mathrm{d}\nu \mathrm{d}\hat{\boldsymbol{\Omega}}\, h\nu N^* A_\nu = \int \mathrm{d}\nu \mathrm{d}\hat{\boldsymbol{\Omega}}\, h\nu c N_{\mathrm{a}}\sigma_{\mathrm{a}}\left(1 - \frac{c^2}{2\nu^2}\frac{N^* A_\nu}{N_{\mathrm{a}}\sigma_{\mathrm{a}}}\right)n. \tag{1.6.10}$$

实际上, 只要辐射与物质间能量交换的速率远大于物质状态改变的速率, (1.6.10) 式所表示的条件就可近似地加以利用 (这时称为**似稳条件**).

发射概率与吸收概率之间由细致平衡原则相联系. 若物质未处在热力学平衡之下, 则此关系与发射和吸收的元过程有关, 只有从微观理论才能求得. 以下考虑**局部热力学平衡**的情况, 即当每个局部的物质均可赋予一定温度时的情况. 当平衡只存在于物质粒子之间时, 平衡称为**部分**的; 当每局部的辐射也和物质处于平衡时, 平衡称为**完全**的. 只要满足部分热力学平衡条件, 发射与吸收概率之间的关系就成立; 但为了寻找这关系, 要考虑一完全**热力学平衡**的状态, 用 $n_{\mp}$ 表示这样一状态中 n 的值. 显然, 当 n 对于时间、空间均为常量时便会有这样的态. 于是由 (1.6.7) 式有

$$\frac{N^*}{c}A_\nu = N_{\mathrm{a}}\sigma_{\mathrm{a}}\left(1 - \frac{c^2}{2\nu^2}\frac{N^* A_\nu}{N_{\mathrm{a}}\sigma_{\mathrm{a}}}\right)n_{\mp},$$

或

$$n_{\mp} = \frac{2\nu^2}{c^3}\frac{1}{\dfrac{2\nu^2}{c^2}\dfrac{N_{\mathrm{a}}\sigma_{\mathrm{a}}}{N^* A_\nu} - 1}. \tag{1.6.11}$$

推导 (1.6.11) 式时用了 $n_{\mp}$ 为各向同性及光子能量较电子固有能量小得多, 因而

$$\int \mathrm{d}\nu' \mathrm{d}\hat{\boldsymbol{\Omega}}'\, K(\nu, \nu', \hat{\boldsymbol{\Omega}}\cdot\hat{\boldsymbol{\Omega}}')n_{\mp}(\nu', \hat{\boldsymbol{\Omega}}')$$

$$= \int \mathrm{d}\nu' \delta(\nu - \nu')n_{\mp}(\nu')\int \mathrm{d}\hat{\boldsymbol{\Omega}}'\, K(\hat{\boldsymbol{\Omega}}\cdot\hat{\boldsymbol{\Omega}}')$$

$$= n_{\mp}(\nu),$$

于是 (1.6.7) 式中二散射项刚好消去的事实. 用天体物理中的记号, (1.6.11) 式可写作

$$B_\nu = I_{\nu\,\mp} = h\nu c n_{\mp} = \frac{2h\nu^3}{c^2}\frac{1}{\dfrac{2\nu^2}{c^2}\dfrac{N_{\mathrm{a}}\sigma_{\mathrm{a}}}{N^* A_\nu} - 1}. \tag{1.6.11a}$$

如果物质粒子服从**Boltzmann 统计**并处于温度 T 的热力学平衡下, 则

$$\frac{N^*}{N_{\mathrm{a}}} = \mathrm{e}^{-\frac{h\nu}{k_{\mathrm{B}}T}},$$

$k_{\mathrm{B}} = 1.38062 \times 10^{-16}\mathrm{erg}\cdot\mathrm{K}^{-1}$ 是 Boltzmann 常数, 代入 (1.6.11a) 式, 得

$$B_\nu = \frac{2h\nu^3}{c^2}\left[\frac{2\nu^2}{c^2}\frac{\sigma_{\mathrm{a}}}{A_\nu}\exp\left(\frac{h\nu}{k_{\mathrm{B}}T}\right) - 1\right]^{-1}, \tag{1.6.12}$$

将 (1.6.12) 式与平衡辐射的 **Planck 分布**

$$B_\nu = \frac{2h\nu^3}{c^2} \left[\exp\left(\frac{k\nu}{k_B T}\right) - 1 \right]^{-1} \tag{1.6.12a}$$

对比, 便得

$$\frac{2\nu^2}{c^2} \frac{\sigma_a}{A_\nu} = 1. \tag{1.6.13}$$

这就是吸收和发射过程的概率之间的热力学关系. 可见, 若物质处在由温度 T 表征的热力学平衡下, 则 (1.6.7) 式右边吸收项中对诱导发射的修正只和温度有关:

$$\frac{c^2}{2\nu^2} \frac{N^* A_\nu}{N_a \sigma_a} = \exp\left(-\frac{h\nu}{k_B T}\right). \tag{1.6.14}$$

由上式及 (1.6.12a) 式可得 [参见 (1.6.9) 式]:

$$j_\nu = N^* h\nu A_\nu = N_a \sigma_a \left[1 - \exp\left(-\frac{h\nu}{k_B T}\right) \right] B_\nu, \tag{1.6.15}$$

$$k_\nu = N_a \sigma_a \left[1 - \exp\left(-\frac{h\nu}{k_B T}\right) \right]. \tag{1.6.16}$$

由以上二式可见

$$j_\nu = k_\nu B_\nu. \tag{1.6.17}$$

这就是**发射系数** j_ν 和**吸收系数** k_ν 之间的 **Kirchhoff 关系**.

现在可将部分局部热力学平衡下的辐射输运方程 (1.6.8) 式写成

$$\begin{aligned}
\frac{1}{c}\frac{\partial I_\nu}{\partial t} + \hat{\boldsymbol{\Omega}} \cdot \frac{\partial}{\partial \boldsymbol{r}} I_\nu &= k_\nu B_\nu - k_\nu I_\nu - N_e \sigma_s I_\nu + N_e \sigma_s J_\nu \\
&= + k_\nu'[-I_\nu + \gamma_\nu B_\nu + (1 - \gamma_\nu) J_\nu],
\end{aligned} \tag{1.6.18}$$

式中

$$J_\nu = \int \mathrm{d}\hat{\boldsymbol{\Omega}}' K(\hat{\boldsymbol{\Omega}} \cdot \hat{\boldsymbol{\Omega}}') I_\nu(\hat{\boldsymbol{\Omega}}') \text{(低能光子)},$$

而

$$k_\nu' = k_\nu + N_e \sigma_s, \quad \gamma_\nu = \frac{k_\nu}{k_\nu + N_e \sigma_s}. \tag{1.6.19}$$

如果引进单位质量的发射系数和吸收系数:

$$\varepsilon_\nu = \frac{j_\nu}{\rho}, \quad K_\nu = \frac{k_\nu}{\rho}, \quad K_\nu' = \frac{k_\nu'}{\rho}, \tag{1.6.20}$$

则 (1.6.18) 式又可写成

$$\frac{1}{c}\frac{\partial I_\nu}{\partial t} + \hat{\boldsymbol{\Omega}} \cdot \frac{\partial}{\partial \boldsymbol{r}} I_\nu = \rho K_\nu'[-I_\nu + \gamma_\nu B_\nu + (1 - \gamma_\nu) J_\nu]. \tag{1.6.21}$$

为了完全解决辐射输运的问题, 除输运方程外还必需有决定物质状态的方程. 如果物质处于局部热力学平衡下, 则其状态仅由温度 T 决定. 若此时辐射输运在物质能量的平衡中起主要作用, 则为决定物质的温度可利用积分的似稳条件 (1.6.10) 式. 利用 (1.6.15) 及 (1.6.16) 式, 似稳条件可表成

$$\int \mathrm{d}\nu \mathrm{d}\hat{\boldsymbol{\Omega}}\, k_\nu (I_\nu - B_\nu) = 0. \tag{1.6.22}$$

如果辐射也处于热平衡下, 则 $I_\nu = B_\nu$, 上式恒等地成立.

从以上讨论可见, 一般情形下的辐射输运方程 (1.6.8) 式是非线性的, 因为系数 j_ν 及 k_ν 依赖于处于不同能级的原子或分子的数目 [见 (1.6.9) 式]N^* 及 N_a 等, 而这些数目又会依赖于辐射强度的分布 I_ν. 只有在局部热平衡的条件下, 辐射输运方程才简化为线性方程 (1.6.21).

3) 分子输运方程. 这是气体动力学的基本方程. 应当注意到气体分子运动与中子输运不同: 分子运动时, 其背景也是这种分子, 而且其速度分布也是待求的量, 因此必须考虑分子之间的碰撞.

如果气体比较稀薄, 分子直径 (或分子间的作用力程)d 与分子间的平均距离 δ 之比 $\dfrac{d}{\delta}$ 是小量, 则可以忽略三体及三体以上的碰撞而只考虑二体碰撞. 再假定气体是单一成分的单原子分子, 那么, 碰撞项就可以写成

$$\left(\frac{\partial n}{\partial t}\right)_{\mathrm{c}} = \int \mathrm{d}\boldsymbol{w} \int \mathrm{d}\hat{\boldsymbol{u}}'\, u\sigma(u, \hat{\boldsymbol{u}}\cdot\hat{\boldsymbol{u}}')[n(\boldsymbol{w}')n(\boldsymbol{v}') - n(\boldsymbol{w})n(\boldsymbol{v})], \tag{1.6.23}$$

式中 $\boldsymbol{w}$、$\boldsymbol{v}$ 和 $\boldsymbol{w}'$、$\boldsymbol{v}'$ 分别是一对分子碰撞前后的速度;

$$\boldsymbol{u} = \boldsymbol{v} - \boldsymbol{w} = u\hat{\boldsymbol{u}} \quad 及 \quad \boldsymbol{u}' = \boldsymbol{v}' - \boldsymbol{w}' = u\hat{\boldsymbol{u}}'$$

分别是碰撞前后的相对速度 (对于我们所考虑的弹性碰撞, $|\boldsymbol{u}| = |\boldsymbol{u}'| = u$); $\sigma(u, \hat{\boldsymbol{u}}\cdot\hat{\boldsymbol{u}}')$ 是**微分散射截面**, 只依赖于相对速率 u 及质心系中散射角的余弦 $\hat{\boldsymbol{u}}\cdot\hat{\boldsymbol{u}}'$. (1.6.23) 式左边 $n = n(\boldsymbol{v})$; 右边方括号中第一项考虑由 $\boldsymbol{w}'$ 分子及 $\boldsymbol{v}'$ 分子散射后有一个分子速度变成 $\boldsymbol{v}$ 的情况, 第二项则考虑 $\boldsymbol{v}$ 分子被散射成其他速度的情况. 由于 $u\sigma(u, \hat{\boldsymbol{u}}\cdot\hat{\boldsymbol{u}}')$ 对带撇和不带撇速度的对称性, 所以可以作为公因子提到方括号之外. 为简单起见, (1.6.23) 式中各量的宗量 r, t 均略去未写, 以下在不会引起误解时也这样做. 把 (1.6.23) 式代入输运方程的一般形式 (1.3.15) 式并假定没有源项, 那么就有

$$\frac{\partial n}{\partial t} + \boldsymbol{v}\cdot\frac{\partial n}{\partial \boldsymbol{r}} + \frac{\boldsymbol{F}}{m}\cdot\frac{\partial n}{\partial \boldsymbol{v}} = \int \mathrm{d}\boldsymbol{w}\mathrm{d}\hat{\boldsymbol{u}}'\, u\sigma(u, \hat{\boldsymbol{u}}\cdot\hat{\boldsymbol{u}}')[n(\boldsymbol{w}')n(\boldsymbol{v}') - n(\boldsymbol{w})n(\boldsymbol{v})]. \tag{1.6.24}$$

这就是稀薄气体的输运方程, 也称为**Boltzmann 方程**, 它是由 Boltzmann 于 1872 年建立的. 显然, 这个方程是非线性的, 一般情况下, 严格求解它很困难 [7,11].

如果稀薄气体有 s 个组分, 那么输运方程的形式会复杂些. 设第 j 个组分的分布函数为 $n_j = n_j(\boldsymbol{r}, \boldsymbol{v}, t)$, $j = 1, 2, \cdots, s$. 那么就有一组 (s 个) 方程:

$$\frac{\partial n_j}{\partial t} + \boldsymbol{v} \cdot \frac{\partial n_j}{\partial \boldsymbol{r}} + \frac{\boldsymbol{F}}{m_j} \cdot \frac{\partial n_j}{\partial \boldsymbol{v}} = \sum_{i=1}^{s} \int \mathrm{d}\boldsymbol{w}' \mathrm{d}\hat{\boldsymbol{\Omega}}\, u \sigma_{ij}(u, \hat{\boldsymbol{\Omega}})[n_i(\boldsymbol{w}')n_j(\boldsymbol{v}')$$
$$- n_i(\boldsymbol{w})n_j(\boldsymbol{v})], \; j = 1, 2, \cdots, s. \qquad (1.6.25)$$

其中 $\sigma_{ij}(u, \hat{\boldsymbol{\Omega}})$ 是第 i 种分子对于第 j 种分子的微分散射截面. 如果分子有内部自由度, 那么输运方程就更加复杂了.

我们看到, Boltzmann 方程的复杂性主要来自它的碰撞项. 如果把碰撞项加以简化, 输运方程就可以简单一些. 有时, 这种简化可以通过把碰撞项对速度展开并只保留到二阶项来实现 (见 §5.2), 所得到的方程称为**Fokker-Planck 方程**. Boltzmann 方程和 Fokker-Planck 方程在输运理论中的地位十分重要 (详见第四、五章).

4) 高能带电粒子的输运方程. 这里所说的带电粒子主要是指轻离子, 如质子、α 粒子等. 这些粒子在重介质中运动时, 会与重核碰撞 (这种碰撞频率较低), 也会与原子中的电子碰撞 (这种碰撞更频繁). 前一种碰撞中能量交换可以忽略, 只是使带电粒子的运动方向发生变化, 所以可以在 (1.3.25) 式中取

$$\Sigma(\boldsymbol{r}, E' \to E, \hat{\boldsymbol{\Omega}}' \to \hat{\boldsymbol{\Omega}}) = \Sigma(\boldsymbol{r}, E, \hat{\boldsymbol{\Omega}}' \to \hat{\boldsymbol{\Omega}})\delta(E - E'),$$

从而得到

$$\frac{1}{v}\frac{\partial \varphi}{\partial t} + \hat{\boldsymbol{\Omega}} \cdot \frac{\partial \varphi}{\partial \boldsymbol{r}} + \Sigma_\mathrm{t}\varphi = \int \mathrm{d}\hat{\boldsymbol{\Omega}}'\, \Sigma(\boldsymbol{r}, E, \hat{\boldsymbol{\Omega}}' \to \hat{\boldsymbol{\Omega}})\varphi(\boldsymbol{r}, E, \hat{\boldsymbol{\Omega}}', t) + s. \qquad (1.6.26)$$

再考虑第二种碰撞. 每次这种碰撞都使带电粒子的能量有微小的变化, 频繁的碰撞所造成的能量变化可以看成是连续的, 带电粒子的能量 E 可以看成所走过路程 ξ 的递减函数 $E = E(\xi)$. 又因为 $\mathrm{d}\xi = v\mathrm{d}t$, 所以 $\varphi = \varphi(\boldsymbol{r}, \xi, \hat{\boldsymbol{\Omega}})$, 而 $\Sigma(\boldsymbol{r}, E, \hat{\boldsymbol{\Omega}}' \to \hat{\boldsymbol{\Omega}})$ 可改写为 $\Sigma(\boldsymbol{r}, \xi, \hat{\boldsymbol{\Omega}}' \to \hat{\boldsymbol{\Omega}})$, 于是 (1.6.26) 式可以再改写成

$$\frac{\partial \varphi}{\partial \xi} + \hat{\boldsymbol{\Omega}} \cdot \frac{\partial \varphi}{\partial \boldsymbol{r}} + \Sigma_\mathrm{t}\varphi = \int \mathrm{d}\hat{\boldsymbol{\Omega}}'\, \Sigma(\boldsymbol{r}, \xi, \hat{\boldsymbol{\Omega}}' \to \hat{\boldsymbol{\Omega}})\varphi(\boldsymbol{r}, \xi, \hat{\boldsymbol{\Omega}}') + s. \qquad (1.6.27)$$

假定 $\dfrac{\mathrm{d}E}{\mathrm{d}\xi} = f(\xi)$ 是已知函数, 那么 (1.6.27) 式就是高能带电粒子的输运方程. 它也是线性的.

5) 等离子体中的输运方程. 等离子体中第 s 种成分的输运方程, 可以通过在 (1.3.15) 式中取

$$\boldsymbol{F} = e_s \left(\boldsymbol{E} + \frac{1}{c}\boldsymbol{v} \times \boldsymbol{B} \right)$$

得到, 这里 e_s 是第 s 种粒子的电荷, $\boldsymbol{E}$ 及 $\boldsymbol{B}$ 分别是电场强度和磁感应强度, c 为光速. 如果没有源项, 那么便有

$$\frac{\partial n_s}{\partial t} + \boldsymbol{v} \cdot \frac{\partial n_s}{\partial \boldsymbol{r}} + \frac{e_s}{m_s}\left(\boldsymbol{E} + \frac{1}{c}\boldsymbol{v} \times \boldsymbol{B}\right) \cdot \frac{\partial n_s}{\partial \boldsymbol{v}} = \left(\frac{\partial n_s}{\partial t}\right)_{\mathrm{c}}, \quad s = 1, 2, \cdots. \quad (1.6.28)$$

在讨论等离子体时, **Debye 长度**

$$\lambda_{\mathrm{D}} = \left(\frac{k_{\mathrm{B}}T}{4\pi \sum_s n_s e_s^2}\right)^{\frac{1}{2}} \quad (1.6.29)$$

是一个很重要的量. λ_{D} 反映了带电粒子之间 Coulomb 作用力作用的半径. 如果 λ_{D} 很大, 那么集体效应可略去, 因此每个粒子都可以看成是在某种给定的外场 $\boldsymbol{E}(\boldsymbol{r}, t)$ 和 $\boldsymbol{B}(\boldsymbol{r}, t)$ 中运动, 我们可以用上面讨论高能带电粒子时所用的一类方法来处理方程 (1.6.28) 式. 但是, 当 λ_{D} 远小于系统的尺寸时, 作用于粒子的场就不能认为是给定的, 而应看成是随系统中离子的分布而改变的, 离子之间的相互作用主要是通过这个共同造成的场来实现, 而个别粒子之间的碰撞并不重要. 这样, (1.6.28) 式右边的碰撞项就可以忽略, 同时左边的 $\boldsymbol{E}$ 和 $\boldsymbol{B}$ 却应当用 Maxwell 方程组和输运方程一起自洽地确定. 于是便得无碰撞等离子体理论的基本方程组 ——**Vlasov-Maxwell 方程组**：

$$\begin{cases} \dfrac{\partial n_s}{\partial t} + \boldsymbol{v} \cdot \dfrac{\partial n_s}{\partial \boldsymbol{r}} + \dfrac{e_s}{m_s}\left(\boldsymbol{E} + \dfrac{1}{c}\boldsymbol{v} \times \boldsymbol{B}\right) \cdot \dfrac{\partial n_s}{\partial \boldsymbol{v}} = 0, \\[2mm] \boldsymbol{\nabla} \cdot \boldsymbol{E} = \sum_s 4\pi e_s \displaystyle\int \mathrm{d}\boldsymbol{v}\, n_s(\boldsymbol{r}, \boldsymbol{v}, t), \\[2mm] \boldsymbol{\nabla} \cdot \boldsymbol{B} = 0, \\[2mm] \boldsymbol{\nabla} \times \boldsymbol{E} = -\dfrac{1}{c}\dfrac{\partial \boldsymbol{B}}{\partial t}, \\[2mm] \boldsymbol{\nabla} \times \boldsymbol{B} = \dfrac{1}{c}\dfrac{\partial \boldsymbol{E}}{\partial t} + \sum_s \dfrac{4\pi e_s}{e}\displaystyle\int \mathrm{d}\boldsymbol{v}\,\boldsymbol{v}\, n_s(\boldsymbol{r}, \boldsymbol{v}, t). \end{cases} \quad (1.6.30)$$

显然, 这里出现的输运方程是非线性的.

综上所述, 针对不同的问题, 输运方程有不同的形式. 通常的中子输运方程、局域热平衡条件下的光子输运方程和高能带电粒子的输运方程都是线性的, 而 Boltzmann 方程、Fokker-Planck 方程和 Vlasov-Maxwell 方程都是非线性的. 本书第二、三章将讨论线性输运方程, 第四、五、六、七章则将分别讨论几种非线性输运方程.

应当指出, 以上列举的种种输运方程所描述的都是**Markov 过程**. 事实上, 在输运方程中对时间的导数只是一阶的, 而且碰撞项所描述的只是瞬时的碰撞过程, 因

此, 在给定了现在的分布函数之后, 就完全确定了将来分布函数的变化, 而和过去的分布函数无关. 这正是所有 Markov 过程的特点. 当然, 自然界中的输运过程并不都是这样的, 非 Markov 过程也可能出现. 例如, 由于中子裂变时所产生的缓发中子先行核会在一段时间以后放出中子, 而中子裂变数分布又和中子分布有关, 这样就使将来的中子分布不仅和现在的, 而且也和过去一段时间的中子分布有关. 另一方面, 碰撞过程并不一定总是瞬时完成的, 它可能持续一段时间; 也不一定是在确定位置上发生的, 而可能从两粒子相距相当远时就开始发生. 在稠密气体中就会出现这种非瞬时非局域的碰撞过程. 对于诸如此类的非局域的非 Markov 过程, 输运方程中碰撞项的更普遍形式应当是

$$\left(\frac{\partial n}{\partial t}\right)_c = \int_0^t \mathrm{d}t' \int \mathrm{d}\boldsymbol{r}'\mathrm{d}\boldsymbol{v}' \Sigma(\boldsymbol{v}' \to \boldsymbol{v}, \boldsymbol{r}' \to \boldsymbol{r}, t-t')n(\boldsymbol{r}', \boldsymbol{v}', t'). \tag{1.6.31}$$

用这样的碰撞项代入 (1.3.15) 式, 就得到相应的输运方程:

$$\frac{\partial n}{\partial t} + \boldsymbol{v} \cdot \frac{\partial n}{\partial \boldsymbol{r}} + \frac{\boldsymbol{F}}{m} \cdot \frac{\partial n}{\partial \boldsymbol{v}}$$
$$= \int_0^t \mathrm{d}t' \int \mathrm{d}\boldsymbol{r}'\mathrm{d}\boldsymbol{v}' \Sigma(\boldsymbol{v}' \to \boldsymbol{v}, \boldsymbol{r}' \to \boldsymbol{r}, t \to t')n(\boldsymbol{r}', \boldsymbol{v}', t') + s(\boldsymbol{r}, \boldsymbol{v}, t). \tag{1.6.32}$$

本书第六章中将讨论的广义 Langevin 方程, 就是非 Markov 型方程的一例. 不过为了避免使计算过分复杂化, 一般在实际应用时, 仍然要作 Markov 近似.

§1.7* 反应系统的输运方程[14]

反应系统是指参与反应的粒子混合系统. 例如, 起化学反应的包含分子、原子及自由基等粒子的混合气体; 又如, 极高温度下起热核反应的, 包含轻核、中子、电子及光子等粒子的混合等离子体 (高温等离子体的 Debye 长度大, 所以碰撞项不能忽略). 为研究这些系统中的输运现象, 就必须在输运方程中反映粒子间可能起各种反应这一事实.

设系统中包含的各类粒子分别用附标 $0, 1, 2, \cdots$ 来表示, 其中 0 特别用来表示光子, 而 $1, 2, \cdots$ 则表示静止质量不为零的粒子. 粒子 i 的速度和动量分别用 $\boldsymbol{v}_i$ 和 $\boldsymbol{p}_i$ 表示, 于是

$$\boldsymbol{v}_0 = c\hat{\boldsymbol{\Omega}}_0, \quad \boldsymbol{p}_0 = \frac{h\nu}{c}\hat{\boldsymbol{\Omega}}_0 \tag{1.7.1}$$

$$\boldsymbol{v}_i = v_i\hat{\boldsymbol{\Omega}}_i, \quad \boldsymbol{p}_i = m_i\boldsymbol{v}_i, \quad i \neq 0 \tag{1.7.2}$$

设 $n_i(\boldsymbol{r}, t, \boldsymbol{p}_i)\mathrm{d}\boldsymbol{r}\mathrm{d}\boldsymbol{p}_i$ 为 t 时刻空间 $(\boldsymbol{r}, \mathrm{d}\boldsymbol{r})$ 动量 $(\boldsymbol{p}_i, \mathrm{d}\boldsymbol{p}_i)$ 范围内的 i 类粒子数. 考虑到粒子间的反应 (包括衰变、弹性和非弹性散射以及真正的反应) 时, 输运方程可以

写成

$$\frac{\partial n_i}{\partial t} + \boldsymbol{v}_i \cdot \frac{\partial n_i}{\partial \boldsymbol{r}} + \frac{\partial}{\partial \boldsymbol{p}_i} \cdot (n_i \boldsymbol{F}_i)$$

$$= S_i(\boldsymbol{p}_i) - a_i(\boldsymbol{p}_i)n_i(\boldsymbol{p}_i) + \int G_{si}(\boldsymbol{p}'_i \to \boldsymbol{p}_i)n_i(\boldsymbol{p}'_i)\mathrm{d}\boldsymbol{p}'_i$$

$$- n_i(\boldsymbol{p}_i) \int G_{si}(\boldsymbol{p}_i \to \boldsymbol{p}'_i)\mathrm{d}\boldsymbol{p}'_i, \tag{1.7.3}$$

式中右边各项的物理意义是: $S_i(\boldsymbol{p}_i)$ 是系统中由于所有可能发生的各种反应而引起的 i 类粒子的源强度分布; $a_i(\boldsymbol{p}_i)$ 是每单位时间内具有动量 $\boldsymbol{p}_i$ 的粒子 i 在系统中因各种反应而消失的概率; $G_{si}(\boldsymbol{p}'_i \to \boldsymbol{p}_i)$ 是每单位时间内具有动量 $\boldsymbol{p}'_i$ 的粒子 i 在系统中因为各种散射而转化为具有动量 $\boldsymbol{p}_i$ 的概率. 这些量的具体形状当然和系统中存在的反应的具体内容有关, 但显然它们都和有关反应中出现的粒子的分布函数有关. 因此, 如果具体而完整地写出来, (1.7.3) 式就代表一组相互耦合的非线性输运方程组. 关于这一方程组的性质和解法, 本书不拟详细讨论.

§1.8   Onsager 关系

在结束本章以前, 让我们回到流体动力学描述中, 讨论一个具有相当普遍意义的关系 ——**Onsager 关系**, 以便以后加以引用.

输运现象中涉及各种各样的 "**流**", 如热流、粒子流、电流等. 这些 "流" 受到相应 "**力**" 的控制, 如热流受温度梯度、粒子流由粒子数密度梯度、电流受电势梯度控制等等. "力" 反映了系统偏离平衡状态的程度, "流" 则反映了系统恢复平衡状态的倾向. 如果系统偏离平衡状态不太远, 就可以假设力 X_i 与流 $\dot{\alpha}_i$ 之间有如下线性关系:

$$\dot{\alpha}_i = -\gamma_{ij} X_j \qquad (\text{求和规定}) \tag{1.8.1}$$

其中 γ_{ij} 称为系统的**动力学系数**(或**输运系数**). 例如, 热导率、扩散系数、电导率等等.

Onsager 关系讨论的是这些动力学系数 γ_{ij} 的对称性质. 为说明这一性质, 考虑一个被扰动系统的**熵** S, 它应当与空间各处的 α_i 值有关, 因此是 $\alpha_i(\boldsymbol{r})$ 的泛函; 我们把它记作 $S = S\{\alpha_i\}$. 假设系统在平衡态时达到的**最大熵**为 $S\{\tilde{\alpha}_i\}$, 那么 $S\{\alpha_i\}$ 将自然地倾向于达到它的极大值. 如果差 $\alpha_i - \tilde{\alpha}_i$ 小, 就可以对之展开, 并取到二阶小项为止: (记住求和规定, 下同)

$$S(\alpha_i) = S(\tilde{\alpha}_i) + \int \left.\frac{\delta S}{\delta \alpha_i}\right|_{\tilde{\alpha}_i} (\alpha_i - \tilde{\alpha}_i)\mathrm{d}\boldsymbol{r} + \frac{1}{2}\int \left.\frac{\delta^2 S}{\delta \alpha_i \delta \alpha_j}\right|_{\tilde{\alpha}_i, \tilde{\alpha}_j} (\alpha_i - \tilde{\alpha}_i)(\alpha_j - \tilde{\alpha}_j)\mathrm{d}\boldsymbol{r}, \tag{1.8.2}$$

式中 $\left.\dfrac{\delta S}{\delta \alpha_i}\right|_{\widetilde{\alpha}_i}$ 表示取变分导数 $\dfrac{\delta S}{\delta \alpha_i}$ 在 $\alpha_i = \widetilde{\alpha}_i$ 时的值, 余类推. 由于 $S(\alpha_i)$ 在 $\alpha_i = \widetilde{\alpha}_i$ 处为极大, 所以一阶变分导数为零. 记

$$\Delta S = S(\alpha_i) - S(\widetilde{\alpha}_i),$$

则有

$$\Delta S = -\frac{1}{2} \int \beta_{ij}(\alpha_i - \widetilde{\alpha}_i)(\alpha_j - \widetilde{\alpha}_j)\mathrm{d}\boldsymbol{r}, \tag{1.8.3}$$

其中

$$\beta_{ij} \equiv -\left.\frac{\delta^2 S}{\delta \alpha_i \delta \alpha_j}\right|_{\widetilde{\alpha}_i, \widetilde{\alpha}_j} = \beta_{ji}. \tag{1.8.4}$$

定义 '力' X_i 为

$$X_i \equiv -\frac{\delta S}{\delta \alpha_i},$$

则由 (1.8.3) 式可得

$$X_i = \beta_{ij}(\alpha_j - \widetilde{\alpha}_j). \tag{1.8.5}$$

由于系统处于某一状态的概率正比于 $\mathrm{e}^{\Delta S/k_{\mathrm{B}}}$, 所以可以定义物理量 G 的系综平均值为

$$\langle G \rangle \equiv \frac{\displaystyle\int G\exp(\Delta S/k_{\mathrm{B}})\prod_i \delta\alpha_i}{\displaystyle\int \exp(\Delta S/k_{\mathrm{B}})\prod_i \delta\alpha_i}.$$

或利用 (1.8.3) 式, 得

$$\langle G \rangle = \frac{\displaystyle\int G\exp\left[-\frac{1}{2k_{\mathrm{B}}}\int \beta_{ij}(\alpha_i - \widetilde{\alpha}_i)(\alpha_j - \widetilde{\alpha}_j)\mathrm{d}\boldsymbol{r}\right]\prod_i \delta\alpha_i}{\displaystyle\int \exp\left[-\frac{1}{2k_{\mathrm{B}}}\int \beta_{ij}(\alpha_i - \widetilde{\alpha}_i)(\alpha_j - \widetilde{\alpha}_j)\mathrm{d}\boldsymbol{r}\right]\prod_i \delta\alpha_i}. \tag{1.8.6}$$

尽管上式只在 $\alpha_i \approx \widetilde{\alpha}_i$ 附近才有效, 但积分限仍可以取为 $(-\infty, \infty)$, 因为 α_i 远离 $\widetilde{\alpha}_i$ 时被积函数指数地趋于零, 对积分没有明显的贡献.

利用 (1.8.5) 式可以证明

$$\langle \widetilde{\alpha}_i X_j \rangle = \widetilde{\alpha}_i \langle X_j \rangle = 0. \tag{1.8.7}$$

所以有

$$\langle (\alpha_i - \widetilde{\alpha}_i) X_j \rangle = \langle \alpha_i X_j \rangle. \tag{1.8.8}$$

由恒等式

$$\frac{\int \alpha_i \exp\left[-\frac{1}{2k_B}\int \beta_{ij}(\alpha_i - \widetilde{\alpha}_i)(\alpha_j - \widetilde{\alpha}_j)\mathrm{d}\boldsymbol{r}\right]\prod_i \delta\alpha_i}{\int \exp\left[-\frac{1}{2k_B}\int \beta_{ij}(\alpha_i - \widetilde{\alpha}_i)(\alpha_j - \widetilde{\alpha}_j)\mathrm{d}\boldsymbol{r}\right]\prod_i \delta\alpha_i} = \widetilde{\alpha}_i$$

两边对 $\widetilde{\alpha}_j$ 求微商, 注意左边的分母是与 $\widetilde{\alpha}_j$ 无关的常数, 便得

$$\langle \alpha_i X_j \rangle = k_B \delta_{ij}. \tag{1.8.9}$$

由于微观过程的可逆性, 有

$$\langle \alpha_i(0)\alpha_j(t) \rangle = \langle \alpha_i(0)\alpha_j(-t) \rangle;$$

再由时间平移不变性, 有

$$\langle \alpha_i(0)\alpha_j(-t) \rangle = \langle \alpha_i(t)\alpha_j(0) \rangle,$$

由以上两式可得

$$\langle \alpha_i(0)\alpha_j(t) \rangle = \langle \alpha_i(t)\alpha_j(0) \rangle. \tag{1.8.10}$$

两边减去 $\langle \alpha_i(0)\alpha_j(0) \rangle$ 并用 t 除, 再取 $t \to 0$ 的极限, 便得

$$\langle \alpha_i(0)\dot{\alpha}_j(0) \rangle = \langle \dot{\alpha}_i(0)\alpha_j(0) \rangle. \tag{1.8.11}$$

将 (1.8.1) 式代入并利用 (1.8.9) 式, 左边成为

$$-\langle \alpha_i(0)\gamma_{jl}X_l(0) \rangle = -k_B\gamma_{jl}\delta_{il} = -k_B\gamma_{ji},$$

而右边是

$$-\langle \gamma_{il}X_l(0)\alpha_j(0) \rangle = -k_B\gamma_{il}\delta_{jl} = -k_B\gamma_{ij}.$$

所以有

$$\gamma_{ij} = \gamma_{ji}. \tag{1.8.12}$$

这就是**Onsager 关系**, 是 Onsager 在 1931 年得到的.

注意到推导 Onsager 关系的过程中, 除了用到近平衡的条件之外, 我们所假设的仅仅是微观运动的可逆性和时间平移不变性, 而这是相当普遍地成立的. 因此 Onsager 关系是近平衡现象中的普遍原理, 被称为**Onsager 原理**.

但是, 在有些情况下, 对于微观过程的可逆性要加以说明. 在旋转系统中, 或在有外磁场的系统中, 作时间反演时必须同时改变角速度 Ω 的方向或者改变外磁场

$\boldsymbol{B}$ 的方向, 才能保证不变性. 因此, 当动力学系数 γ_{ij} 与 $\boldsymbol{\Omega}$ 或 $\boldsymbol{B}$ 有关时, **Onsager 关系**应当写成

$$\gamma_{ij}(\boldsymbol{\Omega}) = \gamma_{ji}(-\boldsymbol{\Omega}), \qquad (1.8.13)$$

$$\gamma_{ij}(\boldsymbol{B}) = \gamma_{ji}(-\boldsymbol{B}). \qquad (1.8.14)$$

此外, 在证明 (1.8.12) 式的过程中已默认 α_i 这些量在时间反演下保持不变. 这对于 α_i 代表密度、热力学能密度、电荷密度等物理量的情况下是正确的. 但是, 如果 α_i 与某种宏观速度成比例, 那么它在时间反演下就会变号. 在 (1.8.11) 式中, 如果 α_i 和 α_j 属于同一类物理量, 那么它们在时间反演下同时变号或同时不变号, 所以 (1.8.11) 式总是成立的, 它们的 Onsager 关系就是 (1.8.12) 式. 如果 α_i 和 α_j 不属于同一类物理量, 就要注意到, 在时间反演下其中之一变号而另一不变号, 这时**Onsager 关系**就应当改写为

$$\gamma_{ij} = -\gamma_{ji}. \qquad (1.8.15)$$

正确应用 Onsager 关系的关键是对于给定的 "流" 要正确地找出相应的 "力". 为此, 注意将 (1.8.3) 式对 t 求导并利用 (1.8.5) 式可得

$$\dot{S} = -\int \dot{\boldsymbol{a}}_i X_i \mathrm{d}\boldsymbol{r}. \qquad (1.8.16)$$

可见, 只要为所考虑系统写出 $\dot{S}$ 的表达式, 就可以确定 "流" 和相应的 "力".

例如, 对于热传导问题, 设热流为 $\boldsymbol{q}$, 温度为 T, 则静止流体中熵的增加率为

$$\dot{S} = -\int \frac{\nabla \cdot \dot{\boldsymbol{q}}}{T} \mathrm{d}\boldsymbol{r}$$

经过分部积分并假定无穷远处 $\boldsymbol{q} = 0$, 就得到

$$\dot{S} = -\int \boldsymbol{q} \cdot \frac{\nabla T}{T^2} \mathrm{d}\boldsymbol{r}. \qquad (1.8.17)$$

与 (1.8.16) 式相比较, 如果取 $\boldsymbol{q}$ 为 "流", 则相应的 "力" 就是

$$\frac{1}{T^2} \nabla T.$$

由 (1.8.1) 式得

$$q_i = -\gamma_{ij} \frac{1}{T^2} \frac{\partial T}{\partial x_j} \qquad (1.8.18)$$

γ_{ij}/T^2 是热导率 κ_{ij}. Onsager 关系要求 $\kappa_{ij} = \kappa_{ji}$. 与实验定律 (1.4.19) 式比较, 有 $\kappa_{ij} = \bar{\kappa}\delta_{ij}$.

再以黏性为例, 在均匀温度的流体中, 协强张量 $P_{\alpha\beta}$ 使小体积元 $\mathrm{d}\boldsymbol{r}$ 上受到一个力 [见 (1.4.11′) 式]

$$-\frac{\partial P_{\alpha\beta}}{\partial x_\beta}\mathrm{d}\boldsymbol{r}.$$

根据 (1.4.15) 式可知, 黏性张量 $\sigma'_{\alpha\beta}$ 部分对这力的贡献可以写成

$$-\frac{\partial \sigma'_{\alpha\beta}}{\partial x_\beta}\mathrm{d}\boldsymbol{r}.$$

若这个体积元有速度 c_α, 那么单位时间内黏性力对它作的功是

$$-c_\alpha\frac{\partial \sigma'_{\alpha\beta}}{\partial x_\beta}\mathrm{d}\boldsymbol{r}.$$

这部分功转变为热能, 使系统的熵增加, 其增长率为

$$\dot{S} = \int \frac{-c_\alpha}{T}\frac{\partial \sigma'_{\alpha\beta}}{\partial x_\beta}\mathrm{d}\boldsymbol{r}.$$

经过分部积分, 设无穷远处无黏性力, 则得

$$\dot{S} = \int \sigma'_{\alpha\beta}\cdot\frac{1}{T}\frac{\partial c_\alpha}{\partial x_\beta}\mathrm{d}\boldsymbol{r} = \int \sigma'_{\alpha\beta}\cdot\frac{V_{\alpha\beta}}{T}\mathrm{d}\boldsymbol{r}. \tag{1.8.19}$$

这里用了 $\sigma'_{\alpha\beta}$ 是对称张量的条件, 并定义了

$$V_{\alpha\beta} = \frac{1}{2}\left(\frac{\partial c_\alpha}{\partial x_\beta} + \frac{\partial c_\beta}{\partial x_\alpha}\right). \tag{1.8.20}$$

如果把 $\sigma'_{\alpha\beta}$ 当成 '流', 则相应的 '力' 是 $\frac{-1}{T}V_{\alpha\beta}$. 所以 (1.8.1) 式可写成

$$\sigma'_{\alpha\beta} = \gamma_{\alpha\beta,\gamma\delta}\frac{V_{\gamma\delta}}{T} \equiv \eta_{\alpha\beta,\gamma\delta}V_{\gamma\delta}, \tag{1.8.21}$$

这里 $(\alpha\beta) = i$, $(\gamma\delta) = j$, $\eta_{\alpha\beta,\gamma\delta} = \frac{\gamma_{\alpha\beta,\gamma\delta}}{T}$. 由 Onsager 关系知

$$\eta_{\alpha\beta,\gamma\delta} = \eta_{\gamma\delta,\alpha\beta}, \tag{1.8.22}$$

与实验定律 (1.4.15a) 式比较, 可知

$$\eta_{\alpha\beta,\gamma\delta} = -\bar{\mu}(\delta_{\alpha\gamma}\delta_{\beta\delta} + \delta_{\alpha\delta}\delta_{\beta\gamma}) + \left(\frac{2}{3}\bar{\mu} - \zeta\right)\delta_{\alpha\beta}\delta_{\gamma\delta}. \tag{1.8.23}$$

又以电导率为例. 设导体中电势为 $\varphi(\boldsymbol{r})$, 电流密度为 $\boldsymbol{j}(\boldsymbol{r})$, 则熵的增加率为

$$\dot{S} = -\int \frac{j_\alpha}{T}\frac{\partial \varphi}{\partial x_\alpha}\mathrm{d}\boldsymbol{r}, \tag{1.8.24}$$

把 j_α 看成 "流", 把 $\dfrac{1}{T}\dfrac{\partial\varphi}{\partial x_\alpha}$ 看成 "力", 则

$$j_\alpha = -\gamma_{\alpha\beta}\frac{1}{T}\frac{\partial\varphi}{\partial x_\beta}, \tag{1.8.25}$$

与通常的 Ohm 定律

$$j_\alpha = -\sigma_{\alpha\beta}\frac{\partial\varphi}{\partial x_\beta}$$

相比较可知

$$\gamma_{\alpha\beta} = T\sigma_{\alpha\beta},$$

其中 $\sigma_{\alpha\beta}$ 是**电导率张量**. 根据 Onsager 关系, 有

$$\sigma_{\alpha\beta} = \sigma_{\beta\alpha}. \tag{1.8.26}$$

在各向同性导体中, $\sigma_{\alpha\beta} = \sigma\delta_{\alpha\beta}$, σ 为电导率.

Onsager 关系可以帮助我们认识新现象. 例如, 我们知道了**温差电现象**, 即

$$-\frac{\partial\varphi}{\partial x_\alpha} = \alpha_{\alpha\beta}\frac{\partial T}{\partial x_\beta}. \tag{1.8.27}$$

于是 Ohm 定律就应当推广为

$$-\frac{\partial\varphi}{\partial x_\alpha} = \sigma_{\alpha\beta}^{-1}j_\beta + \alpha_{\alpha\beta}\frac{\partial T}{\partial x_\beta}, \tag{1.8.28}$$

其中 $\sigma_{\alpha\beta}^{-1}$ 是 $(\sigma_{\alpha\beta})$ 的逆矩阵的矩阵元. 注意, $\alpha_{\alpha\beta}$ 不一定是对称张量. (1.8.28) 式可改写为

$$j_\alpha = -\sigma_{\alpha\beta}\frac{\partial\varphi}{\partial x_\beta} - \sigma_{\alpha\gamma}\alpha_{\gamma\beta}\frac{\partial T}{\partial x_\beta}. \tag{1.8.29}$$

而由 (1.8.18) 式可知, 无电流时热流为

$$q_\alpha = -\kappa_{\alpha\beta}\frac{\partial T}{\partial x_\beta}.$$

上式与 (1.8.29) 式相比较, 容易发现它不符合 Onsager 关系, 所以应当把上式改写为

$$q_\alpha = -\xi_{\alpha\beta}\frac{\partial\varphi}{\partial x_\beta} - \kappa'_{\alpha\beta}\frac{\partial T}{\partial x_\beta}, \tag{1.8.30}$$

其中

$$\xi_{\alpha\beta}T = \sigma_{\beta\gamma}\alpha_{\gamma\alpha}T^2. \tag{1.8.31}$$

将 (1.8.28) 式代入 (1.8.30) 式, 得

$$q_\alpha = \beta_{\alpha\beta} j_\beta - \kappa_{\alpha\beta} \frac{\partial T}{\partial x_\beta}, \tag{1.8.32}$$

式中

$$\beta_{\alpha\beta} = T\alpha_{\beta\alpha}, \tag{1.8.33}$$

$$\kappa_{\alpha\beta} = \kappa'_{\alpha\beta} - \sigma_{\gamma\delta}\alpha_{\delta\alpha}\alpha_{\gamma\beta}T, \tag{1.8.34}$$

其中 $\kappa_{\alpha\beta}$ 是无电流时的热导率, $\kappa'_{\alpha\beta}$ 是无外场时的热导率. (1.8.30) 式中新增加的一项 $-\xi_{\alpha\beta}\frac{\partial \varphi}{\partial x_\beta}$ 反映了电位差引起热流的现象, 是 Benedick 于 1918 年从实验发现的**电热效应**, 比温差引起电流的现象晚了六十多年. 在 Onsager 关系提出之后, 人们才认识到它们之间的联系.

第二章　线性输运方程在简化情况下的精确解

§2.1　概　　述

求解输运方程的目的是得到密度分布函数 $n(\boldsymbol{r}, \boldsymbol{v}, t)$, 从而给出有关粒子输运的信息. 但是由于输运方程是一个微分 – 积分方程, 其自变量多达七个 (三个坐标分量、三个速度分量及一个时间变量), 而且其积分核函数相当复杂, 所以求解输运方程通常是很困难的. 如果积分核函数与分布函数有关, 输运方程是非线性的, 求解也更加困难. 因此, 求解输运方程时常常要做某些简化或近似的处理. 具体地说, 有以下三条途径.

一是采用简单的模型, 使输运方程的形式得到简化. 如果简化得适当, 就可能求得精确解, 由此得到一些真实物理现象的适当解释. 求简化输运方程的精确解的更重要意义在于, 从中获得有关更复杂输运方程解的特征的有用信息, 并为复杂输运方程的近似求解提供依据. 此外, 这些精确解还可以当作基准解用来检验不同数值解法近似格式的优劣. 事实上, 到目前为止, 不论是线性的还是非线性的输运方程, 都已经对某些简化模型求得了精确解. 这些精确解的数量虽然不多, 但在许多物理问题的讨论中却能起到很大的作用. 本章将对线性输运方程在简化情况下的精确解进行讨论.

考虑方程 (1.3.19) 式, 即

$$\frac{\partial n}{\partial t} + \boldsymbol{v} \cdot \frac{\partial n}{\partial \boldsymbol{r}} + \frac{\boldsymbol{F}}{m} \cdot \frac{\partial n}{\partial \boldsymbol{v}} + v \Sigma_{\mathrm{t}}(\boldsymbol{r}, v) n(\boldsymbol{r}, \boldsymbol{v}, t)$$

$$= \int \mathrm{d}\boldsymbol{v}' v' \Sigma(\boldsymbol{r}, \boldsymbol{v}' \to \boldsymbol{v}) n(\boldsymbol{r}, \boldsymbol{v}', t) + s(\boldsymbol{r}, \boldsymbol{v}, t). \tag{2.1.1}$$

如果介质是无散射 (或纯吸收) 的, 即每次碰撞都导致吸收而不产生次级粒子, 那么就有

$$\Sigma(\boldsymbol{r}, \boldsymbol{v}' \to \boldsymbol{v}) = 0, \quad c(\boldsymbol{r}, v) = 0, \quad \Sigma_{\mathrm{t}}(\boldsymbol{r}, v) = \Sigma_{\mathrm{a}}(\boldsymbol{r}, v), \tag{2.1.2}$$

于是 (2.1.1) 式就成为

$$\frac{\partial n}{\partial t} + \boldsymbol{v} \cdot \frac{\partial n}{\partial \boldsymbol{r}} + \frac{\boldsymbol{F}}{m} \frac{\partial n}{\partial \boldsymbol{v}} + v \Sigma_{\mathrm{a}}(\boldsymbol{r}, v) n = s(\boldsymbol{r}, \boldsymbol{v}, t). \tag{2.1.3}$$

假定 $\Sigma_{\mathrm{a}}(\boldsymbol{r}, v)$ 是已知函数, 与分布函数无关, (2.1.3) 式就是线性输运方程. 这就是本章所要讨论的第一个简化情况.

再考虑无外场时 (2.1.1) 式的定态情况. 用角通量

$$\varphi = \varphi(\boldsymbol{r}, v, \hat{\boldsymbol{\Omega}}) = v^3 n(\boldsymbol{r}, \boldsymbol{v})$$

写出, 得

$$\hat{\boldsymbol{\Omega}} \cdot \frac{\partial \varphi}{\partial \boldsymbol{r}} + \Sigma_{\mathrm{t}} \varphi = \int \mathrm{d}v' \mathrm{d}\hat{\boldsymbol{\Omega}}' \Sigma(\boldsymbol{r}, v' \to v, \hat{\boldsymbol{\Omega}}' \to \hat{\boldsymbol{\Omega}}) \varphi(\boldsymbol{r}, v', \hat{\boldsymbol{\Omega}}') + s(\boldsymbol{r}, v, \hat{\boldsymbol{\Omega}}), \quad (2.1.4)$$

其中

$$\begin{cases} \Sigma_{\mathrm{t}} \equiv \Sigma_{\mathrm{t}}(\boldsymbol{r}, v,), \\ \Sigma(\boldsymbol{r}, v' \to v, \hat{\boldsymbol{\Omega}}' \to \hat{\boldsymbol{\Omega}}) = v^2 \Sigma(\boldsymbol{r}, v' \to \boldsymbol{v}), \\ s(\boldsymbol{r}, v, \hat{\boldsymbol{\Omega}}) = v^2 s(\boldsymbol{r}, \boldsymbol{v}). \end{cases} \quad (2.1.5)$$

如果

$$\begin{cases} \Sigma_{\mathrm{t}} = \Sigma_{\mathrm{t}}(\boldsymbol{r}) \text{ 与 } v \text{ 无关}, \\ \Sigma(\boldsymbol{r}, \hat{\boldsymbol{\Omega}}' \to \hat{\boldsymbol{\Omega}}) \equiv \int \mathrm{d}v \Sigma(\boldsymbol{r}, v' \to v, \hat{\boldsymbol{\Omega}}' \to \hat{\boldsymbol{\Omega}}) \text{ 与 } v' \text{ 无关}, \end{cases} \quad (2.1.6)$$

那么, 将 (2.1.4) 式对 v 积分, 并令

$$\begin{cases} \varphi(\boldsymbol{r}, \hat{\boldsymbol{\Omega}}) \equiv \int \mathrm{d}v \varphi(\boldsymbol{r}, v, \hat{\boldsymbol{\Omega}}), \\ s(\boldsymbol{r}, \hat{\boldsymbol{\Omega}}) \equiv \int \mathrm{d}v s(\boldsymbol{r}, v, \hat{\boldsymbol{\Omega}}), \end{cases} \quad (2.1.7)$$

就得到

$$\hat{\boldsymbol{\Omega}} \cdot \frac{\partial \varphi}{\partial \boldsymbol{r}} + \Sigma_{\mathrm{t}} \varphi(\boldsymbol{r}, \hat{\boldsymbol{\Omega}}) = \int \mathrm{d}\hat{\boldsymbol{\Omega}}' \Sigma(\boldsymbol{r}, \hat{\boldsymbol{\Omega}}' \to \hat{\boldsymbol{\Omega}}) \varphi(\boldsymbol{r}, \hat{\boldsymbol{\Omega}}') + s(\boldsymbol{r}, \hat{\boldsymbol{\Omega}}). \quad (2.1.8)$$

这个方程称为**单速输运方程**, 或**单能输运方程**. 近似(2.1.6) 称为**常截面近似**.

在常截面近似下, 如果介质是均匀的和各向同性的, 那么总宏观截面 Σ_{t} 和每次碰撞所产生次级粒子的平均数 c 都是常量, 与 $\boldsymbol{r}$ 及 $\hat{\boldsymbol{\Omega}}$ 无关, 碰撞核函数 Σ 及碰撞特征函数 f 也和 $\boldsymbol{r}$ 无关. 由 (1.3.27) 可得

$$\Sigma(\hat{\boldsymbol{\Omega}}' \to \hat{\boldsymbol{\Omega}}) = c\Sigma_{\mathrm{t}} f(\hat{\boldsymbol{\Omega}}' \to \hat{\boldsymbol{\Omega}}).$$

进一步假定次级中子的放出是各向同性的:

$$f(\hat{\boldsymbol{\Omega}}' \to \hat{\boldsymbol{\Omega}}) = \frac{1}{4\pi},$$

源也是各向同性的:

$$s(\boldsymbol{r}, \hat{\boldsymbol{\Omega}}) = \frac{S(\boldsymbol{r})}{4\pi}$$

就可以把 (2.1.8) 式进一步简化为

$$\hat{\boldsymbol{\Omega}} \cdot \frac{\partial \varphi}{\partial \boldsymbol{r}} + \Sigma_{\mathrm{t}} \varphi(\boldsymbol{r}, \hat{\boldsymbol{\Omega}}) = \frac{c\Sigma_{\mathrm{t}}}{4\pi} \int \mathrm{d}\hat{\boldsymbol{\Omega}}' \varphi(\boldsymbol{r}, \hat{\boldsymbol{\Omega}}') + \frac{S(\boldsymbol{r})}{4\pi}. \tag{2.1.9}$$

这是本章要讨论的第二个简化情况.

简化方程的可能性是多种多样的. (2.1.3) 式和 (2.1.9) 式也还可以进一步简化. 以上主要考虑了对碰撞核函数加适当的限制和对介质作空间均匀性和各向同性的假设, 以消去变量 v 并简化对变量 $\boldsymbol{r}$ 及 $\hat{\boldsymbol{\Omega}}$ 的依赖; 或考虑定态, 以消去对变量 t 的依赖. 此外, 在所讨论的物理问题中, 分布函数对空间的依赖还可能具有某种对称性, 如一维对称 (包括平几何、球几何及柱几何等对称情况)、周期性对称等. 这些对称性也可以利用来使输运方程简化. 所有这些简化中, 以碰撞核函数的适当形式的选择最为重要. 从本章将要讨论的一些简化情形可以看出, 如果碰撞积分项没有适当的简化形式, 输运方程的精确解是无法求出的.

求解输运方程的途径之二是使用近似方法. 由于能够精确求解的 (经过简化的) 输运方程为数极少, 所以近似方法受到普遍的重视. 这些近似方法对求解非线性输运方程尤其重要, 因此我们将在讨论非线性输运方程时再详细介绍. 当然, 那里所介绍的各种近似方法也可以用于求解线性输运方程.

途径之三是使用数值计算或统计模拟的方法. 这些方法将在第三章中加以讨论.

以上所说的三种途径在解决实际问题时各有长处. 求简单模型的精确解, 其结论明确而且没有计算误差, 便于讨论某些理论问题, 可以用来判断某些猜测的正确性, 但常常由于对实际问题做了过多的简化而丢掉了某些重要信息. 求近似解的方法可以讨论更合乎实际情况的问题, 但求解过程常常过于复杂, 求得的解也常常不是封闭形式, 不像精确解那样明确简洁; 更重要的是由于结论只是近似的, 所以有时就在一定程度上降低了其应用价值. 数值计算或统计模拟的方法可以针对具体问题得出确切的数值结果, 但无法得到解析的结论, 因此进行理论分析和概括比较困难, 不易发现有关物理现象中的规律性; 此外, 在计算中还有不可避免的误差出现, 影响计算结果的可靠性. 实际上, 在讨论具体的输运问题时, 常常要同时采用多种途径, 以便互相补充, 互相验证. 例如, 在讨论中子或光子输运时, 扩散理论是十分有用的近似方法. 但是在边界和强吸收体附近, 这一近似方法的结果和实际偏离很大, 必须利用输运方程的精确解来加以修正. 在远离边界或强吸收体的地方, 通过和精确解的渐近形式相比较, 选择适当的 "**外推长度**", 扩散理论的结果也能得到重大改

进 (参见 §2.10). 又如, 在讨论气体的输运系数时, Enskog 和 Chapman[11] 就先从平衡态的精确解 Maxwell 分布入手, 得到近平衡处 Boltzmann 方程的近似解, 最后用数值方法求得了输运系数, 其数值与实验结果符合得很好.

§2.2　粒子在无散射介质中的流射

考虑无散射介质中的线性输运方程 (2.1.3), 即可以完全略去碰撞积分项的下列方程:

$$\frac{\partial n}{\partial t} + \boldsymbol{v} \cdot \frac{\partial n}{\partial \boldsymbol{r}} + \frac{\boldsymbol{F}}{m} \cdot \frac{\partial n}{\partial \boldsymbol{v}} + v\Sigma_{\mathrm{a}}(\boldsymbol{r}, v)n = s(\boldsymbol{r}, \boldsymbol{v}, t), \tag{2.2.1}$$

式中 $\Sigma_a(\boldsymbol{r}, v)$ 和 $s(\boldsymbol{r}, \boldsymbol{v}, t)$ 是已知函数, 与 $n(\boldsymbol{r}, \boldsymbol{v}, t)$ 无关. 另外, 假定介质为无限, 没有边界.

首先求 (2.2.1) 式的形式解. 定义**流射碰撞算子**:

$$\mathscr{L} \equiv \boldsymbol{v} \cdot \frac{\partial}{\partial \boldsymbol{r}} + \frac{\boldsymbol{F}}{m} \cdot \frac{\partial}{\partial \boldsymbol{v}} + v\Sigma_{\mathrm{a}}(\boldsymbol{r}, v), \tag{2.2.2}$$

方程 (2.2.1) 式可以写成

$$\frac{\partial n}{\partial t} + \mathscr{L}n = s. \tag{2.2.3}$$

这个方程有形式解:

$$n(\boldsymbol{r}, \boldsymbol{v}, t) = \mathrm{e}^{-t\mathscr{L}}n(\boldsymbol{r}, \boldsymbol{v}, 0) + \int_0^t \mathrm{d}t' \mathrm{e}^{-(t-t')\mathscr{L}} s(\boldsymbol{r}, \boldsymbol{v}, t'). \tag{2.2.4}$$

这里算子 $\mathrm{e}^{-t\mathscr{L}}$ 称为**时间演化算子**或**时间传播算子**, 它给出时间演化效应, 亦即按 (2.2.4) 式的规律把初始 ($t = 0$) 时刻的分布函数值传播到以后某时刻 t. 如果没有外场而且介质均匀, 那么就有 $\boldsymbol{F} = 0, \Sigma_{\mathrm{a}}(\boldsymbol{r}, v) = \Sigma_{\mathrm{a}}(v)$, 而

$$\mathscr{L} = \boldsymbol{v} \cdot \frac{\partial}{\partial \boldsymbol{r}} + v\Sigma_{\mathrm{a}}(v).$$

注意到算子 $\boldsymbol{v} \cdot \dfrac{\partial}{\partial \boldsymbol{r}}$ 和 $v\Sigma_{\mathrm{a}}(v)$ 对易, 就有

$$\mathrm{e}^{-t\mathscr{L}} = \mathrm{e}^{-v\Sigma_{\mathrm{a}}(v)t} \cdot \mathrm{e}^{-t\boldsymbol{v} \cdot \frac{\partial}{\partial \boldsymbol{r}}};$$

而算子 $\mathrm{e}^{-t\boldsymbol{v} \cdot \frac{\partial}{\partial \boldsymbol{r}}}$ 作用于任意解析函数 $\psi(\boldsymbol{r}, \boldsymbol{v}, t)$ 时, 相当于把坐标系平移 $\boldsymbol{v}t$, 即

$$\mathrm{e}^{-t\boldsymbol{v} \cdot \frac{\partial}{\partial \boldsymbol{r}}}\psi(\boldsymbol{r}, \boldsymbol{v}, t) = \sum_n \frac{\left(-t\boldsymbol{v} \cdot \dfrac{\partial}{\partial \boldsymbol{r}}\right)^n}{n!}\psi(\boldsymbol{r}, \boldsymbol{v}, t) = \psi(\boldsymbol{r} - \boldsymbol{v}t, \boldsymbol{v}, t). \tag{2.2.5}$$

所以形式解 (2.2.4) 式在无外场和介质均匀的情况下可以写出结果:

$$n(\boldsymbol{r},\boldsymbol{v},t)=\mathrm{e}^{-v\varSigma_{\mathrm{a}}(v)t}n(\boldsymbol{r}-\boldsymbol{v}t,\boldsymbol{v},0)+\int_0^t\mathrm{d}t'\mathrm{e}^{-v\varSigma_{\mathrm{a}}(v)(t-t')}s(\boldsymbol{r}-\boldsymbol{v}(t-t'),\boldsymbol{v},t'), \quad (2.2.6)$$

上式右边第一项表示 $t=0$ 时位于 $(\boldsymbol{r}-\boldsymbol{v}t)$ 处附近的速度为 $\boldsymbol{v}$ 的粒子在经过 vt 这段路程中被吸收衰减之后 (速度不变)t 时刻到 $\boldsymbol{r}$ 处附近剩下的粒子对 $n(\boldsymbol{r},\boldsymbol{v},t)$ 的贡献, 第二项则表示 $t=0$ 时刻以后 $\boldsymbol{r}-\boldsymbol{v}(t-t')$ 处附近源所放出的速度为 $\boldsymbol{v}$ 的粒子经吸收衰减后在 t 时刻到 $\boldsymbol{r}$ 附近剩下的粒子对 $n(\boldsymbol{r},\boldsymbol{v},t)$ 的贡献. 如果在真空中, $\varSigma_{\mathrm{a}}(v)=0$, 那么 (2.2.6) 式就简化为

$$n(\boldsymbol{r},\boldsymbol{v},t)=n(\boldsymbol{r}-\boldsymbol{v}t,\boldsymbol{v},0)+\int_0^t\mathrm{d}t's(\boldsymbol{r}-\boldsymbol{v}(t-t'),\boldsymbol{v},t'). \quad (2.2.7)$$

其次考虑无外场时的定态. 这时 (2.2.1) 式变成

$$\boldsymbol{v}\cdot\frac{\partial n}{\partial\boldsymbol{r}}+v\varSigma_{\mathrm{a}}(\boldsymbol{r},v)n=s(\boldsymbol{r},\boldsymbol{v}). \quad (2.2.8)$$

可以看出, 这里 $\boldsymbol{v}$ 只起参量的作用, 即对于给定的 $\boldsymbol{v}$, (2.2.8) 式只是以 $\boldsymbol{r}$ 为自变量的微分方程. 记角通量 $vn(\boldsymbol{r},\boldsymbol{v})$ 为 $\varphi=\varphi(\boldsymbol{r})$, 省去参量 $\boldsymbol{v}$ 不标出, 那么 (2.2.8) 式可改写为

$$\hat{\boldsymbol{\Omega}}\cdot\frac{\partial\varphi}{\partial\boldsymbol{r}}+\varSigma_{\mathrm{a}}(\boldsymbol{r},v)\varphi=s(\boldsymbol{r},\boldsymbol{v}). \quad (2.2.9)$$

设 $\boldsymbol{r}_0$ 是空间中任意一点, l 是通过 $\boldsymbol{r}_0$ 沿 $\hat{\boldsymbol{\Omega}}$ 方向的直线. 由 (2.2.9) 式可以看出, $\varphi(\boldsymbol{r})$ 在 l 上的值与 l 外的各点无关. 因此, 令 $\boldsymbol{r}=\boldsymbol{r}_0-R\hat{\boldsymbol{\Omega}}$, 就可以把 (2.2.9) 式变成常微分方程:

$$-\frac{\mathrm{d}\varphi(\boldsymbol{r}_0-R\hat{\boldsymbol{\Omega}})}{\mathrm{d}R}+\varSigma_{\mathrm{a}}(\boldsymbol{r}_0-R\hat{\boldsymbol{\Omega}},v)\varphi(\boldsymbol{r}_0-R\hat{\boldsymbol{\Omega}})=s(\boldsymbol{r}_0-R\hat{\boldsymbol{\Omega}},\boldsymbol{v}). \quad (2.2.10)$$

(2.2.10) 式的通解是

$$\varphi(\boldsymbol{r}_0-R\hat{\boldsymbol{\Omega}})=\varphi(\boldsymbol{r}_0)\mathrm{e}^{\alpha(0,R)}-\int_0^R\mathrm{e}^{\alpha(R',R)}s(\boldsymbol{r}_0-R'\hat{\boldsymbol{\Omega}},\boldsymbol{v})\mathrm{d}R', \quad (2.2.11)$$

其中

$$\alpha(R',R)=\int_{R'}^R\varSigma_{\mathrm{a}}(\boldsymbol{r}_0-R''\hat{\boldsymbol{\Omega}},v)\mathrm{d}R''.$$

(2.2.11) 式可以改写成

$$\varphi(\boldsymbol{r}_0)=\varphi(\boldsymbol{r}_0-R\hat{\boldsymbol{\Omega}})\mathrm{e}^{-\alpha(0,R)}+\int_0^R\mathrm{e}^{-\alpha(0,R')}s(\boldsymbol{r}_0-R'\hat{\boldsymbol{\Omega}},\boldsymbol{v})\mathrm{d}R',$$

上式左边与 R 无关. 如果源只分布在有限的区域内, 则无限远处 $\varphi(\boldsymbol{r}_0 - R\hat{\boldsymbol{\Omega}})$ 为零. 在上式右边取 $R \to \infty$ 的极限之后, 用 $\boldsymbol{r}$ 代替 $\boldsymbol{r}_0$, 用 R 代替 R', 就得到

$$\varphi(\boldsymbol{r}) = \int_0^\infty \mathrm{e}^{-\alpha(0,R)} s(\boldsymbol{r} - R\hat{\boldsymbol{\Omega}}, \boldsymbol{v})\mathrm{d}R. \tag{2.2.12}$$

如果介质是均匀的, $\Sigma_{\mathrm{a}}(\boldsymbol{r}, v) = \Sigma_{\mathrm{a}}(v)$, 那么

$$\varphi(\boldsymbol{r}) = \int_0^\infty \mathrm{e}^{-\Sigma_{\mathrm{a}}(v)R} s(\boldsymbol{r} - R\hat{\boldsymbol{\Omega}}, \boldsymbol{v})\mathrm{d}R; \tag{2.2.13}$$

如果是在真空中, $\Sigma_{\mathrm{a}}(v) = 0$, 就有

$$\varphi(\boldsymbol{r}) = \int_0^\infty s(\boldsymbol{r} - R\hat{\boldsymbol{\Omega}}, \boldsymbol{v})\mathrm{d}R. \tag{2.2.14}$$

如果介质虽然不均匀, 但宏观吸收截面 $\Sigma_{\mathrm{a}}(\boldsymbol{r}, v) = \Sigma_{\mathrm{a}}(r)$ 与 v 无关, 那么 $\alpha(0, R)$ 就称为 $\boldsymbol{r}$ 与 $\boldsymbol{r} - R\hat{\boldsymbol{\Omega}}$ 两点间的**光学厚度**(注意, 它是个无量纲的量, 等于两点间的吸收平均自由程数).

　　最后讨论一下**表面源**的情况, 看看在这情况下无外场的定态是怎样分布的. 为简单起见, 假设源位于一个封闭的凸表面 σ 上, x 是从 σ 算起沿表面法线 $\hat{e}_s$ 方向的坐标 (如图 2.1), 则表面源可以写成

$$s(\boldsymbol{r}, \boldsymbol{v}) = s_s(\boldsymbol{r}, \boldsymbol{v})\delta(x) \tag{2.2.15}$$

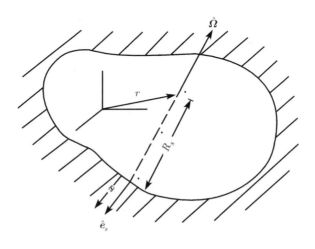

图 2.1　表面源在空穴中产生的角通量

将 (2.2.15) 式代入 (2.2.12) 式, 注意到

$$\left|\frac{\mathrm{d}R}{\mathrm{d}x}\right| = \frac{1}{|\hat{\boldsymbol{\Omega}} \cdot \hat{e}_s|}, \tag{2.2.16}$$

便得 (将 φ 所依赖的另一变量 $\boldsymbol{v}$ 恢复写出)

$$\varphi(\boldsymbol{r}, \boldsymbol{v}) = \int_0^\infty \mathrm{e}^{-\alpha(0,R)} s_s(\boldsymbol{r} - R\hat{\boldsymbol{\Omega}}, \boldsymbol{v}) \delta(x) \mathrm{d}R$$

$$= \int_{R=0}^{R=\infty} \mathrm{e}^{-\alpha(0,R)} \frac{s_s(\boldsymbol{r} - R\hat{\boldsymbol{\Omega}}, \boldsymbol{v})}{|\hat{\boldsymbol{\Omega}} \cdot \hat{e}_s|} \delta(x) \mathrm{d}x.$$

如果 $\boldsymbol{r}$ 在 σ 所包围的凸区域内, 则当 R 从 0 变到 ∞ 时, x 只有一次 (当 $\boldsymbol{r} - R_s \hat{\boldsymbol{\Omega}}$ 点落到 σ 上时) 为零, 因此

$$\varphi(\boldsymbol{r}, \boldsymbol{v}) = \mathrm{e}^{-\alpha(0,R_s)} \cdot \frac{s_s(\boldsymbol{r} - R_s \hat{\boldsymbol{\Omega}}, \boldsymbol{v})}{|\hat{\boldsymbol{\Omega}} \cdot \hat{e}_s|}. \tag{2.2.17}$$

如果这个凸区域内是真空, 即由 σ 所包围的一空腔, 那么 $\alpha(0, R_s) = 0$, 而 (2.2.17) 式给出

$$\varphi(\boldsymbol{r}, \boldsymbol{v}) = \frac{s_s(\boldsymbol{r} - R_s \hat{\boldsymbol{\Omega}}, \boldsymbol{v})}{|\hat{\boldsymbol{\Omega}} \cdot \hat{e}_s|}.$$

在空腔表面处, $\boldsymbol{r} = \boldsymbol{r}_s$, $R_s = 0$, 因此表面处的角通量为

$$\varphi(\boldsymbol{r}_s, \boldsymbol{v}) = \varphi_s(\boldsymbol{r}_s, \boldsymbol{v}) = \frac{s_s(\boldsymbol{r}_s, \boldsymbol{v})}{|\hat{\boldsymbol{\Omega}} \cdot \hat{e}_s|}.$$

于是空腔内的角通量又可以通过表面处的角通量表示为

$$\varphi(\boldsymbol{r}, \boldsymbol{v}) = \frac{s_s(\boldsymbol{r} - R_s \hat{\boldsymbol{\Omega}}, \boldsymbol{v})}{|\hat{\boldsymbol{\Omega}} \cdot \hat{e}_s|} = \varphi_s(\boldsymbol{r} - R_s \hat{\boldsymbol{\Omega}}, \boldsymbol{v}).$$

当空腔表面上的角通量为常数时, 空腔内任一点处的角通量也是同一常数.

在辐射输运的情形下应用上述结果, 便得到下列著名的 **空腔辐射** 结果, 即当一空腔由处于绝对温度 T 的黑体所包围时, 腔中的辐射分布就是均匀的、相当于温度 T 的黑体辐射分布, 也就是该温度下的 Planck 分布.

§2.3　首次飞行积分核

上节讨论了无散射介质中输运方程的精确解, 现在来探讨一下, 从中可以引伸出什么结果.

考虑用 r, E, $\hat{\boldsymbol{\Omega}}$, t 作为自变量时角通量 $\varphi = \varphi(r, E, \hat{\boldsymbol{\Omega}}, t)$ 所满足的输运方程 (1.3.25):

$$\frac{1}{v}\frac{\partial \varphi}{\partial t} + \hat{\boldsymbol{\Omega}} \cdot \frac{\partial \varphi}{\partial r} + \Sigma_t \varphi = \int_0^\infty \mathrm{d}E' \int \mathrm{d}\hat{\boldsymbol{\Omega}}' \, \Sigma(r, E' \to E, \hat{\boldsymbol{\Omega}}' \to \hat{\boldsymbol{\Omega}})\varphi(r, E', \hat{\boldsymbol{\Omega}}', t) + s(r, E, \hat{\boldsymbol{\Omega}}, t).$$
$$(2.3.1)$$

如果是在无散射的 (纯吸收) 介质中, 那么仍有

$$\Sigma(r, E' \to E, \hat{\boldsymbol{\Omega}}' \to \Omega) = 0, \quad \Sigma_t(r, E) = \Sigma_a(r, E),$$

所以 (2.3.1) 式的定态就由下列方程决定:

$$\hat{\boldsymbol{\Omega}} \cdot \frac{\partial \varphi}{\partial r} + \Sigma_a \varphi = s(r, E, \hat{\boldsymbol{\Omega}}). \tag{2.3.2}$$

用讨论 (2.2.9) 式的方法可以同样求得

$$\varphi(r, E, \hat{\boldsymbol{\Omega}}) = \int_0^\infty \mathrm{e}^{-\alpha(0,R)} s(r - R\hat{\boldsymbol{\Omega}}, E, \hat{\boldsymbol{\Omega}})\mathrm{d}R, \tag{2.3.3}$$

其中

$$\alpha(0, R) = \int_0^R \Sigma_a(r - R'\hat{\boldsymbol{\Omega}}, E)\mathrm{d}R'. \tag{2.3.4}$$

在均匀介质中, 有

$$\varphi(r, E, \hat{\boldsymbol{\Omega}}) = \int_0^\infty \mathrm{e}^{-\Sigma_a(E)R} s(r - R\hat{\boldsymbol{\Omega}}, E, \hat{\boldsymbol{\Omega}})\mathrm{d}R. \tag{2.3.5}$$

如果介质有散射, 那么 Σ_t 与 Σ_a 就不再相等, 以上的讨论方法也不再有效. 但是, 如果我们讨论 "**初生**" 粒子, 即从源放出之后尚未受到过散射的粒子的分布函数 $\varphi_i(r, E, \hat{\boldsymbol{\Omega}}, t)$, 那么, 由于这种粒子所遇到的碰撞 (不论是被吸收还是被散射) 都使它失去了作为 "初生" 粒子的资格, 因此 φ_i 所满足的方程在形式上与无散射介质中 φ 满足的方程类似, 区别只是用 Σ_t 代替了 Σ_a. 所以, 其定态方程可由 (2.3.2) 式改写成

$$\hat{\boldsymbol{\Omega}} \cdot \frac{\partial \varphi_i}{\partial r} + \Sigma_t \varphi_i = s(r, E, \hat{\boldsymbol{\Omega}}). \tag{2.3.6}$$

在均匀介质中, "初生" 粒子的定态就是

$$\varphi_i(r, E, \hat{\boldsymbol{\Omega}}) = \int_0^\infty \mathrm{e}^{-\Sigma_t(E)R} s(r - R\hat{\boldsymbol{\Omega}}, E, \hat{\boldsymbol{\Omega}})\mathrm{d}R. \tag{2.3.7}$$

以下考虑各向同性散射的均匀介质, Σ_t 仅是 E 的函数. 为进一步改写 (2.3.7) 式, 引入记号

$$\delta_2(\hat{\boldsymbol{\Omega}} \cdot \hat{\boldsymbol{\Omega}}') = \frac{1}{2\pi}\delta(\hat{\boldsymbol{\Omega}} \cdot \hat{\boldsymbol{\Omega}}' - 1)$$

其中 $\delta(\hat{\boldsymbol{\Omega}} \cdot \hat{\boldsymbol{\Omega}}' - 1)$ 是通常的 δ 函数. 容易验证, 对于任意的函数 $f(\hat{\boldsymbol{\Omega}})$, 有

$$\int \mathrm{d}\hat{\boldsymbol{\Omega}}' \delta_2(\hat{\boldsymbol{\Omega}} \cdot \hat{\boldsymbol{\Omega}}') f(\hat{\boldsymbol{\Omega}}') = f(\hat{\boldsymbol{\Omega}}).$$

利用记号 $\delta_2(\hat{\boldsymbol{\Omega}} \cdot \hat{\boldsymbol{\Omega}}')$, 可以把 (2.3.7) 式改写成体积分的形式:

$$\varphi_i(\boldsymbol{r}, E, \hat{\boldsymbol{\Omega}}) = \int \mathrm{d}\boldsymbol{R} \delta_2(\hat{\boldsymbol{\Omega}} \cdot \hat{\boldsymbol{\Omega}}_R) s(\boldsymbol{r} - \boldsymbol{R}, E, \hat{\boldsymbol{\Omega}}) \frac{\exp[-\Sigma_\mathrm{t}(E)R]}{R^2}, \tag{2.3.8}$$

式中

$$\hat{\boldsymbol{\Omega}}_R = \frac{\boldsymbol{R}}{R}, \quad \mathrm{d}\boldsymbol{R} = R^2 \mathrm{d}R \mathrm{d}\hat{\boldsymbol{\Omega}}_R.$$

对于单向点源 (位于 $\boldsymbol{r}_0$ 且仅沿 $\hat{\boldsymbol{\Omega}}_0$ 方向发射粒子的源):

$$s(\boldsymbol{r}, E, \hat{\boldsymbol{\Omega}}) = s_0(E)\delta(\boldsymbol{r} - \boldsymbol{r}_0)\delta_2(\hat{\boldsymbol{\Omega}} \cdot \hat{\boldsymbol{\Omega}}_0),$$

有

$$\varphi_i(\boldsymbol{r}, E, \hat{\boldsymbol{\Omega}}) = s_0(E) G_{\text{点}}(\boldsymbol{r}, \hat{\boldsymbol{\Omega}}; \boldsymbol{r}_0, \hat{\boldsymbol{\Omega}}_0),$$

这里

$$G_{\text{点}}(\boldsymbol{r}, \hat{\boldsymbol{\Omega}}; \boldsymbol{r}_0, \hat{\boldsymbol{\Omega}}_0) = \frac{\exp[-\Sigma_\mathrm{t}(E)|\boldsymbol{r} - \boldsymbol{r}_0|]}{(\boldsymbol{r} - \boldsymbol{r}_0)^2} \times \delta_2(\hat{\boldsymbol{\Omega}} \cdot \hat{\boldsymbol{\Omega}}_0) \delta_2\left(\frac{\boldsymbol{r} - \boldsymbol{r}_0}{|\boldsymbol{r} - \boldsymbol{r}_0|} \cdot \hat{\boldsymbol{\Omega}}\right) \tag{2.3.9}$$

称为**点源 Green 函数**, 又称为**首次飞行积分核**(函数). 它表示在 $\boldsymbol{r}_0$ 处沿 $\hat{\boldsymbol{\Omega}}_0$ 方向发射的每个粒子对 $\boldsymbol{r}$ 处沿 $\hat{\boldsymbol{\Omega}}$ 方向的未经碰撞粒子角通量的贡献. 对于任意的源 $s(\boldsymbol{r}, E, \hat{\boldsymbol{\Omega}})$, 可以用 $G_{\text{点}}$ 作积分核而求得它所产生的初生粒子角通量:

$$\varphi_i(\boldsymbol{r}, E, \hat{\boldsymbol{\Omega}}) = \int \mathrm{d}\boldsymbol{r}_0 \mathrm{d}\hat{\boldsymbol{\Omega}}_0 G_{\text{点}}(\boldsymbol{r}, \hat{\boldsymbol{\Omega}}; \boldsymbol{r}_0, \hat{\boldsymbol{\Omega}}_0) \times s(\boldsymbol{r}_0, E, \hat{\boldsymbol{\Omega}}_0). \tag{2.3.10}$$

由 (2.3.9) 式容易看出首次飞行积分核的性质:

$$G_{\text{点}}(\boldsymbol{r}, \hat{\boldsymbol{\Omega}}; \boldsymbol{r}_0, \hat{\boldsymbol{\Omega}}_0) = G_{\text{点}}(\boldsymbol{r}_0, -\hat{\boldsymbol{\Omega}}_0; \boldsymbol{r}, -\hat{\boldsymbol{\Omega}}).$$

这性质被称为**倒易定理**. 它说明, 在 $\boldsymbol{r}_0$ 处 $\hat{\boldsymbol{\Omega}}_0$ 方向上放出粒子的单位源在 $\boldsymbol{r}$ 处所产生沿 $\hat{\boldsymbol{\Omega}}$ 方向的初生角通量等于在 $\boldsymbol{r}$ 处 $-\hat{\boldsymbol{\Omega}}$ 方向上放出粒子的单位源在 $\boldsymbol{r}_0$ 处所产生沿 $-\hat{\boldsymbol{\Omega}}_0$ 方向的初生角通量. 由倒易定理容易导出一些有意思的推论. 例如, 我们有

$$\int G_{\text{点}}(\boldsymbol{r}, \hat{\boldsymbol{\Omega}}; \boldsymbol{r}_0, \hat{\boldsymbol{\Omega}}_0) \mathrm{d}\hat{\boldsymbol{\Omega}} = \int G_{\text{点}}(\boldsymbol{r}_0, -\hat{\boldsymbol{\Omega}}_0; \boldsymbol{r}, -\hat{\boldsymbol{\Omega}}) \mathrm{d}\hat{\boldsymbol{\Omega}}$$

即, $\boldsymbol{r}_0$ 处单位定向 ($\hat{\boldsymbol{\Omega}}_0$) 源在 $\boldsymbol{r}$ 处引起的初生**通量**等于 $\boldsymbol{r}$ 处单位各向同性源在 $\boldsymbol{r}_0$ 处引起的沿 $-\hat{\boldsymbol{\Omega}}_0$ 方向的**角通量**. 又如, 设 $\hat{n}$ 为一方向矢量, 则有

$$\iint \hat{n} \cdot \hat{\boldsymbol{\Omega}} G_{\text{点}}(\boldsymbol{r}, \hat{\boldsymbol{\Omega}}; \boldsymbol{r}_0, \hat{\boldsymbol{\Omega}}_0) \mathrm{d}\hat{\boldsymbol{\Omega}} \mathrm{d}\hat{\boldsymbol{\Omega}}_0 = \iint \hat{n} \cdot \hat{\boldsymbol{\Omega}} G_{\text{点}}(\boldsymbol{r}_0, -\hat{\boldsymbol{\Omega}}_0; \boldsymbol{r}, -\hat{\boldsymbol{\Omega}}) \mathrm{d}\hat{\boldsymbol{\Omega}} \mathrm{d}\hat{\boldsymbol{\Omega}}_0,$$

即, $\boldsymbol{r}_0$ 处一单位各向同性源在 $\boldsymbol{r}$ 处引起的在 $\hat{n}$ 方向的**净流**等于 $\boldsymbol{r}$ 处一方向分布为 $-\dfrac{\hat{\boldsymbol{\Omega}} \cdot \hat{n}}{4\pi}$ 的单位源在 $\boldsymbol{r}_0$ 处引起的**通量**.

如果有位于原点的各向同性点源, 即

$$s(\boldsymbol{r}_0, E, \hat{\boldsymbol{\Omega}}_0) = \frac{S_0(E)}{4\pi}\delta(\boldsymbol{r}_0),$$

那么, 在 $\boldsymbol{r}$ 处产生的初生粒子的通量就是

$$\varphi_i(\boldsymbol{r}, E, \hat{\boldsymbol{\Omega}}) = S_0(E)\frac{\exp[-\Sigma_{\mathrm{t}}(E)r]}{4\pi r^2} \cdot \delta_2\left(\frac{\boldsymbol{r}}{r} \cdot \hat{\boldsymbol{\Omega}}\right). \tag{2.3.11}$$

对 $\hat{\boldsymbol{\Omega}}$ 积分, 得到

$$\begin{aligned}
\phi_i(\boldsymbol{r}, E) &= \int \mathrm{d}\hat{\boldsymbol{\Omega}}\, \varphi_i(\boldsymbol{r}, E, \hat{\boldsymbol{\Omega}}) \\
&= S_0(E)\frac{\exp[-\Sigma_{\mathrm{t}}(E)r]}{4\pi r^2} \equiv \phi_i^{(点)}(\boldsymbol{r}, E).
\end{aligned} \tag{2.3.12}$$

$$\frac{1}{v}\phi_i(\boldsymbol{r}, E)\mathrm{d}\boldsymbol{r}\mathrm{d}E = \mathrm{d}\boldsymbol{r}\mathrm{d}E \int \mathrm{d}\hat{\boldsymbol{\Omega}}\, n_i(\boldsymbol{r}, E, \hat{\boldsymbol{\Omega}})$$

表示位置在 $(\boldsymbol{r}, \mathrm{d}\boldsymbol{r})$ 范围内、能量在 $(E, \mathrm{d}E)$ 范围内的初生粒子数, 不难看出, 若在 $\boldsymbol{r}$ 处放一面积元 $\mathrm{d}\sigma$, 其方向随机选择, 则单位时间内打在面积元一侧的能量在 $(E, \mathrm{d}E)$ 范围内的初生粒子数的期望值就等于

$$\frac{\mathrm{d}\sigma}{4}\phi_i(r, E)\mathrm{d}E.$$

如果有许多各向同性的点源分布在空间的各点

$$\boldsymbol{r}_j (j = 1, 2, \cdots),$$

$$s(\boldsymbol{r}_0, E, \hat{\boldsymbol{\Omega}}_0) = \sum_j \frac{S_0(\boldsymbol{r}_j, E)}{4\pi}\delta(\boldsymbol{r}_0 - \boldsymbol{r}_j),$$

那么 ϕ_i 也可以利用 (2.3.12) 式将各点源的贡献相加求得, 结果为

$$\phi_i(\boldsymbol{r}, E) = \sum_j S_0(\boldsymbol{r}_j, E)\frac{\exp[-\Sigma_{\mathrm{t}}(E)|\boldsymbol{r} - \boldsymbol{r}_j|]}{4\pi(\boldsymbol{r} - \boldsymbol{r}_j)^2};$$

如果各向同性源连续分布在曲面 σ 上, 即

$$s(\boldsymbol{r}_0, E, \hat{\boldsymbol{\Omega}}_0) = \int \mathrm{d}\sigma\frac{S_0(\boldsymbol{R}_s, E)}{4\pi}\delta(\boldsymbol{r}_0 - \boldsymbol{R}_s), R_s \in \sigma,$$

那么就有

$$\phi_i(\boldsymbol{r}, E) = \int \mathrm{d}\sigma S_0(\boldsymbol{R}_s, E) \frac{\exp[-\Sigma_\mathrm{t}(E)|\boldsymbol{r} - \boldsymbol{R}_s|]}{4\pi(\boldsymbol{r} - \boldsymbol{R}_s)^2},$$
$$R_s \in \sigma.$$

对于曲面上均匀分布的各向同性源, $S_0(\boldsymbol{R}_s, E) = S_0(E)$ 与 $\boldsymbol{R}_s$ 无关, 于是

$$\phi_i(\boldsymbol{r}, E) = S_0(E) \int \mathrm{d}\sigma \frac{\exp[-\Sigma_\mathrm{t}(E)|\boldsymbol{r} - \boldsymbol{R}_s|]}{4\pi(\boldsymbol{r} - R_s)^2} = \int \mathrm{d}\sigma \phi_i^{(点)}(|\boldsymbol{r} - \boldsymbol{R}_s|, E), \ \boldsymbol{R}_s \in \sigma. \tag{2.3.13}$$

将 (2.3.13) 式用于 σ 为平面的情况, 则可以求得, 在距平面 x 处, 有

$$\phi_i^{(面)}(x, E) = \frac{1}{2} S_0(E) E_1(\Sigma_\mathrm{t}(E)x) \tag{2.3.14}$$

式中 $E_1(x)$ 是一阶**指数积分函数**:

$$E_1(x) \equiv \int_1^\infty \mathrm{e}^{-xu} u^{-1} \mathrm{d}u = \int_0^1 \mu^{-1} \mathrm{e}^{-x/\mu} \mathrm{d}\mu. \tag{2.3.15}$$

当 σ 为球面 (半径 a) 时, 可以求得, 在距球心 r 处, 有

$$\phi_i^{(球)}(r, E) = \frac{as_0(E)}{2r}[E_1(\Sigma_\mathrm{t}(E)|r - a|) - E_1(\Sigma_\mathrm{t}(E)(r + a))]. \tag{2.3.16}$$

公式 (2.3.13) 式也容易推广到线源的情况.

§2.4 输运方程的积分方程形式

利用首次飞行积分核可以把输运方程写成积分方程的形式. 记

$$s'(\boldsymbol{r}, E, \hat{\boldsymbol{\Omega}}, t) = \int_0^\infty \mathrm{d}E' \int \mathrm{d}\hat{\boldsymbol{\Omega}}' \Sigma(\boldsymbol{r}, E' \to E, \hat{\boldsymbol{\Omega}}' \to \hat{\boldsymbol{\Omega}}) \varphi(\boldsymbol{r}, E', \hat{\boldsymbol{\Omega}}', t) + s(\boldsymbol{r}, E, \hat{\boldsymbol{\Omega}}, t), \tag{2.4.1}$$

那么输运方程 (2.3.1) 就可以写成

$$\frac{1}{v} \frac{\partial \varphi}{\partial t} + \hat{\boldsymbol{\Omega}} \cdot \frac{\partial \varphi}{\partial \boldsymbol{r}} + \Sigma_\mathrm{t}(\boldsymbol{r}, E)\varphi = s'(\boldsymbol{r}, E, \hat{\boldsymbol{\Omega}}, t). \tag{2.4.2}$$

s' 可称为 "等效源".

先考虑均匀介质中的定态情形, 这时有

$$\Sigma(\boldsymbol{r}, E' \to E, \hat{\boldsymbol{\Omega}}' \to \hat{\boldsymbol{\Omega}}) = \Sigma(E' \to E, \hat{\boldsymbol{\Omega}}' \to \hat{\boldsymbol{\Omega}}),$$

$$\Sigma_\mathrm{t}(\boldsymbol{r}, E) = \Sigma_\mathrm{t}(E),$$

$$\frac{\partial \varphi}{\partial t} = 0,$$

于是 (2.4.2) 式变成

$$\hat{\boldsymbol{\Omega}} \cdot \frac{\partial \varphi}{\partial \boldsymbol{r}} + \Sigma_{\mathrm{t}}(E)\varphi = s'(\boldsymbol{r}, E, \hat{\boldsymbol{\Omega}}). \tag{2.4.3}$$

把 $s'(\boldsymbol{r}, E, \hat{\boldsymbol{\Omega}})$ 看成是已知的, 再和方程 (2.3.6) 相对比, 就可以根据 (2.3.10) 式, 利用首次飞行积分核 $G_{\text{点}}(\boldsymbol{r}, \hat{\boldsymbol{\Omega}}; \boldsymbol{r}', \hat{\boldsymbol{\Omega}}')$, 求得

$$\varphi(\boldsymbol{r}, E, \hat{\boldsymbol{\Omega}}) = \iint \mathrm{d}\boldsymbol{r}' \mathrm{d}\hat{\boldsymbol{\Omega}}' G_{\text{点}}(\boldsymbol{r}, \hat{\boldsymbol{\Omega}}; \boldsymbol{r}', \hat{\boldsymbol{\Omega}}') s'(\boldsymbol{r}', E, \hat{\boldsymbol{\Omega}}'). \tag{2.4.4}$$

将 (2.4.1) 式代入 (2.4.4) 式, 就得到积分方程形式的输运方程:

$$\varphi(\boldsymbol{r}, E, \hat{\boldsymbol{\Omega}}) = \iint \mathrm{d}\boldsymbol{r}' \mathrm{d}\hat{\boldsymbol{\Omega}}' G_{\text{点}}(\boldsymbol{r}, \hat{\boldsymbol{\Omega}}; \boldsymbol{r}', \hat{\boldsymbol{\Omega}}') \cdot \left\{ \int_0^\infty \mathrm{d}E'' \int \mathrm{d}\hat{\boldsymbol{\Omega}}'' \Sigma(E'' \to E, \hat{\boldsymbol{\Omega}}'' \to \hat{\boldsymbol{\Omega}}') \right.$$

$$\left. \varphi(\boldsymbol{r}', E'', \hat{\boldsymbol{\Omega}}'') + s(\boldsymbol{r}, E, \hat{\boldsymbol{\Omega}}') \right\}. \tag{2.4.5}$$

对于各向同性源和各向同性散射的情形, 有

$$s(\boldsymbol{r}, E, \hat{\boldsymbol{\Omega}}) = \frac{1}{4\pi} S(\boldsymbol{r}, E),$$

$$\Sigma(E' \to E, \hat{\boldsymbol{\Omega}}' \to \hat{\boldsymbol{\Omega}}) = \frac{1}{4\pi} \Sigma(E' \to E).$$

将 (2.4.5) 式对 $\hat{\boldsymbol{\Omega}}$ 积分, 记

$$\phi(\boldsymbol{r}, E) = \int \mathrm{d}\hat{\boldsymbol{\Omega}} \, \varphi(\boldsymbol{r}, E, \hat{\boldsymbol{\Omega}}),$$

就得到关于通量 $\phi(\boldsymbol{r}, E)$ 的积分方程:

$$\phi(\boldsymbol{r}, E) = \int \mathrm{d}\boldsymbol{r}' \frac{\exp[-\Sigma_{\mathrm{t}}(E)|\boldsymbol{r} - \boldsymbol{r}'|]}{4\pi(\boldsymbol{r} - \boldsymbol{r}')^2} \cdot \left\{ \int_0^\infty \mathrm{d}E' \Sigma(E' \to E)\phi(\boldsymbol{r}', E') + S(\boldsymbol{r}', E) \right\}. \tag{2.4.6}$$

这个方程称为**Peierls 积分方程**.

如果源是平面对称的, 那么 $\phi(\boldsymbol{r}, E)$ 也应当是平面对称的, 这时 (2.4.6) 式可以写成

$$\phi(x, E) = \int_{-\infty}^\infty \mathrm{d}x' \left[\int_{-\infty}^\infty \mathrm{d}y' \int_{-\infty}^\infty \mathrm{d}z' \frac{\exp[-\Sigma_{\mathrm{t}}(E)|\boldsymbol{r} - \boldsymbol{r}'|]}{4\pi(\boldsymbol{r} - \boldsymbol{r}')^2} \right]$$

$$\cdot \left\{ \int_0^\infty \mathrm{d}E' \Sigma(E' \to E)\phi(x', E') + S(x', E) \right\}$$

利用上节的结果 (2.3.14), 可得

$$\phi(x, E) = \int_{-\infty}^\infty \mathrm{d}x' \frac{1}{2} E_1(\Sigma_{\mathrm{t}}(E)|x - x'|)$$

$$\cdot \left\{ \int_0^\infty \mathrm{d}E' \Sigma(E' \to E)\phi(x', E') + S(x', E) \right\}. \tag{2.4.7}$$

如果源是球对称的. 也可以类似地利用 (2.3.16) 式将 (2.4.6) 式写成

$$\phi(r, E) = \int_0^\infty \mathrm{d}r' \frac{r'}{2r} [E_1(\Sigma_t(E)|r - r'|) - E_1(\Sigma_t(E)(r + r'))]$$

$$\cdot \left\{ \int_0^\infty \mathrm{d}E' \Sigma(E' \to E)\phi(r', E') + S(r', E) \right\}. \tag{2.4.8}$$

现在来讨论一般的输运方程 (2.4.2). 如果 s' 是已知函数, 那么 v 和 $\hat{\boldsymbol{\Omega}}$ (也就是 E 和 $\hat{\boldsymbol{\Omega}}$) 可以看成是参量, 而 (2.4.2) 式可以看成是一个关于 $\boldsymbol{r}, t$ 的函数的线性偏微分方程. 设 $\boldsymbol{r}_0, t_0$ 是四维时空中的一个固定点, 过这一点沿 $\left(\hat{\boldsymbol{\Omega}}, \frac{1}{v}\right)$ 方向 [即线性偏微分方程 (2.4.2) 的特征线方向] 作一直线 l, 那么 $\varphi(\boldsymbol{r}_0, t_0)$ 只与这条直线上的诸点有关. 因此, 令

$$\boldsymbol{r} = \boldsymbol{r}_0 - R\hat{\boldsymbol{\Omega}}, \qquad t = t_0 - \frac{R}{v},$$

就可以把 (2.4.2) 式写成一个常微分方程:

$$-\frac{\mathrm{d}}{\mathrm{d}R}\varphi\left(\boldsymbol{r}_0 - R\hat{\boldsymbol{\Omega}}, E, \hat{\boldsymbol{\Omega}}, t_0 - \frac{R}{v}\right) + \Sigma_t(\boldsymbol{r}_0 - R\hat{\boldsymbol{\Omega}}, E, \hat{\boldsymbol{\Omega}})\varphi\left(\boldsymbol{r}_0 - R\hat{\boldsymbol{\Omega}}, E, \hat{\boldsymbol{\Omega}}, t_0 - \frac{R}{v}\right)$$

$$= s'\left(\boldsymbol{r}_0 - R\hat{\boldsymbol{\Omega}}, E, \hat{\boldsymbol{\Omega}}, t_0 - \frac{R}{v}\right).$$

用类似于讨论 (2.2.10) 式的方法可以求得

$$\varphi(\boldsymbol{r}, E, \hat{\boldsymbol{\Omega}}, t) = \int_0^\infty \mathrm{e}^{-\alpha(\boldsymbol{r}, R, E)} \cdot s'\left(\boldsymbol{r} - R\hat{\boldsymbol{\Omega}}, E, \hat{\boldsymbol{\Omega}}, t - \frac{R}{v}\right) \mathrm{d}R \tag{2.4.9}$$

其中

$$\alpha(\boldsymbol{r}, R, E) = \int_0^R \Sigma_t(\boldsymbol{r} - R'\hat{\boldsymbol{\Omega}}, E)\mathrm{d}R' \tag{2.4.10}$$

将 (2.4.1) 式代入 (2.4.9) 式, 就得到关于 $\varphi(\boldsymbol{r}, E, \hat{\boldsymbol{\Omega}}, t)$ 的积分方程:

$$\varphi(\boldsymbol{r}, E, \hat{\boldsymbol{\Omega}}, t) = \int_0^\infty \mathrm{d}R \mathrm{e}^{-\alpha(\boldsymbol{r}, R, E)} \cdot \left\{ \int_0^\infty \mathrm{d}E' \int \mathrm{d}\hat{\boldsymbol{\Omega}}' \Sigma(\boldsymbol{r} - R\hat{\boldsymbol{\Omega}}, E' \to E, \hat{\boldsymbol{\Omega}}' \to \hat{\boldsymbol{\Omega}}) \right.$$

$$\left. \cdot \varphi\left(\boldsymbol{r} - R\hat{\boldsymbol{\Omega}}, E', \hat{\boldsymbol{\Omega}}', t - \frac{R}{v}\right) + s\left(\boldsymbol{r} - R\hat{\boldsymbol{\Omega}}, E, \hat{\boldsymbol{\Omega}}, t - \frac{R}{v}\right) \right\} \tag{2.4.11}$$

由于没有计及外力场的作用, 所以这一结果通常适用于光子或中子.

§2.5 逃脱概率和碰撞概率

逃脱概率和**碰撞概率**是讨论强吸收介质中粒子输运问题时经常使用的概念. 为确定起见, 考虑图 2.2 中的由两个区域组成的系统. 从 A 区的**逃脱概率**P_A 定义为,

在 A 区里均匀各向同性地产生的一个粒子在被吸收以前逃出 A 区的概率. 从 A 区的**首次飞行逃脱概率**P_{A0} 定义为, 在 A 区里均匀各向同性地产生的一个粒子在首次碰撞以前逃出 A 区的概率. 由这个定义得知, 粒子在 A 中发生**首次碰撞的概率**为

$$P_{AC} = 1 - P_{A0}.$$

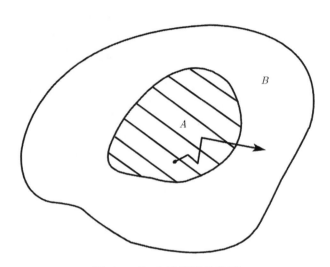

图 2.2　从 A 区逃脱的粒子

　　为计算首次飞行逃脱概率, 考虑一个在体积 V 中的均匀各向同性的粒子源 s_0. 由 V 中小体积元 $\mathrm{d}\boldsymbol{r}$ 内放出的, 每单位时间通过 $\boldsymbol{r}'$ 处面积元 $\mathrm{d}\sigma$ 的首次飞行粒子数为 (参见图 2.3)

$$\frac{s_0}{4\pi}\mathrm{d}\boldsymbol{r}\mathrm{d}\hat{\boldsymbol{\Omega}}\exp[-\Sigma_{\mathrm{t}}\cdot|\boldsymbol{r}'-\boldsymbol{r}|]$$

其中 $\mathrm{d}\hat{\boldsymbol{\Omega}}$ 是面积元 $\mathrm{d}\sigma$ 在 $\boldsymbol{r}$ 点所张的立体角元. 将上式对 $\mathrm{d}\boldsymbol{r}\mathrm{d}\hat{\boldsymbol{\Omega}}$ 积分, 就得到每单位时间从 V 内首次飞行逃脱出来的粒子数:

$$\frac{s_0}{4\pi}\int_V\mathrm{d}\boldsymbol{r}\int\mathrm{d}\hat{\boldsymbol{\Omega}}\exp[-\Sigma_{\mathrm{t}}\cdot|\boldsymbol{r}'-\boldsymbol{r}|].$$

注意, 每单位时间在 V 内产生的粒子总数为 Vs_0, 就可以看出从体积 V 内首次飞行逃脱的概率为

$$P_{V0} = \frac{1}{4\pi V}\int_V\mathrm{d}\boldsymbol{r}\int\mathrm{d}\hat{\boldsymbol{\Omega}}\exp[-\Sigma_{\mathrm{t}}\cdot|\boldsymbol{r}'-\boldsymbol{r}|]. \tag{2.5.1}$$

这个积分以用 **Dirac** 首先提出的 '弦法' 计算较为简便. 这方法中, 对于每一方向 $\hat{\boldsymbol{\Omega}}$, 都假想体积 V 可以由许多包含这方向的 '弦' 的小条充满, 而每一小条则由体积元

$$\mathrm{d}\boldsymbol{r} = |\hat{\boldsymbol{\Omega}}\cdot\hat{\boldsymbol{e}}_s|\mathrm{d}\sigma\mathrm{d}R' \tag{2.5.2}$$

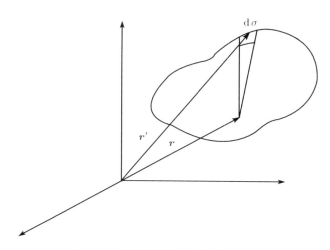

图 2.3 计算逃脱概率所用的坐标系

构成, 如图 2.4 所示. 这里 $R' = |\boldsymbol{r}' - \boldsymbol{r}|$, $\hat{e}_s$ 是表面元 $\mathrm{d}\sigma$ 的外法向, $|\hat{\boldsymbol{\Omega}} \cdot \hat{e}_s|\mathrm{d}\sigma$ 是体积元 $\mathrm{d}\boldsymbol{r}$(也是 $\mathrm{d}\boldsymbol{r}$ 所在小条) 的横截面积. 为了对 $\mathrm{d}\sigma$ 积分时刚好给出体积 V, 我们只应考虑 $\mathrm{d}\boldsymbol{r}$ 所在小条一端 (例如, 粒子射出的一端, 那儿 $\hat{\boldsymbol{\Omega}} \cdot \hat{e}_s > 0$) 的 $\mathrm{d}\sigma$, 而不应两端都算, 因此 (2.5.2) 式应改写成

$$\mathrm{d}\boldsymbol{r} = \hat{\boldsymbol{\Omega}} \cdot \hat{e}_s \mathrm{d}\sigma \mathrm{d}R', \quad \hat{\boldsymbol{\Omega}} \cdot \hat{e}_s > 0, \tag{2.5.3}$$

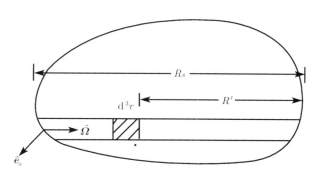

图 2.4 弦分布函数的计算

现在 (2.5.1) 式可以改写成

$$P_{V0} = \frac{1}{4\pi V} \iint \mathrm{d}\sigma \mathrm{d}\hat{\boldsymbol{\Omega}} \int_0^{R_s} \mathrm{d}R' \mathrm{e}^{-\Sigma_t R'} \hat{\boldsymbol{\Omega}} \cdot \hat{e}_s, \hat{\boldsymbol{\Omega}} \cdot \hat{e}_s > 0,$$

或作出对 $\mathrm{d}R'$ 的积分, 得

$$P_{V0} = \frac{1}{4\pi V \varSigma_{\mathrm{t}}} \iint \mathrm{d}\sigma \mathrm{d}\hat{\boldsymbol{\Omega}} \, (1 - \mathrm{e}^{-\varSigma_{\mathrm{t}} R}) \hat{\boldsymbol{\Omega}} \cdot \hat{\boldsymbol{e}}_s, \quad \hat{\boldsymbol{\Omega}} \cdot \hat{\boldsymbol{e}}_s > 0. \tag{2.5.4}$$

　　引入**弦长的分布函数** $\phi(R)$, 这里 $\phi(R)\mathrm{d}R$ 表示弦长在 R 至 $R+\mathrm{d}R$ 之间的概率, 于是

$$\phi(R)\mathrm{d}R = \frac{\displaystyle\iint_{R \leqslant R_s \leqslant R+\mathrm{d}R} \mathrm{d}\sigma \mathrm{d}\hat{\boldsymbol{\Omega}} \, \hat{\boldsymbol{\Omega}} \cdot \hat{\boldsymbol{e}}_s}{\displaystyle\iint \mathrm{d}\sigma \mathrm{d}\hat{\boldsymbol{\Omega}} \, \hat{\boldsymbol{\Omega}} \cdot \hat{\boldsymbol{e}}_s}, \quad \hat{\boldsymbol{\Omega}} \cdot \hat{\boldsymbol{e}}_s > 0.$$

分母中唯一的限制是 $\hat{\boldsymbol{\Omega}} \cdot \hat{\boldsymbol{e}}_s > 0$, 因此若先对 $\mathrm{d}\hat{\boldsymbol{\Omega}}$ 再对 $\mathrm{d}\sigma$ 积分, 便容易算出其值为 πA, 这里 A 是 V 的表面积, 于是

$$\phi(R)\mathrm{d}R = \frac{1}{\pi A} \iint_{R \leqslant R_s \leqslant R+\mathrm{d}R} \mathrm{d}\sigma \mathrm{d}\hat{\boldsymbol{\Omega}} \, \hat{\boldsymbol{\Omega}} \cdot \hat{\boldsymbol{e}}_s, \quad \hat{\boldsymbol{\Omega}} \cdot \hat{\boldsymbol{e}}_s > 0. \tag{2.5.5}$$

利用 (2.5.5) 式, 可以把 (2.5.4) 式改写成

$$P_{V0} = \frac{A}{4V\varSigma_{\mathrm{t}}} \int_{R_{\min}}^{R_{\max}} (1 - \mathrm{e}^{-\varSigma_{\mathrm{t}} R}) \phi(R)\mathrm{d}R. \tag{2.5.6}$$

注意, 平均弦长 $\langle R \rangle$ 容易从 (2.5.5) 式算出:

$$\langle R \rangle = \int_{R_{\min}}^{R_{\max}} R\phi(R)\mathrm{d}R = \frac{4V}{A}. \tag{2.5.7}$$

用这结果, (2.5.6) 式可写成

$$P_{V0} = \frac{1}{\langle R \rangle \varSigma_{\mathrm{t}}} \int_{R_{\min}}^{R_{\max}} (1 - \mathrm{e}^{-\varSigma_{\mathrm{t}} R}) \phi(R)\mathrm{d}R. \tag{2.5.8}$$

由此可见, 只要求出弦长分布函数 $\phi(R)$, 就可以求得首次飞行逃脱概率.

　　当系统的体积很小, 使 $\varSigma_{\mathrm{t}} R \ll 1$ 时, (2.5.8) 式中的 $1 - \mathrm{e}^{-\varSigma_{\mathrm{t}} R} \approx \varSigma_{\mathrm{t}} R$, 于是 $P_{V0} \approx 1$. 另一方面, 当系统的体积很大, 使 $\varSigma_{\mathrm{t}} R \gg 1$ 时, 有 $1 - \mathrm{e}^{-\varSigma_{\mathrm{t}} R} \approx 1$, 而从 (2.5.6) 式知

$$P_{V0} \approx \frac{A}{4V\varSigma_{\mathrm{t}}} = \frac{l_{\mathrm{t}}}{\langle R \rangle},$$

这里 $l_{\mathrm{t}} = \varSigma_{\mathrm{t}}^{-1}$ 为总平均自由程.

　　作为一个例子, 讨论球的首次飞行逃脱概率. 设球半径为 a, 记 $\mu = \hat{\boldsymbol{\Omega}} \cdot \hat{\boldsymbol{e}}_s = \cos\theta$. 由于球的对称性 (球面上每一点都处在同等地位), 用 (2.5.5) 式计算 $\phi(R)\mathrm{d}R$

时, 可先作对 $\mathrm{d}\sigma$ 的积分, 于是得到

$$\phi_{球}(R)\mathrm{d}R = \frac{1}{\pi}\int_{R \leqslant R_s \leqslant R+\mathrm{d}R} \mathrm{d}\hat{\boldsymbol{\Omega}}\,\hat{\boldsymbol{\Omega}} \cdot \hat{e}_s$$

$$= 2\int_{R \leqslant R_s \leqslant R+\mathrm{d}R} \mu\mathrm{d}\mu.$$

注意到 $R = 2a\mu$, 就得到 $\mu\mathrm{d}\mu = R\mathrm{d}R/(4a^2)$, 所以

$$\phi_{球}(R)\mathrm{d}R = \frac{R}{2a^2}\mathrm{d}R.$$

把这个结果代入 (2.5.8) 式, 就得球的首次飞行逃脱概率:

$$P_{球\,0} = \frac{3}{8(a\Sigma_t)^3}[2(a\Sigma_t)^2 - 1 + (1 + 2a\Sigma_t)\mathrm{e}^{-2a\Sigma_t}]. \tag{2.5.9}$$

用类似的方法可以求得厚度为 a 的无限平板的弦长分布函数

$$\phi_{板}(R) = \frac{2a^2}{R^3},$$

而相应的首次飞行逃脱概率为

$$P_{板\,0} = \frac{1}{2a\Sigma_t}[1 - 2E_3(a\Sigma_t)],$$

这里 $E_3(x)$ 为三阶指数积分, 一般有

$$E_n(x) \equiv \int_1^\infty \mathrm{e}^{-xu}u^{-n}\mathrm{d}u = \int_0^1 \mu^{n-2}\mathrm{e}^{-x/\mu}\mathrm{d}\mu. \tag{2.5.10}$$

同样, 可以求得半径 a 的无限长圆柱中的首次飞行逃脱概率:

$$P_{柱\,0} = \frac{a\Sigma_t}{3}\bigg\{2[a\Sigma_t K_1(a\Sigma_t)I_1(a\Sigma_t) + K_0(a\Sigma_t)I_0(a\Sigma_t) - 1]$$

$$+ \frac{1}{a\Sigma_t}K_1(a\Sigma_t)I_1(a\Sigma_t) - K_0(a\Sigma_t)I_1(a\Sigma_t) + K_1(a\Sigma_t)I_0(a\Sigma_t)\bigg\},$$

式中 $I_\nu(z)$ 和 $K_\nu(z)$ 分别是 ν 阶的第一类和第二类变型 Bessel 函数.

Dirac、Fuchs、Peierls 及 Preston 等曾得出半球、扁球及扁半球的弦分布函数和首次飞行逃脱概率[15]. 结果相当复杂, 在此不再援引.

§2.6 单速输运理论

从本节开始讨论**常截面近似**下的简化输运方程 (2.1.9), 即

$$\hat{\boldsymbol{\Omega}} \cdot \frac{\partial\varphi}{\partial\boldsymbol{r}} + \Sigma_t\varphi = \frac{c\Sigma_t}{4\pi}\int \mathrm{d}\hat{\boldsymbol{\Omega}}'\varphi(\boldsymbol{r}, \hat{\boldsymbol{\Omega}}') + \frac{S(\boldsymbol{r})}{4\pi}. \tag{2.6.1}$$

注意, 这个方程是在无外场和定态情况下作了常截面近似, 并假定介质均匀和散射各向同性以及源各向同性之后才得到的. 由于粒子速率在 (2.6.1) 式中不出现, 所以可以认为所有粒子都具有同样的单一速率. 事实上, 如果后一前提成立, 那么输运方程 (2.1.1) 在上述条件下的确可以简化成 (2.6.1) 式的形状. 这就是以 (2.6.1) 式为基础的输运理论常被称为**单速输运理论**的原因. 不过, 从 (2.6.1) 式, 即 (2.1.9) 式的推导可见, 只要常截面近似成立, 即使粒子具有一定的速率分布, 这方程也仍然可用, 因而本节中的讨论也仍然成立.

用 §2.4 中的方法, 也可以把 (2.6.1) 式写成积分方程的形式:

$$\varphi(\boldsymbol{r}, \hat{\boldsymbol{\Omega}}) = \int_0^\infty \mathrm{e}^{-\Sigma_\mathrm{t} R} \left[\frac{c\Sigma_\mathrm{t}}{4\pi} \int \mathrm{d}\hat{\boldsymbol{\Omega}}' \varphi(\boldsymbol{r} - R\hat{\boldsymbol{\Omega}}, \hat{\boldsymbol{\Omega}}') + \frac{S(\boldsymbol{r} - R\hat{\boldsymbol{\Omega}})}{4\pi} \right] \mathrm{d}R. \qquad (2.6.2)$$

将上式两边对 $\mathrm{d}\hat{\boldsymbol{\Omega}}$ 积分, 并引进通量

$$\phi(\boldsymbol{r}) = \int \mathrm{d}\hat{\boldsymbol{\Omega}} \, \varphi(\boldsymbol{r}, \hat{\boldsymbol{\Omega}}),$$

便得**单速 Peierls 积分方程**:

$$\phi(\boldsymbol{r}) = \int \mathrm{d}\boldsymbol{r}' \frac{\mathrm{e}^{-\Sigma_\mathrm{t}|\boldsymbol{r}' - \boldsymbol{r}|}}{4\pi(\boldsymbol{r}' - \boldsymbol{r})^2} [c\Sigma_\mathrm{t}\phi(\boldsymbol{r}') + S(\boldsymbol{r}')]. \qquad (2.6.3)$$

注意, 如果能够求得 $\phi(\boldsymbol{r})$, 就可以利用 (2.6.2) 式求得 $\varphi(\boldsymbol{r}, \hat{\boldsymbol{\Omega}})$:

$$\varphi(\boldsymbol{r}, \hat{\boldsymbol{\Omega}}) = \int_0^\infty \mathrm{e}^{-\Sigma_\mathrm{t} R} \frac{1}{4\pi} [c\Sigma_\mathrm{t}\phi(\boldsymbol{r} - R\hat{\boldsymbol{\Omega}}) + S(\boldsymbol{r} - R\hat{\boldsymbol{\Omega}})] \mathrm{d}R. \qquad (2.6.4)$$

所以单速 Peierls 积分方程(2.6.3) 是单速输运理论的基础.

现在讨论 (2.6.3) 式的解法. 定义积分算子 K:

$$K\phi(\boldsymbol{r}) \equiv \int \mathrm{d}\boldsymbol{r}' \frac{\mathrm{e}^{-\Sigma_\mathrm{t}|\boldsymbol{r}' - \boldsymbol{r}|}}{4\pi(\boldsymbol{r}' - \boldsymbol{r})^2} c\Sigma_\mathrm{t}\phi(\boldsymbol{r}') \qquad (2.6.5)$$

可以把 (2.6.3) 式改写为

$$(I - K)\phi = K\left(\frac{S}{c\Sigma_\mathrm{t}}\right) \qquad (2.6.6)$$

其中 I 是单位算子: $I\varphi = \varphi$. 由 (2.6.6) 式可以求出形式解:

$$\phi = (I - K)^{-1} K\left(\frac{S}{c\Sigma_\mathrm{t}}\right),$$

即

$$\phi = \sum_{n=1}^\infty K^n \left(\frac{S}{c\Sigma_\mathrm{t}}\right). \qquad (2.6.7)$$

如果级数 (2.6.7) 收敛, 那么代入 (2.6.6) 式就可以直接证明, 它是原来积分方程 (2.6.3) 式的解. (2.6.7) 式右边称为 **Neumann 级数**, 它等效于迭代过程

$$\phi^{(n+1)} = K\phi^{(n)} + K\left(\frac{S}{c\Sigma_{\mathrm{t}}}\right), \quad \phi^{(0)} = K\left(\frac{S}{c\Sigma_{\mathrm{t}}}\right). \tag{2.6.8}$$

这迭代过程称为 **Neumann 迭代**.

为了保证级数 (2.6.7) 收敛, 应当有

$$||K|| < 1 \tag{2.6.9}$$

其中算子 K 的范 $||K||$ 定义为

$$||K|| = \max\left\{\frac{||Kf||}{||f||}; f \in \text{允许函数类}\right\},$$

这里 $||f||$ 和 $||Kf||$ 都理解为 Hilbert 空间中的范. 在有界系统中, 用 l 记系统的线度 (例如, 平均弦长), 那么由 (2.6.5) 式可以估计 K 的范

$$||K|| \approx 0(c\Sigma_{\mathrm{t}} l)$$

若 $l \ll \dfrac{1}{\Sigma_{\mathrm{t}}}$ (小系统) 或 $c \ll 1$ (强吸收), 那么条件 (2.6.9) 式可以满足, Neumann 级数可以收敛得很快.

把级数 (2.6.7) 具体写出, 就是

$$\phi(\boldsymbol{r}) = \int \mathrm{d}\boldsymbol{r}' \frac{\mathrm{e}^{-\Sigma_{\mathrm{t}}|\boldsymbol{r}-\boldsymbol{r}'|}}{4\pi(\boldsymbol{r}-\boldsymbol{r}')^2} S(\boldsymbol{r}') + \int \mathrm{d}\boldsymbol{r}' \frac{\mathrm{e}^{-\Sigma_{\mathrm{t}}|\boldsymbol{r}-\boldsymbol{r}'|}}{4\pi(\boldsymbol{r}-\boldsymbol{r}')^2} c\Sigma_{\mathrm{t}} \int \mathrm{d}\boldsymbol{r}'' \frac{\mathrm{e}^{-\Sigma_{\mathrm{t}}|\boldsymbol{r}'-\boldsymbol{r}''|}}{4\pi(\boldsymbol{r}'-\boldsymbol{r}'')^2} S(\boldsymbol{r}'') + \cdots \tag{2.6.10}$$

由此可以看到各项的物理意义: 第一项代表由源放出的到达 $\boldsymbol{r}$ 处的**初生粒子**的贡献; 第二项代表由源放出后经过了一次散射再到达 $\boldsymbol{r}$ 处的**第二代粒子**的贡献; 如此等等. 因此, Neumann 级数实际上是按散射次数展开的解.

当系统具有某种对称性时, 方程 (2.6.1) 和 (2.6.3) 可以进一步简化.

如果系统是平面对称的, 记

$$\varphi(\boldsymbol{r}, \hat{\boldsymbol{\Omega}}) = \frac{1}{2\pi}\varphi(x, \mu), \quad \phi(\boldsymbol{r}) = \phi(x), \quad S(\boldsymbol{r}) = S(x),$$

其中 $\mu = \hat{\boldsymbol{\Omega}} \cdot \hat{\boldsymbol{e}}_x$ 是 $\hat{\boldsymbol{\Omega}}$ 与 x 轴方向夹角的余弦, 则 (2.6.1) 式和 (2.6.3) 式可以分别改写为

$$\mu\frac{\partial\varphi}{\partial x} + \Sigma_{\mathrm{t}}\varphi(x, \mu) = \frac{c\Sigma_{\mathrm{t}}}{2}\int_{-1}^{1}\mathrm{d}\mu'\varphi(x, \mu') + \frac{S(x)}{2}, \tag{2.6.11}$$

$$\phi(x) = \int_{-\infty}^{\infty} \mathrm{d}x' \frac{1}{2} E_1(\Sigma_{\mathrm{t}}|x-x'|)[c\Sigma_{\mathrm{t}}\phi(x') + S(x')]. \tag{2.6.12}$$

如果系统是球对称的, 记

$$\varphi(\boldsymbol{r}, \hat{\boldsymbol{\Omega}}) = \frac{1}{2\pi}\varphi(r, \mu),$$

$$\phi(\boldsymbol{r}) = \phi(r), \quad S(\boldsymbol{r}) = S(r),$$

其中 $\mu = \hat{\boldsymbol{\Omega}} \cdot \hat{e}_r$ 是 $\hat{\boldsymbol{\Omega}}$ 与矢径 $\boldsymbol{r}$ 方向夹角的余弦, 那么可以求得

$$\frac{\partial \varphi}{\partial x} = \frac{\partial \varphi}{\partial r}\frac{x}{r} + \frac{\partial \varphi}{\partial \mu}\left(\Omega_x \frac{r - x^2/r}{r^2} - \Omega_y \frac{xy}{r^3} - \Omega_z \frac{xz}{r^3}\right),$$

$$\frac{\partial \varphi}{\partial y} = \frac{\partial \varphi}{\partial r}\frac{y}{r} + \frac{\partial \varphi}{\partial \mu}\left(-\Omega_x \frac{xy}{r^3} + \Omega_y \frac{r - y^2/r}{r^2} - \Omega_z \frac{yz}{r^3}\right),$$

$$\frac{\partial \varphi}{\partial z} = \frac{\partial \varphi}{\partial r}\frac{z}{r} + \frac{\partial \varphi}{\partial \mu}\left(-\Omega_x \frac{xz}{r^3} - \Omega_y \frac{yz}{r^3} + \Omega_z \frac{r - z^2/r}{r^2}\right),$$

其中 Ω_x, Ω_y, Ω_z 是 $\hat{\boldsymbol{\Omega}}$ 在 x, y, z 三个轴上的投影, 于是

$$\hat{\boldsymbol{\Omega}} \cdot \frac{\partial \varphi(\boldsymbol{r}, \hat{\boldsymbol{\Omega}})}{\partial \boldsymbol{r}} = \frac{1}{2\pi}\hat{\boldsymbol{\Omega}} \cdot \frac{\partial \varphi(r, \mu)}{\partial \boldsymbol{r}} = \frac{1}{2\pi}\left[\mu\frac{\partial \varphi}{\partial r} + \frac{1}{r}(1 - \mu^2)\frac{\partial \varphi}{\partial \mu}\right].$$

所以 (2.6.1) 式就可改写成

$$\mu\frac{\partial \varphi}{\partial r} + \frac{1 - \mu^2}{r}\frac{\partial \varphi}{\partial \mu} + \Sigma_{\mathrm{t}}\varphi(r, \mu) = \frac{c\Sigma_{\mathrm{t}}}{2}\int_{-1}^{1} \mathrm{d}\mu'\varphi(r, \mu') + \frac{S(r)}{2}, \tag{2.6.13}$$

而 (2.6.3) 式也就可以改写成

$$\phi(r) = \frac{1}{2r}\int_0^{\infty} \mathrm{d}r' r'[E_1(\Sigma_{\mathrm{t}}|r-r'|) - E_1(\Sigma_{\mathrm{t}}|r+r'|)] \cdot [c\Sigma_{\mathrm{t}}\phi(r') + S(r')]. \tag{2.6.14}$$

如果系统是柱对称的, 取柱坐标 $\boldsymbol{r} = (\rho, \theta, z)$, 令 $\mu = \hat{\boldsymbol{\Omega}} \cdot \hat{e}_\rho = \cos\alpha$, α 是 $\hat{\boldsymbol{\Omega}}$ 和 ρ 轴方向 $\hat{e}_\rho$ 间的夹角; $\eta = \cos\omega$, ω 是 $\hat{\boldsymbol{\Omega}}$ 在垂直于 $\hat{e}_\rho$ 的平面上的投影与 z 轴方向 $\hat{e}_z$ 的夹角. 易得

$$\hat{\boldsymbol{\Omega}} \cdot \hat{e}_z = \eta\sqrt{1 - \mu^2}.$$

记

$$\varphi(\boldsymbol{r}, \hat{\boldsymbol{\Omega}}) = \varphi(\rho, \mu, \omega),$$

$$\phi(\boldsymbol{r}) = \phi(\rho), \quad s(\boldsymbol{r}) = S(\rho),$$

那么可以求得

$$\frac{\partial \varphi}{\partial x} = \frac{\partial \varphi}{\partial \rho}\frac{x}{\rho} + \left[\frac{\partial \varphi}{\partial \mu} + \frac{\mu\eta}{1-\mu^2}\frac{\partial \varphi}{\partial \eta}\right] \cdot \left[\frac{1}{\rho}\left(1 - \frac{x^2}{\rho^2}\right)\Omega_x - \frac{xy}{\rho^3}\Omega_y\right],$$

$$\frac{\partial \varphi}{\partial y} = \frac{\partial \varphi}{\partial \rho}\frac{y}{\rho} + \left[\frac{\partial \varphi}{\partial \mu} + \frac{\mu\eta}{1-\mu^2}\frac{\partial \varphi}{\partial \eta}\right] \cdot \left[\frac{1}{\rho}\left(1 - \frac{y^2}{\rho^2}\right)\Omega_y - \frac{xy}{\rho^3}\Omega_x\right],$$

$$\frac{\partial \varphi}{\partial z} = 0,$$

因此

$$\hat{\boldsymbol{\Omega}} \cdot \frac{\partial \varphi}{\partial \boldsymbol{r}} = \mu\frac{\partial \varphi}{\partial \rho} + \frac{1}{\rho}(1-\eta^2) \times \left[(1-\mu^2)\frac{\partial \varphi}{\partial \mu} + \mu\eta\frac{\partial \varphi}{\partial \eta}\right].$$

而 (2.6.1) 式可以改写为

$$\mu\frac{\partial \varphi}{\partial \rho} + \frac{1}{\rho}(1-\eta^2)\left[(1-\mu^2)\frac{\partial \varphi}{\partial \mu} + \mu\eta\frac{\partial \varphi}{\partial \eta}\right] + \Sigma_t\varphi(\rho,\mu,\omega) = \frac{c\Sigma_t}{4\pi}\int \mathrm{d}\hat{\boldsymbol{\Omega}}'\varphi(\rho,\mu',\omega') + \frac{S(\rho)}{4\pi},$$

$$(2.6.15)$$

其中 $\mathrm{d}\hat{\boldsymbol{\Omega}}' = \mathrm{d}\mu'\mathrm{d}\omega'$, μ' 从 -1 积分到 1, ω' 从 0 积分到 2π. 相应地, (2.6.3) 式可改写为

$$\phi(\rho) = \frac{2}{\pi}\int_0^\infty \rho'\mathrm{d}\rho'\int_{|\rho-\rho'|}^{\rho+\rho'}\mathrm{d}\lambda \cdot \frac{Ki_1(\Sigma_t\lambda)\{c\Sigma_t\phi(\rho') + S(\rho')\}}{\sqrt{[(\rho+\rho')^2 - \lambda^2]\cdot[\lambda^2 - (\rho-\rho')^2]}} \quad (2.6.16)$$

式中

$$Ki_1(x) \equiv \int_x^\infty K_0(x)\mathrm{d}s. \quad (2.6.17)$$

而 $K_0(z)$ 为零阶第二类变型 Bessel 函数.

本章以下各节主要讨论平面对称情况下输运方程 (2.6.11) 的边值问题的两种解法, 即积分变换法和分离变量法.

§2.7 积分变换法

考虑一维平几何无限大介质, 设在面 $x = 0$ 处有一个均匀的各向同性面源 $S_0\delta(x)$, 则单速输运方程 (2.6.11) 就可以写成

$$\mu\frac{\partial \varphi}{\partial x} + \Sigma_t\varphi(x,\mu) = \frac{c\Sigma_t}{2}\int_{-1}^1 \mathrm{d}\mu'\varphi(x,\mu') + \frac{S_0}{2}\delta(x), \quad (2.7.1)$$

式中 $\mu = \hat{\boldsymbol{\Omega}} \cdot \hat{\boldsymbol{e}}_x$, $\hat{\boldsymbol{e}}_x$ 是 x 轴方向的单位矢. 边界条件可以写成

$$\lim_{|x|\to\infty} \varphi(x,\mu) = 0. \quad (2.7.2)$$

现在做 Fourier 变换. 记

$$\widetilde{\varphi}(k,\mu) \equiv \int_{-\infty}^{\infty} \mathrm{d}x \mathrm{e}^{\mathrm{i}kx} \varphi(x,\mu), \tag{2.7.3}$$

将 (2.7.1) 式两边乘以 $\mathrm{e}^{\mathrm{i}kx}$ 并对 x 从 $-\infty$ 到 ∞ 积分, 利用 (2.7.2) 式及 (2.7.3) 式可以得到

$$-\mathrm{i}k\mu\widetilde{\varphi}(k,\mu) + \Sigma_{\mathrm{t}}\widetilde{\varphi}(k,\mu) = \frac{c\Sigma_{\mathrm{t}}}{2} \int_{-1}^{1} \mathrm{d}\mu' \widetilde{\varphi}(k,\mu') + \frac{S_0}{2},$$

或两边用 $(\Sigma_{\mathrm{t}} - \mathrm{i}k\mu)$ 除, 便可以写成

$$\widetilde{\varphi}(k,\mu) = \frac{\dfrac{c\Sigma_{\mathrm{t}}}{2} \displaystyle\int_{-1}^{1} \mathrm{d}\mu' \widetilde{\varphi}(k,\mu') + \dfrac{S_0}{2}}{\Sigma_{\mathrm{t}} - \mathrm{i}k\mu}.$$

然后两边对 μ 从 -1 到 1 积分, 并记

$$\widetilde{\phi}(k) = \int_{-1}^{1} \mathrm{d}\mu \widetilde{\varphi}(k,\mu) = \int_{-\infty}^{\infty} \mathrm{d}x \mathrm{e}^{\mathrm{i}kx} \phi(x), \tag{2.7.4}$$

就得到

$$\widetilde{\phi}(k) = \frac{1}{2}[S_0 + c\Sigma_{\mathrm{t}}\widetilde{\phi}(k)] \int_{-1}^{1} \frac{\mathrm{d}\mu}{\Sigma_{\mathrm{t}} - \mathrm{i}k\mu}.$$

由此可以解出 $\widetilde{\phi}(k)$:

$$\widetilde{\phi}(k) = \frac{X(k)}{\Lambda(k)}, \tag{2.7.5}$$

其中

$$X(k) = \frac{S_0}{2} \int_{-1}^{1} \frac{\mathrm{d}\mu}{\Sigma_{\mathrm{t}} - \mathrm{i}k\mu} = \frac{S_0}{2\mathrm{i}k} \ln \frac{\Sigma_{\mathrm{t}} + \mathrm{i}k}{\Sigma_{\mathrm{t}} - \mathrm{i}k}, \tag{2.7.6}$$

$$\Lambda(k) = 1 - \frac{c\Sigma_{\mathrm{t}}}{2} \int_{-1}^{1} \frac{\mathrm{d}\mu}{\Sigma_{\mathrm{t}} - \mathrm{i}k\mu} = 1 - \frac{c\Sigma_{\mathrm{t}}}{2\mathrm{i}k} \ln \frac{\Sigma_{\mathrm{t}} + \mathrm{i}k}{\Sigma_{\mathrm{t}} - \mathrm{i}k}. \tag{2.7.7}$$

通过逆 Fourier 变换可从 $\widetilde{\phi}(k)$ 求得 $\phi(x)$:

$$\begin{aligned}
\phi(x) &= \frac{1}{2\pi} \int_{-\infty}^{\infty} \mathrm{d}k \mathrm{e}^{-\mathrm{i}kx} \widetilde{\phi}(k) \\
&= \frac{1}{2\pi} \int_{-\infty}^{\infty} \mathrm{d}k \mathrm{e}^{-\mathrm{i}kx} \frac{X(k)}{\Lambda(k)}.
\end{aligned} \tag{2.7.8}$$

再利用 (2.6.4) 式, 就可由 $\phi(x)$ 求出 $\phi(x,\mu)$.

为作出 (2.7.8) 式中所示的逆 Fourier 变换, 需要利用一些复变函数论中的技巧. 在以上的讨论中, k 是实数. 现在把 (2.7.8) 式中的 $\widetilde{\phi}(k)$ 解析延拓到整个复 k 平面, 这就需要考察 $\widetilde{\phi}(k)$ 在 k 平面上的解析行为.

从 (2.7.5)~(2.7.7) 式可见, $\widetilde{\phi}(k)$ 有一对支点: $k = \pm \mathrm{i}\varSigma_{\mathrm{t}}$. 为保证对数函数取单值, 复平面必须切割成 Riemann 面, 以便消去支点. 切割的方法当然不是唯一的. 但是我们注意到, 在计算 (2.7.6) 式和 (2.7.7) 式中的积分时曾对 μ 从 -1 积分到 1, 而被积函数对于 $k = \varSigma_{\mathrm{t}}/(\mathrm{i}\mu)$ 是有奇异性的. 于是我们作从 $-\mathrm{i}\infty$ 至 $-\mathrm{i}\varSigma_{\mathrm{t}}$ 以及从 $\mathrm{i}\varSigma_{\mathrm{t}}$ 至 $\mathrm{i}\infty$ 的切割. 这样, $\widetilde{\phi}(k)$ 在切过的复 k 平面上为单值而且在实轴上取实数值.

其次考察 $\widetilde{\phi}(k)$ 的极点. 由于

$$\lim_{k \to 0} \frac{1}{2\mathrm{i}k} \ln \frac{\varSigma_{\mathrm{t}} + \mathrm{i}k}{\varSigma_{\mathrm{t}} - \mathrm{i}k} = \frac{1}{\varSigma_{\mathrm{t}}},$$

所以 $k = 0$ 一般不是 $\widetilde{\phi}(k)$ 的极点. $\widetilde{\phi}(k)$ 的极点应当是使

$$\varLambda(k) = 1 - \frac{c\varSigma_{\mathrm{t}}}{2\mathrm{i}k} \ln \frac{\varSigma_{\mathrm{t}} + \mathrm{i}k}{\varSigma_{\mathrm{t}} - \mathrm{i}k} = 1 - \frac{c\varSigma_{\mathrm{t}}}{k} \arctan \frac{k}{\varSigma_{\mathrm{t}}} = 0 \tag{2.7.9}$$

的点 k. 由于 $\lim\limits_{k \to 0} \varLambda(k) = 1 - c$, 所以只有 $c = 1$ 时, $k = 0$ 才是 $\widetilde{\phi}(k)$ 的极点. 注意到 $\varLambda(-k) = \varLambda(k)$, 可知 $c = 1$ 时 $k = 0$ 是 $\varLambda(k) = 0$ 的二重根. 记 $p = \dfrac{k}{\varSigma_{\mathrm{t}}}$, 则 (2.7.9) 式可以写成

$$p = c \arctan p, \quad \arctan p \text{ 取主值}. \tag{2.7.10}$$

这里, $\arctan p$ 取主值的要求对应于 $\widetilde{\phi}(k)$ 在切过的复 k 平面上取单值. 不难看出, 当 $c > 1$ 时, (2.7.10) 式有两个实根, 它们大小相等, 符号相反, 和 $\widetilde{\phi}(k)$ 在实轴上的两个极点 $\pm k_0$ 相对应. 当 $0 < c < 1$ 时, (2.7.10) 式没有实根. 令 $p = \mathrm{i}q$, 则 (2.7.10) 式又可以写成

$$q = \mathrm{th}\frac{q}{c}, \tag{2.7.11}$$

这里 $\mathrm{th}x$ 表示双曲线正切函数. 对于 $0 < c < 1$, (2.7.11) 式有两个大小相等, 符号相反的实根, 和 $\widetilde{\phi}(k)$ 在虚轴上的两个极点 $\pm \mathrm{i}\kappa_0$ 相对应, 这里 κ_0 为正实数. 下节将说明, 只有当 $0 < c < 1$ 时, 系统才存在有物理意义的定态, 因此我们现在只讨论这种情况. 由于 (2.7.11) 式的实根绝对值小于 1, 所以 $\kappa_0 < \varSigma_{\mathrm{t}}$.

我们试图选择一个适当的路径作积分来完成逆 Fourier 变换. 显然, 积分路径的选择与 x 的符号有关. 但若注意到本节所讨论问题的对称性, 即 $\phi(x) = \phi(-x)$, 便只须讨论 $x > 0$ 的情况. 这时可以选取如图 2.5 所示的积分路径. 根据留数定理, 有

$$\oint \mathrm{d}k \left[\frac{1}{2\pi} \mathrm{e}^{-\mathrm{i}kx} \frac{X(k)}{\varLambda(k)} \right] = -2\pi \mathrm{i} \left[\frac{1}{2\pi} \mathrm{e}^{-\mathrm{i}kx} X(k) \left(\frac{\mathrm{d}\varLambda}{\mathrm{d}k} \right)^{-1} \right]_{k=-\mathrm{i}\kappa_0} = a_0 \mathrm{e}^{-\kappa_0 x}, \tag{2.7.12}$$

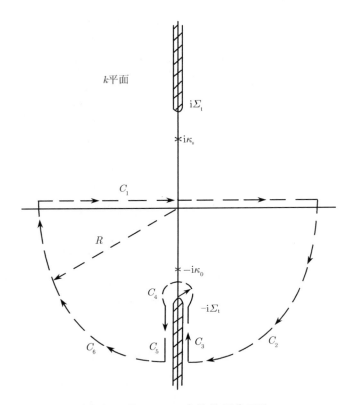

图 2.5　逆 Fourier 变换的积分回路

式中

$$a_0 = \frac{S_0}{c\Sigma_{\mathrm{t}}} \ln \frac{\Sigma_{\mathrm{t}} + \kappa_0}{\Sigma_{\mathrm{t}} - \kappa_0} \left[\frac{2\Sigma_{\mathrm{t}}}{\Sigma_{\mathrm{t}}^2 - \kappa_0^2} - \frac{1}{\kappa_0} \ln \frac{\Sigma_{\mathrm{t}} + \kappa_0}{\Sigma_{\mathrm{t}} - \kappa_0} \right]^{-1}. \tag{2.7.13}$$

于是得到

$$\phi(x) = \int_{c_1} \mathrm{d}k \left[\frac{1}{2\pi} \mathrm{e}^{-\mathrm{i}kx} \frac{X(k)}{\Lambda(k)} \right]$$

$$= a_0 \mathrm{e}^{-\kappa_0 x} - \lim_{R \to \infty} \int_{C_2 + C_3 + C_5 + C_6} \mathrm{d}k \left[\frac{1}{2\pi} \mathrm{e}^{-\mathrm{i}kx} \frac{X(k)}{\Lambda(k)} \right]$$

$$- \lim_{r \to 0} \int_{C_4} \mathrm{d}k \left[\frac{1}{2\pi} \mathrm{e}^{-\mathrm{i}kx} \frac{X(k)}{\Lambda(k)} \right], \tag{2.7.14}$$

这里 R 是路径 C_2 和 C_6 的半径, r 是路径 C_4 的半径.

我们注意到, 在 C_2 和 C_6 上, 当 $R \to \infty$ 时, 有

$$\left| \frac{X(k)}{\Lambda(k)} \right| \sim 0 \left(\frac{1}{R} \right);$$

因此由 Jordan 引理知, 当 $R \to \infty$ 时, 路径 C_2 和 C_6 上的积分消失.

在 C_3 和 C_5 上, 设 $k = \varepsilon - \mathrm{i}\kappa$, 其中 ε 及 κ 是实数, $\kappa > \Sigma_t$. 在 C_3 上, $\varepsilon > 0$, 当 $\varepsilon \to +0$ 时, 有

$$\ln \frac{\Sigma_t + \mathrm{i}\kappa}{\Sigma_t - \mathrm{i}\kappa} \to \ln \frac{k + \Sigma_t}{k - \Sigma_t} + \mathrm{i}\pi;$$

在 C_5 上, $\varepsilon < 0$, 当 $\varepsilon \to -0$ 时, 有

$$\ln \frac{\Sigma_t + \mathrm{i}\kappa}{\Sigma_t - \mathrm{i}\kappa} \to \ln \frac{k + \Sigma_t}{k - \Sigma_t} - \mathrm{i}\pi.$$

因此有

$$
\begin{aligned}
& -\lim_{R \to \infty} \int_{C_3 + C_5} \mathrm{d}k \left[\frac{1}{2\pi} \mathrm{e}^{-\mathrm{i}kx} \frac{X(k)}{\Lambda(k)} \right] \\
&= \frac{-\mathrm{i}}{2\pi} \int_{\Sigma_t}^{\infty} \mathrm{d}k \mathrm{e}^{-kx} \frac{\dfrac{S_0}{2k} \left(\ln \dfrac{k + \Sigma_t}{k - \Sigma_t} + \mathrm{i}\pi \right)}{1 - \dfrac{c\Sigma_t}{2k} \left(\ln \dfrac{k + \Sigma_t}{k - \Sigma_t} + \mathrm{i}\pi \right)} + \frac{\mathrm{i}}{2\pi} \int_{\Sigma_t}^{\infty} \mathrm{d}k \mathrm{e}^{-kx} \frac{\dfrac{S_0}{2k} \left(\ln \dfrac{k + \Sigma_t}{k - \Sigma_t} - \mathrm{i}\pi \right)}{1 - \dfrac{c\Sigma_t}{2k} \left(\ln \dfrac{k + \Sigma_t}{k - \Sigma_t} - \mathrm{i}\pi \right)} \\
&= \int_{\Sigma_t}^{\infty} \mathrm{d}k A(k) \mathrm{e}^{-kx},
\end{aligned}
$$

其中

$$A(k) = \frac{S_0}{2k} \left[\left(1 - \frac{c\Sigma_t}{2k} \ln \frac{k + \Sigma_t}{k - \Sigma_t} \right)^2 + \left(\frac{c\Sigma_t \pi}{2k} \right)^2 \right]^{-1}. \tag{2.7.15}$$

由于 C_4 所包围的点 $k = -\mathrm{i}\Sigma_t$ 不是极点, 因此在 C_4 上的积分随 $r \to 0$ 而消失. 综合以上的讨论, 可以将 (2.7.14) 式写成

$$\phi(x) = a_0 \mathrm{e}^{-\kappa_0 x} + \int_{\Sigma_t}^{\infty} \mathrm{d}k A(k) \mathrm{e}^{-kx}, \quad x > 0.$$

再考虑到 $\phi(-x) = \phi(x)$, 我们便可以把无限大介质中平面源问题的解写成

$$\phi(x) = a_0 \mathrm{e}^{-\kappa_0 |x|} + \int_{\Sigma_t}^{\infty} A(k) \mathrm{e}^{-k|x|} \mathrm{d}k, \tag{2.7.16}$$

其中 a_0 及 $A(k)$ 分别由 (2.7.13) 式及 (2.7.15) 式给出.

§2.8　关于积分变换法的几点说明

上节就无限均匀介质中各向同性平面源的问题介绍了积分变换法在求解输运方程中的应用. 积分变换法是求解微分方程或微分 – 积分方程的有力工具. 虽然各

种积分变换都可能应用, 但在输运理论中用得最多的还是 Fourier 变换和 Laplace 变换. 用积分变换法求解输运方程的一般步骤为:

(i) 对输运方程实行积分变换;

(ii) 解变换后的输运方程, 所得到的解是原输运方程解的积分变换;

(iii) 讨论变换后的解在复平面上的解析性质;

(iv) 选择适当的围道作积分, 实现逆变换, 求原输运方程的解;

(v) 判断所得到的解是否有物理意义.

上节直接对所讨论的方程 (2.7.1) 作 Fourier 变换, 然后通过 (2.7.4) 式得出

$$\phi(x) = \int_{-1}^{1} \varphi(x, \mu)\mathrm{d}\mu$$

的 Fourier 变换 $\widetilde{\phi}(k)$ 所满足的方程 (2.7.5). 我们当然也可以直接从 $\phi(x)$ 所满足的 Peierls 积分方程

$$\phi(x) = \int_{-\infty}^{\infty} \mathrm{d}x' \frac{1}{2} E_1(\Sigma_t|x - x'|)c\Sigma_t\phi(x') + \frac{S_0}{2}E_1(\Sigma_t|x|) \tag{2.8.1}$$

[参见 (2.6.12)] 出发, 对它作 Fourier 变换来得出

$$\widetilde{\phi}(k) = \int_{-\infty}^{\infty} \mathrm{d}x \mathrm{e}^{\mathrm{i}kx}\phi(x) \tag{2.8.2}$$

应当满足的方程. 事实上, 在变换时对 (2.8.1) 式右边第一项利用卷积定理, 便得到

$$\widetilde{\phi}(k) = \frac{c\Sigma_t}{2}\widetilde{E}_1(k)\widetilde{\phi}(k) + \frac{S_0}{2}\widetilde{E}_1(k), \tag{2.8.3}$$

式中

$$\widetilde{E}_1(k) = \int_{-\infty}^{\infty} \mathrm{e}^{\mathrm{i}kx}E_1(\Sigma_t|x|)\mathrm{d}x.$$

将定义 (2.3.15) 代入上式, 掉换一下积分次序后不难求得

$$\begin{aligned}\widetilde{E}_1(k) &= \int_{1}^{\infty} \frac{\mathrm{d}u}{u} \int_{0}^{\infty} \mathrm{d}x[\exp(\mathrm{i}kx - \Sigma_t ux) + \exp(-\mathrm{i}kx - \Sigma_t ux)] \\ &= \int_{1}^{\infty} \frac{\mathrm{d}u}{u}\left[\frac{1}{\mathrm{i}k + \Sigma_t u} - \frac{1}{\mathrm{i}k - \Sigma_t u}\right] \\ &= \frac{1}{\mathrm{i}k}\ln\frac{\Sigma_t + \mathrm{i}k}{\Sigma_t - \mathrm{i}k}. \end{aligned} \tag{2.8.4}$$

由 (2.8.3) 式可得

$$\widetilde{\phi}(k) = \frac{\dfrac{S_0}{2}\widetilde{E}_1(k)}{1 - \dfrac{c\Sigma_t}{2}\widetilde{E}_1(k)} \tag{2.8.5}$$

注意到 (2.8.4)、(2.7.6) 和 (2.7.7) 式, 可以看出 (2.8.5) 式与 (2.7.5) 式完全一致.

用积分变换法求得的解虽然满足原来的输运方程, 但是, 还应当仔细考察解是否有物理意义. 例如, 我们从物理意义上要求 $\varphi(x,\mu)$ 和 $\phi(x)$ 必须非负, 这个限制无法通过变换后的函数 $\widetilde{\varphi}(k,\mu)$ 和 $\widetilde{\phi}(k)$ 体现. 上节讨论 $\widetilde{\phi}(k)$ 的极点时, 假定了 $0 < c < 1$, 于是 $\widetilde{\phi}(k)$ 的两个极点 $\pm \mathrm{i}\kappa_0$ 在虚轴上. 当 $c > 1$ 时, $\widetilde{\phi}(k)$ 的两个极点都在实轴上. 如果仍按图 2.5 所示的路径积分, 就会带有振荡项 $\mathrm{e}^{\pm \mathrm{i}\kappa x}$, 于是 $\phi(x)$ 在某些区间就会取负值, 这是没有物理意义的. 当 $c = 1$ 时, $\widetilde{\phi}(k)$ 的两个极点重合于原点, 围道积分发散. 所以, 我们说, 当 $c \geqslant 1$ 时, 对于所考虑的带有限源 $S_0 > 0$ 的无限系统, 不存在定态解.

在上节得到的结果 (2.7.16) 中, 由于 $\kappa_0 < \Sigma_{\mathrm{t}}$, 所以当

$$|x| \gg \frac{1}{\Sigma_{\mathrm{t}}}$$

时, 就有

$$\phi(x) \approx a_0 \mathrm{e}^{-\kappa_0 |x|} \equiv \phi_{\mathrm{as}}(x) \tag{2.8.6}$$

$\phi_{\mathrm{as}}(x)$ 称为**渐近项**. 被舍去的项

$$\int_{\Sigma_{\mathrm{t}}}^{\infty} \mathrm{d}\kappa A(\kappa) \mathrm{e}^{-\kappa |x|} \equiv \phi_{\mathrm{tr}}(x)$$

称为**瞬变项**. 将 (2.8.6) 式对 x 微分两次, 注意到

$$\frac{\mathrm{d}|x|}{\mathrm{d}x} = \left\{ \begin{array}{ll} 1, & x > 0 \\ -1, & x < 0 \end{array} \right. ; \quad \frac{\mathrm{d}^2 |x|}{\mathrm{d}x^2} = 2\delta(x),$$

便得

$$\frac{\mathrm{d}^2 \phi_{\mathrm{as}}}{\mathrm{d}x^2} - \kappa_0^2 \phi_{\mathrm{as}}(x) = 2a_0 \kappa_0 \delta(x). \tag{2.8.7}$$

这是一个具有平面源的扩散方程. 因此 (2.8.6) 式被称为**扩散近似**. 当 $c \to 0$ 时, 从 (2.7.11) 式看出 $\kappa_0 \to \Sigma_{\mathrm{t}}$, 因此 c 很小时扩散近似失效. 也就是说, 扩散近似只适用于吸收不十分强的介质. 此外, 若系统的尺寸不超过几个分子平均自由程, 则

$$|x| \sim \frac{1}{\Sigma_{\mathrm{t}}},$$

扩散近似显然也不适用.

(2.7.11) 式可以写成

$$\frac{\kappa_0}{\Sigma_{\mathrm{t}}} = \mathrm{th}\frac{\kappa_0}{c\Sigma_{\mathrm{t}}}$$

当 c 接近 1 时, 可以把 κ_0 用 $(1-c)$ 的幂次展开, 得到

$$\kappa_0 = \Sigma_t[3(1-c)]^{1/2}\left[1 - \frac{2}{5}(1-c) + \cdots\right], \quad |1-c| \ll 1. \tag{2.8.8}$$

记扩散长度

$$L \equiv \frac{1}{\kappa_0},$$

则从上式可知

$$L \approx \frac{1}{\Sigma_t\sqrt{3(1-c)}}, \quad |1-c| \ll 1. \tag{2.8.9}$$

从 (2.8.6) 式可见, 扩散长度是渐近解降低 e 倍的距离. (2.8.9) 式把可以宏观测量的物理量 L 和微观量 σ_t 及 c 联系起来了.

由平面源的结果可以求得点源问题的解. 事实上, 由 $\phi(r)$ 对源 $S(r)$ 的线性依赖关系可知, 不同源引起的通量可以叠加. 因此, 如果用 $\phi_{面}(x)$ 和 $\phi_{点}(r)$ 分别表示单位平面源和单位点源 (假设都是各向同性的单能粒子源) 所引起的通量, 这里 x 和 r 分别是离平面源的垂直距离和离点源的距离; 那么, 当把面源看成由点源叠加而成时, 便不难导出关系:

$$\phi_{面}(x) = \int_x^\infty \phi_{点}(r)2\pi r\,\mathrm{d}r \tag{2.8.10}$$

两边对 x 微商, 就得到

$$\phi_{点}(r) = \frac{-1}{2\pi r}\left[\frac{\mathrm{d}}{\mathrm{d}x}\phi_{面}(x)\right]_{x=r} \tag{2.8.11}$$

将平面源问题的解 (2.7.16) 代入 (2.8.11) 式, 就得到

$$\phi_{点}(r) = \frac{1}{2\pi r}\left[a_0\kappa_0\mathrm{e}^{-\kappa_0 r} + \int_{\Sigma_t}^\infty \mathrm{d}\kappa A(\kappa)\kappa\mathrm{e}^{-\kappa r}\right] \tag{2.8.12}$$

其中的 a_0 及 $A(\kappa)$ 分别由 (2.7.13) 式及 (2.7.15) 式给出, 但是它们之中的 S_0 都应取为 1(和单位源强对应). 也可以从具有点源的输运方程出发, 作三维的 Fourier 变换之后, 经过一系列运算求得 (2.8.12) 式的结果[9].

注意, (2.8.10) 式和 (2.8.11) 式所表达的点源解与平面源解之间的关系, 可以在更普遍的条件下成立, 而不限于常截面近似. 这是因为它们只是建立在通量对源强的线性依赖关系上. 顺便指出, 关系式 (2.3.13) 其实也是建立在这一线性依赖关系基础上的.

§2.9 Wiener-Hopf 技巧

本节要介绍的 Wiener-Hopf 技巧是求解输运方程边值问题的有效方法之一. 它是积分变换法对下列类型 (Wiener-Hopf 型) 积分方程的应用:

$$\phi(x) = \int_0^\infty \mathrm{d}x' R(x-x')\phi(x') + g(x), \qquad (2.9.1)$$

这里 $R(x)$ 和 $g(x)$ 是给定的函数, 方程则假定对所有实 x 值 $(-\infty < x < \infty)$ 都成立. 事实上, 只有对于 $0 \leqslant x < \infty$ 区间的 $\phi(x)$, (2.9.1) 式才真正构成一个积分方程; 对于 $x < 0$, $\phi(x)$ 倒是由 (2.9.1) 式本身所定义的.

令

$$\widetilde{\phi}(k) = \int_{-\infty}^\infty \mathrm{d}x\mathrm{e}^{\mathrm{i}kx}\phi(x) = \widetilde{\phi}_-(k) + \widetilde{\phi}_+(k).$$

其中

$$\begin{aligned} \widetilde{\phi}_-(k) &= \int_{-\infty}^0 \mathrm{d}x\mathrm{e}^{\mathrm{i}kx}\phi(x), \\ \widetilde{\phi}_+(k) &= \int_0^\infty \mathrm{d}x\mathrm{e}^{\mathrm{i}kx}\phi(x). \end{aligned} \qquad (2.9.2)$$

将 (2.9.1) 式两边用 $\mathrm{e}^{\mathrm{i}kx}$ 乘, 然后对 x 从 $-\infty$ 到 ∞ 积分, 便得到

$$\widetilde{\phi}_+(k) + \widetilde{\phi}_-(k) = \widetilde{R}(k)\widetilde{\phi}_+(k) + \widetilde{g}(k), \qquad (2.9.3)$$

其中

$$\begin{aligned} \widetilde{R}(k) &= \int_{-\infty}^\infty \mathrm{d}x\mathrm{e}^{\mathrm{i}kx}R(x), \\ \widetilde{g}(k) &= \int_{-\infty}^\infty \mathrm{d}x\mathrm{e}^{\mathrm{i}kx}g(x). \end{aligned}$$

令 $\widetilde{h}(k) = 1 - \widetilde{R}(k)$, 则 (2.9.3) 式又可以写成

$$\widetilde{h}(k)\widetilde{\phi}_+(k) + \widetilde{\phi}_-(k) = \widetilde{g}(k) \qquad (2.9.4)$$

设由 $R(x)$ 的形状及所考虑问题的条件知道

$$\begin{aligned} x \to -\infty \text{ 时,} &\quad \varphi(x) \sim \mathrm{e}^{bx}, \\ x \to \infty \text{ 时,} &\quad \varphi(x) \sim \mathrm{e}^{ax}; \end{aligned}$$

且 $b > a$. 由 (2.9.2) 式可知, $\widetilde{\phi}_+(k)$ 在 $\mathrm{Im}k > a$ 的半平面上解析, $\widetilde{\phi}_-(k)$ 在 $\mathrm{Im}k < b$ 的半平面上解析. 于是, $\widetilde{\phi}_+(k)$ 及 $\widetilde{\phi}_-(k)$ 在复 k 平面上的一个带状区域 $a < \mathrm{Im}k < b$ 上同为解析函数. 这一点是运用 Wiener-Hopf技巧的前提.

设 $\widetilde{h}(k)$ 至少在区域 $a < \mathrm{Im}k < b$ 上是解析的. 假定 $\widetilde{h}(k)$ 可以拆成两个函数的商:

$$\widetilde{h}(k) = \frac{h_+(k)}{h_-(k)}, \tag{2.9.5}$$

其中 $h_+(k)$ 在 $\mathrm{Im}k > a$ 的半平面上解析, 而 $h_-(k)$ 在 $\mathrm{Im}k < b$ 的半平面上解析. 于是, (2.9.4) 式又可以写成

$$h_+(k)\widetilde{\phi}_+(k) + h_-(k)\widetilde{\phi}_-(k) = h_-(k)\widetilde{g}(k), \tag{2.9.6}$$

$h_-(k)\widetilde{g}(k)$ 至少在区域 $a < \mathrm{Im}k < b$ 上是解析的. 再进一步假定 $h_-(k)\widetilde{g}(k)$ 可以拆成两个函数之差:

$$h_-(k)\widetilde{g}(k) = \gamma_+(k) - \gamma_-(k), \tag{2.9.7}$$

其中 $\gamma_+(k)$ 在 $\mathrm{Im}k > a$ 的半平面上解析, $\gamma_-(k)$ 在半平面 $\mathrm{Im}k < b$ 上解析. 这样, (2.9.6) 式又可写成

$$h_+(k)\widetilde{\phi}_+(k) - \gamma_+(k) = -h_-(k)\widetilde{\phi}_-(k) - \gamma_-(k). \tag{2.9.8}$$

注意 (2.9.4)、(2.9.6) 及 (2.9.8) 式都只在带状区域 $a < \mathrm{Im}k < b$ 上才成立. 现在引入全平面上的解析函数:

$$J(k) \equiv \begin{cases} h_+(k)\widetilde{\phi}_+(k) - \gamma_+(k), & \text{当 } a < \mathrm{Im}k \text{ 时}, \\ -h_-(k)\widetilde{\phi}_-(k) - \gamma_-(k), & \text{当 } \mathrm{Im}k < b \text{ 时}. \end{cases} \tag{2.9.9}$$

复变函数理论中的广义 Liouville 定理告诉我们: 对于复 k 平面上的解析函数 $J(k)$, 如果 $|k| \to \infty$ 时 $|J(k)/k^n| \to 0$, 那么 $J(k)$ 就是 k 的不高于 $(n-1)$ 次的多项式. 事实上, 设

$$J(k) = \sum_{m=0}^{\infty} a_m k^m,$$

从 Cauchy 定理, 知

$$a_m = \frac{1}{2\pi\mathrm{i}} \oint \frac{J(k)}{k^{m+1}} \mathrm{d}k \text{ (其中回路绕原点一周)},$$

所以对于 $m \geqslant n$ 的项, 当 $|k| \to \infty$ 时, 有

$$|a_m| \leqslant \frac{1}{2\pi} \int_0^{2\pi} \left| \frac{J(k)}{k^m} \right| \mathrm{d}\theta \leqslant \frac{1}{2\pi} \int_0^{2\pi} \left| \frac{J(k)}{k^n} \right| \mathrm{d}\theta \to 0$$

这就证明了推广的 Liouville 定理. 利用这个定理, 通过讨论 $J(k)$ 在 $|k| \to \infty$ 时的行为, 可以完全确定 $J(k)$, 于是就从 (2.9.9) 式得到

$$\widetilde{\phi}_+(k) = \frac{J(k) + \gamma_+(k)}{h_+(k)},$$

$$\widetilde{\phi}_-(k) = \frac{-J(k) - \gamma_-(k)}{h_-(k)},$$

而 $\phi(x)$ 可由逆 Fourier 变换求得

$$\phi(x) = \frac{1}{2\pi} \int_{-\infty}^{\infty} dk e^{-ikx} [\widetilde{\phi}_+(k) + \widetilde{\phi}_-(k)] \tag{2.9.10}$$

其中积分的路径必须取在 $\widetilde{\phi}_+(k)$ 和 $\widetilde{\phi}_-(k)$ 都是解析函数的公共区域, 即区域 $a < \mathrm{Im}k < b$ 中.

以上说明了 Wiener-Hopf 技巧的梗概. 可见, 其中关键之处是, 对于一个给定的在 $a < \mathrm{Im}k < b$ 区域中解析的函数 $\alpha(k)$, 能否实现 Wiener-Hopf 分解, 就是能否写成两个分别在 $a < \mathrm{Im}k$ 和 $\mathrm{Im}k < b$ 二半平面中解析的函数之差或商.

首先考虑如何分解为差. 设 $a < a_1 < b_1 < b$, 取如图 2.6 所示的闭路径 C. 由于 $\alpha(k)$ 在 $a < \mathrm{Im}k < b$ 上解析, 所以由 Cauchy 定理可知

$$\alpha(k) = \frac{1}{2\pi i} \left[\int_{-R_2+ia_1}^{R_1+ia_1} + \int_{R_1+ia_1}^{R_1+ib_1} + \int_{R_1+ib_1}^{-R_2+ib_1} + \int_{-R_2+ib_1}^{-R_2+ia_1} \right] \frac{\alpha(z)dz}{z-k} \tag{2.9.11}$$

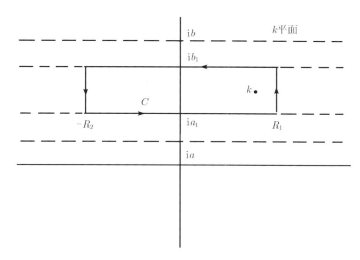

图 2.6　Wiener-Hopf 分解为差时的积分回路

当 $R_1 \to \infty$, $R_2 \to \infty$ 时, 如果能使

$$\int_{R_1+ia_1}^{R_1+ib_1} \frac{\alpha(z)dz}{z-k} \to 0, \qquad \int_{-R_2+ib_1}^{-R_2+ia_1} \frac{\alpha(z)dz}{z-k} \to 0, \tag{2.9.12}$$

那么 (2.9.11) 式就可以写为

$$\alpha(k) = \frac{1}{2\pi i} \int_{-\infty+ia_1}^{\infty+ia_1} \frac{\alpha(z)\mathrm{d}z}{z-k} - \frac{1}{2\pi i} \int_{-\infty+ib_1}^{\infty+ib_1} \frac{\alpha(z)\mathrm{d}z}{z-k}; \tag{2.9.13}$$

如果又有

$$\alpha_+(k) \equiv \frac{1}{2\pi i} \int_{-\infty+ia_1}^{\infty+ia_1} \frac{\alpha(z)\mathrm{d}z}{z-k},$$

$$\alpha_-(k) \equiv \frac{1}{2\pi i} \int_{-\infty+ib_1}^{\infty+ib_1} \frac{\alpha(z)\mathrm{d}z}{z-k} \tag{2.9.14}$$

分别在两半平面 $a_1 < \mathrm{Im}k$, $\mathrm{Im}k < b_1$ 上解析, 那么, $\alpha(k)$ 分解为差

$$\alpha(k) = \alpha_+(k) - \alpha_-(k), \quad a_1 < \mathrm{Im}k < b_1 \tag{2.9.15}$$

就可以实现. 实际上, 可以证明, 如果当 $|k| \to \infty$ 时, $\left|\dfrac{\alpha(k)}{k}\right|$ 在区域 $a_1 \leqslant \mathrm{Im}k \leqslant b_1$ 中一致趋于零, 那么 (2.9.12) 式就可以满足. 还可以证明, 如果记 $k = u + iv$, 而且对于任一 $v \in (a, b)$, 积分

$$\int_{-\infty}^{\infty} |\alpha(k = u + iv)|\mathrm{d}u$$

存在并且有限, 那么 (2.9.14) 式中 $\alpha_+(k)$ 就是半平面 $a_1 < \mathrm{Im}k$ 上的解析函数, 而 $\alpha_-(k)$ 就是半平面 $\mathrm{Im}k < b_1$ 上的解析函数. 注意, 尽管我们一开始要求 $\alpha_+(k)$ 在 $a < \mathrm{Im}k$ 上解析, $\alpha_-(k)$ 在 $\mathrm{Im}k < b$ 上解析, 而我们所证明的却只是二者分别在 $a_1 < \mathrm{Im}k$ 和 $\mathrm{Im}k < b_1$ 上解析, 但是显然已经满足了我们的需要.

再来考虑如何分解为商. 先假定在 $a < \mathrm{Im}k < b$ 的区域内, $\alpha(k)$ 是解析函数, 且当 $|k| \to \infty$ 时, $\alpha(k) \to \alpha_0$; 再定义一个函数 $P(k)$, 若 $\alpha(k)$ 在其解析的区域中没有零点, 就取 $P(k) = \alpha_0$, 若 $\alpha(k)$ 在该区域中有 n 个零点 $k_1, k_2, \cdots, k_n$, 就取

$$P(k) = \alpha_0(k - k_1)(k - k_2)\cdots(k - k_n);$$

这样, $\alpha(k)/P(k)$ 就是非零的解析函数. 显然, 当在复 k 平面上沿 $-i\infty$ 到 ia 和沿 ib 到 $i\infty$ 切开后,

$$\bar{\psi}(k) \equiv \frac{\alpha(k)}{P(k)}(k - ib)^{n/2}(k - ia)^{n/2}$$

也是 $a < \mathrm{Im}k < b$ 中的非零的解析函数, 而且当 $|k|$ 在这区域中趋于 ∞ 时, 上式趋于 1. 所以 $\ln\bar{\psi}(k)$ 也是区域 $a < \mathrm{Im}k < b$ 中的解析函数, 而且其实部在 $|k| \to \infty$ 时趋于零. 但是, 这样定义的 $\ln\bar{\psi}(k)$ 的虚部在 $-\infty + iv$ 和 $\infty + iv$ 处可能有不同的值,

因为当 k 沿直线 $v=$ 常量从 $-\infty+iv$ 变到 $\infty+iv$ 时, $\bar\psi(k)$ 的辐角可能改变 $2\pi N$. 这里 N 一定是整数, 因为在 $k=-\infty+iv$ 和 $k=\infty+iv$ 处 $\bar\psi(k)$ 都等于 1. 记

$$\psi(k)=\frac{\alpha(k)}{P(k)}(k-ia)^{\frac{n}{2}+N}(k-ib)^{\frac{n}{2}-N}, \tag{2.9.16}$$

则从以上讨论知, $\psi(k)$ 满足下列条件:

(i) 在区域 $a<\mathrm{Im}k<b$ 上, 它解析且没有零点;

(ii) 当 k 沿直线 $v=$ 常数从 $-i\infty+iv$ 变到 $\infty+iv$ 时, 其辐角不变;

(iii) 当 $|k|\to\infty$ 时, $\psi(k)\to1$.

因此, 在 $a<\mathrm{Im}k<b$ 的区域里 $\ln\psi(k)$ 存在并解析, 而且当 $|k|\to\infty$ 时 $\left|\dfrac{\ln\psi(k)}{k}\right|\to0$. 如果 $\alpha(k)$ 的形式还能保证积分

$$\int_{-\infty}^{\infty}\mathrm{d}u|\ln\psi(u+iv)|, \quad v\in(a,b)$$

存在并有限, 那么 $\ln\psi(k)$ 就应当能够分解为差:

$$\ln\psi(k)=\psi_+(k)-\psi_-(k), \tag{2.9.17}$$

其中

$$\psi_+(k)=\frac{1}{2\pi i}\int_{-\infty+ia_1}^{\infty+ia_1}\frac{\ln\psi(z)\mathrm{d}z}{z-k},$$

$$\psi_-(k)=\frac{1}{2\pi i}\int_{-\infty+ib_1}^{\infty+ib_1}\frac{\ln\psi(z)\mathrm{d}z}{z-k}$$

分别是半平面 $a_1<\mathrm{Im}k$ 及 $\mathrm{Im}k<b_1$ 上的解析函数. 由 (2.9.16) 式和 (2.9.17) 式可得

$$\alpha(k)=\frac{P(k)\cdot(k-ia)^{-\frac{n}{2}-N}\cdot\exp[\psi_+(k)]}{(k-ib)^{\frac{n}{2}-N}\cdot\exp[\psi_-(k)]},$$

记

$$\begin{cases} \alpha_+(k)=P(k)\cdot(k-ia)^{-\frac{n}{2}-N}\exp[\psi_+(k)], \\ \alpha_-(k)=(k-ib)^{\frac{n}{2}-N}\exp[\psi_-(k)]. \end{cases} \tag{2.9.18}$$

显然 $\alpha_+(k)$ 及 $\alpha_-(k)$ 分别是半平面 $a_1<\mathrm{Im}k$ 及 $\mathrm{Im}k<b_1$ 上的解析函数. 这样, 我们就实现了分解 $\alpha(k)$ 为商 $\alpha_+(k)/\alpha_-(k)$.

以上的分析不仅指出了在什么样的条件下 Wiener-Hopf 分解可以实现, 而且给出了一种寻求分解的具体步骤. 下节将通过 Milne 问题的求解来说明 Wiener-Hopf 技巧的实际应用.

§2.10　Milne 问题

设介质占据半空间 $0 \leqslant x < \infty$, 介质是均匀的, 散射是各向同性的, 其性质由 c 及 Σ_t 给出. 又设半空间 $x < 0$ 是真空. 假定在 $x \to \infty$ 处有一个稳定的平面源, 求从自由表面 $x = 0$ 处射出的通量. 这个半无限均匀介质中的输运问题就是输运理论中著名的 **Milne 问题**. 它的典型应用就是确定从恒星 (例如太阳) 表面射出的辐射的分布或确定从相当厚的屏蔽层中漏出的中子的分布.

由于在有限范围内不存在源, 而且介质只占据半空间 $0 \leqslant x < \infty$, 所以输运方程 (2.8.1) 式可以写成

$$\phi(x) = \int_0^\infty \mathrm{d}x' \frac{c\Sigma_t}{2} E_1(\Sigma_t |x - x'|)\phi(x'), \quad 0 \leqslant x < \infty \tag{2.10.1}$$

为了反映 $x \to \infty$ 处的源, 我们引进边界条件:

$$\phi(x) \sim \mathrm{e}^{\kappa_0 x}, \quad 当 x \to \infty 时, \tag{2.10.2}$$

其中 $0 < \kappa_0 < \Sigma_t$. 这是考虑到前面得到的结果 (2.8.6) 才写出的. 严格地说, Milne 问题就是由方程 (2.10.1) 式和边界条件 (2.10.2) 式组成的定解问题.

对于 $x < 0$, 我们用 (2.10.1) 式本身定义 $\phi(x)$ 的值. 这相当于把 $x < 0$ 的半空间从真空换成和 $x \geqslant 0$ 处介质具有同样 Σ_t 的纯吸收介质 ($c = 0$). 显然, 这样改动不会影响 $x \geqslant 0$ 处介质中的解.

对 (2.10.1) 式作 Fourier 变换, 便得到

$$\widetilde{\phi}_+(k) + \widetilde{\phi}_-(k) = \left[\frac{c\Sigma_t}{2\mathrm{i}k}\ln\frac{\Sigma_t + \mathrm{i}k}{\Sigma_t - \mathrm{i}k}\right]\widetilde{\phi}_+(k),$$

其中 $\widetilde{\phi}_+(k)$ 及 $\widetilde{\phi}_-(k)$ 定义在 (2.9.2) 式中给出. 记

$$\Lambda(k) \equiv 1 - \frac{c\Sigma_t}{2\mathrm{i}k}\ln\frac{\Sigma_t + \mathrm{i}k}{\Sigma_t - \mathrm{i}k},$$

则得到

$$\Lambda(k)\widetilde{\phi}_+(k) = -\widetilde{\phi}_-(k). \tag{2.10.3}$$

与 §2.7 中一样, 从 $-\mathrm{i}\infty$ 到 $-\mathrm{i}\Sigma_t$ 及从 $\mathrm{i}\Sigma_t$ 到 $\mathrm{i}\infty$ 切割复 k 平面, 则 $\Lambda(k)$ 在切过的平面上解析. 考虑到 (2.10.2) 式, 可知 $\widetilde{\phi}_+(k)$ 在半平面 $\kappa_0 < \mathrm{Im}k$ 上解析. 按照 $x < 0$ 处 $\phi(x)$ 的定义, 当 $x \to -\infty$ 时,

$$\phi(x) = \frac{c\Sigma_t}{2}\int_0^\infty \mathrm{d}x' E_1(\Sigma_t |x - x'|)\phi(x') \sim \mathrm{e}^{\Sigma_t x}.$$

可见 $\widetilde{\phi}_-(k)$ 在 ${\rm Im}\,k < \Sigma_{\rm t}$ 半平面上解析. 于是, 我们看到, $\kappa_0 < {\rm Im}\,k < \Sigma_{\rm t}$ 是 $\widetilde{\phi}_+(k)$、$\widetilde{\phi}_-(k)$ 及 $\Lambda(k)$ 共同的解析区域. 这使我们有可能借助 Wiener-Hopf 技巧完成逆 Fourier 变换.

为此, 我们要将 $\Lambda(k)$ 写成

$$\Lambda(k) = \frac{\lambda_+(k)}{\lambda_-(k)}, \tag{2.10.4}$$

其中 $\lambda_+(k)$ 在半平面 $\kappa_0 < {\rm Im}\,k$ 上解析, $\lambda_-(k)$ 在半平面 ${\rm Im}\,k < \Sigma_{\rm t}$ 上解析. 由于 $|k| \to \infty$ 时 $\Lambda(k) \to 1$, 而且 $\Lambda(k)$ 有两个零点 $k = \pm{\rm i}\kappa_0$, 所以根据上节的讨论, 应当取

$$P(k) = (k - {\rm i}\kappa_0)(k + {\rm i}\kappa_0) = k^2 + \kappa_0^2,$$

$$\bar{\psi}(k) = \frac{\Lambda(k)}{P(k)}(k - {\rm i}\Sigma_{\rm t})(k + {\rm i}\Sigma_{\rm t}) = \frac{\Lambda(k)(k^2 + \Sigma_{\rm t}^2)}{k^2 + \kappa_0^2}.$$

当 k 沿直线 $v = $ 常数从 $-\infty + {\rm i}v$ 变到 $\infty + {\rm i}v$ 时, $\bar{\psi}(k)$ 的辐角不变, 所以可以取

$$\psi(k) = \frac{\Lambda(k)(k^2 + \Sigma_{\rm t}^2)}{k^2 + \kappa_0^2}.$$

记

$$\psi_+(k) = \frac{1}{2\pi{\rm i}} \int_{-\infty + {\rm i}a_1}^{\infty + {\rm i}a_1} \frac{\ln\psi(z){\rm d}z}{z - k}, \quad {\rm Im}\,k > a_1,$$

$$\psi_-(k) = \frac{1}{2\pi{\rm i}} \int_{-\infty + {\rm i}b_1}^{\infty + {\rm i}b_1} \frac{\ln\psi(z){\rm d}z}{z - k}, \quad {\rm Im}\,k < b_1,$$

其中 $\kappa_0 < a_1 < b_1 < \Sigma_{\rm t}$; 于是像导出 (2.9.18) 式一样去做, 就可以导出

$$\begin{cases} \lambda_+(k) = \dfrac{k^2 + \kappa_0^2}{k + {\rm i}\Sigma_{\rm t}}\exp[\psi_+(k)], \\[2mm] \lambda_-(k) = (k - {\rm i}\Sigma_{\rm t})\exp[\psi_-(k)] \end{cases} \tag{2.10.5}$$

利用 (2.10.4) 式, 可以把 (2.10.3) 式写成

$$\lambda_+(k)\widetilde{\varphi}_+(k) = -\lambda_-(k)\widetilde{\phi}_-(k). \tag{2.10.6}$$

记

$$J(k) \equiv \begin{cases} \lambda_+(k)\widetilde{\varphi}_+(k), & {\rm Im}\,k > a_1, \\[2mm] -\lambda_-(k)\widetilde{\phi}_-(k), & {\rm Im}\,k < b_1, \end{cases}$$

注意到 $\lambda_+(k)\widetilde{\phi}_+(k)$ 和 $-\lambda_-(k)\widetilde{\phi}_-(k)$ 有共同的解析区域 $a_1 < {\rm Im}\,k < b_1$, 所以 $J(k)$ 是在整个复 k 平面上的解析函数. 由 (2.10.5) 式可见, 当 $|k| \to \infty$ 时, $\lambda_\pm(k) \sim k$. 再

由 Fourier 变换的普遍特性知, $\widetilde{\phi}_+(k)$ 及 $\widetilde{\phi}_-(k)$ 在各自的解析区内沿任一平行于实轴的直线都应当是平方可积的, 所以, 在各自的解析区内, 当 $|k| \to \infty$ 时, $\widetilde{\phi}_\pm(k) \to 0$. 这样, 我们知道, 当 $|k| \to \infty$ 时, $J(k)/k \to 0$. 根据复变函数中的广义 Liouville 定理, 可知 $J(k)$ 是常数, 以 A 记之. 故由 (2.10.6) 式得到

$$\begin{cases} \widetilde{\phi}_+(k) = A\dfrac{k + \mathrm{i}\Sigma_t}{k^2 + \kappa_0^2}\exp[-\psi_+(k)], \\[3mm] \widetilde{\phi}_-(k) = -A(k - \mathrm{i}\Sigma_t)^{-1}\exp[-\psi_-(k)]. \end{cases} \tag{2.10.7}$$

剩下的工作是作逆变换. 设 $a_1 < c_1 < b_1$, 则逆变换可以写成

$$\phi(x) = \frac{1}{2\pi}\int_{-\infty+\mathrm{i}c_1}^{\infty+\mathrm{i}c_1}\mathrm{d}k\mathrm{e}^{-\mathrm{i}kx}\widetilde{\phi}_+(k) + \frac{1}{2\pi}\int_{-\infty+\mathrm{i}c_1}^{\infty+\mathrm{i}c_1}\mathrm{d}k\mathrm{e}^{-\mathrm{i}kx}\widetilde{\phi}_-(k). \tag{2.10.8}$$

当 $x > 0$ 时, 积分路径可以在下半平面封闭. 对于 (2.10.8) 式右边的第二项, 由于 $\widetilde{\phi}_-(k)$ 在下半平面中解析, 所以围道积分为零; 而由于在下半平面上构成围道一部分的大半圆弧上的贡献随圆半径趋于 ∞ 而趋于零, 所以 (2.10.8) 式右边的第二项为零. 因此只剩下第一项, 写出

$$\phi(x) = \frac{A}{2\pi}\int_{-\infty+\mathrm{i}c_1}^{\infty+\mathrm{i}c_1}\mathrm{d}k\mathrm{e}^{-\mathrm{i}kx}\frac{k + \mathrm{i}\Sigma_t}{k^2 + \kappa_0^2}\mathrm{e}^{-\psi_+(k)} \tag{2.10.9}$$

选择如图 2.7 所示的积分路径. 当 $R \to \infty$ 时, 沿大圆弧上的积分趋于零; 由于 $-\mathrm{i}\Sigma_t$ 不是极点, 所以当 $\varepsilon \to 0$ 时, 绕它的小半圆弧上的积分也趋于零. 于是得到

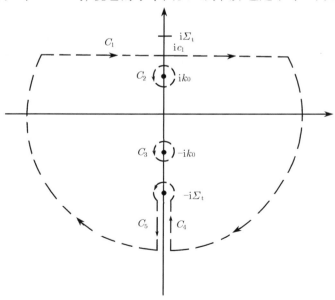

图 2.7   计算 (2.10.9) 式中积分的回路

$$\phi(x) = \frac{-A}{2\pi}\left[\int_{C_4+C_5} + \int_{C_2} + \int_{C_3}\right]dke^{-ikx}\frac{k+i\Sigma_t}{k^2+\kappa_0^2}e^{-\psi_+(k)}.$$

在 C_4 及 C_5 上, 置 $k = \varepsilon - is$ 及 $k = -\varepsilon - is$ 并让 $\varepsilon \to 0$, 便有

$$\int_{C_4+C_5}dke^{-ikx}\frac{k+i\Sigma_t}{k^2+\kappa_0^2}e^{-\psi_+(k)} = \int_{\Sigma_t}^{\infty}dse^{-sx}\frac{s-\Sigma_t}{s^2-\kappa_0^2}[e^{-\psi_+(-is+0)} - e^{-\psi_+(-is-0)}],$$

而利用留数定理可得 C_2 及 C_3 上的贡献:

$$\int_{C_2}dke^{-ikx}\frac{k+i\Sigma_t}{k^2+\kappa_0^2}e^{-\psi_+(k)}$$
$$= 2\pi i\left[\frac{k+i\Sigma_t}{k+i\kappa_0}e^{-\psi_+(k)}e^{-ikx}\right]_{k=i\kappa_0}$$
$$= \frac{-(\Sigma_t+\kappa_0)\pi}{i\kappa_0}e^{-\psi_+(i\kappa_0)}e^{\kappa_0 x}.$$
$$\int_{C_3}dke^{-ikx}\frac{k+i\Sigma_t}{k^2+\kappa_0^2}e^{-\psi_+(k)}$$
$$= 2\pi i\left[\frac{k+i\Sigma_t}{k-i\kappa_0}e^{-\psi_+(k)}e^{-ikx}\right]_{k=-i\kappa_0}$$
$$= \frac{(\Sigma_t-\kappa_0)\pi}{i\kappa_0}e^{-\kappa_0 x}e^{-\psi_+(-i\kappa_0)},$$

因此得到

$$\phi(x) = \frac{A}{2i}\frac{\Sigma_t+\kappa_0}{\kappa_0}e^{-\psi_+(i\kappa_0)}e^{\kappa_0 x} - \frac{A}{2i}\frac{\Sigma_t-\kappa_0}{\kappa_0}e^{-\psi_+(-i\kappa_0)}e^{-\kappa_0 x}$$
$$+ \frac{A}{2\pi}\int_{\Sigma_t}^{\infty}dse^{-sx}\frac{s-\Sigma_t}{s^2-\kappa_0^2}[e^{-\psi_+(-is+0)} - e^{-\psi_+(-is-0)}]. \quad (2.10.10)$$

最后还需确定常数 A. 由 (2.10.7) 式中的第一式, 有

$$\int_0^{\infty}dxe^{ikx}\phi(x) = A\frac{k+i\Sigma_t}{k^2+\kappa_0^2}e^{-\psi_+(k)},$$

令 $k = iM$ 并让 $M \to \infty$, 由于 $\psi_+(iM) \to 0$, 所以

$$\frac{1}{M}\int_0^{\infty}d(xM)e^{-xM}\phi(x) = \frac{A}{iM} + O\left(\frac{1}{M^2}\right),$$

而

$$A = \lim_{M\to\infty}i\int_0^{\infty}dx'e^{-x'}\phi\left(\frac{x'}{M}\right) = i\phi(0),$$

$\phi(0)$ 是自由表面处的通量. 把这一常数值代入 (2.10.10) 式, 便得到

$$\phi(x) = \frac{\phi(0)}{2}\left\{ \left(\frac{\Sigma_t}{\kappa_0}+1\right)e^{-\psi_+(i\kappa_0)}e^{\kappa_0 x} - \left(\frac{\Sigma_t}{\kappa_0}-1\right)e^{-\psi_+(-i\kappa_0)}e^{-\kappa_0 x} \right.$$

$$\left. + \frac{i}{\pi}\int_{\Sigma_t}^{\infty}dse^{-sx}\frac{s-\Sigma_t}{s^2-\kappa_0^2}[e^{-\psi_+(-is+0)}-e^{-\psi_+(-is-0)}] \right\}. \qquad (2.10.11)$$

再利用 (2.6.4) 式, 就可以得到角通量分布:

$$\varphi(x,\mu) = \frac{c\Sigma_t}{2}\int_0^{\infty}dRe^{-\Sigma_t R}\phi(x-R\mu), \qquad (2.10.12)$$

特别是自由表面 $x=0$ 处的出射角分布:

$$\varphi(0,\mu) = \frac{c\Sigma_t}{2}\int_0^{\infty}dRe^{-\Sigma_t R}\phi(-R\mu), \quad \mu < 0$$

或置 $-R\mu = R|\mu| = x$, 则从 $\widetilde{\phi}_+(k)$ 的定义可得下列关系:

$$\varphi(0,\mu) = \frac{c\Sigma_t}{2|\mu|}\int_0^{\infty}dxe^{-\frac{\Sigma_t}{|\mu|}x}\phi(x)$$

$$= \frac{c\Sigma_t}{2|\mu|}\widetilde{\phi}_+\left(i\frac{\Sigma_t}{|\mu|}\right). \qquad (2.10.13)$$

从这里也可以看出 $\widetilde{\phi}_+(k)$ 的物理意义. 再利用 (2.10.7) 式及 $A = i\phi(0)$, 还可以把 (2.10.13) 式写成

$$\varphi(0,\mu) = \frac{c\phi(0)}{2}\frac{1-\mu}{1-\frac{\kappa_0^2\mu^2}{\Sigma_t^2}}\exp\left[-\psi_+\left(i\frac{\Sigma_t}{|\mu|}\right)\right]. \qquad (2.10.14)$$

这样, 我们借助于 Wiener-Hopf 技巧, 用积分变换法求得了 Milne 问题的精确解. 从 $\psi_+(k)$ 的定义当然还可以对以上 (2.10.11) 式至 (2.10.14) 式的结果简化. 但是由于计算复杂, 我们将不在这里进行. 从下节开始将要介绍分离变量法. 在 §2.14 节中将用之对 Milne 问题进行进一步处理.

§2.11　分离变量法

仍然讨论平面对称系统的定态输运方程:

$$\mu\frac{\partial\varphi}{\partial x} + \Sigma_t\varphi = \frac{c\Sigma_t}{2}\int_{-1}^{1}d\mu'\varphi(x,\mu') + \frac{S(x)}{2} \qquad (2.11.1)$$

[参见 (2.6.11)]. 但是我们不用积分变换法而用另一种方法, 即分离变量法来讨论它. 以下用粒子平均自由程 $1/\Sigma_t$ 作长度单位, 于是 (2.11.1) 式可简化为

$$\mu\frac{\partial\varphi}{\partial x} + \varphi(x,\mu) = \frac{c}{2}\int_{-1}^{1}\mathrm{d}\mu'\varphi(x,\mu') + \frac{1}{2}S(x). \tag{2.11.2}$$

考虑无源的情形:

$$\mu\frac{\partial\varphi}{\partial x} + \varphi = \frac{c}{2}\int_{-1}^{1}\mathrm{d}\mu'\varphi(x,\mu'). \tag{2.11.3}$$

先寻找 (2.11.3) 式的如下形式的解:

$$\varphi(x,\mu) = \chi(x)\psi(\mu). \tag{2.11.4}$$

将 (2.11.4) 式代入 (2.11.3) 式中, 得到

$$\frac{1}{\chi}\frac{\mathrm{d}\chi}{\mathrm{d}x} = -\frac{1}{\mu} + \frac{c}{2\mu\psi}\int_{-1}^{1}\mathrm{d}\mu'\psi(\mu') \tag{2.11.5}$$

由于左边与 μ 无关而右边与 x 无关, 所以两边应该都等于一个常数, 记这个常数为 $-\dfrac{1}{\nu}$, 则 (2.11.5) 式可以写成以下两个式子:

$$\frac{1}{\chi}\frac{\mathrm{d}\chi}{\mathrm{d}x} = -\frac{1}{\nu}, \tag{2.11.6}$$

$$-\frac{1}{\mu} + \frac{c}{2\mu\psi}\int_{-1}^{1}\mathrm{d}\mu'\psi(\mu') = -\frac{1}{\nu}. \tag{2.11.7}$$

(2.11.6) 式的解是

$$\chi(x) = \mathrm{e}^{-x/\nu}. $$

而 (2.11.7) 式可以写成一个以 ν 为本征值的积分方程:

$$(\nu-\mu)\psi_\nu(\mu) = \frac{c\nu}{2}\int_{-1}^{1}\mathrm{d}\mu'\psi_\nu(\mu'). \tag{2.11.8}$$

ψ_ν 的下标是为了强调, 它是属于本征值 ν 的本征函数. 如果求得了 $\psi_\nu(\mu)$, 方程 (2.11.3) 的通解就可以写成 $\mathrm{e}^{-x/\nu}\psi_\nu(\mu)$ 的线性迭加形式.

假定本征函数是归一化了的:

$$\int_{-1}^{1}\mathrm{d}\mu\psi_\nu(\mu) = 1. \tag{2.11.9}$$

那么 (2.11.8) 可以写成

$$(\nu-\mu)\psi_\nu(\mu) = \frac{c\nu}{2}. \tag{2.11.10}$$

如果 $\nu \notin [-1, 1]$, 那么 $\nu - \mu \neq 0$, 所以

$$\psi_\nu(\mu) = \frac{c\nu}{2(\nu - \mu)}. \tag{2.11.11}$$

考虑到归一化条件 (2.11.9), 可知 ν 必须满足

$$1 - \frac{c\nu}{2}\ln\frac{\nu + 1}{\nu - 1} = 0. \tag{2.11.12}$$

若 $\nu = \frac{\Sigma_t}{ik}$, (2.11.12) 式就与 (2.7.9) 式完全一致. 不难看出, 当 $c > 1$ 时, (2.11.12) 式有一对虚根 $\nu = \pm i\nu_0$; 当 $0 < c < 1$ 时, (2.11.12) 式有两个实根 $\nu = \pm\nu_0$; 当 $c \to 1$ 时, (2.11.12) 式的根 $\nu \to \infty$. 除非有特殊声明, 以下只讨论有物理意义的 $0 < c < 1$ 的情况. 这时 (2.11.10) 式有离散本征值

$$\nu = \pm\nu_0, \quad \nu_0 > 1. \tag{2.11.13}$$

相应的本征函数是

$$\psi_{0\pm}(\mu) = \frac{c}{2}\frac{\nu_0}{\nu_0 \mp \mu}, \tag{2.11.14}$$

其中 ν_0 是 (2.11.12) 式的正根, 即

$$\frac{c\nu_0}{2}\ln\frac{\nu_0 + 1}{\nu_0 - 1} = 1. \tag{2.11.15}$$

如果 $-1 \leqslant \nu \leqslant 1$, 那么当 $\mu \neq \nu$ 时,

$$\psi_\nu(\mu) = \frac{c\nu}{2(\nu - \mu)},$$

当 $\mu = \nu$ 时, $\psi_\nu(\mu) \to \infty$. 定义**积分主值**

$$P\int_{-1}^1 \frac{\mathrm{d}\mu}{\nu - \mu} = \lim_{\varepsilon \to 0}\left[\int_{-1}^{\nu-\varepsilon} + \int_{\nu+\varepsilon}^1\right]\frac{\mathrm{d}\mu}{\nu - \mu}$$
$$= \ln\frac{1 + \nu}{1 - \nu},$$

那么本征函数 $\psi_\nu(\mu)$ 可以写成

$$\psi_\nu(\mu) = \frac{c\nu}{2}P\frac{1}{\nu - \mu} + \lambda(\nu)\delta(\nu - \mu), \tag{2.11.16}$$

其中 $\lambda(\nu)$ 由 $\psi_\nu(\mu)$ 的归一化条件来确定:

$$\frac{c\nu}{2}P\int_{-1}^1 \frac{\mathrm{d}\mu}{\nu - \mu} + \lambda(\nu) = 1.$$

所以

$$\lambda(\nu) = 1 - \frac{c\nu}{2}\ln\frac{1+\nu}{1-\nu} = 1 - c\nu \mathrm{arth}\nu. \tag{2.11.17}$$

这时的本征值 ν 在 $[-1,1]$ 范围内取值, 称为连续谱本征值.

弄清了 (2.11.10) 式的本征值谱之后, 就可以把无源输运方程 (2.11.3) 的通解写成

$$\varphi(x,\mu) = a_{0+}\psi_{0+}(\mu)\mathrm{e}^{-x/v_0} + a_{0-}\psi_{0-}(\mu)\mathrm{e}^{x/v_0} + \int_{-1}^{1}\mathrm{d}\nu A(\nu)\psi_\nu(\mu)\mathrm{e}^{-x/\nu}. \tag{2.11.18}$$

剩下的工作只是选择适当的系数 $a_{0\pm}$ 和 $A(\nu)$, 以便使 (2.11.18) 式能够满足给定的边界条件. 这通常是不容易完成的, 因为要涉及本征函数组

$$\{\psi_{0\pm}, \psi_\nu\}$$

是否完备及是否正交的问题. 以下几节中, 我们将先作一些数学准备, 然后就无限介质中的平面源问题及半无限介质的 Milne 问题和反照率问题作具体的讨论.

由于涉及的本征函数具有奇异性: 它们可能是形如 (2.11.16) 式所示的广义函数; 因此在输运理论中使用的分离变量法, 有时也称为**奇异本征函数法**.

§2.12* Cauchy 积分

设 $\varphi(t)$ 是定义在复 t 平面内光滑曲线 L 上的连续函数, $t = c_1$ 和 $t = c_2$ 是 L 的端点, 这两个端点可以重合, 也可以不重合. 如果对 L 上任意两点 t_1 和 t_2(皆非端点), 都有

$$|\varphi(t_2) - \varphi(t_1)| \leqslant A|t_2 - t_1|^\mu, \tag{2.12.1}$$

其中 A, μ 都是正的常数, 那么就称 $\varphi(t)$ 在 L 上满足 Hölder 条件, 记作

$$\varphi \in H.$$

如果除 $\varphi \in H$ 之外, 在 L 的端点 $c_i(i = 1, 2)$ 附近还有

$$\varphi(t) = \frac{\varphi^*(t)}{(t - c_i)^{\alpha_i}}, \quad 0 \leqslant \alpha_i < 1, \ \varphi^* \in H, \tag{2.12.2}$$

那么就称 $\varphi(t)$ 在 L 上满足条件 H^*, 记作

$$\varphi \in H^*.$$

如果 L 是分段光滑的曲线, 各段的端点依次为 $c_i(i = 1, 2, \cdots, n)$, 在每一段光滑部分上有 (2.12.1) 式成立, 而在所有 c_i 有 (2.12.2) 式成立, 那么也称 $\varphi \in H^*$.

设 $\varphi(t)$ 在 L 上满足 H^* 条件, z 是复 t 平面内不在 L 上的一点, 则

$$\Phi(z) = \int_L \frac{\varphi(t)\mathrm{d}t}{t - z} \tag{2.12.3}$$

称为 **Cauchy 积分**. 可以证明, 在除 L 之外的复 t 平面上, $\Phi(z)$ 是解析函数. 下文谈到 L 的左侧或右侧时, 都是指当沿 L 按 t 增加方向走时有关点是在左侧或右侧而言. 如果 L 是一个闭路, 那么规定 t 增加的方向必须保证闭路所包围的有限部分位于 L 左侧, 否则就用 $-t$ 代 t. 对于闭路 L, 记 L 左侧的有限部分为 S^+, 而记 L 右侧的无限部分为 S^-. 注意 S^+ 及 S^- 都不包括 L.

如果 L 在实轴上, 用实坐标 x 代替 t, 则 (2.12.3) 式可以写成

$$\Phi(z) = \int_{c_1}^{c_2} \frac{\varphi(x)\mathrm{d}x}{x - z}. \tag{2.12.4}$$

而 L 的左侧就是实轴上方, 右侧就是下方. 设 $x_0 \in (c_1, c_2)$, $z = x_0 + \mathrm{i}\varepsilon$, ε 是正实数, 则

$$\Phi(x_0 + \mathrm{i}\varepsilon) = \int_{c_1}^{c_2} \frac{\varphi(x)\mathrm{d}x}{x - (x_0 + \mathrm{i}\varepsilon)}.$$

取 $\varepsilon \to 0$ 的极限, 用 $\Phi^+(x_0)$ 来表示它, 便得到

$$\begin{aligned}
\Phi^+(x_0) &= \lim_{\varepsilon \to 0} \int_{c_1}^{c_2} \frac{\varphi(x)\mathrm{d}x}{x - (x_0 + \mathrm{i}\varepsilon)} \\
&= P \int_{c_1}^{c_2} \frac{\varphi(x)\mathrm{d}x}{x - x_0} + \mathrm{i}\pi\varphi(x_0),
\end{aligned}$$

其中 P 是主值记号. 在不引起混淆时, 我们将写成

$$\Phi^+(x_0) = \int_{c_1}^{c_2} \frac{\varphi(x)\mathrm{d}x}{x - x_0 - \mathrm{i}\varepsilon} = P \int_{c_1}^{c_2} \frac{\varphi(x)\mathrm{d}x}{x - x_0} + \mathrm{i}\pi\varphi(x_0); \tag{2.12.5}$$

类似地可以证明, 对 $z = x_0 - \mathrm{i}\varepsilon$, 有

$$\Phi^-(x_0) = \int_{c_1}^{c_2} \frac{\varphi(x)\mathrm{d}x}{x - x_0 + \mathrm{i}\varepsilon} = P \int_{c_1}^{c_2} \frac{\varphi(x)\mathrm{d}x}{x - x_0} - \mathrm{i}\pi\varphi(x_0). \tag{2.12.6}$$

其中 ε 仍理解为正的无穷小量. 可见, 用实轴上的函数 $\varphi(x)$, 我们定义了一个除实轴外的复平面上解析的函数 $\Phi(z)$, 它在实轴的两侧有一间断, 其跃变为 $2\pi\mathrm{i}\varphi(x)$.

现在考虑二元函数 $\varphi(x, y)$, x, y 都是实变数. 我们想把

$$I = P_{x=x_0} \int_L \frac{\mathrm{d}x}{x - x_0} \left[P_{y=x} \int_L \frac{\varphi(x, y)\mathrm{d}y}{y - x} \right] \tag{2.12.7}$$

中的二重积分交换顺序. 主值记号 P 的下标是为了明确对哪一个变量在哪个位置取主值而写的. 两次使用 (2.12.5) 式, 可以把 (2.12.7) 式改写成

$$
\begin{aligned}
I &= \int_L \frac{\mathrm{d}x}{x-x_0-\mathrm{i}\varepsilon}\left[P_{y=x}\int_L \frac{\varphi(x,y)\mathrm{d}y}{y-x}\right] - \mathrm{i}\pi P_{y=x_0}\int_L \frac{\varphi(x_0,y)\mathrm{d}y}{y-x_0} \\
&= \int_L \frac{\mathrm{d}x}{x-x_0-\mathrm{i}\varepsilon}\left[\int_L \frac{\varphi(x,y)\mathrm{d}y}{y-x-\mathrm{i}\varepsilon} - \mathrm{i}\pi\varphi(x,x)\right] - \mathrm{i}\pi\left[\int_L \frac{\varphi(x_0,y)\mathrm{d}y}{y-x_0-\mathrm{i}\varepsilon} - \mathrm{i}\pi\varphi(x_0,x_0)\right] \\
&= \iint\limits_{LL} \frac{\varphi(x,y)\mathrm{d}x\mathrm{d}y}{(x-x_0-\mathrm{i}\varepsilon)(y-x-\mathrm{i}\varepsilon)} - \mathrm{i}\pi\int_L \frac{\varphi(x,x)\mathrm{d}x}{x-x_0-\mathrm{i}\varepsilon} \\
&\quad - \mathrm{i}\pi\int_L \frac{\varphi(x_0,y)\mathrm{d}y}{y-x_0-\mathrm{i}\varepsilon} - \pi^2\varphi(x_0,x_0).
\end{aligned} \tag{2.12.8}
$$

再考虑积分

$$
I' = P_{y=x_0}\int_L \mathrm{d}y\left[P_{x=x_0,x=y}\int_L \frac{\varphi(x,y)\mathrm{d}x}{(x-x_0)(y-x)}\right],
$$

它是把 (2.12.7) 式中的积分次序改变后写出的. 注意到

$$
\frac{1}{(x-x_0)(y-x)} = \frac{1}{y-x_0}\left[\frac{1}{x-x_0}+\frac{1}{y-x}\right],
$$

就有

$$
I' = P_{y=x_0}\int_L \frac{\mathrm{d}y}{y-x_0}\left[P_{x=x_0}\int_L \frac{\varphi(x,y)\mathrm{d}x}{x-x_0} + P_{x=y}\int_L \frac{\varphi(x,y)\mathrm{d}x}{y-x}\right]
$$

反复利用 (2.12.5) 式及 (2.12.6) 式, 可以得到

$$
I' = \iint\limits_{LL} \frac{\varphi(x,y)\mathrm{d}x\mathrm{d}y}{(x-x_0-\mathrm{i}\varepsilon)(y-x-\mathrm{i}\varepsilon)}\cdot\frac{y-x_0-2\mathrm{i}\varepsilon}{y-x_0-\mathrm{i}\varepsilon} - \mathrm{i}\pi\int_L \frac{\varphi(y,y)\mathrm{d}y}{y-x_0-\mathrm{i}\varepsilon} - \mathrm{i}\pi\int_L \frac{\varphi(x_0,y)\mathrm{d}y}{y-x_0-\mathrm{i}\varepsilon}, \tag{2.12.9}
$$

注意到因子

$$
\lim_{\varepsilon\to 0}\frac{y-x_0-2\mathrm{i}\varepsilon}{y-x_0-\mathrm{i}\varepsilon} = \begin{cases} 1, & \text{若 } y\neq x_0 \\ 2, & \text{若 } y=x_0, \end{cases}
$$

而无测度的区域中被积函数乘以 2 并不改变积分值. 因此, 由 (2.12.8) 式和 (2.12.9) 式可以得

$$
I = I' - \pi^2\varphi(x_0,x_0),
$$

即

$$
\begin{aligned}
&P_{x=x_0}\int_L \frac{\mathrm{d}x}{x-x_0}\left[P_{y=x}\int_L \frac{\varphi(x,y)\mathrm{d}y}{y-x}\right] \\
&= P_{y=x_0}\int_L \mathrm{d}y\left[P_{x=x_0,x=y}\int_L \frac{\varphi(x,y)\mathrm{d}x}{(x-x_0)(y-x)}\right] - \pi^2\varphi(x_0,x_0). \quad (2.12.10)
\end{aligned}
$$

(2.12.5) 式和 (2.12.6) 式可以推广到任意分段光滑曲线 L 的情形. 不失一般性, 可以假定 L 是闭合的. 对于非闭合的 L, 可以增加一段光滑曲线使 L 闭合并假定函数 φ 在该段为零. 设 t_0 是 L 上一点, (2.12.3) 式可以写成

$$\Phi(z) = \oint_L \frac{\varphi(t) - \varphi(t_0)}{t - z} \mathrm{d}t + \oint_L \frac{\varphi(t_0)}{t - z} \mathrm{d}t.$$

由 Cauchy 公式

$$\oint_L \frac{\varphi(t_0)\mathrm{d}t}{t - z} = \begin{cases} 2\pi\mathrm{i}\varphi(t_0), & \text{若 } z \in S^+, \\ 0, & \text{若 } z \in S^-, \end{cases}$$

因此, 当 z 从 L 左侧趋近 t_0 时,

$$\Phi^+(t_0) = \oint_L \frac{\varphi(t) - \varphi(t_0)}{t - t_0} \mathrm{d}t + 2\pi\mathrm{i}\varphi(t_0);$$

当 z 从 L 右侧趋近 t_0 时,

$$\Phi^-(t_0) = \oint_L \frac{\varphi(t) - \varphi(t_0)}{t - t_0} \mathrm{d}t.$$

但是

$$\oint_L \frac{\varphi(t) - \varphi(t_0)}{t - t_0} \mathrm{d}t = P\oint \frac{\varphi(t) - \varphi(t_0)}{t - t_0} \mathrm{d}t = P\oint \frac{\varphi(t)}{t - t_0} \mathrm{d}t - \pi\mathrm{i}\varphi(t_0),$$

所以

$$\Phi^+(t_0) = P\int_L \frac{\varphi(t)}{t - t_0} \mathrm{d}t + \pi\mathrm{i}\varphi(t_0), \tag{2.12.11}$$

$$\Phi^-(t_0) = P\int_L \frac{\varphi(t)}{t - t_0} \mathrm{d}t - \pi\mathrm{i}\varphi(t_0), \tag{2.12.12}$$

这两个式子称为**Plemelj 公式**, 是 (2.12.5) 式及 (2.12.6) 式的推广. 式中积分号没有写成回路积分, 因为这两式显然对于非闭路的情况也正确. 但是应当指出, 在 $z \to t_0$ 时, z 必须沿着一条与 L 有一不太小的交角的方向接近 t_0, 这个结果才是正确的. 如果 z 行进的轨迹与 L 在 t_0 处相切, 那么讨论极限的趋近时, 必须根据具体问题进行更细致的分析[16]. 不过, 在输运理论中出现的一般情况下, (2.12.11) 及 (2.12.12) 式都是成立的.

　　Plemelj 公式说明, 如果 $\varphi(t)$ 在 L 上满足 H^* 条件, 那么它就定义了一个在沿 L 切过的 z 平面上解析的函数, 即由 (2.12.3) 式给出的 $\Phi(z)$. $\Phi(z)$ 在 L 的两侧间断, 其跃变值为 $2\pi\mathrm{i}\varphi(t)$. 反过来, 如果有一个在沿 L 切过的 z 平面上解析的函数 $\Phi(z)$, 它在越过 L 时间断

$$\Phi^+(t_0) - \Phi^-(t_0) = 2\pi\mathrm{i}\varphi(t_0), \quad t_0 \in L,$$

而 $\varphi(t)$ 在 L 上满足 H^* 条件, 那么, $\Phi(z)$ 是否一定取 (2.12.3) 式的形式呢? 为探讨这个问题, 假设有两个函数 $\Phi_1(z)$ 和 $\Phi_2(z)$ 都满足上述条件, 那么

$$Q(z) \equiv \Phi_1(z) - \Phi_2(z)$$

就是整个 z 平面上的解析函数. 所以, 满足上述条件的 $\Phi(z)$ 一定是 (2.12.3) 式右边与一个全平面上的解析函数之和, 即

$$\Phi(z) = \int_L \frac{\varphi(t)\mathrm{d}t}{t - z} + \sum_{n=0}^{\infty} a_n z^n$$

当 $|z| \to \infty$ 时, 右边第一项为 $O(|z|^{-1})$. 如果已知 $|z| \to \infty$ 时 $|\Phi(z)| \sim O(|z|^k)$, k 是正整数, 那么就有

$$\Phi(z) = \int_L \frac{\varphi(t)\mathrm{d}t}{t - z} + P_k(z) \tag{2.12.13}$$

其中 $P_k(z)$ 是 z 的 k 次多项式.

(2.12.10) 式也可以推广到分段光滑曲线的情形. 如果 $\varphi(t, t_1)$ 是 L 上两点 t 及 t_1 的函数, $\varphi(t, t_1)$ 对 t 和 t_1 都满足 H^* 条件, 而且 t_0 是 L 的光滑部分上的一点, 那么就有

$$\int_L \frac{\mathrm{d}t}{t - t_0} \int_L \frac{\varphi(t, t_1)\mathrm{d}t_1}{t_1 - t} = \int_L \mathrm{d}t_1 \int_L \mathrm{d}t \frac{\varphi(t, t_1)}{(t - t_0)(t_1 - t)} - \pi^2 \varphi(t_0, t_0), \tag{2.12.14}$$

式中的积分都应理解为取主值, 这里只是为了简单而略去了主值记号. (2.12.14) 式称为 Poincaré-Bertrand 公式. 关于这个公式的严格证明, 可参考文献 [16].

§2.13* Cauchy 型奇异积分方程

关于 $\varphi(\mu)$ 的积分方程

$$\alpha(\mu)\varphi(\mu) + \frac{\beta(\mu)}{\pi} P \int_L \mathrm{d}\nu \frac{\varphi(\nu)}{\nu - \mu} = f(\mu), \quad \mu \in L, \tag{2.13.1}$$

称为 Cauchy 型奇异积分方程, 其中 $\alpha(\mu)$, $\beta(\mu)$ 及 $f(\mu)$ 是分段光滑曲线 L 上的已知函数. 下面讨论这种方程的解法. 令

$$\Phi(z) = \int_L \mathrm{d}\nu \frac{\varphi(\nu)}{\nu - z}, \quad z \notin L. \tag{2.13.2}$$

利用 (2.12.11) 及 (2.12.12) 式, 对于 L 上的一点 μ, 可以得到

$$\begin{cases} \varphi(\mu) = \dfrac{1}{2\pi\mathrm{i}}[\Phi^+(\mu) - \Phi^-(\mu)], \\[2mm] P \displaystyle\int_L \frac{\varphi(\nu)\mathrm{d}\nu}{\nu - \mu} = \dfrac{1}{2}[\Phi^+(\mu) + \Phi^-(\mu)]. \end{cases} \tag{2.13.3}$$

因此 (2.13.1) 式可以写成

$$[\alpha(\mu) + i\beta(\mu)]\Phi^+(\mu) - [\alpha(\mu) - i\beta(\mu)]\Phi^-(\mu) = 2\pi i f(\mu). \tag{2.13.4}$$

假定 $\alpha(\mu)$, $\beta(\mu)$ 是实函数而且 $\alpha^2 + \beta^2 \neq 0$, 那么, (2.13.4) 式可以写成

$$G(\mu)\Phi^+(\mu) - \Phi^-(\mu) = f_1(\mu), \tag{2.13.5}$$

其中

$$\begin{cases} f_1(\mu) = \dfrac{2\pi i f(\mu)}{\alpha(\mu) - i\beta(\mu)}, \\ G(\mu) = \dfrac{\alpha(\mu) + i\beta(\mu)}{\alpha(\mu) - i\beta(\mu)}. \end{cases} \tag{2.13.6}$$

容易看出, $|G(\mu)| = 1$, 所以可以写出

$$G(\mu) = \exp[2i\Theta(\mu)], \tag{2.13.7}$$

其中

$$\Theta(\mu) = \arctan\left[\frac{\beta(\mu)}{\alpha(\mu)}\right]. \tag{2.13.8}$$

由 (2.13.5) 式求 $\Phi^+(\mu)$ 及 $\Phi^-(\mu)$, 称为**非齐次 Hilbert 问题**. 为了求解这问题, 需要先考虑**Riemann-Hilbert 问题**(或称齐次 Hilbert 问题), 即: 找一个在切过的 z 平面上解析的非零函数 $X(z)$, 使它在切痕两侧的值 $X^+(\mu)$ 及 $X^-(\mu)$ 满足

$$\frac{X^+(\mu)}{X^-(\mu)} = G(\mu) = \exp[2i\Theta(\mu)]. \tag{2.13.9}$$

假定 L 的起点为 a, 终点为 b. 由于在 a, b 两点 $X(\mu)$ 没有间断, 所以 $G(a) = G(b) = 1$. 不失一般性, 可以假定 $\Theta(a) = 0$, $\Theta(b) = \rho\pi$, ρ 是整数. 考虑函数

$$\Gamma(z) = \frac{1}{x} \int_a^b \frac{\Theta(\nu)\mathrm{d}\nu}{\nu - z}, \tag{2.13.10}$$

利用 (2.12.11) 和 (2.12.12) 式, 可得

$$\exp[\Gamma^\pm(\mu)] = \exp\left[\frac{1}{\pi}P\int_a^b \mathrm{d}\nu\frac{\Theta(\nu)}{\nu - \mu} \pm i\Theta(\mu)\right], \quad \mu \in (a, b). \tag{2.13.11}$$

所以

$$\frac{\exp\Gamma^+(\mu)}{\exp\Gamma^-(\mu)} = \exp[2i\Theta(\mu)]. \tag{2.13.12}$$

就是说, $\exp\Gamma(\mu)$ 可以满足条件 (2.13.9) 式, 而且除了 L 之外, 它是解析的. 在端点 $z = a$ 附近, 由于 $\Theta(a) = 0$, 故

$$\Gamma(z) = \frac{1}{\pi}\int_a^b \frac{\Theta(\nu) - \Theta(a)}{\nu - z}\mathrm{d}\nu.$$

显然它在 $z = a$ 处解析. 但在端点 $z = b$ 附近它不解析. 事实上, 由于 $\Theta(b) = \rho\pi$, 故有

$$\begin{aligned}\Gamma(z) &= \frac{1}{\pi}\int_a^b \frac{\Theta(\nu) - \Theta(b)}{\nu - z}\mathrm{d}\nu + \frac{1}{\pi}\Theta(b)\int_a^b \frac{\mathrm{d}\nu}{\nu - z}\\ &= \Gamma_2(z) + \rho\ln(b - z),\end{aligned}$$

其中

$$\Gamma_2(z) = \frac{1}{\pi}\int_a^b \frac{\Theta(\nu) - \Theta(b)}{\nu - z}\mathrm{d}\nu - \rho\ln(a - z) \tag{2.13.13}$$

是切过以后的 z 平面上的解析函数 (包括端点 a, b 在内). 因此, $\Gamma(z)$ 在 $z = b$ 处不解析. 但是只要取

$$X(z) = \exp\Gamma_2(z) = (b - z)^{-\rho}\exp\Gamma(z), \tag{2.13.14}$$

就可以满足 (2.13.9) 式, 同时保证它在切过的平面上是非零的解析函数. 所以, 将 (2.13.10) 式代入 (2.13.14) 式, 就得到 Riemann-Hilbert 问题的解:

$$X(z) = (b - z)^{-\rho}\exp\left[\frac{1}{\pi}\int_a^b \mathrm{d}\nu\frac{\Theta(\nu)}{\nu - z}\right] \tag{2.13.15}$$

再考虑非齐次 Hilbert 问题 (2.13.5). 将

$$G(\mu) = \frac{X^+(\mu)}{X^-(\mu)}$$

代入 (2.13.5) 式, 可以得到

$$X^+(\mu)\Phi^+(\mu) - X^-(\mu)\Phi^-(\mu) = X^-(\mu)f_1(\mu) \tag{2.13.16}$$

由于 $X(z)\Phi(z)$ 是切过的复 z 平面上的解析函数, 假定它在 $|z| \to \infty$ 时的行为是 $O(|z|^k)$, 那么由 (2.12.13) 式可以得到

$$X(z)\Phi(z) = \frac{1}{2\pi\mathrm{i}}\int_L \mathrm{d}\nu\frac{X^-(\nu)f_1(\nu)}{\nu - z} + P_k(z).$$

又因为 $X(z) \neq 0$, 两边可用 $X(z)$ 除, 再以 (2.13.6) 式中的 $f_1(\nu)$ 代入, 就得到 (2.13.5) 式的解:

$$\Phi(z) = \frac{1}{X(z)}\left[\int_L \mathrm{d}\nu\frac{X^-(\nu)f(\nu)}{\{\alpha(\nu) - \mathrm{i}\beta(\nu)\}(\nu - z)} + P_k(z)\right] \tag{2.13.17}$$

其中 $P_k(z)$ 尚待确定. 由 (2.13.2) 式可知, 当 $|z| \to \infty$ 时, $\Phi(z) \sim O(z^{-1})$. 因此, 对于不同可能的 ρ 值, 有以下情况:

(i) 若 $\rho = 0$, 则由 (2.13.15) 式知, 当 $|z| \to \infty$ 时 $X(z)$ 趋于一个常数. 由于 (2.13.17) 式右边方括号内第一项已经保证 $|z| \to \infty$ 时 $\Phi(z) \sim O(z^{-1})$, 因此 $P_k(z) = 0$.

(ii) 若 $\rho < 0$, 那么当 $|z| \to \infty$ 时 $X(z) \sim z^{|\rho|}$, 所以 $P_k(z)$ 应当是 z 的 $|\rho| - 1$ 次多项式.

(iii) 若 $\rho > 0$, 那么当 $|z| \to \infty$ 时 $X(z) \sim z^{-\rho}$, 所以这时不仅要求 $P_k(z) = 0$, 而且要求

$$\int_L \mathrm{d}\nu \frac{X^-(\nu)f(\nu)}{\{\alpha(\nu) - \mathrm{i}\beta(\nu)\}(\nu - z)} \sim z^{-(\rho+1)}$$

注意到

$$\int_L \mathrm{d}\nu \frac{X^-(\nu)f(\nu)}{\{\alpha(\nu) - \mathrm{i}\beta(\nu)\}(\nu - z)} = -\frac{1}{z} \sum_{n=0}^{\infty} \frac{1}{z^n} \int_L \mathrm{d}\nu \frac{X^-(\nu)f(\nu)\nu^n}{\alpha(\nu) - \mathrm{i}\beta(\nu)},$$

就可以知道, 必须有

$$\int_L \mathrm{d}\nu \frac{X^-(\nu)f(\nu)\nu^n}{\alpha(\nu) - \mathrm{i}\beta(\nu)} = 0, \quad \text{当 } n = 0, 1, \cdots, \rho - 1 \text{ 时}. \tag{2.13.18}$$

将 (2.13.17) 式代入 (2.13.3) 式, 就可以求得 Cauchy 型奇异积分方程的解.

我们看到, 求解 Cauchy 型奇异积分方程的步骤为:

(i) 由 (2.13.8) 式求得 $\Theta(\mu)$, 适当选择反正切函数的一支, 确定 $\Theta(a) = 0$, $\Theta(b) = \rho\pi$.

(ii) 由 (2.13.15) 式求 $X(z)$.

(iii) 由 (2.13.17) 式求 $\Phi(z)$, 并加以讨论.

(iv) 由 (2.13.3) 式求 $\varphi(\mu)$.

§2.14*　全域边值问题

在前两节数学准备的基础上, 我们用分离变量法来讨论输运方程 (2.11.2), 即

$$\mu \frac{\partial \varphi}{\partial x} + \varphi(x, \mu) = \frac{c}{2} \int_{-1}^{1} \mathrm{d}\mu' \varphi(x, \mu') + \frac{1}{2} S(x) \tag{2.11.2}$$

假定边界条件是

$$\varphi(x_0, \mu) = f(\mu), \quad \mu \in [-1, 1] \tag{2.14.1}$$

在这个边界条件下求解输运方程就是所谓的**全域边值问题**.

从 §2.11 已知, 分离变量法将导至本征值方程 (2.11.8), 它的本征函数是

$$\psi_{0\pm}(\mu) = \frac{c}{2} \frac{\nu_0}{\nu_0 \mp \mu}, \tag{2.14.2}$$

$$\psi_\nu(\mu) = \frac{c\nu}{2} P \frac{1}{\nu - \mu} + \lambda(\nu)\delta(\nu - \mu), \quad -1 \leqslant \nu \leqslant 1 \tag{2.14.3}$$

其中 $0 < c < 1$, $\nu_0 > 1$ 满足 (2.11.15) 式, 即

$$\frac{c\nu_0}{2} \ln \frac{\nu_0 + 1}{\nu_0 - 1} = 1, \tag{2.14.4}$$

而 $\lambda(\nu)$ 由 (2.11.17) 式给出, 即

$$\lambda(\nu) = 1 - \frac{c\nu}{2} \ln \frac{1 + \nu}{1 - \nu}. \tag{2.14.5}$$

我们将用对本征函数 (2.14.2) 及 (2.14.3) 展开的办法来找全域边值问题的解. 为此, 先要证明这一组函数的完备性和正交性.

全域正交性定理: 函数 ψ_{0+}, ψ_{0-}, $\psi_\nu(-1 \leqslant \nu \leqslant 1)$ 彼此正交, 如下式所示:

$$\int_{-1}^1 \mathrm{d}\mu \mu \psi_\nu(\mu)\psi_{\nu'}(\mu) = 0, \quad \nu \neq \nu'. \tag{2.14.6}$$

上式不难证明. 事实上, 由于 ψ_ν 满足 (2.11.8) 式, 或

$$\left(1 - \frac{\mu}{\nu}\right)\psi_\nu(\mu) = \frac{c}{2} \int_{-1}^1 \mathrm{d}\mu'\psi_\nu(\mu') \tag{2.14.7}$$

两边用 $\psi_{\nu'}(\mu)$ 相乘后, 对 μ 从 -1 到 1 积分, 得到

$$\int_{-1}^1 \mathrm{d}\mu \left[\left(1 - \frac{\mu}{\nu}\right)\psi_\nu(\mu)\psi_{\nu'}(\mu)\right] = \frac{c}{2} \int_{-1}^1 \mathrm{d}\mu'\psi_\nu(\mu') \int_{-1}^1 \mathrm{d}\mu\psi_{\nu'}(\mu),$$

将附标 ν 和 ν' 互换, 上式显然也成立, 即有

$$\int_{-1}^1 \mathrm{d}\mu \left[\left(1 - \frac{\mu}{\nu'}\right)\psi_{\nu'}(\mu)\psi_\nu(\mu)\right] = \frac{c}{2} \int_{-1}^1 \mathrm{d}\mu'\psi_{\nu'}(\mu') \int_{-1}^1 \mathrm{d}\mu\psi_\nu(\mu)$$

以上二式两边分别相减, 便得到

$$\left(\frac{1}{\nu'} - \frac{1}{\nu}\right) \int_{-1}^1 \mathrm{d}\mu\mu\psi_\nu(\mu)\psi_{\nu'}(\mu) = 0,$$

可见 $\nu \neq \nu'$ 时有正交关系 (2.14.6) 成立.

从 (2.14.2) 式容易算出

$$N_{0\pm} \equiv \int_{-1}^{1} \mathrm{d}\mu\mu[\psi_{0\pm}(\mu)]^2$$
$$= \pm \frac{c^2\nu_0^2}{4}\left[\frac{2\nu_0}{\nu_0^2-1} - \ln\frac{\nu_0+1}{\nu_0-1}\right], \tag{2.14.8}$$

或利用 (2.14.4) 式, 有

$$N_{0\pm} = \pm\frac{c}{2}\nu_0^3\left(\frac{c}{\nu_0^2-1} - \frac{1}{\nu_0^2}\right). \tag{2.14.8'}$$

利用 (2.12.10) 式及 (2.14.5) 式可以证明,

$$\int_{-1}^{1} \mathrm{d}\mu\mu\psi_\nu(\mu)\left[\int_{-1}^{1} \mathrm{d}\nu' A(\nu')\psi_{\nu'}(\mu)\right] = N(\nu)A(\nu), \tag{2.14.9}$$

这里 $A(\nu)$ 为任意函数, 而

$$N(\nu) = \nu\left[\lambda^2(\nu) + \left(\frac{c\pi\nu}{2}\right)^2\right]. \tag{2.14.10}$$

注意, (2.14.9) 式左边积分的顺序不能交换. 事实上, 有

$$\int_{-1}^{1} \mathrm{d}\nu' A(\nu')\left[\int_{-1}^{1} \mathrm{d}\mu\mu\psi_\nu(\mu)\psi_{\nu'}(\mu)\right] = N_0(\nu)A(\nu) \neq N(\nu)A(\nu), \tag{2.14.11}$$

式中

$$N_0(\nu) = \nu\lambda^2(\nu). \tag{2.14.12}$$

现在来看**全域完备性定理**：对于所有在全域 $-1 \leqslant \mu \leqslant 1$ 上定义的函数 $f(\mu) \in H^*$, 函数 ψ_{0+}, ψ_{0-} 及 $\psi_\nu(-1 \leqslant \nu \leqslant 1)$ 构成一完备集. 即对于任意满足上述条件的 $f(\mu)$, 总可以找到适当的 a_{0+}, a_{0-} 及 $A(\nu)$, 使

$$f(\mu) = a_{0+}\psi_{0+}(\mu) + a_{0-}\psi_{0-}(\mu) + \int_{-1}^{1} \mathrm{d}\nu A(\nu)\psi_\nu(\mu) \tag{2.14.13}$$

成立. 显然, 如果 $f(\mu)$ 可以这样展开, 那么在 (2.14.13) 式两边同时乘以 $\mu\psi_{0\pm}(\mu)$ 并对 μ 从 -1 到 1 积分, 就可以得到

$$a_{0\pm} = \frac{1}{N_{0\pm}}\int_{-1}^{1} \mathrm{d}\nu\nu\psi_{0\pm}(\nu)f(\nu). \tag{2.14.14}$$

定义

$$f_1(\mu) = f(\mu) - a_{0+}\psi_{0+}(\mu) - a_{0-}\psi_{0-}(\mu), \tag{2.14.15}$$

其中 $a_{0\pm}$ 由 (2.14.14) 式给出. 为了证明全域完备性定理, 只需证明, 对于由 (2.14.15) 式给出的 $f_1(\mu)$, 可以找到 $A(\nu)$, 使

$$f_1(\mu) = \int_{-1}^{1} \mathrm{d}\nu A(\nu)\psi_\nu(\mu) \tag{2.14.16}$$

成立即可. 将 (2.14.3) 式代入 (2.14.16) 式, 就得到关于 $A(\nu)$ 的 Cauchy 型奇异积分方程

$$f_1(\mu) = \lambda(\mu)A(\mu) + P\int_{-1}^{1} \mathrm{d}\nu \frac{c\nu A(\nu)}{2(\nu - \mu)}. \tag{2.14.17}$$

我们将证明它有解 $A(\nu) \in H^*$. 记

$$n(z) = \int_{-1}^{1} \mathrm{d}\nu \frac{c\nu A(\nu)}{2(\nu - z)}, \tag{2.14.18}$$

当 $A(\nu) \in H^*$ 时, $n(z)$ 在沿 $[-1,1]$ 切过的 z 平面上解析. 利用 Plemelj 公式可知, 在切痕两侧, $n(z)$ 的值 $n^\pm(\mu)$ 满足

$$n^+(\mu) + n^-(\mu) = P\int_{-1}^{1} \mathrm{d}\nu \frac{c\nu A(\nu)}{\nu - \mu}, \tag{2.14.19}$$

$$n^+(\mu) - n^-(\mu) = \mathrm{i}\pi c\mu A(\mu). \tag{2.14.20}$$

于是 (2.14.17) 式可以写成

$$f_1(\mu)c\mu\pi\mathrm{i} = \left[\lambda(\mu) + \frac{1}{2}c\mu\pi\mathrm{i}\right]n^+(\mu) - \left[\lambda(\mu) - \frac{1}{2}c\mu\pi\mathrm{i}\right]n^-(\mu). \tag{2.14.21}$$

记

$$\Lambda(z) \equiv 1 - \int_{-1}^{1} \mathrm{d}\nu \frac{cz}{2(z - \nu)}$$

$$= 1 - \frac{cz}{2}\ln\frac{z + 1}{z - 1}. \tag{2.14.22}$$

注意, 这里 $\Lambda(z)$ 的定义和 (2.7.9) 式中 $\Lambda(k)$ 的定义不同, 实际上 $\Lambda\left(z = \frac{\Sigma_\mathrm{t}}{\mathrm{i}k}\right)$ 才是 (2.7.9) 式中的 $\Lambda(k)$. 显然 $\Lambda(z)$ 在沿 $[-1,1]$ 切过的复 z 平面上解析. 取 $z = \mu \pm \mathrm{i}\varepsilon$, 其中 μ 及 ε 为实数, $-1 \leqslant \mu \leqslant 1$, 而 $\varepsilon \to +0$, 可以求得

$$\Lambda^\pm(\mu) = 1 - \frac{c\mu}{2}\ln\frac{1 + \mu}{1 - \mu} \pm \mathrm{i}\frac{c\mu\pi}{2}$$

$$= \lambda(\mu) \pm \mathrm{i}\frac{c\mu\pi}{2} \tag{2.14.23}$$

其中用到了 (2.14.5) 式. 因此 (2.14.21) 式又可以写成

$$\Lambda^+(\mu)n^+(\mu) - \Lambda^-(\mu)n^-(\mu) = \mathrm{i}\pi c\mu f_1(\mu). \tag{2.14.24}$$

于是, 由 (2.12.13) 式可知, 在沿 $[-1,1]$ 切过的复 z 平面上解析的函数 $\Lambda(z)n(z)$ 可以写成

$$\Lambda(z)n(z) = \int_{-1}^{1} \mathrm{d}\nu \frac{c\nu f_1(\nu)}{2(\nu - z)} + P_k(z). \tag{2.14.25}$$

但是根据 (2.14.18) 式和 (2.14.22) 式可知, $|z| \to \infty$ 时, 有

$$|\Lambda(z)n(z)| \sim \frac{1}{|z|} \to 0$$

故 $P_k(z) = 0$, 于是得到

$$n(z) = \frac{1}{\Lambda(z)} \int_{-1}^{1} \mathrm{d}\nu \frac{c\nu f_1(\nu)}{2(\nu - z)}. \tag{2.14.26}$$

现在问题归结为给定 $f_1(\mu)$ 之后, 能否由 (2.14.26) 式给出在沿 $[-1,1]$ 切过的复 z 平面上解析的函数 $n(z)$. 唯一有问题的地方是, $\Lambda(z)$ 有零点 $z = \pm\nu_0$. 但是由 (2.14.15) 式可知, 在 $z = \pm\nu_0$ 处, 有

$$\int_{-1}^{1} \mathrm{d}\nu \frac{c\nu f_1(\nu)}{2(\nu \mp \nu_0)} = \int_{-1}^{1} \mathrm{d}\nu \frac{c\nu f(\nu)}{2(\nu \mp \nu_0)} - a_{0+} \int_{-1}^{1} \mathrm{d}\nu \frac{c\nu \psi_{0+}(\nu)}{2(\nu \mp \nu_0)} - a_{0-} \int_{-1}^{1} \mathrm{d}\nu \frac{c\nu \psi_{0-}(\nu)}{2(\nu \mp \nu_0)},$$

利用 (2.14.14), (2.14.8) 和 (2.14.2) 各式, 可以发现上式右端为零, 因此对于形如 (2.14.15) 式的 $f_1(\mu)$, 由 (2.14.26) 式给定的 $n(z)$ 确实在沿 $[-1,1]$ 切过的 z 平面上解析. 由 (2.14.20) 式可以得到

$$A(\mu) = \frac{1}{\mathrm{i}\pi c\mu}[n^+(\mu) - n^-(\mu)], \tag{2.14.27}$$

于是全域完备性定理得证.

由 $f(\mu)$ 求 $A(\nu)$ 时, 可以从 (2.14.13) 式出发, 两边同乘以 $\mu\psi_{\nu'}(\mu)$ 并对 μ 从 -1 到 1 积分, 利用 (2.14.6) 式及 (2.14.9) 式, 就能得到

$$A(\nu) = \frac{1}{N(\nu)} \int_{-1}^{1} \mathrm{d}\mu\mu\psi_\nu(\mu)f(\mu). \tag{2.14.28}$$

利用 (2.14.26) 式可以证明 (2.14.27) 式与 (2.14.28) 式一致. 事实上, 从 (2.14.26) 式出发, 有

$$n^\pm(\mu) = \frac{1}{\Lambda^\pm(\mu)} \int_{-1}^{1} \mathrm{d}\nu \frac{c\nu f_1(\nu)}{2(\nu - \mu \pm \mathrm{i}\varepsilon)},$$

其中 $\varLambda^{\pm}(\mu)$ 由 (2.14.23) 式给出. 从上式可以得到

$$
\begin{aligned}
&\boldsymbol{n}^+(\mu) - n^-(\mu) \\
&= \frac{1}{\varLambda^+(\mu)\varLambda^-(\mu)}\left[\varLambda^-(\mu)\int_{-1}^{1}\mathrm{d}\nu\,\frac{c\nu f_1(\nu)}{2(\nu-\mu-\mathrm{i}\varepsilon)} - \varLambda^+(\mu)\int_{-1}^{1}\mathrm{d}\nu\,\frac{c\nu f_1(\nu)}{2(\nu-\mu+\mathrm{i}\varepsilon)}\right],
\end{aligned}
$$

利用 (2.12.5) 式, (2.12.6) 式和 (2.14.23) 式, 可将右边化简, 得到

$$
n^+(\mu) - n^-(\mu) = \frac{\mu}{N(\mu)}\left[-\mathrm{i}\pi c\mu P\int_{-1}^{1}\mathrm{d}\nu\,\frac{c\nu f_1(\nu)}{2(\nu-\mu)} + \lambda(\mu)\mathrm{i}\pi c\mu f_1(\mu)\right].
$$

于是由 (2.14.17) 式, 有

$$
\begin{aligned}
A(\mu) &= \frac{1}{\pi\mathrm{i}c\mu}[n^+(\mu) - n^-(\mu)] \\
&= \frac{1}{N(\mu)}\left[-\mu P\int_{-1}^{1}\mathrm{d}\nu\,\frac{c\nu f_1(\nu)}{2(\nu-\mu)} + \mu\lambda(\mu)f_1(\mu)\right] \\
&= \frac{1}{N(\mu)}\int_{-1}^{1}\mathrm{d}\nu\,\nu\psi_\mu(\nu)f_1(\nu) \\
&= \frac{1}{N(\mu)}\int_{-1}^{1}\mathrm{d}\nu\,\nu\psi_\mu(\nu)f(\nu),
\end{aligned}
$$

最后形式就是 (2.14.28) 式.

回过头来再看本节开始提出的全域边值问题. 为具体起见, 假定源是位于 $x=0$ 处的无限平面各向同性源, 强度为 S_0. 于是输运方程 (2.11.2) 式可写成

$$
\mu\frac{\partial\varphi}{\partial x} + \varphi(x,\mu) = \frac{c}{2}\int_{-1}^{1}\mathrm{d}\mu'\varphi(x,\mu') + \frac{S_0}{2}\delta(x), \quad 0 < c < 1. \tag{2.14.29}
$$

边界条件(2.14.1) 式现在采取形式:

$$
\lim_{|x|\to\infty}\varphi(x,\mu) = 0, \quad \mu\in[-1,1]. \tag{2.14.30}
$$

按照这一边界条件, 方程 (2.14.29) 式的解应当写成

$$
\varphi(x,\mu) = \begin{cases} a_{0+}\psi_{0+}(\mu)\mathrm{e}^{-x/\nu_0} + \displaystyle\int_{0}^{1}\mathrm{d}\nu A(\nu)\psi_\nu(\mu)\mathrm{e}^{-x/\nu}, & x>0, \\[3mm] -a_{0-}\psi_{0-}(\mu)\mathrm{e}^{x/\nu_0} - \displaystyle\int_{-1}^{0}\mathrm{d}\nu A(\nu)\psi_\nu(\mu)\mathrm{e}^{-x/\nu}, & x<0. \end{cases} \tag{2.14.31}
$$

在 a_{0-} 和 $A(\nu<0)$ 在前面添负号是为了下文形式的整齐. 将 (2.14.29) 式两边从 $x=-\varepsilon$ 到 $x=\varepsilon$ 积分并取 $\varepsilon\to 0$ 的极限, 可以得到

$$
\varphi(0_+,\mu) - \varphi(0_-,\mu) = \frac{S_0}{2\mu}.
$$

将 (2.14.31) 式代入, 就是

$$\frac{S_0}{2\mu} = a_{0+}\psi_{0+}(\mu) + a_{0-}\psi_{0-}(\mu) + \int_{-1}^{1} d\nu A(\nu)\psi_\nu(\mu).$$

由 (2.14.14) 式和 (2.14.28) 式, 可以立即得到

$$a_{0\pm} = \frac{1}{N_{0\pm}} \int_{-1}^{1} d\mu\mu\psi_{0\pm}(\mu)\frac{S_0}{2\mu} = \frac{S_0}{2N_{0\pm}},$$

$$A(\nu) = \frac{1}{N(\nu)} \int_{-1}^{1} d\mu\mu\psi_\nu(\mu)\frac{S_0}{2\mu} = \frac{S_0}{2N(\nu)}.$$

§2.15* 半域边值问题

考虑 §2.10 中讨论过的 Milne 问题. 其输运方程可以写成

$$\mu\frac{\partial\varphi}{\partial x} + \varphi(x,\mu) = \frac{c}{2} \int_{-1}^{1} d\mu'\varphi(x,\mu') \tag{2.15.1}$$

而边界条件是

$$\varphi(x,\mu) \sim O(e^{\kappa_0 x}), \quad \text{当 } x \to \infty \text{ 时,} \tag{2.15.2}$$

$$\varphi(0,\mu) = 0, \qquad 0 \leqslant \mu \leqslant 1. \tag{2.15.3}$$

由于边界条件 (2.15.3) 只是就 $0 \leqslant \mu \leqslant 1$ 而言的, 因此称为**半域边值问题**.

先假设 Milne 问题的解是

$$\varphi(x,\mu) = a_{0+}\psi_{0+}(\mu)e^{-x/\nu_0} + a_{0-}\psi_{0-}(\mu)e^{x/\nu_0} + \int_{-1}^{1} d\nu A(\nu)\psi_\nu(\mu)e^{-x/\nu} \tag{2.15.4}$$

由边界条件 (2.15.2) 式知 $\nu_0 = \dfrac{1}{\kappa_0}$, $a_{0-} =$ 常数. 由于方程 (2.15.1) 是齐次的, 所以它的解乘以任意常数后仍然是它的解. 不妨取 $a_{0-} = 1$. 为保证 (2.15.2) 式, 还需有 $A(\nu < 0) = 0$. 考虑到边界条件 (2.15.3), 得到

$$-\psi_{0-}(\mu) = a_{0+}\psi_{0+}(\mu) + \int_{0}^{1} d\nu A(\nu)\psi_\nu(\mu), \quad 0 \leqslant \mu \leqslant 1. \tag{2.15.4'}$$

这相当于把 $-\psi_{0-}(\mu)$ 在 $\mu \in [0,1]$ 内用 $\psi_{0+}(\mu)$ 与 $\psi_\nu(\mu)(\nu > 0)$ 展开.

那么, 任意给定 $\mu \in [0,1]$ 上的函数 $f(\mu) \in H^*$, 它能否展开成

$$f(\mu) = a_{0+}\psi_{0+}(\mu) + \int_{0}^{1} d\nu A(\nu)\psi_\nu(\mu) \tag{2.15.5}$$

的形式呢? 回答是肯定的. 这就是:

半域完备性定理: 对于 $\mu \in [0,1]$ 上的函数 $f(\mu) \in H^*$, 函数 ψ_{0+} 及 $\psi_\nu(0 \leqslant \nu \leqslant 1)$ 组成完备集.

为证明这个定理, 我们只需要证明, 能找到 a_{0+}, 使得

$$f_0(\mu) = f(\mu) - a_{0+}\psi_{0+}(\mu) \tag{2.15.6}$$

能够展开为

$$f_0(\mu) = \int_0^1 \mathrm{d}\nu A(\nu)\psi_\nu(\mu). \tag{2.15.7}$$

而 (2.15.7) 式用

$$\psi_\nu(\mu) = \frac{c\nu}{2}P\frac{1}{\nu - \mu} + \lambda(\nu)\delta(\nu - \mu)$$

代入后, 就是 Cauchy 型奇异积分方程

$$\lambda(\mu)A(\mu) + P\int_0^1 \mathrm{d}\nu\frac{c\nu A(\nu)}{2(\nu - \mu)} = f_0(\mu). \tag{2.15.8}$$

令

$$n(z) = \int_0^1 \mathrm{d}\nu\frac{c\nu A(\nu)}{2(\nu - z)}, \tag{2.15.9}$$

它在沿 $[0,1]$ 切过的 z 平面上解析. 用 Plemelj 公式, (2.15.8) 式又可以写成

$$\Lambda^+(\mu)n^+(\mu) - \Lambda^-(\mu)n^-(\mu) = \mathrm{i}\pi c\mu f_0(\mu) \tag{2.15.10}$$

其中 $\Lambda^\pm(\mu)$ 仍由 (2.14.23) 式给出. 由于 $\Lambda(z)$[见 (2.14.22) 式] 不是在沿 $[0,1]$ 切过的复 z 平面上解析, 而是在沿 $[-1,1]$ 切过的 z 平面上解析, 因此无法像上节那样用 Plemelj 公式处理 (2.15.10) 式. 将这式改写成

$$\frac{\Lambda^+(\mu)}{\Lambda^-(\mu)}n^+(\mu) - n^-(\mu) = \frac{\mathrm{i}\pi c\mu f_0(\mu)}{\Lambda^-(\mu)} \tag{2.15.11}$$

它属于 §2.13 中讨论过的非齐次 Hilbert 问题. 按照该节指出的方法, 由 (2.13.8) 式有

$$\Theta(\mu) = \arctan\left[\frac{\pi c\mu}{2\lambda(\mu)}\right] \tag{2.15.12}$$

当 μ 从 0 变到 1 时, $\frac{\pi c\mu}{2\lambda(\mu)}$ 先由 0 到 ∞, 又从 $-\infty$ 到 0. 因此, 可以选择反正切函数中取值域为 $[0,\pi]$ 的一支, 即 $\Theta(0) = 0$, $\Theta(1) = \pi$. 由 (2.13.15) 式得到

$$X(z) = (1 - z)^{-1}\exp\left[\frac{1}{\pi}\int_0^1 \mathrm{d}\nu\frac{\Theta(\nu)}{\nu - z}\right]. \tag{2.15.13}$$

所以, 由 (2.13.17) 式写出非齐次 Hilbert 问题的解

$$n(z) = \frac{1}{X(z)} \left[\int_0^1 \mathrm{d}\nu \frac{c\nu X^-(\nu)f_0(\nu)}{2\Lambda^-(\nu)(\nu - z)} + P_k(z) \right] \tag{2.15.14}$$

由 (2.15.9) 式可知, 当 $|z| \to \infty$ 时, $n(z) \sim \dfrac{1}{z}$, 因此 $P_k(z) = 0$. 但除此之外, 按照 (2.13.18) 式, 还应当有

$$\int_0^1 \mathrm{d}\nu \frac{c\nu X^-(\nu)f_0(\nu)}{2\Lambda^-(\nu)} = 0 \tag{2.15.15}$$

而这可通过选择

$$a_{0+} = \frac{\displaystyle\int_0^1 \mathrm{d}\nu \frac{c\nu X^-(\nu)f(\nu)}{2\Lambda^-(\nu)}}{\displaystyle\int_0^1 \mathrm{d}\nu \frac{c\nu X^-(\nu)\psi_{0+}(\nu)}{2\Lambda^-(\nu)}} \tag{2.15.16}$$

来保证. 求得 $n(z)$ 之后, 就可以用 Plemelj 公式得到

$$A(\nu) = \frac{1}{\mathrm{i}\pi c\nu}[n^+(\nu) - n^-(\nu)]. \tag{2.15.17}$$

既然对于任意给定的 $[0, 1]$ 上的函数 $f(\mu) \in H^*$, 按照 (2.15.16) 式选择 a_{0+} 保证了 $f_0(\mu)$ 可以展开成 (2.15.7) 式形式, 那么半域完备性定理就得到了证明.

　　这个定理的证明过程同时也给出了求解半域边值问题的实际步骤. 求解本节开始时提出的 Milne 问题, 只要从 (2.15.4′) 式求出 a_{0+} 和 $A(\nu)$ 即可, 如果记

$$\gamma(\nu) = \frac{c\nu}{2} \frac{X^-(\nu)}{\Lambda^-(\nu)}, \tag{2.15.18}$$

那么 (2.15.16), (2.15.14) 和 (2.15.17) 各式可以分别写成

$$a_{0+} = \frac{-\displaystyle\int_0^1 \mathrm{d}\nu \gamma(\nu)\psi_{0-}(\nu)}{\displaystyle\int_0^1 \mathrm{d}\nu \gamma(\nu)\psi_{0+}(\nu)}, \tag{2.15.19}$$

$$n(z) = \frac{1}{X(z)} \int_0^1 \mathrm{d}\nu \frac{\gamma(\nu)}{\nu - z}[-\psi_{0-}(\nu) - a_{0+}\psi_{0+}(\nu)], \tag{2.15.20}$$

$$A(\nu) = \frac{1}{\mathrm{i}\pi c\nu}[n^+(\nu) - n^-(\nu)]. \tag{2.15.21}$$

最后可以写出 Milne 问题的解

$$\varphi(x, \mu) = \psi_{0-}(\mu)\mathrm{e}^{x/\nu_0} + a_{0+}\psi_{0+}(\mu)\mathrm{e}^{-x/\nu_0} + \int_0^1 \mathrm{d}\nu A(\nu)\psi_\nu(\mu)\mathrm{e}^{-x/\nu}. \tag{2.15.22}$$

为了迅速地求出展开式的系数, 需要讨论**半域正交关系**. 可以证明

$$\int_0^1 \mathrm{d}\mu W(\mu)\psi_{0+}(\mu)\psi_\nu(\mu) = 0, \tag{2.15.23}$$

$$\int_0^1 W(\mu)\psi_\nu(\mu)\int_0^1 A(\nu')\psi_{\nu'}(\mu)\mathrm{d}\nu' = \frac{W(\nu)}{\nu}N(\nu)A(\nu), \tag{2.15.24}$$

其中 ν 和 ν' 都属于 $[0,1]$, 而权重函数为

$$W(\mu) = \gamma(\mu)(\nu_0 - \mu) = \frac{c\mu(\nu_0 - \mu)X^-(\mu)}{2\Lambda^-(\mu)}. \tag{2.15.25}$$

除了这两个正交关系之外, 还有以下**半域重叠积分**也很有用:

$$\int_0^1 \mathrm{d}\mu W(\mu)\psi_{0\pm}(\mu)\psi_{0+}(\mu) = \mp\left(\frac{c\nu_0}{2}\right)^2 X(\pm\nu_0), \tag{2.15.26}$$

$$\int_0^1 \mathrm{d}\mu W(\mu)\psi_{0-}(\mu)\psi_\nu(\mu) = c\nu\nu_0 X(-\nu_0)\psi_{0-}(\nu), \tag{2.15.27}$$

$$\int_0^1 \mathrm{d}\mu W(\mu)\psi_{0+}(\mu)\psi_{-\nu}(\mu) = \frac{c^2\nu\nu_0}{4}X(-\nu), \tag{2.15.28}$$

$$\int_0^1 \mathrm{d}\mu W(\mu)\psi_{\nu'}(\mu)\psi_{-\nu}(\mu) = \frac{c\nu'}{2}\psi_{-\nu}(\nu')(\nu_0 + \nu)X(-\nu). \tag{2.15.29}$$

这些式子的证明都相当复杂[10], 这里不拟详述. 利用这些式子很容易从 $(2.15.4')$ 式求得

$$a_{0+} = \frac{X(-\nu_0)}{X(\nu_0)}, \tag{2.15.30}$$

$$\begin{aligned} A(\nu) &= -\frac{c\nu_0 X(-\nu_0)\psi_{0-}(\nu)\nu^2}{(\nu_0 - \nu)\gamma(\nu)N(\nu)} \\ &= \frac{c\nu_0^2\nu}{\nu^2 - \nu_0^2}\frac{X(-\nu_0)\Lambda^-(\nu)}{N(\nu)X^-(\nu)}. \end{aligned} \tag{2.15.31}$$

这两个结果显然比 (2.15.19)~(2.15.21) 式简洁得多.

从 (2.15.22) 式可以得到自由表面 ($x = 0$) 处的出射 ($\mu < 0$) 粒子角通量:

$$\varphi(0,\mu) = \varphi_{0-}(\mu) + a_{0+}\psi_{0+}(\mu) + \int_0^1 \mathrm{d}\nu A(\nu)\psi_\nu(\mu), \quad \mu < 0. \tag{2.15.32}$$

式中由于 $\nu > 0$, $\mu < 0$, 有 $\psi_\nu(\mu) = \dfrac{c\nu}{2}\dfrac{1}{\nu - \mu}$. 下面将利用 (2.15.28) 及 (2.15.29) 式简化这一结果. 为此, 先写下 $(2.15.4')$ 式, 并将其中的 μ 换写成 $\mu'(\mu' > 0)$:

$$-\psi_{0-}(\mu') = a_{0+}\psi_{0+}(\mu') + \int_0^1 \mathrm{d}\nu A(\nu)\psi_\nu(\mu'), \quad \mu' > 0$$

再用 $\psi_\mu(\mu')W(\mu')$ 乘上式中各项并从 0 到 1 对 μ' 积分, 对右边两项分别利用 (2.15.28) 式及 (2.15.29) 式, 便得到

$$-\int_0^1 \psi_{0-}(\mu')\psi_\mu(\mu')W(\mu')\mathrm{d}\mu'$$

$$= -\frac{c^2\mu\nu_0}{4}X(\mu)a_{0+}+(\nu_0-\mu)X(\mu)\int_0^1 A(\nu)\frac{c\nu}{2}\psi_\mu(\nu)\mathrm{d}\nu$$

$$= -X(\mu)\frac{c\mu}{2}(\nu_0-\mu)\left[a_{0+}\psi_{0+}(\mu)+\int_0^1 A(\nu)\psi_\nu(\mu)\mathrm{d}\nu\right], \quad \mu<0$$

因此

$$a_{0+}\psi_{0+}(\mu)+\int_0^1 A(\nu)\psi_\nu(\mu)\mathrm{d}\nu = \frac{\displaystyle\int_0^1 \psi_{0-}(\mu')\psi_\mu(\mu')W(\mu')\mathrm{d}\mu'}{X(\mu)\dfrac{c\mu}{2}(\nu_0-\mu)},$$

或

$$a_{0+}\psi_{0+}(\mu)+\int_0^1 A(\nu)\psi_\nu(\mu)\mathrm{d}\nu$$

$$= \frac{1}{X(\mu)}\int_0^1 \gamma(\mu')\psi_{0-}(\mu')\left[\frac{1}{\nu_0-\mu}-\frac{1}{\mu'-\mu}\right]\mathrm{d}\mu', \quad \mu<0. \quad (2.15.33)$$

这里应用 (2.15.25) 式将 $W(\mu')$ 写成了 $\gamma(\mu')(\nu_0-\mu')$, 并利用了关系

$$\frac{\nu_0-\mu'}{(\nu_0-\mu)(\mu-\mu')} = \frac{1}{\nu_0-\mu}-\frac{1}{\mu'-\mu}.$$

将 (2.15.33) 式代入 (2.15.32) 式, 得到

$$\varphi(0,\mu) = \frac{c\nu_0}{2}\frac{1}{\nu_0+\mu}+\frac{1}{X(\mu)}\int_0^1 \gamma(\mu')\frac{c\nu_0}{2}\frac{1}{\nu_0+\mu'}\times\left[\frac{1}{\nu_0-\mu}-\frac{1}{\mu'-\mu}\right]\mathrm{d}\mu', \quad \mu<0,$$

现在利用关系

$$\frac{1}{\nu_0+\mu'}\frac{1}{\mu'-\mu} = \frac{1}{\nu_0+\mu}\left[\frac{1}{\mu'-\mu}-\frac{1}{\mu'+\nu_0}\right].$$

代入前式后, 在逐项作对 μ' 的积分时, 利用下列恒等式

$$X(z) = \int_0^1 \frac{\gamma(\mu)}{\mu-z}\mathrm{d}\mu \quad\quad (2.15.34)$$

便不难得出

$$\varphi(0,\mu) = \frac{c\nu_0^2 X(-\nu_0)}{X(\mu)(\nu_0^2-\mu^2)}, \quad \mu<0, \quad\quad (2.15.35)$$

这就是自由表面处的出射粒子角分布. 不难利用函数 $X(z)$ 的性质证明恒等式 (2.15.34). 事实上, 从 (2.15.13) 式可见, $X(z)$ 是在沿实轴从 0 到 1 切过的复 z 平面上解析的函数, 而且在 $|z| \to \infty$ 时 $X(z) \sim -\dfrac{1}{z}$. 因此从 Cauchy 定理有

$$X(z) = \frac{1}{2\pi i} \int_{C_1 + C_2} \frac{X(z')}{z' - z} dz',$$

其中 C_1 是紧贴 0 到 1 的切痕从反向绕过它的围道, C_2 是具有半径 $R \gg 1$ 的从正向绕过切痕的圆形围道 (例如说, 以原点为心). $C_1 + C_2$ 合起来就是在 $X(z)$ 的解析区内从正向绕过点 z 的封闭围道. 当 $R \to \infty$ 时, 围道 C_2 的贡献消失, 剩下的围道 c_1 的贡献容易通过 $X^{\pm}(\mu)$ 算出. 于是得到

$$X(z) = \frac{1}{2\pi i} \int_0^1 \frac{X^+(\mu) - X^-(\mu)}{\mu - z} d\mu. \tag{2.15.36}$$

现在从 (2.15.13)、(2.15.12) 二式及 (2.14.23) 式可以看出

$$\frac{X^+(\mu)}{X^-(\mu)} = \exp[2i\Theta(\mu)] = \frac{\Lambda^+(\mu)}{\Lambda^-(\mu)},$$

或

$$\frac{X^+(\mu)}{\Lambda^+(\mu)} = \frac{X^-(\mu)}{\Lambda^-(\mu)} = \frac{X^+(\mu) - X^-(\mu)}{\Lambda^+(\mu) - \Lambda^-(\mu)}$$

$$= \frac{X^+(\mu) - X^-(\mu)}{ic\mu\pi}; \tag{2.15.37}$$

又从 (2.15.18) 式知到

$$\gamma(\mu) = \frac{c\mu}{2} \frac{X^-(\mu)}{\Lambda^-(\mu)} = \frac{1}{2\pi i}[X^+(\mu) - X^-(\mu)]. \tag{2.15.38}$$

将 (2.15.38) 式代入 (2.15.36) 式便得到想要证明的 (2.15.34) 式.

从 (2.15.22) 式还可以看出, 在远离自由边界的地方, 解可以近似地写成

$$\varphi(x, \mu) = \psi_{0-} e^{x/\nu_0} + a_{0+} \psi_{0+} e^{-x/\nu_0} + O(e^{-x}), \quad x \gg 1. \tag{2.15.39}$$

而渐近的总通量是

$$\phi_{as}(x) = e^{x/\nu_0} + a_{0+} e^{-x/\nu_0}. \tag{2.15.40}$$

这个解满足扩散方程. 定义满足

$$\phi_{as}(-z_0) = 0 \tag{2.15.41}$$

的值 z_0 为**外推端点**. 显然有

$$z_0 = -\frac{\nu_0}{2}\ln(-a_{0+}) = -\frac{\nu_0}{2}\ln\left[\frac{-X(-\nu_0)}{X(\nu_0)}\right] \tag{2.15.42}$$

(2.15.41) 式可以作为 Milne 问题中 $\phi_{as}(x)$ 所满足的边界条件. 渐近中子通量在 $x = 0$ 处满足的边界条件也可以表示为

$$\lambda = \phi_{as}(0)/\phi'_{as}(0) \tag{2.15.43}$$

这里 $\phi'_{as}(x) \equiv \dfrac{\mathrm{d}}{\mathrm{d}x}\phi_{as}(x)$. λ 被称为**线性外推长度**. 从 (2.15.40) 式容易求得

$$\lambda = \nu_0\mathrm{th}\frac{z_0}{\nu_0}. \tag{2.15.44}$$

采用 (2.15.41) 式或 (2.15.43) 式作为扩散理论中通量在自由边界处所满足的边界条件, 可以使扩散近似中的通量值在远离边界处接近于由输运理论得出的精确的通量值, 从而提高扩散近似的精度.

最后讨论**反照率**问题, 作为应用半域奇异本征函数展开法的另一例. 在反照率问题中, 我们考虑由均匀及散射各向同性的介质所充满的半空间 $x \geqslant 0$, 并设在表面 $x = 0$ 处有粒子沿某方向从左方射入介质, 求从介质通过这表面射出的角通量. 每一个入射粒子引起的出射粒子数就称为**反照率**.

由问题的物理条件出发, 可以写出输运方程

$$\mu\frac{\partial\varphi}{\partial x} + \varphi(x,\mu) = \frac{c}{2}\int_{-1}^{1}\mathrm{d}\mu'\varphi(x,\mu'), \quad x > 0, \tag{2.15.45}$$

及边界条件

$$\lim_{x\to\infty}\varphi(x,\mu) = 0, \tag{2.15.46}$$

$$\varphi(0,\mu) = \delta(\mu - \mu_0), \quad \mu_0 \in [0,1] \tag{2.15.47}$$

μ_0 是入射方向与 x 轴夹角的余弦.

首先将 $\varphi(x,\mu)$ 在半域上展开, 如 (2.15.4) 式所示. 由条件 (2.15.46) 式知 $a_{0-} = 0$ 及 $A(\nu < 0) = 0$, 故有

$$\varphi(x,\mu) = a_{0+}\psi_{0+}(\mu)\mathrm{e}^{-x/\nu_0} + \int_0^1\mathrm{d}\nu A(\nu)\psi_\nu(\mu)\mathrm{e}^{-x/\nu}, \tag{2.15.48}$$

再考虑到 (2.15.47) 式, 有

$$\delta(\mu - \mu_0) = a_{0+}\psi_{0+}(\mu) + \int_0^1\mathrm{d}\nu A(\nu)\psi_\nu(\mu), \quad \mu_0 > 0.$$

利用 (2.15.23)、(2.15.24) 及 (2.15.26) 式, 可以求得

$$a_{0+} = -\frac{2\gamma(\mu_0)}{c\nu_0 X(\nu_0)},$$

$$A(\nu) = \frac{\nu W(\mu_0)\psi_\nu(\mu_0)}{N(\nu)W(\nu)},$$

于是得到

$$\varphi(x,\mu) = -\frac{2\gamma(\mu_0)}{c\nu_0 X(\nu_0)}\psi_{0+}(\mu)\mathrm{e}^{-x/\nu_0} + (\nu_0 - \mu_0)\gamma(\mu_0)\int_0^1 \mathrm{d}\nu\frac{\nu\psi_\nu(\mu_0)\psi_\nu(\mu)}{N(\nu)\gamma(\nu)(\nu_0 - \nu)}\mathrm{e}^{-x/\nu}.$$

$$(2.15.49)$$

而反照率则由比值

$$\int_{-1}^0 |\mu|\varphi(0,\mu)\mathrm{d}\mu \Big/ \int_0^1 \mu\varphi(0,\mu)\mathrm{d}\mu = \frac{1}{\mu_0}\int_{-1}^0 |\mu|\varphi(0,\mu)\mathrm{d}\mu$$

给出.

第三章 线性输运方程的数值解法

§3.1 引 言

本章讨论线性输运方程的数值解法, 即利用电子计算机做数值计算来求解输运方程的方法. 由于现代电子计算机技术飞速发展, 大型计算机的存储量增加, 速度和功能提高, 微型计算机迅速普及, 使数值方法得到愈来愈广泛的应用.

数值解法的最直接途径是将线性输运方程中的分布函数 $\varphi(\boldsymbol{r}, E, \hat{\boldsymbol{\Omega}}, t)$ 离散化; 即, 用它在一组离散点 $(\boldsymbol{r}_i, E_j, \hat{\boldsymbol{\Omega}}_k, t_n)$ 上的离散值 $\varphi(\boldsymbol{r}_i, E_j, \hat{\boldsymbol{\Omega}}_k, t_n)$ 来代表它, 并用这组离散值近似表示出输运方程中出现的微商及积分 (微商用差商代替, 积分用求和代替), 使线性输运方程化为关于这组函数离散值 $\varphi(\boldsymbol{r}_i, E_j, \hat{\boldsymbol{\Omega}}_k, t_n)$ 的线性代数方程组, 从而可以通过数值计算方法来求解. 这是本章要介绍的第一种方法, 称为**离散纵标法**(§3.2 至 §3.6).

另一种途径是选择一组互相正交的基函数并将输运方程中出现的分布函数 $\varphi(\boldsymbol{r}, E, \hat{\boldsymbol{\Omega}}, t)$ 及源 $s(\boldsymbol{r}, E, \hat{\boldsymbol{\Omega}}, t)$ 等都用这组基函数展开, 然后求出展开系数. 由于实际选取基函数的数目是有限的, 因此展开也是近似的. 分布函数的展开式中的系数由一组线性常微分方程决定. 采用适当的差分格式, 可以把这微分方程组化为线性代数方程组, 从而用计算方法求解. 本章 §3.7 及 §3.8 介绍的**球谐函数法**就是采用 N 个求谐函数 $Y_{lm}(\hat{\boldsymbol{\Omega}})$ 作为基函数来展开的方法.

本章 §3.9 将要介绍的第三种方法称为**有限元法**. 有限元法最初是 20 世纪 50 年代中期在结构力学的各种问题上应用的, 后来也被陆续运用到流体力学、热传输及中子输运问题上. 这是一种以变分原理为基础, 吸收差分格式的作法而发展起来的一种有效的数值解法; 它把求解无限自由度的待定函数这一问题归结为求解有限个自由度的待定值问题.

最后 (§3.10 及 §3.11), 本章还将介绍**Monte Carlo 方法**. 这是用计算机做**随机模拟**的方法. 这种方法与上述三种方法截然不同. 因为计算依赖随机抽样, 所以即使使用同一程序并输入同样的数据, 各次运算所得的结果也不同. 反复进行多次运算后再将所得的结果平均, 才能得到较为可靠的结果. 这种方法可以用来计算高维积分, 而且维数越多, 比起通常数值方法来就越显得优越, 因为计算误差与维数无关而只与所取的样本数目有关. 如果能把输运方程的解用高维积分表示出来, 例如上章得到的 Neumann 级数解 (2.6.7) 那样, 就可以用 Monte Carlo 方法计算这些高维积分. Monte Carlo 方法也可以以另一种方式用来研究输运过程, 即不从数学上求解输运方程, 而直接模拟输运方程所描述的, 粒子在输运中可能遇到的种种物理过程. 由于这些过程 (例如, 散射、吸收或引起反应放出新的粒子) 本身具有随机的性质, 因此用 Monte Carlo 方法来模拟是十分自然的.

必须强调, 尽管数值方法威力很大, 但也决不可盲目使用. 在使用数值计算方法时, 必须先仔细地分析问题、简化方程, 力求减少计算量, 才能有效地利用计算机, 迅速得到结果. 以离散纵标法为例, $\varphi(\boldsymbol{r}, E, \hat{\boldsymbol{\Omega}}, t)$ 共有 7 个自变量, 如果每个自变量取 100 个离散点. 那就会得到关于 10^{14} 个未知量 $\varphi(\boldsymbol{r}_i, E_j, \hat{\boldsymbol{\Omega}}_k, t_n)$ 的线性代数方程组. 这样庞大的计算量, 即使用目前最大型的计算机也是难以完成的. 因此, 一方面, 在使用数值方法以前, 先要用其他方法对问题作初步的定性研究; 另一方面, 在使用数值方法时, 还要考虑运用各种节省计算量的技巧. 这样才能通过较小的计算得到较好的结果.

为了说明数值解法, 本章所举的例子中不少是可以用第二章中介绍过的精确方法求解的. 在实际应用时, 常常要用数值计算方法去求解那些无法精确求解的方程. 因此, 在阅读这一章时, 要注意掌握所介绍的方法, 而不要局限于所举的具体例子或所得到的具体结果.

§3.2 离散纵标法

考虑单速输运方程 (2.1.8):

$$\hat{\boldsymbol{\Omega}} \cdot \frac{\partial \varphi}{\partial \boldsymbol{r}} + \Sigma_{\mathrm{t}}(\boldsymbol{r}) \varphi(\boldsymbol{r}, \hat{\boldsymbol{\Omega}}) = \int \mathrm{d}\hat{\boldsymbol{\Omega}}' \Sigma(\boldsymbol{r}, \hat{\boldsymbol{\Omega}}' \to \hat{\boldsymbol{\Omega}}) \varphi(\boldsymbol{r}, \hat{\boldsymbol{\Omega}}') + s(\boldsymbol{r}, \hat{\boldsymbol{\Omega}}). \tag{3.2.1}$$

如果散射各向同性, 则有

$$\Sigma(\boldsymbol{r}, \hat{\boldsymbol{\Omega}}' \to \hat{\boldsymbol{\Omega}}) = \frac{1}{4\pi} \Sigma_{\mathrm{s}}(\boldsymbol{r}), \tag{3.2.2}$$

那么 (3.2.1) 式可以写成

$$\hat{\boldsymbol{\Omega}} \cdot \frac{\partial \varphi}{\partial \boldsymbol{r}} + \Sigma_{\mathrm{t}}(\boldsymbol{r}) \varphi(\boldsymbol{r}, \hat{\boldsymbol{\Omega}}) = \frac{\Sigma_{\mathrm{s}}(\boldsymbol{r})}{4\pi} \int \mathrm{d}\hat{\boldsymbol{\Omega}}' \varphi(\boldsymbol{r}, \hat{\boldsymbol{\Omega}}') + s(\boldsymbol{r}, \hat{\boldsymbol{\Omega}}). \tag{3.2.3}$$

在一维平几何中, 它就是

$$\mu \frac{\partial \varphi}{\partial x} + \Sigma_{\mathrm{t}}(x) \varphi(x, \mu) = \frac{\Sigma_{\mathrm{s}}(x)}{2} \int_{-1}^{1} \mathrm{d}\mu' \varphi(x, \mu') + s(x, \mu), \tag{3.2.4}$$

其中 $\mu = \hat{\boldsymbol{\Omega}} \cdot \hat{\boldsymbol{e}}_x, \hat{\boldsymbol{e}}_x$ 是 x 轴方向的单位矢. 如果所考虑介质是从 $x = 0$ 到 $x = a$ 的无限平板, 那么为使问题定解, 须在 $x = 0$ 和 $x = a$ 两个边界处加上适当的边界条

件. 为叙述确定起见, 假定在 $x = 0$ 处用镜反射的边界条件 (1.5.5) 式, 即

$$\varphi(0, \mu) = \varphi(0, -\mu), \tag{3.2.5}$$

而在 $x = a$ 处用**非齐次边界条件**, 即

$$\varphi(a, \mu) = f(\mu), \quad -1 \leqslant \mu \leqslant 0, \tag{3.2.6}$$

其中 $f(\mu)$ 是已知函数.

　　离散纵标法中, 用离散函数值 $\varphi(x, \mu_m)(m = 1, 2, \cdots, M)$ 代替 μ 的连续函数 $\varphi(x, \mu)$ 来给出由 (3.2.4) 至 (3.2.6) 式所规定的问题的近似解. 考虑到 $\mu \in [-1, 1]$ 及 (3.2.5) 式, 应选择 μ_m 满足下列条件:

$$-1 < \mu_1 < \mu_2 < \cdots < \mu_M < 1, \text{ 且 } \quad \mu_m = -\mu_{M-m+1}. \tag{3.2.7}$$

一般取 M 为偶数 (理由见下节). 设 (3.2.4) 式中的积分项可被近似表示成求和:

$$\int_{-1}^{1} \mathrm{d}\mu \varphi(x, \mu) = \sum_{m=1}^{M} w_m \varphi(x, \mu_m)$$

其中 w_m 是权重, 它们的值与 $\{\mu_m\}$ 的选择有关. 早期 Carlson 等[17] 曾取 μ_m 使将区间 $[-1, 1]$ 分成 n 等分, 并在每一小间隔中用梯形公式求积. 当时用的 $\boldsymbol{S_n}$**方法**这一名称现在有时也被一般地用来指离散纵标法. 不过, 现在常用的选取 $\{\mu_m, w_m\}$ 的方法却是 Gauss 求积法(详见下节). 对于 $\mu = \mu_m$, 方程 (3.2.4) 可写为

$$\mu_m \frac{\partial \varphi(x, \mu_m)}{\partial x} + \Sigma_{\mathrm{t}}(x)\varphi(x, \mu_m) = \frac{1}{2}\Sigma_{\mathrm{s}}(x) \sum_{n=1}^{M} w_n \varphi(x, \mu_n) + s(x, \mu_m). \tag{3.2.8}$$

　　对空间区间 $[0, a]$ 也可分成 I 个小段 (网格) 来处理. 设第 i 个网格的中心是 x_i, 边沿是 $x_{i-\frac{1}{2}}$ 和 $x_{i+\frac{1}{2}}$(它们中有的可能是不同介质的界面). 显然有 $x_{\frac{1}{2}} = 0$, $x_{I+\frac{1}{2}} = a$. 在每个网格中, 对 (3.2.8) 式中 $\frac{\mathrm{d}\varphi}{\mathrm{d}x}$ 用中心有限差商逼近, 其余函数则用网格平均值 (由中心值逼近) 表示, 结果便得

$$\mu_m \frac{\varphi(x_{i+\frac{1}{2}}, \mu_m) - \varphi(x_{i-\frac{1}{2}}, \mu_m)}{x_{i+\frac{1}{2}} - x_{i-\frac{1}{2}}} + \Sigma_{\mathrm{t}}(x_i)\varphi(x_i, \mu_m)$$

$$= \frac{\Sigma_{\mathrm{s}}(x_i)}{2} \sum_{n=1}^{M} w_n \varphi(x_i, \mu_n) + s(x_i, \mu_m), (m = 1, 2, \cdots, M; i = 1, 2, \cdots, I) \tag{3.2.9}$$

或简写为

$$\mu_m \frac{\varphi_m^{i+\frac{1}{2}} - \varphi_m^{i-\frac{1}{2}}}{\Delta x_i} + \Sigma_{\mathrm{t}}^i \varphi_m^i = \frac{1}{2} \Sigma_{\mathrm{s}}^i \sum_{n=1}^{M} w_n \varphi_n^i + s_m^i \tag{3.2.10}$$

这里 $\Delta x_i = x_{i+\frac{1}{2}} - x_{i-\frac{1}{2}}$ 是网格宽度, 而

$$
\begin{cases}
\varphi_m^{i\pm\frac{1}{2}} \equiv \varphi(x_{i\pm\frac{1}{2}}, \mu_m), \quad \varphi_m^i \equiv \varphi(x_i, \mu_m), \quad s_m^i \equiv s(x_i, \mu_m); \\
\Sigma_{\mathrm{t}}^i \equiv \Sigma_{\mathrm{t}}(x_i), \quad \Sigma_{\mathrm{s}}^i \equiv \Sigma_{\mathrm{s}}(x_i).
\end{cases}
\tag{3.2.11}
$$

为讨论方便起见, 用 q_m^i 表示 (3.2.10) 或 (3.2.9) 式的右边 [以后相应地用 $q(x,\mu)$ 表示 (3.2.4) 式的右边]:

$$
q_m^i \equiv \frac{1}{2}\Sigma_{\mathrm{s}}^i \sum_{n=1}^M w_n \varphi_n^i + s_m^i.
\tag{3.2.12}
$$

(3.2.10) 式是 $(2I+1)M$ 个未知量 $\varphi_m^i, \varphi_m^{i\pm\frac{1}{2}}$ 的 IM 个方程. 为减小未知量的数目, 取

$$
\varphi_m^i = \frac{1}{2}(\varphi_m^{i+\frac{1}{2}} + \varphi_m^{i-\frac{1}{2}}).
\tag{3.2.13}
$$

于是 (3.2.10) 式可写为

$$
\mu_m \frac{\varphi_m^{i+\frac{1}{2}} - \varphi_m^{i-\frac{1}{2}}}{\Delta x_i} + \Sigma_{\mathrm{t}}^i \frac{\varphi_m^{i+\frac{1}{2}} + \varphi_m^{i-\frac{1}{2}}}{2} = q_m^i
\tag{3.2.14}
$$

这里 q_m^i 没有用半点处的 φ 及 s 值表示出, 因为在用迭代法求解方程组 (3.2.14) 时, q_m^i 被看成是已知的, 并在每次迭代后重新计算. (3.2.14) 式现在是 $(I+1)M$ 个未知量的 IM 个方程, 所缺的 M 个方程由边界条件 (3.2.5) 及 (3.2.6) 式提供:

$$
\varphi_m^{\frac{1}{2}} = \varphi_{M-m+1}^{\frac{1}{2}}, \quad m = 1, \cdots, \frac{M}{2},
\tag{3.2.15}
$$

$$
\varphi_m^{I+\frac{1}{2}} = f(\mu_m), \quad m = 1, \cdots, \frac{M}{2}.
\tag{3.2.16}
$$

从方程 (3.2.14) 式可以解出 $\varphi_m^{i+\frac{1}{2}}$ 或 $\varphi_m^{i-\frac{1}{2}}$:

$$
\varphi_m^{i+\frac{1}{2}} = \frac{1 - \dfrac{\Sigma_{\mathrm{t}}^i \Delta x_i}{2\mu_m}}{1 + \dfrac{\Sigma_{\mathrm{t}}^i \Delta x_i}{2\mu_m}} \varphi_m^{i-\frac{1}{2}} + \frac{q_m^i}{\dfrac{\mu_m}{\Delta x_i} + \dfrac{\Sigma_{\mathrm{t}}^i}{2}};
\tag{3.2.17}
$$

$$
\varphi_m^{i-\frac{1}{2}} = \frac{1 + \dfrac{\Sigma_{\mathrm{t}}^i \Delta x_i}{2\mu_m}}{1 - \dfrac{\Sigma_{\mathrm{t}}^i \Delta x_i}{2\mu_m}} \varphi_m^{i+\frac{1}{2}} + \frac{q_m^i}{-\dfrac{\mu_m}{\Delta x_i} + \dfrac{\Sigma_{\mathrm{t}}^i}{2}}.
\tag{3.2.18}
$$

注意到 $\Sigma_{\mathrm{t}}^i \Delta x_i > 0$, 可以知道, 当 $\mu_m > 0$ 时, 有

$$
\delta_m^i \equiv \left| \frac{1 - \dfrac{\Sigma_{\mathrm{t}}^i \Delta x_i}{2\mu_m}}{1 + \dfrac{\Sigma_{\mathrm{t}}^i \Delta x_i}{2\mu_m}} \right| < 1,
$$

这时利用 (3.2.17) 式求 $\varphi_m^{i+\frac{1}{2}}$ 是适宜的, 因为当 $\varphi_m^{i-\frac{1}{2}}$ 有误差 ε 时, 用 (3.2.17) 式求出的 $\varphi_m^{i+\frac{1}{2}}$ 的误差只是 $\delta_m^i \varepsilon < \varepsilon$. 反之, 当 $\mu_m < 0$ 时, 就应当利用 (3.2.18) 式求 $\varphi_m^{i-\frac{1}{2}}$.

通过以上分析, 我们可以把求解步骤用下面的示意图表示出 (图 3.1):

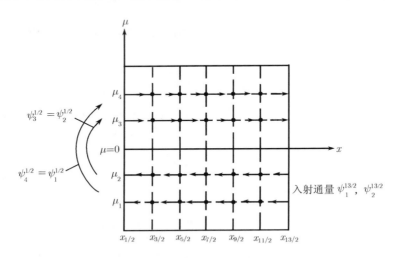

图 3.1 平几何情形的求解步骤

具体说来就是, 先根据 (3.2.13) 式及 (3.2.12) 式从给定的源分布和凭经验初步选定的 $\varphi_m^{i+\frac{1}{2}} \begin{pmatrix} m = 1, 2, \cdots, m; \\ i = 0, 1, \cdots, I \end{pmatrix}$ 值算出

$$q_m^i \begin{pmatrix} m = 1, 2, \cdots, M; \\ i = 1, 2, \cdots, I \end{pmatrix}.$$

然后从边界条件 (3.2.16) 式所确定的 $\varphi_m^{I+\frac{1}{2}} \left(m \leqslant \dfrac{M}{2} \right)$ 出发, 利用 (3.2.18) 式逐步求出 $\varphi_m^{I-\frac{1}{2}}$, $\varphi_m^{I-\frac{3}{2}}$, $\cdots$, 直到 $\varphi_m^{\frac{1}{2}}$. 按照 $x = 0$ 处的边界条件 (3.2.15), 又可以得到 $m > \dfrac{M}{2}$ 时的 $\varphi_m^{\frac{1}{2}}$, 再利用 (3.2.17) 式逐步求出 $\varphi_m^{\frac{3}{2}}$, $\varphi_m^{\frac{5}{2}}$ $\cdots$, 直到 $\varphi_m^{I+\frac{1}{2}}$. 这样算出的 $\varphi_m^{i+\frac{1}{2}} (m = 1, 2, \cdots, M; i = 0, 1, 2, \cdots, I)$ 值一般会与初步选定的值不同. 用新的 $\varphi_m^{i+\frac{1}{2}}$ 值代替原来选定的值, 再根据 (3.2.13) 式及 (3.2.12) 式计算 q_m^i. 重复上述过程, 又得到二次迭代的结果 ——$\varphi_m^{i+\frac{1}{2}}$ 之值. 这样逐次迭代, 直到所得的 $\varphi_m^{i+\frac{1}{2}}$ 之值在所要求的精确程度内不再变动为止. 迭代收敛的快慢在一定程度上和初步选定的 $\varphi_m^{i+\frac{1}{2}}$ 值是否接近正确值有关, 但主要决定于介质的性质 (反映在 Σ_t^i 值中) 和网格的选取 (反映在 μ_m 和 Δx_i 中).

当 $q_m^i > 0$, $\varphi_m^{i-\frac{1}{2}} > 0$ 时, 对于 $\mu_m > 0$ 利用 (3.2.17) 式求 $\varphi_m^{i+\frac{1}{2}}$, 可以在条件

$$\frac{\Sigma_t^i \Delta x_i}{2\mu_m} \leqslant 1 \tag{3.2.19}$$

下保证 $\varphi_m^{i+\frac{1}{2}} > 0$, 即从中心差分得出的格式为正. 但当 μ_m 接近于零时, 条件 (3.2.19) 很难满足, 因而负角通量可能出现. 计算中出现负角通量时, 常常需要在局部把差分格式加以改变, 变成所谓 '**修补**' 格式.

最简单的修补格式是 '**遇负置零**', 即把出现的负角通量置置为零. 另一修补的办法是, 遇到负角通量时将中心差分关系 (3.2.13) 改为**加权平均**:

$$\varphi_m^i = \alpha\varphi_m^{i+\frac{1}{2}} + (1-\alpha)\varphi_m^{i-\frac{1}{2}}, \quad \mu_m > 0 \tag{3.2.13a}$$

$$\varphi_m^i = \alpha\varphi_m^{i-\frac{1}{2}} + (1-\alpha)\varphi_m^{i+\frac{1}{2}}, \quad \mu_m < 0 \tag{3.2.13b}$$

(3.2.13) 式相当于选取 $\alpha = \dfrac{1}{2}$. 采用加权平均格式后, (3.2.17) 式及 (3.2.18) 式分别变成 (为书写简单, 置 $q_m^i = 0$):

$$\varphi_m^{i+\frac{1}{2}} = \left[\frac{1 - (1-\alpha)\Sigma_t^i \Delta x_i/\mu_m}{1 + \alpha\Sigma_t^i \Delta x_i/\mu_m}\right]\varphi_m^{i-\frac{1}{2}}, \tag{3.2.17a}$$

$$\varphi_m^{i-\frac{1}{2}} = \left[\frac{1 + (1-\alpha)\Sigma_t^i \Delta x_i/\mu_m}{1 - \alpha\Sigma_t^i \Delta x_i/\mu_m}\right]\varphi_m^{i+\frac{1}{2}}, \tag{3.2.18a}$$

当 α 足够接近 1 时, 总可以保证当 $\mu_m > 0$ 时从正的 $\varphi_m^{i-\frac{1}{2}}$ 得到正的 $\varphi_m^{i+\frac{1}{2}}$, 而当 $\mu_m < 0$ 时从正的 $\varphi_m^{i+\frac{1}{2}}$ 得到正的 $\varphi_m^{i-\frac{1}{2}}$. 用加权平均格式 $\left(\text{当 } \alpha \neq \dfrac{1}{2} \text{ 时}\right)$ 的缺点是它不再像中心差分格式那样具有二阶精度.

如图 3.1 所示, 在粒子运动方向 ($\mu_m > 0$ 时在 x 递增方向, $\mu_m < 0$ 时在 x 递减方向) 求解离散化方程, 是保证数值稳定性的一般要求. 它等价于将离散化方程组如此排列, 使系数矩阵变成下三角, 从而便于求逆.

§3.3　求积公式

这里所说的求积公式, 就是指在给定了被积函数和积分范围后, 把定积分表示为被积函数在各离散点的值加权求和的近似表达式. 计算定积分的矩形公式、梯形公式及 Simpson 公式等, 都是常用的求积公式. 因此, 这并不是输运理论中所特有的问题. 但是, 由于输运方程中常常出现形如

$$\int \mathrm{d}\hat{\boldsymbol{\Omega}}' f(\boldsymbol{r}, \hat{\boldsymbol{\Omega}}') \tag{3.3.1}$$

或 (在一维对称情形下) 形如

$$\int_{-1}^{1} d\mu' \varphi(x, \mu') \tag{3.3.2}$$

的积分, 所以我们在本节中简要介绍一下如何选取较好的求积公式来计算这两种形式的积分.

先看 (3.3.2) 式. 我们的目标是选择合适的一组 $\{\mu_m, w_m; m = 1, 2, \cdots, M\}$, 使得

$$\int_{-1}^{1} d\mu' \varphi(x, \mu') \approx \sum_{m=1}^{M} w_m \varphi(x, \mu_m) \tag{3.3.3}$$

具有尽可能高的代数精确度. 这里 w_m 与 φ 无关. 为使通量

$$\phi(x) = \int_{-1}^{1} d\mu \varphi(x, \mu) \approx \sum_{m=1}^{M} w_m \varphi(x, \mu_m)$$

非负, 应有 $w_m > 0$. 通常要求 $\{\mu_m\}$ 关于 $\mu = 0$ 对称, 但在某些特殊问题 (例如辐射屏蔽计算) 中, 角通量朝前集中在 $\mu = 1$ 附近, 这时 $\{\mu_m\}$ 的选取应照顾 $\mu = 1$ 附近的正值. 由于自变量 r 或 x 与这里所讨论的求积分公式无关, 以下省略不写.

我们说一个求积公式的**代数精确度**为 n, 只要余项

$$R(\varphi) \equiv \int_{-1}^{1} d\mu \varphi(\mu) - \sum_{m=1}^{M} w_m \varphi(\mu_m) \tag{3.3.4}$$

中, 对于任何不高于 n 次的多项式 $\varphi(\mu) = p_n(\mu)$, 都有 $R(p_n) = 0$, 而总存在 $n+1$ 次多项式 $p_{n+1}(\mu)$ 使 $R(p_{n+1}) \neq 0$. 由于求积分公式 (3.3.3) 中共有 $2M$ 个参数 $\{\mu_m, w_m\}$, 而 $2M - 1$ 次多项式共有 $2M$ 个系数, 因此, 应当有可能选择求积分公式中的 $2M$ 个参数, 使得对于所有 $2M - 1$ 次多项式 $p_{2M-1}(\mu)$ 都有 $R(p_{2M-1}) = 0$. 也就是说, 求积分公式有希望达到的代数精确度是 $2M - 1$. 事实正是如此. 让我们仔细地讨论一下这点.

设 $\{p_n(\mu); n = 0, 1, 2, \cdots\}$ 是 $[-1, 1]$ 区间上的一组正交多项式, 其中 $p_n(\mu)$ 是 n 次多项式. 于是有

$$\int_{-1}^{1} d\mu p_n(\mu) p_{n'}(\mu) = 0, \quad \text{当 } n \neq n' \text{ 时,} \tag{3.3.5}$$

设 $p_M(\mu)$ 的 M 个根是 $\mu_1, \mu_2, \cdots, \mu_M$, 且

$$-1 \leqslant \mu_1 < \mu_2 < \cdots < \mu_M \leqslant 1,$$

而其最高次项系数是 a_M, 那么就有

$$p_M(\mu) = a_M(\mu - \mu_1)(\mu - \mu_2) \cdots (\mu - \mu_M). \tag{3.3.6}$$

对任意 $2M-1$ 次多项式 $\varphi(\mu)$, 总可以找到 $M-1$ 次多项式 $q(\mu)$ 和 $r(\mu)$, 使得

$$\varphi(\mu) = p_M(\mu)q(\mu) + r(\mu). \tag{3.3.7}$$

注意到 $p_M(\mu)$ 与 $q(\mu)$ 正交 [从 $n = M$ 而 $n' \leqslant M-1$ 时的 (3.3.5) 式可见], 就有

$$\int_{-1}^{1} \mathrm{d}\mu \varphi(\mu) = \int_{-1}^{1} \mathrm{d}\mu r(\mu). \tag{3.3.8}$$

记

$$l_m(\mu) \equiv \frac{p_M(\mu)}{p'_M(\mu_m)(\mu - \mu_m)}, \quad m = 1, 2, \cdots, M, \tag{3.3.9}$$

其中 $p'_M(\mu_m) = \left[\dfrac{\mathrm{d}}{\mathrm{d}\mu} p_M(\mu)\right]_{\mu = \mu_m}$. 容易证明

$$l_m(\mu) = \frac{(\mu - \mu_1) \cdots (\mu - \mu_{m-1})(\mu - \mu_{m+1}) \cdots (\mu - \mu_M)}{(\mu_m - \mu_1) \cdots (\mu_m - \mu_{m-1})(\mu_m - \mu_{m+1}) \cdots (\mu_m - \mu_M)}. \tag{3.3.10}$$

于是对 $M-1$ 次多项式 $r(\mu)$ 有

$$r(\mu) = \sum_{m=1}^{M} r(\mu_m) l_m(\mu). \tag{3.3.11}$$

由于 $\mu_m(m = 1, 2, \cdots, M)$ 是 $p_M(\mu)$ 的根, 故由 (3.3.7) 式可知

$$\varphi(\mu_m) = r(\mu_m), \quad m = 1, 2, \cdots, M. \tag{3.3.12}$$

将 (3.3.11) 式代入 (3.3.8) 式, 并利用 (3.3.12) 式, 可以得到

$$\int_{-1}^{1} \mathrm{d}\mu \varphi(\mu) = \sum_{m=1}^{M} \varphi(\mu_m) \int_{-1}^{1} l_m(\mu) \mathrm{d}\mu$$

记

$$w_m = \int_{-1}^{1} l_m(\mu) \mathrm{d}\mu = \frac{1}{p'_M(\mu_m)} \int_{-1}^{1} \frac{p_M(\mu)}{\mu - \mu_m} \mathrm{d}\mu, \tag{3.3.13}$$

就有

$$\int_{-1}^{1} \mathrm{d}\mu \varphi(\mu) = \sum_{m=1}^{M} w_m \varphi(\mu_m). \tag{3.3.14}$$

因此余项 $R(\varphi) = 0$. 由于 $\varphi(\mu)$ 被假定为任意的 $2M-1$ 次多项式. 因此 (3.3.14) 式说明这一求积公式的代数精确度不小于 $2M-1$. 这个公式称为**Gauss 求积公式**. 由于 Legendre 多项式是 $[-1, 1]$ 上的正交多项式, 因此 $p_n(\mu)$ 就可取为 n 次 Legendre 多项式 $p_n(\mu)$. 相应的 Gauss 求积公式也可称为**Gauss-Legendre 求积公式**.

　　容易证明 Gauss 求积公式的代数精确度就是 $2M - 1$. 事实上, 对于 $2M$ 次多项式

$$\varphi(\mu) = [p_M(\mu)]^2,$$

显然有

$$\int_{-1}^{1} \mathrm{d}\mu \varphi(\mu) > 0.$$

但由于 μ_m 是 $p_M(\mu)$ 的根, 故 $p_M(\mu_m) = 0$, 而

$$\sum_{m=1}^{M} \varphi(\mu_m) w_m = 0.$$

这就表明, 存在 $2M$ 次多项式 $\varphi(\mu)$ 使余项 $R(\varphi)$ 非零, 因而证明了上面的论断.

　　Gauss-Legendre 求积公式中的 $\{\mu_m, w_m\}$ 已被精确地计算了许多. 为了使用方便, 我们列表 3.1 如下:

表 3.1　Gauss-Legendre 求积法中的 μ_m 和 w_m^*

μ_m	w_m
$M = 2$	
0.57735 0.2691 89626	1.00000 00000 00000
$M = 4$	
0.33998 10435 84856	0.65214 51548 62546
0.86113 63115 94053	0.34785 48451 37454
$M = 6$	
0.23861 91860 83197	0.46791 39345 72691
0.66120 93864 66265	0.36076 15730 48139
0.93246 95142 03152	0.17132 44923 79170
$M = 8$	
0.18343 46424 95650	0.36268 37833 78362
0.52553 24099 16329	0.31370 66458 77887
0.79666 64774 13627	0.22238 10344 53374
0.96028 98564 97536	0.10122 85362 90376
$M = 10$	
0.14887 43389 81631	0.29552 42247 14753
0.43339 53941 29247	0.26926 67193 09996
0.67940 95682 99024	0.21908 63625 15982
0.86506 33666 88985	0.14945 13491 50581
0.97390 65285 17172	0.06667 13443 08688
$M = 12$	
0.12523 34085 11469	0.24914 70458 13403
0.36783 14989 98180	0.23349 25365 38355
0.58731 79542 86617	0.20316 74267 23066
0.76990 26741 94305	0.16007 83285 43346
0.90411 72563 70475	0.10693 93259 95318
0.98156 06342 46719	0.04717 53363 86512
$M = 16$	
0.09501 25098 37637	0.18945 06104 55068
0.28160 35507 79258	0.18260 34150 44923
0.45801 67776 57227	0.16915 65193 95002
0.61787 62444 02643	0.14959 59888 16576
0.75540 44083 55003	0.12462 89712 55533
0.86563 12023 87831	0.09515 85116 82492
0.94457 50230 73232	0.06225 35239 38647
0.98940 09349 91649	0.02715 24594 11754

* 权重归一化到 $\displaystyle\int_{-1}^{1} \mathrm{d}\mu = \sum_{m=1}^{M} w_m = 2.$

由于 μ_m 关于 $\mu = 0$ 是对称的, 所以表 3.1 中只列出了 $\mu_m > 0$ 的部分. 从 (3.3.13) 式容易看出, 和 $\pm\mu_m$ 相应的 w_m 是相等的. M 应当选择为偶数, 因为当 M 是奇数时, $P_M(\mu)$ 总有一个根 $\mu = 0$, 在这个 μ 值上角通量既非向左又非向右, 因此在计算中会造成一些困难, 例如在上节的例子中应用边界条件 (3.2.16) 式及递推公式 (3.2.17) 和 (3.2.18) 式时都会出现麻烦.

由于 Gauss 求积公式的代数精确度是 $2M - 1$, 而我们在实际应用中只能取有限的 M 值, 因此为保证余项的绝对值较小, 被积函数 $\varphi(\mu)$ 应当是较低次的多项式, 或者是用较低次多项式就能较好逼近的函数. 然而, 在某些条件下, 角通量 $\varphi(x, \mu)$ 在 $\mu = 0$ 处会发生间断, 尤其在吸收性能不同的两种介质的界面上, 这种情况很容易发生. 这时可以分别对 $[-1, 0]$ 和 $[0, 1]$ 两个区间应用 Gauss 求积公式. 为此, 对于区间 $[-1, 0]$ 和 $[0, 1]$ 应当分别作变换

$$\mu = \frac{1}{2}\nu - \frac{1}{2}$$

和

$$\mu = \frac{1}{2}\nu + \frac{1}{2},$$

然后对于 $\nu \in [-1, 1]$ 来使用 Gauss-Legendre 求积公式.

下面讨论对立体角积分的情况 (3.3.1). 我们希望得到近似求积公式

$$\int \mathrm{d}\hat{\boldsymbol{\Omega}} \, f(\hat{\boldsymbol{\Omega}}) \approx \sum_{n=1}^{N} w_n f(\hat{\boldsymbol{\Omega}}_n), \tag{3.3.15}$$

其中 $w_n > 0$ 并与 $f(\hat{\boldsymbol{\Omega}})$ 无关. 我们可以考虑一个单位球面. 和方向 $\hat{\boldsymbol{\Omega}}_n$ 相应, 取单位球面上的一块面积 w_n 作为权重是方便的. 这种方法称为 '**面积法**'. 面积 w_n 的选取当然和 $\hat{\boldsymbol{\Omega}}_n$ 方向及其附近方向的夹角有关. 因此, 让我们先讨论 $\hat{\boldsymbol{\Omega}}_n$ 的取法.

用 μ, η, ξ 分别表示 $\hat{\boldsymbol{\Omega}}$ 相对于 x, y, z 轴的方向余弦, 方向 $\hat{\boldsymbol{\Omega}}_n$ 用 (μ_n, η_n, ξ_n) 表示. 显然有

$$\mu_n^2 + \eta_n^2 + \xi_n^2 = 1. \tag{3.3.16}$$

若将所选择的所有离散方向 $\{\hat{\boldsymbol{\Omega}}_n\}$ 的 μ 值从小到大排列成 $\{\mu_m\}$:

$$-1 \leqslant \mu_{-M} < \mu_{-M+1} < \cdots < \mu_{-1} < 0 < \mu_1 < \cdots < \mu_M \leqslant 1$$

并且对 η 及 ξ 也这样做:

$$-1 \leqslant \eta_{-M} < \eta_{-M+1} < \cdots < \eta_{-1} < 0 < \eta_1 < \cdots < \eta_M \leqslant 1,$$

$-1 \leqslant \xi_{-M} < \xi_{-M+1} < \cdots < \xi_{-1} < 0 < \xi_1 < \cdots < \xi_M \leqslant 1$, 那么对于各向同性介质, x, y, z 三轴应当是平等的, 所以 $\{\mu_m\}$, $\{\eta_m\}$, $\{\xi_m\}$ 三组数应当全同. 记

$$\alpha_i \equiv \mu_i = \eta_i = \xi_i,$$

$$i = -M, -M+1, \cdots, -1, 1, 2, \cdots, M, \tag{3.3.17}$$

对坐标平面反射的对称性要求 $\{\alpha_m\}$ 关于 $\alpha = 0$ 对称, 故 $\alpha_m = -\alpha_{-m}$. 可以证明, 在 $\{\alpha_m\}$ 中只要选定了一个, 例如 α_1, 那么其余 $\alpha_i (i \neq 1)$ 就被完全确定. 事实上, 我们只须考虑第一象限就够了, 设 $\hat{\boldsymbol{\Omega}}_a = (\mu_i, \eta_j, \xi_k)$ 为第一象限中的一个离散方向. 沿 $\mu = \mu_i$ 向 η 增加的方向移到下一个离散方向 $\hat{\boldsymbol{\Omega}}_b$, 如图 3.2 所示. 显然 $\hat{\boldsymbol{\Omega}}_b = (\mu_i, \eta_{j+1}, \xi_{k-1})$, 注意到 (3.3.17) 式, 有

$$\hat{\boldsymbol{\Omega}}_a = (\alpha_i, \alpha_j, \alpha_k)$$
$$\hat{\boldsymbol{\Omega}}_b = (\alpha_i, \alpha_{j+1}, \alpha_{k-1}).$$

利用 (3.3.16) 式可以得到

$$\alpha_i^2 + \alpha_j^2 + \alpha_k^2 = \alpha_i^2 + \alpha_{j+1}^2 + \alpha_{k-1}^2 = 1.$$

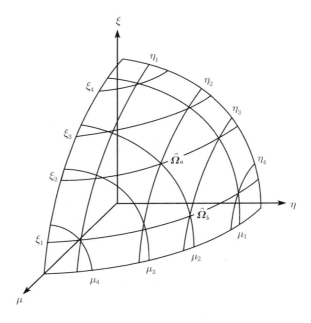

图 3.2   在单位球面第一象限上对称点的排列

因此

$$\alpha_{j+1}^2 - \alpha_j^2 = \alpha_k^2 - \alpha_{k-1}^2 \equiv c.$$

这说明 $\{\alpha_m^2\}$ 成等差数列. 如果给定了 α_1, 就有

$$\alpha_j^2 = \alpha_1^2 + c(j-1). \tag{3.3.18}$$

由于共有 M 个 α_m, 故存在一个方向 $(\alpha_1, \alpha_1, \alpha_M)$, 因此

$$\alpha_1^2 + \alpha_1^2 + \alpha_M^2 = 1. \tag{3.3.19}$$

由 (3.3.18) 式和 (3.3.19) 式可以解出, 当 $M \geqslant 2$ 时有

$$c = \frac{1 - 3\alpha_1^2}{M - 1}. \tag{3.3.20}$$

因此, 在给定了 α_1 之后, 就确定了所有的 α_m. 容易看出, 若 α_1 接近 0, 那么 c 就比较大, α_j 之间的间隔也较大; 反之, 若 α_1 取得比较大 (但不能超过 $1/\sqrt{3}$), 则 c 值较小, $\alpha_1 = \pm\dfrac{1}{\sqrt{3}}$ 附近的 α_j 值比较密集. $\hat{\boldsymbol{\Omega}}_n$ 的空间取向确定后, 就可 (例如说) 在单位球面上根据各 $\hat{\boldsymbol{\Omega}}_n$ 邻近区 (由 $\hat{\boldsymbol{\Omega}}_n$ 与相邻取向间的垂直平分面截出) 的面积取 w_n.

§3.4 一维球几何

对于具有一维球对称的情况, 利用 §2.6 中的方法, 可以把散射各向同性的介质中的单速输运方程 (3.2.3) 式写成

$$\mu\frac{\partial}{\partial r}\varphi(r, \mu) + \frac{1 - \mu^2}{r}\frac{\partial}{\partial \mu}\varphi(r, \mu) + \Sigma_t(r)\varphi(r, \mu) = \frac{\Sigma_s(r)}{2}\int_{-1}^{1} d\mu'\varphi(r, \mu') + s(r, \mu), \tag{3.4.1}$$

其中 $\mu = \hat{\boldsymbol{e}}_r \cdot \hat{\boldsymbol{\Omega}}$, $\hat{\boldsymbol{e}}_r$ 及 $\hat{\boldsymbol{\Omega}}$ 分别是矢径方向和速度方向的单位矢量. 如果直接对 (3.4.1) 式采用差分方法, 就会造成不守恒的差分格式, 也就是说, 所得差分方程会使一计算网格中的粒子数不守恒. 因此我们将对每一网格应用粒子数守恒的要求来直接导出离散方程. 在网格大小趋于零的极限, 这离散的差分方程将变成输运方程的 "守恒形式". 反过来, 对守恒形式的输运方程作差分近似, 所得的差分格式也是守恒的.

考虑一个以半径 r_i 的球面为中心的、厚 Δr_i 的球形网格, 它的内、外半径分别是 $r_{i-\frac{1}{2}}$ 和 $r_{i+\frac{1}{2}}$, 网格体积为 $\Delta V_i = 4\pi r_i^2 \Delta r_i$. 设以 μ_m 为中心的角度网格的宽度为 $\Delta\mu_m$, 它可以就取为求积权重, 即取 $\Delta\mu_m = w_m$. 从 μ 的定义

$$\mu = \hat{\boldsymbol{\Omega}} \cdot \hat{\boldsymbol{e}}_r = \hat{\boldsymbol{\Omega}} \cdot \frac{\boldsymbol{r}}{r} \tag{3.4.2}$$

可见, 当粒子在空间 "流射", 即沿 $\hat{\boldsymbol{\Omega}}$ 方向以速率 v 运动

$$\left(\frac{\mathrm{d}\boldsymbol{r}}{\mathrm{d}t} = v\hat{\boldsymbol{\Omega}}\right)$$

时, 在不同的 $\boldsymbol{r}$ 处会具有不同的 μ(除非 $\hat{\boldsymbol{\Omega}}$ 平行或反平行于 $\hat{e}_r$, 或 $\mu = \pm 1$). 事实上, 由 $r^2 = \boldsymbol{r}\cdot\boldsymbol{r}$ 及 μ 的定义不难得到, 当 $\frac{\mathrm{d}\boldsymbol{r}}{\mathrm{d}t} = v\hat{\boldsymbol{\Omega}}$ 时, 有

$$\frac{\mathrm{d}r}{\mathrm{d}t} = \mu v, \tag{3.4.3}$$

$$\frac{\mathrm{d}\mu}{\mathrm{d}t} = \frac{1-\mu^2}{r}v, \tag{3.4.4}$$

μ 随粒子运动的这一再分布, 使得粒子能在 "相邻" 角度网格间过渡.

让我们来算一下单位时间内 "流射" 所引起的相空间元 $\Delta V_i \Delta\mu_m$ 内粒子的得失账. 记住 $\varphi = vn$, n 是粒子在相空间的密度分布函数, 便有

(i) 穿过空间边沿 $r_{i\pm\frac{1}{2}}$ 的净丧失为

$$n(r_{i+\frac{1}{2}},\mu_m)4\pi r_{i+\frac{1}{2}}^2\left(\frac{\mathrm{d}r}{\mathrm{d}t}\right)_{i+\frac{1}{2}}\Delta\mu_m - n(r_{i-\frac{1}{2}},\mu_m)4\pi r_{i-\frac{1}{2}}^2\left(\frac{\mathrm{d}r}{\mathrm{d}t}\right)_{i-\frac{1}{2}}\Delta\mu_m$$

$$= \varphi(r_{i+\frac{1}{2}},\mu_m)4\pi r_{i+\frac{1}{2}}^2\mu_m\Delta\mu_m - \varphi(r_{i-\frac{1}{2}},\mu_m)4\pi r_{i-\frac{1}{2}}^2\mu_m\Delta\mu_m;$$

(ii) ΔV_i 中由于粒子穿过角区 $\Delta\mu_m$ 的边界 $\mu_{m\pm\frac{1}{2}}$ 进行角度再分布而引起 $\Delta\mu_m$ 中的净丧失为

$$n(r_i,\mu_{m+\frac{1}{2}})4\pi r_i^2\Delta r_i\left(\frac{\mathrm{d}\mu}{\mathrm{d}t}\right)_{m+\frac{1}{2}} - n(r_i,\mu_{m-\frac{1}{2}})4\pi r_i^2\Delta r_i\left(\frac{d\mu}{dt}\right)_{m-\frac{1}{2}}$$

$$= \frac{1-\mu_{m+\frac{1}{2}}^2}{r_i}\varphi(r_i,\mu_{m+\frac{1}{2}})4\pi r_i^2\Delta r_i - \frac{1-\mu_{m-\frac{1}{2}}^2}{r_i}\varphi(r_i,\mu_{m-\frac{1}{2}})4\pi r_i^2\Delta r_i.$$

由以上两项所引起的、单位时间内每单位相体积粒子数的净丧失为以上两结果之和除以相体积元 $4\pi r_i^2\Delta r_i\Delta\mu_m$, 或

$$\frac{\mu_m}{r_i^2\Delta r_i}[r_{i+\frac{1}{2}}^2\varphi(\Delta r_{i+\frac{1}{2}},\mu_m) - r_{i-\frac{1}{2}}^2\varphi(r_{i-\frac{1}{2}},\mu_m)]$$

$$+ \frac{1}{\Delta\mu_m}\left[\frac{1-\mu_{m+\frac{1}{2}}^2}{r_i}\varphi(r_i,\mu_{m+\frac{1}{2}}) - \frac{1-\mu_{m-\frac{1}{2}}^2}{r_i}\varphi(r_i,\mu_{m-\frac{1}{2}})\right] \tag{3.4.5}$$

用 (3.4.5) 式作为 "流射" 项 [(3.4.1) 式左边前两项] 的差分表达式, 就可以把和输运方程 (3.4.1) 式相应的守恒差分格式写成

$$\frac{\mu_m}{r_i^2\Delta r_i}[r_{i+\frac{1}{2}}^2\varphi_m^{i+\frac{1}{2}} - r_{i-\frac{1}{2}}^2\varphi_m^{i-\frac{1}{2}}] + \frac{1}{\Delta\mu_m}\left[\frac{1-\mu_{m+\frac{1}{2}}^2}{r_i}\varphi_{m+\frac{1}{2}}^i - \frac{1-\mu_{m-\frac{1}{2}}^2}{r_i}\varphi_{m-\frac{1}{2}}^i\right]$$

$$+ \Sigma_{\mathrm{t}}^i\varphi_m^i = q_m^i, \quad (i=1,2,\cdots,I; m=1,2,\cdots,M). \tag{3.4.6}$$

这里 I 是 r 向的网格数, 而 M 是 μ 向的网格数, 而

$$q_m^i \equiv \frac{\Sigma_s^i}{2} \sum_{n=1}^{M} w_n \varphi_n^i + s_m^i \tag{3.4.7}$$

$$\Sigma_s^i = \Sigma_s(r_i), \quad s_m^i = s(r_i, \mu_m),$$
$$\Sigma_t^i = \Sigma_t(r_i),$$
$$\varphi_m^{i \pm \frac{1}{2}} = \varphi(r_{i \pm \frac{1}{2}}, \mu_m), \quad \varphi_{m \pm \frac{1}{2}}^i = \varphi(r_i, \mu_{m \pm \frac{1}{2}}),$$
$$\varphi_m^i = \varphi(r_i, \mu_m).$$

(3.4.6) 式共有 IM 个方程, 但未知量有 $3IM + I + M$ 个. 采用菱形差分关系

$$\varphi_m^i = \frac{1}{2}[\varphi_m^{i+\frac{1}{2}} + \phi_m^{i-\frac{1}{2}}] = \frac{1}{2}[\varphi_{m+\frac{1}{2}}^i + \varphi_{m-\frac{1}{2}}^i], \tag{3.4.8}$$

可提供 $2IM$ 个方程; 边界条件可以提供 M 个方程. 例如在外边界 $r = a$ 处的非齐次边界条件

$$\varphi(a, \mu) = f(\mu), \quad \mu < 0,$$

可以提供 $\frac{M}{2}$ 个方程:

$$\varphi_m^{I+\frac{1}{2}} = f(\mu_m), \quad m = 1, 2, \cdots, \frac{M}{2}; \tag{3.4.9}$$

而在 $r = 0$ 处总会有

$$\varphi(0, \mu) = \varphi(0, -\mu),$$

它又提供 $\frac{M}{2}$ 个方程:

$$v_m^{\frac{1}{2}} = \varphi_{M-m+1}^{\frac{1}{2}}, \quad m = 1, 2, \cdots, \frac{M}{2}. \tag{3.4.10}$$

还缺 I 个方程, 它们可以从考虑 "开始" 的方向 (即 $\mu = -1$ 或 $\mu_{1/2}$) 来得到. 在这特殊方向没有角度再分布, 输运方程 (3.4.1) 式变为:

$$\mu \frac{\partial \varphi}{\partial r} + \Sigma_t(r)\varphi(r, \mu) = \frac{\Sigma_s(r)}{2} \int_{-1}^{1} d\mu' \varphi(r, \mu') + s(r, \mu). \tag{3.4.11}$$

它在形式上和一维平板情形下的方程 (3.2.4) 一样, 因此若已知

$$\varphi(a, -1) = \varphi_{1/2}^{I+\frac{1}{2}} = f(-1), \tag{3.4.12}$$

就可以用 $\mu_m = -1$ 的 (3.2.18) 式, 即

$$\varphi_{1/2}^{i-\frac{1}{2}} = \frac{1 - \Sigma_t^i \Delta r_i/2}{1 + \Sigma_t^i \Delta r_i/2} \varphi_{1/2}^{i+\frac{1}{2}} + \frac{q_{1/2}^i}{\Sigma_{t/2}^i + \dfrac{1}{\Delta r_i}}, \quad i = I, I-1, \cdots, 1, \tag{3.4.13}$$

求得 $\varphi_{1/2}^{i+\frac{1}{2}}(i=0,1,\cdots,I)$ 之后, 利用

$$\varphi_{1/2}^{i} = \frac{1}{2}[\varphi_{1/2}^{i+\frac{1}{2}} + \varphi_{1/2}^{i-\frac{1}{2}}], \quad i=1,2,\cdots,I, \tag{3.4.14}$$

就给出了所需的另外 I 个方程.

为说明计算的过程, 由 (3.4.8) 式解出

$$\varphi_{m+\frac{1}{2}}^{i} = \varphi_m^{i+\frac{1}{2}} + \varphi_m^{i-\frac{1}{2}} - \varphi_{m-\frac{1}{2}}^{i}, \tag{3.4.15}$$

$$\varphi_m^i = \frac{1}{2}[\varphi_m^{i+\frac{1}{2}} + \varphi_m^{i-\frac{1}{2}}].$$

将这两式代入 (3.4.6) 式, 可以得到

$$\left(\frac{\mu_m r_{i+\frac{1}{2}}^2}{r_i^2 \Delta r_i} + \frac{1-\mu_{m+\frac{1}{2}}^2}{r_i \Delta \mu_m} + \frac{\Sigma_{\mathrm{t}}^i}{2}\right)\varphi_m^{i+\frac{1}{2}} + \left(\frac{\Sigma_{\mathrm{t}}^i}{2} - \frac{\mu_m r_{i-\frac{1}{2}}^2}{r_i^2 \Delta r_i} + \frac{1-\mu_{m+\frac{1}{2}}^2}{r_i \Delta \mu_m}\right)\varphi_m^{i-\frac{1}{2}}$$

$$= q_m^i + \left(\frac{1-\mu_{m+\frac{1}{2}}^2}{r_i \Delta \mu_m} + \frac{1-\mu_{m-\frac{1}{2}}^2}{r_i \Delta \mu_m}\right)\varphi_{m-\frac{1}{2}}^i, \tag{3.4.16}$$

它可以分别解出 $\varphi_m^{i+\frac{1}{2}}$ 和 $\varphi_m^{i-\frac{1}{2}}$. 对于 $m=1$, 先由 (3.4.9) 式求出 $\varphi_1^{I+\frac{1}{2}}$, 再利用 (3.4.12) 式及 (3.4.13) 式, 由 (3.4.14) 式求出 $\varphi_{\frac{1}{2}}^I$, 就可以由 (3.4.16) 式求得 $\varphi_1^{I-\frac{1}{2}}$. 由于 $\varphi_{1/2}^{I-1}$ 也可以由 (3.4.14) 式得到, 因此又可以由 (3.4.16) 式求得 $\varphi_1^{I-\frac{3}{2}}$. 用这种方式可继续求出 $\varphi_1^{I-\frac{3}{2}}$, $\cdots$, $\varphi_1^{1/2}$, 就是说 $m=1$ 的一行全部可以求出. 这时不难由 (3.4.15) 式求得 $m=\frac{3}{2}$ 的一行. 于是又重复前面的作法, 用 (3.4.16) 式从右向左求得 $m=2$ 的一行, 等等. 当 $m \leqslant \frac{M}{2}$ 的各行全部求出之后, 可以利用 (3.4.10) 式求得 $\varphi_m^{1/2}$

$$\left(m = \frac{M}{2}+1,\cdots,M\right).$$

对于 $m > \frac{M}{2}$ 的各行, 计算的过程与 $m \leqslant \frac{M}{2}$ 的情况类似, 只是利用 (3.4.16) 式时应当从左向右, 从 $\varphi_m^{i-\frac{1}{2}}$ 求 $\varphi_m^{i+\frac{1}{2}}$. 以下的迭代过程与一维平几何情形下相似, 就不再重复了.

在取 $\Delta r_i \to 0$, $\Delta \mu_m \to 0$, $I \to \infty$, $M \to \infty$ 的极限时, 方程 (3.4.6) 和 (3.4.7) 化为

$$\frac{\mu}{r^2}\frac{\partial}{\partial r}(r^2\varphi) + \frac{1}{r}\frac{\partial}{\partial \mu}[(1-\mu^2)\varphi] + \Sigma_{\mathrm{t}}\varphi = \frac{\Sigma_{\mathrm{s}}}{2}\int_{-1}^{1}\mathrm{d}\mu'\varphi(r,\mu') + s(r,\mu). \tag{3.4.17}$$

(3.4.17) 式与 (3.4.1) 式形式上的差别在于左边前两项 ("流射"项) 的写法不同. 实际上, 用矢量记号表示, (3.4.1) 式中左边前两项相当于 $\hat{\boldsymbol{\Omega}} \cdot \dfrac{\partial}{\partial \boldsymbol{r}} \varphi$ 在球坐标中写出, 而 (3.4.17) 式中左边前两项相当于 $\dfrac{\partial}{\partial \boldsymbol{r}} \cdot (\hat{\boldsymbol{\Omega}} \varphi) = \operatorname{div}(\hat{\boldsymbol{\Omega}} \varphi)$ 在球坐标中写出. 二者从整体来说当然一样: $\hat{\boldsymbol{\Omega}} \cdot \dfrac{\partial}{\partial \boldsymbol{r}} \varphi = \dfrac{\partial}{\partial \boldsymbol{r}} \cdot (\hat{\boldsymbol{\Omega}} \varphi)$; 但在曲几何的情形下, 按坐标分量写出时, 就会有不同的组合形式. 由于 Gauss 定理:

$$\int_{\tau} \frac{\partial}{\partial \boldsymbol{r}} \cdot (\hat{\boldsymbol{\Omega}} \varphi) \mathrm{d}\boldsymbol{r} = \int_{\sigma} \hat{\boldsymbol{n}} \cdot \hat{\boldsymbol{\Omega}} \varphi \mathrm{d}S$$

对于任意体积 τ 都成立 (σ 是该体积的表面, $\hat{\boldsymbol{n}}$ 是表面元 $\mathrm{d}S$ 处的外法向单位矢量), 当积分过一小体积元时, 就得出具有明确物理意义的结果 (等于每单位时间流出该体积元的粒子数). 因而用散度形式写出 "流射" 项的输运方程能保证粒子平衡账在每个体积元都成立. 这种形式称为**守恒形式**; 根据它写出的差分格式也能保证平衡账在每个网格成立, 称为**守恒格式**. 我们以上对 (3.4.17) 式从网格内粒子得失账出发的推导, 正好从另一个角度就球几何的情况说明了这一点.

经验证明, 采用守恒格式可以提高数值计算结果的精度.

§3.5 离散纵标方程中空间变量的有限元处理

以上几节阐述的离散纵标法都是用有限差分格式来处理空间变量和角度变量的, 我们称之为常规的方法. 近年来又出现了一种改进的方法, 就是用有限元法来处理离散纵标方程中的空间变量, 它对于许多问题都很有效. 从方法上说, 有限元法与常规方法区别不算太大. 在曲几何问题 (例如上节讨论的一维球几何问题) 角度网格边沿通量 $\varphi_{m \pm \frac{1}{2}}$ 的处理中, 有限元法和常规方法完全一样. 因此, 为简单起见, 我们将只就一维平几何的情况说明有限元法的要点.

常规的有限差分方法默认了一个网格的输入角通量就是相邻的前一个空间网格的输出角通量. 这样, 当角通量的空间导数较大时, 就不得不把空间网格分得很细, 否则误差就会过大. 有限元法为了应付这种角通量随空间变化很陡, 甚至不连续的情况, 认为在每一空间网格的边上角通量可以不连续. 也就是说, 在常规有限差分法中, 网格边沿 $x_{i \pm \frac{1}{2}}$ 处的角通量就是 $\varphi_m^{i \pm \frac{1}{2}}$; 而在有限元法中, 则用 $\varphi_m^{i \pm \frac{1}{2} - 0}$ 及 $\varphi_m^{i \pm \frac{1}{2} + 0}$ 分别表示边沿 $x_{i \pm \frac{1}{2}}$ 两侧 $x_{i \pm \frac{1}{2}} - 0$ 及 $x_{i \pm \frac{1}{2}} + 0$ 处的角通量.

这种作法立即带来一个新问题. 以 $\mu_m > 0$ 的情况为例, 原来用 $\varphi_m^{i - \frac{1}{2}}$ 求 $\varphi_m^{i + \frac{1}{2}}$ 时所用的公式 (3.2.17) 失效了. 在有限元方法中必须建立一个新的递推公式, 使我们能从 $\varphi_m^{i - \frac{1}{2} - 0}$ 同时得到 $\varphi_m^{i - \frac{1}{2} + 0}$ 和 $\varphi_m^{i + \frac{1}{2} - 0}$. 对于 $\mu_m < 0$ 的情况, 问题是类似的.

为建立新的递推公式, 我们引进**有限元基函数**:

$$\psi_{i-\frac{1}{2}}(x) = \begin{cases} \dfrac{x_{i+\frac{1}{2}} - x}{x_{i+\frac{1}{2}} - x_{i-\frac{1}{2}}}, & x_{i-\frac{1}{2}} \leqslant x \leqslant x_{i+\frac{1}{2}}, \\ 0, & \text{否则}, \end{cases}$$

$$\psi_{i+\frac{1}{2}}(x) = \begin{cases} \dfrac{x - x_{i-\frac{1}{2}}}{x_{i+\frac{1}{2}} - x_{i-\frac{1}{2}}}, & x_{i-\frac{1}{2}} \leqslant x \leqslant x_{i+\frac{1}{2}}, \\ 0, & \text{否则}. \end{cases} \tag{3.5.1}$$

将一典型空间网格中角通量 $\varphi_m(x)$ 写成

$$\varphi_m(x) = \varphi_m^{i-\frac{1}{2}+0} \cdot \psi_{i-\frac{1}{2}}(x) + \varphi_m^{i+\frac{1}{2}-0} \cdot \psi_{i+\frac{1}{2}}(x), \tag{3.5.2}$$

也就是

$$\varphi_m(x) = \frac{1}{\Delta x_i}[\varphi_m^{i-\frac{1}{2}+0} \cdot (x_{i+\frac{1}{2}} - x) + \varphi_m^{i+\frac{1}{2}-0} \cdot (x - x_{i-\frac{1}{2}})], \tag{3.5.3}$$

其中 $\Delta x_i = x_{i+\frac{1}{2}} - x_{i-\frac{1}{2}}$. 用类似的方法把源项 $q_m(x)$ 也写成

$$q_m(x) = \frac{1}{\Delta x_i}[q_m^{i-\frac{1}{2}+0} \cdot (x_{i+\frac{1}{2}} - x) + q_m^{i+\frac{1}{2}-0} \cdot (x - x_{i-\frac{1}{2}})]. \tag{3.5.4}$$

用这些表达式可以把输运方程 (3.2.4)[其右边整个看成源项 $q(x,\mu)$, $q_m(x) = q(x,\mu_m)$]
写成

$$\mu_m \frac{\mathrm{d}\varphi_m}{\mathrm{d}x} + \frac{\Sigma_{\mathrm{t}}^i}{\Delta x_i}[(x_{i+\frac{1}{2}} - x)\varphi_m^{i-\frac{1}{2}+0} + (x - x_{i-\frac{1}{2}})\varphi_m^{i+\frac{1}{2}-0}]$$
$$= \frac{1}{\Delta x_i}[(x_{i+\frac{1}{2}} - x)q_m^{i-\frac{1}{2}+0} + (x - x_{i-\frac{1}{2}})q_m^{i+\frac{1}{2}-0}]. \tag{3.5.5}$$

先讨论 $\mu_m > 0$ 的情况. 分别用

$$1 \quad \text{及} \quad x - x_{i-\frac{1}{2}} \tag{3.5.6}$$

乘 (3.5.5) 式两边并且从 $x_{i-\frac{1}{2}} - 0$ 积分到 $x_{i+\frac{1}{2}} - 0$, 注意到

$$\varphi_m(x_{i-\frac{1}{2}} - 0) = \varphi_m^{i-\frac{1}{2}-0}, \quad \varphi_m(x_{i+\frac{1}{2}} - 0) = \varphi_m^{i+\frac{1}{2}-0},$$

就可以得到

$$\mu_m(\varphi_m^{i+\frac{1}{2}-0} - \varphi_m^{i-\frac{1}{2}-0}) + \Sigma_{\mathrm{t}}^i \cdot \frac{\Delta x_i}{2}(\varphi_m^{i-\frac{1}{2}+0} + \varphi_m^{i+\frac{1}{2}-0}) = \frac{\Delta x_i}{2}(q_m^{i-\frac{1}{2}+0} + q_m^{i+\frac{1}{2}-0}),$$

及

$$\mu_m \frac{\Delta x_i}{2}(\varphi_m^{i+\frac{1}{2}-0} - \varphi_m^{i-\frac{1}{2}+0}) + \Sigma_{\mathrm{t}}^i \cdot \frac{(\Delta x_i)^2}{6}(\varphi_m^{i-\frac{1}{2}+0} + 2\varphi_m^{i+\frac{1}{2}-0})$$
$$= \Sigma_{\mathrm{t}}^i \cdot \frac{(\Delta x_i)^2}{6}(q_m^{i-\frac{1}{2}+0} + 2q_m^{i+\frac{1}{2}-0}).$$

整理后得到

$$\begin{cases} \Sigma_{\mathrm{t}}^i \dfrac{\Delta x_i}{2}\varphi_m^{i-\frac{1}{2}+0} + \left(\mu_m + \Sigma_{\mathrm{t}}^i\dfrac{\Delta x_i}{2}\right)\varphi_m^{i+\frac{1}{2}-0} = \dfrac{\Delta x_i}{2}(q_m^{i-\frac{1}{2}+0} + q_m^{i+\frac{1}{2}-0}) + \mu_m\varphi_m^{i-\frac{1}{2}-0}, \\[2mm] (-3\mu_m + \Sigma_{\mathrm{t}}^i\Delta x_i)\varphi_m^{i-\frac{1}{2}+0} + (3\mu_m + 2\Sigma_{\mathrm{t}}^i\Delta x_i)\varphi_m^{i+\frac{1}{2}-0} = \Delta x_i(q_m^{i-\frac{1}{2}+0} + 2q_m^{i+\frac{1}{2}-0}). \end{cases}$$

$$(3.5.7)$$

这就是由 $\varphi_m^{i-\frac{1}{2}-0}$ 同时求 $\varphi_m^{i-\frac{1}{2}+0}$ 和 $\varphi_m^{i+\frac{1}{2}-0}$ 的递推公式. 对于 $\mu_m < 0$ 的情况, 可以用

$$1 \quad 及 \quad x_{i+\frac{1}{2}} - x \tag{3.5.8}$$

代替 (3.5.6) 式, 经过相似的步骤, 得到由 $\varphi_m^{i+\frac{1}{2}+0}$ 同时求 $\varphi_m^{i-\frac{1}{2}+0}$ 和 $\varphi_m^{i+\frac{1}{2}-0}$ 的递推公式:

$$\begin{cases} \left(-\mu_m + \Sigma_{\mathrm{t}}^i\dfrac{\Delta x_i}{2}\right)\varphi_m^{i-\frac{1}{2}+0} + \Sigma_{\mathrm{t}}^i\dfrac{\Delta x_i}{2}\varphi_m^{i+\frac{1}{2}-0} = \dfrac{\Delta x_i}{2}(q_m^{i-\frac{1}{2}+0} + q_m^{i+\frac{1}{2}-0}) - \mu_m\varphi_m^{i+\frac{1}{2}+0}, \\[2mm] (-3\mu_m + 2\Sigma_{\mathrm{t}}^i\Delta x_i)\varphi_m^{i-\frac{1}{2}+0} + (3\mu_m + \Sigma_{\mathrm{t}}^i\Delta x_i)\varphi_m^{i+\frac{1}{2}-0} = \Delta x_i(2q_m^{i-\frac{1}{2}+0} + q_m^{i+\frac{1}{2}-0}). \end{cases}$$

$$(3.5.9)$$

与常规差分法比较, 有限元法对每个网格的计算量更大, 所需存储量更多, 但可用较粗网格达到同一精度, 而且减少了出现负通量的倾向, 从而避免了耗费时间的修补格式.

§3.6 关于离散纵标法的一些说明

1) 一般输运方程的约化. 我们已经就一维平几何和一维球几何的简单例子说明了离散纵标法的应用. 现在考虑比较一般的线性输运方程 (1.3.25):

$$\frac{1}{v}\frac{\partial\varphi}{\partial t} + \hat{\boldsymbol{\Omega}}\cdot\frac{\partial\varphi}{\partial\boldsymbol{r}} + \Sigma_{\mathrm{t}}\varphi(\boldsymbol{r}, E, \hat{\boldsymbol{\Omega}}, t)$$

$$= \int_0^\infty \mathrm{d}E'\int\mathrm{d}\hat{\boldsymbol{\Omega}}'\Sigma(\boldsymbol{r}, E'\to E, \hat{\boldsymbol{\Omega}}'\to\hat{\boldsymbol{\Omega}})\times\varphi(\boldsymbol{r}, E', \hat{\boldsymbol{\Omega}}', t) + s. \tag{3.6.1}$$

假定粒子的能量在 E_G 到 E_0 之间, 将这一区间分成 G 段:

$$E_G < E_{G-1} < \cdots < E_g < E_{g-1} < \cdots < E_1 < E_0,$$

相应地所有粒子也被分成 G 群, 能量在 E_g 到 E_{g-1} 之间的称为第 g 群 (简称群 g). 记

$$\varphi_g = \varphi_g(\boldsymbol{r}, \hat{\boldsymbol{\Omega}}, t) \equiv \int_{E_g}^{E_{g-1}}\mathrm{d}E\varphi(\boldsymbol{r}, E, \hat{\boldsymbol{\Omega}}, t) \equiv \int_g\mathrm{d}E\varphi(E).$$

将 (3.6.1) 式对 E 从 E_g 积分到 E_{g-1}, 可得

$$\frac{\partial}{\partial t}\left(\frac{1}{v_g}\varphi_g\right) + \hat{\boldsymbol{\Omega}}\cdot\frac{\partial\varphi_g}{\partial\boldsymbol{r}} + \Sigma_{tg}\varphi_g$$

$$= \sum_{g'=1}^{G}\int d\hat{\boldsymbol{\Omega}}'\Sigma_{g'g}(\hat{\boldsymbol{\Omega}}'\to\hat{\boldsymbol{\Omega}})\varphi_{g'}(\boldsymbol{r},\hat{\boldsymbol{\Omega}}',t) + s_g(\boldsymbol{r},\hat{\boldsymbol{\Omega}},t), \quad g=1,2,\cdots,G \quad (3.6.2)$$

其中

$$\frac{1}{v_g} = \frac{1}{\varphi_g}\int_g dE\frac{1}{v}\varphi(\boldsymbol{r},E,\hat{\boldsymbol{\Omega}},t),$$

$$\Sigma_{tg} = \frac{1}{\varphi_g}\int_g dE\Sigma_t\varphi(\boldsymbol{r},E,\hat{\boldsymbol{\Omega}},t),$$

$$\Sigma_{g'g} = \frac{1}{\varphi_{g'}(\boldsymbol{r},\hat{\boldsymbol{\Omega}}',t)}\int_g dE\int_{g'} dE'\Sigma(E'\to E,\hat{\boldsymbol{\Omega}}'\to\hat{\boldsymbol{\Omega}})\times\varphi(\boldsymbol{r},E',\hat{\boldsymbol{\Omega}}',t),$$

$$s_g = \int_g dE_s(\boldsymbol{r},E,\hat{\boldsymbol{\Omega}},t).$$

显然 v_g 与 $\boldsymbol{r}$ 及 t 有关; 但当 $\varphi(\boldsymbol{r},E,\hat{\boldsymbol{\Omega}},t)$ 随时间的变化与随能量的变化彼此独立时, v_g 就会与 t 无关; 当能群的划分比较多, 每群的能域较窄时, v_g 对 $\boldsymbol{r}$ 和 t 的依赖都是可以忽略的. 在这些情况下, (3.6.2) 式可写成

$$\frac{1}{v_g}\frac{\partial\varphi_g}{\partial t} + \hat{\boldsymbol{\Omega}}\cdot\frac{\partial\varphi_g}{\partial\boldsymbol{r}} + \Sigma_{tg}\varphi_g(\boldsymbol{r},\hat{\boldsymbol{\Omega}},t)$$

$$= \sum_{g'=1}^{G}\int d\hat{\boldsymbol{\Omega}}'\Sigma_{g'g}(\hat{\boldsymbol{\Omega}}'\to\hat{\boldsymbol{\Omega}})\varphi_{g'}(\boldsymbol{r},\hat{\boldsymbol{\Omega}}',t) + s_g(\boldsymbol{r},\hat{\boldsymbol{\Omega}},t), \quad g=1,2,\cdots,G. \quad (3.6.3)$$

记有效源

$$s_g' = s_g + \sum_{g'\neq g}\int d\hat{\boldsymbol{\Omega}}'\Sigma_{g'g}(\hat{\boldsymbol{\Omega}}'\to\hat{\boldsymbol{\Omega}})\varphi_{g'}(\boldsymbol{r},\hat{\boldsymbol{\Omega}}',t),$$

则 (3.6.3) 式就可写成单速输运方程的形式:

$$\frac{1}{v_g}\frac{\partial\varphi_g}{\partial t} + \hat{\boldsymbol{\Omega}}\cdot\frac{\partial\varphi_g}{\partial\boldsymbol{r}} + \Sigma_{tg}\varphi_g(\boldsymbol{r},\hat{\boldsymbol{\Omega}},t) - \int d\hat{\boldsymbol{\Omega}}'\Sigma_{g_g}(\hat{\boldsymbol{\Omega}}'\to\hat{\boldsymbol{\Omega}})\varphi_g(\boldsymbol{r},\hat{\boldsymbol{\Omega}}',t) = s_g'(\boldsymbol{r},\hat{\boldsymbol{\Omega}},t).$$

$$(3.6.4)$$

如果用迭代法求解 (3.6.4) 式, 那么在每一次迭代时 s_g' 都被看作是已知的. 因此在每一次迭代过程中, 我们所求解的只是单速输运方程. 这样, 多群方程 (3.6.3) 式的数值求解可以归结为单群方程 (3.6.4) 式的数值求解.

通过差分方法处理 $\frac{\partial\varphi_g}{\partial t}$, 或在时间变量可分离的情况下

$$\varphi_g(\boldsymbol{r},\hat{\boldsymbol{\Omega}},t) = e^{\lambda t}\varphi_g(\boldsymbol{r},\hat{\boldsymbol{\Omega}}),$$

可以进一步把 (3.6.4) 式约化为定态方程的形式 (因为是单群方程, 所以可以略去附标 g 不写):

$$\hat{\boldsymbol{\Omega}} \cdot \frac{\partial \varphi}{\partial \boldsymbol{r}} + \Sigma_{\mathrm{t}}(\boldsymbol{r})\varphi(\boldsymbol{r}, \hat{\boldsymbol{\Omega}}) - \int \mathrm{d}\hat{\boldsymbol{\Omega}}' \Sigma(\boldsymbol{r}, \hat{\boldsymbol{\Omega}}' \to \hat{\boldsymbol{\Omega}})\varphi(\boldsymbol{r}, \hat{\boldsymbol{\Omega}}') = s(\boldsymbol{r}, \hat{\boldsymbol{\Omega}}). \qquad (3.6.5)$$

假定介质各向同性, 那么 $\Sigma(\boldsymbol{r}, \hat{\boldsymbol{\Omega}}' \to \hat{\boldsymbol{\Omega}})$ 对角度的依赖完全通过 $\hat{\boldsymbol{\Omega}}' \cdot \hat{\boldsymbol{\Omega}}$ 体现, 所以

$$\Sigma(\boldsymbol{r}, \hat{\boldsymbol{\Omega}}' \to \hat{\boldsymbol{\Omega}}) = \Sigma(\boldsymbol{r}, \hat{\boldsymbol{\Omega}}' \cdot \hat{\boldsymbol{\Omega}}). \qquad (3.6.6)$$

于是 (3.6.5) 式化为

$$\hat{\boldsymbol{\Omega}} \cdot \frac{\partial \varphi}{\partial \boldsymbol{r}} + \Sigma_{\mathrm{t}}(\boldsymbol{r})\varphi(\boldsymbol{r}, \hat{\boldsymbol{\Omega}}) = \int \mathrm{d}\hat{\boldsymbol{\Omega}}' \Sigma(\boldsymbol{r}, \hat{\boldsymbol{\Omega}}' \cdot \hat{\boldsymbol{\Omega}})\varphi(\boldsymbol{r}, \hat{\boldsymbol{\Omega}}') + s(\boldsymbol{r}, \hat{\boldsymbol{\Omega}}). \qquad (3.6.7)$$

将 $\Sigma(\boldsymbol{r}, \hat{\boldsymbol{\Omega}}' \cdot \hat{\boldsymbol{\Omega}})$ 用球谐函数展开:

$$\Sigma(\boldsymbol{r}, \hat{\boldsymbol{\Omega}}' \cdot \hat{\boldsymbol{\Omega}}) = \sum_{l=0}^{\infty} \sum_{n=-l}^{l} \Sigma_l(\boldsymbol{r}) Y_{ln}^*(\hat{\boldsymbol{\Omega}}') Y_{ln}(\hat{\boldsymbol{\Omega}}). \qquad (3.6.8)$$

其中

$$\Sigma_l(\boldsymbol{r}) = 2\pi \int_{-1}^{1} \mathrm{d}\mu_0 P_l(\mu_0) \Sigma(\boldsymbol{r}, \mu_0).$$

将 (3.6.8) 式中对 l 的求和近似取到 L 为止, (3.6.7) 式就可以写成

$$\hat{\boldsymbol{\Omega}} \cdot \frac{\partial \varphi}{\partial \boldsymbol{r}} + \Sigma_{\mathrm{t}}(\boldsymbol{r})\varphi(\boldsymbol{r}, \hat{\boldsymbol{\Omega}})$$

$$= \sum_{l=0}^{L} \sum_{n=-l}^{l} \Sigma_l(\boldsymbol{r}) Y_{ln}(\hat{\boldsymbol{\Omega}}) \times \int \mathrm{d}\hat{\boldsymbol{\Omega}}' Y_{ln}^*(\hat{\boldsymbol{\Omega}}')\varphi(\boldsymbol{r}, \hat{\boldsymbol{\Omega}}') + s(\boldsymbol{r}, \hat{\boldsymbol{\Omega}}). \qquad (3.6.9)$$

此式可以用离散纵标法求解, 步骤如下:

(i) 选择一组 M 个离散方向 $\hat{\boldsymbol{\Omega}}_m(m = 1, 2, \cdots, M)$ 及相应的求积权重 w_m, 使方程右边的积分近似地化为求和:

$$\int \mathrm{d}\hat{\boldsymbol{\Omega}}' Y_{ln}^*(\hat{\boldsymbol{\Omega}}')\varphi(\boldsymbol{r}, \hat{\boldsymbol{\Omega}}') \approx \sum_{m=1}^{M} w_m Y_{ln}^*(\hat{\boldsymbol{\Omega}}_m)\varphi(\boldsymbol{r}, \hat{\boldsymbol{\Omega}}_m) = \varphi_{ln}(\boldsymbol{r}).$$

(ii) (3.6.9) 式中取 $\hat{\boldsymbol{\Omega}} = \hat{\boldsymbol{\Omega}}_m$, 并利用上式化简积分项, 便得各离散方向的分布函数值 $\varphi(\boldsymbol{r}, \hat{\boldsymbol{\Omega}}_m)$ 所满足的下列离散纵标方程组 (也叫S_M **方程**):

$$\hat{\boldsymbol{\Omega}}_m \cdot \frac{\partial \varphi(\boldsymbol{r}, \hat{\boldsymbol{\Omega}}_m)}{\partial \boldsymbol{r}} + \Sigma_{\mathrm{t}}(\boldsymbol{r})\varphi(\boldsymbol{r}, \hat{\boldsymbol{\Omega}}_m)$$

$$= \sum_{l=0}^{L} \sum_{n=-l}^{l} \Sigma_l(\boldsymbol{r}) Y_{ln}(\hat{\boldsymbol{\Omega}}) \varphi_{ln}(\boldsymbol{r}) + s(\boldsymbol{r}, \hat{\boldsymbol{\Omega}}_m), \quad m = 1, 2, \cdots, M. \qquad (3.6.10)$$

(iii) 选择一个离散的空间网格 r_i, $i = 1, 2, \cdots, I$, 在各离散空间网格点 $\{r_i\}$ 和方向网格点 $\{\hat{\boldsymbol{\Omega}}_m\}$ 引进

$$\hat{\boldsymbol{\Omega}}_m \cdot \frac{\partial}{\partial \boldsymbol{r}} \varphi(\boldsymbol{r}, \hat{\boldsymbol{\Omega}}_m)$$

$\left[\text{或更好一些,} \dfrac{\partial}{\partial \boldsymbol{r}} \cdot (\hat{\boldsymbol{\Omega}}_m \varphi(\boldsymbol{r}, \hat{\boldsymbol{\Omega}}_m)) \right]$ 的差分表示, 便可得到关于 $\varphi_m^i = \varphi(\boldsymbol{r}_i, \hat{\boldsymbol{\Omega}}_m)$, $i = 1, 2, \cdots, I$; $m = 1, 2, \cdots, M$, 所满足的一组代数方程. 用矩阵记号写出, 这组代数方程的形式为

$$\mathbf{A}\boldsymbol{\varphi} = \mathbf{B}\boldsymbol{\varphi} + \boldsymbol{s} \tag{3.6.11}$$

其中 $\mathbf{A}$ 是离散化流射算子 $\hat{\boldsymbol{\Omega}}_m \cdot \dfrac{\partial}{\partial \boldsymbol{r}} + \Sigma_t(\boldsymbol{r})$ 的矩阵表示, $\mathbf{B}$ 是离散化的散射项的矩阵表示, $\boldsymbol{\varphi}$ 是离散化的角通量, $\boldsymbol{s}$ 是离散化的源项.

(iv) 调节 $\boldsymbol{\varphi}$ 中各分量 φ_m^i 的次序, 使 $\mathbf{A}$ 取下三角矩阵的形式, 就容易求得它的逆矩阵 $\mathbf{A}^{-1}$, 从而解出可以进行迭代计算的形式:

$$\boldsymbol{\varphi}^{(n)} = \mathbf{A}^{-1}\mathbf{B}\boldsymbol{\varphi}^{(n-1)} + \mathbf{A}^{-1}\boldsymbol{s}^{(n-1)} \tag{3.6.12}$$

这里 (n) 表示第 n 次迭代的结果.

2) 迭代收敛问题和加速格式. 从 (3.6.12) 式可以看出, 迭代收敛的快慢决定于 $\mathbf{A}$ 及 $\mathbf{B}$ 的相对 "大小". 在没有散射的极端情况下, $\mathbf{B} = 0$, 一次迭代就收敛. 随着散射比 $\Sigma_s/\Sigma_t = c$ 的增加, 所需的迭代次数也增多. 因此在较大的空间区域中 c 值接近 1 时, 迭代收敛就可能太慢.

为加速迭代收敛, 曾引进一些加速格式[18-20], 最常用的是所谓**粗网格再平衡法**. 将方程 (3.6.7) 两边对 $\hat{\boldsymbol{\Omega}}$ 积分, 可得连续性方程

$$\frac{\partial}{\partial \boldsymbol{r}} \cdot \boldsymbol{J}(\boldsymbol{r}) + \Sigma_a(\boldsymbol{r})\phi(\boldsymbol{r}) = S(\boldsymbol{r}) \tag{3.6.13}$$

其中

$$\boldsymbol{J}(\boldsymbol{r}) = \int \mathrm{d}\hat{\boldsymbol{\Omega}} \, \hat{\boldsymbol{\Omega}} \, \varphi(\boldsymbol{r}, \hat{\boldsymbol{\Omega}}),$$

$$\phi(\boldsymbol{r}) = \int \mathrm{d}\hat{\boldsymbol{\Omega}} \, \varphi(\boldsymbol{r}, \hat{\boldsymbol{\Omega}}),$$

$$S(\boldsymbol{r}) = \int \mathrm{d}\hat{\boldsymbol{\Omega}} \, s(\boldsymbol{r}, \hat{\boldsymbol{\Omega}}),$$

$$\Sigma_a(\boldsymbol{r}) = \Sigma_t(\boldsymbol{r}) - \int \mathrm{d}\hat{\boldsymbol{\Omega}} \, \Sigma(\boldsymbol{r}, \hat{\boldsymbol{\Omega}}' \cdot \hat{\boldsymbol{\Omega}}).$$

现在将所考虑的空间区域 V 分成 N 个粗网格区 V_j $(j = 1, 2, \cdots, N)$. 将连续性方

程 (3.6.13) 在 V_j 中积分, 得

$$\int_{V_j} \mathrm{d}\boldsymbol{r} \frac{\partial}{\partial \boldsymbol{r}} \cdot \boldsymbol{J}(\boldsymbol{r}) + \int_{V_j} \mathrm{d}\boldsymbol{r} \Sigma_{\mathrm{a}}(\boldsymbol{r})\phi(\boldsymbol{r}) = \int_{V_j} \mathrm{d}\boldsymbol{r} S(\boldsymbol{r}).$$

用 Gauss 定理把第一个积分变换为面积分:

$$\int_{V_j} \mathrm{d}\boldsymbol{r} \frac{\partial}{\partial \boldsymbol{r}} \cdot \boldsymbol{J}(\boldsymbol{r}) = \int_{S_j} \mathrm{d}S \hat{\boldsymbol{e}}_{\mathrm{s}} \cdot \boldsymbol{J}(\boldsymbol{r}) = \int_{S_j} \mathrm{d}S J_+ - \int_{S_j} \mathrm{d}S J_-$$

式中 $\hat{\boldsymbol{e}}_{\mathrm{s}}$ 是表面处外向法线的单位矢,

$$\hat{\boldsymbol{e}}_{\mathrm{s}} \cdot \boldsymbol{J}(\boldsymbol{r}) = \begin{cases} J_+, & \text{当 } \hat{\boldsymbol{e}}_{\mathrm{s}} \cdot \boldsymbol{J}(\boldsymbol{r}) > 0, \\ -J_-, & \text{当 } \hat{\boldsymbol{e}}_{\mathrm{s}} \cdot \boldsymbol{J}(\boldsymbol{r}) < 0, \end{cases}$$

即 J_+ 和 J_- 分别是流出和流入的部分流. 于是连续性方程给出粒子数平衡条件:

$$\int_{S_j} \mathrm{d}S J_+ - \sum_k \int_{S_{jk}} \mathrm{d}S J_- + \int_{V_j} \mathrm{d}\boldsymbol{r} \Sigma_{\mathrm{a}}(\boldsymbol{r})\phi(\boldsymbol{r}) = \int_{V_j} \mathrm{d}\boldsymbol{r} S(\boldsymbol{r}), \tag{3.6.14}$$

式中 S_{jk} 是粗网格 V_j 同 V_k 的界面, 对 k 的求和遍及所有同 V_j 相邻的 V_k. 如果用直接从 (3.6.12) 式得到的第 n 次迭代结果计算 $J_+^{(n)}$、$J_-^{(n)}$ 及 $\phi^{(n)}$, 则一般不能满足平衡条件 (3.6.14) 式. 因此引进再平衡因子 $f_j (j = 1, 2, \cdots, N)$, 要求对 V_j 的 $\phi^{(n)}(\boldsymbol{r})$ 及 $J_+^{(n)}(\boldsymbol{r})$ 乘上 f_j 之后满足平衡条件:

$$\int_{S_j} \mathrm{d}S f_j J_+^{(n)} - \sum_k \int_{S_{jk}} \mathrm{d}S f_k J_-^{(n)} + \int_{V_j} \mathrm{d}\boldsymbol{r} \Sigma_{\mathrm{a}}(\boldsymbol{r}) f_j \phi^{(n)}(\boldsymbol{r})$$

$$= \int_{V_j} \mathrm{d}\boldsymbol{r} S^{(n)}(\boldsymbol{r}), \quad j = 1, 2, \cdots, N. \tag{3.6.15}$$

这是关于 $f_j (j = 1, 2, \cdots, N)$ 的线性方程组, 其中积分都应理解为利用 (3.6.12) 式迭代结果在细网格上的求和. (3.6.15) 式写成矩阵形式就是

$$\mathbf{R}\boldsymbol{f} = \boldsymbol{S}$$

解这个比较简单的方程, 将求得的 $f_j (j = 1, 2, \cdots, N)$ 乘到相应的 $\varphi^{(n)}$ 上, 就得到了再平衡了的角通量的估值 $\tilde{\varphi}^{(n)}$. 用 $\tilde{\varphi}^{(n)}$ 进行下一次迭代求 $\varphi^{(n+1)}$ 比直接用 $\varphi^{(n)}$ 迭代结果收敛得更快.

3) 射线效应. 在使用离散纵标法时可能发生的最严重的问题是所谓**射线效应**. 为说明这个效应, 考虑纯吸收介质中的一个各向同性线源, 如图 3.3, 线源垂直于纸面通过原点. 显然, 从源产生的角通量应当围绕原点具有方位对称性, 如虚线所示.

但当应用离散纵标法解这问题时, 所得角通量将由若干离散方向的 δ 函数组成, 因为只有在这些方向才有从源放出的粒子. 显然, 沿这些离散方向的解是满意的. 但许多空间网格不和从线源出发的这些方向相交, 在这些网格上, 角通量将全等于零. 因此, 对于这种情况, 离散纵标法给出很坏的结果. 而且, 即使增加离散方向数也不能在这类问题中起到很好的补救作用, 姑且不说计算量限制了实际上可能采用的离散方向数.

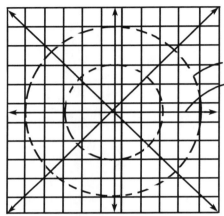

实际解, 绕原点对称
离散纵标法解, 只在
离散方向 $\hat{\Omega}_m$ 不为零

图 3.3   各向同性线源情形下的射线效应

一种比较成功的补救办法是通过引进假想的源, 使离散纵标方程转换为类似球谐函数法中方程的形式 (参见 §3.8). 由于球谐方程和输运方程一样具有转动不变性, 因此这样作可以有效地消除射线效应. 但这样做的代价是减慢了收敛的速度.

4) 负通量和通量振荡. §3.2 中曾讨论过何时可能出现**负角通量**和如何进行修补的问题. 离散纵标法所得解中**通量振荡**现象的出现也和负通量出现的问题有关. 事实上, 中心差分 (菱形) 格式给出的网格边沿处的角通量往往在实际值附近振荡. 当然, 由于网格中心处角通量是网格边沿处角通量的算术平均, 一般还相当精确. 而由于重要的积分量, 如 $\int \mathrm{d} r \Sigma_t(r) \phi(r)$ 中用的是网格中心处的通量, 所以虽然角通量值在网格边沿处出现振荡, 但通过通量积分算出的反应率还不错. 可见, 菱形差分格式虽然可能引起通量振荡, 但只要振荡是时间阻尼的, 则从实际计算观点看, 后果并不严重.

§3.7   球谐函数法

球谐函数法就是用球谐函数 $Y_{lm}(\hat{\Omega})$ 作为基函数来展开角通量 $\varphi(r, \hat{\Omega})$、从而将求解输运方程约化为求解展开系数所满足的微分方程组的方法. 当舍去 $l > N$ 的项时, 方法被称为 P_N **近似法**. 在适当的边界条件下求解展开系数所满足的微分方程组, 便可以得到问题的近似解.

球谐函数法一般用来求输运方程的近似解析解. 但在一定条件下, 例如在补救离散纵标法的射线效应时, 也可用作数值求解输运方程方法的基础.

下面用一维平几何为例来说明球谐函数法. 在这种情形下, 由于对称性, 球谐函数 $Y_{lm}(\hat{\boldsymbol{\Omega}})$ 约化为 Legendre 多项式 $P_l(\mu)$, $\mu = \hat{\boldsymbol{\Omega}} \cdot \hat{\boldsymbol{e}}_x$, $\hat{\boldsymbol{e}}_x$ 是 x 轴向的单位矢.

考虑方程 (3.6.7) 在一维平几何情形下的形式:

$$\mu \frac{\partial \varphi}{\partial x} + \Sigma_t(x)\varphi(x,\mu) = \int_0^{2\pi} \mathrm{d}\phi' \int_{-1}^1 \mathrm{d}\mu' \Sigma(x, \hat{\boldsymbol{\Omega}}' \cdot \hat{\boldsymbol{\Omega}})\varphi(x,\mu') + s(x,\mu), \quad (3.7.1)$$

其中 $\mu = \hat{\boldsymbol{\Omega}} \cdot \hat{\boldsymbol{e}}_x = \cos\theta$, $\mu' = \hat{\boldsymbol{\Omega}}' \cdot \hat{\boldsymbol{e}}_x = \cos\theta'$; 用 ϕ 和 ϕ' 分别表示以 $\hat{\boldsymbol{e}}_x$ 为极轴时 $\hat{\boldsymbol{\Omega}}$ 和 $\hat{\boldsymbol{\Omega}}'$ 的方位角, γ 表示 $\hat{\boldsymbol{\Omega}}'$ 与 $\hat{\boldsymbol{\Omega}}$ 的夹角, 记 $\mu_0 = \hat{\boldsymbol{\Omega}} \cdot \hat{\boldsymbol{\Omega}}' = \cos\gamma$. 将 $\Sigma(x, \hat{\boldsymbol{\Omega}}' \cdot \hat{\boldsymbol{\Omega}})$ 用 Legendre 多项式展开:

$$\Sigma(x, \hat{\boldsymbol{\Omega}}' \cdot \hat{\boldsymbol{\Omega}}) = \sum_{l=0}^{\infty} \frac{2l+1}{4\pi} \Sigma_l(x) P_l(\mu_0), \quad (3.7.2)$$

其中

$$\Sigma_l(x) = 2\pi \int_{-1}^1 \mathrm{d}\mu_0 \Sigma(x, \mu_0) P_l(\mu_0).$$

利用加法定理:

$$P_l(\cos\gamma) = P_l(\cos\theta)P_l(\cos\theta') + 2\sum_{m=1}^l \frac{(l-m)!}{(l+m)!} P_l^m(\cos\theta)P_l^m(\cos\theta')\cos m(\phi - \phi'),$$

可以简化 (3.7.1) 式中的散射项:

$$\int_0^{2\pi} \mathrm{d}\phi' \int_{-1}^1 \mathrm{d}\mu' \Sigma(x,\mu_0)\varphi(x,\mu') = \sum_{l=0}^{\infty} \frac{2l+1}{2} \Sigma_l(x) \int_{-1}^1 \mathrm{d}\mu' P_l(\mu')\varphi(x,\mu')P_l(\mu).$$

于是 (3.7.1) 式可以写成

$$\mu \frac{\partial \varphi}{\partial x} + \Sigma_t(x)\varphi(x,\mu)$$

$$= \sum_{l'=0}^{\infty} \frac{2l'+1}{2} \Sigma_{l'}(x) P_{l'}(\mu) \times \int_{-1}^1 \mathrm{d}\mu' P_{l'}(\mu')\varphi(x,\mu') + s(x,\mu). \quad (3.7.3)$$

将 $\varphi(x,\mu)$ 及 $s(x,\mu)$ 分别用 Legendre 多项式展开

$$\begin{cases} \varphi(x,\mu) = \displaystyle\sum_{l=0}^{\infty} \frac{2l+1}{4\pi} \varphi_l(x) P_l(\mu), \\[3mm] s(x,\mu) = \displaystyle\sum_{l=0}^{\infty} \frac{2l+1}{4\pi} S_l(x) P_l(\mu), \end{cases} \quad (3.7.3a)$$

其中

$$
\begin{cases}
\varphi_l(x) = 2\pi \int_{-1}^{1} \mathrm{d}\mu \varphi(x,\mu) P_l(\mu), \\[3mm]
S_l(x) = 2\pi \int_{-1}^{1} \mathrm{d}\mu s(x,\mu) P_l(\mu).
\end{cases}
\tag{3.7.3b}
$$

将 (3.7.3) 式两边用 $P_l(\mu)$ 乘并对 μ 积分, 得到

$$
\frac{\mathrm{d}}{\mathrm{d}x}\left[2\pi \int_{-1}^{1} \mu P_l(\mu)\varphi(x,\mu)\mathrm{d}\mu\right] + \Sigma_{\mathrm{t}}(x)\varphi_l(x) = \Sigma_l(x)\varphi_l(x) + S_l(x),
\tag{3.7.4}
$$

其中用到 Legendre 多项式的正交关系

$$
\int_{-1}^{1} \mathrm{d}\mu P_l(\mu) P_{l'}(\mu) = \frac{2}{2l+1}\delta_{ll'}.
$$

再利用恒等式

$$
\mu P_l(\mu) = \frac{l+1}{2l+1}P_{l+1}(\mu) + \frac{l}{2l+1}P_{l-1}(\mu)
$$

就可以把 (3.7.4) 式改写为

$$
\frac{l+1}{2l+1}\frac{\mathrm{d}\varphi_{l+1}}{\mathrm{d}x} + \frac{l}{2l+1}\frac{\mathrm{d}\varphi_{l-1}}{\mathrm{d}x} + [\Sigma_{\mathrm{t}}(x) - \Sigma_l(x)]\varphi_l(x) = S_l(x), l = 0,1,2,\cdots
\tag{3.7.5}
$$

这组无限多个常微分方程与原来的输运方程 (3.7.1) 式等价.

如果 (3.7.5) 式中 l 只取到 N 为止, 那么它就成为关于 $N+2$ 个未知量 φ_0, $\varphi_1,\cdots,\varphi_N$, φ_{N+1} 的 $N+1$ 个常微分方程. 为使它封闭, 取 $\varphi_{N+1} \equiv 0$, 于是得到方程组

$$
\begin{cases}
\dfrac{l+1}{2l+1}\dfrac{\mathrm{d}\varphi_{l+1}}{\mathrm{d}x} + \dfrac{l}{2l+1}\dfrac{\mathrm{d}\varphi_{l-1}}{\mathrm{d}x} + [\Sigma_{\mathrm{t}}(x) - \Sigma_l(x)]\varphi_l(x) = S_l(x), \\[2mm]
l = 0,1,\cdots,N, \\[2mm]
\varphi_{N+1} = 0.
\end{cases}
\tag{3.7.6}
$$

此式称为 P_N **方程组**. 它是关于 $N+1$ 个 (非零的) 未知量 φ_0, φ_1, $\cdots$, φ_N 的 $N+1$ 个常微分方程组. 例如 P_1 方程组就是

$$
\begin{cases}
\dfrac{\mathrm{d}\varphi_1}{\mathrm{d}x} + [\Sigma_{\mathrm{t}}(x) - \Sigma_0(x)]\varphi_0 = S_0, \\[2mm]
\dfrac{1}{3}\dfrac{\mathrm{d}\varphi_0}{\mathrm{d}x} + [\Sigma_{\mathrm{t}}(x) - \Sigma_1(x)]\varphi_1 = S_1.
\end{cases}
\tag{3.7.7}
$$

如果源是各向同性的, 那么就有 $S_1 = 0$, (3.7.7) 式可以写成扩散方程的形式:

$$
-\frac{\mathrm{d}}{\mathrm{d}x}\left[\frac{1}{3\Sigma_{\mathrm{tr}}(x)}\frac{\mathrm{d}\varphi_0}{\mathrm{d}x}\right] + \Sigma_{\mathrm{a}}(x)\varphi_0 = S_0,
\tag{3.7.8}
$$

其中

$$\Sigma_{\rm tr}(x) = \Sigma_{\rm t}(x) - \Sigma_1(x),$$

$$\Sigma_{\rm a}(x) = \Sigma_{\rm t}(x) - \Sigma_0(x),$$

$\Sigma_{\rm tr}(x)$ 叫做宏观**输运截面**.

P_N 方程组的边界条件可以从输运方程相应的边界条件导出. 例如, 无限远处边界条件

$$\lim_{|x|\to\infty} \varphi(x,\mu) = 0$$

就要求 $\varphi_l(x)$ 满足边界条件

$$\lim_{|x|\to\infty} \varphi_l(x) = \lim_{|x|\to\infty} 2\pi \int_{-1}^{1} {\rm d}\mu \varphi(x,\mu) P_l(\mu) = 0;$$

再如从两种介质交界面上的连续性条件

$$\varphi_{\rm I}(x_s,\mu) = \varphi_{\rm II}(x_s,\mu), \quad x_s \text{ 在界面上}$$

就可以推出

$$\varphi_{l\rm I}(x_s) = \varphi_{l\rm II}(x_s), \quad x_s \text{ 在界面上}.$$

真空或自由表面边界条件比较复杂一些. 我们结合 Milne 问题来讨论这种边界条件. 从这个例子也可以看出 P_N 方程组解的结构.

由 (2.15.1) 至 (2.15.3) 各式, 可写出 Milne 问题中的输运方程和边界条件:

$$\mu\frac{\partial\varphi}{\partial x} + \varphi(x,\mu) = \frac{c}{2}\int_{-1}^{1} {\rm d}\mu'\varphi(x,\mu'), \tag{3.7.9}$$

$$\varphi(x,\mu) \sim O({\rm e}^{\kappa_0 x}), \quad \text{当 } x \to \infty \text{ 时}, \tag{3.7.10}$$

$$\varphi(0,\mu) = 0, \quad \text{对于 } 0 \leqslant \mu \leqslant 1. \tag{3.7.11}$$

利用本节介绍的方法, 可以得到 $\varphi_l(x)$ 所满足的线性常微分方程组:

$$\frac{l+1}{2l+1}\frac{{\rm d}\varphi_{l+1}}{{\rm d}x} + \frac{l}{2l+1}\frac{{\rm d}\varphi_{l-1}}{{\rm d}x} + (1-c\delta_{l0})\varphi_l(x) = 0, \quad l = 0, 1, \cdots, N. \tag{3.7.12}$$

令

$$\varphi_l(x) = a_l {\rm e}^{-\kappa x}$$

并代入 (3.7.12) 式中, 可得

$$\kappa l a_{l-1} + (2l+1)(1-c\delta_{l0})a_l + \kappa(l+1)a_{l+1} = 0, \quad l = 0, 1, \cdots, N$$

在 P_N 近似下, 它给出确定 κ 的**特征方程:**

$$\begin{vmatrix} 1-c & \kappa & 0 & 0 & \cdots & 0 \\ \kappa & 3 & 2\kappa & 0 & \cdots & 0 \\ 0 & 2\kappa & 5 & 3\kappa & \cdots & 0 \\ 0 & 0 & 3\kappa & 7 & \cdots & 0 \\ \vdots & \vdots & \vdots & \vdots & \cdots & 2N+1 \end{vmatrix} = 0. \qquad (3.7.13)$$

显然, 只要 $c \neq 1$, 那么 $\kappa = 0$ 就不是 (3.7.13) 式的根. 利用行列式的性质, 可以将 (3.7.13) 式改写为

$$\det\left[\mathbf{A} + \frac{1}{\kappa}\mathbf{I}\right] = 0.$$

其中 $\mathbf{I}$ 是单位矩阵, 而

$$\mathbf{A} = \begin{bmatrix} 0 & \dfrac{1}{\sqrt{3}\sqrt{1-c}} & 0 & 0 & \cdots \\ \dfrac{1}{\sqrt{3}\sqrt{1-c}} & 0 & \dfrac{2}{\sqrt{3\cdot 5}} & 0 & \cdots \\ 0 & \dfrac{2}{\sqrt{3\cdot 5}} & 0 & \dfrac{3}{\sqrt{5\cdot 7}} & \cdots \\ 0 & 0 & \dfrac{3}{\sqrt{5\cdot 7}} & 0 & \cdots \\ \vdots & \vdots & \vdots & \vdots & 0 \end{bmatrix}.$$

由于 $\mathbf{A}$ 是实对称矩阵, 所以它的本征值都是实数, 也就是说, 特征根 κ 都是实数. 将 (3.7.13) 式中 l 为奇数的行与列同时变号, 可以使所有的 κ 换成 $-\kappa$ 而其余元素不变, 可见特征根 κ 是一正一负成对出现的. 容易发现, 当 N 为奇数时, (3.7.13) 式是关于 κ 的 $N+1$ 次方程, 因此有 $N+1$ 个根 $\pm\kappa_j$ $\left(j = 0, 1, \cdots, \dfrac{N-1}{2}\right)$, 设 $0 < \kappa_0 \leqslant \kappa_1 \leqslant \kappa_2 \leqslant \cdots \leqslant \kappa_{\frac{N-1}{2}}$. 但是, 当 N 从奇数增加 1 成为偶数时, (3.7.13) 式中 κ 的次数并不增加, 因此根的数目也不增加, 只是根的值发生变化. 我们先讨论 N 为奇数的情况. 这时, 可以求得 P_N 方程组的 $N+1$ 个线性独立的解:

$$\varphi_l^{(0\pm)}(x) = a_l^{(0\pm)}\mathrm{e}^{\pm\kappa_0 x}, \quad \varphi_l^{(\pm j)}(x) = a_l^{(\pm j)}\mathrm{e}^{\pm\kappa_j x}, \quad j = 1, 2, \cdots, \frac{N-1}{2}.$$

所以 P_N 方程组的通解是

$$\varphi_l(x) = \sum_{j=0\pm, \pm 1, \cdots, \pm\frac{N-1}{2}} A_j a_l^{(j)}\mathrm{e}^{-\kappa_j x},$$

其中 A_j 是待定的常数. 于是 Milne 问题的近似解可以写成

$$\varphi(x,\mu) = \sum_{l=0}^{N} \frac{2l+1}{4\pi} \varphi_l(x) P_l(\mu) = \sum_j A_j \mathrm{e}^{-\kappa_j x} \times \left[\sum_{l=0}^{N} \frac{2l+1}{4\pi} a_l^{(j)} P_l(\mu)\right].$$

记

$$\psi_j(\mu) = \sum_{l=0}^{N} \frac{2l+1}{4\pi} a_l^{(j)} P_l(\mu). \tag{3.7.14}$$

则

$$\varphi(x,\mu) = \sum_j A_j \mathrm{e}^{-\kappa_j x} \psi_j(\mu). \tag{3.7.15}$$

考虑到边界条件 (3.7.10), 解就应当写成

$$\varphi(x,\mu) = A_{0-}\psi_{0-}(\mu)\mathrm{e}^{\kappa_0 x} + A_{0+}\psi_{0+}(\mu)\mathrm{e}^{-\kappa_0 x} + \sum_{j=1}^{(N-1)/2} A_j \psi_j(\mu)\mathrm{e}^{-\kappa_j x}. \tag{3.7.16}$$

由于方程 (3.7.9) 和边界条件 (3.7.10) 及 (3.7.11) 式都是齐次的, 所以它的解乘一非零常数仍是解. 不妨假定 $A_{0-}=1$, 于是由 (3.7.11) 式知

$$\varphi(0,\mu) = \psi_{0-}(\mu) + A_{0+}\psi_{0+}(\mu) + \sum_{j=1}^{(N-1)/2} A_j\psi_j(\mu) = 0, \quad 0 \leqslant \mu \leqslant 1. \tag{3.7.17}$$

这里共有 $\dfrac{N+1}{2}$ 个待定的系数, 故需要 $\dfrac{N+1}{2}$ 个条件. 但是 (3.7.17) 式中虽然包含前 $N+1$ 个 Legendre 多项式

$$P_0(\mu), \quad P_l(\mu), \cdots, P_N(\mu),$$

我们却不能从它得到 $N+1$ 个条件. 这是因为, 我们只要求 (3.7.17) 式在 $0 \leqslant \mu \leqslant 1$ 上成立; 如果让所有 $N+1$ 个 $P_l(\mu)$ 的系数都等于零, 那 (3.7.17) 式就会在 $-1 \leqslant \mu \leqslant 1$ 上成立了. 事实上, 在 $0 \leqslant \mu \leqslant 1$ 的区间上, 只取奇阶的 Legendre 多项式 $P_1(\mu)$, $P_3(\mu), \cdots$, 就已经构成了完备正交组, 因而在 P_N 近似下可以依次用前 $\dfrac{1}{2}(N+1)$ 个奇阶 Legendre 多项式乘 (3.7.17) 式两边并对 μ 从 0 到 1 积分, 得到 $\dfrac{1}{2}(N+1)$ 个条件来确定 $\dfrac{1}{2}(N+1)$ 个待定系数. 这样就把边界条件 (3.7.11) 式归结成条件:

$$\int_0^1 \mathrm{d}\mu \varphi(0,\mu) P_l(\mu) = 0, \quad l = 1, 3, \cdots, N \tag{3.7.18}$$

(3.7.18) 式称为**Marshak 边界条件**. 当然, 偶阶的 Legendre 多项式 $P_0(\mu), P_2(\mu)$,
$P_4(\mu), \cdots$ 也构成 $0 \leqslant \mu \leqslant 1$ 区间上的完备正交组. 但是, 通常倾向于采用 l 为奇数
时得出的边界条件 (3.7.18), 这是因为当 $l = 1$ 时, (3.7.18) 式所给出的条件

$$\int_0^1 \mathrm{d}\mu\varphi(0,\mu)P_1(\mu) = J_+(0) = 0 \tag{3.7.18a}$$

保证了进入介质的粒子总数为零.

回过头来看, N 是偶数的情况下, 会有什么困难发生. 显然这时与 (3.7.17) 式
相当的方程中会有 $\dfrac{N}{2} + 1$ 个待定系数, 但它所包含的 Legendre 多项式最高只到 N
阶, 其中奇阶只有 $\dfrac{N}{2}$ 个, 因此 Marshak 边界条件不足以确定所有 $\dfrac{N}{2} + 1$ 个系数, 除
非改取 $\dfrac{N}{2} + 1$ 个偶阶的 Legendre 多项式来构成边界条件. 所以, 通常用 P_N 近似
时只取 N 为奇数.

另一种由 (3.7.17) 式确定 $\dfrac{1}{2}(N + 1)$ 个待定系数的方法是取 $P_{N+1}(\mu) = 0$ 的
$\dfrac{1}{2}(N + 1)$ 个正根 μ_i:

$$P_{N+1}(\mu_i) = 0, \quad i = 1, 2, \cdots, \frac{N+1}{2};$$

并令

$$\varphi(0,\mu_i) = 0, \quad i = 1, 2, \cdots, \frac{N+1}{2}. \tag{3.7.19}$$

由此可决定所有待定系数. (3.7.19) 式称为**Mark 边界条件**.顺便指出, 如果 N 取为
偶数, Mark 边界条件的应用也会遇到麻烦. 可以证明, Mark 边界条件相当于把真
空看成纯吸收介质. 另外, Mark 边界条件使 P_N 方程组可以直接和离散纵标方程组
发生联系 (见下节).

Marshak 边界条件由于自动包括了由外界进入介质的粒子总数为零这一条件,
所以在低阶 P_N 近似中给出的结果较好. 但在高阶 P_N 近似中, Marshak 条件却包
含了 Mark 条件中不存在的某种任意性, 因此结果不如后者. 经验证明, 当 $N \gtrsim 5$
时, Mark 条件就优于 Marshak 条件.

应用球谐函数法也可以求得球几何或柱几何情况下输运方程的近似解[9,21].

§3.8 P_N 方程和离散纵标方程的等价性

我们将证明, 在一定意义上, 用 Mark 边界条件(3.7.19) 的 P_N 方程和真空边界
条件下用 Gauss-Legendre 求积公式的 S_{N+1} 方程等价 (这里 N 是奇数). 我们仅讨
论一维平几何的情况.

由 (3.6.10) 式可以写出一维平几何中 S_{N+1} 方程:

$$\mu_m\frac{\partial\varphi(x,\mu_m)}{\partial x} + \Sigma_{\mathrm{t}}(x)\varphi(x,\mu_m)$$

$$= \sum_{l'=0}^{L}\frac{2l'+1}{4\pi}\Sigma_{l'}(x)P_{l'}(\mu_m)\widetilde{\varphi}_{l'}(x) + s(x,\mu_m), \quad m=1,2,\cdots,N+1; \quad (3.8.1)$$

其中

$$\widetilde{\varphi}_l(x) = 2\pi\sum_{m=1}^{N+1}w_m P_l(\mu_m)\varphi(x,\mu_m). \quad (3.8.2)$$

已经假定了 μ_m 按 Gauss-Legendre 求积公式选取, 即

$$P_{N+1}(\mu_m) = 0, \quad m=1,2,\cdots,N+1, \quad (3.8.3)$$

和真空边界条件:

$$\varphi(0,\mu_m) = 0, \quad \mu_m > 0. \quad (3.8.4)$$

用 $2\pi w_m P_l(\mu_m)(l=0,1,2,\cdots,N)$ 乘 (3.8.1) 式两边, 并对 m 求和, 可以得到

$$\frac{l+1}{2l+1}\frac{\mathrm{d}\widetilde{\varphi}_{l+1}}{\mathrm{d}x} + \frac{l}{2l+1}\frac{\mathrm{d}\widetilde{\varphi}_{l-1}}{\mathrm{d}x} + \Sigma_{\mathrm{t}}(x)\widetilde{\varphi}_l(x)$$

$$= 2\pi\sum_{l'=0}^{L}\frac{2l'+1}{4\pi}\Sigma_{l'}(x)\widetilde{\varphi}_{l'}(x)$$

$$\times \sum_{m=1}^{N+1}w_m P_l(\mu_m)P_{l'}(\mu_m) + \widetilde{S}_l(x), \quad l=0,1,2,\cdots,N. \quad (3.8.5)$$

式中

$$\widetilde{S}_l(x) = 2\pi\sum_{m=1}^{N+1}w_m P_l(\mu_m)s(x,\mu_m). \quad (3.8.6)$$

如果取 $L \leqslant N+1$, 那么 $l+l' \leqslant 2N+1$, 也就是说, $P_l(\mu) \times P_{l'}(\mu)$ 是不超过 $2N+1$ 次的多项式. Gauss 求积法对这样的函数的积分给出精确值, 即

$$\sum_{m=1}^{N+1}w_m P_l(\mu_m)P_{l'}(\mu_m) = \int_{-1}^{1}\mathrm{d}\mu P_l(\mu)P_{l'}(\mu) = \frac{2}{2l+1}\delta_{ll'}. \quad (3.8.7)$$

将它代入 (3.8.5) 式. 便得到

$$\frac{l+1}{2l+1}\frac{\mathrm{d}\widetilde{\varphi}_{l+1}}{\mathrm{d}x} + \frac{l}{2l+1}\frac{\mathrm{d}\widetilde{\varphi}_{l-1}}{\mathrm{d}x} + \Sigma_{\mathrm{t}}(x)\widetilde{\varphi}_l(x) = \Sigma_l(x)\widetilde{\varphi}_l(x) + \widetilde{S}_l(x), \quad l=0,1,2,\cdots,N.$$

$$(3.8.8)$$

将 (3.8.3) 式代入 (3.8.2) 式, 立即得到

$$\widetilde{\varphi}_{N+1}(x) = 0. \tag{3.8.9}$$

与 (3.7.6) 式比较, 很容易看出 (3.8.8) 式和 (3.8.9) 式就是 P_N 方程. 再把 (3.8.4) 式与 (3.7.19) 式比较, 可以看出离散纵标法的真空边界条件与 P_N 方程的 Mark 边界条件一致. 因此, 在一定意义上可以说:

$$S_{N+1} \text{ 方程} + \text{Gauss-Legendre 求积法} + \text{真空边界条件} \tag{3.8.10}$$

等价于

$$P_N \text{ 方程} + \text{Mark 边界条件}. \tag{3.8.11}$$

由 (3.8.6) 式及 (3.7.3b) 式可见, 离散纵标法中的 $\widetilde{S}_l(x)$ 与球谐函数法中的 $S_l(x)$ 并不严格相同, 因此用 S_{N+1} 方程求得的 $\widetilde{\varphi}_l(x)$ 与 P_N 方程求得的 $\varphi_l(x)$ 也不会严格相同. 我们所说的 (3.8.10) 与 (3.8.11) 的等价性, 只是指它们的方程与边界条件在形式上的一致性.

显然, 球谐函数法在数值计算中的应用可以归结为微分方程组 (3.7.6) 式的数值求解. 为说明简单起见, 我们假定 $\widetilde{\Sigma}_l \equiv \Sigma_t - \Sigma_l$ 与 x 无关. 将 (3.7.6) 的第一式对 x 求微商, 可得到

$$\varphi_l' = \frac{1}{\widetilde{\Sigma}_l} \left[S_l' - \frac{l+1}{2l+1} \varphi_{l+1}'' - \frac{l}{2l+1} \varphi_{l-1}'' \right] \tag{3.8.12}$$

这里用撇号 $'$ 表示对 x 的微商. 在上式中将 l 分别换成 $l-1$ 及 $l+1$, 并将所得结果重新代回 (3.7.6) 式, 便得到

$$a_l \varphi_l'' - \widetilde{\Sigma}_l \varphi_l = q_l, \tag{3.8.13}$$

式中

$$a_l = \frac{(l+1)^2}{(2l+1)(2l+3)\widetilde{\Sigma}_{l+1}} + \frac{l^2}{(2l+1)(2l-1)\widetilde{\Sigma}_{l-1}}, \tag{3.8.14}$$

$$q_l = \frac{l+1}{(2l+1)\widetilde{\Sigma}_{l+1}} \left[S_{l+1}' - \frac{l+2}{2l+3} \varphi_{l+2}'' \right] + \frac{1}{(2l+1)\widetilde{\Sigma}_{l-1}} \left[S_{l-1}' - \frac{l-1}{2l-1} \varphi_{l-2}'' \right] - S_1. \tag{3.8.15}$$

将 q_l 当成已知的, 用迭代法求解 (3.8.13) 式及 (3.8.15) 式, 问题就归结为常系数的二阶常微分方程 (3.8.13) 的求解. 只要对所有奇数 l 求解 (3.8.13) 式, 其余 φ_l 就可以通过 (3.7.6) 式得到.

§3.9 有 限 元 法

在讨论离散纵标法时, 我们曾将有限元法和离散纵标法结合, 代替常规差分法处理空间变量的计算问题. 现在进一步讨论在求解输运方程的过程中, 如何利用有限元法计算解对空间和角度变量二者的依赖关系. 为此, 先定义**有限元基函数**.

一维基函数是标准的 "尖顶" 函数:

$$\psi_i(x) = \begin{cases} \dfrac{x - x_{i-1}}{x_i - x_{i-1}}, & x_{i-1} \leqslant x \leqslant x_i, \\[2mm] \dfrac{x_{i+1} - x}{x_{i+1} - x_i}, & x_i \leqslant x \leqslant x_{i+1}, \\[2mm] 0, & x \text{ 在其他处}. \end{cases} \tag{3.9.1}$$

即 $\psi_i(x)$ 仅当 $x_{i-1} \leqslant x \leqslant x_{i+1}$ 时不恒等于零; 当 x 由 x_{i-1} 增至 x_i 时, $\psi_i(x)$ 由零值开始线性增长至 1; 然后当 x 再由 x_i 增至 x_{i+1} 时, $\psi_i(x)$ 又由等于 1 线性减少至零.

对于角度变量 μ, 也可以同样定义基函数 $\psi_j(\mu)$:

$$\psi_j(\mu) = \begin{cases} \dfrac{\mu - \mu_{j-1}}{\mu_j - \mu_{j-1}}, & \mu_{j-1} \leqslant \mu \leqslant \mu_j, \\[2mm] \dfrac{\mu_{j+1} - \mu}{\mu_{j+1} - \mu_j}, & \mu_j \leqslant \mu \leqslant \mu_{j+1}, \\[2mm] 0, & \mu \text{ 在其他处}. \end{cases} \tag{3.9.2}$$

与空间节点 i 及角度节点 j 相应的基函数通过直积表示出

$$\psi_{ij}(x, \mu) = \psi_i(x)\psi_j(\mu). \tag{3.9.3}$$

对于多维有限元, 基函数也可以表示成多个一维基函数的直积. 由**有限元基函数**作为基底所张的空间称为**有限元子空间**. 有限元子空间是有限维的.

为说明有限元法在求解输运方程时的应用, 先考虑一个简单例子, 即一维平几何情形下的输运方程 (3.7.3):

$$\mu\frac{\partial \varphi}{\partial x} + \Sigma_t(x)\varphi(x, \mu) = \sum_{l=0}^{L} \frac{2l+1}{2} \Sigma_l(x) P_l(\mu)$$

$$\times \int_{-1}^{1} \mathrm{d}\mu' P_l(\mu')\varphi(x, \mu') + s(x, \mu), \tag{3.9.4}$$

其中求和的上限写成 L, 这是因为数值计算时总取有限项. 设所考虑的系统是 $0 \leqslant$

$x \leqslant 1$ 的均匀平板, 边界条件假定为

$$\varphi(1,\mu) = \varphi_0(\mu), \quad \mu < 0; \tag{3.9.5}$$

$$\varphi(0,\mu) = \varphi(0,-\mu). \tag{3.9.6}$$

用基函数 $\psi_{ij}(x,\mu)$ 乘 (3.9.4) 式两边, 并对 x 从 0 到 1 积分, 对 μ 从 -1 到 1 积分, 可得到

$$\int_0^1 \mathrm{d}x \int_{-1}^1 \mathrm{d}\mu \psi_{ij}(x,\mu) \left[\mu \frac{\partial \varphi}{\partial x} + \Sigma_{\mathrm{t}}(x) \varphi(x,\mu) \right]$$

$$- \int_0^1 \mathrm{d}x \int_{-1}^1 \mathrm{d}\mu \psi_{ij}(x,\mu) \sum_{l=0}^L \frac{2l+1}{2} \Sigma_l(x) P_l(\mu) \times \int_{-1}^1 \mathrm{d}\mu' P_l(\mu') \varphi(x,\mu')$$

$$= \int_0^1 \mathrm{d}x \int_{-1}^1 \mathrm{d}\mu \psi_{ij}(x,\mu) s(x,\mu). \tag{3.9.7}$$

通过分部积分, (3.9.7) 式中的流射项可以做如下变换:

$$\int_0^1 \mathrm{d}x \int_{-1}^1 \mathrm{d}\mu \psi_{ij} \mu \frac{\partial \varphi}{\partial x}$$

$$= - \int_0^1 \mathrm{d}x \int_{-1}^1 \mathrm{d}\mu \mu \varphi \frac{\partial \psi_{ij}}{\partial x} + \int_{-1}^1 \mathrm{d}\mu \mu [\varphi(x,\mu)\psi_{ij}(x,\mu)]_{x=0}^{x=1}$$

利用边界条件 (3.9.5) 式及 (3.9.6) 式, 可以得到

$$\int_{-1}^1 \mathrm{d}\mu \mu [\varphi(x,\mu)\psi_{ij}(x,\mu)]_{x=0}^{x=1} = \int_{-1}^0 \mathrm{d}\mu \mu \varphi_0(\mu)\psi_{ij}(1,\mu) + \int_0^1 \mathrm{d}\mu \mu \varphi(1,\mu)\psi_{ij}(1,\mu)$$

$$- \int_{-1}^0 \mathrm{d}\mu \mu \varphi(0,\mu)\psi_{ij}(0,\mu) + \int_{-1}^0 \mathrm{d}\mu \mu \varphi(0,\mu)\psi_{ij}(0,-\mu).$$

(3.9.7) 式中其他项的计算可以直接进行. 如果用有限元基函数把 $\varphi(x,\mu)$ 展开:

$$\varphi(x,\mu) = \sum_{k,l} \varphi_{kl} \psi_{kl}(x,\mu), \tag{3.9.8}$$

那么 (3.9.7) 式可以写成一组代数方程:

$$\sum_{k,l} A_{ij}^{kl} \varphi_{kl} = S_{ij}, \tag{3.9.9}$$

式中

$$A_{ij}^{kl} = -\int_0^1 dx \int_{-1}^1 d\mu \mu \psi_{kl} \frac{\partial \psi_{ij}}{\partial x} + \int_0^1 d\mu \mu \psi_{ij}(1,\mu) \psi_{kl}(1,\mu) - \int_{-1}^0 d\mu \mu \psi_{ij}(0,\mu) \psi_{kl}(0,\mu)$$

$$+ \int_{-1}^0 d\mu \mu \psi_{ij}(0,-\mu) \psi_{kl}(0,\mu) + \int_0^1 dx \int_{-1}^1 d\mu \Sigma_t \psi_{ij} \psi_{kl}$$

$$- \sum_{l=0}^L \frac{2l+1}{2} \int_0^1 dx \Sigma_l(x) \int_{-1}^1 d\mu \psi_{ij}(x,\mu) P_l(\mu) \times \int_{-1}^1 d\mu' \psi_{kl}(x,\mu') P_l(\mu'),$$

$$S_{ij} = \int_0^1 dx \int_{-1}^1 d\mu s(x,\mu) \psi_{ij}(x,\mu) - \int_{-1}^0 d\mu \mu \psi_{ij}(1,\mu) \psi_0(\mu).$$

由于 $\psi_{ij}(x,\mu)$ 已取成 $\psi_i(x)$ 和 $\psi_j(\mu)$ 直积的形式, 所以 A_{ij}^{kl} 和 S_{ij} 中的许多项都很容易积分. 求出这些系数之后, φ_{kl} 就可以通过 (3.9.9) 式用解联立代数方程组的数值方法解出.

很自然地会提出一个问题: 如果 $\varphi(x,\mu)$ 是定解问题 (3.9.4)$\sim$(3.9.6) 的解, 那么 $\{\varphi_{kl}\}$ 当然应当满足方程 (3.9.9); 但是反过来, 如果 $\{\varphi_{kl}\}$ 满足 (3.9.9) 式, 那么由 (3.9.8) 式给出的 $\varphi(x,\mu)$ 是否能成为 (3.9.4)$\sim$(3.9.6) 式的近似解呢?

为探讨这个问题, 我们将从更一般形式的输运方程 (3.6.7) 出发

$$\hat{\boldsymbol{\Omega}} \cdot \frac{\partial \varphi}{\partial \boldsymbol{r}} + \Sigma_t(\boldsymbol{r}) \varphi(\boldsymbol{r}, \hat{\boldsymbol{\Omega}}) = \int d\hat{\boldsymbol{\Omega}}' \Sigma(\boldsymbol{r}, \hat{\boldsymbol{\Omega}}' \cdot \hat{\boldsymbol{\Omega}}) \varphi(\boldsymbol{r}, \hat{\boldsymbol{\Omega}}') + s(\boldsymbol{r}, \hat{\boldsymbol{\Omega}}). \quad (3.9.10)$$

假定边界条件是非齐次的:

$$\varphi(\boldsymbol{r}_s, \hat{\boldsymbol{\Omega}}) = \varphi_0(\boldsymbol{r}_s, \hat{\boldsymbol{\Omega}}), \quad \text{当 } \boldsymbol{r}_s \text{ 在边界上而 } \hat{\boldsymbol{\Omega}} \cdot \hat{e}_s < 0 \text{ 时.} \quad (3.9.11)$$

这里 $\hat{e}_s$ 是边界 $\boldsymbol{r}_s$ 处的外法向单位矢.

引进记号:

$R =$ 所考虑的空间区域;

$4\pi =$ 立体角区域;

$V = R \times 4\pi =$ 相空间区域;

$\partial R = R$ 的边界;

$\Gamma = \partial R \times 4\pi = V$ 的边界;

再用 Γ^+ 及 Γ^- 分别记 Γ 中 $\hat{\boldsymbol{\Omega}} \cdot \hat{e}_s > 0$ 及 $\hat{\boldsymbol{\Omega}} \cdot \hat{e}_s < 0$ 的部分. 我们假定只考虑实函数 $\psi(\boldsymbol{r}, \hat{\boldsymbol{\Omega}})$, 而且限定

$$\iint_V d\boldsymbol{r} d\hat{\boldsymbol{\Omega}} \left[\psi^2 + (\nabla \psi)^2 \right]$$

存在; 这样的函数所张成的空间记为 H_E. 此外, 对于任意 $f, g \in H_E$, 定义内积

$$(f, g) = \iint_V \mathrm{d}\boldsymbol{r}\mathrm{d}\hat{\boldsymbol{\Omega}} \, f(\boldsymbol{r}, \hat{\boldsymbol{\Omega}})g(\boldsymbol{r}, \hat{\boldsymbol{\Omega}}),$$

$$\langle f, g \rangle = \int_\Gamma \mathrm{d}S\mathrm{d}\hat{\boldsymbol{\Omega}} \, \hat{\boldsymbol{\Omega}} \cdot \hat{e}_s f(\boldsymbol{r}_s, \hat{\boldsymbol{\Omega}})g(\boldsymbol{r}_s, \hat{\boldsymbol{\Omega}}),$$

$$\langle f, g \rangle_\pm = \int_{\Gamma\pm} \mathrm{d}S\mathrm{d}\hat{\boldsymbol{\Omega}} \, |\hat{\boldsymbol{\Omega}} \cdot \hat{e}_s| f(\boldsymbol{r}_s, \hat{\boldsymbol{\Omega}})g(\boldsymbol{r}_s, \hat{\boldsymbol{\Omega}}),$$

显然有 $\langle f, g \rangle = \langle f, g \rangle_+ - \langle f, g \rangle_-$.

定义碰撞算子 K, 使

$$Kf(\boldsymbol{r}, \hat{\boldsymbol{\Omega}}) \equiv \Sigma_\mathrm{t}(\boldsymbol{r})f(\boldsymbol{r}, \hat{\boldsymbol{\Omega}}) - \int \mathrm{d}\hat{\boldsymbol{\Omega}}' \Sigma(\boldsymbol{r}, \hat{\boldsymbol{\Omega}}' \cdot \hat{\boldsymbol{\Omega}})f(\boldsymbol{r}, \hat{\boldsymbol{\Omega}}'),$$

则方程 (3.9.10) 可以写成

$$\hat{\boldsymbol{\Omega}} \cdot \nabla\varphi + K\varphi = s. \tag{3.9.12}$$

用任意 $\psi(\boldsymbol{r}, \hat{\boldsymbol{\Omega}}) \in H_E$ 乘 (3.9.12) 式并积分过 V, 得到

$$(\hat{\boldsymbol{\Omega}} \cdot \nabla\varphi, \psi) + (K\varphi, \psi) = (s, \psi). \tag{3.9.13}$$

注意到

$$(\hat{\boldsymbol{\Omega}} \cdot \nabla\varphi, \psi) = \langle\varphi, \psi\rangle - (\varphi, \hat{\boldsymbol{\Omega}} \cdot \nabla\psi)$$

(3.9.13) 式可以写成

$$-(\varphi, \hat{\boldsymbol{\Omega}} \cdot \nabla\psi) + \langle\varphi, \psi\rangle + (K\varphi, \boldsymbol{\psi}) = (s, \psi). \tag{3.9.14}$$

但边界项 $\langle\varphi, \psi\rangle = \langle\varphi, \psi\rangle_+ - \langle\varphi, \psi\rangle_-$, 而从 Γ^- 上的边界条件 (3.9.11) 知道

$$\langle\varphi, \psi\rangle_- = \langle\varphi_0, \psi\rangle_-.$$

因此 (3.9.14) 式可以写成

$$-(\varphi, \hat{\boldsymbol{\Omega}} \cdot \nabla\psi) + \langle\varphi, \psi\rangle_+ + (K\varphi, \psi) = (s, \psi) + \langle\varphi_0, \psi\rangle_-. \tag{3.9.15}$$

从我们的推导过程看出, 定解问题 (3.9.10), (3.9.11) 在 H_E 内的解一定满足 (3.9.15) 式.

现在我们来证明**输运方程的积分律**: 若存在一个函数 $\varphi(x, \hat{\boldsymbol{\Omega}}) \in H_E$, 对于所有 $\psi(\boldsymbol{r}, \hat{\boldsymbol{\Omega}}) \in H_E$, (3.9.15) 式都得到满足, 那么 $\varphi(\boldsymbol{r}, \hat{\boldsymbol{\Omega}})$ 就是 (3.9.10)、(3.9.11) 的解.

证明并不困难. 事实上, 通过分部积分, 可从 (3.9.15) 式得到

$$(\hat{\boldsymbol{\Omega}} \cdot \nabla\varphi, \psi) + (K\varphi, \psi) + \langle\varphi, \psi\rangle_{-} = (s, \psi) + \langle\varphi_0, \psi\rangle_{-}. \qquad (3.9.16)$$

由于 (3.9.16) 式对所有 $\psi \in H_E$ 都成立, 那么, 对于 H_E 中 $\psi(\Gamma^{-}) = 0$ 的所有函数 ψ 也应成立; 我们把这样的函数所张成的空间记为 H_E^B, 则

$$(\hat{\boldsymbol{\Omega}} \cdot \nabla\varphi, \psi) + (K\varphi, \psi) = (s, \psi)$$

对所有 $\psi \in H_E^B$ 成立, 因此

$$\hat{\boldsymbol{\Omega}} \cdot \nabla\varphi + K\varphi = s.$$

这说明 φ 满足 (3.9.10) 式. 将上式代入 (3.9.16) 式, 又得到

$$\langle\varphi - \varphi_0, \psi\rangle_{-} = 0, \quad \text{对所有 } \psi \in H_E.$$

因此在 Γ^{-} 上 $\varphi = \varphi_0$, 即 φ 也满足 (3.9.11) 式. 这样, 积分律就得到了证明.

在用有限元法求解 (3.9.15) 式时, 要引进**有限元基函数**

$$\psi_i(\boldsymbol{r}, \hat{\boldsymbol{\Omega}})(i = 1, 2, \cdots, N),$$

这里 i 已包括了所有脚标. 假定

$$\varphi(\boldsymbol{r}, \hat{\boldsymbol{\Omega}}) = \sum_{j=1}^{N} \varphi_j \psi_j(\boldsymbol{r}, \hat{\boldsymbol{\Omega}}), \qquad (3.9.17)$$

这就限制了 $\varphi(\boldsymbol{r}, \hat{\boldsymbol{\Omega}})$ 只在 H_E 的一个子空间 H_s 中. H_s 是由基函数 $\{\psi_i\}$ 所张的空间, 称为**有限元子空间**. 我们认为在有限元子空间中, 积分律可以近似成立; 所以可以通过在这子空间中求解 (3.9.15) 式来得到 (3.9.10) 及 (3.9.11) 式的近似解.

为保证 (3.9.15) 式对于所有 $\psi \in H_s$ 成立, 只须要求它对于 H_s 的基底 $\psi_i(\boldsymbol{r}, \hat{\boldsymbol{\Omega}})$ $(i = 1, 2, \cdots, N)$ 成立就够了. 就是说, 只须要求有

$$-\left(\sum_{j=1}^{N} \varphi_j \psi_j, \hat{\boldsymbol{\Omega}} \cdot \nabla\psi_i\right) + \left\langle\sum_{j=1}^{N} \varphi_j \psi_j, \psi_i\right\rangle + \left(K\sum_{j=1}^{N} \varphi_j \psi_j, \psi_i\right)$$

$$= (s, \psi_i) + \langle\varphi_0, \psi_i\rangle_{-}, \ i = 1, 2, \cdots, N. \qquad (3.9.18)$$

交换积分与求和的次序, 可以把这个方程组写成矩阵的形式

$$\sum_{j=1}^{N} A_{ij}\varphi_j = S_i, \qquad (3.9.19)$$

其中

$$A_{ij} = -(\psi_j, \hat{\boldsymbol{\Omega}} \cdot \nabla\psi_i) + \langle\psi_j, \psi_i\rangle_+ + (K\psi_j, \psi_i), \quad S_i = (s, \psi_i) + \langle\varphi_0, \psi_i\rangle_-.$$

这样, 问题就归结为求解线性代数方程组 (3.9.19). 在我们原来考虑的一维平几何的简单例子中, 方程组 (3.9.9) 正好是 (3.9.19) 式的一个特例.

§3.10　Monte Carlo 方法的基本原理

我们首先以测定 π 值的投针实验为例来说明 Monte Carlo 方法的基本原理. 设在单位正方形内有一内切圆. 如果把针均匀地投在正方形内, 则针落入圆内的概率为

$$p = \frac{\pi/4}{1} = \frac{\pi}{4}.$$

如果投针 N 次, 其中有 M 次落入圆内, 则

$$p \approx \frac{M}{N}.$$

因此

$$\pi = 4p \approx 4M/N.$$

可见, 通过大量的投针实验, 统计命中圆内次数所占比率, 就可以求得 π 的近似值. 实验次数 N 越大, 结果就越精确. 这个简单例子说明 Monte Carlo 方法的基本点是:

(i) 建立与所考虑问题相应的一个**随机模型**, 在其中形成某个**随机变量**, 使它的某个数字特征 (如概率、期望值、$\cdots$) 正好是问题的解;

(ii) 按模型进行大量的**随机实验**, 从而获得随机变量的大量**抽样值**, 用统计方法作出所求数字特征的**估计值**, 就是问题的近似解.

为讨论用 Monte Carlo 方法求解问题时的精确度, 我们来计算下面定积分:

$$D = \int_a^b f(x)Z(x)\mathrm{d}x, \tag{3.10.1}$$

其中

$$f(x) \geqslant 0, \quad \int_a^b f(x)\mathrm{d}x = 1. \tag{3.10.2}$$

根据 (3.10.2) 式, 我们可以把 $f(x)$ 看成是 $[a, b]$ 上的一个概率分布函数. 如果定义在 $[a, b]$ 上的随机变量 η 服从概率分布 $f(x)$, 那么 $Z(\eta)$ 的**期望值**就是

$$E[Z(\eta)] = \int_a^b f(x)Z(x)\mathrm{d}x.$$

如果能够找到一种方法产生按 $f(x)$ 分布的样本 $\eta^{(1)}, \eta^{(2)}, \cdots, \eta^{(N)}$, 就可以用

$$Z_N = \frac{1}{N} \sum_{i=1}^{N} Z(\eta^{(i)})$$

作为 $E[Z(\eta)]$ 的估计值. 它就是所求定积分的近似值. 由于这个估计值是随机的, 所以它的误差也只是指在给定概率保证下的误差, 即概率误差. 用 $P(A)$ 表示事件 A 发生的概率, 则

$$P\left(\left| \frac{Z_N - E[Z(\eta)]}{E[Z(\eta)]} \right| \leqslant \varepsilon \right) \geqslant p$$

就意味着以概率 p 保证 Z_N 与真值 $E[Z(\eta)]$ 的**相对误差**小于 ε.

根据中心极限定理, 有

$$\lim_{N \to \infty} P\left(\left| \frac{Z_N - E[Z(\eta)]}{\sqrt{\sigma^2/N}} \right| < x \right) = \sqrt{\frac{2}{\pi}} \int_0^x \mathrm{e}^{-t^2/2} \mathrm{d}t$$

其中 σ^2 是随机变量 $Z(\eta)$ 的**方差**. 当 N 充分大时, 可以认为

$$P\left(\left| \frac{Z_N - E[Z(\eta)]}{\sigma/\sqrt{N}} \right| < x \right) = \sqrt{\frac{2}{\pi}} \int_0^x \mathrm{e}^{-t^2/2} \mathrm{d}t,$$

也就是

$$P\left(\left| \frac{Z_N - E[Z(\eta)]}{E[Z(\eta)]} \right| < \frac{x\sigma}{|E[Z(\eta)]|\sqrt{N}} \right) = \sqrt{\frac{2}{\pi}} \int_0^x \mathrm{e}^{-t^2/2} \mathrm{d}t.$$

记

$$\varepsilon = \frac{x\sigma}{|E[Z(\eta)]|\sqrt{N}},$$

$$p = \sqrt{\frac{2}{\pi}} \int_0^x \mathrm{e}^{-t^2/2} \mathrm{d}t.$$

当给定 x 值时, 容易求出相应的 ε 与 p 值:

x	p	ε
1	0.6827	$\sigma(|E[Z(\eta)]|\sqrt{N})^{-1}$
2	0.9545	$2\sigma(|E[Z(\eta)]|\sqrt{N})^{-1}$
3	0.9973	$3\sigma(|E[Z(\eta)]|\sqrt{N})^{-1}$
4	0.9999	$4\sigma(|E[Z(\eta)]|\sqrt{N})^{-1}$

通常取 $p = 95\%$, 于是得到误差公式:

$$\varepsilon = \frac{2\sigma}{|E[Z(\eta)]|\sqrt{N}}. \tag{3.10.3}$$

这一原则称为**2σ 原则**. 在这误差公式中, 近似取

$$E[Z(\eta)] \approx \frac{1}{N} \sum_{i=1}^{N} Z(\eta^{(i)}),$$

$$\sigma^2 = E[Z^2(\eta)] - (E[Z(\eta)])^2 \approx \frac{1}{N} \sum_{i=1}^{N} Z^2(\eta^{(i)}) - \left[\frac{1}{N} \sum_{i=1}^{N} Z(\eta^{(i)}) \right]^2.$$

于是 (3.10.3) 式就成为

$$\varepsilon = 2 \left\{ \frac{\displaystyle\sum_{i=1}^{N} Z^2(\eta^{(i)})}{\left[\displaystyle\sum_{i=1}^{N} Z(\eta^{(i)}) \right]^2} - \frac{1}{N} \right\}^{1/2}. \tag{3.10.4}$$

在误差公式 (3.10.3) 式中, $E[Z(\eta)]$ 和 σ^2 都是由随机模型本身决定的. 因此, 一旦随机实验方案确定, 误差 ε 就只和实验次数 N 有关. 由于 $\varepsilon \propto \dfrac{1}{\sqrt{N}}$, 所以收敛速度是比较慢的. 一般只要求 $\varepsilon \sim 5\% \sim 10\%$. 为减小误差, 应选择 σ^2 尽可能小的随机模型.

在推导误差公式的过程中未涉及空间的维数、积分区域的复杂性、被积函数的光滑性等, 这说明 Monte Carlo 方法在求解问题时的误差大小同这些因素无关. 因此, Monte Carlo 方法特别适宜于维数高、几何形状复杂、被积函数行为恶劣的问题计算. 例如, 当计算一个 s 维空间的积分

$$A = \int_V f(x_1, x_2, \cdots, x_s) \mathrm{d}x_1 \mathrm{d}x_2 \cdots \mathrm{d}x_s$$

[这里 V 代表 s 维正方体: $0 \leqslant x_i \leqslant 1$, $i = 1, 2, \cdots, s$.] 时, 如果用离散点上被积函数值加权求和的方法作数值计算, 即以

$$\sum_{i=1}^{N} w_i f(x_1^{(i)}, x_2^{(i)}, \cdots, x_s^{(i)})$$

作为 A 的近似值, 那么可以证明, 在用矩形公式时计算误差是

$$\varepsilon_N = O(N^{-1/s});$$

对于有 r 阶连续偏导数并且这些偏导数在 V 上一致有界的函数 f, 如果构造出最合理的求积公式, 所得最佳近似的计算误差阶是

$$\varepsilon_N = O(N^{-r/s}).$$

而用 Monte Carlo 方法计算, 其误差阶如前所述为

$$\varepsilon_N = O(N^{-1/2}).$$

两种方法相比较, 当工作量基本相等 (同样 N) 时, 如果 $s > 2r$, 用 Monte Carlo 方法所得结果的误差便较小. 因此, Monte Carlo 方法适用于

$$s > 2r$$

的情况. 但由于构造收敛阶较高的求积公式有困难, 所以当 $s \geqslant 4$ 时, 一般就倾向于使用 Monte Carlo 方法.

为在数字计算机上实现 Monte Carlo 方法, 首先必须产生在 $[0,1]$ 区间上均匀分布的**随机数**. 现代计算机上通常产生的是 "**伪随机数**", 它虽然不是严格的随机数, 但对于通常的计算已经可以认为合乎要求了. 我们不打算详细说明随机数的产生方法, 而只限于说明如何利用计算机上产生的随机数进行 Monte Carlo 计算.

仍以本节开头提出的投针实验为例. 先在电子计算机上产生一对相互独立地在 $[0,1]$ 上均匀分布的随机变量的抽样值 r_1, r_2; 针是否落入圆内等价于不等式

$$\left(r_1 - \frac{1}{2}\right)^2 + \left(r_2 - \frac{1}{2}\right)^2 \leqslant \left(\frac{1}{2}\right)^2$$

是否成立. 如果产生 N 对随机数, 其中有 M 对满足上述不等式, 则 π 的近似值就由 $4M/N$ 给出.

经常需要按某个给定的分布函数 $p(x)$ 产生随机变量的抽样值 x. 这里和以下的 "分布函数" 实际上都指概率论中的 "密度函数". 在计算机上产生随机数 x, 其分布函数恰好是 $p(x)$; 这个步骤称为从分布函数 $p(x)$ 抽样 x. 对于给定的分布函数 $p(x)$, 通常用以下几种方法产生抽样值 x.

设**离散型**随机变量 x 分别以概率 p_j 取值 $x_j, j = 1, 2, \cdots$, 而且

$$\sum_{j=1}^{\infty} p_j = 1.$$

那么, 可以先在机器上产生一个 $[0,1]$ 上均匀分布的随机数 r; 如果 $r < p_1$, 则取 $x = x_1$; 如果 $p_1 \leqslant r < p_1 + p_2$, 则取 $x = x_2$; $\cdots$; 依此类推, 如果 $\sum_{j=1}^{i-1} p_j \leqslant r < \sum_{j=1}^{i} p_j$, 则取 $x = x_i$. 这样, 就实现了从分布 p_j 抽样 x_j.

再设 $f(x)$ 是定义在 $x \in [a,b]$ 上的随机变量 x 的分布函数, 则

$$\xi = \int_a^x f(x') \mathrm{d}x'$$

唯一确定 x 作为 ξ 的函数. 显然 ξ 是在 $[0,1]$ 上均匀分布的随机变量. 如果能够求得 $\xi = \xi(x)$ 的**反函数**

$$x = \varphi(\xi),$$

那么, 先在机器上产生在 $[0,1]$ 上均匀分布的随机数 ξ, 相应的 x 就取值 $\varphi(\xi)$. 这样就实现了从分布函数 $f(x)$ 中抽样 x.

如果不能求得上述反函数的具体形式, 那么这种作法就有困难. 这时可以采用**舍选法**. 设 x 的取值范围是 $[a,b]$, $f(x)$ 的上确界是 f_m. 令 $f_1(x) = f(x)/f_m$. 在计算机中产生两个 $[0,1]$ 上均匀分布的随机数 r_1, r_2. 令 $x = a + r_1(b-a)$, 则 x 就是 $[a,b]$ 上均匀分布的随机数. 若 $r_2 \leqslant f_1(x)$, 则保留 x; 若 $r_2 > f_1(x)$, 则舍弃 x. 重复这一过程多次, 保留下来的 x 就是从分布函数 $f(x)$ 产生的抽样.

舍选法可以推广到**多维空间**上的分布函数. 若 $f(x)$ 是 s 维区域上的分布函数, 则每次要产生 $s+1$ 个随机数 $r_1, r_2, \cdots, r_{s+1}$, 由 s 个决定样本的位置, 由 1 个决定取舍. 舍选法的效率可以定义为被选用的样本 x 的数目与总实验次数的比值. 一般来说, 只有当效率大于 $1/2$ 时才适于使用舍选法.

§3.11* Monte Carlo 方法对粒子输运问题的应用[22,23]

1) 直接物理模拟法. 由于粒子输运是个随机过程, 所以可以用随机抽样法来进行模拟. 让我们举两个例子来说明上节所介绍的离散型和连续型随机抽样法在不同的粒子输运问题中的应用.

例一 能量为 E 的中子在和 ^{235}U 核发生碰撞时, 有可能产生弹性散射 (p_1)、非弹性散射 (p_2)、俘获 (p_3)、裂变 (p_4)、$(n, 2n)$ 反应 (p_5) 及 $(n, 3n)$ 反应 (p_6). 这里我们按照顺序给各种反应编了号, 并用 p_i 表示产生第 i 种反应的概率. 如果要确定某次碰撞中产生的是哪种反应, 就可以应用上节讨论过的离散型随机变量抽样法: 在 $[0,1]$ 区间按均匀分布产生一个随机数 r; 如果有

$$\sum_{j=1}^{i-1} p_j \leqslant r < \sum_{j=1}^{i} p_j,$$

就可确定该次碰撞中产生的是第 i 次反应.

例二 求粒子在宏观总截面为 Σ_t 的介质中的穿透距离 x. 从输运理论知道, 穿透距离的分布函数为

$$f(x) = \Sigma_t e^{-\Sigma_t x}.$$

应用上节关于连续变量随机抽样的讨论, 令

$$\xi = \int_0^x f(x')\mathrm{d}x' = 1 - \mathrm{e}^{-\Sigma_t x},$$

可解出反函数为

$$x = -\Sigma_t^{-1}\ln(1 - \xi).$$

由于 ξ 是 $[0,1]$ 区间上均匀分布的随机变量, 所以 $r = 1 - \xi$ 仍然是这区间上均匀分布的随机变量. 因此, 只要在计算机上产生一随机数 r, 就可以得到穿透距离的抽样值:

$$x = -\Sigma_t^{-1}\ln r.$$

可见, 在简单问题中, 利用随机抽样的直接模拟法是简单易行而且物理意义清楚的. 但是, 由于实际问题中往往牵涉到许多需要进行随机抽样的元过程, 而为了要得到整个问题的可信结果, 往往要求抽样的数目过多, 同时为模拟各种元过程所需存储的物理数据也过多, 所以直接物理模拟法的应用受到较大的限制, 而不能不转向下面要介绍的以积分方程形式的输运方程为基础的 Monte Carlo 计算.

2) 基于求解积分方程的 Monte Carlo 法. 我们在 §2.4 中介绍了输运方程的多种积分方程形式. 这些方程可以概括地简写为

$$f(x) = \int \mathrm{d}x' K(x', x)f(x') + \widetilde{s}(x) \tag{3.11.1}$$

这里 x 代表了分布函数 f 所依赖的全部宗量,

$$K(x', x) \geqslant 0, \quad \widetilde{s}(x) \geqslant 0.$$

记

$$\gamma(x') = \int \mathrm{d}x K(x', x),$$
$$\beta(x', x) = \frac{K(x', x)}{\gamma(x')},$$
$$s_0 = \int \mathrm{d}x \widetilde{s}(x),$$
$$s(x) = \frac{\widetilde{s}(x)}{s_0}.$$

则 (3.11.1) 式可以改写为

$$f(x) = \int \mathrm{d}x' \gamma(x')\beta(x', x)f(x') + s_0 s(x). \tag{3.11.2}$$

注意, 这样引入的 $s(x)$ 和 $\beta(x', x)$ 是归一化了的:

$$\int s(x)\mathrm{d}x = 1, \quad \int \beta(x', x)\mathrm{d}x = 1. \tag{3.11.3}$$

按照 §2.6 中介绍的方法, 可以写出 (3.11.2) 式的 Neumann 级数解:

$$f(x) = \sum_{n=0}^{\infty} f_n(x), \tag{3.11.4}$$

其中

$$f_0(x) = s_0 s(x) \tag{3.11.5}$$

$$f_n(x) = \int \mathrm{d}x' \gamma(x') \beta(x', x) f_{n-1}(x'), \quad n = 1, 2, \cdots \tag{3.11.6}$$

级数(3.11.4) 收敛的条件 (2.6.9) 在这里意味着,

$$\gamma(x') < 1 \tag{3.11.7}$$

至少应当几乎处处成立.

假设我们要计算的是某个物理量的期望值, 那么就归结为泛函

$$J = \int \mathrm{d}x g(x) f(x) \tag{3.11.8}$$

的计算. 将 (3.11.4)~(3.11.6) 式代入 (3.11.8) 式中, 可以得到

$$J = \sum_{n=0}^{\infty} \int \cdots \int \mathrm{d}x_0 \mathrm{d}x_1 \cdots \mathrm{d}x_n s_0 s(x_0) \cdot \gamma(x_0)\beta(x_0, x_1) \cdots \cdot \gamma(x_{n-1})\beta(x_{n-1}, x_n)g(x_n).$$

记

$$p_n(x_0, x_1, \cdots, x_n) = s(x_0)\beta(x_0, x_1) \cdots \beta(x_{n-1}, x_n), \tag{3.11.9}$$

$$\omega_n(x_0, x_1, \cdots, x_n) = s_0 \gamma(x_0) \cdots \gamma(x_{n-1})g(x_n), \tag{3.11.10}$$

则有

$$J = \sum_{n=0}^{\infty} \int \cdots \int \mathrm{d}x_0 \cdots \mathrm{d}x_n \omega_n(x_0, \cdots, x_n)p_n(x_0, \cdots, x_n). \tag{3.11.11}$$

从 (3.11.3) 式容易看出

$$\int \cdots \int \mathrm{d}x_0 \cdots \mathrm{d}x_n p_n(x_0, \cdots, x_n) = 1.$$

因此可以把 $p_n(x_0, \cdots, x_n)$ 看成概率分布函数, 并且按这个分布函数以随机游动方式 (见后) 逐个产生随机变量 $x_0, \cdots, x_n$ 的抽样值, 于是

$$J = \sum_{n=0}^{\infty} E_n[\omega_n]$$

$$\approx \sum_{n=0}^{\infty} \left[\frac{1}{N} \sum_{i=1}^{N} \omega_n(x_0^{(i)}, \cdots, x_n^{(i)}) \right], \qquad (3.11.12)$$

其中 $E_n[\omega_n]$ 表示按 p_n 分布求得的 ω_n 的期望值. 交换求和的顺序, 可得

$$J = \frac{1}{N} \sum_{i=1}^{N} \omega^{(i)}, \qquad (3.11.13)$$

其中

$$\omega^{(i)} = \sum_{n=0}^{\infty} \omega_n(x_0^{(i)}, \cdots, x_n^{(i)}). \qquad (3.11.14)$$

这里的无限求和在计算时只能做到有限项. 注意到条件 (3.11.7), 从 (3.11.10) 式可见, ω_n 随 n 的增大而减小. 所以, 可以按所需要的精确度给出一个标准, 当 ω_n 的值小于这一标准时, 就把级数 (3.11.14) 截断. 这样截断当然会引起偏差. 我们可以用 "赌" 的方法来得到无偏估计: 即给定 $p_r \in (0,1)$, 当 ω_n 小于给定的标准时, 在计算机上产生一个 $[0,1]$ 区间上的随机数 ξ, 若 $\xi > p_r$, 则终止随机游动; 若 $\xi < p_r$, 则继续游动, 权重增加到 $\dfrac{1}{p_r}$ 倍. 通常取 p_r 为 10^{-1} 或 10^{-2}. 由于 ω_n 的宗量是随机变量, 所以每次达到截断标准时所取的项数并不总是一样的.

根据以上分析, J 的具体计算应当按照下列步骤 (前面五步说明上面提到过的随机游动方式) 进行:

(i) 按分布 $s(x_0)$ 产生抽样值 x_0;

(ii) 计算 $\gamma(x_0)$ 和 $g(x_0)$, 从而求得 ω_0;

(iii) 按分布 $\beta(x_0, x_1)$ 产生抽样值 x_1;

(iv) 计算 $\gamma(x_1)$ 和 $g(x_1)$, 从而求得 ω_1;

(v) 重复 (iii), (iv) 的步骤, 依次求得 $\omega_2, \omega_3, \cdots$, 直到 ω_n 小于事先给定的标准时, 用 "赌" 法终止游动;

(vi) 由这一组 $\{\omega_n\}$ 求得其和 ω, 作为 $\omega^{(1)}$;

(vii) N 次重复步骤 (i) 至 (vi), 求得 $\omega^{(2)}, \omega^{(3)}, \cdots, \omega^{(N)}$;

(viii) 将所有 $\omega^{(i)}$ 求平均, 得到 J.

上述求 J 的步骤称为**逐项积分方法**. 当 $\gamma(x)$ 充分小时, 级数(3.11.14) 式收敛得很快, 这个方法容易得到较好的结果.

求解输运方程 (3.11.2) 的一种改进方法称为**输运游戏方法**[23]. 它的步骤是:

(i) 由 $s(x_0)$ 抽样 x_0;

(ii) 计算 $\gamma(x_0)$;

(iii) 产生 $[0,1]$ 上的随机数 ξ; 若 $\xi > \gamma(x_0)$, 则游戏终止; 若 $\xi < \gamma(x_0)$, 则由 $\beta(x_0, x_1)$ 抽样 x_1;

(iv) 重复步骤 (ii), (iii), 直至游戏终止, 得到状态序列 $x_0, x_1, \cdots, x_M$;

(v) J 的一个无偏估计是

$$J^{(1)} = \frac{s_0 g(x_M)}{1 - \gamma(x_M)};$$

(vi) 多次重复步骤 (i) 至 (v), 对求得的 $J^{(i)}$ 求平均, 得到 J.

为证明步骤 (v) 中得到的 $J^{(1)}$ 是积分 (3.11.8) 式的一个无偏估计, 考虑预先指定 M 值时, 在 $(x_0, x_1, \cdots, x_M)$ 的邻域 $\mathrm{d}x_0 \mathrm{d}x_1 \cdots \mathrm{d}x_M$ 内得到状态序列的概率 $\mathrm{d}P_M$. 按游戏步骤可知

$$\mathrm{d}P_M = [s(x_0)\mathrm{d}x_0] \cdot [\gamma(x_0)\beta(x_0, x_1)\mathrm{d}x_1] \cdots [\gamma(x_{M-1})\beta(x_{M-1}, x_M)\mathrm{d}x_M][1 - \gamma(x_M)]$$
$$= s(x_0) K(x_0, x_1) \cdots K(x_{M-1}, x_M) \times [1 - \gamma(x_M)]\mathrm{d}x_0 \mathrm{d}x_1 \cdots \mathrm{d}x_M.$$

但 M 本身也是随机的, 所以当不限定 M 时, $J^{(1)}$ 是下面积分的无偏估计:

$$\sum_{M=0}^{\infty} \int \frac{s_0 g(x_M)}{1 - \gamma(x_M)} \mathrm{d}P_M.$$

容易证明, 这个积分就是 (3.11.8) 式.

输运游戏方法比逐项积分法的计算量稍小. 这两种方法都借助于随机游动方案求得序列 $x_0, x_1, \cdots, x_M$. 基于随机游动方案的计算方法还有一些, 这里不再一一介绍.

3) 降低方差的技巧. 最后讨论如何降低 Monte Carlo 方法所得近似值的概率误差. 按我们曾经导出的 (3.10.3) 式,

$$\varepsilon = \frac{2\sigma}{|E[Z]|\sqrt{N}}, \tag{3.11.15}$$

当 N 增加时, ε 下降得并不快, 同时 N 的增加也受到计算量的限制及计算机所产生伪随机数周期的限制. 因此, 降低方差 σ^2 是应用 Monte Carlo 方法时为降低概率误差而经常要考虑的问题. 各种降低方差的技巧, 其实质都是着重考虑相空间中那些对所求量贡献最大的区域, 使它的抽样频率最大.

一种降低方差的技巧是**加权抽样**. 以计算积分 (3.10.1) 式为例, 我们希望降低

$$\sigma^2 = E[Z^2] - E^2[Z], \tag{3.11.16}$$

为此, 我们从另一分布函数 $f_r(x)$ 来抽样, 同时对每一点 x_i 的 Z 值加权 $w(x_i) = f(x_i)/f_r(x_i)$, 即记 x_i 处的样本值为

$$Z_r(x_i) = w(x_i)Z(x_i) = Z(x_i)f(x_i)/f_r(x_i).$$

这样可以保持期望值不变:

$$E[Z_r] = \int_a^b \mathrm{d}x f_r(x) Z_r(x)$$
$$= \int_a^b \mathrm{d}x f(x) Z(x) = E(Z).$$

但

$$E[Z_r^2] = \int_a^b \mathrm{d}x f_r(x) [Z_r(x)]^2$$
$$= \int_a^b \mathrm{d}x \frac{f(x)}{f_r(x)} f(x) [Z(x)]^2 \neq E[Z^2],$$

因此方差不同:

$$\sigma_r^2 = E[Z_r^2] - E^2[Z_r] = E[Z_r^2] - E^2[Z] \neq \sigma^2.$$

如果选取 $f_r(x)$ 使

$$f_r(x) = \frac{f(x)Z(x)}{E[Z]},$$

那么 $\sigma_r^2 = 0$. 当然, $E(Z)$ 正是我们要计算的积分 (3.10.1), 事先并不知道, 所以在实际上做不到. 但从上式可以得到启发, 即抽样时所用的分布函数最好和被积函数 $f(x)Z(x)$ 成比例, 使得对积分贡献大的地方抽样的概率也大. 所以我们应当尽可能好地选取 $f_r(x)$, 使

$$\frac{f_r(x)}{|f(x)Z(x)|} \sim \text{常数}; \tag{3.11.17}$$

譬如在有的情况下, 可选取 $f(x)Z(x)$ 的 Taylor 展开的前几项 (在归一化了之后) 作为 $f_r(x)$. 当条件 (3.11.17) 接近满足时, 方差就可以明显降低.

在输运问题中用**价值函数**(又称**重要性函数**)$I(x)$ 作权重来作加权抽样时, 也能使方差降为零. 这种抽样技巧被称为**重要抽样**. 事实上, 当我们用输运游戏方法计

算积分 (3.11.8) 时, 实质上是从 $f(x)$(经过归一化) 抽样 x, 从 $g(x)$(带一定权重) 的值得到 J 的估计值. 因此可以设想, 应取

$$f_r(x) \infty f(x)I(x),$$

$I(x)$ 是待求的价值函数. 用

$$\frac{I(x)}{\displaystyle\int \widetilde{s}(x')I(x')\mathrm{d}x'}$$

乘 (3.11.1) 式两边, 可以得到

$$f_r(x) = s_r(x) + \int f_r(x')K'(x',x)\mathrm{d}x',$$

其中

$$f_r(x) = \frac{f(x)I(x)}{\displaystyle\int \widetilde{s}(x')I(x')\mathrm{d}x'},$$

$$s_r(x) = \frac{I(x)\widetilde{s}(x)}{\displaystyle\int \widetilde{s}(x')I(x')\mathrm{d}x'},$$

$$K'(x',x) = \frac{I(x)}{I(x')}K(x',x). \tag{3.11.18}$$

于是 (3.11.8) 式成为

$$J = \left[\int I(x')\widetilde{s}(x')\mathrm{d}x'\right]\int f_r(x)\frac{g(x)}{I(x)}\mathrm{d}x.$$

用输运游戏方法求得状态历史 $x_0, x_1, \cdots, x_M$ 及 J 的估计值

$$J' = \left[\int I(x')\widetilde{s}(x')\mathrm{d}x'\right]\frac{g(x_M)}{I(x_M)}\frac{1}{1-\gamma'(x_M)}, \tag{3.11.19}$$

其中

$$\gamma'(x) = \int K'(x,x')\mathrm{d}x'. \tag{3.11.20}$$

可以证明, 如果取 $I(x)$ 为下面方程的解

$$I(x) = g(x) + \int I(x')K(x,x')\mathrm{d}x', \tag{3.11.21}$$

那么估计值 J' 的方差就是零, 即一次随机游动就能得到 J 的准确结果. (3.11.21) 式称为 (3.11.1) 式的伴随方程. 事实上, 从 (3.11.20) 式知道

$$1 - \gamma'(x_M) = 1 - \int K'(x_M, x') \mathrm{d}x'.$$

利用 (3.11.18) 式及 (3.11.21) 式, 可将上式化为

$$1 - \gamma'(x_M) = \frac{g(x_M)}{I(x_M)}. \tag{3.11.22}$$

将上式代入 (3.11.19) 式, 可知 J' 是常数, 因此方差为零. 这说明理论上存在一个价值函数, 它是伴随方程 (3.11.21) 的解, 当用它加权时, 可使输运游戏解具有零方差. 如果伴随方程 (3.11.21) 式比原方程 (3.11.1) 更好求解, 那么利用 $I(x)$ 作加权函数就能使我们比较容易地算出积分 J; 如果能找到 $I(x)$ 的某种近似形式, 就能在用它作加权函数时显著降低方差. 顺便指出, 从 (3.11.1) 式及其伴随方程 (3.11.21), 很容易导出

$$J = \int f(x)g(x)\mathrm{d}x = \int \widetilde{s}(x)I(x)\mathrm{d}x,$$

而这也正是上面将 (3.11.22) 式代入 (3.11.19) 式后可以得出的结果.

　　另一种降低方差的技巧是 "**分裂**" 和 "**赌**". 以厚平板对辐射的屏蔽问题为例: 设 $x = 0$ 和 $x = a$ 是厚度为 a 的无限平板的左、右表面; 平板由带吸收的介质组成; 在其左侧有辐射源 $s(E, \mu)$, 使强度已知, 具有已知能量分布和方向分布的辐射射入介质; 问题是求穿透辐射的强度及其方向和能量分布. 将平板分为 L 层, 设各层分界面为 $x = a_l(l = 0, 1, 2, \cdots, L)$, 而

$$0 = a_0 < a_1 < a_2 < \cdots < a_L = a.$$

当 a 远大于粒子在介质中的平均自由程时, 从直观上讲, 粒子到达某层后, 如果该层越靠近 $x = a$, 穿透的可能性就越大; 反之, 如果该层离 $x = a$ 越远, 穿透的可能性就越小. 因此, 我们应当对靠近 $x = a$ 的情况仔细观察, 而对远离 $x = a$ 的情况粗略观察. 为此, 可以用 "分裂" 和 "赌" 的技巧. 具体作法是: 当一个粒子从左到右时, 每通过一层, 就 "分裂" 一次, 1 个变成 $\nu(\nu > 1)$ 个; 每个粒子的能量相同, 方向也保持不变, 但权重变成原来的 $\frac{1}{\nu}$, 然后对每个粒子继续跟踪; 而当粒子由右向左运动时, 可以用 "赌" 的技巧: 每通过一层就在计算机上产生一个 $[0,1]$ 上均匀分布的随机数 ξ, 如果 $\xi > \frac{1}{\nu}$, 则放弃这个粒子; 如果 $\xi < \frac{1}{\nu}$, 则将权重变成 ν 倍, 继续跟踪. 显然这种作法对结果是无偏的. 实际上, 可以对问题中的每个区域给一个价值指数, 以便确定如何应用 "分裂" 或 "赌" 的技巧. 对于球几何, 可对半径分层. 此外, 还可对能量空

间和方向空间分层. 只要运用得当, 这些分层方式也能降低方差. "分裂" 和 "赌" 技巧是最常用的方差降低法. 由于它们使模拟的概率分布不变, 所以是用起来最保险的方差降低法.

　　第三种降低方差的技巧称为**统计估计法**. 仍以屏蔽问题为例, 通常实际问题中穿透率都很小. 如果穿透率为 10^{-6}, 那么平均要跟踪 10^6 个粒子才能有一个穿透, 无效计算的样本数过大. 假设粒子和介质碰撞时只有散射和吸收两种可能, 其宏观截面分别是 Σ_s 和 Σ_a, 令 $\Sigma_t = \Sigma_s + \Sigma_a$. 如果我们在每次碰撞时都用产生的 $[0,1]$ 间均匀分布的随机数 ξ 与 $q_r = \Sigma_s/\Sigma_t$ 相比较, 并认为粒子在 $\xi < q_r$ 时被散射, $\xi > q_r$ 时被吸收, 那么许多粒子都会在穿透以前被吸收而终止历史. 如果人为地在每次碰撞时都将粒子分成两部分, 一部分被散射, 一部分被吸收, 但被散射的那部分权重改为原来粒子权重的 q_r 倍, 然后继续跟踪. 这样就可能提高效率. 假定粒子经 M 步穿透, 其每一步到达的位置是 $x_0, x_1, \cdots, x_M$. 取初始粒子权重为 $w_0 = 1$, 经过 m 次碰撞后它的权重变为 $w_m = q_r^m$. 这种作法称为**简单加权法**, 它可以减小方差. 但是, 这种方法对于粒子的游动历史 $x_0, x_1, \cdots, x_M$ 的信息尚未充分利用. 现在设 p_m 表示经过 m 次碰撞穿透屏蔽的概率, 则穿透率 p 可表示为

$$p = \sum_{m=0}^{\infty} p_m.$$

对于一次随机游动, 到第 m 步时权重为 w_m. 设 α_m 是粒子第 m 次碰撞后速度方向与 x 轴的夹角, 那么在第 m 步之后不经碰撞而穿透的概率 p_m 可以写成

$$p_m = \begin{cases} w_m \exp[-\Sigma_t(a - x_m)/\cos\alpha_m], & \cos\alpha_m > 0 \\ 0, & \cos\alpha_m < 0 \end{cases}$$

于是可以更充分地利用粒子游动的历史而求得穿透率 p. 这种方法就是**统计估计法**.

　　一般讲, 方差的降低常常伴随着每次碰撞计算时间增加和每次游动历史中碰撞数目的增多. 因此, 降低方差虽然重要, 但实际应用中最重要的还是对所求目标量选取最有效的估计量, 使乘积 $\sigma^2 c$ 尽可能小, 其中 σ^2 是估计量的方差, c 是跟踪单个粒子的计算量.

　　Monte Carlo 计算结果带有统计不确定性, 但这并不妨碍它获得广泛的应用. 实践表明, 只要采取恰当的降低方差的技巧, 那么跟踪 $10^3 \sim 10^4$ 个粒子, 一般就能对通常问题获得精度约 10% 的结果. 为了对给定问题选择一个最合适的估计量 (使 $\sigma^2 c$ 最小), 关键之点在于能事前对不同估计量的方差作出估计. 然而, 一般来说, 估计量的方差总是通过源分布和输运核函数的积分去表示的. 由于处理起来太麻烦, 所以它无论在实际计算或理论分析方面都没有多大价值. 1976 年 Amster 等 [25] 关

于 Monte Carlo 输运计算中统计误差的预测的工作, 被认为是这方面工作的一个突破. 他们在模拟随机游动中, 引入了对目标量贡献的矩的概念, 并且导出了相应的积分方程; 只要顺次求解关于一阶矩与二阶矩的两个耦合的积分方程, 就能得到估计量的方差. 尽管这些方程的求解也很困难, 但仍可成功地用来进行不同估计量方差的比较. 1980 年, Lux[26] 利用统计误差的预测理论, 给出了一个非模拟游动比直接模拟方差小的充分条件; 并在某些简化条件下, 从效率观点考察了估计反应率与漏失概率中的预期漏失概率法与统计估计法, 得出了前者不如后者有效的明确结论.

第四章　Boltzmann 方程

§4.1　从 Liouville 方程到 Boltzmann 方程

本章将更深入、更仔细地讨论 Boltzmann 方程. 它是我们要讨论的第一种非线性输运方程. 和线性输运方程不一样, 非线性输运方程的解法还很不成熟, 精确解的求得也更为困难, 较为实用的还是一些近似解法. 不过, 非线性输运方程的研究已经成为当前输运理论研究的前沿, 有着巨大的理论和实际意义, 正在受到各方面科学工作者的重视.

Boltzmann 方程是稀薄气体动力学的基本方程. 在非平衡统计力学建立的初期, Boltzmann 方程起了奠基的作用. 尽管今天非平衡统计力学已不仅仅限于讨论稀薄气体, 但稀薄气体仍然是一个比较简单而又带有某种普遍意义的物理模型, 因此 Boltzmann 方程在非平衡统计力学中仍然有重要的理论意义.

在第一章中曾经指出, 从 Liouville 方程推导输运方程是比较彻底的办法: 这样做不仅能够得到输运方程的正确形式, 而且由于推导过程中需要引进某些假设, 因此从这些假设就可以知道输运方程适用的范围和成立的条件. 现在就来进行从 Liouville 方程导出 Boltzmann 方程的讨论.

假定系统由 N 个全同粒子组成, 那么 N **粒子分布函数** $P_N(r_1, v_1; r_2, v_2; \cdots; r_N, v_N; t)$ 满足 Liouville 方程 $\Big[$参见 (1.2.4), 注意变量 p 换成了 $v = \dfrac{p}{m}\Big]$, 即

$$\frac{\partial P_N}{\partial t} + \sum_{i=1}^{N}\left[v_i \cdot \frac{\partial P_N}{\partial r_i} + \frac{F_i}{m} \cdot \frac{\partial P_N}{\partial v_i} \right] = 0, \tag{4.1.1}$$

其中 F_i 是第 i 个粒子上所受的力, m 是粒子的质量. 假设无外场而且分子 (以下认为所考虑的粒子就是气体分子) 间的相互作用只是二体作用, 将分子 i, j 之间的相互作用势记作 $U_{ij}, i \neq j$, 那么就有

$$F_i = -\sum_{j \neq i} \frac{\partial U_{ij}}{\partial r_i}. \tag{4.1.2}$$

由于 N 个粒子全同, 所以交换任意两分子的坐标和速度不会改变物理量的宏观值. 因此, 不失一般性, 总可以认为 N 粒子分布函数 P_N 关于 N 个粒子是对称的. 即使初始条件不对称, 也可以用对称化的初始条件 (将 P_N 对 N 个分子的坐标和速度作

所有 $N!$ 种可能的交换, 将所得结果求和再用 $N!$ 除) 来代替而不改变任何物理量的宏观值. 记 s **粒子分布函数**为

$$P_N^{(s)} \equiv \int \cdots \int P_N \prod_{i=s+1}^{N} \mathrm{d}\boldsymbol{r}_i \mathrm{d}\boldsymbol{v}_i, \quad 0 < s < N. \tag{4.1.3}$$

把 (4.1.2) 式代入 (4.1.1) 式, 可以得到

$$\frac{\partial P_N}{\partial t} + \sum_{i=1}^{N} \left[\boldsymbol{v}_i \cdot \frac{\partial P_N}{\partial \boldsymbol{r}_i} - \frac{\partial P_N}{\partial \boldsymbol{v}_i} \cdot \left(\frac{1}{m} \sum_{j \neq i} \frac{\partial U_{ij}}{\partial \boldsymbol{r}_i} \right) \right] = 0. \tag{4.1.4}$$

将此式对 $\prod\limits_{i=2}^{N} \mathrm{d}\boldsymbol{r}_i \mathrm{d}\boldsymbol{v}_i$ 积分, 求和之中会只剩下含有 $\dfrac{\partial}{\partial \boldsymbol{r}_1}$ 和 $\dfrac{\partial}{\partial \boldsymbol{v}_1}$ 的项, 其他项则可以化为相空间中无限远处的面积分而消失. 于是有

$$\frac{\partial P_N^{(1)}}{\partial t} + \boldsymbol{v}_1 \cdot \frac{\partial P_N^{(1)}}{\partial \boldsymbol{r}_1} = \frac{N-1}{m} \iint \frac{\partial U_{12}}{\partial \boldsymbol{r}_1} \cdot \frac{\partial P_N^{(2)}}{\partial \boldsymbol{v}_1} \mathrm{d}\boldsymbol{r}_2 \mathrm{d}\boldsymbol{v}_2. \tag{4.1.5}$$

右边计算时利用了 P_N 对称的条件, 使 $\sum\limits_{j \neq 1}$ 中 $N-1$ 项的贡献在积分后变成了 $j = 2$ 一项贡献的 $N - 1$ 倍. (4.1.5) 式是用 $P_N^{(2)}$ 表示出 $P_N^{(1)}$ 的方程. 若将 (4.1.4) 式积分过 $\prod\limits_{i=3}^{N} \mathrm{d}\boldsymbol{r}_i \mathrm{d}\boldsymbol{v}_i$, 就会得到

$$\frac{\partial P_N^{(2)}}{\partial t} + \boldsymbol{v}_1 \cdot \frac{\partial P_N^{(2)}}{\partial \boldsymbol{r}_1} + \boldsymbol{v}_2 \cdot \frac{\partial P_N^{(2)}}{\partial \boldsymbol{r}_2} - \frac{1}{m} \frac{\partial U_{12}}{\partial \boldsymbol{r}_1} \cdot \frac{\partial P_N^{(2)}}{\partial \boldsymbol{v}_1} - \frac{1}{m} \frac{\partial U_{12}}{\partial \boldsymbol{r}_2} \cdot \frac{\partial P_N^{(2)}}{\partial \boldsymbol{v}_2}$$

$$= \frac{N-2}{m} \iint \left[\frac{\partial P_N^{(3)}}{\partial \boldsymbol{v}_1} \cdot \frac{\partial U_{13}}{\partial \boldsymbol{r}_1} + \frac{\partial P_N^{(3)}}{\partial \boldsymbol{v}_2} \cdot \frac{\partial U_{23}}{\partial \boldsymbol{r}_2} \right] \mathrm{d}\boldsymbol{r}_3 \mathrm{d}\boldsymbol{v}_3. \tag{4.1.6}$$

这是用 $P_N^{(3)}$ 表示出 $P_N^{(2)}$ 的方程. 类似地, 可以得到用 $P_N^{(s+1)}$ 表出 $P_N^{(s)}$ 的方程 ($s = 1, 2, \cdots, N-1$); 这一系列方程先后由 Yvon(1935), Born 及 Green(1946 和 1947), Kirkwood (1946), 和 Bogoliubov(1946) 彼此独立地导出和讨论过, 所以被称为**BBGKY 系列.**

当 BBGKY 系列方程用于稀薄气体时, 注意到 $U_{ij}(r)$ 只在 $r = |\boldsymbol{r}_i - \boldsymbol{r}_j| \lesssim d$ 时才明显非零, 这里 d 是分子间的相互作用力程. 可见对 (4.1.6) 式右边的空间积分, 实际上只有 $|\boldsymbol{r}_3 - \boldsymbol{r}_1| \lesssim d$ 或 $|\boldsymbol{r}_3 - \boldsymbol{r}_2| \lesssim d$ 的区域才给出有意义的贡献, 这个区域的体积为 $O(d^3)$ 量级. 但是, 当 $P_N^{(3)}$ 在整个系统体积之中积分时, 有

$$\iint P_N^{(3)} \mathrm{d}\boldsymbol{r}_3 \mathrm{d}\boldsymbol{v}_3 = P_N^{(2)}.$$

所以

$$\frac{N-2}{m}\iint \frac{\partial P_N^{(3)}}{\partial \boldsymbol{v}_1}\cdot\frac{\partial U_{13}}{\partial \boldsymbol{r}_1}\mathrm{d}\boldsymbol{r}_3\mathrm{d}\boldsymbol{v}_3 \sim \frac{\partial U(r)}{\partial \boldsymbol{r}_1}\cdot\frac{\partial P_N^{(2)}}{\partial \boldsymbol{v}_1}\cdot\frac{d^3}{m\delta^3} \tag{4.1.7}$$

这里 δ 是分子间的平均距离, 而系统的体积 $\sim N\delta^3$. (4.1.7) 式与 (4.1.6) 式左边含 $\partial U/\partial r$ 的项相比是 $(d/\delta)^3$ 量级的, 所以当 $d/\delta \ll 1$ 时可以略去. 于是 (4.1.6) 式成为

$$\frac{\partial P_N^{(2)}}{\partial t}+\boldsymbol{v}_1\cdot\frac{\partial P_N^{(2)}}{\partial \boldsymbol{r}_1}+\boldsymbol{v}_2\cdot\frac{\partial P_N^{(2)}}{\partial \boldsymbol{r}_2}-\frac{1}{m}\frac{\partial U_{12}}{\partial \boldsymbol{r}_1}\cdot\frac{\partial P_N^{(2)}}{\partial \boldsymbol{v}_1}-\frac{1}{m}\frac{\partial U_{12}}{\partial \boldsymbol{r}_2}\cdot\frac{\partial P_N^{(2)}}{\partial \boldsymbol{v}_2}=0;$$

这式也可以简单地写成

$$\frac{\mathrm{d}P_N^{(2)}}{\mathrm{d}t}=0, \tag{4.1.8}$$

这里全微分是沿着这样一条相轨道, 其中 $\boldsymbol{r}_1,\boldsymbol{r}_2,\boldsymbol{v}_1,\boldsymbol{v}_2$ 随时间的变化满足以

$$H=\frac{p_1^2}{2m}+\frac{p_2^2}{2m}+U(|\boldsymbol{r}_1-\boldsymbol{r}_2|)$$

为 Hamilton 量的正则运动方程.

考虑碰撞前某时刻 t_0, 这时两分子间距离 $|\boldsymbol{r}_{10}-\boldsymbol{r}_{20}|=r_0$ 满足条件 $l_r \gg r_0 \gg d$, 这里 l_r 是分子平均自由程. 假定这时两个分子统计独立, 即

$$P_N^{(2)}(\boldsymbol{r}_{10},\boldsymbol{v}_{10};\boldsymbol{r}_{20},\boldsymbol{v}_{20};t_0)=P_N^{(1)}(\boldsymbol{r}_{10},\boldsymbol{v}_{10},t_0)P_N^{(1)}(\boldsymbol{r}_{20},\boldsymbol{v}_{20},t_0),$$

那么, 把 (4.1.8) 式沿相轨道从 t_0 到 t 积分, 可知

$$P_N^{(2)}(\boldsymbol{r}_1,\boldsymbol{v}_1;\boldsymbol{r}_2,\boldsymbol{v}_2;t)=P_N^{(1)}(\boldsymbol{r}_{10},\boldsymbol{v}_{10},t_0)P_N^{(1)}(\boldsymbol{r}_{20},\boldsymbol{v}_{20},t_0). \tag{4.1.9}$$

注意, $\boldsymbol{r}_{10},\boldsymbol{v}_{10}$ 及 $\boldsymbol{r}_{20},\boldsymbol{v}_{20}$ 是二分子为了在时刻 t 到达 $\boldsymbol{r}_1,\boldsymbol{v}_1$ 及 $\boldsymbol{r}_2,\boldsymbol{v}_2$ 的状态而在时刻 t_0 必须具有的坐标和速度, 所以 $\boldsymbol{r}_{10},\boldsymbol{r}_{20}$ 依赖于 $t-t_0,\boldsymbol{r}_1,\boldsymbol{r}_2,\boldsymbol{v}_1$ 和 $\boldsymbol{v}_2$. 而 $\boldsymbol{v}_{10}$ 和 $\boldsymbol{v}_{20}$ 依赖于 $\boldsymbol{r}_1,\boldsymbol{r}_2,\boldsymbol{v}_1$ 和 $\boldsymbol{v}_2$. 将 (4.1.9) 式代入 (4.1.5) 式, 并且记

$$n(\boldsymbol{r},\boldsymbol{v},t)=NP_N^{(1)}(\boldsymbol{r},\boldsymbol{v},t), \tag{4.1.10}$$

就可以得到

$$\frac{\partial n(\boldsymbol{r}_1,\boldsymbol{v}_1,t)}{\partial t}+\boldsymbol{v}_1\cdot\frac{\partial n(\boldsymbol{r}_1,\boldsymbol{v}_1,t)}{\partial \boldsymbol{r}_1}=C(n,n), \tag{4.1.11}$$

$$C(n,n)=\frac{1}{m}\iint\frac{\partial U_{12}}{\partial \boldsymbol{r}_1}\cdot\frac{\partial}{\partial \boldsymbol{v}_1}[n(\boldsymbol{r}_{10},\boldsymbol{v}_{10},t_0)n(\boldsymbol{r}_{20},\boldsymbol{v}_{20},t_0)]\mathrm{d}\boldsymbol{r}_2\mathrm{d}\boldsymbol{v}_2, \tag{4.1.12}$$

其中已将 (4.1.5) 式右边的系数 $N-1$ 近似取为 N. 考虑到 (4.1.12) 式的被积函数 仅在 $|\boldsymbol{r}_2-\boldsymbol{r}_1| \sim d$ 的范围内才重要, 而 n 在 l_r 的尺度上才可能有明显的变化, 因此 可以近似地略去 n 对 $\boldsymbol{r}_{10}$ 及 $\boldsymbol{r}_{20}$ 的依赖, 写成

$$C(n,n)=\frac{1}{m}\iint\frac{\partial U_{12}}{\partial \boldsymbol{r}_1}\cdot\frac{\partial}{\partial \boldsymbol{v}_1}[n(\boldsymbol{v}_{10},t_0)n(\boldsymbol{v}_{20},t_0)]\mathrm{d}\boldsymbol{r}_2\mathrm{d}\boldsymbol{v}_2.$$

但是从 (4.1.8) 式, 有

$$\left[\boldsymbol{v}_1 \cdot \frac{\partial}{\partial \boldsymbol{r}_1} + \boldsymbol{v}_2 \cdot \frac{\partial}{\partial \boldsymbol{r}_2} - \frac{1}{m} \frac{\partial U_{12}}{\partial \boldsymbol{r}_1} \cdot \frac{\partial}{\partial \boldsymbol{v}_1} - \frac{1}{m} \frac{\partial U_{12}}{\partial \boldsymbol{r}_2} \cdot \frac{\partial}{\partial \boldsymbol{v}_2} \right] n(\boldsymbol{v}_{10}, t_0) n(\boldsymbol{v}_{20}, t_0) = 0,$$

故

$$C(n,n) = \iint \boldsymbol{u} \cdot \frac{\partial}{\partial \boldsymbol{r}} [n(\boldsymbol{v}_{10}, t_0) n(\boldsymbol{v}_{20}, t_0)] \mathrm{d}\boldsymbol{r} \mathrm{d}\boldsymbol{v}_2, \tag{4.1.13}$$

其中 $\boldsymbol{r} = \boldsymbol{r}_1 - \boldsymbol{r}_2, \boldsymbol{u} = \boldsymbol{v}_1 - \boldsymbol{v}_2, \boldsymbol{v}_{10}$ 及 $\boldsymbol{v}_{20}$ 对 $\boldsymbol{r}_1$ 和 $\boldsymbol{r}_2$ 的依赖都通过 $\boldsymbol{r}$ 体现. 将 $\boldsymbol{r}$ 换成柱坐标分量 z, ρ, φ, 并取 z 轴沿 $\boldsymbol{u}$ 方向, 则

$$\boldsymbol{u} \cdot \frac{\partial}{\partial \boldsymbol{r}} = u \frac{\partial}{\partial z}.$$

将 (4.1.13) 式中对 z 的积分作出之后, 得到

$$C(n,n) = \iiint [n(\boldsymbol{v}_{10}, t_0) n(\boldsymbol{v}_{20}, t_0)]_{z=-\infty}^{z=\infty} u \rho \mathrm{d}\rho \mathrm{d}\varphi \mathrm{d}\boldsymbol{v}_2.$$

这里积分限 $z = \pm\infty$ 应理解为只是远大于分子间的作用力程 d, 其实还远小于分子平均自由程 l_r 的距离. 对于 $z = -\infty$, 到 t 时刻还没有发生碰撞, 因此有 $\boldsymbol{v}_{10} = \boldsymbol{v}_1, \boldsymbol{v}_{20} = \boldsymbol{v}_2$; 而对于 $z = \infty$, 则到 t 时刻已发生过碰撞, 因此 $\boldsymbol{v}_1$ 和 $\boldsymbol{v}_2$ 不仅与 $\boldsymbol{v}_{10}$ 及 $\boldsymbol{v}_{20}$ 有关, 还同碰撞参量 ρ 有关, 所以有 $\boldsymbol{v}_1 = \boldsymbol{v}_1(\rho, \boldsymbol{v}_{10}, \boldsymbol{v}_{20}), \boldsymbol{v}_2 = \boldsymbol{v}_2(\rho, \boldsymbol{v}_{10}, \boldsymbol{v}_{20})$, 由此从两式解出的 $\boldsymbol{v}_{10}$ 与 $\boldsymbol{v}_{20}$ 自然和 ρ 有关. 为了避免与 $z = -\infty$ 情况下的记号混淆, 把 $z = \infty$ 情况下的 $\boldsymbol{v}_{10}$ 与 $\boldsymbol{v}_{20}$ 记为 $\boldsymbol{v}_1'$ 与 $\boldsymbol{v}_2' : \boldsymbol{v}_{10} = \boldsymbol{v}_1'(\rho, \boldsymbol{v}_1, \boldsymbol{v}_2), \boldsymbol{v}_{20} = \boldsymbol{v}_2'(\rho, \boldsymbol{v}_1, \boldsymbol{v}_2)$. 记 $\sigma \mathrm{d}\hat{\boldsymbol{u}}' = \rho \mathrm{d}\rho \mathrm{d}\varphi$, 则得碰撞项:

$$C(n,n) = \iint \mathrm{d}\hat{\boldsymbol{u}}' \mathrm{d}\boldsymbol{v}_2 \sigma u [n(\boldsymbol{v}_1', t_0) n(\boldsymbol{v}_2', t_0) - n(\boldsymbol{v}_1, t_0) n(\boldsymbol{v}_2, t_0)].$$

由于 $l_r \gg |\boldsymbol{r}_2 - \boldsymbol{r}_1| \gg d$, 因此 $l_r/\bar{v} \gg t - t_0$, 而 $l_r/\bar{v}$ 表示分子运动的平均自由时间, 所以分布函数在 t_0 到 t 这段时间内的变化可以不计, 即可在上式的分布函数中将 t_0 换成 t. 于是, 适当调整记号之后, (4.1.11) 式就可以写成 Boltzmann 方程的形式:

$$\frac{\partial n}{\partial t} + \boldsymbol{v} \cdot \frac{\partial n}{\partial \boldsymbol{r}} = \iint \mathrm{d}\boldsymbol{w} \mathrm{d}\hat{\boldsymbol{u}}' u \sigma(u, \hat{\boldsymbol{u}} \cdot \hat{\boldsymbol{u}}') \times [n(\boldsymbol{v}') n(\boldsymbol{w}') - n(\boldsymbol{v}) n(\boldsymbol{w})]. \tag{4.1.14}$$

综上所述, 由 Liouville 方程导出 Boltzmann 方程, 需要有以下条件:

(i) 分子之间只有二体相互作用;

(ii) 气体稀薄, 使得 $(d/\delta)^3 \ll 1$; 这同时保证了 $l_r \gg d$;

(iii) 相碰撞的分子之间统计独立; 这是最重要的一个条件, 也称为 **分子混沌条件**; 正是这个条件导致了 Boltzmann 方程所描述过程的不可逆性 [参见 §4.4].

当然, 在推导过程中, 我们还隐含地假设了: 可以选取足够大同时又足够小的空间体积元: 足够大, 使 n 在其中有意义, 即其中粒子数的涨落远小于平均值; 足够小, 使得和所考虑系统的体积相比时可以看成物理意义上的无穷小.

另外, 以上从经典 Liouville 方程出发推导 Boltzmann 方程的这种方法也隐含了一个前提, 即系统可以用经典方式来描述. 从 Heisenberg 测不准关系知道, 分子位置的不确定程度 $|\Delta r|$ 和分子动量的不确定程度 $|\Delta(m v)|$ 之积是 Planck 常数 h 的数量级:

$$|\Delta r| \cdot |\Delta(m v)| \sim h.$$

如果我们要用相空间描述系统, 那么就应当满足条件:

$$|\Delta r| \ll \delta, \qquad |\Delta(m v)| \ll m \bar{v}$$

这里 δ 是分子平均间距, 而 $\bar{v}$ 是分子平均速率. 由上式可得条件:

$$m \bar{v} \delta \gg h \text{ 或 } \delta \gg \frac{h}{m \bar{v}}. \tag{4.1.15}$$

这说明分子之间的平均距离应当远大于与分子平均速率相应的 de Broglie 波长. 注意到

$$\delta \sim n_0^{-1/3}, \quad \bar{v} \sim \sqrt{\frac{k_B T}{m}}$$

这里 n_0 是分子的平均数密度, k_B 是 Boltzmann 常数, T 是系统的绝对温度. 可见 (4.1.15) 式又可写成

$$\frac{\sqrt{m k_B T}}{n_0^{1/3} h} \gg 1. \tag{4.1.16}$$

要注意这仅仅是可以用相空间描述系统的条件. 如果进一步要求用经典力学描述分子间的碰撞过程, 那么还应当有

$$d \gg \frac{h}{m \bar{v}}. \tag{4.1.17}$$

对于Fermi 粒子, 按照 Pauli 不相容原理, 只有容许的量子态数目远大于系统内粒子的数目时, 才能采用经典描述. 但容易证明这一要求与 (4.1.16) 式是一致的. 由 (4.1.16) 式可看出, 只有当温度极低时, 量子描述才是必要的. 在常温常压下空气的数密度大约是 $n_0 = 2.7 \times 10^{+19} \text{cm}^{-3}$, 取空气的平均分子质量为 $m = 4.8 \times 10^{-23} \text{g}$, 这时 (4.1.16) 式左边的值约为 71. 对于有同样数密度的氢气体, 即使温度低到 20K(接近液化温度), (4.1.16) 式左边的值也还约等于 4.8. 可见, 只有数密度很大的低温轻气体中, **量子效应**才有可能变得重要. 对于气体分子运动论所处理的稀薄气体, 经典 Boltzmann 方程是完全适用的.

§4.2　Boltzmann 方程的直观推导

上节从 Liouville 方程出发对 Boltzmann 方程的推导虽然有些冗长而复杂, 但却具有基本的重要性; 因为通过这个推导, 我们得以把 Boltzmann 方程在一些确定的条件下建立在第一原理的基础上.

为阐明 Boltzmann 方程在物理上的直观意义, 我们在本节中将从输运方程的一般形式 (1.3.15) 出发, 假定没有源项, 得出下列方程:

$$\frac{\partial n}{\partial t} + \boldsymbol{v} \cdot \frac{\partial n}{\partial \boldsymbol{r}} + \frac{\boldsymbol{F}}{m} \cdot \frac{\partial n}{\partial \boldsymbol{v}} = \left(\frac{\partial n}{\partial t}\right)_{\mathrm{c}}, \tag{4.2.1}$$

并就稀薄气体的情况写出碰撞项 $\left(\dfrac{\partial n}{\partial t}\right)_{\mathrm{c}}$ 的具体形式, 从而再一次导出 Boltzmann 方程.

当气体稀薄时, 由于分子间相互作用力程 d 远小于分子间的平均距离 δ, 三体和三体以上的碰撞可以忽略, 所以我们将只考虑二体碰撞. 假设速度为 $\boldsymbol{v}$ 和 $\boldsymbol{w}$ 的二分子相撞后速度变为 $\boldsymbol{v}'$ 和 $\boldsymbol{w}'$. 记

$$\boldsymbol{G} = \frac{1}{2}(\boldsymbol{v} + \boldsymbol{w}), \tag{4.2.2}$$

$$\boldsymbol{u} = \boldsymbol{v} - \boldsymbol{w} = u\hat{\boldsymbol{u}}, \qquad (u = |\boldsymbol{u}|), \tag{4.2.3}$$

$$\boldsymbol{u}' = \boldsymbol{v}' - \boldsymbol{w}' = u'\hat{\boldsymbol{u}}', \quad (u' = |\boldsymbol{u}'|), \tag{4.2.4}$$

假设碰撞中没有激发分子的内部自由度和转动自由度, 则从动量守恒和能量守恒原理有

$$\boldsymbol{v} + \boldsymbol{w} = \boldsymbol{v}' + \boldsymbol{w}' = 2\boldsymbol{G}, \tag{4.2.5}$$

$$v^2 + w^2 = v'^2 + w'^2. \tag{4.2.6}$$

由 (4.2.2) 式 ～(4.2.6) 式出发, 可以证明

$$\boldsymbol{v} = \boldsymbol{G} + \frac{1}{2}\boldsymbol{u}, \quad \boldsymbol{w} = \boldsymbol{G} - \frac{1}{2}\boldsymbol{u}, \tag{4.2.7}$$

$$\boldsymbol{v}' = \boldsymbol{G} + \frac{1}{2}\boldsymbol{u}', \quad \boldsymbol{w}' = \boldsymbol{G} - \frac{1}{2}\boldsymbol{u}', \tag{4.2.8}$$

$$u = u'. \tag{4.2.9}$$

由 (4.2.2) 式及 (4.2.3) 式又可见：

$$\frac{\partial(\boldsymbol{G},\boldsymbol{u})}{\partial(\boldsymbol{w},\boldsymbol{v})}=\frac{\partial\left(\boldsymbol{w}+\dfrac{1}{2}\boldsymbol{u},\boldsymbol{u}\right)}{\partial(\boldsymbol{w},\boldsymbol{v})}=\frac{\partial(\boldsymbol{w},\boldsymbol{u})}{\partial(\boldsymbol{w},\boldsymbol{v})}$$

$$=\frac{\partial(\boldsymbol{w},\boldsymbol{v}-\boldsymbol{w})}{\partial(\boldsymbol{w},\boldsymbol{v})}=\frac{\partial(\boldsymbol{w},\boldsymbol{v})}{\partial(\boldsymbol{w},\boldsymbol{v})}=1,$$

因此有

$$\mathrm{d}\boldsymbol{G}\mathrm{d}\boldsymbol{u}=\mathrm{d}\boldsymbol{w}\mathrm{d}\boldsymbol{v}. \tag{4.2.10}$$

同理有

$$\mathrm{d}\boldsymbol{G}\mathrm{d}\boldsymbol{u}'=\mathrm{d}\boldsymbol{w}'\mathrm{d}\boldsymbol{v}'. \tag{4.2.10'}$$

由于 $\mathrm{d}\boldsymbol{u}=u^2\mathrm{d}u\mathrm{d}\hat{\boldsymbol{u}}$，$\mathrm{d}\boldsymbol{u}'=u'^2\mathrm{d}u'\mathrm{d}\hat{\boldsymbol{u}}'$，及 $u=u'$，所以从 (4.2.10) 式及 (4.2.10') 式得出 $\mathrm{d}\boldsymbol{w}\mathrm{d}\boldsymbol{v}\mathrm{d}\boldsymbol{u}'=\mathrm{d}\boldsymbol{w}'\mathrm{d}\boldsymbol{v}'\mathrm{d}\boldsymbol{u}$ 后又得到：

$$\mathrm{d}\boldsymbol{w}\mathrm{d}\boldsymbol{v}\mathrm{d}\hat{\boldsymbol{u}}'=\mathrm{d}\boldsymbol{w}'\mathrm{d}\boldsymbol{v}'\mathrm{d}\hat{\boldsymbol{u}}. \tag{4.2.11}$$

用 $\sigma(u,\hat{\boldsymbol{u}}\cdot\hat{\boldsymbol{u}}')$ 表示二分子相撞的微分散射截面：$\sigma(u,\hat{\boldsymbol{u}}\cdot\hat{\boldsymbol{u}}')\mathrm{d}\hat{\boldsymbol{u}}'$ 等于两个相对速度为 $\boldsymbol{u}$ 的分子经散射后变成相对速度 $\boldsymbol{u}'$ 在立体角 $\mathrm{d}\hat{\boldsymbol{u}}'$ 内的两个分子的概率. 因此, $\boldsymbol{r}$ 附近 $\mathrm{d}\boldsymbol{r}$ 体积元内速度在 $\boldsymbol{v}$ 附近 $\mathrm{d}\boldsymbol{v}$ 范围内的分子 [其数目为 $n(\boldsymbol{r},\boldsymbol{v})\mathrm{d}\boldsymbol{r}\mathrm{d}\boldsymbol{v}$] 每单位时间内与速度在 $\boldsymbol{w}$ 附近 $\mathrm{d}\boldsymbol{w}$ 范围内的分子 [每单位体积中有 $n(\boldsymbol{r},\boldsymbol{w})\mathrm{d}\boldsymbol{w}$ 个] 相碰 (其相对速度为 $\boldsymbol{u}=\boldsymbol{v}-\boldsymbol{w}$) 并在散射后变成相对速度 $\boldsymbol{u}'$ 在立体角 $\mathrm{d}\hat{\boldsymbol{u}}'$ 内的两个分子的碰撞次数等于：

$$n(\boldsymbol{v})\mathrm{d}\boldsymbol{v}\mathrm{d}\boldsymbol{r}\cdot u\sigma(u,\hat{\boldsymbol{u}}\cdot\hat{\boldsymbol{u}}')\mathrm{d}\hat{\boldsymbol{u}}'\cdot n(\boldsymbol{w})\mathrm{d}\boldsymbol{w}; \tag{4.2.12}$$

为书写简单, 这里略去了 n 的宗量 $\boldsymbol{r}$, 下同. (4.2.12) 式同时也给出了这些碰撞所造成的、$\mathrm{d}\boldsymbol{v}\mathrm{d}\boldsymbol{r}$ 内分子数的**减少率**. 另一方面, $\mathrm{d}\boldsymbol{r}$ 内速度为 $\boldsymbol{v}'$ 的分子由于和速度为 $\boldsymbol{w}'$ 的分子碰撞, 也可能在散射后变成相对速度为 $\boldsymbol{u}=\boldsymbol{v}-\boldsymbol{w}$ 的两个分子, 其中之一具有速度 $\boldsymbol{v}$ 而 $\boldsymbol{u}$ 的方向在立体角 $\mathrm{d}\hat{\boldsymbol{u}}$ 内; 这种碰撞的次数等于：

$$n(\boldsymbol{v}')\mathrm{d}\boldsymbol{v}'\mathrm{d}\boldsymbol{r}\cdot u'\sigma(u',\hat{\boldsymbol{u}}'\cdot\hat{\boldsymbol{u}})\mathrm{d}\hat{\boldsymbol{u}}\cdot n(\boldsymbol{w}')\mathrm{d}\boldsymbol{w}';$$

利用 (4.2.11) 式及 $u'=u$ 的事实, 可以把上式改写成

$$n(\boldsymbol{v}')n(\boldsymbol{w}')u\sigma(u,\hat{\boldsymbol{u}}\cdot\hat{\boldsymbol{u}}')\mathrm{d}\boldsymbol{v}\mathrm{d}\boldsymbol{w}\mathrm{d}\hat{\boldsymbol{u}}'\mathrm{d}\boldsymbol{r}. \tag{4.1.12'}$$

(4.2.12') 式同时也给出了这些碰撞所造成的、$\mathrm{d}\boldsymbol{v}\mathrm{d}\boldsymbol{r}$ 内分子数的**增加率**. 从 (4.2.12') 式减去 (4.2.12) 式, 并积分 $\mathrm{d}\boldsymbol{w}\mathrm{d}\hat{\boldsymbol{u}}'$, 便给出由于碰撞所造成的、$\mathrm{d}\boldsymbol{v}\mathrm{d}\boldsymbol{r}$ 内分子数的**净增率**; 而这恰好应该是

$$\left(\frac{\partial n}{\partial t}\right)_{\mathrm{c}}\mathrm{d}\boldsymbol{v}\mathrm{d}\boldsymbol{r}.$$

因此得到

$$\left(\frac{\partial n}{\partial t}\right)_{\mathrm{c}} = \iint \mathrm{d}\boldsymbol{w}\mathrm{d}\hat{\boldsymbol{u}}' u\sigma(u, \hat{\boldsymbol{u}} \cdot \hat{\boldsymbol{u}}') \times [n(\boldsymbol{v}')n(\boldsymbol{w}') - n(\boldsymbol{v})n(\boldsymbol{w})].$$

将上式代入 (4.2.1) 式, 得到

$$\frac{\partial n}{\partial t} + \boldsymbol{v} \cdot \frac{\partial n}{\partial \boldsymbol{r}} + \frac{\boldsymbol{F}}{m} \cdot \frac{\partial n}{\partial \boldsymbol{v}}$$

$$= \iint \mathrm{d}\boldsymbol{w}\mathrm{d}\hat{\boldsymbol{u}}' u\sigma(u, \hat{\boldsymbol{u}} \cdot \hat{\boldsymbol{u}}')[n(\boldsymbol{v}')n(\boldsymbol{w}') - n(\boldsymbol{v})n(\boldsymbol{w})]. \tag{4.2.13}$$

这就是单一成分的单原子分子气体的 Boltzmann 方程.

如果需要考虑量子效应, 那么, 最好用二次量子化的形式来讨论. 假设没有外场而且只考虑二体相互作用, 那么系统的 Hamilton 量是

$$H = \sum_{k} \frac{\hbar^2 k^2}{2m} b_{\boldsymbol{k}}^{\dagger} b_{\boldsymbol{k}} + \sum_{\boldsymbol{k}_1, \boldsymbol{k}_2, \boldsymbol{q}} \overline{U}(\boldsymbol{q}) b_{\boldsymbol{k}_1+\boldsymbol{q}}^{\dagger} b_{\boldsymbol{k}_2-\boldsymbol{q}}^{\dagger} b_{\boldsymbol{k}_2} b_{\boldsymbol{k}_1}, \tag{4.2.14}$$

其中 $\hbar = \dfrac{h}{2\pi}, b_{\boldsymbol{k}}^{\dagger}$ 及 $b_{\boldsymbol{k}}$ 分别是粒子 k 的产生及消灭算子, $\hbar\boldsymbol{k}$ 表示动量, $\hbar\boldsymbol{q}$ 表示动量传递,

$$\overline{U}(\boldsymbol{q}) = \int \frac{\mathrm{d}\boldsymbol{r}}{V} \mathrm{e}^{-i\boldsymbol{q}\cdot\boldsymbol{r}} U(\boldsymbol{r});$$

V 是系统的体积, $U(\boldsymbol{r})$ 是分子间的相互作用势. 用 N_k 表示动量为 $\hbar\boldsymbol{k}$ 的粒子 (简称粒子 k) 的数目, 那么动量为 $\hbar(\boldsymbol{k}+\boldsymbol{q})$ 与 $\hbar(\boldsymbol{k}'-\boldsymbol{q})$ 的二粒子散射后成为粒子 $\boldsymbol{k}$ 与 $\boldsymbol{k}'$ 的单位时间跃迁概率为

$$\frac{2\pi}{\hbar}|\langle N_{\boldsymbol{k}}+1, N_{\boldsymbol{k}'}+1, N_{\boldsymbol{k}+\boldsymbol{q}}, N_{\boldsymbol{k}'-\boldsymbol{q}}|\overline{U}(\boldsymbol{q})b_{\boldsymbol{k}}^{\dagger}b_{\boldsymbol{k}'}^{\dagger}b_{\boldsymbol{k}'-\boldsymbol{q}}b_{\boldsymbol{k}+\boldsymbol{q}}$$

$$\times |N_{\boldsymbol{k}}, N_{\boldsymbol{k}'}, N_{\boldsymbol{k}+\boldsymbol{q}}+1, N_{\boldsymbol{k}'-\boldsymbol{q}}+1\rangle|^2$$

$$\times \delta\left[\frac{\hbar^2}{2m}(|\boldsymbol{k}+\boldsymbol{q}|^2 + |\boldsymbol{k}'-\boldsymbol{q}|^2 - k^2 - k'^2)\right]$$

$$= \frac{2\pi}{\hbar} N_{\boldsymbol{k}'-\boldsymbol{q}} N_{\boldsymbol{k}+\boldsymbol{q}}[1 \pm N_{\boldsymbol{k}'}][1 \pm N_{\boldsymbol{k}}]|\overline{U}(\boldsymbol{q})|^2$$

$$\times \delta\left[\frac{\hbar^2}{2m}(|\boldsymbol{k}+\boldsymbol{q}|^2 + |\boldsymbol{k}'-\boldsymbol{q}|^2 - k^2 - k'^2)\right],$$

这里和以下诸式中加减号并写时, 上面的符号用于 Bose 粒子, 下面的符号用于 Fermi 粒子. 另一方面, 粒子 $\boldsymbol{k}$ 与 $\boldsymbol{k}'$ 散射为粒子 $\boldsymbol{k}+\boldsymbol{q}$ 及 $\boldsymbol{k}-\boldsymbol{q}$ 的单位时间跃迁概率为

$$\frac{2\pi}{\hbar} N_{\boldsymbol{k}} N_{\boldsymbol{k}'}[1 \pm N_{\boldsymbol{k}+\boldsymbol{q}}][1 \pm N_{\boldsymbol{k}'-\boldsymbol{q}}]|\overline{U}(\boldsymbol{q})|^2$$

$$\times \delta\left[\frac{\hbar^2}{2m}(|\boldsymbol{k}+\boldsymbol{q}|^2 + |\boldsymbol{k}'-\boldsymbol{q}|^2 - k^2 - k'^2)\right].$$

由以上两式得到粒子 k 在单位时间内净增加的数目为

$$
\begin{aligned}
\frac{\partial N_{\boldsymbol{k}}}{\partial t} = \sum_{\boldsymbol{k}',\boldsymbol{q}} \frac{2\pi}{\hbar} |\overline{U}(\boldsymbol{q})|^2 \times \delta & \left[\frac{\hbar^2}{2m} (|\boldsymbol{k}+\boldsymbol{q}|^2 + |\boldsymbol{k}'-\boldsymbol{q}|^2 - k^2 - k'^2) \right] \\
& \times [N_{\boldsymbol{k}+\boldsymbol{q}} N_{\boldsymbol{k}'-\boldsymbol{q}} (1 \pm N_{\boldsymbol{k}})(1 \pm N_{\boldsymbol{k}}') \\
& - N_{\boldsymbol{k}} N_{\boldsymbol{k}'} (1 \pm N_{\boldsymbol{k}+\boldsymbol{q}})(1 \pm N_{\boldsymbol{k}'-\boldsymbol{q}})].
\end{aligned}
\tag{4.2.15}
$$

这就是量子 Boltzmann 方程.

如果气体高度非简并, 那么通过代换:

$$
\begin{aligned}
N_{\boldsymbol{k}} &\to n(\boldsymbol{v}) \left(\frac{\hbar}{m} \right)^3, \\
\hbar\boldsymbol{k} &\to m\boldsymbol{v}, \\
\hbar\boldsymbol{k}' &\to m\boldsymbol{w}, \\
\hbar\boldsymbol{q} &\to m\boldsymbol{u}_1, \\
1 \pm N_{\boldsymbol{k}} &\to 1, \\
\sum_{\boldsymbol{q}} &\to \frac{Vm^3}{(2\pi\hbar)^3} \int \mathrm{d}\boldsymbol{u}_1,
\end{aligned}
$$

(4.2.15) 式就成为

$$
\begin{aligned}
\frac{\partial n(\boldsymbol{v})}{\partial t} = \iint \mathrm{d}\boldsymbol{w}\mathrm{d}\boldsymbol{u}_1 \frac{2\pi V^2}{\hbar} & \left| \overline{U}\left(\frac{m\boldsymbol{u}_1}{\hbar} \right) \right|^2 \\
& \times \delta \left[\frac{m}{2} (|\boldsymbol{v}+\boldsymbol{u}_1|^2 + |\boldsymbol{w}-\boldsymbol{u}_1|^2 - v^2 - w^2) \right] \\
& \times [n(\boldsymbol{v}+\boldsymbol{u}_1)n(\boldsymbol{w}-\boldsymbol{u}_1) - n(\boldsymbol{v})n(\boldsymbol{w})].
\end{aligned}
\tag{4.2.16}
$$

记 $\boldsymbol{v}' = \boldsymbol{v} + \boldsymbol{u}_1, \boldsymbol{w}' = \boldsymbol{w} - \boldsymbol{u}_1, \boldsymbol{u}' = \boldsymbol{v} - \boldsymbol{w} + 2\boldsymbol{u}_1$, 把变数从 $\boldsymbol{w}, \boldsymbol{u}_1$ 变到 $\boldsymbol{w}, \boldsymbol{u}'$, 由于

$$
\frac{\partial(\boldsymbol{w},\boldsymbol{u}_1)}{\partial(\boldsymbol{w},\boldsymbol{u}')} = \left[\frac{\partial(\boldsymbol{w},\boldsymbol{u}')}{\partial(\boldsymbol{w},\boldsymbol{u}_1)} \right]^{-1} = \frac{1}{2},
$$

所以

$$
\mathrm{d}\boldsymbol{w}\mathrm{d}\boldsymbol{u}_1 = \frac{1}{2}\mathrm{d}\boldsymbol{w}\mathrm{d}\boldsymbol{u}' = \frac{1}{2}\mathrm{d}\boldsymbol{w}u'^2\mathrm{d}u'\mathrm{d}\hat{\boldsymbol{u}}';
$$

代入 (4.2.16) 式后, 利用 δ 函数 $\left[\text{它可化为 } \frac{2}{mu}\delta(u'-u), u = |\boldsymbol{u}| = |\boldsymbol{v}-\boldsymbol{w}|. \right]$ 消去对 $\mathrm{d}u'$ 的积分, 便得空间均匀情况下的经典 Boltzmann 方程:

$$
\frac{\partial n}{\partial t} = \iint \mathrm{d}\boldsymbol{w}\mathrm{d}\hat{\boldsymbol{u}}' u\sigma[n(\boldsymbol{v}')n(\boldsymbol{w}') - n(\boldsymbol{v})n(\boldsymbol{w})];
\tag{4.2.17}
$$

其中散射微分截面 $\sigma = \sigma(u, \hat{\boldsymbol{u}} \cdot \hat{\boldsymbol{u}}') = \dfrac{2\pi V^2}{mh}|\overline{U}(u, \hat{\boldsymbol{u}} \cdot u')|^2$; 这里 $\overline{U}$ 写成了 u 和 $\hat{\boldsymbol{u}} \cdot \hat{\boldsymbol{u}}'$ 的函数, 因为对于空间均匀的情况, $\overline{U}$ 将只和 $|\boldsymbol{u}_1| = \dfrac{1}{2}|\boldsymbol{u}' - \boldsymbol{u}| = \dfrac{u}{\sqrt{2}}(1 - \hat{\boldsymbol{u}} \cdot \hat{\boldsymbol{u}}')$, 即和 u 及 $\hat{\boldsymbol{u}} \cdot \hat{\boldsymbol{u}}'$ 有关.

最后指出, 本节所作的直观推导, 一开始就用单粒子分布函数来描述系统的状态, 这实际上包含了略去粒子间关联的假设. 即使是上节从 Liouville 方程出发所作的推导, 也需要引用分子混沌假设, 即假定不同地点的两个分子统计无关, 至少在二分子碰撞之前要满足这一条件. 但这并不是完全没有问题的. 譬如说, 对于一个封闭系统, 系统里全部粒子的能量总和应当是一个常数, 这就隐含着粒子间的某种关联. 因此, 在推导 Boltzmann 方程过程中, 究竟在什么地方引进什么样的假定比较合理, 仍然是一个值得进一步仔细推敲的问题.

§4.3 Maxwell 分布

Boltzmann 方程 (4.2.13) 相当复杂: 单粒子分布函数 $n(\boldsymbol{r}, \boldsymbol{v}, t)$ 有 7 个自变量; 方程既包含偏导数又包含多重积分; 更重要的是方程对于未知的分布函数是非线性的. 这些因素都使得求解方程相当困难. 但是, Boltzmann 方程有一个精确的特解却是不难找到的, 这就是平衡Maxwell 分布.

假定没有外场, 那么 Boltzmann 方程可以写成形状:

$$\frac{\partial n}{\partial t} + \boldsymbol{v} \cdot \frac{\partial n}{\partial \boldsymbol{r}} = C(n, n), \tag{4.3.1}$$

这里代表碰撞项的记号 $C(n, n)$ 在 §4.1 中也曾引用过; 为了以后应用方便, 我们引进更一般的记号: 对于二任意与速度有关的函数 n 及 n_1, 有

$$C(n, n_1) = \frac{1}{2} \iint \mathrm{d}\boldsymbol{w}\mathrm{d}\hat{\boldsymbol{u}}' u\sigma(u, \hat{\boldsymbol{u}} \cdot \hat{\boldsymbol{u}}') \times [n(\boldsymbol{v}')n_1(\boldsymbol{w}') + n_1(\boldsymbol{v}')n(\boldsymbol{w}')$$

$$- n(\boldsymbol{v})n_1(\boldsymbol{w}) - n_1(\boldsymbol{v})n(\boldsymbol{w})], \tag{4.3.2}$$

显然有 $C(n, n_1) = C(n_1, n)$.

如果 n 只与 $\boldsymbol{v}$ 有关, 那么 (4.3.1) 式的左边就是零. 从碰撞项的形式

$$C(n, n) = \iint \mathrm{d}\boldsymbol{w}\mathrm{d}\hat{\boldsymbol{u}}' u\sigma(u, \hat{\boldsymbol{u}} \cdot \hat{\boldsymbol{u}}') \times [n(\boldsymbol{v}')n(\boldsymbol{w}') - n(\boldsymbol{v})n(\boldsymbol{w})] \tag{4.3.2a}$$

可以看出, 只要在全部积分区域上有

$$n(\boldsymbol{v}')n(\boldsymbol{w}') - n(\boldsymbol{v})n(\boldsymbol{w}) = 0, \tag{4.3.3}$$

那么 $n(\boldsymbol{v})$ 就是 (4.3.1) 式的严格解.

由 (4.3.3) 式容易得到

$$\ln n(\boldsymbol{v}) + \ln n(\boldsymbol{w}) = \ln n(\boldsymbol{v}') + \ln n(\boldsymbol{w}'). \tag{4.3.4}$$

注意到 $\boldsymbol{v}, \boldsymbol{w}$ 和 $\boldsymbol{v}', \boldsymbol{w}'$ 分别是碰撞前后二分子的速度, (4.3.4) 式说明 $\ln n(\boldsymbol{v}) + \ln n(\boldsymbol{w})$ 在碰撞前后保持不变. 碰撞前后保持不变的量称为碰撞不变量; 更确切地说, 如果有函数 $\psi(\boldsymbol{v})$ 使

$$\psi(\boldsymbol{v}) + \psi(\boldsymbol{w}) = \psi(\boldsymbol{v}') + \psi(\boldsymbol{w}'),$$

那么 $\psi(\boldsymbol{v})$ 就称为**碰撞不变量.** 我们知道, 粒子数、粒子动量和粒子动能都是碰撞不变量; 它们分别相当于

$$\psi(\boldsymbol{v}) = 1, \quad m\boldsymbol{v}, \quad \frac{1}{2}mv^2.$$

我们称这五个量为**基本碰撞不变量**. 以后将证明, 任何碰撞不变量都可以写成这五个基本碰撞不变量的线性组合. 因此从 (4.3.4) 式可假设

$$\ln n(\boldsymbol{v}) = \boldsymbol{\alpha} + \boldsymbol{\beta} \cdot (m\boldsymbol{v}) + \boldsymbol{\gamma}\frac{1}{2}mv^2, \tag{4.3.5}$$

其中 $\boldsymbol{\alpha}, \boldsymbol{\beta}, \boldsymbol{\gamma}$ 都是常量. 由 (4.3.5) 式马上得到

$$n(\boldsymbol{v}) = \exp\left[\boldsymbol{\alpha} + \boldsymbol{\beta} \cdot (m\boldsymbol{v}) + \boldsymbol{\gamma}\frac{1}{2}mv^2\right].$$

如果给定了系统的每单位体积粒子数 n_0、平均速度 $\boldsymbol{c}$ 和每个粒子的平均热力学能 $\frac{3}{2}k_\mathrm{B}T$, 即

$$\int \mathrm{d}\boldsymbol{v}\, n(\boldsymbol{v}) = n_0, \tag{4.3.6}$$

$$\frac{1}{n_0} \int \mathrm{d}\boldsymbol{v}\,\boldsymbol{v}\, n(\boldsymbol{v}) = \boldsymbol{c}, \tag{4.3.7}$$

$$\frac{1}{n_0} \int \mathrm{d}\boldsymbol{v}\,\frac{1}{2}m(\boldsymbol{v} - \boldsymbol{c})^2 n(\boldsymbol{v}) = \frac{3}{2}k_\mathrm{B}T, \tag{4.3.8}$$

那么常量 $\boldsymbol{\alpha}, \boldsymbol{\beta}$ 和 $\boldsymbol{\gamma}$ 就都被确定, 于是可以得到

$$n(\boldsymbol{v}) = n_0 \left(\frac{m}{2\pi k_\mathrm{B}T}\right)^{3/2} \exp\left[-\frac{m(\boldsymbol{v} - \boldsymbol{c})^2}{2k_\mathrm{B}T}\right]. \tag{4.3.9}$$

这就是空间均匀的定态 Maxwell分布. $n_0, \boldsymbol{c}$ 及 T 都是常量, 分别称为**数密度**、**流速**及**动力学温度**(在热平衡情形下就是热力学的绝对温度).

在 (4.3.5) 式中, 如果 $\boldsymbol{\alpha}, \boldsymbol{\beta}, \boldsymbol{\gamma}$ 不是常量而是 $\boldsymbol{r}$ 和 t 的函数, 那么仍然可以保持碰撞项

$$C(n, n) = 0, \tag{4.3.10}$$

但却不一定能使 (4.3.1) 式的左边为零. 我们可以设想, 当 $\boldsymbol{\alpha}, \boldsymbol{\beta}, \boldsymbol{\gamma}$ 是 $\boldsymbol{r}$ 和 t 的特定形式的函数时, 有可能使

$$\frac{\partial n}{\partial t} + \boldsymbol{v} \cdot \frac{\partial n}{\partial \boldsymbol{r}} + \frac{\boldsymbol{F}}{m} \cdot \frac{\partial n}{\partial \boldsymbol{v}} = 0. \tag{4.3.11}$$

于是就可以得到更普遍形式的 Maxwell 分布, 作为有外场的 Boltzmann 方程

$$\frac{\partial n}{\partial t} + \boldsymbol{v} \cdot \frac{\partial n}{\partial \boldsymbol{r}} + \frac{\boldsymbol{F}}{m} \cdot \frac{\partial n}{\partial \boldsymbol{v}} = C(n, n) \tag{4.3.12}$$

的严格解. 为此, 设 $\boldsymbol{F}$ 与 $\boldsymbol{v}$ 无关, 而

$$\ln n(\boldsymbol{r}, \boldsymbol{v}, \boldsymbol{t}) = \alpha(\boldsymbol{r}, \boldsymbol{t}) + \boldsymbol{\beta}(\boldsymbol{r}, \boldsymbol{t}) \cdot (m\boldsymbol{v}) + \gamma(\boldsymbol{r}, \boldsymbol{t})\frac{1}{2}mv^2. \tag{4.3.13}$$

将 (4.3.13) 式代入 (4.3.12) 式中, 得到

$$\frac{\partial \alpha}{\partial t} + mv_k \frac{\partial \beta_k}{\partial t} + \frac{1}{2}mv^2 \frac{\partial \gamma}{\partial t} + v_i \frac{\partial \alpha}{\partial x_i}$$

$$+ mv_iv_k \frac{\partial \beta_k}{\partial x_i} + \frac{1}{2}mv^2v_i \frac{\partial \gamma}{\partial x_i} + F_i\beta_i + \gamma F_iv_i = 0, \tag{4.3.14}$$

式中采用了求和规定, 对在同一项里出现的相同脚标从 1 到 3 求和. 比较 (4.3.14) 式两边 v 的同次幂的系数, 有

$$\frac{\partial \alpha}{\partial t} + F_i\beta_i = 0, \tag{4.3.15}$$

$$m\frac{\partial \beta_k}{\partial t} + \frac{\partial \alpha}{\partial x_k} + F_k\gamma = 0, \tag{4.3.16}$$

$$\frac{\partial \gamma}{\partial t}\delta_{ik} + \left(\frac{\partial \beta_k}{\partial x_i} + \frac{\partial \beta_i}{\partial x_k}\right) = 0, \tag{4.3.17}$$

$$\frac{\partial \gamma}{\partial x_i} = 0. \tag{4.3.18}$$

由 (4.3.18) 式立即知道

$$\gamma = \gamma(t). \tag{4.3.19}$$

将 (4.3.17) 式对 x_j 求微商, 注意 (4.3.19) 式, 得到

$$\frac{\partial^2 \beta_k}{\partial x_i \partial x_j} + \frac{\partial^2 \beta_i}{\partial x_j \partial x_k} = 0. \tag{4.3.20}$$

将脚标 i, j, k 巡回轮换, 从上式又可写出

$$\frac{\partial^2 \beta_i}{\partial x_j \partial x_k} + \frac{\partial^2 \beta_j}{\partial x_i \partial x_k} = 0,$$

$$\frac{\partial^2 \beta_j}{\partial x_k \partial x_i} + \frac{\partial^2 \beta_k}{\partial x_i \partial x_j} = 0.$$

这两式相加后减去 (4.3.20) 式, 得到

$$\frac{\partial^2 \beta_j}{\partial x_i \partial x_k} = 0. \tag{4.3.21}$$

因此

$$\beta_j(\boldsymbol{r}, t) = \xi_j(t) + \eta_{jl}(t) x_l, \tag{4.3.22}$$

而 (4.3.17) 式就成为

$$\frac{\mathrm{d}\gamma}{\mathrm{d}t} \delta_{ik} + (\eta_{ki} + \eta_{ik}) = 0.$$

由此可以写出

$$\eta_{ik} = -\frac{1}{2} \frac{\mathrm{d}\gamma}{\mathrm{d}t} \delta_{ik} + \omega_{ik}(t), \tag{4.3.23}$$

其中 $\omega_{ik} = -\omega_{ki}$ 是反对称张量. 将 (4.3.22) 及 (4.3.23) 式代入 (4.3.16) 式, 可以得到

$$m \left[\frac{\mathrm{d}\xi_k}{\mathrm{d}t} - \frac{1}{2} \frac{\mathrm{d}^2\gamma}{\mathrm{d}t^2} x_k + \frac{\mathrm{d}\omega_{kl}}{\mathrm{d}t} x_l \right] + \frac{\partial \alpha}{\partial x_k} + F_k \gamma = 0. \tag{4.3.24}$$

将 (4.3.24) 式对 x_i 求微商, 就是

$$m \left[-\frac{1}{2} \frac{\mathrm{d}^2\gamma}{\mathrm{d}t^2} \delta_{ki} + \frac{\mathrm{d}\omega_{ki}}{\mathrm{d}t} \right] + \frac{\partial^2 \alpha}{\partial x_k \partial x_i} + \gamma \frac{\partial F_k}{\partial x_i} = 0,$$

交换脚标 i, k 后再将所得式与上式相减, 得到

$$m \left[\frac{\mathrm{d}\omega_{ki}}{\mathrm{d}t} - \frac{\mathrm{d}\omega_{ik}}{\mathrm{d}t} \right] + \gamma \left[\frac{\partial F_k}{\partial x_i} - \frac{\partial F_i}{\partial x_k} \right] = 0.$$

由于 $\omega_{ik} = -\omega_{ki}$, 所以

$$\frac{\mathrm{d}\omega_{ki}}{\mathrm{d}t} + \frac{\gamma}{2m} \left[\frac{\partial F_k}{\partial x_i} - \frac{\partial F_i}{\partial x_k} \right] = 0 \tag{4.3.25}$$

于是 F_k 可以写成

$$F_k = -\frac{m}{\gamma} \frac{\mathrm{d}\omega_{kj}}{\mathrm{d}t} x_j - \frac{\partial \varphi}{\partial x_k}, \tag{4.3.26}$$

其中

$$\varphi = \varphi(\boldsymbol{r}, t)$$

是一个势. (4.3.26) 式说明只有当外力是一个保守力和一个特定的非保守力 (这个非保守力与坐标的关系是线性的) 之和时, Boltzmann 方程 (4.3.12) 才有 Maxwell 形式的解 (4.3.13). 将 (4.3.26) 式代入 (4.3.24) 式, 可以得到

$$m\left(\frac{\mathrm{d}\xi_k}{\mathrm{d}t} - \frac{1}{2}\frac{\mathrm{d}^2\gamma}{\mathrm{d}t^2}x_k\right) + \frac{\partial\alpha}{\partial x_k} - \gamma\frac{\partial\varphi}{\partial x_k} = 0$$

所以

$$\alpha = \gamma\varphi + \frac{m}{4}\frac{\mathrm{d}^2\gamma}{\mathrm{d}t^2}x_lx_l - m\frac{\mathrm{d}\xi_k}{\mathrm{d}t}x_k + \zeta(t) \tag{4.3.27}$$

其中 $\zeta(t)$ 是任意函数. 将 (4.3.26) 及 (4.3.27) 式代入 (4.3.15) 式, 就得到 Maxwell 形式的解 (4.3.13) 存在的条件:

$$\gamma\frac{\partial\varphi}{\partial t} + \varphi\frac{\mathrm{d}\gamma}{\mathrm{d}t} - \beta_i\frac{\partial\varphi}{\partial x_i} = \frac{-m}{4}\frac{\mathrm{d}^3\gamma}{\mathrm{d}t^3}x_lx_l + m\frac{\mathrm{d}^2\xi_k}{\mathrm{d}t^2}x_k - \frac{\mathrm{d}\zeta}{\mathrm{d}t} + \frac{m}{\gamma}\beta_i\frac{\mathrm{d}\omega_{ij}}{\mathrm{d}t}x_j. \tag{4.3.28}$$

如果力场是稳定的保守势场, 那么 ω_{kj} 是常数, 而且 $\varphi = \varphi(\boldsymbol{r})$ 与 t 无关. 这时 (4.3.28) 式简化为

$$\varphi\frac{\mathrm{d}\gamma}{\mathrm{d}t} - \beta_i\frac{\partial\varphi}{\partial x_i} = -\frac{m}{4}\frac{\mathrm{d}^3\gamma}{\mathrm{d}t^3}x_lx_l + m\frac{\mathrm{d}^2\xi_k}{\mathrm{d}t^2}x_k - \frac{\mathrm{d}\zeta}{\mathrm{d}t}. \tag{4.3.29}$$

现在讨论两个特例:

(i) 设 $\varphi(\boldsymbol{r})$ 四次可微, 将 (4.3.29) 式连着对 x_l, x_m, x_n 求导, 可以得到

$$\frac{5}{2}\frac{\partial^3\varphi}{\partial x_l\partial x_m\partial x_n}\frac{\mathrm{d}\gamma}{\mathrm{d}t} - \frac{\partial^3\varphi}{\partial x_i\partial x_l\partial x_m}\omega_{in} - \frac{\partial^3\varphi}{\partial x_i\partial x_l\partial x_n}\omega_{im}$$

$$-\frac{\partial^3\varphi}{\partial x_i\partial x_m\partial x_n}w_{il} - \frac{\partial^4\varphi}{\partial x_i\partial x_l\partial x_m\partial x_n}\times\left(\xi_i - \frac{1}{2}\frac{\mathrm{d}\gamma}{\mathrm{d}t}x_i + \omega_{ik}x_k\right) = 0, \tag{4.3.30}$$

其中 l, m, n 都可以取为 1, 2 或 3. (4.3.30) 式中包括 7 个未知量, 即 $\dfrac{\mathrm{d}\gamma}{\mathrm{d}t}$, 3 个 ω_{ik} 和 3 个 ξ_i; 但 (4.3.30) 式是关于这 7 个未知量的 10 个方程. 7 个未知量与 $\boldsymbol{r}$ 无关, 但它们的系数与 $\boldsymbol{r}$ 有关, 因此, 除了势满足特定的关系之外, 一般来说这方程组的系数行列式不是零, 因此通常 (4.3.30) 式只有平凡解:

$$\frac{\mathrm{d}\gamma}{\mathrm{d}t} = 0, \quad \omega_{ik} = 0, \quad \xi_i = 0. \tag{4.3.31}$$

于是, 由 (4.3.22) 及 (4.3.23) 式知 $\beta_i = 0$, 进而由 (4.3.29) 式知 $\dfrac{\mathrm{d}\zeta}{\mathrm{d}t} = 0$, 即 ζ 是常数. 所以, 由 (4.3.27) 式得知

$$\alpha = \gamma\varphi(\boldsymbol{r}) + \zeta. \tag{4.3.32}$$

最后, 由 (4.3.13) 式得到

$$\ln n(\boldsymbol{r}, \boldsymbol{v}, t) = \gamma\varphi(\boldsymbol{r}) + \zeta + \frac{\gamma}{2}mv^2,$$

所以系统的状态是 Maxwell-Boltzmann 分布:

$$n(\boldsymbol{r}, \boldsymbol{v}, t) = \rho_0 \exp\left[-\frac{mv^2}{2k_{\mathrm{B}}T} - \frac{\varphi(\boldsymbol{r})}{k_{\mathrm{B}}T}\right] \tag{4.3.33}$$

其中 $T = -\dfrac{1}{k_{\mathrm{B}}\gamma}, \rho_0 = \mathrm{e}^\zeta$. (4.3.33) 式右边与 t 无关, 这说明在稳定的保守势场中, Maxwell 形式的严格解只能是稳定的 Maxwell-Boltzmann 分布.

(ii) 假定势 $\varphi(\boldsymbol{r})$ 的三阶导数都是零, 则 (4.3.30) 式可能有非平凡解. 因此, 设

$$\varphi = A_l x_l + \frac{1}{2}B_{lm}x_l x_m \tag{4.3.34}$$

其中 $B_{lm} = B_{ml}$. 将 (4.3.34) 式代入 (4.3.29) 式, 并比较 $\boldsymbol{r}$ 的同次幂系数, 便得

$$\xi_i A_i = \frac{\mathrm{d}\zeta}{\mathrm{d}t}, \tag{4.3.35}$$

$$\frac{3}{2}A_i\frac{\mathrm{d}\gamma}{\mathrm{d}t} - A_l\omega_{li} - B_{li}\xi_l = m\frac{\mathrm{d}^2\xi_i}{\mathrm{d}t^2}, \tag{4.3.36}$$

$$B_{lm}\frac{\mathrm{d}\gamma}{\mathrm{d}t} - \frac{1}{2}(B_{li}\omega_{im} + B_{mi}\omega_{il}) = -\frac{m}{4}\frac{\mathrm{d}^3\gamma}{\mathrm{d}t^3}\delta_{lm}. \tag{4.3.37}$$

(4.3.35)~(4.3.37) 式共有 10 个方程, 但只含 8 个未知量: $\zeta, \xi_i, \gamma, \omega_{im}$. 尽管如此, 我们不难发现, 当 $B_{li} = B\delta_{li}$ 时, 方程组有非平凡解. 事实上, (4.3.37) 式这时成为

$$B\frac{\mathrm{d}\gamma}{\mathrm{d}t} + \frac{m}{4}\frac{\mathrm{d}^3\gamma}{\mathrm{d}t^3} = 0. \tag{4.3.38}$$

因此

$$\gamma = c_0 + c_1\cos\left(2\sqrt{\frac{B}{m}}t\right) + c_2\sin\left(2\sqrt{\frac{B}{m}}t\right). \tag{4.3.39}$$

其中 c_0, c_1, c_2 是常数. 从 (4.3.36) 式解出

$$\xi_i = -\frac{A_i}{2B}\frac{\mathrm{d}\gamma}{\mathrm{d}t} - \frac{A_l\omega_{li}}{B} + c_3^{(i)}\cos\left(\sqrt{\frac{B}{m}}t\right) + c_4^{(i)}\sin\left(\sqrt{\frac{B}{m}}t\right) \tag{4.3.40}$$

其中 $c_3^{(i)}, c_4^{(i)}$ 是常数. 最后, 从 (4.3.35) 式解出

$$\zeta = -\frac{mA_i}{B}\frac{\mathrm{d}\xi_i}{\mathrm{d}t} + \frac{3}{2B}A_iA_i\gamma + c_5 \tag{4.3.41}$$

式中 c_5 是常数. 计算中用到

$$A_iA_l\omega_{il} = 0,$$

因为 ω_{il} 是反对称张量. 由 (4.3.39) 至 (4.3.41) 式可见, 在稳定的简谐力场中, 系统可以维持一种振荡的 Maxwell 分布, 而振荡的频率中包含场的本征频率及其二倍频率. 这个结果是 Boltzmann 最先得到的.

§4.4 熵平衡方程和 Boltzmann 的 H 定理

Boltzmann 方程 (4.2.13) 所讨论的是单原子理想气体. 现在我们通过这方程来建立这种气体的熵平衡方程.

定义单位体积的熵是

$$n_0 s = -k_B \int n(\ln n - 1)\mathrm{d}\boldsymbol{v}; \tag{4.4.1}$$

其中

$$n_0 = n_0(\boldsymbol{r}, t) = \int n\mathrm{d}\boldsymbol{v} \tag{4.4.2}$$

表示 t 时刻 $\boldsymbol{r}$ 附近单位体积中的粒子数. 不难看出这定义与 (1.4.4a) 一致, 但我们现在用 n_0 而不用 N 来表示这量, 因为 N 将留着用来代表系统中的总粒子数: $N = \int n_0 \mathrm{d}\boldsymbol{r}$. 显然, s 表示平均每个粒子的熵. 将 (4.4.1) 式对 t 求导, 并利用 (4.2.13) 式, 可以得到

$$\frac{\partial(n_0 s)}{\partial t} = k_B \int \left[\boldsymbol{v} \cdot \frac{\partial n}{\partial \boldsymbol{r}} + \frac{\boldsymbol{F}}{m} \cdot \frac{\partial n}{\partial \boldsymbol{v}} - C(n, n) \right] \ln n \mathrm{d}\boldsymbol{v}.$$

通过分部积分, 可以看出第二项的贡献当外力 $\boldsymbol{F}$ 满足 $\frac{\partial}{\partial \boldsymbol{v}} \cdot \boldsymbol{F} = 0$ 时等于零; 我们假设这条件成立, 便得到

$$\frac{\partial(n_0 s)}{\partial t} = \frac{\partial}{\partial \boldsymbol{r}} \cdot \left[k_B \int \boldsymbol{v} n(\ln n - 1)\mathrm{d}\boldsymbol{v} \right] - k_B \int C(n, n)\ln n \mathrm{d}\boldsymbol{v}. \tag{4.4.3}$$

这里用到

$$\int \boldsymbol{v} \cdot \frac{\partial n}{\partial \boldsymbol{r}} \ln n \mathrm{d}\boldsymbol{v} = \frac{\partial}{\partial \boldsymbol{r}} \cdot \int \boldsymbol{v} n(\ln n - 1)\mathrm{d}\boldsymbol{v}.$$

记

$$\boldsymbol{c} = \boldsymbol{c}(\boldsymbol{r}, t) \equiv \frac{1}{n_0} \int \boldsymbol{v} n \mathrm{d}\boldsymbol{v} = \textbf{质量速度}, \tag{4.4.4}$$

$$\boldsymbol{J}_s \equiv -k_B \int (\boldsymbol{v} - \boldsymbol{c}) n(\ln n - 1)\mathrm{d}\boldsymbol{v}, \tag{4.4.5}$$

$$\sigma_s \equiv -k_B \int C(n, n)\ln n \mathrm{d}\boldsymbol{v}, \tag{4.4.6}$$

则 (4.4.3) 式可以写成

$$\frac{\partial(n_0 s)}{\partial t} = -\frac{\partial}{\partial \boldsymbol{r}} \cdot (n_0 s \boldsymbol{c} + \boldsymbol{J}_s) + \sigma_s. \tag{4.4.7}$$

这式称为**熵平衡方程**, 其中 $\boldsymbol{J}_s$ 为**熵流**, σ_s 为**熵产生率**. (4.4.7) 式说明单位体积内熵的增加率由三部分贡献组成, 一是由于这体积内分子间的碰撞而造成的熵产生率 σ_s, 二是由于流动着的气体携带的熵所提供的 $-\dfrac{\partial}{\partial \boldsymbol{r}} \cdot (n_0 s \boldsymbol{c})$, 三是由于熵流 $\boldsymbol{J}_s$ 的贡献

$$-\frac{\partial}{\partial \boldsymbol{r}} \cdot \boldsymbol{J}_s.$$

将 $C(n,n)$ 的具体形式 (4.3.2a) 式代入 (4.4.6) 式, 可以得到

$$\sigma_s = -k_{\mathrm{B}} \iiint \mathrm{d}\boldsymbol{v}\mathrm{d}\boldsymbol{w}\mathrm{d}\hat{\boldsymbol{u}}' u\sigma(u, \hat{\boldsymbol{u}}\cdot\hat{\boldsymbol{u}}') \times [n(\boldsymbol{v}')n(\boldsymbol{w}') - n(\boldsymbol{v})n(\boldsymbol{w})]\ln n(\boldsymbol{v}), \quad (4.4.8)$$

上式中将变量 $\boldsymbol{v}$ 与 $\boldsymbol{w}$ 互换, $\boldsymbol{v}'$ 与 $\boldsymbol{w}'$ 互换, 也应该成立, 结果得到

$$\sigma_s = -k_{\mathrm{B}} \iiint \mathrm{d}\boldsymbol{v}\mathrm{d}\boldsymbol{w}\mathrm{d}\hat{\boldsymbol{u}}' u\sigma(u, \hat{\boldsymbol{u}}\cdot\hat{\boldsymbol{u}}') \times [n(\boldsymbol{v}')n(\boldsymbol{w}') - n(\boldsymbol{v})n(\boldsymbol{w})]\ln n(\boldsymbol{w}), \quad (4.4.9)$$

在以上二式中将 $\boldsymbol{v}$ 与 $\boldsymbol{v}'$ 交换, $\boldsymbol{w}$ 与 $\boldsymbol{w}'$ 交换, 并且利用 (4.2.9) 及 (4.2.11) 式, 便得到

$$\sigma_s = -k_{\mathrm{B}} \iiint \mathrm{d}\boldsymbol{v}\mathrm{d}\boldsymbol{w}\mathrm{d}\hat{\boldsymbol{u}}' u\sigma(u, \hat{\boldsymbol{u}}\cdot\hat{\boldsymbol{u}}') \times [n(\boldsymbol{v})n(\boldsymbol{w}) - n(\boldsymbol{v}')n(\boldsymbol{w}')]\ln n(\boldsymbol{v}'), \quad (4.4.10)$$

及

$$\sigma_s = -k_{\mathrm{B}} \iiint \mathrm{d}\boldsymbol{v}\mathrm{d}\boldsymbol{w}\mathrm{d}\hat{\boldsymbol{u}}' u\sigma(u, \hat{\boldsymbol{u}}\cdot\hat{\boldsymbol{u}}') \times [n(\boldsymbol{v})n(\boldsymbol{w}) - n(\boldsymbol{v}')n(\boldsymbol{w}')]\ln n(\boldsymbol{w}'), \quad (4.4.11)$$

将 (4.4.8) 至 (4.4.11) 四式相加并除以 4, 得到

$$\sigma_s = -\frac{k_{\mathrm{B}}}{4} \iiint \mathrm{d}\boldsymbol{v}\mathrm{d}\boldsymbol{w}\mathrm{d}\hat{\boldsymbol{u}}' u\sigma(u, \hat{\boldsymbol{u}}\cdot\hat{\boldsymbol{u}}') \times [n(\boldsymbol{v}')n(\boldsymbol{w}') - n(\boldsymbol{v})n(\boldsymbol{w})]\ln \frac{n(\boldsymbol{v})n(\boldsymbol{w})}{n(\boldsymbol{v}')n(\boldsymbol{w}')}. \tag{4.4.12}$$

由于

$$[n(\boldsymbol{v}')n(\boldsymbol{w}') - n(\boldsymbol{v})n(\boldsymbol{w})]\ln \frac{n(\boldsymbol{v})n(\boldsymbol{w})}{n(\boldsymbol{v}')n(\boldsymbol{w}')} \leqslant 0, \tag{4.4.13}$$

所以

$$\sigma_s \geqslant 0. \tag{4.4.14}$$

也就是说, 熵产生率永远非负. (4.4.13) 式中的等号当且仅当

$$n(\boldsymbol{v})n(\boldsymbol{w}) = n(\boldsymbol{v}')n(\boldsymbol{w}') \tag{4.4.15}$$

时成立, 所以 (4.4.15) 式是 $\sigma_s = 0$ 的充分必要条件. 由此容易看出, (4.4.15) 式也是

$$C(n,n) = 0 \tag{4.4.16}$$

的充分必要条件. 因此, (4.4.16) 式的解一定是满足 (4.4.15) 式关系的 Maxwell分布.

对于一个封闭系统, 在边界上有 $\boldsymbol{c} = 0, \boldsymbol{J}_s = 0$. 将 (4.4.7) 式对整个系统占据的空间积分, 可以得到

$$\frac{\mathrm{d}S}{\mathrm{d}t} = \int \sigma_s \mathrm{d}\boldsymbol{r} \geqslant 0, \qquad (4.4.17)$$

这里

$$S = \int n_0 s \mathrm{d}\boldsymbol{r} \qquad (4.4.18)$$

是整个封闭系统的总熵. (4.4.17) 式说明非平衡的封闭系统的熵总是增加的, 直至系统达到平衡态使得 $\sigma_s = 0$ 时为止. 这是在气体分子运动论范围内推导热力学第二定律, 而 (4.4.1) 及 (4.4.18) 式则是将熵的概念推广到非平衡系统.

既然 $\dfrac{\mathrm{d}S}{\mathrm{d}t} \geqslant 0$, 自然要问 S 是否有上界. 对于总量有限、总能量有限、总体积有限的系统, S 是有上界的. 为证明这一点, 只须证明积分

$$\int n \ln n \mathrm{d}\boldsymbol{v}$$

收敛就够了. 由于气体总量有限, 所以在一个单位体积内的气体的量也是有限的, 即 $\int n \mathrm{d}\boldsymbol{v}$ 有限. 同理, 由于总能量有限, 所以 $\int v^2 n \mathrm{d}\boldsymbol{v}$ 有限. 如果 $\int n \ln n \mathrm{d}\boldsymbol{v}$ 无限, 那么对于充分大的 v, 必定有 $|\ln n| > v^2$, 这导致 $n > \mathrm{e}^{v^2}$, 而使 $\int n \mathrm{d}\boldsymbol{v}$ 无界, 与所设矛盾. 因此 S 有上界.

(4.4.17) 式还说明, 封闭系统的定态一定是平衡态, 其分布函数满足 (4.4.15) 式, 即 $\ln n$ 是碰撞不变量, 所以封闭系统的定态一定是 Maxwell 分布. 但是应当注意, 它不一定是空间均匀的定态 Maxwell 分布 (4.3.9).

如果用 (4.3.9) 式来计算体积为 V、粒子数为 N、温度为 T 的气体的熵 (4.4.18), 就可以得到

$$S = k_\mathrm{B} N \ln \frac{V}{N} + \frac{5}{2} k_\mathrm{B} N + \frac{3}{2} k_\mathrm{B} N \ln \frac{2\pi k_\mathrm{B} T}{m}. \qquad (4.4.19)$$

在统计物理 [27] 中, 相应的结果是

$$\widetilde{S} = k_\mathrm{B} N \ln \frac{V}{N} + \frac{5}{2} k_\mathrm{B} N + \frac{3}{2} k_\mathrm{B} N \ln \frac{2\pi k_\mathrm{B} T}{m} + 3 k_\mathrm{B} N \ln \frac{m}{h}.$$

这结果和 (4.4.19) 式所差的只是一个常数项 $3 k_\mathrm{B} N \ln \dfrac{m}{h}$, 它来自计算熵时起点的不同选择.

(4.4.17) 式实质上就是 Boltzmann 的 H 定理. 这个定理中, 定义

$$H = \iint n \ln n \mathrm{d}\boldsymbol{v} \mathrm{d}\boldsymbol{r}. \qquad (4.4.20)$$

它与 S 的关系是

$$S = -k_{\mathrm{B}}(H - N). \tag{4.4.21}$$

因此, 在 N 固定时, 根据 (4.4.17) 式有

$$\frac{\mathrm{d}H}{\mathrm{d}t} = -\frac{1}{k_B}\frac{\mathrm{d}S}{\mathrm{d}t} \leqslant 0. \tag{4.4.22}$$

在平衡态, H 取极小值. H 定理在 Boltzmann 方程的理论中具有基本的重要性, 因为它指明了 Boltzmann 方程所描述的过程具有不可逆性. 看来这是与组成气体的分子所遵守的力学规律的可逆性相矛盾的. 因此, Boltzmann 的 H 定理提出后, 曾经受到过两种批评: 其一是所谓**Loschmidt 佯谬**; 其二是所谓**Zermelo 佯谬**.

Loschmidt 提出, 假如在任一时刻使系统里所有分子的速度反转, 那么系统将从相反的次序经历它原来经历过的状态. 如果原来 H 是减少的, 那么反转之后 H 将增加. Boltzmann 对此的回答是: H 定理所说的孤立系统内发生的过程沿 H 减小的方向进行, 是在统计的意义上说的, 即, 过程朝 H 减小的方向进行的概率最大, 而朝 H 增大的方向进行的概率很小.

Zermelo 和 Poincaré 提出, 任何有限的服从经典力学定律的系统必将回到任意接近初始状态的状态, 只要我们等待充分长的时间. 这就是**Poincaré定理**. 由于系统是有限的, 所以代表点在相空间中可能达到的范围 B 也是有限的. 用 $\mu(A)$ 表示相空间中一个区域 A 的测度, 则 $\mu(B)$ 有限. 若初始时在 A 内的点按力学规律运动并于 t 时刻到达新的区域 A_t, 则由 Liouville 定理知道 $\mu(A_t) = \mu(A)$. 现在用反证法证明 Poincaré 定理. 假定 B 有一个子集 A, 其中的某点永远不再回到 A 中, 那么我们可以选择 A 充分小而 τ 充分大, 使 A_τ 与 A 不重叠 (如果这一点不能作到, 那么命题已经得证). 于是我们可以断言, $A_{2\tau}, A_{3\tau}, \cdots$ 都不互相重叠. 否则, 要是 $A_{n\tau}$ 和 $A_{(n+k)\tau}$ 有公共点, 那么由于运动的唯一性, 让这个公共点反过来运动, 就可以知道 A 与 $A_{k\tau}$ 有公共点, 这与 A 的选择相矛盾. 既然 $A, A_\tau, A_{2\tau}, \cdots$ 都互不重叠, 而

$$\mu(A) = \mu(A_\tau) = \mu(A_{2\tau}) = \cdots,$$

那么总测度 $\mu(B)$ 有限这一要求就使得 $\mu(A) = 0$. 所以, 对任意 $\mu(A) > 0$ 的 A, 其中的代表点总要回到 A 中, 只要等待充分长的时间. 这就证明了 Poincaré 定理. 按这一定理, 系统经过充分长的时间之后会重新回到与初始时刻状态无限接近的状态. 这样, H 就不会是单调的, 于是也与 H 定理相矛盾. 这就是 Zermelo 佯谬. Boltzmann 的回答是, 非平衡的某一宏观态出现的热力学概率极小, 因此再出现的周期也极长. 这个等待时间长得与人的生命无法比拟, 成为实际上无法等待的时间. 因此宏观不可逆性并不与再出现的可能性相排斥.

Boltzmann 所作的解释并没有使争论结束. 对于微观过程可逆性与宏观过程不可逆性的讨论一直延续至今. 尽管这种争论仍然存在, 但由于从 Boltzmann 方程所得到的结果与实验观测到的现象符合, 因此不妨把它当作一个经验规律来使用. 以上所介绍的理论争论并未影响到用它来解决各种各样的有关实际问题.

§4.5 碰撞不变量和流体力学方程组

在 §1.4 中用比较直观的方式推导了流体力学方程组. 本节将从 Boltzmann 方程出发来推导它. 为此, 我们先讨论一下碰撞不变量.

首先, 让我们来证明, 任何碰撞不变量都可以写成五个基本碰撞不变量的线性组合. 设 $\varphi(\boldsymbol{v})$ 是个碰撞不变量, 那么有

$$\varphi(\boldsymbol{v}) + \varphi(\boldsymbol{w}) = \varphi(\boldsymbol{v}') + \varphi(\boldsymbol{w}'), \tag{4.5.1}$$

这里 $\boldsymbol{v}, \boldsymbol{w}$ 和 $\boldsymbol{v}', \boldsymbol{w}'$ 分别是碰撞前后一对分子的速度. 但是, 只要

$$v^2 + w^2 = v'^2 + w'^2, \boldsymbol{v} + \boldsymbol{w} = \boldsymbol{v}' + \boldsymbol{w}',$$

就可以找到一种碰撞, 使碰撞前后二分子的速度恰好是 $\boldsymbol{v}, \boldsymbol{w}$ 和 $\boldsymbol{v}', \boldsymbol{w}'$. 因此, (4.5.1) 式意味着 $\varphi(\boldsymbol{v}) + \varphi(\boldsymbol{w})$ 仅仅是 $v^2 + w^2$ 和 $\boldsymbol{v} + \boldsymbol{w}$ 的函数. 于是可以设

$$\varphi(\boldsymbol{v}) + \varphi(\boldsymbol{w}) = \varPhi(v^2 + w^2, \boldsymbol{v} + \boldsymbol{w}) \tag{4.5.2}$$

只要从 (4.5.2) 式出发, 便能证明可以找到常量 α, β 和 γ 使下面两个式子成立:

$$\varphi_+(\boldsymbol{v}) \equiv \varphi(\boldsymbol{v}) + \varphi(-\boldsymbol{v}) = 2\alpha + \gamma m v^2, \tag{4.5.3}$$

$$\varphi_-(\boldsymbol{v}) \equiv \varphi(\boldsymbol{v}) - \varphi(-\boldsymbol{v}) = 2\boldsymbol{\beta} \cdot (m\boldsymbol{v}), \tag{4.5.4}$$

就马上可以得出所需要的结论:

$$\varphi(\boldsymbol{v}) = \frac{1}{2}[\varphi_+(\boldsymbol{v}) + \varphi_-(\boldsymbol{v})] = \alpha + \boldsymbol{\beta} \cdot (m\boldsymbol{v}) + \gamma \frac{1}{2} m v^2. \tag{4.5.5}$$

为了证明 (4.5.3) 及 (4.5.4) 式, 令

$$\varPhi_\pm(v^2 + w^2, \boldsymbol{v} + \boldsymbol{w}) \equiv \varPhi(v^2 + w^2, \boldsymbol{v} + \boldsymbol{w}) \pm \varPhi(v^2 + w^2, -\boldsymbol{v} - \boldsymbol{w}), \tag{4.5.6}$$

式中 $\varPhi$ 是 (4.5.2) 式右边的函数. 将 (4.5.2) 式中 $\boldsymbol{v}$ 及 $\boldsymbol{w}$ 分别换成 $-\boldsymbol{v}$ 及 $-\boldsymbol{w}$, 再将所得式与 (4.5.2) 式加减, 记住 (4.5.3) 及 (4.5.4) 式中 $\varphi_\pm$ 的定义和 (4.5.6) 式中 $\varPhi_\pm$ 的定义, 便得到

$$\varphi_\pm(\boldsymbol{v}) + \varphi_\pm(\boldsymbol{w}) = \varPhi_\pm(v^2 + w^2, \boldsymbol{v} + \boldsymbol{w}). \tag{4.5.7}$$

在取 "+" 号脚标的 (4.5.7) 式中置 $\boldsymbol{w} = -\boldsymbol{v}$, 得到

$$2\varphi_+(\boldsymbol{v}) = \varPhi_+(2v^2, 0)$$

这说明, $\varphi_+(\boldsymbol{v})$ 其实只和 v^2 有关, 写成

$$\varphi_+ = \varphi_+(v^2) = \psi(v^2).$$

于是 (4.5.7) 式表明 $\varPhi_+$ 只和 $v^2 + w^2$ 有关, 因为从 v^2 和 w^2 不能作出 $\boldsymbol{v} + \boldsymbol{w}$ 的函数来 [要是能作出 $f(\boldsymbol{v} + \boldsymbol{w}) = g(v^2, w^2)$, 则通过令 $\boldsymbol{w} = 0$, 知 $f(\boldsymbol{v}) = h(v^2)$, 因此就会有

$$h(v^2 + w^2 + 2\boldsymbol{v} \cdot \boldsymbol{w}) = g(v^2, w^2),$$

这显然不可能]. 这样, 取 "+" 号脚标的 (4.5.7) 式可以改写成

$$\psi(v^2) + \psi(w^2) = \varPhi_+(v^2 + w^2) = \psi(v^2 + w^2) + \psi(0),$$

最后一步可通过取一速度为零另一速度的大小为 $(v^2 + w^2)^{1/2}$ 而从上式前一步所代表的公式得出. 令 $\overline{\psi}(v^2) = \psi(v^2) - \psi(0)$, 则上式可以写成

$$\overline{\psi}(v^2) + \overline{\psi}(w^2) = \overline{\psi}(v^2 + w^2), \tag{4.5.8}$$

可见 $\overline{\psi}$ 是一次齐次函数, 所以存在常数 γ 使

$$\overline{\psi}(v^2) = \gamma m v^2$$

成立. 取 $\alpha = \dfrac{1}{2}\psi(0)$, 便得到

$$\varphi_+ = \psi(v^2) = 2\alpha + \gamma m v^2.$$

这就是 (4.5.3) 式.

　　为证明 (4.5.4) 式, 先假定 $\boldsymbol{v} \cdot \boldsymbol{w} = 0$, 则

$$v^2 + w^2 = (\boldsymbol{v} + \boldsymbol{w})^2;$$

记

$$h(\boldsymbol{v} + \boldsymbol{w}) = \varPhi_-((\boldsymbol{v} + \boldsymbol{w})^2, \boldsymbol{v} + \boldsymbol{w}),$$

　　"−" 号脚标的 (4.5.7) 式是

$$\varphi_-(\boldsymbol{v}) + \varphi_-(\boldsymbol{w}) = h(\boldsymbol{v} + \boldsymbol{w}) = \varphi_-(\boldsymbol{v} + \boldsymbol{w}) \tag{4.5.9}$$

最后一步来自取 $w = 0$ 及注意 $\varphi_-(0) = 0$. 如果 $v \cdot w \neq 0$, 则取一满足下列条件的矢量 ρ:

$$\rho \cdot v = \rho \cdot w = 0, \rho^2 = |v \cdot w| > 0.$$

应用 (4.5.9) 式于正交矢 (v, ρ) 及 $(w, \mp\rho)$, 得到

$$\varphi_-(v + \rho) = \varphi_-(v) + \varphi_-(\rho),$$

$$\varphi_-(w \mp \rho) = \varphi_-(w) + \varphi_-(\mp\rho) = \varphi_-(w) \mp \varphi_-(\rho),$$

第二式中按 $v \cdot w \gtrless 0$ 取 $\mp$ 号. 由于这一选择, 有

$$(v + \rho) \cdot (w \mp \rho) = v \cdot w + \rho \cdot w \mp \rho \cdot v \mp \rho^2 = 0,$$

于是可将 (4.5.9) 式应用于 $v + \rho$ 及 $w \mp \rho$, 同时应用于 $v + w$ 及 $\rho \mp \rho$, 得出

$$\varphi_-(v + \rho) + \varphi_-(w \mp \rho) = \varphi_-(v + w + \rho \mp \rho) = \varphi_-(v + w) + \varphi_-(\rho \mp \rho)$$

左边应用上面得到的结果, 得

$$\varphi_-(v) + \varphi_-(w) + \varphi_-(\rho) \mp \varphi_-(\rho) = \varphi_-(v + w) + \varphi_-(\rho \mp \rho). \tag{4.5.10}$$

如果 $v \cdot w > 0$, 上式中取 "−" 号, 便得到

$$\varphi_-(v) + \varphi_-(w) = \varphi_-(v + w), \tag{4.5.11}$$

式中若取 $v = w = \rho(\rho \cdot \rho = \rho^2 > 0$ 满足应用条件), 则有

$$2\varphi_-(\rho) = \varphi_-(2\rho)$$

将此关系用到 $v \cdot w < 0$ 情形下的 (4.5.10) 式 (取 "+" 号), 便也得到 (4.5.11) 式. 所以 (4.5.11) 式对于任意的 v 及 w 都成立, 可见 $\varphi_-(v)$ 是 v 的一次齐次函数, 所以存在常矢量 β, 使

$$\varphi_-(v) = 2\beta \cdot (mv).$$

这就是 (4.5.4) 式. 既然证明了 (4.5.3) 和 (4.5.4) 式, 我们也就证明了: 对于任意的碰撞不变量 $\varphi(v)$, 都可以写出 (4.5.5) 式. 即任何碰撞不变量都可以表示成五个基本碰撞不变量的线性组合. 这个结论在物理上其实是明显的. 因为在给定 v 及 w 的条件下, 碰撞后的 v' 及 w' 不能完全决定, $u' = v' - w'$ 的方向 $\hat{u}'$ 可以任意选定, 因此在 v' 及 w' 的六个分量中只可能受四个独立条件的约束. 而动量守恒和能量守

恒恰好提供了这样的四个约束条件. 此外, 除掉与速度无关的碰撞不变量 1(和粒子数守恒相应), 就不可能存在其他独立的碰撞不变量了.

我们再来证明, 如果 $\varphi(\boldsymbol{v})$ 是碰撞不变量, 便有

$$\int C(n,n)\varphi(\boldsymbol{v})\mathrm{d}\boldsymbol{v} = 0. \tag{4.5.12}$$

事实上, 利用 $C(n,n)$ 的表达式 (4.3.2a), 上式左边可以写成

$$\iiint \mathrm{d}\boldsymbol{v}\mathrm{d}\boldsymbol{w}\mathrm{d}\hat{\boldsymbol{u}}'u\sigma(u,\hat{\boldsymbol{u}}\cdot\hat{\boldsymbol{u}}') \times [n(\boldsymbol{v}')n(\boldsymbol{w}') - n(\boldsymbol{v})n(\boldsymbol{w})]\varphi(\boldsymbol{v}).$$

像上节推导 (4.4.12) 式时一样, 可以把上面的积分改写成

$$\frac{1}{4}\iiint \mathrm{d}\boldsymbol{v}\mathrm{d}\boldsymbol{w}\mathrm{d}\hat{\boldsymbol{u}}'u\sigma(u,\hat{\boldsymbol{u}}\cdot\hat{\boldsymbol{u}}')[n(\boldsymbol{v}')n(\boldsymbol{w}') - n(\boldsymbol{v})n(\boldsymbol{w})]$$
$$\times[\varphi(\boldsymbol{v}) + \varphi(\boldsymbol{w}) - \varphi(\boldsymbol{v}') - \varphi(\boldsymbol{w}')].$$

由于 $\varphi(\boldsymbol{v})$ 是碰撞不变量, 所以上列积分的被积函数的最后一因子是零, 因而积分是零, 即 (4.5.12) 式成立.

现在让我们利用 (4.5.12) 式来推导流体力学方程组. 先记下与分布函数 $n(\boldsymbol{r},\boldsymbol{v},t)$ 各次矩有关的量:

$$\rho = \rho(\boldsymbol{r},t) = mn_0(\boldsymbol{r},t) = m\int n(\boldsymbol{r},\boldsymbol{v},t)\mathrm{d}\boldsymbol{v},$$

$$\boldsymbol{c} = \boldsymbol{c}(\boldsymbol{r},t) = \frac{1}{n_0}\int \boldsymbol{v}n(\boldsymbol{r},\boldsymbol{v},t)\mathrm{d}\boldsymbol{v},$$

$$U = U(\boldsymbol{r},t) = \frac{1}{mn_0}\int \frac{1}{2}m(\boldsymbol{v}-\boldsymbol{c})^2 n(\boldsymbol{r},\boldsymbol{v},t)\mathrm{d}\boldsymbol{v},$$

其中 $\boldsymbol{c}$ 已由 (4.4.4) 式定义, 而 ρ 及 U 则易见与 (1.4.6) 及 (1.4.8) 中的定义一致.

将 Boltzmann 方程 (4.2.13) 式两边乘以碰撞不变量 $\varphi(\boldsymbol{v})$, 并对 $\mathrm{d}\boldsymbol{v}$ 积分; 右边利用 (4.5.12) 式后得零, 于是有

$$\int \varphi(\boldsymbol{v})\left[\frac{\partial n}{\partial t} + \boldsymbol{v}\cdot\frac{\partial n}{\partial \boldsymbol{r}} + \frac{\boldsymbol{F}}{m}\cdot\frac{\partial n}{\partial \boldsymbol{v}}\right]\mathrm{d}\boldsymbol{v} = 0. \tag{4.5.13}$$

以下我们只考虑 $\boldsymbol{F}$ 与 $\boldsymbol{v}$ 无关的情形. 当 $\varphi(\boldsymbol{v}) = 1$ 时, 由 (4.5.13) 式得到

$$\frac{\partial \rho}{\partial t} + \frac{\partial}{\partial \boldsymbol{r}}\cdot(\rho\boldsymbol{c}) = 0. \tag{4.5.14}$$

当 $\varphi(\boldsymbol{v}) = m\boldsymbol{v}$ 时, (4.5.13) 式给出

$$\int m\boldsymbol{v}\left[\frac{\partial n}{\partial t} + \boldsymbol{v}\cdot\frac{\partial n}{\partial \boldsymbol{r}} + \frac{\boldsymbol{F}}{m}\cdot\frac{\partial n}{\partial \boldsymbol{v}}\right]\mathrm{d}\boldsymbol{v} = 0; \tag{4.5.13'}$$

分别计算左边各项 (应用求和规定, 下同):

$$\int m\boldsymbol{v}\frac{\partial n}{\partial t}\mathrm{d}\boldsymbol{v} = \frac{\partial}{\partial t}\int m\boldsymbol{v}n\mathrm{d}\boldsymbol{v} = \frac{\partial}{\partial t}(\rho\boldsymbol{c});$$

$$\int mv_i v_j\frac{\partial n}{\partial x_j}\mathrm{d}\boldsymbol{v} = \frac{\partial}{\partial x_j}\int mv_i v_j n\mathrm{d}\boldsymbol{v}$$

$$= \frac{\partial}{\partial x_j}\left[mc_i c_j\int n\mathrm{d}\boldsymbol{v} + m\int (v_i - c_i)(v_j - c_j)n\mathrm{d}\boldsymbol{v}\right]$$

$$= \frac{\partial}{\partial x_j}[\rho c_i c_j + P_{ij}],$$

其中**协强张量**$P_{ij} = P_{ji}$ 定义为

$$P_{ij} = P_{ij}(\boldsymbol{r}, t) \equiv \int m(v_i - c_i)(v_j - c_j)n\mathrm{d}\boldsymbol{v}; \tag{4.5.15}$$

$$\int mv_i\frac{F_j}{m}\frac{\partial n}{\partial v_j}\mathrm{d}\boldsymbol{v} = \frac{F_j}{m}\int m\left[\frac{\partial}{\partial v_j}(v_i n) - \delta_{ij}n\right]\mathrm{d}\boldsymbol{v} = -\frac{F_i}{m}\rho;$$

将以上各项结果代入方程 (4.5.13′), 并用张量和矢量记号写出, 便得到

$$\frac{\partial(\rho\boldsymbol{c})}{\partial t} + \frac{\partial}{\partial\boldsymbol{r}}\cdot[\rho\boldsymbol{cc} + \mathbf{P}] - \frac{\boldsymbol{F}}{m}\rho = 0. \tag{4.5.16}$$

当 $\varphi(\boldsymbol{v}) = \frac{1}{2}m(\boldsymbol{v} - \boldsymbol{c})^2$ 时, (4.5.13) 式给出

$$\frac{m}{2}\int(\boldsymbol{v} - \boldsymbol{c})^2\left[\frac{\partial n}{\partial t} + \boldsymbol{v}\cdot\frac{\partial n}{\partial\boldsymbol{r}} + \frac{\boldsymbol{F}}{m}\cdot\frac{\partial n}{\partial\boldsymbol{v}}\right]\mathrm{d}\boldsymbol{v} = 0; \tag{4.5.13″}$$

分别计算左边各项:

$$\frac{m}{2}\int(\boldsymbol{v} - \boldsymbol{c})^2\frac{\partial n}{\partial t}\mathrm{d}\boldsymbol{v} = \frac{\partial}{\partial t}\left[\frac{m}{2}\int(\boldsymbol{v} - \boldsymbol{c})^2 n\mathrm{d}\boldsymbol{v}\right] = \frac{\partial(\rho U)}{\partial t};$$

$$\frac{m}{2}\int(v_i - c_i)(v_i - c_i)v_j\frac{\partial n}{\partial x_j}\mathrm{d}\boldsymbol{v} = \frac{m}{2}\frac{\partial}{\partial x_j}\int(v_i - c_i)(v_i - c_i)v_j n\mathrm{d}\boldsymbol{v}$$

$$- \frac{m}{2}\int n\frac{\partial}{\partial x_j}[(v_i - c_i)(v_i - c_i)v_i]\mathrm{d}\boldsymbol{v}$$

$$= \frac{m}{2}\frac{\partial}{\partial x_j}\int(v_i - c_i)(v_i - c_i)(v_j - c_j)n\mathrm{d}\boldsymbol{v}$$

$$+\frac{m}{2}\frac{\partial}{\partial x_j}\int c_j(v_i-c_i)(v_i-c_i)n\mathrm{d}\boldsymbol{v}$$

$$+m\int(v_j-c_j)(v_i-c_i)\frac{\partial c_i}{\partial x_j}n\mathrm{d}\boldsymbol{v}$$

$$+m\int c_j(v_i-c_i)\frac{\partial c_i}{\partial x_j}n\mathrm{d}\boldsymbol{v}$$

$$=\frac{\partial}{\partial x_j}q_j+\frac{\partial}{\partial x_j}(\rho Uc_j)+P_{ij}\frac{\partial c_i}{\partial x_j}+0,$$

其中**热流矢量q** 定义为

$$\boldsymbol{q}\equiv\frac{m}{2}\int(\boldsymbol{v}-\boldsymbol{c})^2(\boldsymbol{v}-\boldsymbol{c})n\mathrm{d}\boldsymbol{v};\tag{4.5.17}$$

或

$$q_j\equiv\frac{m}{2}\int(v_i-c_i)(v_i-c_i)(v_j-c_j)n\mathrm{d}\boldsymbol{v},$$

$$\frac{m}{2}\int(v_i-c_i)(v_i-c_i)\frac{F_j}{m}\frac{\partial n}{\partial v_j}\mathrm{d}\boldsymbol{v}=\frac{F_j}{2}\int\Big[\frac{\partial}{\partial v_j}((v_i-c_i)(v_i-c_i)n)$$

$$-2(v_i-c_i)\delta_{ij}n\Big]\mathrm{d}\boldsymbol{v}=0;$$

将以上各项结果代入 (4.5.13″) 式, 便得到

$$\frac{\partial(\rho U)}{\partial t}+\frac{\partial}{\partial\boldsymbol{r}}\cdot(\rho U\boldsymbol{c}+\boldsymbol{q})+\mathbf{P}:\frac{\partial}{\partial\boldsymbol{r}}\boldsymbol{c}=0.\tag{4.5.18}$$

(4.5.14), (4.5.16) 及 (4.5.18) 诸方程就是流体力学方程组. 在没有外力 ($\boldsymbol{F}=0$) 时, 它们分别和 (1.4.9), (1.4.13) 及 (1.4.18) 各方程一致. 我们注意到, 热流矢量 $\boldsymbol{q}$ 及协强张量 $\mathbf{P}$ 中牵涉到的速度都是相对于质量速度 (或流速)$\boldsymbol{c}$ 的**特有速度$v-c$**.

§4.6 碰撞项的具体形式

前面几节的讨论中, 关于碰撞过程, 只假定了粒子数守恒、动量守恒和能量守恒而没有涉及碰撞过程的具体形式, 因此所得的结论适用于完全弹性碰撞的各种情况. 相应地, 在方程的碰撞项中也没有指定微分散射截面 $\sigma(u,\hat{\boldsymbol{u}}\cdot\hat{\boldsymbol{u}}')$ 的具体形式.

碰撞项的具体形式依赖于分子间相互作用力的形式. 在经典的 "**刚球模型**" 中, 把分子当作直径为 d 的完全弹性刚球. 当两分子中心之间的距离靠近到 d 时就发生碰撞, 因此碰撞的总微观截面为

$$\sigma_t=\pi d^2.\tag{4.6.1}$$

不过, 实际的分子有复杂的结构, 它可以由一个或多个原子组成, 每个原子又有核及核外电子, 因此分子的 "直径" 是无法严格定义的, 分子间的相互作用力也远远不像刚球模型那样理想. 一般来说, 在相互距离较大时, 分子之间表现出很弱的引力, 而在相互靠近到一定距离之内时, 分子间有很强的排斥力. 在碰撞项的理论讨论中, 常常假定分子间的作用力 F 是与分子间距离 r 的某次**幂**成**反比**的斥**力**:

$$F = \frac{\kappa}{r^\eta},$$

或者等价地, 假定分子间的作用势是

$$\phi = \frac{\kappa}{(\eta-1)r^{\eta-1}}, \tag{4.6.2}$$

而 $\boldsymbol{F} = -\dfrac{\mathrm{d}\phi}{\mathrm{d}\boldsymbol{r}}$. (4.6.2) 式中 κ 和 η 是常数. 实验表明, 当 $\eta \approx 10$ 时, (4.6.2) 式可以较好地描述单原子分子. 我们将就作用势 (4.6.2) 来计算分子间散射的微分截面.

当分子间作用力在两分子连心线上时, 质心参考系中两分子在一个平面 (称为**碰撞平面**) 中运动. 设 m_1 和 m_2 分别是两分子的质量, 而 (r_1, θ) 和 $(r_2, \theta + \pi)$ 是它们在碰撞平面上以质心为原点的极坐标, 如图 4.1 所示. 显然有

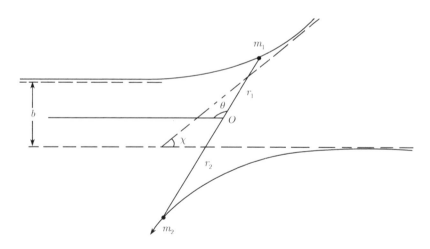

图 4.1 两分子碰撞平面上的极坐标

$$r_1 = \frac{m_2}{m_1 + m_2} r, \qquad r_2 = \frac{m_1}{m_1 + m_2} r.$$

角动量守恒定律给出:

$$m_1 r_1^2 \dot{\theta} + m_2 r_2^2 \dot{\theta} = m_r r^2 \dot{\theta} = 常数, \tag{4.6.3}$$

这里字母上的圆点表示对时间求微商, $m_r = \dfrac{m_1 m_2}{m_1 + m_2}$ 称为**折合质量**. 若记 b 为碰撞的**瞄准距离**, $\boldsymbol{u}$ 为碰撞前 (两分子未进入相互作用范围时) 的相对速度, $u = |\boldsymbol{u}|$, 则

$$r^2 \dot{\theta} = bu. \tag{4.6.4}$$

所以 (4.6.3) 式右边的常数就是 $m_r u b$. 另一方面, 碰撞过程的能量守恒定律给出

$$\frac{1}{2} m_1 (\dot{r}_1^2 + r_1^2 \dot{\theta}^2) + \frac{1}{2} m_2 (\dot{r}_2^2 + r_2^2 \dot{\theta}^2) + \phi = \frac{1}{2} m_r (\dot{r}^2 + r^2 \dot{\theta}^2) + \phi = 常数. \tag{4.6.5}$$

考虑到碰撞前两分子之间没有相互作用, 而动能之和为 $\dfrac{1}{2} m_r u^2$, 就可以定出 (4.6.5) 式中的常数, 而将这式写成

$$\frac{1}{2} m_r (\dot{r}^2 + r^2 \dot{\theta}^2) + \phi = \frac{1}{2} m_r u^2 \tag{4.6.6}$$

由 (4.6.4) 式和 (4.6.6) 式消去 t, 可以得到

$$\left(\frac{\mathrm{d}r}{\mathrm{d}\theta} \right)^2 = \frac{r^4}{b^2} - r^2 - \frac{\phi r^4}{\frac{1}{2} m_r u^2 b^2}$$

或记 $W = \dfrac{b}{r}$, 将上式写成

$$\left(\frac{\mathrm{d}W}{\mathrm{d}\theta} \right)^2 = 1 - W^2 - \frac{\phi}{\frac{1}{2} m_r u^2}. \tag{4.6.7}$$

取 $r \to \infty$ 时 $\theta = 0$, 则上式积分后给出

$$\theta = \int_0^W \frac{\mathrm{d}W}{\sqrt{1 - W^2 - \dfrac{\phi}{\frac{1}{2} m_r u^2}}}.$$

在两分子距离最近处, 有 $\dfrac{\mathrm{d}W}{\mathrm{d}\theta} = 0$, 记这点的

$$\theta = \theta_A, \quad W = W_1,$$

那么 W_1 是下面方程的正根:

$$1 - W^2 - \frac{\phi}{\frac{1}{2} m_r u^2} = 0, \tag{4.6.8}$$

而 θ_A 为

$$\theta_A = \int_0^{W_1} \frac{\mathrm{d}W}{\sqrt{1 - W^2 - \dfrac{\phi}{\dfrac{1}{2}m_r u^2}}}. \tag{4.6.9}$$

碰撞前后相对速度由 $\boldsymbol{u}$ 变到 $\boldsymbol{u}'$, 其方向变化是

$$\chi = \pi - 2\theta_A, \tag{4.6.10}$$

而 $\hat{\boldsymbol{u}} \cdot \hat{\boldsymbol{u}}' = \cos\chi$.

现在考虑分子间作用势为 (4.6.2) 式的情况. 将 (4.6.2) 式代入 (4.6.8) 式, 可知 W_1 是下面方程的正根:

$$1 - W^2 - \frac{2}{\eta - 1}\left(\frac{W}{W_0}\right)^{\eta-1} = 0, \tag{4.6.11}$$

其中

$$W_0 \equiv b\left(\frac{m_r u^2}{\kappa}\right)^{\frac{1}{\eta-1}}. \tag{4.6.12}$$

将 (4.6.9) 式代入 (4.6.10) 式, 再利用 (4.6.2) 式及 (4.6.12) 式, 便得到

$$\chi = \pi - 2\int_0^{W_1} \frac{\mathrm{d}W}{\sqrt{1 - W^2 - \dfrac{2}{\eta - 1}\left(\dfrac{W}{W_0}\right)^{\eta-1}}} \tag{4.6.13}$$

假定 ε 是碰撞平面与某一参照平面之间的夹角, **微分散射截面**是

$$\sigma\mathrm{d}\hat{\boldsymbol{u}}' = b\mathrm{d}b\mathrm{d}\varepsilon. \tag{4.6.14}$$

但是 $\mathrm{d}\hat{\boldsymbol{u}}' = \sin\chi\mathrm{d}\chi\mathrm{d}\varepsilon$, 故有

$$\sigma = \frac{b}{\sin\chi}\left|\frac{\mathrm{d}b}{\mathrm{d}\chi}\right|. \tag{4.6.15}$$

总散射截面就是

$$\sigma_{\mathrm{t}} = \int \sigma\mathrm{d}\hat{\boldsymbol{u}}' = 2\pi\int_0^{\pi} \sigma\sin\chi\mathrm{d}\chi. \tag{4.6.16}$$

利用 (4.6.12) 式, 可以把 (4.6.14) 式写成

$$\sigma\mathrm{d}\hat{\boldsymbol{u}}' = W_0\left(\frac{\kappa}{m_r u^2}\right)^{\frac{2}{\eta-1}}\mathrm{d}W_0\mathrm{d}\varepsilon \tag{4.6.17}$$

对于任何有限的 $\eta(\eta \to \infty$ 的情况将在下面讨论), 由于力场延伸至无穷, 把 (4.6.17) 式代入 (4.6.16) 式后将得到发散的结果. 事实上, 经典模型经常遇到总截面发散的

困难. 当考虑到量子效应时, 测不准关系使交换任意小动量的散射过程无法定义, 因而总截面可以成为有限的. 因此, 在使用经典模型时也可以引入截断势来保证总截面收敛. 如果把描准距离b大于某值的相互作用忽略, 就称为**远程势截断**; 如果把偏转角度χ小于某值的散射过程忽略, 就称为**小角度截断**. 对于 (4.6.2) 式那样的倒幂形式的相互作用势, 两种截断的结果是一致的. 设对W_0在W_{0m}处截断, 那么, 对于给定的u, 总截面

$$\sigma_t = \int_0^{2\pi} \mathrm{d}\varepsilon \int_0^{W_{0m}} \mathrm{d}W_0 W_0 \left(\frac{\kappa}{m_r u^2}\right)^{\frac{2}{\eta-1}} = \pi W_{0m}^2 \left(\frac{\kappa}{m_r u^2}\right)^{\frac{2}{\eta-1}}. \tag{4.6.18}$$

这个表达式中包含一个参数W_{0m}. 为了使总截面的表达式不包含这样的参数, 还可以引进具有其他物理意义的截面. 例如, 可以定义**黏性截面**σ_μ:

$$\sigma_\mu = \int \sigma \sin^2 \chi \mathrm{d}\hat{\boldsymbol{u}}', \tag{4.6.19}$$

或输运截面σ_{tr}:

$$\sigma_{\mathrm{tr}} = \int \sigma (1 - \cos\chi) \mathrm{d}\hat{\boldsymbol{u}}'. \tag{4.6.20}$$

值得注意的是, σ_t, σ_μ 和 σ_{tr} 都与 $u^{4/(\eta-1)}$ 成反比.

有两个特例值得提出来研究. 一个是本节开头提到的刚球分子模型, 它可以看成是在 (4.6.2) 式中取 $\eta \to \infty$ 的极限情形. 事实上, 以

$$\kappa = (\eta - 1) d_{12}^{\eta-1}$$

代入 (4.6.2) 式, 则有

$$\phi = \left(\frac{d_{12}}{r}\right)^{\eta-1}.$$

这里 $d_{12} = \dfrac{1}{2}(d_1 + d_2)$ 是两分子的最小连心距. 显然, 当 $\eta \to \infty$ 时, 有

$$\phi = \begin{cases} 0 & 若 r > d_{12}, \\ \infty & 若 r < d_{12}. \end{cases}$$

这就是刚球分子间的相互作用势. 为求得刚球分子的截面, 须注意两刚球分子间碰撞时两者距离 r 不随 t 光滑改变, 因此 $W(\theta)$ 在该点不可微. 但是容易想象, 在碰撞前后全过程中, r 从 ∞ 减小到 d_{12}, 再增大到 ∞; 所以 $W = \dfrac{b}{r}$ 从 0 增大到 $\dfrac{b}{d_{12}}$, 再减小到 0. 显然两分子距离最近处的 W 值为 $W_1 = \dfrac{b}{d_{12}}$. 将 $\phi = 0$ 及 $W_1 = \dfrac{b}{d_{12}}$ 代入 (4.6.9) 式, 立即可求得:

$$\theta_A = \arcsin\left(\frac{b}{d_{12}}\right).$$

注意到 (4.6.10) 式, 就有

$$b = d_{12} \cos \frac{\chi}{2}.$$

把这一结果代入 (4.6.15) 式, 可以得到

$$\sigma = \frac{1}{4} d_{12}^2$$

故可知刚球分子的总截面就是

$$\sigma_{\mathrm{t}} = \pi d_{12}^2.$$

因为刚球分子的总截面有限, 因此给理论研究带来不少方便.

另一种有意义的特例是 $\eta = 5$ 的情况. 这情况下的分子被称为**Maxwell 分子**. 容易由 (4.6.11) 式求得

$$W_1 = W_0^2 \cdot \sqrt{\sqrt{1 + \frac{2}{W_0^4}} - 1}.$$

由于 W_1 是方程

$$1 - W^2 - \frac{1}{2} \left(\frac{W}{W_0} \right)^4 = 0$$

的正根, 所以有

$$1 - W^2 - \frac{1}{2} \left(\frac{W}{W_0} \right)^4 = \left[1 - \left(\frac{W}{W_1} \right)^2 \right] \times \left[1 + \frac{1}{2} \left(\frac{W W_1}{W_0^2} \right)^2 \right].$$

令 $W = W_1 \cos y$, 并注意利用下面的等式:

$$\frac{1}{W_1^2} = 1 + \frac{1}{2} \left(\frac{W_1}{W_0^2} \right)^2,$$

$$1 + \left(\frac{W_1}{W_0^2} \right)^2 = \sqrt{1 + \frac{2}{W_0^4}},$$

$$\frac{\frac{1}{2} \left(\frac{W_1}{W_0} \right)^4}{1 + \frac{1}{2} \left(\frac{W_1}{W_0} \right)^4} = \frac{1 - W_1^2}{2 - W_1^2} = \frac{1}{2} - \frac{1}{2} \frac{1}{\sqrt{1 + \frac{2}{W_0^4}}},$$

就可以得到

$$\chi = \pi - \frac{2}{\left(1 + \frac{2}{W_0^4} \right)^{1/4}} K \left(\frac{1}{2} - \frac{1}{2\sqrt{1 + \frac{2}{W_0^4}}} \right), \tag{4.6.21}$$

其中

$$K(\alpha) \equiv \int_0^{\frac{\pi}{2}} \frac{\mathrm{d}y}{(1 - \alpha \sin^2 y)^{1/2}}$$

是第一类椭圆积分. 于是 (4.6.17) 式成为

$$\sigma \mathrm{d}\hat{\boldsymbol{u}}' = \frac{W_0}{u} \left(\frac{\kappa}{m_r}\right)^{\frac{1}{2}} \mathrm{d}W_0 \mathrm{d}\varepsilon$$

记 $u\sigma$ 为 $g(\hat{\boldsymbol{u}} \cdot \hat{\boldsymbol{u}}')$, 则有

$$g(\hat{\boldsymbol{u}} \cdot \hat{\boldsymbol{u}}')\mathrm{d}\hat{\boldsymbol{u}}' = W_0 \left(\frac{\kappa}{m_r}\right)^{\frac{1}{2}} \mathrm{d}W_0 \mathrm{d}\varepsilon. \tag{4.6.22}$$

可见 $g(\hat{\boldsymbol{u}} \cdot \hat{\boldsymbol{u}}') = u\sigma(u, \hat{\boldsymbol{u}} \cdot \hat{\boldsymbol{u}}')$ 与 u 无关. 这可以使 Boltzmann 方程的碰撞项得到极大简化. 许多输运现象的研究常常借助于 Maxwell 分子, 其原因也在这里.

通常, $\eta > 5$ 的分子称为**硬分子**, 而 $\eta < 5$ 的分子称为**软分子**. 在具体计算中常常只有对刚球分子或 Maxwell 分子才能得到较简洁的结果.

从 (4.6.12) 式容易产生一个误解, 认为 W_0 是 u 的函数, 那样 (4.6.22) 式的右边就不是与 u 无关的了. 事实上, 在给定了一个 W_0 之后, 就由 (4.6.11) 式确定了 W_1, 于是又从 (4.6.13) 式确定了 χ; 反之亦然. 所以 W_0 只是 χ 的函数, 或者也可以说只是 $\hat{\boldsymbol{u}} \cdot \hat{\boldsymbol{u}}'$ 的函数 (因为 $\cos\chi = \hat{\boldsymbol{u}} \cdot \hat{\boldsymbol{u}}'$). 而一旦给定了 χ, 碰撞过程中的 b 和 u 两个量就不是各自独立的了. b 已被 u 所决定, 不能认为 (4.6.12) 式中 b 与 u 无关. 相反, W_0 才是与 u 无关的. 因此 (4.6.17) 式对 u 的依赖完全体现在因子 $[\kappa/(m_r u^2)]^{2/(\eta-1)}$ 中, 而对于 χ 的依赖完全反映在因子 $W_0 \mathrm{d}W_0$ 中. 通常 W_0 对 χ 的依赖关系是很复杂的. 下面考察两种渐近行为.

先看 $W_0 \to 0$ 的情形. 由 (4.6.11) 式得出

$$W_1 = \left(\frac{\eta - 1}{2}\right)^{\frac{1}{\eta-1}} W_0 + O(W_0^3).$$

在 (4.6.13) 式中作代换 $W = W_1 y$ 后利用上式, 可以得到

$$\chi = \pi - 2\left(\frac{\eta - 1}{2}\right)^{\frac{1}{\eta-1}} W_0 \int_0^1 \frac{\mathrm{d}y}{\sqrt{1 - y^{\eta-1}}} + O(W_0^3). \tag{4.6.23}$$

再看 $W_0 \to \infty$ 的情况. 由 (4.6.11) 式得出

$$W_1 = 1 - \frac{1}{\eta - 1}W_0^{1-\eta} + O(W_0^{2-2\eta}),$$

其中 $W_0^{1-\eta}$ 是小量. 于是 (4.6.13) 式成为

$$
\begin{aligned}
\frac{\pi - \chi}{2} &= W_1 \int_0^1 \left[1 - W_1^2 y^2 - \frac{2}{\eta - 1} \left(\frac{W_1}{W_0} \right)^{\eta - 1} y^{\eta - 1} \right]^{-\frac{1}{2}} \mathrm{d}y \\
&= \left[1 - \frac{1}{\eta - 1} W_0^{1-\eta} + O(W_0^{2-2\eta}) \right] \\
&\quad \times \int_0^1 \left[1 - \frac{1}{\eta - 1} W_0^{1-\eta} \cdot \frac{y^2 - y^{\eta - 1}}{1 - y^2} + O(W_0^{2-2\eta}) \right] \frac{\mathrm{d}y}{\sqrt{1 - y^2}} \\
&= \int_0^1 \frac{\mathrm{d}y}{\sqrt{1 - y^2}} - \frac{W_0^{1-\eta}}{\eta - 1} \int_0^1 \frac{1 - y^{\eta - 1}}{(1 - y^2)^{3/2}} \mathrm{d}y + O(W_0^{2-2\eta}).
\end{aligned}
$$

因此

$$
\chi = \frac{2}{\eta - 1} W_0^{1-\eta} \int_0^1 \frac{1 - y^{\eta - 1}}{(1 - y^2)^{3/2}} \mathrm{d}y + O(W_0^{2-2\eta}). \tag{4.6.24}
$$

这两种极限情况分别对应于正面碰撞并被从原路弹回和不发生碰撞两种现象.

§4.7 线性化的 Boltzmann 方程

由于 Boltzmann 方程的碰撞项是非线性的, 因此一般情况下很难严格求解. 在 §4.3 中我们已经求得了一个空间均匀的定态严格解 (4.3.9), 我们把它记为:

$$
n_M(\boldsymbol{v}) = n_0 \left(\frac{m}{2\pi k_B T} \right)^{3/2} \exp \left[-\frac{m(\boldsymbol{v} - \boldsymbol{c})^2}{2 k_B T} \right]. \tag{4.7.1}
$$

在此基础上, 我们考虑偏离 $n_M(\boldsymbol{v})$ 不大的解

$$
n(\boldsymbol{r}, \boldsymbol{v}, t) = \boldsymbol{n}_M(\boldsymbol{v})[1 + h(\boldsymbol{r}, \boldsymbol{v}, t)], \tag{4.7.2}
$$

其中 $h(\boldsymbol{r}, \boldsymbol{v}, t)$ 可看成小量. 将 (4.7.2) 式代入碰撞项 (4.3.2a) 式中, 注意到

$$
n_M(\boldsymbol{v}')n_M(\boldsymbol{w}') = n_M(\boldsymbol{v})n_M(\boldsymbol{w}),
$$

就得到 (略去宗量 $\boldsymbol{r}$ 及 t):

$$
\begin{aligned}
C(n, n) = \iint \mathrm{d}\boldsymbol{w}\mathrm{d}\hat{\boldsymbol{u}}' u\sigma(u, \hat{\boldsymbol{u}} \cdot \hat{\boldsymbol{u}}')n_M(\boldsymbol{v})n_M(\boldsymbol{w})[h(\boldsymbol{v}') \\
+ h(\boldsymbol{w}') - h(\boldsymbol{v}) - h(\boldsymbol{w}) + h(\boldsymbol{v}')h(\boldsymbol{w}') - h(\boldsymbol{v})h(\boldsymbol{w})].
\end{aligned} \tag{4.7.3}
$$

记

$$
L(h) = \iint \mathrm{d}\boldsymbol{w}\mathrm{d}\hat{\boldsymbol{u}}' u\sigma(u, \hat{\boldsymbol{u}} \cdot \hat{\boldsymbol{u}}')n_M(\boldsymbol{w})[h(\boldsymbol{v}') + h(\boldsymbol{w}') - h(\boldsymbol{v}) - h(\boldsymbol{w})], \tag{4.7.4}
$$

便可将 (4.7.3) 式写成

$$C(n,n) = n_M(\boldsymbol{v})L(h) + C(n_M h, n_M h). \tag{4.7.5}$$

由于 h 是小量, 所以 $C(n_M h, n_M h)$ 是二级小量, 可以忽略. 于是无外场时的 Boltzmann 方程 (4.3.1) 可近似写成

$$\frac{\partial h}{\partial t} + \boldsymbol{v} \cdot \frac{\partial h}{\partial \boldsymbol{r}} = L(h) \tag{4.7.6}$$

这就是**线性化的 Boltzmann 方程**. L 称为**线性化的碰撞算子.** $L(h)$ 有时也写成 Lh.

研究线性化 Boltzmann 方程的价值在于：第一, 有些情况下, 它可以很好地反映问题中的物理情况; 第二, 研究线性化 Boltzmann 方程是讨论 Boltzmann 方程的必要准备.

现在证明, 线性化的碰撞算子 L 可以写成一个线性积分算子, 也就是说, 可以找到一个积分核 $L(\boldsymbol{v}, \boldsymbol{v}')$, 使得

$$Lh(\boldsymbol{v}) = \int \mathrm{d}\boldsymbol{v}' L(\boldsymbol{v}, \boldsymbol{v}')h(\boldsymbol{v}'). \tag{4.7.7}$$

为证明这一点, 先将 (4.7.4) 式写成

$$Lh = K_2 h - K_1 h - \nu(\boldsymbol{v})h, \tag{4.7.8}$$

式中

$$K_2 h = \iint \mathrm{d}\boldsymbol{w}\mathrm{d}\hat{\boldsymbol{u}}' u\sigma n_M(\boldsymbol{w})h(\boldsymbol{v}') + \iint \mathrm{d}\boldsymbol{w}\mathrm{d}\hat{\boldsymbol{u}}' u\sigma n_M(\boldsymbol{w})h(\boldsymbol{w}'), \tag{4.7.9}$$

$$K_1 h = \int \mathrm{d}\boldsymbol{w} \left[\int \mathrm{d}\hat{\boldsymbol{u}}' u\sigma n_M(\boldsymbol{w}) \right] h(\boldsymbol{w}), \tag{4.7.10}$$

$$\nu(\boldsymbol{v}) = \iint \mathrm{d}\boldsymbol{w}\mathrm{d}\hat{\boldsymbol{u}}' u\sigma n_M(\boldsymbol{w}). \tag{4.7.11}$$

算子 L 可以这样拆开的前提是 (4.7.9)、(4.7.10) 和 (4.7.11) 式中积分分别收敛. 我们假定这一条件得到满足, 否则总可以先取远程截断势, 假定在 W_{0m} 处将 W_0 截断, 那么算子 L 就可以拆开. 在写成 (4.7.7) 式的形式之后, 再取 $W_{0m} \to \infty$ 的极限, 使得结论对于非截断势也成立.

记 $\hat{\boldsymbol{l}}$ 为 $\hat{\boldsymbol{u}} - \hat{\boldsymbol{u}}'$ 方向的单位矢量, $\hat{\boldsymbol{m}}$ 为 $\hat{\boldsymbol{u}} + \hat{\boldsymbol{u}}'$ 方向的单位矢量. 由 (4.2.7), (4.2.8) 和 (4.2.9) 诸式可以得到

$$\boldsymbol{w}' = \boldsymbol{w} + \hat{\boldsymbol{l}}(\hat{\boldsymbol{l}} \cdot \boldsymbol{u}) = \boldsymbol{v} - \hat{\boldsymbol{m}}(\hat{\boldsymbol{m}} \cdot \boldsymbol{u}), \tag{4.7.12}$$

$$v' = v - \hat{l}(\hat{l} \cdot u). \tag{4.7.13}$$

图 4.2 显示了诸量之间的关系. 从小到大三个同心球的半径分别是 $1, \dfrac{u}{2}$ 和 G. 图中 DD' 是直径, 所以 $AD' \, /\!/ DC$. 从图上容易证明 $BD = \hat{l} \cdot u$, $BD' = \hat{m} \cdot u$, 于是立即可以得到 (4.7.12) 式和 (4.7.13) 式. 注意 D 可以是中球面上任意一点, 它不必在平面 ABC 中. $\hat{m}$ 和 $\hat{l}$ 总在平面 BOD 内.

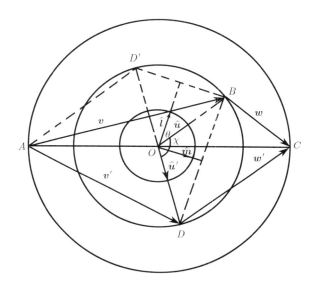

图 4.2　碰撞前后各速度矢量之间关系的示意图

仍用 χ 记 $\hat{u}$ 和 $\hat{u}'$ 的夹角, 用 θ 记 $\hat{u}$ 和 $\hat{l}$ 的夹角, 用 ε 记平面 ABC 和平面 BOD 的夹角, 那么就有

$$u\sigma(u, \hat{u} \cdot \hat{u}')\mathrm{d}\hat{u}' = 2u\sigma(u, -\cos 2\theta)\sin 2\theta \mathrm{d}\theta \mathrm{d}\varepsilon \equiv B(u, \theta)\mathrm{d}\theta \mathrm{d}\varepsilon, \tag{4.7.14}$$

其中 θ 从 0 到 $\dfrac{\pi}{2}$, ε 从 0 到 2π. (4.7.10) 式可以写成

$$K_1 h = \int \mathrm{d}w \left[\iint \mathrm{d}\theta \mathrm{d}\varepsilon B(u, \theta) n_M(w) \right] h(w)$$

$$\equiv \int \mathrm{d}w K_1(v, w) h(w), \tag{4.7.15}$$

$c = 0$ 时, 式中 $K_1(v, w)$ 只依赖于 $|v|, |w|$ 及 v, w 间的夹角:

$$K_1(v, w) = \iint \mathrm{d}\theta \mathrm{d}\varepsilon B(|v - w|, \theta) n_M(w). \tag{4.7.16}$$

在 (4.7.9) 式的第二项积分中将 θ 换成 $\dfrac{\pi}{2} - \theta$, ε 换成 $\varepsilon + \pi$(相当于 Jacobian 为 1 的变量变换), 于是从图 4.2 中可见, χ 换成 $\pi - \chi$, D 换成 D', 而 $\boldsymbol{w}'$ 换成 $\boldsymbol{v}'$, 这一项积分便变成

$$\iiint \mathrm{d}\boldsymbol{w} \mathrm{d}\theta \mathrm{d}\varepsilon B\left(|\boldsymbol{v} - \boldsymbol{w}|, \frac{\pi}{2} - \theta\right) n_M(\boldsymbol{w}) h(\boldsymbol{v}').$$

所以 (4.7.9) 式可以写成

$$K_2 h = \iiint \mathrm{d}\boldsymbol{w} \mathrm{d}\theta \mathrm{d}\varepsilon \left[B(|\boldsymbol{v} - \boldsymbol{w}|, \theta) + B\left(|\boldsymbol{v} - \boldsymbol{w}|, \frac{\pi}{2} - \theta\right)\right] n_M(\boldsymbol{w}) h(\boldsymbol{v}'). \quad (4.7.17)$$

记 $\boldsymbol{l} = \boldsymbol{v} - \boldsymbol{v}', l = |\boldsymbol{l}|$, 可以证明:

$$\begin{aligned}
K_2 h = 2 \iiint & \mathrm{d}\boldsymbol{w} \mathrm{d}\boldsymbol{v}' \mathrm{d}\boldsymbol{w}' n_M(\boldsymbol{w}) h(\boldsymbol{v}') \\
& \times \left[B(|\boldsymbol{v} - \boldsymbol{w}|, \theta) + B\left(|\boldsymbol{v} - \boldsymbol{w}|, \frac{\pi}{2} - \theta\right)\right] \\
& \times [|\boldsymbol{v} - \boldsymbol{w}| \cos\theta \sin\theta]^{-1} \delta(\boldsymbol{v}' + \boldsymbol{w}' - \boldsymbol{v} - \boldsymbol{w}) \\
& \times \delta(v^2 + w^2 - v'^2 - w'^2).
\end{aligned} \quad (4.7.18)$$

事实上, 在 (4.7.18) 式中, 换 $\mathrm{d}\boldsymbol{v}'$ 为 $\mathrm{d}\boldsymbol{l}$, 并对 $\mathrm{d}\boldsymbol{w}'$ 积分, 便可得到

$$\begin{aligned}
K_2 h = 2 \iint & \mathrm{d}\boldsymbol{w} \mathrm{d}\boldsymbol{l} n_M(\boldsymbol{w}) h(\boldsymbol{v}') \\
& \times \left[B(|\boldsymbol{v} - \boldsymbol{w}|, \theta) + B\left(|\boldsymbol{v} - \boldsymbol{w}|, \frac{\pi}{2} - \theta\right)\right] \\
& \times [|\boldsymbol{v} - \boldsymbol{w}| \cos\theta \sin\theta]^{-1} \delta(-2l^2 + 2\boldsymbol{l} \cdot \boldsymbol{u}).
\end{aligned}$$

考虑到 $\mathrm{d}\boldsymbol{l} = l^2 \sin\theta \mathrm{d}\theta \mathrm{d}\varepsilon \mathrm{d}l$, 对 $\mathrm{d}l$ 积分后便可得到 (4.7.17) 式.

再进一步改写 (4.7.18) 式. 完成对 $\mathrm{d}\boldsymbol{w}'$ 的积分后, 换 $\mathrm{d}\boldsymbol{w}$ 为 $\mathrm{d}\boldsymbol{u}$, 并以 $\hat{\boldsymbol{l}}$ 为极轴, 用极坐标表示 $\mathrm{d}\boldsymbol{u} = u^2 \sin\theta \mathrm{d}u \mathrm{d}\theta \mathrm{d}\varepsilon$, 就有

$$K_2 h = 2 \iiiint \mathrm{d}\boldsymbol{v}' \mathrm{d}u \mathrm{d}\theta \mathrm{d}\varepsilon n_M(\boldsymbol{w}) h(\boldsymbol{v}') \times \left[B(u, \theta) + B\left(u, \frac{\pi}{2} - \theta\right)\right]$$

$$\times u \arccos\theta \delta(2l^2 - 2\boldsymbol{u} \cdot \boldsymbol{l}) \equiv \int \mathrm{d}\boldsymbol{v}' K_2(\boldsymbol{v}, \boldsymbol{v}') h(\boldsymbol{v}'). \quad (4.7.19)$$

其中

$$\begin{aligned}
K_2(\boldsymbol{v}, \boldsymbol{v}') = \iint & \mathrm{d}\theta \mathrm{d}\varepsilon \left[B\left(\frac{|\boldsymbol{v} - \boldsymbol{v}'|}{\cos\theta}, \theta\right) + B\left(\frac{|\boldsymbol{v} - \boldsymbol{v}'|}{\cos\theta}, \frac{\pi}{2} - \theta\right)\right] \\
& \times \frac{n_M\left(\boldsymbol{v} - \dfrac{|\boldsymbol{v} - \boldsymbol{v}'|}{\cos\theta} \hat{\boldsymbol{u}}\right)}{\cos^3\theta}.
\end{aligned} \quad (4.7.20)$$

但

$$\left[\boldsymbol{v} - \frac{|\boldsymbol{v} - \boldsymbol{v}'|}{\cos\theta}\hat{\boldsymbol{u}}\right]^2 = \left[\boldsymbol{v}' + (\boldsymbol{v} - \boldsymbol{v}') - \frac{|\boldsymbol{v} - \boldsymbol{v}'|}{\cos\theta}\hat{\boldsymbol{u}}\right]^2$$

$$= \boldsymbol{v}'^2 + (\boldsymbol{v} - \boldsymbol{v}')^2 + \frac{(\boldsymbol{v} - \boldsymbol{v}')}{\cos^2\theta} + 2\boldsymbol{v}' \cdot (\boldsymbol{v} - \boldsymbol{v}')$$

$$-2\hat{\boldsymbol{u}} \cdot (\boldsymbol{v} - \boldsymbol{v}')\frac{|\boldsymbol{v} - \boldsymbol{v}'|}{\cos\theta} - 2\hat{\boldsymbol{u}} \cdot \boldsymbol{v}'\frac{|\boldsymbol{v} - \boldsymbol{v}'|}{\cos\theta}$$

$$= \boldsymbol{v}'^2 + (\boldsymbol{v} - \boldsymbol{v}')^2 + \frac{(\boldsymbol{v} - \boldsymbol{v}')^2}{\cos^2\theta} + 2\boldsymbol{v}' \cdot (\boldsymbol{v} - \boldsymbol{v}')$$

$$-2(\boldsymbol{v} - \boldsymbol{v}')^2 - 2\boldsymbol{v}' \cdot (\boldsymbol{v} - \boldsymbol{v}') - 2|(\boldsymbol{v} - \boldsymbol{v}') \times \boldsymbol{v}'|\tan\theta\cos\varepsilon$$

$$= \boldsymbol{v}'^2 + (\boldsymbol{v} - \boldsymbol{v}')^2\tan^2\theta - 2|\boldsymbol{v} \times \boldsymbol{v}'|\tan\theta\cos\varepsilon.$$

由此可以看出, 当 Maxwell 分布 n_M 中的质量速度 $\boldsymbol{c} = 0$ 时, $K_2(\boldsymbol{v}, \boldsymbol{v}')$ 将只依赖于 $|\boldsymbol{v}|$, $|\boldsymbol{v}'|$ 及 $\boldsymbol{v}$ 和 $\boldsymbol{v}'$ 之间的夹角; 同样 (4.7.11) 式中定义的 $\nu(\boldsymbol{v})$ 也可以写成 $\nu(v)$. 如果 $\boldsymbol{c} \neq 0$, 我们只须将所有出现的速度都理解为相对于局部质心的特有速度, 便不影响所得结论; 因为因子 $u\sigma$ 或 B 中出现的相对速度 $\boldsymbol{u} = \boldsymbol{v} - \boldsymbol{w}$ 与 $\boldsymbol{c}$ 的值无关.

由 (4.7.15) 式及 (4.7.19) 式, 马上可以得到 (4.7.8) 式. 于是可写出:

$$Lh = \int [K_2(\boldsymbol{v}, \boldsymbol{v}') - K_1(\boldsymbol{v}, \boldsymbol{v}') - \nu(v)\delta(\boldsymbol{v} - \boldsymbol{v}')]h(\boldsymbol{v}')\mathrm{d}\boldsymbol{v}'. \tag{4.7.21}$$

记

$$L(\boldsymbol{v}, \boldsymbol{v}') \equiv K_2(\boldsymbol{v}, \boldsymbol{v}') - K_1(\boldsymbol{v}, \boldsymbol{v}') - \nu(v)\delta(\boldsymbol{v} - \boldsymbol{v}'), \tag{4.7.22}$$

则 (4.7.7) 式可以写出. 注意 $L(\boldsymbol{v}, \boldsymbol{v}')$ 只依赖于 $|\boldsymbol{v}|$, $|\boldsymbol{v}'|$ 及 $\boldsymbol{v}$ 和 $\boldsymbol{v}'$ 之间的夹角.

定义内积

$$(h_1, h) \equiv \frac{1}{n_0}\int \mathrm{d}\boldsymbol{v}\, n_M(\boldsymbol{v})h_1^*(\boldsymbol{v})h(\boldsymbol{v}), \tag{4.7.23}$$

式中 $h_1^*(\boldsymbol{v})$ 是 $h_1(\boldsymbol{v})$ 的复共轭. 于是有

$$(h_1, Lh) = \frac{1}{n_0}\iiint \mathrm{d}\boldsymbol{v}\mathrm{d}\boldsymbol{w}\mathrm{d}\hat{\boldsymbol{u}}'\, u\sigma n_M(\boldsymbol{v})n_M(\boldsymbol{w})h_1^*(\boldsymbol{v})$$

$$\times[h(\boldsymbol{v}') + h(\boldsymbol{w}') - h(\boldsymbol{v}) - h(\boldsymbol{w})]$$

通过从 (4.4.8) 式推出 (4.4.12) 式的类似步骤, 可以证明

$$(h_1, Lh) = -\frac{1}{4n_0}\iiint \mathrm{d}\boldsymbol{v}\mathrm{d}\boldsymbol{w}\mathrm{d}\hat{\boldsymbol{u}}'\, u\sigma n_M(\boldsymbol{v})n_M(\boldsymbol{w})$$

$$\times[h_1^*(\boldsymbol{v}') + h_1^*(\boldsymbol{w}') - h_1^*(\boldsymbol{v}) - h_1^*(\boldsymbol{w})]$$

$$\times[h(\boldsymbol{v}') + h(\boldsymbol{w}') - h(\boldsymbol{v}) - h(\boldsymbol{w})].$$

由此可见

$$(h, Lh) \leqslant 0, \tag{4.7.24}$$

$$(h_1, Lh) = (h, Lh_1)^* = (Lh_1, h). \tag{4.7.25}$$

所以 L **是半负定的 Hermite 算子.** (4.7.24) 式中的等号当且仅当 h 是碰撞不变量时成立. 由于基本碰撞不变量只有五个, 所以 L 的零本征值是五重简并的; 除此以外, L 的所有本征值都是负的.

考虑

$$LR(v)Y_{lm}(\hat{\boldsymbol{v}}) = \int L(\boldsymbol{v}, \boldsymbol{v}')R(v')Y_{lm}(\hat{\boldsymbol{v}}')\mathrm{d}\boldsymbol{v}', \tag{4.7.26}$$

其中 $Y_{lm}(\hat{\boldsymbol{v}})$ 是**球谐函数**

$$Y_{lm}(\theta, \varphi) = \sqrt{\frac{2l+1}{4\pi}\frac{(l-|m|)!}{(l+|m|)!}}P_l^{|m|}(\cos\theta)\mathrm{e}^{im\varphi},$$

$$m = -l, -l+1, \cdots, l.$$

这里 (θ, φ) 是 $\hat{\boldsymbol{v}}$ 的球坐标, $P_l^{|m|}(\cos\theta)$ 是缔合 Legendre 多项式. 由于 $L(\boldsymbol{v}, \boldsymbol{v}')$ 只与 v, v' 及 $\hat{\boldsymbol{v}} \cdot \hat{\boldsymbol{v}}'$ 有关 ($\hat{\boldsymbol{v}}$ 为 $\boldsymbol{v}$ 方向的单位矢, $\hat{\boldsymbol{v}}'$ 类似), 所以可以用 Legendre 多项式来展开:

$$L(\boldsymbol{v}, \boldsymbol{v}') = \sum_{l'=0}^{\infty} L_{l'}(v, v')P_{l'}(\hat{\boldsymbol{v}} \cdot \hat{\boldsymbol{v}}'); \tag{4.7.27}$$

又

$$P_{l'}(\hat{\boldsymbol{v}} \cdot \hat{\boldsymbol{v}}') = \frac{4\pi}{2l'+1}\sum_{m'=-l'}^{l'} Y_{l'm'}(\hat{\boldsymbol{v}})Y_{l'm'}^*(\hat{\boldsymbol{v}}'). \tag{4.7.28}$$

把 (4.7.27) 和 (4.7.28) 式代入 (4.7.26) 式, 并利用正交关系

$$\int \mathrm{d}\hat{\boldsymbol{v}}' Y_{lm}(\hat{\boldsymbol{v}}')Y_{l'm'}^*(\hat{\boldsymbol{v}}') = \delta_{ll'}\delta_{mm'},$$

便可得到

$$LR(v)Y_{lm}(\hat{\boldsymbol{v}}) = Y_{lm}(\hat{\boldsymbol{v}})\frac{4\pi}{2l+1}\int_0^{\infty} L_l(v, v')R(v')v'^2\mathrm{d}v',$$

所以 L 的本征函数形式是

$$\psi_{nlm}(\boldsymbol{v}) = R_{nl}(v)Y_{lm}(\hat{\boldsymbol{v}}), \tag{4.7.29}$$

其中 $R_{nl}(v)$ 满足本征方程

$$\frac{4\pi}{2l+1}\int_0^{\infty} L_1(v, v')R_{nl}(v')v'^2\mathrm{d}v' = -\lambda_{nl}n_0 R_{nl}(v). \tag{4.7.30}$$

于是

$$L\psi_{nlm}(\boldsymbol{v}) = -\lambda_{nl}n_0\psi_{nlm}(\boldsymbol{v}). \tag{4.7.31}$$

(4.7.30) 和 (4.7.31) 式右边的因子 n_0 是考虑到 L 的定义 (4.7.4) 中通过 n_M 含有这个因子 [见 (4.7.1) 式] 而引入的.

对于 Maxwell 分子, 可以证明 L 的归一化本征函数是

$$\psi_{nlm} = (-1)^{\frac{1}{2}(n-l)}(N_{nl})^{-\frac{1}{2}}v_1^l L_{\frac{1}{2}(n-l)}^{l+\frac{1}{2}}\left(\frac{v_1^2}{2}\right)Y_{lm}(\hat{\boldsymbol{v}}_1),$$

$$\left(\begin{array}{l} n = 0, 1, 2, \cdots; \\ l = n, n-2, \cdots, 1 \text{ 或 } 0; \\ m = -l, -l+1, \cdots, l. \end{array}\right), \tag{4.7.32}$$

其中 $L_n^{\alpha}(z)$ 是**广义 Laguerre 多项式** [28], 而

$$\boldsymbol{v}_1 = \sqrt{\frac{m}{k_{\mathrm{B}}T}}(\boldsymbol{v} - \boldsymbol{c}) \tag{4.7.33}$$

为无量纲化的特有速度,

$$N_{nl} = \frac{\Gamma\left[\frac{1}{2}(n+l+3)\right]2^l}{4\pi\left(\frac{n-l}{2}\right)!\Gamma\left(\frac{3}{2}\right)}, \tag{4.7.34}$$

$$(\psi_{nlm}, \psi_{n'l'm'}) = \delta_{nn'}\delta_{ll'}\delta_{mm'}, \tag{4.7.35}$$

而

$$\lambda_{nl} = \int \mathrm{d}\hat{\boldsymbol{u}}'g(\hat{\boldsymbol{u}}\cdot\hat{\boldsymbol{u}}') \times \left[1 + \delta_{n0}\delta_{l0} - \cos^n\left(\frac{\chi}{2}\right)P_l\left(\cos\frac{\chi}{2}\right)\right.$$
$$\left. - \sin^n\left(\frac{\chi}{2}\right)P_l\left(\sin\frac{\chi}{2}\right)\right]. \tag{4.7.36}$$

因此, 对于 Maxwell 分子, L 的谱已完全清楚. 这一结果是**王承书和 Uhlenbeck**[29]得到的. 下一节我们将详细介绍算子 L 的矩阵元的计算, 同时推导 Maxwell 分子情形下线性化碰撞算子的谱. 由于这个计算及推导过程很复杂, 初学者可以略去不读.

§4.8*　线性化碰撞算子的谱

我们先以 (4.7.32) 式中的函数集 ψ_{nlm} 为基底, 对一般形式的线性化碰撞算子 (4.7.4) 式计算矩阵元

$$(\psi_{nlm}, L\psi_{n'l'm'}),$$

然后对于 Maxwell 分子写出这矩阵元的具体形式, 从而求得 Maxwell 分子情形下线性化碰撞算子的本征值和本征函数.

从上节的讨论已经知道, L 的本征函数的形式如 (4.7.29) 式所示, 因此 L 关于 l, m 是对角的. 记

$$(\psi_{nlm}, L\psi_{n'l'm'}) = J^l_{nn'}\delta_{ll'}\delta_{mm'}. \tag{4.8.1}$$

令

$$\chi_{nlm} = v_1^l L^{l+\frac{1}{2}}_{\frac{1}{2}(n-l)}\left(\frac{v_1^2}{2}\right)Y_{lm}(\hat{\boldsymbol{v}}_1), \tag{4.8.2}$$

$$(\chi_{nlm}, L\chi_{n'l'm'}) = M^l_{nn'}\delta_{ll'}\delta_{mm'}, \tag{4.8.3}$$

那么由 (4.7.32) 式及 (4.8.1)~(4.8.3) 诸式可知

$$J^l_{nn'} = (-1)^{\frac{1}{2}(n-l)+\frac{1}{2}(n'-l)}M^l_{nn'} \cdot \frac{1}{\sqrt{N_{nl}N_{n'l}}}, \tag{4.8.4}$$

而由 (4.7.35) 式知

$$(\chi_{nlm}, \chi_{n'l'm'}) = N_{nl}\delta_{nn'}\delta_{ll'}\delta_{mm'}. \tag{4.8.3'}$$

可见, 只要求出 $M^l_{nn'}$, 我们的目的就能达到.

由 (4.8.3) 式可知

$$M^l_{nn'} = \frac{1}{2l+1}\sum_{m=-l}^{l}(\chi_{nlm}, L\chi_{n'lm}),$$

将 (4.8.2) 式代入上式, 并利用 (4.7.28) 式, 可以得到

$$M^l_{nn'} = \frac{n_0}{4\pi}\iiint d\boldsymbol{v}_1 d\boldsymbol{w}_1 d\hat{\boldsymbol{u}}_1' u_1\sigma_1 n_m(\boldsymbol{v}_1)n_m(\boldsymbol{w}_1)v_1^l L^{l+\frac{1}{2}}_{\frac{1}{2}(n-l)}\left(\frac{v_1^2}{2}\right)$$

$$\times\left[v_1'^l L^{l+\frac{1}{2}}_{\frac{1}{2}(n'-l)}\left(\frac{v_1'^2}{2}\right)P_l(\hat{\boldsymbol{v}}_1 \cdot \hat{\boldsymbol{v}}_1') + w_1'^l L^{l+\frac{1}{2}}_{\frac{1}{2}(n'-l)}\left(\frac{w_1'^2}{2}\right)P_l(\hat{\boldsymbol{v}}_1 \cdot \hat{\boldsymbol{w}}_1')\right.$$

$$\left. -v_1^l L^{l+\frac{1}{2}}_{\frac{1}{2}(n'-l)}\left(\frac{v_1^2}{2}\right) - w_1^l L^{l+\frac{1}{2}}_{\frac{1}{2}(n'-l)}\left(\frac{w_1^2}{2}\right)P_l(\hat{\boldsymbol{v}}_1 \cdot \hat{\boldsymbol{w}}_1)\right], \tag{4.8.5}$$

其中 $\boldsymbol{v}_1', \boldsymbol{w}_1, \boldsymbol{w}_1'$ 的定义与 (4.7.33) 式中 $\boldsymbol{v}_1$ 的定义一致, 而

$$u_1\sigma_1 \equiv u_1\sigma_1(u_1, \hat{\boldsymbol{u}}_1 \cdot \hat{\boldsymbol{u}}_1') \equiv u\sigma\left(\sqrt{\frac{m}{k_B T}}u, \hat{\boldsymbol{u}} \cdot \hat{\boldsymbol{u}}'\right), \tag{4.8.6}$$

$$n_m(\boldsymbol{v}) = \frac{1}{(2\pi)^{3/2}}e^{-v^2/2}. \tag{4.8.7}$$

将 (4.8.5) 式中积分变量 $\boldsymbol{v}_1, \boldsymbol{w}_1, \hat{\boldsymbol{u}}_1'$ 改记为 $\boldsymbol{v}, \boldsymbol{w}, \hat{\boldsymbol{u}}'$, 相应地改写其他变量, (4.8.5) 式就可改写为

$$M_{nn'}^l = \frac{n_0}{4\pi} \iiint \mathrm{d}\boldsymbol{v}\mathrm{d}\boldsymbol{w}\mathrm{d}\hat{\boldsymbol{u}}' u\sigma n_m(\boldsymbol{v}) n_m(\boldsymbol{w}) v^l L_{\frac{1}{2}(n-l)}^{l+\frac{1}{2}}\left(\frac{v^2}{2}\right)$$

$$\times \left[v'^l L_{\frac{1}{2}(n'-l)}^{l+\frac{1}{2}}\left(\frac{v'^2}{2}\right) P_l(\hat{\boldsymbol{v}}\cdot\hat{\boldsymbol{v}}') + w'^l L_{\frac{1}{2}(n'-l)}^{l+\frac{1}{2}}\left(\frac{w'^2}{2}\right) P_l(\hat{\boldsymbol{v}}\cdot\hat{\boldsymbol{w}}') \right.$$

$$\left. - v^l L_{\frac{1}{2}(n'-l)}^{l+\frac{1}{2}}\left(\frac{v^2}{2}\right) - w^l L_{\frac{1}{2}(n'-l)}^{l+\frac{1}{2}}\left(\frac{w^2}{2}\right) P_l(\hat{\boldsymbol{v}}\cdot\hat{\boldsymbol{w}}) \right]$$

令

$$M^l(x,y) = \sum_{r=0}^{\infty}\sum_{r'=0}^{\infty} M_{2r+l,2r'+l}^l x^r y^{r'}. \tag{4.8.8}$$

注意到广义 Laguerre 函数有生成函数:

$$(1-x)^{-(\alpha+1)}\mathrm{e}^{-\frac{xz}{1-x}} = \sum_{r=0}^{\infty} L_r^\alpha(z) x^r, \quad |x| < 1$$

就可以求得

$$M^l(x,y) = \frac{n_0}{4\pi(1-x)^{l+\frac{3}{2}}(1-y)^{l+\frac{3}{2}}}$$

$$\times \iiint \mathrm{d}\boldsymbol{v}\mathrm{d}\boldsymbol{w}\mathrm{d}\hat{\boldsymbol{u}}' u\sigma \frac{1}{(2\pi)^3}\mathrm{e}^{-\frac{1}{1-x}\frac{v^2}{2}-\frac{w^2}{2}} v^l$$

$$\times [v'^l \mathrm{e}^{-\frac{y}{1-y}\frac{v'^2}{2}} P_l(\hat{\boldsymbol{v}}\cdot\hat{\boldsymbol{v}}') + w'^l \mathrm{e}^{-\frac{y}{1-y}\frac{w'^2}{2}} P_l(\hat{\boldsymbol{v}}\cdot\hat{\boldsymbol{w}}')$$

$$- v^l \mathrm{e}^{-\frac{y}{1-y}\frac{v^2}{2}} - w^l \mathrm{e}^{-\frac{y}{1-y}\frac{w^2}{2}} P_l(\hat{\boldsymbol{v}}\cdot\hat{\boldsymbol{w}})].$$

利用恒等式 (见文献 [28], P.243)

$$P_l(\cos\beta) = \frac{1}{2\pi}\int_0^{2\pi}(\cos\beta + i\sin\beta\cos\alpha)^l \mathrm{d}\alpha, \tag{4.8.9}$$

可以得到

$$(vv')^l P_l(\hat{\boldsymbol{v}}\cdot\hat{\boldsymbol{v}}') = \frac{1}{2\pi}\int_0^{2\pi}(\boldsymbol{v}\cdot\boldsymbol{v}' + i|\boldsymbol{v}\times\boldsymbol{v}'|\cos\alpha)^l \mathrm{d}\alpha,$$

所以有

$$\sum_{l=0}^{\infty}(vv')^l P_l(\hat{\boldsymbol{v}}\cdot\hat{\boldsymbol{v}}')\frac{t^l}{l!} = \frac{1}{2\pi}\int_0^{2\pi}\exp[t\boldsymbol{v}\cdot\boldsymbol{v}' + it|\boldsymbol{v}\times\boldsymbol{v}'|\cos\alpha]\mathrm{d}\alpha.$$

设 $\hat{\boldsymbol{l}}$ 是垂直于 $\boldsymbol{v}-\boldsymbol{v}'$ 的单位矢, $\hat{\boldsymbol{l}}$ 与 $\boldsymbol{v}\times\boldsymbol{v}'$ 的夹角是 α, 那么 $|\boldsymbol{v}\times\boldsymbol{v}'|\cos\alpha = \hat{\boldsymbol{l}}\cdot(\boldsymbol{v}\times\boldsymbol{v}')$, 所以

$$\sum_{l=0}^{\infty}(vv')^l P_l(\hat{\boldsymbol{v}}\cdot\hat{\boldsymbol{v}}')\frac{t^l}{l!} = \frac{1}{2\pi}\int_0^{2\pi}\exp[t\boldsymbol{v}\cdot\boldsymbol{v}' + it\hat{\boldsymbol{l}}\cdot(\boldsymbol{v}\times\boldsymbol{v}')]\mathrm{d}\alpha.$$

定义生成函数

$$M(x,y,t) = \sum_{l=0}^{\infty}M^l(x,y)\frac{t^l}{l!},$$

便可以得到

$$M(x,y,t) = \frac{n_0}{64n^5[(1-x)(1-y)]^{3/2}}\times\iiint\mathrm{d}\boldsymbol{v}\mathrm{d}\boldsymbol{w}\mathrm{d}\hat{\boldsymbol{u}}'u\sigma$$

$$\times\int_0^{2\pi}\mathrm{d}\alpha[\mathrm{I}+\mathrm{II}-\mathrm{III}-\mathrm{IV}],$$

式中 I、II、III、IV 分别代表四个指数项:

$$\mathrm{I}\equiv\exp\left\{-\frac{1}{1-x}\frac{v^2}{2}-\frac{w^2}{2}-\frac{y}{1-y}\frac{v'^2}{2}+\frac{t\boldsymbol{v}\cdot\boldsymbol{v}'+it\hat{\boldsymbol{l}}\cdot(\boldsymbol{v}\times\boldsymbol{v}')}{(1-x)(1-y)}\right\},$$

$$\mathrm{II}\equiv\exp\left\{-\frac{1}{1-x}\frac{v^2}{2}-\frac{w^2}{2}-\frac{y}{1-y}\frac{w'^2}{2}+\frac{t\boldsymbol{v}\cdot\boldsymbol{w}'+it\hat{\boldsymbol{l}}\cdot(\boldsymbol{v}\times\boldsymbol{w}')}{(1-x)(1-y)}\right\},$$

$$\mathrm{III}\equiv\exp\left\{-\frac{1}{1-x}\frac{v^2}{2}-\frac{w^2}{2}-\frac{y}{1-y}\frac{v^2}{2}+\frac{tv^2}{(1-x)(1-y)}\right\},$$

$$\mathrm{IV}\equiv\exp\left\{-\frac{1}{1-x}\frac{v^2}{2}-\frac{w^2}{2}\frac{1}{1-y}+\frac{t\boldsymbol{v}\cdot\boldsymbol{w}+it\hat{\boldsymbol{l}}\cdot(\boldsymbol{v}\times\boldsymbol{w})}{(1-x)(1-y)}\right\},$$

其中对 $\mathrm{d}\alpha$ 积分是指, I 对于 $\hat{\boldsymbol{l}}$ 垂直于 $\boldsymbol{v}-\boldsymbol{v}'$ 的所有方向积分, II 对于 $\hat{\boldsymbol{l}}$ 垂直于 $\boldsymbol{v}-\boldsymbol{w}'$ 的所有方向积分, III 则简单地乘以 2π, IV 对于 $\hat{\boldsymbol{l}}$ 垂直于 $\boldsymbol{v}-\boldsymbol{w}$ 的所有方向积分.

尽管 $\boldsymbol{v}$、$\boldsymbol{w}$、$\boldsymbol{v}'$、$\boldsymbol{w}'$ 是重新定义的, 但仍然可以定义

$$\boldsymbol{G} = \frac{1}{2}(\boldsymbol{v}+\boldsymbol{w}) = \frac{1}{2}(\boldsymbol{v}'+\boldsymbol{w}'), \boldsymbol{u} = \boldsymbol{v}-\boldsymbol{w},$$

$$\boldsymbol{u}' = \boldsymbol{v}'-\boldsymbol{w}',$$

使得

$$\boldsymbol{v} = \boldsymbol{G}+\frac{1}{2}\boldsymbol{u}, \quad \boldsymbol{w} = \boldsymbol{G}-\frac{1}{2}\boldsymbol{u},$$

$$\boldsymbol{v}' = \boldsymbol{G}+\frac{1}{2}\boldsymbol{u}', \quad \boldsymbol{w}' = \boldsymbol{G}-\frac{1}{2}\boldsymbol{u}'.$$

所以

$$M(x, y, t) = \frac{n_0}{64\pi^5[(1-x)(1-y)]^{3/2}}$$

$$\times \iiint \mathrm{d}\boldsymbol{G}\mathrm{d}\boldsymbol{u}\mathrm{d}\hat{\boldsymbol{u}}'u\sigma\exp\left\{-\frac{2-x-y-2t}{2(1-x)(1-y)}G^2\right\}$$

$$\times \int_0^{2\pi} \mathrm{d}\alpha[\mathrm{I}' + \mathrm{II}' - \mathrm{III}' - \mathrm{IV}'],$$

式中 I′, II′, III′, IV′ 分别代表下列四个指数:

$$\mathrm{I}' \equiv \exp\left\{-\frac{x(1-y)\boldsymbol{u} + y(1-x)\boldsymbol{u}' - t(\boldsymbol{u}+\boldsymbol{u}') - \mathrm{i}t\hat{\boldsymbol{l}} \times (\boldsymbol{u}-\boldsymbol{u}')}{2(1-x)(1-y)} \cdot \boldsymbol{G}\right.$$

$$\left.-\frac{(2-x-y)u^2 - 2t\boldsymbol{u}\cdot\boldsymbol{u}' - 2\mathrm{i}t\hat{\boldsymbol{l}}\cdot(\boldsymbol{u}\times\boldsymbol{u}')}{8(1-x)(1-y)}\right\},$$

$$\mathrm{II}' \equiv \exp\left\{-\frac{x(1-y)\boldsymbol{u} - y(1-x)\boldsymbol{u}' - t(\boldsymbol{u}-\boldsymbol{u}') - \mathrm{i}t\hat{\boldsymbol{l}} \times (\boldsymbol{u}+\boldsymbol{u}')}{2(1-x)(1-y)} \cdot \boldsymbol{G}\right.$$

$$\left.-\frac{(2-x-y)u^2 - 2t\boldsymbol{u}\cdot\boldsymbol{u}' - 2\mathrm{i}t\hat{\boldsymbol{l}}\cdot(\boldsymbol{u}\times\boldsymbol{u}')}{8(1-x)(1-y)}\right\},$$

$$\mathrm{III}' \equiv \exp\left\{-\frac{x(1-y) + y(1-x) - 2t}{2(1-x)(1-y)}\boldsymbol{u}\cdot\boldsymbol{G} - \frac{2-x-y-2t}{8(1-x)(1-y)}u^2\right\},$$

$$\mathrm{IV}' \equiv \exp\left\{-\frac{(x-y)\boldsymbol{u} - 2\mathrm{i}t\hat{\boldsymbol{l}} \times \boldsymbol{u}}{2(1-x)(1-y)}\cdot\boldsymbol{G} - \frac{2-x-y+2t}{8(1-x)(1-y)}u^2\right\},$$

其中对 $\mathrm{d}\alpha$ 积分, 是指 I′ 对于 $\hat{\boldsymbol{l}}$ 垂直于 $\boldsymbol{u}-\boldsymbol{u}'$ 的所有方向积分, II′ 对于 $\hat{\boldsymbol{l}}$ 垂直于 $\boldsymbol{u}+\boldsymbol{u}'$ 的所有方向积分, III′ 简单地乘 2π, IV′ 对于 $\hat{\boldsymbol{l}}$ 垂直于 $\boldsymbol{u}$ 的所有方向积分. 利用积分公式

$$\int \mathrm{d}\boldsymbol{G}\exp(-AG^2 + \boldsymbol{B}\cdot\boldsymbol{G}) = \left(\frac{\pi}{A}\right)^{3/2}\exp\left(\frac{B^2}{4A}\right),$$

可以完成对 $\mathrm{d}\boldsymbol{G}$ 的积分, 得到

$$M(x, y, t) = \frac{n_0}{8\sqrt{2}\pi^{5/2}(2-x-y-2t)^{3/2}}$$

$$\times \iint \mathrm{d}\boldsymbol{w}\mathrm{d}\hat{\boldsymbol{u}}'u\sigma\exp\left\{-\frac{2-xy-2t}{4(2-x-y-2t)}u^2\right\}$$

$$\times \left[\frac{1}{2\pi}\int_0^{2\pi}\mathrm{d}\alpha\exp\left\{\frac{(xy+2t)\boldsymbol{u}\cdot\boldsymbol{u}' + 2\mathrm{i}t\hat{\boldsymbol{l}}\cdot(\boldsymbol{u}\times\boldsymbol{u}')}{4(2-x-y-2t)}\right\}\right.$$

$$+\frac{1}{2\pi}\int_0^{2\pi}\mathrm{d}\alpha\exp\left\{-\frac{(xy+2t)\boldsymbol{u}\cdot\boldsymbol{u}'+2\mathrm{i}t\hat{\boldsymbol{l}}\cdot(\boldsymbol{u}\times\boldsymbol{u}')}{4(2-x-y-2t)}\right\}$$

$$-2\mathrm{ch}\left\{\frac{(xy+2t)u^2}{2(2-x-y-2t)}\right\}\bigg],\tag{4.8.10}$$

其中用到

$$[\hat{\boldsymbol{l}}\times(\boldsymbol{u}-\boldsymbol{u}')]^2=2u^2-2\boldsymbol{u}\cdot\boldsymbol{u}',$$

$$\boldsymbol{u}\cdot\hat{\boldsymbol{l}}\times(\boldsymbol{u}-\boldsymbol{u}')=\boldsymbol{u}'\cdot\hat{\boldsymbol{l}}\times(\boldsymbol{u}-\boldsymbol{u}')=\hat{\boldsymbol{l}}\cdot(\boldsymbol{u}\times\boldsymbol{u}'),$$

$$2-x-y=(1-x)+(1-y),$$

而 (4.8.10) 中 dα 的积分都是对在包含 $\boldsymbol{u}\times\boldsymbol{u}'$ 的一个平面中的所有方向来作的, 因此

$$\hat{\boldsymbol{l}}\cdot(\boldsymbol{u}\times\boldsymbol{u}')=|\boldsymbol{u}\times\boldsymbol{u}'|\cos\alpha=u^2\sin\chi\cos\alpha$$

其中 χ 是 $\boldsymbol{u}$ 与 $\boldsymbol{u}'$ 的夹角. 再注意到 Bessel 函数

$$J_0(z)=\frac{1}{2\pi}\int_0^{2\pi}\mathrm{d}\alpha\mathrm{e}^{\mathrm{i}z\cos\alpha},$$

则有下面较简单的表达式

$$M(x,y,t)=\frac{n_0}{4\sqrt{2}\pi^{5/2}(2-x-y-2t)^{3/2}}$$

$$\times\iint\mathrm{d}\boldsymbol{w}\mathrm{d}\hat{\boldsymbol{u}}'u\sigma\exp\left\{-\frac{2-xy-2t}{4(2-x-y-2t)}u^2\right\}$$

$$\times\left[2\mathrm{ch}\left\{\frac{(xy+2t)u^2\cos\chi}{2(2-x-y-2t)}\right\}J_0\left\{\frac{tu^2\sin\chi}{2(2-x-y-2t)}\right\}\right.$$

$$\left.-2\mathrm{ch}\left\{\frac{(xy+2t)u^2}{2(2-x-y-2t)}\right\}\right].\tag{4.8.11}$$

对于一般的散射截面, (4.8.11) 式是最简单的表达式. 对于中心势场 (4.6.2), 可进一步简化, 由 (4.6.17) 式得到

$$u\sigma=u^{\frac{\eta-5}{\eta-1}}g_\eta(\hat{\boldsymbol{u}}\cdot\hat{\boldsymbol{u}}'),\tag{4.8.12}$$

其中

$$g_\eta(\hat{\boldsymbol{u}}\cdot\hat{\boldsymbol{u}}')=\left(\frac{\kappa}{m_r}\right)^{\frac{2}{\eta-1}}\cdot\frac{W_0}{\sin\chi}\left|\frac{\mathrm{d}W_0}{\mathrm{d}\chi}\right|.\tag{4.8.13}$$

对于 Maxwell 分子, $\eta = 5, u\sigma = g_5(\hat{\boldsymbol{u}} \cdot \hat{\boldsymbol{u}}') \equiv g(\hat{\boldsymbol{u}} \cdot \hat{\boldsymbol{u}}')$. 将 (4.8.12) 式代入 (4.8.10) 式, 得到

$$M(x, y, t) = \frac{n}{8\sqrt{2}\pi^{5/2}(2 - x - y - 2t)^{3/2}} \times \int \mathrm{d}\hat{\boldsymbol{u}}' g_\eta(\hat{\boldsymbol{u}} \cdot \hat{\boldsymbol{u}}')$$

$$\times \int \mathrm{d}\boldsymbol{u} u^{\frac{\eta-5}{\eta-1}} [\mathrm{I}'' + \mathrm{II}' - \mathrm{III}'' - \mathrm{IV}'']$$

式中 I″, II″, III″, IV″ 分别代表下列四项:

$$\mathrm{I}'' \equiv \frac{1}{2\pi} \int_0^{2\pi} \mathrm{d}\alpha \times \exp\left\{ -\frac{2 - xy - 2t - (xy + 2t)\cos\chi - 2it\sin\chi\cos\alpha}{4(2 - x - y - 2t)} u^2 \right\},$$

$$\mathrm{II}'' \equiv \frac{1}{2\pi} \int_0^{2\pi} \mathrm{d}\alpha \times \exp\left\{ -\frac{2 - xy - 2t + (xy + 2t)\cos\chi + 2it\sin\chi\cos\alpha}{4(2 - x - y - 2t)} u^2 \right\},$$

$$\mathrm{III}'' \equiv \exp\left\{ -\frac{1 - xy - 2t}{2(2 - x - y - 2t)} u^2 \right\},$$

$$\mathrm{IV}'' \equiv \exp\left\{ -\frac{1}{2(2 - x - y - 2t)} u^2 \right\}.$$

利用积分公式

$$\pi^{-3/2} \int \mathrm{d}\boldsymbol{u} u^{\frac{\eta-5}{\eta-1}} \mathrm{e}^{-Au^2} = \frac{\Gamma\left(\dfrac{2\eta - 4}{\eta - 1}\right)}{\Gamma\left(\dfrac{3}{2}\right)} A^{\frac{4-2\eta}{\eta-1}},$$

可以得到

$$M(x, y, t) = \frac{n_0 \Gamma\left(\dfrac{2\eta - 4}{\eta - 1}\right)}{4\pi \Gamma\left(\dfrac{3}{2}\right)} [2(2 - x - y - 2t)]^{\frac{\eta-5}{2(\eta-1)}}$$

$$\times \int \mathrm{d}\hat{\boldsymbol{u}}' g_\eta(\hat{\boldsymbol{u}} \cdot \hat{\boldsymbol{u}}')[\mathrm{I}''' + \mathrm{II}''' - \mathrm{III}''' - 1],$$

式中 I‴、II‴、III‴ 分别代表下列三项:

$$\mathrm{I}''' \equiv \frac{1}{2\pi} \int_0^{2\pi} \mathrm{d}\alpha \left\{ 1 - xy\cos^2\frac{\chi}{2} - 2t\cos\frac{\chi}{2} \times \left(\cos\frac{\chi}{2} + \mathrm{i}\sin\frac{\chi}{2}\cos\alpha\right) \right\}^{\frac{4-2\eta}{\eta-1}},$$

$$\mathrm{II}''' \equiv \frac{1}{2\pi} \int_0^{2\pi} \mathrm{d}\alpha \left\{ 1 - xy\sin^2\frac{\chi}{2} - 2t\sin\frac{\chi}{2} \times \left(\sin\frac{\chi}{2} - \mathrm{i}\cos\frac{\chi}{2}\cos\alpha\right) \right\}^{\frac{4-2\eta}{\eta-1}},$$

$$\mathrm{III}''' \equiv \{ 1 - xy - 2t \}^{\frac{4-2\eta}{\eta-1}}.$$

由公式

$$(1 - A - B)^{-\nu} = \sum_{j=0}^{\infty} \sum_{k=0}^{\infty} \frac{\Gamma(\nu + j + k)}{\Gamma(\nu)j!k!} A^j B^k$$

可得

$$
\frac{1}{2\pi}\int_0^{2\pi} \mathrm{d}\alpha \left\{ 1 - xy\cos^2\frac{\chi}{2} - 2t\cos\frac{\chi}{2} \times \left(\cos\frac{\chi}{2} + \mathrm{i}\sin\frac{\chi}{2}\cos\alpha\right) \right\}^{\frac{4-2\eta}{\eta-1}}
$$

$$
= \sum_{j=0}^{\infty}\sum_{k=0}^{\infty} \frac{\Gamma\left(\dfrac{2\eta-4}{\eta-1}+j+k\right)}{\Gamma\left(\dfrac{2\eta-4}{\eta-1}\right)j!k!} \cos^{2j+k}\times\left(\frac{\chi}{2}\right)(xy)^j(2t)^k P_k\left(\cos\frac{\chi}{2}\right),
$$

其中用到 (4.8.9) 式. 于是 (4.8.14) 式成为

$$
M(x,y,t) = \frac{n_0\Gamma\left(\dfrac{2\eta-4}{\eta-1}\right)}{\Gamma\left(\dfrac{3}{2}\right)}\left[4\left(1-\frac{x+y+2t}{2}\right)\right]^{\frac{\eta-5}{2(\eta-1)}}
$$

$$
\times \sum_{j=0}^{\infty}\sum_{k=0}^{\infty} B_k'(\eta)(xy)^j t^k,
$$

其中

$$
B_k^l(\eta) = \frac{2^k\Gamma\left(\dfrac{2\eta-4}{\eta-1}+j+k\right)}{\Gamma\left(\dfrac{2\eta-4}{\eta-1}\right)j!k!}
$$

$$
\times \frac{1}{4\pi}\int \mathrm{d}\hat{\boldsymbol{u}}' g_\eta(\hat{\boldsymbol{u}}\cdot\hat{\boldsymbol{u}}')\left[\cos^{2j+k}\left(\frac{\chi}{2}\right)P_k\left(\cos\frac{\chi}{2}\right)\right.
$$

$$
\left.+ \sin^{2j+k}\left(\frac{\chi}{2}\right)P_k\left(\sin\frac{\chi}{2}\right) - 1 - \delta_{j0}\delta_{k0}\right].
$$

再展开

$$
\left(1-\frac{x+y+2t}{2}\right)^{\frac{\eta-5}{2(\eta-1)}} = \sum_{a=0}^{\infty}\sum_{b=0}^{\infty}\sum_{c=0}^{\infty}\times\frac{\Gamma\left(\dfrac{5-\eta}{2(\eta-1)}+a+b+c\right)}{\Gamma\left(\dfrac{5-\eta}{2(\eta-1)}\right)a!b!c!}\left(\frac{x}{2}\right)^a\left(\frac{y}{2}\right)^b t^c,
$$

就可以得到

$$
M(x,y,t) = \frac{n_0 4^{\frac{\eta-5}{2(\eta-1)}}\Gamma\left(\dfrac{2\eta-4}{\eta-1}\right)}{\Gamma\left(\dfrac{3}{2}\right)}\sum_{a=0}^{\infty}\sum_{b=0}^{\infty}\sum_{c=0}^{\infty}
$$

$$
\times \frac{2^{-a-b}\Gamma\left(\dfrac{5-\eta}{2(\eta-1)}+a+b+c\right)}{\Gamma\left(\dfrac{5-\eta}{2(\eta-1)}\right)a!b!c!}
$$

$$\times B_k^j(\eta) x^{j+a} y^{j+b} t^{k+c}. \tag{4.8.14}$$

记 $a = r - j, b = r' - j, c = l - k$, 则

$$M(x,y,t) = \sum_{l=0}^\infty \sum_{r=0}^\infty \sum_{r'=0}^\infty M_{2r+l,2r'+l}^l x^r y^{r'} \frac{t^l}{l!}$$

$$= \frac{n_0 4^{\frac{\eta-5}{2(\eta-1)}} \Gamma\left(\dfrac{2\eta-4}{\eta-1}\right)}{\Gamma\left(\dfrac{3}{2}\right)} \sum_{l=0}^\infty \sum_{r=0}^\infty \sum_{r'=0}^\infty \sum_{j=0}^{r,r'} \sum_{k=0}^l x^r y^{r'} t^l B_k^j(\eta)$$

$$\times \frac{2^{2j-r-r'} \Gamma\left(\dfrac{5-\eta}{2(\eta-1)} + r + r' + l - 2j - k\right)}{\Gamma\left(\dfrac{5-\eta}{2(\eta-1)}\right)(r-j)!(r'-j)!(l-k)!}.$$

式中对 j 求和从 0 取到 r, r' 中较小者. 比较上式两边 $x^r y^r t^l$ 的系数, 得

$$M_{n,n'}^l = M_{2r+l,2r'+l}^l = \frac{n_0 2^{\frac{\eta-5}{\eta-1}} \Gamma\left(\dfrac{2\eta-4}{\eta-1}\right) l!}{\Gamma\left(\dfrac{3}{2}\right)} \sum_{j=0}^{r,r'} \sum_{k=0}^l$$

$$\times \frac{2^{2j-r-r'} \Gamma\left(\dfrac{5-\eta}{2(\eta-1)} + r + r' - 2j + l - k\right)}{\Gamma\left(\dfrac{5-\eta}{2(\eta-1)}\right)(r-j)!(r'-j)!(l-k)!} \times B_k^j(\eta). \tag{4.8.15}$$

将 (4.8.15) 式代入 (4.8.4) 式, 就可求得

$$J_{nn'}^l = J_{2r+l,2r'+l}^l = \frac{n_0 2^{\frac{\eta-5}{\eta-1}} \Gamma\left(\dfrac{2\eta-4}{\eta-1}\right) l!}{\sqrt{N_{2r+l,l} N_{2r+l,l}} \, \Gamma\left(\dfrac{3}{2}\right)} \sum_{j=0}^{r,r'} \sum_{k=0}^l$$

$$\times \frac{2^{2j-r-r'} \Gamma\left(\dfrac{5-\eta}{2(\eta-1)} + r + r' - 2j + l - k\right)}{\Gamma\left(\dfrac{5-\eta}{2(\eta-1)}\right)(r-j)!(r'-j)!(l-k)!} \times B_k^j(\eta). \tag{4.8.16}$$

对于 Maxwell 分子, $\eta = 5$, 求和只能保留 $j = r = r', k = l$ 的一项, 而

$$B_l^r(5) = B_l^{(n-l)/2}(5) = \frac{2^l \Gamma\left(\dfrac{n+l+3}{2}\right)}{\Gamma\left(\dfrac{3}{2}\right) \left(\dfrac{n-l}{2}\right)! l!} \frac{1}{4\pi}$$

$$\times \int \mathrm{d}\hat{\boldsymbol{u}}' g(\hat{\boldsymbol{u}} \cdot \hat{\boldsymbol{u}}') \Big[\cos^n \left(\frac{\chi}{2} \right) P_l \left(\cos \frac{\chi}{2} \right)$$

$$+ \sin^n \left(\frac{\chi}{2} \right) P_l \left(\sin \frac{\chi}{2} \right) - 1 - \delta_{n0} \delta_{l0} \Big],$$

因此

$$J_{nn'}^l = n_0 \int \mathrm{d}\hat{\boldsymbol{u}}' g(\hat{\boldsymbol{u}} \cdot \hat{\boldsymbol{u}}') \Big[\cos^n \left(\frac{\chi}{2} \right) P_l \left(\cos \frac{\chi}{2} \right)$$

$$+ \sin^n \left(\frac{\chi}{2} \right) P_l \left(\sin \frac{\chi}{2} \right) - 1 - \delta_{n0} \delta_{l0} \Big] \delta_{nn'}. \tag{4.8.17}$$

由 (4.8.1) 式及 (4.8.17) 式可知, 对于 Maxwell 分子有

$$L\psi_{nlm} = -\lambda_{nl} n_0 \psi_{nlm} \tag{4.8.18}$$

其中 λ_{nl} 恰好由 (4.7.36) 式给出. 由 (4.8.18) 式可见, L 的谱对于 m 是简并的.

§4.9　Boltzmann 方程的 Fourier 变换形式

Bobylev将 Fourier 变换技巧用于化简 Maxwell 分子情形下的 Boltzmann 方程, 从而获得了丰硕的成果 [30,31]

在无外场情况下, 单原子 Maxwell 分子气体的 Boltzmann 方程是

$$\frac{\partial n}{\partial t} + \boldsymbol{v} \cdot \frac{\partial n}{\partial \boldsymbol{r}} = C(n, n), \tag{4.9.1}$$

$$C(n, n) = \iint \mathrm{d}\boldsymbol{w} \mathrm{d}\hat{\boldsymbol{u}}' g(\hat{\boldsymbol{u}} \cdot \hat{\boldsymbol{u}}') [n(\boldsymbol{v}')n(\boldsymbol{w}') - n(\boldsymbol{v})n(\boldsymbol{w})]. \tag{4.9.2}$$

让我们先把方程无量纲化. 为此, 令 l_0 和 t_0 分别是长度和时间的单位, 并设

$$n(\boldsymbol{r}, \boldsymbol{v}, t) = n_a f(\boldsymbol{r}_a, \boldsymbol{v}_a, t_a),$$

其中下标 a 表示用 l_0, t_0 为单位时的量, n_a 是常数, 其值将在下面选定. 注意 f 的定义与 §1.3 中所给出的有区别. 按照分布函数 n 的定义, 有

$$\iint \mathrm{d}\boldsymbol{v} \mathrm{d}\boldsymbol{r} n(\boldsymbol{r}, \boldsymbol{v}, t) = N \tag{4.9.3}$$

N 是系统的粒子总数. 用 V 表示系统的体积, (4.9.3) 式又可以写成

$$n_a \frac{l_0^3}{t_0^3} \cdot \frac{l_0^3}{V} \iint \mathrm{d}\boldsymbol{v}_a \mathrm{d}\boldsymbol{r}_a f = \frac{N}{V}.$$

假定 f 满足归一化条件:

$$\frac{1}{V_a} \iint \mathrm{d}\boldsymbol{v}_a \mathrm{d}\boldsymbol{r}_a f = 1,$$

就应当取

$$n_a = \frac{N}{V} \frac{t_0^3}{l_0^3}.$$

其中用到 $V = V_a l_0^3$. 现在可以把 (4.9.1) 式用无量纲变量写成

$$\frac{\partial f}{\partial t_a} + \boldsymbol{v}_a \cdot \frac{\partial f}{\partial \boldsymbol{r}_a} = \frac{n_a l_0^3}{t_0^2} \iint \mathrm{d}\boldsymbol{w}_a \mathrm{d}\hat{\boldsymbol{u}}' g(\hat{\boldsymbol{u}} \cdot \hat{\boldsymbol{u}}') \times [f(\boldsymbol{w}_a')f(\boldsymbol{v}_a') - f(\boldsymbol{w}_a)f(\boldsymbol{v}_a)].$$

记

$$g_a(\hat{\boldsymbol{u}} \cdot \hat{\boldsymbol{u}}') = \frac{n_a l_0^3}{t_0^2} g(\hat{\boldsymbol{u}} \cdot \hat{\boldsymbol{u}}') = \frac{N}{V} t_0 g(\hat{\boldsymbol{u}} \cdot \hat{\boldsymbol{u}}')$$

代入上列方程后, 再省略下标 a, 就可把 Boltzmann 方程写成

$$\frac{\partial f}{\partial t} + \boldsymbol{v} \cdot \frac{\partial f}{\partial \boldsymbol{r}} = C(f, f), \tag{4.9.4}$$

$$C(f, f) = \int \mathrm{d}\boldsymbol{w} \mathrm{d}\hat{\boldsymbol{u}}' g(\hat{\boldsymbol{u}} \cdot \hat{\boldsymbol{u}}')[f(\boldsymbol{w}')f(\boldsymbol{v}') - f(\boldsymbol{w})f(\boldsymbol{v})]. \tag{4.9.5}$$

归一化条件可以写成

$$\frac{1}{V} \iint \mathrm{d}\boldsymbol{v} \mathrm{d}\boldsymbol{r} f = 1. \tag{4.9.6}$$

适当地选择 l_0 及 t_0 的值, 总可以保证

$$\frac{1}{V} \iint \mathrm{d}\boldsymbol{v} \mathrm{d}\boldsymbol{r} v^2 f = 3. \tag{4.9.7}$$

在这样选择的单位下, 平衡 Maxwell 分布 (4.3.9) 在质量速度 $\boldsymbol{c} = 0$ 时可改写为

$$f_M(\boldsymbol{v}) = \frac{1}{(2\pi)^{3/2}} \mathrm{e}^{-\frac{v^2}{2}}. \tag{4.9.8}$$

作 Fourier 变换

$$\varphi(\boldsymbol{r}, \boldsymbol{k}, t) = \int \mathrm{e}^{-\mathrm{i}\boldsymbol{k} \cdot \boldsymbol{v}} f(\boldsymbol{r}, \boldsymbol{v}, t) \mathrm{d}\boldsymbol{v}, \tag{4.9.9}$$

则 (4.9.4) 式可以写成

$$\frac{\partial \varphi}{\partial t} + \mathrm{i} \frac{\partial^2 \varphi}{\partial \boldsymbol{k} \cdot \partial \boldsymbol{r}} = J(\varphi, \varphi), \tag{4.9.10}$$

这里

$$J(\varphi, \varphi) = \int \mathrm{e}^{-\mathrm{i}\boldsymbol{k} \cdot \boldsymbol{v}} C(f, f) \mathrm{d}\boldsymbol{v}$$

或

$$J(\varphi, \varphi) = \iiint \mathrm{d}\boldsymbol{v} \mathrm{d}\boldsymbol{w} \mathrm{d}\hat{\boldsymbol{u}}' g(\hat{\boldsymbol{u}} \cdot \hat{\boldsymbol{u}}') f(\boldsymbol{w}) f(\boldsymbol{v}) [\mathrm{e}^{-\mathrm{i}\boldsymbol{k} \cdot \boldsymbol{v}'} - \mathrm{e}^{-\mathrm{i}\boldsymbol{k} \cdot \boldsymbol{v}}].$$

记 $\hat{\boldsymbol{k}} \equiv \boldsymbol{k}/k$, 而

$$F(\boldsymbol{u}, \boldsymbol{k}) = \int \mathrm{d}\hat{\boldsymbol{u}}' g(\hat{\boldsymbol{u}} \cdot \hat{\boldsymbol{u}}')[\mathrm{e}^{-\frac{1}{2}\mathrm{i}ku\hat{\boldsymbol{k}}\cdot\hat{\boldsymbol{u}}'} - \mathrm{e}^{-\frac{1}{2}\mathrm{i}ku\hat{\boldsymbol{k}}\cdot\hat{\boldsymbol{u}}}], \tag{4.9.11}$$

则

$$J(\varphi, \varphi) = \iint \mathrm{d}\boldsymbol{v}\mathrm{d}\boldsymbol{w} f(\boldsymbol{v}) f(\boldsymbol{w}) \mathrm{e}^{-\frac{1}{2}\boldsymbol{k}\cdot(\boldsymbol{v}+\boldsymbol{w})} F(\boldsymbol{u}, \boldsymbol{k}). \tag{4.9.12}$$

由于 (4.9.11) 式只依赖于 k, u 及 $\hat{\boldsymbol{k}} \cdot \hat{\boldsymbol{u}}$, 所以交换 $\boldsymbol{u}$ 和 $\boldsymbol{k}$ 不会改变它的值:

$$F(\boldsymbol{u}, \boldsymbol{k}) = F(\boldsymbol{k}, \boldsymbol{u}) = \int \mathrm{d}\hat{\boldsymbol{u}}' g(\hat{\boldsymbol{k}} \cdot \hat{\boldsymbol{u}}')[\mathrm{e}^{-\frac{1}{2}ku\hat{\boldsymbol{u}}\cdot\hat{\boldsymbol{u}}'} - \mathrm{e}^{-\frac{1}{2}ku\hat{\boldsymbol{k}}\cdot\hat{\boldsymbol{u}}}].$$

于是 (4.9.12) 式可以写为

$$J(\varphi, \varphi) = \int \mathrm{d}\hat{\boldsymbol{u}}' g(\hat{\boldsymbol{k}} \cdot \hat{\boldsymbol{u}}') \times \iint \mathrm{d}\boldsymbol{w}\mathrm{d}\boldsymbol{v} f(\boldsymbol{v}) f(\boldsymbol{w}) \mathrm{e}^{-\frac{1}{2}\boldsymbol{k}\cdot(\boldsymbol{v}+\boldsymbol{w})}[\mathrm{e}^{-\frac{1}{2}k\hat{\boldsymbol{u}}'\cdot(\boldsymbol{v}-\boldsymbol{w})}$$
$$-\mathrm{e}^{-\frac{1}{2}\boldsymbol{k}\cdot(\boldsymbol{v}-\boldsymbol{w})}].$$

利用 (4.9.9) 式, 可以把上式写成

$$J(\varphi, \varphi) = \int \mathrm{d}\hat{\boldsymbol{u}}' g(\hat{\boldsymbol{k}} \cdot \hat{\boldsymbol{u}}') \times \left[\varphi\left(\frac{\boldsymbol{k} + k\hat{\boldsymbol{u}}'}{2}\right)\varphi\left(\frac{\boldsymbol{k} - k\hat{\boldsymbol{u}}'}{2}\right) - \varphi(\boldsymbol{k})\varphi(0)\right]. \tag{4.9.13}$$

它只含二重积分, 因此, 对于 Maxwell 分子, Fourier 变换可以使 Boltzmann 方程得到实质性简化.

考虑空间均匀的情况, φ 与 $\boldsymbol{r}$ 无关, 方程 (4.9.10) 简化为

$$\frac{\partial \varphi}{\partial t} = J(\varphi, \varphi). \tag{4.9.14}$$

假设 f 在速度空间各向同性, 则 φ 与 $\boldsymbol{k}$ 的方向无关. 引进下列记号:

$$x = \frac{1}{2}k^2,$$

$$\mu = \hat{\boldsymbol{k}} \cdot \hat{\boldsymbol{u}}',$$

$$x_{\pm} = \frac{x}{2}(1 \pm \mu),$$

则 (4.9.14) 式可进一步简化为

$$\frac{\partial \varphi(x, t)}{\partial t} = 2\pi \int_{-1}^{1} \mathrm{d}\mu g(\mu)[\varphi(x_{+})\varphi(x_{-}) - \varphi(x)\varphi(0)], \tag{4.9.15}$$

式中将 $\varphi(\boldsymbol{k}, t)$ 写成了 $\varphi(x, t)$, 而右边更略去了宗量 t 未写. 平衡态 Maxwell 分布 (4.9.8) 经 Fourier 变换后, 得到

$$\varphi_M = \int \mathrm{e}^{-\mathrm{i}\boldsymbol{k}\cdot\boldsymbol{w}} f_M \mathrm{d}\boldsymbol{v} = \mathrm{e}^{-k^2/2} = \mathrm{e}^{-x}. \tag{4.9.16}$$

容易验证 φ_M 是 (4.9.15) 式的一个特解, 也就是 (4.9.14) 式的一个特解.

如果初始状态接近平衡态 Maxwell 分布, 则 $\varphi(x,t)$ 可以写成

$$\varphi(x,t) = \varphi_M(x)[1 + \xi(x,t)], \tag{4.9.17}$$

其中 $\xi(x,t)$ 为小量. 将 (4.9.17) 式代入 (4.9.15) 式, 略去 ξ^2 项以后可得

$$\frac{\partial \xi(x,t)}{\partial t} = I(\xi), \tag{4.9.18}$$

其中

$$I(\xi) = 2\pi \int_{-1}^{1} \mathrm{d}\mu g(\mu)[\xi(x_+) + \xi(x_-) - \xi(x) - \xi(0)]. \tag{4.9.19}$$

可以证明 x^n 是 I 的本征函数,

$$I(x^n) = -\lambda_n x^n, \tag{4.9.20}$$

其中

$$\lambda_n = 2\pi \int_{-1}^{1} \mathrm{d}\mu g(\mu) \left[1 + \delta_{n0} - \left(\frac{1+\mu}{2} \right)^n - \left(\frac{1-\mu}{2} \right)^n \right]. \tag{4.9.21}$$

根据这一结果, 可以得到方程 (4.9.18) 的解法: 如果 $t = 0$ 时 $\xi(x,0)$ 可以展开为 x 的幂级数

$$\xi(x,0) = \sum_{n=0}^{\infty} a_n(0)x^n, \tag{4.9.22}$$

那么 $t > 0$ 时有

$$\xi(x,t) = \sum_{n=0}^{\infty} a_n(t)x^n, \tag{4.9.23}$$

式中

$$a_n(t) = a_n(0)\mathrm{e}^{-\lambda_n t}. \tag{4.9.24}$$

将 (4.9.23) 式代入 (4.9.17) 式, 有

$$\varphi(x,t) = \mathrm{e}^{-x} \left[\sum_{n=0}^{\infty} a_n(t)x^n + 1 \right], \tag{4.9.25}$$

或

$$\varphi(\boldsymbol{k},t) = \mathrm{e}^{-k^2/2} \left[1 + \sum_{n=0}^{\infty} a_n(t) \cdot \frac{k^{2n}}{2^n} \right]. \tag{4.9.26}$$

由 (4.9.9) 式及 (4.9.25) 式可知

$$1 + a_0(t) = \varphi(0,t) = \int f(\boldsymbol{r}, \boldsymbol{v}, t)\mathrm{d}\boldsymbol{v}$$

这说明 $1 + a_0(t)$ 和粒子数密度相应. 按归一化条件 (4.9.6), 有

$$a_0(t) = 0. \tag{4.9.27}$$

由 (4.9.9) 式及 (4.9.25) 式还可知

$$a_1(t) - 1 = \frac{\partial \varphi(x,t)}{\partial x}\bigg|_{x=0} = \lim_{k \to 0} \frac{\boldsymbol{k}}{k^2} \cdot \frac{\partial \varphi}{\partial \boldsymbol{k}}$$

$$= \lim_{k \to 0} \frac{1}{k^2} \int (-\mathrm{i}\boldsymbol{k} \cdot \boldsymbol{v}) e^{-\mathrm{i}\boldsymbol{k} \cdot \boldsymbol{v}} f \mathrm{d}\boldsymbol{v}$$

注意到 f 已假定为在空间均匀并在速度空间中各向同性, 于是可知

$$a_1(t) - 1 = \lim_{k \to 0} \frac{1}{k^2} \int (-\mathrm{i}\boldsymbol{k} \cdot \boldsymbol{v})[e^{-\mathrm{i}\boldsymbol{k} \cdot \boldsymbol{v}} - 1] f \mathrm{d}\boldsymbol{v}$$

$$= -\int v^2 (\hat{\boldsymbol{k}} \cdot \hat{\boldsymbol{v}})^2 f \mathrm{d}\boldsymbol{v} = -\frac{1}{3} \int v^2 f \mathrm{d}\boldsymbol{v}.$$

这说明 $a_1(t) - 1$ 和系统中的动能密度成正比. 按照条件 (4.9.7), 有

$$a_1(t) = 0. \tag{4.9.28}$$

从 (4.9.21) 式容易求得

$$\lambda_0 = \lambda_1 = 0. \tag{4.9.29}$$

(4.9.27) 及 (4.9.28) 式只要在初始时刻成立, (4.9.29) 式就保证它们永远成立. 可以说, $\lambda_0 = 0$ 和 $\lambda_1 = 0$ 分别是粒子数守恒和能量守恒两个定律的反映. 从以上讨论可见, (4.9.6) 和 (4.9.7) 式给出的条件意味着

$$\xi(0,t) = 0, \quad \frac{\partial \xi(x,t)}{\partial x}\bigg|_{x=0} = 0, \tag{4.9.30}$$

这说明 $\xi(x,t)$ 的展开式 (4.9.22) 应当从 $n > 1$ 的项开始. 由 (4.9.21) 式又可知

$$\lambda_n > 0 \qquad (\text{当 } n > 1 \text{ 时}) \tag{4.9.31}$$

因此

$$\xi(x, t \to \infty) = 0, \tag{4.9.32}$$

即

$$\varphi(x, t \to \infty) = \varphi_M(x). \tag{4.9.33}$$

说明系统最终趋于平衡 Maxwell 分布. 因此 (4.9.31) 式是 Boltzmann 的 H 定理的反映.

但是有一点值得注意, 即, 在 (4.9.20) 式中, n 可以不限于自然数. 除 0 及 1 外, n 可以是大于 1 的任意实数, 甚至可以是实部大于 1 的复数, 即 $x \to 0$ 时, 有

$$\xi(x,t) \sim x^p, \quad \mathrm{Re}(p) > 1. \tag{4.9.34}$$

上述结果可以推广到 f 在速度空间各向异性的情况. 这时, (4.9.14) 式线性化之后得到的 (4.9.18) 式可以写为

$$\frac{\partial \xi(\boldsymbol{k}, t)}{\partial t} = I(\xi), \tag{4.9.35}$$

其中

$$I(\xi) = \int \mathrm{d}\hat{\boldsymbol{u}}' g(\hat{\boldsymbol{k}} \cdot \hat{\boldsymbol{u}}) \left[\xi \left(\frac{\boldsymbol{k} + k\hat{\boldsymbol{u}}'}{2} \right) + \xi \left(\frac{\boldsymbol{k} - k\hat{\boldsymbol{u}}'}{2} \right) - \xi(\boldsymbol{k}) - \xi(0) \right], \tag{4.9.36}$$

$I(\xi)$ 的本征函数可以写成

$$e_{nlm}(\boldsymbol{k}) = \frac{(-\mathrm{i}k)^n}{n!} Y_{lm}(\hat{\boldsymbol{k}}),$$

$$\begin{pmatrix} n = 0, 1, 2, \cdots; \\ l = n, n-2, \cdots, 0 \text{ 或 } 1; \\ m = -l, -l+1, \cdots, l. \end{pmatrix}, \tag{4.9.37}$$

而相应的本征值是

$$\lambda_{nl} = 2\pi \int_{-1}^{1} \mathrm{d}\mu \, g(\mu) \left[1 + \delta_{n0}\delta_{l0} - \left(\frac{1+\mu}{2} \right)^{n/2} P_l \left(\sqrt{\frac{1+\mu}{2}} \right) \right.$$
$$\left. - \left(\frac{1-\mu}{2} \right)^{n/2} P_l \left(\sqrt{\frac{1-\mu}{2}} \right) \right]. \tag{4.9.38}$$

证明这一点并不很难. 事实上, 记

$$G(\hat{\boldsymbol{l}} \cdot \hat{\boldsymbol{k}}) \equiv \begin{cases} 4g[2(\hat{\boldsymbol{l}} \cdot \hat{\boldsymbol{k}})^2 - 1](\hat{\boldsymbol{l}} \cdot \hat{\boldsymbol{k}})^{n+1} & \text{若 } \hat{\boldsymbol{l}} \cdot \hat{\boldsymbol{k}} \geqslant 0, \\ 0 & \text{若 } \hat{\boldsymbol{l}} \cdot \hat{\boldsymbol{k}} < 0, \end{cases}$$

其中 $\hat{\boldsymbol{l}} = (\hat{\boldsymbol{k}} + \hat{\boldsymbol{u}}')/|\hat{\boldsymbol{k}} + \hat{\boldsymbol{u}}'|$, 就可以证明

$$\int \mathrm{d}\hat{\boldsymbol{l}} \, G(\hat{\boldsymbol{l}} \cdot \hat{\boldsymbol{k}}) Y_{lm}(\hat{\boldsymbol{l}}) = \int \mathrm{d}\hat{\boldsymbol{l}} \left[\sum_{l'=0}^{\infty} P_{l'}(\hat{\boldsymbol{l}} \cdot \hat{\boldsymbol{k}}) \frac{2l'+1}{2} \int_{-1}^{1} G(\mu) P_{l'}(\mu) \mathrm{d}\mu \right] Y_{lm}(\hat{\boldsymbol{l}})$$
$$= \int_{-1}^{1} \mathrm{d}\mu \, G(\mu) \left[\sum_{l'=0}^{\infty} \frac{2l'+1}{2} P_{l'}(\mu) \int P_{l'}(\hat{\boldsymbol{l}} \cdot \hat{\boldsymbol{k}}) Y_{lm}(\hat{\boldsymbol{l}}) \mathrm{d}\hat{\boldsymbol{l}} \right]$$

$$= \int_{-1}^{1} d\mu G(\mu) \left[\sum_{l'=0}^{\infty} \frac{2l'+1}{2} P_{l'}(\mu) \frac{4\pi}{2l+1} Y_{lm}(\hat{\boldsymbol{k}}) \delta_{ll'} \right]$$

$$= \int_{-1}^{1} d\mu G(\mu) 2\pi P_l(\mu) Y_{lm}(\hat{\boldsymbol{k}})$$

$$= Y_{lm}(\hat{\boldsymbol{k}}) 2\pi \int_{-1}^{1} d\nu g(\nu) \left(\frac{1+\nu}{2} \right)^{n/2} P_l \left(\sqrt{\frac{1+\nu}{2}} \right).$$

因此

$$\int d\hat{\boldsymbol{u}}' g(\hat{\boldsymbol{k}} \cdot \hat{\boldsymbol{u}}') e_{nlm} \left(\frac{\boldsymbol{k} + k\hat{\boldsymbol{u}}'}{2} \right)$$

$$= \frac{(-ik)^n}{n!} \int d\hat{\boldsymbol{u}}' g(\hat{\boldsymbol{k}} \cdot \hat{\boldsymbol{u}}') \left(\frac{1 + \hat{\boldsymbol{k}} \cdot \hat{\boldsymbol{u}}'}{2} \right)^{n/2} \times Y_{lm} \left(\frac{\hat{\boldsymbol{k}} + \hat{\boldsymbol{u}}'}{|\hat{\boldsymbol{k}} + \hat{\boldsymbol{u}}'|} \right)$$

$$= \frac{(-ik)^n}{n!} \int d\hat{\boldsymbol{l}} G(\hat{\boldsymbol{l}} \cdot \hat{\boldsymbol{k}}) Y_{lm}(\hat{\boldsymbol{l}})$$

$$= e_{nlm}(\boldsymbol{k}) 2\pi \int_{-1}^{1} d\nu g(\nu) \left(\frac{1+\nu}{2} \right)^{n/2} P_l \left(\sqrt{\frac{1+\nu}{2}} \right).$$

类似可得

$$\int d\hat{\boldsymbol{u}} g(\hat{\boldsymbol{k}} \cdot \hat{\boldsymbol{u}}') e_{nlm} \left(\frac{\boldsymbol{k} - k\hat{\boldsymbol{u}}'}{2} \right) = e_{nlm}(\boldsymbol{k}) 2\pi \int_{-1}^{1} d\nu g(\nu) \left(\frac{1-\nu}{2} \right)^{n/2} P_l \left(\sqrt{\frac{1-\nu}{2}} \right),$$

$$\int d\hat{\boldsymbol{u}} g(\hat{\boldsymbol{k}} \cdot \hat{\boldsymbol{u}}') e_{nlm}(\boldsymbol{k}) = e_{nlm}(\boldsymbol{k}) 2\pi \int_{-1}^{1} d\nu g(\nu),$$

$$\int d\hat{\boldsymbol{u}} g(\hat{\boldsymbol{k}} \cdot \hat{\boldsymbol{u}}') e_{nlm}(0) = e_{nlm}(\boldsymbol{k}) 2\pi \int_{-1}^{1} d\nu g(\nu) \delta_{n0} \delta_{l0}.$$

利用以上四式, 可得

$$I(e_{nlm}) = -\lambda_{nl} e_{nlm}. \tag{4.9.39}$$

这就是要证明的.

注意, 有

$$\lambda_{00} = \lambda_{11} = \lambda_{20} = 0. \tag{4.9.40}$$

容易看出, 它们分别反映了粒子数守恒、动量守恒和能量守恒三个定律. 而

$$\lambda_{nl} > 0 \qquad (\text{当 } n > 2 \text{ 或 } n = 2, l = 2 \text{ 时}), \tag{4.9.41}$$

它是 Boltzmann 的 H 定理的体现.

同样值得注意的是, n 也可以推广到实数甚至复数, 只要 n 的实部大于 2. 这时 (4.9.37) 式中的 $n!$ 应当改写成 $\Gamma(n+1)$.

将 e_{nlm} 作逆 Fourier 变换, 可以发现, 当 n 是整数时, 有

$$f_M E_{nlm}(\boldsymbol{v}) = \frac{1}{(2\pi)^3} \int e^{i\boldsymbol{k}\cdot\boldsymbol{v}} \varphi_M e_{nlm}(\boldsymbol{k}) d\boldsymbol{k}, \tag{4.9.42}$$

其中 f_M 由 (4.9.8) 式给出, φ_M 由 (4.9.16) 式给出, 而

$$E_{nlm}(\boldsymbol{v}) = A_{nl} v^l L_{\frac{1}{2}(n-l)}^{l+\frac{1}{2}} \left(\frac{v^2}{2} \right) Y_{lm}(\hat{\boldsymbol{v}}), \tag{4.9.43}$$

$$A_{nl} = \frac{(-1)^{\frac{1}{2}(n-l)}(n-l)!!}{n!}. \tag{4.9.44}$$

将 (4.9.43) 式和 (4.7.32) 式比较, 可知 $E_{nlm}(\boldsymbol{v})$ 与 $\psi_{nlm}(\boldsymbol{v})$ 只差一个常系数. 因此, 当 n 为整数时, 本节的结果就是王承书和 Uhlenbeck 对于 Maxwell 分子曾经得到的结果 [29].

分布函数 $f(\boldsymbol{v})$ 可以作展开

$$f(\boldsymbol{v}) = f_M(\boldsymbol{v}) \left[1 + \sum_{nlm} a_{nlm} E_{nlm}(\boldsymbol{v}) \right]$$

的条件是 $f(\boldsymbol{v})$ 在权重 f_M^{-1} 下平方可积, 即

$$\left| \int f_M^{-1}(\boldsymbol{v}) f^2(\boldsymbol{v}) d\boldsymbol{v} \right| < \infty.$$

将满足这一条件的函数所张成的 Hilbert空间记为 $\mathscr{H}$. 当 n 不是整数时, $E_{nlm}(\boldsymbol{v})$ 没有定义, 但是 $e_{nlm}(\boldsymbol{k})$ 仍有意义, 而和 $e_{nlm}(\boldsymbol{k})$ 相应的分布函数不属于 Hibert 空间 $\mathscr{H}$.

在本章以下的讨论中, 我们都假设分布函数 f 属于 $\mathscr{H}$. 为了方便起见, 我们把 Fourier 变换后的空间也记为 $\mathscr{H}$. 就是说, 如果 $f \in \mathscr{H}$, 那么 f 经 Fourier 变换后所得函数 φ 也记为 $\varphi \in \mathscr{H}$.

从 (4.9.10) 式及 (4.9.13) 式所给出的, 对于 Maxwell 分子的 Boltzmann 方程出发, 丁鄂江和黄祖洽曾找到该方程的一类**精确解** [76], 其中包括下节将要讨论的自型解作为特例.

§4.10 Bobylev 自型解

自型解是指解对于各宗量的依赖都通过宗量的某个特定组合来体现. 求解流体力学方程组时, 如果根据问题的性质存在自型解, 就可引进适当的变量组合, 使偏微

分方程约化为常微分方程. 这种方法也可用于求解 Boltzmann 方程, 本节要讨论的 Bobylev 自型解就是著名的一例.

对于在空间均匀、在速度空间各向同性的情况, 上节已导出经 Fourier 变换后的 Boltzmann 方程 (4.9.15). 作变换

$$\varphi(x,t) = \varphi_M(x)\psi(x,t) \tag{4.10.1}$$

式中 $\varphi_M(x) = \mathrm{e}^{-x}$. 根据上节的讨论, $\psi(x,t)$ 有下列性质:

$$\begin{cases} \psi(0,t) = 1; \\[2mm] \psi(x, t \to \infty) = 1; \\[2mm] \lim_{x \to 0} \dfrac{\psi(x,t) - 1}{x} = 0. \end{cases} \tag{4.10.2}$$

由此推断, 可能有一类自型解:

$$\psi(x,t) = \psi(x\mathrm{e}^{-\lambda t}) \tag{4.10.3}$$

即 ψ 对 x,t 的依赖只通过组合 $x\mathrm{e}^{-\lambda t}$ 来实现, 由 (4.10.2) 式知

$$\psi(0) = 1, \quad \psi'(0) = 0$$

这里 ψ' 表示 ψ 的导数. 将 (4.10.1) 式代入 (4.9.15) 式, 并利用 (4.10.2) 式, 得到

$$\frac{\partial \psi}{\partial t} = 2\pi \int_{-1}^{1} \mathrm{d}\mu g(\mu)[\psi(x_+)\psi(x_-) - \psi(x)] \tag{4.10.4}$$

因此自型解 (4.10.3) 满足的方程是 (当 $t = 0$ 时)

$$-\lambda x \psi'(x) = 2\pi \int_{-1}^{1} \mathrm{d}\mu g(\mu)[\psi(x_+)\psi(x_-) - \psi(x)]. \tag{4.10.5}$$

Bobylev 从 (4.10.5) 式看出, 有一特解 [30]

$$\psi_{\mathrm{BKW}}(x\mathrm{e}^{-\lambda t}) = \exp[b_0 x\mathrm{e}^{-\lambda t}](1 - b_0 x\mathrm{e}^{-\lambda t}) \tag{4.10.6}$$

事实上, 将 (4.10.6) 式代入 (4.10.5) 式后, 取 $t = 0$, 该式左右两边分别是

$$左边 = \lambda x^2 b_0^2 \mathrm{e}^{b_0 x},$$

$$右边 = b_0^2 x^2 \mathrm{e}^{b_0 x} \frac{\pi}{2} \int_{-1}^{1} \mathrm{d}\mu g(\mu)(1 - \mu^2),$$

因此, 若取

$$\lambda = \frac{\pi}{2} \int_{-1}^{1} \mathrm{d}\mu g(\mu)(1-\mu^2), \qquad (4.10.7)$$

则两边相等, 说明 (4.10.6) 式确实是一个自型解. 将它代入 (4.10.1) 式, 便得到 (4.9.15) 式的一个特解:

$$\varphi_{\mathrm{BKW}}(x,t) = \varphi_M(x) \exp(b_0 x e^{-\lambda t})(1 - b_0 x e^{-\lambda t}). \qquad (4.10.8)$$

几乎与 Bobylev 同时, Krook 和 Wu[32] 用不同的方法也找到了这一特解, 因此这个解被称为**BKW 模**. 在 1872 年 Boltzmann 方程提出后的一百年中, 人们所知道的无外场情况下的精确解只是平衡态的 Maxwell 分布. 直到近百年后, 才找到了另一个精确解BKW 模①. 这是一个依赖时间的特解, 又是用初等函数表示出来的, 因此十分引人注目.

记 $b = b_0 e^{-\lambda t}$, 则 (4.10.8) 式可以写为

$$\varphi_{\mathrm{BKW}}(x,t) = \varphi_M(x) e^{bx}(1 - bx), \qquad (4.10.9)$$

经逆 Fourier 变换后, 可得 BKW 模的分布函数

$$f_{\mathrm{BKW}}(v,t) = f_M(v) \exp\left[\frac{-bv^2}{2(1-b)}\right] \cdot \frac{1}{(1-b)^{3/2}}$$

$$\times \left[1 - \frac{3b}{2(1-b)} + \frac{bv^2}{2(1-b)^2}\right]. \qquad (4.10.10)$$

为保证它在物理上有意义, 由因子 $(1-b)^{-3/2}$ 知道应有 $b < 1$, 由因子 $\exp\left[-\dfrac{bv^2}{2(1-b)}\right]$ 知道应有 $b \geqslant 0$. 为保证 $f_{\mathrm{BKW}}(v=0) \geqslant 0$, 应有 $1 - \dfrac{3b}{2(1-b)} \geqslant 0$, 即 $b \leqslant \dfrac{2}{5}$. 所以, b_0 的范围应为

$$0 \leqslant b_0 \leqslant \frac{2}{5}. \qquad (4.10.11)$$

借助 BKW 模, Bobylev 又找到 (4.9.10) 式的一个特解, 即下列**自型飞散解**[30]:

---

① 后来发现, 早在 1967 年这个解就曾由 R. S. Krupp在他的硕士论文中给出 [33].

$$
\begin{cases}
\varphi = \varphi_1\varphi_2, \\[2mm]
\varphi_1 = \rho\exp\left[-\dfrac{k^2}{2}\theta - \mathrm{i}k\mu c\right], \quad \mu = \hat{\boldsymbol{k}}\cdot\hat{\boldsymbol{e}}_r, \\[2mm]
\rho = \rho_0 T^3, c = u_0 rT, \theta = \theta_0 T^2, T = \dfrac{1}{1+u_0 t}, \\[2mm]
\varphi_2 = e^{bk^2/2}\left(1 + \dfrac{1}{2}bk^2\right), b = b_0\mathrm{e}^{-\lambda\rho_0\gamma}, \\[2mm]
\gamma = \dfrac{1}{2u_0}(1-T^2) - \dfrac{2}{\lambda\rho_0}\ln T, \\[2mm]
\lambda = \dfrac{\pi}{2}\displaystyle\int_{-1}^{1}\mathrm{d}\mu g(\mu)(1-\mu^2), \\[2mm]
\rho_0, u_0, \theta_0, b_0 \text{ 都是常数}.
\end{cases}
\tag{4.10.12}
$$

为了证明 (4.10.12) 式给出的 φ 是个精确解, 只须注意到

$$
\frac{\partial\varphi_1}{\partial t} + \mathrm{i}\frac{\partial^2\varphi_1}{\partial\boldsymbol{k}\cdot\partial\boldsymbol{r}} = 0,
$$

$$
\frac{\partial\varphi_2}{\partial t} + \mathrm{i}\frac{\partial\ln\varphi_1}{\partial\boldsymbol{r}_1}\cdot\frac{\partial\varphi_2}{\partial\boldsymbol{k}} = \rho J(\varphi_2, \varphi_2),
$$

就可以了. 经逆 Fourier 变换后, 可以得到, 自型飞散解的分布函数是

$$
f = \rho_0\left[\frac{T^2}{2\pi(\theta_0 T^2 - b)}\right]^{3/2}\exp\left[-\frac{(\boldsymbol{v} - \boldsymbol{r}u_0 T)^2}{2(\theta_0 T^2 - b)}\right]
$$
$$
\times\left[1 - \frac{b}{\theta_0 T^2 - b}\left\{\frac{3}{2} - \frac{(\boldsymbol{v} - \boldsymbol{r}u_0 T)^2}{2(\theta_0 T^2 - b)}\right\}\right].
$$

引入记号

$$
\lambda_0 = \lambda_{\rho_0}, \quad \tau = \frac{1}{u_0}, \quad \beta_0 = \frac{b_0}{\theta_0 - b_0},
$$

$$
\beta = \frac{b}{\theta_0 T^2 - b}, \quad \boldsymbol{v}_0 = \boldsymbol{r}u_0 T,
$$

就可以把上面的分布函数写成

$$
f = \rho\left(\frac{1+\beta}{2\pi\theta}\right)^{3/2}\exp\left[-\frac{1+\beta}{2\theta}(\boldsymbol{v} - \boldsymbol{v}_0)^2\right]
$$
$$
\times\left[1 - \beta\left\{\frac{3}{2} - \frac{1+\beta}{2\theta}(\boldsymbol{v} - \boldsymbol{v}_0)^2\right\}\right].
\tag{4.10.13}
$$

其中 β 可以写成

$$\beta = \frac{\beta_0 \exp\left[-\dfrac{\lambda_0}{2}\tau\left\{1-\left(\dfrac{\tau}{t+\tau}\right)^2\right\}\right]}{1+\beta_0-\beta_0 \exp\left[-\dfrac{\lambda_0}{2}\tau\left\{1-\left(\dfrac{\tau}{t+\tau}\right)^2\right\}\right]}.$$

自型飞散解所描述的是气体的均匀飞散.

BKW 模曾被推广到 d 维空间 [34,35]:

$$f_{\mathrm{BKW}}^{(d)} = \frac{1}{[2\pi(1-b)]^{d/2}}\mathrm{e}^{-\frac{v^2}{2}}\cdot\mathrm{e}^{-\frac{bv^2}{2(1-b)}}\times\left[1-\frac{bd}{2(1-b)}+\frac{bv^2}{2(1-b)^2}\right].$$

BKW 模的发现引起了广泛的重视. Krook 和 Wu 根据 BKW 模的弛豫过程作了一个猜测: 从任何初态向平衡态的弛豫过程, 都是首先向 BKW 模弛豫, 然后再按 BKW 模向平衡态弛豫. 经过不太长时间的研究, 有人提出了反例, 说明这个猜测是错误的. 以后, Bobylev 又提出了一种关于弛豫过程的新的命题, 并给出了证明 [31]. 下面简单介绍这一工作.

定义 若对于某个 $r>0$, 积分

$$\int f(\boldsymbol{v})\mathrm{e}^{rv^2/2}\mathrm{d}\boldsymbol{v}$$

收敛, 则称 $f(\boldsymbol{v})$ 为**快降函数**. 如果 r_0 是上述积分存在时 r 的上确界, 那么 $\tau=\dfrac{1}{r_0}$ 就称为分布 $f(\boldsymbol{v})$ 的**尾巴温度**.

显然, 在平衡态, τ 就是平衡温度. 对于 BKW 模 (4.10.10) 式, 可以得到它的尾巴温度

$$\tau_{\mathrm{BKW}} = 1-b_0\mathrm{e}^{-\lambda t}\equiv\tau_{\mathrm{BKW}}(t,b_0). \tag{4.10.14}$$

由 (4.10.11) 式知, 它只当 $0\leqslant b_0\leqslant\dfrac{2}{5}$ 时表示一个实际的 BKW 模的尾巴温度. 但我们把 (4.10.14) 式推广到 $0\leqslant b_0\leqslant 1$. 若

$$b_0\mathrm{e}^{-\lambda t}>\frac{2}{5},$$

那么 (4.10.14) 式仅仅给出一个记号, 等时间发展到 $b_0\mathrm{e}^{-\lambda t}\leqslant\dfrac{2}{5}$ 时, 它才表示实际的 BKW 模.

令

$$\Phi(\boldsymbol{p},t) = \mathrm{e}^{-p^2/2}\int\mathrm{d}\boldsymbol{v}f(\boldsymbol{v},t)\mathrm{e}^{\boldsymbol{v}\cdot\boldsymbol{p}}, \tag{4.10.15}$$

若 $f(\boldsymbol{v},t)$ 满足空间均匀的 Boltzmann 方程

$$\frac{\partial f}{\partial t} = C(f,f),$$

那么 $\varPhi(\boldsymbol{p},t)$ 应当满足方程:

$$\frac{\partial \varPhi}{\partial t} = \int \mathrm{d}\hat{\boldsymbol{u}}' g(\hat{\boldsymbol{p}} \cdot \hat{\boldsymbol{u}}') \left[\varPhi\left(\frac{\boldsymbol{p} + p\hat{\boldsymbol{u}}'}{2}\right) \varPhi\left(\frac{\boldsymbol{p} - p\hat{\boldsymbol{u}}'}{2}\right) - \varPhi(\boldsymbol{p})\,\varPhi(0) \right].$$

若 $f(\boldsymbol{v},t)$ 在速度空间是各向同性的, 那么 $\varPhi$ 对 $\boldsymbol{p}$ 的依赖可以写为对 $y = p^2/2$ 的依赖. 令

$$\widetilde{\varPhi}(y,t) = \varPhi(\boldsymbol{p},t), \hat{\boldsymbol{p}} \cdot \hat{\boldsymbol{u}}' = 1 - 2s, \rho(s) = 4\pi g(1 - 2s),$$

则有

$$\frac{\partial \widetilde{\varPhi}}{\partial t} = \int_0^1 \mathrm{d}s \rho(s)[\widetilde{\varPhi}(sy)\widetilde{\varPhi}(y - sy) - \widetilde{\varPhi}(y)] \tag{4.10.16}$$

这里已用到归一化条件 $\widetilde{\varPhi}(0,t) = 1$. 令

$$\widetilde{\varPhi}(y,t) = \mathrm{e}^{-y} \sum_{n=0}^{\infty} z_n(t) \frac{y^n}{n!} \tag{4.10.17}$$

其中 $z_0(t) = 1$. 将 (4.10.17) 式代入 (4.10.16) 式并逐次比较 y^n 的系数, 可以得到

$$\dot{z}_n + \lambda_n z_n = \sum_{k=1}^{n-1} h_{k,n-k} z_k z_{n-k},$$

式中

$$\lambda_n = \int_0^1 \mathrm{d}s \rho(s)[1 - s^n - (1 - s)^n] \geqslant 0,$$

$$h_{k,n-k} = \frac{n!}{k!(n-k)!} \int_0^1 \mathrm{d}s \rho(s) s^k (1 - s)^{n-k} \geqslant 0.$$

由此可以证明, 若对所有 $n = 0, 1, 2, \cdots$, 在初始时刻有

$$0 \leqslant z_n(0) \leqslant \widetilde{z}(0),$$

那么这两个系统在以后的所有时刻将保持 $0 \leqslant z_n(t) \leqslant \widetilde{z}(t)$.

对于 BKW 模, 可以求得

$$\widetilde{\varPhi}(y) = \mathrm{e}^{-by}(1 + by), \quad b = b_0 \mathrm{e}^{-\lambda t}.$$

与 (4.10.17) 式比较, 可以得到

$$z_n^{\mathrm{BKW}}(t) = (1 - b_0 \mathrm{e}^{-\lambda t})^{n-1}[1 + (n - 1)b_0 \mathrm{e}^{-\lambda t}]. \tag{4.10.18}$$

而对于任意给定的分布函数 $f(\boldsymbol{v}, t)$, 由 (4.10.15) 及 (4.10.17) 式可知

$$z_n(t) = \frac{1}{(2n+1)!!} \int \mathrm{d}\boldsymbol{v} v^{2n} f(\boldsymbol{v}, t). \tag{4.10.19}$$

Bobylev 关于**尾巴温度的定理**是：设初始分布 $f_0(\boldsymbol{v})$ 是各向同性的, 而且当 $v > v_0$ 时, $f_0(\boldsymbol{v}) = 0$, 这里 $v_0^2 \leqslant 5$, 那么对所有 $t \geqslant 0$, 有

$$\tau_{\mathrm{BKW}}(t, 1) \leqslant \tau(t) \leqslant \tau_{\mathrm{BKW}}(t, \theta), \tag{4.10.20}$$

其中 $\theta = \sqrt{1 - \dfrac{v_0^2}{5}}$.

下面证明这个定理.

由于 $v > v_0$ 时 $f_0(\boldsymbol{v}) = 0$, 而 (4.9.6) 和 (4.9.7) 式在空间均匀时可以写成

$$\int \mathrm{d}\boldsymbol{v} f_0(\boldsymbol{v}) = 1, \qquad \int \mathrm{d}\boldsymbol{v} v^2 f_0(\boldsymbol{v}) = 3,$$

而由 (4.10.19) 式可立即求得

$$z_0(0) = z_1(0) = 1,$$

$$z_n(0) \leqslant \frac{3v_0^{2n-2}}{(2n+1)!!} \equiv z_n^*(0), \quad (n \geqslant 2), \tag{4.10.21}$$

在 (4.10.18) 式中取 $b_0 = \theta$, 则有

$$z_0^{\mathrm{BKW}}(0) = z_1^{\mathrm{BKW}}(0) = 1,$$

$$z_n^{\mathrm{BKW}}(0) = (1 - \theta)^{n-1}[1 + (n-1)\theta], \quad (n \geqslant 2), \tag{4.10.22}$$

容易看出 $z_2^*(0) = z_2^{\mathrm{BKW}}(0)$, 而当 $n \geqslant 3$ 时

$$\frac{z_n^*(0)}{z_{n-1}^*(0)} = \frac{5(1 - \theta^2)}{2n+1} < \frac{(1 - \theta)[1 + (n-1)\theta]}{1 + (n-2)\theta} = \frac{z_n^{\mathrm{BKW}}(0)}{z_{n-1}^{\mathrm{BKW}}(0)}.$$

因此当 $n \geqslant 3$ 时 $z_n^*(0) < z_n^{\mathrm{BKW}}(0)$. 结合 (4.10.19) 及 (4.10.21) 式可得

$$0 \leqslant z_n(0) \leqslant z_n^{\mathrm{BKW}}(0), \quad n = 0, 1, 2, \cdots. \tag{4.10.23}$$

记

$$\psi(r) = \int \mathrm{d}\boldsymbol{v} f(\boldsymbol{v}, t) \mathrm{e}^{rv^2/2}.$$

利用 (4.10.15) 式及

$$\frac{1}{(2\pi r)^{3/2}} \int \mathrm{d}\boldsymbol{p} \exp\left[-\frac{1}{2r}(\boldsymbol{p} - r\boldsymbol{v})^2\right] = 1,$$

可以得到

$$\psi(r) = \int \mathrm{d}\boldsymbol{p}\, \frac{1}{(2\pi r)^{3/2}}\, \Phi(\boldsymbol{p}, t)\exp\left(\frac{r-1}{2r}p^2\right). \tag{4.10.24}$$

按照尾巴温度的定义, $\tau(t) = \dfrac{1}{r_0}$, r_0 是使积分 $\psi(r)$ 存在的 r 的上确界, 而 $f(\boldsymbol{v}, t)$ 是给定的分布函数. 设 $v > v_0$ 时, 有 $f(\boldsymbol{v}, t) < \mathrm{e}^{-\frac{1}{2}rv^2}$, 由 (4.10.19) 式可知

$$\begin{aligned}
z_n(t) &= \int_{v < v_0} \frac{1}{(2n+1)!!} v^{2n} f(\boldsymbol{v}, t)\mathrm{d}\boldsymbol{v} + \int_{v > v_0} \frac{1}{(2n+1)!!} v^{2n} f(\boldsymbol{v}, t)\mathrm{d}\boldsymbol{v} \\
&\leqslant \frac{v_0^{2n}}{(2n+1)!!} + \frac{1}{(2n+1)!!} \int_{v > v_0} v^{2n}\mathrm{e}^{-\frac{1}{2}rv^2}\mathrm{d}\boldsymbol{v} \\
&\leqslant \frac{v_0^{2n}}{(2n+1)!!} + \frac{4\pi}{(2n+1)!!} \cdot \frac{2^{n+\frac{1}{2}}}{r^{n+\frac{3}{2}}}\left(n+\frac{1}{2}\right)! \\
&= \frac{v_0^{2n}}{(2n+1)!!} + \frac{1}{r^n}\left(\frac{2\pi}{r}\right)^{3/2}
\end{aligned}$$

它的第一项随 $n \to \infty$ 而成为零, 因此可以断言, $[z_n(t)]^{\frac{1}{n}}$ 是有界的. 设 a 是它的上界, 则

$$z_n(t) \leqslant a^n, \quad n = 0, 1, \cdots.$$

由 (4.10.17) 式可得

$$\widetilde{\Phi}(y, t) \leqslant \mathrm{e}^{(a-1)y} = \mathrm{e}^{(a-1)p^2/2},$$

代入 (4.10.24) 式中, 得到

$$\psi(r) \leqslant \frac{1}{(2\pi r)^{3/2}} \int \mathrm{d}\boldsymbol{p}\,\mathrm{e}^{(a-\frac{1}{r})p^2/2},$$

只要 $a < \dfrac{1}{r}$, $\psi(r)$ 就一定收敛.

设 $[z_n(t)]^{\frac{1}{n}}$ 的最大聚点是 $a_0(t)$, 那么除有限个 z_n 之外, 有 $[z_n(t)]^{\frac{1}{n}} \leqslant a_0(t) + \varepsilon$, ε 是一个任意小量, 它随 n 的增加而趋于零. 有限个 z_n 不改变 $\widetilde{\Phi}(y, t)$ 在 $y \to \infty$ 时的性质, 因此当 $a_0 < \dfrac{1}{r}$ 时, $\psi(r)$ 就是收敛的. 这就是说, 使 $\psi(r)$ 收敛的 r 的上确界 $r_0 = \dfrac{1}{a_0(t)}$. 因此尾巴温度

$$\tau(t) = a_0(t) = \varlimsup_{n \to \infty} [z_n(t)]^{\frac{1}{n}} \tag{4.10.25}$$

由 (4.10.23) 式可知, 初始时刻 $z_n(0) \leqslant z_n^{\mathrm{BKW}}(0)$, 因此对所有 $t \geqslant 0$, 有 $z_n(t) \leqslant z_n^{\mathrm{BKW}}(t)$, 因此又有 $[z_n(t)]^{\frac{1}{n}} \leqslant [z_n^{\mathrm{BKW}}(t)]^{\frac{1}{n}}$. 由 (4.10.25) 式可知

$$\tau(t) \leqslant \tau_{\mathrm{BKW}}(t, \theta).$$

用完全类似的方法可以证明

$$\tau_{\mathrm{BKW}}(t,1) \leqslant \tau(t),$$

于是 (4.10.20) 式得证.

§4.11 Hilbert 解法

Boltzmann 方程的精确求解是十分困难的. 除 §4.3 中介绍的 Maxwell 分布形式的精确解和 §4.10 中介绍的 BKW 模及自型飞散解之外, 我们还知道一些级数形式的精确解. 但在绝大多数情况下, 尤其是分布函数非空间均匀的情况下, 我们常常不得不采用近似方法求解.

Hilbert 首先提出可以用扰动法解 Boltzmann 方程, 并讨论了具有**小 Knudsen 数**的情况. Knudsen 数 ε 定义为

$$\varepsilon = \frac{l_r}{l_0}, \tag{4.11.1}$$

这里 l_r 是分子平均自由程, l_0 是系统的特征长度, 也就是我们选择的长度单位. 由于 Boltzmann 方程 (4.2.13) 左边各项的数量级是 $\dfrac{\overline{v}n}{l_0}$, 其中 $\overline{v}$ 是分子的平均速率, 而 (4.2.13) 式右边的碰撞项数量级是 $\dfrac{\overline{v}n}{l_r}$. 考虑到这一点, 我们把 (4.2.13) 式改写成

$$\frac{\partial n}{\partial t} + \boldsymbol{v} \cdot \frac{\partial n}{\partial \boldsymbol{r}} + \frac{\boldsymbol{F}}{m} \cdot \frac{\partial n}{\partial \boldsymbol{v}} = \frac{1}{\varepsilon} C(n,n), \tag{4.11.2}$$

式中

$$C(n_1, n) = \frac{\varepsilon}{2} \iint \mathrm{d}\boldsymbol{w} \mathrm{d}\hat{\boldsymbol{u}}' u \sigma \cdot [n_1(\boldsymbol{w}')n(\boldsymbol{v}') + n_1(\boldsymbol{v}')n(\boldsymbol{w}') - n_1(\boldsymbol{w})n(\boldsymbol{v}) - n_1(\boldsymbol{v})n(\boldsymbol{w})]. \tag{4.11.3}$$

这样, $C(n,n)$ 与 (4.11.2) 式左边各项有相同的数量级. 注意, 这里引入的记号与 (4.3.2) 式中的差一个因子 ε.

Knudsen 数 ε 的值可以在很大的范围内变化. 在极稀薄的气体中, 分子的平均自由程 l_r 很大, 例如在真空管中或保温瓶的真空夹层中, 分子间几乎不发生碰撞, 因此 ε 值很大. 相反, 在稍稠密的气体中, 例如在常温常压的气体中, 分子的平均自由程却小到 10^{-5}cm 的数量级, 因此 ε 的值可能很小, 但这时三体及三体以上的碰撞仍然可以忽略, 所以 Boltzmann 方程仍然有效. 这启发我们先讨论具有小 Knudsen 数和大 Knudsen 数的两种极端情况, 然后再讨论两者之间的过渡情况.

Hilbert 解法是针对小 Knudsen 数的情况的. 从 (4.11.2) 式看出, 在 $\varepsilon \to 0$ 的极限情况下, 有

$$C(n,n) = 0, \tag{4.11.4}$$

这一方程不包含 (4.11.2) 式中的各个偏导数项. 因此, 方程 (4.11.2) 与 (4.11.4) 式的解可能有显著差别, 特别是, (4.11.2) 式的解在 $\varepsilon \to 0$ 时可能不是解析函数. 可见, 我们应当用奇异扰动的方法来求解 (4.11.2) 式.

尽管求解方程 (4.11.2) 是奇异扰动问题, 但是 Hilbert 不考虑这一点, 仍然假定分布函数 n 可以展开为 ε 的幂级数:

$$n = n^{(0)} + \varepsilon n^{(1)} + \varepsilon^2 n^{(2)} + \cdots. \tag{4.11.5}$$

将 (4.11.5) 式代入 (4.11.2) 式中, 得到

$$\sum_{s=1}^{\infty} \varepsilon^s \left[\frac{\partial n^{(s-1)}}{\partial t} + \boldsymbol{v} \cdot \frac{\partial n^{(s-1)}}{\partial \boldsymbol{r}} + \frac{\boldsymbol{F}}{m} \cdot \frac{\partial n^{(s-1)}}{\partial \boldsymbol{v}} \right] = \sum_{s=0}^{\infty} \varepsilon^s C_s, \tag{4.11.6}$$

其中

$$C_s = \sum_{l=0}^{s} C(n^{(l)}, n^{(s-l)}). \tag{4.11.7}$$

于是可以写出 (4.11.6) 式的各级近似方程:

$$C_0 = 0 \tag{4.11.8}$$

$$\frac{\partial n^{(s-1)}}{\partial t} + \boldsymbol{v} \cdot \frac{\partial n^{(s-1)}}{\partial \boldsymbol{r}} + \frac{\boldsymbol{F}}{m} \cdot \frac{\partial n^{(s-1)}}{\partial \boldsymbol{v}} = C_s, \quad s \geqslant 1. \tag{4.11.9}$$

容易知道, (4.11.8) 式的解是局域 Maxwell 分布 (见 §4.3):

$$n^{(0)} = n_0 \left(\frac{m}{2\pi k_{\mathrm{B}} T_0} \right)^{3/2} \exp \left[-\frac{m(\boldsymbol{v} - \boldsymbol{c}_0)^2}{2 k_{\mathrm{B}} T_0} \right], \tag{4.11.10}$$

这里 n_0, T_0 和 $\boldsymbol{c}_0$ 都可以是 $\boldsymbol{r}$ 与 t 的函数.

令

$$n^{(s)} = n^{(0)} h^{(s)}, s = 1, 2, \cdots; h^{(0)} = 1, \tag{4.11.11}$$

那么 (4.11.9) 式可以写成

$$\left(\frac{\partial}{\partial t} + \boldsymbol{v} \cdot \frac{\partial}{\partial \boldsymbol{r}} + \frac{\boldsymbol{F}}{m} \cdot \frac{\partial}{\partial \boldsymbol{v}} \right) n^{(0)} h^{(s-1)} = n^{(0)} L_0 h^{(s)} + S_s, s = 1, 2, \cdots. \tag{4.11.12}$$

其中

$$L_0 h = \varepsilon \iint \mathrm{d}\boldsymbol{w} \mathrm{d}\hat{\boldsymbol{u}}' u \sigma(u, \hat{\boldsymbol{u}} \cdot \hat{\boldsymbol{u}}') n^{(0)}(\boldsymbol{w}) \times [h(\boldsymbol{v}') + h(\boldsymbol{w}') - h(\boldsymbol{v}) - h(\boldsymbol{w})], \tag{4.11.13}$$

$$S_s = \sum_{l=1}^{s-1} C(n^{(0)} h^{(l)}, n^{(0)} h^{(s-l)}),$$

$$s = 2, 3, \cdots; S_1 = 0. \tag{4.11.14}$$

将 (4.11.13) 式与 (4.7.4) 式比较, 可以看出只要把 (4.7.4) 式中 $n_M\sigma$ 换成 $\varepsilon n^{(0)}\sigma$, L 就变成了 L_0. 因此 L_0 的谱与 L 的谱十分相似; 它的零本征值仍然是五重简并的, 对应的本征矢就是碰撞不变量. 我们把五个基本碰撞不变量写成

$$\psi_0 = m, \boldsymbol{\psi} = (\psi_1, \psi_2, \psi_3) = m\boldsymbol{v}, \psi_4 = \frac{1}{2}mv^2, \tag{4.11.15}$$

又将内积定义 (4.7.23) 修改为

$$(h_1, h) \equiv \frac{1}{n_0} \int \mathrm{d}\boldsymbol{v} n^{(0)}(\boldsymbol{v}) h_1^*(\boldsymbol{v}) h(\boldsymbol{v}), \tag{4.11.16}$$

那么同样可以证明, L_0 是半负定的 Hermite 算子, 即

$$(h, L_0 h) \leqslant 0, \tag{4.11.17}$$

$$(h_1, L_0 h) = (h, L_0 h_1)^* = (L_0 h_1, h). \tag{4.11.18}$$

对于 Maxwell 分子, 可以证明 L_0 的本征函数是

$$\psi_{nlm} = (-1)^{\frac{1}{2}(n-l)} N_{nl}^{-1/2} v_1^l L_{\frac{1}{2}(n-l)}^{l+\frac{1}{2}} \left(\frac{v_1^2}{2}\right) Y_{lm}(\hat{\boldsymbol{v}}_1), \tag{4.11.19}$$

其中

$$\boldsymbol{v}_1 = \sqrt{\frac{m}{k_{\mathrm{B}}T_0}} (\boldsymbol{v} - \boldsymbol{c}_0) \tag{4.11.20}$$

$$N_{nl} = \frac{\Gamma\left(\dfrac{n+l+3}{2}\right) 2^l}{4\pi \left(\dfrac{n-l}{2}\right)! \Gamma\left(\dfrac{3}{2}\right)}. \tag{4.11.21}$$

可见, §4.7 和 §4.8 中各式的 $\boldsymbol{c}, T$ 及 n_M 分别用 $\boldsymbol{c}_0 T_0$ 及 $n^{(0)}$ 代换, 而 L 换成 L_0 后, 都依然保持有效. 因此, 对 Maxwell 分子仍然有

$$L_0 \psi_{nlm} = -\lambda_{nl} n_0 \psi_{nlm}, \tag{4.11.22}$$

其中 λ_{nl} 仍由 (4.7.35) 式给出.

(4.11.12) 式可以写成

$$L_0 h^{(s)} = g^{(s)}, s = 1, 2, \cdots, \tag{4.11.23}$$

其中

$$g^{(s)} = \frac{1}{n^{(0)}} \left(\frac{\partial}{\partial t} + \boldsymbol{v} \cdot \frac{\partial}{\partial \boldsymbol{r}} + \frac{\boldsymbol{F}}{m} \cdot \frac{\partial}{\partial \boldsymbol{v}}\right) n^{(0)} h^{(s-1)} - \frac{1}{n^{(0)}} S_s. \tag{4.11.24}$$

显然, $g^{(s)}$ 只含 $h^{(0)}, h^{(1)}, \cdots, h^{(s-1)}$, 因此 (4.11.23) 式是关于 $h^{(s)}$ 的线性非齐次方程, 它把 $h^{(s)}$ 确定到只差一个碰撞不变量:

$$h^{(s)} = h_0^{(s)} + b_s^\beta \psi_\beta, s = 1, 2, \cdots, \tag{4.11.25}$$

其中 $h_0^{(s)}$ 与碰撞不变量正交, b_n^β 是常量. (4.11.25) 中采用了求和规定, 对重复的希腊字母附标 β 遍及 0, 1, 2, 3, 4 求和.

以 ψ_β 与 (4.11.23) 式作内积, 利用 (4.11.18) 式并注意到 $L_0 \psi_\beta = 0$, 就得到

$$(\psi_\beta, g^{(s)}) = 0, s = 1, 2, \cdots; \beta = 0, 1, 2, 3, 4. \tag{4.11.26}$$

利用类似于从 (4.4.8) 式到 (4.4.12) 式的推导方法, 可以证明

$$\left(\frac{\psi_\beta}{n^{(0)}}, C(n_1, n_2) \right) = 0, n_1 \text{及} n_2 \text{为} \boldsymbol{v} \text{的任意函数}. \tag{4.11.27}$$

再注意到 (4.11.14) 式和 (4.11.24) 式, 就可以由 (4.11.26) 式推出

$$\left(\frac{\psi_\beta}{n^{(0)}}, \left[\frac{\partial}{\partial t} + \boldsymbol{v} \cdot \frac{\partial}{\partial \boldsymbol{r}} + \frac{\boldsymbol{F}}{m} \cdot \frac{\partial}{\partial \boldsymbol{v}} \right] n^{(0)} h^{(s)} \right) = 0,$$
$$s = 0, 1, \cdots, \tag{4.11.28}$$

它就是

$$\int \psi_\beta \left(\frac{\partial}{\partial t} + \boldsymbol{v} \cdot \frac{\partial}{\partial \boldsymbol{r}} + \frac{\boldsymbol{F}}{m} \cdot \frac{\partial}{\partial \boldsymbol{v}} \right) n^{(s)} \mathrm{d}\boldsymbol{v} = 0, s = 0, 1, \cdots, \tag{4.11.29}$$

记

$$\rho^\beta = \int \psi_\beta n \mathrm{d}\boldsymbol{v}, \quad \boldsymbol{j}^\beta = \int \boldsymbol{v} \psi_\beta n \mathrm{d}\boldsymbol{v}, \tag{4.11.30}$$

$$\rho_s^\beta = \int \psi_\beta n^{(s)} \mathrm{d}\boldsymbol{v}, \quad \boldsymbol{j}_s^\beta = \int \boldsymbol{v} \psi_\beta n^{(s)} \mathrm{d}\boldsymbol{v}, \tag{4.11.31}$$

与 §4.5 中引进的记号 $\rho, \boldsymbol{c}, U$ 比较, 可以知道 ρ^β 的分量就是 $\rho, \rho\boldsymbol{c}$ 和 $\rho\left(U + \frac{1}{2}c^2 \right)$, 于是, $\boldsymbol{j}^\beta$ 的分量就是 $\rho\boldsymbol{c}, \rho\boldsymbol{cc} + \boldsymbol{P}$ 和 $\rho\boldsymbol{c}\left(U + \frac{1}{2}c^2 \right) + \boldsymbol{c} \cdot \boldsymbol{P} + \boldsymbol{q}$. 如果将 (4.11.28) 式乘以 ε^s 后对 s 求和, 就有

$$\left(\frac{\psi_\beta}{n^{(0)}}, \left[\frac{\partial}{\partial t} + \boldsymbol{v} \cdot \frac{\partial}{\partial \boldsymbol{r}} + \frac{\boldsymbol{F}}{m} \cdot \frac{\partial}{\partial \boldsymbol{v}} \right] n \right) = 0. \tag{4.11.32}$$

它与方程组 (4.5.13) $\left[\text{当} \varphi(\boldsymbol{v}) \text{分别等于} 1, m\boldsymbol{v} \text{及} \frac{1}{2}m(\boldsymbol{v} - \boldsymbol{c})^2 \text{时} \right]$ 等价, 因此也与 §4.5 中流体力学方程组, 即 (4.5.14), (4.5.16) 及 (4.5.18) 式等价. 所以说, (4.11.28)

式或 (4.11.29) 式是流体力学方程组的一种展开方式. 当 $\boldsymbol{F} = 0$ 时, (4.11.29) 式简化为

$$\frac{\partial \rho_s^\beta}{\partial t} + \frac{\partial}{\partial \boldsymbol{r}} \cdot \boldsymbol{j}_s^\beta = 0, \tag{4.11.33}$$

它乘以 ε^s 后再对 s 求和, 便得到

$$\frac{\partial \rho^\beta}{\partial t} + \frac{\partial}{\partial \boldsymbol{r}} \cdot \boldsymbol{j}^\beta = 0, \tag{4.11.34}$$

它也应当与 $\boldsymbol{F} = 0$ 时的流体力学方程组等价, 只是表达的方式有些区别. 所以, (4.11.33) 式就是 $\boldsymbol{F} = 0$ 时流体力学方程组的一种展开方式.

将 (4.11.10) 式代入 (4.11.31) 式并取 $s = 0$, 立即可得

$$\rho_0^\beta: \quad \rho_0, \rho_0 \boldsymbol{c}_0, \rho_0 \left(\frac{3}{2} \theta_0 + \frac{1}{2} c_0^2 \right);$$

$$\boldsymbol{j}_0^\beta: \quad \rho_0 \boldsymbol{c}_0, \rho_0 (\boldsymbol{c}_0 \boldsymbol{c}_0 + \theta_0 \mathbf{1}), \quad \rho_0 \boldsymbol{c}_0 \left(\frac{3}{2} \theta_0 + \frac{1}{2} c_0^2 \right);$$

其中 $\theta_0 = \dfrac{k_\mathrm{B} T_0}{m}$. 所以 (4.11.33) 式的零级近似是 Euler 方程在 $\boldsymbol{F} = 0$ 时的特例, 而 (4.11.28) 式或 (4.11.29) 式的零级近似与 Euler 方程等价. 为了叙述简单, 以下只讨论 $\boldsymbol{F} = 0$ 的情况 (4.11.33) 在 $s = 0$ 时给出方程组:

$$\frac{\partial \rho_0^\beta}{\partial t} + \frac{\partial}{\partial \boldsymbol{r}} \cdot \boldsymbol{j}_0^\beta = 0, \beta = 0, 1, 2, 3, 4. \tag{4.11.35}$$

这是关于 ρ_0^β 的非线性方程组.

将 (4.11.11) 及 (4.11.25) 式代入 (4.11.31) 式, 可以得到

$$\rho_s^\beta = b_s^\alpha \int \psi_\alpha \psi_\beta n^{(0)} \mathrm{d}\boldsymbol{v}, s = 1, 2, \cdots, \tag{4.11.36}$$

$$\boldsymbol{j}_s^\beta = \int \boldsymbol{v} \psi_\beta n^{(0)} h_0^{(s)} \mathrm{d}\boldsymbol{v} + b_s^\alpha \int \psi_\alpha \psi_\beta \boldsymbol{v} n^{(0)} \mathrm{d}\boldsymbol{v},$$

$$s = 1, 2, \cdots. \tag{4.11.37}$$

而 (4.11.33) 式变成

$$\frac{\partial \rho_s^\beta}{\partial t} + \frac{\partial}{\partial \boldsymbol{r}} \cdot \int \boldsymbol{v} b_s^\alpha \psi_\alpha \psi_\beta n^{(0)} \mathrm{d}\boldsymbol{v} = -\frac{\partial}{\partial \boldsymbol{r}} \cdot \int \boldsymbol{v} \psi_\beta n^{(0)} h_0^{(s)} \mathrm{d}\boldsymbol{v}, s = 1, 2, \cdots. \tag{4.11.38}$$

以上 (4.11.35), (4.11.10), (4.11.36), (4.11.24), (4.11.23), (4.11.38) 及 (4.11.25) 诸式给出了 $\boldsymbol{F} = 0$ 情形下 Boltzmann 方程 (4.11.2) 的解法. 事实上, 从 (4.11.35) 式可以确定 ρ_0^β, 于是 (4.11.10) 式就确定了 $n^{(0)}$; 这样, (4.11.36) 式给出了 ρ_s^β 与 b_s^α 的等

价关系后, 反复使用 (4.11.24), (4.11.23), (4.11.38) 及 (4.11.25) 诸式就可以依次求得 $g^{(1)}, h_0^{(1)}, \rho_1^\beta, h^{(1)}, g^{(2)}, \cdots$. 容易看出, (4.11.38) 式的右边总是起非齐次项的作用, 因此它是关于 ρ_s^β 或 b_s^β 的线性方程组.

从 Hilbert 的解法可以看出, 如果承认展开式 (4.11.5) 是无条件成立的, 那么分布函数就只是流体力学变量 ρ^β 的泛函. 这些流体力学变量在 Hilbert 展开的格式中, 其初级近似 ρ_0^β 满足 Euler 方程 (4.11.35), 高级近似满足线性非齐次方程组 (4.11.38). 但是, 我们知道, 分布函数不应当仅仅由几个流体力学变量 ρ^β 完全决定. 历史上称这个当时不能理解的现象为**Hilbert 佯谬**. 现在已经完全清楚, 发生佯谬的根源在于展开式 (4.11.5) 只是有条件地正确. 事实上, 如果 $\varepsilon \to 0$ 时 $\dfrac{\partial n}{\partial t}$ 或 $\dfrac{\partial n}{\partial r}$ 无界, 那么我们根本无法从 (4.11.2) 式得到初级近似方程 (4.11.8). 这说明 Hilbert 展开只在某些限定的时间和空间范围内 $\left(\text{当 } \dfrac{\partial n}{\partial t} \text{ 及 } \left|\dfrac{\partial n}{\partial r}\right| \text{ 在 } \varepsilon \to 0 \text{ 时有界时}\right)$ 有效. 在初始阶段 $\dfrac{\partial n}{\partial t}$ 可能很大, 在边界附近和激波层 $\left|\dfrac{\partial n}{\partial r}\right|$ 可能很大; 这些情况下 Hilbert 展开都失效.

Hilbert 展开还有一个缺点, 就是它所得到的流体力学方程组只是 Euler 方程及其修正, 不能给出 Navier-Stokes 方程. 尽管如此, Hilbert 正确地指出了把扰动法用于求解 Boltzmann 方程的可能性, 并在一定程度上解决了这个问题. 这给后人的研究以极大的启发.

§4.12 Enskog 解法

针对 Hilbert 展开无法得到正确的流体力学方程这个缺点, Enskog 提出了改进的方法. 他保留了展开式 (4.11.5), 同时也把时间的导数对 ε 展开:

$$\frac{\partial n^{(s)}}{\partial t} = \sum_{i=0}^{\infty} \varepsilon^i \frac{\partial_i n^{(s)}}{\partial t}. \tag{4.12.1}$$

这个展开式现在还只是形式上的展开, $\dfrac{\partial_i n^{(r)}}{\partial t}$ 的具体意义将在求解过程中阐明. 将 (4.12.1) 式和 (4.11.5) 式代入方程 (4.11.2), 并按 ε 的幂次排列, 得到各级近似方程是

$$C(n^{(0)}, n^{(0)}) = 0, \tag{4.12.2}$$

$$C(n^{(0)}, n^{(s)}) + C(n^{(s)}, n^{(0)}) = \sum_{i=1}^{s-1} \frac{\partial_i n^{(s-i-1)}}{\partial t} + \boldsymbol{v} \cdot \frac{\partial n^{(s-1)}}{\partial \boldsymbol{r}} + \frac{\boldsymbol{F}}{m} \cdot \frac{\partial n^{(s-1)}}{\partial \boldsymbol{v}}$$
$$- \sum_{i=1}^{s-1} C(n^{(i)}, n^{(s-i)}), \quad s = 1, 2, \cdots. \tag{4.12.3}$$

初级近似方程 (4.12.2) 的解仍然是 (4.11.10) 式, 但我们不用 c_0 和 T_0 的下标 "0" 而把解写成

$$n^{(0)} = n_0 \left(\frac{1}{2\pi\theta} \right)^{3/2} \exp \left[-\frac{(\boldsymbol{v} - \boldsymbol{c})^2}{2\theta} \right], \tag{4.12.4}$$

式中 $\theta = \dfrac{k_{\mathrm{B}}T}{m}$. 这里需要强调, 在 (4.11.10) 式中, $\rho_0 = n_0 m$, c_0 和 T_0 只是系统中流体力学变量 (密度、流速和温度) 的初级近似, 而在 (4.12.4) 式中, $\rho = n_0 m$, $\boldsymbol{c}$ 和 T 就是流体力学变量的精确值! 这是因为 Enskog 展开方法里限定了 $n^{(s)}(s \geqslant 1)$ 满足

$$\int \psi_\beta n^{(s)} \mathrm{d}\boldsymbol{v} = \int \psi_\beta' n^{(s)} \mathrm{d}\boldsymbol{v} = 0,$$

$$\beta = 0, 1, 2, 3, 4; s \geqslant 1, \tag{4.12.5}$$

这里 ψ_β' 也是五个基本碰撞不变量, 定义为

$$\psi_0' = m, \boldsymbol{\psi}' = (\psi_1', \psi_2', \psi_3') = m(\boldsymbol{v} - \boldsymbol{c}), \psi_4' = \frac{1}{2}m(\boldsymbol{v} - \boldsymbol{c})^2.$$

假定

$$n^{(s)} = n^{(0)} h^{(s)}, s = 0, 1, 2, \cdots; h^{(0)} = 1, \tag{4.12.6}$$

那么 (4.12.3) 式当 $s = 1$ 时可写成

$$C(n^{(0)}, n^{(0)} h^{(1)}) + C(n^{(0)} h^{(1)}, n^{(0)}) = \frac{\partial_0 n^{(0)}}{\partial t} + \boldsymbol{v} \cdot \frac{\partial n^{(0)}}{\partial \boldsymbol{r}} + \frac{\boldsymbol{F}}{m} \cdot \frac{\partial n^{(0)}}{\partial \boldsymbol{v}}. \tag{4.12.7}$$

将上式左边记为 $n^{(0)} L h^{(1)}$, L 的含义与 (4.11.13) 式一致, 只是其中 $n^{(0)}(\boldsymbol{w})$ 应如 (4.12.4) 式而非 (4.11.10) 式理解. 于是 (4.12.7) 式可以写成 (记住求和约定):

$$\begin{aligned}
L h^{(1)} = {} & \left(\frac{1}{\rho} \frac{\partial_0 \rho}{\partial t} - \frac{3}{2\theta} \frac{\partial_0 \theta}{\partial t} + \frac{c_i}{\rho} \frac{\partial \rho}{\partial x_i} - \frac{3}{2\theta} c_i \frac{\partial \theta}{\partial x_i} \right) \\
& + V_i \left(\frac{1}{\theta} \frac{\partial_0 c_i}{\partial t} + \frac{1}{\rho} \frac{\partial \rho}{\partial x_i} - \frac{3}{2\theta} \frac{\partial \theta}{\partial x_i} + \frac{c_j}{\theta} \frac{\partial c_i}{\partial x_j} - \frac{1}{\theta} \frac{F_i}{m} \right) \\
& + V_i V_j \left(\frac{1}{2\theta^2} \frac{\partial_0 \theta}{\partial t} \delta_{ij} + \frac{c_k}{2\theta^2} \frac{\partial \theta}{\partial x_k} \delta_{ij} + \frac{1}{\theta} \frac{\partial c_j}{\partial x_i} \right) \\
& + V_i V^2 \frac{1}{2\theta^2} \frac{\partial \theta}{\partial x_i}, \tag{4.12.8}
\end{aligned}$$

式中

$$V_i = v_i - c_i \tag{4.12.9}$$

为特有速度 $V = v - c$ 的分量, $V = |V|$. 分别用 1, V_k 及 V^2 与 (4.12.8) 式两边作内积, 注意到 L 为 Hermite 算子并以碰撞不变量为其本征函数 (相应的本征值为零), 同时利用下列结果:

$$\int n^{(0)} \mathrm{d}\boldsymbol{v} = n_0,$$

$$\int V_i n^{(0)} \mathrm{d}\boldsymbol{v} = 0,$$

$$\int V_i V_j n^{(0)} \mathrm{d}\boldsymbol{v} = n_0 \theta \delta_{ij},$$

$$\int V_i V_j V_k n^{(0)} \mathrm{d}\boldsymbol{v} = 0,$$

$$\int V_i V_j V^2 n^{(0)} \mathrm{d}\boldsymbol{v} = 5 n_0 \theta^2 \delta_{ij},$$

$$\int V_i V^4 n^{(0)} \mathrm{d}\boldsymbol{v} = 0,$$

就有

$$\begin{cases} \dfrac{\partial_0 \rho}{\partial t} = -\dfrac{\partial}{\partial x_i}(\rho c_i), \\[2mm] \dfrac{\partial_0 c_i}{\partial t} = -c_j \dfrac{\partial c_i}{\partial x_j} - \dfrac{1}{\rho}\dfrac{\partial(\rho\theta)}{\partial x_i} + \dfrac{F_i}{m}, \\[2mm] \dfrac{\partial_0 \theta}{\partial t} = -c_i \dfrac{\partial\theta}{\partial x_i} - \dfrac{2}{3}\theta\dfrac{\partial c_i}{\partial x_i}. \end{cases} \tag{4.12.10}$$

于是 (4.12.8) 式简化为

$$Lh^{(1)} = \left(V_i V_j - \frac{1}{3}V_k V_k \delta_{ij}\right)\frac{1}{\theta}\frac{\partial c_j}{\partial x_i} + \left(\frac{V_i V_j}{2\theta} - \frac{5}{2}\right)\frac{V_i}{\theta}\frac{\partial\theta}{\partial x_i}.$$

由于 L 是线性算子, 而上式右边对于 $\dfrac{\partial c_j}{\partial x_i}$ 及 $\dfrac{\partial\theta}{\partial x_i}$ 又是线性的, 同时 $h^{(1)}$ 是标量, 因此 $h^{(1)}$ 的最普遍形式包括三部分: $\dfrac{\partial c_j}{\partial x_i}$ 各分量的线性组合, $\dfrac{\partial\theta}{\partial x_i}$ 各分量的线性组合; 齐次方程 $Lh^{(1)} = 0$ 的通解. 所以

$$h^{(1)} = \frac{1}{\theta}A_{ij}\frac{\partial c_j}{\partial x_i} + \frac{1}{\theta}B_i\frac{\partial\theta}{\partial x_i} + b_\alpha \psi'_\alpha \tag{4.12.11}$$

其中对拉丁脚标的求和从 1 到 3, 对希腊脚标的求和从 0 到 4. (4.12.11) 式中 A_{ij} 和 B_i 应当满足

$$LA_{ij} = V_i V_j - \frac{1}{3}V_k V_k \delta_{ij}, \tag{4.12.12}$$

$$LB_i = V_i\left(\frac{1}{2\theta}V_k V_k - \frac{5}{2}\right). \tag{4.12.13}$$

A_{ij} 共有九个分量. 由于 L 是线性算子, 所以从 (4.12.12) 式知道

$$L(A_{ij} - A_{ji}) = \left(V_i V_j - \frac{1}{3} V_k V_k \delta_{ij} \right) - \left(V_j V_i - \frac{1}{3} V_k V_k \delta_{ji} \right) = 0,$$

$$LA_{ii} = V_i V_i - \frac{1}{3} V_k V_k \delta_{ii} = 0.$$

不失一般性, 可设 A_{ij} 与 ψ'_α 正交, 那么

$$A_{ij} - A_{ji} = 0,$$
$$A_{ii} = 0,$$

这两式说明 A_{ij} 是无迹的对称张量. 但 A_{ij} 仅仅与 $\rho, \boldsymbol{V}, \theta$ 有关, 由它们能够组成的无迹对称张量只能是与 $V_i V_j - \dfrac{1}{3} V_k V_k \delta_{ij}$ 成正比的, 因此

$$A_{ij} = \left(V_i V_j - \frac{1}{3} V_k V_k \delta_{ij} \right) \cdot A(\rho, \theta, V_l V_l). \tag{4.12.14}$$

类似地, 因为 $\boldsymbol{B}_i$ 是矢量, 且仅仅与 ρ, V_j, θ 有关, 所以有

$$\boldsymbol{B}_i = V_i \boldsymbol{B}(\rho, \theta, V_k V_k). \tag{4.12.15}$$

由于 A_{ij} 与 ψ'_α 正交, 所以对于 $s = 1$ 的情况写出 (4.12.5) 式就是

$$\int \psi'_\beta \left(\frac{1}{\theta} \boldsymbol{B}_i \frac{\partial \theta}{\partial x_i} + b_i \psi'_i + b_0 + b_4 \psi'_4 \right) n^{(0)} \mathrm{d}\boldsymbol{v} = 0.$$

从 $\beta = 0$ 及 $\beta = 4$ 的两式, 有

$$\int (b_0 + b_4 \psi'_4) n^{(0)} \mathrm{d}\boldsymbol{v} = 0,$$

及

$$\int (b_0 + b_4 \psi'_4) \psi'_4 n^{(0)} \mathrm{d}\boldsymbol{v} = 0.$$

由这两个式子作线性组合, 得到

$$\int (b_0 + b_4 \psi'_4)^2 n^{(0)} \mathrm{d}\boldsymbol{v} = 0$$

这说明不论 $\psi'_4 = \dfrac{m}{2} V_k V_k$ 取什么值, $b_0 + b_4 \psi'_4$ 恒为零, 所以 $b_0 = b_4 = 0$; 而 $h^{(1)}$ 里的 b_1, b_2, b_3 可以并入 $\boldsymbol{B}$ 之中. 因此 (4.12.11) 式成为

$$h^{(1)} = \frac{1}{\theta} \frac{\partial c_j}{\partial x_i} \left(V_i V_j - \frac{1}{3} V_k V_k \delta_{ij} \right) A(\rho, \theta, V_l V_l) + \frac{1}{\theta} \frac{\partial \theta}{\partial x_i} V_i \boldsymbol{B}(\rho, \theta, V_k V_k), \tag{4.12.16}$$

其中 A 和 B 应当满足的方程是

$$L\left(\left[V_iV_j - \frac{1}{3}V_kV_k\delta_{ij}\right]A\right) = V_iV_j - \frac{1}{3}V_kV_k\delta_{ij}, \tag{4.12.17}$$

$$L(V_iB) = V_i\left(\frac{1}{2\theta}V_kV_k - \frac{5}{2}\right), \tag{4.12.18}$$

$$\int V^2Bn^{(0)}\mathrm{d}\boldsymbol{v} = 0. \tag{4.12.19}$$

得到初级近似解 (4.12.16) 式之后, 可以求出 $n^{(1)}$ 对协强张量 P_{ij} 和热流矢量 q_i 的贡献. 根据 P_{ij} 的定义式 (4.5.15), 可知 $n^{(1)}$ 的贡献是

$$P_{ij}^{(1)} = m\int V_iV_jn^{(1)}\mathrm{d}\boldsymbol{v} = m\int V_iV_jn^{(0)}h^{(1)}\mathrm{d}\boldsymbol{v}.$$

将 (4.12.16) 式代入, 便得到

$$P_{ij}^{(1)} = \frac{m}{\theta}\frac{\partial c_{i'}}{\partial x_{j'}}\int V_iV_j\left(V_{i'}V_{j'} - \frac{1}{3}V^2\delta_{i'j'}\right)An^{(0)}\mathrm{d}\boldsymbol{v}$$

由于 A 和 $n^{(0)}$ 都是关于 $V^2 = V_kV_k$ 的函数, 因此容易看出迹 $P_{ii}^{(1)} = 0$; 而 $i \neq j$ 时, 只有 $i' = i, j' = j$ 或 $i' = j, j' = i$ 的项才对 $P_{ij}^{(1)}$ 有贡献. 因此 $P_{ij}^{(1)}$ 可以写成

$$P_{ij}^{(1)} = -\mu\left(\frac{\partial c_i}{\partial x_j} + \frac{\partial c_j}{\partial x_i}\right) + \frac{2}{3}\mu\frac{\partial c_k}{\partial x_k}\delta_{ij} \tag{4.12.20}$$

的形式, 其中 μ 称为黏性系数. 讨论 $P_{ij}^{(1)}$ 任一个分量的表达式可以得到

$$\mu = -\frac{m}{15\theta}\int V^4An^{(0)}\mathrm{d}\boldsymbol{v}. \tag{4.12.21}$$

为求得 $n^{(1)}$ 对热流矢量 q_i 的贡献, 可以从定义式 (4.5.17) 出发, 写出

$$q_i^{(1)} = \frac{m}{2}\int V_iV^2n^{(0)}h^{(1)}\mathrm{d}\boldsymbol{v}.$$

将 (4.12.16) 式代入, 便得到

$$q_i^{(1)} = \frac{m}{2\theta}\frac{\partial\theta}{\partial x_k}\int V_iV_kV^2n^{(0)}B\mathrm{d}\boldsymbol{v}.$$

显然只有 $k = i$ 的项才对 $q_i^{(1)}$ 有贡献, 因此有

$$q_i^{(1)} = -k\frac{\partial\theta}{\partial x_i}, \tag{4.12.22}$$

其中 k 称为热导率, 考虑 $q_i^{(1)}$ 的任一分量可知

$$k = -\frac{m}{6\theta} \int V^4 B n^{(0)} \mathrm{d}\boldsymbol{v}. \tag{4.12.23}$$

继续讨论下一级近似. 对 $s = 2$, (4.12.3) 式可以写成

$$C(n^{(0)}, n^{(2)}) + C(n^{(2)}, n^{(0)}) = \frac{\partial_0 n^{(1)}}{\partial t} + \frac{\partial_1 n^{(0)}}{\partial t} + \boldsymbol{v} \cdot \frac{\partial n^{(1)}}{\partial \boldsymbol{r}} + \frac{\boldsymbol{F}}{m} \cdot \frac{\partial n^{(1)}}{\partial \boldsymbol{v}} + C(n^{(1)}, n^{(1)}),$$
$$\tag{4.12.24}$$

用 $\dfrac{\psi_\alpha}{n^{(0)}}$ 与 (4.12.24) 式两边作内积, 注意到 (4.11.27) 式, 便有

$$\left(\frac{\psi_\alpha}{n^{(0)}}, \left[\frac{\partial_0 n^{(1)}}{\partial t} + \frac{\partial_1 n^{(0)}}{\partial t} + \boldsymbol{v} \cdot \frac{\partial n^{(1)}}{\partial \boldsymbol{r}} + \frac{\boldsymbol{F}}{m} \cdot \frac{\partial n^{(1)}}{\partial \boldsymbol{v}} \right] \right) = 0. \tag{4.12.25}$$

又考虑到 (4.12.5) 式, 上式便可简化. 对 $\psi_0 = 1$, 可以得到

$$\left(\frac{1}{n^{(0)}}, \frac{\partial_1 n^{(0)}}{\partial t} \right) = 0;$$

对 $\boldsymbol{\psi} = m\boldsymbol{v}$, 可得

$$\left(\frac{\boldsymbol{v}}{n^{(0)}}, \left[\frac{\partial_1 n^{(0)}}{\partial t} + \boldsymbol{v} \cdot \frac{\partial n^{(1)}}{\partial \boldsymbol{r}} \right] \right) = 0.$$

由于用 ψ_α' 代替 ψ_α 时 (4.12.25) 式也成立, 所以可以取

$$\psi_4' = \frac{1}{2} m (\boldsymbol{v} - \boldsymbol{c})^2,$$

得到

$$\left(\frac{(\boldsymbol{v} - \boldsymbol{c})^2}{n^{(0)}}, \left[\frac{\partial_1 n^{(0)}}{\partial t} + \boldsymbol{v} \cdot \frac{\partial n^{(1)}}{\partial \boldsymbol{r}} \right] \right) = 0$$

这里假定了 $\boldsymbol{F}$ 与 $\boldsymbol{v}$ 无关. 把已求得的 $n^{(1)}$ 的表达式代入以上三式, 经过简单的计算得到

$$\begin{cases} \dfrac{\partial_1 \rho}{\partial t} = 0, \\[2mm] \dfrac{\partial_1 c_i}{\partial t} = -\dfrac{1}{\rho} \dfrac{\partial}{\partial x_j} P_{ij}^{(1)}, \\[2mm] \dfrac{\partial_1 \theta}{\partial t} = -\dfrac{2}{3\rho} \dfrac{\partial}{\partial x_i} q_i^{(1)} - \dfrac{2}{3\rho} P_{ij}^{(1)} \dfrac{\partial c_j}{\partial x_i}. \end{cases} \tag{4.12.26}$$

把这些结果与 (4.12.10) 式一起代入 (4.12.1) 式, 可以得到误差为 $O(\varepsilon^2)$ 级的流体力

学方程组:

$$
\begin{cases}
\dfrac{\partial \rho}{\partial t} = -\dfrac{\partial}{\partial x_i}(\rho c_i), \\[2mm]
\dfrac{\partial c_i}{\partial t} = -c_j \dfrac{\partial c_i}{\partial x_j} - \dfrac{1}{\rho}\dfrac{\partial(\rho\theta)}{\partial x_i} + \dfrac{F_i}{m} - \dfrac{\varepsilon}{\rho}\dfrac{\partial}{\partial x_j}P_{ij}^{(1)}, \\[2mm]
\dfrac{\partial \theta}{\partial t} = -c_i \dfrac{\partial \theta}{\partial x_i} - \dfrac{2}{3}\theta\dfrac{\partial c_i}{\partial x_i} - \dfrac{2\varepsilon}{3\rho}\left[\dfrac{\partial}{\partial x_i}q_i^{(1)} + P_{ij}^{(1)}\dfrac{\partial c_j}{\partial x_i}\right];
\end{cases}
\tag{4.12.27}
$$

它们是关于黏性流体的 Navier-Stokes 方程组.

如果考虑更高级的近似, 可以把 (4.12.1) 式的高级修正项写出, 所得到的方程称为**Burnett 方程**(保留到 $O(\varepsilon^2)$ 项时) 或超**Burnett 方程**(保留到 $O(\varepsilon^3)$ 项或更高阶项时). 这些方程包含了流体力学变量对空间坐标的三阶及三阶以上的导数. 这使人们困惑不解: 如何找到相应的边界条件呢? 这是 Enskog 展开所遇到的边界条件困难. 除此以外, Enskog 展开没有解释 Hilbert 佯谬, 也可能不适用于 "初始层"、边界层和激波层.

Enskog 展开的最主要成果是导出了 Navier-Stokes 方程, 并给出了输运系数的一般公式. Enskog 关于输运系数的结果和 Chapman 从另一途径得出的完全一致, 而且和实验符合得很好. 应当说, 他们的工作使气体分子运动论的理论方法向前推进了一步.

§4.13   Enskog 解法的应用

Enskog 解法的最重要应用就是计算气体的输运系数, 如黏性系数 μ, 热导率 κ 等.

§1.4 中引入的协强张量P_{ij} 和热流矢量 q_i 的表达式 (1.4.15, 15a) 及 (1.4.19) 分别可以写成

$$
P_{ij} = p\delta_{ij} - \overline{\mu}\left(\frac{\partial c_i}{\partial x_j} + \frac{\partial c_j}{\partial x_i} - \frac{2}{3}\frac{\partial c_k}{\partial x_k}\delta_{ij}\right) - \zeta\frac{\partial c_k}{\partial x_k}\delta_{ij},
\tag{4.13.1}
$$

$$
q_i = -\overline{\kappa}\frac{\partial T}{\partial x_i}.
\tag{4.13.2}
$$

当时曾指出这是实验结果, 而且系数 $\overline{\mu}, \zeta$ 和 $\overline{\kappa}$ 也应当从实验测定. 把上节求得的 $n = n^{(0)} + \varepsilon n^{(1)} + O(\varepsilon^2)$ 的表达式代入 (4.5.15) 式和 (4.5.17) 式, 可以求出

$$
P_{ij} = \rho\theta\delta_{ij} - \varepsilon\mu\left(\frac{\partial c_i}{\partial x_j} + \frac{\partial c_j}{\partial x_i} - \frac{2}{3}\frac{\partial c_k}{\partial x_k}\delta_{ij}\right) + O(\varepsilon^2),
\tag{4.13.3}
$$

$$q_i = -\varepsilon\kappa\frac{\partial\theta}{\partial x_i} + O(\varepsilon^2).\tag{4.13.4}$$

将此二式与 (4.13.1) 及 (4.13.2) 式比较, 可以看出 §1.4 中引用的实验定律已经被
Enskog 解法证明正确到 $O(\varepsilon)$ 的程度, 而且可见

$$p = \rho\theta,$$
$$\overline{\mu} = \varepsilon\mu,$$
$$\zeta = 0,$$
$$\overline{\kappa} = \varepsilon\kappa k_{\mathrm{B}}/m;$$

它们给出了理想气体的状态方程及第二黏性系数 ζ 的值, 也给出了 $\overline{\mu}, \overline{\kappa}$ 的数量级
和计算公式. 这些结果说明 Boltzmann 方程对气体的描述确比流体力学方程组深
刻得多. 特别是, 从 μ 和 κ 的表达式 (4.12.21) 和 (4.12.23) 式看出, 输运系数完全可
以根据分子间相互作用的力学性质来计算. 这为运动论的作用提供了一个极好的
例子.

　　为计算 μ 和 κ, 需要先由 (4.12.17)～(4.12.19) 式求出 A 和 B. 由 (4.7.29) 及
(4.7.31) 式可以知道, L 关于 l, m 是对角的, 而且 L 的谱关于 m 是简并的. 由于 V_i
可以写成 $VY_{1m}(\hat{\boldsymbol{V}})$ 的线性组合, $V_iV_j - \frac{1}{3}V_kV_k\delta_{ij}$ 可以写成 $V^2Y_{2m}(\hat{\boldsymbol{V}})$ 的线性组合,
$\hat{\boldsymbol{V}} \equiv \dfrac{\boldsymbol{V}}{V}$ 是 $\boldsymbol{V}$ 方向的单位矢量, 所以 (4.12.17) 式和 (4.12.18) 式可以分别写成

$$L(V^2Y_{2m}(\hat{\boldsymbol{V}})A) = V^2Y_{2m}(\hat{\boldsymbol{V}}),$$

$$L(VY_{1m}(\hat{\boldsymbol{V}})B) = VY_{1m}(\hat{\boldsymbol{V}})\left(\frac{V^2}{2\theta} - \frac{5}{2}\right).$$

如果用基函数 (4.7.32) 表示, 注意 $\boldsymbol{v}_1 = \boldsymbol{V}/\sqrt{\theta}$, 上面两式就可写成

$$L(Av_1^2Y_{2m}(\hat{\boldsymbol{v}}_1)) = v_1^2Y_{2m}(\hat{\boldsymbol{v}}_1)L_0^{5/2}(v_1^2/2),\tag{4.13.5}$$

$$L(Bv_1Y_{1m}(\hat{\boldsymbol{v}}_1)) = v_1Y_{1m}(\hat{\boldsymbol{v}}_1)L_1^{3/2}(v_1^2/2).\tag{4.13.6}$$

对于 Maxwell 分子, 因为上两式的右边都是 L 的本征函数, 所以简单地有

$$A = -\frac{1}{\lambda_{22}\rho},$$

$$B = -\frac{1}{\lambda_{31}\rho}L_1^{3/2}\left(\frac{v_1^2}{2}\right),$$

其中 λ_{22} 和 λ_{31} 已由 (4.7.36) 式给出. 对于非 Maxwell 分子, 可以把 A, B 用广义
Laguerre 多项式展开:

$$A = \sum_{s=0}^{\infty} A_s L_s^{5/2}\left(\frac{v_1^2}{2}\right),$$

$$B = \sum_{s=1}^{\infty} B_s L_s^{3/2} \left(\frac{v_1^2}{2} \right),$$

其中 A_s, B_s 是与 $\boldsymbol{v}_1$ 无关的常系数. B 的展开式从 $s = 1$ 开始是为了要满足 (4.12.19) 式. 现在 (4.13.5) 和 (4.13.6) 两式给出确定 A_s 和 B_s 的线性代数方程组:

$$\sum_{s=0}^{\infty} A_s a_{ss'} = a_0 \delta_{s'0}, s' = 0, 1, 2, \cdots, \tag{4.13.7}$$

$$\sum_{s=1}^{\infty} B_s b_{ss'} = b_1 \delta_{s'1}, s' = 1, 2, \cdots, \tag{4.13.8}$$

其中

$$a_{ss'} = (v_1^2 L_{s'}^{5/2} Y_{2m}, L(v_1^2 L_s^{5/2} Y_{2m})),$$
$$a_0 = (v_1^2 Y_{2m}, v_1^2 Y_{2m}),$$
$$b_{ss'} = (v_1 L_{s'}^{3/2} Y_{1m}, L(v_1 L_s^{3/2} Y_{1m})),$$
$$b_1 = (v_1 L_1^{3/2} Y_{1m}, v_1 L_1^{3/2} Y_{1m}).$$

利用 (4.8.2) 和 (4.8.3) 式可以得到

$$a_{ss'} = M_{2s+2,2s'+2}^2, \quad b_{ss'} = M_{2s+1,2s'+1}^1.$$

又由 (4.8.3′) 式知

$$a_0 = N_{22} = \frac{15}{4\pi}, \quad b_1 = N_{11} = \frac{3}{4\pi}.$$

所以 (4.13.7) 及 (4.13.8) 式又可写成

$$\sum_{s=0}^{\infty} A_s M_{2s+2,2s'+2}^2 = \frac{15}{4\pi} \delta_{s'0}, \tag{4.13.9}$$

$$\sum_{s=1}^{\infty} B_s M_{2s+1,2s'+1}^1 = \frac{3}{4\pi} \delta_{s'1}. \tag{4.13.10}$$

$M_{nn'}^l$ 的值已由 (4.8.15) 式给出, 所以将 (4.13.19), (4.13.10) 式取到某一阶截断, 就可求得 A_s, B_s 的近似值, 从而计算 μ 和 κ. 实际计算表明, 只取少数几阶, 就可以得到比较精确的结果, 与实验很好地符合.

　　王承书和 Uhlenbeck 用 Enskog 方法讨论了**弱激波的宽度**. 因为弱激波的宽度是 $O(\varepsilon)$ 的, 而激波两侧流体力学量的差别也是 $O(\varepsilon)$ 的, 所以在弱激波情况下 $\left| \dfrac{\partial n}{\partial r} \right| \sim O(1)$, Enskog 展开仍然有效. 另一方面, 激波问题不涉及容器表面 (即考虑激波时, 可把气体看成无界), 所以可以避开 Enskog 展开中的边界条件困难.

这里不打算介绍王承书和 Uhlenbeck 的详细计算, 而只是给出结果. 他们首先把 Enskog 展开作到第三级近似, 得到超 Burnett 方程. 用激波上游的 Mach 数减 1(记为 y) 作参量来展开, 得到关于激波宽度的表达式:

$$\frac{\lambda}{t} = g_1 y \left(1 + \frac{g_2}{g_1} y + \frac{g_3}{g_1} y^2 + \cdots \right) \tag{4.13.11}$$

其中 λ 是上游气体中的分子平均自由程, t 是激波的宽度, 而

$$g_1 = \frac{8}{7\sqrt{2\pi\gamma}}$$

这里 $\gamma = \dfrac{c_p}{c_v}$. 对于单原子 Maxwell 分子, 用**Navier-Stokes 方程**、**Burnett 方程**和**超 Burnett 方程**求得的系数 $\dfrac{g_2}{g_1}$ 及 $\dfrac{g_3}{g_1}$ 分别列于下表

	$\dfrac{g_2}{g_1}$	$\dfrac{g_3}{g_1}$
Navier-Stokes	$-\dfrac{1}{4}$	-0.349
Burnett	$-\dfrac{1}{4}$	-1.176
超 Burnett	$-\dfrac{1}{4}$	-1.271

实验证实了 Burnett 方程或超 Burnett 方程对 Navier-Stokes 方程的修正, 但尚未证实超 Burnett 方程对 Burnett 方程所作的修正. 从系数 g_3 的绝对值大大超过 g_2 的绝对值来看, 估计 (4.13.11) 式的收敛半径不大, 即 Enskog 展开只能用于弱激波, 不能用于强激波.

需要指出, Navier-Stokes 方程求得的 $\dfrac{g_2}{g_1}$ 值与 Burnett 方程或超 Burnett 方程求得的一致是偶然的, 这来自激波宽度定义的特殊性. 事实上, 两种方程计算所得到的激波结构是不同的. 如果改用其他的宽度定义, 系数 $\dfrac{g_2}{g_1}$ 就可能不同. (4.13.11) 式中所用的定义是

$$t = \frac{v_f - v_0}{\left(\dfrac{\mathrm{d}v}{\mathrm{d}x} \right)_{\max}},$$

这里 v_f 和 v_0 分别是下游和上游的流速, $\left(\dfrac{\mathrm{d}v}{\mathrm{d}x} \right)_{\max}$ 表示速度梯度的极大值.

§4.14 气体与表面的相互作用

以上对 Boltzmann 方程的讨论都没有涉及边界条件. 本节将讨论气体与固体表面的相互作用, 从而确定容器壁处气体分布函数所应满足的边界条件.

关于气体与表面相互作用的问题, 无论从理论上或是从实验上, 目前得到的结果都不很充分. 理论研究的主要困难是对固体表面层结构的了解不够, 因此无法确知气体分子与固体分子之间相互作用的细节. 由于真空技术和测试手段的高速进步, 几十年来实验上对固体表面层的研究有了长足的进步. 根据这些实验研究的结果, 我们知道, 气体与表面的相互作用情况不仅与表面温度有关, 而且也与表面的光滑程度、表面是否干净等因素有关. 此外, 还应考虑到气体分子与固体表面分子间的相互作用不仅可能是物理的 (如散射, 吸附等), 而且也可能有化学反应. 因此, 从运动论的角度来处理气体与表面的相互作用时, 只能采用某些简化的模型.

最简单的模型, 也是历史上气体分子运动论中最早采用的模型, 就是所谓**刚壁镜反射模型.** 这模型中假定, 当速度为 v' 的分子打在内法向为 $\hat{n}$ 的表面上时, 就以速度 $v = v' - 2\hat{n}(\hat{n} \cdot v')$ 反射回气体. 这种假定最易于理论处理, 但却不很符合实际. 通常, 出射分子的速度并不能被入射分子的速度完全决定, 因此只能设法计算**转移概率**$R(v' \to v)$; 它表示以 v' 入射到表面上的分子以 v 射回气体的概率. 一般来说, R 与组成表面的材料有关, 与边界上的位置有关, 也可能与时间有关.

应当指出, 入射分子在表面发生的散射过程是需要一段时间 Δt 的. 因为入射分子不一定刚一接触表面就立即返回气体, 它有可能被表面吸附一段时间以后再发射出来, 也有可能先穿入到表面内一定的深度 (通常是若干层分子的深度) 之后再经受碰撞而返回. 但是, 大多数情形下, 由于 Δt 比起所考虑过程变化所需的时间来还是很小的, 所以可以忽略不计.

由于我们取 $\hat{n}$ 为表面的内法向单位矢, 所以只有 $v' \cdot \hat{n} < 0$ 的分子才能打到表面上. 单位体积内速度在 v' 附近 dv' 范围内的分子数是 $n(v')dv'$, 而在 dt 时间热力学能射到表面元 dA 上的分子都在体积为 $|v' \cdot \hat{n}|dAdt$ 的柱体内, 这样的分子数共有 $n(v')|v' \cdot \hat{n}|dv'dAdt$. 按照转移概率 $R(v' \to v)$ 的定义, 这些分子在表面射回后成为速度 v 的分子的数目为

$$R(v' \to v)n(v')|v' \cdot \hat{n}|dv'dAdt,$$

它们应当分布在体积为 $|v \cdot \hat{n}|dAdt$ 的柱体内, 因此

$$dAdt \int_{v' \cdot \hat{n} < 0} R(v' \to v)n(v')|v' \cdot \hat{n}|dv' = n(v)|v \cdot \hat{n}|dAdt, \qquad v \cdot \hat{n} > 0.$$

两边消去 $dAdt$, 就有

$$|v \cdot \hat{n}|n(v) = \int_{v' \cdot \hat{n} < 0} R(v' \to v)|v' \cdot \hat{n}|n(v')dv', \quad v \cdot \hat{n} > 0. \tag{4.14.1}$$

这是分布函数 $n(v)$ 应当满足的边界条件的形式. 它的具体内容只有当确定 $R(v' \to v)$ 的具体形式之后才能明确. 按照转移函数 $R(v' \to v)$ 的物理意义, 它是半正定的,

即

$$R(\boldsymbol{v}' \to \boldsymbol{v}) \geqslant 0. \tag{4.14.2}$$

假定表面不吸收也不产生气体分子, 那么就有

$$\int_{\boldsymbol{v} \cdot \hat{\boldsymbol{n}} > 0} R(\boldsymbol{v}' \to \boldsymbol{v}) \mathrm{d}\boldsymbol{v} = 1, \quad \boldsymbol{v}' \cdot \hat{\boldsymbol{n}} < 0. \tag{4.14.3}$$

假定 $n_W(\boldsymbol{v})$ 是气体与固体表面达到热平衡时的分布, 那么 $n_W(\boldsymbol{v})$ 应当满足 (4.14.1) 式. 也就是说, 如果我们知道了 $n_W(\boldsymbol{v})$ 的形式, 那么 $R(\boldsymbol{v}' \to \boldsymbol{v})$ 就应当满足条件:

$$n_W(\boldsymbol{v})|\boldsymbol{v} \cdot \hat{\boldsymbol{n}}| = \int_{\boldsymbol{v}' \cdot \hat{\boldsymbol{n}} < 0} R(\boldsymbol{v}' \to \boldsymbol{v})n_W(\boldsymbol{v}')|\boldsymbol{v}' \cdot \hat{\boldsymbol{n}}|\mathrm{d}\boldsymbol{v}', \boldsymbol{v} \cdot \hat{\boldsymbol{n}} > 0. \tag{4.14.4}$$

这式称为**细致平衡条件**. (4.14.2) 至 (4.14.4) 式是我们对于转移概率的性质所作的基本假设. 我们将只讨论这样的转移概率. 此外, 我们假定 $n_W(\boldsymbol{v})$ 采取下列形式:

$$n_W(\boldsymbol{v}) = (2\pi\theta_W)^{-\frac{3}{2}} \exp\left(-\frac{v^2}{2\theta_W}\right) \tag{4.14.5}$$

式中 $\theta_W = \dfrac{k_{\mathrm{B}} T_W}{m}$, T_W 是表面的温度. 可见, $n_W(\boldsymbol{v})$ 就是气体温度与墙壁温度相等时的 Maxwell 分布.

镜反射的表面转移概率为

$$R(\boldsymbol{v}' \to \boldsymbol{v}) = \delta(\boldsymbol{v} - \boldsymbol{v}' + 2\hat{\boldsymbol{n}}(\hat{\boldsymbol{n}} \cdot \boldsymbol{v}')). \tag{4.14.6}$$

另一种极端的情况是全重发射:

$$R(\boldsymbol{v}' \to \boldsymbol{v}) = \boldsymbol{v} \cdot \hat{\boldsymbol{n}} \frac{1}{2\pi\theta_W^2} \exp\left(-\frac{v^2}{2\theta_W}\right). \tag{4.14.7}$$

它表示射到表面的所有分子都在瞬间与表面达到热平衡, 然后以 Maxwell 分布重新回到气体中, 它具有表面的温度 T_W.

为了更接近实际情况, Maxwell假定转移概率介于上述两种理想的极端情况之间:

$$R(\boldsymbol{v}' \to \boldsymbol{v}) = (1-\alpha)\delta(\boldsymbol{v} - \boldsymbol{v}' + 2\hat{\boldsymbol{n}}(\hat{\boldsymbol{n}} \cdot \boldsymbol{v}')) + \alpha\boldsymbol{v} \cdot \hat{\boldsymbol{n}} \frac{1}{2\pi\theta_W^2} \exp\left(-\frac{\boldsymbol{v}^2}{2\theta_W}\right), \tag{4.14.8}$$

这里 $0 \leqslant \alpha \leqslant 1$, α 被称为表面的**调节系数**, 其数值由实验决定. (4.14.8) 式给出的转移概率被称为**Maxwell 转移核**, 相应的边界条件叫**Maxwell 边界条件**. 它的物理意义很明显, 就是入射分子总数的 $(1-\alpha)$ 部分被镜反射, 而其余部分被重发射. 在

理论讨论中, Maxwell 边界条件最为常用, 因为它不太复杂, 又与实验结果接近. 其他模型的转移核过于复杂, 在理论上应用不多, 下一章末 (§5.16) 将介绍其中的一种.

由 (4.14.1) 和 (4.14.3) 式可以证明:

$$\int \boldsymbol{v} \cdot \hat{\boldsymbol{n}} n(\boldsymbol{v}) \mathrm{d}\boldsymbol{v} = 0. \tag{4.14.9}$$

事实上, 把 (4.14.1) 式两边对于 d$\boldsymbol{v}$ 遍及区域 $\boldsymbol{v} \cdot \hat{\boldsymbol{n}} > 0$ 积分, 便有

$$\int_{\boldsymbol{v} \cdot \hat{\boldsymbol{n}} > 0} |\boldsymbol{v} \cdot \hat{\boldsymbol{n}}| n(\boldsymbol{v}) \mathrm{d}\boldsymbol{v} = \int_{\boldsymbol{v}' \cdot \hat{\boldsymbol{n}} < 0} \mathrm{d}\boldsymbol{v}' \int_{\boldsymbol{v} \cdot \hat{\boldsymbol{n}} > 0} \mathrm{d}\boldsymbol{v} R(\boldsymbol{v}' \to \boldsymbol{v}) |\boldsymbol{v}' \cdot \hat{\boldsymbol{n}}| n(\boldsymbol{v}').$$

在右边利用 (4.14.3) 式, 便得到

$$\int_{\boldsymbol{v} \cdot \hat{\boldsymbol{n}} > 0} \boldsymbol{v} \cdot \hat{\boldsymbol{n}} n(\boldsymbol{v}) \mathrm{d}\boldsymbol{v} = -\int_{\boldsymbol{v}' \cdot \hat{\boldsymbol{n}} < 0} \boldsymbol{v}' \cdot \hat{\boldsymbol{n}} n(\boldsymbol{v}') \mathrm{d}\boldsymbol{v}'.$$

将右边的积分变量改写为 $\boldsymbol{v}'$, 再移项到左边, 便得到 (4.14.9) 式. 这个式子说明表面处气体分子速度平均值 —— 质量速度 $\boldsymbol{c}$ 沿法向的分量为零.

以上的讨论中都假定表面静止不动. 如果表面以速度 $\boldsymbol{v}_W$ 运动, 那么以上各式中的速度 $\boldsymbol{v}$ 都应当用气体分子相对于表面的速度 $\boldsymbol{v} - \boldsymbol{v}_W$ 代替.

本节所讨论的三种转移概率 (或转移核) 都是唯象引进的; 而且, 对 Maxwell 边界条件, 调节系数 α 也只能由实验确定. 但实验表明, α 与入射速度有关. 另外, 按照 (4.14.8) 式, 当一束定向分子入射到平表面上时, 出射的分子数应当只在一个方向上取得极大值. 但在较低温度下用晶体做的散射实验表明, 极大值在不止一个方向上出现. 这可能是由晶体的周期性结构所造成的. 可见, 本节所讨论的转移概率的几种简化模型与实验结果还有相当距离. 理论讨论中较多地采用 (4.14.8) 式, 在某种意义上是出于不得已.

§4.4 中讨论熵平衡方程与 H 定理时, 没有考虑边界的影响. 实际上, 对于满足 (4.14.2) 至 (4.14.4) 三个条件的转移概率, 仍可证明熵平衡方程和 H 定理可以推广. 读者可以参考文献 [7].

§4.15*　具有小 Knudsen 数的 Boltzmann 方程

由 §4.11 及 §4.12 知道, 对于具有小Knudsen 数的Boltzmann 方程, 由 Hilbert 解法或 Enskog 解法所求得的分布函数都是流体力学变量 ρ, c 和 θ 的泛函, 因此无法满足任意的初始条件和边界条件. 这样的解总是离局域平衡状态不远的, 我们称之为正规解.

Hilbert 展开得到了一种正规解, 但没有给出 Navier-Stokes 方程; Enskog 展开也得到了一种正规解, 同时给出了 Navier-Stokes 方程, 但遇到了边界条件困难. 从奇异扰动方法的角度来分析, 还有一个很重要的问题, 就是两种展开里都存在久期项. 这里所说的**久期项**, 是指展开所得级数中随时间无限增大的项. 久期项的存在使展开级数只在有限的时间内有效. 只有设法消去久期项, 才能得到在所有时间内都有效的正规解. 可以证明, 消去久期项的正规解所给出的流体力学方程在各阶近似中都是 Navier-Stokes 类型的方程, 因此不出现边界条件困难[37].

在得到正规解之后, 还有三个问题应当讨论, 即

(i) 正规解和给定初始条件的连接, 即给定的初始分布如何向正规解弛豫的问题 ——**初始层解**问题;

(ii) 正规解和给定边界条件的连接, 即**边界层解**问题;

(iii) 激波两侧正规解的连接, 即**激波层解**的问题.

关于初始层解的问题, 从 (4.11.2) 式可看出, 如果初始分布

$$n(t=0) = n(0) \tag{4.15.1}$$

使得 $C(n(0), n(0)) \neq 0$, 那么就有

$$\left. \frac{\partial n}{\partial t} \right|_{t=0} \sim 0\left(\frac{1}{\varepsilon}\right),$$

也就是说, 在初始的短时间 (**初始层**) 内, 分布函数的变化十分剧烈. 为了讨论初始层中解的行为, 合适的时间标度应当是

$$\tau = \frac{t}{\varepsilon}. \tag{4.15.2}$$

Grad对于初始分布 $n(0)$ 和局域 Maxwell 分布相差不大的情况讨论了初始层解[41]. 他把Boltzmann 方程 (4.11.2) 的解写成两部分:

$$n = n_n(\boldsymbol{r}, \boldsymbol{v}, \varepsilon\tau; \varepsilon) + n_i(\boldsymbol{r}, \boldsymbol{v}, \tau; \varepsilon), \tag{4.15.3}$$

其中第一部分 $n_n = n_n(\boldsymbol{r}, \boldsymbol{v}, t; \varepsilon)$ 是由 Hilbert 展开给出的正规解, 它形式上满足 (4.11.2) 式, 即

$$\frac{\partial n_n}{\partial t} + \boldsymbol{v} \cdot \frac{\partial n_n}{\partial \boldsymbol{r}} + \frac{\boldsymbol{F}}{m} \cdot \frac{\partial n_n}{\partial \boldsymbol{v}} = \frac{1}{\varepsilon} C(n_n, n_n); \tag{4.15.4}$$

但它不能满足给定的初始条件. 把 n 满足的方程 (4.11.2) 和 n_n 满足的方程 (4.15.4) 相减, 可以得到初始层中补充解 n_i 所满足的方程:

$$\frac{\partial n_i}{\partial \tau} + \varepsilon\left(\boldsymbol{v} \cdot \frac{\partial n_i}{\partial \boldsymbol{r}} + \frac{\boldsymbol{F}}{m} \cdot \frac{\partial n_i}{\partial \boldsymbol{v}}\right) = 2C(n_n, n_i) + C(n_i, n_i). \tag{4.15.5}$$

n_i 所满足的初始条件为

$$n_i(\tau = 0) = n(0) - n_n(t = 0). \tag{4.15.6}$$

由于我们在 (4.15.3) 式中将正规解的宗量 t 换成了 $\varepsilon\tau$, 所以 n_n 的 Hilbert 展开不再是 ε 的幂级数, 而必须如下重新展开:

$$n_n = \sum_{s=0}^{\infty} \varepsilon^s n_n^{(s)}(\boldsymbol{r}, \boldsymbol{v}, \tau), \tag{4.15.7}$$

其中首项 $n_n^{(0)}$ 与时间无关, 是局域 Maxwell 分布. 事实上, 在初始时刻 $t = \tau = 0$, (4.15.7) 式中的展开应与原来的 Hilbert 展开一致; $n_n^{(0)}$ 既与时间无关, 自然应该等于 $t = 0$ 时由 (4.11.10) 式给出的 Hilbert 展开的首项, 即一局域 Maxwell 分布. 因此, 可以选取 $n_n^{(0)}$ 等于给定初始分布中的局域 Maxwell 分布那部分. 于是, 由于假设 $n(0)$ 与局域 Maxwell 分布的偏离不大, 可以看出 n_i 为小量; 将 n_i 展开如下

$$n_i = \sum_{s=1}^{\infty} \varepsilon^s n_i^{(s)}(\boldsymbol{r}, \boldsymbol{v}, \tau), \tag{4.15.8}$$

并与 (4.15.7) 式一同代入方程 (4.15.5), 便得到 $n_i^{(s)}$ 所满足的方程组:

$$\begin{cases} \dfrac{\partial n_i^{(1)}}{\partial \tau} = 2C(n_n^{(0)}, n_i^{(1)}), \\[3mm] \dfrac{\partial n_i^{(s)}}{\partial \tau} = 2C(n_n^{(0)}, n_i^{(s)}) + R_s, s \geqslant 2, \end{cases} \tag{4.15.9}$$

式中

$$R_s = -\boldsymbol{v} \cdot \frac{\partial n_i^{(s-1)}}{\partial \boldsymbol{r}} - \frac{\boldsymbol{F}}{m} \cdot \frac{\partial n_i^{(s-1)}}{\partial \boldsymbol{v}} + \sum_{k=1}^{s-1} C(2n_n^{(k)} + n_i^{(k)}, n_i^{(s-k)}). \tag{4.15.10}$$

由于 $n_n^{(0)}$ 是给定的, 所以 (4.15.9) 式中 $2C(n_n^{(0)}, n_i^{(s)})$ 是作用在 $n_i^{(s)}$ 上的线性算子. 实际, 利用 $n_n^{(0)}$ 为局域 Maxwell 分布的事实和 §4.11 中的类似方法, 置

$$n_i^{(s)} = n_n^{(0)} g_s, \tag{4.15.11}$$

并引进半负定的 Hermite 算子 L:

$$\begin{aligned} Lg_s &\equiv \frac{2C(n_n^{(0)}, n_i^{(s)})}{n_n^{(0)}} = \frac{2C(n_n^{(0)}, n_n^{(0)}g_s)}{n_n^{(0)}} \\ &= \iint d\boldsymbol{w}d\hat{\boldsymbol{u}}' u\varepsilon\sigma n_n^{(0)}(\boldsymbol{w})[g_s(\boldsymbol{v}') + g_s(\boldsymbol{w}') - g_s(\boldsymbol{v}) - g_s(\boldsymbol{w})], \end{aligned} \tag{4.15.12}$$

便可将方程组 (4.15.9) 改写成

$$\begin{cases} \dfrac{\partial g_1}{\partial \tau} = L g_1, \\[3mm] \dfrac{\partial g_s}{\partial \tau} = L g_s + G_s, s \geqslant 2, \end{cases} \qquad (4.15.13)$$

式中 $G_s = \dfrac{R_s}{n_n^{(0)}}$, 而 R_s 由 (4.15.10) 式给出; 注意, R_s 及 G_s 仅依赖于 $n_i^{(1)}, \cdots, n_i^{(s-1)}$. 方程组 (4.15.9) 或 (4.15.13) 的初始条件应由给定初始分布 $n(0)$ 对 ε 的展开

$$n(0) = \sum_{s=0}^{\infty} \varepsilon^s n^{(s)}(0) \qquad (4.15.14)$$

导出; 从 (4.15.6)~(4.15.8) 式可以得到:

$$\begin{cases} n_n^{(0)} = n^{(0)}(0) \text{ 为局域 Maxwell 分布}, \\[2mm] n_n^{(s)}(0) + n_i^{(s)}(0) = n^{(s)}(0), \ s \geqslant 1. \end{cases} \qquad (4.15.15)$$

用碰撞不变量 $\psi_\alpha [\alpha = 0, 1, \cdots, 4;$ 见 (4.11.15) 式] 乘方程组 (4.15.9) 中各式两边, 再对 $\boldsymbol{v}$ 积分, 置

$$\rho_{i\alpha}^{(s)} = \int \psi_\alpha n_i^{(s)} \mathrm{d}\boldsymbol{v} = \int \psi_\alpha n_n^{(0)} g_s \mathrm{d}\boldsymbol{v},$$

并注意 ψ_α 与碰撞积分 C 相乘后对 $\boldsymbol{v}$ 的积分恒给出零 (而与 C 所涉及的分布函数无关), 便可以得到

$$\frac{\partial \rho_{i\alpha}^{(s)}}{\partial \tau} = \int \psi_\alpha R_s \mathrm{d}\boldsymbol{v} = -\int \psi_\alpha \left(\boldsymbol{v} \cdot \frac{\partial n_i^{(s-1)}}{\partial \boldsymbol{r}} + \frac{\boldsymbol{F}}{m} \cdot \frac{\partial n_i^{(s-1)}}{\partial \boldsymbol{v}} \right) \mathrm{d}\boldsymbol{v}. \qquad (4.15.16)$$

由此得 (为书写简单起见, 以下取 $\boldsymbol{F} = 0$)

$$\rho_{i\alpha}^{(s)}(\boldsymbol{r}, \tau) = \rho_{i\alpha}^{(s)}(\boldsymbol{r}, 0) - \int_0^\tau \mathrm{d}\tau \int \psi_\alpha \boldsymbol{v} \cdot \frac{\partial n_i^{(s-1)}}{\partial \boldsymbol{r}} \mathrm{d}\boldsymbol{v}. \qquad (4.15.17)$$

设 $\rho_\alpha^{(s)}(\boldsymbol{r}) \equiv \int \psi_\alpha n^{(s)}(0) \mathrm{d}\boldsymbol{v}$ 是由 (4.15.14) 式中初始分布 $n(0)$ 的展开系数 $n^{(s)}(0)$ 算出的流体力学量, 则由 (4.15.15) 式应有

$$\begin{cases} \rho_\alpha^{(0)}(\boldsymbol{r}) = \rho_{n\alpha}^{(0)}(\boldsymbol{r}), \\[2mm] \rho_\alpha^{(s)}(\boldsymbol{r}) = \rho_{n\alpha}^{(s)}(\boldsymbol{r}, 0) + \rho_{i\alpha}^{(s)}(\boldsymbol{r}, 0), s \geqslant 1. \end{cases} \qquad (4.15.18)$$

要是取 $\rho_{i\alpha}^{(s)}(\boldsymbol{r}, 0)$ 为零 $(s \geqslant 1)$, 而以真正初始值 $\rho_\alpha^{(s)}(\boldsymbol{r})$ 作为正规解的初始值 $\rho_{n\alpha}^{(s)}(\boldsymbol{r}, 0)$, 就会导致不正确的结果. 事实上, Hilbert 展开只是渐近地成立, 因此在 $t = 0$ 时不

会和真正的解取同样值. 更正确的做法是要求在渐近区 ($\tau \to \infty$ 时) 真正解 n 趋近于正规解 n_n, 即当 $\tau \to \infty$ 时补充解 n_i 对流体力学变量的贡献 $\rho_{i\alpha}^{(s)}(\boldsymbol{r}, \tau)$ 应趋于零 [见图 4.3]. 这样, 由 (4.15.17) 式可以得到

$$\rho_{i\alpha}^{(s)}(\boldsymbol{r}, 0) = \int_0^\infty \mathrm{d}\tau \int \psi_\alpha \boldsymbol{v} \cdot \frac{\partial n_i^{(s-1)}}{\partial \boldsymbol{r}} \mathrm{d}\boldsymbol{v}. \tag{4.15.19}$$

将上式代入 (4.15.18) 式, 得到

$$\rho_{n\alpha}^{(s)}(\boldsymbol{r}, 0) = \rho_\alpha^{(s)}(\boldsymbol{r}) - \int_0^\infty \mathrm{d}\tau \int \psi_\alpha \boldsymbol{v} \cdot \frac{\partial n_i^{(s-1)}}{\partial \boldsymbol{r}} \mathrm{d}\boldsymbol{v}; \tag{4.15.20}$$

这便是 Hilbert 解法中应当采用的改正初始值. 它等于真正初始值与来自前一步补充解 $n_i^{(s-1)}$ 的贡献之和. 在所讨论的, 初始分布与局域 Maxwell 分布偏离不大的情形下, n_i 对 ε 的展开从一阶开始, 所以从 (4.15.20) 式可见, 对初始值的改正只在 ε^2 阶 ($s = 2$) 才开始出现.

利用方程组 (4.15.9) 或 (4.15.13) 和条件 (4.15.19) 式, 同时用从改正初始值 (4.15.20) 求得的正规解, 可以逐步求得 $n_i^{(s)}$, 从而给出补充解 n_i. 这个解法称为**Grad 解法.**

Grad 解法澄清了 Hilbert 佯谬, 说明了 Hilbert 解法给出的只是若干平均自由时间以后的渐近解. 当将这渐近解外推至初始时间时, 会和真正的初始值不同 (出现间断), 如图 4.3 所示. 举一个简单的例子可以有助于理解这种现象. 考虑常微分方程

$$\varepsilon \frac{\mathrm{d}y}{\mathrm{d}t} + y = 0, y(t = 0) = 1, t \geqslant 0. \tag{4.15.21}$$

如果求 "正规解", 设

$$y = y^{(0)} + \varepsilon y^{(1)} + \varepsilon^2 y^{(2)} + \cdots,$$

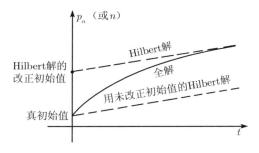

图 4.3　Hilbert 解的改正初始值

那么 ε 各阶的方程为

$$y^{(0)} = 0,$$

$$y^{(1)} = -\frac{\mathrm{d}y^{(0)}}{\mathrm{d}t},$$

$$y^{(2)} = -\frac{\mathrm{d}y^{(1)}}{\mathrm{d}t},$$

$$\cdots$$

因此

$$y = 0.$$

它无法满足初始条件 $y(t=0) = 1$. 如果我们写出定解问题 (4.15.21) 的严格解

$$y = \mathrm{e}^{-t/\varepsilon},$$

就可以看出, 它在 $t = 0$ 附近 $O(\varepsilon)$ 的时间内才明显非零. 当 $\varepsilon \to 0$ 时, y 在 $t = 0$ 处间断:

$$y = \begin{cases} 1, & \text{当 } t = 0 \text{ 时}; \\ 0, & \text{当 } t > 0 \text{ 时}. \end{cases}$$

Grad 解法仍然存在一些问题. 王承书在讨论气体中声波的色散时, 曾发现 Maxwell 分子气体中存在 "**高矩声波**"[29]. 通常的声波是分布函数前三次矩 (即密度、流速和能量) 的波动, 而高矩声波则是分布函数更高次矩的波动. 虽然高矩声波的衰减很快, 很难在实验上观测到, 但是 Grad 解中没有给出这种波, 在理论上是一个问题. 另外, 在 Grad 解法中也存在久期项. 事实上, 从方程组 (4.15.13) 中第一式可见

$$g_1 \sim \mathrm{e}^{-\lambda\rho\tau}, \tag{4.15.22}$$

这里 $-\lambda\rho$ 是算子 L 的本征值, $\rho = \rho(\boldsymbol{r})$ 是和初始粒子密度分布成比例的无量纲量 [试比较 L 的表达式 (4.15.12) 右边被积函数中的因子 $u\sigma n_n^{(0)}$]. 而从 (4.15.13) 中第二式可见, g_2 满足方程

$$\frac{\partial g_2}{\partial \tau'} = Lg_2 - \boldsymbol{v} \cdot \frac{\partial g_1}{\partial \boldsymbol{r}} - \cdots;$$

当把 (4.15.22) 式代入上式右边时, 会出现含因子

$$\lambda\boldsymbol{v}\cdot\frac{\partial\rho}{\partial\boldsymbol{r}}\tau\mathrm{e}^{-\lambda\rho\tau}$$

的项, 所以 g_2 中会出现含因子

$$\lambda\boldsymbol{v}\cdot\frac{\partial\rho}{\partial\boldsymbol{r}}\frac{\tau^2}{2}\mathrm{e}^{-\lambda\rho\tau}$$

的项. 依此类推, 在 g_{s+1} 中会出现含因子

$$\left(\lambda \boldsymbol{v} \cdot \frac{\partial \rho}{\partial \boldsymbol{r}}\right)^s \frac{\tau^{2s}}{(2s)!!} \mathrm{e}^{-\lambda \rho \tau}$$

的项. $n_i^{(s+1)} = n_n^{(0)} g_{s+1}$ 中当然也会出现这样的项. 于是,

$$n_i = \sum_{s=1}^{\infty} \varepsilon^s n_i^{(s)}$$

中就会出现含因子

$$\exp\left[-\lambda \rho \tau + \frac{\varepsilon}{2} \lambda \boldsymbol{v} \cdot \frac{\partial \rho}{\partial \boldsymbol{r}} \tau^2\right] \tag{4.15.23}$$

的项. 随着 τ 的增加, 指数中含 τ^2 的项将会超过前面的项, 从而给出**Grad 展开中的久期项**. 本书作者的详细计算 [38] 表明, 正确的奇异扰动解法的展开中不会出现久期项; 而消去久期项后, 王承书所发现的高矩声波便自动出现. 另外, 初始层中除可能存在高矩声波外, 还可能发生一些正规解中不可能给出的现象, 例如在一定初始分布下会出现热流从低温区流向高温区的现象 [40]. 这在初始层中并不违背热力学第二定律, 因为当初始分布远离局域平衡时, 系统向局域平衡的弛豫过程中熵是增加的, 这一增加抵消了由于热量从低温流向高温所导至熵的减少而有余.

初始层的宽度用 τ 量度时为 $O(1)$ 数量级, 因此用 t 量度时为 $O(\varepsilon)$ 数量级, 即几个分子平均自由飞行时间.

边界层解的讨论与上面对初始层解的讨论有某些类似之处 [39,43~45]. 但由于边界条件与初始条件的提法不同 [见 (4.14.1) 式], 为把分布函数 $n(\boldsymbol{v})$ 应满足的边界条件具体化, 需要对速度空间中 $\boldsymbol{v} \cdot \hat{\boldsymbol{n}} > 0$ 和 $\boldsymbol{v} \cdot \hat{\boldsymbol{n}} < 0$ 两部分分别引入不同的基底函数. 另外, 为了反映分布函数在边界层的剧烈变化, 要引入新的空间标度. 结果表明 [43~45], 边界层的宽度为几个分子平均自由度; 在边界层解里也出现一些正规解所不能反映的现象, 如温度间断、速度间断和热滑移现象等.

温度间断是指气体与冷却固体表面之间有温度差. 在靠近边界面但非紧挨界面的地方, 温度随距离线性变化 (如图 4.4 中 AB 段所示), 但在紧挨界面大约一个分子平均自由程的范围内, 温度梯度加大 (如 AC 段所示); 这范围内分布函数也远离局域平衡. 因此温度应理解为 (4.3.8) 式中定义的动力学温度. 假如把直线部分 BA 延长到与界面相交处, 得到了与界面温度之差 δT, 则有

$$\delta T = g \frac{\partial T}{\partial n}, \tag{4.15.24}$$

式中 $\dfrac{\partial}{\partial n}$ 表示沿界面法向求导, $g > 0$ 称为**温度间断系数** [43].

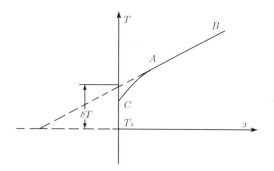

图 4.4　边界上的温度间断

靠近界面处流速 c 的变化也有类似情况. 界面处的**速度间断**为 [44]

$$\delta c = \xi \frac{\partial c}{\partial n} \tag{4.15.25}$$

式中 c 为切向流速, ξ 称为**滑移系数**. g 和 ξ 都具有长度量纲, 为分子平均自由程 l_r 的量级. **热滑移**是指当固体界壁各处温度不同时, 气体产生的切向流动, 切向速度 [45]

$$c = \mu \nabla_t T, \tag{4.15.26}$$

式中 $\nabla_t T$ 是 ∇T 的切向分量, $\mu > 0$ 正比于 l_r.

激波层的问题是最复杂的. 对于弱激波, 正规解仍可适用, 但对于强激波则否. 讨论强激波的解析方法目前仍停留在相当粗糙的水平上. Mott-Smith 假定分布函数有下面的近似表达式 [46]:

$$n(x, \boldsymbol{v}) = a(x) n_+(\boldsymbol{v}) + b(x) n_-(\boldsymbol{v}) \tag{4.15.27}$$

式中下标 $\pm$ 分别表示上游 $(x \to -\infty)$ 和下游 $(x \to +\infty)$ 的值, 这里假定了分布函数与坐标 y, z 无关, $a(x)$ 和 $b(x)$ 是待定的函数, 而

$$n_{\pm}(\boldsymbol{v}) = \frac{n_{0\pm}}{(2\pi\theta_{\pm})^{\frac{3}{2}}} \exp\left[-\frac{(\boldsymbol{v} - c_{\pm}\hat{\boldsymbol{e}}_x)^2}{2\theta_{\pm}}\right]. \tag{4.15.28}$$

将 (4.15.27) 式代入 Boltzmann 方程, 可求得两个矩方程以决定两个待定的函数 $a(x)$ 和 $b(x)$. 实验表明, Mott-Smith 方法对于强激波是定性正确的, 但对弱激波却不正确. 理论分析也表明, 选取 Boltzmann 方程的不同矩方程定出的 $a(x)$ 和 $b(x)$, 差别也较大, 因此这种方法需要改进.

Salwen 等假定分布函数为 [47]

$$n(x, \boldsymbol{v}) = a(x) n_+(\boldsymbol{v}) + b(x) n_-(\boldsymbol{v}) + c(x) n_c(\boldsymbol{v}),$$

式中 $n_{\pm}(\boldsymbol{v})$ 仍由 (4.15.28) 式给出, 而

$$n_c(\boldsymbol{v}) = (v_x - u_0)\left(\frac{\alpha}{\pi}\right)^{\frac{3}{2}}\exp[-\alpha(\boldsymbol{v} - v_0\hat{\boldsymbol{e}}_x)^2],$$

这里 u_0, v_0 及 α 都是常数, 这些常数及待定函数 $a(x), b(x), c(x)$ 由守恒定律及适当选择的矩方程来决定. 这方法使结果有了明显的改进. 但是, 激波层结构的解析讨论仍然是一个开放的问题.

§4.16*　具有大 Knudsen 数的 Boltzmann 方程

对方程 (4.11.2), 还可以考虑另一种极端情况, 那就是大 Knudsen 数的情况:

$$\varepsilon = \frac{l_r}{l_0} \to \infty \tag{4.16.1}$$

大 Knudsen 数的情况可以在极稀薄的气体中发生, 其中分子平均自由程很大. 在 (4.11.2) 式中取极限 $\varepsilon \to \infty$, 就得到无碰撞的 Boltzmann 方程

$$\frac{\partial n}{\partial t} + \boldsymbol{v} \cdot \frac{\partial n}{\partial \boldsymbol{r}} + \frac{\boldsymbol{F}}{m} \cdot \frac{\partial n}{\partial \boldsymbol{v}} = 0. \tag{4.16.2}$$

我们只讨论无外力场的情况, 即

$$\frac{\partial n}{\partial t} + \boldsymbol{v} \cdot \frac{\partial n}{\partial \boldsymbol{r}} = 0. \tag{4.16.3}$$

假设初始条件

$$n(\boldsymbol{r}, \boldsymbol{v}, t = 0) = n_i(\boldsymbol{r}, \boldsymbol{v}) \tag{4.16.4}$$

已经给出, 那么无限空间中, (4.16.3) 式的解就是

$$n(\boldsymbol{r}, \boldsymbol{v}, t) = n_i(\boldsymbol{r} - \boldsymbol{v}t, \boldsymbol{v}). \tag{4.16.5}$$

对于某一个分子物理量 q(它可以是分子的质量、速度分量、动能等), 可以求出气体单位体积中该量的值

$$Q(\boldsymbol{r}, t) = \int qn(\boldsymbol{r}, \boldsymbol{v}, t)\mathrm{d}\boldsymbol{v} = \int qn_i(\boldsymbol{r} - \boldsymbol{v}t, \boldsymbol{v})\mathrm{d}\boldsymbol{v}.$$

作代换

$$\boldsymbol{r}' = \boldsymbol{r} - \boldsymbol{v}t, \tag{4.16.6}$$

容易发现其 Jacobian 为

$$\frac{\partial(x', y', z')}{\partial(v_x, v_y, v_z)} = -t^3.$$

所以

$$Q(\boldsymbol{r}, t) = \frac{1}{t^3} \int q n_i \left(\boldsymbol{r}', \frac{\boldsymbol{r} - \boldsymbol{r}'}{t} \right) \mathrm{d}\boldsymbol{r}'. \tag{4.16.7}$$

积分是在无限空间中进行的. 对于一维问题, 即分布函数 $n_i(\boldsymbol{r}, \boldsymbol{v})$ 只依赖于 x 和 v_x 的情形, 可以将 (4.16.7) 式简化为

$$Q(x, t) = \frac{1}{t} \int_{-\infty}^{\infty} q n_i \left(x', \frac{x - x'}{t} \right) \mathrm{d}x' \tag{4.16.8}$$

考虑一个气体自由膨胀的例子. 设初始时刻气体在半空间 $x < 0$ 呈均匀的平衡分布, 而 $x > 0$ 处是真空, 中间用隔板分开. 从 $t = 0$ 开始把隔板抽去, 气体就将向 $x > 0$ 半空间飞散. 显然, 在这例子中有

$$n_i(x, v_x) = \begin{cases} n_0 \left(\dfrac{m}{2\pi k_B T} \right)^{\frac{1}{2}} \exp \left(-\dfrac{m v_x^2}{2 k_B T} \right), & x < 0, \\ 0, & x > 0, \end{cases} \tag{4.16.9}$$

所以 (4.16.8) 式就可以写成

$$Q(x, t) = \frac{1}{t} \int_{-\infty}^{0} q n_0 \left(\frac{m}{2\pi k_B T} \right)^{\frac{1}{2}} \exp \left[-\frac{m(x - x')^2}{2 k_B T t^2} \right] \mathrm{d}x'. \tag{4.16.10}$$

令 $q = m$, 就得到气体的密度分布

$$\rho(x, t) = m n_0 \cdot \frac{1}{\sqrt{\pi}} \int_{-\infty}^{-\frac{x}{t}\sqrt{\frac{m}{2 k_B T}}} \mathrm{e}^{-\alpha^2} \mathrm{d}\alpha.$$

利用余误差函数

$$\mathrm{erfc}(z) = 1 - \mathrm{erf}(z) = \frac{2}{\sqrt{\pi}} \int_{z}^{\infty} \mathrm{e}^{-\alpha^2} \mathrm{d}\alpha = \frac{2}{\sqrt{\pi}} \int_{-\infty}^{-z} \mathrm{e}^{-\alpha^2} \mathrm{d}\alpha,$$

可以把结果写成

$$\rho(x, t) = \frac{m n_0}{2} \mathrm{erfc} \left(\frac{x}{t} \sqrt{\frac{m}{2 k_B T}} \right) \tag{4.16.11}$$

这说明密度 $\rho(x, t)$ 只是 $\dfrac{x}{t}$ 的函数, 即为自型解. 若在 (4.16.10) 式中取 $q = m v_x$, 则 Q 是气体单位体积的总动量 (从对称性考虑, 自然是朝 x 轴方向的)ρc, 这里 c 是质量速度, 而

$$\rho(x, t) c(x, t) = \frac{1}{t} \int_{-\infty}^{0} m v_x n_0 \left(\frac{m}{2\pi k_B T} \right)^{\frac{1}{2}} \cdot \exp \left[-\frac{m(x - x')^2}{2 k_B T t^2} \right] \mathrm{d}x'. \tag{4.16.12}$$

经过简单的计算, 有

$$\rho(x,t)c(x,t) = n_0 \sqrt{\frac{mk_{\mathrm{B}}T}{2\pi}} \exp\left(-\frac{mx^2}{2k_{\mathrm{B}}Tt^2}\right),$$

所以

$$c(x,t) = \sqrt{\frac{2k_{\mathrm{B}}T}{\pi m}} \frac{\exp\left(-\dfrac{mx^2}{2k_{\mathrm{B}}Tt^2}\right)}{\mathrm{erfc}\left(\dfrac{x}{t}\sqrt{\dfrac{m}{2k_{\mathrm{B}}T}}\right)}. \tag{4.16.13}$$

它也是 $\dfrac{x}{t}$ 的函数.

如果在上面讨论的例子中, 假想在 $x = x_W$ 处增加一个镜反射的表面, 仍略去气体分子之间的碰撞, 求这个镜反射表面受到的气体压强 p_W. 由于分子之间无碰撞, 所以增加这镜反射表面后, 反射回来的分子不影响打到表面上的分子. 压强 p_W 是单位时间内打到单位面积表面上的气体分子总动量的二倍, 所以不难看出, 应当在 (4.16.10) 式中取 $q = 2mv_x^2$, 得到

$$p_W = Q(x_W, t) = \frac{2mn_0}{t} \int_{-\infty}^{0} v_x^2 \left(\frac{m}{2\pi k_{\mathrm{B}}T}\right)^{\frac{1}{2}} \cdot \exp\left[-\frac{m(x-x')^2}{2k_{\mathrm{B}}Tt^2}\right] \mathrm{d}x'$$

经过计算可得

$$p_W = k_{\mathrm{B}}Tn_0 \left[\mathrm{erfc}\left(\frac{x_W}{t}\sqrt{\frac{m}{2k_{\mathrm{B}}T}}\right) + \frac{x_W}{t}\sqrt{\frac{m}{\pi k_{\mathrm{B}}T}}\exp\left(-\frac{x_W^2 m}{2k_{\mathrm{B}}Tt^2}\right)\right]. \tag{4.16.14}$$

若 $x_W = 0$, 则 $p_W = k_{\mathrm{B}}Tn_0$, 这是平庸的结果. p_W 仍是 $\dfrac{x_W}{t}$ 的函数. 容易看出, p_W 随 $\dfrac{x_W}{t}$ 的增大而单调减小.

如果分子从一个表面反射之后并不是全部飞向无限远, 而是有可能重新回到这个表面, 那么当表面具有复杂的几何形状时, 问题就极其复杂. 设表面处于无碰撞气体流中, 单位时间内打在 S 处表面元 $\mathrm{d}S$ 上的直接来自气体流的分子数为 $N_1(S)\mathrm{d}S$. 记 $P(S', S)\mathrm{d}S'\mathrm{d}S$ 为从 S' 处表面元 $\mathrm{d}S'$ 上反射出来的粒子直接射到 S 处表面元 $\mathrm{d}S$ 上的概率, 它完全由表面的几何形状决定. 那么, 气体流的分子经表面一次反射后再次射到 S 处表面元 $\mathrm{d}S$ 上的数目为

$$N_2(S)\mathrm{d}S = \mathrm{d}S \int P(S', S)N_1(S')\mathrm{d}S',$$

类似地, 与表面元 $\mathrm{d}S$ 第三次相碰的粒子数为

$$N_3(S)\mathrm{d}S = \mathrm{d}S \int P(S', S)N_2(S')\mathrm{d}S',$$

如此等等. 因此, 在定态情况下, S 处单位表面元每单位时间所受的碰撞总数为

$$N(S) = N_1(S) + N_2(S) + N_3(S) + \cdots$$

$$= N_1(S) + \int P(S', S)\{N_1(S') + N_2(S') + \cdots\}\mathrm{d}S',$$

或

$$N(S) = N_1(S) + \int P(S', S)N(S')\mathrm{d}S'. \tag{4.16.15}$$

这是第二类 Fredholm 积分方程. 由这个例子看出, 无碰撞流向问题的复杂性, 主要来自边界条件的复杂性.

另一方面, 从 §2.2 的结果可见, 如果我们已知表面处的分布函数, 却不难得出定态情况下空间中无碰撞流的分布. 这一点只须注意定态情形下的方程 (4.16.3) 与真空无源情形下的方程 (2.2.9) 全同, 即不难理解.

§4.17*　过渡区中的 Boltzmann 方程

除了小 Knudsen 数和大 Knudsen 数两种极端情况之外, 二者之间的**过渡区**, 即 $\varepsilon = \dfrac{l_r}{l_0} \sim O(1)$ 的情况也常常遇到. 由于 ε 和 $\dfrac{1}{\varepsilon}$ 都不能看成小参量, 所以扰动法失效. 这时通常采用的近似方法是矩方程法、模方程法或 Monte Carlo 法. 当然, 这些方法也可以用于小 Knudsen 数和大 Knudsen 数两种极端情况, 但是它们主要在过渡区中应用. 为简单起见, 本节只讨论无外场的情况. 这时Boltzmann 方程 (4.2.13) 可以写成

$$\frac{\partial n}{\partial t} + \boldsymbol{v} \cdot \frac{\partial n}{\partial \boldsymbol{r}} = C(n, n). \tag{4.17.1}$$

1) 矩方程方法. 用分子速度的函数 $\psi_j(\boldsymbol{v})(j = 1, 2, \cdots, N, \cdots)$ 乘 (4.17.1) 式的两边, 并对速度 $\boldsymbol{v}$ 积分, 就得到一组方程

$$\frac{\partial}{\partial t} \int \psi_j(\boldsymbol{v}) n(\boldsymbol{r}, \boldsymbol{v}, t)\mathrm{d}\boldsymbol{v} + \frac{\partial}{\partial \boldsymbol{r}} \cdot \int \boldsymbol{v}\psi_j(\boldsymbol{v}) n(\boldsymbol{r}, \boldsymbol{v}, t)\mathrm{d}\boldsymbol{v}$$

$$= \int \psi_j(\boldsymbol{v}) C(n, n)\mathrm{d}v, j = 1, 2, \cdots, N, \cdots. \tag{4.17.2}$$

如果 $\{\psi_j\}$ 组成完备集, 那么 (4.17.2) 式就与 (4.17.1) 式等价. 通常无法同时求解无限多个互相耦合的方程, 因此只取其中有限个截断. 我们可以选取 $n(\boldsymbol{v})$ 为具有 N 个待定函数 $a_j(\boldsymbol{r}, t)$ 的形式, 然后取 N 个矩方程求解 N 个函数. 当 N 很大时, 可以期待所得的结果实际上与所作的任意选择无关. 但是, 我们希望以较小的 N 得到较

好的结果. 因此应当根据所考虑问题的性质选择合适的 $\psi_j(\boldsymbol{v})$. 不难看出, §4.15 中讨论激波层解的 Mott-Smith 方法和改进的 Salvin 方法都是特定的矩方程方法.

Grad 建议把 ψ_j 选为 3 维 Hermite 多项式

$$H^{(s)} = \frac{(-1)^s}{\omega} \left(\frac{\partial}{\partial \boldsymbol{v}}\right)^s \omega, \quad \omega = \frac{1}{(2\pi\theta)^{\frac{3}{2}}} e^{-v^2/2\theta},$$

其中记号 $\left(\dfrac{\partial}{\partial \boldsymbol{v}}\right)^s$ 表示 s 个 $\dfrac{\partial}{\partial \boldsymbol{v}}$ 算子的并. 显然 $H^{(s)}$ 是 s 秩对称张量, 有 $\dfrac{1}{2}(s+1)(s+2)$ 个独立分量. 假定

$$n = n^{(0)} \sum_{s=0}^{N} \frac{1}{s!} a_i^{(s)} H_i^{(s)}$$

其中 $n^{(0)}$ 是局域 Maxwell 分布, $a_i^{(s)}$ 是 s 秩对称张量, i 代表所有 s 个下标并采用求和规定. 从理论上说, 选择较大的 N 有利于提高结果的精确度, 但实际上随着 N 的增大, 计算量也急剧增大, 因此限制了过大 N 的选择. Grad 建议选择 13 个矩: $s = 0$ 时 1 个, $s = 1$ 时 3 个, $s = 2$ 时 6 个, 此外在 $s = 3$ 时选择其中的 3 个, 他强调指出, 当宏观变量在平均自由程的长度上变化不大时, 13 矩近似是有效的. 其实, 这一条件相当于要求 Knudsen 数不太大. 对于一些有必要考虑更多矩的问题, Grad 还建议了 20 矩方法, 也就是在 13 矩以外, 再增加 $a^{(3)}$ 中的其余 7 个矩.

对于 Maxwell 分子, 矩方程方法有显然的长处, 因为 (4.17.2) 式右边出现的矩总不比左边高. 这意味着在空间均匀的情况下只须求解常微分方程就可以充分准确地计算分布函数的时间演变.

与矩方程方法密切相关的是离散纵标法. 这方法中, 选择一种划分, 把速度空间分成 N 个区域 $\Delta\boldsymbol{v}_i, i = 1, 2, \cdots, N$, 认为每一组速度都用相应区域 $\Delta\boldsymbol{v}_i$ 内的某一特定速度 $\boldsymbol{v}_i$ 代表, 并用 $\psi_i = \delta(\boldsymbol{v} - \boldsymbol{v}_i)\Delta\boldsymbol{v}_i$ 作为基, 于是矩方程 (4.17.2) 就成为一组 $n_i(\boldsymbol{r}, t)$ 的方程, 这里

$$n_i(\boldsymbol{r}, t) = \int \psi_i n(\boldsymbol{r}, \boldsymbol{v}, t)\mathrm{d}\boldsymbol{v} = n(\boldsymbol{r}, \boldsymbol{v}_i, t)\Delta\boldsymbol{v}_i.$$

解这一组微分方程, 就可求得近似的分布函数.

2) 模方程方法. 这种方法是将 Boltzmann 方程的碰撞项用某种**模型碰撞项**来代替. 模型碰撞项应当选得比较容易处理, 但必须保留原来碰撞项的基本性质, 这些性质至少应当包括: (i) 具有相同的碰撞不变量, 即保持原来碰撞过程的守恒定律不变; (ii) 保证所得到的方程仍然满足 Boltzmann 的 H 定理, 使方程描述的过程仍然不可逆. 也就是说, 模型碰撞项 $M(n)$ 至少应当满足:

$$\int \psi_\alpha M(n)\mathrm{d}\boldsymbol{v} = 0, \alpha = 0, 1, 2, 3, 4; \tag{4.17.3}$$

$$\int M(n)\ln n \mathrm{d}\boldsymbol{v} \leqslant 0. \tag{4.17.4}$$

其中 ψ_α 是基本碰撞不变量.

最简单的模型碰撞项是所谓的**BGK 模**:

$$M(n) = \nu[n_e(\boldsymbol{v}) - n(\boldsymbol{v})], \quad \nu > 0 \tag{4.17.5}$$

其中 $n_e(\boldsymbol{v})$ 是局域 Maxwell 分布, ν 是与 $\boldsymbol{v}$ 无关的常数. $n_e(\boldsymbol{v})$ 中有 5 个标参量 $\rho, \boldsymbol{c}, T$, 它们由条件 (4.17.3) 决定, 即

$$\int \psi_\alpha n_e(\boldsymbol{v})\mathrm{d}\boldsymbol{v} = \int \psi_\alpha n(\boldsymbol{v})\mathrm{d}\boldsymbol{v}.$$

容易证明 (4.17.5) 式满足条件 (4.17.4). 事实上

$$\int M(n)\ln n \mathrm{d}\boldsymbol{v} = \int M(n)\ln \frac{n}{n_e}\mathrm{d}\boldsymbol{v} + \int M(n)\ln n_e \mathrm{d}\boldsymbol{v}$$

$$= \nu \int [n_e(\boldsymbol{v}) - n(\boldsymbol{v})]\ln \frac{n}{n_e}\mathrm{d}\boldsymbol{v} \leqslant 0$$

其中用到 (4.17.3) 式. 利用 BGK 模的好处是, 任何问题都可以归结为宏观变量 $\rho, \boldsymbol{c}, T$ 的方程. 这些方程仍然是非线性的, 但便于用数值求解.

在讨论气体输运过程时, 常常用到**Prandtl 数**Pr, 它定义为

$$Pr = \frac{\mu c_p}{\kappa} \tag{4.17.6}$$

式中 μ 是黏性系数, c_p 是定压比热, κ 是热导率. 对于单原子分子气体, 用 BGK模方程计算得到 $Pr = 1$, 但是从 Boltzmann 方程和从实验都得到 $Pr = \dfrac{2}{3}$. 为了用模方程得到正确的 Prandtl 数, 必须在碰撞模中引进更多的参量. 若把 (4.17.5) 式中的 $n_e(\boldsymbol{v})$ 改成各向异性的 Gauss 分布, 即

$$n_{es}(\boldsymbol{v}) = \frac{n_0}{\pi^{\frac{3}{2}}}\sqrt{\det A}\exp(-A_{ij}V_iV_j), \tag{4.17.7}$$

其中 $V_i = v_i - c_i$ 是特有速度的分量, A_{ij} 是个对称张量, 就得到**椭球统计模**ES. (4.17.7) 式中共有 10 个待定参量, 即 $\rho, \boldsymbol{c}$ 和 A_{ij}, 因此可以调整到使 $M(n) = \nu[n_{es}(\boldsymbol{v}) - n(\boldsymbol{v})]$ 与 $C(n, n)$ 具有 10 个相同的矩. 如果取 $A_{ij} = \dfrac{m}{2k_\mathrm{B}T}\delta_{ij}$, 则又回到了 BGK 模.

理论上还可以建立具有更多待定参量的模, 使 $M(n)$ 与 $C(n, n)$ 有更多的矩相等. 但是, 由于模的形式太复杂, 实用价值不大, 事实上, ES 模是否满足 (4.17.4) 式, 现在就无法证明.

3) Monte Carlo 方法. §3.10 及 §3.11 中曾讨论过 Monte Carlo 方法的基本原理及其在输运理论问题上的应用. 现在讨论如何利用 Monte Carlo 方法借助计算机直接模拟分子运动和碰撞的过程. 一般说, 这样作时应当先根据系统的对称性尽量简化问题, 使要模拟的范围减小. 然后把必须处理的部分位形空间分成体积为 Δr 的小网格, 在 Δr 的线度内分布函数 n 不应当有明显改变. 在空间不同区域, Δr 的大小和形状也可以根据问题的性质作不同选择. 同样, 时间也可以以 Δt_m 为步长进行离散化. 对 Δr 和 Δt_m 的限制, 以后还会提到. 给定被模拟分子的总数 N, 从给定的初始分布抽样, 赋予每个分子以一定的位置和速度, 于是这 N 个分子被分别放入各个网格, 用 N_j 表示网格 j 里的分子数. 按照目前通用计算机的运算速度和存储量, N 的典型数量级约选择为几千, N_j 为 30 左右. 也就是说, 利用对称性简化以后的系统大约有近百个网格. 在给定了初值之后, 就要在计算机上模拟以下两个过程:

(i) 在 Δt_m 时间内, 每个样本分子按自己的速度运动相应的距离, 达到新的网格. 如果运动中遇到了系统的对称线或对称面, 就要相应地改变速度的方向; 如果遇到了边界, 就要按照边界条件决定分子所受的作用而改变分子的速度. 最后. 要给所有的分子重新编号.

(ii) 讨论 Δt_m 时间内的碰撞过程, 事实上这段时间与过程 (i) 所经历的时间是重合的, 但不得不分成两步来模拟. 碰撞只在同一网格里的两个分子之间才可能发生, 不同网格里的分子不相碰撞. 由于我们对同一网格里的分子位置不加区分, 所以它们中任意两个都可以发生碰撞. 下面详细地讨论这一点.

跟踪一个特定的分子. 它在 Δt_m 时间内与速度为 v 的分子发生碰撞的概率是 $u\sigma_t n(v)\Delta t_m$, 其中 σ_t 由 (4.6.18) 式给出. 因此, 在 Δt_m 内一个网格中的总碰撞次数为

$$N_t = \frac{N_j}{2}\pi W_{0m}^2 \left(\frac{\kappa}{m_r}\right)^{\frac{2}{\eta-1}} n_0 \cdot u^{\overline{\frac{\eta-5}{\eta-1}}} \cdot \Delta t_m, \tag{4.17.8}$$

其中 n_0 是单位体积中的分子数, 系数 $\frac{1}{2}$ 是为纠正每次分子碰撞涉及两个分子所造成的重复计数. 指定的两个分子发生碰撞的概率正比于 $u^{\frac{\eta-5}{\eta-1}}$, 因此可以按这个概率分布挑选碰撞分子对, 直到网格里发生的碰撞总数达到 N_t 就可以了. 但是, 除了 Maxwell 分子之外, N_t 都不易计算. 如果我们认为相继两次碰撞间的时间间隔为

$$\Delta t_c = \frac{2}{N_j} \cdot \frac{1}{\pi W_{0m}^2 \left(\dfrac{\kappa}{m_r}\right)^{2/(\eta-1)} n_0 u^{\frac{\eta-5}{\eta-1}}} \tag{4.17.9}$$

那么当 Δt_c 累积总时间达到 Δt_m 时, 就可以认为这个网格里的碰撞过程已计算完毕. 可以证明这两种考虑是等价的. 事实上, 由于网格里分子总数为 N_j, 所以全部可

能的碰撞对有

$$N_p = \frac{1}{2}N_j(N_j - 1)$$

种, 而 u 有 N_p 个可能的值 $u_s(s = 1, 2, \cdots, N_p)$. 设 u_0 是某个固定的参考值, 在 Δt 时间内相对速率 u_0 的一对分子发生碰撞的概率为 P; 那么相对速率 u_s 的一对分子发生碰撞的概率就是

$$P \cdot \left(\frac{u_s}{u_0}\right)^{\frac{\eta-5}{\eta-1}}.$$

在 Δt 时间内发生的总碰撞数, 是上式对 s 求和

$$\sum_{s=1}^{N_p} P \cdot \left(\frac{u_s}{u_0}\right)^{\frac{\eta-5}{\eta-1}} = \frac{P}{u_0^{\frac{\eta-5}{\eta-1}}}\sum_{s=1}^{N_p} u_s^{\frac{\eta-5}{\eta-1}} = \frac{P}{u_0^{\frac{\eta-5}{\eta-1}}} \cdot \overline{u^{\frac{\eta-5}{\eta-1}}} N_p. \tag{4.17.10}$$

如果认为两次相继碰撞的时间间隔是 (4.17.9) 式给出的 Δt_c, 那么发生 (4.17.10) 式那么多碰撞用的总时间就是

$$\Delta t = \sum_{s=1}^{N_p} P \cdot \left(\frac{u_s}{u_0}\right)^{\frac{\eta-5}{\eta-1}} \Delta t_c\Big|_{u=u_s} = P\frac{2}{N_j}\frac{N_p}{\pi W_{0m}^2 \left(\dfrac{\kappa}{m_r}\right)^{2/(\eta-1)} n_0 u_0^{\frac{\eta-5}{\eta-1}}}$$

用这个式子去除 (4.17.10) 式, 得到每单位时间的碰撞次数为

$$\frac{N_j}{2}\pi W_{0m}^2 \left(\frac{\kappa}{m_r}\right)^{\frac{2}{\eta-1}} n_0 \overline{u^{\frac{\eta-5}{\eta-1}}}.$$

它与 (4.17.8) 式一致.

　　等每个网格里的碰撞都计算过之后, 时间就推进了 Δt_m. 依次计算每一个时间步长内的迁移和碰撞, 经过若干个步长之后, 可以根据样本的状态计算一次流体力学量或分布函数的某些矩, 以便了解时间演变的情况. 直到分布函数在给定的精确程度内不再改变, 对于这组样本的模拟过程就算完成了.

　　但是计算并没有结束. 对于给定的初始条件, 还要重新通过抽样给样本分子以初始值, 重复上述计算. 在多次重复之后取平均值, 才可以认为是给出了 Boltzmann 方程的近似数值解.

　　初看起来, N 越大越好, Δt_m 和 Δr 越小越好. 但是, 除去计算机的容量和计算能力的限制之外, 还要考虑到一些限制因素. 一是 Δr_j 不能太小, 否则一个网格里的分子数 N_j 太少, 会使一个 Δt_c 就超过了 Δt_m, 于是碰撞过程就无法计算了. 二是 Δt_m 不能太小, 否则在 Δt_m 时间内几乎所有分子都来不及运动到其他网格中去, 于是迁移过程就无法计算了.

　　从上面的叙述可以看出, 这种直接模拟方法不是就 Boltzmann 方程的解法讨论, 而是模拟该方程所描述的物理过程. 由于这个物理过程含有随机的性质, 因此用 Monte Carlo 方法来模拟它就显得很自然. 至于模拟物理过程得到的解是否一定与 Boltzmann 方程的解一致, 这个问题还没有得到数学上严格的彻底证明. 但是实际上在计算误差范围内, 人们得到的结果还是一致的.

第五章　Fokker-Planck 方程

§5.1　随机过程中的 Fokker-Planck 方程

在这一章里, 我们从稍微不同的角度来讨论输运现象. 我们知道, 输运方程在给定的初始条件及边界条件下的解反映系统状态随时间的变化. 对于相当广泛的一类输运现象, 如果给定了系统在某一时刻的状态, 那么它在这一时刻以后的演变就与它以前的历史无关. 这类过程在随机过程理论中被称为 Markov 过程. 现在, 我们就从 Markov 过程理论的角度来探讨输运现象.

用 $\{x\} = \{x_1, x_2, \cdots, x_s\}$ 表示系统的一个状态, $\{x\}$ 取值范围 R 称为状态空间, $P(\{x\}, t)\mathrm{d}^s x$ 表示 t 时刻系统处于状态 $\{x\}$ 附近 $\mathrm{d}^s x$ 内的概率. 假定有归一化条件

$$\int_{\{x\} \in R} P(\{x\}, t)\mathrm{d}^s x = 1 \tag{5.1.1}$$

例如, 设有一个重粒子悬浮在由轻粒子组成的气体或液体中, 当我们考察这个重粒子沿 x 轴的位移 $x(t)$ 时, 如果轻粒子气体或液体总是处于平衡态, 那么系统的状态就可以只用一个变量 x 来表示. 设 x 的取值范围是从 $-\infty$ 到 ∞, 那么 (5.1.1) 式就可以写成

$$\int_{-\infty}^{\infty} P(x, t)\mathrm{d}x = 1. \tag{5.1.2}$$

又如, 在由 N 个单原子分子组成的气体中, 系统的状态应当由每个分子的坐标与速度来描述, 所以概率分布函数的宗量应当包括 $\boldsymbol{r}_1, \boldsymbol{v}_1, \cdots, \boldsymbol{r}_N, \boldsymbol{v}_N$ 及 t. 但是, 如果各分子之间统计独立, 就可以把总分布函数写成每一个分子的分布函数之积. 对于由全同粒子组成的系统, 我们只需讨论其中任一个粒子的概率分布函数 $P(\{x\}, t)$, 其中 $\{x\} = \{x, y, z, v_x, v_y, v_z\}$ 有 6 个分量. 考虑到归一化条件 (5.1.1) 的要求, 可见 $P(\{x\}, t)$ 就是 §1.3 中引进过的单粒子分布函数 $f(\boldsymbol{r}, \boldsymbol{v}, t)$:

$$P(\{x\}, t) = f(\boldsymbol{r}, \boldsymbol{v}, t) = \frac{1}{N} n(\boldsymbol{r}, \boldsymbol{v}, t). \tag{5.1.3}$$

对于 Markov 过程, 概率分布函数 $P(\{x\}, t)$ 的演化方程总可以写成如下形式:

$$\frac{\partial P(\{x\}, t)}{\partial t} = \int [-P(\{x\}, t)W(\{x\}, \{x'\}, t) + P(\{x'\}, t)W(\{x'\}, \{x\}, t)]\mathrm{d}^s x', \tag{5.1.4}$$

其中 $W(\{x\},\{x'\},t)\mathrm{d}^s x'\mathrm{d}t$ 表示系统在 $\mathrm{d}t$ 时间内从状态 $\{x\}$ 跃迁到 $\{x'\}$ 附近 $\mathrm{d}^s x'$ 之内的概率. 对于**Markov 过程**, 这种跃迁概率只与 $\{x\},\{x'\},t$ 有关而与系统的 "历史" 无关. $\mathrm{d}t$ 应当是适当的时间间隔, 例如对于气体而言, 它应当足够长, 使一粒子可以经受多次碰撞; 又足够短, 使气体的状态变化不大. 方程 (5.1.4) 常被称为**主方程**, 它右边积分的第一部分就是在单位时间内从 $\{x\}$ 离去的概率, 而第二部分是在单位时间内到达 $\{x\}$ 的概率.

记 $\xi_i = x_i' - x_i$, 并把 $W(\{x\},\{x'\},t)$ 改写成 $W(\{x\};\{\xi\},t)$, 那么被积函数就是

$$-P(\{x\},t)W(\{x\};\{\xi\},t) + P(\{x+\xi\},t) \times W(\{x+\xi\};\{-\xi\},t),$$

由于 $\{\xi\}$ 是积分变量, 所以不妨把第二项中的 ξ_i 全部变号, 于是被积函数可改写成

$$-P(\{x\},t)W(\{x\};\{\xi\},t) + P(\{x-\xi\},t) \times W(\{x-\xi\};\{\xi\},t).$$

把第二项 $P(\{x-\xi\},t)W(\{x-\xi\};\{\xi\},t)$ 看成是

$$P(\{x\},t)W(\{x\};\{\xi\},t)$$

中变量 $\{x\}$ 变到 $\{x-\xi\}$ 而得来, 那么被积函数展开后就成为 (注意对相同脚标从 1 到 s 求和!)

$$\sum_{n=1}^{\infty} \frac{(-1)^n}{n!} \xi_{i_1}\xi_{i_2}\cdots\xi_{i_n} \frac{\partial}{\partial x_{i_1}}\frac{\partial}{\partial x_{i_2}}\cdots\frac{\partial}{\partial x_{i_n}} \times [P(\{x\},t)W(\{x\};\{\xi\},t)],$$

而 (5.1.4) 式变成

$$\frac{\partial P(\{x\},t)}{\partial t} = \sum_{n=1}^{\infty}(-1)^n \frac{\partial}{\partial x_{i_1}}\cdots\frac{\partial}{\partial x_{i_n}} \times [D_{i_1\cdots i_n}^{(n)}(\{x\},t)P(\{x\},t)], \qquad (5.1.5)$$

其中

$$D_{i_1\cdots i_n}^{(n)}(\{x\},t) = \frac{1}{n!}\int \xi_{i_1}\cdots\xi_{i_n}W(\{x\};\{\xi\},t)\mathrm{d}^s\xi. \qquad (5.1.6)$$

展开式 (5.1.5) 称为主方程的**Kramers-Moyal 展开**; 而 (5.1.6) 式中的系数 $D_{i_1\cdots i_n}^{(n)}$ $(\{x\},t)$ 称为**Kramers-Moyal 展开系数**.

如果在 (5.1.5) 式右边只保留级数的前两项, 并且记

$$A_i = D_i^{(1)}, \qquad B_{ij} = 2D_{ij}^{(2)} \qquad (5.1.7)$$

那么方程便可写成

$$\frac{\partial P(\{x\},t)}{\partial t} = -\frac{\partial}{\partial x_i}[A_i(\{x\},t)P(\{x\},t)]$$

$$+\frac{1}{2}\frac{\partial^2}{\partial x_i \partial x_j}[B_{ij}(\{x\},t)P(\{x\},t)]. \tag{5.1.8}$$

这方程称为 **s变量的 Fokker-Planck 方程.** 由 (5.1.6) 式可以看出 $D_{ij}^{(2)}$(因而 B_{ij}) 是一个半正定的实对称矩阵. 当 $s=1$ 时, (5.1.5) 式和 (5.1.8) 式的形式最简单, 这时主方程是

$$\frac{\partial P(x,t)}{\partial t}=\sum_{n=1}^{\infty}\left(-\frac{\partial}{\partial x}\right)^n[D^{(n)}(x,t)P(x,t)]; \tag{5.1.9}$$

而 Fokker-Planck方程是

$$\frac{\partial P(x,t)}{\partial t}=-\frac{\partial}{\partial x}[A(x,t)P(x,t)]+\frac{1}{2}\frac{\partial^2}{\partial x^2}[B(x,t)P(x,t)], \tag{5.1.10}$$

其中 $B(x,t)\geqslant 0$.

应当特别注意, (5.1.5) 式与 (5.1.8) 式, 或 (5.1.9) 式与 (5.1.10) 式并不完全等价. 在什么情况下可以略去高阶导数, 这是一个相当复杂的问题. 因此关于主方程和 Fokker-Planck 方程的关系问题, 至今没有完全讨论清楚, 从直观上说, 如果跃迁概率 $W(\{x\};\{\xi\},t)$ 在 $\xi_i=0$ 附近有一个尖锐的峰, 而当 $|\xi_i|$ 增大时 W 很快地下降到零, 那么至少可以期待Fokker-Planck 方程与相应主方程可以给出许多定性一致的结论.

在关于主方程右边应当保留多少项这个问题上, **Pawula 定理**给出了一个有趣的结论. 这个定理断言: 为保证概率分布函数 $P(x,t)$ 为正或零, 主方程 (5.1.9) 的右边可以只保留一项至两项, 否则必须保留无穷多项.

为证明 Pawula 定理, 需要**推广的 Schwartz 不等式**:

$$\left[\int f(x)g(x)P_t(x)\mathrm{d}x\right]^2\leqslant \int [f(x)]^2 P_t(x)\mathrm{d}x\times\int [g(x)]^2 P_t(x)\mathrm{d}x; \tag{5.1.11}$$

其中 $P_t(x)\geqslant 0$ 是归一化了的分布函数. (5.1.11) 式容易从明显的不等式

$$\iint [f(x)g(y)-f(y)g(x)]^2 P_t(x)P_t(y)\mathrm{d}x\mathrm{d}y\geqslant 0$$

得出. 设 $t=\tau$ 时分布函数为

$$P(x,t=\tau)=\delta(x-x_0),$$

而以 t 时刻的分布函数 $P(x,t)$ 作为 (5.1.11) 式中的 $P_t(x)$, 并取

$$f(x)=(x-x_0)^\nu, \qquad g(x)=(x-x_0)^{\nu+\mu},$$

$$\nu=0,1,2,\cdots \qquad \mu=0,1,2,\cdots.$$

记

$$M_\mu = M_\mu(x_0, t) = \int (x - x_0)^\mu P_\mathrm{t}(x)\mathrm{d}x,$$
$$\mu = 0, 1, 2, \cdots. \tag{5.1.12}$$

那么从 (5.1.11) 式就得到

$$M_{2\nu+\mu}^2 \leqslant M_{2\nu} M_{2\nu+2\mu}. \tag{5.1.13}$$

注意到 $W(x; \xi, t)$ 的定义, 可知

$$W(x_0; \xi, \tau) = \frac{\partial P_\mathrm{t}(x_0 + \xi)}{\partial t}\Big|_{t=\tau}; \tag{5.1.14}$$

又因为除 $\xi = 0$ 一点外, $P_\mathrm{t}(x_0 + \xi)|_{t=\tau} = 0$, 所以

$$P_\mathrm{t}(x_0 + \xi) = W(x_0; \xi, \tau)(t - \tau) + O((t - \tau)^2), \quad \xi \neq 0. \tag{5.1.15}$$

由此可以得出

$$M_\mu = \mu! D^{(\mu)} \cdot (t - \tau) + O((t - \tau)^2), \tag{5.1.16}$$

其中用到了 (5.1.12) 和 (5.1.6) 式.

现在, 我们来看 $\mu \geqslant 1, \nu \geqslant 1$ 的情形. 将 (5.1.16) 式代入 (5.1.13) 式并用 $(t-\tau)^2$ 除得到的不等式, 然后取 $t \to \tau$ 的极限, 便得到

$$[(2\nu + \mu)! D^{(2\nu+\mu)}]^2 \leqslant (2\nu)!(2\nu + 2\mu)! D^{(2\nu)} D^{(2\nu+2\mu)}. \tag{5.1.17}$$

如果 $D^{(2\nu)} = 0$, 则 $D^{(2\nu+\mu)} = 0$; 所以从 $D^{(2\nu)} = 0$ 可以推知 $D^{(2\nu+1)} = D^{(2\nu+2)} = \cdots = 0$. 反过来, 若有 $D^{(2\nu+2\mu)} = 0$, 那么从 (5.1.17) 式知 $D^{(2\nu+\mu)} = 0$; 所以 $\tilde{\nu} \geqslant 2$ 时, 从 $D^{(2\tilde{\nu})} = 0$ 可以推知 $D^{(2\tilde{\nu}-1)} = D^{(2\tilde{\nu}-2)} = \cdots = D^{(\tilde{\nu}+1)} = 0$. 从以上讨论可以得到: 若存在一个 $\nu_0 \geqslant 1$, 使 $D^{(2\nu_0)} = 0$, 则对所有 $n \geqslant 3$ 有 $D^{(n)} = 0$. 这就证明了 Pawula 定理.

Pawula 定理说明在 $n \geqslant 3$ 处截断方程 (5.1.9) 的右边会导致负的概率分布函数. 但是, 这并不等于说在 $n \geqslant 3$ 处截断的方程 (5.1.9) 没有价值, 因为尽管概率分布函数在某些地方有负值, 但是这些负值可能几乎是零, 而在适当的 n 处截断时所得的分布函数可以比在 $n = 2$ 处截断所得的更接近精确结果. 另外, 还要指出, 虽然我们只就一维状态空间表述了和证明了 Pawula 定理, 但它完全可以推广到高维的情况.

在 Fokker-Planck 方程的讨论中, 通常称 A_i 为**漂移矢量**, B_{ij} 为**扩散张量**. 如果 A_i 或 B_{ij} 与分布函数 P 有关, 则 (5.1.8) 式被称为**非线性的**Fokker-Planck方程. 如果 A_i 和 B_{ij} 都与 P 无关, 则 (5.1.8) 式就是**线性 Fokker-Planck 方程.** 如果称

$$S_i = A_i P(\{x\}, t) - \frac{1}{2} \frac{\partial}{\partial x_j}[B_{ij} P(\{x\}, t)] \tag{5.1.18}$$

为**概率流密度 (或简称概率流) 矢量**, 那么 (5.1.8) 式也可以写成概率守恒的连续性方程形式:

$$\frac{\partial P}{\partial t} = -\frac{\partial S_i}{\partial x_i}. \tag{5.1.19}$$

§5.2 Boltzmann 碰撞项的简化

上节所阐述的方法可以用于简化 Boltzmann 方程的碰撞项, 即在一定条件下, 可以把碰撞项 $\left(\dfrac{\partial n}{\partial t}\right)_{\text{c}}$ 对于每次碰撞中速度的改变量展开并保留到二阶为止, 从而得到 Fokker-Planck 方程. 为了使结论更有普遍性, 考虑 s 个组分的气体, Boltzmann 方程可以写成

$$\frac{\partial n^{(\nu)}}{\partial t} + \boldsymbol{v}^{(\nu)} \cdot \frac{\partial n^{(\nu)}}{\partial \boldsymbol{r}^{(\nu)}} + \frac{\boldsymbol{F}^{(\nu)}}{m^{(\nu)}} \cdot \frac{\partial n^{(\nu)}}{\partial \boldsymbol{v}^{(\nu)}} = \left(\frac{\partial n^{(\nu)}}{\partial t}\right)_{\text{c}}, \qquad \nu = 1, 2, \cdots, s;$$

而碰撞项为

$$\left(\frac{\partial n^{(\nu)}}{\partial t}\right)_{\text{c}} = \sum_{\mu=1}^{s} \iint \mathrm{d}\boldsymbol{w}^{(\mu)} \mathrm{d}\hat{\boldsymbol{u}}'^{(\nu\mu)} u^{(\nu\mu)} \sigma^{(\nu\mu)} [n^{(\nu)}(\boldsymbol{v}'^{(\nu)})$$
$$\times n^{(\mu)}(\boldsymbol{w}'^{(\mu)}) - n^{(\nu)}(\boldsymbol{v}^{(\nu)}) n^{(\mu)}(\boldsymbol{w}^{(\mu)})];$$

其中附标 ν 或 μ 表示所考虑的粒子属于组分 ν 或 μ, 而

$$\boldsymbol{u}^{(\nu\mu)} = \boldsymbol{v}^{(\nu)} - \boldsymbol{w}^{(\mu)}, \qquad u^{(\nu\mu)} = |\boldsymbol{u}^{(\nu\mu)}|,$$
$$\boldsymbol{u}'^{(\nu\mu)} = \boldsymbol{v}'^{(\nu)} - \boldsymbol{w}'^{(\mu)}.$$

仿 (5.1.3) 式引入概率分布函数

$$P^{(\nu)}(\boldsymbol{r}^{(\nu)}, \boldsymbol{v}^{(\nu)}, t) = \frac{1}{N^{(\nu)}} n^{(\nu)}(\boldsymbol{r}^{(\nu)}, \boldsymbol{v}^{(\nu)}, t), \qquad \nu = 1, 2, \cdots, s \tag{5.2.1}$$

其中 $N^{(\nu)}$ 是粒子 ν 的总数. 用 $P^{(\nu)}$ 可以把 Boltzmann 方程改写为

$$\frac{\partial P^{(\nu)}}{\partial t} + v_i^{(\nu)} \frac{\partial P^{(\nu)}}{\partial x_i^{(\nu)}} + \frac{F_i^{(\nu)}}{m^{(\nu)}} \frac{\partial \boldsymbol{P}^{(\nu)}}{\partial v_i^{(\nu)}} = \left(\frac{\partial P^{(\nu)}}{\partial t}\right)_{\text{c}}, \qquad \nu = 1, 2, \cdots, s. \tag{5.2.2}$$

其中对重复拉丁字母下标 i 从 1 到 3 求和, 而

$$\left(\frac{\partial P^{(\nu)}}{\partial t}\right)_{\text{c}} = \sum_{\mu=1}^{s} N^{(\mu)} \iint \mathrm{d}\boldsymbol{w}^{(\mu)} \mathrm{d}\hat{\boldsymbol{u}}'^{(\nu\mu)} u^{(\nu\mu)} \sigma^{(\nu\mu)} [P^{(\nu)}(\boldsymbol{v}'^{(\nu)})$$
$$\times P^{(\mu)}(\boldsymbol{w}'^{(\mu)}) - P^{(\nu)}(\boldsymbol{v}^{(\nu)}) P^{(\mu)}(\boldsymbol{w}^{(\mu)})]. \tag{5.2.3}$$

以下在不致发生误解的地方, 将省略希腊字母附标 ν, μ.

假设粒子间作用力程为 d, 粒子间平均距离为 δ. 按照 §4.1 中推导 Boltzmann 方程时的要求, 必须有 $d \ll \delta$ 的条件才能忽略粒子间三体及三体以上的碰撞. 对于稀薄的刚球分子气体, 这一要求当然可以满足, 但对于以幂反比中心力

$$F = \frac{\kappa}{r^\eta} \quad (\eta > 0) \tag{5.2.4}$$

相互作用的粒子系统, 严格地说, $d \to \infty$, 所以 $d \ll \delta$ 的要求不能满足.

另外, 当粒子间发生两体碰撞时, 偏转角 χ 的大小可以取 0 到 π 之间的某一值. 如果打算将碰撞项按碰撞中粒子速度的改变量来展开, 将只能考虑小角度散射的情形. 例如, 以 χ_M 作为标准, 认为 $\chi > \chi_M$ 的散射是大角度散射, $\chi \leqslant \chi_M$ 的散射是小角度散射. 那么, 对于幂反比中心力相互作用, 碰撞项就应当分成三部分来讨论.

$$\left(\frac{\partial P}{\partial t}\right)_c = \left(\frac{\partial P}{\partial t}\right)_{c1} + \left(\frac{\partial P}{\partial t}\right)_{c2} + \left(\frac{\partial P}{\partial t}\right)_{c3} \tag{5.2.5}$$

其中第一项是大角度散射的贡献, 第二项是小角度散射的贡献, 第三项是多体碰撞的贡献. 三者的界限虽不十分严格, 但大致可按碰撞的瞄准距离 b 来区别. 将散射角为 χ_M 时的瞄准距离记为 b_M, 那么就有:

$$0 \leqslant b < b_M, \qquad \textbf{大角度散射};$$
$$b_M \leqslant b < \delta, \qquad \textbf{小角度散射};$$
$$\delta \leqslant b, \qquad \textbf{多体碰撞}.$$

如果用散射角 χ 来区别, 将瞄准距离大约为 δ 时的散射角记为 χ_m, 则

$$\chi_M < \chi \leqslant \pi, \qquad \text{大角度散射};$$
$$\chi_m < \chi \leqslant \chi_M, \qquad \text{小角度散射};$$

多体碰撞时没有确定的散射角. χ_m 和 χ_M 通常与相对速度有关.

(5.2.5) 式中反映多体碰撞的项显然不能写成 (5.2.3) 式的形状. 一种可能的处理方式是认为任一粒子都在其余粒子所产生的平均场中运动. 如果这样处理, 这一项就应当移到 (5.2.2) 式的左边, 并入左边第三项之中. 第七章中将要讨论的 Vlasov 方程就是这样处理的. (5.2.5) 式中反映二体碰撞的两项, 不论是大角度散射还是小角度散射, 都可以写成 (5.2.3) 式的形状. 下面让我们来简化小角度散射的部分:

$$\left(\frac{\partial P^{(\nu)}}{\partial t}\right)_{c2} = \sum_{\mu=1}^{s} N^{(\mu)} \int \mathrm{d}\boldsymbol{w}^{(\mu)} \int_{\chi_m}^{\chi_M} \mathrm{d}\chi \int_0^{2\pi} \mathrm{d}\varepsilon u^{(\nu\mu)} \sigma^{(\nu\mu)}$$
$$\times \sin\chi \cdot [P^{(\nu)}(\boldsymbol{v}'^{(\nu)}) P^{(\mu)}(\boldsymbol{w}'^{(\mu)})$$

$$-P^{(\nu)}(\boldsymbol{v}^{(\nu)})P^{(\mu)}(\boldsymbol{w}^{(\mu)})]. \tag{5.2.6}$$

设 $\varphi(\boldsymbol{v}^{(\nu)})$ 是 $\boldsymbol{v}^{(\nu)}$ 的任意光滑的试验函数. 由于附标 μ 总属于 $\boldsymbol{w}$ 和 N, 附标 ν 总属于 $\boldsymbol{v}$, 所以可省略附标 ν, μ 不写. 考虑积分

$$J \equiv \int \mathrm{d}\boldsymbol{v}^{(\nu)} \varphi(\boldsymbol{v}^{(\nu)}) \left(\frac{\partial P^{(\nu)}}{\partial t}\right)_{c2} = \varSigma N \int \mathrm{d}\boldsymbol{v} \int \mathrm{d}\boldsymbol{w} \int_{\chi_m}^{\chi_M} \mathrm{d}\chi \int_0^{2\pi} \mathrm{d}\varepsilon u\sigma \sin\chi$$

$$\times [P(\boldsymbol{v}')P(\boldsymbol{w}') - P(\boldsymbol{v})P(\boldsymbol{w})]\varphi(\boldsymbol{v}). \tag{5.2.7}$$

用 §4.4 的方法, 可以把 (5.2.7) 式改写成 (省略积分限不写)

$$J = \varSigma N \iiiint [\varphi(\boldsymbol{v}') - \varphi(\boldsymbol{v})]P(\boldsymbol{v})P(\boldsymbol{w}) \times u\sigma \sin\chi \mathrm{d}\boldsymbol{v}\mathrm{d}\boldsymbol{w}\mathrm{d}\chi\mathrm{d}\varepsilon. \tag{5.2.8}$$

将 $\varphi(\boldsymbol{v}')$ 展开为

$$\varphi(\boldsymbol{v}') = \varphi(\boldsymbol{v}) + (v_i' - v_i)\frac{\partial\varphi}{\partial v_i} + \frac{1}{2}(v_i' - v_i)(v_j' - v_j)$$

$$\times \frac{\partial^2\varphi}{\partial v_i \partial v_j} + O(|\boldsymbol{v}' - \boldsymbol{v}|^3), \tag{5.2.9}$$

将 (5.2.9) 式代入 (5.2.8) 式, 可以得到

$$J = \int \left[A_i(\boldsymbol{v})\frac{\partial\varphi}{\partial v_i} + \frac{1}{2}B_{ij}(\boldsymbol{v})\frac{\partial^2\varphi}{\partial v_i \partial v_j}\right] P(\boldsymbol{v})\mathrm{d}\boldsymbol{v}, \tag{5.2.10}$$

其中 A_i 和 B_{ij} 在写出附标 ν, μ 时有

$$A_i^{(\nu)}(\boldsymbol{v}^{(\nu)}) = \sum_{\mu=1}^s N^{(\mu)} \iiint (v_i'^{(\nu)} - v_i^{(\nu)})P^{(\mu)}(\boldsymbol{w}^{(\mu)}) \times u^{(\nu\mu)}\sigma^{(\nu\mu)} \sin\chi \mathrm{d}\boldsymbol{w}^{(\mu)}\mathrm{d}\chi\mathrm{d}\varepsilon, \tag{5.2.11}$$

$$B_{ij}^{(\nu)}(\boldsymbol{v}^{(\nu)}) = \sum_{\mu=1}^s N^{(\mu)} \iiint (v_i'^{(\nu)} - v_i^{(\nu)})(v_j'^{(\nu)} - v_j^{(\nu)})$$

$$\times P^{(\mu)}(\boldsymbol{w}^{(\mu)})u^{(\nu\mu)}\sigma^{(\nu\mu)} \sin\chi \mathrm{d}\boldsymbol{w}^{(\mu)}\mathrm{d}\chi\mathrm{d}\varepsilon, \tag{5.2.12}$$

经过分部积分, (5.2.10) 式化为

$$J = \int \varphi(\boldsymbol{v}) \left[-\frac{\partial}{\partial v_i}(A_i P) + \frac{1}{2}\frac{\partial^2}{\partial v_i \partial v_j} \times (B_{ij} P)\right] \mathrm{d}\boldsymbol{v} \tag{5.2.13}$$

将 (5.2.7) 式与 (5.2.13) 式比较, 考虑到 $\varphi(\boldsymbol{v})$ 是任意函数, 就是

$$\left(\frac{\partial P}{\partial t}\right)_{c2} = -\frac{\partial}{\partial v_i}(A_i P) + \frac{1}{2}\frac{\partial^2}{\partial v_i \partial v_j} \times (B_{ij} P) \tag{5.2.14}$$

这样就把 Boltzmann 碰撞项中的小角度散射部分写成了 Fokker-Planck 方程 (5.1.8) 右边的形式. 由 (5.2.11) 和 (5.2.12) 式看出, A_i 和 B_{ij} 都与 P 有关, 因此, (5.2.14) 式右边是非线性的.

为了进一步简化 (5.2.11) 式和 (5.2.12) 式, 注意

$$v_i^{\prime(\nu)} - v_i^{(\nu)} = (u_i^{\prime(\nu\mu)} - u_i^{(\nu\mu)})\frac{m^{(\mu)}}{m^{(\nu)} + m^{(\mu)}},$$

取 $\boldsymbol{u}^{(\nu\mu)}$ 方向为 z 轴正方向, 适当选择坐标系, 可以有

$$\boldsymbol{u}^{(\nu\mu)} = u^{(\nu\mu)}(0, 0, 1),$$
$$\boldsymbol{u}^{\prime(\nu\mu)} = u^{(\nu\mu)}(\sin\chi\cos\varepsilon, \sin\chi\sin\varepsilon, \cos\chi),$$

所以

$$\boldsymbol{v}^{\prime(\nu)} - \boldsymbol{v}^{(\nu)} = \frac{2m^{(\mu)}}{m^{(\nu)} + m^{(\mu)}} u^{(\nu\mu)} \left(\cos\frac{\chi}{2}\cos\varepsilon, \cos\frac{\chi}{2}\times\sin\varepsilon, -\sin\frac{\chi}{2}\right)\sin\frac{\chi}{2}. \quad (5.2.15)$$

于是

$$\int (\boldsymbol{v}^{\prime(\nu)} - \boldsymbol{v}^{(\nu)})u^{(\nu\mu)}\sigma^{(\nu\mu)}\sin\chi\mathrm{d}\chi\mathrm{d}\varepsilon$$

$$= -2\pi\int_{\chi_m}^{\chi_M}\frac{2m^{(\mu)}}{m^{(\nu)} + m^{(\mu)}}[u^{(\nu\mu)}]^2\sigma^{(\nu\mu)}\sin\chi\sin\frac{\chi}{2}$$

$$\times\left(0, 0, \sin\frac{\chi}{2}\right)\mathrm{d}\chi = -\boldsymbol{u}^{(v\mu)}F(u^{(v\mu)}, \chi_m, \chi_M),$$

其中

$$F(\mu^{(\nu\mu)}, \chi_m, \chi_M) = 2\pi\frac{2m^{(\mu)}}{m^{(\nu)} + m^{(\mu)}}\int_{\chi_m}^{\chi_M} u^{(\nu\mu)}\sigma^{(\nu\mu)}\times\sin^2\frac{\chi}{2}\sin\chi\mathrm{d}\chi, \quad (5.2.16)$$

因此 (5.2.11) 式可以写成

$$A_i^{(\nu)} = -\sum_{\mu=1}^s N^{(\mu)}\int P^{(\mu)}(\boldsymbol{w}^{(\mu)})\boldsymbol{u}^{(\nu\mu)}F(u^{(\nu\mu)}, \chi_m, \chi_M)\mathrm{d}\boldsymbol{w}^{(\mu)}. \quad (5.2.17)$$

类似地有

$$\int (\boldsymbol{v}^{\prime(\nu)} - \boldsymbol{v}^{(\nu)})(\boldsymbol{v}^{\prime(\nu)} - \boldsymbol{v}^{(\nu)})u^{(\nu\mu)}\sigma^{(\nu\mu)}\sin\chi\mathrm{d}\chi\mathrm{d}\varepsilon$$

$$= 2\pi(u^{(\nu\mu)})^3\left(\frac{2m^{(\mu)}}{m^{(\nu)} + m^{(\mu)}}\right)^2[\boldsymbol{u}^{(\nu\mu)}\boldsymbol{u}^{(\nu\mu)} - (u^{(\nu\mu)})^2\mathbf{1}]$$

$$\times\int_{\chi_m}^{\chi_M}\frac{1}{2}\cos^2\frac{\chi}{2}\sin^2\frac{\chi}{2}\sin\chi u^{(\nu\mu)}\sigma^{(\nu\mu)}\mathrm{d}\chi$$

$$+2\pi\left(\frac{2m^{(\mu)}}{m^{(\nu)}+m^{(\mu)}}\right)^2\boldsymbol{u}^{(\nu\mu)}\boldsymbol{u}^{(\nu\mu)}\int_{\chi_m}^{\chi_M}\sin^4\frac{\chi}{2}$$

$$\times\sin\chi u^{(\nu\mu)}\sigma^{(\nu\mu)}\mathrm{d}\chi=-[\boldsymbol{u}^{(\nu\mu)}\boldsymbol{u}^{(\nu\mu)}$$

$$-(u^{(\nu\mu)})^2\mathbf{1}]F_1(u^{(\nu\mu)},\chi_m,\chi_M)$$

$$+\boldsymbol{u}^{(\nu\mu)}\boldsymbol{u}^{(\nu\mu)}F_2(u^{(\nu\mu)},\chi_m,\chi_M),\tag{5.2.18}$$

其中

$$F_1(u^{(\nu\mu)},\chi_m,\chi_M)=\pi\left(\frac{2m^{(\mu)}}{m^{(\nu)}+m^{(\mu)}}\right)^2\int_{\chi_m}^{\chi_M}\cos^2\frac{\chi}{2}\times\sin^2\frac{\chi}{2}\sin\chi u^{(\nu\mu)}\sigma^{(\nu\mu)}\mathrm{d}\chi,\tag{5.2.19}$$

$$F_2(u^{(\nu\mu)},\chi_m,\chi_M)=2\pi\left(\frac{2m^{(\mu)}}{m^{(\nu)}+m^{(\mu)}}\right)^2\int_{\chi_m}^{\chi_M}\sin^4\frac{\chi}{2}\times\sin\chi u^{(\nu\mu)}\sigma^{(\nu\mu)}\mathrm{d}\chi.\tag{5.2.20}$$

因此 (5.2.12) 式可以写成

$$B_{ij}^{(\nu)}=-\sum_{\mu=1}^s N^{(\mu)}\int[u_i^{(\nu\mu)}u_j^{(\nu\mu)}-(u^{(\nu\mu)})^2\delta_{ij}]P^{(\mu)}(\boldsymbol{w}^{(\mu)})$$

$$\times F_1(u^{(\nu\mu)},\chi_m,\chi_M)\mathrm{d}\boldsymbol{w}^{(\mu)}+\sum_{\mu=1}^s N^{(\mu)}$$

$$\times\int u_i^{(\nu\mu)}u_j^{(\nu\mu)}P^{(\mu)}(\boldsymbol{w}^{(\mu)})F_2(u^{(\nu\mu)},\chi_m,\chi_M)\mathrm{d}\boldsymbol{w}^{(\mu)}.\tag{5.2.21}$$

(5.2.17) 式和 (5.2.21) 式尽管是在特定的坐标系下导出的, 但 (5.2.17) 式两边都是矢量, (5.2.21) 式两边都是张量, 因此这两个式子的成立与坐标系的选择无关. 对于幂反比中心相互作用力 (5.2.4), 由 (4.6.15) 及 (4.6.13) 式知, **对于小的χ**, 有

$$u\sigma\sim u^{\frac{\eta-5}{\eta-1}}\chi^{\frac{-2\eta}{\eta-1}},$$

可见 (5.2.16) 式中被积函数在小 χ 处数量级为

$$u^{\frac{\eta-5}{\eta-1}}\chi^{\frac{\eta-3}{\eta-1}}.$$

所以, 当 χ_m 和 χ_M 都小的时候, 有以下结果: 对于 $\eta\neq2$, 有

$$F(u,\chi_m,\chi_M)\sim u^{\frac{\eta-5}{\eta-1}}\left[\chi_M^{\frac{2(\eta-2)}{\eta-1}}-\chi_m^{\frac{2(\eta-2)}{\eta-1}}\right],$$

$$F_1(u,\chi_m,\chi_M)\sim u^{\frac{\eta-5}{\eta-1}}\left[\chi_M^{\frac{2(\eta-2)}{\eta-1}}-\chi_m^{\frac{2(\eta-2)}{\eta-1}}\right];$$

对于 $\eta = 2$, 则有

$$F \sim \ln\frac{\chi_M}{\chi_m}, \qquad F_1 \sim \ln\frac{\chi_M}{\chi_m};$$

而不论 η 是否等于 2, 都有

$$F_2(u, \chi_m, \chi_M) \sim u^{\frac{\eta-5}{\eta-1}}\left[\chi_M^{\frac{4(\eta-\frac{3}{2})}{\eta-1}} - \chi_m^{\frac{4(\eta-\frac{3}{2})}{\eta-1}}\right].$$

由于 χ_m 很小, 所以当 $\eta \leqslant 2$ 时, F 和 F_1 都很大, 这说明小角度散射是重要的; 而当 $\eta > 2$ 时, F, F_1 和 F_2 在 $\chi_m \to 0$ 时都有限, 这说明小角度散射不一定重要.

当 $\eta > 2$ 时, 大角度散射不能忽略, 我们可以让 $\chi_m = \chi_M \to 0$, 而舍去 $\left(\dfrac{\partial P}{\partial t}\right)_{c2}$, 甚至 $\left(\dfrac{\partial P}{\partial t}\right)_{c3}$ 也可略去不计, 这就在形式上回到 Boltzmann 方程 (5.2.2) 及 (5.2.3) 式. 这里应当注意, 当 $\eta > 2$ 时让 $\chi_m = \chi_M \to 0$ 并不是意味着 Boltzmann 碰撞积分中就包括了多体碰撞的贡献, 而是在忽略多体碰撞贡献的同时考虑到 Boltzmann 碰撞积分对于小角度截断阈值 χ_m 的选择并不敏感.

当 $\eta \leqslant 2$ 时, 与 $\left(\dfrac{\partial P}{\partial t}\right)_{c2}$ 相比, $\left(\dfrac{\partial P}{\partial t}\right)_{c1}$ 可以略去. 从 F, F_1 及 F_2 的表达式可见, 它们可以近似地写成

$$F(u, \chi_m, \chi_M) \approx F(u, \chi_m, \pi) \equiv F(u, \chi_m),$$

$$F_1(u, \chi_m, \chi_M) \approx \frac{m^{(\mu)}}{m^{(\nu)} + m^{(\mu)}} F(u, \chi_m, \pi) = \frac{m^{(\mu)}}{m^{(\nu)} + m^{(\mu)}} F(u, \chi_m), \quad F_2(u, \chi_m, \chi_M) \approx 0.$$

因此 (5.2.17) 式和 (5.2.21) 式可以简化为

$$A_i^{(\nu)} = -\sum_{\mu=1}^{s} N^{(\mu)} \int P^{(\mu)}(\boldsymbol{w}^{(\mu)}) u_i^{(\nu\mu)} F(u^{(\nu\mu)}, \chi_m) \mathrm{d}\boldsymbol{w}^{(\mu)}, \tag{5.2.22}$$

$$B_{ij}^{(\nu)} = -\sum_{\mu=1}^{s} N^{(\mu)} \int P^{(\mu)}(\boldsymbol{w}^{(\mu)})[u_i^{(\nu\mu)} u_j^{(\nu\mu)} - (u^{(\nu\mu)})^2 \delta_{ij}]$$

$$\times \frac{m^{(\mu)}}{m^{(\nu)} + m^{(\mu)}} F(u^{(\nu\mu)}, \chi_m) \mathrm{d}\boldsymbol{w}^{(\mu)}. \tag{5.2.23}$$

这里也应当注意, 取 $\chi_M = \pi$ 并不意味着在 $\left(\dfrac{\partial P}{\partial t}\right)_{c2}$ 中包括了大角度散射的贡献, 而是因为大角度散射部分可以略去, 而小角度散射部分的贡献对 χ_M 的值很不敏感.

至于 $\left(\dfrac{\partial P}{\partial t}\right)_{c3}$ 项的大小, 讨论起来比较复杂. 但是, 在等离子体中, Debye 半径 λ_{D} 起着重要作用 (见 §1.6). 当两粒子间距离超过 λ_{D} 时, 其相互作用由于受其他粒

子的屏蔽而可以忽略. 因此, $\left(\dfrac{\partial P}{\partial t}\right)_{c3}$ 所包括的是 $\delta < b < \lambda_D$ 范围内的粒子间的相

互作用. 如果 $\lambda_D \gg \delta$, 则 $\left(\dfrac{\partial P}{\partial t}\right)_{c3}$ 的贡献就不可忽略; 而当 $\lambda_D \sim \delta$ 时, $\left(\dfrac{\partial P}{\partial t}\right)_{c3}$ 可

以忽略.

当 $\left(\dfrac{\partial P}{\partial t}\right)_{c1}$ 和 $\left(\dfrac{\partial P}{\partial t}\right)_{c3}$ 二项均可略去时, Boltzmann 方程简化为

$$\frac{\partial P}{\partial t} + v_i \frac{\partial P}{\partial x_i} + \frac{F_i}{m}\frac{\partial P}{\partial v_i} = -\frac{\partial}{\partial v_i}(A_i P) + \frac{1}{2}\frac{\partial^2}{\partial v_i \partial v_j}(B_{ij} P), \tag{5.2.24}$$

其中 A_i 和 B_{ij} 由 (5.2.22) 及 (5.2.23) 式给出. 显然, 这是一个非线性的 Fokker-Planck
方程.

§5.3 Fokker-Planck 碰撞项和 Landau 碰撞项

在 $\eta \leqslant 2$ 的各种情况中, 最有物理意义的一种是 $\eta = 2$, 等离子体就属于这种情
况. 上节末尾曾经指出, 如果在等离子体中有

$$\lambda_D \lesssim \delta,$$

那么 $\left(\dfrac{\partial P}{\partial t}\right)_{c1}$ 和 $\left(\dfrac{\partial P}{\partial t}\right)_{c3}$ 都可以忽略, 从而输运方程可以写成 (5.2.24) 式的形状.
现在进一步讨论 $\eta = 2$ 时 $A_i^{(\nu)}$ 和 $B_{ij}^{(\nu)}$ 的具体形式.

在等离子体中

$$\sigma^{(\nu\mu)} = (u^{(\nu\mu)})^{-4} \left[\frac{e^{(\nu)} e^{(\mu)} (m^{(\nu)} + m^{(\mu)})}{m^{(\nu)} m^{(\mu)}}\right]^2 \times W_0 \left|\frac{\mathrm{d}W_0}{\mathrm{d}\chi}\right| \frac{1}{\sin\chi} \tag{5.3.1}$$

由 §4.6 中的讨论可知, W_0 与 χ 的关系由下式决定:

$$\chi = \pi - 2 \int_0^{W_1} \frac{\mathrm{d}W}{\sqrt{1 - W^2 - 2\left(\dfrac{W}{W_0}\right)}}, \tag{5.3.2}$$

其中 W_1 是方程

$$1 - W^2 - 2\left(\frac{W}{W_0}\right) = 0$$

的正根, 即

$$W_1 = \sqrt{1 + \frac{1}{W_0^2}} - \frac{1}{W_0},$$

于是从 (5.3.2) 式得到

$$1 + W_0^2 = \frac{1}{\sin^2 \dfrac{\chi}{2}}, \tag{5.3.2a}$$

两边对 χ 求导并取绝对值, 得到

$$W_0 \left| \frac{\mathrm{d}W_0}{\mathrm{d}\chi} \right| = \frac{\cos \dfrac{\chi}{2}}{2 \sin^3 \dfrac{\chi}{2}}.$$

因此 (5.3.1) 式成为

$$\sigma^{(\nu\mu)} = \frac{1}{(u^{(\nu\mu)})^4} \left[\frac{e^{(\nu)} e^{(\mu)} (m^{(\nu)} + m^{(\mu)})}{2 m^{(\nu)} m^{(\mu)}} \right]^2 \frac{1}{\sin^4 \dfrac{\chi}{2}}. \tag{5.3.3}$$

将 (5.3.3) 式代入 (5.2.16) 式, 得

$$F(u^{(\nu\mu)}, \chi_m, \chi_M) = 4\pi \left[\frac{e^{(\nu)} e^{(\mu)}}{m^{(\nu)}} \right]^2 \frac{m^{(\nu)} + m^{(\mu)}}{m^{(\mu)} (u^{(\nu\mu)})^3}$$

$$\times \left[\ln \sin \frac{\chi_M}{2} - \ln \sin \frac{\chi_m}{2} \right].$$

当 χ_m 很小时, 可以在上式中取 $\chi_M = \pi$, 于是

$$F(u^{(\nu\mu)}, \chi_m) = \left(\frac{e^{(\mu)}}{e^{(\nu)}} \right)^2 \frac{m^{(\nu)} + m^{(\mu)}}{m^{(\mu)} (u^{(\nu\mu)})^3} \Gamma^{(\nu)}, \tag{5.3.4}$$

其中

$$\Gamma^{(\nu)} = \frac{4\pi (e^{(\nu)})^4}{(m^{(\nu)})^2} \ln \Lambda, \tag{5.3.5}$$

$$\Lambda = \left(\sin \frac{\chi_m}{2} \right)^{-1}. \tag{5.3.6}$$

利用关系

$$\frac{\partial}{\partial \nu_i} \frac{1}{u} = -\frac{1}{u^3} u$$

及

$$\frac{\partial^2}{\partial \nu_i \partial \nu_j} u = [u^2 \delta_{ij} - u_i u_j] u^{-3},$$

立即可以从 (5.2.22) 式及 (5.2.23) 式得到

$$A_i^{(\nu)} = \Gamma^{(\nu)} \frac{\partial H^{(\nu)}}{\partial v_i^{(\nu)}}, \qquad B_{ij}^{(\nu)} = \Gamma^{(\nu)} \frac{\partial^2 G^{(\nu)}}{\partial v_i^{(\nu)} \partial v_j^{(\nu)}}, \tag{5.3.7}$$

其中

$$H^{(\nu)} = \sum_\mu N^{(\mu)} \frac{m^{(\nu)} + m^{(\mu)}}{m^{(\mu)}} \left(\frac{e^{(\mu)}}{e^{(\nu)}}\right)^2 \int \mathrm{d}\boldsymbol{w}^{(\mu)} P^{(\mu)} \frac{1}{u^{(\nu\mu)}}, \tag{5.3.8}$$

$$G^{(\nu)} = \sum_\mu N^{(\mu)} \left(\frac{e^{(\mu)}}{e^{(\nu)}}\right)^2 \int \mathrm{d}\boldsymbol{w}^{(\mu)} P^{(\mu)} u^{(\nu\mu)}. \tag{5.3.9}$$

因此 (5.2.24) 式可以写成

$$\frac{\partial P}{\partial t} + v_i \frac{\partial P}{\partial x_i} + \frac{F_i}{m}\frac{\partial P}{\partial v_i} = -\frac{\partial}{\partial v_i}\left(P\Gamma\frac{\partial H}{\partial v_i}\right) + \frac{1}{2}\frac{\partial^2}{\partial v_i \partial v_j}\left(P\Gamma\frac{\partial^2 G}{\partial v_i \partial v_j}\right). \tag{5.3.10}$$

上式右边形式的碰撞项叫做 Fokker-Planck 碰撞项. 在等离子体理论中, $\Gamma^{(\nu)}\dfrac{\partial H^{(\nu)}}{\partial v_i^{(\nu)}}$ 称为**动力摩擦因数**, $\Gamma^{(\nu)}\dfrac{\partial^2 G^{(\nu)}}{\partial v_i^{(\nu)}\partial v_j^{(\nu)}}$ 称为**色散因数**.

如果定义

$$Q_{ij}^{(\nu\mu)} = \frac{-\Gamma^{(\nu)}N^{(\mu)}}{2}\left(\frac{e^{(\mu)}}{e^{(\nu)}}\right)^2 q_{ij}^{(\nu\mu)}, \tag{5.3.11}$$

$$q_{ij}^{(\nu\mu)} = \frac{(u^{(\nu\mu)})^2\delta_{ij} - u_i^{(\nu\mu)}u_j^{(\nu\mu)}}{(u^{(\nu\mu)})^3}. \tag{5.3.12}$$

并注意

$$q_{ij}^{(\nu\mu)} = \frac{\partial^2 u^{(\nu\mu)}}{\partial v_i^{(\nu)}\partial v_j^{(\nu)}},$$

$$\frac{\partial}{\partial v_i^{(\nu)}}\frac{1}{u^{(\nu\mu)}} = -\frac{u_i^{(\nu\mu)}}{(u^{(\nu\mu)})^3} = \frac{1}{2}\frac{\partial}{\partial v_j^{(\nu)}}q_{ij}^{(\nu\mu)},$$

以及

$$\frac{\partial}{\partial v_i^{(\nu)}}f(\boldsymbol{u}^{(\nu\mu)}) = -\frac{\partial}{\partial w_i^{(\mu)}}f(\boldsymbol{u}^{(\nu\mu)}),$$

其中 $f(\boldsymbol{u}^{(\nu\mu)})$ 为 $\boldsymbol{u}^{(\nu\mu)}$ 的任意可微函数, 那么 (5.3.10) 式又可以写成

$$\frac{\partial P^{(\nu)}}{\partial t} + v_i^{(\nu)}\frac{\partial P^{(\nu)}}{\partial x_i^{(\nu)}} + \frac{F_i^{(\nu)}}{m^{(\nu)}}\frac{\partial P^{(\nu)}}{\partial v_i^{(\nu)}} = \left(\frac{\partial P^{(\nu)}}{\partial t}\right)_{\mathrm{c}}$$

$$= -m^{(\nu)}\frac{\partial}{\partial v_i^{(\nu)}}\sum_{\mu=1}^{s}\int \mathrm{d}\boldsymbol{w}^{(\mu)} Q_{ij}^{(\nu\mu)}\left[\frac{1}{m^{(\nu)}}P^{(\mu)}\frac{\partial P^{(\nu)}}{\partial v_j^{(\nu)}}\right.$$

$$\left. -\frac{1}{m^{(\mu)}}P^{(\nu)}\frac{\partial P^{(\mu)}}{\partial w_j^{(\mu)}}\right]. \tag{5.3.13}$$

对于单一成分气体, 记

$$e^{(\nu)} = e^{(\mu)} = e, \qquad m^{(\nu)} = m^{(\mu)} = m$$

则有

$$Q_{ij} = -\frac{\Gamma N}{2} q_{ij},$$
$$(5.3.14)$$
$$q_{ij} = \frac{u^2 \delta_{ij} - u_i u_j}{u^3},$$
$$\Gamma = \frac{4\pi e^4}{m^2} \ln\Lambda,$$
$$(5.3.15)$$

而 (5.3.13) 式又可以简化为

$$\frac{\partial P}{\partial t} + v_i \frac{\partial P}{\partial x_i} + \frac{F_i}{m} \frac{\partial P}{\partial v_i} = -\frac{\partial}{\partial v_i} \int \mathrm{d}\boldsymbol{w} Q_{ij}$$

$$\times \left[\frac{\partial P(\boldsymbol{v})}{\partial v_j} P(\boldsymbol{w}) - P(\boldsymbol{v}) \frac{\partial P(\boldsymbol{w})}{\partial w_j} \right] \equiv C_{\mathrm{FPL}}(P, P). \qquad (5.3.16)$$

(5.3.16) 式右边称为**Fokker-Planck 碰撞项的 Landau 形式**; 或**Landau 碰撞项.**
记概率流密度矢量

$$\boldsymbol{S}_i = \int \mathrm{d}\boldsymbol{w} Q_{ij} \left[\frac{\partial P(\boldsymbol{v})}{\partial v_j} P(\boldsymbol{w}) - P(\boldsymbol{v}) \frac{\partial P(\boldsymbol{w})}{\partial w_j} \right], \qquad (5.3.17)$$

则 Landau形式的碰撞项又可以写成

$$C_{\mathrm{FPL}}(P, P) = -\frac{\partial S_i}{\partial v_i}. \qquad (5.3.18)$$

对于无外场 ($\boldsymbol{F} = 0$) 和空间均匀 $\left(\dfrac{\partial P}{\partial \boldsymbol{r}} = 0\right)$ 的情况, (5.3.16) 式简化为

$$\frac{\partial P}{\partial t} = -\frac{\partial S_i}{\partial v_i}, \qquad (5.3.19)$$

这一方程称为**Fokker-Planck-Landau 方程**.
χ_m 或 Λ 可以由 λ_{D} 决定. 由 (5.3.2a) 及 (4.6.12) 式可以得到

$$1 + \left(\frac{b}{b_0}\right)^2 = \frac{1}{\sin^2 \dfrac{\chi}{2}},$$

其中

$$b_0 = \frac{e^{(\nu)} e^{(\mu)} (m^{(\nu)} + m^{(\mu)})}{m^{(\nu)} m^{(\mu)} (u^{(\nu\mu)})^2}$$

是偏转角 $\chi = \dfrac{\pi}{2}$ 时的瞄准距离. 由此立即得到

$$\tan\frac{\chi}{2} = \frac{b_0}{b}.$$

取 $b = \lambda_{\mathrm{D}}$ 时的偏转角为 χ_m, 再利用上式及 (5.3.6) 式, 可得

$$\Lambda^{(\nu\mu)} \approx \frac{\lambda_{\mathrm{D}}}{b_0} = \frac{\lambda_{\mathrm{D}} m^{(\nu\mu)} (u^{(\nu\mu)})^2}{e^{(\nu)} e(\mu)}, \tag{5.3.20}$$

其中 $m^{(\nu\mu)} = \dfrac{m^{(\nu)} m^{(\mu)}}{m^{(\nu)} + m^{(\mu)}}$ 是粒子 ν 和粒子 μ 的折合质量.

如果等离子体是由数目相等但电荷相反的两种粒子构成, 那么

$$\lambda_{\mathrm{D}} = \left(\frac{k_{\mathrm{B}} T}{8\pi n_0 e^2} \right)^{1/2},$$

其中 $n_0 = \dfrac{N}{V}$ 是任一种粒子的数密度. 再近似地取

$$\frac{e^2}{b_0} = m_r u^2 \approx 3 k_{\mathrm{B}} T,$$

其中 m_r 为折合质量, 就有

$$\Lambda = 24\pi n_0 \lambda_{\mathrm{D}}^3. \tag{5.3.21}$$

对于多种成分的等离子体, 有

$$\lambda_{\mathrm{D}} = \left(\frac{k_{\mathrm{B}} T}{4\pi \sum\limits_{\nu} n^{(\nu)} (e^{(\nu)})^2} \right)^{1/2},$$

于是可从 (5.3.20) 式确定 Λ(只要 $\lambda_{\mathrm{D}} \lesssim \delta$ 的条件成立).

求出 Λ 之后, 容易求出输运截面 [见 (4.6.20)]:

$$\sigma_{\mathrm{tr}}^{(\nu\mu)} = \int \sigma^{(\nu\mu)} (1 - \cos\chi) \mathrm{d}\Omega$$

$$= 2\pi \int_{\chi_m}^{\chi_M} \sigma^{(\nu\mu)} (1 - \cos\chi) \sin\chi \mathrm{d}\chi \tag{5.3.22}$$

将 (5.3.3) 式代入上式, 就可以求得

$$\sigma_{\mathrm{tr}}^{(\nu\mu)} = 4\pi \left(\frac{e^{(\nu)} e^{(\mu)}}{m^{(\nu\mu)}} \right)^2 \frac{1}{(u^{(\nu\mu)})^4} L^{(\nu\mu)}, \quad L^{(\nu\mu)} \equiv \ln\Lambda^{(\nu\mu)}. \tag{5.3.23}$$

定义一个粒子 ν 受到粒子 μ 的碰撞的**有效频率**：

$$\nu^{(\nu\mu)} = N^{(\mu)} u^{(\nu\mu)} \sigma_{\text{tr}}^{(\nu\mu)}, \tag{5.3.24}$$

将 (5.3.23) 式代入上式, 立即得到

$$\nu^{(\nu\mu)} = 4\pi N^{(\mu)} \left(\frac{e^{(\nu)} e^{(\mu)}}{m^{(\nu\mu)}} \right)^2 \frac{1}{(u^{(\nu\mu)})^3} L^{(\nu\mu)}. \tag{5.3.25}$$

如果等离子体中只含有两种离子, 正离子 μ 的质量为 M, 电荷为 ze_0, 而负离子 ν 就是电子, 质量为 m, 电荷为 $-e_0$, 那么由于 $M \gg m$ 及 $N_{\text{e}} = zN_{\text{i}}, m^{(\nu\mu)} \approx m$, 从 (5.3.25) 式可以求得一个电子在单位时间内受到正离子碰撞的次数

$$\nu_{\text{ei}}(u) = \frac{4\pi z e_0^4 N_{\text{e}} L^{(\text{ei})}}{m^2 u^3}. \tag{5.3.26}$$

考虑到热平衡时电子与正离子有相同的平均平动动能, 但 $M \gg m$, 所以可以认为电子与正离子之间的相对速度大小 u 就是电子的速度大小 v, 因而 (5.3.26) 式可以写成

$$\nu_{\text{ei}}(v) = \frac{4\pi z e_0^4 N_{\text{e}} L^{(\text{ei})}}{m^2 v^3}. \tag{5.3.27}$$

§5.4　Landau 碰撞项的性质

Landau碰撞项

$$C_{\text{FPL}}(P, P) = -\frac{\partial S_i}{\partial v_i} = -\frac{\partial}{\partial v_i} \int \mathrm{d}\boldsymbol{w} Q_{ij} \left[\frac{\partial P(\boldsymbol{v})}{\partial v_j} P(\boldsymbol{w}) - P(\boldsymbol{v}) \frac{\partial P(\boldsymbol{w})}{\partial v_j} \right], \tag{5.4.1}$$

有许多与 Boltzmann 碰撞项类似的性质.

首先, Landau 碰撞项也有五个基本碰撞不变量:

$$\psi_0 = 1, \qquad \boldsymbol{\psi} = (\psi_1, \psi_2, \psi_3) = m\boldsymbol{v},$$

$$\psi_4 = \frac{1}{2} m v^2, \tag{5.4.2}$$

使得

$$\int \mathrm{d}\boldsymbol{v} \psi_\alpha C_{\text{FPL}}(P, P) = 0, \qquad \alpha = 0, 1, 2, 3, 4. \tag{5.4.3}$$

对于 $\alpha = 0$ 的情形, (5.4.3) 式显然成立; 对于 $\alpha = 1, 2, 3$ 的情形, 以 $\alpha = 1$ 为例, 有

$$-\int \mathrm{d}\boldsymbol{v} v_1 \frac{\partial S_i}{\partial v_i} = -\int \mathrm{d}\boldsymbol{v} \frac{\partial (S_i v_1)}{\partial v_i} + \int \mathrm{d}\boldsymbol{v} S_1.$$

用 Gauss 定理把第一项化为速度空间无穷远处的面积分, 从而消失, 在把 S_1 的具体形式 (5.3.17) 代入积分后, 第二项的计算结果也是零; 对于 $\alpha = 4$ 的情形, 证明稍微复杂一些. 记

$$I \equiv \int \mathrm{d}\boldsymbol{v}\,\psi_4 C_{\mathrm{FPL}}(P, P) = -\int \mathrm{d}\boldsymbol{v}\,\frac{1}{2}mv^2\frac{\partial S_i}{\partial v_i}.$$

经过分部积分, 有

$$I = m\iint \mathrm{d}\boldsymbol{v}\mathrm{d}\boldsymbol{w}\,Q_{ij}\left[\frac{\partial P(\boldsymbol{v})}{\partial v_j}P(\boldsymbol{w}) - P(\boldsymbol{v})\frac{\partial P(\boldsymbol{w})}{\partial w_j}\right]v_i. \tag{5.4.4}$$

交换积分变量 $\boldsymbol{v}$ 和 $\boldsymbol{w}$, 不改变积分值, 也不改变 Q_{ij}, 故

$$I = m\iint \mathrm{d}\boldsymbol{v}\mathrm{d}\boldsymbol{w}\,Q_{ij}\left[\frac{\partial P(\boldsymbol{w})}{\partial w_j}P(\boldsymbol{v}) - P(\boldsymbol{w})\frac{\partial P(\boldsymbol{v})}{\partial v_j}\right]w_i. \tag{5.4.5}$$

将 (5.4.4) 与 (5.4.5) 二式相加再用 2 除, 得到

$$I = \frac{m}{2}\iint \mathrm{d}\boldsymbol{v}\mathrm{d}\boldsymbol{w}\,Q_{ij}\left[\frac{\partial P(\boldsymbol{v})}{\partial v_j}P(\boldsymbol{w}) - P(\boldsymbol{v})\frac{\partial P(\boldsymbol{w})}{\partial w_j}\right]u_i.$$

注意到

$$q_{ij}u_i = 0,$$

就立即得出

$$I = 0.$$

因此 ψ_4 也是碰撞不变量.

由上述性质 (5.4.3) 可见, 由 (5.3.16) 式出发也可以导致流体力学方程组, 其形式和第四章中由 Boltzmann 方程导出的一致.

对于较普遍的情形 (5.3.13), 用类似的办法也不难证明:

$$\int \mathrm{d}\boldsymbol{v}^{(\nu)}\left(\frac{\partial P^{(\nu)}}{\partial t}\right)_{\mathrm{c}} = 0, \tag{5.4.6}$$

$$\sum_{\nu=1}^{s}\int \mathrm{d}\boldsymbol{v}^{(\nu)}m^{(\nu)}\boldsymbol{v}^{(\nu)}\left(\frac{\partial P^{(\nu)}}{\partial t}\right)_{\mathrm{c}} = 0, \tag{5.4.7}$$

$$\sum_{\nu=1}^{s}\int \mathrm{d}\boldsymbol{v}^{(\nu)}\frac{1}{2}m^{(\nu)}(v^{(\nu)})^2\left(\frac{\partial P^{(\nu)}}{\partial t}\right)_{\mathrm{c}} = 0. \tag{5.4.8}$$

它们分别反映了碰撞过程中各类粒子数守恒、总动量守恒和总动能守恒.

其次证明 Landau 碰撞项 (5.4.1) 满足

$$J \equiv \int C_{\mathrm{FPL}}(P, P)\ln P \mathrm{d}\boldsymbol{v} \leqslant 0. \tag{5.4.9}$$

事实上, 从

$$J = -\int \mathrm{d}\boldsymbol{v}\ln P \frac{\partial S_i}{\partial v_i}$$

经过分部积分并利用 (5.3.17) 式, 有

$$J = \iint \mathrm{d}\boldsymbol{v}\mathrm{d}\boldsymbol{w} \frac{\partial \ln P(\boldsymbol{v})}{\partial v_i} Q_{ij} \left[\frac{\partial \ln P(\boldsymbol{v})}{\partial v_j} - \frac{\partial \ln P(\boldsymbol{w})}{\partial w_j} \right] P(\boldsymbol{v})P(\boldsymbol{w}). \tag{5.4.10}$$

交换 $\boldsymbol{v}$ 与 $\boldsymbol{w}$, 得到

$$J = \iint \mathrm{d}\boldsymbol{v}\mathrm{d}\boldsymbol{w} \frac{\partial \ln P(\boldsymbol{w})}{\partial w_i} Q_{ij} \left[\frac{\partial \ln P(\boldsymbol{w})}{\partial w_j} - \frac{\partial \ln P(\boldsymbol{v})}{\partial v_j} \right] P(\boldsymbol{v})P(\boldsymbol{w}). \tag{5.4.11}$$

将以上二式相加, 再用 2 除, 得到

$$J = \frac{1}{2} \iint \mathrm{d}\boldsymbol{v}\mathrm{d}\boldsymbol{w} \left[\frac{\partial \ln P(\boldsymbol{v})}{\partial v_i} - \frac{\partial \ln P(\boldsymbol{w})}{\partial w_i} \right]$$

$$\times Q_{ij} \left[\frac{\partial \ln P(\boldsymbol{v})}{\partial v_j} - \frac{\partial \ln P(\boldsymbol{w})}{\partial w_j} \right] P(\boldsymbol{v})P(\boldsymbol{w}). \tag{5.4.12}$$

由于 q_{ij} 是半正定的对称张量, 所以 Q_{ij} 是半负定的对称张量, 于是 $J \leqslant 0$, (5.4.9) 式得证.

对于更一般的 (5.3.13) 式, 应当把 (5.4.9) 式推广为

$$J' = \sum_{\nu=1}^{s} \int \left(\frac{\partial P^{(\nu)}}{\partial t} \right)_{\mathrm{c}} \ln P^{(\nu)} \mathrm{d}\boldsymbol{v}^{(\nu)} \leqslant 0. \tag{5.4.13}$$

证明是类似的.

用 (5.4.12) 式还可以证明, 对于 Fokker-Planck-Landau 方程(5.3.19), 存在一个 H 泛函

$$H = \int P(\boldsymbol{v})\ln P(\boldsymbol{v})\mathrm{d}\boldsymbol{v}, \tag{5.4.14}$$

它随时间不增大, 即

$$\frac{\mathrm{d}H}{\mathrm{d}t} \leqslant 0. \tag{5.4.15}$$

事实上, 只要利用 (5.3.19) 和 (5.3.18) 二式及 $\alpha = 0$ 情形下的 (5.4.3) 式, 就很容易证明

$$\frac{\mathrm{d}H}{\mathrm{d}t} = J.$$

于是由 (5.4.9) 式立即得到 (5.4.15) 式. 由此又可以发现, (5.4.9) 及 (5.4.15) 二式中的等号当且仅当

$$\frac{\partial \ln P(\boldsymbol{v})}{\partial v_i} - \frac{\partial \ln P(\boldsymbol{w})}{\partial w_i}$$

是 q_{ij} 的零本征矢时才成立. 在以 $\boldsymbol{u}$ 方向为 $\hat{\boldsymbol{e}}_1$ 的坐标系中, q_{ij} 可以写成

$$(q_{ij}) = \begin{pmatrix} 0 & 0 & 0 \\ 0 & \dfrac{1}{u} & 0 \\ 0 & 0 & \dfrac{1}{u} \end{pmatrix}.$$

它的零本征矢只有 $\boldsymbol{u}$ 方向的矢量. 所以, 当且仅当 $P = P_0$ 满足

$$\frac{\partial \ln P_0(\boldsymbol{v})}{\partial v_i} - \frac{\partial \ln P_0(\boldsymbol{w})}{\partial w_i} = a(v_i - w_i)$$

时, (5.4.9) 及 (5.4.15) 二式中的等号才成立, 其中 a 是常数. 于是, 必然有

$$\frac{\partial \ln P_0(\boldsymbol{v})}{\partial v_i} = a v_i + b_i.$$

式中 b_i 是常矢量. 要满足 P_0 归一化的要求, 必须有 $a < 0$. 因此 $P_0(\boldsymbol{v})$ 是 Maxwell分布.

最后证明, 若 $t = 0$ 时 $P(\boldsymbol{v}, 0) \geqslant 0$, 则对所有 $t > 0$, 由 Fokker-Planck-Landau 方程(5.3.19) 所决定的

$$P(\boldsymbol{v}, t) \geqslant 0.$$

这可以由反证法证明. 若 $t = 0$ 时 $P(\boldsymbol{v}, 0) \geqslant 0$ 而在以后某时刻 $P(\boldsymbol{v}, t) < 0$, 那么 $P(\boldsymbol{v}, t)$ 的极小值首先必须在某一时刻 t_0 变成零, 并将进一步变成负, 这一时刻在使 P 为极小的 $\boldsymbol{v}_0$ 处必然有:

$$P(\boldsymbol{v}_0, t_0) = 0; \tag{5.4.16a}$$

$$\left. \frac{\partial P(\boldsymbol{v}, t)}{\partial v_i} \right|_{\boldsymbol{v} = \boldsymbol{v}_0, t = t_0} = 0; \tag{5.4.16b}$$

$$\left. \frac{\partial^2 P(\boldsymbol{v}, t)}{\partial v_i \partial v_j} \right|_{\boldsymbol{v} = \boldsymbol{v}_0, t = t_0} \quad \text{为一半正定张量}; \tag{5.4.16c}$$

$$\left. \frac{\partial P(\boldsymbol{v}, t)}{\partial t} \right|_{\boldsymbol{v} = \boldsymbol{v}_0, t = t_0} < 0. \tag{5.4.16d}$$

从 (5.4.16a,b) 知, (5.3.19) 式可以写成

$$\left. \frac{\partial P}{\partial t} \right|_{\boldsymbol{v} = \boldsymbol{v}_0, t = t_0} = - \int \mathrm{d}\boldsymbol{w} P(\boldsymbol{w}) Q_{ij} \left. \frac{\partial^2 P(\boldsymbol{v}, t)}{\partial v_i \partial v_j} \right|_{\boldsymbol{v} = \boldsymbol{v}_0, t = t_0} \tag{5.4.17}$$

由 (5.4.16c) 知, $\dfrac{\partial^2 P(\boldsymbol{v},t)}{\partial v_i \partial v_j}\bigg|_{\boldsymbol{v}=\boldsymbol{v}_0, t=t_0}$　是半正定的实对称张量, 但由于 Q_{ij} 是半负定的实对称张量, 因此

$$Q_{ij} \frac{\partial^2 P(\boldsymbol{v},t)}{\partial v_i \partial v_j}\bigg|_{\boldsymbol{v}=\boldsymbol{v}_0, t=t_0} \leqslant 0,$$

于是从 (5.4.17) 式立即知道

$$\frac{\partial P(\boldsymbol{v},t)}{\partial t}\bigg|_{\boldsymbol{v}=\boldsymbol{v}_0, t=t_0} \geqslant 0.$$

这与 (5.4.16d) 矛盾, 从而完成了反证法的证明.

§5.5　Lorentz 等离子体

设等离子体由质量为 M, 电荷为 ze_0, 数密度为 n_i 的正离子和质量为 m, 电荷为 $-e_0$, 数密度为 n_e 的电子组成; 显然有 $M \gg m, n_e = zn_i$. 如果正离子温度与电子温度相同, 那么由于 $M \gg m$, 可知电子的速度远大于正离子的, 以至我们可以认为正离子固定不动, 而电子是在正离子的背景中运动. 在计算电子成分对输运系数的贡献时, 需要考虑电子与电子间的碰撞 (ee 碰撞) 及电子与离子间的碰撞 (ei 碰撞). 如果等离子体中, 与 ei 碰撞相比, ee 碰撞可以忽略, 那么这种等离子体就称为**Lorentz 等离子体**. 初看起来这个模型似乎不太现实, 但是, 在讨论某些输运系数时, 例如考虑电导率时, 由于 ee 碰撞对电导率没有贡献, 所以 Lorentz 模型就完全适用.

如上所述, $M \gg m$, 故在 ei 碰撞中电子动量和动能的**大小**几乎不改变, 所改变的只是动量的方向. 设电子的单粒子分布函数是 $f(\boldsymbol{r},\boldsymbol{v},t)$, 那么在 $\boldsymbol{r}$ 附近单位体积中速度在 $\boldsymbol{v}$ 附近 $\mathrm{d}\boldsymbol{v}$ 中的电子数目为

$$N_e f(\boldsymbol{r},\boldsymbol{v},t)\mathrm{d}\boldsymbol{v} = n(\boldsymbol{r},\boldsymbol{v},t)\mathrm{d}\boldsymbol{v},$$

这里 N_e 是电子总数, 这些电子之中被离子散射到立体角元 $\mathrm{d}\Omega'$ 内的粒子数目为

$$N_e f(\boldsymbol{r},\boldsymbol{v},t)\mathrm{d}\boldsymbol{v}\, n_i v\sigma \mathrm{d}\Omega', \tag{5.5.1}$$

其中 σ 由 (5.3.3) 式给出: (记住 $M \gg m$)

$$\sigma = \sigma(v,\chi) = \frac{1}{v^4}\frac{z^2 e_0^4}{4m^2}\frac{1}{\sin^4\dfrac{\chi}{2}}. \tag{5.5.2}$$

因此, $\boldsymbol{r}$ 附近单位体积中速度在 $\boldsymbol{v}$ 附近 $\mathrm{d}\boldsymbol{v}$ 中的电子数由于和离子碰撞而造成的减少率为

$$N_e \mathrm{d}\boldsymbol{v}\int n_i v f(\boldsymbol{r},\boldsymbol{v},t)\sigma(v,\chi)\mathrm{d}\Omega'. \tag{5.5.3}$$

另一方面, 由于 ei 碰撞而使 $\boldsymbol{r}$ 附近单位体积中速度在 $\boldsymbol{v}$ 附近 $\mathrm{d}\boldsymbol{v}$ 中电子数有增加率

$$N_{\mathrm{e}}\mathrm{d}\boldsymbol{v}\int n_{\mathrm{i}}v'f(\boldsymbol{r},\boldsymbol{v}',t)\sigma(v',\chi)\mathrm{d}\Omega' \tag{5.5.4}$$

其中 $\boldsymbol{v}'$ 的方向在 $\mathrm{d}\Omega'$ 内, 而 $v' = v$. 从 (5.5.3) 式和 (5.5.4) 式知道, $\boldsymbol{r}$ 附近单位体积中速度在 $\boldsymbol{v}$ 附近 $\mathrm{d}\boldsymbol{v}$ 中电子数的净增率为

$$-N_{\mathrm{e}}\mathrm{d}\boldsymbol{v}\int n_{\mathrm{i}}v\sigma(v,\chi)[f(\boldsymbol{r},\boldsymbol{v},t) - f(\boldsymbol{r},\boldsymbol{v}',t)]\mathrm{d}\Omega'. \tag{5.5.5}$$

因此, 对于 Lorentz 等离子体, 碰撞项 (去掉常数因子 N_{e} 后) 可以写成

$$C(f) = -n_{\mathrm{i}}v\int \sigma(v,\chi)[f(\boldsymbol{r},\boldsymbol{v},t) - f(\boldsymbol{r},\boldsymbol{v}',t)]\mathrm{d}\Omega'. \tag{5.5.6}$$

由于 $\boldsymbol{v}$ 与 $\boldsymbol{v}'$ 大小相同, 所以 $\boldsymbol{v}$ 与 $\boldsymbol{v}'$ 的区别只是由于它们的方向角 (θ,ε) 和 (θ',ε') 不同. 于是, (5.5.6) 式又可以写成

$$C(f) = -n_{\mathrm{i}}v\int \sigma(v,\chi)[f(\boldsymbol{r},v,\theta,\varepsilon,t) - f(\boldsymbol{r},v,\theta',\varepsilon',t)]\mathrm{d}\Omega'. \tag{5.5.7}$$

显然, 如果 $\boldsymbol{f}$ 与 $\boldsymbol{v}$ 的方向无关, 则 $C(f) = 0$. 可见 Lorentz 等离子体所满足的方程与 Boltzmann 方程显然不同, 只有在 f 是 Maxwell 分布时后者的碰撞项才是零. 这是因为 Lorentz 模型中所考虑的碰撞过程完全不改变速度的大小. 实际上, (5.5.7) 式只是以 $\dfrac{m}{M}$ 为小量展开时的初级近似, 能量的弛豫发生在下一级近似中.

　　如果分布函数可以写成

$$f(\boldsymbol{r},\boldsymbol{v},t) = f_0(\boldsymbol{r},\boldsymbol{v}) + \delta f(\boldsymbol{r},\boldsymbol{v},t) \tag{5.5.8}$$

其中 $f_0(\boldsymbol{r},\boldsymbol{v})$ 是局域 Maxwell 分布, δf 是对局域平衡的小修正, 那么 (5.5.7) 式可以写成

$$C(f) = -n_{\mathrm{i}}v\int \sigma(v,\chi)[\delta f(\boldsymbol{r},v,\theta,\varepsilon,t) - \delta f(\boldsymbol{r},v,\theta',\varepsilon',t)]\mathrm{d}\Omega', \tag{5.5.9}$$

这里, δf 可以是速度方向的任意函数. 将它用球谐函数展开, 可以得到

$$\delta f(\boldsymbol{r},v,\theta,\varepsilon,t) = \sum_{l,m}\delta f_{lm}\cdot Y_{lm}(\theta,\varepsilon).$$

在最简单的情况下, 假定只保留展开式中的一项, 写成

$$\delta f(\boldsymbol{r},v,\theta,\varepsilon,t) = g(\boldsymbol{r},v,t)\cos\theta, \tag{5.5.10}$$

那么 (5.5.9) 式就成为

$$C(f) = -n_\mathrm{i} v g(\boldsymbol{r}, v, t) \int \sigma(v, \chi)(\cos\theta - \cos\theta')\mathrm{d}\Omega'. \tag{5.5.11}$$

由于 χ 是 $\boldsymbol{v}$ 与 $\boldsymbol{v}'$ 间的夹角, 故有

$$\cos\theta' = \cos\theta\cos\chi + \sin\theta\sin\chi\cos\phi$$

这里 ϕ 是 $\hat{\boldsymbol{v}}, \hat{\boldsymbol{e}}_x$ 所定平面与 $\hat{\boldsymbol{v}}, \hat{\boldsymbol{v}}'$ 所定平面的夹角. 注意 $\mathrm{d}\Omega' = \mathrm{d}\hat{\boldsymbol{v}}'$ 可写成 $\sin\chi\mathrm{d}\chi\mathrm{d}\phi$, 将 $\cos\theta'$ 的上述表达式代入 (5.5.11) 式后并对 $\mathrm{d}\phi$ 积分, 含因子 $\cos\phi$ 的项变为零, 于是得到

$$C(f) = -n_\mathrm{i} v g(\boldsymbol{r}, v, t)\cos\theta \int \sigma(v, \chi)(1 - \cos\chi)\mathrm{d}\Omega, \tag{5.5.12}$$

式中 $\mathrm{d}\Omega = 2\pi\sin\chi\mathrm{d}\chi$. 利用 (5.3.22) 式, 可把上式写成

$$C(f) = -n_\mathrm{i} v g(\boldsymbol{r}, v, t)\sigma_\mathrm{tr}\cos\theta = -n_\mathrm{i} v \sigma_\mathrm{tr}\delta f(\boldsymbol{r}, \boldsymbol{v}, t), \tag{5.5.13}$$

最后一步用到了 (5.5.10) 式. 再利用 (5.3.24) 式, 便得

$$C(f) = -\nu_\mathrm{ei}(v)\delta f(\boldsymbol{r}, \boldsymbol{v}, t), \tag{5.5.14}$$

其中 $\nu_\mathrm{ei}(v)$ 由 (5.3.26) 式给出.

现在计算 Lorentz 等离子体模型中的输运系数. 这些系数出现在下列宏观定律中 (见 §1.8):

$$\boldsymbol{E} + \frac{1}{e_0}\nabla\mu = \frac{1}{\sigma}\boldsymbol{j} + \alpha\nabla T, \tag{5.5.15}$$

$$\boldsymbol{q}' = \boldsymbol{q} - \left(\varphi - \frac{\mu}{e_0}\right)\boldsymbol{j} = \alpha T\boldsymbol{j} - \kappa\nabla T; \tag{5.5.16}$$

式中 $\boldsymbol{E} = -\nabla\varphi$ 是电场强度, φ 是电势, μ 是电子的化学势, σ 是电导率, $\boldsymbol{j}$ 是电流密度矢量, T 是绝对温度, α 是温差电系数, $\boldsymbol{q}$ 是热流密度矢量, κ 是无电流时的热导率.

对于 Lorentz 等离子体, 无磁场时的定态输运方程为

$$\boldsymbol{v} \cdot \frac{\partial f}{\partial \boldsymbol{r}} - \frac{e_0\boldsymbol{E}}{m} \cdot \frac{\partial f}{\partial \boldsymbol{v}} = C(f) \tag{5.5.17}$$

将 (5.5.8) 式及 (5.5.14) 式代入, 略去左边的小量, 得到

$$\boldsymbol{v} \cdot \frac{\partial f_0}{\partial \boldsymbol{r}} - \frac{e_0\boldsymbol{E}}{m} \cdot \frac{\partial f_0}{\partial \boldsymbol{v}} = -\nu_\mathrm{ei}(v)\delta f \tag{5.5.18}$$

由于平衡分布是

$$f_0 \propto \exp\left(\frac{\mu - \varepsilon}{k_B T}\right) \tag{5.5.19}$$

式中 $\varepsilon = \dfrac{1}{2}mv^2$, 所以从 (5.5.18) 式求得

$$\delta f = -\frac{f_0}{k_B T \nu_{ei}(v)}(e_0 \boldsymbol{E} + \nabla\mu) \cdot \boldsymbol{v} + f_0 \frac{\mu - \varepsilon}{k_B T^2 \nu_{ei}(v)} \boldsymbol{v} \cdot \nabla T. \tag{5.5.20}$$

为计算电导率 σ, 可以令 $\nabla\mu = 0, \nabla T = 0$, 则

$$\delta f = -\frac{f_0}{k_B T \nu_{ei}(v)} e_0 \boldsymbol{E} \cdot \boldsymbol{v},$$

于是求得电流密度:

$$\boldsymbol{j} = -N_e e_0 \int \boldsymbol{v} f \mathrm{d}\boldsymbol{v} = -N_e e_0 \int \boldsymbol{v} \delta f \mathrm{d}\boldsymbol{v}$$

$$= \frac{N_e e_0^2}{k_B T} \boldsymbol{E} \cdot \int \frac{\boldsymbol{vv}}{\nu_{ei}(v)} f_0 \mathrm{d}\boldsymbol{v} = \frac{N_e e_0^2}{3 k_B T} \left\langle \frac{v^2}{\nu_{ei}(v)} \right\rangle \boldsymbol{E}, \tag{5.5.21}$$

式中和以下 $\langle\ \rangle$ 表示对平衡分布求平均:

$$\langle G(v) \rangle \equiv \int G(v) f_0 \mathrm{d}\boldsymbol{v}. \tag{5.5.22}$$

将 (5.5.21) 式与 $\nabla\mu = \nabla T = 0$ 时的 (5.5.15) 式比较, 可以得到电导率:

$$\sigma = \frac{N_e e_0^2}{3 k_B T} \left\langle \frac{v^2}{\nu_{ei}(v)} \right\rangle. \tag{5.5.23}$$

将 (5.3.27) 式中的 $\nu_{ei}(v)$ 代入, 得到

$$\sigma = \frac{m^2 \langle v^5 \rangle}{12\pi k_B T z e_0^2 L^{(ei)}} = \frac{4\sqrt{2}(k_B T)^{3/2}}{\pi^{3/2} z e_0^2 L^{(ei)} m^{1/2}}. \tag{5.5.24}$$

为计算系数 α, 在 (5.5.20) 式中取 $\boldsymbol{E} + \dfrac{1}{e_0}\nabla\mu = 0$, 则

$$\delta f = f_0 \frac{\mu - \varepsilon}{k_B T^2 \nu_{ei}(v)} \boldsymbol{v} \cdot \nabla T,$$

所以电流密度为

$$\boldsymbol{j} = -\frac{N_e e_0}{k_B T^2}(\nabla T) \cdot \int \boldsymbol{vv} \frac{\mu - \varepsilon}{\nu_{ei}(v)} f_0 \mathrm{d}\boldsymbol{v} \tag{5.5.25}$$

将上式与 (5.5.15) 式比较, 可以得到

$$\alpha = \frac{N_e e_0}{3\sigma k_B T^2} \left\langle \frac{\mu - \varepsilon}{\nu_{ei}(v)} v^2 \right\rangle. \tag{5.5.26}$$

将 (5.3.27) 式代入, 注意到 μ 与 v 无关, $\varepsilon = \dfrac{1}{2}mv^2$, 并利用 (5.5.24) 式, 就得到了

$$\alpha = \frac{1}{e_0}\left(\frac{\mu}{T} - 4k_B\right). \tag{5.5.27}$$

最后, 为求得无电流时的热导率 κ, 在 (5.5.15) 式中令 $\boldsymbol{j} = 0$, 可得 $\boldsymbol{E} + \dfrac{1}{e_0}\nabla\mu = \alpha\nabla T$, 因此 (5.5.20) 式成为

$$\delta f = \frac{f_0}{k_B T\nu_{\mathrm{ei}}(v)}\left(\frac{\mu - \varepsilon}{T} - \alpha e_0\right)\boldsymbol{v}\cdot\nabla T.$$

将 (5.5.27) 式代入上式, 得到

$$\delta f = \frac{f_0}{T\nu_{\mathrm{ei}}(v)}\left(4 - \frac{\varepsilon}{k_B T}\right)\boldsymbol{v}\cdot\nabla T.$$

由此可以求得热流, 为

$$\begin{aligned}
\boldsymbol{q} &= N_{\mathrm{e}}\int\boldsymbol{v}\varepsilon\delta f\mathrm{d}\boldsymbol{v}\\
&= N_{\mathrm{e}}\frac{\nabla T}{T}\cdot\int\boldsymbol{v}\boldsymbol{v}\left(4 - \frac{\varepsilon}{k_B T}\right)\frac{\varepsilon}{\nu_{\mathrm{ei}}(v)}f_0\mathrm{d}\boldsymbol{v}\\
&= N_{\mathrm{e}}\frac{1}{3T}\left\langle\left(4 - \frac{\varepsilon}{k_B T}\right)\frac{v^2\varepsilon}{\nu_{\mathrm{ei}}(v)}\right\rangle\nabla T
\end{aligned} \tag{5.5.28}$$

将上式与 (5.5.16) 式比较, 可知

$$\kappa = -\frac{N_{\mathrm{e}}}{3T}\left\langle\left(4 - \frac{\varepsilon}{k_{\mathrm{B}}T}\right)\frac{v^2\varepsilon}{\nu_{\mathrm{ei}}(v)}\right\rangle. \tag{5.5.29}$$

将 (5.3.27) 式代入, 可以求得

$$\kappa = \frac{16\sqrt{2}k_{\mathrm{B}}}{\pi^{3/2}}\frac{(k_{\mathrm{B}}T)^{5/2}}{ze_0^4 L^{(\mathrm{ei})}m^{1/2}}. \tag{5.5.30}$$

§5.6　Fokker-Planck 方程所确定的弛豫时间

让我们举几个确定弛豫时间的例子来说明方程 (5.3.10) 的应用. 本节中将仍用 $-e_0$ 代表电子的电荷.

考虑无外场的情况下, 质量为 M_{t}、电荷为 $z_{\mathrm{t}}e_0$ 且具初始分布

$$f_{\mathrm{t}}(0) = \delta(\boldsymbol{v} - \boldsymbol{U}) \tag{5.6.1}$$

的试验粒子在均匀氢等离子体中的弛豫过程. 用 m 及 M 分别表示电子及质子的质量; 设电子及质子分别具有温度 θ_e 及 θ_p(能量单位) 的 Maxwell 分布:

$$f = \left(\frac{m}{2\pi\theta_e}\right)^{3/2} \exp\left(-\frac{mv^2}{2\theta_e}\right),$$

$$F = \left(\frac{M}{2\pi\theta_p}\right)^{3/2} \exp\left(-\frac{Mv^2}{2\theta_p}\right);$$

并设试验粒子的平均数密度 Δ 远小于电子或质子的数密度 N, 于是可略去试验粒子之间的相互作用, 也可以略去试验粒子和任何粒子作用两次的概率. 因此从 (5.3.10) 式可以得到

$$\frac{\partial f_t}{\partial t} = -N\gamma\frac{\partial}{\partial \boldsymbol{v}} \cdot \left\{ f_t\frac{\partial}{\partial \boldsymbol{v}} \left[\frac{M_t + m}{m} \int \mathrm{d}\boldsymbol{w}\frac{f(\boldsymbol{w})}{u} + \frac{M_t + M}{M} \int \mathrm{d}\boldsymbol{w}\frac{F(\boldsymbol{w})}{u} \right] \right\}$$

$$+ \frac{1}{2}N\gamma \times \frac{\partial^2}{\partial \boldsymbol{v}\partial \boldsymbol{v}} : \left\{ f_t\frac{\partial^2}{\partial \boldsymbol{v}\partial \boldsymbol{v}} \int \mathrm{d}\boldsymbol{w}[f(\boldsymbol{w}) + F(\boldsymbol{w})]u \right\}, \tag{5.6.2}$$

式中

$$u = |\boldsymbol{u}|, \qquad \boldsymbol{u} = \boldsymbol{v} - \boldsymbol{w},$$

$$\gamma = \frac{4\pi e_0^4 z_t^2}{M_t^2}\ln\Lambda. \tag{5.6.3}$$

记

$$a = \frac{m}{2\theta_e}, \qquad A = \frac{M}{2\theta_p},$$

$$\Phi(y) = \frac{2}{\sqrt{\pi}} \int_0^y \mathrm{e}^{-x^2}\mathrm{d}x,$$

可以求得

$$\int \mathrm{d}\boldsymbol{w}\frac{f(\boldsymbol{w})}{u} = \frac{1}{v}\Phi(\sqrt{a}v),$$

$$\int \mathrm{d}\boldsymbol{w}\frac{F(\boldsymbol{w})}{u} = \frac{1}{v}\Phi(\sqrt{A}v),$$

$$\int \mathrm{d}\boldsymbol{w}f(\boldsymbol{w})u = \left(v + \frac{1}{2av}\right)\Phi(\sqrt{a}v) + \frac{1}{\sqrt{a\pi}}\mathrm{e}^{-av^2}$$

$$\int \mathrm{d}\boldsymbol{w}F(\boldsymbol{w})u = \left(v + \frac{1}{2Av}\right)\Phi(\sqrt{A}v) + \frac{1}{\sqrt{A\pi}}\mathrm{e}^{-Av^2},$$

于是 (5.6.2) 式可以改写为

$$\frac{\partial f_{\mathrm{t}}}{\partial t} = -N\gamma \frac{\partial}{\partial \boldsymbol{v}} \cdot \left\{ f_{\mathrm{t}} \frac{\partial}{\partial \boldsymbol{v}} \left[\frac{M_{\mathrm{t}}+m}{m} \frac{1}{v} \Phi(\sqrt{a}v) + \frac{M_{\mathrm{t}}+M}{M} \frac{1}{v} \Phi(\sqrt{A}v) \right] \right\}$$

$$+ \frac{1}{2} N\gamma \frac{\partial^2}{\partial \boldsymbol{v}\partial \boldsymbol{v}} : \left\{ f_{\mathrm{t}} \frac{\partial^2}{\partial \boldsymbol{v}\partial \boldsymbol{v}} \left[\left(v + \frac{1}{2av} \right) \Phi(\sqrt{a}v) \right. \right.$$

$$+ \frac{1}{\sqrt{a\pi}} \mathrm{e}^{-av^2} + \left(v + \frac{1}{2Av} \right) \Phi(\sqrt{A}v)$$

$$\left. \left. + \frac{1}{\sqrt{A\pi}} \mathrm{e}^{-Av^2} \right] \right\}. \tag{5.6.4}$$

用 $\boldsymbol{v}$ 乘 (5.6.4) 式两边并对 $\mathrm{d}\boldsymbol{v}$ 积分, 利用初始条件 $f_{\mathrm{t}}(0) = \delta(\boldsymbol{u} - \boldsymbol{U})$, 可以得到

$$\left(\frac{\partial U}{\partial t} \right)_{t=0} = \left(\int \boldsymbol{v} \frac{\partial f_{\mathrm{t}}}{\partial t} \mathrm{d}\boldsymbol{v} \right)_{t=0} = N\gamma \left(1 + \frac{M_{\mathrm{t}}}{m} \right) \times \frac{\partial}{\partial U} \left[\frac{1}{U} \Phi(\sqrt{a}U) \right] + S_{\mathrm{p}} \tag{5.6.5}$$

为简化公式, 在 (5.6.5) 式及以下各式中, 与前面与电子有关的项类似, S_{p} 将表示与质子有关的一项. 在 (5.6.5) 式中, S_{p} 的含义就是

$$N\gamma \left(1 + \frac{M_t}{M} \right) \frac{\partial}{\partial U} \left[\frac{1}{U} \Phi(\sqrt{A}U) \right].$$

可见, 只要把 S_{p} 前面关于电子的项中 m 换成 M, a 换成 A, 就可以写出 S_{p} 项. 把 (5.6.5) 式右边的导数求出, 有

$$\left(\frac{\partial U}{\partial t} \right)_{t=0} = N\gamma \left(1 + \frac{M_{\mathrm{t}}}{m} \right) \left[\frac{2}{\sqrt{\pi}} \sqrt{a}U \mathrm{e}^{-aU^2} - \Phi(\sqrt{a}U) \right] \frac{U}{U^3} + S_{\mathrm{p}} \equiv -\frac{U}{\tau_{\mathrm{s}}}, \tag{5.6.6}$$

τ_{s} 称为**慢化时间**. 由 (5.6.6) 式得到

$$\frac{1}{\tau_{\mathrm{s}}} = \frac{N\gamma}{U^3} \left(1 + \frac{M_{\mathrm{t}}}{m} \right) \left[\Phi(\sqrt{a}U) - \frac{2}{\sqrt{\pi}} \sqrt{a}U \mathrm{e}^{-aU^2} \right] + S_{\mathrm{p}}. \tag{5.6.7}$$

由上式可以证明

$$\tau_{\mathrm{s}} \geqslant 0. \tag{5.6.8}$$

在 N, γ 为有限且 $a \neq 0$ 或 $A \neq 0$ 条件下, 上式中等号当且仅当 $U = 0$ 时成立. 所以试验粒子的速度总是降低的, 除非原来速度为零. 由 (5.6.7) 式还可以看出, 当 θ_{e} 和 $\theta_{\mathrm{p}} \to \infty$ 时, 或者 $N \to 0$ 时, 都有 $\tau_{\mathrm{s}} \to \infty$. 这说明温度越高, 或密度越低时, 碰撞所导致的速度弛豫越慢.

如果试验粒子速度 U 很大, 使得 $U \gg a^{-1/2}$, $U \gg A^{-1/2}$, 那么 $\sqrt{a}U \gg 1$, $\sqrt{A}U \gg 1$, 而 (5.6.7) 式中方括号表达式趋于 1, 于是有

$$\tau_{\mathrm{s}} \approx \frac{U^3}{N\gamma \left(2 + \dfrac{M_{\mathrm{t}}}{m} + \dfrac{M_{\mathrm{t}}}{M} \right)}.$$

反之, 如果试验粒子速度 U 很小, 使得 $U \ll A^{-1/2}$, $U \ll a^{-1/2}$, 那么 $\sqrt{a}U \ll 1$, $\sqrt{A}U \ll 1$, 利用

$$\varPhi(y) \approx \frac{2}{\sqrt{\pi}} y \left(1 - \frac{y^2}{3}\right), \qquad |y| \ll 1,$$

可得

$$\tau_0 = \frac{3\sqrt{\pi}}{4N\gamma \left[\left(1 + \dfrac{M_\mathrm{t}}{m}\right) a^{3/2} + \left(1 + \dfrac{M_\mathrm{t}}{M}\right) A^{3/2}\right]}.$$

用 $\boldsymbol{vv}$ 乘 (5.6.4) 式两边并对 $\mathrm{d}\boldsymbol{v}$ 积分, 经过分部积分后, 在 $t = 0$ 时有

$$\left(\frac{\partial}{\partial t} U_i U_j\right)_{t=0} = N\gamma \left(U_i \frac{\partial}{\partial U_j} + U_j \frac{\partial}{\partial U_i}\right) \times \left[\left(1 + \frac{M_\mathrm{t}}{m}\right) \frac{1}{U} \varPhi(\sqrt{a}U) + S_\mathrm{p}\right]$$

$$+ N\gamma \frac{\partial^2}{\partial U_i \partial U_j} \left\{\left[\left(U + \frac{1}{2aU}\right) \varPhi(\sqrt{a}U)\right.\right.$$

$$\left.\left. + \frac{1}{\sqrt{a\pi}} \mathrm{e}^{-aU^2}\right] + S_\mathrm{p}\right\}. \tag{5.6.9}$$

如果在 $t = 0$ 时选择 $\boldsymbol{U}$ 沿 x 轴正方向, 则有

$$U = U_x, \qquad U_y = U_z = 0. \tag{5.6.10}$$

记

$$U_\perp^2 = U_y^2 + U_z^2,$$

那么由 (5.6.9) 式可以得到

$$\left(\frac{\partial}{\partial t} U_\perp^2\right)_{t=0} = N\gamma \left(\frac{\partial^2}{\partial U_y^2} + \frac{\partial^2}{\partial U_z^2}\right) \left\{\left[\left(U + \frac{1}{2aU}\right)\right.\right.$$

$$\left.\left. \times \varPhi(\sqrt{a}U) + \frac{1}{\sqrt{a\pi}} \mathrm{e}^{-aU^2}\right] + S_\mathrm{p}\right\}, \tag{5.6.11}$$

$$\left(\frac{\partial}{\partial t} U_x^2\right)_{t=0} = 2N\gamma U_x \frac{\partial}{\partial U_x} \left[\left(1 + \frac{M_\mathrm{t}}{m}\right) \frac{1}{U} \varPhi(\sqrt{a}U) + S_\mathrm{p}\right]$$

$$+ N\gamma \frac{\partial^2}{\partial U_x^2} \left\{\left[\left(U + \frac{1}{2aU}\right) \varPhi(\sqrt{a}U)\right.\right.$$

$$\left.\left. + \frac{1}{\sqrt{a\pi}} \mathrm{e}^{-aU^2}\right] + S_\mathrm{p}\right\}. \tag{5.6.12}$$

在 (5.6.10) 式的条件下, U 的函数 $J(U)$ 求偏导数时有

$$\frac{\partial J}{\partial U_y} = \frac{\partial J}{\partial U_z} = 0, \qquad \frac{\partial J}{\partial U_x} = \frac{\mathrm{d}J}{\mathrm{d}U},$$

$$\frac{\partial^2 J}{\partial U_y^2} = \frac{\partial^2 J}{\partial U_z^2} = \frac{1}{U}\frac{\mathrm{d}J}{\mathrm{d}U}, \qquad \frac{\partial^2 J}{\partial U_x^2} = \frac{\mathrm{d}^2 J}{\mathrm{d}U^2},$$

因此 (5.6.11) 式和 (5.6.12) 式可分别写成

$$\left(\frac{\partial}{\partial t}U_\perp^2\right)_{t=0} = \frac{N\gamma}{U}\left\{\left[\left(2-\frac{1}{aU^2}\right)\Phi(\sqrt{a}U)+\frac{2}{\sqrt{a\pi}U}\mathrm{e}^{-aU^2}\right]+S_\mathrm{p}\right\}, \qquad (5.6.13)$$

$$\left(\frac{\partial}{\partial t}U_x^2\right)_{t=0} = \frac{2N\gamma}{U}\left\{\left(1+\frac{M_\mathrm{t}}{m}\right)\left[\frac{2}{\sqrt{\pi}}\sqrt{a}U\mathrm{e}^{-aU^2}\right.\right.$$
$$\left.-\Phi(\sqrt{a}U)\right]+S_\mathrm{p}\right\}+\frac{N\gamma}{U}\left\{\left[\frac{1}{aU^2}\Phi(\sqrt{a}U)\right.\right.$$
$$\left.\left.-\frac{2}{\sqrt{\pi}}\frac{1}{\sqrt{a}U}\mathrm{e}^{-aU^2}\right]+S_\mathrm{p}\right\}. \qquad (5.6.14)$$

记

$$\tau_\mathrm{D} = \frac{U^2}{\left(\dfrac{\partial}{\partial t}U_\perp^2\right)_{t=0}}, \qquad (5.6.15)$$

τ_D 称为**偏转时间**, 由 (5.6.13) 式可以得到

$$\tau_\mathrm{D}^{-1} = \frac{N\gamma}{U^3}\left\{\left[\left(2-\frac{1}{aU^2}\right)\Phi(\sqrt{a}U)+\frac{2}{\sqrt{a\pi}U}\mathrm{e}^{-aU^2}\right]+S_\mathrm{p}\right\}. \qquad (5.6.16)$$

容易证明

$$\tau_\mathrm{D} \geqslant 0,$$

当 $N\gamma$ 为有限且 a 及 A 非零时, 上式的等号当且仅当 $U=0$ 时成立. 这说明试验粒子的速度总是趋于各向同性的.

如果试验粒子速度值 U 很大, 使 $U \gg a^{-1/2}, U \gg A^{-1/2}$, 则由 (5.6.16) 式得到

$$\tau_\mathrm{D} = \frac{U^3}{4N\gamma};$$

如果试验粒子速度接近质子的均方根速度, $U \approx A^{-1/2}$, 而且 $\theta_\mathrm{p} = \theta_\mathrm{e} = \theta$(质子与电子已处于热平衡), 则 $\sqrt{A}U \approx 1, \sqrt{a}U = \dfrac{m}{M} \ll 1$, 由 (5.6.16) 式知道

$$\tau_\mathrm{D} = \frac{M^{-3/2}(2\theta)^{3/2}}{N\gamma\left[\dfrac{2}{e\sqrt{\pi}}+\Phi(1)\right]}.$$

如果 $M_\mathrm{t}=M, z_\mathrm{t}=1$, 即试验粒子就是质子, 那么便有

$$\tau_\mathrm{D} = \frac{M_\mathrm{t}^{1/2}\theta^{3/2}}{\sqrt{2}\pi Ne_0^4\ln\Lambda\left[\dfrac{2}{e\sqrt{\pi}}+\Phi(1)\right]}.$$

将 (5.6.13) 式与 (5.6.14) 式两边相加, 记

$$W = \frac{1}{2} M_{\mathrm{t}} U^2,$$

可以得到

$$\frac{1}{W}\left(\frac{\partial W}{\partial t}\right)_{t=0} = \frac{1}{U^2}\left[\frac{\partial}{\partial t}(U_\perp^2 + U_x^2)\right]_{t=0}$$

$$= -\frac{2N\gamma}{U^3}\left\{\left[\frac{M_{\mathrm{t}}}{m}\Phi(\sqrt{a}U) - \frac{2}{\sqrt{\pi}}\sqrt{a}U\right.\right.$$

$$\times \left.\left(1 + \frac{M_{\mathrm{t}}}{m}\right)\mathrm{e}^{-aU^2}\right] + S_{\mathrm{p}}\Big\}.$$

定义**能量交换时间** τ_W:

$$\tau_W = \frac{W}{\left|\left(\dfrac{\partial W}{\partial t}\right)_{t=0}\right|}, \tag{5.6.17}$$

则有

$$\frac{1}{\tau_W} = \left|\frac{2N\gamma}{U^3}\left\{\left[\frac{M_{\mathrm{t}}}{m}\Phi(\sqrt{a}U) - \frac{2}{\sqrt{\pi}}\sqrt{a}U\right.\right.\right.$$

$$\times \left.\left.\left(1 + \frac{M_{\mathrm{t}}}{m}\right)\mathrm{e}^{-aU^2}\right] + S_{\mathrm{p}}\Big\}\right|. \tag{5.6.18}$$

在定义 (5.6.17) 式中加绝对值的符号, 是因为试验粒子的能量 W 可能随时间增大或减小. 由 (5.6.18) 式看出, 若 $U \gg a^{-1/2}, U \gg A^{-1/2}$, 则有

$$\tau_W = \frac{U^3}{2N\gamma\left(\dfrac{M_{\mathrm{t}}}{m} + \dfrac{M_{\mathrm{t}}}{M}\right)}.$$

设有一氢等离子体, 初始时电子质子有略为不同的温度, 即 θ_e 和 θ_p 略有不同, 而且分布稍微偏离各向同性和 Maxwell 分布. 让我们应用以上推得的公式来讨论这等离子体中的各种弛豫过程. 先看电子分布变为各向同性的弛豫时间. 为此可以取某一占优势方向的电子为试验粒子 ($M_{\mathrm{t}} = m, z_{\mathrm{t}} = 1$) 来计算偏转时间 τ_{D}. 由于电子基本上是 Maxwell 分布, 所以可认为 $\sqrt{a}U = 1$, 于是 $\sqrt{A}U \approx \left(\dfrac{M}{m}\right)^{1/2} \gg 1$. 由 (5.6.16) 式求得

$$\frac{1}{\tau_{\mathrm{D}}} = \frac{N\gamma}{U^3}\left\{\left[\Phi(1) + \frac{2}{\mathrm{e}\sqrt{\pi}}\right] + 2\right\},$$

或

$$\tau_{\mathrm{D}} = \frac{m^{1/2}(2\theta)^{3/2}}{4\pi N e_0^4 \ln\Lambda\left[\Phi(1) + \dfrac{2}{\mathrm{e}\sqrt{\pi}} + 2\right]}. \tag{5.6.19}$$

为讨论电子速度大小的分布向 Maxwell 分布弛豫的时间, 可以计算能量交换时间 τ_W. 仍取 $M_t = m, z_t = 1, \sqrt{a}U = 1, \sqrt{A}U \gg 1$, 由 (5.6.18) 式看出, 电子与质子相碰撞的过程对能量的弛豫几乎没有贡献, 因此得到

$$\frac{1}{\tau_{W1}} = \frac{2N\gamma}{U^3}\left[\Phi(1) - \frac{4}{e\sqrt{\pi}}\right],$$

或

$$\tau_{W1} = \frac{m^{1/2}(2\theta)^{3/2}}{8\pi Ne_0^4\ln\Lambda\left[\Phi(1) - \dfrac{4}{e\sqrt{\pi}}\right]}. \tag{5.6.20}$$

为讨论质子速度大小的分布向 Maxwell 分布弛豫的时间, 取某一优势能量的质子为试验粒子, 即取 $M_t = M, z_t = 1, \sqrt{A}U = 1, \sqrt{a}U = \left(\dfrac{m}{M}\right)^{1/2} \ll 1$, 于是由 (5.6.18) 式可以求得能量交换时间 τ_{W2}. 在计算中可以发现, 质子与电子碰撞对这一弛豫过程几乎没有贡献, 结果求得

$$\frac{1}{\tau_{W2}} = \frac{2N\gamma}{U^3}\left[\Phi(1) - \frac{4}{e\sqrt{\pi}}\right],$$

或

$$\tau_{W2} = \frac{M^{1/2}(2\theta)^{3/2}}{8\pi Ne_0^4\ln\Lambda\left[\Phi(1) - \dfrac{4}{e\sqrt{\pi}}\right]}. \tag{5.6.21}$$

为讨论电子与质子能量均分的弛豫时间, 显然不用考虑电子之间或质子之间的碰撞, 而只需考虑电子与质子的碰撞. 因此, 如果把质子当成试验粒子, 那么可以认为除试验粒子外都是电子, 所以在 (5.6.18) 式中应取 $M = m, A = a$, 并把电子和质子的总数密度 $2N$ 改记为电子数密度 N, 于是得到

$$\frac{1}{\tau_{W3}} = \left|\frac{2N\gamma}{U^3}\left[\frac{M_t}{m}\Phi(\sqrt{a}U) - \frac{2}{\sqrt{\pi}}\sqrt{a}U \times \left(1 + \frac{M_t}{m}\right)e^{-aU^2}\right]\right|,$$

在上式中取 $M_t = M, \dfrac{M}{2}U^2 = \theta, z_t = 1$, 则 $\sqrt{a}U = \left(\dfrac{m}{M}\right)^{1/2} \ll 1$, 而

$$\frac{1}{\tau_{W3}} = \frac{4N\gamma}{3U^3\sqrt{\pi}}\left(\frac{m}{M}\right)^{1/2},$$

或

$$\tau_{W3} = \frac{3Mm^{-1/2}(2\theta)^{3/2}}{16\sqrt{\pi}Ne_0^4\ln\Lambda}; \tag{5.6.22}$$

如果把电子当作试验粒子并取 $\dfrac{m}{2}U^2 = \theta$, 而认为除试验粒子外都是质子, 就可以类似地求得

$$\tau'_{W3} = \frac{Mm^{-1/2}(2\theta)^{3/2}}{8\pi Ne_0^4\ln\Lambda}. \tag{5.6.23}$$

显然 τ'_{W3} 与 τ_{W3} 有相同的数量级.

综合 (5.6.19) 至 (5.6.23) 诸式, 可以得出几种弛豫时间数量级之比:

$$\frac{\tau_D}{\tau_{W1}} : \tau_{W2} : \frac{\tau_{W3}}{\tau'_{W3}} = \left(\frac{m}{M}\right) : \left(\frac{m}{M}\right)^{1/2} : 1 \qquad (5.6.24)$$

这从数量级上说明, 各种弛豫过程中, 最快的是电子本身达到热平衡, 其次是正离子本身达到热平衡, 而最慢的是电子与离子间能量达到平衡的过程. 考虑到弹性碰撞中, 质量相等的粒子间能量较易传递, 又考虑到电子速度远大于离子速度, 上述结论在物理上是不难定性理解的.

§5.7 线性 Fokker-Planck 方程的正规化

考虑 Fokker-Planck 方程 (5.1.8). 假定 $A_i(\{x\})$ 和 $B_{ij}(\{x\})$ 都是与 P 无关的已知函数, (5.1.8) 式就是关于 $P(\{x\}, t)$ 的线性偏微分方程. 现在让我们探讨, 当用 s 个新变量 $\{x'\}$:

$$x'_i = x'_i(\{x\}, t) = x'_i(x_1, \cdots, x_s, t)(i = 1, 2, \cdots, s) \qquad (5.7.1)$$

来代替 $\{x\}$ 时, 方程 (5.1.8) 可能变换成什么形状.

为了使变量变换能保证概率守恒, 新的概率分布函数 $P'(\{x'\}, t)$ 与原来的概率分布函数 $P(\{x\}, t)$ 之间应当有关系:

$$P(\{x\}, t)\mathrm{d}^s x = P'(\{x'\}, t)\mathrm{d}^s x' \qquad (5.7.2)$$

但是体积元 $\mathrm{d}^s x$ 与 $\mathrm{d}^s x'$ 之间可以通过 Jacobi 行列式

$$J \equiv \left| \mathrm{Det}\left(\frac{\partial x_i}{\partial x'_j}\right) \right| \qquad (5.7.3)$$

或

$$J' \equiv \left| \mathrm{Det}\left(\frac{\partial x'_i}{\partial x_j}\right) \right| = \frac{1}{J} \qquad (5.7.4)$$

相联系,

$$\mathrm{d}^s x = J\mathrm{d}^s x', \qquad \mathrm{d}^s x' = J'\mathrm{d}^s x,$$

所以

$$P' = JP = \frac{P}{J'}. \qquad (5.7.5)$$

记

$$a_{ji} = \frac{\partial x_i'}{\partial x_j}, \tag{5.7.6}$$

并把 a_{ji} 的代数余子式记为 b^{ji}, 按照行列式的性质和展开法则, 有

$$J'\delta_{ik} = a_{jk}b^{ji} \tag{5.7.7}$$

这里和以下对相同的拉丁附标从 1 到 s 求和. 用 $\dfrac{\partial x_l}{\partial x_k'}$ 乘 (5.7.7) 式两边并对 k 求和, 注意到

$$\frac{\partial x_l}{\partial x_k'}\frac{\partial x_k'}{\partial x_j} = \frac{\partial x_l}{\partial x_j} = \delta_{lj},$$

就可以得到

$$b^{lj} = J'\frac{\partial x_l}{\partial x_i'}. \tag{5.7.8}$$

从 (5.7.7)、(5.7.8) 二式又可以得到

$$\frac{\partial J'}{\partial a_{jk}} = b^{jk} = J'\frac{\partial x_j}{\partial x_k'}. \tag{5.7.9}$$

由 $J = \dfrac{1}{J'}$, 可得

$$-\frac{1}{J}\frac{\partial J}{\partial x_i} = \frac{1}{J'}\frac{\partial J'}{\partial x_i}.$$

利用 (5.7.9) 及 (5.7.6) 式, 有

$$\begin{aligned}
\frac{1}{J'}\frac{\partial J'}{\partial x_i} &= \frac{1}{J'}\frac{\partial J'}{\partial a_{jk}}\frac{\partial a_{jk}}{\partial x_i} = \frac{\partial x_j}{\partial x_k'}\frac{\partial}{\partial x_i}\frac{\partial x_k'}{\partial x_j} \\
&= \frac{\partial x_j}{\partial x_k'}\frac{\partial}{\partial x_j}\frac{\partial x_k'}{\partial x_i} = \frac{\partial}{\partial x_k'}\frac{\partial x_k'}{\partial x_i},
\end{aligned}$$

所以

$$-\frac{1}{J}\frac{\partial J}{\partial x_i} = \frac{\partial}{\partial x_k'}\frac{\partial x_k'}{\partial x_i}. \tag{5.7.10}$$

类似地可以得到

$$-\frac{1}{J}\left(\frac{\partial J}{\partial t}\right)_x = \frac{1}{J'}\left(\frac{\partial J'}{\partial t}\right)_x = \frac{\partial}{\partial x_k'}\left(\frac{\partial x_k'}{\partial t}\right)_x, \tag{5.7.11}$$

其中括号外的下标 x 表示 $\{x\}$ 保持不变. 显然有关系

$$\left(\frac{\partial}{\partial t}\right)_x = \left(\frac{\partial}{\partial t}\right)_{x'} + \left(\frac{\partial x_k'}{\partial t}\right)_x\frac{\partial}{\partial x_k'} \tag{5.7.12}$$

成立. 另外, 利用 (5.7.10) 式可以得到下列关系:

$$\frac{\partial}{\partial x_i} = \frac{\partial x'_k}{\partial x_i} \frac{\partial}{\partial x'_k} = \frac{\partial}{\partial x'_k} \frac{\partial x'_k}{\partial x_i} - \left[\frac{\partial}{\partial x'_k} \frac{\partial x'_k}{\partial x_i}\right] = \frac{\partial}{\partial x'_k} \frac{\partial x'_k}{\partial x_i} + \frac{1}{J}\frac{\partial J}{\partial x_i}. \tag{5.7.13}$$

为清楚起见, 让我们约定: 在本节中方括号表示其中算子的作用范围限于方括号之内. 注意到显然的等式

$$\frac{\partial}{\partial x_i} = \frac{1}{J}\frac{\partial}{\partial x_i}J - \frac{1}{J}\frac{\partial J}{\partial x_i},$$

并将 (5.7.10) 式写成

$$-\frac{1}{J}\frac{\partial J}{\partial x_i} = \frac{1}{J}\left[\frac{\partial}{\partial x'_k}\frac{\partial x'_k}{\partial x_i}\right]J,$$

就有

$$\frac{\partial}{\partial x_i} = \frac{1}{J}\frac{\partial}{\partial x'_k}\frac{\partial x'_k}{\partial x_i}J. \tag{5.7.14}$$

重复利用 (5.7.14) 式两次可得

$$\begin{aligned}
\frac{\partial^2}{\partial x_i \partial x_j} &= \frac{1}{J}\frac{\partial}{\partial x'_k}\frac{\partial x'_k}{\partial x_i}J\frac{1}{J}\frac{\partial}{\partial x'_r}\frac{\partial x'_r}{\partial x_j}J \\
&= \frac{1}{J}\frac{\partial^2}{\partial x'_k\partial x'_r}\frac{\partial x'_k}{\partial x_i}\frac{\partial x'_r}{\partial x_j}J - \frac{1}{J}\frac{\partial}{\partial x'_k}\left[\frac{\partial}{\partial x'_r}\frac{\partial x'_k}{\partial x_i}\right]\frac{\partial x'_r}{\partial x_j}J \\
&= \frac{1}{J}\frac{\partial^2}{\partial x'_k\partial x'_r}\frac{\partial x'_k}{\partial x_i}\frac{\partial x'_r}{\partial x_j}J - \frac{1}{J}\frac{\partial}{\partial x'_k}\frac{\partial^2 x'_k}{\partial x_i\partial x_j}J.
\end{aligned} \tag{5.7.15}$$

至于对 t 的导数, 由 (5.7.12) 式可以得到

$$\begin{aligned}
\left(\frac{\partial}{\partial t}\right)_x &= \frac{1}{J}\left(\frac{\partial}{\partial t}\right)_x J - \frac{1}{J}\left(\frac{\partial J}{\partial t}\right)_x \\
&= \frac{1}{J}\left(\frac{\partial}{\partial t}\right)_{x'} J + \frac{1}{J}\left(\frac{\partial x'_k}{\partial t}\right)_x \frac{\partial}{\partial x'_k}J - \frac{1}{J}\left(\frac{\partial J}{\partial t}\right)_x,
\end{aligned}$$

其中第二项的算子可以利用 (5.7.11) 式写成

$$\begin{aligned}
\left(\frac{\partial x'_k}{\partial t}\right)_x \frac{\partial}{\partial x'_k} &= \frac{\partial}{\partial x'_k}\left(\frac{\partial x'_k}{\partial t}\right)_x - \left[\frac{\partial}{\partial x'_k}\left(\frac{\partial x'_k}{\partial t}\right)_x\right] \\
&= \frac{\partial}{\partial x'_k}\left(\frac{\partial x'_k}{\partial t}\right)_x + \frac{1}{J}\left(\frac{\partial J}{\partial t}\right)_x,
\end{aligned}$$

因此有

$$\left(\frac{\partial}{\partial t}\right)_x = \frac{1}{J}\left(\frac{\partial}{\partial t}\right)_{x'} J + \frac{1}{J}\frac{\partial}{\partial x'_k}\left(\frac{\partial x'_k}{\partial t}\right)_x J. \tag{5.7.16}$$

将 (5.7.14)~(5.7.16) 诸式代入方程 (5.1.8) 中, 就得到关于由 (5.7.5) 式所定义的 P' 的 Fokker-Planck 方程:

$$\left(\frac{\partial P'}{\partial t}\right)_{x'} = -\frac{\partial}{\partial x'_k}(A'_k P') + \frac{1}{2}\frac{\partial^2}{\partial x'_k \partial x'_r}(B'_{kr} P'), \tag{5.7.17}$$

其中

$$A'_k = \left(\frac{\partial x'_k}{\partial t}\right)_x + \frac{\partial x'_k}{\partial x_i}A_i + \frac{1}{2}\frac{\partial^2 x'_k}{\partial x_i \partial x_j}B_{ij}, \tag{5.7.18}$$

$$B'_{kr} = \frac{\partial x'_k}{\partial x_i}\frac{\partial x'_r}{\partial x_j}B_{ij}. \tag{5.7.19}$$

上面所介绍的变量变换有很重要的用途. 以一维线性 Fokker-Planck 方程为例,

$$\frac{\partial P(x,t)}{\partial t} = -\frac{\partial}{\partial x}[A(x,t)P(x,t)] + \frac{1}{2}\frac{\partial^2}{\partial x^2}[B(x,t)P(x,t)]. \tag{5.7.20}$$

变换到新变量 $y = y(x,t)$ 时, 新的扩散系数可以从 (5.7.19) 式得到:

$$B' = \left(\frac{\partial y}{\partial x}\right)^2 B. \tag{5.7.21}$$

如果要得到具有常扩散系数 $B' = D$ 的 Fokker-Planck 方程, 就应当有

$$\left(\frac{\partial y}{\partial x}\right)^2 = \frac{D}{B(x,t)}.$$

因此可以选择

$$y = y(x,t) = \int_{x_0}^{x}\sqrt{\frac{D}{B(\xi,t)}}\mathrm{d}\xi \tag{5.7.22}$$

由 (5.7.18) 式可知, 新的漂移系数为

$$A'(y,t) = \frac{\partial y}{\partial t} + \frac{\partial y}{\partial x}A(x,t) + \frac{1}{2}\frac{\partial^2 y}{\partial x^2}B(x,t) \tag{5.7.23}$$

简单的计算给出

$$A'(y,t) = \frac{\partial y}{\partial t} + \sqrt{\frac{D}{B(x,t)}}\left[A(x,t) - \frac{1}{4}\frac{\partial B(x,t)}{\partial x}\right]. \tag{5.7.24}$$

新的概率分布函数为

$$P'(y,t) = JP(x,t) = \left(\frac{\partial y}{\partial x}\right)^{-1}P(x,t) = \sqrt{\frac{B(x,t)}{D}}P(x,t). \tag{5.7.25}$$

这样, (5.7.20) 式就可改写成

$$\frac{\partial P'(y,t)}{\partial t} = -\frac{\partial}{\partial y}[A'(y,t)P'(y,t)] + \frac{D}{2}\frac{\partial^2}{\partial y^2}P'(y,t) \tag{5.7.26}$$

这就是正规化的 Fokker-Planck 方程. 这样, 对于一维 Fokker-Planck 方程, 不失一般性, 我们可以只处理具有常扩散系数的情况. 由于 D 是任意的, 所以可以取 $D = 1$, 但是这样作不便于处理低噪声极限情况 (相当于 $D \to 0$ 的情况), 所以我们仍将保留参量 D.

当 $A'(y)$ 与 t 无关时, 引进**随机势**

$$U(y) = \int^y A'(y')\mathrm{d}y', \tag{5.7.27}$$

则方程 (5.7.26) 又可以写成

$$\frac{\partial P'}{\partial t} = \left[-\frac{\partial}{\partial y}\frac{\mathrm{d}U}{\mathrm{d}y} + \frac{D}{2}\frac{\partial^2}{\partial y^2}\right]P'. \tag{5.7.28}$$

这时, (5.1.18) 式的概率流密度简化为

$$S(y,t) = \frac{\mathrm{d}U}{\mathrm{d}y}P' - \frac{D}{2}\frac{\partial P'}{\partial y}. \tag{5.7.29}$$

(5.7.28) 式又可以写成

$$\frac{\partial P'}{\partial t} = -\frac{\partial S(y,t)}{\partial y}. \tag{5.7.30}$$

§5.8　单变量线性 Fokker-Planck 方程的性质

设有单变量线性 Fokker-Planck 方程

$$\frac{\partial P(x,t)}{\partial t} = -\frac{\partial}{\partial x}[A(x)P(x,t)] + \frac{1}{2}\frac{\partial^2}{\partial x^2}[B(x)P(x,t)], \tag{5.8.1}$$

其中 $A(x), B(x)$ 与 P 和 t 无关, 且

$$B(x) \geqslant 0. \tag{5.8.2}$$

按照前面提出的概率流密度定义, 有

$$S(x,t) = A(x)P(x,t) - \frac{1}{2}\frac{\partial}{\partial x}[B(x)P(x,t)], \tag{5.8.3}$$

因此可以把 (5.8.1) 式写成

$$\frac{\partial P(x,t)}{\partial t} = -\frac{\partial S(x,t)}{\partial x}. \tag{5.8.4}$$

对于方程 (5.8.4) 的定态解 $P_{st}(x)$, 有

$$S_{st}(x) = A(x)P_{st}(x) - \frac{1}{2}\frac{d}{dx}[B(x)P_{st}(x)] = 常数.$$

但根据归一化的要求, 在 $x \to \pm\infty$ 的地方, 应有 $P(x,t) \to 0$, 所以在那里 $S(x,t) \to 0$, 因此上式右边的常数为零, 于是立即得出

$$P_{st}(x) = \frac{C}{B(x)}\exp\int^x \frac{2A(\xi)}{B(\xi)}d\xi \tag{5.8.5}$$

式中 C 是归一化常数. 注意到 (5.8.2) 式, 可以发现, 为使 $P_{st}(x)$ 能够归一化, $A(x)$ 在 $x \to \pm\infty$ 时应当满足

$$A(-\infty) \geqslant 0, \qquad A(\infty) \leqslant 0. \tag{5.8.6}$$

由此可知 $A(x)$ 至少有一个零点. $P_{st}(x)$ 在该点 [当 $B'(x)$ 在该点为零时] 或该点附近 [当 $B'(x)$ 在该点虽不为零, 但值甚小时] 取极值. 如果 $P_{st}(x)$ 只有一个极值, 则必然是极大值, 我们称这个单变量 Fokker-Planck 方程有**单稳态**. 如果 $P_{st}(x)$ 有多个极大值, 则称这方程有**多稳态**. (5.8.6) 式的物理意义是清楚的. 从 $A(x)$ 的定义 (5.1.7) 及 (5.1.6) 式可见, $A(-\infty) \geqslant 0$ 表示在 $x \to -\infty$ 时粒子向右 (即 x 增大方向) 运动的概率不小于向左运动的概率, $A(\infty) \leqslant 0$ 则表示在 $x \to \infty$ 时粒子向左运动的概率不小于向右运动的概率. 显然, 只有这样, 才能保证定态概率分布的存在. 否则, 粒子将不断向远处逃逸.

记 x 的函数 $G(x)$ 的平均值为 $\langle G \rangle$:

$$\langle G \rangle = \int G(x)P(x,t)dx,$$

其中积分限略去未写. 显然 $\langle G \rangle$ 是 t 的函数. 用 x^n 乘 (5.8.1) 式的两边并对 dx 积分, 可以得到

$$\frac{d\langle x^n \rangle}{dt} = \int x^n \left[-\frac{\partial}{\partial x}(AP) + \frac{1}{2}\frac{\partial^2}{\partial x^2}(BP) \right]dx,$$

经过分部积分, 有

$$\frac{d\langle x \rangle}{dt} = \langle A(x) \rangle, \tag{5.8.7}$$

$$\frac{d\langle x^2 \rangle}{dt} = 2\langle xA(x) \rangle + \langle B(x) \rangle, \tag{5.8.8}$$

$$\frac{d\langle x^n \rangle}{dt} = n\langle x^{n-1}A(x) \rangle + \frac{n(n-1)}{2}\langle x^{n-2}B(x) \rangle, \qquad n \geqslant 2. \tag{5.8.9}$$

(5.8.9) 式对任意实数 $n \geqslant 2$ 都正确, 但我们感兴趣的只是 n 为正整数的情况. (5.8.7) 和 (5.8.8) 这两个方程形式似乎很简单, 但一般来说它们并不封闭. 只有当 $A(x)$ 是

x 的一次函数时, (5.8.7) 式才是封闭的; 只有当 $A(x)$ 是 x 的一次函数, $B(x)$ 是 x 的二次函数时, (5.8.7) 及 (5.8.8) 二式才构成封闭的方程组. (5.8.7)~(5.8.9) 诸式称为 Fokker-Planck 方程的各次**矩方程**. 在一般情况下, 只能选有限个矩方程截断, 从而求得近似解.

求解 Fokker-Planck 方程的另一途径是分离变量法. 设 (5.8.1) 式的解可以写成

$$P(x,t) = \mathrm{e}^{-\lambda_l t} P_l(x), \tag{5.8.10}$$

代入方程 (5.8.1), 可以得到

$$L_{\mathrm{FP}} P_l = -\lambda_l P_l. \tag{5.8.11}$$

这里 **Fokker-Planck**算子 L_{FP} 定义为

$$L_{\mathrm{FP}} \equiv -\frac{\mathrm{d}}{\mathrm{d}x} A(x) + \frac{1}{2}\frac{\mathrm{d}^2}{\mathrm{d}x^2} B(x). \tag{5.8.12}$$

(5.8.11) 式说明 $-\lambda_l$ 和 $P_l(x)$ 分别是算子 L_{FP} 的本征值和本征函数. 可见, 如果能够求得 L_{FP} 的谱, Fokker-Planck 方程 (5.8.1) 的解就可以求出.

为简化 (5.8.11) 式, 可以作如下变换

$$P_l(x) = \mathrm{e}^{\psi(x)} Q_l(x) \tag{5.8.13}$$

来消去 (5.8.11) 式中对 x 的一阶导数. 将 (5.8.13) 式代入 (5.8.11) 式, 得到

$$L_{\mathrm{FP}}\mathrm{e}^{\psi} Q_l = -\lambda_l \mathrm{e}^{\psi} Q_l;$$

它可以写成

$$LQ_l = -\lambda_l Q_l \tag{5.8.14}$$

其中

$$L = \mathrm{e}^{-\psi} L_{\mathrm{FP}} \mathrm{e}^{\psi} = -V(x) - R\frac{\mathrm{d}}{\mathrm{d}x} + \frac{1}{2}\frac{\mathrm{d}}{\mathrm{d}x} B(x)\frac{\mathrm{d}}{\mathrm{d}x}, \tag{5.8.15}$$

$$V(x) = A' + A\psi' - \frac{1}{2}B'' - B'\psi' - \frac{1}{2}(\psi'^2 + \psi'')B, \tag{5.8.16}$$

$$R = A - \frac{1}{2}B' - B\psi', \tag{5.8.17}$$

这里 "′" 表示对 x 求导数, 选择 ψ 使

$$R = A - \frac{1}{2}B' - B\psi' = 0 \tag{5.8.18}$$

那么算子 L 的形式可以简化. 由 (5.8.18) 式求得

$$\psi = \int^x \frac{A - \frac{1}{2}B'}{B}\mathrm{d}x = \int^x \frac{A}{B}\mathrm{d}x - \frac{1}{2}\ln B \tag{5.8.19}$$

将 (5.8.19) 式与 (5.8.5) 式比较可知, 在适当地选择了 (5.8.19) 式中的积分常数之后, 有

$$P_{\mathrm{st}}(x) = \mathrm{e}^{2\psi(x)} \tag{5.8.20}$$

由此立即可知 L 的属于 $\lambda_0 = 0$ 的归一化本征函数是

$$Q_0(x) = \mathrm{e}^{\psi(x)}. \tag{5.8.21}$$

对于由 (5.8.18) 式确定的 ψ, (5.8.15) 及 (5.8.16) 式成为

$$L = -V(x) + \frac{1}{2}\frac{\mathrm{d}}{\mathrm{d}x}B(x)\frac{\mathrm{d}}{\mathrm{d}x} \tag{5.8.22}$$

$$V(x) = \frac{1}{2}B'\psi' + \frac{1}{2}(\psi'^2 + \psi'')B \tag{5.8.23}$$

设 H 是平方可积实函数组成的 Hilbert 空间, 在 H 中定义**内积**:

$$(f, g) = \int_{-\infty}^{\infty} f(x)g(x)\mathrm{d}x. \tag{5.8.24}$$

容易发现

$$
\begin{aligned}
(f, Lg) &= \int_{-\infty}^{\infty} f(x)\Big\{ -V(x) + \frac{1}{2}\frac{\mathrm{d}}{\mathrm{d}x}B(x) \\
&\quad \times \frac{\mathrm{d}}{\mathrm{d}x}\Big\}g(x)\mathrm{d}x = \int_{-\infty}^{\infty} g(x)\Big\{ -V(x) \\
&\quad + \frac{1}{2}\frac{\mathrm{d}}{\mathrm{d}x}B(x)\frac{\mathrm{d}}{\mathrm{d}x}\Big\}f(x)\mathrm{d}x = (Lf, g)
\end{aligned}
\tag{5.8.25}
$$

所以 L 是 Hermite 算子. 这说明 L 的本征值 λ_l 是实数, 而且本征矢 Q_l 可以组成 H 空间中的完备正交系.

如果取归一化的 Q_l, 那么就有

$$\lambda_l = -\int Q_l L Q_l \mathrm{d}x \tag{5.8.26}$$

将 (5.8.22) 及 (5.8.23) 式代入上式, 经过仔细的计算, 可以证明

$$\lambda_l = -\frac{1}{2}\int Q_l \mathrm{e}^{-\psi}\frac{\mathrm{d}}{\mathrm{d}x}\left[B\mathrm{e}^{2\psi}\frac{\mathrm{d}}{\mathrm{d}x}(Q_l\mathrm{e}^{-\psi}) \right]\mathrm{d}x,$$

分部积分后, 得到

$$\lambda_l = \frac{1}{2}\int B\mathrm{e}^{2\psi}\left[\frac{\mathrm{d}}{\mathrm{d}x}(Q_l\mathrm{e}^{-\psi}) \right]^2 \mathrm{d}x \geqslant 0 \tag{5.8.27}$$

其中等号当且仅当

$$\frac{\mathrm{d}}{\mathrm{d}x}(Q_l\mathrm{e}^{-\psi}) = 0$$

时成立, 这就是 $l = 0$ 的情况. 因此

$$\lambda_l > 0, \qquad 当 l \neq 0 时, \tag{5.8.28}$$

这说明一维线性 Fokker-Planck 方程的定态解是唯一的; 从任意初始条件出发, 概率分布函数最后都将趋向于定态解 $P_{\mathrm{st}}(x)$.

如果用 §5.7 中介绍的方法先把 (5.8.1) 式正规化:

$$\frac{\partial P(x,t)}{\partial t} = -\frac{\partial}{\partial x}[A(x)P(x,t)] + \frac{D}{2}\frac{\partial^2}{\partial x^2}P(x,t), \tag{5.8.29}$$

那么 (5.8.22) 式和 (5.8.23) 式就简化为

$$L = -V(x) + \frac{D}{2}\frac{\mathrm{d}^2}{\mathrm{d}x^2}, \tag{5.8.30}$$

$$V(x) = \frac{D}{2}(\psi'^2 + \psi''), \tag{5.8.31}$$

其中 ψ 由 (5.8.19) 式给出:

$$\psi = \frac{1}{D}\int^x A(\xi)\mathrm{d}\xi \tag{5.8.32}$$

于是 (5.8.31) 式变成

$$V(x) = \frac{1}{2D}A^2 + \frac{1}{2}A'. \tag{5.8.33}$$

本征方程 (5.8.14) 就成为

$$-D^2\frac{\mathrm{d}^2 Q_l}{\mathrm{d}x^2} + (A^2 + A'D)Q_l = 2\lambda_l D Q_l. \tag{5.8.34}$$

记

$$\widetilde{V}(x) = A^2(x) + DA'(x), \tag{5.8.35}$$

$$E_l = 2\lambda_l D, \tag{5.8.36}$$

则 (5.8.34) 式可以写成

$$-D^2\frac{\mathrm{d}^2 Q_l}{\mathrm{d}x^2} + \widetilde{V}(x)Q_l = E_l Q_l. \tag{5.8.37}$$

如果将 D^2 换成 $\dfrac{\hbar^2}{2m}$:

$$D^2 \Rightarrow \frac{\hbar^2}{2m}, \tag{5.8.38}$$

那么 (5.8.37) 式就与具有位能 $\widetilde{V}(x)$ 的一维定态 Schrödinger 方程形式相同. 因此从后者的解就可以直接导出相应 Fokker-Planck 方程的解. 这只需反过来作替换 $\hbar^2 \Rightarrow 2mD^2$ 即可. 具体例子将在下节给出.

§5.9　单变量线性 Fokker-Planck 方程的某些严格解

尽管一维线性 Fokker-Planck 方程 (5.8.1) 是最简单形式的 Fokker-Planck 方程, 但也只有在极少数情况下才能得到严格的非定态解. 其中最重要的一种情况, 就是关于**Ornstein-Uhlenbeck 过程**的 Fokker-Planck 方程. 这里

$$A(x) = -\gamma x, \qquad B(x) = D = 常数 \tag{5.9.1}$$

其中 γ 是常数. 按 (5.8.6) 式的要求, $\gamma \geqslant 0$. 相应的 Fokker-Planck 方程写成

$$\frac{\partial P}{\partial t} = \gamma \frac{\partial}{\partial x}(xP) + \frac{D}{2} \frac{\partial^2 P}{\partial x^2}. \tag{5.9.2}$$

如果用矩方程方法, 则 (5.8.7) 和 (5.8.8) 式可分别写成

$$\frac{\mathrm{d}\langle x \rangle}{\mathrm{d}t} = -\gamma \langle x \rangle, \tag{5.9.3}$$

$$\frac{\mathrm{d}\langle x^2 \rangle}{\mathrm{d}t} = -2\gamma \langle x^2 \rangle + D. \tag{5.9.4}$$

由 (5.9.3) 式立即解得

$$\langle x(t) \rangle = \langle x(0) \rangle \mathrm{e}^{-\gamma t}. \tag{5.9.5}$$

另外, 由 (5.9.3) 式还可以求得

$$\frac{\mathrm{d}}{\mathrm{d}t}\langle x \rangle^2 = 2\langle x \rangle \frac{\mathrm{d}\langle x \rangle}{\mathrm{d}t} = -2\gamma \langle x \rangle^2.$$

将上式与 (5.9.4) 式相减, 得到

$$\frac{\mathrm{d}}{\mathrm{d}t}\sigma(t) = -2\gamma \sigma(t) + D, \tag{5.9.6}$$

式中

$$\sigma(t) = \langle x^2(t) \rangle - \langle x(t) \rangle^2.$$

由 (5.9.6) 式解出

$$\sigma(t) = \left[\sigma(0) - \frac{D}{2\gamma} \right] \mathrm{e}^{-2\gamma t} + \frac{D}{2\gamma}. \tag{5.9.7}$$

对于更高阶的矩, 从 (5.8.7) 式知道

$$\frac{\mathrm{d}\langle x^n \rangle}{\mathrm{d}t} = -n\gamma \langle x^n \rangle + \frac{n(n-1)}{2} D\langle x^{n-2} \rangle, \tag{5.9.8}$$

对于 $n = 3, 4, \cdots, (5.9.8)$ 式可以逐一解出.

如果采用本征函数展开的方法, 可以像上节讨论的那样, 把求解方程 (5.9.2) 的问题约化为求解定态 Schrödinger 方程的问题. 由 (5.8.35) 式有

$$\widetilde{V}(x) = \gamma^2 x^2 + \gamma D \tag{5.9.9}$$

因此对应的定态 Schrödinger 方程是关于一维线性谐振子的方程:

$$-\frac{\hbar^2}{2m}\frac{\mathrm{d}^2 Q_l}{\mathrm{d}x^2} + \frac{1}{2}m\omega^2 x^2 Q_l = \left(E_l - \frac{\hbar\omega}{2}\right)Q_l, \tag{5.9.10}$$

其中 $\omega = \gamma\sqrt{\dfrac{2}{m}}$. 方程 (5.9.10) 的本征值和相应的本征函数是

$$E_l - \frac{\hbar\omega}{2} = \hbar\left(l - \frac{1}{2}\right)\omega, \qquad l = 0, 1, 2, \cdots;$$

$$Q_l(\xi) = N_l \mathrm{e}^{-\xi^2/2} H_l(\xi),$$

其中 $\xi = -\sqrt{\dfrac{m\omega}{\hbar}}x = -\sqrt{\dfrac{\gamma}{D}}x$, $H_l(\xi)$ 是 l 阶 Hermite 多项式, N_l 是归一化常数:

$$N_l = \frac{1}{\sqrt{l!2^l\sqrt{\pi D/\gamma}}}.$$

注意到 (5.8.36) 式和关系 (5.8.38), 就可以把以上所得的 E_l 值和 $Q_l(\xi)$ 改写成

$$\lambda_l = l\gamma, \qquad l = 0, 1, 2, \cdots;$$

$$Q_l(x) = N_l \mathrm{e}^{-\frac{\gamma x^2}{2D}} H_l\left(\sqrt{\frac{\gamma}{D}}x\right).$$

而由 (5.8.13) 式及 (5.8.21) 式知

$$P_l(x) = Q_0(x)Q_l(x) = N_0 N_l \mathrm{e}^{-\frac{\gamma x^2}{D}} H_l\left(\sqrt{\frac{\gamma}{D}}x\right). \tag{5.9.11}$$

对于任意给定的初始条件 $P(x,0)$, 必须先把它按本征函数系展开, 写成

$$P(x,0) = \sum_{l=0}^{\infty} a_l P_l(x),$$

然后就可以写出 (5.9.2) 式的随时间演变的解:

$$P(x,t) = \sum_{l=0}^{\infty} a_l \mathrm{e}^{-\lambda_l t} P_l(x). \tag{5.9.12}$$

这样形式的解通常很复杂. 但是, 如果初始分布是 Gauss 分布:

$$P(x,0) = \frac{1}{\sqrt{2\pi\sigma(0)}}\exp\left[-\frac{(x - \langle x(0)\rangle)^2}{2\sigma(0)}\right], \tag{5.9.13}$$

那么就可以设想在随时间演变过程中, $P(x,t)$ 始终是 Gauss 分布:

$$P(x,t) = \frac{1}{\sqrt{2\pi\sigma(t)}}\exp\left[-\frac{(x - \langle x(t)\rangle)^2}{2\sigma(t)}\right]. \tag{5.9.14}$$

将 (5.9.14) 式代入方程 (5.9.2), 消去方程两边的指数部分之后, 比较 x 同次幂的系数, 得到的方程恰好就是 (5.9.3) 和 (5.9.6) 二式, 因此 $\langle x(t)\rangle$ 和 $\sigma(t)$ 由 (5.9.5) 式和 (5.9.7) 式给出. 这时 (5.9.14) 式给出的函数 $P(x,t)$ 就是满足初始条件 (5.9.13) 式的 Ornstein-Uhlenbeck 过程的概率分布函数.

除 Ornstein-Uhlenbeck 过程之外, 还有其他一些严格可解的特例. 事实上, 根据上节的讨论, 只要某定态的 Schrödinger 方程有严格解, 就可以推得一个相应的 Fokker-Planck 方程的严格解. 例如, 从量子力学中求得的一维方势阱问题或一维 δ 函数势问题的解析解, 都可以导出相应的 Fokker-Planck 方程的精确解 [48].

可以应用矩方法来探讨的, 也有下列形式的 Fokker-Planck 方程 [49]:

$$\frac{\partial P}{\partial t} = -\frac{\partial}{\partial x}[(ax - bx^\gamma)P] + \frac{1}{2}\frac{\partial^2}{\partial x^2}[(\alpha x^2 + \beta x^{\gamma+1})P], \tag{5.9.15}$$

其中 $\gamma = 2, 3, 4, \cdots; a, b, \alpha, \beta$ 都是实常数, 而 x 的取值域为 $0 \leqslant x < \infty$. 记 n 次矩为

$$C_n(t) = \langle x^n\rangle_t \equiv \int_0^\infty x^n P(x,t)\mathrm{d}x, \tag{5.9.16}$$

则由 (5.9.15) 式可以得到

$$\frac{\mathrm{d}}{\mathrm{d}t}C_n(t) = \sum_{n'} A_{nn'}C_{n'}(t), \tag{5.9.17}$$

其中系数矩阵

$$A_{nn'} = n\left[a + \frac{\alpha}{2}(n-1)\right]\delta_{nn'} + n\left[\frac{\beta}{2}(n-1) - b\right]\delta_{n+\gamma-1,n'} \tag{5.9.18}$$

为上三角矩阵, 因此容易求出它的本征值和本征矢量. 实际上, 将 (5.9.17) 式写成矩阵形式

$$\frac{\mathrm{d}}{\mathrm{d}t}\boldsymbol{C}(t) = \mathbf{A}\cdot\boldsymbol{C}(t), \tag{5.9.17a}$$

并设 $\boldsymbol{C}(t) = \mathrm{e}^{\lambda t}\boldsymbol{C}$, 代入上式后, 即有

$$\mathbf{A}\cdot\boldsymbol{C} = \lambda\boldsymbol{C}.$$

显然, 本征值 λ 就由矩阵 $\mathbf{A}$ 的对角元素给出:

$$\lambda_\nu = A_{\nu\nu} = \nu \left[a + \frac{\alpha}{2}(\nu - 1) \right];\tag{5.9.19}$$

相应的本征矢量 $\boldsymbol{C}^{(\nu)}$ 的分量则由下列迭代关系给出:

$$\lambda_\nu C_n^{(\nu)} = \lambda_n C_n^{(\nu)} + n \left[\frac{\beta}{2}(n - 1) - b \right] C_{n+\gamma-1}^{(\nu)}.$$

若取归一化条件为 $C_\nu^{(\nu)} = 1$, 则从上式可以求得:

$$C_n^{(\nu)} = \begin{cases} \left(\dfrac{\beta}{\alpha} \right)^k \dfrac{\Gamma \left[\dfrac{2\alpha \left(\nu - \dfrac{1}{2} \right) + 2a}{\alpha(\gamma - 1)} - k \right] \Gamma \left(\dfrac{\nu}{\gamma - 1} \right)}{k! \Gamma \left[\dfrac{2\alpha \left(\nu - \dfrac{1}{2} \right) + 2a}{\alpha(\gamma - 1)} \right] \Gamma \left(\dfrac{\nu}{\gamma - 1} - k \right)} \\ \quad \rightarrow \dfrac{\Gamma \left[\dfrac{\beta(\nu - 1) - 2b}{\beta(\gamma - 1)} \right]}{\Gamma \left[\dfrac{\beta(\nu - 1) - 2b}{\beta(\gamma - 1)} - k \right]}, \quad \text{当 } n = \nu - k(\gamma - 1), k = 0, 1, 2, \cdots \\ 0, \quad \text{当 } n \text{ 为其他值.} \end{cases}\tag{5.9.20}$$

于是方程 (5.9.17) 的通解可以写作

$$C_n(t) = \sum_\nu a_\nu \mathrm{e}^{\lambda_\nu t} C_n^{(\nu)},\tag{5.9.21}$$

其中系数由初始条件决定. 设初始概率分布 $P(x, 0)$ 给出的初始 n 次矩值是 $C_n(t = 0) = C_{n0}$, 则应该有

$$C_{n0} = \sum_\nu a_\nu C_n^{(\nu)}.\tag{5.9.22}$$

由于矩阵 $\mathbf{A}$ 不是 Hermite 矩阵, 因此矢量 $\boldsymbol{C}^{(\nu)}, \nu = 0, 1, 2, \cdots$ 不构成正交系. 为要从 (5.9.22) 式由初始值 C_{n0} 确定系数 a_ν, 必须引入和 $\boldsymbol{C}^{(\nu)}, \nu = 0, 1, 2, \cdots$ 构成双正交系的矢量 $\boldsymbol{C}^{(\nu)\dagger}, \nu = 0, 1, 2, \cdots$. 事实上, $\boldsymbol{C}^{(\nu)\dagger}$ 就是 $\mathbf{A}$ 的左本征矢量, 满足

$$\boldsymbol{C}^{(\nu)\dagger} \cdot \mathbf{A} = \lambda_\nu \boldsymbol{C}^{(\nu)\dagger}.\tag{5.9.23}$$

采用求得 $C_n^{(\nu)}$ 的类似方法, 可以求出 $\boldsymbol{C}^{(\nu)\dagger}$ 的分量:

$$C_n^{(\nu)\dagger} = \begin{cases} \left(\dfrac{-\beta}{\alpha}\right)^k \dfrac{\Gamma\left[\dfrac{2a\left(\nu-\dfrac{1}{2}\right)+2a}{\alpha(\gamma-1)}+1\right]\Gamma\left(\dfrac{\nu}{\gamma-1}+k\right)}{k!\,\Gamma\left[\dfrac{2\alpha\left(\nu-\dfrac{1}{2}\right)+2a}{\alpha(\gamma-1)}+1+k\right]\Gamma\left(\dfrac{\nu}{\gamma-1}\right)} \to \\[3em] \to \dfrac{\Gamma\left[\dfrac{\beta(\nu-1)-2b}{\beta(\gamma-1)}+k\right]}{\Gamma\left[\dfrac{\beta(\nu-1)-2b}{\beta(\gamma-1)}\right]}, \quad \text{当 } n=\nu+k(\gamma-1), k=0,1,2,\cdots \\[2em] 0, \qquad \text{当 } n \text{ 为其他值.} \end{cases} \tag{5.9.24}$$

利用双正交关系

$$\sum_n C_n^{(\nu)\dagger} C_n^{(\mu)} = \delta_{\nu\mu}, \tag{5.9.25}$$

可以得到

$$a_\nu = \sum_n C_n^{(\nu)\dagger} C_{n0}, \tag{5.9.26}$$

从而完成了 n 次矩随时间演化值 $C_n(t)$ 的求解.

和矩方法紧密相关的是**生成函数方法**. 和 $P(x,t)$ 相应的**生成函数**是它的 Fourier 变换 (如果 x 的取值域为 $-\infty < x < \infty$) 或 Laplace 变换 (如果 x 的取值域为 $0 < x < \infty$). 以前者为例, 设

$$F(s,t) = \int_{-\infty}^{\infty} \mathrm{e}^{\mathrm{i}sx} P(x,t)\mathrm{d}x. \tag{5.9.27}$$

用 $\mathrm{e}^{\mathrm{i}sx}$ 乘 (5.8.1) 式两边, 对 $\mathrm{d}x$ 积分并利用 $P(x,t)$ 在 $x \to \pm\infty$ 时趋于零的条件, 可得

$$\frac{\partial F(s,t)}{\partial t} = \left[\mathrm{i}sA\left(\frac{\partial}{\mathrm{i}\partial s}\right) - \frac{s^2}{2}B\left(\frac{\partial}{\mathrm{i}\partial s}\right)\right] F(s,t) \tag{5.9.28}$$

设此方程较易解出, 则通过逆 Fourier 变换, 即可求得概率分布 $P(x,t)$. 事实上, 问题中感兴趣的往往不是 $P(x,t)$ 本身, 而是它的各次矩

$$C_n(t) = \int_{-\infty}^{\infty} x^n P(x,t)\mathrm{d}x. \tag{5.9.29}$$

将 (5.9.27) 式右边被积函数中指数因子展开, 不难发现, 可以得出下列展开式

$$F(s,t) = \sum_{n=0}^{\infty} \frac{(\mathrm{i}s)^n}{n!} C_n(t),$$ (5.9.30)

可见, 只需将 $F(s,t)$ 对变量 s 作 Taylor 展开, 从展开系数即可求得 $P(x,t)$ 的各次矩 $C_n(t)$, 而无需逆 Fourier 变换.

一维线性 Fokker-Planck 方程的精确解是许多理论工作者关心的问题. 近年来不时有作者找到一些可以精确求解的特例. 但是, 由于这些严格解与物理问题的联系不十分密切, 特别是由于人们最关心的一些物理问题的严格解难以找到, 所以除 Ornstein-Uhlenbeck 过程外, 人们通常更重视各种能够处理更普遍形式的 Fokker-Planck 方程的各种近似方法. 在这些近似方法中最引人注目的是微扰法, 它依赖于小参量的选择. 在下节中, 我们将从分析生灭过程入手找出小参量, 从而介绍历史上著名的 **Ω 展开方法**.

§5.10 生灭过程和 Ω 展开

设在随机变量 X 所代表的状态中, X 取整数值, 而且只有相邻的两个状态之间才能发生跃迁. 设 $G(X)$ 及 $R(X)$ 分别为每单位时间内从 X 态跃迁到 $(X+1)$ 态及 $(X-1)$ 态的概率, 于是 (5.1.4) 式中主方程可以写成

$$\frac{\partial P(X,t)}{\partial t} = G(X-1)P(X-1,t) - G(X)P(X,t)$$

$$+R(X+1)P(X+1,t) - R(X)P(X,t).$$ (5.10.1)

在具体问题中, X 可以表示系统中分子的个数, 或者生物个体的数目等, 这时 X 增大就反映了新个体的出生, 而 X 减少就反映了原有个体的消灭. 因此通常称 (5.10.1) 式所描述的过程为**生灭过程**.

由于

$$f(X \pm 1) = \mathrm{e}^{\pm \frac{\partial}{\partial X}} f(X),$$

所以如果把 X 的取值范围拓展到实数范围, 就可以把方程 (5.10.1) 写成

$$\frac{\partial P(X,t)}{\partial t} = (\mathrm{e}^{-\frac{\partial}{\partial X}} - 1)G(X)P(X,t)$$

$$+(\mathrm{e}^{\frac{\partial}{\partial X}} - 1)R(X)P(X,t)$$

$$= \sum_{n=1}^{\infty} \left(-\frac{\partial}{\partial X}\right)^n D^{(n)}(X)P(X,t),$$ (5.10.2)

其中Kramers-Moyal 系数 $D^{(n)}(X)$ 是

$$D^{(n)}(X) = \frac{1}{n!}[G(X) + (-1)^n R(X)]. \tag{5.10.3}$$

设系统的体积为 Ω, 引入强度量

$$x = \frac{X}{\Omega}, \tag{5.10.4}$$

将方程 (5.10.2) 变换为用新的变量 x 表示, 概率分布函数变换为

$$\widetilde{P}(x,t) \equiv P(X,t)\frac{\mathrm{d}X}{\mathrm{d}x} = P(x\Omega,t)\Omega,$$

主方程 (5.10.2) 便改写成

$$\frac{\partial \widetilde{P}(x,t)}{\partial t} = \sum_{n=1}^{\infty} \frac{1}{\Omega^n}\left(-\frac{\partial}{\partial x}\right)^n D^{(n)}(x\Omega)\widetilde{P}(x,t). \tag{5.10.5}$$

通常情况下, 对于足够大的系统, 可以忽略边界的影响, $G(X)$ 和 $R(X)$ 在浓度 x 给定时大致与系统体积 Ω 成正比, 故近似有

$$D^{(n)}(x\Omega) \propto \Omega,$$

因此, 不妨记

$$\widetilde{D}^{(n)}(x) = \frac{1}{\Omega}D^{(n)}(x\Omega) = \frac{1}{n!}[\widetilde{G}(x) + (-1)^n \widetilde{R}(x)] \tag{5.10.3a}$$

其中 $\widetilde{G}(x) = \varepsilon G(X), \widetilde{R}(x) = \varepsilon R(X)$. 把上式代入 (5.10.5) 式中后, 省略掉 $\widetilde{P}$ 和 $\widetilde{D}$ 上的 "$\sim$" 号, 便可得

$$\frac{\partial P(x,t)}{\partial t} = \sum_{n=1}^{\infty} \varepsilon^{n-1}\left(-\frac{\partial}{\partial x}\right)^n D^{(n)}(x)P(x,t), \tag{5.10.6}$$

式中 $\varepsilon \equiv \frac{1}{\Omega} \ll 1$. 可见, 当使用强度量 x 时, 主方程的 Kramers-Moyal 展开系数随 n 的增大而急剧减小. 这不仅在一定程度上为截断 Kramers-Moyal 展开得到 Fokker-Planck 方程提供了根据, 而且也提供了小参量 ε.

　　和 (5.10.6) 式相应的 Fokker-Planck 方程为

$$\frac{\partial P(x,t)}{\partial t} = -\frac{\partial}{\partial x}[A(x)P(x,t)] + \frac{\varepsilon}{2}\frac{\partial^2}{\partial x^2}[B(x)P(x,t)], \tag{5.10.7}$$

式中

$$A(x) = D^{(1)}(x) = \frac{1}{\Omega}[G(x\Omega) - R(x\Omega)], \tag{5.10.8}$$

$$B(x) = 2D^{(2)}(x) = \frac{1}{\Omega}[G(x\Omega) + R(x\Omega)]. \tag{5.10.9}$$

方程 (5.10.6) 和方程 (5.10.7) 的解法有许多共同之处, 虽然这两个方程在 ε 的高阶有区别.

最早用扰动法讨论如何求解方程 (5.10.6) 和方程 (5.10.7) 的是 van Kampen[50,51]. 他把随机变量 x 写成两部分的和

$$x = y(t) + \sqrt{\varepsilon}\xi, \tag{5.10.10}$$

其中 $y(t)$ 是待定的函数, 而 ξ 为新的随机变量. 将 (5.10.10) 式代入方程 (5.10.7), 并记

$$\Pi(\xi, t) \equiv P(x, t) = P(y(t) + \sqrt{\varepsilon}\xi, t); \tag{5.10.11}$$

注意到

$$\frac{\partial}{\partial t}\prod(\xi, t) = \left[\frac{\partial}{\partial t}P(y(t) + \sqrt{\varepsilon}\xi, t)\right]_{\xi}$$
$$= \dot{y}\frac{\partial}{\sqrt{\varepsilon}\partial\xi}\prod(\xi, t) + \frac{\partial}{\partial t}P(x, t),$$

就可得到

$$\varepsilon\frac{\partial}{\partial t}\Pi - \dot{y}\sqrt{\varepsilon}\frac{\partial\Pi}{\partial\xi} = -\sqrt{\varepsilon}A(y)\frac{\partial\Pi}{\partial\xi}$$
$$+ \varepsilon\left[-A'(y)\Pi - A'(y)\xi\frac{\partial\Pi}{\partial\xi}\right.$$
$$\left. + \frac{1}{2}B(y)\frac{\partial^2\Pi}{\partial\xi^2}\right] + O(\varepsilon^{3/2}), \tag{5.10.12}$$

式中 $\dot{y} \equiv \dfrac{\mathrm{d}y}{\mathrm{d}t}$, 而 $A'(y) \equiv \dfrac{\mathrm{d}A(y)}{\mathrm{d}y}$. 注意, 将 (5.10.10) 式代入 (5.10.6) 式时, 也会得到 (5.10.12) 式的形式, 区别只存在于未写出的高阶项. 比较 (5.10.12) 式两边 ε 的同次幂, 可以得到

$$\dot{y} = A(y), \tag{5.10.13}$$

$$\frac{\partial\Pi}{\partial t} = -A'(y)\frac{\partial}{\partial\xi}(\xi\Pi) + \frac{1}{2}B(y)\frac{\partial^2\Pi}{\partial\xi^2}. \tag{5.10.14}$$

方程 (5.10.13) 是常微分方程, 通常称为**决定性方程**. 它容易积分, 得到

$$t - t_0 = \int_{y_0}^{y}\frac{\mathrm{d}y'}{A(y')}, \tag{5.10.15}$$

这里 $y_0 = y(t_0)$. 由 (5.10.15) 式可以求得 $y = y(t)$; 这一轨道称为**决定性轨道**. 方程 (5.10.14) 是系数依赖于时间的 Fokker-Planck 方程. 如果初始条件给定为 Gauss 型

分布, 那么方程 (5.10.14) 的解可以假定为

$$\prod(\xi, t) = \frac{1}{\sqrt{2\pi\sigma(t)}}\exp\left[\frac{-\xi^2}{2\sigma(t)}\right]. \tag{5.10.16}$$

将 (5.10.16) 式代入方程 (5.10.14), 可以得到 $\sigma(t)$ 所满足的方程

$$\dot{\sigma}(t) = 2A'(y(t))\sigma(t) + B(y(t)), \tag{5.10.17}$$

而 $\sigma(0) = \sigma_0$ 由初始条件给出. 在已知决定性轨道的情况下, 方程 (5.10.17) 可以严格解出如下:

$$\sigma(t) = \sigma_0\left[\frac{A(y(t))}{A(y(0))}\right]^2 + [A(y(t))]^2\int_{y_0}^{y}\frac{B(y')}{[A(y')]^3}\mathrm{d}y'. \tag{5.10.18}$$

这样就求得了方程 (5.10.6) 及 (5.10.7) 的近似解. van Kampen的这种近似解法称为 **Ω 展开方法**.

  Ω 展开方法一开始就假定 (5.10.10) 式成立, 这就要求 $P(x, t)$ 只在决定性轨道附近有小的涨落. 这一条件在单稳态情况下是满足的, 但在多稳态的情况下, 从不稳定点附近出发的过程中, 涨落可能很大, 于是 Ω 展开方法失效. 为说明这一现象, 我们考虑一个典型的例子. 设

$$A(x) = x - x^3, \qquad B(x) = 1,$$

则方程 (5.10.7) 可以写成

$$\frac{\partial P}{\partial t} = -\frac{\partial}{\partial x}[(x - x^3)P] + \frac{\varepsilon}{2}\frac{\partial^2 P}{\partial x^2}. \tag{5.10.19}$$

它的定态解是

$$P_{\mathrm{st}}(x) = C\exp\left[\frac{2}{\varepsilon}\int^x A(x')\mathrm{d}x'\right] = C\exp\left[\frac{1}{\varepsilon}\left(x^2 - \frac{1}{2}x^4\right)\right]; \tag{5.10.20}$$

它在 $x = \pm 1$ 有两个极大值, 在 $x = 0$ 有一个极小值. 如果初始时刻

$$y(0) = \delta, \qquad 0 < \delta \ll 1 \tag{5.10.21}$$

那么从 (5.10.15) 式 (取 $t_0 = 0, y_0 = \delta$) 可以看出, 在开始的一段时间内, $y(t)$ 增长很慢, 以后逐渐加快, 而在 $t \to \infty$ 时 $y(t) \to 1$. 再假定初始时刻 $\sigma_0 = 0$, 即初始分布是 δ 函数. 则从 (5.10.18) 式看出

$$\sigma(t) = (y - y^3)^2\int_{\delta}^{y}\frac{\mathrm{d}y'}{(y' - y'^3)^3}, \qquad y = y(t).$$

当 y 很小时, 可以略去 y^3, 所以

$$\sigma(t) \approx y^2 \int_\delta^y \frac{\mathrm{d}y'}{y'^3} = \frac{1}{2}\left(\frac{y^2}{\delta^2} - 1\right).$$

由此估计, 在演变过程中散差最大可以达到 $\dfrac{1}{\delta^2}$ 的数量级. 当 $\delta \sim \sqrt{\varepsilon}$ 时, $\sigma(t)$ 就会增大到 $\dfrac{1}{\varepsilon}$ 的数量级; 这时 (5.10.10) 式右边的两项 $y(t)$ 和 $\sqrt{\varepsilon}\xi$ 数量级相同, 于是 Ω 展开失效.

Ω 展开方法的另一个局限性是, 这种方法得到的终态总是 Gauss 分布. 如果所讨论的 Fokker-Planck 方程具有非 Gauss 分布的定态, 那么用 Ω 展开方法就无法达到这一终态. 仍以方程 (5.10.19) 为例, 如果初始分布是

$$P(x,t) = \delta(x - x_0), \qquad x_0 > 0$$

那么用 Ω 展开方法会得到的终态就是 $x = 1$ 附近的 Gauss 分布, 但确切的定态 (5.10.20) 式却由 $x = \pm 1$ 附近的两个尖锐的峰组成.

§5.11　单变量线性 Fokker-Planck 方程的奇异扰动解法

在一维主方程 (5.10.6) 及相应的一维 Fokker-Planck 方程 (5.10.7) 中, 小参量 $\varepsilon = \dfrac{1}{\Omega}$ 与高阶导数相乘, 因此给出奇异扰动问题. 鉴于 Ω 展开方法遇到的困难, 许多作者就应用奇异扰动方法来讨论这些方程的解, 形成了目前仍然十分活跃的理论前沿. 主方程与 Fokker-Planck 方程的奇异扰动解法有许多共同点, 所以人们常常把二者合在一起讨论. 本节所引的文献中有些是就主方程论述的, 但其方法完全适用于 Fokker-Planck 方程, 因为后者实际上是前者的特例.

首先让我们讨论 Kubo 等人提出的解法 [52]. 令

$$\begin{cases} P(x,t) = \exp\left[\dfrac{1}{\varepsilon}\varphi(x,t)\right]; \\[2mm] \varphi(x,t) = \varphi_0(x,t) + \varepsilon\varphi_1(x,t) + \cdots, \end{cases} \tag{5.11.1}$$

代入方程 (5.10.6), 取出其中的支配部分, 便可以得到

$$\frac{\partial\varphi_0}{\partial t} = \sum_{n=1}^{\infty} D^{(n)}(x)\left(-\frac{\partial\varphi_0}{\partial x}\right)^n. \tag{5.11.2}$$

这个方程属于数学上仔细研究过的 Hamilton-Jacobi 偏微分方程的类型. 对于单稳态问题, 它可以得出与 Ω 展开相同的结果. 而在多稳态情况下, 根据它也可以进行一些有益的讨论.

其次, 将 §5.9 中介绍过的生成函数方法加以改进, 也可以用来讨论求解 (5.10.6) 或 (5.10.7) 式的奇异扰动问题. 这一方法是 Malek 等人首先提出来的 [53]. 定义**生成函数**

$$F(r,t) = \int_{-\infty}^{\infty} \mathrm{e}^{rx/\varepsilon} P(x,t)\mathrm{d}x \qquad (5.11.3)$$

及**生成函数累积量**

$$\psi(r,t) = \varepsilon \ln F(r,t), \qquad (5.11.4)$$

再把 $\psi(r,t)$ 按 r 的幂次展开:

$$\psi(r,t) = \sum_{n=1}^{\infty} a_n(t) \frac{r^n}{n!}. \qquad (5.11.5)$$

这里展开式从 $n=1$ 开始是因为, $P(x,t)$ 的归一化条件保证了 $F(0,t)=1$, 因而 $\psi(0,t)=0$. 由 (5.11.3)~(5.11.5) 三式可以得到

$$\sum_{n=1}^{\infty} a_n(t) \frac{r^n}{n!} = \varepsilon \ln \int_{-\infty}^{\infty} \mathrm{e}^{rx/\varepsilon} P(x,t)\mathrm{d}x.$$

比较上式两边 r^n 的系数, 可以依次得到

$$\begin{cases} a_1(t) = \langle x \rangle, \\ a_2(t) = \varepsilon \langle (x - \langle x \rangle)^2 \rangle, \\ a_3(t) = \varepsilon^2 \langle (x - \langle x \rangle)^3 \rangle, \\ a_4(t) = \varepsilon^3 \langle (x - \langle x \rangle)^4 \rangle - 3\varepsilon^3 \langle (x - \langle x \rangle)^2 \rangle^2, \\ \qquad \vdots \end{cases} \qquad (5.11.6)$$

因此系数 $a_n(t)$ 直接与 x 的平均值及分布函数的各阶中心矩相联系. 利用 (5.11.3) 式, 可以把方程 (5.10.6) 写成

$$\frac{\partial F(r,t)}{\partial t} = \frac{1}{\varepsilon} \sum_{n=1}^{\infty} r^n D^{(n)} \left(\varepsilon \frac{\partial}{\partial r} \right) F(r,t), \qquad (5.11.7)$$

式中 $D^{(n)} \left(\varepsilon \dfrac{\partial}{\partial r} \right)$ 是算子, 它通过在 $D^{(n)}(x)$ 中把 x 换成算子 $\varepsilon \dfrac{\partial}{\partial r}$ 而得到. 利用 (5.11.4) 式可将方程 (5.11.7) 变换成 $\psi = \psi(r,t)$ 满足的下列方程:

$$\frac{\partial \psi}{\partial t} = \sum_{n=1}^{\infty} r^n D^{(n)} \left(\frac{\partial \psi}{\partial r} + \varepsilon \frac{\partial}{\partial r} \right) \mathbf{1}, \qquad (5.11.8)$$

式中 $D^{(n)}\left(\dfrac{\partial \psi}{\partial r} + \varepsilon \dfrac{\partial}{\partial r}\right)$ 仍应理解为算子. 例如, 若 $D^{(n)}(x) = x^2$, 则

$$D^{(n)}\left(\frac{\partial \psi}{\partial r} + \varepsilon \frac{\partial}{\partial r}\right)\mathbf{1} = \left(\frac{\partial \psi}{\partial r} + \varepsilon \frac{\partial}{\partial r}\right)^2 \mathbf{1} = \left(\frac{\partial \psi}{\partial r}\right)^2 + \varepsilon \frac{\partial^2 \psi}{\partial r^2}.$$

如果只考虑方程 (5.11.8) 中的支配项, 就有

$$\frac{\partial \psi}{\partial t} = \sum_{n=1}^{\infty} r^n D^{(n)}\left(\frac{\partial \psi}{\partial r}\right). \tag{5.11.9}$$

将 (5.11.5) 式代入上面的方程, 并比较两边 r 同次幂的系数, 可得

$$\frac{\mathrm{d}a_1}{\mathrm{d}t} = D^{(1)}(a_1), \tag{5.11.10}$$

$$\frac{\mathrm{d}a_2}{\mathrm{d}t} = 2D^{(1)'}(a_1)a_2 + 2D^{(2)}(a_1), \tag{5.11.11}$$

$$\cdots\cdots$$

式中 "′" 号表示求导. 容易看出, (5.11.10) 和 (5.11.11) 式分别与 (5.10.13) 和 (5.10.14) 式等价; 但是现在并没有假定分布函数是 Gauss 型的. 从方程 (5.11.9) 可以依次决定全部系数 $a_n(t)$. 这说明对于单稳态表况, 生成函数方法比 Ω 展开更适用.

但对于多稳态问题, 生成函数方法也有困难, 这时方程 (5.11.9) 并不是方程 (5.11.8) 的好的近似. 例如, 取 (5.11.9) 式的定态, 令

$$p = \frac{\partial \psi}{\partial r}, \tag{5.11.12}$$

则有

$$\sum_{n=1}^{\infty} r^n D^{(n)}(p) = 0;$$

考虑到 (5.10.3a) 式, 省略 $\widetilde{G}(x)$ 和 $\widetilde{R}(x)$ 上的 "∼" 号, 有

$$G(p)(\mathrm{e}^r - 1) + R(p)(\mathrm{e}^{-r} - 1) = 0,$$

所以

$$r = \ln \frac{R(p)}{G(p)}. \tag{5.11.13}$$

由 (5.11.13) 式原则上可以求得 $p = p(r)$, 于是可以积分求出 $\psi(r)$. 按照 (5.11.3) 式和 (5.11.4) 式可以证明 p 是 r 的单值单调函数; 但在多稳态情况下,

$$D^{(1)}(p) = G(p) - R(p)$$

有多个零点, 从 (5.11.13) 式所得到的 p 将不是 r 的单调函数. 例如, 它可能是如图 5.1 所示的 S 形曲线. 可以证明, 对 S 形曲线作**Maxwell 切割**(即切割后使两个阴影区的面积相等) 之后所得的折线 $KNML$ 才是方程 (5.11.8) 的定态的支配部分 [54]. 至于多稳态下生成函数累积量的时间演变行为, 则还有待深入研究.

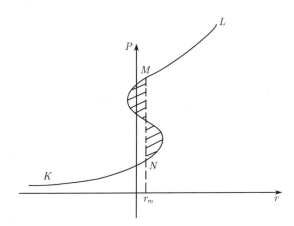

图 5.1　　Maxwell 切割

WKB 方法由 Tomita 等人于 1976 年用来求解 Fokker-Planck 方程 [55]; B. Caroli 等人后来对之作了改进 [56]. 这种方法是在 §5.8 中介绍过的分离变量法的基础上应用的. 将 (5.8.29) 式中的 D 写作 ε, 从 (5.8.38) 式看出 ε 相当于 $\dfrac{\hbar}{\sqrt{2m}}$, 因此量子力学中用来求解定态 Schrödinger 方程的 WKB 方法可以完整地用于讨论相应的 Fokker-Planck方程的解法. Tomita 等人用 WKB 方法讨论了双稳态的问题, 得到了很有意义的结果. 按照 (5.7.27) 式中定义的随机势, 我们知道, 对于单稳态情况, $U(x)$ 只有一个极值点 (是极小值), 而对于双稳态情况 $U(x)$ 有两个极大值和一个极小值. 用 ΔU 表示较小的极大值与极小值之差, 那么对双稳态问题. 用 WKB 方法可以证明, 算子 L[见 (5.8.15) 式] 的两个最小的本征值是

$$\lambda_0 = 0, \qquad \lambda_1 \approx \mathrm{e}^{-\Delta U/\varepsilon},$$

而其余本征值 $\lambda_l \approx O(1)(l = 2, 3, \cdots)$. 从这个谱可以得到结论：从 "第一激发态" 弛豫到 "基态", 或者说从 "亚稳态" 弛豫到 "稳态" 所需要的时间是极长的, 其数量级为 $O(\mathrm{e}^{\Delta U/\varepsilon})$.

由于 WKB 方法比较容易讨论 "基态" 及较低的 "激发态" 的情况, 因此应用它可以把弛豫过程的最末阶段考察得比较清楚. 但是, 它却不适于用来讨论弛豫的最初阶段的情况.

Suzuki 建立的**标度理论**讨论了从不稳定点附近出发向稳定态弛豫过程的一些特征, 取得了很大成功 [57]. 以方程 (5.10.19) 为例, 假定初始条件是

$$P(x,0) = \frac{1}{\sqrt{2\pi\varepsilon\sigma_0}}\exp\left[-\frac{(x-\delta)^2}{2\varepsilon\sigma_0}\right], \quad 0 < \delta \ll 1. \tag{5.11.14}$$

Suzuki 把弛豫过程分为三个阶段, 在初始阶段可对漂移力作线性近似, 把方程写为

$$\frac{\partial P}{\partial t} = -\frac{\partial}{\partial x}xP + \frac{\varepsilon}{2}\frac{\partial^2 P}{\partial x^2},$$

于是根据 (5.10.15) 式及 (5.10.18) 式求得

$$\langle x \rangle = \delta \mathrm{e}^t,$$

$$\sigma(t) = \left(\sigma_0 + \frac{1}{2}\right)\mathrm{e}^{2t} - \frac{1}{2},$$

所以在初始阶段有

$$P_{\mathrm{in}}(x,t) = \frac{1}{\sqrt{2\pi\varepsilon\sigma(t)}}\exp\left[-\frac{(x-\delta\mathrm{e}^t)^2}{2\varepsilon\sigma(t)}\right]. \tag{5.11.15}$$

但是, (5.11.15) 式的有效范围显然只限于:

$$\tau \equiv \varepsilon\sigma(t) \approx \varepsilon\left(\sigma_0 + \frac{1}{2}\right)\mathrm{e}^{2t} \ll 1. \tag{5.11.16}$$

在这一阶段中, 单峰逐渐拉平, 方差逐渐增大.

当 $\tau \approx O(1)$ 时, (5.11.15) 式失效, 弛豫过程进入标度阶段. 由于分布函数已经变得相当平坦, 所以不能再对漂移项作线性近似; 但这时可以忽略方程 (5.10.19) 中的扩散项. 用 $P_{\mathrm{sc}} = P_{\mathrm{sc}}(x,t)$ 记这一标度阶段的概率分布函数, 有

$$\frac{\partial P_{\mathrm{sc}}}{\partial t} + \frac{\partial}{\partial x}[(x-x^3)P_{\mathrm{sc}}] = 0. \tag{5.11.17}$$

它的通解是

$$P_{\mathrm{sc}} = \frac{1}{\sqrt{\tau}}f'(x)\psi\left(\frac{f^2(x)}{\tau}\right), \tag{5.11.18}$$

式中 τ 由 (5.11.16) 式给出, $\psi(y)$ 为任意可微函数, 而 $f(x)$ 为

$$f(x) = \frac{x}{\sqrt{1-x^2}}. \tag{5.11.19}$$

函数 $\psi(y)$ 必须选择得使 (5.11.18) 式能与 (5.11.15) 式连接, 即在 $x = 0$ 附近 $\tau \to 0$ 时 (5.11.18) 式必须还原到 (5.11.15) 式. 这一要求可由下式满足:

$$P_{\mathrm{sc}} = \frac{1}{\sqrt{2\pi\tau}}f'(x)\exp\left[-\frac{f^2(x)}{2\tau}\right]. \tag{5.11.20}$$

如果取 $\tau_0 = \dfrac{1}{3}$ 作为初始阶段向标度阶段的转变点, 那么相应的时刻就是

$$t_0 \approx -\frac{1}{2}\ln\left[3\left(\sigma_0 + \frac{1}{2}\right)\varepsilon\right]. \tag{5.11.21}$$

在弛豫的最后阶段, 扩散项又将起重要作用. 但由于这时分布函数已经成为稳定点 (在这个例子中就是 $x_{\mathrm{e}} = \pm 1$ 两点) 附近的两个峰, 因此漂移力又可以在这两点附近分别线性化. 所以最后阶段分布函数 P_{f} 所满足的方程是

$$\frac{\partial P_{\mathrm{f}}}{\partial t} = \frac{\partial}{\partial x}2(x - x_{\mathrm{e}})P_{\mathrm{f}} + \frac{\varepsilon}{2}\frac{\partial^2}{\partial x^2}P_{\mathrm{f}} \tag{5.11.22}$$

上式实际上是两个方程, 分别适用于 $x_{\mathrm{e}} = \pm 1$ 两点. 取 t_2 作为标度阶段与最后阶段的分界时刻, 那么 P_{f} 的初始条件就是

$$P_{\mathrm{f}}(x, t_2) = P_{\mathrm{sc}}(x, t_2). \tag{5.11.23}$$

P_{f} 也可以用 Ω 展开等方法来讨论.

胡岗等改进了 Suzuki 的标度理论 [58]. 首先, Suzuki 理论中的标度阶段和最终阶段并没有统一的描述, 两者相互连接时需要变换方程式. 胡岗提出了把这两个阶段合并起来用 Green 函数方法统一讨论的主张. 在初始阶段仍对漂移力作线性近似, 然后将这阶段所形成的分布函数看成许多极尖锐的 Gauss 分布之和, 并用 Ω 展开的方法讨论每一 Gauss 分布随时间的演变, 这些演变叠加起来就给出整个分布函数随时间的演变. 其次, Suzuki 理论中的初始阶段和标度阶段之间能否找到合适的分界时刻, Suzuki 没有说清楚. 胡岗指出, 在对标度阶段和最终阶段的描述方法作了上述修改之后, 初始阶段与以后阶段的分界时刻 t_{s} 可以在相当宽的范围中任意选择而对结果没有明显的影响. 这个范围可以给出:

$$\frac{1}{\varepsilon} \gg (1 + \sigma_0)e^{2t_{\mathrm{s}}} \gg 1,$$

式中 σ_0 是位于 $x = 0$ 处的初始 Gauss 分布的方差.

应当指出, Suzuki的三阶段弛豫过程并没有包括从亚稳态到稳态的弛豫过程. 所以, 如果 Suzuki 所讨论的最终态是亚稳态, 那么弛豫就没有完结, 还要经过 $O(e^{1/\varepsilon})$ 的时间才能达到平衡态.

可以说, 当前还没有找到一种奇异扰动方法能用来统一地处理从任意初态出发向平衡态弛豫的全过程.

§5.12* Fokker-Planck 方程的 Lie 代数结构

通过讨论 Fokker-Planck 方程的Lie 代数结构来定性地 (有时也可以定量地) 研究方程的整体行为, 是研究 Fokker-Planck 方程的另一途径 [59,60].

考虑一维 Fokker-Planck 方程

$$\frac{\partial P(x,t)}{\partial t} = -\frac{\partial}{\partial x}[\gamma x P(x,t)] + \beta \frac{\partial^2}{\partial x^2} P(x,t), \tag{5.12.1}$$

其中 γ 及 β 是正的常数. 记

$$L = -\frac{\partial}{\partial x}\gamma x + \beta \frac{\partial^2}{\partial x^2}, \tag{5.12.2}$$

(5.12.1) 式可以写成

$$\frac{\partial P}{\partial t} = LP. \tag{5.12.3}$$

它的形式解为

$$P(x,t) = e^{tL} P(x,0). \tag{5.12.4}$$

把 (5.12.2) 式改写成

$$L = -\gamma A - \frac{\gamma}{2}E + \beta C_-, \tag{5.12.5}$$

式中

$$A = x\frac{\partial}{\partial x} + \frac{1}{2}, \quad E = 1, \quad C_- = \frac{\partial^2}{\partial x^2}. \tag{5.12.6}$$

可以发现 A, E 及 C_- 之间有如下的对易关系:

$$[A, C_-] = -2C_-, \qquad [A, E] = [C_-, E] = 0. \tag{5.12.7}$$

由于 E 与 A, C_- 都对易, 所以 (5.12.4) 式可以写成

$$P(x,t) = e^{-\frac{\gamma}{2}tE}e^{(-\gamma A + \beta C_-)t}P(x,0). \tag{5.12.8}$$

引入算子

$$C_+ = \frac{x^2}{4},$$

则有下列对易关系:

$$[A, C_\pm] = \pm 2C_\pm, \qquad [C_-, C_+] = A. \tag{5.12.9}$$

考虑组成矩阵 Lie 代数 $Sl(2)$ 的基:

$$g_+ = \begin{pmatrix} 0 & -1 \\ 0 & 0 \end{pmatrix}, \quad g_- = \begin{pmatrix} 0 & 0 \\ -1 & 0 \end{pmatrix}$$

$$g_3 = \begin{pmatrix} \dfrac{1}{2} & 0 \\ 0 & -\dfrac{1}{2} \end{pmatrix}. \tag{5.12.10}$$

它们之间的对易关系为

$$[g_3, g_\pm] = \pm g_\pm, \qquad [g_+, g_-] = 2g_3. \tag{5.12.11}$$

比较 (5.12.9) 式与 (5.12.11) 式可见, $2g_3$ 与 $g_\pm$ 分别是 A 与 $C_\pm$ 的矩阵表示. 从 $Sl(2)$ 可以得到 $SL(2, R)$ 群. $SL(2, R)$ 群的元素 G 可以写成

$$G = \exp(ag_3 + bg_+ + cg_-) = \exp \begin{pmatrix} \dfrac{a}{2} & -b \\ -c & -\dfrac{a}{2} \end{pmatrix}. \tag{5.12.12}$$

由于 $g_3, g_\pm$ 都是零迹矩阵, 从公式

$$\det(e^A) = e^{\mathrm{Tr}A}$$

知道

$$|G| \equiv \det G = 1.$$

G 又可以写成另一种形式:

$$G = e^{b'g_+} e^{c'g_-} e^{\tau'g_3} = \begin{pmatrix} (1 + b'c')e^{\tau'/2} & -b'e^{-\tau'/2} \\ -c'e^{\tau'/2} & e^{-\tau'/2} \end{pmatrix}. \tag{5.12.13}$$

为改写 (5.12.8) 式右边第二个因子, 可以考虑它对应的矩阵形式

$$\exp(-2\gamma t g_3 + \beta t g_-) = \exp \begin{pmatrix} -\gamma t & 0 \\ -\beta t & \gamma t \end{pmatrix}. \tag{5.12.14}$$

利用矩阵公式

$$e^Q = P \exp(P^{-1}QP)P^{-1}$$

及

$$\exp \begin{pmatrix} x & 0 \\ 0 & y \end{pmatrix} = \begin{pmatrix} e^x & 0 \\ 0 & e^y \end{pmatrix},$$

取

$$P = \begin{pmatrix} 1 & 0 \\ \beta/2\gamma & 1 \end{pmatrix},$$

就可以把 (5.12.14) 式改写成

$$\begin{pmatrix} e^{-\gamma t} & 0 \\ e^{-\gamma t}\dfrac{\beta}{2\gamma}(1 - e^{2\gamma t}) & e^{\gamma t} \end{pmatrix}, \tag{5.12.15}$$

将 (5.12.15) 式与 (5.12.13) 式比较, 可知

$$b' = 0, \quad c' = \frac{\beta}{2\gamma}(e^{2\gamma t} - 1), \quad \tau' = -2\gamma t.$$

因此有

$$\exp(-2\gamma t g_3 + \beta t g_-) = \exp\left(\frac{\beta}{2\gamma}(e^{2\gamma t} - 1)g_-\right)\exp(-2\gamma t g_3). \tag{5.12.16}$$

相应地有

$$\exp(-\gamma t A + \beta t C_-) = \exp\left(\frac{\beta}{2\gamma}(e^{2\gamma t} - 1)C_-\right)\exp(-\gamma t A). \tag{5.12.17}$$

将 (5.12.17) 式代入 (5.12.8) 式, 得到

$$P(x, t) = \exp\left[\frac{\beta}{2\gamma}(e^{2\gamma t} - 1)\frac{\partial^2}{\partial x^2}\right]\exp\left(-t\frac{\partial}{\partial x}\gamma x\right)P(x, 0). \tag{5.12.18}$$

上式已把漂移项和扩散项的作用分开: $P(x, 0)$ 是由初始条件给出的初始概率分布, 因子 $\exp\left(-t\dfrac{\partial}{\partial x}\gamma x\right)$ 反映了漂移项的作用, $\exp\left[\dfrac{\beta}{2\gamma}(e^{2\gamma t} - 1)\dfrac{\partial^2}{\partial x^2}\right]$ 反映了扩散项的作用. (5.12.18) 式给出了方程 (5.12.1) 在任意初始条件下的精确解.

对于具有非线性漂移力的 Fokker-Planck 方程, 例如

$$\frac{\partial P}{\partial t} = -\frac{\partial}{\partial x}(x - x^3)P + \varepsilon\frac{\partial^2}{\partial x^2}P, \tag{5.12.19}$$

也可以用上述方法处理, 但需要引入一些近似. 事实上, 对于方程 (5.12.19), 算子 L 应写成

$$L = -\frac{\partial}{\partial x}(x - x^3) + \varepsilon\frac{\partial^2}{\partial x^2} = -x\frac{\partial}{\partial x} - 1 + x^3\frac{\partial}{\partial x} + 3x^2 + \varepsilon\frac{\partial^2}{\partial x^2}. \tag{5.12.20}$$

在前面引进的 Lie 代数结构中不包括 $x^3\dfrac{\partial}{\partial x}$ 这样的算子, 因此无法简单地套用上面的作法. 但是, 如果近似地认为

$$x^3\frac{\partial}{\partial x} = \langle x^2\rangle x\frac{\partial}{\partial x}, \tag{5.12.21}$$

其中 $\langle x^2\rangle$ 视为 t 的函数, 那么 (5.12.20) 式中的算子仍然可以写成 $A, C_\pm$ 及 E 的线性组合. 于是可以求得

$$P(x, t) = \exp\left[-\frac{t}{2}(\rho + 2)\right]\exp\left[-\frac{6}{\rho}(1 - e^{2t\rho})C_+\right]$$

$$\times \exp\left[\frac{\varepsilon}{2\rho}(1 - e^{-2t\rho})C_-\right]e^{t\rho A}P(x,0), \tag{5.12.22}$$

式中 $\rho = \langle x^2 \rangle - 1$. 将上式写成显式, 就是

$$P(x,t) = e^{-t(\rho+1)}\exp\left[-\frac{3}{2\rho}(1 - e^{2t\rho})x^2\right]$$

$$\times \frac{1}{\sqrt{\frac{2\pi\varepsilon}{\rho}(1 - e^{-2t\rho})}}\int_{-\infty}^{\infty}\exp\left[-\frac{(\xi - e^{t\rho}x)^2}{\frac{2\varepsilon}{\rho}(e^{2t\rho} - 1)}\right]\times P(\xi,0)\mathrm{d}\xi. \tag{5.12.23}$$

这个式子反映了弛豫过程的定性行为. 当 $t = 0$ 时, 如果 $P(x,0)$ 是 $x = 0$ 附近的一个 Gauss 分布 (单峰). 在 t 大一些时, 峰就逐渐拉平. 随着 t 继续增大, 分布函数 $P(x,t)$ 逐渐成为双峰.

原则上说, 只要找到一种Lie 代数结构, 就可以用上述方法写出一类方程的解. 目前已发现, 以下 6 个算子也构成 Lie 代数:

$$\begin{cases} A = x\dfrac{\partial}{\partial x} + \dfrac{1}{2}, \\[2mm] B_+ = \dfrac{x}{2}, \\[2mm] B_- = \dfrac{\partial}{\partial x}, \\[2mm] C_+ = \dfrac{x^2}{4}, \\[2mm] C_- = \dfrac{\partial^2}{\partial x^2}, \\[2mm] E = 1. \end{cases} \tag{5.12.24}$$

它们之间的对易关系是

$$\begin{cases} [A, B_\pm] = \pm B_\pm, & [A, C_\pm] = \pm 2C_\pm, \\[2mm] [B_+, C_+] = 0, & [B_-, C_-] = 0, \\[2mm] [B_-, C_+] = B_+, & [B_-, B_+] = \dfrac{1}{2}E, \\[2mm] [C_-, B_+] = B_-, & [C_-, C_+] = A, \\[2mm] [\cdot, E] = 0. \end{cases} \tag{5.12.25}$$

显然, 前面用到的 Lie 代数是 (5.12.24) 所组成 Lie 代数的一个子代数. 对于高维 Fokker-Planck 方程, 更复杂结构的 Lie 代数也可能找到, 但目前还没有找到一种Lie

代数结构, 能够像方程 (5.12.19) 那样严格求解的具有典型非线性漂移力的 Fokker-Planck 方程. 此外, (5.12.21) 式中引进的近似并非在任何情况下都合理. 事实上, 由 (5.12.21) 式有

$$\int_{-\infty}^{\infty} x^3 \frac{\partial P}{\partial x} \mathrm{d}x = \langle x^2 \rangle \int_{-\infty}^{\infty} x \frac{\partial P}{\partial x} \mathrm{d}x;$$

上式左右两边经分部积分后, 将导至与归一化条件矛盾的结果

$$\int_{-\infty}^{\infty} P \mathrm{d}x = 3.$$

可见 (5.12.21) 式不可能是普遍适用的近似.

§5.13* 多变量线性 Fokker-Planck 方程的性质

现在讨论多变量线性 Fokker-Planck 方程 (5.1.8), 即方程 (注意求和规定, 下同)

$$\frac{\partial P(\{x\}, t)}{\partial t} = -\frac{\partial}{\partial x_i}[A_i(\{x\}, t)P(\{x\}, t)]$$

$$+ \frac{1}{2} \frac{\partial^2}{\partial x_i \partial x_j}[B_{ij}(\{x\}, t)P(\{x\}, t)] \tag{5.13.1}$$

的性质; 式中 $A_i(\{x\}, t)$ 和 $B_{ij}(\{x\}, t)$ 都是与 P 无关的已知函数, 而且 B_{ij} 是半正定的实对称张量:

$$B_{ij} = B_{ji}. \tag{5.13.2}$$

本节中假定 B_{ij} 为正定, 即全部本征值为正.

必须注意多变量Fokker-Planck 方程不一定存在使概率流处处为零的定态解. 如果方程 (5.13.1) 中 A_i 和 B_{ij} 与 t 无关, 我们先假定它有定态解

$$P_{\mathrm{st}}(\{x\}) = \mathrm{e}^{2\psi(\{x\})}, \tag{5.13.3}$$

使 (5.1.18) 式中定义的概率流密度矢量 S_i 处处为零, 便有

$$A_i - \frac{1}{2} \frac{\partial B_{ij}}{\partial x_j} = B_{ij} \frac{\partial \psi}{\partial x_j}. \tag{5.13.4}$$

用 B_{ij} 的逆 B_{ki}^{-1} 乘 (5.13.4) 式两边, 并对 i 求和, 可以得到

$$\frac{\partial \psi}{\partial x_k} = B_{ki}^{-1} \left[A_i - \frac{1}{2} \frac{\partial B_{ij}}{\partial x_j} \right] \equiv U_k. \tag{5.13.5}$$

显然, 按上式定义的 U_k 应满足**有势条件**:

$$\frac{\partial U_k}{\partial x_l} = \frac{\partial U_l}{\partial x_k} \tag{5.13.6}$$

这是方程 (5.13.1) 存在有使概率流处处为零的定态解的必要条件. 可以证明, 对于 A_i 和 B_{ij} 与 t 无关的情况, 这个条件也是充分的. 事实上, 若 (5.13.6) 式成立, 就可以求得

$$\psi(\{x\}) = \int_{\{x_0\}}^{\{x\}} B_{ki}^{-1}\left(A_i - \frac{1}{2}\frac{\partial B_{ij}}{\partial x_j}\right)\mathrm{d}x_k, \tag{5.13.7}$$

而且积分的结果与路径无关. 由上式给出的 ψ 满足 (5.13.4) 式, 所以 (5.13.3) 式给出的 $P_{\mathrm{st}}(\{x\})$ 就是方程 (5.13.1) 的使概率流为零的定态解. 我们称 (5.13.6) 式为多变量 Fokker-Planck 方程的**可积性条件**.

如果 A_i 和 B_{ij} 与 t 有关, 那么方程 (5.13.1) 就没有定态解. 但是, 可以证明, 如果 $P_1(\{x\},t)$ 和 $P_2(\{x\},t)$ 是方程 (5.13.1) 的任意两个归一化了的正解, 那么在充分长的时间之后, 这两个解趋于一致, 即

$$R \equiv \frac{P_1(\{x\},t)}{P_2(\{x\},t)} \to 1, \quad \text{当} t \to \infty \text{时}. \tag{5.13.8}$$

为证明这一结论, 定义泛函

$$H(t) = \int P_1 \ln R \mathrm{d}^s x, \tag{5.13.9}$$

注意到不等式

$$R\ln R - R + 1 = \int_1^R \ln\rho\,\mathrm{d}\rho \geqslant 0$$

及 P_1, P_2 都已归一化的事实, 知道

$$\begin{aligned} H(t) &= \int (P_1\ln R - P_1 + P_2)\mathrm{d}^s x \\ &= \int P_2(R\ln R - R + 1)\mathrm{d}^s x \geqslant 0. \end{aligned} \tag{5.13.10}$$

另一方面, 有

$$\dot{H}(t) = \int \left[\dot{P}_1\ln\frac{P_1}{P_2} + \dot{P}_1 - \frac{P_1}{P_2}\dot{P}_2\right]\mathrm{d}^s x, \tag{5.13.11}$$

式中 "·" 表示对 t 求导. 记

$$L_{\mathrm{FP}} = -\frac{\partial}{\partial x_i}A_i + \frac{1}{2}\frac{\partial^2}{\partial x_i\partial x_j}B_{ij}, \tag{5.13.12}$$

$$L_{\mathrm{FP}}^\dagger = A_i\frac{\partial}{\partial x_i} + \frac{1}{2}B_{ij}\frac{\partial^2}{\partial x_i\partial x_j}. \tag{5.13.13}$$

利用方程 (5.13.1), 可以把 (5.13.11) 式写成

$$\dot{H}(t) = \int [(L_{\mathrm{FP}}P_1)\ln R - R\dot{P}_2]\mathrm{d}^s x.$$

经过分部积分, 上式又可以写成

$$\dot{H}(t) = \int [P_1 L_{\mathrm{FP}}^\dagger \ln R - R\dot{P}_2]\mathrm{d}^s x.$$

但是

$$L_{\mathrm{FP}}^\dagger \ln R = \left(A_i + \frac{1}{2}B_{ij}\frac{\partial}{\partial x_j}\right)\left(\frac{1}{R}\frac{\partial R}{\partial x_i}\right)$$

$$= \frac{1}{R}L_{\mathrm{FP}}^\dagger R - \frac{1}{2}B_{ij}\frac{1}{R^2}\frac{\partial R}{\partial x_j}\frac{\partial R}{\partial x_i},$$

所以

$$\dot{H}(t) = \int \left[\frac{P_1}{R}L_{\mathrm{FP}}^\dagger R - R\dot{P}_2\right]\mathrm{d}^s x - \frac{1}{2}\int P_1 B_{ij}\frac{1}{R^2}\frac{\partial R}{\partial x_j}\frac{\partial R}{\partial x_i}\mathrm{d}^s x$$

$$= \int (RL_{\mathrm{FP}}P_2 - R\dot{P}_2)\mathrm{d}^s x - \frac{1}{2}\int P_1 B_{ij}\frac{\partial \ln R}{\partial x_i}\frac{\partial \ln R}{\partial x_j}\mathrm{d}^s x$$

$$= -\frac{1}{2}\int P_1 B_{ij}\frac{\partial \ln R}{\partial x_i}\frac{\partial \ln R}{\partial x_j}\mathrm{d}^s x \leqslant 0, \tag{5.13.14}$$

最后一步用到了 B_{ij} 是正定矩阵的条件. 等号当且仅当

$$\frac{\partial \ln R}{\partial x_i} = 0 \qquad (i = 1, 2, \cdots, s) \tag{5.13.15}$$

时才成立; 这时 R 是常数. 考虑到 P_1, P_2 都已经归一化了, 故

$$R = 1.$$

从 (5.13.10) 式知, 这时

$$H(t) = 0.$$

从以上分析可见, 在 $R = 1$ 不成立时, $H(t) > 0, \dot{H}(t) < 0$, 即 $H(t)$ 总是越来越小, 直到 $R = 1$ 成立时为止. 这就证明了 (5.13.8) 式.

注意, 这里所讨论的只限于可归一化的函数. 至于不可归一化的情况, 则将在下一章讨论.

(5.13.8) 式说明, 虽然多变量 Fokker-Planck 方程不一定有定态解, 特别是不一定有概率流为零的定态解, 但却有一个 "**极限解**": 从任何初始分布出发, 只要经过充分长的时间, 概率分布都会演变为这个 "极限解". 如果 A_i 与 B_{ij} 都与 t 无关, 那么这个 "极限解" 也就是定态解, 但这时在状态空间中却可能有稳定的非零概率流. 若可积性条件成立, 则定态解使概率流密度处处为零.

对于 A_i 和 B_{ij} 与时间无关的情形, 尽管已经证明了定态解 [它总可以写成 (5.13.3) 式的形式] 存在, 但在概率流密度 S_i 非零的情况下如何求得这个定态解, 却仍须进一步讨论. 假定已经找到了定态解 (5.13.3), 那么矢量

$$S_i = P_{\text{st}} \cdot \left[A_i - \frac{1}{2} \frac{\partial B_{ij}}{\partial x_j} - B_{ij} \frac{\partial \psi}{\partial x_j} \right] \tag{5.13.16}$$

的散度为零. 设

$$A_i^{(a)} = \frac{S_i}{P_{\text{st}}} = S_i \mathrm{e}^{-2\psi}, \tag{5.13.17}$$

而

$$A_i = A_i^{(s)} + A_i^{(a)}, \tag{5.13.18}$$

那么就有

$$\frac{\partial}{\partial x_i} (A_i^{(a)} \mathrm{e}^{2\psi}) = 0, \tag{5.13.19}$$

$$A_i^{(s)} - \frac{1}{2} \frac{\partial B_{ij}}{\partial x_j} = B_{ij} \frac{\partial \psi}{\partial x_j}. \tag{5.13.20}$$

于是

$$U_k^{(s)} \equiv B_{ki}^{-1} \left(A_i^{(s)} - \frac{1}{2} \frac{\partial B_{ij}}{\partial x_j} \right)$$

满足有势条件:

$$\frac{\partial U_k^{(s)}}{\partial x_l} = \frac{\partial U_l^{(s)}}{\partial x_k}. \tag{5.13.21}$$

由此可见, 寻找**定态解**$P_{\text{st}}(\{x\})$ 的问题归结为寻找一种合适的方式将 A_i 拆成如 (5.13.18) 式的两项, 使 $A_i^{(a)}$ 和 $A_i^{(s)}$ 分别满足 (5.13.19) 式和 (5.13.20) 式.

将 L_{FP} 分解成

$$L_{\text{FP}} = L_{\text{FP}}^{(s)} + L_{\text{FP}}^{(a)}, \tag{5.13.22}$$

这里

$$L_{\text{FP}}^{(a)} = -\frac{\partial}{\partial x_i} A_i^{(a)}, \tag{5.13.23}$$

$$L_{\text{FP}}^{(s)} = -\frac{\partial}{\partial x_i} A_i^{(s)} + \frac{1}{2} \frac{\partial^2}{\partial x_i \partial x_j} B_{ij}. \tag{5.13.24}$$

将内积定义 (5.8.24) 式推广为

$$(f, g) = \int f(\{x\}) g(\{x\}) \mathrm{d}^s x, \tag{5.13.25}$$

并仿 (5.8.15) 式, 定义

$$L = e^{-\psi} L_{FP} e^{\psi} = L_H + L_A, \tag{5.13.26}$$

$$L_H = e^{-\psi} L_{FP}^{(s)} e^{\psi}, \tag{5.13.27H}$$

$$L_A = e^{-\psi} L_{FP}^{(a)} e^{\psi}. \tag{5.13.27A}$$

利用 (5.13.20) 式, 从 (5.13.27H) 式经过直接计算可以得到

$$L_H = -V(\{x\}) + \frac{1}{2} \frac{\partial}{\partial x_i} B_{ij} \frac{\partial}{\partial x_j}, \tag{5.13.28}$$

式中

$$V(\{x\}) = \frac{1}{2} \frac{\partial B_{ij}}{\partial x_i} \frac{\partial \psi}{\partial x_j} + \frac{1}{2} B_{ij} \left(\frac{\partial^2 \psi}{\partial x_i \partial x_j} + \frac{\partial \psi}{\partial x_i} \frac{\partial \psi}{\partial x_j} \right). \tag{5.13.29}$$

由此容易证明

$$(f, L_H g) = (L_H f, g), \tag{5.13.30}$$

即 L_H 是 Hermite 算子, 另一方面, 由 (5.13.19) 式可知, (5.13.27A) 有两种等价的表达式:

$$L_A = -e^{-\psi} \frac{\partial}{\partial x_i} A_i^{(a)} e^{\psi} = -e^{\psi} A_i^{(a)} \frac{\partial}{\partial x_i} e^{-\psi}. \tag{5.13.31}$$

由此容易证明

$$(f, L_A g) = -(L_A f, g), \tag{5.13.32}$$

即 L_A 是反 Hermite 算子. 注意到 (5.13.19) 式, 有

$$L_A \sqrt{P_{st}} = L_A e^{\psi} = 0. \tag{5.13.33}$$

因此, 又可以得到

$$L_H \sqrt{P_{st}} = L_H e^{\psi} = (L - L_A) e^{\psi} = L e^{\psi} = e^{-\psi} L_{FP} e^{2\psi} = 0. \tag{5.13.34}$$

可见, 定态解 P_{st} 的平方根是 L_A 和 L_H 的零本征矢. 由 (5.13.27H) 及 (5.13.27A) 式看出

$$L_{FP}^{(s)} P_{st} = L_{FP}^{(s)} e^{2\psi} = e^{\psi} L_H e^{\psi} = 0,$$

$$L_{FP}^{(a)} P_{st} = L_{FP}^{(a)} e^{2\psi} = e^{\psi} L_A e^{\psi} = 0,$$

即, 方程 (5.13.1) 的唯一定态解同时是 $L_{FP}^{(s)}$ 和 $L_{FP}^{(a)}$ 的零本征矢. 这里和上面的 "**零本征矢**" 都指属于本征值零的本征矢.

我们再次强调, **定态条件**

$$L_{FP} P_{st} = 0$$

并不意味着

$$S_i = 0. \tag{5.13.35}$$

如果要用 L_{FP} 来表示概率流密度为零这一条件, 就应当写出下列算子方程:

$$L_{\mathrm{FP}}(\{x\})P_{\mathrm{st}}(\{x\}) = P_{\mathrm{st}}(\{x\})L_{\mathrm{FP}}^{\dagger}(\{x\}). \tag{5.13.36}$$

这个算子方程的含义是当它作用在任意函数上时都有效. 容易证明 (5.13.35) 式与 (5.13.36) 式等价. 事实上, 利用 (5.13.12), (5.13.13) 和 (5.13.16) 诸式, 不难得出

$$L_{\mathrm{FP}}P_{\mathrm{st}} - P_{\mathrm{st}}L_{\mathrm{FP}}^{\dagger} = -2S_i\frac{\partial}{\partial x_i}, \tag{5.13.37}$$

由此马上看出 (5.13.35) 式与 (5.13.36) 式的等价性.

§5.14*　细 致 平 衡

上节末得到了概率流密度 $S_i = 0$ 的条件 (5.13.36) 式. 但是, 概率流密度为零不一定等价于实际系统中的细致平衡. 例如, 在讨论一维粒子运动时, 取坐标 x 和沿 x 方向的速度 v 作为自变量, 概率流密度的 x 向分量 $S_x(x,v)$ 总与 v 同号, 物理空间内的细致平衡对 S_x 只要求

$$S_x(x,v) = -S_x(x,-v),$$

并不要求 $S_x = 0$.

实际系统中的变量分为两种. 随着时间反演变号的变量称为**奇变量**, 不随时间反演变号的变量称为**偶变量**. 例如, 坐标 x 是偶变量, 而速度 v 是奇变量. 一般地, 当时间反演时, 假定变量 x_i 变换到 $\varepsilon_i x_i, \varepsilon_i = \pm 1$ 分别和奇偶变量相应. 这里对 ε_i 的附标 i**不采用求和规定**!

实际系统中的细致平衡条件可以写成下面两式:

$$W(\{x'\} \to \{x\})P_{\mathrm{st}}(\{x'\}) = W(\{\varepsilon x\} \to \{\varepsilon x'\})P_{\mathrm{st}}(\{\varepsilon x\}), \tag{5.14.1}$$

$$P_{\mathrm{st}}(\{x\}) = P_{\mathrm{st}}(\{\varepsilon x\}). \tag{5.14.2}$$

在多变量情形下, (5.1.14) 式可以写成

$$W(\{x'\} \to \{x\}) = \left.\frac{\partial P_{\mathrm{t}}(\{x\})}{\partial \mathrm{t}}\right|_{t=0} \tag{5.14.3}$$

其中已假定 W 与 t 无关, 而 $P_t(\{x\})$ 是初始条件为 $P(\{x\}, t = 0) = \delta(\{x\} - \{x'\})$ 的情况下 t 时刻的分布函数. 利用方程 (5.13.1), 可将上式写成

$$W(\{x'\} \to \{x\}) = L_{\mathrm{FP}}(\{x\})\delta(\{x\} \to \{x'\}).$$

类似地, 有

$$W(\{\varepsilon x\} \to \{\varepsilon x'\}) = L_{\mathrm{FP}}(\{\varepsilon x'\})\delta(\{\varepsilon x\} - \{\varepsilon x'\}). \qquad (5.14.4)$$

所以 (5.14.1) 式可以写成

$$L_{\mathrm{FP}}(\{x\})\delta(\{x\} - \{x'\})P_{\mathrm{st}}(\{x'\}) = L_{\mathrm{FP}}(\{\varepsilon x'\})\delta(\{\varepsilon x\} - \{\varepsilon x'\})P_{\mathrm{st}}(\{\varepsilon x\}). \quad (5.14.5)$$

δ 函数的意义在积分时才能体现. 用任意函数 $f(\{x'\})$ 乘上式两边, 并对 $\mathrm{d}^s x'$ 积分, 有

$$\text{左边} = L_{\mathrm{FP}}(\{x\}) \int \delta(\{x\} - \{x'\})P_{\mathrm{st}}(\{x'\})f(\{x'\})\mathrm{d}^s x'$$

$$= L_{\mathrm{FP}}(\{x\})P_{\mathrm{st}}(\{x\})f(\{x\}); \qquad (5.14.6)$$

$$\text{右边} = \int f(\{x'\})L_{\mathrm{FP}}(\{\varepsilon x'\})\delta(\{\varepsilon x\} - \{\varepsilon x'\})P_{\mathrm{st}}(\{\varepsilon x\})\mathrm{d}^s x'.$$

将积分变量换成 $\varepsilon x'$, Jacobi 行列式为 1, 故 $\mathrm{d}^s x' = \mathrm{d}^s(\varepsilon x')$, 而因 $\varepsilon_i x_i'$ 是积分变量, 可以用 x_i' 代替, 于是

$$\text{右边} = P_{\mathrm{st}}(\{\varepsilon x\}) \int f(\{\varepsilon x'\})L_{\mathrm{FP}}(\{x'\})\delta(\{\varepsilon x\} - \{x'\})\mathrm{d}^s x',$$

经过分部积分, 得到

$$\text{右边} = P_{\mathrm{st}}(\{\varepsilon x\}) \int \delta(\{\varepsilon x\} - \{x'\})L_{\mathrm{FP}}^{\dagger}(\{x'\})f(\{\varepsilon x'\})\mathrm{d}^s x'$$

$$= P_{\mathrm{st}}(\{\varepsilon x\})L_{\mathrm{FP}}^{\dagger}(\{\varepsilon x\})f(\{x\}) \qquad (5.14.7)$$

注意到 $f(\{x\})$ 是任意函数, 由 (5.14.6) 式与 (5.14.7) 式得知, 条件 (5.14.5) 等价于下列算子方程:

$$L_{\mathrm{FP}}(\{x\})P_{\mathrm{st}}(\{x\}) = P_{\mathrm{st}}(\{\varepsilon x\})L_{\mathrm{FP}}^{\dagger}(\{\varepsilon x\}). \qquad (5.14.8)$$

(5.14.2) 式和 (5.14.8) 式就组成实际系统的细致平衡条件.

为了用概率流 S_i 表示细致平衡条件, 仍然把 P_{st} 写成 (5.13.3) 式的形状; 这里因为有 (5.14.2) 式, 故 $\psi(\{x\}) = \psi(\{\varepsilon x\})$, 经过具体计算可以得到

$$L_{\mathrm{FP}}(\{x\})P_{\mathrm{st}}(\{x\}) - P_{\mathrm{st}}(\{\varepsilon x\})L_{\mathrm{FP}}^\dagger(\{\varepsilon x\})$$

$$= -2P_{\mathrm{st}}(\{x\})\left\{\frac{1}{2}[A_i(\{x\}) + \varepsilon_i A_i(\{\varepsilon x\})]\right.$$

$$\left. - \frac{1}{2}\frac{\partial B_{ij}}{\partial x_j} - B_{ij}\frac{\partial \psi}{\partial x_j}\right\}\frac{\partial}{\partial x_i} + P_{\mathrm{st}}(\{x\})[B_{ij}(\{x\})$$

$$- \varepsilon_i \varepsilon_j B_{ij}(\{\varepsilon x\})]\frac{1}{2}\frac{\partial^2}{\partial x_i \partial x_j} - \frac{\partial S_i}{\partial x_i}, \tag{5.14.9}$$

显然这也是个算子方程. 由 (5.14.9) 式可见, (5.14.8) 式等价于

$$\begin{cases} \dfrac{\partial S_i}{\partial x_i} = 0, \\[2mm] \dfrac{1}{2}[A_i(\{x\}) + \varepsilon_i A_i(\{\varepsilon x\})] - \dfrac{1}{2}\dfrac{\partial B_{ij}}{\partial x_j} - B_{ij}\dfrac{\partial \psi}{\partial x_j} = 0, \\[2mm] B_{ij}(\{x\}) - \varepsilon_i \varepsilon_j B_{ij}(\{\varepsilon x\}) = 0. \end{cases} \tag{5.14.10}$$

记

$$A_i^{\mathrm{ir}}(\{x\}) = \frac{1}{2}[A_i(\{x\}) + \varepsilon_i A_i(\{\varepsilon x\})], \tag{5.14.11}$$

$$A_i^{\mathrm{rev}}(\{x\}) = \frac{1}{2}[A_i(\{x\}) - \varepsilon_i A_i(\{\varepsilon x\})], \tag{5.14.12}$$

$$S_i^{\mathrm{ir}}(\{x\}) = P_{\mathrm{st}}(\{x\})\left[A_i^{\mathrm{ir}}(\{x\}) - \frac{1}{2}\frac{\partial B_{ij}}{\partial x_j} - B_{ij}\frac{\partial \psi}{\partial x_j}\right], \tag{5.14.13}$$

$$S_i^{\mathrm{rev}}(\{x\}) = P_{\mathrm{st}}(\{x\})A_i^{\mathrm{rev}}(\{x\}). \tag{5.14.14}$$

则显然有

$$A_i(\{x\}) = A_i^{\mathrm{ir}}(\{x\}) + A_i^{\mathrm{rev}}(\{x\}), \tag{5.14.15}$$

$$S_i(\{x\}) = S_i^{\mathrm{ir}}(\{x\}) + S_i^{\mathrm{rev}}(\{x\}), \tag{5.14.16}$$

$$A_i^{\mathrm{ir}}(\{x\}) = \varepsilon_i A_i^{\mathrm{ir}}(\{\varepsilon x\}), \tag{5.14.17}$$

$$A_i^{\mathrm{rev}}(\{x\}) = -\varepsilon_i A_i^{\mathrm{rev}}(\{\varepsilon x\}); \tag{5.14.18}$$

其中 (5.14.16) 式用到了 (5.13.16) 式. 使用这些记号, (5.14.10) 式可以改写成

$$\begin{cases} \dfrac{\partial S_i^{\mathrm{rev}}}{\partial x_i} = 0, \\[2mm] S_i^{\mathrm{ir}} = 0, \\[2mm] B_{ij}(\{x\}) = \varepsilon_i \varepsilon_j B_{ij}(\{\varepsilon x\}). \end{cases} \tag{5.14.19}$$

在以上诸式中, 上标 "rev" 表示 "可逆", "ir" 表示 "不可逆". 容易验证决定性方程

$$\frac{\mathrm{d}x_i}{\mathrm{d}t} = A_i^{\mathrm{rev}}(\{x\}) \tag{5.14.20}$$

是时间反演不变的. 由以上讨论可见, 虽然细致平衡不要求总概率流 S_i 为零, 但要求不可逆部分的概率流 S_i^{ir} 为零.

假定 (5.14.19) 的第三式已经满足, 就可以把算子 L_{FP} 写成两部分之和:

$$L_{\mathrm{FP}}(\{x\}) = L_{\mathrm{FP}}^{\mathrm{rev}}(\{x\}) + L_{\mathrm{FP}}^{\mathrm{ir}}(\{x\}), \tag{5.14.21}$$

式中

$$L_{\mathrm{FP}}^{\mathrm{rev}}(\{x\}) = -\frac{\partial}{\partial x_i} A_i^{\mathrm{rev}}(\{x\}) = -L_{\mathrm{FP}}^{\mathrm{rev}}(\{\varepsilon x\}), \tag{5.14.22}$$

$$L_{\mathrm{FP}}^{\mathrm{ir}}(\{x\}) = -\frac{\partial}{\partial x_i} A_i^{\mathrm{ir}}(\{x\}) + \frac{1}{2}\frac{\partial^2}{\partial x_i \partial x_j} B_{ij}(\{x\}) = L_{\mathrm{FP}}^{\mathrm{ir}}(\{\varepsilon x\}). \tag{5.14.23}$$

这里用到 (5.14.18) 式, (5.14.17) 式及 (5.14.19) 中最后一式. 由于 L^{rev} 描述可逆过程, $L_{\mathrm{FP}}^{\mathrm{ir}}$ 描述不可逆过程, 所以有时称 $L_{\mathrm{FP}}^{\mathrm{rev}}$ 为**流射算子**, $L_{\mathrm{FP}}^{\mathrm{ir}}$ 为**碰撞算子**.

注意到 (5.14.13) 式, 把 (5.14.19) 中第二式与 (5.13.20) 式相比较, 可以看出, 细致平衡时 $A_i^{(s)} = A_i^{\mathrm{ir}}$. 因此, 如果有细致平衡, 寻求定态解的工作就变得十分简单: 只要根据 (5.14.11) 式写出 A_i^{ir}, 用它代替 (5.13.7) 式中的 A_i, 就求得了 $\psi(\{x\})$; 定态解随之得到. 如果对一个具体系统, 从 $S_i^{\mathrm{ir}}=0$ 无法求得 ψ (即, 没有一个 ψ 使 $S_i^{\mathrm{ir}} = 0$), 那么这个系统就不存在细致平衡. 这时尽管 $A_i^{(s)}$ 依然存在, 但它不等于 A_i^{ir}.

以上论述中假定了扩散矩阵 B_{ij} 是正定的. 如果 B_{ij} 有零本征值, 那么上面有些论述要稍加修改. 让我们看一个具体的例子:

$$\frac{\partial P(x,v,t)}{\partial t} = -\frac{\partial}{\partial x}(vP) + \frac{\partial}{\partial v}\{[\gamma v + f'(x)]P\} + \frac{\partial^2}{\partial v^2}(qP), \tag{5.14.24}$$

式中 $v = \dot{x}$ 是粒子沿 x 轴方向运动的速率, q 和 γ 是正的常数, $f(x)$ 是外场, $-f'(x) = -\frac{\mathrm{d}f(x)}{\mathrm{d}x}$ 是作用在粒子上的力. 方程 (5.14.24) 称为**Kramers 方程**. x 是偶变量, v 是奇变量, 容易看出

$$A_x^{\mathrm{ir}} = 0, \quad A_x^{\mathrm{rev}} = v, \quad A_v^{\mathrm{ir}} = -\gamma v, \quad A_v^{\mathrm{rev}} = -f'(x);$$

$$B_{xx} = B_{xv} = B_{vx} = 0, \quad B_{vv} = 2q.$$

显然 (5.14.19) 中第三式已满足; 第二式 $S_i^{\mathrm{ir}} = 0$ 中有意义的只是 $i = v$ 的情况:

$$A_v^{\mathrm{ir}} - \frac{1}{2}\frac{\partial B_{vx}}{\partial x} - \frac{1}{2}\frac{\partial B_{vv}}{\partial v} - B_{vx}\frac{\partial \psi}{\partial x} - B_{vv}\frac{\partial \psi}{\partial v} = 0,$$

即

$$\frac{\partial \psi}{\partial v} = -\frac{\gamma}{2q} v \tag{5.14.25}$$

所以

$$\psi(x, v) = -\frac{\gamma}{4q} v^2 + h(x), \tag{5.14.26}$$

式中 $h(x)$ 是 x 的任意函数. 最后, (5.14.19) 中第一式意味着

$$\frac{\partial}{\partial x}(\mathrm{e}^{2\psi} v) - \frac{\partial}{\partial v}(\mathrm{e}^{2\psi} f'(x)) = 0.$$

将 (5.14.26) 式代入上式, 可以得到

$$h'(x) + \frac{\gamma}{2q} f'(x) = 0,$$

所以

$$h(x) = -\frac{\gamma}{2q} f(x) + h_0, \tag{5.14.27}$$

其中 h_0 是任意常数, 由归一化条件决定. 由 (5.14.26) 和 (5.14.27) 式知道定态解为 Boltzmann 分布:

$$P_{\mathrm{st}}(x, v) \propto \exp\left\{ -\frac{\gamma}{2q} \left[\frac{1}{2} v^2 + f(x) \right] \right\}. \tag{5.14.28}$$

由求解的过程知道, 细致平衡条件 (5.14.19) 中三个式子都满足, 因此有细致平衡. 注意, 为使 P_{st} 能归一化, 在 $x \to \pm\infty$ 时必须有

$$f(x \to \pm\infty) \to +\infty. \tag{5.14.29}$$

若 (5.14.29) 式不满足, 则 (5.14.28) 式失效. 这种情况的一个例子将在 §6.8~§6.11 中讨论.

§5.15* 多变量 Ornstein-Uhlenbeck 过程

多变量 Ornstein-Uhlenbeck 过程由下面的线性 Fokker-Planck 方程描述

$$\frac{\partial P(\{x\}, t)}{\partial t} = \gamma_{ij} \frac{\partial}{\partial x_i}(x_j P) + \frac{1}{2} D_{ij} \frac{\partial^2 P}{\partial x_i \partial x_j}, \tag{5.15.1}$$

式中 γ_{ij} 和 $D_{ij} = D_{ji}$ 都是正定的常矩阵. 假设初始条件为

$$P(\{x\}, 0) = \delta(\{x\} - \{x'\}). \tag{5.15.2}$$

先来讨论它的定态解. 由于方程 (5.15.1) 相当于在标准形式的方程 (5.13.1) 中取

$$A_i = -\gamma_{ij}x_j, \qquad B_{ij} = D_{ij}, \tag{5.15.3}$$

容易验证它满足有势条件(5.13.6) 式, 所以有定态解

$$P_{\text{st}}(\{x\}) = e^{2\psi(\{x\})}, \tag{5.15.4}$$

其中 $\psi(\{x\})$ 可由 (5.13.7) 式求得:

$$\psi(\{x\}) = -\int_{\{0\}}^{\{x\}} D_{ki}^{-1}\gamma_{ij}x_j \mathrm{d}x_k + h_0,$$

式中 h_0 是任意常数, 由归一化条件决定. 作出上面积分, 得到

$$\psi(\{x\}) = -\frac{1}{2}D_{ki}^{-1}\gamma_{ij}x_jx_k + h_0 \tag{5.15.5}$$

于是得到定态解:

$$P_{\text{st}}(\{x\}) \propto \exp[-D_{ki}^{-1}\gamma_{ij}x_jx_k], \tag{5.15.6}$$

这是多变量的 Gauss 分布.

在 (5.15.2) 式给出的初始条件下, 不妨猜测概率分布函数在整个演变过程中始终保持 Gauss 分布. 假定

$$P(\{x\}, t) \propto \exp\left[-\frac{1}{2}\sigma_{kl}^{-1}(x_l - x_l^{(0)})(x_k - x_k^{(0)})\right], \tag{5.15.7}$$

其中 σ_{kl} 和 $x_l^{(0)}$ 都是 t 的函数, 且

$$\sigma_{kl} = \sigma_{lk} \tag{5.15.8}$$

是正定的. (5.15.7) 式中归一化常数将留待以后确定. 为了求得 $\sigma_{kl} = \sigma_{kl}(t), x_l^{(0)} = x_0^{(0)}(t)$, 我们作 Fourier 变换

$$F(\{k\}, t) = \int e^{-\mathrm{i}k_lx_l} P(\{x\}, t)\mathrm{d}^sx. \tag{5.15.9}$$

将 (5.15.7) 式代入 (5.15.9) 式, 可以得到

$$F(\{k\}, t) \propto \exp\left[-\frac{1}{2}\sigma_{jl}k_jk_l - \mathrm{i}k_lx_l^{(0)}\right]. \tag{5.15.10}$$

这里用到了公式:

$$\int \exp\left[-\frac{1}{2}\sigma_{kl}^{-1}x_kx_l - \mathrm{i}k_lx_l\right]\mathrm{d}^sx = (2\pi)^{s/2}[\det(\sigma_{kl})]^{1/2}\exp\left[-\frac{1}{2}\sigma_{ji}k_jk_i\right]. \tag{5.15.11}$$

这个公式可推导如下, 取正交变换

$$x_k = a_{kj}y_j, \tag{5.15.12}$$

(5.15.11) 式左边被积函数的指数为

$$-\frac{1}{2}\sigma_{kl}^{-1}x_k x_l - \mathrm{i}k_l x_l = -\frac{1}{2}\sigma_{kl}^{-1}a_{kj}a_{li}y_i y_j - \mathrm{i}k_l a_{li}y_i,$$

注意到 (5.15.8) 式, 适当选择 a_{kj} 的形式, 可使 σ_{kl}^{-1} 对角化:

$$\sigma_{kl}^{-1}a_{kj}a_{li} = A_i\delta_{ij}(\text{对 } i \text{ 不求和}) \tag{5.15.13}$$

于是指数部分可以写成

$$-\frac{1}{2}\sigma_{kl}^{-1}x_k x_l - \mathrm{i}k_l x_l = -\frac{1}{2}A_i\left(y_i + \mathrm{i}\frac{k_l a_{li}}{A_i}\right)^2 - \frac{1}{2A_i}(k_l a_{li})^2,$$

而变换 (5.15.12) 式使积分引进的 Jacobi 行列式为

$$J = |\det(a_{kj})| = 1,$$

所以

$$\int \exp\left[-\frac{1}{2}\sigma_{kl}^{-1}x_k x_l - \mathrm{i}k_l x_l\right]\mathrm{d}^s x$$

$$= \int \exp\left[-\frac{1}{2}A_i\left(y_i + \mathrm{i}\frac{k_l a_{li}}{A_i}\right)^2\right]\mathrm{d}^s y \times \exp\left[-\frac{1}{2A_i}(k_l a_{li})^2\right]$$

$$= \frac{(2\pi)^{s/2}}{\left(\prod_i A_i\right)^{1/2}}\exp\left[-\frac{1}{2A_i}(k_l a_{li})^2\right].$$

注意到 (5.15.13) 式, 有

$$\prod_i A_i = [\det(\sigma_{kl})]^{-1}, \quad \frac{1}{A_i}(k_l a_{li})^2 = \sigma_{ji}k_j k_i,$$

于是就得到了 (5.15.11) 式.

应用 $k_i = 0$ 时的 (5.15.11) 式, 马上可以定出 (5.15.7) 式中的归一化常数, 得

$$P(\{x\},t) = (2\pi)^{-s/2}[\det(\sigma_{kl})]^{-1/2}$$

$$\times\exp\left[-\frac{1}{2}\sigma_{kl}^{-1}(x_l - x_l^{(0)})(x_k - x_k^{(0)})\right]; \tag{5.15.7n}$$

相应地有

$$F(\{k\}, t) = \exp\left[-\frac{1}{2}\sigma_{jl}k_jk_l - \mathrm{i}k_lx_l^{(0)}\right]. \tag{5.15.14}$$

用 $\mathrm{e}^{-\mathrm{i}k_lx_l}$ 乘方程 (5.15.1) 两边, 并对 d^sx 积分, 得到

$$\frac{\partial F}{\partial t} = -\gamma_{ij}k_i\frac{\partial F}{\partial k_j} - \frac{1}{2}D_{ij}k_ik_jF, \tag{5.15.15}$$

而初始条件 (5.15.2) 式给出

$$F(\{k\}, 0) = \mathrm{e}^{-\mathrm{i}k_lx_l'}. \tag{5.15.16}$$

和 $t = 0$ 时的 (5.15.14) 式比较, 得到

$$\sigma_{jl}(0) = 0, \qquad x_l^{(0)}(0) = x_l'. \tag{5.15.17}$$

将 (5.15.14) 式代入方程 (5.15.15), 比较两边 k_i 同次幂的系数, 可得

$$\dot{x}_l^{(0)} = -\gamma_{lj}x_j^{(0)}, \tag{5.15.18}$$

$$\dot{\sigma}_{ij} = -\gamma_{il}\sigma_{lj} - \gamma_{jl}\sigma_{li} + D_{ij}. \tag{5.15.19}$$

问题于是归结到在初始条件 (5.15.17) 下求解两个线性一阶常微分方程组. 顺便指出, 方程 (5.15.18) 的定态解显然是

$$x_j^{(0)}(t \to \infty) = 0,$$

而方程 (5.15.19) 的定态解则是 [注意 $D_{ij} = D_{ji}$]

$$\sigma_{kj}^{-1}(t \to \infty) = 2D_{ki}^{-1}\gamma_{ij}.$$

将这两个结果代入 (5.15.7) 式中, 显然与 (5.15.6) 式一致.

求解方程组 (5.15.18), 一般先要把矩阵 γ_{ij} 对角化, 或化为 Jordan 型; 而求解方程组 (5.15.19), 则可以把 σ_{ij} 写成 $\sigma_I, I = (1,1),(1,2),\cdots,(s,s)$, 将 σ_I 看成一个 (具有 s^2 个分量的) 列矢量, 于是可以把方程组 (5.15.19) 写成如下形式

$$\dot{\sigma}_I = -\Gamma_{IJ}\sigma_J + D_I,$$

式中

$$\Gamma_{IJ} \equiv \Gamma_{(ij)(kl)} = \gamma_{ik}\delta_{jl} + \gamma_{jk}\delta_{il},$$

$$D_I \equiv D_{ij},$$

这样, 方程组 (5.15.19) 也可以像方程组 (5.15.18) 一样求解.

Ornstein-Uhlenbeck 过程的严格求解, 是由王明贞和 Uhlenbeck 完成的 [61].

§5.16* 转移概率 $R(\boldsymbol{v}' \to \boldsymbol{v})$ 的模型计算

在第四章中对 Boltzmann 方程的边界条件只进行了唯象的讨论. 现在进一步讨论气体与表面的相互作用, 从一个简单的物理模型得出转移概率 $R(\boldsymbol{v}' \to \boldsymbol{v})$ 的具体形式.

假定静止的固体边界表面为一平面, 将其指向气体内部的法向作为 x 轴正方向, 再假定固体内部是均匀且各向同性的, 并已处于热平衡状态, 各处的温度及密度相同. 若有一气体分子以速度 $\boldsymbol{v}'$ 撞击表面, $\boldsymbol{v}' \cdot \hat{e}_x < 0, \hat{e}_x$ 是 x 轴向单位矢, 那么这个分子就会与固体原子进行一系列相互作用. 由于这种相互作用相当复杂, 所以只能用统计的方式处理. 如果用 $P(\boldsymbol{r}, \boldsymbol{v}, t)$ 表示气体的单粒子分布函数, 则在无外场情况下有

$$\frac{\partial P}{\partial t} + \boldsymbol{v} \cdot \frac{\partial P}{\partial \boldsymbol{r}} = \left(\frac{\partial P}{\partial t} \right)_c, \tag{5.16.1}$$

式中 $\left(\dfrac{\partial P}{\partial t} \right)_c$ 是气体分子与固体原子碰撞所引起的分布函数的变化率. 我们将这个变化率写成

$$\left(\frac{\partial P}{\partial t} \right)_c = \frac{\partial}{\partial \boldsymbol{v}} \cdot \left[\mathbf{D} \cdot \frac{\partial P}{\partial \boldsymbol{v}} + \mathbf{F} \cdot v P \right]. \tag{5.16.2}$$

它只是 (5.1.8) 式右边那种形式的碰撞项的另一种写法. 事实上, 如果在 (5.16.2) 式中记

$$\boldsymbol{A} = -\mathbf{F} \cdot \boldsymbol{v} + \frac{\partial}{\partial \boldsymbol{v}} \cdot \mathbf{D}, \qquad \mathbf{B} = 2\mathbf{D} \tag{5.16.3}$$

并把 $\boldsymbol{v}$ 记作 $\{x\}$, 那么它与 (5.1.8) 式右边就完全一致. 我们假定 $\mathbf{F}$ 及 $\mathbf{D}$ 都与 P 无关. 在这一假定下写出 (5.16.2) 式, 意味着忽略了气体分子之间的相互作用并忽略了气体在固体内部的大角度散射, 同时认为气体分子的进入对固体内部的热平衡状态没有影响.

现在我们感兴趣的是定态, 故可将 (5.16.1) 式改写成

$$\boldsymbol{v} \cdot \frac{\partial P}{\partial \boldsymbol{r}} = \frac{\partial}{\partial \boldsymbol{v}} \cdot \left[\mathbf{D} \cdot \frac{\partial P}{\partial \boldsymbol{v}} + \mathbf{F} \cdot v P \right]; \tag{5.16.4}$$

边界条件可以写成

$$P(x = 0, \boldsymbol{v}) = \delta(\boldsymbol{v} - \boldsymbol{v}'), \quad \text{对于 } \boldsymbol{v} \cdot \hat{e}_x < 0 \tag{5.16.5}$$

其中 $\boldsymbol{v}'$ 满足 $\boldsymbol{v}' \cdot \hat{e}_x < 0$. 假如我们在边界条件 (5.16.5) 式之下求得方程 (5.16.4) 的

解 $P(x, \boldsymbol{v})$, 那么根据转移概率 $R(\boldsymbol{v}' \to \boldsymbol{v})$ 的定义 [见 (4.14.1) 式], 便有

$$P(x = 0, \boldsymbol{v})|\boldsymbol{v} \cdot \hat{\boldsymbol{e}}_x| = \int_{\boldsymbol{v}' \cdot \hat{\boldsymbol{e}}_x < 0} P(x = 0, \boldsymbol{v}')R(\boldsymbol{v}' \to \boldsymbol{v})$$

$$\times |\boldsymbol{v}' \cdot \hat{\boldsymbol{e}}_x| \mathrm{d}\boldsymbol{v}', \qquad \boldsymbol{v} \cdot \hat{\boldsymbol{e}}_x > 0$$

所以利用 (5.16.5) 式, 便得到

$$R(\boldsymbol{v}' \to \boldsymbol{v}) = \frac{|\boldsymbol{v} \cdot \hat{\boldsymbol{e}}_x|}{|\boldsymbol{v} \cdot \hat{\boldsymbol{e}}_x|} P(x = 0, \boldsymbol{v})\Big|_{\boldsymbol{v} \cdot \hat{\boldsymbol{e}}_x > 0}, \qquad \boldsymbol{v}' \cdot \hat{\boldsymbol{e}}_x < 0. \tag{5.16.6}$$

既然已假定固体内部是均匀的, $\mathbf{D}$ 与 $\mathbf{F}$ 当然都与 y, z 无关, 所以 (5.16.4) 及 (5.16.5) 式又可简化为

$$v_x \frac{\partial P}{\partial x} = \frac{\partial}{\partial \boldsymbol{v}} \cdot \left[\mathbf{D} \cdot \frac{\partial P}{\partial \boldsymbol{v}} + \mathbf{F} \cdot \boldsymbol{v} P \right], \tag{5.16.7}$$

$$P(0, \boldsymbol{v}) = \delta(\boldsymbol{v} - \boldsymbol{v}'), \quad 对于 \ v_x < 0, (v'_x < 0), \tag{5.16.8}$$

现在考虑一个具体的简化模型 [7]

$$\begin{cases} D_{ij} = 0(i \neq j), \quad D_{xx} = \dfrac{2\theta}{l_n}|v_x|, \\ D_{yy} = D_{zz} = \dfrac{2\theta}{l_t}|v_x|, \quad F_{ij} = \dfrac{1}{\theta}D_{ij}, \end{cases} \tag{5.16.9}$$

其中 θ, l_n 及 l_t 都是大于零的常数, θ 表示固体的温度. 由 (5.16.3) 式可以求出速度空间中的漂移矢量和扩散张量分别是

$$\boldsymbol{A} = \left(\frac{2\theta}{l_n} \frac{|v_x|}{v_x} - \frac{2}{l_n}|v_x|v_x, -\frac{2}{l_t}|v_x|v_y, -\frac{2}{l_t}|v_x|v_z \right)$$

和

$$\mathbf{B} = \begin{pmatrix} \dfrac{4\theta}{l_n}|v_x| & 0 & 0 \\ 0 & \dfrac{4\theta}{l_t}|v_x| & 0 \\ 0 & 0 & \dfrac{4\theta}{l_t}|v_x| \end{pmatrix}.$$

可以看出, 对于 (5.16.8) 式那样的边界条件, 对于所有 $v_x \geqslant 0$, 在 $x = 0$ 时有 $P = 0$, 所以 $x < 0$ 时仍然保持这一性质 [从 (5.16.7) 式可见]. 因此, 可以只考虑 $v_x < 0$ 的情况.

这又带来一个新的问题, 即射入固体中的气体分子将一直向固体内部深入而无法返回. 因此上述模型还要略加修改, 就是假定气体分子只能进入厚度为 d 的表面

层, 而在 $x = -d$ 处被镜反射后折回, 通过表面 $x = 0$ 返回气体中. 对于由 (5.16.9) 式给出的模型, $v_x > 0$ 和 $v_x < 0$ 是对称的, 因此 $x = -d$ 处被镜反射这一假定可以换成下面的模拟方式, 即, 由于分子经过 $x = -d$ 平面后仍然向固体深处前进到 $x = -2d$ 处, 其轨迹同被 $x = -d$ 平面镜反射后的轨迹是对称的, 所以我们所要计算的就是 $x = -2d$ 处的概率分布:

$$P(-2d, \boldsymbol{v}), \qquad v_x < 0.$$

对于这一具体模型, 方程 (5.16.7) 可以写成

$$v_x \frac{\partial P}{\partial x} = \frac{2\theta}{l_n} \frac{\partial}{\partial v_x} \left(|v_x| \frac{\partial P}{\partial v_x} + \frac{|v_x| v_x}{\theta} P \right)$$
$$+ \frac{2\theta}{l_t} |v_x| \left[\frac{\partial^2 P}{\partial v_y^2} + \frac{\partial}{\partial v_y} \left(\frac{v_y}{\theta} P \right) + \frac{\partial^2 P}{\partial v_z^2} + \frac{\partial}{\partial v_z} \left(\frac{v_z}{\theta} P \right) \right]. \tag{5.16.10}$$

求解这个定解问题要用一点技巧. 记

$$v_1 = v_y, \quad v_2 = v_z, \quad v_3 = |v_x| \cos\varphi, \quad v_4 = |v_x| \sin\varphi, \tag{5.16.11}$$

以及

$$v_1' = v_y', \quad v_2' = v_z', \quad v_3' = |v_x'|, \quad v_4' = 0. \tag{5.16.12}$$

(5.16.11) 式中, φ 是为方便起见引进的一个角变量, $-\pi \leqslant \varphi \leqslant \pi$. 设

$$P(x, \boldsymbol{v}) = |v_x'| \int_{-\pi}^{\pi} Q(x, v_1, v_2, v_3, v_4) \mathrm{d}\varphi. \tag{5.16.13}$$

只要 Q 满足边界条件

$$Q(0, v_1, v_2, v_3, v_4) = \prod_{k=1}^{4} \delta(v_k - v_k'), \tag{5.16.14}$$

就容易证实 $P(x, \boldsymbol{v})$ 满足边界条件 (5.16.8) 式. 对于 $v_x < 0,\, v_x' < 0$, 可以求得

$$v_x \frac{\partial P}{\partial x} = -|v_x v_x'| \int_{-\pi}^{\pi} \frac{\partial Q}{\partial x} \mathrm{d}\varphi, \tag{5.16.15}$$

$$\frac{\partial}{\partial v_x} \left(\frac{|v_x| v_x P}{\theta} \right) = |v_x v_x'| \int_{-\pi}^{\pi} \left[\frac{\partial}{\partial v_3} \left(\frac{v_3 Q}{\theta} \right) + \frac{\partial}{\partial v_4} \left(\frac{v_4 Q}{\theta} \right) \right] \mathrm{d}\varphi, \tag{5.16.16}$$

$$|v_x| \left[\frac{\partial^2 P}{\partial v_y^2} + \frac{\partial}{\partial v_y} \left(\frac{v_y}{\theta} P \right) \right] = |v_x v_x'| \int_{-\pi}^{\pi} \left[\frac{\partial^2 Q}{\partial v_1^2} + \frac{\partial}{\partial v_1} \left(\frac{v_1}{\theta} Q \right) \right] \mathrm{d}\varphi, \tag{5.16.17}$$

$$|v_x| \left[\frac{\partial^2 P}{\partial v_z^2} + \frac{\partial}{\partial v_z} \left(\frac{v_z}{\theta} P \right) \right] = |v_x v_x'| \int_{-\pi}^{\pi} \left[\frac{\partial^2 Q}{\partial v_2^2} + \frac{\partial}{\partial v_2} \left(\frac{v_2}{\theta} Q \right) \right] \mathrm{d}\varphi. \tag{5.16.18}$$

注意到 Q 是关于 φ 的以 2π 为周期的函数, 有

$$\int_{-\pi}^{\pi} \frac{\partial^2 Q}{\partial \varphi^2} \mathrm{d}\varphi = 0,$$

即

$$\int_{-\pi}^{\pi} \left[v_3 \frac{\partial Q}{\partial v_3} + v_4 \frac{\partial Q}{\partial v_4} + 2 v_3 v_4 \frac{\partial^2 Q}{\partial v_3 \partial v_4} \right] \mathrm{d}\varphi$$

$$= \int_{-\pi}^{\pi} \left(v_3^2 \frac{\partial^2 Q}{\partial v_4^2} + v_4^2 \frac{\partial^2 Q}{\partial v_3^2} \right) \mathrm{d}\varphi.$$

由此可以证明

$$\frac{\partial}{\partial v_x} \left(|v_x| \frac{\partial P}{\partial v_x} \right) = |v_x v_x'| \int_{-\pi}^{\pi} \left(\frac{\partial^2 Q}{\partial v_3^2} + \frac{\partial^2 Q}{\partial v_4^2} \right) \mathrm{d}\varphi. \tag{5.16.19}$$

从 (5.16.15) 至 (5.16.19) 式得到, 只要 Q 满足下列方程

$$-\frac{\partial Q}{\partial x} = \frac{2\theta}{l_t} \left[\frac{\partial^2 Q}{\partial v_1^2} + \frac{\partial}{\partial v_1} \left(\frac{v_1}{\theta} Q \right) + \frac{\partial^2 Q}{\partial v_2^2} \right.$$

$$+ \frac{\partial}{\partial v_2} \left(\frac{v_2}{\theta} Q \right) \right] + \frac{2\theta}{l_n} \left[\frac{\partial^2 Q}{\partial v_3^2} + \frac{\partial}{\partial v_3} \left(\frac{\partial_3}{\theta} Q \right) \right.$$

$$\left. + \frac{\partial^2 Q}{\partial v_4^2} + \frac{\partial}{\partial v_4} \left(\frac{v_4}{\theta} Q \right) \right], \tag{5.16.20}$$

那么 P 就满足方程 (5.16.10). 记

$$l_1 = l_2 = l_t, \qquad l_3 = l_4 = l_n,$$

则方程 (5.16.20) 又可以写成

$$-\frac{\partial Q}{\partial x} = \sum_{k=1}^{4} \frac{2\theta}{l_k} \left[\frac{\partial^2 Q}{\partial v_k^2} + \frac{\partial}{\partial v_k} \left(\frac{v_k}{\theta} Q \right) \right]. \tag{5.16.21}$$

这是一个线性四维 Fokker-Planck 方程, $-x$ 相当于时间变量 t. 对于 (5.16.14) 形式的 "初始条件", 利用上节讨论过的方法, 可以得到

$$Q = \prod_{k=1}^{4} \frac{1}{\sqrt{2\pi\theta(1 - \mathrm{e}^{-2|x|/l_k})}} \times \exp\left[-\frac{(v_k - v_k' \mathrm{e}^{-|x|/l_k})^2}{2\theta(1 - \mathrm{e}^{-2|x|/l_k})} \right]. \tag{5.16.22}$$

将 (5.16.22) 式代入 (5.16.13) 式, 再代入 (5.16.6) 式, 并利用对称性取 $x = -2d$ 时的值, 立即求得

$$R(\boldsymbol{v}' \to \boldsymbol{v}) = \frac{v_x}{2\pi\theta^2 \alpha_n \alpha_t (2 - \alpha_t)} \times \exp\left\{ -\frac{[\boldsymbol{v}_t - (1 - \alpha_t)\boldsymbol{v}_t']^2}{2\theta\alpha_t(2 - \alpha_t)} \right.$$

$$-\frac{v_x^2 + (1-\alpha_n)v_x'^2}{2\theta\alpha_n}\Bigg\} I_0\left(\frac{\sqrt{1-\alpha_n}\,v_x v_x'}{\theta\alpha_n}\right), \tag{5.16.23}$$

式中 $\boldsymbol{v}_t = (v_y, v_z)$ 是在垂直于 x 轴方向的平面上的矢量, 而

$$\alpha_n = 1 - \mathrm{e}^{-4d/l_n}, \qquad \alpha_t = 1 - \mathrm{e}^{-2d/l_t} \tag{5.16.24}$$

分别称为法向动能调节系数和切向动量调节系数, 函数

$$I_0(z) = \frac{1}{2\pi}\int_0^{2\pi}\exp(z\cos\varphi)\mathrm{d}\varphi \tag{5.16.25}$$

是第一类零阶变型 Bessel 函数. 容易看出, $\alpha_t \to 0$ 时, (5.16.23) 式中关于 $\boldsymbol{v}_t$ 的因子成为 δ 函数, 因此 $\boldsymbol{v}_t = \boldsymbol{v}_t'$; 而 $\alpha_t \to 1$ 时, (5.16.23) 式中关于 $\boldsymbol{v}_t$ 的因子成为与 $\boldsymbol{v}_t'$ 无关的 Maxwell 分布. 还可以看出, $\alpha_n \to 1$ 时, (5.16.23) 式中关于 v_x 的因子成为与 v_x' 无关的 Maxwell 分布; 而 $\alpha_n \to 0$ 时, 利用 $I_0(z)$ 在 $|z| \to \infty$ 时的渐近展开式

$$I_0(z) \sim \frac{\mathrm{e}^z}{\sqrt{2\pi z}}, \qquad z \to \infty (z \text{ 取正实数值}) \tag{5.16.26}$$

可以知道 (5.16.23) 式中关于 v_x 的因子是 δ 函数, 因此, 从 (5.16.24) 式可见, $d \to \infty$ 相当于完全重发射, 而 $d \to 0$ 相当于镜反射的边界条件. 从物理上看来, 这结论 (根据假设的模型) 是显然的. 渐近展开式 (5.16.26) 容易用鞍点法从 (5.16.25) 式导出. 事实上, (5.16.25) 式中, 当 z 取大的正实数值时, 被积函数在 $\varphi = 0$ 处有很陡的极大值, 把 $\cos\varphi$ 在这点附近展开, 有

$$\begin{aligned} I_0(z) &\approx \frac{1}{2\pi}\int_0^{2\pi}\exp\left(z - \frac{z}{2}\varphi^2\right)\mathrm{d}\varphi \\ &= \frac{\mathrm{e}^z}{2\pi}\int_0^{2\pi}\mathrm{e}^{-z\varphi^2/2}\mathrm{d}\varphi, \end{aligned}$$

积分的上限可换为 ∞, 因此有 (5.16.26) 式.

转移概率 (5.16.23) 可以与利用分子束所作的散射实验结果很好符合 [62]. 但是在理论上应用不多, 因为它仍过于复杂, 不易作解析处理.

第六章 Brown 运动和输运

§6.1 Brown 运动

1828 年, 苏格兰植物学家 Robert Brown 发现花粉颗粒在水中不停地做无规运动. 人们称这种运动为 Brown 运动. 起初, 人们并不了解这种运动的原因. 直到 1877 年, Delsanlx 才正确地指出, 这是颗粒受到周围分子不平衡的碰撞而引起的运动.

1905 年, A.Einstein在研究原子学说时, 认为原子和分子的运动必然有涨落, 因此在它们影响下的悬浮颗粒一定会出现不规则运动. 他计算了经历曲折路程之后 t 时刻的位置 x 与初始时刻位置 x_0 的均方差 $\langle (x - x_0)^2 \rangle$. 法国物理学家 J.Perrin据此作了实验观察, 他用高倍显微镜观察微小颗粒的位移, 发现颗粒的位移在确定时刻确定方向上呈 Gauss 分布. 观察的结果与 Einstein 的计算一致. Perrin 还观察了颗粒转动的 Brown 运动. 他挑选了乳香 (一种植物) 的粒子, 其直径约为 10^{-3}cm, 在粒子表面埋进其他粒子作标记, 观察其转动角度的均方差, 所得结果与 Brown 粒子平动位移的均方差一样, 都与时间成正比. 由于 Perrin 在 Brown 运动方面的卓越的实验研究工作, 他获得了 1926 年的 Nobel 物理学奖.

Einstein曾经指出, Brown 运动的问题可以看作 Brown 粒子在液体中的扩散. 当我们从扩散的观点来研究 Brown 运动时, 所考虑的是 N 个粒子在相同的物理条件下组成的 "系综" 的运动, 而不是单个粒子在长时间内的平均. 于是, Brown 运动被看成是最初聚在一起的 Brown 粒子的 "系综" 随时间发展而 "扩散".

不论是研究单个的 Brown 粒子的长时间平均行为, 还是研究整个 Brown 粒子 "系综" 的行为, 我们都得到不可逆过程的图像. 这种不可逆现象的根源, 在于频繁的而且是带随机性质的碰撞. 这种观点导致了关于Brown 运动的另一种相当系统的理论, 即 Langevin 理论 (见 §6.3). Langevin 的理论相当成功, 它很好地解释了 Brown 运动中的各种现象, 与Perrin 的实验结果完全一致.

随即要讨论的一个问题是: Langevin 理论与 Fokker-Planck 方程的关系如何? 如第五章所说, 像 Brown 运动这样的随机过程, 可以用 Markov 过程的理论来研究. 因此, 可以用主方程或 Fokker-Planck 方程来描述 Brown 运动. 在 §6.4 中, 我们将说明 Langevin 途径与 Fokker-Planck 方程描述途径的关系.

Langevin 理论的成功, 引起了理论物理工作者的兴趣. 他们试图从 Liouville 方程出发导出 Langevin 方程. Zwanzig 和 Mori 等人对此作了详细的讨论. 他们使用投影算子的方法, 从 Liouville 方程推出了广义 Langevin 方程. 这个广义 Langevin 方程保留了 Liouville 方程所包含的全部信息, 但从它更容易作出近似, 得到合适的输运方程 (或运动论方程). 在一定的简化条件下, 它也可以约化为通常的 Langevin 方程. Zwanzig 和 Mori 等所采用的投影算子方法 [64,63], 是从 Liouville 方程导出输运方程的新的途径. 它与 §4.1 中导出 Boltzmann 方程所使用的 BBGKY 方法不同; 它的长处是便于讨论**时间相关函数**, 得到**涨落耗散定理**. 本章 (§6.5, §6.6) 准备向读者介绍这方面理论的概貌.

当 Brown 粒子质量小而周围介质密度大时, 实验观察与理论预期有差别. 在 §6.7 中, 我们将从涨落的频谱分析来讨论这一差别产生的原因.

许多物理现象可以归结到周期场中的 Brown 运动. 因此, 本章 (§6.8~§6.11) 将对这一情况作更具体的讨论并介绍处理这问题时的一些有用的数学方法.

这里先把 Einstein 的 Brown 运动理论作一简单介绍. 考虑一个 Brown 粒子的一维运动. 若粒子每隔 τ^* 时间被撞击一次而移动距离 l, 每次撞击时向左或向右移动的可能性各占一半. 假定 $t = 0$ 时粒子从原点出发, 到 t 时刻为止, 粒子将受到 $n = \dfrac{t}{\tau^*}$ 次撞击. 如果向右移动比向左移动多 m 次, 那么粒子在 t 时刻的位置就是 $x = ml$. 为了在 n 次撞击中有 $\dfrac{1}{2}(n + m)$ 次向右移动, 可以有

$$\frac{n!}{\left(\dfrac{n+m}{2}\right)! \left(\dfrac{n-m}{2}\right)!}$$

种方式安排右移或左移的顺序, 因此 n 次移动中向右移比向左移多 m 次的概率 $P_n(m)$ 应当与上面的排列方式数成正比. 考虑到归一化, 应当有

$$\sum_m P_n(m) = 1,$$

所以

$$P_n(m) = \frac{1}{2^n} \cdot \frac{n!}{\left(\dfrac{n+m}{2}\right)! \left(\dfrac{n-m}{2}\right)!}. \tag{6.1.1}$$

上式只当 $n + m$ 为偶数而且 $|m| \leqslant n$ 时才成立. 由于不可能有 $|m| > n$, 所以显然 $P_n(m)$ 在 $|m| > n$ 时为零.

由 (6.1.1) 式容易求得

$$\langle m \rangle \equiv \sum_m m P_n(m) = 0, \tag{6.1.2}$$

$$\langle m^2 \rangle \equiv \sum_m m^2 P_n(m) = n, \tag{6.1.3}$$

因此, 从 $x = ml$ 及 $t = n\tau^*$ 有

$$\langle x(t) \rangle = 0, \tag{6.1.4}$$

$$\langle x^2(t) \rangle = l^2 \frac{t}{\tau^*} \propto t. \tag{6.1.5}$$

这表明, 由于 Brown 粒子运动的随机性, 粒子的平均位移是零, 而位置的均方差则与 t 成正比.

利用 Stirling 公式

$$n! \approx \sqrt{2\pi n} \left(\frac{n}{\mathrm{e}} \right)^n \tag{6.1.6}$$

可以把 (6.1.1) 式改写成

$$\ln P_n(m) \approx \left(n + \frac{1}{2} \right) \ln n - \frac{1}{2}(n + m + 1)$$
$$\times \ln \left[\frac{n}{2} \left(1 + \frac{m}{n} \right) \right] - \frac{1}{2}(n - m + 1)$$
$$\times \ln \left[\frac{n}{2} \left(1 - \frac{m}{n} \right) \right] - n\ln 2 - \frac{1}{2}\ln(2\pi). \tag{6.1.7}$$

由 (6.1.3) 式可见, 当 $n \gg 1$ 时, $|m| \ll n$ 以较大的概率成立, 这时有

$$\ln \left(1 \pm \frac{m}{n} \right) \approx \pm \frac{m}{n} - \frac{m^2}{2n^2},$$

因此 (6.1.7) 式又可进一步简化为

$$P_n(m) \approx \frac{2}{\sqrt{2\pi n}} \exp \left(-\frac{m^2}{2n} \right) \tag{6.1.8}$$

注意到只有当 n 和 m 同为偶数或同为奇数时才有 $P_n(m) \neq 0$, 可见 (6.1.8) 式中相邻的 m 相差 2. 利用 $m = \frac{x}{l}, n = \frac{t}{\tau^*}$, 并把 x 和 t 看成连续变量, 那么重新归一化之后, 可以把 (6.1.8) 式写成

$$P(x, t) = \frac{1}{\sqrt{4\pi Dt}} \exp \left(-\frac{x^2}{4Dt} \right), \tag{6.1.9}$$

其中

$$D = \frac{1}{2} \frac{l^2}{\tau^*} \tag{6.1.10}$$

是与 x, t 都无关的常数. 归一化条件可以写成

$$\int_{-\infty}^{\infty} P(x, t) \mathrm{d}x = 1. \tag{6.1.11}$$

从扩散的观点看, (6.1.9) 式反映的是 Brown 粒子 "系综" 的扩散. 把 (6.1.9) 式代入扩散方程

$$\frac{\partial P}{\partial t} = \widetilde{D}\frac{\partial^2 P}{\partial x^2},\tag{6.1.12}$$

可以立即发现, $D = \widetilde{D}$, 即 (6.1.10) 式所定义的系数 D 就是扩散系数.

Brown 粒子运动的轨迹是不规则的. 由于粒子受分子碰撞极其频繁 (大约每分钟 10^{21} 次), 所以可以认为相继碰撞的间隔趋于零, 因此粒子的运动轨迹可以数学抽象化为处处连续但又处处不可微的流形.

§6.2   随机飞行问题

Brown 粒子可以看成是一个随机飞行的粒子. 在这一节中, 我们暂时不考虑, 粒子作随机飞行是由分子的无规碰撞所引起, 还是由其他原因所引起, 而只是假定第 j 次飞行位移在 $\boldsymbol{r}_j$ 附近 $\mathrm{d}\boldsymbol{r}_j$ 范围内的概率 $\tau_j(\boldsymbol{r}_j)\mathrm{d}\boldsymbol{r}_j$ 为已知, 这里和下面也暂**不执行求和规定**, 即, 具相同附标的二因子并**不意味着求和**.

让我们求 N 次随机飞行后的总位移

$$\boldsymbol{R} = \sum_{j=1}^{N}\boldsymbol{r}_j$$

在 $\boldsymbol{R}_0$ 附近 $\mathrm{d}\boldsymbol{R}_0$ 范围内

$$\boldsymbol{R}_0 - \frac{1}{2}\mathrm{d}\boldsymbol{R}_0 \leqslant \boldsymbol{R} \leqslant \boldsymbol{R}_0 + \frac{1}{2}\mathrm{d}\boldsymbol{R}_0\tag{6.2.1}$$

的概率 $W_N(\boldsymbol{R}_0)\mathrm{d}\boldsymbol{R}_0$.

可以形式地写出

$$W_N(\boldsymbol{R}_0)\mathrm{d}\boldsymbol{R}_0 = \int\cdots\int\Delta(\boldsymbol{r}_1,\boldsymbol{r}_2,\cdots,\boldsymbol{r}_N)\times\prod_{j=1}^{N}[\tau_j(\boldsymbol{r}_j)\mathrm{d}\boldsymbol{r}_j]\tag{6.2.2}$$

式中积分看成是在整个空间中进行, 但却选择函数 $\Delta(\boldsymbol{r}_1,\boldsymbol{r}_2,\cdots,\boldsymbol{r}_N)$ 使得

$$\Delta(\boldsymbol{r}_1,\boldsymbol{r}_2,\cdots,\boldsymbol{r}_N) = \begin{cases} 1, & \text{若 (6.2.1) 式成立,} \\ 0, & \text{否则.} \end{cases}\tag{6.2.3}$$

问题的关键在于找到 Δ 的解析表达式, 以便完成 (6.2.2) 式右边的积分. 为此, 考虑下列积分:

$$\delta_k \equiv \frac{1}{\pi}\int_{-\infty}^{\infty}\frac{\sin\alpha_k\rho_k}{\rho_k}\mathrm{e}^{\mathrm{i}\rho_k\gamma_k}\mathrm{d}\rho_k\tag{6.2.4}$$

式中 $\alpha_k > 0$. 用留数定理容易证明

$$\frac{1}{2\pi i} \int_{-\infty-i\sigma}^{\infty-i\sigma} \frac{e^{ix\rho}}{\rho} d\rho = \begin{cases} 1, & \text{当 } x > 0 \text{ 时}, \\ 0, & \text{当 } x < 0 \text{ 时}, \end{cases}$$

其中 $\sigma > 0$. 利用这一结果容易知道

$$\delta_k = \begin{cases} 1, & \text{当 } |\gamma_k| < \alpha_k \text{ 时}, \\ 0, & \text{当 } |\gamma_k| > \alpha_k \text{ 时}, \end{cases} \tag{6.2.5}$$

取

$$\alpha_k = \frac{1}{2} dR_0^{(k)}, \quad \gamma_k = \sum_{j=1}^{N} r_j^{(k)} - R_0^{(k)}, \quad (k = 1, 2, 3) \tag{6.2.6}$$

这里 $R_0^{(k)}$ 和 $r_j^{(k)}$ 分别表示 $\boldsymbol{R}_0$ 和 $\boldsymbol{r}_j$ 的第 k 个分量. 于是 (6.2.5) 式成为

$$\delta_k = \begin{cases} 1, & \text{当 } R_0^{(k)} - \frac{1}{2} dR_0^{(k)} < \sum_{j=1}^{N} r_j^{(k)} < R_0^{(k)} + \frac{1}{2} dR_0^{(k)} \text{ 时}, \\ \\ 0, & \text{否则}. \end{cases}$$

这样就可以把 Δ 的表达式写作

$$\Delta(\boldsymbol{r}_1, \boldsymbol{r}_2, \cdots, \boldsymbol{r}_N) = \delta_1 \delta_2 \delta_3 \tag{6.2.7}$$

把 (6.2.7) 式代入 (6.2.2) 式中, 得

$$W_N(\boldsymbol{R}_0) d\boldsymbol{R}_0 = \frac{1}{\pi^3} \int \cdots \int \left[\prod_{j=1}^{N} \tau_j(\boldsymbol{r}_j) d\boldsymbol{r}_j \right]$$

$$\times \left[\prod_{k=1}^{3} \frac{\sin \frac{1}{2} dR_0^{(k)} \rho_k}{\rho_k} e^{i\rho_k \gamma_k} d\rho_k \right] \tag{6.2.8}$$

引入记号

$$\boldsymbol{\rho} = (\rho_1, \rho_2, \rho_3), \qquad d\boldsymbol{\rho} = d\rho_1 d\rho_2 d\rho_3,$$
$$\boldsymbol{\rho} \cdot \boldsymbol{r}_j = \rho_1 r_j^{(1)} + \rho_2 r_j^{(2)} + \rho_3 r_j^{(3)},$$
$$\boldsymbol{\rho} \cdot \boldsymbol{R}_0 = \rho_1 R_0^{(1)} + \rho_2 R_0^{(2)} + \rho_3 R_0^{(3)};$$

并且考虑到由于 $dR_0^{(k)}$ 很小, 因此

$$\frac{\sin \frac{1}{2} dR_0^{(k)} \boldsymbol{\rho}_k}{\boldsymbol{\rho}_k} \approx \frac{1}{2} dR_0^{(k)},$$

就可以把 (6.2.8) 式写成

$$W_N(\boldsymbol{R}_0)\mathrm{d}\boldsymbol{R}_0 = \frac{\mathrm{d}\boldsymbol{R}_0}{8\pi^3} \int \mathrm{d}\boldsymbol{\rho}\,\mathrm{e}^{-\mathrm{i}\boldsymbol{\rho}\cdot\boldsymbol{R}_0} A_N(\boldsymbol{\rho}), \tag{6.2.9}$$

式中

$$A_N(\boldsymbol{\rho}) = \prod_{j=1}^{N} \int \mathrm{d}\boldsymbol{r}_j \tau_j(\boldsymbol{r}_j)\mathrm{e}^{\mathrm{i}\boldsymbol{\rho}\cdot\boldsymbol{r}_j}. \tag{6.2.10}$$

这样, 我们已求得了 $W_N(\boldsymbol{R})$ 的表达式.

如果每次飞行的概率分布函数一样, 即所有 $\tau_j(\boldsymbol{r}) = \tau(\boldsymbol{r})$, 与 j 无关, 那么 (6.2.10) 式就变成

$$A_N(\boldsymbol{\rho}) = \left[\int \mathrm{d}\boldsymbol{r}\tau(\boldsymbol{r})\mathrm{e}^{\mathrm{i}\boldsymbol{\rho}\cdot\boldsymbol{r}}\right]^N.$$

进一步假定 $\tau(\boldsymbol{r})$ 只与 $\boldsymbol{r}$ 的大小有关而与方向无关 (各向同性分布), 并把它写成 $\tau(r^2)$, 那么 $A_N(\boldsymbol{\rho})$ 也只与 $\boldsymbol{\rho}$ 的大小有关而与方向无关, 于是有

$$A_N(\rho) = \left[\int \mathrm{d}\boldsymbol{r}\tau(r^2)\mathrm{e}^{\mathrm{i}\boldsymbol{\rho}\cdot\boldsymbol{r}}\right]^N. \tag{6.2.11}$$

作出对角度的积分, 得

$$A_N(\rho) = \exp\left\{N\ln\left[4\pi\int_0^\infty \frac{\sin\rho r}{\rho r}r^2\tau(r^2)\mathrm{d}r\right]\right\}. \tag{6.2.12}$$

因为 $\dfrac{\sin\rho r}{\rho r}$ 在 $r = 0$ 处有极值, 故 N 很大时, 可以用鞍点法计算 (6.2.12) 式右边的积分值, 即把函数 $\dfrac{\sin\rho r}{\rho r}$ 在 $r = 0$ 附近展开并取到二阶小量为止, 结果可写成

$$A_N(\rho) \approx \exp\left[-\frac{N}{6}\rho^2\langle r^2\rangle\right] \tag{6.2.13}$$

式中用了归一化条件

$$\int \tau(r^2)\mathrm{d}\boldsymbol{r} = 4\pi\int_0^\infty r^2\tau(r^2)\mathrm{d}r = 1, \tag{6.2.14}$$

并且定义了

$$\langle r^2\rangle \equiv \int r^2\tau(r^2)\mathrm{d}\boldsymbol{r} = 4\pi\int_0^\infty r^4\tau(r^2)\mathrm{d}r. \tag{6.2.15}$$

把 (6.2.13) 式代入 (6.2.9) 式, 得到

$$W_N(\boldsymbol{R}) = \frac{1}{8\pi^3}\int \exp\left[-\mathrm{i}\boldsymbol{\rho}\cdot\boldsymbol{R} - \frac{1}{6}N\rho^2\langle r^2\rangle\right]\mathrm{d}\boldsymbol{\rho}$$

$$= \frac{1}{\left(\frac{2\pi}{3} N \langle r^2 \rangle\right)^{3/2}} \exp\left(\frac{-3R^2}{2N \langle r^2 \rangle}\right). \tag{6.2.16}$$

用 $n = \dfrac{N}{t}$ 表示单位时间内发生随机飞行的次数, 并记

$$D \equiv \frac{1}{6} n \langle r^2 \rangle,$$

则 (6.2.16) 式又可以写成

$$W_N(\boldsymbol{R}) = \frac{1}{(4\pi Dt)^{3/2}} \exp\left(-\frac{R^2}{4Dt}\right) \tag{6.2.17}$$

把 (6.2.17) 式与 (6.1.9) 式比较, 可见二式只是三维与一维情形的差别, 形式实质上是相同的. 相当于 (6.1.5) 式的三维情形下表达式为

$$\langle R^2(t) \rangle = 6Dt \tag{6.2.18}$$

(6.2.17) 式反映了 $t = 0$ 时处于原点的粒子经 t 时间随机飞行之后的概率分布. 它适用的条件是: 随机飞行的次数很多, 而且各次飞行路程的概率分布函数都一样与方向无关. 如果初始条件改变, 那么 t 时刻的概率分布也不再是 (6.2.17) 式, 但我们可以写出 t 时刻的概率分布函数所满足的方程. 首先, 根据 (6.2.17) 式可以写出一粒子在 Δt 时间内经历净位移 $\Delta \boldsymbol{R}$ 的概率:

$$\psi(\Delta \boldsymbol{R}, \Delta t) = \frac{1}{(4\pi D \Delta t)^{3/2}} \exp\left(-\frac{|\Delta \boldsymbol{R}|^2}{4D \Delta t}\right), \tag{6.2.19}$$

它与 $\boldsymbol{R}$ 无关. 这里 Δt 是不大不小的时间间隔, 它足够大, 使 $n\Delta t \gg 1$, 即 Δt 内发生的碰撞次数很多; 又足够小, 使 $\langle |\Delta \boldsymbol{R}|^2 \rangle^{1/2}$ 值, 即离开原来位置的位移远小于系统的特征长度. 于是有积分方程

$$W(\boldsymbol{R}, t + \Delta t) = \int W(\boldsymbol{R} - \Delta \boldsymbol{R}, t)\psi(\Delta \boldsymbol{R}, \Delta t) \times \mathrm{d}(\Delta \boldsymbol{R}), \tag{6.2.20}$$

式中 $W(\boldsymbol{R}, t)$ 表示 t 时刻粒子位置在 $\boldsymbol{R}$ 附近的概率. 对 $W(\boldsymbol{R} - \Delta \boldsymbol{R}, t)$ 作 Taylor 展开, (6.2.20) 式就可以写成

$$\begin{aligned} W(\boldsymbol{R}, t + \Delta t) = \int \bigg[& W(\boldsymbol{R}, t) - \Delta \boldsymbol{R} \cdot \frac{\partial W}{\partial \boldsymbol{R}} \\ & + \frac{1}{2} \Delta \boldsymbol{R} \Delta \boldsymbol{R} : \frac{\partial^2 W}{\partial \boldsymbol{R} \partial \boldsymbol{R}} + \cdots \bigg] \\ & \times \psi(\Delta \boldsymbol{R}, \Delta t) \mathrm{d}(\Delta \boldsymbol{R}). \end{aligned}$$

由 (6.2.19) 式知

$$\int \Delta \boldsymbol{R} \psi(\Delta \boldsymbol{R}, \Delta t) \mathrm{d}(\Delta \boldsymbol{R}) = 0,$$

$$\int \Delta \boldsymbol{R} \Delta \boldsymbol{R} \psi(\Delta \boldsymbol{R}, \Delta t) \mathrm{d}(\Delta \boldsymbol{R}) = 2D \Delta t \mathbf{1}$$

式中 **1** 是单位张量; 于是得到

$$W(\boldsymbol{R}, t + \Delta t) = W(\boldsymbol{R}, t) + D \frac{\partial^2}{\partial \boldsymbol{R}^2} W \Delta t + O[(\Delta t)^2],$$

这里 $\partial^2 / \partial \boldsymbol{R}^2$ 是 Laplace 算子. 当 $\Delta t \to 0$ 时, 上式化为微分方程

$$\frac{\partial W}{\partial t} = D \frac{\partial^2 W}{\partial \boldsymbol{R}^2}. \tag{6.2.21}$$

这是熟悉的扩散方程, D 就是扩散系数. 对于无限空间的情况, 如果初始分布为原点处的 δ 函数, 方程 (6.2.21) 的解就是 (6.2.17) 式. 如果有完全吸收的表面存在, 则在这表面处应当有边界条件

$$W = 0.$$

如果有完全反射的表面存在, 则在这表面处应当有边界条件

$$\hat{\boldsymbol{n}} \cdot \nabla W = 0,$$

其中 $\hat{\boldsymbol{n}}$ 是表面的法线方向的单位矢量.

§6.3　Langevin 方程

现在介绍关于 Brown 运动的 Langevin 理论. 假定 Brown 粒子是自由的, 即除周围液体分子的碰撞之外, 不受其他作用, 那么粒子的运动方程可以写成

$$m \frac{\mathrm{d}\boldsymbol{v}}{\mathrm{d}t} = \boldsymbol{F}(t) \tag{6.3.1}$$

其中 m 是粒子的质量, $\boldsymbol{v}$ 是粒子的速度, $\boldsymbol{F}(t)$ 是由于液体分子碰撞而作用于粒子上的力. 按照 Langevin, $\boldsymbol{F}(t)$ 可以看成两部分之和: 其一是黏性阻力 $-m\beta\boldsymbol{v}$, β 是一个量纲为时间倒数的常数; 其二是随机力 $m\boldsymbol{\alpha}(t)$, $\boldsymbol{\alpha}(t)$ 是相应的随机加速度, 它的长时间平均值为零. 因此, (6.3.1) 式可以写成

$$m \frac{\mathrm{d}\boldsymbol{v}}{\mathrm{d}t} = -m\beta\boldsymbol{v} + m\boldsymbol{\alpha}(t); \tag{6.3.2}$$

或

$$\frac{\mathrm{d}\boldsymbol{v}}{\mathrm{d}t} = -\beta\boldsymbol{v} + \boldsymbol{\alpha}(t). \tag{6.3.3}$$

这就是 **Langevin 方程**.

由于 Langevin 方程里包含一个随机项 $\boldsymbol{\alpha}(t)$, 而 $\boldsymbol{\alpha}(t)$ 不是一个确定的函数, 只具有一定的统计性质; 所以 "求解" Langevin 方程的含义也应理解为确定 $\boldsymbol{v}$ 的一个概率分布函数 $P(\boldsymbol{v}, t)$, 它给出 t 时刻 $\boldsymbol{v}$ 出现的概率. 也就是说, Langevin 方程是一种随机微分方程. 顺便指出, 虽然随机项 $\boldsymbol{\alpha}(t)$ 不具有力的量纲, 但通常仍称之为 "**随机力**".

方程 (6.3.3) 的解强烈地依赖于 $\boldsymbol{\alpha}(t)$ 的统计性质. 一般至少应假定 $\boldsymbol{\alpha}(t)$ 与 $\boldsymbol{v}$ 无关, 而且有:

$$\text{(i)} \quad \langle \boldsymbol{\alpha}(t) \rangle = 0, \tag{6.3.4}$$

$$\text{(ii)} \quad \langle \boldsymbol{\alpha}(t) \boldsymbol{\alpha}(t') \rangle \propto \delta(t - t'); \tag{6.3.5}$$

其中 $\langle\ \rangle$ 表示系综平均, 即对大量处于相同物理条件下的系统所作的平均.

(6.3.5) 式反映了过程 $\boldsymbol{v}(t)$ 的 Markov 性质. 这是因为 $\boldsymbol{v}$ 对时间的一阶微分方程的解完全决定于 $t = t_0$ 时的初始条件; 如果方程 (6.3.3) 中的随机加速度 $\boldsymbol{\alpha}(t)$ 有如 (6.3.5) 式那样的 δ 函数形式的**相关函数**, 那么 $t < t_0$ 时的随机加速度就不能改变 $t \geqslant t^0$ 时的运动. 反之, 如果 $\boldsymbol{\alpha}(t)$ 的**相关函数**延续一段时间 ε, 例如

$$\langle \boldsymbol{\alpha}(t) \boldsymbol{\alpha}(t') \rangle \propto \mathrm{e}^{-|t-t'|/\varepsilon} \tag{6.3.6}$$

那么尽管给定了 t_0 时刻的速度 $\boldsymbol{v}(t_0)$, 但是, 在 $t_0 - \dfrac{\varepsilon}{2} < t < t_0$ 区间内的随机加速度 $\boldsymbol{\alpha}(t)$ 还会影响到 $t_0 < t < t_0 + \dfrac{\varepsilon}{2}$ 区间内的随机加速度, 因此 $t > t_0$ 时的运动不完全决定于 t_0 时刻的初始条件. 这说明 (6.3.6) 式那样的相关函数会破坏 $\boldsymbol{v}(t)$ 过程的 Markov 性质.

条件 (6.3.4) 和 (6.3.5) 并没有把随机加速度 $\boldsymbol{\alpha}(t)$ 的统计性质完全描述清楚. 为了完全描述 $\boldsymbol{\alpha}(t)$ 的统计性质, 有两种方法. 一种是从观察结果确定系统达到的平衡分布函数, 由此推出 $\boldsymbol{\alpha}(t)$ 的统计性质; 另一种是对 $\boldsymbol{\alpha}(t)$ 的统计性质作进一步的假定, 在此基础上 "求解" Langevin 方程. 本节将遵循第一种方法; 而第二种方法则将在 §6.4 中加以讨论.

假定 $t = 0$ 时 $\boldsymbol{v} = \boldsymbol{v}_0$, 那么初始分布为

$$P(\boldsymbol{v}, t = 0) = \delta(\boldsymbol{v} - \boldsymbol{v}_0). \tag{6.3.7}$$

假定 $t \to \infty$ 时, **系综达到如下形式的平衡分布**:

$$P(\boldsymbol{v}, t \to \infty) = \left(\frac{m}{2\pi k_{\mathrm{B}} T} \right)^{3/2} \exp\left(-\frac{m v^2}{2 k_{\mathrm{B}} T} \right). \tag{6.3.8}$$

对方程 (6.3.3) 形式积分后得到

$$\boldsymbol{v}(t) - \boldsymbol{v}_0 \mathrm{e}^{-\beta t} = \mathrm{e}^{-\beta t} \int_0^t \mathrm{e}^{\beta s} \boldsymbol{\alpha}(s) \mathrm{d}s. \tag{6.3.9}$$

当 $t \to \infty$ 时, (6.3.9) 式左边成为 $\boldsymbol{v}(t \to \infty)$, 它具有由 (6.3.8) 式给出的分布, 因此 (6.3.9) 式的右边

$$\int_0^t \mathrm{e}^{\beta(s-t)} \boldsymbol{\alpha}(s) \mathrm{d}s \tag{6.3.10}$$

在 $t \to \infty$ 时也应当具有分布 (6.3.8). 显然, 这将对 $\boldsymbol{\alpha}(t)$ 的行为有某种限制.

对 (6.3.9) 式求系综平均, 可得

$$\langle \boldsymbol{v}(t) \rangle = \boldsymbol{v}_0 \mathrm{e}^{-\beta t}, \tag{6.3.11}$$

所以漂移速度 $\langle \boldsymbol{v}(t) \rangle$ 逐渐减小到零, 减小的速率由 β 决定, 弛豫时间为 $\dfrac{1}{\beta}$.

由

$$\frac{\mathrm{d}\langle \boldsymbol{R}(t) \rangle}{\mathrm{d}t} = \langle \boldsymbol{v}(t) \rangle = \boldsymbol{v}_0 \mathrm{e}^{-\beta t} \tag{6.3.12}$$

可知, 若 $t = 0$ 时 $\boldsymbol{R}(t) = \boldsymbol{R}_0$, 则

$$\langle \boldsymbol{R}(t) \rangle = \boldsymbol{R}_0 + \frac{\boldsymbol{v}_0}{\beta}(1 - \mathrm{e}^{-\beta t}). \tag{6.3.13}$$

由 (6.3.9) 式可以得到

$$\langle \boldsymbol{v}(t) \boldsymbol{v}(t) \rangle = \boldsymbol{v}_0 \boldsymbol{v}_0 \mathrm{e}^{-2\beta t} + \mathrm{e}^{-2\beta t} \int_0^t \mathrm{d}s_1 \int_0^t \mathrm{d}s_2 \mathrm{e}^{\beta(s_1 + s_2)} \times \langle \boldsymbol{\alpha}(s_1) \boldsymbol{\alpha}(s_2) \rangle. \tag{6.3.14}$$

注意到 (6.3.8) 式, 有

$$\langle \boldsymbol{v}(t) \boldsymbol{v}(t) \rangle|_{t \to \infty} = \frac{k_{\mathrm{B}} T}{m} \mathbf{1}, \tag{6.3.15}$$

因此 $\langle \boldsymbol{\alpha}(s_1) \boldsymbol{\alpha}(s_2) \rangle$ 也应当与单位张量 $\mathbf{1}$ 成比例. 考虑到 (6.3.5) 式, 设

$$\langle \boldsymbol{\alpha}(s_1) \boldsymbol{\alpha}(s_2) \rangle = C \mathbf{1} \delta(s_1 - s_2), \tag{6.3.16}$$

代入 (6.3.14) 式, 得

$$\langle \boldsymbol{v}(t) \boldsymbol{v}(t) \rangle = \boldsymbol{v}_0 \boldsymbol{v}_0 \mathrm{e}^{-2\beta t} + \frac{C}{2\beta} \mathbf{1}(1 - \mathrm{e}^{-2\beta t}). \tag{6.3.17}$$

将 (6.3.17) 式与 (6.3.15) 式相比较, 得到

$$C = \frac{2k_{\mathrm{B}} T \beta}{m}. \tag{6.3.18}$$

于是 (6.3.17) 式又可以写成

$$\langle \boldsymbol{v}(t)\boldsymbol{v}(t)\rangle = \boldsymbol{v}_0\boldsymbol{v}_0 + \left(\frac{k_{\mathrm{B}}T}{m}\mathbf{1} - \boldsymbol{v}_0\boldsymbol{v}_0\right)(1 - \mathrm{e}^{-2\beta t}). \tag{6.3.19}$$

两边取迹, 就是

$$\langle v^2(t)\rangle = v_0^2 + \left(\frac{3k_{\mathrm{B}}T}{m} - v_0^2\right)(1 - \mathrm{e}^{-2\beta t}). \tag{6.3.20}$$

如果 $v_0^2 = \dfrac{3k_{\mathrm{B}}T}{m}$, 那么 $\langle v^2(t)\rangle$ 将永远保持这个热平衡值.

将方程 (6.3.3) 与位置矢量 $\boldsymbol{R}$ 作并积, 并对称化, 再取系综平均; 注意到

$$\boldsymbol{R}\boldsymbol{v} + \boldsymbol{v}\boldsymbol{R} = \frac{\mathrm{d}}{\mathrm{d}t}(\boldsymbol{R}\boldsymbol{R}),$$

$$\boldsymbol{R}\frac{\mathrm{d}\boldsymbol{v}}{\mathrm{d}t} + \frac{\mathrm{d}\boldsymbol{v}}{\mathrm{d}t}\boldsymbol{R} = \frac{\mathrm{d}^2}{\mathrm{d}t^2}(\boldsymbol{R}\boldsymbol{R}) - 2\boldsymbol{v}\boldsymbol{v},$$

就可以得到

$$\frac{\mathrm{d}^2}{\mathrm{d}t^2}\langle \boldsymbol{R}(t)\boldsymbol{R}(t)\rangle + \beta\frac{\mathrm{d}}{\mathrm{d}t}\langle \boldsymbol{R}(t)\boldsymbol{R}(t)\rangle = 2\langle \boldsymbol{v}(t)\boldsymbol{v}(t)\rangle. \tag{6.3.21}$$

将 (6.3.19) 式代入 (6.3.21) 式, 考虑到初始条件

$$\langle \boldsymbol{R}(t)\boldsymbol{R}(t)\rangle|_{t=0} = \boldsymbol{R}_0\boldsymbol{R}_0,$$

$$\frac{\mathrm{d}}{\mathrm{d}t}\langle \boldsymbol{R}(t)\boldsymbol{R}(t)\rangle|_{t=0} = \boldsymbol{R}_0\boldsymbol{v}_0 + \boldsymbol{v}_0\boldsymbol{R}_0,$$

就可以得出 (6.3.21) 式的解

$$\langle \boldsymbol{R}(t)\boldsymbol{R}(t)\rangle = \boldsymbol{R}_0\boldsymbol{R}_0 + \frac{\boldsymbol{v}_0\boldsymbol{v}_0}{\beta^2}(1 - \mathrm{e}^{-\beta t})^2$$

$$- \frac{k_{\mathrm{B}}T}{m\beta^2}\mathbf{1}(1 - \mathrm{e}^{-\beta t})(3 - \mathrm{e}^{-\beta t}) + \frac{2k_{\mathrm{B}}T}{m\beta}\mathbf{1}t. \tag{6.3.22}$$

两边取迹, 就是

$$\langle R^2(t)\rangle = R_0^2 + \frac{v_0^2}{\beta^2}(1 - \mathrm{e}^{-\beta t})^2$$

$$- \frac{3k_{\mathrm{B}}T}{m\beta^2}(1 - \mathrm{e}^{-\beta t})(3 - \mathrm{e}^{-\beta t}) + \frac{6k_{\mathrm{B}}T}{m\beta}t. \tag{6.3.23}$$

取 $\boldsymbol{R}_0 = 0$, 当 $\beta t \ll 1$ 时, 从 (6.3.13) 式及 (6.3.23) 式有

$$\langle \boldsymbol{R}(t)\rangle = \boldsymbol{v}_0 t, \qquad \langle R^2(t)\rangle = v_0^2 t^2. \tag{6.3.24}$$

这反映了 $t \ll \dfrac{1}{\beta}$ 时运动仍是决定性的. 我们所关心的是 $\beta t \gg 1$ 时的情形. 这时 (6.3.19) 式化为

$$\langle \boldsymbol{v}(t)\boldsymbol{v}(t)\rangle = \frac{k_{\mathrm{B}}T}{m}\mathbf{1}, \tag{6.3.25}$$

而考虑到 $\dfrac{1}{\beta^2} \ll \dfrac{1}{\beta}t$, (6.3.22) 式化为

$$\langle \boldsymbol{R}(t)\boldsymbol{R}(t)\rangle = \frac{2k_{\mathrm{B}}T}{m\beta}\mathbf{1}t. \tag{6.3.26}$$

将 (6.3.26) 式与 (6.2.18) 式比较, 可知

$$D = \frac{k_{\mathrm{B}}T}{m\beta}. \tag{6.3.27}$$

这个关系称为**Einstein 关系**. 它把扩散系数 D 与代表黏性作用大小的系数 β 联系起来, 说明介质的黏性阻力来自和扩散现象紧密相连的随机碰撞.

从 (6.3.19) 式及 (6.3.11) 式可以得到

$$\langle [\boldsymbol{v}(t) - \langle \boldsymbol{v}(t)\rangle][\boldsymbol{v}(t) - \langle \boldsymbol{v}(t)\rangle]\rangle = \frac{k_{\mathrm{B}}T}{m}\mathbf{1}(1 - \mathrm{e}^{-2\beta t}). \tag{6.3.28}$$

由 (6.3.11) 式及 (6.3.28) 式可以合理地猜测, $\boldsymbol{v}(t)$ 的概率分布函数是

$$W(\boldsymbol{v}, t; \boldsymbol{v}_0) = \left[\frac{m}{2\pi k_{\mathrm{B}}T(1 - \mathrm{e}^{-2\beta t})}\right]^{3/2}$$
$$\times \exp\left[\frac{-m(\boldsymbol{v} - \boldsymbol{v}_0\mathrm{e}^{-\beta t})^2}{2k_{\mathrm{B}}T(1 - \mathrm{e}^{-2\beta t})}\right]. \tag{6.3.29}$$

显然, (6.3.29) 式满足 (6.3.7) 式及 (6.3.8) 式给出的初始条件及渐近条件, 所以可以认为它是 Langevin 方程 (6.3.3) 的解.

类似地, 由 (6.3.13) 式和 (6.3.22) 式可以求得

$$\langle [\boldsymbol{R}(t) - \langle \boldsymbol{R}(t)\rangle][\boldsymbol{R}(t) - \langle \boldsymbol{R}(t)\rangle]\rangle$$
$$= \frac{2k_{\mathrm{B}}T}{m\beta}\mathbf{1}t - \frac{k_{\mathrm{B}}T}{m\beta^2}\mathbf{1}(1 - \mathrm{e}^{-\beta t})(3 - \mathrm{e}^{-\beta t}). \tag{6.3.30}$$

所以, 也可以合理地猜测 t 时刻位置 $\boldsymbol{R}$ 的**概率分布函数**:

$$W(\boldsymbol{R}, t; \boldsymbol{R}_0, \boldsymbol{v}_0) = \left\{\frac{m\beta^2}{2\pi k_{\mathrm{B}}T[2\beta t - (1 - \mathrm{e}^{-\beta t})(3 - \mathrm{e}^{-\beta t})]}\right\}^{3/2}$$
$$\times \exp\left\{\frac{-m\beta^2\left[\boldsymbol{R} - \boldsymbol{R}_0 - \dfrac{\boldsymbol{v}_0}{\beta}(1 - \mathrm{e}^{-\beta t})\right]^2}{2k_{\mathrm{B}}T[2\beta t - (1 - \mathrm{e}^{-\beta t})(3 - \mathrm{e}^{-\beta t})]}\right\}. \tag{6.3.31}$$

当 $\beta t \gg 1$ 时, 上式成为

$$W(\boldsymbol{R}, t; \boldsymbol{R}_0, \boldsymbol{v}_0) = \frac{1}{(4\pi Dt)^{3/2}} \exp\left[\frac{-(\boldsymbol{R} - \boldsymbol{R}_0)^2}{4Dt}\right],\tag{6.3.31a}$$

式中 D 已由 (6.3.27) 式给出.

现在让我们对 (6.3.10) 式加以讨论, 以便阐明 (6.3.8) 式对 $\boldsymbol{\alpha}(t)$ 的统计性质有什么样的限制. 由于 $\boldsymbol{\alpha}(s)$ 的变化远较 $\mathrm{e}^{\beta(s-t)}$ 为快, 所以积分区间可以分为若干段, 使每段内指数函数变化很小, 可以提出积分号外. 于是 (6.3.10) 式可以写成

$$\sum_{j=0}^{J-1} \mathrm{e}^{\beta(j\Delta t-t)}\boldsymbol{b}_j(\Delta t),\tag{6.3.32}$$

式中 $\Delta t = \dfrac{t}{J}$, 而

$$\boldsymbol{b}_j(\Delta t) = \int_{j\Delta t}^{(j+1)\Delta t} \boldsymbol{\alpha}(s)\mathrm{d}s.\tag{6.3.33}$$

可以认为, 在 Δt 时间内 $\boldsymbol{\alpha}(s)$ 已经历了许多次涨落, 它们彼此无关, 因此 $\boldsymbol{b}_j(\Delta t)$ 的分布函数应当与 j 无关而只与 Δt 有关. 假定 $\boldsymbol{b}_j(\Delta t)$ 的分布是 Gauss 型的:

$$W(\boldsymbol{b}(\Delta t)) = \frac{1}{(4\pi q\Delta t)^{3/2}} \exp\left[\frac{-|\boldsymbol{b}(\Delta t)|^2}{4q\Delta t}\right],\tag{6.3.34}$$

式中 $\boldsymbol{b}$ 的下标已省略, 而 q 是一个待定的常数. 假定 (6.3.34) 式的理由在于, 对适当选择的 q 值, 可以由 (6.3.34) 式推出 (6.3.29) 式和 (6.3.31) 式. 为看出这一点, 先证明一个引理.

引理 设

$$\boldsymbol{\xi} = \int_0^t \alpha(s)\boldsymbol{\alpha}(s)\mathrm{d}s,$$

式中 $\alpha(s)$ 的变化远较 $\boldsymbol{\alpha}(s)$ 慢, $\boldsymbol{\alpha}(s)$ 满足 (6.3.33) 式及 (6.3.34) 式, 则 $\boldsymbol{\xi}$ 的概率分布为

$$W(\boldsymbol{\xi}) = \frac{1}{\left[4\pi q \displaystyle\int_0^t \alpha^2(s)\mathrm{d}s\right]^{3/2}} \exp\left[\frac{-\xi^2}{4q \displaystyle\int_0^t \alpha^2(s)\mathrm{d}s}\right].\tag{6.3.35}$$

证明是简单的. 记

$$\boldsymbol{\xi}_j \equiv \alpha(j\Delta t)\boldsymbol{b}_j(\Delta t) \equiv \alpha_j\boldsymbol{b}_j(\Delta t),$$

这里 $\Delta t = \dfrac{t}{J}$ 是个 $\alpha(s)$ 在其中变化不大而 $\boldsymbol{\alpha}(s)$ 涨落许多次的时间间隔. 由 $\boldsymbol{\xi}$ 的定义, 有

$$\boldsymbol{\xi} = \sum_{j=1}^{J-1} \alpha_j \int_{j\Delta t}^{(j+1)\Delta t} \boldsymbol{\alpha}(s)\mathrm{d}s = \sum_{j=1}^{J-1} \boldsymbol{\xi}_j.$$

由于 $\boldsymbol{b}_j(\Delta t)$ 有概率分布 (6.3.34) 式, 故 $\boldsymbol{\xi}_j = \alpha_j \boldsymbol{b}_j(\Delta t)$ 的概率分布为

$$\tau_j(\boldsymbol{\xi}_j) = \frac{1}{(2\pi l_j^2/3)^{3/2}} \exp\left(-\frac{3\xi_j^2}{2l_j^2}\right), \tag{6.3.36}$$

式中

$$l_j^2 = 6q\alpha_j^2 \Delta t.$$

容易看出, 从 $\boldsymbol{\xi}_j$ 的已知分布函数 (6.3.36) 求 $\boldsymbol{\xi} = \sum_j \boldsymbol{\xi}_j$ 的分布函数, 正是上节讨论过的随机飞行问题. 利用 (6.2.10) 式可以求出

$$\begin{aligned}
A(\boldsymbol{\rho}) &= \prod_{j=0}^{J-1} \int \mathrm{d}\boldsymbol{\xi}_j \tau_j(\boldsymbol{\xi}_j) \mathrm{e}^{\mathrm{i}\boldsymbol{\rho}\cdot\boldsymbol{\xi}_j} \\
&= \exp\left[-\frac{1}{6}\rho^2 \sum_{j=0}^{J-1} l_j^2\right] \\
&= \exp\left[-q\rho^2 \int_0^t \alpha^2(s)\mathrm{d}s\right],
\end{aligned}$$

再利用 (6.2.9) 式立即得到 (6.3.35) 式. 于是引理得证.

将引理用于 (6.3.10) 式, 有

$$\alpha(s) = \mathrm{e}^{\beta(s-t)},$$

$$\int_0^t \alpha^2(s)\mathrm{d}s = \frac{1}{2\beta}(1 - \mathrm{e}^{-2\beta t}),$$

所以 (6.3.10) 式的概率分布函数为

$$W(\boldsymbol{\xi}) = \left[\frac{\beta}{2\pi q(1 - \mathrm{e}^{-2\beta t})}\right]^{3/2} \exp\left[\frac{-\beta\xi^2}{2q(1 - \mathrm{e}^{-2\beta t})}\right] \tag{6.3.37}$$

将 (6.3.37) 式与 (6.3.29) 式比较, 可知只须选取

$$q = \frac{\beta k_{\mathrm{B}} T}{m} \tag{6.3.38}$$

(6.3.37) 式就与 (6.3.29) 式一致. 因此, 我们从 (6.3.34) 式出发推出了 (6.3.29) 式, 同时确定了常数 q 的值.

再由 (6.3.34) 式推导 (6.3.31) 式. 由于

$$\boldsymbol{R} - \boldsymbol{R}_0 = \int_0^t \boldsymbol{v}(t)\mathrm{d}t,$$

利用 (6.3.9) 式可以写出

$$\boldsymbol{R} - \boldsymbol{R}_0 = \int_0^t \left[\boldsymbol{v}_0 \mathrm{e}^{-\beta p} + \mathrm{e}^{-\beta p} \int_0^p \mathrm{e}^{\beta s} \boldsymbol{\alpha}(s)\mathrm{d}s \right] \mathrm{d}p$$

或

$$\boldsymbol{R} - \boldsymbol{R}_0 - \frac{\boldsymbol{v}_0}{\beta}(1 - \mathrm{e}^{-\beta t}) = \int_0^t \mathrm{d}p \mathrm{e}^{-\beta p} \int_0^p \mathrm{e}^{\beta s} \boldsymbol{\alpha}(s)\mathrm{d}s$$

$$= \int_0^t \alpha(s)\boldsymbol{\alpha}(s)\mathrm{d}s$$

式中第二步作了分部积分, 而

$$\alpha(s) = \frac{1}{\beta}[1 - \mathrm{e}^{\beta(s-t)}].$$

根据引理, $\boldsymbol{R} - \boldsymbol{R}_0 - \frac{\boldsymbol{v}_0}{\beta}(1 - \mathrm{e}^{-\beta t})$ 的概率分布由 (6.3.35) 式给出, 其中

$$\int_0^t \alpha^2(s)\mathrm{d}s = \frac{1}{2\beta^3}[2\beta t - (1 - \mathrm{e}^{-\beta t})(3 - \mathrm{e}^{-\beta t})],$$

于是得到 (6.3.31) 式, 其中 q 仍由 (6.3.38) 式给出.

鉴于从 (6.3.34) 式可以导出 (6.3.29) 式和 (6.3.31) 式, 我们认为, 假设 (6.3.34) 式是合理的. (6.3.33) 式和 (6.3.34) 式对 $\boldsymbol{\alpha}(t)$ 的统计性质提出了一定限制.

从本节对 Langevin 方程的讨论看出, Langevin 方程中包括的信息是相当丰富的, 从 Langevin 方程的讨论所得到的关于 Brown 运动的结果与 Einstein 的结果一致, 但更加丰富.

§6.4 Langevin 方程与 Fokker-Planck 方程的关系

本节从另一条途径讨论 Langevin 方程, 即对随机力的统计性质作完备假设, 并在此基础上讨论方程的解.

先从单变量的情况开始. 单变量 Langevin 方程的最普遍形式是

$$\dot{\xi} = h(\xi, t) + g(\xi, t)\Gamma(t) \tag{6.4.1}$$

其中 "·" 表示对时间 t 求导; $h(\xi, t)$ 称为**决定性力**; $g(\xi, t)\Gamma(t)$ 称为**随机力**; $g(\xi, t)$ 称为**噪声**; 如果 $g(\xi, t)$ 是常数, 与 ξ 和 t 都无关, 就称过程具有**白噪声**. $\Gamma(t)$ 除满足

$$\langle \Gamma(t) \rangle = 0, \tag{6.4.2}$$

$$\langle \Gamma(t)\Gamma(t') \rangle = 2\delta(t - t') \tag{6.4.3}$$

之外, 还要满足其他一些统计规律. 我们暂时先假定这些统计规律为:
对于奇数 n, 有

$$\langle \Gamma(t_1)\Gamma(t_2) \cdots \Gamma(t_n) \rangle = 0; \tag{6.4.4}$$

而对于偶数 n, 则有

$$\langle \Gamma(t_1)\Gamma(t_2) \cdots \Gamma(t_n) \rangle = \alpha_1 \delta(t_1 - t_2)\delta(t_3 - t_4)$$
$$\cdots \delta(t_{n-1} - t_n) + \alpha_2 \delta(t_1 - t_3)\delta(t_2 - t_4)$$
$$\cdots \delta(t_{n-1} - t_n) + \cdots, \tag{6.4.4'}$$

即, $n = 2m$ 个 $\Gamma(t)$ 之积的系综平均可以表示为以各种可能方式组合起来的 m 个 δ 函数之积的线性组合[①]. 对于随机力 $\Gamma(t)$ 满足这样的统计规律的过程 $\xi(t)$, 我们称之为**Gauss-Markov 过程**.

只要任意 n 个 $\Gamma(t)$ 的相关函数都有定义, Langevin 方程的解就满足一个确定的主方程. 对于 Gauss-Markov 过程, 相应的主方程就约化为 Fokker-Planck 方程. 下面我们来证明这一点.

先写出 $\xi(t) = x$ 这一初始条件之下 (6.4.1) 式的形式解:

$$\xi(t + \tau) - x = \int_t^{t+\tau} [h(\xi(t'), t) + g(\xi(t'), t')\Gamma(t')]\mathrm{d}t'. \tag{6.4.5}$$

将 h 和 g 在 $\xi = x$ 处展开:

$$h(\xi(t'), t') = h(x, t') + h'(x, t')(\xi(t') - x) + \cdots, \tag{6.4.6}$$

$$g(\xi(t'), t') = g(x, t') + g'(x, t')(\xi(t') - x) + \cdots, \tag{6.4.7}$$

其中 h 和 g 上的 "'" 号表示对 x 的偏导数. 将 (6.4.6) 及 (6.4.7) 式代入 (6.4.5) 式中, 可以得到

$$\xi(t + \tau) - x = \int_t^{t+\tau} h(x, t')\mathrm{d}t'$$

$$+ \int_t^{t+\tau} h'(x, t')(\xi(t') - x)\mathrm{d}t' + \cdots$$

---

① 共有 $\dfrac{n!}{2^m m!}$ 项.

$$+ \int_t^{t+\tau} g(x,t')\varGamma(t')\mathrm{d}t' + \int_t^{t+\tau} g'(x,t')$$

$$\times (\xi(t')-x)\varGamma(t')\mathrm{d}t' + \cdots \tag{6.4.8}$$

对 (6.4.8) 式中被积函数里出现的 $(\xi(t')-x)$ 作迭代:

$$\xi(t+\tau)-x = \int_t^{t+\tau} h(x,t')\mathrm{d}t' + \int_t^{t+\tau} h'(x,t')\int_t^{t'} h(x,t'')\mathrm{d}t''\mathrm{d}t'$$

$$+ \int_t^{t+\tau} h'(x,t')\int_t^{t'} g(x,t'')\varGamma(t'')\mathrm{d}t''\mathrm{d}t' + \cdots$$

$$+ \int_t^{t+\tau} g(x,t')\varGamma(t')\mathrm{d}t' + \int_t^{t+\tau} g'(x,t')\int_t^{t'} h(x,t'')\varGamma(t')\mathrm{d}t''\mathrm{d}t'$$

$$+ \int_t^{t+\tau} g'(x,t')\int_t^{t'} g(x,t'')\varGamma(t'')\varGamma(t')\mathrm{d}t''\mathrm{d}t'$$

$$+ \cdots . \tag{6.4.9}$$

经过反复迭代, (6.4.9) 式的右边可以只出现 $\varGamma, g, h$ 和它们的导数. 取系综平均之后, 利用 (6.4.2) 至 (6.4.4′) 诸式, 便得

$$\langle \xi(t+\tau)-x \rangle = \int_t^{t+\tau} h(x,t')\mathrm{d}t' + \int_t^{t+\tau}\int_t^{t'} h'(x,t')$$

$$\times h(x,t'')\mathrm{d}t''\mathrm{d}t' + \cdots$$

$$+ 2\int_t^{t+\tau} g'(x,t')\int_t^{t'} g(x,t'')\delta(t''-t')\mathrm{d}t''\mathrm{d}t'$$

$$+ \cdots ; \tag{6.4.10}$$

注意到

$$\int_t^{t'} g(x,t'')\delta(t''-t')\mathrm{d}t'' = \frac{1}{2}g(x,t'), \tag{6.4.11}$$

就有

$$\langle \xi(t+\tau)-x \rangle = \int_t^{t+\tau} h(x,t')\mathrm{d}t' + \int_t^{t+\tau}\int_t^{t'} h'(x,t')h(x,t'')\mathrm{d}t''\mathrm{d}t' + \cdots$$

$$+ \int_t^{t+\tau} g'(x,t')g(x,t')\mathrm{d}t' + \cdots . \tag{6.4.12}$$

若 τ 很小, 那么就有

$$\langle \xi(t+\tau) - x \rangle = [h(x,t) + g'(x,t)g(x,t)]\tau + O(\tau^2). \tag{6.4.13}$$

类似地可以得到

$$\langle [\xi(t+\tau) - x]^2 \rangle = 2g^2(x,t)\tau + O(\tau^2) \tag{6.4.14}$$

$$\langle [\xi(t+\tau) - x]^n \rangle = o(\tau), \quad n > 2 \tag{6.4.15}$$

$o(\tau)$ 表示比 τ 高级的小量.

　　按照 Kramers-Moyal 展开系数的定义 (5.1.6), 可以写出

$$D^{(n)}(x,t) = \frac{1}{n!} \lim_{\tau \to 0} [\langle [\xi(t+\tau) - x]^n \rangle / \tau] \tag{6.4.16}$$

根据 (6.4.13) 至 (6.4.15) 诸式可得, 在 Gauss-Markov 过程中的 Kramers-Moyal 系数是

$$\begin{cases} A(x,t) = D^{(1)}(x,t) = h(x,t) + g'(x,t)g(x,t), \\ \dfrac{1}{2}B(x,t) = D^{(2)}(x,t) = g^2(x,t), \\ D^{(n)}(x,t) = 0, \qquad (n \geqslant 3) \end{cases} \tag{6.4.17}$$

相应的主方程就是 Fokker-Planck 方程:

$$\frac{\partial P(x,t)}{\partial t} = -\frac{\partial}{\partial x}\left[\left(h + g\frac{\partial g}{\partial x}\right)P\right] + \frac{\partial^2}{\partial x^2}(g^2 P). \tag{6.4.18}$$

　　如果随机项的 $\Gamma(t)$ 除满足条件 (6.4.2) 及 (6.4.3) 式之外, 不再满足 (6.4.4) 及 (6.4.4') 式, 而是满足另外一些统计规律, 那么得到的主方程形式就可能和方程 (6.4.18) 不同.

　　以上结论可以推广到多变量的情况. 设多变量 Langevin 方程为

$$\dot{\xi}_i = h_i(\{\xi\},t) + g_{ij}(\{\xi\},t)\Gamma_j(t), \tag{6.4.19}$$

式中随机因子 $\Gamma_i(t)$ 满足条件:

$$\langle \Gamma_i(t) \rangle = 0, \tag{6.4.20}$$

$$\langle \Gamma_i(t)\Gamma_j(t') \rangle = 2\delta_{ij}\delta(t - t'). \tag{6.4.21}$$

除此之外, 对于 Gauss-Markov 过程, 有

$$\langle \Gamma_{i_1}(t_1)\Gamma_{i_2}(t_2)\cdots\Gamma_{i_n}(t_n) \rangle = 0 \quad (n \text{ 为奇数}), \tag{6.4.22}$$

$$\langle \Gamma_{i_1}(t_1)\Gamma_{i_2}(t_2)\cdots\Gamma_{i_n}(t_n)\rangle = \alpha_1\delta_{i_1 i_2}\delta(t_1 - t_2)\delta_{i_3 i_4}$$

$$\times\delta(t_3 - t_4)\cdots\delta_{i_{n-1}i_n}\delta(t_{n-1} - t_n)$$

$$+\cdots \quad (n \text{ 为偶数}). \tag{6.4.23}$$

这情形下 Kramers-Moyal 系数为

$$A_i(\{x\},t) = D_i^{(1)}(\{x\},t) = h_i + g_{kj}\frac{\partial g_{ij}}{\partial x_k}, \tag{6.4.24}$$

$$\frac{1}{2}B_{ij}(\{x\},t) = D_{ij}^{(2)}(\{x\},t) = g_{ik}g_{jk}, \tag{6.4.25}$$

$$D_{i_1\cdots i_n}^{(n)}(\{x\},t) = 0, \quad (n \geqslant 3) \tag{6.4.26}$$

相应的主方程也和 Fokker-Planck 方程一致, 它的具体形式立即可以根据 (5.13.1) 写出, 这里从略.

　　Fokker-Planck 方程中的**变量变换**是相当复杂的. 但是, Langevin 方程中的变量变换就简单得多. 在方程 (6.4.19) 中, 记新变量为

$$\widetilde{\xi}_i = \widetilde{\xi}_i(\{\xi\},t) \tag{6.4.27}$$

那么就有

$$\dot{\widetilde{\xi}}_i = \frac{\partial\widetilde{\xi}_i}{\partial t} + \frac{\partial\widetilde{\xi}_i}{\partial\xi_k}\dot{\xi}_k = \frac{\partial\widetilde{\xi}_i}{\partial t} + \frac{\partial\widetilde{\xi}_i}{\partial\xi_k}h_k + \frac{\partial\widetilde{\xi}_i}{\partial\xi_k}g_{kj}\Gamma_j$$

$$\equiv \widetilde{h}_i(\{\widetilde{\xi}\},t) + \widetilde{g}_{ij}(\{\widetilde{\xi}\},t)\Gamma_j, \tag{6.4.28}$$

式中

$$\widetilde{h}_i(\{\widetilde{\xi}\},t) = \frac{\partial\widetilde{\xi}_i}{\partial t} + \frac{\partial\widetilde{\xi}_i}{\partial\xi_k}h_k, \tag{6.4.29}$$

$$\widetilde{g}_{ij}(\{\widetilde{\xi}\},t) = \frac{\partial\widetilde{\xi}_i}{\partial\xi_k}g_{kj}. \tag{6.4.30}$$

因此得到变换后的漂移系数和扩散系数 (将宗量 ξ 及 $\widetilde{\xi}$ 写作 x 及 $\widetilde{x}$):

$$\widetilde{A}_i(\{\widetilde{x}\},t) = \widetilde{h}_i + \widetilde{g}_{lj}\frac{\partial\widetilde{g}_{ij}}{\partial\widetilde{x}_l} = \frac{\partial\widetilde{x}_i}{\partial t} + \frac{\partial\widetilde{x}_i}{\partial x_k}A_k + \frac{1}{2}\frac{\partial^2\widetilde{x}_i}{\partial x_r\partial x_k}B_{rk}, \tag{6.4.31}$$

$$\widetilde{B}_{ij}(\{\widetilde{x}\},t) = \frac{\partial\widetilde{x}_i}{\partial x_r}\frac{\partial\widetilde{x}_j}{\partial x_k}B_{rk}. \tag{6.4.32}$$

(6.4.31) 及 (6.4.32) 式与 (5.7.18) 及 (5.7.19) 式分别相同, 但推导过程显然比 §5.7 中简单得多.

通常都在Gauss-Markov 过程的假定下来讨论 Langevin 方程与 Fokker-Planck 方程的关系. 利用本节的方法, 可以从 Langevin 方程立即写出相应的 Fokker-Planck 方程, 使之描述同一运动. 例如上节的方程 (6.3.3) 可以改写成

$$\frac{\mathrm{d}v_i}{\mathrm{d}t} = -\beta v_i + q^{\frac{1}{2}} \Gamma_i(t), \tag{6.4.33}$$

式中 q 已由 (6.3.38) 式定义, $\Gamma_i(t)$ 满足 (6.4.20)~(6.4.23) 诸式的条件, 相应的 Fokker-Planck 方程就是

$$\frac{\partial P}{\partial t} = \beta \frac{\partial}{\partial v_i}(v_i P) + q \frac{\partial^2}{\partial v_i \partial v_i} P \quad (\text{求和规定!}) \tag{6.4.34}$$

若初始条件为 $P(\boldsymbol{v}, t=0) = \delta(\boldsymbol{v} - \boldsymbol{v}_0)$, 则用 §5.15 的方法可以得到

$$P(\boldsymbol{v}, t) = \left[\frac{\beta}{2\pi q(1 - \mathrm{e}^{-2\beta t})} \right]^{3/2} \exp \left[\frac{-\beta(\boldsymbol{v} - \boldsymbol{v}_0 \mathrm{e}^{-\beta t})^2}{2q(1 - \mathrm{e}^{-2\beta t})} \right]. \tag{6.4.35}$$

这一结果与 (6.3.29) 式一致. 再如, 一个处于外场 $f(x)$ 中作一维运动的 Brown 粒子, 相应的 Langevin 方程是

$$\begin{cases} \dfrac{\mathrm{d}v}{\mathrm{d}t} = -\beta v - f'(x) + q^{\frac{1}{2}} \Gamma(t), \\[2mm] \dfrac{\mathrm{d}x}{\mathrm{d}t} = v. \end{cases} \tag{6.4.36}$$

令 $\boldsymbol{\xi} = (x, v)$, 则有

$$h_x = v, \qquad h_v = -\beta v - f'(x),$$
$$g_{xx} = g_{xv} = g_{vx} = 0, \qquad g_{vv} = q^{\frac{1}{2}}.$$

因此相应的 Fokker-Planck 方程为

$$\frac{\partial}{\partial t} P(x, v, t) = -\frac{\partial}{\partial x}(vP) + \frac{\partial}{\partial v}[\beta v + f'(x)]P + \frac{\partial^2}{\partial v^2}(qP). \tag{6.4.37}$$

它与 (5.14.24) 一致, 是 Kramers 方程.

§6.5 广义 Langevin 方程和投影算子技巧

由于 Langevin 方程在讨论 Brown 运动及其他非平衡系统的行为时显得很有效, 所以许多人企图从 Liouville 方程导出它, 以期把 Langevin 理论建立在更牢固的基础上. 投影算子技巧就是完成这项工作的一种合适的方法 [63,64].

对于一个多体系统来说, 微观描述需要对极大数目的自由度给出详细的描述, 而宏观描述则只涉及少数几个自由度, 如分子的数密度、平均速度、平均能量等等.

对于一个 N 粒子的经典系统, 微观描述中需讨论 $6N$ 维相空间中代表点的行为, 而宏观描述中则只考虑这个相空间的一极小子空间, 即讨论 $6N$ 维相空间中代表点的运动在此子空间中的投影. 下面的简单例子可以给出投影算子的形象理解: 在一个平面中围绕原点作匀速圆周运动的代表点, 其运动投影到一个坐标轴上时, 就是以原点为力心的简谐振动.

如果算子 P 满足

$$P^2 = P, \tag{6.5.1}$$

那么 P 就称为**投影算子**.

设 A 是 N 粒子系统的一个动力学变量. 它是 $6N$ 个变量, 即广义坐标 q_j 和广义动量 $p_j (j = 1, 2, \cdots, N)$ 的函数, 但不显含时间. 由于代表点 (q_j, p_j) 在相空间中按正则方程运动, 因此 A 也随时间 t 改变. 设 A 对平衡系综的平均值为 $\langle A \rangle_{\text{eq}}$(简称 A 的**平衡值**),

$$\alpha = A - \langle A \rangle_{\text{eq}}, \tag{6.5.2}$$

则 α 也是一个动力学变量, 其平衡值为零. 根据 Liouville 方程, 有

$$\frac{\mathrm{d}\alpha}{\mathrm{d}t} = \mathrm{i}L\alpha, \tag{6.5.3}$$

式中 L 是 Liouville 算子 (见 §1.2).

现在假定这个 N 粒子系统的全部动力学变量 $A_1, A_2, \cdots, A_{6N}$ 组成一个 Hilbert 空间 H, 用 $\boldsymbol{\alpha}$ 表示其中一部分动力学变量 $A_1, A_2, \cdots, A_m$ 离开平衡值的**涨落** $\alpha_1, \alpha_2, \cdots, \alpha_m$, 那么 $\boldsymbol{\alpha}$ 在 H 中张成一个子空间 H_1. 用 P 表示 H 向此子空间的投影算子, 则对于任一动力学变量 G, 有

$$PG = \langle G\boldsymbol{\alpha}^* \rangle \cdot \langle \boldsymbol{\alpha}\boldsymbol{\alpha}^* \rangle^{-1} \cdot \boldsymbol{\alpha}, \tag{6.5.4}$$

式中, (记号参见 §1.2)

$$\langle G\boldsymbol{\alpha}^* \rangle \equiv \int \boldsymbol{\alpha}^*(\Gamma_N) G(\Gamma_N) \rho(\Gamma_N, t) \mathrm{d}\Gamma_N \tag{6.5.5}$$

是 $\boldsymbol{\alpha}^* G$ 的系综平均值. 这平均值和系综的选择有关. (6.5.4) 式中 $\boldsymbol{\alpha}$ 应理解为 $m \times 1$ 的列矢量, $\boldsymbol{\alpha}^*$ 应理解为 $\boldsymbol{\alpha}$ 的转置共轭 ($1 \times m$ 的行矢量), 所以 $\langle \boldsymbol{\alpha}\boldsymbol{\alpha}^* \rangle$ 是一方阵, $\langle \boldsymbol{\alpha}\boldsymbol{\alpha}^* \rangle^{-1}$ 是它的逆. (6.5.4) 式右边各因子之间的圆点表示矩阵乘法. 容易验证, 定义 (6.5.4) 符合 (6.5.1) 式.

引理　设 L_1、L_2 是与 t 无关的两个算子, 它们不一定对易, 则有算子恒等式

$$\mathrm{e}^{t(L_1+L_2)} = \mathrm{e}^{tL_1} + \int_0^t \mathrm{d}\tau \mathrm{e}^{(t-\tau)L_1} L_2 \mathrm{e}^{\tau(L_1+L_2)}. \tag{6.5.6}$$

为证明这恒等式, 考虑

$$\frac{\mathrm{d}}{\mathrm{d}t}[\mathrm{e}^{-tL_1}\mathrm{e}^{t(L_1+L_2)}] = -\mathrm{e}^{-tL_1}L_1\mathrm{e}^{t(L_1+L_2)}$$

$$+\mathrm{e}^{-tL_1}(L_1+L_2)\mathrm{e}^{t(L_1+L_2)} = \mathrm{e}^{-tL_1}L_2\mathrm{e}^{t(L_1+L_2)}$$

两边从 0 到 t 积分, 得到

$$\mathrm{e}^{-tL_1}\mathrm{e}^{t(L_1+L_2)} - 1 = \int_0^t \mathrm{d}\tau \mathrm{e}^{-\tau L_1}L_2\mathrm{e}^{\tau(L_1+L_2)}$$

将常数项 -1 移到右边并且用 e^{tL_1} 左乘所得等式, 就得到 (6.5.6) 式.

在 (6.5.6) 式中用 $\mathrm{i}L$ 代 L_1, 用 $-\mathrm{i}PL$ 代 L_2, 其中 P 是由 (6.5.4) 式定义的投影算子, L 是 Liouville 算子, 那么就有

$$\mathrm{e}^{\mathrm{i}t(1-P)L} = \mathrm{e}^{\mathrm{i}tL} - \int_0^t \mathrm{d}\tau \mathrm{e}^{\mathrm{i}(t-\tau)L}\mathrm{i}PL\mathrm{e}^{\mathrm{i}\tau(1-P)L}. \tag{6.5.7}$$

将 (6.5.7) 式两边作用在 $\mathrm{i}(1-P)L\boldsymbol{\alpha}$ 上, 有

$$\mathrm{e}^{\mathrm{i}t(1-P)L}\mathrm{i}(1-P)L\boldsymbol{\alpha} = \mathrm{e}^{\mathrm{i}tL}\mathrm{i}L\boldsymbol{\alpha} - \mathrm{e}^{\mathrm{i}tL}\mathrm{i}PL\boldsymbol{\alpha}$$

$$-\int_0^t \mathrm{d}\tau \mathrm{e}^{\mathrm{i}(t-\tau)L}\mathrm{i}PL\mathrm{e}^{\mathrm{i}\tau(1-P)L}\mathrm{i}(1-P)L\boldsymbol{\alpha}, \tag{6.5.8}$$

这里 $\boldsymbol{\alpha} = \boldsymbol{\alpha}(0)$ 表示 $t = 0$ 时动力学变量 $\boldsymbol{\alpha}(t)$ 之值. 由 (6.5.3) 式知

$$\dot{\boldsymbol{\alpha}} \equiv \left(\frac{\mathrm{d}\boldsymbol{\alpha}}{\mathrm{d}t}\right)_{t=0} = \mathrm{i}L\boldsymbol{\alpha}, \tag{6.5.9}$$

$$\boldsymbol{\alpha}(t) = \mathrm{e}^{\mathrm{i}Lt}\boldsymbol{\alpha}. \tag{6.5.10}$$

由 (6.5.10) 式及 (6.5.3) 式, 有

$$\mathrm{e}^{\mathrm{i}tL}\mathrm{i}L\boldsymbol{\alpha} = \mathrm{i}L\mathrm{e}^{\mathrm{i}tL}\boldsymbol{\alpha} = \mathrm{i}L\boldsymbol{\alpha}(t) = \frac{\mathrm{d}\boldsymbol{\alpha}(t)}{\mathrm{d}t}. \tag{6.5.11}$$

利用 (6.5.9) 式, 有

$$\mathrm{e}^{\mathrm{i}tL}\mathrm{i}PL\boldsymbol{\alpha} = \mathrm{e}^{\mathrm{i}tL}P\dot{\boldsymbol{\alpha}}. \tag{6.5.12}$$

从定义 (6.5.4)[其中 $\boldsymbol{\alpha}$ 也理解为 $\boldsymbol{\alpha}(0)$], 有

$$P\dot{\boldsymbol{\alpha}} = \langle\dot{\boldsymbol{\alpha}}\boldsymbol{\alpha}^*\rangle \cdot \langle\boldsymbol{\alpha}\boldsymbol{\alpha}^*\rangle^{-1} \cdot \boldsymbol{\alpha},$$

定义**频率矩阵**

$$i\boldsymbol{\Omega} = \langle \dot{\boldsymbol{\alpha}} \boldsymbol{\alpha}^* \rangle \cdot \langle \boldsymbol{\alpha} \boldsymbol{\alpha}^* \rangle^{-1}, \tag{6.5.13}$$

则 (6.5.12) 式成为

$$\mathrm{e}^{\mathrm{i}tL} \mathrm{i}PL\boldsymbol{\alpha} = \mathrm{i}\boldsymbol{\Omega} \cdot \mathrm{e}^{\mathrm{i}tL}\boldsymbol{\alpha} = \mathrm{i}\boldsymbol{\Omega} \cdot \boldsymbol{\alpha}(t), \tag{6.5.14}$$

这里用到 (6.5.10) 式.

记

$$\boldsymbol{f}(t) \equiv \mathrm{e}^{\mathrm{i}t(1-P)L} \mathrm{i}(1-P)L\boldsymbol{\alpha}. \tag{6.5.15}$$

由于 $(1-P)$ 也是投影算子 (它表示向垂直于 $\boldsymbol{\alpha}$ 的子空间投影), 所以有

$$\boldsymbol{f}(t) = (1-P)\boldsymbol{f}(t). \tag{6.5.16}$$

L 和 $(1-P)$ 都是 Hermite 算子, 所以

$$\begin{aligned}
\langle [\mathrm{i}L\boldsymbol{f}(\tau)\boldsymbol{\alpha}^*] \rangle &= -\langle \boldsymbol{f}(\tau)(\mathrm{i}L\boldsymbol{\alpha})^* \rangle \\
&= -\langle [(1-P)\boldsymbol{f}(\tau)](\mathrm{i}L\boldsymbol{\alpha})^* \rangle \\
&= -\langle \boldsymbol{f}(\tau)[\mathrm{i}(1-P)L\boldsymbol{\alpha}]^* \rangle \\
&= -\langle \boldsymbol{f}(\tau)\boldsymbol{f}(0)^* \rangle, \tag{6.5.17}
\end{aligned}$$

最后一步用到 (6.5.15) 式. $\langle \boldsymbol{f}(\tau)\boldsymbol{f}(0)^* \rangle$ 称为 $\boldsymbol{f}$ 的时间相关函数. 由 (6.5.4) 式知

$$\mathrm{i}PL\boldsymbol{f}(\tau) = \langle [\mathrm{i}L\boldsymbol{f}(\tau)]\boldsymbol{\alpha}^* \rangle \cdot \langle \boldsymbol{\alpha}\boldsymbol{\alpha}^* \rangle^{-1} \cdot \boldsymbol{\alpha}. \tag{6.5.18}$$

定义**阻尼矩阵**

$$\boldsymbol{\varphi}(\tau) = \langle \boldsymbol{f}(\tau)\boldsymbol{f}(0)^* \rangle \cdot \langle \boldsymbol{\alpha}\boldsymbol{\alpha}^* \rangle^{-1}, \tag{6.5.19}$$

就可以从 (6.5.18) 式和 (6.5.17) 式得到

$$\mathrm{i}PL\boldsymbol{f}(\tau) = -\boldsymbol{\varphi}(\tau) \cdot \boldsymbol{\alpha},$$

两边用 $\mathrm{e}^{\mathrm{i}(t-\tau)L}$ 作用, 得到

$$\mathrm{e}^{\mathrm{i}(t-\tau)L} \mathrm{i}PL\boldsymbol{f}(\tau) = -\boldsymbol{\varphi}(\tau) \cdot \boldsymbol{\alpha}(t-\tau). \tag{6.5.20}$$

利用 (6.5.15)、(6.5.11)、(6.5.14) 及 (6.5.20) 诸式, 可以把 (6.5.8) 式写成

$$\frac{\mathrm{d}\boldsymbol{\alpha}(t)}{\mathrm{d}t} - \mathrm{i}\boldsymbol{\Omega} \cdot \boldsymbol{\alpha}(t) + \int_0^t \mathrm{d}\tau \boldsymbol{\varphi}(\tau) \cdot \boldsymbol{\alpha}(t-\tau) = \boldsymbol{f}(t). \tag{6.5.21}$$

这就是**广义 Langevin 方程**. 它也可以写成

$$\frac{\mathrm{d}\boldsymbol{\alpha}(t)}{\mathrm{d}t} - \mathrm{i}\boldsymbol{\Omega} \cdot \boldsymbol{\alpha}(t) + \int_0^t \mathrm{d}\tau \boldsymbol{\varphi}(t-\tau) \cdot \boldsymbol{\alpha}(t) = \boldsymbol{f}(t). \tag{6.5.22}$$

广义 Langevin 方程其实就是运动方程 (6.5.3), 但其中 $\boldsymbol{\Omega}$、$\boldsymbol{\varphi}$ 及 $\boldsymbol{f}$ 都需利用从 Liouville 方程得到的概率分布函数求出. 这样要作的工作量与解 Liouville 方程一样多. 换句话说, 从 Liouville 方程推出广义 Langevin 方程的过程中没有引入任何近似, 二者所包含的信息是一样多的. $\boldsymbol{\Omega}$、$\boldsymbol{\varphi}$ 及 $\boldsymbol{f}$ 的物理意义可以从它们各自的定义看出. 频率矩阵 $\mathrm{i}\boldsymbol{\Omega}$ 与 $\boldsymbol{\alpha}(t)$ 相乘, 就把 $\dot{\boldsymbol{\alpha}}$ 在 $\boldsymbol{\alpha}$ 方向的分量随时间的演化取出 [见 (6.5.14) 及 (6.5.9) 式]; 而 $\boldsymbol{f}(t)$ 是 $\dot{\boldsymbol{\alpha}}$ 垂直于 $\boldsymbol{\alpha}$ 的分量在垂直于 $\boldsymbol{\alpha}$ 的子空间中随时间的演化, 所以起到 "**随机力**" 的作用. 阻尼矩阵 $\boldsymbol{\varphi}(t)$ 作为与 $\boldsymbol{f}(t)$ 的时间关联函数成正比的量, 代表有时间后效的阻尼耗散作用.

把广义 Langevin 方程 (6.5.22) 与 Langevin 方程 (6.3.3) 比较, 可以发现, 如果取 $\boldsymbol{\alpha}(t) = \boldsymbol{v}$, 及

$$\begin{aligned}
\mathrm{i}\boldsymbol{\Omega} &= 0, \\
\boldsymbol{\varphi}(t) &= \beta \mathbf{1}\delta(t) \\
\boldsymbol{f}(t) &= \boldsymbol{\alpha}(t),
\end{aligned}$$

那么 (6.5.22) 式就退化为 (6.3.3) 式.

§6.6　涨落耗散定理

在 §6.3 中讨论 Langevin 方程时, 曾经得到过 (6.3.16) 和 (6.3.18) 两式, 由这两式可以写出

$$\langle \boldsymbol{\alpha}(t)\boldsymbol{\alpha}(0) \rangle = \frac{2k_{\mathrm{B}}T\beta}{m}\mathbf{1}\delta(t). \tag{6.6.1}$$

这个式子的左边是随机加速度 (即单位质量上所受的随机力) 的相关函数, 它反映 Brown 粒子在液体分子的碰撞下所受合力 $\boldsymbol{F}(t)$ 中的涨落部分 (即随机力) 的统计性质; 而右边所含系数 β 则正比于 $\boldsymbol{F}(t)$ 中 "平均出来" 的 "耗散" 部分. 根据Stokes 公式

$$\beta = \frac{6\pi r\eta}{m}, \tag{6.6.2}$$

式中 r 是假设为球形的 Brown 粒子的半径, η 是液体的黏性系数, m 是粒子的质量. (6.6.1) 式把表示耗散的黏性系数与表示涨落的随机力时间相关函数联系起来. 它所反映的内容就是**涨落耗散定理**. 涨落是在平衡态基础上的涨落, 因此是反映系统平衡态性质的物理量, 而黏性系数则反映当系统受到外力作用被迫从平衡态偏离

时所发生的耗散过程, 因此反映系统的非平衡态特征. 所以涨落耗散定理使我们能够根据系统处于平衡态时所发生的涨落情况来决定该系统的某些非平衡性质. 特别是, 如果我们能对于平衡系综求得时间相关函数, 那么就可以从 (6.6.1) 式求得 β, 从而决定黏性系数. 这是一条计算输运系数的新途径.

上节推导广义 Langevin 方程时, 定义了 (6.5.19) 式, 即

$$\boldsymbol{\varphi}(t) = \langle \boldsymbol{f}(t)\boldsymbol{f}(0)^* \rangle \cdot \langle \boldsymbol{\alpha}\boldsymbol{\alpha}^* \rangle^{-1}. \tag{6.6.3}$$

如果选择平衡系综来进行上式中的系综平均, 那么 (6.6.3) 式就是**广义的涨落耗散定理**.

考虑广义 Langevin 方程 (6.5.21) 的耗散项, 即左边第三项

$$\int_0^t \mathrm{d}\tau \boldsymbol{\varphi}(\tau)\boldsymbol{\alpha}(t-\tau). \tag{6.6.4}$$

如果 $\boldsymbol{\alpha}$ 随时间的变化较缓慢, 则因从 (6.6.3) 式可看出 $\boldsymbol{\varphi}(\tau)$ 通常只在 $\tau = 0$ 附近很窄的范围内才明显非零, 故 (6.6.4) 式可以近似写成

$$\left[\int_0^t \mathrm{d}\tau \boldsymbol{\varphi}(\tau) \right] \cdot \boldsymbol{\alpha}(t) \equiv \boldsymbol{\beta}(t) \cdot \boldsymbol{\alpha}(t) \tag{6.6.5}$$

这里定义了

$$\boldsymbol{\beta}(t) \equiv \int_0^t \mathrm{d}\tau \boldsymbol{\varphi}(\tau). \tag{6.6.6}$$

由 (6.6.6) 及 (6.6.3) 二式可得

$$\beta(t) = \int_0^t \langle \boldsymbol{f}(\tau)\boldsymbol{f}(0)^* \rangle \mathrm{d}\tau \cdot \langle \boldsymbol{\alpha}\boldsymbol{\alpha}^* \rangle^{-1}. \tag{6.6.7}$$

当 t 远大于关联函数明显非零的范围时, $\beta(t)$ 不再与 t 有关, 故

$$\beta = \frac{1}{2} \int_{-\infty}^{\infty} \langle \boldsymbol{f}(\tau)\boldsymbol{f}(0)^* \rangle \mathrm{d}\tau \cdot \langle \boldsymbol{\alpha}\boldsymbol{\alpha}^* \rangle^{-1}. \tag{6.6.8}$$

这是计算输运系数的一般表达式. 当选择动力学变量 $\boldsymbol{\alpha}$ 后, 从 (6.5.15) 式就确定了相应的随机力 $\boldsymbol{f}(t)$, 于是由 (6.6.7) 或 (6.6.8) 式就可求得相应的输运系数; 它是张量的形式. 如果相关函数 $\langle \boldsymbol{f}(\tau)\boldsymbol{f}(0)^* \rangle$ 与单位张量成比例, 则 $\boldsymbol{\beta}$ 也与单位张量成比例. 为计算不同的输运系数, 就应当选择不同的动力学变量 $\boldsymbol{\alpha}$. **对每一个不同的输运系数, 需要计算一个不同的时间相关函数** [65].

为说明**涨落耗散定理的应用**, 让我们看一个简单例子. 考虑一个短路的动圈式电流计, 设回路中的电感为 L, 电阻为 R. 如果忽略回路中的潜布电容, 那么回路中

的电动势将由两部分组成, 一是电感线圈的感应电动势 $L\dfrac{\mathrm{d}I}{\mathrm{d}t}$, 其中 I 是回路中的电流; 二是电路中由于电子运动的涨落而引起的瞬时热电动势. 根据 Langevin 理论的精神, 这个电动势又可以分为两部分, 即平均出来的部分 $-RI$ 和快速涨落的部分 $V(t)$(其长时间平均值为零). 于是, 可以写出电路中瞬时电流 $I(t)$ 所满足的方程式

$$L\frac{\mathrm{d}I}{\mathrm{d}t} = -RI + V(t). \tag{6.6.9}$$

这就是针对所考虑问题写出的 Langevin 方程. 把 I 当作动力学变量, 问题成为一维的, 而且 I, V 都是实变量. 由 (6.6.8) 式可以得到

$$\frac{R}{L} = \frac{1}{2}\int_{-\infty}^{\infty}\left\langle \frac{V(\tau)}{L}\frac{V(0)}{L}\right\rangle\mathrm{d}\tau \cdot \langle I^2\rangle^{-1},$$

所以

$$R = \frac{1}{2L\langle I^2\rangle}\int_{-\infty}^{\infty}\langle V(\tau)V(0)\rangle\mathrm{d}\tau. \tag{6.6.10}$$

注意到 $\dfrac{1}{2}LI^2$ 是自感线圈中电流的能量, 按照能量均分定律, 当线圈与环境达到热平衡时, 有

$$\left\langle \frac{1}{2}LI^2\right\rangle = \frac{1}{2}k_{\mathrm{B}}T$$

式中 T 是环境的温度, 所以 (6.6.10) 式可写成

$$R = \frac{1}{2k_{\mathrm{B}}T}\int_{-\infty}^{\infty}\langle V(\tau)V(0)\rangle\mathrm{d}\tau. \tag{6.6.11}$$

§6.7　涨落的频谱分析

在 Langevin 方程 (6.4.36) 中, 如果 β 很大, 那么不论给定怎样的初始条件, 只要经过极短的时间, 速度分布即可达到平衡的定态分布, 于是方程 (6.4.36) 简化为

$$\begin{cases} -\beta v - f'(x) + q^{\frac{1}{2}}\Gamma(t) = 0, \\ \dfrac{\mathrm{d}x}{\mathrm{d}t} = v; \end{cases} \tag{6.7.1}$$

或写成

$$\frac{\mathrm{d}x}{\mathrm{d}t} = -\frac{f'(x)}{\beta} + \frac{q^{\frac{1}{2}}}{\beta}\Gamma(t). \tag{6.7.2}$$

相应的 Fokker-Planck 方程为

$$\frac{\partial P(x,t)}{\partial t} = \frac{\partial}{\partial x}\left[\frac{f'(x)}{\beta^2}P(x,t)\right] + \frac{q}{\beta^2}\frac{\partial^2 P(x,t)}{\partial x^2}. \tag{6.7.3}$$

如果外场是简谐力场:

$$f(x) = \frac{1}{2m}kx^2, \tag{6.7.4}$$

那么, 利用 (6.3.38) 式, 就可以把方程 (6.7.2) 和 (6.7.3) 分别写成

$$\frac{\mathrm{d}x}{\mathrm{d}t} = \frac{-k}{m\beta}x + \sqrt{\frac{k_{\mathrm{B}}T}{m\beta}}\Gamma(t), \tag{6.7.5}$$

$$\frac{\partial P(x,t)}{\partial t} = \frac{k}{m\beta}\frac{\partial}{\partial x}(xP) + \frac{k_{\mathrm{B}}T}{m\beta}\frac{\partial^2 P}{\partial x^2}. \tag{6.7.6}$$

以上推导是在 β 很大这一前提下得到的. 注意到由方程 (6.4.36) 决定的 $\langle v(t)\rangle$ 的弛豫时间是 $\frac{1}{\beta}$, 而方程 (6.7.5) 所决定的 $\langle x(t)\rangle$ 的弛豫时间是 $\frac{m\beta}{k}$, 所以能用方程 (6.7.5) 或 (6.7.6) 描述简谐力场中 Brown 运动的必要条件为

$$\frac{m\beta}{k} \gg \frac{1}{\beta},$$

即

$$k \ll m\beta^2. \tag{6.7.7}$$

它的物理意义是: 简谐外力场足够弱, 以至于 Brown 粒子还未来得及在此力场作用下发生明显位移时, 就已经受到介质分子的多次碰撞并与介质达到了热平衡.

更细致的讨论表明, 过程 $x(t)$ 不是 Markov 过程. 这一点可以说明如下. 按照 Langevin 理论的精神, 讨论过程 $x(t)$ 的性质时, 方程

$$\frac{\mathrm{d}x}{\mathrm{d}t} = v$$

中, v 应当分成两部分, 即反映平均速度的部分 $\langle v(t)\rangle$ 和反映随机涨落的部分 $u(t)$, 于是可以写出

$$\frac{\mathrm{d}x}{\mathrm{d}t} = \langle v(t)\rangle + u(t). \tag{6.7.8}$$

由于 $v(t)$ 满足的方程可写成

$$\frac{\mathrm{d}v}{\mathrm{d}t} = -\beta v - \frac{k}{m}x + a(t), \tag{6.7.9}$$

式中

$$\langle a(t)\rangle = 0, \quad \langle a(t)a(t')\rangle = \frac{2k_{\mathrm{B}}T\beta}{m}\delta(t-t'), \tag{6.7.10}$$

所以, 当 $t \gg \frac{1}{\beta}$ 时

$$\langle v(t)\rangle = -\frac{k}{m\beta}x. \tag{6.7.11}$$

将

$$v = -\frac{k}{m\beta}x + u(t) \tag{6.7.12}$$

代入方程 (6.7.9) 中, 得到

$$\frac{\mathrm{d}u}{\mathrm{d}t} - \frac{k}{m\beta}\frac{\mathrm{d}x}{\mathrm{d}t} = -\beta u + a(t). \tag{6.7.13}$$

当 x 小时, 由 (6.7.11) 式知 $\langle v(t) \rangle$ 小, 故由 (6.7.8) 式看出 $\dfrac{\mathrm{d}x}{\mathrm{d}t}$ 与 $u(t)$ 同一数量级. 利用条件 (6.7.7) 可知

$$\left|\frac{k}{m\beta}\frac{\mathrm{d}x}{\mathrm{d}t}\right| \sim \left|\frac{k}{m\beta}u\right| \ll |\beta u|$$

因此方程 (6.7.13) 简化为

$$\frac{\mathrm{d}u}{\mathrm{d}t} = -\beta u + a(t). \tag{6.7.14}$$

它的形式解是

$$u(t) = u(0)\mathrm{e}^{-\beta t} + \mathrm{e}^{-\beta t}\int_0^t \mathrm{e}^{\beta s}a(s)\mathrm{d}s.$$

由此得到

$$\langle u(t)u(t') \rangle = \langle u^2(0) \rangle \mathrm{e}^{-\beta(t+t')}$$

$$+ \mathrm{e}^{-\beta(t+t')}\int_0^t \mathrm{d}s \int_0^{t'} \mathrm{d}s' \mathrm{e}^{\beta(s+s')}\langle a(s)a(s') \rangle$$

计算上式最后一项的积分时, 应注意区别 $t > t'$ 和 $t < t'$ 两种情况. 结果给出, 当 $t \gg \dfrac{1}{\beta}, t' \gg \dfrac{1}{\beta}$ 时, 有

$$\langle u(t)u(t') \rangle = \frac{k_{\mathrm{B}}T}{m}\mathrm{e}^{-\beta|t-t'|}. \tag{6.7.15}$$

它具有 (6.3.6) 式的形状. 可见, 关于 $x(t)$ 过程的 Langevin 方程 (6.7.8) 中, 随机力的相关函数不是 δ 函数. 这就说明过程 $x(t)$ 不是 Markov 过程. 但是, 从方程 (6.7.9) 和 (6.7.14) 可见, 过程 $v(t)$ 和 $u(t)$ 都仍然是 Markov 过程.

　　方程 (6.7.5) 或 (6.7.6) 在初始条件

$$P(x, t=0) = \delta(x - x_0) \tag{6.7.16}$$

下的解为

$$P(x, t) = \left[\frac{k}{2\pi k_{\mathrm{B}}T(1 - \mathrm{e}^{-2kt/m\beta})}\right]^{1/2}\exp\left[\frac{-k(x - x_0\mathrm{e}^{-kt/m\beta})^2}{2k_{\mathrm{B}}T(1 - \mathrm{e}^{-2kt/m\beta})}\right]. \tag{6.7.17}$$

它反映了, Brown 粒子系综在恢复力的作用下回到平衡位置的过程中, 由于不断受到介质分子的碰撞而扩散. 当 $t \to \infty$ 时可以达到平衡分布

$$P(x, t \to \infty) = \left(\frac{k}{2\pi k_B T}\right)^{1/2} \exp\left[\frac{-kx^2}{2k_B T}\right]. \tag{6.7.18}$$

由此求得**平衡态的涨落**为

$$\langle x^2 \rangle = \frac{k_B T}{k} \tag{6.7.19}$$

这结果符合能量均分定律.

值得注意的是, $\langle x^2 \rangle$ 只依赖于介质的温度而和其密度无关. 这已被实验证明. 1931 年 Kappler 用实验测定 Boltzmann 常数 k_B 时, 采用了一个悬挂着的小镜子, 它可以绕垂直轴转动. 悬丝的扭转应力就是恢复力, 空气分子不断随机地碰撞小镜子, 使它产生一个有涨落的转角 θ. 设恢复力的系数是 c, 则由与 (6.7.19) 式类比可得

$$\langle \theta^2 \rangle = \frac{k_B T}{c}. \tag{6.7.20}$$

这个实验测得 $k_B = 1.374 \times 10^{-16} \mathrm{erg \cdot K^{-1}}$, 同时也证明了涨落大小只依赖于空气温度而与其密度无关.

那么介质的密度对涨落究竟有没有影响呢? 这个问题可以通过研究涨落的频谱得到回答. 考虑动力学变量 $\alpha(t)$, 先假设它以 $T = \frac{2\pi}{\omega_0}$ 为周期, ω_0 为角频率, 则 $\alpha(t)$ 可以展开成 Fourier 级数:

$$\alpha(t) = \sum_{n=1}^{\infty} [a_n \cos(n\omega_0 t) + b_n \sin(n\omega_0 t)] \tag{6.7.21}$$

式中已经假定 $\langle \alpha(t) \rangle = 0$, 而

$$a_n = \frac{2}{T} \int_0^T \alpha(t) \cos(n\omega_0 t) \mathrm{d}t \tag{6.7.22}$$

$$b_n = \frac{2}{T} \int_0^T \alpha(t) \sin(n\omega_0 t) \mathrm{d}t \tag{6.7.23}$$

对 (6.7.22) 和 (6.7.23) 式取系综平均, 可以得到

$$\langle a_n \rangle = \langle b_n \rangle = 0 \qquad n = 1, 2, \cdots,$$

在定态情形下将 (6.7.21) 式平方后取系综平均, 可得

$$\langle \alpha^2(t) \rangle = \frac{2}{T} \int_0^T \langle \alpha^2(t) \rangle \mathrm{d}t = \sum_n \frac{1}{2} [\langle a_n^2 \rangle + \langle b_n^2 \rangle] \equiv c_1$$

其中 c_1 是一个常数, 与 t 无关. 根据不同成分的位相的随机性质, 我们假定 $\langle a_n^2 \rangle = \langle b_n^2 \rangle$, 所以有

$$\langle \alpha^2(t) \rangle = \sum_n \langle a_n^2 \rangle \tag{6.7.24}$$

记 $\omega = n\omega_0$, 而

$$a^2(\omega) \equiv a^2(n\omega_0) = \frac{1}{\omega_0} \langle a_n^2 \rangle \tag{6.7.25}$$

那么 (6.7.24) 式可近似写成

$$\langle \alpha^2(t) \rangle = \int_0^\infty a^2(\omega) \mathrm{d}\omega \tag{6.7.26}$$

$\omega_0 \to 0$ 时, 上式精确成立, 此时 $\alpha(t)$ 不必为周期函数. $a^2(\omega)$ 称为 $\alpha(t)$ 的**谱密度**.

由 (6.7.22) 式可以写出

$$\langle a_n^2 \rangle = \frac{\omega_0^2}{\pi^2} \int_0^{2\pi/\omega_0} \mathrm{d}t_1 \int_0^{2\pi/\omega_0} \mathrm{d}t_2 \langle \alpha(t_1)\alpha(t_2) \rangle \cos(n\omega t_1) \times \cos(n\omega t_2)$$

作变量变换

$$S = \frac{1}{2}(t_1 + t_2), \quad s = t_2 - t_1 \tag{6.7.27}$$

则 Jacobi 行列式为 1. 注意到, 在定态情形下有

$$\langle \alpha(t_1)\alpha(t_2) \rangle = \langle \alpha(0)\alpha(s) \rangle = \langle \alpha(s)\alpha(0) \rangle.$$

假定它只在 s 不大时明显非零, 就可以把对 $\mathrm{d}s$ 积分的区间扩展到无限, 于是有

$$\langle a_n^2 \rangle = \frac{1}{2} \frac{\omega_0^2}{\pi^2} \int_0^{2\pi/\omega_0} \mathrm{d}S \int_{-\infty}^\infty \mathrm{d}s \langle \alpha(s)\alpha(0) \rangle$$

$$\times [\cos(n\omega_0 s) + \cos(2n\omega_0 S)].$$

容易验证右边方括号内第二项对 $\mathrm{d}S$ 积分为 0, 故

$$\langle a_n^2 \rangle = \frac{2\omega_0}{\pi} \int_0^\infty \langle \alpha(s)\alpha(0) \rangle \cos(n\omega_0 s) \mathrm{d}s.$$

再利用 (6.7.25) 式, 就得到

$$a^2(\omega) = \frac{2}{\pi} \int_0^\infty K(s) \cos\omega s \mathrm{d}s = \frac{1}{\pi} \int_{-\infty}^\infty K(s) \mathrm{e}^{\mathrm{i}\omega s} \mathrm{d}s, \tag{6.7.28}$$

其中 $K(s)$ 为相关函数:

$$K(s) = \langle \alpha(s)\alpha(0) \rangle. \tag{6.7.29}$$

利用 (6.7.28) 式, 可将 $a^2(\omega)$ 的定义扩展至 $-\omega$:

$$a^2(-\omega) = a^2(\omega). \tag{6.7.30}$$

(6.7.28) 式表达出了**Wiener-Khintchin 定理**, 即, 对于定态过程, 一动力学变量的谱密度等于该变量的时间相关函数的 Fourier 变换.

如果相关函数 $K(s)$ 与 $\delta(s)$ 成正比, 则谱密度 $a^2(\omega)$ 对所有 ω 是完全均匀的, 我们称这样的涨落 $\alpha(t)$ 为**白噪声**. 这只是一种理想情况. 对于实际出现的噪声, $K(s)$ 都有一定的覆盖宽度; 如 (6.7.15) 式给出的宽度约为 $\frac{1}{\beta}$, 因此 $a^2(\omega)$ 的高频成分减少. 介质密度的变化只引起 β 的改变, 因此 (6.7.15) 式的峰值不变但宽度改变. 由 (6.6.2) 式可见, β 与黏性系数 η 成正比, 同时与 Brown 粒子的质量成反比; 而 η 又与介质的密度成正比. 显然, 介质密度增大会使 $a^2(\omega)$ 的高频成分增加.

当介质密度相当大而 Brown 粒子质量相当小时, 关于 Brown 运动的实验观察与理论预期不符. 例如, 在典型情况下, Brown 粒子的质量约为 $m = 10^{-12}$g, 则室温下 $(k_BT/m)^{1/2} \approx 10^{-1}$cm/s; 但观测到 Brown 粒子热平衡时均方根速 $\langle v^2 \rangle^{1/2} \approx 10^{-4}$cm/s. 不符的原因在于仪器 (或眼睛) 观测时反应时间 τ_0 有限, 使频率高于 $\frac{1}{\tau_0}$ 的涨落观测不出. 因此观测到的涨落不是由

$$\langle \alpha^2(t) \rangle = K(0) = \int_0^\infty a^2(\omega)\mathrm{d}\omega \tag{6.7.31}$$

给出, 而是由

$$\langle \alpha^2(t) \rangle_{\mathrm{obs}} = \int_0^{2\pi/\tau_0} a^2(\omega)\mathrm{d}\omega \tag{6.7.32}$$

给出. 如果 Brown 粒子直径 $2r = 10^{-4}$cm, 液体黏性系数 $\eta = 10^{-2}$Pe, 则 $\beta \approx 10^7\mathrm{s}^{-1}$, 因此 $a^2(\omega)$ 高频端覆盖到 $\approx \beta$ 的范围. 如果认为人眼的反应时间大约为 $\tau_0 \approx 10^{-1}$s, 那么显然 $\beta \gg \frac{1}{\tau_0}$, 所以

$$\langle \alpha^2(t) \rangle_{\mathrm{obs}} \ll \langle \alpha^2(t) \rangle.$$

这就解释了实验观察与理论预期值的差别.

§6.8* 周期场中的 Brown 运动

如果一维 Brown 运动的粒子除受到介质的黏性阻力 $-\gamma v$ 和随机力 $\Gamma(t)$ 之外, 还受到一个恒定的外力 F 及由周期势场 $f(x)$ 所形成的力 $-f'(x)$ 的作用, 那么 Langevin 方程可以写成

$$\dot{v} = -\gamma v - f'(x) + F + \Gamma(t), \tag{6.8.1}$$

$$\dot{x} = v, \tag{6.8.2}$$

$$\langle \Gamma(t) \rangle = 0, \quad \langle \Gamma(t)\Gamma(t') \rangle = 2\gamma\theta\delta(t - t'), \tag{6.8.3}$$

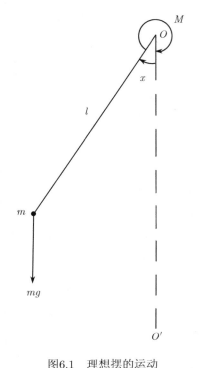

图6.1 理想摆的运动

其中 γ、θ 和 F 都是常数, $\gamma \geqslant 0$, $\theta \geqslant 0$. 总可以通过适当选取 x 的单位使 $f(x)$ 的周期是 2π, 即

$$f(x + 2\pi) = f(x). \tag{6.8.4}$$

许多物理问题可以归结为方程 (6.8.1) 及 (6.8.2) 在条件 (6.8.3) 及 (6.8.4) 下求解. 例如, 考虑一个理想摆 (摆锤为质量 m 的质点, 摆杆为长 l 的无质量刚性杆) 在重力场及一个恒定的转矩 M 作用下的运动. 用 x 表示摆杆偏离垂直位置的角度, 那么摆的运动方程就是 (见图 6.1)

$$ml^2\ddot{x} = -mgl \sin x + M.$$

记

$$f'(x) = \frac{g}{l} \sin x,$$
$$F = \frac{M}{ml^2},$$

那么就有

$$\ddot{x} + f'(x) - F = 0.$$

如果把**理想摆浸在流体介质**(例如空气或水)**中**, 就还应当考虑它所受到的黏性力和随机力, 所以有方程

$$\ddot{x} + f'(x) - F = -\gamma\dot{x} + \Gamma(t).$$

显然这就是方程 (6.8.1) 和 (6.8.2).

另一个例子是称为 "**锁相环**" (phase-locked-loop) 的电子线路 (PLL). 它的作用是使受控振荡器的振荡频率 ω_{0s} 与外来信号 $s(t)$ 的振荡频率 ω 保持一致. 它的简化框图见图 6.2. 设受控振荡器

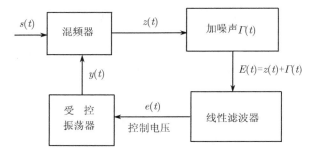

图 6.2 锁相环的简化框图

输出的电压信号为

$$y(t) = \sqrt{2}\kappa \cos \psi(t), \tag{6.8.5}$$

其中 κ 是一个常数, 而频率 $\dot{\psi}(t) = \dfrac{\mathrm{d}\psi}{\mathrm{d}t}$ 与控制电压 $e(t)$ 有关

$$\dot{\psi} = \omega_{0s} = \omega_0 + \alpha e(t), \tag{6.8.6}$$

ω_0 是无控制电压时的振荡频率, α 是个常数. 如果外来电压信号为

$$s(t) = \sqrt{2}A \sin \theta, \quad \theta = \omega t, \tag{6.8.7}$$

那么由于 $s(t)$ 与 $y(t)$ 在混频器中产生拍频, 便给出电压为

$$z(t) = A\kappa \sin (\theta - \psi) \tag{6.8.8}$$

的信号. 这个信号频率很小, 它是由混频器中的非线性元件形成的. 事实上, 混频器中也可能产生 $\theta + \psi, 2\theta, 2\psi$ 等相角的信号, 但它们的频率都接近 2ω, 容易被混频器输出端的滤波器除掉, 所以混频器的输出信号只有 (6.8.8) 式所给出的. 若将电子元件内部存在的噪声及外界条件 (如电源电压、环境温度等) 变化所造成的噪声总记为 $\Gamma(t)$, 那么由于它的干扰, 送到线性滤波器的电压就成为

$$E(t) = z(t) + \Gamma(t). \tag{6.8.9}$$

线性滤波器通常由电阻和电容组成, 它的输出电压 $e(t)$ 与输入电压 $E(t)$ 之间的一般关系为

$$\tau \dot{e} + e = E, \tag{6.8.10}$$

式中 τ 是线性滤波器的时间常数. 记相角差

$$x = \theta - \psi \tag{6.8.11}$$

那么由 (6.8.6) 式和 (6.8.7) 式得到

$$\dot{x} = \dot{\theta} - \dot{\psi} = \omega - \omega_0 - \alpha e(t). \tag{6.8.12}$$

由 (6.8.8) 式和 (6.8.9) 式得到

$$E(t) = A\kappa \sin x + \Gamma(t). \tag{6.8.13}$$

由 (6.8.12) 式解出 $e(t)$, 代入 (6.8.10) 式, 再利用 (6.8.13) 式, 可以得到 x 所满足的随机微分方程

$$\tau \ddot{x} + \dot{x} + \alpha A\kappa \sin x = (\omega - \omega_0) - \alpha \Gamma(t). \tag{6.8.14}$$

这个方程的形式也和方程 (6.8.1) 及 (6.8.2) 相同. 注意, $\Gamma(t)$ 前面的符号是无关紧要的.

如果用 Fokker-Planck 方程来描述周期场中的 Brown 运动, 那么就得到 Kramers 方程:

$$\frac{\partial P}{\partial t} = -\frac{\partial}{\partial x}(vP) + \frac{\partial}{\partial v}[(\gamma v + f' - F)P] + \gamma\theta\frac{\partial^2 P}{\partial v^2}. \tag{6.8.15}$$

现在让我们用矩方法来讨论这个方程的解. 设解为

$$P(x,v,t) = \psi_0(v)\widetilde{P}(x,v,t), \tag{6.8.16}$$

$$\widetilde{P}(x,v,t) = \sum_{n=0}^{\infty} c_n(x,t)\psi_n(v), \tag{6.8.17}$$

其中

$$\psi_n(v) = \frac{1}{N_n}H_n\left(\frac{v}{\sqrt{2\theta}}\right)\exp\left(-\frac{v^2}{4\theta}\right),$$

$$N_n = \sqrt{n!2^n\sqrt{2\pi\theta}},$$

而 $H_n(\xi)$ 是 Hermite 多项式. 注意 $\psi_n(v)$ 是正交归一化了的, 即, 有

$$\int_{-\infty}^{\infty} \psi_n\psi_m\mathrm{d}v = \delta_{nm}. \tag{6.8.18}$$

由于 n 很大时 Hermite 多项式有下列渐近行为 [66]:

$$H_{2n}(\xi) = (-1)^n 2^n(2n-1)!!\mathrm{e}^{\xi^2/2}[\cos(\sqrt{4n+1}\xi) + O(n^{-\frac{1}{4}})],$$

$$H_{2n+1}(\xi) = (-1)^n 2^{n+\frac{1}{2}}(2n-1)!!\sqrt{2n+1}\mathrm{e}^{\xi^2/2}$$

$$\times[\sin(\sqrt{4n+3}\xi) + O(n^{-\frac{1}{4}})],$$

也就是说, 它随宗量 ξ 的变化很快急剧振荡, 因此为保证 $P(x,v,t)$ 非负, 应当有

$$\lim_{n\to\infty} c_n(x,t) = 0. \tag{6.8.19}$$

将 (6.8.16) 式代入方程 (6.8.15), 可得 $\widetilde{P}(x,v,t)$ 所满足的方程

$$\frac{\partial\widetilde{P}}{\partial t} = -v\frac{\partial\widetilde{P}}{\partial x} + \left[\frac{\gamma}{2} - \frac{\gamma v^2}{4\theta} - \frac{v}{2\theta}(f'-F)\right]\widetilde{P}$$

$$+ (f'-F)\frac{\partial\widetilde{P}}{\partial v} + \gamma\theta\frac{\partial^2\widetilde{P}}{\partial v^2}. \tag{6.8.20}$$

引入算子

$$\begin{cases} b = \sqrt{\theta}\dfrac{\partial}{\partial v} + \dfrac{1}{2}\dfrac{v}{\sqrt{\theta}}, \quad b^{\dagger} = -\sqrt{\theta}\dfrac{\partial}{\partial v} + \dfrac{1}{2}\dfrac{v}{\sqrt{\theta}}, \\[3mm] D = \sqrt{\theta}\dfrac{\partial}{\partial x}, \quad \hat{D} = \sqrt{\theta}\dfrac{\partial}{\partial x} + \dfrac{1}{\sqrt{\theta}}[f'(x) - F]; \end{cases} \tag{6.8.21}$$

则 (6.8.20) 式可以改写为相当简单的形式:

$$\left(\frac{\partial}{\partial t} + Db + \gamma b^{\dagger}b + \hat{D}b^{\dagger} \right)\widetilde{P} = 0. \tag{6.8.22}$$

容易验证下面这些关系式:

$$\begin{cases} b\psi_n = \sqrt{n}\,\psi_{n-1}, \qquad b^{\dagger}\psi_n = \sqrt{n+1}\,\psi_{n+1}, \\[3mm] b^{\dagger}b\psi_n = n\psi_n. \end{cases} \tag{6.8.23}$$

将 (6.8.17) 式代入方程 (6.8.22) 并利用 (6.8.23) 式, 可以得到

$$\frac{\partial c_n}{\partial t} + \sqrt{n}\,\hat{D}c_{n-1} + \gamma n c_n + \sqrt{n+1}\,Dc_{n+1} = 0, \qquad n = 0, 1, 2, \cdots. \tag{6.8.24}$$

这是一组无穷多个线性微分方程. 写成矩阵形式就是

$$\begin{bmatrix} \dfrac{\partial}{\partial t} & \sqrt{1}D & 0 & 0 & 0 & \cdots \\[3mm] \sqrt{1}\hat{D} & \dfrac{\partial}{\partial t}+\gamma & \sqrt{2}D & 0 & 0 & \cdots \\[3mm] 0 & \sqrt{2}\hat{D} & \dfrac{\partial}{\partial t}+2\gamma & \sqrt{3}D & 0 & \cdots \\[3mm] 0 & 0 & \sqrt{3}\hat{D} & \dfrac{\partial}{\partial t}+3\gamma & \sqrt{4}D & \cdots \\[3mm] \vdots & \vdots & \vdots & \vdots & \vdots & \vdots \end{bmatrix} \times \begin{bmatrix} c_0 \\ c_1 \\ c_2 \\ c_3 \\ \vdots \end{bmatrix} = 0. \tag{6.8.25}$$

方程 (6.8.25) 与方程 (6.8.22) 等价. 但我们事实上无法同时求解无穷多个互相耦合的微分方程组, 因此只能在某一阶上截断.

下一节将介绍的矩阵连分式方法是处理这类问题 (即求解具三对角矩阵的联立线性方程组) 的有力工具. 它的好处是将形式解用连分式写出, 便于进行数值计算, 而且在个别情况下还有可能求得严格解. 由于这种方法不仅可以用来讨论周期势场中的 Brown 运动问题, 而且可以用来讨论其他各种可以化为具三对角矩阵的线性方程组的问题, 因此我们将较详细地介绍它. 但由于计算比较繁复, 以下三节在初读中完全可以略去.

§6.9*　矩阵连分式

先从标量连分式开始讨论. 设 a_i、b_i 都是标量 $(i = 1, 2, \cdots)$. 为压缩书写的篇幅, 我们约定把任意连分式

$$k = \cfrac{a_1}{b_1 + \cfrac{a_2}{b_2 + \cfrac{a_3}{b_3 + \cdots}}} \tag{6.9.1}$$

改写为

$$k = \frac{a_1|}{|b_1} + \frac{a_2|}{|b_2} + \frac{a_3|}{|b_3} + \cdots. \tag{6.9.2}$$

连分式可以是有限的, 也可以是无限的. 无限连分式可以在第 N 个分母截断作为近似:

$$k_N = \frac{a_1|}{|b_1} + \frac{a_2|}{|b_2} + \cdots + \frac{a_N|}{|b_N}. \tag{6.9.3}$$

k_N 称为 k 的**第N个近似分式**. 如果**极限**

$$\lim_{N \to \infty} k_N = k$$

存在, 则称无限连分式 (6.9.2)**收敛**, 其值就是 k.

　　假设有一组标量递推关系

$$q_n^- c_{n-1} + q_n c_n + q_n^+ c_{n+1} = 0, \tag{6.9.4}$$

其中 q_n^-、q_n 和 q_n^+ 都是依赖于 n 的常数, c_n 是未知量. 如果 $-\infty < n < \infty$, 则称 (6.9.4) 式为**双边递推关系**; 若 $0 \leqslant n < \infty, q_0^- = 0$, 则称 (6.9.4) 式为**单边递推关系**; 如果 $0 \leqslant n \leqslant N, q_0^- = 0, q_N^+ = 0$, 则称 (6.9.4) 式为**有限三对角递推关系**.

　　设 s_n^+ 满足

$$c_{n+1} = s_n^+ c_n \tag{6.9.5}$$

则 (6.9.4) 式可写为

$$q_n^- + q_n s_{n-1}^+ + q_n^+ s_n^+ s_{n-1}^+ = 0. \tag{6.9.6}$$

用 $n + 1$ 代 n 之后, 由上式解出 s_n^+;

$$s_n^+ = \frac{-q_{n+1}^-}{q_{n+1} + q_{n+1}^+ s_{n+1}^+}. \tag{6.9.7}$$

反复迭代给出连分式

$$s_n^+ = \frac{c_{n+1}}{c_n} = -\frac{q_{n+1}^-|}{|q_{n+1}} - \frac{q_{n+1}^+ q_{n+2}^-|}{|q_{n+2}} - \frac{q_{n+2}^+ q_{n+3}^-|}{|q_{n+3}} - \cdots. \tag{6.9.8}$$

如果能够求出 c_0, 那么便有

$$c_n = s_{n-1}^+ s_{n-2}^+ \cdots s_1^+ s_0^+ c_0. \tag{6.9.9}$$

如果在 (6.9.8) 式中对 s_0^+ 取第 N 个近似:

$$s_0^+ = -\frac{q_1^-|}{|q_1} - \frac{q_1^+ q_2^-|}{|q_2} - \cdots - \frac{q_{N-1}^+ q_N^-|}{|q_N}, \tag{6.9.10}$$

就相当于在 (6.9.4) 式中略去 $n \geqslant N$ 的各式并认为

$$c_{N+1} = c_{N+2} = \cdots = 0, \qquad s_N^+ = 0. \tag{6.9.11}$$

必须强调, 连分式形式的解并不是递推关系 (6.9.4) 式的全部解. 例如, 在 (6.9.4) 式中设 $0 \leqslant n < \infty$, $q_0 = q_0^+ = q_0^- = 0$, 那么 (6.9.4) 式就有两组线性无关的解, 因为从 (6.9.4) 中 $n = 1$ 的第一个式子开始, c_0 和 c_1 可以任意选择, 而一旦这两个系数被选定之后, 其余 $c_n (n \geqslant 2)$ 就通过迭代关系被逐一确定. 所以这时 $s_0^+ = \frac{c_1}{c_0}$ 是任意的. 但是, 连分式 (6.9.8) 取 $n = 0$ 时却给出 s_0^+ 的唯一确定值 (如果连分式收敛), c_0 和 c_1 不再是独立的. 事实上, 严格求 s_0^+ 的式子不是 (6.9.10) 式, 而是

$$s_0^+ = -\frac{q_1^-|}{|q_1} - \frac{q_1^+ q_2^-|}{|q_2} - \cdots - \frac{q_{N-1}^+ q_N^-|}{|q_N + s_N^+ q_N^+}. \tag{6.9.12}$$

按照连分式值的定义, 要在 $s_N^+ = 0$ 的条件下, 取 $N \to \infty$ 的极限, 才是无限连分式所决定的 s_0^+; 这一条件就使我们只能从可能的解中挑出一个. 上面的论述对于其他 s_n^+ 也适用. 这一组 s_n^+ 所决定的 (6.9.4) 式的一组确定的解, 我们称之为**最小解**, 用 $c_n^{\min}$ 表示. 如果用 c_n 表示其他任意一个解, 那么 $n \to \infty$ 时就有 $c_n^{\min}/c_n \to 0$. 这一结论的严格证明这里略去, 我们仅就一个例子说明它. 假定 $q_0 = q_0^+ = q_0^- = 0$, 而 $n \geqslant 1$ 时 q_n、q_n^+ 和 q_n^- 都与 n 无关, 分别记为 q、q^+、q^-. 再设 s_1, s_2 为方程

$$q^- + qs + q^+ s^2 = 0$$

的两个实根, 那么对任意给定的 c_0,

$$c_n^{(1)} = s_1^n c_0, \qquad c_n^{(2)} = s_2^n c_0$$

是迭代关系 (6.9.4) 式的两组独立的解. 于是通解可以由二者线性叠加而成

$$c_n = [as_1^n + (1-a)s_2^n]c_0 \tag{6.9.13}$$

其中 a 是任意常数. 求连分式形式的解时, 第 N 个近似要求 $c_{N+1}=0$, 根据 (6.9.13) 式即要求

$$as_1^{N+1} + (1-a)s_2^{N+1} = 0.$$

由此求得

$$a = \frac{s_2^{N+1}}{s_2^{N+1} - s_1^{N+1}}.$$

所以 (6.9.13) 式的第 N 个近似为

$$c_n(N) = \frac{s_2^{N+1}s_1^n - s_1^{N+1}s_2^n}{s_2^{N+1} - s_1^{N+1}}c_0. \tag{6.9.14}$$

取 $N \to \infty$ 的极限, 就可以得知连分式解所挑出的是

$$c_n^{\min} = c_n(\infty) = \begin{cases} s_1^n c_0, & \text{若 } |s_1| < |s_2| \\ s_2^n c_0, & \text{若 } |s_2| < |s_1| \end{cases}. \tag{6.9.15}$$

容易验证, (6.9.15) 式给出的是最小解. 例如, 在 $|s_1| < |s_2|$ 的条件下, 有 $c_n^{\min} = s_1^n c_0$, 用

$$c_n = [a's_1^n + (1-a')s_2^n]c_0, \qquad a' \neq 1$$

表示其他任一个解, 那么容易看出 $n \to \infty$ 时, $c_n^{\min}/c_n \to 0$. 这就是说, 连分式所表示的解, 是当 n 增大时 $|c_n|$ 下降得最快 (或增大得最慢) 的解.

上面所说的只限于**向下递推**的过程, 也就是从指标 n 较小的 c_n 计算指标 n' 较大的 $c_{n'}$ 的过程; 或者从连分式的角度看, 是用指标 n' 较大的系数 $q_{n'}^-$、$q_{n'}$ 和 $q_{n'}^+$ 计算指标 n 较小的连分式 s_n 的过程. 对于**向上递推**的过程, 可以类似地讨论. 记

$$s_n^- = \frac{c_{n-1}}{c_n}, \tag{6.9.16}$$

由 (6.9.4) 式得出

$$q_n^+ + q_n s_{n+1}^- + q_n^- s_n^- s_{n+1}^- = 0.$$

以 $n-1$ 代 n 之后, 由上式解出 s_n^-:

$$s_n^- = \frac{-q_{n-1}^+}{q_{n-1} + q_{n-1}^- s_{n-1}^-}. \tag{6.9.17}$$

迭代给出连分式

$$s_n^- = -\frac{q_{n-1}^+|}{|q_{n-1}} - \frac{q_{n-1}^- q_{n-2}^+|}{|q_{n-2}} - \cdots \tag{6.9.18}$$

对于双边递推关系 $(-\infty < n < \infty)$, (6.9.18) 式是无限连分式; 对于单边递推关系 $(0 \leqslant n < \infty)$, (6.9.18) 式是有限连分式

$$s_n^- = -\frac{q_{n-1}^+|}{|q_{n-1}} - \frac{q_{n-1}^- q_{n-2}^+|}{|q_{n-2}} - \cdots - \frac{q_1^- q_0^+|}{|q_0}. \tag{6.9.19}$$

向上递推过程得到的连分式解, 是随 n 减小时, $|c_n|$ 增大得最快 (或减少得最慢) 的解, 我们仍称之为最小解.

既然连分式只从递推关系 (6.9.4) 式的全部解中挑出最小解, 那么在应用这一解法时就必须注意这个解是不是我们所关心的物理解. 如果所关心的不是最小解, 则连分式方法失效.

现在讨论比 (6.9.4) 式更普遍的矢量递推关系

$$Q_n^- \boldsymbol{c}_{n-1} + Q_n \boldsymbol{c}_n + Q_n^+ \boldsymbol{c}_{n+1} = 0, \tag{6.9.20}$$

这里 $\boldsymbol{c}_n$ 是待求的列矢量

$$\boldsymbol{c}_n = \begin{pmatrix} c_n^1 \\ c_n^2 \\ \vdots \\ c_n^M \end{pmatrix} = (c_n^p), \tag{6.9.21}$$

而 Q_n^-、Q_n、Q_n^+ 是已知的 $M \times M$ 矩阵, 例如

$$Q_n = \begin{pmatrix} Q_n^{11} & Q_n^{12} & \cdots & Q_n^{1M} \\ Q_n^{21} & Q_n^{22} & \cdots & Q_n^{2M} \\ \vdots & \vdots & \vdots & \vdots \\ Q_n^{M1} & Q_n^{M2} & \cdots & Q_n^{MM} \end{pmatrix} = (Q_n^{pq}), \tag{6.9.22}$$

$M = 1$ 时, (6.9.20) 式就退化为 (6.9.4) 式. 我们指出, 一般的线性方程组都可以归结为矢量递推关系 (6.9.20) 式. 例如五对角递推关系

$$a_n^{(-2)} \boldsymbol{c}_{n-2} + a_n^{(-1)} \boldsymbol{c}_{n-1} + a_n \boldsymbol{c}_n + a_n^{(1)} \boldsymbol{c}_{n+1} + a_n^{(2)} \boldsymbol{c}_{n+2} = 0, \tag{6.9.23}$$

或用矩阵写出为

$$
\begin{pmatrix}
a_0 & a_0^{(1)} & a_0^{(2)} & 0 & 0 & 0 & \cdots \\
a_1^{(-1)} & a_1 & a_1^{(1)} & a_1^{(2)} & 0 & 0 & \cdots \\
a_2^{(-2)} & a_2^{(-1)} & a_2 & a_2^{(1)} & a_2^{(2)} & 0 & \cdots \\
0 & a_3^{(-2)} & a_3^{(-1)} & a_3 & a_3^{(1)} & a_3^{(2)} & \cdots \\
0 & 0 & a_4^{(-2)} & a_4^{(-1)} & a_4 & a_4^{(1)} & \cdots \\
\vdots & \vdots & \vdots & \vdots & \vdots & \vdots & \vdots
\end{pmatrix}
$$

$$
\times
\begin{pmatrix}
c_0 \\
c_1 \\
c_2 \\
c_3 \\
c_4 \\
c_5 \\
\vdots
\end{pmatrix}
= 0,
\tag{6.9.24}
$$

可以通过引进

$$
c_n = \begin{pmatrix} c_{2n} \\ c_{2n+1} \end{pmatrix}, \qquad\qquad
Q_n = \begin{pmatrix} a_{2n} & a_{2n}^{(1)} \\ a_{2n+1}^{(-1)} & a_{2n+1} \end{pmatrix},
$$

$$
Q_n^+ = \begin{pmatrix} a_{2n}^{(2)} & 0 \\ a_{2n+1}^{(1)} & a_{2n+1}^{(2)} \end{pmatrix}, \qquad
Q_n^- = \begin{pmatrix} a_{2n}^{(-2)} & a_{2n}^{(-1)} \\ 0 & a_{2n+1}^{(-2)} \end{pmatrix}
$$

化为 (6.9.20) 式的形状; 或用矩阵形式写成

$$
\begin{pmatrix}
Q_0 & Q_0^+ & 0 & 0 & \cdots \\
Q_1^- & Q_1 & Q_1^+ & 0 & \cdots \\
0 & Q_2^- & Q_2 & Q_2^+ & \cdots \\
\vdots & \vdots & \vdots & \vdots & \vdots
\end{pmatrix}
\begin{pmatrix}
c_0 \\
c_1 \\
c_2 \\
\vdots
\end{pmatrix}
= 0.
$$

求解矢量递推关系也可以有向上递推和向下递推两种形式, 求解过程也与标量情况大同小异, 但必须注意求逆和求乘积的顺序.

定义矩阵 s_n^+ 和 s_n^- 满足

$$
c_{n\pm1} = s_n^\pm c_n
\tag{6.9.25}
$$

则向下递推关系 (6.9.8) 式应改写成

$$s_n^+ = -\{Q_{n+1} - Q_{n+1}^+[Q_{n+2} - Q_{n+2}^+(Q_{n+3} - \cdots)^{-1} \times Q_{n+3}^-]^{-1}Q_{n+2}^-\}^{-1}Q_{n+1}^-.$$

用 ↑ 表示逆算子的位置, 则形式上可将上式写成

$$s_n^+ = -\frac{\uparrow Q_{n+1}^-|}{|Q_{n+1}} - \frac{Q_{n+1}^+ \uparrow Q_{n+2}^-|}{|Q_{n+2}} - \frac{Q_{n+2}^+ \uparrow Q_{n+3}^-|}{|Q_{n+3}} - \cdots \tag{6.9.26}$$

而对于向上递推关系, 有

$$s_n^- = -\frac{\uparrow Q_{n-1}^+|}{|Q_{n-1}} - \frac{Q_{n-1}^- \uparrow Q_{n-2}^+|}{|Q_{n-2}} - \cdots. \tag{6.9.27}$$

由于高阶矩阵的求逆或相乘运算都很费时间, 因此实际应用时要尽可能降低维数 M, 这是必须注意的.

为计算标量连分式 (6.9.3), 下面的迭代公式是方便的. 设

$$k_N = \frac{A_N}{B_N}$$

令 $A_{-1} = 1$, $A_0 = 0$, $B_{-1} = 0$, $B_0 = 1$, 以下 A_n、B_n 由

$$\begin{cases} A_n = b_n A_{n-1} + a_n A_{n-2} \\ B_n = b_n B_{n-1} + a_n B_{n-2} \end{cases} \tag{6.9.28}$$

逐一确定. 这个**迭代公式**容易用数学归纳法证明. 它的优点是可以利用已求得的第 $N - 2$, $N - 1$ 个近似的结果去求第 N 个近似, 从而给数值计算带来很大的方便. 但对于矩阵连分式(6.9.26) 和 (6.9.27), 却没有这种方便的迭代公式, 只能从最后一个逆矩阵算起. 也就是说, 求第 N 个近似时无法利用求第 $N - 1$ 个近似时所得出的结果.

§6.10* 大阻尼极限

本节讨论 $\gamma \to \infty$ 时方程 (6.8.24) 或 (6.8.25) 的极限情形. 按照上节介绍的方法, 根据公式 (6.9.26), 可以得到

$$s_0^+ = -\frac{\uparrow \hat{D}|}{\left|\gamma + \dfrac{\partial}{\partial t}\right.} - \frac{2D \uparrow \hat{D}|}{\left|2\gamma + \dfrac{\partial}{\partial t}\right.} - \cdots . \tag{6.10.1}$$

$\gamma \to \infty$ 时, 取 (6.10.1) 式右边的主要部分, 便得

$$s_0^+ = -\frac{1}{\gamma}\hat{D}. \tag{6.10.2}$$

所以

$$c_1 = s_0^+ c_0 = -\frac{1}{\gamma}\hat{D}c_0, \tag{6.10.3}$$

而 (6.8.25) 式中第一个方程为

$$\frac{\partial c_0}{\partial t} + Dc_1 = 0. \tag{6.10.4}$$

将 (6.10.3) 式代入方程 (6.10.4), 就得到 $c_0 = c_0(x,t)$ 的方程

$$\frac{\partial c_0}{\partial t} - \frac{1}{\gamma}D\hat{D}c_0 = 0,$$

或明显写出, 为

$$\frac{\partial c_0}{\partial t} = \frac{1}{\gamma}\frac{\partial}{\partial x}[(f' - F)c_0] + \frac{\theta}{\gamma}\frac{\partial^2 c_0}{\partial x^2} \tag{6.10.5}$$

这就是**Smoluchovski 方程**. 从 (6.8.16) 和 (6.8.17) 式容易看出 $c_0(x,t)$ 的意义:

$$c_0(x,t) = \int_{-\infty}^{\infty} P(x,v,t)\mathrm{d}v.$$

先看方程 (6.10.5) 的定态解 $c_0 = c_0(x)$. 这时方程左边为零, 于是积分得

$$S = \frac{1}{\gamma}\left[(F - f')c_0(x) - \theta\frac{\mathrm{d}c_0(x)}{\mathrm{d}x}\right], \tag{6.10.6}$$

S 为积分常数. 由此求得

$$c_0(x) = \mathrm{e}^{-V(x)/\theta}\left[N - \frac{\gamma S}{\theta}\int_0^x \mathrm{e}^{V(x')/\theta}\mathrm{d}x'\right], \tag{6.10.7}$$

N 为积分常数, 而 $V(x) = f(x) - Fx$. 如果限制 $c_0(x)$ 有界, 则可以证明 $c_0(x)$ 必然是周期函数. 事实上, 利用

$$V(x + 2n\pi) = V(x) - 2n\pi F,$$

容易证明

$$\int_0^{2n\pi+x} \mathrm{e}^{V(x')/\theta}\mathrm{d}x' = I\frac{1 - \mathrm{e}^{-2n\pi F/\theta}}{1 - \mathrm{e}^{-2\pi F/\theta}} + \mathrm{e}^{-2n\pi F/\theta}\int_0^x \mathrm{e}^{V(x')/\theta}\mathrm{d}x',$$

式中

$$I = \int_0^{2x} \mathrm{e}^{V(x)/\theta}\mathrm{d}x,$$

因此

$$c_0(x + 2n\pi) = \mathrm{e}^{-\frac{V(x)}{\theta}}\left[N - \frac{\gamma SI}{\theta(1 - \mathrm{e}^{-2\pi F/\theta})}\right]\mathrm{e}^{2n\pi F/\theta}$$

$$+\mathrm{e}^{-\frac{V(x)}{\theta}}\left[\frac{\gamma SI}{\theta(1-\mathrm{e}^{-2\pi F/\theta})}-\frac{\gamma S}{\theta}\int_0^x \mathrm{e}^{V(x')/\theta}\mathrm{d}x'\right]. \qquad (6.10.8)$$

为保证 $x\to\pm\infty$ 时 $c_0(x)$ 有界, $\mathrm{e}^{2n\pi F/\theta}$ 前面的系数必须是零, 即

$$\gamma SI = N\theta(1-\mathrm{e}^{-2\pi F/\theta}). \qquad (6.10.9)$$

将上式代入 (6.10.8) 式后, 再与 (6.10.7) 式比较, 可见

$$c_0(x+2n\pi) = c_0(x), \qquad n \text{ 为任意整数}. \qquad (6.10.10)$$

这说明 $c_0(x)$ 是周期函数, 其周期为 2π.

既然 $c_0(x)$ 是周期函数, 就可以在一个周期内归一化, 使

$$\int_0^{2\pi} c_0(x)\mathrm{d}x = 1. \qquad (6.10.11)$$

将 (6.10.7) 式代入上式, 得到

$$N\int_0^{2\pi}\mathrm{e}^{-V(x)/\theta}\mathrm{d}x - \frac{\gamma S}{\theta}\int_0^{2\pi}\left[\mathrm{e}^{-V(x)/\theta}\int_0^x \mathrm{e}^{V(x')/\theta}\mathrm{d}x'\right]\mathrm{d}x = 1 \qquad (6.10.12)$$

(6.10.9) 式和 (6.10.12) 式确定了积分常数 N 和 S 的值, 从而确定了定态分布 $c_0(x)$.

平均漂移速度定义为

$$\langle v\rangle = \int_{-\infty}^{\infty}\mathrm{d}v\int_0^{2\pi}\mathrm{d}x v P(x,v,t), \qquad (6.10.13)$$

式中 $P(x,v,t)$ 是概率分布函数. 将 (6.8.16) 及 (6.8.17) 式代入上式, 就有

$$\langle v\rangle = \int_{-\infty}^{\infty}\mathrm{d}v\int_0^{2\pi}\mathrm{d}x v\psi_0(v)\sum_n c_n(x,t)\psi_n(v). \qquad (6.10.14)$$

由 (6.8.21) 及 (6.8.23) 式可知

$$v\psi_0 = \sqrt{\theta}(b+b^\dagger)\psi_0 = \sqrt{\theta}\psi_1, \qquad (6.10.15)$$

再利用 (6.8.18) 式, 可以把 (6.10.14) 式写成

$$\langle v\rangle = \sqrt{\theta}\int_0^{2\pi}\mathrm{d}x c_1(x,t). \qquad (6.10.16)$$

把 (6.10.3) 式代入 (6.10.16) 式, 注意到 (6.10.6) 式, 就可以求得

$$\langle v\rangle = 2\pi S. \qquad (6.10.17)$$

当 $F \to 0$ 时, 由 (6.10.9) 式得到

$$S = \frac{2\pi NF}{\gamma I},\tag{6.10.18}$$

可见 $\dfrac{\gamma SI}{N} = 2\pi F \to 0$. 因此, (6.10.12) 式中可以略去左边第二项, 得到

$$N = \left[\int_0^{2\pi} \mathrm{e}^{-V(x)/\theta}\mathrm{d}x\right]^{-1} = \left[\int_0^{2\pi} \mathrm{e}^{-f(x)/\theta}\mathrm{d}x\right]^{-1}$$

将这结果代回 (6.10.18) 式中, 再代入 (6.10.17) 式, 就得到 $\langle v \rangle$ 对 F 的线性响应关系

$$\langle v \rangle = \frac{4\pi^2 F}{\gamma \displaystyle\int_0^{2\pi} \mathrm{e}^{-f(x)/\theta}\mathrm{d}x \int_0^{2\pi} \mathrm{e}^{f(x)/\theta}\mathrm{d}x}\tag{6.10.19}$$

定义

$$\mu(F) = \frac{\langle v \rangle}{F}.$$

一般来说, $\mu(F)$ 与 F 有关. 当 $F \to 0$ 时, 由 (6.10.19) 式可求得

$$\gamma\mu(0) = \frac{2\pi}{\displaystyle\int_0^{2\pi} \mathrm{e}^{f(x)/\theta}\mathrm{d}x} \cdot \frac{2\pi}{\displaystyle\int_0^{2\pi} \mathrm{e}^{-f(x)/\theta}\mathrm{d}x}.\tag{6.10.20}$$

对于余弦周期势

$$f(x) = -\varphi \cos x,\tag{6.10.21}$$

有

$$\gamma\mu(0) = \left[I_0\left(\frac{\varphi}{\theta}\right)\right]^{-2},$$

式中 $I_0(\xi)$ 是零阶第一类变型 Bessel 函数:

$$I_0(\xi) = \frac{1}{2\pi}\int_0^{2\pi} \mathrm{e}^{\xi\cos x}\mathrm{d}x.$$

对于余弦周期势 (6.10.21), 在 $\theta \to 0$ 的极限情形下, (6.10.6) 式成为

$$c_0(x) = \frac{\gamma S}{F - f'(x)} = \frac{\gamma S}{F - \varphi \sin x}.\tag{6.10.22}$$

$c_0(x)$ 显然是以 2π 为周期的函数, S 应当由归一化条件 (6.10.11) 式确定. 如果 $F^2 > \varphi^2$, 那么容易求得常数 S, 于是 (6.10.22) 式成为

$$c_0(x) = \frac{1}{2\pi}\frac{\sqrt{F^2 - \varphi^2}}{F - \varphi \sin x}, \quad 当 \theta \to 0 \text{ 且 } F^2 > \varphi^2 \text{ 时.}\tag{6.10.23}$$

如果 $F^2 = \varphi^2$, 那么 (6.10.22) 式成为一系列 δ 函数

$$c_0(x) = \begin{cases} \displaystyle\sum_{n=-\infty}^{\infty} \delta\left(x - \frac{\pi}{2} - 2n\pi\right), & \text{当 } \theta \to 0 \text{ 且 } F = \varphi \text{ 时,} \\ \displaystyle\sum_{n=-\infty}^{\infty} \delta\left(x + \frac{\pi}{2} - 2n\pi\right), & \text{当 } \theta \to 0 \text{ 且 } F = -\varphi \text{ 时,} \end{cases} \tag{6.10.24}$$

式中 n 为整数. 如果 $F^2 < \varphi^2$, 那么 (6.10.22) 式就不总是正的, 应当从 (6.10.7) 式出发来讨论. 注意到

$$V(x) = -\varphi \cos x - Fx$$

在 $x = \arcsin\dfrac{F}{\varphi} + 2n\pi$ 处取极小值, 因此 $\theta \to 0$ 时

$$\mathrm{e}^{-V(x)/\theta}$$

应当是 $x = \arcsin\dfrac{F}{\varphi} + 2n\pi$ 处的一系列 δ 函数, 由于 $c_0(x)$ 以 2π 为周期, 所以这些 δ 函数的高度相同, 而

$$c_0(x) = \sum_{n=-\infty}^{\infty} \delta\left(x - \arcsin\frac{F}{\varphi} - 2\pi n\right),$$

$$\text{当 } \theta \to 0 \text{ 且 } F^2 < \varphi^2 \text{ 时,} \tag{6.10.25}$$

式中 n 取整数值.

当 $\theta \to \infty$ 时, (6.10.6) 式成为

$$\frac{\mathrm{d}c_0(x)}{\mathrm{d}x} = \frac{-\gamma S}{\theta} \to 0,$$

因此 $c_0(x)$ 变成一个常数. 按归一化要求, 得到

$$c_0(x) = \frac{1}{2\pi}, \qquad \text{当 } \theta \to \infty \text{ 时.} \tag{6.10.26}$$

至于方程 (6.10.5) 的非定态解 $c_0(x, t)$, 它不一定是 x 的周期函数. 但在有些情况下, 我们可能只关心周期解; 例如 §6.8 中所举的两个例子中, x 都是角变量, 就属于这种情况. 周期性的非定态解比较容易讨论, 因为它可以如下作 Fourier 展开:

$$c_0(x, t) = \sum_{p=-\infty}^{\infty} h_p(t)\mathrm{e}^{\mathrm{i}px}, \quad h_p = h_{-p}^*. \tag{6.10.27}$$

对于 (6.10.21) 式给出的余弦周期势, 把 (6.10.27) 式代入方程 (6.10.5), 可得

$$\gamma\dot{h}_p = (-\mathrm{i}pF - \theta p^2)h_p + \frac{1}{2}p\varphi(h_{p-1} - h_{p+1}). \tag{6.10.28}$$

令

$$h_p(t) = \hat{h}_p \mathrm{e}^{-\lambda t}, \tag{6.10.29}$$

则 (6.10.28) 式给出

$$\frac{1}{2}p\varphi\hat{h}_{p+1} + (\theta p^2 + \mathrm{i}pF - \gamma\lambda)\hat{h}_p - \frac{1}{2}p\varphi\hat{h}_{p-1} = 0. \tag{6.10.30}$$

如果不讨论定态解, 那么 $\lambda \neq 0$. 于是

$$\hat{h}_0 = 0,$$

而 (6.10.30) 式可分成 $p > 0$ 和 $p < 0$ 两组, 它们各自独立. 对于实数 λ, 有 $\hat{h}_p = \hat{h}_{-p}^*$, 所以两组是等价的. 对于复数 λ, 两组方程分别确定 λ 和 λ^*. 下面只讨论 $p > 0$ 的一组方程.

利用上节介绍的连分式方法, 可以求得

$$s_p^+ = \frac{\hat{h}_{p+1}}{\hat{h}_p} = \frac{\left.\dfrac{1}{2}(p+1)\varphi\right|}{\left|\theta(p+1)^2 + \mathrm{i}(p+1)F - \gamma\lambda\right.}$$
$$+ \frac{\left.\dfrac{1}{4}(p+1)(p+2)\varphi^2\right|}{\left|\theta(p+2)^2 + \mathrm{i}(p+2)F - \gamma\lambda\right.} + \cdots,$$

$$s_p^- = \frac{\hat{h}_{p-1}}{\hat{h}_p} = -\frac{\left.\dfrac{1}{2}(p-1)\varphi\right|}{\left|\theta(p-1)^2 + \mathrm{i}(p-1)F - \gamma\lambda\right.}$$
$$+ \frac{\left.\dfrac{1}{4}(p-1)(p-2)\varphi^2\right|}{\left|\theta(p-2)^2 + \mathrm{i}(p-2)F - \gamma\lambda\right.} + \cdots.$$

将这两个式子代入 (6.10.30) 式, 得到

$$\theta p^2 + \mathrm{i}pF - \gamma\lambda - \widetilde{K}_p(-\lambda) = 0, \tag{6.10.31}$$

式中

$$\widetilde{K}_p(-\lambda) = \frac{1}{2}p\varphi s_p^- - \frac{1}{2}p\varphi s_p^+ = -\frac{\left.\dfrac{1}{4}p(p-1)\varphi^2\right|}{\left|\theta(p-1)^2 + \mathrm{i}(p-1)F - \gamma\lambda\right.}$$

$$+ \frac{\frac{1}{4}(p-1)(p-2)\varphi^2 \Big|}{\Big| \theta(p-2)^2 + \mathrm{i}(p-2)F - \gamma\lambda} + \cdots$$

$$- \frac{\frac{1}{4}p(p+1)\varphi^2 \Big|}{\Big| \theta(p+1)^2 + \mathrm{i}(p+1)F - \gamma\lambda}$$

$$+ \frac{\frac{1}{4}(p+1)(p+2)\varphi^2 \Big|}{\Big| \theta(p+2)^2 + \mathrm{i}(p+2)F - \gamma\lambda} + \cdots \tag{6.10.32}$$

(6.10.31) 式就是决定本征值 λ 的方程. 注意到 F 总与虚数单位 i 一道出现, 而另外出现的 θ, γ, p 等系数都是实数, 因此 $F \neq 0$ 时 λ 总是复数. 我们下面仅讨论 $F = 0$ 的情况, 这时 (6.10.31) 式和 (6.10.32) 式简化为

$$\frac{\gamma\lambda}{\theta} = p^2 - \frac{1}{\theta}\widetilde{K}_p(-\lambda), \tag{6.10.33}$$

而

$$\widetilde{K}_p(-\lambda) = - \frac{\frac{1}{4}p(p-1)\varphi^2/\theta \Big|}{\Big| (p-1)^2 - \frac{\gamma\lambda}{\theta}} + \frac{\frac{1}{4}(p-1)(p-2)\varphi^2/\theta^2 \Big|}{\Big| (p-2)^2 - \frac{\gamma\lambda}{\theta}} + \cdots$$

$$- \frac{\frac{1}{4}p(p+1)\varphi^2/\theta \Big|}{\Big| (p+1)^2 - \frac{\gamma\lambda}{\theta}} + \frac{\frac{1}{4}(p+1)(p+2)\varphi^2/\theta^2 \Big|}{\Big| (p+2)^2 - \frac{\gamma\lambda}{\theta}} + \cdots, \tag{6.10.34}$$

如果 $\dfrac{\varphi}{\theta}$ 是小量, 那么 $\dfrac{1}{\theta}\widetilde{K}_p(-\lambda)$ 也是小量, 于是

$$\frac{\lambda\gamma}{\theta} = p^2 + O\left(\frac{\varphi^2}{\theta^2}\right),$$

而精确到 $\dfrac{\varphi}{\theta}$, 有

$$\frac{1}{\theta}\widetilde{K}_p(-\lambda) = \frac{-p\varphi^2}{4\theta}\left[\frac{p-1}{\theta(p-1)^2 - \gamma\lambda} + \frac{p+1}{\theta(p+1)^2 - \gamma\lambda}\right]$$

$$= -\frac{p^2\varphi^2}{2\theta^2}\frac{(p^2-1) - \dfrac{\gamma\lambda}{\theta}}{(p^2-1)^2 - 2\dfrac{\gamma\lambda}{\theta}(p^2+1) + \dfrac{\gamma^2\lambda^2}{\theta^2}},$$

因此

$$\frac{\lambda\gamma}{\theta} = p^2 + \frac{p^2\varphi^2}{2\theta^2} \frac{(p^2-1) - \dfrac{\gamma\lambda}{\theta}}{(p^2-1)^2 - 2\dfrac{\gamma\lambda}{\theta}(p^2+1) + \dfrac{\gamma^2\lambda^2}{\theta^2}}.$$

迭代一次 (即在右边出现的 $\dfrac{\gamma\lambda}{\theta}$. 用 p^2 代), 得到

$$\frac{\lambda\gamma}{\theta} = p^2 + \frac{1}{2}\frac{p^2}{4p^2-1}\left(\frac{\varphi}{\theta}\right)^2, \quad \text{当} \frac{\varphi}{\theta} \ll 1 \text{ 时}. \tag{6.10.35}$$

为计算下一级修正, 应当对方程 (6.8.24) 或 (6.8.25) 用 $\dfrac{1}{\gamma}$ 展开. 但是由于算子 $\dfrac{\partial}{\partial t}$ 的数量级无法估计, 因此先作 Laplace 变换:

$$\widetilde{c}_n(x,s) = \int_0^\infty c_n(x,t)\mathrm{e}^{-st}\mathrm{d}t. \tag{6.10.36}$$

假定初始分布是关于 v 的 Maxwell 分布和关于 x 的任意分布之积, 即, 设

$$c_n(x,0) = c_0(x,0)\delta_{n0}. \tag{6.10.37}$$

变换后, 方程 (6.8.24) 变成

$$\sqrt{n}\widehat{D}\widetilde{c}_{n-1} + (s+\gamma n)\widetilde{c}_n + \sqrt{n+1}D\widetilde{c}_{n+1} = c_0(x,0)\delta_{n0}.$$

对于 $n = 0$, 有

$$(s + D\widetilde{s}_0^+)\widetilde{c}_0(x,s) = c_0(x,0),$$

式中 $\widetilde{s}_0^+$ 可以用连分式写出, 形状基本同 (6.10.1) 式, 但其中算子 $\dfrac{\partial}{\partial t}$ 换成了 s. 于是得到

$$\widetilde{c}_0(x,s) = \widetilde{H}(s)c_0(x,0), \tag{6.10.38}$$

式中

$$\widetilde{H}(s) = (s + D\widetilde{s}_0^+)^{-1} = \frac{1|}{|s} - \frac{D\uparrow\widehat{D}}{|s+\gamma} - \frac{\partial D\uparrow\widehat{D}}{|s+3\gamma} - \cdots .$$

如果 $H(t)$ 是 $\widetilde{H}(s)$ 的逆 Laplace 变换, 则 (6.10.38) 式给出

$$c_0(x,t) = H(t)c_0(x,0).$$

由此得到

$$\frac{\partial}{\partial t}c_0(x,t) = \left[\frac{\partial}{\partial t}\ln H(t)\right]c_0(x,t). \tag{6.10.39}$$

只要把算子

$$\Omega(t) = \frac{\partial}{\partial t}\ln H(t)$$

按照 $\frac{1}{\gamma}$ 展开, 就可以得到关于 $c_0(x,t)$ 的偏微分方程在大 γ 时的形式. 具体计算表明

$$\tilde{H}(s) = \frac{1}{s} + \frac{D\hat{D}}{s^2(s+\gamma)} + \frac{\partial D^2\hat{D}^2}{s^2(s+\gamma)^2(s+2\gamma)}$$

$$+ \frac{(D\hat{D})^2}{s^3(s+\gamma)^2} + \frac{(D\hat{D})^3}{s^4(s+\gamma)^3} + O\left(\frac{1}{\gamma^4}\right),$$

$$H(t) = 1 + \frac{1}{\gamma^2}(\gamma t - 1 + e^{-\gamma t})D\hat{D}$$

$$+ \frac{1}{2\gamma^4}[e^{-2\gamma t} + 4(\gamma t + 1)e^{-\gamma t}$$

$$+ 2\gamma t - 5]D^2\hat{D}^2 + \frac{1}{2\gamma^4}[\gamma^2 t^2 - 4\gamma t$$

$$+ 6 - 2(\gamma t + 3)e^{-\gamma t}](D\hat{D})^2$$

$$+ \frac{1}{6\gamma^6}[\gamma^3 t^3 - 9\gamma^2 t^2 + 36\gamma t - 60$$

$$+ (3\gamma^2 t^2 + 24\gamma t + 60)e^{-\gamma t}](D\hat{D})^3$$

$$+ O\left(\frac{1}{\gamma^4}\right).$$

略去指数小的 $e^{-\gamma t}$、$e^{-2\gamma t}$ 之后, 得到

$$\ln H(t) = \frac{1}{\gamma^2}(\gamma t - 1)D\hat{D} + \frac{1}{\gamma^4}\left(\gamma t - \frac{5}{2}\right)$$

$$\times D[D, \hat{D}]\hat{D} + O\left(\frac{1}{\gamma^4}\right),$$

式中 $[D, \hat{D}] \equiv D\hat{D} - \hat{D}D$. 因此

$$\Omega(t) = \frac{1}{\gamma}D\hat{D} + \frac{1}{\gamma^3}D[D, \hat{D}]\hat{D} + O\left(\frac{1}{\gamma^4}\right).$$

如果只取到初级近似, 就得到

$$\Omega_1(t) = \frac{1}{\gamma}D\hat{D}$$

而 (6.10.39) 式成为 Smoluchovski 方程(6.10.5). 如果取到下一级近似, 便得到

$$\Omega_2(t) = \frac{1}{\gamma}D\hat{D} + \frac{1}{\gamma^3}D[D,\hat{D}]\hat{D}$$

$$= \frac{1}{\gamma}D\left(1 + \frac{f''}{\gamma^2}\right)\hat{D},$$

而 (6.10.39) 式成为

$$\frac{\partial c_0}{\partial t} = \frac{1}{\gamma}\frac{\partial}{\partial x}\left[\left(1 + \frac{f''}{\gamma^2}\right)\left(f' - F + \theta\frac{\partial}{\partial x}\right)c_0\right]. \tag{6.10.40}$$

由此可知方程 (6.10.5) 有效的条件是

$$|f''| \ll \gamma^2,$$

与 (6.7.7) 式一致.

§6.11* 定　态　解

对于 γ 不很大的情况, 上节的展开方法失效. 这时方程 (6.8.24) 是很难求解的. 现在来讨论它的定态, 即

$$\sqrt{n}\hat{D}c_{n-1} + \gamma n c_n + \sqrt{n+1}Dc_{n+1} = 0, \quad n = 0, 1, 2, \cdots. \tag{6.11.1}$$

从 $n = 0$ 的式子立即得到

$$c_1(x) = c_1 = 常数. \tag{6.11.2}$$

定义算子 T 如下:

$$TP(x,v) \equiv P(x + 2\pi, v). \tag{6.11.3}$$

由于 $f'(x)$ 以 2π 为周期, 所以算子

$$L_{FP} = -\frac{\partial}{\partial x}v + \frac{\partial}{\partial v}\left(\gamma v + f' - F + \gamma\theta\frac{\partial}{\partial v}\right) \tag{6.11.4}$$

与算子 T 相对易, 即, 二者有共同的本征函数系. 用 $\mathrm{e}^{\mathrm{i}2k\pi}$ 表示 T 的本征值, 那么共同的本征函数 $P(x,v)$ 可以写成

$$P(x,v) = \mathrm{e}^{\mathrm{i}kx}u(k,x,v) \tag{6.11.5}$$

式中 u 为 x 的周期性函数,

$$u(k,x,v) = u(k,x + 2\pi, v). \tag{6.11.6}$$

不失一般性, 可令 $-\dfrac{1}{2} < \mathrm{Re}\, k \leqslant \dfrac{1}{2}$. 现在, 可以把 (6.8.17) 式在定态情况下的展开系数写成

$$c_n(x) = \mathrm{e}^{\mathrm{i}kx} u_n(k, x), \tag{6.11.7}$$

式中

$$u_n(k, x) = u_n(k, x + 2\pi). \tag{6.11.8}$$

将 (6.11.7) 式和 (6.11.2) 式相比较, 可以知道 $c_1 \neq 0$ 时必须有 $k = 0$, 或者说 $k \neq 0$ 的本征函数只有 $c_1 = 0$ 时才可能出现.

先考虑 $k \neq 0$ 的情况, 那么 $c_1 = 0$. 由 (6.11.1) 式知, 如果 $\hat{\boldsymbol{D}} c_0 \neq 0$, 则 $c_2 \neq 0$; 类推下去可以估计出 c_n 是随 n 增大的. 这与 (6.8.19) 式矛盾. 所以 $k \neq 0$ 时一定有 $\boldsymbol{D} c_0 = 0$, 于是对所有 $n \geqslant 1$ 都有 $c_n = 0$. 由此容易求出 $k \neq 0$ 时唯一可能的解是

$$P^{(1)}(x, v) = \frac{N}{\sqrt{2\pi\theta}} \exp\left[-\frac{v^2}{2\theta} - \frac{f(x)}{\theta} + \frac{Fx}{\theta} \right]. \tag{6.11.9}$$

当 $F \neq 0$ 时, $P^{(1)}(x, v)$ 为非周期解.

再考虑 $k = 0$ 的情况, 即周期解. 令

$$c_n(x) = \sum_{p=-Q}^{Q} c_{n,\,p}\, \mathrm{e}^{\mathrm{i}px} / \sqrt{2\pi}, \tag{6.11.10}$$

这里 Q 取一个适当的正整数截断 Fourier 级数. 将 (6.11.10) 式代入 (6.11.1) 式, 得到矢量递推关系

$$\sqrt{n}\, D^- \boldsymbol{c}_{n-1} + \boldsymbol{\gamma} n \boldsymbol{1} \boldsymbol{c}_n + \sqrt{n+1}\, D^+ \boldsymbol{c}_{n+1} = 0, \tag{6.11.11}$$

这里

$$\boldsymbol{c}_n = (c_{n,p}) = \begin{pmatrix} c_{n,-Q} \\ c_{n,-Q+1} \\ \vdots \\ c_{n,Q} \end{pmatrix} \tag{6.11.12}$$

$$(D^-)_{pq} = \sqrt{\theta}\left[\left(\mathrm{i}p - \frac{F}{\theta} \right) \delta_{pq} + \frac{f'_{p-q}}{\theta} \right] \tag{6.11.13}$$

$$(1)_{pq} = \delta_{pq} \tag{6.11.14}$$

$$(D^+)_{pq} = \mathrm{i}\sqrt{\theta}\, p \delta_{pq} \tag{6.11.15}$$

(6.11.13) 式中 f'_r 是 $f'(x)$ 的 Fourier 展开系数:

$$f'(x) = \sum_r f'_r \mathrm{e}^{\mathrm{i}rx}.$$

对于余弦周期势 (6.10.21), 有 $f'_r = -\dfrac{\mathrm{i}\varphi}{2}(\delta_{r1} - \delta_{r,-1})$, 这时 (6.11.13) 式可写成

$$(D^-)_{pq} = \sqrt{\theta}\left[\left(\mathrm{i}p - \frac{F}{\theta}\right)\delta_{pq} - \frac{\mathrm{i}\varphi}{2\theta}(\delta_{p,q+1} - \delta_{p,q-1})\right]. \tag{6.11.16}$$

按照公式 (6.9.26), 可以求得

$$s_0^+ = -\frac{\uparrow D^-|}{|\gamma 1} - \frac{2D_\uparrow^+ D^-|}{|2\gamma 1} - \frac{3D_\uparrow^+ D^-|}{|3\gamma 1} - \cdots \tag{6.11.17}$$

记 $H = (s_0^+)^{-1}$, 则

$$H = -\frac{\gamma}{D^-}\left[1 - \frac{\dfrac{1}{\gamma^2}D_\uparrow^+ D^-|}{|1} - \frac{\dfrac{1}{2\gamma^2}D_\uparrow^+ D^-|}{|1} - \frac{\dfrac{1}{3\gamma^2}D_\uparrow^+ D^-|}{|1} - \cdots\right], \tag{6.11.18}$$

而

$$\boldsymbol{c}_0 = H\boldsymbol{c}_1. \tag{6.11.19}$$

由 (6.11.2) 式及 (6.11.10) 式可见

$$c_{1,0} = \sqrt{2\pi}c_1$$

是常数, 而当 $p \neq 0$ 时

$$c_{1,p} = 0.$$

因此, (6.11.19) 式给出

$$c_{0,p} = \sum_q H_{pq}c_{1,q} = H_{p0}c_1\sqrt{2\pi}. \tag{6.11.20}$$

对周期性解, 可以在一个周期内归一化. 这一条件给出 $c_{0,0} = \dfrac{1}{\sqrt{2\pi}}$, 所以

$$c_1 = \frac{1}{2\pi H_{00}}.$$

注意到 (6.10.16) 式的推导适用于任意 γ 的情况, 故漂移速度

$$\langle v \rangle = 2\pi\sqrt{\theta}\, c_1 = \frac{\sqrt{\theta}}{H_{00}}. \tag{6.11.21}$$

所以为确定 $\langle v \rangle$ 和 $\gamma\mu(0)$, 必须通过数值方法计算矩阵连分式(6.11.18)

为计算其他系数 $c_{n,p}(n \geqslant 2)$, 似乎可以直接利用 (6.11.11) 式的递推关系写出

$$c_{n+1} = \frac{-1}{\sqrt{n+1}D^+}[\sqrt{n}D^- c_{n-1} + \gamma n c_n]$$

来计算. 但这样做在数值计算上不稳定, 也就是说, 由于 c_{n-1} 和 c_n 计算上的不精确会造成 c_{n+1} 计算结果的更大误差. 更好的作法是计算矩阵

$$
\begin{aligned}
s_n^+ &= -\frac{\sqrt{n+1}_\uparrow D^-|}{|(n+1)\gamma 1} - \frac{(n+2)D_\uparrow^+ D^-|}{|(n+2)\gamma 1} - \cdots \\
&= -\frac{1}{\sqrt{n+1}\gamma}\left[\frac{_\uparrow D^-|}{|1} - \frac{\frac{1}{(n+1)\gamma^2}D_\uparrow^+ D^-|}{|1}\right. \\
&\left. \quad -\frac{\frac{1}{(n+2)\gamma^2}D_\uparrow^+ D^-|}{|1} - \cdots\right].
\end{aligned}
\tag{6.11.22}
$$

不必分别计算 $n = 0, 1, 2, \cdots, N$ 时的所有 s_n^+. 可以先计算 s_N^+, 然后利用递推关系

$$s_{n-1}^+ = -\sqrt{n}(\gamma n \mathbf{1} + \sqrt{n+1}D^+ s_n^+)^{-1}D^-$$

依次求得其余 s_n^+, 最后得到 s_0^+, 也就得到了 H. 于是有

$$c_n = s_{n-1}^+ s_{n-2}^+ \cdots s_0^+ c_0.$$

知道了 c_n, 就可以写出周期性的定态解

$$P^{(2)}(x,v) = \sum_{p=-Q}^{Q}\sum_{n=0}^{N}\frac{1}{\sqrt{2\pi}}c_{n,p}\mathrm{e}^{\mathrm{i}px}\psi_0(v)\psi_n(v). \tag{6.11.23}$$

最一般形式的定态解是 (6.11.9) 式和 (6.11.23) 式的线性组合:

$$P(x,v) = AP^{(1)}(x,v) + BP^{(2)}(x,v). \tag{6.11.24}$$

如果把它对 $\mathrm{d}v$ 求积分, 注意到

$$c_0(x) = \int_{-\infty}^{\infty}P(x,v)\mathrm{d}v$$

及

$$P^{(1)}(x + 2n\pi, v) = \exp\left(\frac{2\pi nF}{\theta}\right)P^{(1)}(x,v),$$

就可重新得到 (6.10.8) 式.

回忆 §5.13 中得到的结论: 对于漂移矢量和扩散张量都与 t 无关的多变量 Fokker-Planck 方程, 归一化的定态分布函数是唯一的. 在这里, $F \neq 0$ 时 $P^{(1)}(x,v)$ 是无法归一化的, 但 $P^{(2)}(x,v)$ 可以在一个周期内归一化. 如果 $F = 0$, 那么 $P^{(1)}(x,v)$ 也成为周期函数, 与 $P^{(2)}(x,v)$ 一致, 因此唯一的归一化定态分布函数是

$$P(x,v) = N\exp\left[-\frac{v^2}{2\theta} - \frac{f(x)}{\theta}\right]. \tag{6.11.25}$$

对于 (6.10.21) 式的余弦周期势, 上式变成

$$P(x,v) = \frac{1}{(2\pi)^{3/2}\theta^{1/2}I_0(\varphi/\theta)}\exp\left(-\frac{v^2}{2\theta} + \frac{\varphi}{\theta}\cos x\right).$$

对于非周期势 $f(x)$, 如果 (6.11.25) 式可以归一化, 它就会回到 (5.14.28) 式.

另一种矩阵连分式展开的技巧也可以用来讨论方程 (6.8.22) 的定态解. 把 $\widetilde{\boldsymbol{P}}(x,v)$ 展开为

$$\widetilde{\boldsymbol{P}}(x,v) = \sum_{p=-\infty}^{\infty} \alpha_p(v)\mathrm{e}^{\mathrm{i}px}/\sqrt{2\pi}, \tag{6.11.26}$$

那么 (6.8.22) 式的定态问题可归结为讨论求解递推关系

$$-\frac{\mathrm{i}}{2}b^\dagger\alpha_{p-1} + \left[\frac{\sqrt{\theta}\gamma b^\dagger b}{\varphi} + \left(\frac{\mathrm{i}p\theta}{\varphi} - \frac{F}{\varphi}\right)b^\dagger + \frac{\mathrm{i}\theta p}{\varphi}b\right]\alpha_p + \frac{\mathrm{i}}{2}b\alpha_{p+1} = 0, \tag{6.11.27}$$

其中用到 (6.10.21) 式的余弦周期势. (6.11.27) 式便于用来讨论大 F 极限. 按照公式 (6.9.26) 和 (6.9.27), 可以求得 s_0^+ 和 s_0^-. 在 F 很大时, 近似地有

$$s_0^+ = -\frac{\mathrm{i}\varphi}{2F}1 = O\left(\frac{1}{F}\right),$$

$$s_0^- = \frac{\mathrm{i}\varphi}{2F}(b^+)^{-1}b = O\left(\frac{1}{F}\right),$$

因此, $\alpha_{\pm 1} = s_0^\pm\alpha_0$ 相对于 α_0 是小量, 而 (6.11.27) 式对 $p = 0$ 可近似写成

$$\left(\frac{\sqrt{\theta}\gamma b^\dagger b}{\varphi} - \frac{F}{\varphi}b^\dagger\right)\alpha_0 = 0$$

或

$$b^\dagger\left(b - \frac{F}{\gamma\sqrt{\theta}}\right)\alpha_0 = 0. \tag{6.11.28}$$

这个方程可以精确解出. 令

$$\zeta(v) = \left(b - \frac{F}{\gamma\sqrt{\theta}} \right) \alpha_0(v), \qquad (6.11.29)$$

则 (6.11.28) 式可写成

$$b^\dagger \zeta = \left(-\sqrt{\theta} \frac{\partial}{\partial v} + \frac{v}{\partial \sqrt{\theta}} \right) \zeta = 0.$$

容易求得

$$\zeta(v) = c_1 \mathrm{e}^{\frac{v^2}{4\theta}} \qquad (6.11.30)$$

式中 c_1 是待定的积分常数. 利用 (6.11.30) 式, 可解 $\alpha_0(v)$ 满足的微分方程 (6.11.29), 得到

$$\alpha_0(v) = \left[\frac{c_1}{\sqrt{\theta}} \int_0^v \mathrm{e}^{\frac{\xi^2}{2\theta} - \frac{F}{\gamma\theta}\xi} \mathrm{d}\xi + c_2 \right] \mathrm{e}^{-\frac{v^2}{4\theta} + \frac{F}{\gamma\theta}v} \qquad (6.11.31)$$

其中 c_2 是另一积分常数. 注意到 s_0^+ 和 s_0^- 都是 $\frac{1}{F}$ 数量级的, 因此 $F \to \infty$ 时 $\alpha_p(p \neq 0)$ 都可以认为是零, 于是

$$\widetilde{P}(x,v) = \frac{1}{\sqrt{2\pi}} \alpha_0(v).$$

所以定态分布函数

$$P(x,v) = \frac{1}{\sqrt{2\pi}} \alpha_0(v) \psi_0(v)$$

与 x 无关.

为保证分布函数非负且能归一化, 应当取 $c_1 = 0$. 事实上, 如果 $c_1 \neq 0$, 则在 $P(x,v)$ 中就会出现下列形状的积分:

$$\Phi(v) = \int_0^v \mathrm{e}^{\frac{1}{2\theta}[(\xi - \frac{F}{\gamma})^2 - (v - \frac{F}{\gamma})^2]} \mathrm{d}\xi;$$

记 $\eta = \xi - \frac{F}{\gamma}$, $u = v - \frac{F}{\gamma}$, 则

$$\Phi(v) = \int_{-\frac{F}{\gamma}}^u \mathrm{e}^{\frac{1}{2\theta}(\eta^2 - u^2)} \mathrm{d}\eta = \int_{-\frac{F}{\gamma}}^0 \mathrm{e}^{\frac{1}{2\theta}(\eta^2 - u^2)} \mathrm{d}\eta + \int_0^1 \mathrm{e}^{\frac{u^2}{2\theta}(s^2 - 1)} u \mathrm{d}s,$$

$|u| \to \infty$ 时, 右边第一项消失, 而第二项的主要贡献来自 $s = 1$ 附近, 因此可把指数 在 $s = 1$ 附近展开:

$$\int_0^1 \mathrm{e}^{\frac{u^2}{2\theta}(s^2 - 1)} u \mathrm{d}s \approx \int_0^1 \mathrm{e}^{\frac{u^2}{\theta}(s - 1)} u \mathrm{d}s \approx \frac{\theta}{u};$$

所以 $|v| \to \infty$ 时, $\Phi(v) \approx \dfrac{\theta}{v - \dfrac{F}{\gamma}}$. 显然, 对任意常数 v_0, 有

$$\int_{-\infty}^{v_0} \Phi(v)\mathrm{d}v \to -\infty, \quad \int_{v_0}^{\infty} \Phi(v)\mathrm{d}v \to \infty,$$

即 $P(x, v)$ 将无法归一化. 因此取 $c_1 = 0$, 便得

$$P(x, v) = N \exp\left[-\frac{1}{2\theta}\left(v - \frac{F}{\gamma}\right)^2\right],$$

$$N = (2\pi)^{-3/2}\theta^{-1/2}. \tag{6.11.32}$$

这是具有平均速度 $\dfrac{F}{\gamma}$ 的 Maxwell 分布.

第七章　Vlasov 方程

§7.1　引　　言

在 §1.6 中已经介绍过等离子体中的输运方程. 本章将进一步介绍等离子体 中的一些重要的输运现象[67].

等离子体是完全电离的气体, 它的整体保持电中性. 假定它包含有 s 种带电粒子, 第 j 种带电粒子的数密度为 N_j, 电量为 e_j, 那么电中性条件可以写成

$$\sum_j \int N_j e_j \mathrm{d}\boldsymbol{r} = 0;$$

如果等离子体是均匀的, 那么上式可写成

$$\sum_j N_j e_j = 0. \tag{7.1.1}$$

在本来是均匀的处于热平衡状态的等离子体中放入一个静止的试验电荷 e_t, 考虑系统所达到的新的平衡状态. 以试验电荷的位置作为坐标原点, 那么新的平衡状态中的空间电荷密度可以写成 (设温度为 T)

$$\rho(\boldsymbol{r}) = e_t \delta(\boldsymbol{r}) + \sum_{j=1}^{s} N_j e_j \mathrm{e}^{-e_j \phi / k_{\mathrm{B}} T} \tag{7.1.2}$$

式中 $\phi = \phi(\boldsymbol{r})$ 是相应的静电势, 它决定于 Poisson 方程

$$\nabla^2 \phi = -4\pi \rho(\boldsymbol{r}). \tag{7.1.3}$$

在 $\boldsymbol{r}$ 大的地方, $|e_j \phi / k_{\mathrm{B}} T| \ll 1$, 因此由 (7.1.2) 可以得到

$$\rho(\boldsymbol{r}) = \sum_{j=1}^{s} N_j e_j \left(1 - \frac{e_j \phi}{k_{\mathrm{B}} T}\right) = -\sum_{j=1}^{s} \frac{e_j^2 N_j \phi}{k_{\mathrm{B}} T},$$

其中用到 (7.1.1) 式. 将上式代入方程 (7.1.3), 考虑到球对称的性质, 有

$$\frac{1}{\boldsymbol{r}^2} \frac{\mathrm{d}}{\mathrm{d}r} \left(r^2 \frac{\mathrm{d}\phi}{\mathrm{d}r}\right) = \frac{\phi}{\lambda_D^2}, \tag{7.1.4}$$

式中

$$\lambda_{\mathrm{D}} = \left(\frac{k_{\mathrm{B}}T}{4\pi \sum\limits_{j=1}^{s} N_j e_j^2} \right)^{1/2} \tag{7.1.5}$$

是**Debye 半径**. 方程 (7.1.4) 的通解为

$$\phi(r) = \frac{A_1}{r} \mathrm{e}^{-r/\lambda_{\mathrm{D}}} + \frac{A_2}{r} \mathrm{e}^{r/\lambda_{\mathrm{D}}},$$

式中 A_1、A_2 是常数. 考虑到 $r \to \infty$ 时须有 $\phi \to 0$, 故 A_2 须取为零, 于是有

$$\phi(r) = \frac{A_1}{r} \mathrm{e}^{-r/\lambda_{\mathrm{D}}}.$$

考虑到 $r \to 0$ 时, $\phi(r) \sim \dfrac{e_t}{r}$, 因此取 $A_1 = e_t$, 于是得到

$$\phi(r) = \frac{e_t}{r} \mathrm{e}^{-r/\lambda_{\mathrm{D}}}. \tag{7.1.6}$$

由此可见, 在均匀的热平衡的等离子体中, 试验电荷的**Coulomb势**在一定程度上**被屏蔽**, 其作用范围大约是以 λ_{D} 为半径的球.

第五章中曾经指出, 当 $\lambda_{\mathrm{D}} \lesssim \delta$ 时 (δ 是粒子间的平均距离), 碰撞主要仍然是二体的, 因此 Boltzmann 方程和 Fokker-planck 方程适用. 但是当 $\lambda_{\mathrm{D}} \gg \delta$ 时, 只考虑二体碰撞显然是不够的. 一个带电粒子与 λ_{D} 距离内的许多粒子同时发生作用, 因此粒子间的相互作用实质上是包括许多粒子的集体效应. 相应地, 粒子的运动应当看成是在其他粒子所形成的一个有效力场中进行. 如果忽略碰撞项, 则成分 j 的输运方程可以写成

$$\frac{\partial n_j}{\partial t} + \boldsymbol{v}\frac{\partial n_j}{\partial \boldsymbol{r}} + \frac{e_j}{m_j}\left(\boldsymbol{E} + \frac{1}{c}\boldsymbol{v}\times\boldsymbol{B} \right)\cdot\frac{\partial n_j}{\partial \boldsymbol{v}} = 0, \; j = 1, 2, \cdots, s \tag{7.1.7}$$

式中 m_j 是第 j 种粒子的质量, c 是光速, $\boldsymbol{E}$ 是电场强度, $\boldsymbol{B}$ 是磁感应强度, n_j 是单粒子分布函数, 它满足

$$\int n_j \mathrm{d}\boldsymbol{v} = N_j.$$

方程 (7.1.7) 称为**Vlasov 方程**.

高温低密度的等离子体可能满足 $\lambda_{\mathrm{D}} \gg \delta$ 的条件, 因此应当用 Vlasov 方程来讨论. 事实上, (7.1.5) 式可以近似地写成

$$\lambda_{\mathrm{D}} \approx (4\pi N_0 e_0^2/k_{\mathrm{B}}T)^{-1/2},$$

其中 e_0 是电子电荷的绝对值,

$$N_0 = \sum_{j=1}^{s} N_j.$$

考虑到 $\delta \approx N_0^{-1/3}$, Vlasov 方程适用的条件 $\lambda_D \gg \delta$ 可以改写成

$$\left(\frac{4\pi N_0 e_0^2}{k_B T}\right)^{-1/2} \gg N_0^{-1/3},$$

或

$$\frac{k_B T}{4\pi e_0^2 N_0^{1/3}} \gg 1,$$

这意味着高温低密度的条件. 可控热核装置中的等离子体就满足这个条件. 上式又可以写成

$$k_B T \gg \frac{4\pi e_0^2}{\delta}, \tag{7.1.8}$$

它的含义是等离子体中粒子的平均动能远大于两个粒子间的平均相互作用势能的绝对值. 这一条件与理想气体的条件是一致的.

倘若 λ_D 虽然远大于 δ, 但仍远小于系统的尺寸, 那么, 如第一章所说, 场 $\boldsymbol{E}$ 和 $\boldsymbol{B}$ 就不能看成是固定的, 而应当随粒子的运动而变化. 这时 $\boldsymbol{E}$ 和 $\boldsymbol{B}$ 应当由 Maxwell 方程组决定:

$$\begin{cases} \nabla \cdot \boldsymbol{E} = \sum_j 4\pi e_j \int n_j \mathrm{d}\boldsymbol{v}, \quad \nabla \cdot \boldsymbol{B} = 0, \\ \nabla \times \boldsymbol{E} = -\frac{1}{c}\frac{\partial \boldsymbol{B}}{\partial t}, \quad \nabla \times \boldsymbol{B} = \frac{1}{c}\frac{\partial \boldsymbol{E}}{\partial t} + \sum_j \frac{4\pi e_j}{c} \int n_j \boldsymbol{v} \mathrm{d}\boldsymbol{v}. \end{cases} \tag{7.1.9}$$

方程 (7.1.7) 和 (7.1.9) 共同组成确定 $n_j(j = 1, 2, \cdots, s)$ 及 $\boldsymbol{E}$、$\boldsymbol{B}$ 的 Vlasov-Maxwell 方程组, 它们必须自洽地解出.

注意, 方程 (7.1.7) 中 $\boldsymbol{E}$、$\boldsymbol{B}$ 的严格含义应当是在一个包括许多粒子的区域中平均过的场, 这个区域的线度远大于 δ 但远小于 λ_D. 我们记得在定义单粒子分布函数时曾经限定体积元 $\mathrm{d}\boldsymbol{r}$ 的线度应当远大于 δ, 因此讨论 $\mathrm{d}\boldsymbol{r}$ 内粒子所受的力时, 也应当考虑在相应体积内平均过的场. 另一方面, 电荷所形成场的作用范围只是 λ_D, 所以求 $\boldsymbol{E}$、$\boldsymbol{B}$ 平均时所取的范围应当远小于 λ_D. 这样平均过的场 $\boldsymbol{E}$ 和 $\boldsymbol{B}$ 正好符合通常的宏观电动力学中场的意义, 因此可以用宏观 Maxwell 方程组 (7.1.9) 来描述.

本章前十二节所讨论的现象里都忽略了粒子间的碰撞, 这样的等离子体称为**无碰撞等离子体**. 最后几节则将考虑到粒子间的碰撞. 无碰撞等离子体理论适用的条

件是碰撞频率 ν 远小于所考虑过程中宏观场 $\boldsymbol{E}$ 和 $\boldsymbol{B}$ 的变化频率 ω:

$$\nu \ll \omega, \tag{7.1.10}$$

或 ν 远小于粒子运动中每单位时间内平均经历的场变化的波数:

$$\nu \ll k\overline{v} \tag{7.1.11}$$

式中 $k = \dfrac{1}{\lambdabar}$, 而 $\lambdabar = \dfrac{\lambda}{2\pi}$ 为场 $\boldsymbol{E}$ 和 $\boldsymbol{B}$ 传播时的约化波长, $\overline{v}$ 是粒子的平均速率. 大致说来, 条件 (7.1.10) 意味着输运方程中的碰撞积分远小于其左边的 $\dfrac{\partial n_j}{\partial t}$ 项; 而 (7.1.11) 式则意味着碰撞积分小于方程左边的 $\boldsymbol{v} \cdot \dfrac{\partial n_j}{\partial \boldsymbol{r}}$ 项.

　　为避免没有实质意义的复杂性, 我们只讨论有两种成分的等离子体, 一种是具有电荷 $-e_0$、质量 m 及数密度 N_{e} 的电子, 另一种是具有电荷 ze_0、质量 M 及数密度 N_{i} 的正离子. 对于这种组成的无碰撞等离子体, Vlasov-Maxwell 方程组可以写成

$$\begin{cases} \dfrac{\partial n_{\mathrm{e}}}{\partial t} + \boldsymbol{v} \cdot \dfrac{\partial n_{\mathrm{e}}}{\partial \boldsymbol{r}} - \dfrac{e_0}{m}\left(\boldsymbol{E} + \dfrac{1}{c}\boldsymbol{v} \times \boldsymbol{B}\right) \cdot \dfrac{\partial n_{\mathrm{e}}}{\partial \boldsymbol{v}} = 0, \\[3mm] \dfrac{\partial n_{\mathrm{i}}}{\partial t} + \boldsymbol{v} \cdot \dfrac{\partial n_{\mathrm{i}}}{\partial \boldsymbol{r}} + \dfrac{ze_0}{M}\left(\boldsymbol{E} + \dfrac{1}{c}\boldsymbol{v} \times \boldsymbol{B}\right) \cdot \dfrac{\partial n_{\mathrm{i}}}{\partial \boldsymbol{v}} = 0, \end{cases} \tag{7.1.12}$$

$$\nabla \times \boldsymbol{E} = -\frac{1}{c}\frac{\partial \boldsymbol{B}}{\partial t}, \quad \nabla \cdot \boldsymbol{B} = 0,$$

$$\nabla \times \boldsymbol{B} = \frac{1}{c}\frac{\partial \boldsymbol{E}}{\partial t} + \frac{4\pi}{c}\boldsymbol{j}, \quad \nabla \cdot \boldsymbol{E} = 4\pi\rho, \tag{7.1.13}$$

式中 ρ 是平均电荷密度, $\boldsymbol{j}$ 是平均电流密度, 它们可以表示为

$$\begin{cases} \rho = \rho(\boldsymbol{r}, t) = e_0 \displaystyle\int (zn_{\mathrm{i}} - n_{\mathrm{e}})\mathrm{d}\boldsymbol{v}, \\[3mm] \boldsymbol{j} = \boldsymbol{j}(\boldsymbol{r}, t) = e_0 \displaystyle\int (zn_{\mathrm{i}} - n_{\mathrm{e}})\boldsymbol{v}\mathrm{d}\boldsymbol{v}. \end{cases} \tag{7.1.14}$$

对于均匀等离子体, 由 (7.1.1) 式知

$$N_{\mathrm{e}} = zN_{\mathrm{i}}. \tag{7.1.15}$$

　　Vlasov 方程(7.1.12) 中每一个都可以写成

$$\frac{\mathrm{d}n}{\mathrm{d}t} = 0, \tag{7.1.16}$$

式中全微分 $\dfrac{\mathrm{d}}{\mathrm{d}t}$ 是沿相空间中粒子路径进行的. 这类方程的通解是粒子在场 $\boldsymbol{E}$ 和 $\boldsymbol{B}$ 中所有运动积分的任意函数.

方程 (7.1.12) 有两个明显的性质. 一是**时间反演不变性,** 即作代换

$$t \to -t, \ \boldsymbol{r} \to \boldsymbol{r}, \ \boldsymbol{v} \to -\boldsymbol{v}, \ \boldsymbol{E} \to \boldsymbol{E}, \ \boldsymbol{B} \to -\boldsymbol{B}$$

时, 方程的形式不变. 另一个性质是**熵守恒,** 即有

$$\frac{\partial}{\partial t} \iint n \ln n \, \mathrm{d}\boldsymbol{r} \mathrm{d}\boldsymbol{v} = 0, \tag{7.1.17}$$

式中 n 可以是 n_e 或 n_i. 事实上, 以 n_e 为例, 有

$$\frac{\partial}{\partial t} \iint n_\mathrm{e} \ln n_\mathrm{e} \mathrm{d}\boldsymbol{r} \mathrm{d}\boldsymbol{v} = - \iint \boldsymbol{v} \cdot \frac{\partial n_\mathrm{e}}{\partial \boldsymbol{r}} \ln n_\mathrm{e} \mathrm{d}\boldsymbol{r} \mathrm{d}\boldsymbol{v} + \frac{e_0}{m} \iint \boldsymbol{E} \cdot \frac{\partial n_\mathrm{e}}{\partial \boldsymbol{v}} \ln n_\mathrm{e} \mathrm{d}\boldsymbol{r} \mathrm{d}\boldsymbol{v}$$

$$+ \frac{e_0}{mc} \iint \boldsymbol{v} \times \boldsymbol{B} \cdot \frac{\partial n_\mathrm{e}}{\partial \boldsymbol{v}} \ln n_\mathrm{e} \mathrm{d}\boldsymbol{r} \mathrm{d}\boldsymbol{v}, \tag{7.1.18}$$

其中用到方程 (6.1.12) 及关系

$$\frac{\partial}{\partial t} \iint n_\mathrm{e} \mathrm{d}\boldsymbol{r} \mathrm{d}\boldsymbol{v} = 0.$$

注意到 $\boldsymbol{E}$ 不含 $\boldsymbol{v}$, 利用分部积分法容易证明: (6.1.18) 式右边前两项为零. 第三项可以写成

$$\frac{e_0}{mc} \iint v_i B_j \varepsilon_{ijk} \frac{\partial n_\mathrm{e}}{\partial v_k} \ln n_\mathrm{e} \mathrm{d}\boldsymbol{r} \mathrm{d}\boldsymbol{v}, \tag{7.1.19}$$

式中采用了求和规定并引入了反对称张量

$$\varepsilon_{ijk} = \begin{cases} \pm 1, & 若 (i, j, k) 为 (1, 2, 3) 的 \begin{smallmatrix} 偶 \\ 奇 \end{smallmatrix} 排列; \\ 0, & 若 i, j, k 有重复取值. \end{cases} \tag{7.1.20}$$

注意到 $\boldsymbol{B}$ 与 $\boldsymbol{v}$ 无关, 以及 $i = k$ 时 $\varepsilon_{ijk} = 0$ 而 $i \neq k$ 时有

$$\int v_i \frac{\partial n_\mathrm{e}}{\partial v_k} \ln n_\mathrm{e} \mathrm{d}\boldsymbol{v} = \int \frac{\partial}{\partial v_k} [v_i n_\mathrm{e} (\ln n_\mathrm{e} - 1)] \mathrm{d}\boldsymbol{v} = 0,$$

就可知 (7.1.19) 式为零. 于是 (7.1.17) 式所表示的熵守恒性质得证.

熵守恒是时间反演不变性的自然结果. 事实上, 在完全忽略碰撞的情形下, 等离子体中没有耗散, 一切过程都是可逆的. Vlasov 方程的这一性质说明无碰撞等离子体中不存在导向平衡态的机制. 这是 Vlasov 方程同 Boltzmann 方程以及 Fokker-Planck 方程的一个实质性区别. 不过, 在实际的等离子体中总会有碰撞, 因此仍然会 (也许是缓慢地) 趋向平衡.

§7.2　线性化 Vlasov 方程

Vlasov 方程为非线性方程, 比较难于处理. 我们先假定当系统中场 E 及 B 为零时分布函数为在速度空间中各向同性而在位形空间中均匀的定态分布 $n_{e0}(v)$ 和 $n_{i0}(v)$, 那么在场 E 和 B 很弱时, 分布函数从定态的改变也将是小量. 设

$$\begin{cases} n_e(\boldsymbol{r}, \boldsymbol{v}, t) = n_{e0}(\nu) + \delta n_e(\boldsymbol{r}, \boldsymbol{v}, t) \\ n_i(\boldsymbol{r}, \boldsymbol{v}, t) = n_{i0}(\nu) + \delta n_i(\boldsymbol{r}, \boldsymbol{v}, t) \end{cases} \tag{7.2.1}$$

代入方程 (7.1.12) 并忽略其中的二阶小量, 有

$$\begin{cases} \dfrac{\partial \delta n_e(\boldsymbol{r}, \boldsymbol{v}, t)}{\partial t} + \boldsymbol{v} \cdot \dfrac{\partial \delta n_e(\boldsymbol{r}, \boldsymbol{v}, t)}{\partial \boldsymbol{r}} - \dfrac{e_0}{m} \left(\boldsymbol{E} + \dfrac{1}{c} \boldsymbol{v} \times \boldsymbol{B} \right) \cdot \dfrac{\partial n_{e0}(\nu)}{\partial \boldsymbol{v}} = 0, \\ \dfrac{\partial \delta n_i(\boldsymbol{r}, \boldsymbol{v}, t)}{\partial t} + \boldsymbol{v} \cdot \dfrac{\partial \delta n_i(\boldsymbol{r}, \boldsymbol{v}, t)}{\partial \boldsymbol{r}} + \dfrac{ze_0}{M} \left(\boldsymbol{E} + \dfrac{1}{c} \boldsymbol{v} \times \boldsymbol{B} \right) \cdot \dfrac{\partial n_{i0}(\nu)}{\partial \boldsymbol{v}} = 0. \end{cases} \tag{7.2.2}$$

注意到 $\dfrac{\partial n_{e0}(v)}{\partial \boldsymbol{v}}$ 和 $\dfrac{\partial n_{i0}(v)}{\partial \boldsymbol{v}}$ 的方向都与 $\boldsymbol{v}$ 一致, 因此同 $\boldsymbol{v} \times \boldsymbol{B}$ 的标量积为零, 而方程 (7.2.2) 可简化为

$$\begin{cases} \dfrac{\partial \delta n_e(\boldsymbol{r}, \boldsymbol{v}, t)}{\partial t} + \boldsymbol{v} \cdot \dfrac{\partial \delta n_e(\boldsymbol{r}, \boldsymbol{v}, t)}{\partial \boldsymbol{r}} - \dfrac{e_0}{m} \boldsymbol{E} \cdot \dfrac{\partial n_{e0}(v)}{\partial \boldsymbol{v}} = 0, \\ \dfrac{\partial \delta n_i(\boldsymbol{r}, \boldsymbol{v}, t)}{\partial t} + \boldsymbol{v} \cdot \dfrac{\partial \delta n_i(\boldsymbol{r}, \boldsymbol{v}, t)}{\partial \boldsymbol{r}} + \dfrac{ze_0}{M} \boldsymbol{E} \cdot \dfrac{\partial n_{i0}(v)}{\partial \boldsymbol{v}} = 0. \end{cases} \tag{7.2.3}$$

方程 (7.2.3) 称为**线性化 Vlasov 方程**. 在这一近似下, (7.1.14) 式写成

$$\begin{cases} \rho(\boldsymbol{r}, t) = e_0 \displaystyle\int [z \delta n_i(\boldsymbol{r}, \boldsymbol{v}, t) - \delta n_e(\boldsymbol{r}, \boldsymbol{v}, t)] \mathrm{d}\boldsymbol{v} \\ \boldsymbol{j}(\boldsymbol{r}, t) = e_0 \displaystyle\int [z \delta n_i(\boldsymbol{r}, \boldsymbol{v}, t) - \delta n_e(\boldsymbol{r}, \boldsymbol{v}, t)] \boldsymbol{v} \mathrm{d}\boldsymbol{v} \end{cases} \tag{7.2.4}$$

(7.2.3)、(7.2.4) 和 (7.1.13) 诸式合起来, 组成关于各向同性的等离子体的**线性化 Vlasov-Maxwell 方程组.**

我们准备按这样的顺序讨论线性化的 Vlasov-Maxwell 方程组. 首先把 E 看成是给定的场, 从 (7.2.3) 及 (7.2.4) 式讨论等离子体在这个场作用下发生的变化, 计算各向同性等离子体的介电率; 然后考虑场和分布函数的关系, 把 (7.2.3)、(7.2.4) 同 (7.1.13) 诸式结合起来, 讨论各向同性等离子体的性质.

本节先讨论给定场 E 作用下等离子体内所发生的变化. 为简单起见, 先假定等离子体中只有电子被极化而离子的运动不重要, 即认为 $\delta n_i(\boldsymbol{r}, \boldsymbol{v}, t) = 0$. 这样做是允

许的, 因为 $M \gg m$, 同样的场 $\boldsymbol{E}$ 可以对电子有明显的作用而对离子的作用不显著. 这时方程 (7.2.3) 中只需讨论第一个方程. 省去下标 e, 可以把它写成

$$\frac{\partial \delta n(\boldsymbol{r}, \boldsymbol{v}, t)}{\partial t} + \boldsymbol{v} \cdot \frac{\partial \delta n(\boldsymbol{r}, \boldsymbol{v}, t)}{\partial \boldsymbol{r}} - \frac{e_0}{m} \boldsymbol{E} \cdot \frac{\partial n_0(v)}{\partial \boldsymbol{v}} = 0. \qquad (7.2.5)$$

假定空间无界. 如果给定了 $\boldsymbol{E} = \boldsymbol{E}(\boldsymbol{r}, t)$ 及 $t = 0$ 时的初始条件 $\delta n(\boldsymbol{r}, \boldsymbol{v}, 0)$, 那么方程 (7.2.5) 的解原则上是可以求出的. 显然, t 时刻 $\boldsymbol{r}$ 处的 $\delta n(\boldsymbol{r}, \boldsymbol{v}, t)$ 不仅与当时当地的场 $\boldsymbol{E}(\boldsymbol{r}, t)$ 有关, 而且与以前一段时间及其他地方的场有关. 但是, 如果假定场 $\boldsymbol{E}$ 是一个平面波

$$\boldsymbol{E}(\boldsymbol{r}, t) = \boldsymbol{E}_0 \exp[\mathrm{i}(\boldsymbol{k} \cdot \boldsymbol{r} - \omega t)], \qquad (7.2.6)$$

式中 $\boldsymbol{E}_0$ 是常矢, 那么问题就可大大简化. 设

$$\delta n(\boldsymbol{r}, \boldsymbol{v}, t) = \delta n(\boldsymbol{v}) \exp[\mathrm{i}(\boldsymbol{k} \cdot \boldsymbol{r} - \omega t)], \qquad (7.2.7)$$

将 (7.2.6) 及 (7.2.7) 式代入方程 (7.2.5), 立即可得

$$\delta n(\boldsymbol{v}) = \frac{1}{\mathrm{i}(\boldsymbol{k} \cdot \boldsymbol{v} - \omega)} \frac{e_0}{m} \boldsymbol{E}_0 \cdot \frac{\partial n_0}{\partial \boldsymbol{v}}. \qquad (7.2.8)$$

这个表达式在 $\omega = \boldsymbol{k} \cdot \boldsymbol{v}$ 处有极点. 从 (7.2.6) 式可见, 如果 ω 有一个正的虚部:

$$\omega = \omega' + \mathrm{i}\omega'', \ \omega'' > 0, \ \omega'' \to 0, \qquad (7.2.9)$$

那么 $t \to -\infty$ 时 $\boldsymbol{E}(\boldsymbol{r}, t) \to 0$, 这相当于从 $t = -\infty$ 开始逐渐加上这个场. $\omega'' \to 0$ 说明, **场是无限缓慢地施加**在等离子体上的. 从 (7.2.7) 式看出, 这时分布函数的扰动也是无限缓慢地形成的. 因此, 我们可以用 (7.2.9) 式, 即将 ω 看成 $\omega + \mathrm{i}0$, 作为**避开 (7.2.8) 式中极点的办法 (Landau** 围道积分的原则). 诚然, 当 $t \to \infty$ 时, 从 (7.2.6) 式将得到 $\boldsymbol{E}(\boldsymbol{r}, t) \to \infty$, 但这不会影响我们在有限时间内所作的观察, 反之, 若 $\omega'' < 0$, 那么 $t \to -\infty$ 时 $\boldsymbol{E}(\boldsymbol{r}, t) \to \infty$, 从一开始就不允许我们采用线性化 Vlasov 方程讨论问题, 这显然是应该避免的情况.

由于分布函数产生了扰动 $\delta n(\boldsymbol{r}, \boldsymbol{v}, t)$, 所以场中电荷密度和电流密度分别是

$$\boldsymbol{\rho}(\boldsymbol{r}, t) = -e_0 \int \delta n(\boldsymbol{r}, \boldsymbol{v}, t) \mathrm{d}\boldsymbol{v},$$

$$\boldsymbol{j}(\boldsymbol{r}, t) = -e_0 \int \delta n(\boldsymbol{r}, \boldsymbol{v}, t) \boldsymbol{v} \mathrm{d}\boldsymbol{v}.$$

显然, 它们同 $\delta n(\boldsymbol{r}, \boldsymbol{v}, t)$ 一样与 $\exp[\mathrm{i}(\boldsymbol{k} \cdot \boldsymbol{r} - \omega t)]$ 成正比. 记

$$\begin{cases} \boldsymbol{\rho}(\boldsymbol{r}, t) = \boldsymbol{\rho}_0 \exp[\mathrm{i}(\boldsymbol{k} \cdot \boldsymbol{r} - \omega t)], \\ \boldsymbol{j}(\boldsymbol{r}, t) = \boldsymbol{j}_0 \exp[\mathrm{i}(\boldsymbol{k} \cdot \boldsymbol{r} - \omega t)], \end{cases} \qquad (7.2.10)$$

则

$$\begin{cases} \boldsymbol{\rho}_0 = -e_0 \int \delta n(\boldsymbol{v}) \mathrm{d}\boldsymbol{v}, \\ \boldsymbol{j}_0 = -e_0 \int \delta n(\boldsymbol{v}) \boldsymbol{v} \mathrm{d}\boldsymbol{v}. \end{cases} \tag{7.2.10'}$$

按照电动力学的观点, 可以引入**电极化矢量** $\boldsymbol{P}(\boldsymbol{r},t)$, 它满足

$$\frac{\partial \boldsymbol{P}(\boldsymbol{r},t)}{\partial t} = \boldsymbol{j}(\boldsymbol{r},t), \quad \nabla \cdot \boldsymbol{P}(\boldsymbol{r},t) = -\rho(\boldsymbol{r},t). \tag{7.2.11}$$

连续性方程 $\nabla \cdot \boldsymbol{j} = -\dfrac{\partial \rho}{\partial t}$ 保证这样的 $\boldsymbol{P}(\boldsymbol{r},t)$ 存在. 我们看出, $\boldsymbol{P}(\boldsymbol{r},t)$ 也应当与 $\exp[\mathrm{i}(\boldsymbol{k} \cdot \boldsymbol{r} - \omega t)]$ 成正比. 令

$$\boldsymbol{P}(\boldsymbol{r},t) = \boldsymbol{P}_0 \exp[\mathrm{i}(\boldsymbol{k} \cdot \boldsymbol{r} - \omega t)], \tag{7.2.12}$$

则 (7.2.11) 式化为

$$\mathrm{i}\boldsymbol{k} \cdot \boldsymbol{P}_0 = -\rho_0, \quad -\mathrm{i}\omega \boldsymbol{P}_0 = \boldsymbol{j}_0 \tag{7.2.13}$$

将 (7.2.8) 式代入 (7.2.10′) 式, 再代入上式, 得到

$$\mathrm{i}\boldsymbol{k} \cdot \boldsymbol{P}_0 = \frac{e_0^2}{m} \boldsymbol{E}_0 \cdot \int \frac{\partial n_0(v)}{\partial \boldsymbol{v}} \frac{\mathrm{d}\boldsymbol{v}}{\mathrm{i}(\boldsymbol{k} \cdot \boldsymbol{v} - \omega - i0)}. \tag{7.2.14}$$

按照电动力学中的公式, **电位移矢量** $D(\boldsymbol{r},t)$ 定义为

$$\boldsymbol{D}(\boldsymbol{r},t) = \boldsymbol{E}(\boldsymbol{r},t) + 4\pi \boldsymbol{P}(\boldsymbol{r},t).$$

设

$$\boldsymbol{D}(\boldsymbol{r},t) = \boldsymbol{D}_0 \exp[\mathrm{i}(\boldsymbol{k} \cdot \boldsymbol{r} - \omega t)],$$

则有

$$\boldsymbol{D}_0 = \boldsymbol{E}_0 + 4\pi \boldsymbol{P}_0. \tag{7.2.15}$$

$\boldsymbol{D}_0$ 与 $\boldsymbol{E}_0$ 不一定平行. **介电率张量** ε_{ij} 由下式定义:

$$D_{0i} \exp[\mathrm{i}(\boldsymbol{k} \cdot \boldsymbol{r} - \omega t)] = \varepsilon_{ij}(\omega, \boldsymbol{k}) E_{0j} \exp[\mathrm{i}(\boldsymbol{k} \cdot \boldsymbol{r} - \omega t)], \tag{7.2.16}$$

式中采用了求和规定. 从 (7.2.14) 式可见, $\boldsymbol{P}_0$ 和 $\boldsymbol{E}_0$ 之间的关系式含 $\boldsymbol{k}$ 及 ω, 所以一般来说 ε_{ij} 与 $\boldsymbol{k}$ 及 ω 有关. 在 (7.2.16) 式中作代换 $\boldsymbol{k} \to -\boldsymbol{k}$, $\omega \to -\omega$ 后, 再取复数共轭 (用 * 表示), 可见

$$\varepsilon_{ij}(-\omega, -\boldsymbol{k}) = \varepsilon_{ij}^*(\omega, \boldsymbol{k}). \tag{7.2.17}$$

对波矢的依赖造成了 $\varepsilon_{ij}(\omega, \boldsymbol{k})$ 中的特定方向, 即 $\boldsymbol{k}$ 的方向. 与此相应, 我们将 $\varepsilon_{ij}(\omega, \boldsymbol{k})$ 写成

$$\varepsilon_{ij}(\omega, k) = \varepsilon_{\rm t}(\omega, k)\left(\delta_{ij} - \frac{k_i k_j}{k^2}\right) + \varepsilon_{\rm l}(\omega, k)\frac{k_i k_j}{k^2}. \tag{7.2.18}$$

把 (7.2.18) 式代入 (7.2.16) 式, 可得

$$\boldsymbol{D}_0 = \varepsilon_{\rm t}(\omega, k)\boldsymbol{E}_{0\perp} + \varepsilon_{\rm l}(\omega, k)\boldsymbol{E}_{0//}, \tag{7.2.19}$$

这里 $\boldsymbol{E}_{0\perp}$ 和 $\boldsymbol{E}_{0//}$ 分别是 $\boldsymbol{E}_0$ 在垂直于 $\boldsymbol{k}$ 方向和平行于 $\boldsymbol{k}$ 方向的分量. 因此, 标量函数 $\varepsilon_{\rm t}(\omega, k)$ 和 $\varepsilon_{\rm l}(\omega, k)$ 分别被称为**横向介电率**和**纵向介电率**. 由 (7.2.17) 式得知

$$\varepsilon_{\rm l}(-\omega, k) = \varepsilon_{\rm l}^*(\omega, k), \quad \varepsilon_{\rm t}(-\omega, k) = \varepsilon_{\rm t}^*(\omega, k). \tag{7.2.20}$$

当 $k \to 0$ 时, ε_{ij} 对 $\boldsymbol{k}$ 的依赖性消失而成为各向同性的, 因此

$$\varepsilon_{\rm l}(\omega, 0) = \varepsilon_{\rm t}(\omega, 0) \equiv \varepsilon(\omega). \tag{7.2.21}$$

设 $\boldsymbol{E}_0 // \boldsymbol{k}$, 则由 (7.2.19) 式知 $\boldsymbol{D}_0 = \varepsilon_{\rm l}\boldsymbol{E}_0$; 再由 (7.2.15) 式得到

$$4\pi\boldsymbol{P}_0 = (\varepsilon_{\rm l} - 1)\boldsymbol{E}_0.$$

两边用 $\boldsymbol{k}$ 作标积, 并与 (7.2.14) 式比较, 可得

$$\varepsilon_{\rm l}(\omega, k) = 1 - \frac{4\pi e_0^2}{mk^2}\int \boldsymbol{k} \cdot \frac{\partial n_0(v)}{\partial \boldsymbol{v}} \frac{\mathrm{d}\boldsymbol{v}}{\boldsymbol{k} \cdot \boldsymbol{v} - \omega - \mathrm{i}0}. \tag{7.2.22}$$

如果取 $\boldsymbol{k}$ 沿 $\boldsymbol{x}$ 轴正方向 (因此 $\boldsymbol{E}_0$ 也沿此方向), 上式还可以简化为

$$\varepsilon_{\rm l}(\omega, k) = 1 - \frac{4\pi e_0^2}{mk}\int_{-\infty}^{\infty} \frac{\mathrm{d}\tilde{n}_0(v_x)}{\mathrm{d}v_x} \frac{\mathrm{d}v_x}{kv_x - \omega - \mathrm{i}0}, \tag{7.2.23}$$

式中

$$\tilde{n}_0(v_x) = \iint n_0(v)\mathrm{d}v_y\mathrm{d}v_z.$$

为求得 $\varepsilon_{\rm t}(\omega, k)$, 可以把 (7.2.10′) 的第二式代入 (7.2.13) 式的第二式, 再利用 (7.2.8) 式, 便得到

$$\mathrm{i}\omega\boldsymbol{P}_0 = \frac{e_0^2}{m}\int \boldsymbol{E}_0 \cdot \frac{\partial n_0(v)}{\partial \boldsymbol{v}} \frac{\boldsymbol{v}\mathrm{d}\boldsymbol{v}}{\mathrm{i}(\boldsymbol{k} \cdot \boldsymbol{v} - \omega - \mathrm{i}0)}.$$

设 $E_0 \perp k$, 则 $D_0 = \varepsilon_t E_0 = E_0 + 4\pi P_0$. 将上式代入, 并取 E_0 方向为 y 轴正方向, k 方向为 x 轴正方向, 便可求得

$$\varepsilon_t(\omega, k) = 1 + \frac{4\pi e_0^2}{\omega m} \int_{-\infty}^{\infty} \frac{\tilde{n}_0(v_x)\mathrm{d}v_x}{kv_x - \omega - \mathrm{i}0}. \tag{7.2.24}$$

在本节对速度空间各向同性等离子体的讨论中, 有两点值得注意. 第一, 即使在速度空间各向同性的等离子体中, 介电率张量 ε_{ij} 仍然有一特定的参考方向 k. 如果等离子体的分布函数在速度空间各向异性, 那么介电率张量的结构将会更加复杂. 第二, 介电率张量是个复数. 如 (7.2.23) 式中的 ε_l 和 (7.2.24) 式中的 ε_t 都有非零的虚部, 这一事实导致无碰撞等离子体中的阻尼现象, 即**Landau 阻尼.** 对此我们将在 §7.4 中进一步讨论.

在计算 (7.2.23) 式中积分时, 积分路径可以是复 v_x 平面上的实轴, 但在经过 $v_x = \dfrac{\omega}{k}$ 点时, 要从下方绕过 (与 $\omega + \mathrm{i}0$ 相应), 如图 7.1(a) 所示. 如果 $\mathrm{d}\tilde{n}_0(v_x)/\mathrm{d}v_x$ 没有奇点, 那么路径可以下移, 而 (7.2.23) 式定义了复 ω 平面上的解析函数. 如果 $\mathrm{d}\tilde{n}_0(v_x)/\mathrm{d}v_x$ 在复 v_x 平面的下半部有奇点 z_0, 则积分径下移时不能越过此点, 即路径只能在 z_0 的上面通过, 如图 7.1(b) 所示. 因此, ε_l 作为 ω 的函数, 以这种下移积分路径的方式从上半复平面向下作解析延拓时, 必须保证 $\dfrac{\omega}{k}$ 不低于 z_0. 对 (7.2.24) 式的讨论可以类似进行. 不过, 由于存在因子 $\dfrac{1}{\omega}$, 所以 ε_t 有极点 $\omega = 0$.

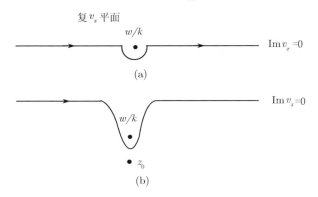

图 7.1　计算介电率时积分径的选择

§7.3　具 Maxwell 分布的等离子体的介电率

现在对于以 Maxwell 分布

$$\tilde{n}_0(v_x) = \tilde{n}_{0\mathrm{e}}(v_x) = N_{0\mathrm{e}}\sqrt{\frac{m}{2\pi k_\mathrm{B} T_\mathrm{e}}}\exp\left(\frac{-mv_x^2}{2k_\mathrm{B} T_\mathrm{e}}\right) \tag{7.3.1}$$

为平衡分布的情况, 计算等离子体的介电率. (7.3.1) 式中 T_e 是电子气体的温度, N_{0e} 是电子均匀分布时的数密度. 把 (7.3.1) 式代入 (7.2.23) 式, 可以求得

$$\varepsilon_l(\omega, k) = 1 + \frac{1}{k^2 \lambda_e^2} \left[1 + F\left(\frac{\omega}{\sqrt{2} k v_{T_e}} \right) \right] \tag{7.3.2}$$

其中 v_{T_e} 是电子的平均热速率

$$v_{T_e} = \sqrt{\frac{k_B T_e}{m}} \tag{7.3.3}$$

λ_e 是电子的 Debye 半径

$$\lambda_e = \sqrt{\frac{k_B T_e}{4\pi N_{0e} e_0^2}} \tag{7.3.4}$$

而函数 $F(x)$ 定义为

$$F(x) = \frac{x}{\sqrt{\pi}} \int_{-\infty}^{\infty} \frac{e^{-z^2} \mathrm{d}z}{z - x - \mathrm{i}0}. \tag{7.3.5}$$

当 $x \gg 1$ 时, 可以求得 $F(x)$ 的近似表达式

$$F(x) \approx -1 - \frac{1}{2x^2} - \frac{3}{4x^4} + \mathrm{i}\sqrt{\pi} x e^{-x^2}, \quad x \gg 1. \tag{7.3.6}$$

因此, 对于高频的场扰动, 有

$$\varepsilon_l(\omega, k) = 1 - \frac{\Omega_e^2}{\omega^2} \left(1 + \frac{3 k^2 v_{T_e}^2}{\omega^2} \right) + \mathrm{i}\sqrt{\frac{\pi}{2}} \frac{\omega \Omega_e^2}{(k v_{T_e})^3} \exp\left(-\frac{\omega^2}{2 k^2 v_{T_e}^2} \right), \frac{\omega}{k v_{T_e}} \gg 1. \tag{7.3.7}$$

式中

$$\Omega_e = \frac{v_{T_e}}{\lambda_e} = \sqrt{\frac{4\pi N_{0e} e_0^2}{m}} \tag{7.3.8}$$

称为 **Langmuir 频率.**

将 (7.3.1) 式代入 (7.2.24) 式, 可以得到

$$\varepsilon_t(\omega, k) = 1 + \frac{\Omega_e^2}{\omega^2} F\left(\frac{\omega}{\sqrt{2} k v_{T_e}} \right). \tag{7.3.9}$$

对于高频场扰动, 有

$$\varepsilon_t(\omega, k) = 1 - \frac{\Omega_e^2}{\omega^2} \left(1 + \frac{k^2 v_{T_e}^2}{\omega^2} \right) + \mathrm{i}\sqrt{\frac{\pi}{2}} \frac{\Omega_e^2}{\omega k v_{T_e}} \exp\left(\frac{-\omega^2}{2 k^2 v_{T_e}^2} \right), \frac{\omega}{k v_{T_e}} \gg 1. \tag{7.3.10}$$

显然, 当 $k \to 0$ 时, (7.3.7) 式和 (7.3.10) 式有共同的极限

$$\varepsilon_l(\omega, 0) = \varepsilon_t(\omega, 0) = 1 - \frac{\Omega_e^2}{\omega^2} \equiv \varepsilon(\omega), \tag{7.3.11}$$

与 (7.2.21) 式一致. 这样, 我们验证了上节的结论: 在速度空间各向同性的等离子体中, 当 $k \neq 0$ 时 $\varepsilon_l \neq \varepsilon_t$, 空间中因 k 的存在而造成一个特定的方向; 而当 $k \to 0$ 时, 这个特定方向消失.

为求得低频场的介电率, 考虑 $x \ll 1$ 时 $F(x)$ 的近似表达式:

$$F(x) \approx -2x^2 + \frac{4}{3}x^4 + \mathrm{i}\sqrt{\pi}\,x, \quad x \ll 1. \tag{7.3.12}$$

于是从 (7.3.2) 式得到

$$\varepsilon_l(\omega, k) \approx 1 + \left(\frac{\Omega_e}{kv_{T_e}}\right)^2 \left[1 - \left(\frac{\omega}{kv_{T_e}}\right)^2 + \mathrm{i}\sqrt{\frac{\pi}{2}}\frac{\omega}{kv_{T_e}}\right], \frac{\omega}{kv_{T_e}} \ll 1; \tag{7.3.13}$$

而从 (7.3.9) 式得到

$$\varepsilon_t(\omega, k) \approx 1 - \left(\frac{\Omega_e}{kv_{T_e}}\right)^2 \left[1 - \frac{1}{3}\left(\frac{\omega}{kv_{T_e}}\right)^2 - \mathrm{i}\sqrt{\frac{\pi}{2}}\frac{kv_{T_e}}{\omega}\right], \frac{\omega}{kv_{T_e}} \ll 1. \tag{7.3.14}$$

(7.3.13) 式和 (7.3.14) 式说明, 对于低频场, ε_l 和 ε_t 的实部都保持有限值, 但虚部不同, ε_l 的虚部是小量 [但不像 (7.3.7) 式的虚部的指数那样小], 而 ε_t 的虚部却很大. ε_t 的很大的虚部反映出缓慢变化的正弦波形的横场 E 驱使电子作简谐振动时, 电子的振动比场振动几乎滞后 $\frac{1}{4}$ 个周期, 因此电位移矢量 D 的相位也几乎比 E 的滞后 $\frac{1}{4}$ 个周期.

从 (7.2.23) 式和 (7.2.24) 式可见, 对于具有 Maxwell 分布的等离子体[这种情况下 $\tilde{n}_0(v_x)$ 和 $\mathrm{d}\tilde{n}_0(v_x)/\mathrm{d}v_x$ 都是复 v_x 平面上的整函数, 在复平面有限范围内没有奇点.] $\varepsilon_l(\omega, k)$ 是复 ω 平面上的整函数, 而 $\varepsilon_t(\omega, k)$ 在复 ω 平面上有限范围内只有一个极点 $\omega = 0$. 不过, 这个极点并没有实际的物理意义, 它只是反映 (7.2.11) 式没有把 P 唯一地确定这个事实. 实际, P 可以加上任意一个无源的稳定场而不影响 (7.2.11) 式的成立; 这相当于, 在 (7.2.13) 式中, 当 $\omega = 0$ 时, P_0 可以在垂直于 k 的方向上具有任意分量, 而这个分量是没有物理意义的.

介电率 ε 对 ω 的依赖称为等离子体的**时间色散,** 而 ε 对 k 的依赖则称为等离子体的**空间色散.** (7.3.7) 式和 (7.3.10) 式说明在高频场扰动中空间色散只导致介电率的小修正, 而且虚部为指数小. 另外, 无空间色散 ($k = 0$) 时, 介电率有极点 $\omega = 0$ [见 (7.3.11) 式], 但当考虑到空间色散 ($k \neq 0$) 时, 介电率 (7.3.13) 则无极点. 这就是说, 空间色散消去了介电率 ε_l 的极点 $\omega = 0$.

如果不仅电子分布被扰动, 而且离子的分布也被扰动, 那么计算极化矢量 $\boldsymbol{P}$ 时就要考虑到两种成分贡献的总和. 因此 (7.2.14) 式应当改写成

$$
\begin{aligned}
\mathrm{i}\boldsymbol{k}\cdot\boldsymbol{P}_0 = {} & \frac{e_0^2}{m}\boldsymbol{E}_0\cdot\int\frac{\partial n_{0\mathrm{e}}(v)}{\partial\boldsymbol{v}}\frac{\mathrm{d}\boldsymbol{v}}{\mathrm{i}(\boldsymbol{k}\cdot\boldsymbol{v}-\omega-\mathrm{i}0)} \\
& + \frac{z^2e_0^2}{M}\boldsymbol{E}_0\cdot\int\frac{\partial n_{0\mathrm{i}}(v)}{\partial\boldsymbol{v}}\frac{\mathrm{d}\boldsymbol{v}}{\mathrm{i}(\boldsymbol{k}\cdot\boldsymbol{v}-\omega-\mathrm{i}0)},
\end{aligned}
$$

(7.3.2) 式也应当相应地改写成

$$
\varepsilon_{\mathrm{l}}(\omega,k) = 1 + \frac{1}{k^2\lambda_{\mathrm{e}}^2}\left[1+F\left(\frac{\omega}{\sqrt{2}kv_{T_{\mathrm{e}}}}\right)\right] + \frac{1}{k^2\lambda_{\mathrm{i}}^2}\left[1+F\left(\frac{\omega}{\sqrt{2}kv_{T_{\mathrm{i}}}}\right)\right], \quad (7.3.15)
$$

式中

$$
\lambda_{\mathrm{i}} = \sqrt{\frac{k_BT_{\mathrm{i}}}{4\pi N_{0\mathrm{i}}(ze_0)^2}}, \quad v_{T_{\mathrm{i}}} = \sqrt{\frac{k_BT_{\mathrm{i}}}{M}} \tag{7.3.16}
$$

分别是离子的 Debye 半径和平均热速率, T_{i} 是离子气体的温度. 与 (7.3.8) 式类似, 定义

$$
\Omega_{\mathrm{i}} = \frac{v_{T_{\mathrm{i}}}}{\lambda_{\mathrm{i}}} = \sqrt{\frac{4\pi N_{0\mathrm{i}}z^2e_0^2}{M}} = \textbf{离子的 Langmuir 频率}. \tag{7.3.17}
$$

电子成分与离子成分各自达到热平衡的弛豫时间都比两种成分之间达到热平衡的弛豫时间短得多 (见 §5.8), 因此电子和离子成分有可能各自具有 Maxwell 平衡分布, 但二者温度不同. 假定 $T_{\mathrm{i}} \lesssim T_{\mathrm{e}}$, 那么显然有 $v_{T_{\mathrm{i}}} \ll v_{T_{\mathrm{e}}}$. 由于 $\Omega_{\mathrm{i}} \ll \Omega_{\mathrm{e}}$, 所以当 $\omega \gg kv_{T_{\mathrm{e}}} \gg kv_{T_{\mathrm{i}}}$ 时, 通过具体计算可以发现 (7.3.15) 式中离子成分的贡献可以忽略, 因此 (7.3.7) 式仍然有效. 当 $kv_{T_{\mathrm{e}}} \gg kv_{T_{\mathrm{i}}} \gg \omega$ 时, 注意到 $\lambda_{\mathrm{i}} \sim \lambda_{\mathrm{e}}$, (7.3.13) 式应修改为

$$
\varepsilon_{\mathrm{l}}(\omega,k) = 1 + \frac{1}{(k\lambda_{\mathrm{e}})^2} + \frac{1}{(k\lambda_{\mathrm{i}})^2} + \mathrm{i}\sqrt{\frac{\pi}{2}}\frac{\omega}{(k\lambda_{\mathrm{i}})^2kv_{T_{\mathrm{i}}}}, kv_{T_{\mathrm{e}}} \gg kv_{T_{\mathrm{i}}} \gg \omega. \tag{7.3.18}
$$

如果 $kv_{T_{\mathrm{e}}} \gg \omega \gg kv_{T_{\mathrm{i}}}$, 那么就有

$$
\varepsilon_{\mathrm{l}}(\omega,k) = 1 - \frac{\Omega_{\mathrm{i}}^2}{\omega^2} + \frac{1}{(k\lambda_{\mathrm{e}})^2}\times\left(1+\mathrm{i}\sqrt{\frac{\pi}{2}}\frac{\omega}{kv_{T_{\mathrm{e}}}}\right). \tag{7.3.19}
$$

关于 $\varepsilon_{\mathrm{t}}(\omega,k)$ 的讨论, 这里就不再赘述了.

§7.4　等离子体中波的传播

本节开始讨论 Vlasov-Maxwell 自洽方程组 (7.1.12) 至 (7.1.14). 为简单起见, 仍然假定电子和离子的分布函数只偏离平衡分布很少一点, 这时方程组仍可线性化.

与 §7.2 相比, 只要在方程 (7.2.3) 和 (7.2.4) 之外, 再补充 Maxwell 方程组 (7.1.13) 即可.

仍然利用 (7.2.11) 式引入 $\boldsymbol{P}$; 令 $\boldsymbol{D} = \boldsymbol{E} + 4\pi\boldsymbol{P}$, 则方程组 (7.1.13) 可以改写成

$$\nabla \times \boldsymbol{E} = -\frac{1}{c}\frac{\partial \boldsymbol{B}}{\partial t}, \ \nabla \cdot \boldsymbol{D} = 0, \ \nabla \cdot \boldsymbol{B} = 0, \ \nabla \times \boldsymbol{B} = \frac{1}{c}\frac{\partial \boldsymbol{D}}{\partial t}. \tag{7.4.1}$$

注意, 这里不像电动力学中对于通常介质所作的那样在引进 $\boldsymbol{P}$ 的同时引入磁化矢量 $\boldsymbol{M}$, 所以 $\boldsymbol{P}$ 可能不仅与 $\boldsymbol{E}$ 有关, 而且与 $\boldsymbol{B}$ 也有关. 但是如果只考虑平面波, 那么从 (7.1.13) 的前两式可以得到

$$\boldsymbol{k} \times \boldsymbol{E} = \frac{\omega}{c}\boldsymbol{B}, \quad \boldsymbol{k} \cdot \boldsymbol{B} = 0,$$

所以 $\boldsymbol{B}$ 可以用 $\boldsymbol{E}$ 表示出来, 于是 $\boldsymbol{P}$ 也就可以只用 $\boldsymbol{E}$ 表示. 显然, 在讨论平面波时用 (7.2.11) 式来定义 $\boldsymbol{P}$ 是简单的.

在等离子体中, 场的扰动可以引起带电粒子分布函数的扰动, 而带电粒子分布函数的改变又会造成场的改变, 因此有可能存在一种由二者相互作用所形成的波. 由于电场 $\boldsymbol{E}$ 和粒子间就有这种相互作用, 所以无磁场情形下等离子体中就可能有波的传播. 在方程 (7.4.1) 第一式中取 $\boldsymbol{B} = 0$, 则 $\nabla \times \boldsymbol{E} = 0$, 即 $\boldsymbol{E}$ 是纵场. 由 (7.2.18) 式立即知道 $\boldsymbol{D}$ 也是纵场, 于是根据方程 (7.4.1) 的第二式可知 $\boldsymbol{D} = 0$. 这样, (7.4.1) 中后面两式也已满足.

既然 $\boldsymbol{E}$ 是纵场而又有 $\boldsymbol{D} = 0$, 就必然有

$$\varepsilon_l(\omega, k) = 0, \tag{7.4.2}$$

这就是说, 在等离子体中可能存在一种纵向波, 这种波由电场与带电粒子相互作用形成, 没有磁场, 其色散关系由 (7.4.2) 式给出. 这种波称为**纵向等离子体波**.

为具体写出色散关系, 仍然考虑具有平衡 Maxwell 分布的等离子体的情况.

假定

$$\omega \gg kv_{T_e} \gg kv_{T_i}. \tag{7.4.3}$$

按上节所说, (7.3.7) 式仍然成立, 所以色散关系 (7.4.2) 式可以写成

$$\frac{\omega^2}{\Omega_e^2} = 1 + 3\beta^2 - \mathrm{i}\sqrt{\frac{\pi}{2}}\beta^{-3}\mathrm{e}^{-1/2\beta^2}, \tag{7.4.4}$$

式中

$$\beta = \frac{kv_{T_e}}{\omega} \ll 1. \tag{7.4.5}$$

作为初级近似, 取 $\beta \approx 0$, 代入 (7.4.4) 式右边, 可得

$$\omega = \Omega_e. \tag{7.4.6}$$

这波称为**电子 Langmuir 波**, 它在长波、低温及 (或) 高频的极限下出现. 为求得更精确的色散关系, 在 (7.4.5) 式中利用近似 (7.4.6), 得到 $\beta = k\lambda_e$, 再代入 (7.4.4) 式右边并略去指数小的项, 就有

$$\omega = \Omega_e(1 + 3k^2\lambda_e^2)^{1/2}. \tag{7.4.7}$$

把 (7.4.7) 式代入 (7.4.5) 式, 然后第三次代入 (7.4.4) 式右边, 求得 ω 的实部和虚部分别为

$$\omega' = \Omega_e \left(1 + \frac{3}{2}k^2\lambda_e^2 \right), \tag{7.4.8}$$

$$\omega'' = -\sqrt{\frac{\pi}{8}} \frac{\Omega_e}{(k\lambda_e)^3} \exp\left[-\frac{1}{2(k\lambda_e)^2} - \frac{3}{2} \right]. \tag{7.4.9}$$

注意到 (7.3.7) 式的虚部是

$$\varepsilon_1''(\omega, k) = \sqrt{\frac{\pi}{2}} \frac{\omega}{\Omega_e} \frac{1}{(k\lambda_e)^3} \times \exp\left[-\frac{\omega^2}{\Omega_e^2} \frac{1}{2(k\lambda_e)^2} \right],$$

就可以把 (7.4.9) 式近似写成

$$\omega'' = -\frac{1}{2} \Omega_e \varepsilon_1''(\omega', k). \tag{7.4.10}$$

显然 $\omega'' < 0$. 根据 ω 的表达式, 可以知道电子 Langmuir 波是随时间衰减的:

$$\boldsymbol{E}(\boldsymbol{r}, t) = \boldsymbol{E}_0 \exp[\mathrm{i}(\boldsymbol{k} \cdot \boldsymbol{r} - \omega' t)] \mathrm{e}^{-\gamma t} \tag{7.4.11}$$

式中

$$\gamma = -\omega''$$

称为**阻尼率**. 对于 (7.4.3) 式规定的情况, 有

$$\gamma = \sqrt{\frac{\pi}{8}} \frac{\Omega_e}{(k\lambda_e)^3} \exp\left[-\frac{1}{2(k\lambda_e)^3} - \frac{3}{2} \right]. \tag{7.4.12}$$

显然 $\gamma \ll \omega'$, 因此电子 Langmuir 波要经过很多次振荡才被衰减, 即波的衰减是相当慢的.

等离子体波发生的阻尼称为 **Landau 阻尼**. Landau 阻尼的物理机制是: 沿电波方向 $\boldsymbol{k}$ 以速度 $v = \dfrac{\omega}{k}$ 运动的粒子不断从场吸收能量. 因为 $\dfrac{\omega}{k}$ 是电波的相速度,

对按此速度运动的粒子而言, 场是稳定的, 因此电场对粒子作功. 但是, 对于以其他速度运动的粒子, 电场作的功在一个周期内的平均值为零. 这就使按相速度运动的粒子对场造成阻尼; 而按其他速度运动的粒子对场却不造成阻尼, 相反, 通过与电场不断交换能量而保持纵向等离子体波的传播.

现在我们可以理解, 在 (7.4.3) 式的条件下, 阻尼之所以很小是因为按电场波动相速度运动的粒子很少. 事实上, 由于 $v_{T_i} \ll v_{T_e} \ll \dfrac{\omega}{k}$, 所以按相速度运动的粒子只是 Maxwell 分布的高能尾巴上的极小部分. 阻尼 γ 随 β 的上升而增大, 正是 $\dfrac{kv_{T_e}}{\omega}$ 上升造成按相速度运动的电子数目增多的结果. 当阻尼增大到 $\gamma \approx \omega'$ 时, 波动不再有意义.

由 (7.4.10) 式看出. Landau 阻尼与介电率的虚部有关. 这不是偶然的. 事实上, 单位时间单位体积中电磁场能量的耗散为

$$Q = \frac{1}{4\pi} \langle \boldsymbol{E} \cdot \dot{\boldsymbol{D}} \rangle,$$

式中 $\langle\ \rangle$ 表示时间平均, $\boldsymbol{D}$ 和 $\boldsymbol{E}$ 都为实量. 对于 (7.2.6) 式给出的平面波, $\boldsymbol{E}$ 应当换成 $\dfrac{1}{2}(\boldsymbol{E} + \boldsymbol{E}^*)$, 相应地有

$$\boldsymbol{D}_\alpha = \frac{1}{2}[\varepsilon_{\alpha\beta}(\omega, \boldsymbol{k})E_\beta + \varepsilon_{\alpha\beta}(-\omega, -\boldsymbol{k})E_\beta^*],$$

所以

$$\dot{\boldsymbol{D}}_\alpha = \frac{\mathrm{i}\omega}{2}[-\varepsilon_{\alpha\beta}(\omega, \boldsymbol{k})E_\beta + \varepsilon_{\alpha\beta}(-\omega, -\boldsymbol{k})E_\beta^*].$$

利用 (7.2.17) 式之后, 有

$$Q = \frac{\mathrm{i}\omega}{8\pi} \cdot \frac{1}{2}[\varepsilon_{\beta\alpha}^*(\omega, \boldsymbol{k}) - \varepsilon_{\alpha\beta}(\omega, \boldsymbol{k})]E_\alpha^* E_\beta, \tag{7.4.13}$$

其中用到关系

$$\langle E_\alpha^* \varepsilon_{\alpha\beta}^* E_\beta^* \rangle = \langle E_\alpha \varepsilon_{\alpha\beta} E_\beta \rangle.$$

由 (7.4.13) 式可见, 造成能量耗散的是介电率张量 $\varepsilon_{\alpha\beta}$ 的反 Hermite 的部分; 对于 (7.2.18) 式那样的介电率张量, 就是 ε_t 和 ε_l 的虚部.

现在讨论

$$v_{T_i} \ll \frac{\omega}{k} \ll v_{T_e} \tag{7.4.14}$$

情况下纵向等离子体中波传播的可能性. 因相速度距电子和离子的热速度都很远, 所以 Landau 阻尼也不大. 把 (7.3.19) 式代入 (7.4.2) 式, 得到

$$\frac{\Omega_i^2}{\omega^2} = 1 + \frac{1}{(k\lambda_e)^2} + \mathrm{i}\sqrt{\frac{\pi}{2}} \frac{\omega}{(kv_{T_e})(k\lambda_e)^2}. \tag{7.4.15}$$

先忽略相对小的虚部, 得到

$$\omega^2 = \Omega_i^2 \frac{k^2\lambda_e^2}{1 + k^2\lambda_e^2}. \tag{7.4.16}$$

再利用 (7.3.17)、(7.3.4) 及 (7.1.15) 诸式, 可将上式写成

$$\omega^2 = \frac{zk_B T_e}{M} \frac{k^2}{1 + k^2\lambda_e^2}. \tag{7.4.17}$$

对于长波, $k\lambda_e \ll 1$, 上式又可化为 (将 ω 写作 ω')

$$\omega' = k\sqrt{\frac{zk_B T_e}{M}}, \quad (k\lambda_e \ll 1). \tag{7.4.18}$$

为确定 ω 的虚部, 将 $\omega = \omega' - i\gamma$ 代入 (7.4.15) 式的左边, 而在右边则取 $\omega = \omega'$; 两边的实部当然应是近似相等的; 从比较两边的虚部可以得到

$$\gamma = \omega'\sqrt{\frac{\pi zm}{8M}}. \tag{7.4.19}$$

由于 (7.4.15) 式右边的虚部是由电子成分贡献的 (离子成分的贡献为指数小), 所以阻尼是由电子造成的. 这是因为在 (7.4.14) 式的条件下, 按相速度 $\frac{\omega}{k}$ 运动的电子数虽然不多, 但不是指数小, 而这样的离子数则是指数小.

从色散关系 (7.4.18) 式看出, 当 $k\lambda_e \ll 1$ 时, 频率与波数成正比, 这同声波是一致的. 因此, 这支纵向等离子体波被称为**离子声波.** 这种波的相速度是

$$\frac{\omega}{k} = \sqrt{\frac{zk_B T_e}{M}} = \sqrt{\frac{zm}{M}} v_{T_e} = \sqrt{\frac{zT_e}{T_i}} v_{T_i}.$$

显然, 由于 $zm \ll M$, 条件 (7.4.14) 式的右半已经满足, 而要使左半也满足, 必须有

$$T_e \gg T_i. \tag{7.4.20}$$

这是离子声波存在的必要条件.

当波长稍短些, 使得 $\frac{1}{\lambda_e} \ll k \ll \frac{1}{\lambda_i}$ 时,(7.4.16) 式给出 $\omega = \Omega_i$, 这是类似于电子 Langmuir 波的离子波. 对于更短的波, 离子成分对阻尼率的贡献大, 波动不再有意义.

本节得到的纵向等离子体波的色散关系, 可以用图 7.2 表示出. 当 $\frac{\omega}{k} \approx v_{T_e}(A\text{区})$ 或 $\frac{\omega}{k} \approx v_{T_i}(B\text{区})$ 时, 阻尼很大, 波动没有意义. 在 $\frac{\omega}{k} \gg v_{T_e}$ 时, 有电子 Langmuir 波. 在 A、B 两区的夹缝中, 若 $T_i \ll T_e$, 则可以存在离子声波或离子 Langmuir 波. 从 (7.3.18) 式可见, 在 B 区以下的区域中 $\left(\frac{\omega}{k} \ll v_{T_i}\right)$, $\varepsilon_l(\omega, k)$ 不可能为零, 纵向等离子体波不复存在.

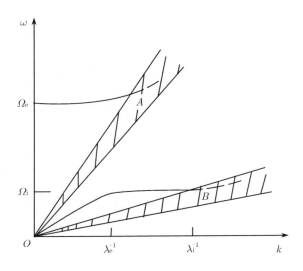

图 7.2   纵向等离子体波的色散关系

最后考察一下横场造成波动的可能性. 对方程组 (7.4.1) 进行简单的讨论可以知道, 横场总是归结到电磁波, 其色散关系为

$$\frac{\omega}{k} = \frac{c}{\sqrt{\varepsilon_t(\omega, k)}}. \tag{7.4.21}$$

由于

$$\frac{c}{\sqrt{\varepsilon_t}} > c \gg v_{T_e},$$

因此 $\omega \gg k v_{T_e}$, 空间色散可以忽略, 也就是说, 总可以认为

$$\varepsilon_t(\omega, k) \approx \varepsilon_t(\omega, 0) = \varepsilon(\omega).$$

这种波不存在 Landau 阻尼, 因为波的相速度超过光速, 没有任何粒子可能以这样高的速度运动.

§7.5   初始扰动的弛豫

以上的讨论都是就单色平面波进行的. 现在考虑如何在给定的小扰动初始条件下, 自洽地求解线性化的 Vlasov-Maxwell 方程组. 假定没有磁场而只有静电场

$$\boldsymbol{E} = -\nabla \varphi, \tag{7.5.1}$$

并假定离子保持平衡分布不变, 只有电子分布函数被扰动. 于是, 对于较小的扰动, 可以把方程组 (7.2.3)、(7.2.4) 和 (7.1.13) 写成

$$\frac{\partial \delta n(\boldsymbol{r}, \boldsymbol{v}, t)}{\partial t} + \boldsymbol{v} \cdot \frac{\partial \delta n(\boldsymbol{r}, \boldsymbol{v}, t)}{\partial \boldsymbol{r}} - \frac{e_0}{m} \boldsymbol{E} \cdot \frac{\partial n_0(v)}{\partial \boldsymbol{v}} = 0, \tag{7.5.2}$$

$$\boldsymbol{\rho}(\boldsymbol{r}, t) = -e_0 \int \delta n(\boldsymbol{r}, \boldsymbol{v}, t) \mathrm{d}\boldsymbol{v},$$

$$\boldsymbol{j}(\boldsymbol{r}, t) = -e_0 \int \delta n(\boldsymbol{r}, \boldsymbol{v}, t) \boldsymbol{v} \mathrm{d}\boldsymbol{v}, \tag{7.5.3}$$

$$\nabla \cdot \boldsymbol{E} = 4\pi \rho(\boldsymbol{r}, t),$$

$$\frac{\partial \boldsymbol{E}}{\partial t} = -4\pi \boldsymbol{j}(\boldsymbol{r}, t), \quad \nabla \times \boldsymbol{E} = 0, \tag{7.5.4}$$

式中 $n_0(v)$ 是电子的平衡 Maxwell 分布:

$$n_0(v) = N_{0\mathrm{e}} \left(\frac{m}{2\pi k_{\mathrm{B}} T_{\mathrm{e}}}\right)^{3/2} \exp\left(\frac{-mv^2}{2k_{\mathrm{B}} T_{\mathrm{e}}}\right). \tag{7.5.5}$$

电子的分布函数为

$$n(\boldsymbol{r}, \boldsymbol{v}, t) = n_0(v) + \delta n(\boldsymbol{r}, \boldsymbol{v}, t). \tag{7.5.6}$$

给定初始条件

$$n(\boldsymbol{r}, \boldsymbol{v}, 0) = n_0(v) + g(\boldsymbol{r}, \boldsymbol{v}), \tag{7.5.7}$$

式中 $|g| \ll n_0(v)$, 那么当 $t > 0$ 时仍可以保证

$$|\delta n(\boldsymbol{r}, \boldsymbol{v}, t)| \ll n_0(v),$$

于是 Vlasov-Maxwell 方程组可以线性化.

由 (7.5.1)~(7.5.4) 诸式可以得出分布函数的扰动 $\delta n(\boldsymbol{r}, \boldsymbol{v}, t)$ 和静电场的势 $\varphi(\boldsymbol{r}, t)$ 所满足的方程组:

$$\begin{cases} \dfrac{\partial \delta n(\boldsymbol{r}, \boldsymbol{v}, t)}{\partial t} + \boldsymbol{v} \cdot \dfrac{\partial \delta n(\boldsymbol{r}, \boldsymbol{v}, t)}{\partial \boldsymbol{r}} + \dfrac{e_0}{m} \nabla \varphi \cdot \dfrac{\partial n_0(v)}{\partial \boldsymbol{v}} = 0, \\ \nabla^2 \varphi = 4\pi e_0 \displaystyle\int \delta n(\boldsymbol{r}, \boldsymbol{v}, t) \mathrm{d}\boldsymbol{v}. \end{cases} \tag{7.5.8}$$

作 Fourier 变换:

$$\delta n(\boldsymbol{r}, \boldsymbol{v}, t) = \int \delta n_{\boldsymbol{k}}(\boldsymbol{v}, t) \mathrm{e}^{\mathrm{i}\boldsymbol{k} \cdot \boldsymbol{r}} \mathrm{d}\boldsymbol{k},$$

$$\varphi(\boldsymbol{r}, t) = \int \varphi_{\boldsymbol{k}}(t) \mathrm{e}^{\mathrm{i}\boldsymbol{k} \cdot \boldsymbol{r}} \mathrm{d}\boldsymbol{k},$$

(7.5.8) 式变换为

$$
\begin{cases}
\dfrac{\partial \delta n_{\boldsymbol{k}}(\boldsymbol{v},t)}{\partial t} + \mathrm{i}\boldsymbol{k}\cdot\boldsymbol{v}\,\delta n_{\boldsymbol{k}}(\boldsymbol{v},t) + \dfrac{e_0}{m}\varphi_{\boldsymbol{k}}(t)\mathrm{i}\boldsymbol{k}\cdot\dfrac{\partial n_0(v)}{\partial \boldsymbol{v}} = 0, \\[2mm]
-k^2\varphi_{\boldsymbol{k}}(t) = 4\pi e_0 \displaystyle\int \delta n_{\boldsymbol{k}}(\boldsymbol{v},t)\mathrm{d}\boldsymbol{v}.
\end{cases}
\tag{7.5.9}
$$

再作 Laplace 变换:

$$
\begin{cases}
\delta n_{\boldsymbol{k},s}(\boldsymbol{v}) = \displaystyle\int_0^\infty \mathrm{e}^{-st}\delta n_{\boldsymbol{k}}(\boldsymbol{v},t)\mathrm{d}t, \\[2mm]
\varphi_{\boldsymbol{k},s} = \displaystyle\int_0^\infty \mathrm{e}^{-st}\varphi_{\boldsymbol{k}}(t)\mathrm{d}t.
\end{cases}
\tag{7.5.10}
$$

它们的逆变换是

$$
\begin{cases}
\delta n_{\boldsymbol{k}}(\boldsymbol{v},t) = \dfrac{1}{2\pi\mathrm{i}}\displaystyle\int_{\sigma-\mathrm{i}\infty}^{\sigma+\mathrm{i}\infty}\mathrm{e}^{st}\delta n_{\boldsymbol{k},s}(\boldsymbol{v})\mathrm{d}s, \\[2mm]
\varphi_{\boldsymbol{k}}(t) = \dfrac{1}{2\pi\mathrm{i}}\displaystyle\int_{\sigma-\mathrm{i}\infty}^{\sigma+\mathrm{i}\infty}\mathrm{e}^{st}\varphi_{\boldsymbol{k},s}\mathrm{d}s;
\end{cases}
\tag{7.5.11}
$$

其中积分路径是复 s 平面中在虚轴右方并与虚轴平行的直线, 位于被积函数所有奇点的右边.

用 e^{-st} 乘 (7.5.9) 式中每一个方程的两边并对 t 积分, 由 $\sigma > 0$ 知 s 的实部为正, 结果得到

$$
\begin{cases}
(s+\mathrm{i}\boldsymbol{k}\cdot\boldsymbol{v})\delta n_{\boldsymbol{k},s}(\boldsymbol{v}) - g_{\boldsymbol{k}}(\boldsymbol{v}) + \dfrac{e_0}{m}\mathrm{i}\boldsymbol{k}\cdot\dfrac{\partial n_0(v)}{\partial \boldsymbol{v}}\varphi_{\boldsymbol{k},s} = 0, \\[2mm]
k^2\varphi_{\boldsymbol{k},s} = -4\pi e_0\displaystyle\int \delta n_{\boldsymbol{k},s}(\boldsymbol{v})\mathrm{d}\boldsymbol{v},
\end{cases}
\tag{7.5.12}
$$

式中

$$
g_{\boldsymbol{k}}(\boldsymbol{v}) = \int g(\boldsymbol{r},\boldsymbol{v})^{-\mathrm{i}\boldsymbol{k}\cdot\boldsymbol{r}}\dfrac{\mathrm{d}\boldsymbol{r}}{(2\pi)^3}.
\tag{7.5.13}
$$

从 (7.5.12) 的两式中消去 $\delta n_{\boldsymbol{k},s}(\boldsymbol{v})$, 得到 $\varphi_{\boldsymbol{k},s}$ 所满足的方程

$$
\varphi_{\boldsymbol{k},s} = \frac{4\pi e_0}{k^2\varepsilon_1(\mathrm{i}s,\boldsymbol{k})}\int \frac{g_{\boldsymbol{k}}(\boldsymbol{v})\mathrm{d}\boldsymbol{v}}{s+\mathrm{i}\boldsymbol{k}\cdot\boldsymbol{v}},
\tag{7.5.14}
$$

其中 $\varepsilon_1(\mathrm{i}s,\boldsymbol{k})$ 由 (7.2.22) 式给出. 取速度空间中 v_x 轴方向与 $\boldsymbol{k}$ 一致, 则 (7.5.14) 式又可写成

$$
\varphi_{\boldsymbol{k},s} = \frac{4\pi e_0}{k^2\varepsilon_1(\mathrm{i}s,\boldsymbol{k})}\int_{-\infty}^\infty \frac{\widetilde{g}_{\boldsymbol{k}}(v_x)\mathrm{d}v_x}{s+\mathrm{i}kv_x} = \frac{4\pi e_0\mathrm{i}}{k^2}\frac{\chi(\mathrm{i}s,\boldsymbol{k})}{\varepsilon_1(\mathrm{i}s,\boldsymbol{k})},
\tag{7.5.15}
$$

式中

$$
\widetilde{g}_{\boldsymbol{k}}(v_x) = \iint g_{\boldsymbol{k}}(\boldsymbol{v})\mathrm{d}v_y\mathrm{d}v_z,
$$

$$\chi(\mathrm{i}s, \boldsymbol{k}) = \int_{-\infty}^{\infty} \frac{\widetilde{g}_{\boldsymbol{k}}(v_x)\mathrm{d}v_x}{\mathrm{i}s - kv_x}. \tag{7.5.16}$$

将 (7.5.15) 式代入 (7.5.11) 中第二式, 得到

$$\varphi_{\boldsymbol{k}}(t) = \frac{2e_0}{k^2} \int_{\sigma-\mathrm{i}\infty}^{\sigma+\mathrm{i}\infty} \mathrm{e}^{st} \frac{\chi(\mathrm{i}s, \boldsymbol{k})}{\varepsilon_1(\mathrm{i}s, \boldsymbol{k})}\mathrm{d}s. \tag{7.5.17}$$

§7.3 中已证明, 对于具有平衡 Maxwell 分布的等离子体, $\varepsilon_1(\mathrm{i}s, \boldsymbol{k})$ 是复 s 平面上的整函数. 现在进一步假定 $\widetilde{g}_{\boldsymbol{k}}(v_x)$ 是复 v_x 平面上的整函数, 那么 (7.5.16) 式右边的积分路径可以无限制地向下移. 这样延拓之后, (7.5.16) 式所定义的 $\chi(\mathrm{i}s, \boldsymbol{k})$ 也是复 s 平面上的整函数. 显然, (7.5.17) 式中被积函数作为两个整函数之商, 它仅有的奇点就是使 $\varepsilon_1(\mathrm{i}s, \boldsymbol{k}) = 0$ 的极点.

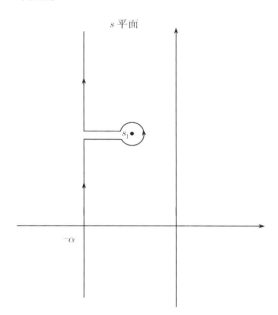

图 7.3　(7.5.17) 式中积分径的左移

将 (7.5.17) 式中的积分路径向左移动, 并在遇到 $\varepsilon_1(\mathrm{i}s, \boldsymbol{k}) = 0$ 的根时从其右边绕过, 如图 7.3 所示. 设这些根为

$$s_j = \mathrm{i}\omega_j(k) - \gamma_j(k), \quad j = 1, 2, \cdots \tag{7.5.18}$$

则 (7.5.17) 式的积分给出

$$\varphi_{\boldsymbol{k}}(t) = \frac{4\pi\mathrm{i}e_0}{k^2} \sum_j R_j \mathrm{e}^{s_j t} + \frac{2e_0}{k^2} \int_{-\alpha-\mathrm{i}\infty}^{-\alpha+\mathrm{i}\infty} \mathrm{e}^{st} \frac{\chi(\mathrm{i}s, \boldsymbol{k})}{\varepsilon_1(\mathrm{i}s, \boldsymbol{k})}\mathrm{d}s, \tag{7.5.19}$$

式中 R_j 是 (7.5.17) 式中被积函数在 s_j 处的留数, 积分路径是平行于虚轴的直线, α 充分大, 使积分路径在所有奇点 s_j 的左侧足够远. 于是积分项在 $t \to \infty$ 时衰减得比所有极点项 $R_j \mathrm{e}^{s_j t}$ 都快, 因而当 t 足够大时有

$$\varphi_{\boldsymbol{k}}(t) \sim \frac{4\pi \mathrm{i} e_0}{k^2} \sum_j R_j \mathrm{e}^{s_j t} = \frac{4\pi \mathrm{i} e_0}{k^2} \sum_j R_j \mathrm{e}^{\mathrm{i}\omega_j t} \mathrm{e}^{-\gamma_j t}. \tag{7.5.20}$$

可见, 当 $t \to \infty$ 时, 场 $\varphi_{\boldsymbol{k}}(t)$ 被阻尼掉. 这就是上节中提到过的 Landau 阻尼.

将 (7.5.15) 式代入 (7.5.12) 的第一式, 便得到

$$\delta n_{\boldsymbol{k},s}(\boldsymbol{v}) = \frac{1}{s + \mathrm{i}\boldsymbol{k} \cdot \boldsymbol{v}} \left[g_{\boldsymbol{k}}(\boldsymbol{v}) + \frac{4\pi e_0^2}{k^2 m} \boldsymbol{k} \cdot \frac{\partial n_0(v)}{\partial \boldsymbol{v}} \frac{\chi(\mathrm{i}s, \boldsymbol{k})}{\varepsilon_1(\mathrm{i}s, \boldsymbol{k})} \right]. \tag{7.5.21}$$

作逆 Laplace 变换时, 除了要考虑 $\varepsilon_1(\mathrm{i}s, \boldsymbol{k}) = 0$ 所导致的极点之外, 还要考虑到 $s = -\mathrm{i}\boldsymbol{k} \cdot \boldsymbol{v}$ 这个极点. 由于这个极点没有实部, 因此阻尼率为零, 它决定了 $t \to \infty$ 时积分的渐近行为

$$\delta n_{\boldsymbol{k}}(\boldsymbol{v}, t) \propto \mathrm{e}^{-\mathrm{i}\boldsymbol{k} \cdot \boldsymbol{v} t}. \tag{7.5.22}$$

这样, 分布函数就变成速度的振荡函数, 振荡的周期是 $\dfrac{1}{kt}$, 即随时间增长振荡越来越快. 通过计算电荷密度和电流密度, 可知它们都和 $\varphi_{\boldsymbol{k}}$ 一样随时间被阻尼.

分布函数在无碰撞等离子体中不被阻尼, 这一点是很重要的. 它深刻地反映了 Landau 阻尼的非耗散性质, 即不引起系统熵的增加. 尽管场被阻尼了, 但系统偏离平衡的变化却依然存在.

§7.6　等离子体回波

能够反映 Landau 阻尼是可逆过程的最明显的例子是等离子体回波.

考虑原来处于平衡状态的一维等离子体系统. 设它在 $t = 0$ 时受到一脉冲形的外势扰动

$$\varphi_1^{ex} = \varphi_1 \delta(t) \cos k_1 x,$$

式中 k_1 是常数. 这一扰动含有各种频率成分. 经过短暂的弛豫, 系统中可能就只剩下等离子体波动 (如离子声波和电子 Langmuir 波) 了. 电子 Langmuir 波的阻尼率 $\gamma(k_1)$ 由 (7.4.12) 式给出, 为指数小的量, 所以这种波可以维持较长的时间. 在 $t \gg \dfrac{1}{\gamma(k_1)}$ 时间后, 等离子体似乎已经 "平静" 了, 电势、电荷密度和电流密度的任何扰动都已消失; 但分布函数仍然未被阻尼, 如 (7.5.22) 式所示, 它只是速度的很快振荡的函数.

如果在 $t = 0$ 的脉冲之后隔一段时间 $\tau \gg \dfrac{1}{\gamma(k_1)}$, 再加一脉冲, 即引进外势扰动:

$$\varphi^{ex}(x, t) = \varphi_1 \delta(t)\cos k_1 x + \varphi_2 \delta(t - \tau)\cos k_2 x \tag{7.6.1}$$

式中 φ_1 和 φ_2 都是常数, $k_1 < k_2 \ll \dfrac{1}{\lambda_e}$; 那么在 $t = \tau$ 之后再经过一段时间 $\dfrac{1}{\gamma(k_2)}$, 等离子体是否又会归于 '平静' 呢? 初看也许会以为是这样, 但实际由于等二次脉冲引进之前等离子体并非处于平衡状态, 系统内由于等一次脉冲所造成的分布函数的变化依然存在, 所以会有新的现象发生.

由 Vlasov 方程 (7.1.12) 可见, 分布函数的扰动 $\delta n(x, v, t)$ 满足方程

$$\frac{\partial \delta n(x, v, t)}{\partial t} + v\frac{\partial \delta n(x, v, t)}{\partial x} + \frac{e_0}{m}\frac{\partial \varphi}{\partial x}\frac{\mathrm{d}n_0(v)}{\mathrm{d}v} = -\frac{e_0}{m}\frac{\partial \varphi}{\partial x}\frac{\partial \delta n(x, v, t)}{\partial v}, \tag{7.6.2}$$

式中已包括二阶项在内. 这里 v 是粒子速度在 x 轴方向的分量, 分布函数已对速度的 y、z 分量积分过, 而电势 φ 已包括了外势 $\varphi^{ex}(x, t)$ 和等离子体本身所产生的电势, 即有

$$\frac{\partial^2}{\partial x^2}(\varphi - \varphi^{ex}) = 4\pi e_0 \int \delta n(x, v, t)\mathrm{d}v. \tag{7.6.3}$$

方程 (7.6.2) 及 (7.6.3) 可用 Fourier 变换法求解. 令

$$\delta n(x, v, t) = \iint n_{\omega' k'}\mathrm{e}^{\mathrm{i}(k'x - \omega't)}\frac{\mathrm{d}\omega'\mathrm{d}k'}{(2\pi)^2}, \tag{7.6.4}$$

$$\varphi(x, t) = \iint \varphi_{\omega'' k''}\mathrm{e}^{\mathrm{i}(k''x - \omega''t)}\frac{\mathrm{d}\omega''\mathrm{d}k''}{(2\pi)^2}, \tag{7.6.5}$$

代入方程 (7.6.2) 及 (7.6.3) 后, 用 $\mathrm{e}^{-\mathrm{i}(kx - \omega t)}$ 乘方程两边并对 $\mathrm{d}x\mathrm{d}t$ 积分, 考虑到 (7.6.1) 式, 可得

$$(kv - \omega)n_{\omega k} + \frac{e_0}{m}k\varphi_{\omega k}\frac{\mathrm{d}n_0}{\mathrm{d}v} = -\frac{e_0}{m}\iint (k - k')\varphi_{\omega - \omega', k - k'}\frac{\mathrm{d}n_{\omega' k'}}{\mathrm{d}v}\frac{\mathrm{d}\omega'\mathrm{d}k'}{(2\pi)^2} \tag{7.6.6}$$

$$-k^2\varphi_{\omega k} = 4\pi e_0 \int n_{\omega k}\mathrm{d}v - k^2\varphi_{\omega k}^{ex}, \tag{7.6.7}$$

式中

$$\varphi_{\omega k}^{ex} = \pi\varphi_1[\delta(k + k_1) + \delta(k - k_1)] + \pi\varphi_2[\delta(k + k_2) + \delta(k - k_2)]\mathrm{e}^{\mathrm{i}\omega\tau}.$$

在一阶近似中, 略去 (7.6.6) 式右边, 可以求得方程 (7.6.6) 及 (7.6.7) 之解:

$$n_{\omega k}^{(1)} = -\frac{e_0}{m}\frac{\mathrm{d}n_0}{\mathrm{d}v}\frac{k}{kv - \omega}\varphi_{\omega k}^{(1)},$$

$$\varphi_{\omega k}^{(1)} = \frac{\varphi_{\omega k}^{ex}}{\varepsilon_1(\omega, k)}, \tag{7.6.8}$$

其中 $\varepsilon_1(\omega, k)$ 由 (7.2.23) 式给出. 为求得下一级近似, 在 (7.6.6) 及 (7.6.7) 式中置

$$n_{\omega k} = n_{\omega k}^{(1)} + n_{\omega k}^{(2)}, \quad \varphi_{\omega k} = \varphi_{\omega k}^{(1)} + \varphi_{\omega k}^{(2)},$$

利用 (7.6.8) 式的结果, 并只保留到二阶项, 便有

$$\begin{cases} (kv - \omega)n_{\omega k}^{(2)} + \dfrac{e_0}{m}k\varphi_{\omega k}^{(2)}\dfrac{\mathrm{d}n_0}{\mathrm{d}v} = \dfrac{\mathrm{d}I_{\omega k}}{\mathrm{d}v}, \\[3mm] k^2\varphi_{\omega k}^{(2)} = -4\pi e_0 \displaystyle\int n_{\omega k}^{(2)}\mathrm{d}v, \end{cases} \tag{7.6.9}$$

式中

$$I_{\omega k} = -\frac{e_0}{m}\int (k - k')\varphi_{\omega-\omega', k-k'}^{(1)} n_{\omega' k'}^{(1)} \frac{\mathrm{d}\omega'\mathrm{d}k'}{(2\pi)^2}. \tag{7.6.10}$$

由于 $t = \tau$ 以后第一次脉冲 $\varphi_1\delta(t)\cos k_1 x$ 所引起的电势扰动已经被阻尼, 因此在 (7.6.10) 式右边被积函数的因子 $\varphi_{\omega-\omega', k-k'}^{(1)}$ 中, 可以只考虑由第二次脉冲 $\varphi_2\delta(t - \tau)\cos k_2 x$ 的影响, 但因子 $n_{\omega' k'}^{(1)}$ 中第一次脉冲的影响却不能忽略, 因为分布函数未被阻尼. 在这样计算 (7.6.10) 式右边所出现的具有各种波数的二阶项中, 我们最感兴趣的是波数为 $k_2 - k_1$ 的给出 "回波" 的项, 即含有 $\delta[k\pm(k_2 - k_1)]$ 的项. 因为, 以后将要看到, 回波的振幅在一定时刻可以达到极大值. 只写出 $I_{\omega k}$ 中的这两项, 便有

$$I_{\omega k} = I_{\omega}(k_1, k_2)\delta(k - k_2 + k_1) + I_{\omega}(-k_1, -k_2)\delta(k + k_2 - k_1), \tag{7.6.11}$$

式中

$$I_{\omega}(k_1, k_2) = \frac{e_0^2}{4m^2}\varphi_1\varphi_2 k_1 k_2 \frac{\mathrm{d}n_0}{\mathrm{d}v}\int_{-\infty}^{\infty} \frac{\mathrm{e}^{\mathrm{i}(\omega-\omega')\tau}\mathrm{d}\omega'}{(k_1 v + \omega')\varepsilon_1(\omega - \omega', k_2)\varepsilon_1(\omega', k_1)}, \tag{7.6.12}$$

推导过程中用到 $\varepsilon_1(\omega, k)$ 与 $\boldsymbol{k}$ 的方向无关, 因而有 $\varepsilon_1(\omega, -k) = \varepsilon_1(\omega, k)$ 这一性质, 式中 ω' 应当理解为 $\omega' + \mathrm{i}0$.

(7.6.12) 式右边被积函数的极点包括 ε_1 的零点和 $\omega' = -k_1 v - \mathrm{i}0$. 在对 $\mathrm{d}\omega'$ 积分时, 可以将复 ω' 平面中的积分路径向下移, 但围道从这些极点上面绕过, 因此形成了绕每个极点的圈. 绕 ε_1 零点的圈贡献负虚部 $-\gamma(k_1)$ 或 $-\gamma(k_2)$, 所以随 τ 的增加这两项按 $\mathrm{e}^{-\gamma\tau}$ 衰减. 绕 $\omega' = -k_1 v - \mathrm{i}0$ 的圈贡献非阻尼的项. 因此, 充分长的时间之后, 有

$$I_{\omega}(k_1, k_2) = -\frac{e_0^2}{2m^2}\mathrm{i}\pi\frac{\mathrm{d}n_0}{\mathrm{d}v}\frac{\varphi_1\varphi_2 k_1 k_2 \mathrm{e}^{\mathrm{i}(\omega+k_1 v)\tau}}{\varepsilon_1(-k_1 v, k_1)\varepsilon_1(\omega + k_1 v, k_2)}. \tag{7.6.13}$$

再从方程 (7.6.9) 中第一式求出 $n_{\omega k}^{(2)}$, 代入第二式后, 可得

$$\varphi_{\omega k}^{(2)} = -\frac{4\pi e_0}{k^2 \varepsilon_1(\omega, k)} \int_{-\infty}^{\infty} \frac{\mathrm{d}I_{\omega k}}{\mathrm{d}v} \frac{\mathrm{d}v}{kv - \omega - \mathrm{i}0}. \tag{7.6.14}$$

当 $k_1 v_T \tau \gg 1$ 时, 求 $\dfrac{\mathrm{d}I_{\omega k}}{\mathrm{d}v}$ 时, 可以只对指数因子 $\mathrm{e}^{\mathrm{i}(\omega + k_1 v)\tau}$ 求导, 因为只有这样求导才会给出一个远大于 1 的因子. 对 (7.6.14) 作逆 Fouier 变换, 并且只考虑 $k_3 = k_2 - k_1$ 的项, 有

$$\varphi^{(2)}(x,t) = -\iiint \frac{4\pi e_0 \mathrm{e}^{\mathrm{i}(kx - \omega t)}}{k^2 \varepsilon_1(\omega, k)(2\pi)^2} \frac{\mathrm{d}I_\omega(k_1, k_2)}{\mathrm{d}v} \times \delta(k - k_2 + k_1)\frac{\mathrm{d}v \mathrm{d}\omega \mathrm{d}k}{kv - \omega - \mathrm{i}0},$$

由 (7.6.13) 式求得

$$\frac{\mathrm{d}I_\omega(k_1, k_2)}{\mathrm{d}v} = \frac{e_0^2 \pi}{2m^2} \frac{\mathrm{d}n_0}{\mathrm{d}v} \frac{\varphi_1 \varphi_2 k_1 k_2 \mathrm{e}^{\mathrm{i}(\omega + k_1 v)\tau} k_1 \tau}{\varepsilon_1(-k_1 v, k_1)\varepsilon_1(\omega + k_1 v, k_2)},$$

因此 $\varphi^{(2)}(x,t)$ 中含有一项:

$$\varphi^{(2)}(x,t) = \mathrm{Re}\{A(t)\mathrm{e}^{\mathrm{i}k_3 x}\}, \tag{7.6.15}$$

式中 $k_3 = k_2 - k_1$,

$$A(t) = -\frac{\mathrm{i}\pi}{m^2} e_0^3 \varphi_1 \varphi_2 \tau \frac{k_1^2 k_2}{k_3^2} \int_{-\infty}^{\infty} \frac{\mathrm{d}n_0}{\mathrm{d}v} \frac{\mathrm{e}^{-\mathrm{i}v k_3(t - \tau')}\mathrm{d}v}{\varepsilon_1(k_3 v, k_3)\varepsilon_1(-k_1 v, k_1)\varepsilon_1(k_2 v, k_2)}, \tag{7.6.16}$$

而 $\tau' = \dfrac{k_2 \tau}{k_3}$.

对于我们考虑的 $k\lambda_e \ll 1$ 的情况, 由 (7.4.12) 式知, $\gamma(k)$ 为指数小且随 k 的减小而减小, 既然 $k_3 < k_2$, 就可推知, $\varepsilon_1(k_2 v, k_2)$ 在复 v 平面上的零点比 $\varepsilon_1(k_3 v, k_3)$ 的零点更远离实轴, 但都在实轴以下. $\varepsilon_1(-k_1 v, k_1)$ 的零点则在复 v 平面的上半部. 因此, 当 $t - \tau' \to +\infty$ 时,(7.6.16) 式中积分的围道可由复 v 平面的下半部无穷远处绕回, 我们有

$$A(t) \propto \exp[-\gamma(k_3)(t - \tau')], \quad \text{当} t - \tau' \to \infty \text{时}. \tag{7.6.17}$$

但当 $t - \tau' \to -\infty$ 时, 围道要从复 v 平面的上半部无穷远处绕回, 我们有

$$A(t) \propto \exp\left[+\frac{k_3}{k_1}\gamma(k_1)(t - \tau')\right], \quad \text{当} t - \tau' \to -\infty \text{时}. \tag{7.6.18}$$

(7.6.17) 式及 (7.6.18) 式说明,$t = \tau'$ 时波数 $k_3 = k_2 - k_1$ 的波振幅最大. 从 (7.6.16) 式可见, 这一极大值与两脉冲的间隔 τ 成正比. 在极大值的两边 $A(t)$ 减小的方式分别由 (7.6.17) 式及 (7.6.18) 式给出. 这样, (7.6.15) 式所给出的**等离子体回波**,在振幅达到极大值之前以增长率 $k_3 \gamma(k_1)/k_1$ 增大, 而在过了极大值之后以下降率 $\gamma(k_3)$ 减小. 这个行为可以用图 7.4 来示意地说明.

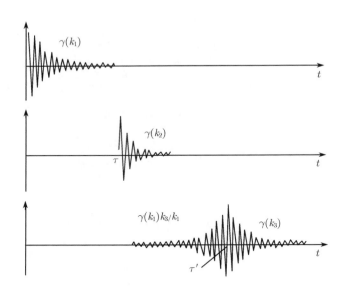

图 7.4   等离子体回波形成的示意图

以上分析说明, 相隔较长时间的两次脉冲, 会在一段时间之后重新激起场的**差拍振荡**.

对线性化 Vlasov 方程的讨论到此结束. 从下节开始将转向一般 Vlasov-Maxwell 方程组的讨论.

§7.7   矩方程法在等离子体理论中的应用

一般 Vlasov-Maxwell 方程组由 (7.1.12)~(7.1.14) 诸式组成. 这一方程组的非线性使研究工作十分难以进行. 我们现在用矩方法来讨论它. 首先引进分布函数 $n^{(e)}(\boldsymbol{r}, \boldsymbol{v}, t)$ 和 $n^{(i)}(\boldsymbol{r}, \boldsymbol{v}, t)$ 的各次矩. 以下只要在不致引起误解的地方都将不特别标出附标 (e) 和 (i). 分布函数的零次矩是粒子数密度

$$N = N(\boldsymbol{r}, t) \equiv \int n(\boldsymbol{r}, \boldsymbol{v}, t)\mathrm{d}\boldsymbol{v}. \tag{7.7.1}$$

一次矩正比于粒子的平均速度

$$\boldsymbol{u} = \boldsymbol{u}(\boldsymbol{r}, t) \equiv \frac{1}{N(\boldsymbol{r}, t)} \int n(\boldsymbol{r}, \boldsymbol{v}, t)\boldsymbol{v}\mathrm{d}\boldsymbol{v},$$

或者写成分量形式

$$u_i = u_i(\boldsymbol{r}, t) = \frac{1}{N(\boldsymbol{r}, t)} \int n(\boldsymbol{r}, \boldsymbol{v}, t)v_i\mathrm{d}\boldsymbol{v}. \tag{7.7.2}$$

以下将主要使用分量形式表示矢量和张量, 注意采用求和规定. 分布函数的二次矩导致**协强张量**:

$$P_{ij} = P_{ij}(\boldsymbol{r}, t) \equiv m \int V_i V_j n(\boldsymbol{r}, \boldsymbol{v}, t)\mathrm{d}\boldsymbol{v} \tag{7.7.3}$$

式中 m 表示电子或离子的质量, 而

$$V_i = v_i - u_i$$

是粒子的特有速度. 三次矩则导致**热流张量**:

$$Q_{ijk} = Q_{ijk}(\boldsymbol{r}, t) \equiv m \int V_i V_j V_k n(\boldsymbol{r}, \boldsymbol{v}, t)\mathrm{d}\boldsymbol{v}. \tag{7.7.4}$$

注意, P_{ij} 和 Q_{ijk} 都是对称张量. 取 Vlasov 方程的各次矩, 可以得到一组耦合的矩方程. 零次矩方程就是电子或离子的粒子数守恒方程

$$\frac{\partial N}{\partial t} + \frac{\partial}{\partial x_i}(u_i N) = 0. \tag{7.7.5}$$

一次矩方程是电子或离子的运动方程

$$\frac{\partial u_i}{\partial t} + u_j \frac{\partial u_i}{\partial x_j} = -\frac{1}{mN} \frac{\partial}{\partial x_j} P_{ij} + \frac{q}{m}\left(E_i + \frac{1}{c}\varepsilon_{ijk} u_j B_k\right), \tag{7.7.6}$$

注意, 上式用于电子时有 $q = -e_0$, 而用于离子时则有 $q = ze_0$. 反对称张量 ε_{ijk} 由 (7.1.20) 式定义. 二次矩方程可以由 (7.1.12) 式两边同时乘以 mVV 后对 $\mathrm{d}\boldsymbol{v}$ 积分得到. 结果为

$$\frac{\partial P_{ij}}{\partial t} + \frac{\partial}{\partial x_k}(Q_{ijk} + u_k P_{ij}) + P_{ik}\frac{\partial u_j}{\partial x_k} + \frac{\partial u_i}{\partial x_k}P_{kj}$$
$$= \frac{q}{mc}(\varepsilon_{ilm}P_{jl} + \varepsilon_{jlm}P_{il})B_m. \tag{7.7.7}$$

方程 (7.7.5)~(7.7.7) 并**不封闭,** 因为 Q_{ijk} 又与四次矩有关. 只有从某个矩截断, 才能得到封闭的方程组. 例如, 若假定热流足够弱, 则可在方程 (7.7.7) 中近似地取 $\frac{\partial}{\partial x_k}Q_{ijk}$ 为零, 从而使方程 (7.7.5)~(7.7.7) 及 (7.1.13) 和 (7.1.14) 诸方程提供到二次矩为止的封闭的描述, 又如, 若将等离子体看成**冷**的, 并在方程 (7.7.6) 中近似地取 $\frac{\partial}{\partial x_j}P_{ij}$ 为零, 则用方程 (7.7.5)、(7.7.6) 及 Maxwell 方程组 (7.1.13) 和 (7.1.14) 式可以提供一封闭的描述. 显然, 这样作相当于流体力学层次的描述.

作为矩方程方法应用的一个例子, 考虑无磁场情况下在一均匀氢等离子体背景中的离子声波扰动. 假设离子相对于电子是冷的, 即

$$T^{(\mathrm{i})} \ll T^{(\mathrm{e})}. \tag{7.7.8}$$

由于电子达到平衡分布的弛豫比离子快得多 (见 §5.8), 因此可以假定电子数密度已经达到 Boltzmann 分布

$$N^{(\mathrm{e})} = N_0^{(\mathrm{e})} \exp\left(\frac{e_0\phi}{k_\mathrm{B}T^{(\mathrm{e})}}\right), \tag{7.7.9}$$

式中 $N_0^{(\mathrm{e})}$ 是 $\phi = 0$ 处电子的数密度, 电势 ϕ 则由 Poisson 方程

$$\frac{\partial^2}{\partial x_i \partial x_i}\phi = 4\pi e_0(N^{(\mathrm{e})} - N^{(\mathrm{i})}) \tag{7.7.10}$$

确定. 对于离子, 由于条件 (7.7.8) 成立, 可以略去方程 (7.7.6) 中的 $\dfrac{\partial}{\partial x_j}P_{ij}$ 之后, 用 (7.7.5) 和 (7.7.6) 式来描述, 即

$$\frac{\partial N^{(\mathrm{i})}}{\partial t} + \frac{\partial}{\partial x_j}(N^{(\mathrm{i})}u_j^{(\mathrm{i})}) = 0, \tag{7.7.11}$$

$$\frac{\partial u_j^{(\mathrm{i})}}{\partial t} + u_k^{(\mathrm{i})}\frac{\partial}{\partial x_k}u_j^{(\mathrm{i})} = -\frac{e_0}{M}\frac{\partial \phi}{\partial x_j}. \tag{7.7.12}$$

由 $\boldsymbol{E} = -\dfrac{\partial \phi}{\partial \boldsymbol{r}}$ 及 $\boldsymbol{B} = 0$ 知, Maxwell 方程组 (7.1.13) 已满足, 所以 (7.7.9)~(7.7.12) 就构成关于 $N^{(\mathrm{e})}$、$N^{(\mathrm{i})}$、ϕ 和 $\boldsymbol{u}^{(\mathrm{i})}$ 的封闭方程组.

为简单起见, 讨论平几何的情况, 从 (7.7.9) 和 (7.7.10) 式消去 $N^{(e)}$ 之后, 就得到下面的方程组:

$$\begin{cases} \dfrac{\partial^2\phi}{\partial x^2} = 4\pi e_0\left[N_0^{(\mathrm{e})}\exp\left(\dfrac{e_0\varphi}{k_\mathrm{B}T^{(\mathrm{e})}}\right) - N^{(\mathrm{i})}\right], \\[2mm] \dfrac{\partial N^{(\mathrm{i})}}{\partial t} + \dfrac{\partial}{\partial x}(N^{(\mathrm{i})}u^{(\mathrm{i})}) = 0, \\[2mm] \dfrac{\partial u^{(\mathrm{i})}}{\partial t} + u^{(\mathrm{i})}\dfrac{\partial u^{(\mathrm{i})}}{\partial x} = -\dfrac{e_0}{M}\dfrac{\partial \phi}{\partial x} \end{cases} \tag{7.7.13}$$

引进量纲为一变量 x'、t'、ϕ'、N、u:

$$\begin{cases} x' = \dfrac{x}{\lambda_\mathrm{e}}, \ t' = t\Omega_\mathrm{i}, \ \phi' = \dfrac{e_0\phi}{k_\mathrm{B}T^{(\mathrm{e})}}, \\[2mm] N = \dfrac{N^{(\mathrm{i})}}{N_0^{(\mathrm{e})}}, \ u = u^{(\mathrm{i})}\sqrt{\dfrac{M}{k_\mathrm{B}T^{(\mathrm{e})}}}, \end{cases} \tag{7.7.14}$$

其中 λ_e、Ω_i 分别由 (7.3.4) 式及 (7.3.17) 式给出. 于是方程组 (7.7.13) 可以写成

$$\begin{cases} \dfrac{\partial^2\phi'}{\partial x'^2} = \mathrm{e}^{\phi'} - N, \\[2mm] \dfrac{\partial N}{\partial t'} + \dfrac{\partial(Nu)}{\partial x'} = 0, \\[2mm] \dfrac{\partial u}{\partial t'} + u\dfrac{\partial u}{\partial x'} = -\dfrac{\partial \phi'}{\partial x'}. \end{cases} \tag{7.7.15}$$

容易看出, $N = 1$、$u = 0$、$\phi' = 0$ 是均匀平衡解. 这时静电势为零, 粒子不动, 粒子密度等于均匀背景的粒子密度. 让我们考虑对这个平衡解的扰动. 令

$$N = 1 + n,$$

并认为 n(注意勿与分布函数混淆), u 及 ϕ' 都是一阶小量, 在方程组 (7.7.15) 中略去二阶小量, 可得

$$
\begin{cases}
\dfrac{\partial^2 \phi'}{\partial x'^2} = \phi' - n, \\[2mm]
\dfrac{\partial n}{\partial t'} + \dfrac{\partial u}{\partial x'} = 0, \\[2mm]
\dfrac{\partial u}{\partial t'} + \dfrac{\partial \phi'}{\partial x'} = 0.
\end{cases}
\tag{7.7.16}
$$

从上列方程组消去 u 和 n, 可得

$$\frac{\partial^2 \phi'}{\partial t'^2} - \frac{\partial^2 \phi'}{\partial x'^2} - \frac{\partial^4 \phi'}{\partial t'^2 \partial x'^2} = 0.$$

考虑平面波形状的扰动:

$$\phi' \propto \exp[\mathrm{i}(k'x' - \omega't')],$$

则得到色散关系:

$$\omega'^2 = \frac{k'^2}{1 + k'^2}.$$

回到原来的变量 x、t, 由 $k'x' = kx, \omega't' = \omega t$, 得到 $k' = \lambda_{\mathrm{e}}k, \omega' = \dfrac{\omega}{\Omega_{\mathrm{i}}}$. 于是色散关系可以写成

$$\omega^2 = \Omega_{\mathrm{i}}^2 \frac{k^2 \lambda_{\mathrm{e}}^2}{1 + k^2 \lambda_{\mathrm{e}}^2},
\tag{7.7.17}$$

与 (7.4.16) 式完全一致.

现在进一步研究非线性方程组 (7.7.15) 的孤波解. 所谓**孤波**, 就是随时间在空间推移而不改变其形状的扰动. 为寻找这样的解, 设 ϕ'、N 及 u 都只是变量组合

$$\eta = x' - Mat'
\tag{7.7.18}$$

的函数, 式中 Ma 是 **Mach 数**, 亦即在 t'、x' 时空坐标系中孤波的速度. 由变换 (7.7.14) 可知

$$Ma = \frac{u_0}{c_s},$$

式中 u_0 是在 t、x 时空坐标系中测出的孤波速度, 而

$$c_s = \lambda_{\mathrm{e}} \Omega_{\mathrm{i}} = \sqrt{\frac{k_{\mathrm{B}} T^{(\mathrm{e})}}{Ma}}$$

是离子声波的相速度. 设扰动仅在有限远处存在, 则相应的边界条件为

$$|\eta| \to \infty \text{ 时 } \phi' \to 0, \ \frac{\mathrm{d}\phi'}{\mathrm{d}\eta} \to 0, \ u \to 0, \ N \to 1 \ , \ N' \to 0. \qquad (7.7.19)$$

这里 $|\eta| \to \infty$ 意味着 t 固定时 $x \to \pm\infty$, 或 x 固定时 $t \to \infty$. 利用变量 η, 可以把方程组 (7.7.15) 写成

$$\frac{\mathrm{d}^2\phi'}{\mathrm{d}\eta^2} = \mathrm{e}^{\phi'} - N, \qquad (7.7.20)$$

$$-Ma\frac{\mathrm{d}N}{\mathrm{d}\eta} + \frac{\mathrm{d}}{\mathrm{d}\eta}(Nu) = 0, \qquad (7.7.21)$$

$$-Ma\frac{\mathrm{d}u}{\mathrm{d}\eta} + u\frac{\mathrm{d}u}{\mathrm{d}\eta} = -\frac{\mathrm{d}\phi'}{\mathrm{d}\eta}. \qquad (7.7.22)$$

积分 (7.7.21) 式, 利用条件 (7.7.19), 得到

$$u = Ma\left(1 - \frac{1}{N}\right) < Ma, \qquad (7.7.23)$$

从 (7.7.22) 式积分, 得

$$(Ma - u)^2 = Ma^2 - 2\phi',$$

将 (7.7.23) 式代入, 得到

$$N = Ma(Ma^2 - 2\phi')^{-1/2} \qquad (7.7.24)$$

再将 (7.7.24) 式代入 (7.7.20) 式, 有

$$\frac{\mathrm{d}^2\phi'}{\mathrm{d}\eta^2} = \mathrm{e}^{\phi'} - \frac{Ma}{\sqrt{Ma^2 - 2\phi'}}$$

两边乘以 $\dfrac{\mathrm{d}\phi'}{\mathrm{d}\eta}$ 后对 η 积分, 得

$$\frac{1}{2}\left(\frac{\mathrm{d}\phi'}{\mathrm{d}\eta}\right)^2 = \mathrm{e}^{\phi'} + Ma\sqrt{Ma^2 - 2\phi'} - (Ma^2 + 1) \qquad (7.7.25)$$

这是 ϕ' 的一阶非线性常微分方程. 当 Ma 在某个范围内时, 方程 (7.7.25) 有解, 这个解就是孤波解. 为求出这个解, 考虑 Mach 数略超过 1 的情形, 令

$$\varepsilon = Ma - 1, 0 < \varepsilon \ll 1 \qquad (7.7.26)$$

将方程 (7.7.25) 右边展开成 ϕ' 及 ε 的级数, 保留到三阶小量为止, 可以得到

$$\left(\frac{\mathrm{d}\phi'}{\mathrm{d}\eta}\right)^2 = \frac{2}{3}\phi'^2(3\varepsilon - \phi'). \qquad (7.7.27)$$

这个方程可以积分, 从而得到一个孤波解:

$$\phi' = 3\varepsilon \operatorname{sech}^2 \left[\left(\frac{\varepsilon}{2} \right)^{\frac{1}{2}} (x' - Mat') \right] \tag{7.7.28}$$

这个孤波的波幅为 3ε, 而宽度大约是 $\varepsilon^{-\frac{1}{2}}$.

§ 7.8*　Korteweg-de Vries 方程

为了更系统地研究非线性方程组 (7.7.20)~(7.7.22) 的性质, 我们用 $\varepsilon = Ma - 1$ 作为小参量在各未知量平衡值 (7.7.19) 的附近展开:

$$\begin{cases} N = 1 + \varepsilon N^{(1)} + \varepsilon^2 N^{(2)} + \cdots, \\ \phi' = \varepsilon \phi^{(1)} + \varepsilon^2 \phi^{(2)} + \cdots, \\ u = \varepsilon u^{(1)} + \varepsilon^2 u^{(2)} + \cdots. \end{cases} \tag{7.8.1}$$

应当注意, 上节得到的 (7.7.28) 式形状的解中, 宗量为

$$\frac{1}{\sqrt{2}} [\varepsilon^{1/2} (x' - t') - \varepsilon^{3/2} t'],$$

因此, 时空坐标的合适的标度是

$$\xi' = \varepsilon^{1/2} (x' - t'), \tau = \varepsilon^{3/2} t'. \tag{7.8.2}$$

将自变量从 (x', t') 变换到 (ξ', τ), 利用

$$\frac{\partial}{\partial x'} = \varepsilon^{1/2} \frac{\partial}{\partial \xi'}, \frac{\partial}{\partial t'} = \varepsilon^{3/2} \frac{\partial}{\partial \tau} - \varepsilon^{1/2} \frac{\partial}{\partial \xi'},$$

可以把方程 (7.7.20)~(7.7.22) 写成

$$\begin{cases} \varepsilon \dfrac{\partial^2 \phi'}{\partial \xi'^2} = \mathrm{e}^{\phi'} - N, \\[2mm] \varepsilon \dfrac{\partial N}{\partial \tau} - \dfrac{\partial N}{\partial \xi'} + \dfrac{\partial (Nu)}{\partial \xi'} = 0, \\[2mm] \varepsilon \dfrac{\partial u}{\partial \tau} - \dfrac{\partial u}{\partial \xi'} + u \dfrac{\partial u}{\partial \xi'} = -\dfrac{\partial \phi'}{\partial \xi'}. \end{cases} \tag{7.8.3}$$

将 (7.8.1) 式代入方程 (7.8.3), 写出 ε 阶方程, 有

$$\phi^{(1)} = N^{(1)},$$

$$\frac{\partial N^{(1)}}{\partial \xi'} = \frac{\partial u^{(1)}}{\partial \xi'},$$

$$\frac{\partial u^{(1)}}{\partial \xi'} = \frac{\partial \phi^{(1)}}{\partial \xi'}.$$

因此可以选取

$$\phi^{(1)} = N^{(1)} = u^{(1)}. \tag{7.8.4}$$

(7.8.3) 式的 ε^2 阶方程为

$$\begin{cases} \dfrac{\partial^2 \phi^{(1)}}{\partial \xi'^2} = \phi^{(2)} + \dfrac{1}{2}[\phi^{(1)}]^2 - N^{(2)}, \\ -\dfrac{\partial N^{(2)}}{\partial \xi'} + \dfrac{\partial N^{(1)}}{\partial \tau} + \dfrac{\partial (N^{(1)} u^{(1)})}{\partial \xi'} + \dfrac{\partial u^{(2)}}{\partial \xi'} = 0, \\ -\dfrac{\partial u^{(2)}}{\partial \xi'} + \dfrac{\partial u^{(1)}}{\partial \tau} + u^{(1)} \dfrac{\partial u^{(1)}}{\partial \xi'} = -\dfrac{\partial \phi^{(2)}}{\partial \xi'}. \end{cases} \tag{7.8.5}$$

利用 (7.8.4) 式, 从 (7.8.5) 式消去 $N^{(2)}$ 和 $u^{(2)}$, 可得 $N^{(1)}$ 所满足的方程

$$\frac{\partial N^{(1)}}{\partial \tau} + N^{(1)} \frac{\partial N^{(1)}}{\partial \xi'} + \frac{1}{2} \frac{\partial^3 N^{(1)}}{\partial \xi'^3} = 0. \tag{7.8.6}$$

令

$$N^{(1)} = 2^{-1/3} a, \ \xi' = 2^{-1/3} \xi,$$

方程 (7.8.6) 可改写成

$$\frac{\partial a}{\partial \tau} + a \frac{\partial a}{\partial \xi} + \frac{\partial^3 a}{\partial \xi^3} = 0 \tag{7.8.7}$$

这个方程称为 **Korteweg-de Vries 方程**, 简称 **KdV 方程.** 它是在 1895 年就浅水表面波问题导出的. 关于这一方程的理论目前已相当成熟. 这里只作一简单介绍.

　　为寻找 (7.8.7) 式的具有稳定波形的解, 设

$$a = a(\eta), \eta = \xi - v_0 \tau. \tag{7.8.8}$$

将 (7.8.8) 式代入 (7.8.7) 式, 并用 ' ' 号表示对 η 的求导, 便得到

$$a''' + aa' - v_0 a' = 0. \tag{7.8.9}$$

对于任意常数 V, 方程 (7.8.9)**在变换**

$$a \to a + V, v_0 \to v_0 + V \tag{7.8.10}$$

下形式不变.

　　方程 (7.8.9) 的第一次积分为

$$a'' + \frac{1}{2} a^2 - v_0 a = \frac{1}{2} c_1,$$

式中 c_1 是积分常数. 用 $2a'$ 乘上式两边, 再作积分, 得到

$$a'^2 = -\frac{1}{3}a^3 + v_0 a^2 + c_1 a + c_2 \tag{7.8.11}$$

式中 c_2 是另一个积分常数. 用 (7.8.11) 式右边的三个根 a_1、a_2、a_3 代替常系数 v_0、c_1、c_2, 可以把方程写成

$$a'^2 = -\frac{1}{3}(a - a_1)(a - a_2)(a - a_3). \tag{7.8.12}$$

显然有

$$v_0 = \frac{1}{3}(a_1 + a_2 + a_3). \tag{7.8.13}$$

我们只关心 $|a(\eta)|$ 有界的解, 因为导出 KdV 方程时已假定 a 是小量. 容易看出, 三个根 a_1、a_2、a_3 中至少有一个实根, 其余两个或者也是实根, 或者是一对共轭复根. 如果是后一情况, 例如 $a_1 = a_2^*$, 那么 (7.8.12) 式的右边就可以写成 $\frac{1}{3}|a - a_1|^2(a_3 - a)$. 若 $\eta = 0$ 时给定 $a < a_3$, 则 $a'^2 > 0$; 对 $\eta = 0$ 时 $a' < 0$ 的情形, 在 η 增大时 $a \to -\infty$; 对 $\eta = 0$ 时 $a' > 0$ 的情形, 在 η 增大时 a 将向 a_3 靠近, 在 a 达到 a_3 时, $a' = 0$ 但 $a'' < 0$, 所以 a 又将折回. 随 η 的增大而趋向 $-\infty$. 因此有一对共轭复根的假定将导致 $|a(\eta)|$ 无界. 以下我们只考虑 a_1、a_2、a_3 都是实根的情况. 不失一般性, 可假设 $a_3 \leqslant a_2 \leqslant a_1$, 而通过 (7.8.10) 式中的变换总可以使 a_3 为零. 如果 a_1 和 a_2 也都为零, 那么方程 (7.8.12) 将只有平庸解 $a = 0$. 所以我们假定 $a_1 \neq 0$. 于是, 方程 (7.8.12) 可以写成

$$a'^2 = \frac{1}{3}a(a - a_2)(a_1 - a),$$
$$0 \leqslant a_2 \leqslant a_1, \ a_1 > 0. \tag{7.8.14}$$

容易发现, a 只能在 $[a_2, a_1]$ 之间变化, 否则又将导致 $|a(\eta)|$ 无界.

方程 (7.8.14) 的解的性质取决于 a_2 是否为零. 若 $a_2 = 0$, 则可以解出

$$a(\eta) = a_1 \mathrm{sech}^2 \left(\frac{1}{2}\eta\sqrt{\frac{a_1}{3}}\right), \tag{7.8.15}$$

式中积分常数的选择使 $\eta = 0$ 时 $a(\eta)$ 取极大值. (7.8.15) 式是一个孤波解. 由 (7.8.13) 式知

$$v_0 = \frac{1}{3}a_1. \tag{7.8.16}$$

这说明孤波的速度随振幅的增大而加快.

如果 $a_2 \neq 0$, 则方程 (7.8.14) 的积分给出

$$\eta = \int_a^{a_1} \frac{\sqrt{3}\mathrm{d}a}{\sqrt{a(a_1 - a)(a - a_2)}} = \sqrt{\frac{12}{a_1}}F(\alpha, s), \tag{7.8.17}$$

式中 $F(\alpha, s)$ 是第一类椭圆积分：

$$F(\alpha, s) = \int_0^{\alpha} \frac{\mathrm{d}\theta}{\sqrt{1 - s^2 \sin^2\theta}}, \tag{7.8.18}$$

而 α、s 定义如下：

$$\sin\alpha = \sqrt{\frac{a_1 - a}{a_1 - a_2}}, \quad s = \sqrt{1 - \frac{a_2}{a_1}}, \tag{7.8.19}$$

积分常数已取为使 $\eta = 0$ 处 $a = a_1$. a 通过 (7.8.19) 式成为 α 的函数, 而 α 通过 (7.8.17) 式成为 η 的函数. 从这些式子反解出 a, 得到

$$a = a_1 \mathrm{d}n^2 \left(\sqrt{\frac{a_1}{12}}\eta, s \right). \tag{7.8.20}$$

这里

$$\mathrm{d}n(F, s) = \sqrt{1 - s^2 \sin^2\alpha}, \tag{7.8.21}$$

而 F 与 α 的关系由 (7.8.18) 式决定.

(7.8.20) 式是一个 η 的周期函数. 容易得出它的周期是

$$\lambda = 4\sqrt{\frac{3}{a_1}} F\left(\frac{\pi}{2}, s\right) = 4\sqrt{\frac{3}{a_1}} K(s), \tag{7.8.22}$$

式中

$$K(s) = F\left(\frac{\pi}{2}, s\right) = \int_0^{\frac{\pi}{2}} \frac{\mathrm{d}\alpha}{\sqrt{1 - s^2 \sin^2\alpha}}. \tag{7.8.23}$$

事实上, $F(\alpha, s)$ 作为 α 的函数, 当 α 增加 π 时, F 增加 $2K(s)$. 从 (7.8.21) 式看出 $\mathrm{d}n(F, s)$ 是 F 的周期函数, 其周期为 $2K(s)$, 因此得到 (7.8.22) 式. 这个周期 λ 也就是在确定的时间内观察到的波长.

当 $a_2 \to a_1$ 时, $s \ll 1$. 利用近似表达式;

$$\mathrm{d}n(z, s) = 1 - \frac{1}{4}s^2 + \frac{1}{4}s^2\cos 2z + O(s^4), \quad s \ll 1$$

可以把 (7.8.20) 式近似地写成简谐波

$$a = \frac{1}{2}(a_1 + a_2) + \frac{1}{2}(a_1 - a_2)\cos\left(\sqrt{\frac{a_1}{3}}\eta\right). \tag{7.8.24}$$

在 $a_2 \to 0$ 的极限情形下, $s \to 1$, $K(s)$ 有近似表达式[68]：

$$K(s) = \frac{1}{2}\ln\frac{16}{1 - s^2}[1 + O(1 - s^2)] \tag{7.8.25}$$

所以从 (7.8.22) 式看出, 波长对数增长:

$$\lambda = \sqrt{\frac{12}{a_1}} \ln \frac{16a_1}{a_2}. \tag{7.8.26}$$

这说明 a_2 减小时, 相邻的波腹之间距离增大. 波腹附近的波形可以由 (7.8.20) 式取 $s = 1$ 处的极限得到. 对于有限的 z, 有 $\mathrm{dn}(z,1) = \mathrm{sech}\, z$ 因此 (7.8.20) 式又约化为 (7.8.15) 式. 这说明当 $a_2 \to 0$ 时, 周期性波将分成一系列相隔很远的孤波.

从本节得到的孤波解和周期性波解看出, $a(\xi, \tau)$ 曲线下覆盖的面积不随时间改变, 即

$$\frac{\mathrm{d}}{\mathrm{d}\tau} \int_{-\infty}^{\infty} a(\xi, \tau) \mathrm{d}\xi = 0. \tag{7.8.27}$$

事实上, 将方程 (7.8.7) 两边对 ξ 积分, 立即可以证明上式, 这说明 $\int_{-\infty}^{\infty} a(\xi, \tau)\mathrm{d}\xi$ 是一个 **运动常数**. **Miura** 等曾得到 11 个运动常数的显式[69].

§7.9* KdV 方程任意初值问题的解

非线性偏微分方程的任意初值问题是一个困难的问题. 但是, 从研究 Korteweg-de Vries 方程与 Schrödinger 方程本征值问题的相互关系入手, 却找到了解决 Korteweg-de Vries (KdV) 方程的任意初值问题的途径.

设

$$V(\xi, \tau) = -\frac{1}{6} a(\xi, \tau), \tag{7.9.1}$$

那么方程 (7.8.7) 可以写成

$$\frac{\partial V}{\partial \tau'} - 6V \frac{\partial V}{\partial \xi} + \frac{\partial^3 V}{\partial \xi^3} = 0. \tag{7.9.2}$$

先设想 $V(\xi, \tau)$ 为已知, 并把它看成是一个与时间 τ 有关的势垒, 写出定态 Schrödinger 方程

$$\frac{\partial^2 \psi}{\partial \xi^2} + [E - V(\xi, \tau)]\psi = 0 \tag{7.9.3}$$

式中 E 是能量本征值, 把 τ 看成一个参量. 显然 ψ 和 E 都依赖于参量 τ. 如果对一给定 τ 值可以求得方程 (7.9.3) 的本征态, 其中包括有限个束缚态, 相应的能量为

$$E_n = -k_n^2, \quad n = 1, 2, \cdots, N,$$

还包括一连续统态, 其能量为

$$E = k^2, \quad k > 0.$$

属于本征值 E_n 的束缚态本征函数 ψ_n 具有渐近形式

$$\psi_n \sim c_n \mathrm{e}^{-k_n|\xi|}, \qquad \text{当}|\xi| \to \infty \text{ 时} \tag{7.9.4}$$

式中 $c_n = c_n(\tau), k_n = k_n(\tau)$ 都依赖于参量 τ. 可以假定束缚态的波函数为实函数且已归一化:

$$\int_{-\infty}^{\infty} \psi_n^2 \mathrm{d}\xi = 1. \tag{7.9.5}$$

属于连续统本征值 E 的波函数与势垒的穿透有关. 假设在 $\xi \to \infty$ 时 $V = 0$, 粒子自由运动. 可设想从 $\xi = \infty$ 处有一稳定的平面波 $\mathrm{e}^{-\mathrm{i}k\xi}$ 传来, 碰到势垒时会发生贯穿和反射, 被反射的部分与入射波合起来写成

$$\psi = \mathrm{e}^{-\mathrm{i}k\xi} + R(k,\tau)\mathrm{e}^{\mathrm{i}k\xi}, \quad \xi \to \infty; \tag{7.9.4'}$$

而贯穿势垒的部分是

$$\psi = T(k,\tau)\mathrm{e}^{-\mathrm{i}k\xi}, \quad \xi \to -\infty. \tag{7.9.4''}$$

其中 $R(k,\tau)$ 和 $T(k,\tau)$ 分别称为反射系数和贯穿系数. 由粒子数守恒知道

$$|R|^2 + |T|^2 = 1.$$

在量子力学中, **逆散射问题**[70] 是, 已知 $\{c_n(\tau), k_n(\tau)\}, n = 1, 2, \cdots, N$ 和 $R(k,\tau)$, 求势 $V(\xi,\tau)$ 的形状. 逆散射问题的解由下式给出:

$$V(\xi,\tau) = -2\frac{\mathrm{d}K(\xi,\xi,\tau)}{\mathrm{d}\xi} \tag{7.9.6}$$

其中 $K(\xi,\xi,\tau)$ 是线性 **Gelfand-Levitan 积分方程** (参见文献 [71])

$$K(\xi,\eta,\tau) + B(\xi+\eta,\tau) + \int_{-\xi}^{\infty} \mathrm{d}\eta' B(\eta+\eta',\tau)K(\xi,\eta',\tau) = 0 \tag{7.9.7}$$

的解在 $\eta = \xi$ 时之值; (7.9.7) 式中 $B(\xi,\tau)$ 由下式定义

$$B(\xi,\tau) = \frac{1}{2\pi}\int_{-\infty}^{\infty} \mathrm{d}k R(k,\tau)\mathrm{e}^{\mathrm{i}k\xi} + \sum_{n=1}^{N} c_n^2(\tau)\mathrm{e}^{-k_n(\tau)\xi}. \tag{7.9.8}$$

从 (7.9.6)~(7.9.8) 式可见, 只要我们知道 $c_n(\tau)$、$k_n(\tau)$ 和 $R(k,\tau)$, 就可以求得 $V(\xi,\tau)$. 现在让我们来考察上面的结果和求解 KdV 方程的关系.

从方程 (7.9.3) 解出

$$V(\xi,\tau) = E(\tau) + \frac{1}{\psi}\frac{\partial^2\psi}{\partial\xi^2}. \tag{7.9.9}$$

设这 $V(\xi, \tau)$ 满足 KdV 方程(7.9.2). 代入 (7.9.2) 式, 经过仔细计算后, 可以得到

$$\frac{\mathrm{d}E}{\mathrm{d}\tau}\psi^2 = \frac{\partial}{\partial\xi}\left[\frac{\partial\psi}{\partial\xi}Q - \psi\frac{\partial Q}{\partial\xi}\right] \tag{7.9.10}$$

式中

$$Q = \frac{\partial\psi}{\partial\tau} + \frac{\partial^3\psi}{\partial\xi^3} - 3(V + E)\frac{\partial\psi}{\partial\xi}. \tag{7.9.11}$$

对于离散本征值 $E_n(\tau) = -k_n^2(\tau)$ 及相应的归一化函数 $\psi_n(\xi, \tau)$, 把方程 (7.9.10) 两边对 ξ 从 $-\infty$ 到 ∞ 积分, 得到

$$\frac{\mathrm{d}E_n}{\mathrm{d}\tau}\int_{-\infty}^{\infty}\psi_n^2\mathrm{d}\xi = 0 \tag{7.9.12}$$

考虑到 (7.9.5) 式, 有

$$\frac{\mathrm{d}E_n}{\mathrm{d}\tau} = 0, \tag{7.9.13}$$

所以 $k_n(\tau)$ 与 τ 无关:

$$k_n(\tau) = k_n(0). \tag{7.9.14}$$

将 (7.9.13) 式代回 (7.9.10) 式中, 得

$$\frac{\partial}{\partial\xi}\left[\frac{\partial\psi_n}{\partial\xi}Q_n - \psi_n\frac{\partial Q_n}{\partial\xi}\right] = 0,$$

式中 Q_n 是 (7.9.11) 式中置 $\psi = \psi_n$、$E = E_n$ 所得表达式. 将上式对 ξ 从 $-\infty$ 到 ξ 积分, 得到

$$\frac{\partial\psi_n}{\partial\xi}Q_n - \psi_n\frac{\partial Q_n}{\partial\xi} = D_n(\tau) \tag{7.9.15}$$

用 ψ_n^{-2} 乘上式两边并对 ξ 从 $-\infty$ 到 ξ 积分, 得

$$\frac{Q_n}{\psi_n} = D_n(\tau)\int_{-\infty}^{\xi}\frac{\mathrm{d}\xi}{\psi_n^2} + F_n(\tau) \tag{7.9.16}$$

由 (7.9.11) 式得出 Q_n, 代入上式左边后, 得到

$$\frac{\partial\psi_n}{\partial\tau} + \frac{\partial^3\psi_n}{\partial\xi^3} - 3(V + E_n)\frac{\partial\psi_n}{\partial\xi} = F_n\psi_n + D_n\psi_n\int_{-\infty}^{\xi}\frac{\mathrm{d}\xi}{\psi_n^2}. \tag{7.9.17}$$

由于 $\psi_n(\xi, \tau)$ 在 $-\infty$ 处指数衰减, 所以为避免上式中积分发散, 应选取

$$D_n(\tau) = 0. \tag{7.9.18}$$

将 (7.9.17) 式乘以 ψ_n 后再对 ξ 从 $-\infty$ 到 ∞ 积分, 并将 (7.9.9) 式代入, 经分部积分后可得

$$F_n(\tau) \int_{-\infty}^{\infty} \psi_n^2 \mathrm{d}\xi = 0,$$

所以

$$F_n(\tau) = 0. \tag{7.9.19}$$

于是, (7.9.17) 式成为

$$\frac{\partial \psi_n}{\partial \tau} + \frac{\partial^3 \psi_n}{\partial \xi^3} - 3(V + E_n)\frac{\partial \psi_n}{\partial \xi} = 0. \tag{7.9.20}$$

当 $\xi \to \infty$ 时, $V \to 0$, 而 ψ_n 取 (7.9.4) 式的形状. 将 (7.9.4) 式代入 (7.9.20) 式, 可以得到

$$c_n(\tau) = c_n(0)\mathrm{e}^{4k_n^3\tau}, \quad \xi \to \infty. \tag{7.9.21}$$

对于连续谱, (7.9.10) 式也成立. 对于固定的 $k > 0$, 能量 $E = k^2$ 满足 $\dfrac{\mathrm{d}E}{\mathrm{d}\tau} = 0$, 这能量所对应的本征函数 ψ 满足

$$\frac{\partial}{\partial \xi}\left[\frac{\partial \psi}{\partial \xi}Q - \psi\frac{\partial Q}{\partial \xi}\right] = 0.$$

与离散谱情况相似, 可求得

$$\frac{\partial \psi}{\partial \tau} + \frac{\partial^3 \psi}{\partial \xi^3} - 3(V + E)\frac{\partial \psi}{\partial \xi} = F(\tau)\psi + D(\tau)\psi \int_{-\infty}^{\xi} \frac{\mathrm{d}\xi}{\psi^2}. \tag{7.9.22}$$

当 $\xi \to -\infty$ 时, $V \to 0$, ψ 由 (7.9.4$''$) 式给出, 所以 (7.9.22) 式成为

$$\frac{\partial T(k,\tau)}{\partial \tau} + 4\mathrm{i}k^3 T(k,\tau) = F(\tau)T(k,\tau) + \frac{D(\tau)}{T(k,\tau)} \int_{-\infty}^{\xi} \mathrm{e}^{2\mathrm{i}k\xi'} \mathrm{d}\xi'.$$

当 ξ 变动时, 上式右边第二项是振荡的, 但其余各项都保持不变, 因此必然有 $D(\tau) = 0$. 因此 (7.9.22) 式变成

$$\frac{\partial \psi}{\partial \tau} + \frac{\partial^3 \psi}{\partial \xi^3} - 3(V + E)\frac{\partial \psi}{\partial \xi} = F(\tau)\psi. \tag{7.9.23}$$

当 $\xi \to \infty$ 时, $V \to 0$, ψ 由 (7.9.4$'$) 式给出, 代入上式后, 得 (略去 $F(\tau)$ 的宗量, 简写为 F)

$$\left(\frac{\partial R}{\partial \tau} - 4\mathrm{i}k^3 R - FR\right)\mathrm{e}^{\mathrm{i}k\xi} + (4\mathrm{i}k^3 - F)\mathrm{e}^{-\mathrm{i}k\xi} = 0,$$

上式中 $\mathrm{e}^{\mathrm{i}k\xi}$ 及 $\mathrm{e}^{-\mathrm{i}k\xi}$ 的系数必须分别为零, 于是得到

$$\frac{\partial R}{\partial \tau} - 4\mathrm{i}k^3 R - FR = 0,$$

$$4\mathrm{i}k^3 - F = 0,$$

从以上两式消去 F, 得

$$\frac{\partial R}{\partial \tau} - 8\mathrm{i}k^3 R = 0,$$

由此马上解得

$$R(k,\tau) = R(k,0)\mathrm{e}^{\mathrm{i}8k^3\tau}. \tag{7.9.24}$$

现在让我们回过头来看 KdV 方程的初值问题. 对于给定的初始数据 $a(\xi,0)$, 从 (7.9.1) 式确定 $V(\xi,0)$, 然后求解 $\tau = 0$ 时的定态 Schrödinger 方程 (7.9.3), 得到 $\{k_n(0), c_n(0)\}$, $n = 1, 2, \cdots, N$ 和 $R(k,0)$. 通过 (7.9.14)、(7.9.21) 及 (7.9.24) 式可以得到 $\{k_n(\tau), c_n(\tau)\}$, $n = 1, 2, \cdots, N$ 和 $R(k,\tau)$. 最后顺序从 (7.9.8)、(7.9.7) 及 (7.9.6) 式求出 $B(\xi,\tau)$、$K(\xi,\xi,\tau)$ 和 $V(\xi,\tau)$, 就可得到 $a(\xi,\tau)$——KdV 方程初值问题的解.

上述解法把非线性偏微分方程——KdV 方程初值问题的求解转化为两个线性方程, 即定态 Schrödinger 方程和 Gelfand-Levitan 积分方程的求解.

我们以一个有趣的例子结束对 KdV 方程的讨论. 假设初始状态是由 (7.8.5) 式给出的那种孤波, 即

$$a(\xi,0) = a_1\mathrm{sech}^2(\alpha\xi), \quad \alpha = \sqrt{\frac{a_1}{12}}, \tag{7.9.25}$$

那么从 (7.9.1) 式就有

$$V(\xi,0) = -V_0\mathrm{sech}^2(\alpha\xi), \quad V_0 = \frac{a_1}{6}. \tag{7.9.26}$$

方程 (7.9.3) 可以写成

$$\frac{\partial^2\psi}{\partial\xi^2} + [E + V_0\mathrm{sech}^2(\alpha\xi)]\psi = 0. \tag{7.9.27}$$

对这一方程的详细讨论[72] 表明, 它的离散本征值是

$$E_n = -\alpha^2(s-n)^2,$$

$$s = \frac{1}{2}\left[\sqrt{1 + \frac{4V_0}{\alpha^2}} - 1\right],$$

$$n = 0, 1, 2, \cdots, \quad n < s.$$

对于 (7.9.25) 式和 (7.9.26) 式所给出的 α 和 V_0, 可算出 $s = 1$, 所以方程 (7.9.27) 只有一个离散本征值 (和 $n = 0$ 相应):

$$E_0 = -\frac{a_1}{12}. \tag{7.9.28}$$

假如初始条件 (7.9.25) 式改成

$$a(\xi, 0) = \sum_i a_i \text{sech}^2[\alpha_i(\xi - b_i)],$$

$$\alpha_i = \sqrt{\frac{a_i}{12}}, \quad a_i > 0 \tag{7.9.29}$$

选择式中的 b_i 使 (7.9.29) 式代表一组相隔很远的孤波, 它们在初始时刻彼此没有相互影响, 所以方程 (7.9.3) 的本征值谱就是在每个位阱里有一个 '能级':

$$E_{i0} = -\frac{a_i}{12}.$$

如果 a_i 各不相同, 则能量 E_{i0} 也各不相同. 这些能量都不再随时间变化.

　　既然孤波的传播速度随振幅的增大而加快, 那么振幅大的孤波就必然会赶上和超过振幅小的. 在两孤波相 '碰撞' 的过程中谱也不变, 因此经历一系列 '碰撞' 后仍然是一系列孤波, 其振幅大小不变 (因为每一个分离的孤波与一个本征值相对应, 而本征值不随时间变化), 但其顺序会发生变化, 振幅大的会跑到前面去, 最后各孤波将按振幅大小的顺序排列.

§7.10　磁场中等离子体的分布函数

　　以上所讨论的等离子体都没有受到外磁场的作用. 如果有外磁场的作用, 问题将复杂得多. 我们将遵循前面各节中讨论无磁场等离子体的线索来讨论磁场中的等离子体, 即先讨论线性化的 Vlasov 方程, 然后再考虑非线性的情况. 为简单起见, 仍假定等离子体中只有两种成分: 电子 (电荷为 $-e_0$, 质量为 m) 及正离子 (电荷为 ze_0, 质量为 M). 一般情况下, 只对电子写出公式.

　　无碰撞等离子体中电子满足的方程是 (7.1.12) 式, 即

$$\frac{\partial n}{\partial t} + \boldsymbol{v} \cdot \frac{\partial n}{\partial \boldsymbol{r}} - \frac{e_0}{m}\left(\boldsymbol{E} + \frac{1}{c}\boldsymbol{v} \times \boldsymbol{B}\right) \cdot \frac{\partial n}{\partial \boldsymbol{v}} = 0, \tag{7.10.1}$$

这里省略了 n 的附标 e. 假定有一均匀恒定的外磁场 $\boldsymbol{B}_0$ 存在, 总磁场强度可以写成

$$\boldsymbol{B}(\boldsymbol{r}, t) = \boldsymbol{B}_0 + \boldsymbol{B}'(\boldsymbol{r}, t). \tag{7.10.2}$$

再假定电场 $\boldsymbol{E}$ 和磁场中 $\boldsymbol{B}'(\boldsymbol{r}, t)$ 部分都很弱, 就可以把电子分布函数也写成两部分之和:

$$n(\boldsymbol{r}, \boldsymbol{v}, t) = n_0(\boldsymbol{v}) + \delta n(\boldsymbol{r}, \boldsymbol{v}, t), \tag{7.10.3}$$

式中 $\delta n(\boldsymbol{r}, \boldsymbol{v}, t)$ 是小量. 把 (7.10.2) 及 (7.10.3) 式代入方程 (7.10.1), 可以得到

$$-\frac{e_0}{mc}\boldsymbol{v} \times \boldsymbol{B}_0 \cdot \frac{\partial n_0(\boldsymbol{v})}{\partial \boldsymbol{v}} = 0, \tag{7.10.4}$$

$$\frac{\partial \delta n}{\partial t} + \boldsymbol{v} \cdot \frac{\partial \delta n}{\partial \boldsymbol{r}} - \frac{e_0}{mc}\boldsymbol{v} \times \boldsymbol{B}_0 \cdot \frac{\partial \delta n}{\partial \boldsymbol{v}} = \frac{e_0}{m}\left(\boldsymbol{E} + \frac{1}{c}\boldsymbol{v} \times \boldsymbol{B}'\right) \cdot \frac{\partial n_0}{\partial \boldsymbol{v}}. \tag{7.10.5}$$

沿 $\boldsymbol{B}_0$ 取 z 轴. 设 v_z 和 $\boldsymbol{v}_\perp$ 分别是 $\boldsymbol{v}$ 在 $\boldsymbol{B}_0$ 方向和垂直于 $\boldsymbol{B}_0$ 的平面上的分量. (7.10.4) 式表明 $\dfrac{\partial n_0(\boldsymbol{v})}{\partial \boldsymbol{v}}$ 在由 $\boldsymbol{B}_0$ 和 $\boldsymbol{v}$ 确定的平面上, 因此 $n_0(\boldsymbol{v})$ 和 $\boldsymbol{v}_\perp$ 的方位角无关而只是 v_z 和 $v_\perp$ 的函数:

$$n_0(\boldsymbol{v}) = n_0(v_z, v_\perp). \tag{7.10.6}$$

现在假定扰动是平面波, 即

$$\boldsymbol{E}, \boldsymbol{B}', \delta n \propto \mathrm{e}^{\mathrm{i}(\boldsymbol{k} \cdot \boldsymbol{r} - \omega t)} \tag{7.10.7}$$

由 Maxwell 方程 (7.1.13) 的第一式, 即

$$\nabla \times \boldsymbol{E} = -\frac{1}{c}\frac{\partial \boldsymbol{B}}{\partial t},$$

考虑到 (7.10.2) 式和 (7.10.7) 式, 便得到

$$\frac{1}{c}\omega \boldsymbol{B}' = \boldsymbol{k} \times \boldsymbol{E}. \tag{7.10.8}$$

用 k_z 和 $\boldsymbol{k}_\perp$ 分别表示 $\boldsymbol{k}$ 在 $\boldsymbol{B}_0$ 方向和垂直于 $\boldsymbol{B}_0$ 的平面上的分量. 沿 $\boldsymbol{k}_\perp$ 取 x 轴, 沿 $\boldsymbol{B}_0 \times \boldsymbol{k}_\perp$ 取 y 轴, 建立直角坐标系. 记 $\boldsymbol{k}$ 与 $\boldsymbol{B}_0$ 的夹角为 θ, $\boldsymbol{k}_\perp$ 与 $\boldsymbol{v}_\perp$ 的夹角为 φ, 如图 7.5 所示. 可见 $(v_\perp, \varphi, v_z)$ 是 $\boldsymbol{v}$ 的柱坐标.

利用 (7.10.7) 式和 (7.10.8) 式, 可以把方程 (7.10.5) 写成

$$\mathrm{i}(k_z v_z + k_\perp v_\perp \cos\varphi - \omega)\delta n + \omega_{B_\mathrm{e}}\frac{\partial \delta n}{\partial \varphi}$$

$$= \frac{e_0}{m}\left[\boldsymbol{E} + \frac{1}{\omega}\boldsymbol{v} \times (\boldsymbol{k} \times \boldsymbol{E})\right] \cdot \frac{\partial n_0(\boldsymbol{v})}{\partial \boldsymbol{v}}, \tag{7.10.9}$$

式中

$$\omega_{B_\mathrm{e}} = \frac{e_0 B_0}{mc} \tag{7.10.10}$$

称为电子的 Larmor **频率**或**回旋频率**. 记

$$\alpha = \frac{k_z v_z - \omega}{\omega_{B_\mathrm{e}}}, \quad \beta = \frac{k_\perp v_\perp}{\omega_{B_\mathrm{e}}}, \tag{7.10.11}$$

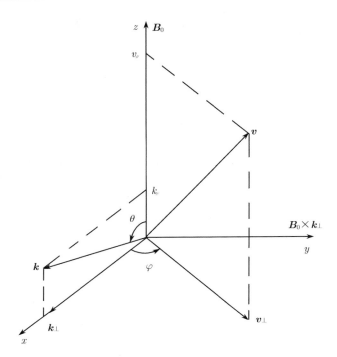

图 7.5　矢量 $\boldsymbol{B}_0$、$\boldsymbol{k}$、$\boldsymbol{v}$ 的相对位置和坐标系的选择

$$Q(\varphi) = \frac{e_0}{m\omega_{B_e}} \frac{\partial n_0}{\partial \boldsymbol{v}} \cdot \left[\boldsymbol{E} + \frac{1}{\omega}\boldsymbol{v} \times (\boldsymbol{k} \times \boldsymbol{E})\right], \tag{7.10.12}$$

则方程 (7.10.9) 可以简写为

$$\frac{\partial \delta n}{\partial \varphi} + \mathrm{i}(\alpha + \beta\cos\varphi)\delta n = Q(\varphi). \tag{7.10.13}$$

如果 $n_0(\boldsymbol{v}) = n_0(v)$ 与 $\boldsymbol{v}$ 的方向无关, 则 $\dfrac{\partial n_0}{\partial \boldsymbol{v}}$ 与 $\boldsymbol{v}$ 同方向, 而 (7.10.12) 式右边方括号内第二项与 $\dfrac{\partial n_0}{\partial \boldsymbol{v}}$ 的标积为零. 于是有

$$Q(\varphi) = \frac{e_0}{m\omega_{B_e}} \frac{\partial n_0}{\partial \boldsymbol{v}} \cdot \boldsymbol{E} = \frac{e_0}{\omega_{B_e}} \frac{\partial n_0}{\partial \varepsilon} \boldsymbol{v} \cdot \boldsymbol{E}, \tag{7.10.14}$$

式中 $\varepsilon = \dfrac{1}{2}mv^2$ 是电子的动能.

　　从方程 (7.10.13) 可以解出

$$\delta n = \mathrm{e}^{-\mathrm{i}(\alpha\varphi + \beta\sin\varphi)} \int_C^\varphi \mathrm{e}^{\mathrm{i}(\alpha\varphi' + \beta\sin\varphi')} Q(\varphi')\mathrm{d}\varphi',$$

或, 作积分变量变换 $\varphi' = \varphi - \tau$ 后, 得到

$$\delta n = \mathrm{e}^{-\mathrm{i}\beta\sin\varphi} \int_0^{C-\varphi} \mathrm{e}^{\mathrm{i}\beta\sin(\varphi-\tau)-\mathrm{i}\alpha\tau} Q(\varphi-\tau)\mathrm{d}\tau,$$

式中积分常数 C 的选择应保证 δn 是 φ 的周期函数. 由于被积函数和积分前系数都是 φ 的周期函数, 所以若积分限与 φ 无关就可以满足要求, 因此应当选择 C 为 ∞ 或 $-\infty$. 但是, 按照 Landau 围道积分的原则(7.2.9), 积分应当按 $\omega \to \omega + \mathrm{i}0$ 来进行, 在目前情形下也就是应当把 α 看成 $\alpha - \mathrm{i}0$, 于是积分在 $C = \infty$ 时收敛. 注意这是对电子而言. 对于离子, 电荷为 ze_0, 故 ω_{B_e} 应改写成 $-\omega_{B_i}$, 这里

$$\omega_{B_i} = \frac{ze_0 B_0}{Mc} \tag{7.10.15}$$

是正离子的 Larmor **频率**或**回旋频率**, 这种情况下, $\omega \to \omega + \mathrm{i}0$ 对应着 $\alpha \to \alpha + \mathrm{i}0$, 积分在 $C = -\infty$ 时收敛.

根据以上讨论, 对于电子, 有

$$\delta n = \int_0^\infty \exp\left[-\mathrm{i}\alpha\tau - 2\mathrm{i}\beta\cos\left(\varphi-\frac{\tau}{2}\right)\sin\frac{\tau}{2}\right] Q(\varphi-\tau)\mathrm{d}\tau. \tag{7.10.16}$$

当 $B_0 \to 0$ 时, 上式就约化为 (7.2.8) 式. 事实上, 注意到 $B_0 \to 0$ 时 $\omega_{B_e} \to 0$, 故 $\alpha \gg 1$, (7.10.16) 式中积分主要来自 $\tau \ll 1$ 区域的贡献. 因此, 近似地有

$$-\mathrm{i}\alpha\tau - 2\mathrm{i}\beta\cos\left(\varphi-\frac{\tau}{2}\right)\sin\frac{\tau}{2} = -\mathrm{i}(\alpha + \beta\cos\varphi)\tau,$$

于是 (7.10.16) 式成为

$$\delta n = Q(\varphi) \int_0^\infty \exp\left[-\mathrm{i}\tau\frac{\boldsymbol{k}\cdot\boldsymbol{v}-\omega}{\omega_{B_e}}\right]\mathrm{d}\tau$$

取 $\omega \to \omega + \mathrm{i}0$ 时的积分, 并注意到 (7.10.14) 式, 就得到 (7.2.8) 式.

现在讨论方程 (7.10.13) 的另一种解法. 置

$$\delta n = \mathrm{e}^{-\mathrm{i}\beta\sin\varphi} g, \tag{7.10.17}$$

代入方程 (7.10.13), 便得到

$$\frac{\partial g}{\partial \varphi} + \mathrm{i}\alpha g = e^{\mathrm{i}\beta\sin\varphi} Q(\varphi). \tag{7.10.13'}$$

把 $g = g(\boldsymbol{v})$ 及 $Q(\varphi) = Q(v_z, v_\perp, \varphi)$ 看作 φ 的函数, 展开成 Fourier 级数:

$$g = \sum_{s=-\infty}^{\infty} \mathrm{e}^{\mathrm{i}s\varphi} g_s(v_z, v_\perp) \tag{7.10.18}$$

$$\mathrm{e}^{\mathrm{i}\beta\sin\varphi}Q(\varphi) = \sum_{s=-\infty}^{\infty} \mathrm{e}^{\mathrm{i}s\varphi}Q_s \tag{7.10.19}$$

那么从 (7.10.17) 式及 (7.10.13′) 式可得

$$\begin{cases} \delta n = \mathrm{e}^{-\mathrm{i}\beta\sin\varphi} \displaystyle\sum_{s=-\infty}^{\infty} \mathrm{e}^{\mathrm{i}s\varphi}g_s(v_z, v_\perp), \\[3mm] g_s = \dfrac{Q_s}{\mathrm{i}(\alpha + s)} = \dfrac{\omega_{B_e}Q_s}{\mathrm{i}[k_z v_z - (\omega - s\omega_{Be})]} \end{cases} \tag{7.10.20}$$

由 (7.10.19) 式可以求得

$$Q_s = \frac{1}{2\pi} \int_0^{2\pi} \mathrm{e}^{\mathrm{i}(\beta\sin\varphi' - s\varphi')}Q(\varphi')\mathrm{d}\varphi'. \tag{7.10.21}$$

可见, 这种解法自动保证了 δn 是 φ 的周期函数. 从 (7.10.20) 中第二式可以看出, 如果

$$|k_z|v_{T_e} \ll \omega_{B_e}, \qquad |\omega - n\omega_{Be}| \ll \omega_{B_e} \tag{7.10.22}$$

其中 n 是某个整数, 那么级数 (7.10.18) 中 $s = n$ 的一项比其他各项都大得多; 因为 (7.10.22) 式使

$$|g_n| \gg Q_n,$$

而 $s \neq n$ 时, 由于 $|s\omega_{B_e} - \omega| \gtrsim \omega_{B_e}$, 有 $|g_s| \lesssim Q_s$. 这样, 在 (7.10.22) 式的条件下, (7.10.18) 式可以写成

$$g \approx \mathrm{e}^{\mathrm{i}n\varphi}g_n = \frac{\omega_{B_e}Q_n}{\mathrm{i}[k_z v_z - (\omega - n\omega_{B_e})]}\mathrm{e}^{\mathrm{i}n\varphi}, \tag{7.10.23}$$

而从 (7.10.17) 式有

$$\delta n \approx Q_n \frac{\omega_{B_e}\exp\left[\mathrm{i}\left(n\varphi - \dfrac{k_\perp v_\perp}{\omega_{B_e}}\sin\varphi\right)\right]}{\mathrm{i}[k_z v_z - (\omega - n\omega_{B_e})]} \tag{7.10.24}$$

式中

$$Q_n = \frac{1}{2\pi} \int_0^{2\pi} \exp\left[-\mathrm{i}\left(n\varphi' - \frac{k_\perp v_\perp}{\omega_{B_e}}\sin\varphi'\right)\right]Q(\varphi')\mathrm{d}\varphi'. \tag{7.10.25}$$

(7.10.24) 式给出了 (7.10.22) 式条件下分布函数对角度 φ 的显式依赖关系. 特别值得注意的是: $n = 0$ 且 $k_\perp \to 0$ 时, 分布函数与 φ 无关. 其物理原因是, $n = 0$ 时 (7.10.22) 式给出 $\omega \ll \omega_{B_e}$, 即 Larmor 频率远远大于电磁场以及分布函数扰动的频率, 这使分布函数对转动角作了平均.

$\omega = n\omega_{B_e}$ 时 δn 出现的共振峰称为电子的**简单**($n = 1$ 时) 或**多重**($n > 1$ 时) **回旋共振**.

§7.11 磁场作用下等离子体的 Landau 阻尼

在 §7.4 中已经讨论过 Landau 阻尼, 并曾指出 Landau 阻尼的机制是按场的相速度运动的粒子从场吸收能量. 在磁场作用下的等离子体中也可以有 Landau 阻尼. 但条件略有不同. 磁场中的带电粒子同时参与两种运动, 即平行于磁场的直线运动和在垂直于磁场的平面中的 Larmor 回转. 在垂直于磁场方向的圆周运动中, 如果在圆周的某处粒子从场吸收能量, 则在圆周的相对处粒子必刚好把等量的能量交给场. 所以 Landau 阻尼只发生在粒子速度在平行于磁场方向的分量等于场的相速度时, 即

$$v_z k_z = \omega. \tag{7.11.1}$$

这就是磁场作用下等离子体中 Landau 阻尼发生的条件.

但是, 磁场作用下的等离子体中, 还有另外一种耗散机制, 称为 **Landau 回旋阻尼,** 它与带电粒子的 Larmor 回转相联系. 在随粒子以速率 v_z 沿磁场 B_0 方向运动的特有坐标系中, 电子以频率 ω_{B_e} 在圆轨道上运动. 从电动力学的观点看来, 这是一个以频率 ω_{B_e} 辐射的振子. 当振子放在变化的外场中时, 它就吸收这个频率. 在实验室坐标系中 (这个参照系相对于特有参照系以速率 v_z 沿 $-B_0$ 方向运动), 电磁波的频率因 Doppler 效应而变成 $\omega' = \omega - k_z v_z$. 因此, 若电子的运动速度与场的频率满足条件

$$\omega - k_z v_z = \omega_{B_e}, \tag{7.11.2}$$

电子就会吸收场的能量而使场阻尼.

如果 $k_\perp = 0$, 那么电磁场 E、B' 在垂直于 B_0 的方向上是均匀的, 即作圆周运动的振子所受的力与它所处的位置无关, 这时振子只吸收频率为 ω_{Be} 的电磁波. 但是, 如果 $k_\perp \ne 0$, 电磁场 E、B' 在垂直于 B_0 方向的平面上不均匀, 则振子所受力与它所处的位置有关, 它的振动频谱除了频率 ω_{B_e} 之外还包括其倍频. 于是, 只要

$$\omega - k_z v_z = n\omega_{B_e}, \qquad n = 任意整数 \tag{7.11.3}$$

成立, 场也会被阻尼. **$n = 0$ 时**就是 (7.11.1) 式的情况, **为 Landau 阻尼;$n \ne 0$ 时则为 Landau 回旋阻尼**; 电子的回旋共振, $n = \pm 1$ 时是**简单的,** $|n| \geqslant 2$ 时是**多重的.** 当电子热速度 v_{T_e} 满足

$$|k_z| v_{T_e} \approx |\omega - n\omega_{B_e}|, \qquad n = 任意整数 \tag{7.11.4}$$

时, 近似符合条件 (7.11.3) 式的电子数相当多, 造成的阻尼也相当大. 对于离子, 和上面同样的讨论也可以得出类似的结论.

由 (7.10.20) 式及 (7.10.23) 式可见, 对于给定的 k_z, 满足 (7.11.3) 式条件的离散 v_z 值刚好和 δn 的 Fourier 展开中各项的极点相对应. 各极点间的距离随 B_0(因而 ω_{B_e}) 的变小而变小. 在 $B_0 = 0$ 的极限, v_z 的极点值由 (7.2.8) 式, 即

$$\omega = \boldsymbol{k} \cdot \boldsymbol{v} = k_z v_z + \boldsymbol{k}_\perp \cdot \boldsymbol{v}_\perp \tag{7.11.5}$$

确定. 这时 v_z 从依赖于离散值 n 变为依赖于连续参量 $\boldsymbol{k}_\perp \cdot \boldsymbol{v}_\perp$

让我们在简单电子回旋共振 ($n = 1$) 区计算等离子体的介电率张量. 为简单起见, 假定

$$kv_{T_e} \ll \omega_{B_e} \tag{7.11.6}$$

在分布函数的 Fourier 展开中保留 $n = 1$ 的一项. 有 [见 (7.10.24) 式]

$$\delta n = \frac{Q_1 \omega_{B_e} \exp\left[\mathrm{i}\left(\varphi - \dfrac{k_\perp v_\perp}{\omega_{B_e}}\sin\varphi\right)\right]}{\mathrm{i}[k_z v_z - (\omega - \omega_{B_e})]}.$$

考虑到条件 (7.11.6) 式, 上式可以用 $\dfrac{k_\perp v_\perp}{\omega_{B_e}}$ 作为小量展开. 由于现在考虑的是 $n = 1$ 的回旋共振区, 电磁场在 (x, y) 平面内即使是均匀的也仍然存在频率为 ω_{B_e} 的回旋吸收, 所以 δn 展开式中的第一项 (零阶项) 虽然与 $k_\perp v_\perp$ 无关, 也已经可以说明问题了. 于是有

$$\delta n = \frac{Q_1 \omega_{B_e} \mathrm{e}^{\mathrm{i}\varphi}}{\mathrm{i}[k_z v_z - (\omega - \omega_{B_e})]}, \tag{7.11.7}$$

式中 Q_1 值可由 (7.10.25) 式及 (7.10.14) 式得出:

$$Q_1 = \frac{e_0}{2\pi\omega_{B_e}} \frac{\partial n_0}{\partial \varepsilon} \int_0^{2\pi} \boldsymbol{v} \cdot \boldsymbol{E} \mathrm{e}^{-\mathrm{i}\varphi'} \mathrm{d}\varphi'.$$

如果 n_0 是 Maxwell 分布

$$n_0 = N_e \left(\frac{m}{2\pi k_B T}\right)^{3/2} \exp\left(-\frac{mv^2}{2k_B T}\right),$$

则 $\dfrac{\partial n_0}{\partial \varepsilon} = -\dfrac{n_0}{k_B T}$, 而

$$Q_1 = \frac{-n_0 e_0}{2\pi k_B T \omega_{B_e}} \int_0^{2\pi} \boldsymbol{v} \cdot \boldsymbol{E} \mathrm{e}^{-\mathrm{i}\varphi'} \mathrm{d}\varphi' \tag{7.11.8}$$

由 $\boldsymbol{v} = (v_\perp\cos\varphi', v_\perp\sin\varphi', v_z)$, 可以写出

$$\boldsymbol{v} \cdot \boldsymbol{E} = v_\perp E_x\cos\varphi' + v_\perp E_y\sin\varphi' + E_z v_z.$$

所以 (7.11.8) 式给出

$$Q_1 = \frac{-n_0 e_0 v_\perp}{2k_\mathrm{B}T\omega_{B_\mathrm{e}}}(E_x - \mathrm{i}E_y).$$ (7.11.9)

代入 (7.11.7) 式, 得到

$$\delta n = \frac{\mathrm{i}n_0 e_0 v_\perp \mathrm{e}^{\mathrm{i}\varphi}(E_x - \mathrm{i}E_y)}{2k_\mathrm{B}T[k_z v_z - (\omega - \omega_{Be})]}.$$ (7.11.10)

利用上式, 可以从 (7.2.13) 中第二式求出极化矢量

$$P_\alpha = \frac{-i}{\omega}\int e_0 v_\alpha \delta n \mathrm{d}\boldsymbol{v}$$

注意 $\mathrm{d}\boldsymbol{v} = v_\perp \mathrm{d}v_\perp \mathrm{d}\varphi \mathrm{d}v_z$, 作出对 $\mathrm{d}v_\perp$ 和 $\mathrm{d}\varphi$ 的积分, 就得到

$$\begin{cases} P_x = -\mathrm{i}P_y = \dfrac{N_\mathrm{e}e_0^2(E_x - \mathrm{i}E_y)}{2m\omega k_z}\left(\dfrac{m}{2\pi k_\mathrm{B}T}\right)^{1/2} \times \displaystyle\int_{-\infty}^{\infty} \dfrac{\exp\left(\dfrac{-mv_z^2}{2k_\mathrm{B}T}\right)\mathrm{d}v_z}{v_z - \dfrac{\omega - \omega_{B_\mathrm{e}}}{k_z} - \mathrm{i}0\mathrm{sgn}k_z}, \\[6mm] P_z = 0. \end{cases}$$ (7.11.11)

对 $k_z > 0$ 和 $k_z < 0$ 的情况分别讨论上式中的积分, 再利用 (7.3.3)、(7.3.5) 和 (7.3.8) 诸式, 可以写出

$$\begin{cases} P_x = -\mathrm{i}P_y = \dfrac{1}{4\pi}(E_x - \mathrm{i}E_y)\dfrac{\Omega_\mathrm{e}^2}{2\omega(\omega - \omega_{B_\mathrm{e}})}F\left(\dfrac{\omega - \omega_{B_\mathrm{e}}}{\sqrt{2}v_{T_\mathrm{e}}|k_z|}\right), \\[5mm] P_z = 0 \end{cases}$$ (7.11.12)

但由 $D_\alpha = \varepsilon_{\alpha\beta}E_\beta = E_\alpha + 4\pi P_\alpha$ 有 $P_\alpha = \dfrac{1}{4\pi}(\varepsilon_{\alpha\beta} - \delta_{\alpha\beta})E_\beta$, 与 (7.11.12) 比较, 得到

$$\begin{cases} \varepsilon_{xx} - 1 = \varepsilon_{yy} - 1 = -\mathrm{i}\varepsilon_{yx} = \mathrm{i}\varepsilon_{xy} = \dfrac{\Omega_\mathrm{e}^2}{2\omega(\omega - \omega_{B_\mathrm{e}})} \times F\left(\dfrac{\omega - \omega_{B_\mathrm{e}}}{\sqrt{2}v_{T_\mathrm{e}}|k_z|}\right), \\[5mm] \varepsilon_{zz} - 1 = \varepsilon_{xz} = \varepsilon_{yz} = \varepsilon_{zx} = \varepsilon_{zy} = 0. \end{cases}$$ (7.11.13)

由于在 $n = 1$ 的回旋共振区, $\omega \approx \omega_{B_\mathrm{e}}$, 所以可用 (7.3.12) 式中 $F(x)$ 的近似展开; 结果有

$$\frac{\Omega_\mathrm{e}^2}{2\omega(\omega - \omega_{B_\mathrm{e}})}F\left(\frac{\omega - \omega_{B_\mathrm{e}}}{\sqrt{2}v_{T_\mathrm{e}}|k_z|}\right) \approx -\frac{\Omega_\mathrm{e}^2(\omega - \omega_{B_\mathrm{e}})}{2\omega v_{T_\mathrm{e}}^2 k_z^2} + \mathrm{i}\frac{\sqrt{\pi}\Omega_\mathrm{e}^2}{2\sqrt{2}\omega|k_z|v_{T_\mathrm{e}}} \equiv a + \mathrm{i}b$$

于是介电率张量为

$$\varepsilon_{\alpha\beta} = \begin{pmatrix} 1+a+ib & b-ia & 0 \\ -b+ia & 1+a+ib & 0 \\ 0 & 0 & 1 \end{pmatrix} \tag{7.11.14}$$

根据 (7.4.13) 式, 造成电磁场能量耗散的是 ε 的反 Hermite 部分, 即

$$\begin{pmatrix} ib & b & 0 \\ -b & ib & 0 \\ 0 & 0 & 0 \end{pmatrix}.$$

当 $k_z \to 0$ 时, 如果 $\omega \neq \omega_{Be}$, 则 (7.11.13) 式中函数 $F \to -1$, 而 $\varepsilon_{\alpha\beta}$ 的反 Hermite 部分 $\to 0$, 即阻尼不出现. 事实上, 从 (7.11.2) 式知道, $k_z = 0$ 时, $\omega = \omega_{Be}$ 是使场阻尼的条件, 这个条件与粒子的速度无关, 所以一般不把这种阻尼当作 Landau 阻尼. 不过, 当 $B_0 \to 0$ 时, 满足条件 $\omega = \boldsymbol{k}\cdot\boldsymbol{v} = \boldsymbol{k}_\perp\cdot\boldsymbol{v}_\perp$ 的电子仍会造成 Landau 阻尼.

以上的讨论和结果可以直接推广到离子.

§7.12 漂 移 近 似

在恒定均匀磁场 $\boldsymbol{B}_0$ 中, 带电粒子若具有非零的横向速度 $\boldsymbol{v}_\perp$ (见图 7.5), 就会在 Lorentz 力的作用下, 在垂直于 $\boldsymbol{B}_0$ 的平面中作圆周运动. 在电子和正离子 (电荷 ze_0) 的情况下, 这圆周运动的转动角速度(即角频, 称为 **Larmor 频率**) 分别为

$$\omega_{B_e} = \frac{e_0 B_0}{Mc}, \qquad \omega_{B_i} = \frac{ze_0 B_0}{Mc}. \tag{7.12.1}$$

当等离子体处在强磁场 $\boldsymbol{B}_0$ 中时, 各种带电粒子将以各自的 Larmor 频率作圆周运动, 其半径大小依赖于粒子运动的速率. 和热平均速率相应的, 电子和离子的 **Larmor 半径**分别等于

$$r_{B_e} = \frac{v_{T_e}}{\omega_{B_e}}, \qquad r_{B_i} = \frac{v_{T_i}}{\omega_{B_i}}, \tag{7.12.2}$$

假定等离子体中的碰撞项可以忽略, 而且磁场足够强, 使

$$r_{B_e} \ll \lambda_e, \qquad r_{B_i} \ll \lambda_i, \tag{7.12.3}$$

式中 λ_e 及 λ_i 分别是电子和离子的 Debye 长度; 又假定电磁场的频率足够小, 波长足够长, 使

$$\omega \ll \omega_{B_e}, \qquad \omega \ll \omega_{B_i}, \tag{7.12.4a}$$

$$\frac{1}{k} \gg r_{B_e}, \qquad \frac{1}{k} \gg r_{B_i}, \tag{7.12.4b}$$

则 Vlasov 方程

$$\frac{\partial n^{(e)}}{\partial t} + \boldsymbol{v} \cdot \frac{\partial n^{(e)}}{\partial \boldsymbol{r}} - \frac{e_0}{m} \left(\boldsymbol{E} + \frac{1}{c} \boldsymbol{v} \times \boldsymbol{B} \right) \cdot \frac{\partial n^{(e)}}{\partial \boldsymbol{v}} = 0, \tag{7.12.5e}$$

$$\frac{\partial n^{(i)}}{\partial t} + \boldsymbol{v} \cdot \frac{\partial n^{(i)}}{\partial \boldsymbol{r}} + \frac{ze_0}{M} \left(\boldsymbol{E} + \frac{1}{c} \boldsymbol{v} \times \boldsymbol{B} \right) \cdot \frac{\partial n^{(i)}}{\partial \boldsymbol{v}} = 0 \tag{7.12.5i}$$

可以简化. 以下我们仅以电子为例就方程 (7.12.5e) 进行讨论, 对离子的情况可以类推.

由于磁场很强 ($|\boldsymbol{E}| \ll |\boldsymbol{B}|$) 而且电磁场 $\boldsymbol{E}(\boldsymbol{r}, t)$ 和 $\boldsymbol{B}(\boldsymbol{r}, t)$ 都是 t 和 $\boldsymbol{r}$ 的缓变函数 [见 (7.12.4a,b) 式], 所以电子在这种电磁场中的运动可以看成是以角频 ω_{B_e} 在 Larmor 轨道上的快速圆周运动和轨道中心的缓慢移动这两者的叠加. 我们把 Larmor 轨道中心 (称为**引导中心**) 的位置矢量记为 $\boldsymbol{R}$, 电子相对于引导中心的位置矢量记为 $\boldsymbol{\zeta}$, 则有

$$\boldsymbol{r} = \boldsymbol{R} + \boldsymbol{\zeta}, \qquad \boldsymbol{v} = \dot{\boldsymbol{r}} = \dot{\boldsymbol{R}} + \dot{\boldsymbol{\zeta}} = v_{//} \hat{\boldsymbol{B}} + \boldsymbol{v}_\perp \tag{7.12.6}$$

式中 $\hat{\boldsymbol{B}} = \dfrac{\boldsymbol{B}}{B}$ 是磁场方向的单位矢量, $v_{//} = \boldsymbol{v} \cdot \hat{\boldsymbol{B}}, \boldsymbol{v}_\perp = (\hat{\boldsymbol{B}} \times \boldsymbol{v}) \times \hat{\boldsymbol{B}}$ 是 $\boldsymbol{v}$ 在垂直于 $\hat{\boldsymbol{B}}$ 的平面上的投影. 由于 $\boldsymbol{\zeta}$ 在垂直于 $\hat{\boldsymbol{B}}$ 的平面上, $\hat{\boldsymbol{B}}$ 为缓变方向,

$$\dot{\boldsymbol{\zeta}} = \omega_{B_e} \hat{\boldsymbol{B}} \times \boldsymbol{\zeta}, \qquad \boldsymbol{\zeta} = -\frac{1}{\omega_{B_e}} \hat{\boldsymbol{B}} \times \dot{\boldsymbol{\zeta}}, \tag{7.12.7}$$

因此从 (7.12.6) 的第二式有

$$v_{//} = \dot{\boldsymbol{R}} \cdot \hat{\boldsymbol{B}}, \qquad \boldsymbol{v}_\perp = \dot{\boldsymbol{R}}_\perp + \dot{\boldsymbol{\zeta}} \approx \dot{\boldsymbol{\zeta}} \tag{7.12.8}$$

最后一步近似是因为 $|\boldsymbol{E}| \ll |\boldsymbol{B}|$ 且电磁场缓变, 所以引导中心的横向速度(见后) 远小于电子 Larmor 回转的速度. $\boldsymbol{v}_\perp \approx \dot{\boldsymbol{\zeta}}$ 可由 $(v_\perp, \varphi)$ 表征 (见图 7.5). 于是从 (7.12.8) 中第二式及 (7.12.6) 式可见, 电子分布函数 $n^{(e)} = n^{(e)}(\boldsymbol{r}, \boldsymbol{v}, t)$ 可看成 $\boldsymbol{R}$、t 及 $\boldsymbol{v} = (v_\perp, \varphi, v_{//})$ 的函数:

$$n^{(e)} = n^{(e)}(\boldsymbol{R}, \boldsymbol{v}, t) = n^{(e)}(\boldsymbol{R}, v_\perp, \varphi, v_{//}, t).$$

这样, 电子输运方程 (7.12.5e) 可以写成

$$\frac{\partial n^{(e)}}{\partial t} + \frac{\partial}{\partial \boldsymbol{R}} \cdot (\dot{\boldsymbol{R}} n^{(e)}) + \frac{\partial}{\partial \boldsymbol{v}} \cdot (\dot{\boldsymbol{v}} n^{(e)}) = 0 \tag{7.12.9}$$

式中

$$\dot{\boldsymbol{v}} = \dot{v}_{//}\hat{\boldsymbol{B}} + \dot{\boldsymbol{v}}_{\perp} = -\frac{e_0}{m}\left(\boldsymbol{E} + \frac{1}{c}\boldsymbol{v} \times \boldsymbol{B}\right), \tag{7.12.10}$$

而从 (7.12.8) 的第二式及 (7.12.7) 的第一式, 有

$$\dot{\boldsymbol{v}}_{\perp} \approx \omega_{B_e}\hat{\boldsymbol{B}} \times \boldsymbol{\zeta} \approx \omega_{B_e}\hat{\boldsymbol{B}} \times \boldsymbol{v}_{\perp} = \omega_{B_e}v_{\perp}\hat{\boldsymbol{\varphi}},$$

式中 $\hat{\boldsymbol{\varphi}}$ 是 φ 方向的单位矢量. 可见, 在柱坐标 $(v_{\perp}, \varphi, v_{//})$ 系中, 方程 (7.12.9) 的左边第三项可写成

$$\frac{\partial}{\partial \boldsymbol{v}} \cdot (\dot{\boldsymbol{v}}n^{(e)}) = \frac{\partial(\dot{v}_{//}n^{(e)})}{\partial v_{//}} + \frac{\partial(\omega_{B_e}v_{\perp}n^{(e)})}{v_{\perp}\partial\varphi}. \tag{7.12.11}$$

漂移近似的要点就是考虑分布函数对 Larmor 回转角 φ 的平均, 使它成为缓变变量 $\boldsymbol{R}$、$v_{\perp}$、$v_{//}$ 及 t 的函数:

$$n(\boldsymbol{R}, v_{\perp}, v_{//}, t) = \frac{1}{2\pi}\int_0^{2\pi} n^{(e)}(\boldsymbol{R}, v_{\perp}, \varphi, v_{//}, t)\mathrm{d}\varphi. \tag{7.12.12}$$

将方程 (7.12.9) 对 φ 平均, 考虑到 (7.12.11) 式及 $n^{(e)}$ 对 φ 的周期性, 便得到 $n = n(\boldsymbol{R}, v_{\perp}, v_{//}, t)$ 所满足的输运方程:

$$\frac{\partial n}{\partial t} + \frac{\partial}{\partial R_{//}}(v_{//}n) + \frac{\partial}{\partial \boldsymbol{R}_{\perp}} \cdot (\dot{\boldsymbol{R}}_{\perp}n) + \frac{\partial}{\partial v_{//}}(\dot{v}_{//}n) = 0. \tag{7.12.13}$$

这就是**漂移动力学方程.** 方程中 $\dot{v}_{//}$ 决定于电子所受的在 $\hat{\boldsymbol{B}}$ 方向的力, 即

$$F_{//} = -e_0E_{//} - \mu\frac{\partial B}{\partial R_{//}}$$

式中 μ 为电子作 Larmor 回转时所产生的磁矩:

$$\mu = \frac{e_0/c}{2\pi\zeta} \cdot \zeta\omega_{B_e} \cdot \pi\zeta^2 = \frac{e_0}{2c\omega_{B_e}}v_{\perp}^2,$$

式中 $\zeta = |\boldsymbol{\zeta}| = \dfrac{v_{\perp}}{\omega_{B_e}}$. 因此

$$\dot{v}_{//} = -\frac{e_0}{m}E_{//} - \frac{\mu}{m}\frac{\partial B}{\partial R_{//}}. \tag{7.12.14}$$

为确定方程 (7.12.13) 中 $\dot{\boldsymbol{R}}_\perp$ 的表达式, 必须更仔细地考察 (7.12.8) 式中第二式, 从 $\boldsymbol{v}_\perp$ 中分出 $\boldsymbol{\zeta}$, 才能求得 $\dot{\boldsymbol{R}}_\perp$. 为此, 将 (7.12.10) 式两边和 $\boldsymbol{B}$ 作矢量积, 可得

$$\dot{\boldsymbol{v}}_\perp \times \boldsymbol{B} = -\frac{e_0}{mc}(c\boldsymbol{E} \times \boldsymbol{B} - \boldsymbol{v}_\perp B^2). \tag{7.12.15}$$

现在把 $\boldsymbol{v}_\perp$ 和 $\dot{\boldsymbol{v}}_\perp$ 都分成两部分:

$$\boldsymbol{v}_\perp = \boldsymbol{v}_{\perp_1} + \boldsymbol{v}_{\perp_2}, \qquad \dot{\boldsymbol{v}}_\perp = \dot{\boldsymbol{v}}_{\perp_1} + \dot{\boldsymbol{v}}_{\perp_2};$$

这里附标 '$\perp_1$' 和 '$\perp_2$' 表示本来垂直于 $\boldsymbol{B}$ 的矢量再分解为平行于和垂直于 $\boldsymbol{E} \times \boldsymbol{B}$ 方向的两部分. 于是 (7.12.15) 式可以写成

$$\dot{\boldsymbol{v}}_{\perp_2} \times \boldsymbol{B} = -\frac{e_0}{mc}(c\boldsymbol{E} \times \boldsymbol{B} - \boldsymbol{v}_{\perp_1} B^2), \tag{7.12.16}$$

$$\dot{\boldsymbol{v}}_{\perp_1} \times \boldsymbol{B} = \frac{e_0}{mc}\boldsymbol{v}_{\perp_2} B^2. \tag{7.12.17}$$

将 (7.12.17) 式对 t 求导后, 与 $\boldsymbol{B}$ 再作矢量积, 利用 (7.12.16) 式消去 $\dot{\boldsymbol{v}}_{\perp_2} \times \boldsymbol{B}$, 可得

$$\ddot{\boldsymbol{v}}_{\perp_1} = \omega_{B_e}^2 \left(-\boldsymbol{v}_{\perp_1} + \frac{c}{B^2}\boldsymbol{E} \times \boldsymbol{B}\right). \tag{7.12.18}$$

由上式可见, $\boldsymbol{v}_{\perp_1}$ 以 ω_{B_e} 的角频振荡, 而其振荡中心的**漂移速度**为

$$\dot{\boldsymbol{R}}_{\perp_1} \equiv \frac{c}{B^2}\boldsymbol{E} \times \boldsymbol{B}. \tag{7.12.19}$$

事实上, 置 $\boldsymbol{v}_{\perp_1} = \dot{\boldsymbol{R}}_{\perp_1} + \dot{\boldsymbol{\zeta}}_1$, 则 [在 (7.12.4) 式成立的前提下] 代入方程 (7.12.18) 后, 可以发现 $\dot{\boldsymbol{\zeta}}_1$ 满足振荡方程 (以 ω_{B_e} 为角频), 和 $\boldsymbol{\zeta}$ 满足的方程一致, (7.12.19) 式给出的漂移速度 $\dot{\boldsymbol{R}}_{\perp_1}$ 称为**电漂移** 或 $\boldsymbol{E} \times \boldsymbol{B}$ **漂移速度**. 由 (7.12.17) 式可知 $\boldsymbol{v}_{\perp_2}$ 也含有以 ω_{B_e} 的角频振荡的成分 $\dot{\boldsymbol{\zeta}}_2$ 及一缓变成分 $\dot{\boldsymbol{R}}_{\perp_2}$, 后者是由 $\dot{\boldsymbol{R}}_{\perp_1}$ 的缓慢变化造成的, 称为**加速度漂移速度**. 所以我们有

$$\boldsymbol{v}_{\perp_2} = \dot{\boldsymbol{R}}_{\perp_2} + \dot{\boldsymbol{\zeta}}_2,$$

$$\dot{\boldsymbol{R}}_{\perp_2} = \frac{1}{\omega_{B_e}}\ddot{\boldsymbol{R}}_{\perp_1} \times \hat{\boldsymbol{B}}. \tag{7.12.20}$$

由于电子运动的引导中心有**横向漂移速度**

$$\dot{\boldsymbol{R}}_\perp = \dot{\boldsymbol{R}}_{\perp_1} + \dot{\boldsymbol{R}}_{\perp_2} \tag{7.12.21}$$

所以 (7.12.20) 式右边对时间的求导应理解为

$$\frac{\mathrm{d}}{\mathrm{d}t} = \frac{\partial}{\partial t} + (\dot{\boldsymbol{R}}_{\perp_1} + \dot{\boldsymbol{R}}_{\perp_2}) \cdot \frac{\partial}{\partial \boldsymbol{R}_\perp}.$$

但考虑到条件 (7.12.4a,b) 及 (7.12.19) 式和 (7.12.20) 式, 知道

$$\frac{|\dot{\boldsymbol{R}}_{\perp_2}|}{|\dot{\boldsymbol{R}}_{\perp_1}|} = O\left(\frac{\omega}{\omega_{B_e}}\right) \ll 1,$$

即,

$$|\dot{\boldsymbol{R}}_{\perp_2}| \ll |\dot{\boldsymbol{R}}_{\perp_1}|,$$

因此作为初级近似, 有

$$\frac{\mathrm{d}}{\mathrm{d}t} = \frac{\partial}{\partial t} + \dot{\boldsymbol{R}}_{\perp_1} \cdot \frac{\partial}{\partial \boldsymbol{R}_\perp} = \frac{\partial}{\partial t} + \frac{c}{B}\boldsymbol{E} \times \hat{\boldsymbol{B}} \cdot \frac{\partial}{\partial \boldsymbol{R}_\perp},$$

于是 (7.12.20) 式可改写为

$$\dot{\boldsymbol{R}}_{\perp_2} = \frac{1}{\omega_{B_e}}\left(\frac{\partial}{\partial t} + \frac{c}{B}\boldsymbol{E} \times \hat{\boldsymbol{B}} \cdot \frac{\partial}{\partial \boldsymbol{R}_\perp}\right)\dot{\boldsymbol{R}}_{\perp_1} \times \hat{\boldsymbol{B}}.$$

再用 (7.12.19) 式代入, 得到

$$\dot{\boldsymbol{R}}_{\perp_2} = \frac{c}{\omega_{B_e}B}\left(\frac{\partial}{\partial t} + \frac{c}{B}\boldsymbol{E} \times \hat{\boldsymbol{B}} \cdot \frac{\partial}{\partial \boldsymbol{R}_\perp}\right)(\boldsymbol{E} \times \hat{\boldsymbol{B}}) \times \hat{\boldsymbol{B}}. \tag{7.12.22}$$

如果 $\boldsymbol{B}$ 的主要部分是一个强而恒定的磁场, 那么就有

$$\dot{\boldsymbol{R}}_{\perp_2} = \frac{c}{\omega_{B_e}B}\hat{\boldsymbol{B}} \times \left[\hat{\boldsymbol{B}} \times \left(\frac{\partial}{\partial t} + \frac{c}{B}\boldsymbol{E} \times \hat{\boldsymbol{B}} \cdot \frac{\partial}{\partial \boldsymbol{R}_\perp}\right)\boldsymbol{E}\right]. \tag{7.12.23}$$

若 $\boldsymbol{E}$ 在 $\hat{\boldsymbol{B}}$ 的垂直方向, 则有

$$\dot{\boldsymbol{R}}_{\perp_2} = \frac{-c}{\omega_{B_e}B}\left(\frac{\partial}{\partial t} + \frac{c}{B}\boldsymbol{E} \times \hat{\boldsymbol{B}} \cdot \frac{\partial}{\partial \boldsymbol{R}_\perp}\right)\boldsymbol{E}. \tag{7.12.23'}$$

这样, $\dot{\boldsymbol{R}}_\perp$ 就由 (7.12.21) 式及 (7.12.19) 与 (7.12.20) 式给出, (7.12.20) 式也可约化为 (7.12.22)、(7.12.23) 或 (7.12.23') 中的一式, 从这些表达式可见. $\dot{\boldsymbol{R}}_{\perp_1}$、$\dot{\boldsymbol{R}}_{\perp_2}$ 都和粒子所带的电荷无关, 所以也适用于正离子的情况. 严格地说, $\dot{\boldsymbol{R}}_\perp$ 还可能包括一些其他漂移项, 如**重力漂移**、**梯度漂移**等, 这里不再详细讨论. 有兴趣的读者可参看文献 [73].

考虑漂移动力学方程 (7.12.13) 的前两次矩方程. 令

$$\rho(\boldsymbol{R}, t) = \int n\mathrm{d}\boldsymbol{v}, \qquad \boldsymbol{J}(\boldsymbol{R}, t) = \int v_{//}n\mathrm{d}\boldsymbol{v}. \tag{7.12.24}$$

ρ 表示电子的数密度, $\dfrac{J}{\rho}$ 表示电子沿磁场方向的**平均漂移速度.** 将方程 (7.12.13) 两

边对 v 积分, 利用 (7.12.24) 式并注意到 $\dot{\boldsymbol{R}}_\perp = \dot{\boldsymbol{R}}_{\perp_1} + \dot{\boldsymbol{R}}_{\perp_2}$ 与 v 无关, 就得到

$$\frac{\partial \rho}{\partial t} + \frac{\partial}{\partial \boldsymbol{R}_\perp} \cdot (\dot{\boldsymbol{R}}_\perp \rho) + \frac{\partial}{\partial R_{//}} J = 0; \qquad (7.12.25)$$

方程 (7.12.13) 两边乘以 $v_{//}$ 后再对 v 积分, 可得

$$\frac{\partial J}{\partial t} + \frac{\partial}{\partial \boldsymbol{R}_\perp} \cdot \int \dot{\boldsymbol{R}}_\perp v_{//} n \mathrm{d}\boldsymbol{v} + \frac{\partial}{\partial R_{//}} \int v_{//}^2 n \mathrm{d}\boldsymbol{v} + \int v_{//} \frac{\partial}{\partial v_{//}}(\dot{v}_{//} n) \mathrm{d}\boldsymbol{v} = 0, \quad (7.12.26)$$

但是

$$\int \dot{\boldsymbol{R}}_\perp v_{//} n \mathrm{d}\boldsymbol{v} = \dot{\boldsymbol{R}}_\perp J,$$

$$\frac{\partial}{\partial R_{//}} \int v_{//}^2 n \mathrm{d}\boldsymbol{v} = \frac{2}{m} \frac{\partial p}{\partial R_{//}},$$

$$\int v_{//} \frac{\partial}{\partial v_{//}}(\dot{v}_{//} n) \mathrm{d}\boldsymbol{v} = -\int \dot{v}_{//} n \mathrm{d}\boldsymbol{v} = \frac{e_0}{m} E_{//} \rho + \frac{1}{B} \frac{\partial B}{\partial R_{//}} q,$$

其中定义了

$$p \equiv \frac{1}{2} \int v_{//}^2 n \mathrm{d}\boldsymbol{v},$$

$$q \equiv \frac{1}{2} \int v_\perp^2 n \mathrm{d}\boldsymbol{v},$$

并利用了 (7.12.24) 式、(7.12.14) 式及 $\mu = \dfrac{e_0}{2c\omega_{B_e}} v_\perp^2$. 于是方程 (7.12.26) 可写成

$$\frac{\partial J}{\partial t} + \frac{\partial}{\partial \boldsymbol{R}_\perp} \cdot (\dot{\boldsymbol{R}}_\perp J) + \frac{e_0}{m} E_{//} \rho + \frac{2}{m} \frac{\partial p}{\partial R_{//}} + \frac{1}{B} \frac{\partial B}{\partial R_{//}} q = 0. \qquad (7.12.26')$$

即使在 $\boldsymbol{E}$、$\boldsymbol{B}$ 已知的条件下, 方程 (7.12.25) 和 (7.12.26′) 也不是封闭的, 因为 p 和 q 还同三次矩有关. 不过, 如果在方程 (7.12.26′) 中忽略二次矩 p 和 q, 则 (7.12.25) 和 (7.12.26′) 两方程就提供了相当于流体动力学层次的描述. 更简单地, 如果在方程 (7.12.25) 中略去一次矩 J, 那么它就提供了关于 ρ 的封闭方程. 如果同时考虑电子和正离子两种成分及它们所形成的自洽场, 就要分别列出两种成分的漂移动力学方程并与 Maxwell 方程组联立来讨论. 近年来, 这些方程被用来探讨等离子体中的 **湍流**和**混沌现象**, 获得了许多有趣的成果[74].

§7.13   等离子体的流体力学方程组

如果等离子体中粒子间的碰撞不能忽略, 就应当在 Vlasov 方程的右边添上碰撞项. 这立即涉及一个新的问题, 就是等离子体中究竟有多少原子被电离. 如果几乎所有原子都被电离, 那么只须考虑 C_{ei}、C_{ie}、C_{ii} 和 C_{ee}; 其中 C_{ei} 表示电子与离子间的碰撞所造成的电子分布函数的变化率, 其余的记号类推. 如果仍有相当数量的原子未被电离, 那么还应当考虑 C_{ea}、C_{ia}、C_{ai}、C_{aa} 这些碰撞项, 这里下标 a 表示原子. 在无碰撞的等离子体中, 中性原子的存在对系统的性质没有影响. 但考虑到碰撞时, 中性原子的存在就不能忽略. 因此我们把输运方程写成

$$\frac{\partial n^{(\alpha)}}{\partial t} + \boldsymbol{v} \cdot \frac{\partial n^{(\alpha)}}{\partial \boldsymbol{r}} + \frac{e^{(\alpha)}}{m^{(\alpha)}} \left(\boldsymbol{E} + \frac{1}{c} \boldsymbol{v} \times \boldsymbol{B} \right) \cdot \frac{\partial n^{(\alpha)}}{\partial \boldsymbol{v}} = \sum_{\beta} C_{\alpha\beta} \tag{7.13.1}$$

式中 α(或 β)=e、i、a 分别表示电子、正离子和原子. 这里仍假定只有一种正离子, 带电量为 $e^{(i)} = ze_0$.

对于小 Knudsen 数的情况, 有

$$l_0 \gg l_r \tag{7.13.2}$$

其中 l_0 为系统的特征长度, l_r 为粒子的平均自由程. 这时, 系统将很快达到局域平衡的状态, 所以可以只用几个流体力学量来描述.

但是, 在等离子体中还要考虑到新的情况, 这就是, 电子和正离子的弛豫时间可能有很大差别. 在局域平衡时, 电子和正离子有相同的温度, 即 $T_i = T_e$, 但由于 $M \gg m$, 故 $v_{T_i} \ll v_{T_e}$, 离子的运动速度远较电子的低. 因此, 当离子在空间有不均匀分布造成电场时, 由于离子运动缓慢而电子运动很快, 电子就可以迅速地中和离子的不均匀性所造成的空间电荷. 所以, 我们可以引入 '**准中性条件**', 即认为等离子体中各处电荷密度均为零:

$$\int (zn^{(i)} - n^{(e)}) \mathrm{d}\boldsymbol{v} = 0. \tag{7.13.3}$$

定义一个 '**总分布函数**' :

$$f(\boldsymbol{r}, \boldsymbol{v}, t) = \sum_{\alpha} m^{(\alpha)} n^{(\alpha)}(\boldsymbol{r}, \boldsymbol{v}, t)$$

用 $m^{(\alpha)}$ 乘 (7.13.1) 式两边并对 α 求和, 可得

$$\frac{\partial f}{\partial t} + \boldsymbol{v} \cdot \frac{\partial f}{\partial \boldsymbol{r}} + \left(\boldsymbol{E} + \frac{1}{c} \boldsymbol{v} \times \boldsymbol{B} \right) \cdot \frac{\partial}{\partial \boldsymbol{v}} [e_0 (zn^{(i)} - n^{(e)})] = C. \tag{7.13.4}$$

在此基础上, 通过 $f(\boldsymbol{r}, \boldsymbol{v}, t)$ 的多次矩可以定义流体力学量. 例如

$$\rho(\boldsymbol{r}, t) = \int f(\boldsymbol{r}, \boldsymbol{v}, t)\mathrm{d}\boldsymbol{v}, \tag{7.13.5}$$

$$\rho(\boldsymbol{r}, t)\boldsymbol{u}(\boldsymbol{r}, t) = \int \boldsymbol{v} f(\boldsymbol{r}, \boldsymbol{v}, t)\mathrm{d}\boldsymbol{v}, \tag{7.13.6}$$

$$P_{ij}(\boldsymbol{r}, t) = \int V_i V_j f(\boldsymbol{r}, \boldsymbol{v}, t)\mathrm{d}\boldsymbol{v}, \tag{7.13.7}$$

$$\rho(\boldsymbol{r}, t)U(\boldsymbol{r}, t) = \frac{1}{2}\int V^2 f(\boldsymbol{r}, \boldsymbol{v}, t)\mathrm{d}\boldsymbol{v} = \frac{1}{2}P_{ii}, \tag{7.13.8}$$

$$q_i(\boldsymbol{r}, t) = \frac{1}{2}\int V^2 V_i f(\boldsymbol{r}, \boldsymbol{v}, t)\mathrm{d}\boldsymbol{v}, \tag{7.13.9}$$

式中

$$\boldsymbol{V} = \boldsymbol{v} - \boldsymbol{u} \tag{7.13.10}$$

为特有速度. 此外, 再定义**电流密度矢量**:

$$J_i(\boldsymbol{r}, t) = e_0 \int v_i(zn^{(\mathrm{i})} - n^{(\mathrm{e})})\mathrm{d}\boldsymbol{v}. \tag{7.13.11}$$

让我们来推导关于这些量的方程组. 应当注意, 方程 (7.13.1) 的右边乘上碰撞不变量

$$\psi_0^{(\alpha)} = m^{(\alpha)}, \quad \psi^{(\alpha)} = (\psi_1^{(\alpha)}, \psi_2^{(\alpha)}, \psi_3^{(\alpha)}) = m^{(\alpha)}\boldsymbol{v}, \quad \psi_4^{(\alpha)} = \frac{1}{2}m^{(\alpha)}V^2 \tag{7.13.12}$$

之后对积分不再是零, 但是

$$\int \sum_\alpha \psi_j^{(\alpha)} \sum_\beta C_{\alpha\beta}\mathrm{d}\boldsymbol{v} = 0, \quad j = 0, 1, 2, 3, 4$$

却依然成立.

将方程 (7.13.4) 两边对 $\boldsymbol{v}$ 积分, 可以得到连续性方程

$$\frac{\partial \rho}{\partial t} + \frac{\partial}{\partial x_i}(\rho u_i) = 0. \tag{7.13.13}$$

用 v_i 乘方程 (7.13.4) 两边并对 $\boldsymbol{v}$ 积分, 左边的前两项不难计算, 而第三项是

$$e_0 E_j \int v_i \frac{\partial}{\partial v_j}(zn^{(\mathrm{i})} - n^{(\mathrm{e})})\mathrm{d}\boldsymbol{v} + \frac{e_0 \varepsilon_{ljk}}{c} B_k \int v_i v_j \frac{\partial}{\partial v_l}(zn^{(\mathrm{i})} - n^{(\mathrm{e})})\mathrm{d}\boldsymbol{v},$$

经过分部积分, 可知电场项为零, 而磁场项为

$$-\frac{1}{c}\varepsilon_{ijk}J_j B_k = -\frac{1}{c}(\boldsymbol{J} \times \boldsymbol{B})_i$$

所以有一次矩方程：

$$\rho\frac{\partial u_i}{\partial t} + \rho u_j\frac{\partial u_i}{\partial x_j} + \frac{\partial}{\partial x_j}P_{ij} - \frac{1}{c}\varepsilon_{ijk}J_jB_k = 0 \qquad (7.13.14)$$

或者写成

$$\rho\frac{\partial \boldsymbol{u}}{\partial t} + \rho\boldsymbol{u}\cdot\frac{\partial}{\partial \boldsymbol{r}}\boldsymbol{u} + \frac{\partial}{\partial \boldsymbol{r}}\cdot\boldsymbol{P} - \frac{1}{c}\boldsymbol{J}\times\boldsymbol{B} = 0. \qquad (7.13.14')$$

用 $\frac{1}{2}V^2$ 乘方程 (7.13.4) 两边并对 $\boldsymbol{v}$ 积分, 左边前两项也还容易处理, 而第三项是

$$\frac{e_0}{2}E_j\int V^2\frac{\partial}{\partial v_j}(zn^{(\mathrm{i})} - n^{(\mathrm{e})})\mathrm{d}\boldsymbol{v} + \frac{e_0}{2c}\varepsilon_{jkl}B_k\int V^2v_j\frac{\partial}{\partial v_l}(zn^{(\mathrm{i})} - n^{(\mathrm{e})})\mathrm{d}\boldsymbol{v},$$

经分部积分后, 注意到

$$e_0\int V_j(zn^{(\mathrm{i})} - n^{(\mathrm{e})})\mathrm{d}\boldsymbol{v} = J_j,$$

可知电场项是 $-E_jJ_j = -\boldsymbol{E}\cdot\boldsymbol{J}$, 而磁场项为

$$-\frac{e_0}{c}\varepsilon_{jkl}B_k\int v_lv_j(zn^{(\mathrm{i})} - n^{(\mathrm{e})})\mathrm{d}\boldsymbol{v} + \frac{e_0}{c}\varepsilon_{jkl}B_ku_l\int v_j(zn^{(\mathrm{i})} - n^{(\mathrm{e})})\mathrm{d}\boldsymbol{v}$$

它的前半部 (由于 ε_{jkl} 对, l, j 为反对称, 而积分变量 v_lv_j 对 l, j 为对称) 是零, 后半部是

$$\frac{1}{c}\varepsilon_{jkl}B_ku_lJ_j = -\frac{1}{c}(\boldsymbol{u}\times\boldsymbol{B})\cdot\boldsymbol{J},$$

所以有二次矩方程

$$\frac{\partial}{\partial t}(\rho U) + \frac{\partial}{\partial x_i}(\rho Uu_i + q_i) + P_{ij}\frac{\partial u_i}{\partial x_j} - \left(E_j + \frac{1}{c}\varepsilon_{jkl}u_kB_l\right)J_j = 0, \qquad (7.13.15)$$

或者写成

$$\frac{\partial}{\partial t}(\rho U) + \frac{\partial}{\partial \boldsymbol{r}}\cdot(\rho U\boldsymbol{u} + \boldsymbol{q}) + \boldsymbol{P}:\frac{\partial}{\partial \boldsymbol{r}}\boldsymbol{u} - \left(\boldsymbol{E} + \frac{1}{c}\boldsymbol{u}\times\boldsymbol{B}\right)\cdot\boldsymbol{J} = 0. \qquad (7.13.15')$$

方程 (7.13.13)~(7.13.15) 就是流体力学方程组.

为使方程组封闭, 需要补充一些方程. 首先是 Maxwell 方程组 (7.1.13). 假定电磁场是**准静的**, 即它的频率满足 $\omega \ll \frac{c}{l_0}$, 那么由变化的磁场所产生的电场 $E \approx \omega l_0B/c \ll B$, 因此, 在方程 (7.1.13) 的第三式中

$$\left|\frac{1}{c}\frac{\partial \boldsymbol{E}}{\partial t}\right| \approx \frac{\omega}{c}E \ll \frac{\omega}{c}B \ll \frac{B}{l_0} \approx |\nabla\times\boldsymbol{B}|,$$

所以可以忽略第三式中 $\dfrac{1}{c}\dfrac{\partial \boldsymbol{E}}{\partial t}$ 这一项. 于是方程组 (7.1.13) 就简化成

$$\nabla \times \boldsymbol{E} = -\frac{1}{c}\frac{\partial \boldsymbol{B}}{\partial t}, \quad \nabla \cdot \boldsymbol{B} = 0, \quad \nabla \times \boldsymbol{B} = \frac{4\pi}{c}\boldsymbol{j}, \quad \nabla \cdot \boldsymbol{E} = 0. \tag{7.13.16}$$

这里最后一方程是考虑了准中性条件 (7.13.3) 后得出的.

还需要补充的其他方程都是唯象的. 当碰撞频率远大于 Larmor 频率时, 一般用**磁流体理论**的作法, 假定等离子体的输运性质 (黏性、热导率等) 不受磁场的影响, 于是仍然用通常无磁场时的实验定律, 如 (1.4.15a)、(1.4.19) 及 Ohm 定律等. 这种理论可用来讨论等离子体中电磁场的行为; 但由于限制太严格, 很难用来正确处理输运现象. 因此, 在有电磁场存在的情况下, 应当引进更完善的唯象定律.

根据 (1.8.28) 式及 (1.8.32) 式, 有

$$-\frac{\partial \varphi}{\partial x_\alpha} = \sigma_{\alpha\beta}^{-1} J_\beta + \alpha_{\alpha\beta}\frac{\partial T}{\partial x_\beta}, \tag{7.13.17}$$

$$q_\alpha = \beta_{\alpha\beta} J_\beta - \kappa_{\alpha\beta}\frac{\partial T}{\partial x_\beta}. \tag{7.13.18}$$

由 Onsager 关系(1.8.14) 式, 有

$$\sigma_{\alpha\beta}(\boldsymbol{B}) = \sigma_{\beta\alpha}(-\boldsymbol{B}), \qquad \kappa_{\alpha\beta}(\boldsymbol{B}) = \kappa_{\beta\alpha}(-\boldsymbol{B}),$$

而 (1.8.33) 式应当改写成

$$\beta_{\alpha\beta}(\boldsymbol{B}) = T\alpha_{\beta\alpha}(-\boldsymbol{B}).$$

考虑到现在的具体问题, 热力学平衡的条件除了 $\nabla T = 0$ 之外, 还应有 $\mu_e + U_0$ 处处相等, 其中 μ_e 是电子的化学势, $U_0 = -e_0\varphi$ 是电子在外场中的能量. 这说明在 $\boldsymbol{J} = 0, \dfrac{\partial T}{\partial \boldsymbol{r}} = 0$ 时, 一定有 $\dfrac{\partial(\mu_e - e_0\varphi)}{\partial \boldsymbol{r}} = 0$, 所以 (7.13.17) 式应改写为

$$-\frac{\partial \varphi}{\partial x_\alpha} + \frac{1}{e_0}\frac{\partial \mu_e}{\partial x_\alpha} = \sigma_{\alpha\beta}^{-1} J_\beta + \alpha_{\alpha\beta}\frac{\partial T}{\partial x_\beta}. \tag{7.13.19}$$

与此有关, 电子的移动所造成的能流除了电热效应的贡献 (其中包括 $\beta_{\alpha\beta} J_\beta$ 的全部和 $-\kappa_{\alpha\beta}\dfrac{\partial T}{\partial x_\beta}$ 中的一部分, 见 §1.8 末尾) 之外, 还应考虑到各处电子化学势不同, 所以 (7.13.18) 式应当改写成

$$q_\alpha + \frac{\mu_e}{e} J_\alpha = T\alpha_{\alpha\beta} J_\beta - \kappa_{\alpha\beta}\frac{\partial T}{\partial x_\beta}. \tag{7.13.20}$$

再考虑到相对论效应, 由于磁场的存在, 以速度 u 运动的参照系中测量到的电场 E' 与静止参考系中测量到的电场 E 的关系为

$$E' = E + \frac{1}{c} u \times B$$

所以 (7.13.19) 左边的 $-\dfrac{\partial \varphi}{\partial r}$ 应当用上式代替. 最后, 利用热力学关系式

$$\frac{\partial \mu_e}{\partial x_\alpha} = -s_e \frac{\partial T}{\partial x_\alpha} + \frac{1}{N_e} \frac{\partial p_e}{\partial x_\alpha}, \quad \mu_e = w_e - T s_e$$

式中 s_e 和 w_e 分别是一个电子的熵和焓, $p_e = N_e k_B T$ 是电子成分的压强. 所以 (7.13.19) 式及 (7.13.20) 式可以分别写成

$$E_\alpha + \frac{1}{c} \varepsilon_{\alpha\beta\gamma} u_\beta B_\gamma + \frac{1}{e_0 N_e} \frac{\partial p_e}{\partial x_\alpha} = \sigma_{\alpha\beta}^{-1} J_\beta + (\alpha_{\alpha\beta} + s_e \delta_{\alpha\beta}) \frac{\partial T}{\partial x_\beta}, \tag{7.13.21}$$

$$q_\alpha + \frac{w_e}{e_0} J_\alpha = \left(T \alpha_{\alpha\beta} + \frac{T s_e}{e_0} \delta_{\alpha\beta} \right) J_\beta - \kappa_{\alpha\beta} \frac{\partial T}{\partial x_\beta}. \tag{7.13.22}$$

由于张量 $\alpha_{\alpha\beta}$、$\kappa_{\alpha\beta}$、$\sigma_{\alpha\beta}^{-1}$、$\beta_{\alpha\beta}$ 等所依赖的矢量只有 B, 以 $\alpha_{\alpha\beta}$ 为例, 这样的张量最一般的形式为

$$\alpha_{\alpha\beta}(B) = \alpha_1 \delta_{\alpha\beta} + \alpha_2 b_\alpha b_\beta + \alpha_3 \varepsilon_{\alpha\beta\gamma} b_\gamma,$$

其中 $b = \dfrac{B}{B}$, 而 α_1、α_2、α_3 是标量. 因此 (7.13.21) 和 (7.13.22) 两式一定可以写成如下形状

$$E + \frac{1}{c} u \times B + \frac{1}{e_0 N_e} \nabla p_e$$

$$= \frac{J_{//}}{\sigma_{//}} + \frac{J_\perp}{\sigma_\perp} + \mathscr{R} B \times J + \alpha_{//} \nabla_{//} T + \alpha_\perp \nabla_\perp T + \mathscr{N} B \times \nabla T, \tag{7.13.23}$$

$$q + \frac{w_e}{e_0} J = \alpha_{//} T J_{//} + \alpha_\perp T J_\perp + \mathscr{N} T B \times J$$

$$- \kappa_{//} \nabla_{//} T - \kappa_\perp \nabla_\perp T + \mathscr{L} B \times \nabla T, \tag{7.13.24}$$

式中系数 $\mathscr{R}$ 、$\mathscr{N}$ 及 $\mathscr{L}$ 分别代表 Hall、Nernst 及 Leduc-Righi 效应. (7.13.23) 式中 $\mathscr{R} B \times J$ 一项及 (7.13.24) 式中 $\mathscr{L} B \times \nabla T$ 一项都代表非耗散的输运效应, 不引起熵的增加. (7.13.23) 和 (7.13.24) 两式可以看作 Ohm 定律和热传导定律在等离子体情形下的推广.

关于黏性, 由 §1.8 得到的形式为 (1.8.21) 式:

$$\sigma'_{\alpha\beta} = \eta_{\alpha\beta,\gamma\delta} V_{\gamma\delta}$$

而**张量** $\eta_{\alpha\beta,\gamma\delta}$ 的表达式 (1.8.23) 还应当推广. 在有磁场的情形下, Onsager 关系给出

$$\eta_{\alpha\beta,\gamma\delta}(\boldsymbol{B}) = \eta_{\gamma\delta,\alpha\beta}(-\boldsymbol{B}).$$

由于 $\sigma'_{\alpha\beta}$ 和 $V_{\alpha\beta}$ 都是对称张量, 所以 $\eta_{\alpha\beta,\gamma\delta}$ 关于 α 和 β, γ 和 δ 是对称的. 但是依赖于矢量 $\boldsymbol{B}$ 的这样的四阶张量只能是以下 7 个独立张量的线性组合:

    (i) $\delta_{\alpha\gamma}\delta_{\beta\delta} + \delta_{\alpha\delta}\delta_{\beta\gamma}$,

    (ii) $\delta_{\alpha\beta}\delta_{\gamma\delta}$,

    (iii) $\delta_{\alpha\gamma}b_\beta b_\delta + \delta_{\beta\gamma}b_\alpha b_\delta + \delta_{\alpha\delta}b_\beta b_\gamma + \delta_{\beta\delta}b_\alpha b_\gamma$,

    (iv) $\delta_{\alpha\beta}b_\gamma b_\delta + \delta_{\gamma\delta}b_\alpha b_\beta$,

    (v) $b_\alpha b_\beta b_\gamma b_\delta$,

    (vi) $b_{\alpha\gamma}\delta_{\beta\delta} + b_{\beta\gamma}\delta_{\alpha\delta} + b_{\alpha\delta}\delta_{\beta\gamma} + b_{\beta\delta}\delta_{\alpha\gamma}$,

    (vii) $b_{\alpha\gamma}b_\beta b_\delta + b_{\beta\gamma}b_\alpha b_\delta + b_{\alpha\delta}b_\beta b_\gamma + b_{\beta\delta}b_\alpha b_\gamma$,

式中 $b_{\alpha\beta} = -b_{\beta\alpha} = \varepsilon_{\alpha\beta\gamma}b_\gamma$. 由此可知, 磁场中气体在最普遍情况下共有 **7个黏性系数**. 将它们记为 $\boldsymbol{\eta}$、$\boldsymbol{\eta}_1$、$\boldsymbol{\eta}_2$、$\boldsymbol{\eta}_3$、$\boldsymbol{\eta}_4$、$\boldsymbol{\zeta}$ 和 $\boldsymbol{\zeta}_1$, 定义如下:

$$\begin{aligned}
\sigma'_{\alpha\beta} = {}& 2\eta\left(V_{\alpha\beta} - \frac{1}{3}\delta_{\alpha\beta}\nabla\cdot\boldsymbol{u}\right) + \zeta\delta_{\alpha\beta}\nabla\cdot\boldsymbol{u} \\
& + \eta_1(2V_{\alpha\beta} - \delta_{\alpha\beta}\nabla\cdot\boldsymbol{u} + \delta_{\alpha\beta}V_{\gamma\delta}b_\gamma b_\delta \\
& - 2V_{\alpha\gamma}b_\gamma b_\beta - 2V_{\beta\gamma}b_\gamma b_\alpha + b_\alpha b_\beta\nabla\cdot\boldsymbol{u} + b_\alpha b_\beta V_{\gamma\delta}b_\gamma b_\delta) \\
& + 2\eta_2(V_{\alpha\gamma}b_\gamma b_\beta + V_{\beta\gamma}b_\gamma b_\alpha - 2b_\alpha b_\beta V_{\gamma\delta}b_\gamma b_\delta) \\
& + \eta_3(V_{\alpha\gamma}b_{\beta\gamma} + V_{\beta\gamma}b_{\alpha\gamma} - V_{\gamma\delta}b_{\alpha\gamma}b_\beta b_\delta - V_{\gamma\delta}b_{\beta\gamma}b_\alpha b_\delta) \\
& + 2\eta_4(V_{\gamma\delta}b_{\alpha\gamma}b_\beta b_\delta + V_{\gamma\delta}b_{\beta\gamma}b_\alpha b_\delta) \\
& + \zeta_1(\delta_{\alpha\beta}V_{\gamma\delta}b_\gamma b_\delta + b_\alpha b_\beta\nabla\cdot\boldsymbol{u}),
\end{aligned} \tag{7.13.25}$$

式中

$$V_{\alpha\beta} = \frac{1}{2}\left(\frac{\partial u_\alpha}{\partial x_\beta} + \frac{\partial u_\beta}{\partial x_\alpha}\right),$$

$$\nabla\cdot\boldsymbol{u} = \frac{\partial u_\alpha}{\partial x_\alpha} = V_{\alpha\alpha}.$$

容易发现, 和 η 或 $\eta_i(i = 1, 2, 3, 4)$ 相乘的张量之迹均为零, 因此

$$\sigma'_{\alpha\alpha} = 3\zeta\nabla\cdot\boldsymbol{u} + \zeta_1(\nabla\cdot\boldsymbol{u} + 3V_{\gamma\delta}b_\gamma b_\delta)$$

$$= (3\zeta + \zeta_1)\nabla\cdot\boldsymbol{u} + 3\zeta_1 V_{\gamma\delta}b_\gamma b_\delta.$$

对于单原子分子气体, 从 §4.13 中的结果可见, 有 $\zeta = 0$. 这个结论对于磁场中的单原子分子气体 (包括等离子体) 也正确, 这在 §7.16 中将加以说明. 那里还将说明, 对于等离子体, 有 $\zeta_1 = 0$.

当应用于等离子体时, 将 (7.13.25) 式中含 η 及 $\eta_i(i = 1, 2, 3, 4)$ 各项重新组合更为方便. 这里我们把 η 项换成

$$\eta_0(3b_\alpha b_\beta - \delta_{\alpha\beta})\left(b_\gamma b_\delta V_{\gamma\delta} - \frac{1}{3}\nabla \cdot \boldsymbol{u}\right),$$

并取 z 轴平行于 $\boldsymbol{b}$, 于是 (7.13.25) 式可以改写成

$$\begin{cases}
\sigma'_{xx} = -\eta_0\left(V_{zz} - \frac{1}{3}\nabla \cdot \boldsymbol{u}\right) + \eta_1(V_{xx} - V_{yy}) + 2\eta_3 V_{xy}, \\
\sigma'_{yy} = -\eta_0\left(V_{zz} - \frac{1}{3}\nabla \cdot \boldsymbol{u}\right) + \eta_1(V_{xx} - V_{yy}) - 2\eta_3 V_{xy}, \\
\sigma'_{zz} = 2\eta_0\left(V_{zz} - \frac{1}{3}\nabla \cdot \boldsymbol{u}\right), \\
\sigma'_{xy} = 2\eta_1 V_{xy} - \eta_3(V_{xx} - V_{yy}), \\
\sigma'_{xz} = 2\eta_2 V_{xz} + 2\eta_4 V_{yz}, \\
\sigma'_{yz} = 2\eta_2 V_{yz} - 2\eta_4 V_{xz}.
\end{cases} \tag{7.13.26}$$

补充了唯象方程 (7.13.23)、(7.13.24) 及 (7.13.26) 之后, (7.13.13)~(7.13.16) 诸式就组成了磁场中等离子体的流体力学方程组.

§7.14   强磁场中等离子体的电流密度和输运系数

考虑完全电离的等离子体, 其输运方程 (以电子为例) 是

$$\frac{\partial n^{(e)}}{\partial t} + \boldsymbol{v} \cdot \frac{\partial n^{(e)}}{\partial \boldsymbol{r}} - \frac{e_0}{m}\left(\boldsymbol{E} + \frac{1}{c}\boldsymbol{v} \times \boldsymbol{B}\right) \cdot \frac{\partial n^{(e)}}{\partial \boldsymbol{v}} = C_{ee} + C_{ei} \tag{7.14.1}$$

式中 C_{ee}、C_{ei} 的含义与上节相同, 它可以是 Fokker-Planck 碰撞项, 也可以是 Boltzmann 碰撞项. 由于处理 Coulomb 相互作用, 我们取前者.

为计算输运系数, 必须先求出分布函数. 本节求分布函数的条件不同于 §7.10. 一方面现在不能忽略碰撞项的作用, 另一方面现在可以把电磁场看成是稳定的.

在不致造成混淆的地方, 我们将简单地把 $n^{(e)}$ 写成 n. 假定

$$n(\boldsymbol{r}, \boldsymbol{v}, t) = n_0(\boldsymbol{r}, \boldsymbol{v}, t) + \delta n(\boldsymbol{r}, \boldsymbol{v}, t) \tag{7.14.2}$$

式中

$$n_0(\boldsymbol{r}, \boldsymbol{v}, t) = N_{\mathrm{e}} \left(\frac{m}{2\pi k_{\mathrm{B}} T} \right)^{3/2} \exp \left[\frac{-m(\boldsymbol{v} - \boldsymbol{u})^2}{2k_{\mathrm{B}} T} \right], \tag{7.14.3}$$

这里 $\boldsymbol{u}$ 是 (7.13.6) 式定义的流体速度, $T = T_{\mathrm{i}} = T_{\mathrm{e}}$ 是电子与离子的共同温度, N_{e}、$\boldsymbol{u}$ 和 T 可以是 $\boldsymbol{r}$ 和 t 的函数. 假定离子的分布函数也同 (7.14.2) 式那样分成两项, 而 $n_0^{(\mathrm{i})}$ 的形式和 (7.14.3) 式类似, 只是把 N_{e} 换成 N_{i}, m 换成 M. 把 (7.14.2) 式代入 (7.14.1) 式中, 注意到

$$C_{\mathrm{ee}}(n_0^{(\mathrm{e})}, n_0^{(\mathrm{e})}) = 0, \quad C_{\mathrm{ei}}(n_0^{(\mathrm{e})}, n_0^{(\mathrm{i})}) = 0,$$

就有

$$\frac{\partial n_0}{\partial t} + \boldsymbol{v} \cdot \frac{\partial n_0}{\partial \boldsymbol{r}} - \frac{e_0}{m} \left(\boldsymbol{E} + \frac{1}{c} \boldsymbol{v} \times \boldsymbol{B} \right) \cdot \frac{\partial n_0}{\partial \boldsymbol{v}} = \frac{e_0}{mc} \boldsymbol{v} \times \boldsymbol{B} \cdot \frac{\partial \delta n}{\partial \boldsymbol{v}} + I(\delta n) \tag{7.14.4}$$

式中 $I(\delta n) = I_{\mathrm{ee}}(\delta n) + I_{\mathrm{ei}}(\delta n)$ 是线性化的碰撞积分

$$I_{\mathrm{ee}}(\delta n) = C_{\mathrm{ee}}(n_0, \delta n) + C_{\mathrm{ee}}(\delta n, n_0),$$

$$I_{\mathrm{ei}}(\delta n) = C_{\mathrm{ei}}(n_0^{(\mathrm{i})}, \delta n) + C_{\mathrm{ei}}(\delta n, n_0^{(\mathrm{i})}).$$

在体积元为静止的参考系中, 忽略 $\dfrac{m}{M}$ 级别的量, 可以认为离子成分在此参考系中静止, 于是电流只包含电子成分的贡献:

$$\boldsymbol{J} = -e_0 \int \boldsymbol{v} n^{(\mathrm{e})}(\boldsymbol{v}) \mathrm{d}\boldsymbol{v} = -e_0 \int \boldsymbol{v} \delta n^{(\mathrm{e})}(\boldsymbol{v}) \mathrm{d}\boldsymbol{v} \tag{7.14.5}$$

假设 $\delta n^{(\mathrm{e})}(\boldsymbol{v})$ 可拆成 $\boldsymbol{v}$ 的偶函数和奇函数两部分之和, 注意到 $\boldsymbol{J}$ 只与 $\delta n^{(\mathrm{e})}(\boldsymbol{v})$ 的奇函数部分有关, 因此由 (7.14.4) 式求 $\delta n^{(\mathrm{e})}$ 时, 左边可以不必考虑 $\boldsymbol{v}$ 的偶函数部分, 在体积元为静止 ($\boldsymbol{u} = 0$) 的参考系中, n_0 是 $\boldsymbol{v}$ 的偶函数, 所以在讨论电流密度时 (7.14.4) 式可以简化为

$$n_0 \frac{m}{k_{\mathrm{B}} T} \boldsymbol{v} \cdot \frac{\partial \boldsymbol{u}}{\partial t} + \boldsymbol{v} \cdot \frac{\partial n_0}{\partial \boldsymbol{r}} - \frac{e_0}{m} \boldsymbol{E} \cdot \frac{\partial n_0}{\partial \boldsymbol{v}} = \frac{e_0}{m} \boldsymbol{v} \times \boldsymbol{B} \cdot \frac{\partial \delta n}{\partial \boldsymbol{v}} + I(\delta n). \tag{7.14.6}$$

注意 $\dfrac{\partial \boldsymbol{u}}{\partial t} \neq 0$, 这使上式左边第一项成为 $\dfrac{\partial n_0}{\partial t}$ 中唯一的 $\boldsymbol{v}$ 的奇函数. 我们上面考虑 $\boldsymbol{u} = 0$ 的体积元并未失去普遍性, 因为输运系数与 $\boldsymbol{u}$ 无关. $\dfrac{\partial \boldsymbol{u}}{\partial t}$ 的数量级可以利用 (7.13.14') 式来估计, 在该式中取 $\boldsymbol{u} = 0$, 并略去黏性张量 $\boldsymbol{\sigma}$, 可得

$$\frac{\partial \boldsymbol{u}}{\partial t} \approx -\frac{1}{\rho} \nabla p + \frac{1}{\rho c} \boldsymbol{J} \times \boldsymbol{B} \tag{7.14.7}$$

式中 $p = Nk_BT, \rho = N_em + N_iM \approx N_iM$. 所以 (7.14.6) 式左边第一项为

$$n_0 \frac{\boldsymbol{m}}{k_BT} \boldsymbol{v} \cdot \frac{\partial \boldsymbol{u}}{\partial t} \approx \frac{\boldsymbol{m}}{N_iM} n_0 \frac{\boldsymbol{v}}{k_BT} \cdot \left[-\nabla p + \frac{1}{c} \boldsymbol{J} \times \boldsymbol{B} \right], \tag{7.14.8}$$

它是 $\dfrac{m}{M}$ 级的小量, 可以忽略. (7.14.6) 式左边其余两项是

$$\boldsymbol{v} \cdot \frac{\partial n_0}{\partial \boldsymbol{r}} - \frac{e_0}{m} \boldsymbol{E} \cdot \frac{\partial n_0}{\partial \boldsymbol{v}} = n_0 v_i \left[\frac{1}{p_e} \frac{\partial p_e}{\partial x_i} - \frac{5}{2T} \frac{\partial T}{\partial x_i} + \frac{mv^2}{2k_BT} \frac{\partial T}{\partial x_i} \right.$$

$$\left. + \frac{mv_j}{k_BT} \frac{\partial u_j}{\partial x_i} + \frac{e_0}{k_BT_c} E_i \right], \tag{7.14.9}$$

式中 $p_e = N_ek_BT$ 是电子部分的压强. 从上节的结果知, $\boldsymbol{E}$ 只以 $\boldsymbol{E} + \dfrac{1}{e_0N_e} \nabla p_e$ 的形式出现 [见 (7.13.23) 式], 因此在计算过程中可以取 $\boldsymbol{E} = 0$. 此外, (7.14.9) 式右边方括号内第四项也可以不考虑, 因为它提供 $\boldsymbol{v}$ 的偶次项. 于是, 当 ∇p_e 和 ∇T 都与 $\boldsymbol{B}$ 平行时, 在垂直于 $\boldsymbol{B}$ 的平面内就没有特定的方向, 因此由 (7.14.6) 式求得的 δn 将与 φ 无关, 这里 φ 是 $\boldsymbol{v}_\perp$(速度 $\boldsymbol{v}$ 的横向分量) 的方位角 (见图 7.4). 这样,(7.14.6) 式中唯一含 $\boldsymbol{B}$ 的项就会消失:

$$\frac{e_0}{m} \boldsymbol{v} \times \boldsymbol{B} \cdot \frac{\partial \delta n}{\partial \boldsymbol{v}} = -\frac{Be_0}{m} \frac{\partial \delta n}{\partial \varphi} = 0,$$

即, δn 在这情况下将与 $\boldsymbol{B}$ 无关, 这说明 (7.13.23) 式所定义的纵向输运系数 $\sigma_{//}$、$\alpha_{//}$ 与 $\boldsymbol{B}$ 无关, 它们就是无磁场时的标量 σ 和 α.

综合以上考虑, 我们可以只讨论横向输运系数, 把 (7.14.6) 式简化为

$$(\boldsymbol{v} \cdot \nabla_\perp)n_0 = \frac{e_0}{mc} \boldsymbol{v} \times \boldsymbol{B} \cdot \frac{\partial \delta n}{\partial \boldsymbol{v}} + I(\delta n). \tag{7.14.10}$$

这个方程可以按 $\dfrac{1}{\omega_{B_e}}$ 的幂作逐次近似. 在第一级近似, 完全忽略碰撞项, 可得

$$\boldsymbol{v} \times \hat{\boldsymbol{B}} \cdot \frac{\partial \delta n_1}{\partial \boldsymbol{v}} = \frac{1}{\omega_{B_e}} (\boldsymbol{v} \cdot \nabla_\perp)n_0 \tag{7.14.11}$$

它的解的奇函数部分是

$$\delta n_1 = -\frac{1}{\omega_{B_e}} \boldsymbol{v} \cdot \hat{\boldsymbol{B}} \times \nabla_\perp n_0 \tag{7.14.12}$$

这个解很容易通过代入 (7.14.11) 式而得到验证. 记

$$\langle G \rangle = \frac{1}{N_e} \int G n_0 \mathrm{d}\boldsymbol{v} = \int G \left(\frac{m}{2\pi k_BT} \right)^{3/2} \exp\left(\frac{-mv^2}{2k_BT} \right) \mathrm{d}\boldsymbol{v},$$

利用 (7.14.5) 式容易计算 $\boldsymbol{J}$ 的一级近似

$$\boldsymbol{J}_1 = \frac{mc}{B}(\hat{\boldsymbol{B}} \times \nabla_\perp \cdot \langle \boldsymbol{v}\rangle \boldsymbol{v})N_e = \frac{mc}{3B}\hat{\boldsymbol{B}} \times \nabla_\perp(N_e\langle v^2\rangle)$$

$$= \frac{c}{B}\hat{\boldsymbol{B}} \times \nabla_\perp p_e \tag{7.14.13}$$

在下一级近似, 设 $\delta n = \delta n_1 + \delta n_2$, 代入 (7.14.10) 式, 可以得到关于 δn_2 的方程

$$\omega_{B_e}\boldsymbol{v} \times \hat{\boldsymbol{B}} \cdot \frac{\partial \delta n_2}{\partial \boldsymbol{v}} = -I(\delta n_1) = \frac{1}{\omega_{B_e}}I(\boldsymbol{v} \cdot \hat{\boldsymbol{B}} \times \nabla_\perp n_0). \tag{7.14.14}$$

算子 $\nabla_\perp$ 不能提到 I 的前面, 因为线性化的碰撞积分 I 包含像 N_i 这样依赖于坐标的系数. 由于磁场强, $\omega_{B_e} \gg \nu_e, \nu_e$ 是电子的碰撞频率. 但另一方面, 我们下面也假设

$$r_{B_e} = \frac{v_{T_e}}{\omega_{B_e}} \gg \lambda_e, \tag{7.14.15}$$

即 $\omega_{B_e} \ll \Omega_e$, 这给出了 B 的上界. 在这条件下, 在电子与其他电子或离子碰撞的过程中, 轨道几乎没有因磁场而改变; 也就是说, 磁场没有影响到碰撞的过程, 所以算子 I 不明显地依赖于场. 由于 I 的对称性, (7.14.14) 式右边必然有形如 $\boldsymbol{v} \cdot \hat{\boldsymbol{B}} \times \nabla_\perp \psi(v^2)$ 这样的矢量结构. 把它与 (7.14.11) 式右边比较, 相当于把后者中的 $\nabla_\perp n_0$ 换成了 $\hat{\boldsymbol{B}} \times \nabla_\perp \psi(v^2)$, 所以 (7.14.14) 式的解可以写成

$$\delta n_2 = -\frac{1}{\omega_{B_e}^2}I(\boldsymbol{v} \cdot \hat{\boldsymbol{B}} \times (\hat{\boldsymbol{B}} \times \nabla_\perp)n_0) = \frac{1}{\omega_{B_e}^2}I(\boldsymbol{v} \cdot \nabla_\perp n_0). \tag{7.14.16}$$

为计算电流密度,(7.14.16) 式中的算子 I 可以取成 I_{ei}, 因为电子间的碰撞使电子的总动量守恒, 即有

$$\int \boldsymbol{v} I_{ee}\mathrm{d}\boldsymbol{v} = 0.$$

在计算 I_{ei} 时, 利用 (5.5.14) 式, 可以写出

$$I_{ei}(\boldsymbol{v} \cdot \nabla_\perp n_0) = -\nu_{ei}(v)(\boldsymbol{v} \cdot \nabla_\perp)n_0 \tag{7.14.17}$$

式中 $\nu_{ei}(v)$ 由 (5.3.26) 式及 (5.3.20) 式给出:

$$\nu_{ei}(v) = \frac{4\pi z e_0^4 N_e L_e}{m^2 v^3}, \tag{7.14.18}$$

$$L_e \approx \ln\left(\frac{\lambda_e m v^2}{z e_0^2}\right). \tag{7.14.19}$$

于是求得

$$\boldsymbol{J}_2 = -e_0 \int \boldsymbol{v}\delta n_2\mathrm{d}\boldsymbol{v} = \frac{e_0 N_e}{3\omega_{B_e}^2}\nabla_\perp \langle v^2 \nu_{ei}(v)\rangle$$

$$= \frac{4\sqrt{2\pi}ze_0^5 L_e N_e}{3m^{3/2}\omega_{B_e}^2}\nabla_\perp\left[\frac{p_e}{(k_B T)^{3/2}}\right], \tag{7.14.20}$$

式中用到

$$\int G n_0 \mathrm{d}\boldsymbol{v} = N_e\langle G\rangle,$$

$$\nabla_\perp\nu_{ei}(v) = \frac{1}{N_e}\nu_{ei}(v)\nabla\perp N_e.$$

得到电流密度之后, 就可以计算 (7.13.23) 式中的横向输运系数. 针对本节所讨论的情况, 可以把 (7.13.23) 式写得简单些:

$$\frac{1}{e_0 N_e}\nabla_\perp p_e = \frac{\boldsymbol{J}_\perp}{\sigma_\perp} + \mathscr{R}\boldsymbol{B}\times\boldsymbol{J} + \alpha_\perp\nabla_\perp T + \mathscr{N}\boldsymbol{B}\times\nabla T \tag{7.14.21}$$

将 $\boldsymbol{J}_\perp = J_1 + J_2$ 代入上式, 其中 J_1 和 J_2 分别由 (7.14.13) 式和 (7.14.20) 式给出, 比较 (7.14.21) 式两边 $\hat{\boldsymbol{B}}\times\nabla_\perp p_e$、$\nabla_\perp p_e$、$\hat{\boldsymbol{B}}\times\nabla_\perp T$ 和 $\nabla_\perp T$ 的系数, 记

$$\nu_{ei} = \nu_{ei}(v_{T_e}) = \frac{4\pi ze_0^4 N_e L_e}{m^{1/2}(k_B T)^{3/2}}, \tag{7.14.18'}$$

可以得到

$$\frac{c}{\sigma_\perp B} + \mathscr{R}B\frac{\sqrt{2}e_0\nu_{ei}}{3\sqrt{\pi}m\omega_{B_e}^2} = O\left(\frac{1}{\omega_{B_e}^2}\right), \tag{7.14.22}$$

$$\frac{1}{e_0 N_e} = \frac{1}{\sigma_\perp}\frac{\sqrt{2}e_0\nu_{ei}}{3\sqrt{\pi}m\omega_{B_e}^2} - \mathscr{R}c + O\left(\frac{1}{\omega_{B_e}^2}\right), \tag{7.14.23}$$

$$-\mathscr{R}B\frac{e_0 N_e\nu_{ei}k_B}{\sqrt{2\pi}m\omega_{B_e}^2} + \mathscr{N}B = O\left(\frac{1}{\omega_{B_e}^2}\right), \tag{7.14.24}$$

$$-\frac{1}{\sigma_\perp}\frac{e_0 N_e\nu_{ei}k_B}{\sqrt{2\pi}m\omega_{B_e}^2} + \alpha_\perp = O\left(\frac{1}{\omega_{B_e}^3}\right), \tag{7.14.25}$$

由 (7.14.22) 式看出, 按 $\frac{1}{\omega_{B_e}}$ 的幂次展开时, $\frac{1}{\sigma_\perp}$ 与 $\mathscr{R}$ 同级, 因此 (7.14.23) 式中可以不考虑 $\frac{1}{\omega_{B_e}^2}$ 级别的项 (包括右边第一项), 得到

$$\mathscr{R} = -\frac{1}{N_e e_0 c} + O\left(\frac{1}{\omega_{B_e}^2}\right). \tag{7.14.26}$$

将此式代入 (7.14.22) 式, 得

$$\sigma_\perp = \frac{3\sqrt{\pi}e_0^2 N_e}{\sqrt{2}m\nu_{ei}} + O\left(\frac{1}{\omega_{B_e}^2}\right). \tag{7.14.27}$$

将 (7.14.26) 式代入 (7.14.24) 式, 得到

$$\mathscr{N} = \frac{-\nu_{ei}k_B}{\sqrt{2\pi}mc\omega_{B_e}^2} + O\left(\frac{1}{\omega_{B_e}^3}\right). \tag{7.14.28}$$

最后, 将 (7.14.27) 式代入 (7.14.25) 式, 得

$$\alpha_\perp = \frac{k_B}{3\pi e_0}\left(\frac{\nu_{ei}}{\omega_{B_e}}\right)^2 + O\left(\frac{1}{\omega_{B_e}^3}\right). \tag{7.14.29}$$

以上的方法不能用于弱磁场情形, 因为求解方程 (7.14.10) 时曾按 $\dfrac{1}{\omega_{B_e}}$ 的幂次展开. 对于弱磁场情形, 应当把

$$\frac{e_0}{mc}\boldsymbol{v} \times \boldsymbol{B} \cdot \frac{\partial \delta n}{\partial \boldsymbol{v}}$$

当作小项, 所以初级近似是

$$(\boldsymbol{v} \cdot \nabla)n_0 = I(\delta n_1), \tag{7.14.30}$$

这里已把 $\nabla_\perp$ 重新写成 ∇, 因为无磁场时介质是各向同性的. 由于可以只考虑电子和离子间的碰撞:

$$I_{ei}(\delta n_1) = -\nu_{ei}(v)\delta n_1, \tag{7.14.31}$$

所以

$$\delta n_1 = -\frac{1}{\nu_{ei}(v)}\boldsymbol{v} \cdot \nabla n_0.$$

经过计算可以得到

$$\sigma = \sigma_{//} = \frac{4\sqrt{2}e_0^2 N_e}{3m\nu_{ei}}. \tag{7.14.32}$$

把它与 (7.14.27) 式相比, 可见 $\sigma_{//}$ 与 $\sigma_\perp$ 为同一数量级. 这样计算的输运系数并不精确, 因为 (7.14.30) 式对于 v 较大的情况不可靠, 所以 (7.14.32) 式只在数量级上是可信的. 用同样方法计算 $\alpha_{//}$ 时会导致负值, 这显然不合理, 因为它违背热力学第二定律 (参见文献 [75]).

§7.15 强磁场中等离子体的能流密度和热导率

等离子体中的能流来源于电子和离子两种成分的贡献. 仍然考虑静止 ($\boldsymbol{u} = 0$) 的体积元, 电子成分对热流的贡献是

$$\boldsymbol{q}_e = \frac{m}{2}\int v^2\boldsymbol{v}\delta n^{(e)}\mathrm{d}\boldsymbol{v}. \tag{7.15.1}$$

可见, 与热流有关的仍然是 $\delta n^{(\mathrm{e})}$ 中 $\boldsymbol{v}$ 的奇函数部分, 因此可以利用上节得到的分布函数. 到 $\dfrac{1}{\omega_{B_{\mathrm{e}}}}$ 级, 分布函数由 (7.14.12) 式给出; 它对 $\boldsymbol{q}_{\mathrm{e}}$ 的贡献是

$$\boldsymbol{q}_{\mathrm{e}1} = -\frac{m}{2\omega_{B_{\mathrm{e}}}}(\hat{\boldsymbol{B}} \times \nabla_{\perp} \cdot \langle \boldsymbol{v} \rangle \boldsymbol{v} v^2) N_{\mathrm{e}} = -\frac{m}{6\omega_{B_{\mathrm{e}}}}\hat{\boldsymbol{B}} \times \nabla_{\perp} N_{\mathrm{e}} \langle v^4 \rangle,$$

算出 $\langle v^4 \rangle$ 并代入 $\omega_{B_{\mathrm{e}}} = \dfrac{e_0 B}{mc}$ 之值, 得到

$$\boldsymbol{q}_{\mathrm{e}1} = -\frac{5c}{2e_0 B}\hat{\boldsymbol{B}} \times \nabla_{\perp}(p_{\mathrm{e}} k_{\mathrm{B}} T) = -\frac{w_{\mathrm{e}}}{e_0}\boldsymbol{J}_1 - \frac{5c p_{\mathrm{e}} k_{\mathrm{B}}}{2e_0 B}\hat{\boldsymbol{B}} \times \nabla_{\perp} T, \tag{7.15.2}$$

式中 $w_{\mathrm{e}} = \dfrac{5k_{\mathrm{B}} T}{2}$ 是每个电子的焓, $\boldsymbol{J}_1$ 由 (7.14.13) 式给出. 将 (7.15.2) 式与 (7.13.24) 式相比较, 有

$$\mathscr{L}_{\mathrm{e}} = -\frac{5c N_{\mathrm{e}} k_{\mathrm{B}}^2 T}{2e_0 B^2}. \tag{7.15.3}$$

到 $\dfrac{1}{\omega_{B_{\mathrm{e}}}^2}$ 级, 可以把 (7.14.16) 式代入 (7.15.1) 式, 计算

$$\boldsymbol{q}_{\mathrm{e}2} = \boldsymbol{q}_{\mathrm{e}2}^{(\mathrm{ei})} + \boldsymbol{q}_{\mathrm{e}2}^{(\mathrm{ee})} = \frac{m}{2\omega_{B_{\mathrm{e}}}^2}\int v^2 \boldsymbol{v}[I_{\mathrm{ei}}(\boldsymbol{v} \cdot \nabla_{\perp} n_0) + I_{\mathrm{ee}}(\boldsymbol{v} \cdot \nabla_{\perp} n_0)]\mathrm{d}\boldsymbol{v},$$

注意电子 - 离子碰撞和电子 - 电子碰撞两者对 $\boldsymbol{q}_{\mathrm{e}2}$ 都有贡献. I_{ei} 可用 (7.14.17) 式, 于是

$$\boldsymbol{q}_{\mathrm{e}2}^{(\mathrm{ei})} = -\frac{m N_{\mathrm{e}}}{6\omega_{B_{\mathrm{e}}}^2}\nabla_{\perp}\langle v^4 \nu_{\mathrm{ei}}(v)\rangle = -\frac{4\sqrt{2\pi}}{3}\frac{z e_0^4 N_{\mathrm{e}} L_{\mathrm{e}}}{m^{3/2}\omega_{B_{\mathrm{e}}}^2}\nabla_{\perp}\left(\frac{p_{\mathrm{e}}}{\sqrt{k_{\mathrm{B}} T}}\right) \tag{7.15.4}$$

为求得热导率 $\kappa_{\perp}$ 的对应部分, 应注意, 按定义 $\kappa_{\perp}$ 是无电流时的热导系数 [参见 (1.8.34) 式], 所以可以假定 $\boldsymbol{J} = \boldsymbol{J}_1 + \boldsymbol{J}_2 = 0$. 于是, 利用 (7.14.13) 式及 (7.14.20) 式, 可以得到

$$\frac{c}{B}\hat{\boldsymbol{B}} \times \nabla_{\perp} p_{\mathrm{e}} + \frac{4\sqrt{2\pi}z e_0^5 L_{\mathrm{e}} N_{\mathrm{e}}}{3m^{3/2}\omega_{B_{\mathrm{e}}}^2}\nabla_{\perp}\left[\frac{p_{\mathrm{e}}}{(k_{\mathrm{B}} T)^{3/2}}\right] = 0,$$

或

$$\frac{c}{b}\hat{\boldsymbol{B}} \times \nabla_{\perp} p_{\mathrm{e}} = \frac{e_0 N_{\mathrm{e}} \nu_{\mathrm{ei}} k_{\mathrm{B}}}{\sqrt{2\pi}m\omega_{B_{\mathrm{e}}}^2}\nabla_{\perp} T - \frac{\sqrt{2}e_0 \nu_{\mathrm{ei}}}{3\sqrt{\pi}m\omega_{B_{\mathrm{e}}}^2}\nabla_{\perp} p_{\mathrm{e}},$$

式中用到 (7.14.18′) 式, 上式右边第二项与左边相比是 $\dfrac{1}{\omega_{B_{\mathrm{e}}}}$ 级的小量, 可以略去. 因此有

$$\hat{\boldsymbol{B}} \times \nabla_{\perp} p_{\mathrm{e}} = \frac{\nu_{\mathrm{ei}} k_{\mathrm{B}} N_{\mathrm{e}}}{\sqrt{2\pi}\omega_{B_{\mathrm{e}}}}\nabla_{\perp} T, \tag{7.15.5}$$

由此又可得到

$$\nabla_\perp P_e = -\frac{\nu_{ei} k_B N_e}{\sqrt{2\pi}\omega_{B_e}} \hat{\boldsymbol{B}} \times \nabla_\perp T. \tag{7.15.6}$$

由 (7.15.2) 式和 (7.15.4) 式. 再利用 (7.14.13) 式及 (7.15.5) 式, 可以写出

$$\begin{aligned}
\boldsymbol{q}_{e1} + \boldsymbol{q}_{e2}^{(ei)} = {}& -\frac{w_e N_e \nu_{ei} k_B}{\sqrt{2\pi} m \omega_{B_e}^2} \nabla_\perp T \\
&+ \frac{2\sqrt{2\pi}}{3} \frac{z e_0^4 N_e L_e P_e k_B}{m^{3/2} \omega_{B_e}^2 (k_B T)^{3/2}} \nabla_\perp T \\
&- \frac{4\sqrt{2\pi}}{3} \frac{z e_0^4 N_e L_e}{m^{3/2} \omega_{B_e}^2 (k_B T)^{1/2}} \nabla_\perp p_e \\
&- \frac{5 c p_e k_B}{2 e_0 B} \hat{\boldsymbol{B}} \times \nabla_\perp T,
\end{aligned}$$

注意到 (7.15.6) 式, 可知上式右边第三项可以忽略. 然后, 把这式与 (7.13.24) 式在 $\boldsymbol{J} = 0$ 的情况相比较, 可以得到 (ei) 碰撞对 $\kappa_\perp$ 的贡献:

$$\kappa_\perp^{(ei)} = \frac{13}{6\sqrt{2\pi}} \frac{N_e k_B^2 T \nu_{ei}}{m \omega_{B_e}^2}. \tag{7.15.7}$$

这表达式的物理意义可以理解如下. 在数量级上, 热导率应当是 $\kappa_\perp \approx c_e D_\perp$, 这里 c_e 是单位体积中电子的比热, 其数量级为 $k_B N_e$, 而 $D_\perp$ 是电子横越磁场的扩散系数, $D_\perp \approx \langle(\Delta x)^2\rangle/\delta t$, [见 (6.1.10) 式], $\langle(\Delta x)^2\rangle$ 是 δt 时间内电子的平均平方位移. 在磁场中横向位移仅来自碰撞, 而电子在一次碰撞中移动大约 r_{B_e} 所以 $D_\perp \approx \nu_{ei} r_{B_e}^2$, 于是

$$\kappa_\perp \approx k_B N_e \nu_{ei} r_{B_e}^2 \approx k_B N_e \nu_{ei} k_B T/(m \omega_{B_e}^2),$$

而 (7.15.7) 式正具有这样的数量级.

现在再来考虑 I_{ee} 的贡献 $\boldsymbol{q}_{e2}^{(ee)}$. 如果利用 Landau 碰撞项来表示, 由 (5.3.18) 式得到

$$I_{ee}(\delta n^{(e)}) = -\frac{\partial}{\partial \boldsymbol{v}} \cdot \boldsymbol{S}^{(ee)}(\delta n^{(e)}) \tag{7.15.8}$$

式中

$$\begin{aligned}
S_i^{(ee)}(\delta n^{(e)}) = {}& \frac{2\pi e_0^4 L_e}{m^2} \int \frac{w^2 \delta_{ij} - w_i w_j}{w^3} \left[n_0^{(e)} \frac{\partial \delta n^{(e)\prime}}{\partial v_j'} + \delta n^{(e)} \frac{\partial n_0^{(e)\prime}}{\partial v_j'} \right. \\
&\left. - n_0^{(e)\prime} \frac{\partial \delta n^{(e)}}{\partial v_j} - \delta n^{(e)\prime} \frac{\partial n_0^{(e)}}{\partial v_j} \right] \mathrm{d}\boldsymbol{v}', \tag{7.15.9}
\end{aligned}$$

式中 $\delta n^{(e)} = \delta n^{(e)}(\boldsymbol{v}), \delta n^{(e)'} = \delta n^{(e)}(\boldsymbol{v}')$, 其余类推, 而 $\boldsymbol{w} = \boldsymbol{v} - \boldsymbol{v}'$. 于是, (ee) 碰撞对热流的贡献成为

$$\boldsymbol{q}_{e2}^{(ee)} = \frac{m}{2\omega_{B_e}^2} \int v^2 \boldsymbol{v} I_{ee}(\boldsymbol{v} \cdot \nabla_\perp n_0^{(e)}) \mathrm{d}\boldsymbol{v}$$

$$= -\frac{m}{2\omega_{B_e}^2} \int v^2 \boldsymbol{v} \frac{\partial}{\partial \boldsymbol{v}} \cdot \boldsymbol{S}^{(ee)}(\boldsymbol{v} \cdot \nabla_\perp n_0^{(e)}) \mathrm{d}\boldsymbol{v} \qquad (7.15.10)$$

经过分部积分后, 可以得到

$$\boldsymbol{q}_{e2}^{(ee)} = \frac{m}{2\omega_{B_e}^2} \int \{v^2 \boldsymbol{S}^{(ee)}(\boldsymbol{v} \cdot \nabla_\perp n_0^{(e)}) + 2\boldsymbol{v}[\boldsymbol{v} \cdot \boldsymbol{S}^{(ee)}(\boldsymbol{v} \cdot \nabla_\perp n_0^{(e)})]\} \mathrm{d}\boldsymbol{v} \qquad (7.15.11)$$

在计算 (7.15.11) 式中的导数 $\boldsymbol{v} \cdot \nabla_\perp n_0^{(e)}$ 时, 可以只考虑

$$n_0^{(e)} \frac{mv^2}{2k_B T^2} \boldsymbol{v} \cdot \nabla_\perp T$$

这一项, 因为其余三项中含 $\nabla_\perp N_e$ 和 $\nabla_\perp T$ 的两项是碰撞不变量, 对 $\boldsymbol{S}^{(ee)}$ 没有贡献, 而另一项是 $\boldsymbol{v}$ 的偶函数, 虽然对 $\boldsymbol{S}^{(ee)}$ 有贡献, 但得到的却是 $\boldsymbol{v}$ 的奇函数, 所以对热流没有贡献. 利用 (7.15.9) 式, 经过不太困难但相当麻烦的运算, 可将 (7.15.11) 式化为

$$\boldsymbol{q}_{e2}^{(ee)} = -\kappa_{\perp e}^{(ee)} \nabla_\perp T, \qquad (7.15.12)$$

式中

$$\kappa_{\perp e}^{(ee)} = \frac{\pi e_0^4 L_e}{3k_B T^2 \omega_{B_e}^2} \int \left[wG^2 + \frac{(\boldsymbol{w} \cdot \boldsymbol{G})^2}{u} \right.$$

$$\left. + (\boldsymbol{w} \cdot \boldsymbol{G} \text{的奇次幂}) \right] n_0^{(e)}(\boldsymbol{v}) n_0^{(e)}(\boldsymbol{v}') \mathrm{d}\boldsymbol{v} \mathrm{d}\boldsymbol{v}', \qquad (7.15.13)$$

这里 $\boldsymbol{w} = \boldsymbol{v} - \boldsymbol{v}', \boldsymbol{G} = \frac{1}{2}(\boldsymbol{v} + \boldsymbol{v}')$. $\boldsymbol{w}$、$\boldsymbol{G}$ 的奇次幂对于积分没有贡献. 压强梯度 $\nabla_\perp p_e$ 在 (7.15.12) 式中没有出现, 因此不必使用 $\boldsymbol{J} = 0$ 的条件. 注意到

$$n_0^{(e)}(\boldsymbol{v}) n_0^{(e)}(\boldsymbol{v}') \propto \exp\left[-\frac{mG^2}{k_B T} - \frac{mw^2}{4k_B T} \right]$$

就可以从 (7.15.13) 式计算出

$$\kappa_{\perp e}^{(ee)} = \frac{2}{3\sqrt{\pi}} \frac{N_e k_B^2 T \nu_{ee}}{m \omega_{B_e}^2} \qquad (7.15.14)$$

式中

$$\nu_{ee} = \frac{4\pi e_0^2 N_e L_e}{m^{1/2} k_B^{3/2} T^{3/2}} \qquad (7.15.15)$$

把 (7.15.7) 式和 (7.15.14) 式相加, 可得电子对横向热导率的总贡献:

$$\kappa_{\perp e} = \frac{2N_e k_B^2 T \nu_{ee}}{3\sqrt{\pi} m \omega_{B_e}^2} \left(1 + \frac{13}{4} z \right). \tag{7.15.16}$$

虽然在选定的参考系中 $\boldsymbol{u} = 0$, 但离子部分对热流仍有贡献. 首先注意, 为要对离子的情形应用上述的近似方法, 条件 $\omega_{B_e} \gg \nu_{ee}$ 应当换成更强的条件 $\omega_{B_i} \gg \nu_{ii}$. 事实上, 由于 $\nu_{ii} \approx \nu_{ee} \left(\dfrac{m}{M} \right)^{1/2}$, $\omega_{B_i} \approx \omega_{B_e} \dfrac{m}{M}$, 所以由 $\omega_{B_i} \gg \nu_{ii}$ 可以导出 $\omega_{B_e} \gg \nu_{ee} \left(\dfrac{M}{m} \right)^{1/2}$, 比 $\omega_{B_e} \gg \nu_{ee}$ 更强! 另一方面, 条件 $r_{B_e} \gg \lambda_e$[见 (7.14.15) 式] 满足时, 却自动有 $r_{B_i} \gg \lambda_i$, 因为后者较前者为弱.

与方程 (7.14.4) 类似, 离子的输运方程可以写为

$$\frac{\partial n_0^{(i)}}{\partial t} + \boldsymbol{v} \cdot \frac{\partial n_0^{(i)}}{\partial \boldsymbol{r}} + \frac{ze_0}{M} \left(\boldsymbol{E} + \frac{1}{c} \boldsymbol{v} \times \boldsymbol{B} \right) \cdot \frac{\partial n_0^{(i)}}{\partial \boldsymbol{v}}$$

$$= -\frac{ze_0}{Mc} \boldsymbol{v} \times \boldsymbol{B} \cdot \frac{\partial \delta n^{(i)}}{\partial \boldsymbol{v}} + I(\delta n^{(i)}). \tag{7.15.17}$$

对方程 (7.15.17) 的讨论基本上也与方程 (7.14.4) 的讨论相似, 因为现在关心的仍是 $\delta n^{(i)}$ 中 $\boldsymbol{v}$ 的奇函数部分. 所不同的是, 对于电子成分, (7.14.7) 式给出的一项很小, 是 $\dfrac{m}{M}$ 数量级的, 可以略去. 但是对于离子成分, 当把 (7.14.7) 式代入 (7.15.17) 式左边的第一项时, 却给出一项:

$$n_0^{(i)} \frac{\boldsymbol{v}}{p_i} \cdot \left(-\nabla p + \frac{1}{c} \boldsymbol{J} \times \boldsymbol{B} \right), \tag{7.15.18}$$

它是不能忽略的. (7.15.18) 式中 $p = p_e + p_i = (N_e + N_i) k_B T$. 于是输运方程 (7.15.17) 可以改写为

$$\boldsymbol{v} \cdot \nabla_\perp n_0^{(i)} - \frac{n_0^{(i)}}{p_i} \boldsymbol{v} \cdot \left(\nabla_\perp p - \frac{1}{c} \boldsymbol{J} \times \boldsymbol{B} \right)$$

$$= -\frac{ze_0}{M_c} \boldsymbol{v} \times \boldsymbol{B} \cdot \frac{\partial \delta n^{(i)}}{\partial \boldsymbol{v}} + I(\delta n^{(i)}). \tag{7.15.19}$$

它与方程 (7.14.10) 相比, 左边多了一项. 这里, 我们也已经取了 $\boldsymbol{E} = 0$ 并用 $\nabla_\perp$ 代替了 ∇. 以下在不致混淆的地方, 将略去表示离子成分的附标 (i).

用 $\dfrac{1}{\omega_{B_i}}$ 作为小量展开, 近似求解方程 (7.15.19), 可以求得一级近似为

$$\delta n_1 = \frac{1}{\omega_{B_i}} \boldsymbol{v} \cdot \hat{\boldsymbol{B}} \times \left(\nabla_\perp n_0 - \frac{n_0}{p_i} \nabla_\perp p + \frac{n_0}{c p_i} \boldsymbol{J} \times \boldsymbol{B} \right).$$

在这一级近似上, 可以把 (7.14.13) 式代入上式, 得出

$$\delta n_1 = \frac{1}{\omega_{B_i}} \boldsymbol{v} \cdot \hat{\boldsymbol{B}} \times \left(\nabla_{\perp} n_0 - \frac{n_0}{p_i} \nabla_{\perp} p_i \right) \tag{7.15.20}$$

由于 $\int \boldsymbol{v} \delta n_1 \mathrm{d}\boldsymbol{v} = 0$, 所以这分布函数对电流没有贡献, 这对 $\boldsymbol{u} = 0$ 的参考系来说是预料中的结果.(7.15.20) 式给出的热流为

$$\begin{aligned}
\boldsymbol{q}_1^{(i)} &= \frac{1}{2} M \int v^2 \boldsymbol{v} \delta n_1 \mathrm{d}\boldsymbol{v} = \frac{M}{2\omega_{B_i}} \int v^2 \boldsymbol{v} \boldsymbol{v} \cdot \hat{\boldsymbol{B}} \times \left(\nabla_{\perp} n_0 - \frac{n_0}{p_i} \nabla_{\perp} p_i \right) \mathrm{d}\boldsymbol{v} \\
&= \frac{M}{6\omega_{B_i}} \hat{\boldsymbol{B}} \times \left[\nabla_{\perp} (N_i \langle v^4 \rangle) - \frac{\langle v^4 \rangle}{T} \nabla_{\perp} p_i \right] \\
&= \frac{5 c p_i k_{\mathrm{B}}}{2 z e_0 B^2} \boldsymbol{B} \times \nabla T.
\end{aligned} \tag{7.15.21}$$

所以, 与 (7.13.24) 式比较, 得到

$$\mathscr{L}_i = \frac{5 c N_i T k_{\mathrm{B}}^2}{2 z e_0 B^2}. \tag{7.15.22}$$

从上式与 (7.15.3) 式可见

$$\mathscr{L}_i = -\frac{\mathscr{L}_e}{z^2}. \tag{7.15.23}$$

在计算离子成分对热流的下一级贡献时, 离子与离子间的碰撞是重要的; 因为离子与电子的碰撞只能造成离子能量的小改变, 对热流的贡献是 $\left(\frac{m}{M} \right)^{\frac{1}{2}}$ 级的小量. 计算离子与离子碰撞项 I_{ii} 对热流的贡献, 其方法和讨论 I_{ee} 一样, (7.15.20) 式与 (7.14.12) 式的区别项 $\nabla_{\perp} p_i$ 并不重要, 因为分布函数 δn_1 的这一部分正比于 $\boldsymbol{v} n_0$, 所以在用相当于 (7.15.16) 式的式子计算 δn_2 时对碰撞积分 I_{ii} 无贡献. 因此, 离子间碰撞对热导率的贡献在这一级上可以简单地从 (7.15.14) 式把电子的量改为离子的量而得到

$$\kappa_{\perp i} = \frac{2}{3\sqrt{\pi}} \frac{N_i k_{\mathrm{B}}^2 T \nu_{ii}}{M \omega_{B_i}^2}, \tag{7.15.24}$$

式中

$$\nu_{ii} = \frac{4\pi z^2 e_0^4 L_i N_i}{M^{1/2} k_{\mathrm{B}}^{3/2} T^{3/2}}. \tag{7.15.25}$$

将 (7.15.24) 式与 (7.15.16) 式比较, 可知 $z \approx 1$ 时

$$\kappa_{\perp i} \approx \kappa_{\perp e} \left(\frac{M}{m} \right)^{1/2}.$$

这说明对横向热导率的主要贡献来自离子与离子间的碰撞. 当然, 这只有在条件 $\omega_{B_i} \gg \nu_{ii}$ 满足时, 即磁场足够强时才正确. 在磁场较弱, 使 $\omega_{B_i} \lesssim \left(\dfrac{m}{M}\right)^{\frac{1}{4}} \nu_{ii}$ 时, 离子对 $\kappa_\perp$ 的贡献 $\lesssim$ 电子的贡献.

若在离子贡献不重要时仍有 $\omega_{B_e} \gg \nu_{ee}$, 则 $\kappa_\perp$ 由 (7.15.16) 式给出.

§7.16 强磁场中等离子体的黏性

等离子体的动量主要集中在离子上, 因此黏性也取决于离子的分布函数. 而在离子同电子碰撞时, 离子的动量改变很小, 只有当离子与离子碰撞时才发生较大的动量转移, 因此输运方程中可以只考虑离子间的碰撞:

$$\frac{\partial n_0^{(i)}}{\partial t} + \boldsymbol{v} \cdot \frac{\partial n_0^{(i)}}{\partial \boldsymbol{r}} + \frac{ze_0}{M}\left(\boldsymbol{E} + \frac{1}{c}\boldsymbol{v} \times \boldsymbol{B}\right) \cdot \frac{\partial n_0^{(i)}}{\partial \boldsymbol{v}}$$

$$= -\frac{ze_0}{Mc}\boldsymbol{v} \times \boldsymbol{B} \cdot \frac{\partial \delta n^{(i)}}{\partial \boldsymbol{v}} + I_{ii}(\delta n^{(i)}), \tag{7.16.1}$$

以下省略表示离子成分的附标 (i). 在讨论黏性时, 我们只须关心 δn 中所含 $\boldsymbol{v}$ 的偶函数部分, 这是本节与前两节的基本不同点.

在方程 (7.16.1) 左边只保留 $\boldsymbol{v}$ 的偶函数部分, 可得 (对希腊附标有求和规定)

$$n_0\left[\frac{1}{N_i}\frac{\partial N_i}{\partial t} - \frac{3}{2T}\frac{\partial T}{\partial t} + \frac{Mv^2}{2k_BT^2}\frac{\partial T}{\partial t} + \frac{M}{k_BT}v_\alpha v_\beta \frac{\partial v_\beta}{\partial x_\alpha}\right]$$

$$= -\frac{ze_0}{Mc}\boldsymbol{v} \times \boldsymbol{B} \cdot \frac{\partial \delta n}{\partial \boldsymbol{v}} + I(\delta n), \tag{7.16.2}$$

式中已取 $\boldsymbol{u} = 0$

在 (7.13.5) 式及 (7.13.7)~(7.13.9) 诸式中, 取

$$f_0 = mn_0^{(e)} + Mn_0^{(i)}$$

代入, 可以分别求得流体力学量的初级近似:

$$\begin{aligned}
&\rho_0 = mN_e + MN_i \approx MN_i, \\
&p_{\alpha\beta}^{(0)} = (N_i + N_e)k_BT\delta_{\alpha\beta} = N_i(1+z)k_BT\delta_{\alpha\beta} \\
&\rho_0 U_0 = \frac{3}{2}N_i(1+z)k_BT, \\
&q_\alpha^{(0)} = 0.
\end{aligned} \tag{7.16.3}$$

而由 (7.13.11) 可以求得

$$J_\alpha^{(0)} = 0.$$

利用以上结果,(7.13.13) 式和 (7.13.15) 式可以写成

$$\frac{1}{N_i}\frac{\partial N_i}{\partial t} + \nabla \cdot \boldsymbol{u} = 0$$

$$\frac{1}{N_i}\frac{\partial N_i}{\partial t} + \frac{1}{T}\frac{\partial T}{\partial t} + \nabla \cdot \boldsymbol{u} + \frac{2}{3}\nabla \cdot \boldsymbol{u} = 0,$$

由此立即求得

$$\frac{1}{N_i}\frac{\partial N_i}{\partial t} - \frac{3}{2T}\frac{\partial T}{\partial t} = 0, \tag{7.16.4}$$

$$\frac{Mv^2}{2k_BT^2}\frac{\partial T}{\partial t} = -\frac{Mv^2}{3k_BT}\nabla \cdot \boldsymbol{u}. \tag{7.16.5}$$

把 (7.16.4) 式和 (7.16.5) 式代入 (7.16.2) 式, 得到

$$\frac{M}{k_BT}v_\alpha v_\beta\left(V_{\alpha\beta} - \frac{1}{3}\delta_{\alpha\beta}\nabla \cdot \boldsymbol{u}\right)n_0 = \frac{-ze_0}{Mc}\boldsymbol{v} \times \boldsymbol{B} \cdot \frac{\partial \delta n}{\partial \boldsymbol{v}} + I(\delta n), \tag{7.16.6}$$

式中

$$V_{\alpha\beta} = \frac{1}{2}\left(\frac{\partial u_\alpha}{\partial x_\beta} + \frac{\partial u_\beta}{\partial x_\alpha}\right)$$

再从 (7.13.25) 式出发, 把 η 项改写成 η_0 项后, 引入记号

$$V_{\alpha\beta}^{(0)} = 2(3b_\alpha b_\beta - \delta_{\alpha\beta})\left(b_\gamma b_\delta V_{\gamma\delta} - \frac{1}{3}\nabla \cdot \boldsymbol{u}\right),$$

$$V_{\alpha\beta}^{(1)} = 2V_{\alpha\beta} - \delta_{\alpha\beta}\nabla \cdot \boldsymbol{u} + \delta_{\alpha\beta}V_{\gamma\delta}b_\gamma b_\delta - 2V_{\alpha\gamma}b_\gamma b_\beta$$
$$\qquad - 2V_{\beta\gamma}b_\gamma b_\alpha + b_\alpha b_\beta\nabla \cdot \boldsymbol{u} + b_\alpha b_\beta V_{\gamma\delta}b_\gamma b_\delta,$$

$$V_{\alpha\beta}^{(2)} = 2(V_{\alpha\gamma}b_\gamma b_\beta + V_{\beta\gamma}b_\gamma b_\alpha - 2b_\alpha b_\beta V_{\gamma\delta}b_\gamma b_\delta),$$

$$V_{\alpha\beta}^{(3)} = V_{\alpha\gamma}b_{\beta\gamma} + V_{\beta\gamma}b_{\alpha\gamma} - V_{\gamma\delta}b_{\alpha\gamma}b_\beta b_\delta - V_{\gamma\delta}b_{\beta\gamma}b_\alpha b_\beta,$$

$$V_{\alpha\beta}^{(4)} = 2(V_{\gamma\delta}b_{\alpha\gamma}b_\beta b_\delta + V_{\gamma\delta}b_{\beta\gamma}b_\alpha b_\delta),$$

$$V_{\alpha\beta}^{(5)} = \delta_{\alpha\beta}\nabla \cdot \boldsymbol{u},$$

$$V_{\alpha\beta}^{(6)} = \delta_{\alpha\beta}V_{\gamma\delta}b_\gamma b_\delta + b_\alpha b_\beta\nabla \cdot \boldsymbol{u}.$$

设方程 (7.16.6) 的解可以写成

$$\delta n = \sum_{m=0}^{6} g_m(v^2)V_{\gamma\delta}^{(m)}v_\gamma v_\delta, \tag{7.16.7}$$

代入 (7.16.6) 式后, 比较两边 $V_{\alpha\beta}^{(m)}$ 的系数, 就可以求得 $g_m(v^2)$ 所应满足的方程.

取 $\hat{B}$ 为 z 轴方向, 则方程 (7.16.6) 可以写成

$$
\begin{aligned}
\frac{Mn_0}{k_B T}\Bigg[&\frac{1}{2}(-v^2 + 3v_z^2)\left(V_{zz} - \frac{1}{3}\nabla \cdot \boldsymbol{u} \right) \\
&+ \frac{1}{2}(v_x^2 - v_y^2)(V_{xx} - V_{yy}) + 2v_x v_y V_{xy} \\
&+ 2v_y v_z V_{yz} + 2v_z v_x V_{zx} \Bigg] \\
&= -\omega_{B_i}\left(v_y \frac{\partial \delta n}{\partial v_x} - v_x \frac{\partial \delta n}{\partial v_y} \right) + I(\delta n),
\end{aligned}
\tag{7.16.8}
$$

而 $V_{\alpha\beta}^{(m)}$ 简化为

$$
\begin{aligned}
& V_{xx}^{(0)} = V_{yy}^{(0)} = -\frac{1}{2}V_{zz}^{(0)} = -2\left(V_{zz} - \frac{1}{3}\nabla \cdot \boldsymbol{u} \right), \\
& V_{xy}^{(0)} = V_{yz}^{(0)} = V_{zx}^{(0)} = 0; \\
& V_{xx}^{(1)} = -V_{yy}^{(1)} = V_{xx} - V_{yy},\ V_{zz}^{(1)} = 0, \\
& V_{xy}^{(1)} = V_{yx}^{(1)} = 2V_{xy},\ V_{xz}^{(1)} = V_{zy}^{(1)} = 0; \\
& V_{xx}^{(2)} = V_{yy}^{(2)} = V_{zz}^{(2)} = V_{xy}^{(2)} = 0, \\
& V_{xz}^{(2)} = 2V_{xz},\ V_{yz}^{(2)} = 2V_{yz}; \\
& V_{xx}^{(3)} = -V_{yy}^{(3)} = 2V_{xy},\ V_{xy}^{(3)} = V_{yy} - V_{xx}, \\
& V_{zz}^{(3)} = V_{xz}^{(3)} = V_{yz}^{(3)} = 0; \\
& V_{xx}^{(4)} = V_{yy}^{(4)} = V_{zz}^{(4)} = V_{xy}^{(4)} = 0, \\
& V_{xz}^{(4)} = 2V_{yz},\ V_{yz}^{(4)} = -2V_{xz}; \\
& V_{xx}^{(5)} = V_{yy}^{(5)} = V_{zz}^{(5)} = \nabla \cdot \boldsymbol{u},\ V_{xy}^{(5)} = V_{yz}^{(5)} = V_{zx}^{(5)} = 0; \\
& V_{xx}^{(6)} = V_{yy}^{(6)} = V_{zz},\ V_{zz}^{(6)} = V_{zz} + \nabla \cdot \boldsymbol{u}, \\
& V_{xy}^{(6)} = V_{yz}^{(6)} = V_{zx}^{(6)} = 0.
\end{aligned}
$$

把这些表达式与方程 (7.16.8) 左边相比较, 可见那里出现的只是 $m = 0$ 到 4, 而 $V_{\alpha\beta}^{(5)}$ 和 $V_{\alpha\beta}^{(6)}$ 都不出现, 因此 (7.16.7) 式可以改为

$$
\delta n = \sum_{m=0}^{4} g_m(v^2) V_{\gamma\delta}^{(m)} v_\gamma v_\delta
\tag{7.16.9}
$$

与 (7.13.25) 式相比较, 可以明显地看出黏性系数

$$
\zeta = \zeta_1 = 0
\tag{7.16.10}
$$

求 δn 的具体计算很麻烦, 这里不去详细讨论. 由黏性张量的定义

$$
-\sigma'_{\alpha\beta} = M \int v_\alpha v_\beta \delta n \mathrm{d}\boldsymbol{v}
\tag{7.16.11}
$$

将 (7.16.9) 式代入, 并与 (7.13.25) 式比较, 可知

$$\eta_m = -\frac{2M}{15} \int v^4 g_m(v^2) \mathrm{d}\boldsymbol{v}. \tag{7.16.12}$$

其中用到对 $\boldsymbol{v}$ 的方向平均时的公式

$$\langle v_\alpha v_\beta v_\gamma v_\delta \rangle_{\hat{v}} = \frac{1}{15} v^4 (\delta_{\alpha\beta}\delta_{\gamma\delta} + \delta_{\alpha\gamma}\delta_{\beta\delta} + \delta_{\alpha\delta}\delta_{\beta\gamma}).$$

计算的结果表明

$$\begin{cases} \eta_1 = \dfrac{1}{4}\eta_2 = \dfrac{2\sqrt{\pi}(ze_0)^4 L_\mathrm{i} N_\mathrm{i}^2}{5(Mk_\mathrm{B}T)^{1/2}\omega_{\mathrm{B_i}}^2}, \\[3mm] \eta_3 = \dfrac{1}{2}\eta_4 = \dfrac{N_\mathrm{i} k_\mathrm{B} T}{2\omega_{\mathrm{B_i}}} \end{cases} \tag{7.16.13}$$

而 η_0 与磁场的存在无关. 显然, η_3 和 η_4 在 $\dfrac{1}{\omega_{\mathrm{B_i}}}$ 的级别上出现, 而 η_1 和 η_2 在更高的级别上才出现. (7.16.13) 式只对强磁场的情况适用.

第八章　晶格 Boltzmann 方程及其应用

§8.1　引　言

从前几章的讨论, 我们知道, 各种复杂的宏观输运现象, 都是大量微观粒子的集体运动造成的. 而这些微观粒子本身则都满足极其简单的运动方程. 例如, 从一开始我们假定微观粒子的运动满足经典力学的 Newton 方程, 每个微观粒子的运动规律并不复杂. 在此基础上, 大量粒子的运动就由 Liouville 方程描述. 经过一系列的简化, 在分子混沌假说成立的条件下, 得到 Boltzmann 方程, 并用于描述输运现象. 再进一步, 在小 Knudson 数的情况下, 由 Chapman-Enskog 展开, 得到 Navier-Stokes 方程, 并用于描述流体运动. 因此, 在宏观水平上观察到的复杂运动现象, 例如湍流, 起源并非单个微观粒子行为的复杂性, 而是由于大量微观粒子的集体运动. 事实上, 微观粒子间相互作用的细节, 例如分子间的相互作用势与距离的几次幂成比例, 并不一定对系统的宏观性质起重要作用. 在从 Liouville 方程到 Boltzmann 方程再到 Navier-Stokes 方程的推导过程中, 起重要作用的是质量守恒定律, 动量守恒定律和能量守恒定律. 因此, 物理学家提出这样的问题: 如果微观粒子相互作用的规则进一步简化, 它们组成的宏观系统是否仍然可以描述复杂的宏观现象? 但是, 在物理学家没有被高效率的计算机武装起来之前, 除了个别特例 (如 Ising 模型), 这类问题无法得到回答.

近二十年来, 由于计算机科学的进步, 物理学家探索了多种多样的元胞自动机模型, 其目的就是要回答: 在何种条件下, 简单的微观规则可以导致复杂的宏观行为, 以及微观规则的变化会如何影响宏观行为. 在输运理论中, 最为成功的就是晶格气体元胞自动机. 1976 年, 正方型晶格上的气体元胞自动机被提出了. 但是, 这个模型不具备各向同性. 十年之后, U.Frisch, B.Hasslacher 和 Y.Pomeau 三人发现, 等边三角型晶格上的气体元胞自动机满足各向同性的要求, 于是提出了 FHP 模型. 晶格气体元胞自动机的理论从此开始得到迅速发展. 两年后, 在晶格气体元胞自动机模型的基础上, 晶格 Boltzmann 方程被提出了.

晶格 Boltzmann 方程是在时间, 位形空间和速度空间都离散化的 Boltzmann 方程 [77]. 利用晶格 Boltzmann 方程来计算流体的运动的方法就被称为晶格 Boltzmann 方法. 在 1991 年, 晶格 BGK 模型提出之后, 晶格 Boltzmann 方法在单相流体的模拟中得到广泛的应用. 从 1994 年开始, 晶格 Boltzmann 方程开始用于讨论液体中的悬浮固体颗粒的运动. 后来这一方法又被用于多相流体的讨论.

晶格 Boltzmann 方法的主要优点是：便于将计算方法写成程序语言并且可利用矢量计算机, 几乎没有可调的参数, 并且易于处理几何形状复杂的边界. 这种方法特别适用于模拟不规则几何形状的系统中的单相或多相流体 (包括具有悬浮固体颗粒的流体) 的运动. 本章将只限于简要介绍这一方法. 关于这一方法及其理论的详细讨论, 则不在本书的范围之内. 希望本书再版增加的这章内容可以引导有兴趣的读者入门, 从而进一步深入研究这一方法.

§8.2　晶格气体元胞自动机

1986 年, U. Frisch, B. Hasslacher 和 Y. Pomeau 在 *Phyical Review Letters* 上发表的一篇文章 [78] 中, 提出了一种晶格元胞自动机模型 (FHP 模型). 这个模型的规则非常简单, 并且在微观水平上满足粒子数守恒和动量守恒定律. 尽管这个模型非常简单, 它却能够模拟复杂的流体运动.

FHP 模型是在位形空间, 速度空间和时间上都高度离散化的模型. 首先, 位形空间被划分成等边三角形的格子, 如图 8.1 所示. 流体分子只被允许处在任意一个顶点, 而不可以处在三角形的内部或者边上 (除端点以外) 的任何地方. 其次, 速度空间也是离散化的. 每经过单位时间, 分子只能移动到它相邻的六个格点之一. 换句话说, 分子的速度只可能有 $b = 6$ 种, 它们大小相等但方向不同, 如图 8.2 所示, 分别记为 $c_i(i = 1, \cdots, 6)$. 最后, 时间也是离散化的, 离散化的时间单位就是分子沿着它的速度方向移动到它的相邻格点所需的时间. 如果定义这个时间单位为 1, 等边三角形的边长为 1, 那么分子的速度大小也只能为 1.

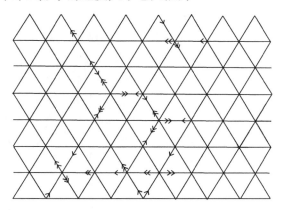

图 8.1　FHP 二维晶格模型

粒子在时间 t 和 $t + 1$ 的运动方向分别由单箭头和双箭头表示. 引自文献 [78].

当分子按着上述规则移动一个时间单位后, 如果有多个分子同时进入同一格点, 它们之间就可能发生碰撞. 以 n 记同时进入某格点的分子数. 当 $n < 2$ 或 $n > 4$ 时, 每个分子都维持原来的速度不变. 当 $n = 2, 3$ 或 4 时, 碰撞的规则总结在图 8.3 中. 当 $n = 2$ 或 4 时, 碰撞分别可能造成两种不同的结果. FHP 模型假定两种结果各占有相同的概率. 注意到这里的碰撞规则满足粒子数守恒和动量守恒定律.

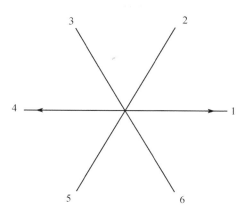

图 8.2 分子的速度只有6种可能, 分别沿等边三角形的一条边

最后, 这个模型不允许速度相同的分子同处一个格点. 很明显, 只要在模型建立的初始时刻满足这个 "不相容条件", 在此后也一定满足. 按照这个条件, 每个格点的状态可以用 6 个布尔变量来表示. 例如, 某个格点上有 2 个粒子, 分别沿 $i = 1$ 和 $i = 3$ 方向运动, 该点的状态就可以表示为 $s = \{101000\}$. 每个格点的状态有 2^6 种可能. FHP 晶格气体演化过程的模拟就可以用布尔逻辑运算来实现.

FHP 晶格气体的微观动力学方程可以写为:

$$n_i(\boldsymbol{x} + \boldsymbol{c}_i, t+1) = n_i(\boldsymbol{x}, t) + \Delta_i[\boldsymbol{n}(\boldsymbol{x}, t)] \tag{8.2.1}$$

其中 $\boldsymbol{n} = \{n_1, n_2, n_3, n_4, n_5, n_6\}$, n_i 表示在 t 时刻在格点 $\boldsymbol{x}$ 的速度为 $\boldsymbol{c}_i$ 的粒子数, $\Delta_i[\boldsymbol{n}(\boldsymbol{x}, t)]$ 是碰撞项, 反映了 t 时刻在晶格 $\boldsymbol{x}$ 发生的碰撞所引起的粒子数 n_i 的改变, 这一项的值只能是 ± 1 或者 0. 前面提到的碰撞项满足粒子数守恒和动量守恒, 用数学式来表述, 就是:

$$\sum_i \Delta_i[\boldsymbol{n}(\boldsymbol{r}, t)] = 0, \quad \sum_i \boldsymbol{c}_i \Delta_i[\boldsymbol{n}(\boldsymbol{r}, t)] = 0 \tag{8.2.2}$$

碰撞项的具体形式可以根据图 8.3 写出. 例如该图第一行反映二体碰撞, 它对碰撞项的贡献是:

$$\begin{aligned}
\Delta_i^{(2)} = {} & a n_{i+1} n_{i+4}(1 - n_i)(1 - n_{i+2})(1 - n_{i+3})(1 - n_{i+5}) \\
& + (1-a) n_{i+2} n_{i+5}(1 - n_i)(1 - n_{i+1})(1 - n_{i+3})(1 - n_{i+4}) \\
& - n_i n_{i+3}(1 - n_{i+1})(1 - n_{i+2})(1 - n_{i+4})(1 - n_{i+5})
\end{aligned} \tag{8.2.3}$$

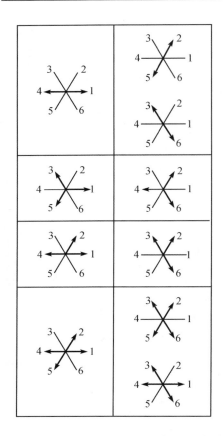

图 8.3　FHP二维晶格模型的碰撞规则
图中带箭头的粗实线表示分子运动方向.
左边和右边分别是碰撞前后的情况. 引
自文献 [77].

为了叙述方便, 在这个表达式中我们约定下标 $i+6$ 和 i 表示同一个方向. (8.2.3) 式中第一项和第二项分别是粒子运动方向按顺时针方向和反时针方向旋转时引起的 n_i 增加, 而第三项则是由于二体碰撞所引起的 n_i 的减少. 这里 a 为 1(如果是顺时针方向旋转) 或 0(如果是顺时针方向旋转). 相应于图 8.3 中其余各行对碰撞项的贡献可以类似写出. 总的碰撞项就是所有各项贡献之和, 我们把它写成

$$\Delta_i = \sum_{s,s'} a_{s,s'}(\boldsymbol{x},t)(s_i' - s_i) \prod_j n_j(\boldsymbol{x},t)^{s_j} [1 - n_j(\boldsymbol{x},t)]^{1-s_j} \tag{8.2.4}$$

其中根据各项的物理意义, 取相应的系数 $a_{s,s'}(\boldsymbol{x},t)$ 是相应于 (8.2.3) 式中系数 a 的量. 注意式中乘积记号的含义: 若 $s_j = 1$, 则包含因式 $n_j(\boldsymbol{x},t)$; 反之, 若 $s_j = 0$, 则包含因式 $[1 - n_j(\boldsymbol{x},t)]$.

在使用这个模型做计算机模拟时, 还必须考虑边界条件. 特别是当系统中不仅有流体, 还有可移动的固体颗粒时, 如何处理流体和固体在边界的相互作用, 是一个很复杂的问题. 我们在这里不做深入讨论.

FHP 模型还有一个稍微不同的版本, 那就是允许零速度的分子. 这样, 速度空间中就有 $b = 7$ 个可能的速度. "不相容条件" 也适用于零速度分子, 即零速度分子在每个格点最多只允许有一个. 在这个版本中, 碰撞规则也需要相应地扩展.

有了 FHP 晶格气体的微观动力学方程, 就可以模拟流体的运动了. 碰撞项里的系数 $a_{s,s'}(\boldsymbol{x},t)$ 取值要遵守一定的概率, 例如 (8.2.3) 式中的 a 就可以有 0 和 1 两个值, 各占 50%的概率. 在第三章中我们已经提到如何按给定的概率给变量赋值 (见 3.11 节中关于 "赌" 的技巧的说明). 简单的说, 就是产生一个 $0 \sim 1$ 之间均匀分部的随机数 r, 若 $r > 0.5$, 则 $a = 1$, 否则 $a = 0$. 在碰撞项内所有系数 $a_{s,s'}(\boldsymbol{x},t)$ 都给定之后, 就可以容易地从 t 时刻的粒子分布计算出 $t+1$ 时刻的粒子分布.

在第一章里我们曾经指出, 输运理论有三种不同层次的描述方法: 微观层次, 运动论层次和流体动力学层次. FHP 晶格元胞自动机模型显然属于微观层次的描述方式. 这个模型不仅考虑到二体碰撞, 而且也考虑到多体碰撞. 为了得到宏观物理量, 我们考虑有许多相同系统所组成的系综. 系综中的每个系统的初始分布都满足相同的宏观初始条件. 用 $f_i(\boldsymbol{x}, t)$ 记在位置 $\boldsymbol{x}$ 处的面元在时刻 t 具有 i 方向速度的平均粒子数 (对所有系统求和之后, 再被系统总数除, 因此它的数值在 $0 \sim 1$ 之间), 那么粒子数密度和动量矩就可以表示为:

$$\rho(\boldsymbol{x}, t) = \sum_i f_i(\boldsymbol{x}, t), \qquad \rho(\boldsymbol{x}, t)\boldsymbol{u}(\boldsymbol{x}, t) = \sum_i f_i(\boldsymbol{x}, t)\boldsymbol{c}_i. \tag{8.2.5}$$

在做计算机模拟时, 只要在晶格元胞自动机每次运算之后, 对于每个面元内的粒子按 (8.2.5) 统计, 就可以得到这一时刻的流场分布.

在模拟时, 晶格的尺度须足够大又足够小: 足够大, 以至平均粒子数密度等宏观物理量在每个晶格上有确切的定义; 又足够小, 即远小于宏观尺度, 使得宏观物理量在平面上的变化是缓慢的. 图 8.4 显示的是一个圆形物体在流体中低速运动所形成的流场 [79,80]. 经过 600 次迭代, 流场已经达到稳定. 从图中可以清楚地看到圆盘的上方和下方各有一个漩涡. 图 8.5 描绘了流体绕过静止平板的运动, 这里由于通道出口和入口 (左右两端) 存在压强差, 流体从通道的左端进入并由右端流出 [81]. 图 8.6 则描绘了流体在多孔介质中的运动 [82]. 这些成功的模拟工作都证明 FHP 模型抓住了流体的基本特征. 正确地使用这一模型能够恰当地描述流体的运动.

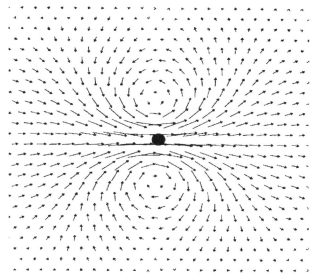

图 8.4 用 FHP 晶格元胞自动机模拟一个圆形固体在流体中低速运动

图中心的黑点是正在向右移动的固体. 引自文献 [80].

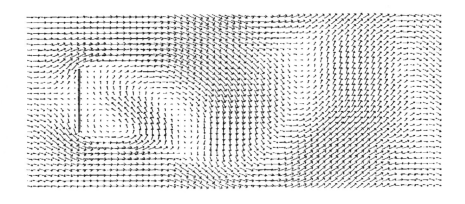

图 8.5　用 FHP 晶格元胞自动机模拟流体绕过一平板的运动

图中左部署之放置的黑实线是静止的固体平板. 引用自文献 [81].

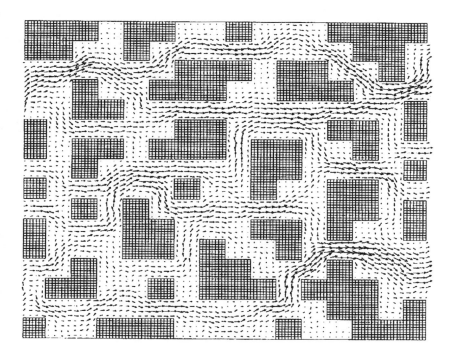

图 8.6　用 FHP 晶格元胞自动机模拟流体在多孔介质中的运动

流体从左端注入. 引自文献 [82].

　　在第一章里, 在某些假定之下, 我们从微观的 Liouville 方程推导出输运方程, 又从输运方程推导出 Navier-Stokes 方程. 我们也可以在某些假定下从 FHP 晶格元胞

自动机模型导出类似 Navier-Stokes 方程的结果. 事实上, 从 (8.2.1) 式容易得到

$$\partial_t(\rho u_\alpha) = -\partial_\beta \Pi_{\alpha\beta}$$

其中希腊字母表示速度基矢量在坐标轴方向的分量, 对重复希腊字母下标采用求和约定, 且

$$\Pi_{\alpha\beta} = \sum_i \rho c_\alpha c_\beta$$

经过细致地计算, 可以求得

$$\Pi_{\alpha\beta} = g\rho u_\alpha u_\beta + \rho c_s^2(1 - gM^2)\delta_{\alpha\beta} \tag{8.2.6}$$

其中 c_s 是声速, M 是 Mach 数, 而 g 称为 Galileo 破缺系数(Galileo breaking factor), 其值为

$$g = \frac{\rho - 3}{\rho - 6} \tag{8.2.7}$$

把 (8.2.6) 与方程 (1.4.16) 相比较, 可以发现, 为了得到 Navier-Stokes 方程, 应当有

$$\Pi_{\alpha\beta} = \rho u_\alpha u_\beta + p\delta_{\alpha\beta} \tag{8.2.8}$$

因此, 从 FHP 晶格元胞自动机模型导出的方程与 Navier-Stokes 方程是类似的.

FHP 模型的提出曾经引起了物理学界的轰动. 通常认为, 微观层次上的描述只具有理论意义, 而实际计算都是在运动论层次或流体力学层次上完成的. U. Frisch, B. Hasslacher 和 Y. Pomeau 的文章 [78] 似乎展示了一个迷人的前景: 只要有了足够强大的计算机, 无需求解偏微分方程, 任何复杂的流体运动包括湍流都可以被这个简单的模型在微观层次上进行模拟. 但是人们很快就发现了这种方法的局限性.

首先, 模型不具备 Galileo 不变性. 或许会认为, 既然已经从 FHP 模型推导出了类似 Navier-Stokes 方程的结果, 那么在宏观层次上模型仍然应当满足 Galileo 不变性. 但是, 只有当 $g = 1$ 时模型才保证 Galileo 不变性. 从 (8.2.7) 式可知, $g < 1$. 另一方面, 按照 Navier-Stokes 方程, 压强与速度无关. 但是, 将 (8.2.6) 与 (8.2.8) 相比较, 可以得到:

$$p = \rho c_s^2(1 - gM^2) \tag{8.2.9}$$

只有当 $g = 0$ 时压强才与速度无关. 因此, 这个模型有比较严重的缺陷.

其次, 这种方法在向三维推广时遇到了困难. 这是因为模型很难满足 "各向同性" 的条件. 各向同性在这里的含义是, 张量 $\Pi_{\alpha\beta}$ 可以写成

$$\Pi_{\alpha\beta} = p(\rho)\delta_{\alpha\beta} + \Lambda_{\alpha\beta\gamma\vartheta}u_\gamma u_\vartheta \tag{8.2.10}$$

其中

$$\Lambda_{\alpha\beta\gamma\vartheta}(\rho) = A(\rho)\delta_{\alpha\beta}\delta_{\gamma\vartheta} + B(\rho)(\delta_{\alpha\gamma}\delta_{\beta\vartheta} + \delta_{\alpha\vartheta}\delta_{\beta\gamma}) \tag{8.2.11}$$

以二维情形为例, FHP 模型是建立在等边三角形的格子上的, 它符合这一要求, 事实也证明这样的模型足以模拟二维流体的运动. 在这个模型提出之前大约十年, 就已经讨论了一种建立在正方形格子上的二维模型, 即 HPP 模型, 它就不满足各向同性的要求. 类似地, 将 FHP 模型推广到三维的关键在于保持足够的 "各向均匀" 性质. 到了 1989 年, 三维模型在某种意义上得到解决: 必须增加额外的一维 (第四维), 而且速度空间至少要有 $b = 24$ 个分量 (二维 FHP 模型有 6 或 7 个分量). 这样一来, 每个格点的状态就有 $2^b = 1.6 \times 10^7$ 种可能性, 在每次迭代时所作的计算也远比二维模型复杂. 为了得到有实际意义的计算结果, 需要专门为这个模型设计芯片才行. 因此, 三维模型没有得到很多有意义的成果.

第三, 这个模型不能用于模拟高 Reynold 数的流体. Reynold 数定义为:

$$Re = \frac{uL}{\nu} \tag{8.2.12}$$

其中 u 是流体的特征速度, L 是系统的特征长度, ν 而是流体的黏性系数. 在流体力学中, 对低 Reynold 数的流体已有许多的理论结果, 而对高 Reynold 数的流体的研究大量地依赖数值计算. 在 FHP 模型中, 流体的特征速度不会大于 1, 因此大 Reynold 数必须从大的 L 和小的 ν 得到. 黏性系数与分子的平均自由程成正比, 但是在 FHP 模型中分子平均自由程总是大于晶格常数 (即等边三角形的边长), 所以黏性系数不会很小. 增大特征长度 L 的代价是增大计算机内存的占用和延长计算时间, 前者的数量级是 L^D 而后者的数量级是 L^{D+1}, 其中 D 是维数. 因此, 计算机资源限制了这个模型对高 Reynold 数的流体的模拟.

晶格元胞自动机还有一个缺点, 就是统计噪声. 相同的宏观初始条件可能对应着许多可能的微观初始条件, 为了消除由于特定初始条件造成的计算误差, 需要对多个微观初始条件进行模拟, 然后对所有系统作平均 (系综平均). 因此, 降低统计噪音的代价是占用巨大的计算机资源.

为了克服晶格元胞自动机的这些缺点, 晶格 Boltzmann 模型在 1988 年被提出了. 物理学家的兴趣迅速地转移到晶格 Boltzmann 方法上来.

§8.3　晶格 Boltzmann 方程

最早提出晶格 Boltzmann 方程的是 Guy R. McNamara 和 Gianluigi Zanetti[83]. McNamara 和 Zanetti 仍然使用 FHP 模型的等边三角形网格, 位形空间, 速度空间

和时间都与 FHP 模型一样离散化, 但是在每个格点 $\boldsymbol{x}$ 上定义的不再是该格点具有速度 $\boldsymbol{c}_i$ 的粒子数, 而是粒子数分布函数 $f_i(\boldsymbol{x}, t)$, 它表示该格点粒子具有速度 $\boldsymbol{c}_i$ 的概率. 粒子数密度和动量仍然可以像 (8.2.5) 式一样表示为:

$$\rho(\boldsymbol{x}, t) = \sum_i f_i(\boldsymbol{x}, t), \qquad \rho(\boldsymbol{x}, t)\boldsymbol{u}(\boldsymbol{x}, t) = \sum_i f_i(\boldsymbol{x}, t)\boldsymbol{c}_i. \tag{8.3.1}$$

在一个时间单位里, 粒子经历碰撞过程和迁移过程. 在碰撞过程中, 分布函数从 $f_i(\boldsymbol{x}, t)$ 变为 $f_i^*(\boldsymbol{x}, t)$:

$$f_i^*(\boldsymbol{x}, t) = f_i(\boldsymbol{x}, t) + \Delta_i[\boldsymbol{f}(\boldsymbol{x}, t)], \tag{8.3.2}$$

其中 $\boldsymbol{f}(\boldsymbol{x}, t)$ 是分布函数各分量的集合, 而 $\Delta_i[\boldsymbol{f}(\boldsymbol{x}, t)]$ 是由于碰撞过程引起的改变. 在迁移过程中, 位于格点 $\boldsymbol{x}$ 的所有沿 $\boldsymbol{c}_i$ 运动的粒子都移动到 $\boldsymbol{x} + \boldsymbol{c}_i$. 就是说,

$$f_i(\boldsymbol{x} + \boldsymbol{c}_i, t + 1) = f_i^*(\boldsymbol{x}, t), \tag{8.3.3}$$

结合 (8.3.2) 和 (8.3.3) 两式可得:

$$f_i(\boldsymbol{x} + \boldsymbol{c}_i, t + 1) = f_i(\boldsymbol{x}, t) + \Delta_i[\boldsymbol{f}(\boldsymbol{x}, t)], \tag{8.3.4}$$

这就是晶格 Boltzmann 方程. 剩下的工作就是确定碰撞算符 Δ_i 的具体形式.

我们需要提醒读者注意的是, 晶格 Boltzmann 方程所使用的网格虽然同 FHP 模型所使用的看起来相同, 其实际意义却大不一样. 可以说, FHP 模型讨论的是大量单个粒子的运动, 它属于微观层次的描述方式, 而晶格 Boltzmann 方程讨论的是分布函数 $f_i(\boldsymbol{x}, t)$ 的演化, 它属于运动论层次的描述方式.

碰撞算符可以通过多种途径表述. 最直接的途径是基于晶格气体元胞自动机求平均. 从 (8.2.1) 式求系综平均, 由于 $f_k = \langle n_k \rangle$(记号 $\langle \rangle$ 表示系综平均), 所以

$$f_i(\boldsymbol{x} + \boldsymbol{c}_i, t + 1) = f_i(\boldsymbol{x}, t) + \langle \Delta_i[\boldsymbol{n}(\boldsymbol{x}, t)] \rangle \tag{8.3.5}$$

利用 (8.2.4) 式, 上式中的碰撞项可以写成

$$\langle \Delta_i[\boldsymbol{n}(\boldsymbol{x}, t)] \rangle = \sum_{s, s'} A(s, s')(s_i' - s_i) \left\langle \prod_j n_j(\boldsymbol{x}, t)^{s_j}[1 - n_j(\boldsymbol{x}, t)]^{1-s_j} \right\rangle$$

其中 $A(s, s') = \langle a_{s, s'} \rangle$. 在 4.1 节中推导 Boltzmann 方程时, 使用了分子混沌条件. 这里, 为了简化碰撞算符, 我们也引用分子混沌条件, 假定分子的运动状态分布互相独立, 故

$$\left\langle \prod_j n_j(\boldsymbol{x}, t)^{s_j}[1 - n_j(\boldsymbol{x}, t)]^{1-s_j} \right\rangle = \prod_j \langle n_j(\boldsymbol{x}, t) \rangle^{s_j}[1 - \langle n_j(\boldsymbol{x}, t) \rangle]^{1-s_j}$$

所以碰撞算符写成:

$$\Delta_i(\boldsymbol{f}) \equiv \langle \Delta_i[\boldsymbol{n}(\boldsymbol{x},t)] \rangle = \sum_{s,s'} A(s,s')(s_i' - s_i) \prod_j f_j(\boldsymbol{x},t)^{s_j} [1 - f_j(\boldsymbol{x},t)]^{1-s_j} \quad (8.3.6)$$

显然, 碰撞项满足粒子数守恒及动量守恒定律, 即:

$$\sum_i \Delta_i[\boldsymbol{f}(\boldsymbol{x},t)] = 0, \qquad \sum_i \boldsymbol{c}_i \Delta_i[\boldsymbol{f}(\boldsymbol{x},t)] = 0 \qquad (8.3.7)$$

碰撞项 (8.3.6) 是基于微观层次的碰撞项 (8.2.4) 得到的, 因此也被称为微观碰撞算子. 它的计算量很大, 如果粒子的速度有 b 种可能, 则每个时间步需要计算 $2^b \times 2^b$ 个矩阵元 $A(s,s')$. 在小 Knudsen 数情形下, 为了简化计算, 将局域平衡态的分布函数记为 $f_i^{(0)}$, 再记:

$$f_i = f_i^{(0)} + f_i^{\mathrm{ne}} \qquad (8.3.8)$$

将碰撞项在局域平衡态附近展开:

$$\Delta_i(\boldsymbol{f}) = \Delta_i(\boldsymbol{f}^{(0)} + \boldsymbol{f}^{\mathrm{ne}}) = \Delta_i(\boldsymbol{f}^{(0)}) + A_{ij} f_j^{\mathrm{ne}}$$

其中 $A_{ij} = \partial \Delta_i(\boldsymbol{f}^{(0)})/\partial f_j$. 由于在局域平衡态 $\Delta_i(\boldsymbol{f}^{(0)}) = 0$, 故

$$\Delta_i(\boldsymbol{f}) = A_{ij} f_j^{\mathrm{ne}} = A_{ij}(f_j - f_j^{(0)}) \qquad (8.3.9)$$

在晶格 Boltzmann 方法中只讨论小 Mach 数的运动, 而在这种情形下可以证明 $\partial \Delta_i/\partial f_j$ 在全局平衡态的值就等于它在局域平衡态 f_i^0 的值. 将全局平衡态的分布函数记为 f_i^{eq}, 即 $A_{ij} = \partial \Delta_i(\boldsymbol{f}^{\mathrm{eq}})/\partial f_j$. 因此, 晶格 Boltzmann 方程可以写成:

$$f_i(\boldsymbol{x} + \boldsymbol{c}_i, t+1) = f_i(\boldsymbol{x},t) + A_{ij}[f_j(\boldsymbol{x},t) - f_j^e(\boldsymbol{x},t)] \qquad (8.3.10)$$

可以证明上述碰撞项满足 H 定理. 从碰撞项 (8.3.6) 到碰撞项 (8.3.9) 是晶格 Boltzmann 方法走向实用的一大进步, 因为 A_{ij} 只有 b^2 个分量, 显然 $b^2 \ll 2^b \times 2^b$. 但这个碰撞项只局限于小 Knudsen 数和小 Mach 数的情形. 方程 (8.3.10) 称为准线性晶格 Boltzmann 方程.

在实际的应用中, 计算矩阵元 A_{ij} 仍然很复杂. 我们可以进一步问: 难道 A_{ij} 的细节真的那么重要吗? 在第四章里讨论过模方程方法. 按照模方程方法的思路, 我们可以设法构造矩阵 A_{ij} 使它满足以下条件:

(1) 粒子数守恒和动量守恒;

(2) 必要的对称性质和各向同性;

(3) 满足 H 定理.

碰撞矩阵 A_{ij} 共有 b 个本征值, 其中可以有若干个 0 本征值 (对应守恒量), 其余本征值都是负的 (保证满足 H 定理). 把本征值和相应的本征矢量分别写成 λ_i 和 E_i, 则碰撞矩阵可以进一步写成

$$\boldsymbol{A} = \sum_i \lambda_i P_i$$

其中 P_i 是投向 E_i 方向的投影算符.

目前最常用的碰撞模有三种. 第一种是单弛豫模 [84,85], 它可以写成:

$$A_{ij} = -\frac{1}{\tau}\delta_{ij}$$

显然, 它的所有负本征值都相同. 正确选取这个唯一本征值, 可以得到正确的第一黏性系数 (层流黏性系数). 单弛豫模与 4.17 节中讨论的 BGK 模一致, 因此也被称为晶格 BGK 模. 利用这个模, 晶格 Boltzmann 方程可以写成:

$$f_i(\boldsymbol{x} + \boldsymbol{e}_i, t+1) = f_i(\boldsymbol{x}, t) - \frac{1}{\tau}[f_i(\boldsymbol{x}, t) - f_i^{(0)}(\boldsymbol{x}, t)] \tag{8.3.11}$$

它经常被分成两步. 第一步为局域的弛豫过程, 写成

$$f_i^*(\boldsymbol{x}, t) = f_i(\boldsymbol{x}, t) - \frac{1}{\tau}[f_i(\boldsymbol{x}, t) - f_i^{(0)}(\boldsymbol{x}, t)] \tag{8.3.12}$$

其中 $f_i^*(\boldsymbol{x}, t)$ 称为 "碰撞后分布函数", 它表示在 $\boldsymbol{x}$ 处 t 时刻碰撞之后的分布函数. 第二步是迁移过程, 在 $t+1$ 时刻 $f_i^*(\boldsymbol{x}, t)$ 的诸分量分别以到它的相邻格点, 故

$$f_i(\boldsymbol{x} + \boldsymbol{e}_i, t+1) = f_i^*(\boldsymbol{x}, t) \tag{8.3.13}$$

从下一节开始直到 8.9 节, 我们将对晶格 BGK 模作深入的讨论.

第二种常用的模是双弛豫模, 它把第一黏性系数 (层流黏性系数) 和第二黏性系数 (压缩黏性系数) 分开, 提高了数值计算过程的稳定性 [80,86]. 第三种模具有最大数目的弛豫模, 它导致动量空间的晶格 Boltzmann 方程[87]. 在本书中我们将不讨论这两种碰撞模.

晶格构造可以记为 DnQb, 其中 n 是维数, b 是速度分量的数目. 常用的二维晶格结构是 D2Q9, 如图 8.7 所示. 晶格的每个格点都有流体占据, 因此也被称为流体格点. 每个流体格点与其相邻流体格点的连线称为键. 键的长度就是速度基矢量的长度. 在 D2Q9 模型中, 速度基矢量可以写成

$$\boldsymbol{e}_0 = (0, 0)$$

$$\boldsymbol{e}_{1i} = \left(\cos\frac{i-1}{2}\pi, \sin\frac{i-1}{2}\pi\right), \quad i = 1, 2, 3, 4;$$

$$\boldsymbol{e}_{2i} = \sqrt{2}\left(\cos\left(\frac{i-1}{2}\pi + \frac{\pi}{4}\right), \sin\left(\frac{i-1}{2}\pi + \frac{\pi}{4}\right)\right), \quad i = 1, 2, 3, 4. \tag{8.3.14}$$

这三组基矢量的长度分别是 $0, 1$ 和 $\sqrt{2}$. 注意这里把速度基矢量按模大小分为三组, 是为了描述的方便. 有时用一个下标 i 取 0 到 8 来分别表示 9 个基矢量, 这时 e_0 仍代表零矢量 $(0,0)$, 而 $e_i(i = 1, \cdots, 8)$ 从 $(1,0)$ 开始沿逆时针方向分别表示八个非零矢量. 这时奇数 i 对应上面的 e_{1i}, 而偶数 i 对应上面的 e_{2i}, 两种记号实质内容并无改变.

　　常用的三维晶格结构是 D3Q19, 刻画在图 8.8 中. 与二维情况相似, 三维晶格 D3Q19 的三组基矢量的长度也分别是 $0, 1$ 和 $\sqrt{2}$.

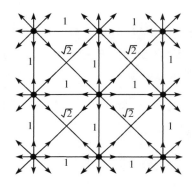

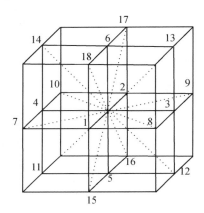

图 8.7　最常用的二维晶格结构　　　　　　图 8.8　最常用的三维晶格结构
D2Q9晶格示意图　　　　　　　　　　　　　　　D3Q19
引自文献[88].　　　　　　　　　　　　　　　引自文献[77].

§8.4　从晶格 Boltzmann 方程到 Navier-Stokes 方程

　　在某些假定条件下我们可以从晶格 Boltzmann 方程推导出 Navier-Stokes 方程[88]. 本节只讨论 D2Q9 模型. 在本节中我们用希腊字母 $\alpha, \beta, \gamma, \theta$ 等表示速度基矢量 $e_{\sigma i}$ 在坐标轴方向的分量 (1 代表 x, 2 代表 y). 容易得到, 二阶张量为

$$\sum_i e_{\sigma i \alpha} e_{\sigma i \beta} = 2e_\sigma^2 \delta_{\alpha\beta}, \quad \alpha, \beta = 1, 2 \qquad \sigma = 0, 1, 2 \tag{8.4.1}$$

其中 $\delta_{\alpha\beta}$ 是 Kronecker 符号, $e_0 = 0$, $e_1 = 1$ 和 $e_2 = \sqrt{2}$ 分别是两组速度基矢量的长度. 同时, 四阶张量为

$$\sum_i e_{\sigma i \alpha} e_{\sigma i \beta} e_{\sigma i \gamma} e_{\sigma i \theta} = \begin{cases} 2\delta_{\alpha\beta\gamma\theta} & \sigma = 1 \\ 4\Delta_{\alpha\beta\gamma\theta} - 8\delta_{\alpha\beta\gamma\theta} & \sigma = 2 \end{cases} \tag{8.4.2}$$

其中当 $\alpha = \beta = \gamma = \theta$ 时 $\delta_{\alpha\beta\gamma\theta} = 1$, 否则 $\delta_{\alpha\beta\gamma\theta} = 0$, 而 $\Delta_{\alpha\beta\gamma\theta} = \delta_{\alpha\beta}\delta_{\gamma\theta} + \delta_{\alpha\gamma}\delta_{\beta\theta} + \delta_{\alpha\theta}\delta_{\beta\gamma}$. 根据这组基矢量的对称性, 任何奇数阶张量都是零.

用 $\delta = 1$ 表示晶格时间单位, 则晶格 Boltzmann 方程可以写为

$$f_{\sigma i}(\boldsymbol{x} + \delta\boldsymbol{e}_{\sigma i}, t + \delta) - f_{\sigma i}(\boldsymbol{x}, t) = -\frac{1}{\tau}[f_{\sigma i}(\boldsymbol{x}, t) - f_{\sigma i}^{(0)}(\boldsymbol{x}, t)] \qquad (8.4.3)$$

其中 $f_{\sigma i}^{(0)}(\boldsymbol{x}, t)$ 是平衡态的分布函数. 由于晶格 Boltzmann 方程仅用于低 Mach 数的情况, 所以可以展开为

$$f_{\sigma i}^{(0)}(\boldsymbol{x}, t) = \rho[A_\sigma + B_\sigma(\boldsymbol{e}_{\sigma i} \cdot \boldsymbol{u}) + C_\sigma(\boldsymbol{e}_{\sigma i} \cdot \boldsymbol{u})^2 + D_\sigma u^2] \qquad (8.4.4)$$

这里的 $A_\sigma, B_\sigma, C_\sigma$ 和 D_σ 都是待定的系数. 因为 $e_0 = 0$, 所以可令 $B_0 = C_0 = 0$.

把 (8.4.3) 式展开到 δ^2 阶, 可得:

$$\delta\left[\frac{\partial}{\partial t} + \partial_\alpha e_{\sigma i \alpha}\right] f_{\sigma i} + \frac{\delta^2}{2}\left[\frac{\partial}{\partial t} + \partial_\alpha e_{\sigma i \alpha}\right]^2 f_{\sigma i} + O(\delta^3) = -\frac{1}{\tau}[f_{\sigma i}(\boldsymbol{x}, t) - f_{\sigma i}^{(0)}(\boldsymbol{x}, t)] \qquad (8.4.5)$$

在第四章我们曾经讨论过 Chapman-Enskog 展开. 这里 δ 可以担当 Knudsen 数的角色. 把 $f_{\sigma i}$ 在局域平衡态附近展开

$$f_{\sigma i} = f_{\sigma i}^{(0)} + \delta f_{\sigma i}^{(1)} + \delta^2 f_{\sigma i}^{(2)} + O(\delta^3) \qquad (8.4.6)$$

根据守恒定律,

$$\sum_\sigma \sum_i f_{\sigma i}^{(0)} = \rho, \qquad \sum_\sigma \sum_i f_{\sigma i}^{(0)} \boldsymbol{e}_{\sigma i} = \rho\boldsymbol{u},$$

我们得到

$$\sum_\sigma \sum_i f_{\sigma i}^{(n)} = 0, \qquad \sum_\sigma \sum_i f_{\sigma i}^{(n)} \boldsymbol{e}_{\sigma i} = 0, \quad 若 n \geqslant 1$$

同时有

$$A_0 + 4A_1 + 4A_2 = 1 \qquad (8.4.7)$$

$$2C_1 + 4C_2 + D_0 + 4D_1 + 4D_2 = 0 \qquad (8.4.8)$$

以及

$$2B_1 + 4B_2 = 1 \qquad (8.4.9)$$

同第四章一样, 把时间导数也按 δ 展开:

$$\frac{\partial}{\partial t} = \frac{\partial}{\partial t_0} + \delta\frac{\partial}{\partial t_1} + \cdots \qquad (8.4.10)$$

把 (8.4.6) 和 (8.4.10) 代入 (8.4.5) 式中, 在 δ 和 δ^2 级别上分别得到

$$(\partial_{t_0} + \partial_\alpha e_{\sigma i \alpha}) f_{\sigma i}^{(0)} = -\frac{1}{\tau} f_{\sigma i}^{(1)} \tag{8.4.11}$$

和

$$\partial_{t_1} f_{\sigma i}^{(0)} + (\partial_{t_0} + \partial_\alpha e_{\sigma i \alpha})\left(1 - \frac{1}{2\tau}\right) f_{\sigma i}^{(1)} = -\frac{1}{\tau} f_{\sigma i}^{(2)} \tag{8.4.12}$$

将 (8.4.11) 两边对 σ 和 i 求和, 可以得到 δ 级别上的连续性方程

$$\partial_{t_0} \rho + \partial_\alpha (\rho u_\alpha) = 0 \tag{8.4.13}$$

将 (8.4.11) 两边乘 $e_{\sigma i}$ 后再对 σ 和 i 求和, 可以得到

$$\partial_{t_0} (\rho u_\alpha) + \partial_\beta \Pi_{\alpha\beta}^{(0)} = 0 \tag{8.4.14}$$

其中 $\Pi_{\alpha\beta} = \sum_{\sigma i} f_{\sigma i} e_{\sigma i \alpha} e_{\sigma i \beta}$ 是动量流张量. 类似地, 在 δ^2 级别上得到

$$\partial_{t_1} \rho = 0 \tag{8.4.15}$$

$$\partial_{t_1} (\rho \boldsymbol{u}) + \left(1 - \frac{1}{2\tau}\right) \partial_\beta \Pi_{\alpha\beta}^{(1)} = 0 \tag{8.4.16}$$

与 4.12 节类似, 我们期待从 (8.4.14) 推出 Euler 方程. 从 (1.4.14) 可知, Euler 方程写为

$$\partial_t (\rho u_\alpha) + \partial_\beta (\rho u_\alpha u_\beta) = -\partial_\alpha (p) \tag{8.4.17}$$

其中压强 $p = c_s^2 \rho$, c_s^2 是声速. 与 (8.4.14) 式相比较, 可知 $\Pi_{\alpha\beta}^{(0)} = \sum_{\sigma i} f_{\sigma i}^{(0)} e_{\sigma i \alpha} e_{\sigma i \beta}$ 应当具备以下形式

$$\Pi_{\alpha\beta}^{(0)} = c_s^2 \rho \delta_{\alpha\beta} + \rho u_\alpha u_\beta \tag{8.4.18}$$

另一方面, 将平衡态分布函数 (8.4.4) 代入动量流张量的表达式, 可得

$$\Pi_{\alpha\beta}^{(0)} = [2A_1 + 4A_2 + (4C_2 + 2D_1 + 4D_2)u^2]\rho\delta_{\alpha\beta} + 8C_2\rho u_\alpha u_\beta + (2C_1 - 8C_2)\rho u_\alpha u_\beta \delta_{\alpha\beta} \tag{8.4.19}$$

将 (8.4.18) 和 (8.4.19) 相比较, 可知

$$4C_2 + 2D_1 + 4D_2 = 0 \tag{8.4.20}$$

$$2C_1 - 8C_2 = 0 \tag{8.4.21}$$

$$8C_2 = 1 \tag{8.4.22}$$

和

$$2A_1 + 4A_2 = c_s^2 \tag{8.4.23}$$

参考 8.2 节中关于 Galileo 不变性的讨论, 可以看出 (8.4.22) 保证了 Galileo 不变性. 注意 (8.4.20) 消去了压强表达式 (8.2.9) 中与 Mach 数平方成正比的部分, (8.4.23) 则给出正确的压强表达式. 最后, 与 (8.2.11) 相比较, 可知 (8.4.21) 也是各向同性所要求的条件.

在 δ^2 级别上, 我们期待从 (8.4.16) 推出 Navier-Stokes 方程. 从 (1.4.16) 式可知, Navier-Stokes 方程可以写为

$$\partial_t(\rho u_\alpha) + \partial_\beta(\rho u_\alpha u_\beta) = -\partial_\alpha(p) + \partial_\beta\left\{\mu(\partial_\alpha u_\beta + \partial_\beta u_\alpha) + \left(\varsigma - \frac{2}{3}\mu\right)\partial_\gamma u_\gamma \delta_{\alpha\beta}\right\}$$
$$(8.4.24)$$

因此 $\Pi_{\alpha\beta}^{(1)} = \sum_{\sigma i} f_{\sigma i}^{(1)} e_{\sigma i\alpha} e_{\sigma i\beta}$ 应当取满足:

$$-\left(1 - \frac{1}{2\tau}\right)\Pi_{\alpha\beta}^{(1)} = \mu(\partial_\alpha u_\beta + \partial_\beta u_\alpha) + \left(\varsigma - \frac{2}{3}\mu\right)\partial_\gamma u_\gamma \delta_{\alpha\beta} \qquad (8.4.25)$$

为了计算动量流张量的高阶近似, 先从 (8.4.11) 可以得到 $f_{\sigma i}^{(1)}$ 的表达式,

$$f_{\sigma i}^{(1)} = -\tau[\partial_{t_0} f_{\sigma i}^{(0)} + e_{\sigma i\alpha}\partial_\alpha f_{\sigma i}^{(0)}]$$

由此可得

$$\Pi_{\alpha\beta}^{(1)} = -\tau\left[\partial_{t_0}\sum_{\sigma i} e_{\sigma i\alpha} e_{\sigma i\beta} f_{\sigma i}^{(0)} + \partial_\gamma \sum_{\sigma i} e_{\sigma i\alpha} e_{\sigma i\beta} e_{\sigma i\gamma} f_{\sigma i}^{(0)}\right]$$

将 (8.4.4) 代入上式, 利用 (8.4.1) 和 (8.4.2), 注意到分布函数 $f_{\sigma i}^{(0)}$ 中 A_σ, C_σ, D_σ 只对上式中第一个求和有贡献, 而 B_σ 只对上式中第二个求和有贡献, 再用到 (8.4.18) 及 (8.4.20)~(8.4.23) 诸式, 可得

$$\Pi_{\alpha\beta}^{(1)} = -\tau\{\partial_{t_0}[(c_s^2\rho)\delta_{\alpha\beta} + \rho u_\alpha u_\beta] + \partial_\gamma(B_1\rho u_\theta)2\delta_{\alpha\beta\gamma\theta} + \partial_\gamma(B_2\rho u_\theta)(4\Delta_{\alpha\beta\gamma\theta} - 8\delta_{\alpha\beta\gamma\theta})\}$$

上式可以简化为

$$\begin{aligned}\Pi_{\alpha\beta}^{(1)} = -\tau\{&-c_s^2\delta_{\alpha\beta}\partial_\gamma(\rho u_\gamma) + \partial_{t_0}(\rho u_\alpha u_\beta) + \partial_\alpha[(2B_1 - 8B_2)\rho u_\beta]\delta_{\alpha\beta}\\ &+4\partial_\gamma(B_2\rho u_\gamma)\delta_{\alpha\beta} + 4\partial_\alpha(B_2\rho u_\beta) + 4\partial_\beta(B_2\rho u_\alpha)\}\end{aligned} \qquad (8.4.26)$$

上式及下面 (8.4.27) 式中的 $\partial_\alpha[(2B_1 - 8B_2)\rho u_\beta]\delta_{\alpha\beta}$ 不执行求和约定. 注意到

$$\partial_{t_0}(\rho u_\alpha u_\beta) = u_\alpha\partial_{t_0}(\rho u_\beta) + u_\beta\partial_{t_0}(\rho u_\alpha) - u_\alpha u_\beta\partial_{t_0}\rho$$

利用 (8.4.13) 和 (8.4.14), 可把上式改写为

$$\partial_{t_0}(\rho u_\alpha u_\beta) = -u_\alpha\partial_\beta(c_s^2\rho) - u_\beta\partial_\alpha(c_s^2\rho) - \partial_\gamma(\rho u_\alpha u_\beta u_\gamma)$$

于是 (8.4.26) 可以简化为

$$\Pi_{\alpha\beta}^{(1)} = -\tau \left\{ \left(4B_2 - c_s^2\right) \left[\partial_\gamma(\rho u_\gamma)\delta_{\alpha\beta} + u_\alpha\partial_\beta\rho + u_\beta\partial_\alpha\rho\right] + 4B_2\rho(\partial_\alpha u_\beta + \partial_\beta u_\alpha) \right\}$$
$$- \tau\partial_\alpha[(2B_1 - 8B_2)\rho u_\beta]\delta_{\alpha\beta} + \tau\partial_\gamma(\rho u_\alpha u_\beta u_\gamma)$$

$$(8.4.27)$$

将 (8.4.25) 和 (8.4.27) 相比较, 可知

$$2B_1 - 8B_2 = 0 \tag{8.4.28}$$

$$4B_2 - c_s^2 = 0 \tag{8.4.29}$$

和

$$\mu = (4\tau - 2)B_2\rho \tag{8.4.30}$$

于是有

$$\Pi_{\alpha\beta}^{(1)} = -4B_2\tau\rho(\partial_\alpha u_\beta + \partial_\beta u_\alpha) + \tau\partial_\gamma(\rho u_\alpha u_\beta u_\gamma) \tag{8.4.31}$$

现在把得到的结果总结一下. 从 (8.4.7)~(8.4.9) , (8.4.20)~(8.4.23) 以及 (8.4.28)~(8.4.30) 可以解出:

$$B_0 = 0, \ B_1 = \frac{1}{3}, \ B_2 = \frac{1}{12}, \ C_0 = 0, \ C_1 = \frac{1}{2}, \ C_2 = \frac{1}{8},$$

以及

$$c_s = \sqrt{\frac{1}{3}}, \qquad \mu = \frac{2\tau - 1}{6}\rho$$
$$A_0 + 2A_1 = \frac{2}{3}, \qquad A_1 + 2A_2 = \frac{1}{6}$$
$$D_0 + 2D_1 = -1, \qquad D_1 + 2D_2 = -\frac{1}{4}$$

仍然有一个系数可以自由选择. 注意到 $B_1/B_2 = C_1/C_2$, 若选择 $\sigma = 1$ 和 2 两组系数成比例, 则

$$A_0 = \frac{4}{9}, \ A_1 = \frac{1}{9}, \ A_2 = \frac{1}{36}, \ D_0 = -\frac{2}{3}, \ D_1 = -\frac{1}{6}, \ D_2 = -\frac{1}{24}.$$

选择两组系数成比例的理由, 是这种选择与 Maxwell 分布在小 Mach 数情形下的展开相符合. 根据以上的结果, (8.4.4) 可以写为

$$f_\sigma^{(0)}(\boldsymbol{x}, t) = w_\sigma\rho \left[1 + 3\boldsymbol{u}\cdot\boldsymbol{e}_{\sigma i} + \frac{3}{2}(\boldsymbol{u}\cdot\boldsymbol{e}_{\sigma i})^2 - \frac{1}{2}u^2\right], \tag{8.4.32}$$

其中

$$w_0 = \frac{4}{9}, \ w_1 = \frac{1}{9}, \ w_2 = \frac{1}{36}. \tag{8.4.33}$$

合并 (8.4.13) 与 (8.4.15), 可得连续性方程 (正确到 δ^2 级)

$$\partial_t \rho + \partial_\alpha(\rho u_\alpha) = 0 \tag{8.4.34}$$

将 (8.4.31) 代入 (8.4.16), 与 (8.4.14) 合并, 可得

$$
\begin{aligned}
&\partial_t(\rho u_\alpha) + \partial_\beta(\rho u_\alpha u_\beta) \\
&= -\partial_\alpha(c_s^2 \rho) + \partial_\beta\{\mu(\partial_\alpha u_\beta + \partial_\beta u_\alpha)\} - \left(\tau - \frac{1}{2}\right)\partial_\gamma(\rho u_\alpha u_\beta u_\gamma)
\end{aligned}
\tag{8.4.35}
$$

如果略去高级项 $\partial_\gamma(\rho u_\alpha u_\beta u_\gamma)$, 就可以看出 (8.4.35) 等价于 Navier-Stokes 方程在 $\varsigma = \dfrac{2}{3}\mu$ 时的特例. 这就是说, 晶格 Boltzmann 方程 (8.4.3) 能够得到正确的第一黏性系数 μ, 但不能得到正确的第二黏性系数 ς. 这是不足为奇的, 因为在 (8.4.3) 中只有一个可以调整的弛豫系数 τ, 不可能同时得到两个正确的黏性系数. 如果改进碰撞模, 使之具有两个弛豫模, 就可以用它们分别得到两个黏性系数.[80,86]

对于三维的 D3Q19 模型, 平衡分布可以写为

$$f_\sigma^{(0)}(\boldsymbol{x}, t) = w_\sigma \rho \left[1 + 3\boldsymbol{u}\cdot\boldsymbol{e}_{\sigma i} + \frac{9}{2}(\boldsymbol{u}\cdot\boldsymbol{e}_{\sigma i})^2 - \frac{3}{2}u^2\right], \tag{8.4.36}$$

其中

$$w_0 = \frac{1}{3},\ w_1 = \frac{1}{18},\ w_2 = \frac{1}{36}. \tag{8.4.37}$$

§8.5 边 界 条 件

为了求解晶格 Boltzmann 方程, 必须正确处理边界条件. 处在边界的晶格上, 向外的分量可以用晶格 Boltzmann 方程得到, 但向内的分量则必须从边界条件得到. 用 $f_i^<(\boldsymbol{x}, t+1)$ 表示在 t 时刻从边界进入系统内的分量, 用 $f_j^{*>}(\boldsymbol{x}, t)$ 表示在 t 时刻从边界离开系统的分量. 边界条件在边界上的 $\boldsymbol{x}$ 点就写成

$$f_i^<(\boldsymbol{x}, t+1) = \sum_j B_{ij}(\boldsymbol{x}) f_j^{*>}(\boldsymbol{x}, t) \tag{8.5.1}$$

更普遍的情况下, 边界上的 $\boldsymbol{x}$ 点的 $f_i^<(\boldsymbol{x}, t+1)$ 可能不止与该点的 $f_j^{*>}(\boldsymbol{x}, t)$ 有关, 可能也同其他晶格点有关, 即

$$f_i^<(\boldsymbol{x}, t+1) = \sum_{\boldsymbol{y}} \sum_j B_{ij}(\boldsymbol{x} - \boldsymbol{y}) f_j^{*>}(\boldsymbol{y}, t) \tag{8.5.2}$$

边界条件涉及的物理机制是很复杂的 (见 4.14 节). 但是, 在晶格 Boltzmann 方法中, 我们需要在允许的误差范围内写出便于数值模拟的简单公式, 而不希望去模

拟边界上发生的实际物理过程. 本节我们讨论三种边界条件：周期边界条件, 拉动墙 (sliding walls) 边界条件, 开放进出口条件 (open inlet/outlet).

　　最简单而且又很有用的边界条件是周期边界条件. 在数值模拟过程中, 如果打算忽略边界的影响, 就必须选取足够大的系统来计算. 例如, 为了讨论一个圆形固体在无限流体中的运动 (图 8.4), 整个流体系统就必须足够大. 既然边界已经远离所讨论的固体, 边界对固体及周围流体运动的影响已经很小, 那么使用什么样的边界条件已经不重要. 这时使用最简单的周期边界条件就是最合适的.

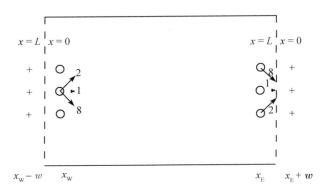

图 8.9　周期边界条件示意图

从西边进入系统的分量 $k = 1, 2, 8$ 就由从东边离开系统的分量 $k = 1, 2, 8$ 得到.

　　假定在 "西东" 方向 (即 $x = 0$ 和 $x = L$) 使用周期边界条件, 设 x_{W} 是西面边界上的流体格点 ($x = 0$), x_{E} 是东面边界上的流体格点 ($x = L$). 记 $w = (1, 0)$, 由于 $x = 0$ 和 $x = L+1$ 是等同的, 那么 $x_{\mathrm{E}} + w$ 与 x_{W} 就是等同的, $x_{\mathrm{W}} - w$ 与 x_{E} 也是等同的. 从西边进入系统的分量 $k = 8, 1, 2$ 则由从东边离开系统的分量 $k = 8, 1, 2$ 得到：

$$f_1(x_{\mathrm{W}}, t+1) = f_1^*(x_{\mathrm{E}} + w - e_1, t);$$
$$f_2(x_{\mathrm{W}}, t+1) = f_2^*(x_{\mathrm{E}} + w - e_2, t); \qquad (8.5.3)$$
$$f_8(x_{\mathrm{W}}, t+1) = f_8^*(x_{\mathrm{E}} + w - e_8, t);$$

　　反过来, 从东边进入系统的分量 $k = 4, 5, 6$ 就由从西边离开系统的分量 $k = 4, 5, 6$ 得到, 即：

$$f_4(x_{\mathrm{E}}, t+1) = f_4^*(x_{\mathrm{W}} - w - e_4, t);$$
$$f_5(x_{\mathrm{E}}, t+1) = f_5^*(x_{\mathrm{W}} - w - e_5, t); \qquad (8.5.4)$$
$$f_6(x_{\mathrm{E}}, t+1) = f_6^*(x_{\mathrm{W}} - w - e_6, t);$$

　　另一种常用的边界条件是拉动墙边界条件 [86]. 这种边界条件要求在墙附近的流体运动速度与墙一致. 在晶格 Boltzmann 方法中, 经常假定固体墙处于两层晶格

中间分界线上, 因为这样一来, 从紧靠墙的一层流体格点出发的飞向墙的流体分量
在被墙反弹后可以在单位时间内回到这一个格点. 至于固体墙不处于两层晶格中
间分界线上的情形, 我们不在这里讨论.

如图 8.10 所示, 固体墙处于两层晶格中间分界线上, 墙的上方是流体格点, 下
方是假想的流体格点. 假定用 k' 表示 k 的反方向. 在墙上方的流体格点上, 经过迁
移, 分量 $f_{k'}(\boldsymbol{x}, t+1)$ 在 $k' = 0, 1, 5, 6, 7, 8$ 时的值可以像 (8.3.13) 那样从 k 方向的相
邻格点得到. 例如 $k' = 5$ 时,

$$f_5(\boldsymbol{x}, t+1) = f_5^*(\boldsymbol{x} - \boldsymbol{e}_5, t);$$

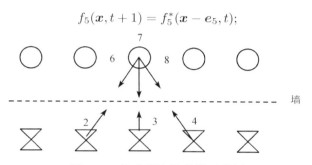

图 8.10   拉动墙边界条件示意图

○ 是流体格点, ⊠ 是虚拟的格点. 从流体格点出发的 6, 7, 8 分量, 经墙反射后回到该格点, 成为 2, 3, 4 分

量. 如果没有墙, 这些分量应当从位于虚拟格点处得到. 引用自文献 [77].

但是, 当 $k' = 2, 3, 4$ 时, 边界上流体格点在 k 方向的相邻格点不存在. 显然, 这三个
分量应当从它自身的 $k = 6, 7, 8$ 三个分量得到. 具体来说, 就是

$$f_2(\boldsymbol{x}, t+1) = f_6^*(\boldsymbol{x}, t);$$

$$f_3(\boldsymbol{x}, t+1) = f_7^*(\boldsymbol{x}, t);$$

$$f_4(\boldsymbol{x}, t+1) = f_8^*(\boldsymbol{x}, t);$$

它们可以统一写为

$$f_{k'}(\boldsymbol{x}, t+1) = f_k^*(\boldsymbol{x}, t);$$

如果墙具有 $\boldsymbol{x}$ 方向的速度 $\boldsymbol{u}_b$, 那么

$$f_{k'}(\boldsymbol{x}, t+1) = f_k^*(\boldsymbol{x}, t) - 6w_k \rho \boldsymbol{u}_b \cdot \boldsymbol{e}_k;$$

其中 w_k 就是 (8.4.33) 给出的系数

$$w_k = \begin{cases} \dfrac{1}{9} & k = 1, 3, 5, 7 \\[2mm] \dfrac{1}{36} & k = 2, 4, 6, 8 \end{cases}$$

　　再有一种常用的边界条件是开放进出口条件. 在进口处, 给定流体进入系统的速度, 而在出口则限定速度梯度为零. 必须注意, 作为出口, 它附近的流体必须已经达到稳定状态, 或者说, 出口必须远离被扰动的流体. 以图 8.11 的情形来说, A 和 B 都不适合作为出口, 而 C 则适合. 我们假定 "西" 边是给定流体速度的入口, 而 "东" 边是速度梯度为零的出口. 在入口, 只要强制最西边一层晶格保持具有给定密度 ρ 和速度 $u = (u_{\text{in}}, 0)$ 的平衡态即可. 在出口, 则要强制最东边一层晶格的分布函数保持和它西面的紧邻总是一致. 强制这样做可能会使系统流体的总质量发生改变. 为了保证系统内流体的总质量不变, 可以调整出口一侧流体格点的静止流体的分量 f_0. 在初始阶段, 对这个静止流体的分量的调整可能比较明显. 但是, 在经过足够长的弛豫时间之后, 系统达到稳定状态, 出入流量相同, 对这个静止流体的分量的调整就变得很小了.

　　其他更多的边界条件我们就不在本书中讨论了.

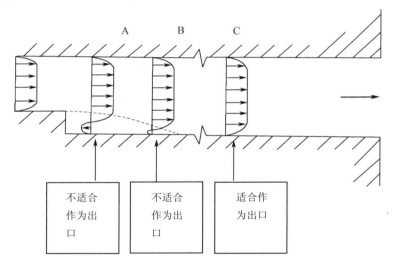

图 8.11　开放进出口条件示意图

出口必须远离被扰动的流体, 所以 A 和 B 都不适合作为出口, 而 C 则适合.

§8.6　对于单相流体的模拟

　　在这一节中我们简单介绍一个用晶格 Boltzmann 方法模拟单相流体运动的例子.[88] 这是一个正方形的盒子, 坐标原点位于左下角, x 轴向右, y 轴向上. 盒子里面充满流体, 左, 右, 下三个面都是固定的墙, 最上面的流体始终保持固定的密度 ρ 和横向的固定速度 U. 流体在这个封闭的盒子里运动, 盒子内的流体不能离开盒子, 外面的流体也不能进入盒子. 计算系统由 $L \times L = 256 \times 256$ 个晶格组成, Reynold

数定义为

$$Re = \frac{UL}{\nu} \tag{8.6.1}$$

模拟在 6 个不同的 Reynold 数下进行, 具体参数见下表:

	U	ν	Re
a	0.01	0.0256	100
b	0.1	0.064	400
c	0.1	0.0256	1000
d	0.1	0.0128	2000
e	0.1	0.00512	5000
f	0.1	0.003413	7500

下面以情况 c 为例来说明晶格系统和实际物理系统之间的单位变换. 若盒子的边长是 2cm, 流体的黏性系数是 $0.01\text{cm}^2/\text{s}$. 那么晶格的长度单位 Δx 应当满足 $256\Delta x = 2\text{cm}$, 所以 $\Delta x = 7.8125 \times 10^{-3}\text{cm}$. 由于晶格系统中 $\nu = 0.0256$, 所以时间单位 Δt 满足 $0.0256(\Delta x)^2/\Delta t = 0.01\text{cm}^2/\text{s}$, 故 $\Delta t = 1.5625 \times 10^{-4}\text{s}$. 因此晶格系统中上面墙的拉动速度 $U = 0.1$ 就相当于物理系统中 5cm/s.

在初始时刻, 每个晶格都处于平衡状态. 除了最上方一层的 x 方向速度设为 U, y 方向速度设为零之外, 其余各点的速度都是零. 利用晶格 Boltzmann 方程经过多次迭代之后, 系统将达到定态. 定态的标准是, 在相继的一万次迭代中流函数的最大值之间的差别不超过 10^{-5}.

达到定态后, 系统内的流函数如图 8.12 所示. 这些图清楚地显示了, 在任何 Reynold 数情况, 系统中都存在一个明显的大旋涡. 除了这个大旋涡之外, 在左下角和右下角还各有一个反方向的小旋涡 (二级旋涡). 当 Reynold 数增加到 2000 之后, 左上角又出现了第三个反方向小旋涡. 当 Reynold 数增加到 5000 之后, 在右下角又出现了一个第三级小旋涡, 其方向与该处的第二级旋涡相反. 在晶格 Boltzmann 方程模拟中观察到的这种多重旋涡, 与从前其他方法的研究结果一致.

从晶格 Boltzmann 方程对这个系统模拟所得到的许多结果, 不仅定性正确, 而且在定量方面, 例如旋涡中心的位置, 各点速度和压强的大小, 以及流体对上方拉动墙的滞力等, 也基本上与其他数值计算方法吻合. 这说明晶格 Boltzmann 方法是模拟流体运动的正确有效的方法. 但是, 模拟结果也存在一些与其他方法得到的结果不完全一致的地方. 例如, 有时第二级旋涡被漏掉, 某些第二级旋涡的大小不精确等. 在本节的例子中, 从晶格 Boltzmann 方法中产生计算误差的原因可能是: 晶格数目太少; 晶格 Boltzmann 方法中流体不是完全不可压缩的. 至于从晶格分布函数计算流函数时可能引入的误差, 我们不在这里讨论.

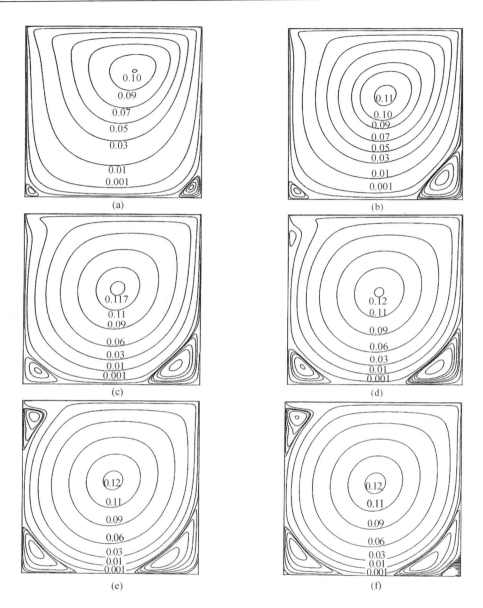

图 8.12　用晶格 Boltzmann 方程模拟封闭方盒子中单相流体的运动

图中画出了流函数的等高线并标出了相应的流函数的值, (a)～(f) 相应的参数见表 1, 引自文献 [88].

　　在晶格 Boltzmann 方法中, 计算系统中晶格数目的多少 (即晶格的粗细) 是影响结果精确度的首要因素. 对一个物理系统的模拟, 如果晶格数目增加, 就意味着每个晶格的边长 Δx 减小. 显然, Δx 越小, 模拟所得的结果就可能越可靠. 研究表明,流体速度场计算的精确度大致与 Δx 成正比. 换言之, 晶格 Boltzmann 方法所计算的流体速度场是一级精度的.

如上节所说, 从晶格 Boltzmann 方程可以推导出不可压缩流体的 Navier-Stokes 方程. 在这个意义上, 本节讨论的例子中的流体应当是不可压缩的. 但是, 在晶格 Boltzmann 方法中, 尽管假定流体是不可压缩的, 但密度 ρ 必须是可以变化的, 否则压强就是常数了. 事实上, 上节推导出的连续性方程 (8.4.34) 就是对可压缩流体的. 仔细的研究证实, 密度的变化与 Reynold 数关系不大, 但与 Mach 数 M 有关, 在 M^2 数量级. 为了得到正确的流函数, 就必须尽可能保持密度为常数. 因此, 为减小由于流体密度的变化引起的这种误差, 应当尽可能减小 U. 在晶格长度 Δx 不变时, 想要在数值计算中用较小的速度来模拟相同的流体运动, 就意味着减小数值计算的时间步长 Δt.

所以, 为提高晶格 Boltzmann 方法结果的精度, 应当尽可能缩小晶格长度 Δx, 同时减小时间步长 Δt. 显然, 这是以消耗更多的计算机资源为代价的. 因此, 在数值模拟中, 要适当选择 Δx 和 Δt, 兼顾结果的精度和计算效率两个方面.

§8.7 流体与固体的相互作用

当流体中悬浮着一些固体颗粒时, 流体与固体之间有相互作用. 在用晶格 Boltzmann 方法模拟时出现了一些新的问题 [80,86,89].

首先, 固体颗粒占据了一定的空间. 被固体占据的晶格不允许流体存在. 所以固体与流体的界面把键的两端分开, 一端是固体, 另一端是流体. 在流体与固体的界面, 必须建立适当的法则来计算相互作用力, 同时决定紧靠固体表面的一层晶格上流体的分布函数. 与拉动墙的边界条件类似, 我们仍然假定固体的边界总是处在键的中点, 射向固体表面的分量按原路返回, 如图 8.13 所示. 这样可以保证流体从一个晶格出发经过与固体表面碰撞后能在一个单位时间里回到这个晶格. 如果固体表面处于静止状态, 则流体分布函数的迁移过程可以写为

$$f_{k'}(\boldsymbol{x}, t+1) = f_k^*(\boldsymbol{x}, t);\tag{8.7.1}$$

相应地, 固体表面因这部分流体的撞击所得到的动量应当等于流体动量的改变:

$$\delta\boldsymbol{p} = [f_{k'}(\boldsymbol{x}, t+1) + f_k^*(\boldsymbol{x}, t)]\boldsymbol{e}_k;\tag{8.7.2}$$

除此之外, 固体颗粒还得到角动量:

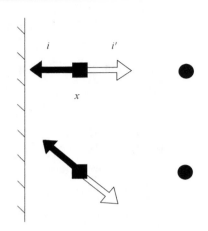

图 8.13　在流体与固体的界面, 射向固体表面的分量按原路返回

黑体箭头是射向墙的分量, 而中空箭头是从墙反射的分量.

$$\delta t = [f_{k'}(\boldsymbol{x}, t+1) + f_k^*(\boldsymbol{x}, t)]\boldsymbol{r}_b \times \boldsymbol{e}_k; \tag{8.7.3}$$

其中 $\boldsymbol{r}_b$ 是该键中点的矢径. 如果固体在运动 (包括平动和转动), 参考 8.5 节的讨论, 可以知道 (8.7.1) 应当改写为

$$f_{k'}(\boldsymbol{x}, t+1) = f_k^*(\boldsymbol{x}, t) - 6w_k\rho\boldsymbol{u}_b \cdot \boldsymbol{e}_k;$$

其中 $\boldsymbol{u}_b$ 是固体在该键中点的速度. 这时固体颗粒得到的动量和角动量分别为:

$$\delta\boldsymbol{p} = [f_{k'}(\boldsymbol{x}, t+1) + f_k^*(\boldsymbol{x}, t) - 6w_k\rho\boldsymbol{u}_b \cdot \boldsymbol{e}_k]\boldsymbol{e}_k;$$

和

$$\delta\boldsymbol{t} = [f_{k'}(\boldsymbol{x}, t+1) + f_k^*(\boldsymbol{x}, t) - 6w_k\rho\boldsymbol{u}_b \cdot \boldsymbol{e}_k]\boldsymbol{r}_b \times \boldsymbol{e}_k;$$

为了较好地反映固体颗粒的形状, 在晶格 Boltzmann 方法中, 固体颗粒的尺寸通常远大于晶格单位, 因此固体颗粒受到流体的作用力通常来自许多键, 如图 8.14 所示. 对所有相关的键求和, 可以得到固体颗粒在这一时间步所受的力和力矩:

$$\boldsymbol{F}\left(t+\frac{1}{2}\right) = \sum \delta\boldsymbol{p} \tag{8.7.4}$$

和

$$\boldsymbol{T}\left(t+\frac{1}{2}\right) = \sum \delta\boldsymbol{t} \tag{8.7.5}$$

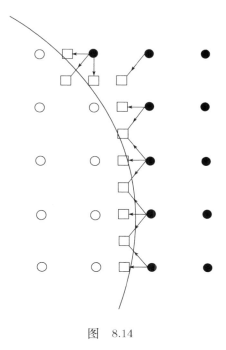

图　8.14

在流体与固体的界面附近, 最靠近界面的所有流体格点都要考虑在内. 引自文献 [90].

这里力的作用时间记为 $t + 1/2$, 是因为相互作用发生在键的中点. 经验证明, 如果简单地用上式计算固体颗粒的运动, 结果会很不稳定. 如果在相继的两次计算中, 把力和力矩取算术平均,

$$\boldsymbol{F}(t) = \frac{1}{2}\left[\boldsymbol{F}\left(t - \frac{1}{2}\right) + \boldsymbol{F}\left(t + \frac{1}{2}\right)\right] \tag{8.7.6}$$

$$\boldsymbol{T}(t) = \frac{1}{2}\left[\boldsymbol{T}\left(t - \frac{1}{2}\right) + \boldsymbol{T}\left(t + \frac{1}{2}\right)\right] \tag{8.7.7}$$

就可以极大地改善稳定性.

当两个固体颗粒距离很近时, 在它们的间隙中可能没有流体格点存在. 这时流体与固体的相互作用变得难以计算. 事实上, 两个颗粒都会受到润滑力. 如果相互靠近的是两个半径分别是 R_1 和 R_2 的球 (见图 8.15), 则两颗粒之间润滑力的大小为

$$F = \frac{3\pi}{2} \cdot \frac{\mu}{\varepsilon} \cdot \frac{\Delta U}{\lambda} \tag{8.7.8}$$

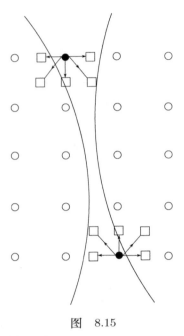

图　8.15

当两个固体的界面靠近时, 两表面之间可能没有流体格点. 这时要考虑润滑力. 引自文献 [90].

其中 ΔU 是两球面在 "接触点" 处相对速度在法向的分量, ε 是两表面之间的间隙, λ 是折合曲率:

$$\lambda = \frac{1}{2} \left(\frac{1}{R_1} + \frac{1}{R_2} \right) \tag{8.7.9}$$

润滑力的方向总是阻止两颗粒的相对运动: 若两颗粒相向运动, 则润滑力向外; 若两颗粒相背而行, 则润滑力向内. 若两固体表面的间隙极小, 即使相对速度不大, 润滑力也可以很大. 在晶格 Boltzmann 方法中, 为了计算固体颗粒之间的润滑力, 有两种处理方法. 一种是在 (8.7.4) 和 (8.7.5) 式之外, 再加上由流体力学理论计算公式 (例如 (8.7.8) 式) 求出的润滑力 [90]. 这种方法比较简单, 但是对于不规则形状的表面, 解析公式并不容易求得. 另一种方法是假定每个键对润滑力有一定的贡献, 总的润滑力是每个键贡献之和. 这种方法更符合晶格 Boltzmann 方法的本意, 但必须找到确定每个键对润滑力贡献的大小 [91]. 这个问题的详细讨论超出了本书的范围.

当固体颗粒在流体中运动时, 它占据的空间也发生变化: 一方面, 有些原来被固体占据的晶格, 在下一个时刻可能被释放而重新恢复为流体; 另一方面, 有些原来是流体占据的晶格, 也可能被固体占据. 在被固体占领或释放的过程中, 固体与流体也存在动量和动量矩的交换. 当固体占领原来是流体占据的晶格时, 固体吸收这部分流体的动量, 同时得到相应的动量矩. 而当固体释放晶格的过程中, 新近恢复的流体晶格具有平衡态, 其密度等于流体的平均密度, 其速度等于该格点被固体占据时的速度. 相应地, 固体失去相应的动量与动量矩.

在知道了固体颗粒所受的力和力矩之后, 就可以根据 Newton 动力学方程确定固体颗粒的运动. 注意到润滑力的奇异性质 (当两固体间隙极小时润滑力极大), 对于润滑力常常需要特别处理, 例如使用可变步长的积分格式, 或利用某些近似解析结果.

总起来说, 在系统中存在悬浮固体颗粒的情形下, 每个时间步长里要完成下列步骤:

(1) 按照晶格 Boltzmann 方程计算流体分布函数, 包括在边界和在固体颗粒的表面根据相应的边界条件计算固体颗粒受力及力矩;

(2) 当两固体表面极为靠近时, 计算润滑力;

(3) 根据 Newton 动力学方程确定固体颗粒的运动;

(4) 发现被固体新覆盖的流体格点和被固体释放的流体格点, 计算固体颗粒所得到的动量与动量矩, 同时建立被固体释放的流体晶格的分布函数.

在以下的两节中, 我们将讨论两个典型的例子, 具体说明晶格 Boltzmann 方法的应用.

§8.8 固体粒子在层流中的转动

本节讨论圆柱及椭圆柱在层流中的转动. 这里我们仅限于圆柱的密度与液体密度相同的情况. 对于 Reynold 数为零的情形, 流体力学有许多详细的讨论. 例如, 早在 1922 年, Jeffery 就从理论上导出了椭球体在层流中转动的精确解. 假定椭球体的三个半轴长度分别为 a, b 和 c, 其中 a 轴方向与层流垂直, 固体密度 ρ_p 等于流体密度 ρ_f, 层流的流速梯度为 G, 那么在无限空间中, 椭球的转动角速度是

$$\dot{\chi} = \frac{G}{b^2 + c^2} \left(b^2 \cos^2 \chi + c^2 \sin^2 \chi \right)$$

由此可以得出, 若初始时刻 $\chi = 0$, 则

$$\chi(t) = \arctan \left(\frac{b}{c} \tan \frac{bcGt}{b^2 + c} \right)$$

因此, 转动周期 T 为

$$T = \frac{2\pi(b^2 + c^2)}{bcG}.$$

但是对 Reynold 数不为零的情形, 理论结果并不多. 晶格 Boltzmann 方法在讨论这个问题时, 取得了一些进展. [92] 这里主要讨论二维层流中圆柱和椭圆柱的转动.

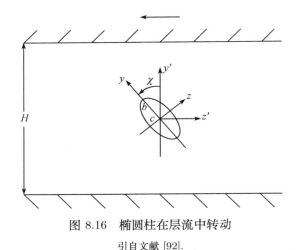

图 8.16　椭圆柱在层流中转动

引自文献 [92].

首先讨论圆柱在层流中的转动 (如图 8.16). 线性的层流由 x 方向的周期边界条件和 y 方向的两个相反方向的拉动墙边界条件得到, 如图 8.17 所示. 系统的长度 (x 方向) 为 L, 高度 (y 方向) 为 H, 上下两墙的速度分别为 $\pm U$, 所以层流 $G = 2U/H$. 固体圆柱放在中心位置, 假定圆柱的半径是 R. 为了减小边界对转动的影响, 比值 L/R 和 H/R 都必须足够大. 若 ν 为流体的运动黏度, 则 Reynold 数定义为

$$Re = \frac{G(2R)^2}{\nu}$$

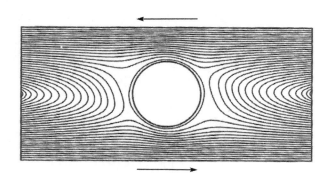

图 8.17　圆柱在层流中自由转动时, 流体的流线

这里的 $H/r = 4$, Reynold 数为 76.8. 引自文献 [92].

由晶格 Boltzmann 方法讨论得到的结果表明, 达到稳定时圆柱的转动角速度与层流有关. 当 H/R 和 L/R 都足够大时, 若 Reynold 数接近零时, 则圆柱的转动角速度与层流的比值 Ω/G 趋于 0.5, 这与 Jeffery 的理论解一致. 当 Reynold 数增高时,圆柱的转动角速度也随着增大, 但角速度与层流的比值 Ω/G 下降. 另一方面, 当比值 H/R 不很大时, 墙的影响不可忽略. 例如, $H/R = 4$ 时, 若 Reynold 数接近零, 比值 Ω/G 大约为 0.42.

当 $H/R = 4$, Reynold 数为 76.8 时, 流线的分布如图 8.17 所示. 注意这是圆柱在层流中自由转动的情况. 若圆柱体被固定在流场中, 同样的 Reynold 数情况下, 流线的分布如图 8.18 所示. 所有这些结果都与实验结果一致.

现在讨论椭圆柱在层流中的转动. 假定椭圆柱的长半轴和短半轴分别是 b 和 c. 我们取 $b/c = 2$, $L/b = 20$, $H/b = 10$. Reynold 数定义为

$$Re = \frac{G(2b)^2}{\nu}$$

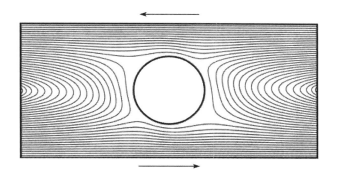

图 8.18　圆柱被固定放置在层流中时, 流体的流线

这里的 $H/r = 4$, Reynold 数为 76.8. 引自文献 [92].

当 Reynold 数小于 1 时, 由晶格 Boltzmann 方法讨论得到的结果与 Jeffery 的理论解极为接近. 椭圆柱的长轴方向平行于墙时转动角速度最小, 为 $0.2G$, 而当椭圆柱的长轴方向垂直于墙时转动角速度最大, 为 $0.8G$. 但是, 转动周期为 $T = 5\pi/G$, 平均角速度为 $0.4G$. 当层流加大时, 若系统中其他条件不变, 则 Reynold 数增高, 于是最大角速度和最小角速度都随之增大, 但它们与层流的比值都随之减小, 所以, 尽管周期 T 的值减小, 它与层流的乘积 $G \cdot T$ 却在增大. 当 Reynold 数继续增高到一定值时, 周期 T 开始随 Reynold 数继续增高而增大, 于是乘积 $G \cdot T$ 增大得更快. 用晶格 Boltzmann 方法得到的结果总结在图 8.20 中. 这里存在一个临界 Reynold 数 Re_c, 其数值大约是 29. 当 $Re > Re_c$ 时, $G \cdot T$ 变成无穷大, 椭圆柱静止在长半轴大约与 x 轴平行的角度. 用晶格 Boltzmann 方法进行的细致的数值计算表明, 在临界 Reynold 数 Re_c 附近, 椭圆柱旋转的周期满足标度律

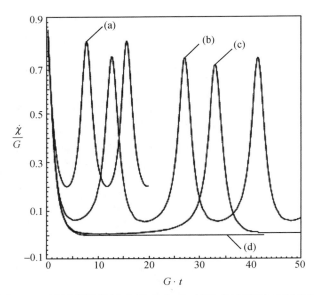

图 8.19　椭圆柱被放置在层流中时, 转动角速度随时间变化

Reynold 数分别为 0(a), 15(b), 28(c), 30(d). 引自文献 [92].

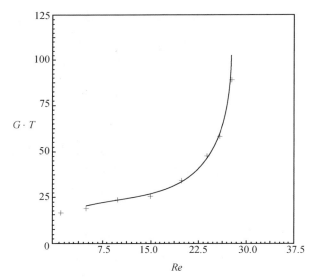

图 8.20　椭圆柱被放置在层流中时, 转动周期随 Reynold 数改变

引自文献 [92].

$$G \cdot T = C(Re_{\mathrm{c}} - Re)^{-1/2}$$

其中 C 是常数. 事实上, 这里发生的是一个切分叉现象, 所以指数 $-1/2$ 具有普适

性, 它不因系统的大小, 固体颗粒的形状等细节的变化而改变. 随着 Reynold 数的增大, 流体流线的分布如图 8.21 所示. Reynold 数越大, 流线中回流部分所占的比例也越大. 这部分回流的流体使椭圆柱体得到顺时针方向的力矩, 当它大到能足以平衡层流给椭圆柱体施加的反时针方向的力矩时, 椭圆柱体就静止在那个角度上了. 这节给出的标度律已得到实验证实.

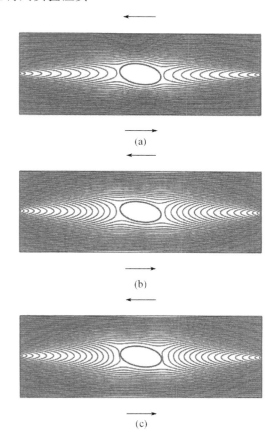

图 8.21 椭圆柱被固定放置在层流中时, 流体流线的分布

其中 Reynold 数分别为 1(a); 20(b); 40(c). 引自文献 [92].

§8.9 固体粒子在垂直隧道中的下沉

固体粒子在垂直隧道中的下沉是很有实际意义的流体力学问题.

我们先考虑一个单粒子问题. 假定二维隧道的宽度是 L, 而长度是无限的. 我们的计算范围 (即数值计算系统) 实际上不可能包括无限长隧道, 而只能包括固体

粒子周围的部分. 这里我们假定计算范围随着固体粒子的位置移动. 流体的密度为
$\rho_f = 1.0$, 固体粒子的密度为 $\rho_p = 1.3$, 固体粒子上作用的力就是重力减浮力. 由于
重力大于浮力, 固体粒子向下运动, 计算范围也随着向下移动. 从计算系统的角度
看, 流体从下方 (入口) 进入系统, 而从上方 (出口) 离开. 但是, 在远离固体粒子的
地方, 流体的速度应当是零, 所以, 当计算系统足够大时, 流体在入口和出口的速度
都是零. 显然, 在模拟这样的系统时, 隧道的两壁 ($y = 0$ 和 $y = L$) 可以采用速度为
零的固体墙边界条件, 出入口可以用开放边界条件.

图 8.22 是一个圆盘在垂直隧道中下沉系统的示意图和模拟结果[89]. x 轴正方
向沿重力加速度方向. 圆盘直径为 d, 隧道宽度 $L = 1.5d$. 为了充分消除出入口边
界条件对圆盘运动的影响, 计算系统的下端 (入口) 位于圆盘中心以下 $10d$ 处, 而上
端 (出口) 位于圆盘中心以上 $15d$ 处. 在初始时刻, 圆盘中心位于隧道中心线左边距
墙 $0.4L$ 处, 以零速度被释放. 系统的 Reynold 数定义为

$$Re = \frac{Ud}{\nu} \tag{8.9.1}$$

其中, U 是圆盘最终达到的下降速度, ν 是黏性系数. 由于 U 的数值无法在模拟前
确定, 我们需要一个与 U 无关的量. 考虑 Froude 数

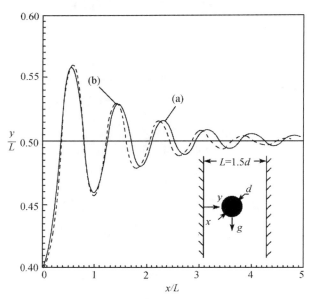

图 8.22   用晶格 Boltzmann 方程模拟一个圆盘固体在垂直隧道中下降运动

实线 (a) 是用晶格 Boltzmann 方程模拟结果, 虚线 (b) 是有限元方法模拟结果. 内插图是计算系统示意图.

引自文献 [89].

$$Fr = \frac{U^2}{gd} \tag{8.9.2}$$

其中 g 是重力加速度. 比值

$$G_a = \frac{Re^2}{Fr} = \frac{d^3 g}{\nu^2} \tag{8.9.3}$$

就与 U 无关了. 作用在圆盘上的合力为

$$f_e = \frac{\pi}{4} d^2 (\rho_p - \rho_f) g \tag{8.9.4}$$

定义无量纲外力

$$F = \frac{f_e d}{\rho_f \nu^2} \tag{8.9.5}$$

利用上面诸式容易得到:

$$F = \frac{\pi}{4} G_a (\alpha - 1) \tag{8.9.6}$$

其中, $\alpha = \rho_p / \rho_f$. 假定我们要模拟的物理系统中, 流体的黏性系数是 $\nu_s = 0.01 \mathrm{cm}^2/\mathrm{s}$, 圆盘直径 $d_s = 0.2 \mathrm{cm}$, 重力加速度 $g = 980 \mathrm{g \cdot cm/s}^2$, 密度比 $\alpha = \rho_p / \rho_f = 1.3$, 则 $G_a = 78400$, $F = 1.847 \times 10^4$. 在我们的计算系统中, F 应当是同一数值. 在晶格单位中, 假如流体密度 $\rho_f = 1$, 圆盘直径 $d = 120$, $\nu = 1/6$, 那么外力 $f_e = 4.276$.

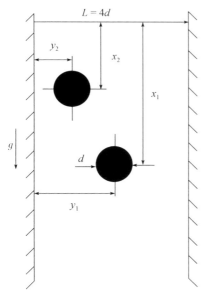

图8.23 用晶格Boltzmann方程模拟两个圆盘固体在垂直隧道中下降运动这是计算系统示意图. 引自文献[93].

在数值模拟中, 可以通过改变外力来改变圆盘的最终速度 U, 从而改变 Reynold 数. 若 Reynold 数很小, 圆盘被释放后会在下降过程中逐渐向隧道的中心线靠拢, 最后沿中心线下降. 随着 Reynold 数增大, 圆盘向隧道的中心线靠拢的速度会加快. 当 Reynold 数超过某个阈值 (大约为 1) 时, 圆盘在下降过程中将越过中心线, 然后在中心线附近摆动, 振幅逐渐减小. 图 8.22 显示的就是这种情况, 其中 Reynold 数为 6.28. 显然, 用晶格 Boltzmann 方法所得到的结果与有限元方法是一致的.

两个相同的圆盘在垂直隧道中的下沉, 可以类似地模拟.[93] 模拟结果显示出更丰富的物理现象. 图 8.23 是计算系统的示意图. 隧道的宽度 $L = 4d$. 计算系统的下端 (入口) 位于领先圆盘中心以下 $10d$ 处, 而上端 (出口) 位于领先圆盘中心以上 $15d$ 处. 模拟中流体的黏性系数 $\nu = 1/4$, 圆盘直径是 $d = 32$, 流体密度为 $\rho_f = 1.0$, 圆盘的密度为 $\rho_p = 1.002$. 当

$G_a = 78400$ 时, $F = 123.15$, 故 $f_e = 0.24$. 在模拟中仍然通过改变 f 来改变 Reynold 数.

我们将领先圆盘的中心坐标记为 (x_1, y_1), 将跟随圆盘的中心坐标记为 (x_2, y_2). 初始时刻两圆盘都在隧道中心线左边四分之一宽度的地方, 一前一后, 中心相距 $2d$, 即 $y_1 = y_2 = d$, $\mathrm{d}x = x_1 - x_2 = 2d$. 两个圆盘的初始速度都是零. 两个圆盘下降过程中, 会左右摆动, 两圆盘间的距离也会不断变化, 但领先的圆盘始终领先. 我们用无量纲时间 $t^* = t\nu/d^2$ 来计量时间.

当 $F = 131.41$ 时, $Re = 2.87$, 两个圆盘被释放后开始下降, 在最初一段时间内, 跟随圆盘下降比领先圆盘快些. 下降的两圆盘相互靠近, 同时向右漂移, 然后又互相分开, 领先圆盘向右墙靠近, 而跟随圆盘向左墙靠近. 两圆盘分别在 $y_1/d = 3.2$

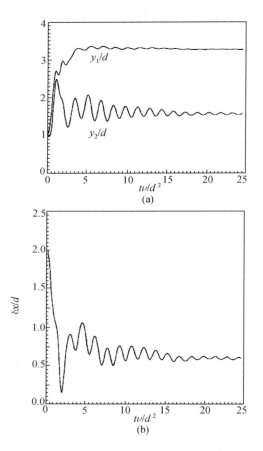

图 8.24　用晶格 Boltzmann 方程模拟两个圆盘固体在垂直隧道中下降运动

(a) 两个粒子的 y 坐标的变化; (b) 两个粒子的 x 坐标之差. 引自文献 [93].

和 $y_2/d = 1.77$ 附近摆动, 振幅逐渐减小, 最后几乎分别垂直下降. 图 8.24 描绘了两圆盘的运动轨迹. 这一结果与有限元方法的模拟结果一致.

随着 F 的增大, 两圆盘的运动变得越来越复杂. 当 $F = 147.91$ 时, $Re = 4.216$, 两个圆盘的左右振动的振幅不再随下降逐渐减小, 而是达到稳定. 在两圆盘的 Y 坐标张成的平面里, 形成一个极限环, 见图 8.25(a). 这说明圆盘在垂直下降的同时, 在 Y 方向的运动是周期的. 继续增大 F, 则 Reynold 数也增大, 模拟结果显示倍周期分叉现象. 当 $F = 156.44$ 时, $Re = 4.320$, 显示周期 2 运动, 见图 8.25(b); 当 $F = 162.42$ 时, $Re = 4.409$, 显示周期 4 运动, 见图 8.25(c); 当 $F = 163.50$ 时, $Re = 4.431$, 显示周期 8 运动, 见图 8.25(d).

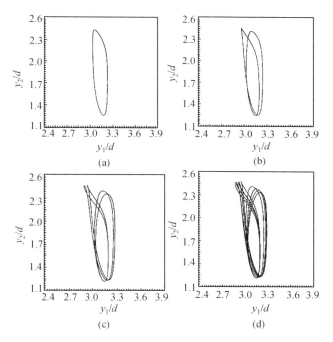

图 8.25　用晶格 Boltzmann 方程模拟两个圆盘固体在垂直隧道中下降运动

随着 F 的增大, 两圆盘的运动显示倍周期分叉序列. 这四个图分别为周期 1, 2, 4, 8. Reynold 数分别为 4.210, 4.320, 4.409, 4.431. 引自文献 [93].

§8.10　多相流体

FHP 晶格气体模型和晶格 Boltzmann 方法都可以推广到多相流体. 本节讨论由两种不互溶流体构成的两相流体.

　　在 FHP 晶格气体模型中, 为了描述两种不同的流体, 可以使用单相气体的晶格结构, 但必须引入两种不同的粒子.[94] 我们称这两种粒子为红粒子和蓝粒子. "不相容原理" 在这里要求每个格点上每个方向最多有一个粒子. 所以, 在 6 速度模型中, 每个格点上红蓝粒子的总数不超过 6 个, 而在 7 速模型中每个格点上红蓝粒子的总数不超过 7 个. 迁移过程的规则与单相 FHP 晶格气体模型中的规则相同, 但在存在红蓝两种粒子时, 碰撞过程则不完全相同: 在这过程中, 若有多种可能, 则应选择使红粒子尽可能与红粒子靠近, 蓝粒子尽可能与蓝粒子靠近. 下面以一个具体例子说明.

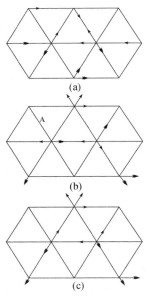

图8.26　用FHP晶格气体模型模
　　　　拟二元流体
　　　　引自文献[94].

　　在图 8.26 的例子中, 单箭头表示红粒子的运动, 双箭头表示蓝粒子的运动. (a) 是初始状态. 经过迁移, 达到状态 (b). 考虑左边的中心格点 A, 在各种可能的碰撞结果里, 红粒子向右上方 (c_2) 而蓝粒子向左下方向 (c_5) 将使 "红粒子尽可能与红粒子靠近, 蓝粒子尽可能与蓝粒子靠近" 的原则得到满足, 也就是 (c) 所示的状态.

　　为了定量地描述改进后的碰撞法则, 如同第 8.2 节中的状态 $s = \{s_i\}$, 定义 $r = \{r_i\}$ 和 $b = \{b_i\}$ 分别为红蓝两种粒子的状态. 令

$$q[r(x), b(x)] \equiv \sum_{i=1}^{6} c_i[r_i(x) - b_i(x)]. \qquad (8.10.1)$$

$q[r(x), b(x)]$ 表示红蓝粒子在 x 点的动量差, 称为 "颜色流量". 在图 8.26(b) 的 A 点, $q = 2c_4$. 再定义

$$g(x) \equiv \sum_{i=1}^{6} c_i \sum_{j=1}^{6} [r_j(x + c_i) - b_j(x + c_i)]. \qquad (8.10.2)$$

$g(x)$ 称为 "颜色梯度". 在图 8.26 的 A 点, $g = c_1 + 3c_2 - c_5 = 4c_2 + c_1$. 在 A 点发生的碰撞有四种可能的结果, 就是: $r' = c_2$, $b' = c_5$; $r' = c_3$, $b' = c_6$; $r' = c_5$, $b' = c_2$ 和 $r' = c_6$, $b' = c_3$. 它们相应的 "颜色流量" 分别为 $q(r', b') = 2c_2$; $2c_3$; $2c_5$ 和 $2c_6$. 我们要找到在红蓝粒子数分别守恒而且动量也守恒的条件下使 $q(r', b') \cdot g$ 达到极大值的 $q(r', b')$. 显然, $q(r', b') = 2c_2$ 就是所要求的结果. 这也使 "红粒子尽可能与红粒子靠近, 蓝粒子尽可能与蓝粒子靠近" 的原则得到满足.

　　对于晶格 Boltzmann 方程, 也可以做类似的改进, 从而描述两相流体 [94]. 我们在 D2Q9 晶格上讨论.

当描述两相流体时, 定义 "红色粒子" 分布函数 $R_i(\boldsymbol{x}, t)$ 和 "蓝色粒子" 分布函数 $B_i(\boldsymbol{x}, t)$, 总的分布函数为二者之和

$$f_i(\boldsymbol{x}, t) = R_i(\boldsymbol{x}, t) + B_i(\boldsymbol{x}, t) \tag{8.10.3}$$

总分布函数先按照单相晶格 Boltzmann 方程的碰撞过程演化, 然后再根据具体情况对两种粒子分布函数加以修正. 在第 8.3 节里, 单相晶格 Boltzmann 方程写为

$$f_i(\boldsymbol{x} + \boldsymbol{e}_i, t + 1) = f_i(\boldsymbol{x}, t) - \frac{1}{\tau}[f_i(\boldsymbol{x}, t) - f_i^{\mathrm{eq}}(\boldsymbol{x}, t)] \tag{8.10.4}$$

或者分两步写为碰撞过程

$$f_i^*(\boldsymbol{x}, t) = f_i(\boldsymbol{x}, t) - \frac{1}{\tau}[f_i(\boldsymbol{x}, t) - f_i^{\mathrm{eq}}(\boldsymbol{x}, t)] \tag{8.10.5}$$

和迁移过程

$$f_i(\boldsymbol{x} + \boldsymbol{e}_i, t + 1) = f_i^*(\boldsymbol{x}, t) \tag{8.10.6}$$

在用于两相流体时, 要做一些修改. 首先, 碰撞过程要修改为:

$$f_i^*(\boldsymbol{x}, t) = f_i(\boldsymbol{x}, t) - \frac{1}{\tau}[f_i(\boldsymbol{x}, t) - f_i^{\mathrm{eq}}(\boldsymbol{x}, t)] + \Delta f_i(\boldsymbol{x}, t) \tag{8.10.7}$$

其中 $\Delta f_i(\boldsymbol{x}, t)$ 是个各相异性的扰动, 它红蓝两种粒子的速度方向尽可能与颜色梯度方向平行. 具体说来, 假定红蓝两种粒子的密度分别为 $\rho_R(\boldsymbol{x}, t) = \sum_i R_i(\boldsymbol{x}, t)$ 和 $\rho_B(\boldsymbol{x}, t) = \sum_i B_i(\boldsymbol{x}, t)$, 总粒子数密度为 $\rho(\boldsymbol{x}, t) = \rho_R(\boldsymbol{x}, t) + \rho_B(\boldsymbol{x}, t)$. "颜色流量" 定义为

$$\boldsymbol{q}(\boldsymbol{x}, t) \equiv \sum_{i=1}^{8} \boldsymbol{c}_i[R_i(\boldsymbol{x}, t) - B_i(\boldsymbol{x}, t)] = \sum_{i=1}^{8} \boldsymbol{c}_i[2R_i(\boldsymbol{x}, t) - f_i(\boldsymbol{x}, t)], \tag{8.10.8}$$

而 "颜色梯度" 定义为

$$\begin{aligned} \boldsymbol{g}(\boldsymbol{x}, t) &\equiv \sum_{i=1}^{8} \boldsymbol{c}_i \sum_{j=1}^{8} [R_j(\boldsymbol{x} + \boldsymbol{c}_i, t) - B_j(\boldsymbol{x} + \boldsymbol{c}_i, t)] \\ &= \sum_{i=1}^{8} \boldsymbol{c}_i \sum_{j=1}^{8} [2R_j(\boldsymbol{x} + \boldsymbol{c}_i, t) - f_j(\boldsymbol{x} + \boldsymbol{c}_i, t)] \end{aligned} \tag{8.10.9}$$

在 (8.10.7) 式中总分布函数上所加上一项扰动为:

$$\Delta f_i(\boldsymbol{x}, t) = \lambda_i \sigma C(\boldsymbol{x}, t) \cos[2(\theta_f - \theta_i)] \tag{8.10.10}$$

其中 θ_f 是颜色梯度方向与 x 轴的夹角, θ_i 是 c_i 方向与 x 轴的夹角, 系数 $C(\boldsymbol{x}, t)$ 是浓度因子

$$C(\boldsymbol{x}, t) = 1 - \frac{|\rho_R(\boldsymbol{x}, t) - \rho_B(\boldsymbol{x}, t)|}{|\rho_R(\boldsymbol{x}, t) + \rho_B(\boldsymbol{x}, t)|} \tag{8.10.11}$$

而 λ_i 是保证空间各向同性的系数, 当 i 是奇数时 $\lambda_i = 1$, 当 i 是偶数时 $\lambda_i = 3/\sqrt{2} \approx 2.13$; σ 是控制表面张力强度的参数, 其值根据流体的性质决定. 式中的余弦函数保证扰动 $\Delta f_i(\boldsymbol{x}, t)$ 在颜色梯度平行方向为正而在垂直方向为负, 因此总的分布函数就应当向平行于颜色梯度的方向变形. 系数 $C(\boldsymbol{x}, t)$ 保证扰动只在两相的界面上才发生, 因为在单相区域 $C(\boldsymbol{x}, t) = 0$, 只有在两相密度基本相同的地方 (界面) $C(\boldsymbol{x}, t)$ 才明显区别于零. 注意扰动 $\Delta f_i(\boldsymbol{x}, t)$ 不改变该晶格的总粒子数密度.

　　扰动 $\Delta f_i(\boldsymbol{x}, t)$ 只能让红蓝两种粒子的速度方向尽可能与颜色梯度方向平行, 但不能保证红蓝两种粒子尽可能向同种粒子聚集的方向运动. 因此, 在扰动之后, 还要重新分配红蓝两种粒子在每个方向上的比例, 使得乘积 $\boldsymbol{q}'(\boldsymbol{x}, t) \cdot \boldsymbol{g}(\boldsymbol{x}, t)$ 在保证红蓝两种粒子数守恒条件下达到极大值. 其中 $\boldsymbol{q}'(\boldsymbol{x}, t)$ 是重新分配红蓝两种粒子后的 "颜色流量". 具体来说, 假定重新分配后红蓝两种粒子分布函数分别为 $R_i'(\boldsymbol{x}, t)$ 和 $B_i'(\boldsymbol{x}, t)$, 则颜色流量可写成

$$\boldsymbol{q}'(\boldsymbol{x}, t) = \sum_{i=1}^{8} \boldsymbol{c}_i [2R_i'(\boldsymbol{x}, t) - f_i^*(\boldsymbol{x}, t)]. \tag{8.10.12}$$

所以, $R_i'(\boldsymbol{x}, t)$ 的值应当在满足 $\sum_i R_i'(\boldsymbol{x}, t) = \rho_R(\boldsymbol{x}, t)$ 的条件下使 $\boldsymbol{q}'(\boldsymbol{x}, t) \cdot \boldsymbol{g}(\boldsymbol{x}, t)$ 达到极大值. 到此碰撞过程才计算完毕. 最后的迁移过程应当对红蓝两种粒子分别进行, 即

$$R_i(\boldsymbol{x} + \boldsymbol{e}_i, t+1) = R_i'(\boldsymbol{x}, t), B_i(\boldsymbol{x} + \boldsymbol{e}_i, t+1) = B_i'(\boldsymbol{x}, t). \tag{8.10.13}$$

图8.27　用晶格Boltzmann方程模拟两种流体组成的系统
引自文献[95].

以上对于二元流体的描述可以容易地推广到任意多组分的情况. 但我们在这里只介绍一些模拟结果, 而不具体写出多组分情况的公式 [95].

图 8.27 是二元流体在空间中达到平衡时形成的 "液滴". 模拟是在 150×150 的平面上完成的. 弛豫系数 $1/\tau = 1.7$, 界面张力系数 $\sigma = 0.0075$, 两种流体的密度都是 $\rho = 1.80$.

图 8.28 是三种流体混合物中形成液滴的情形. 模拟是在 150×50 的平面上完成的. 弛豫系数 $1/\tau = 1.7$. 在六个图中, 三个系数 $\sigma^{\alpha\beta}$ 分别取不同的一组值. 根据计算结果可以得到接触

角 θ_e. 如果假定系数 σ 与表面张力 γ 成正比, 则所得到的结果可以与 Young 方程相比较, 误差不超过 2%.

图 8.28 用晶格 Boltzmann 方程模拟三种流体组成的系统

引自文献 [95].

为了讨论流体在靠近固体墙的时候发生的浸润现象, 应当把 (8.10.10) 式推广到流体和墙的界面上 [95]. 墙浸润扰动可以写为

$$\Delta f_i^\alpha(\boldsymbol{x}, t) = \lambda_i \sigma^{\alpha w} \rho^\alpha(\boldsymbol{x}, t) \cos[2(\theta_w(\boldsymbol{x}) - \theta_i)] \tag{8.10.14}$$

其中 ρ^α 是流体 α 在墙附近 $\boldsymbol{x}$ 处的密度, $\theta_w(\boldsymbol{x})$ 是墙在 $\boldsymbol{x}$ 处的法线方向与 x 轴的夹角, $\sigma^{\alpha w}$ 是表示流体 α 对墙浸润作用的参数. 通过设定 $\sigma^{\alpha w}$ 不同的值, 可以得到各种不同的浸润关系. 典型结果见图 8.29. 模拟是在 150×80 的平面上完成的. 弛豫系数 $1/\tau = 1.7$. 从图中可以看到, 液滴的形状很接近圆, 虽然有一些误差, 但结果是令人满意的.

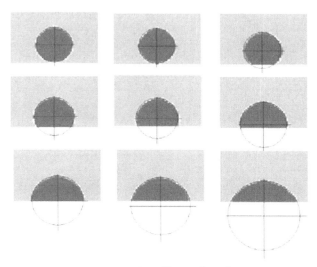

图 8.29 用晶格 Boltzmann 方程模拟流体在靠近固体墙时的浸润

引自文献 [95].

参 考 文 献

[1] Kubo R. *Lectures in Theoretical Physics* (Boulder) Vol.I, 1958: 120

[2] Zwanzigs R. *Ann.Rev.Phys.Chem.* 1965, **16**: 67

[3] 周光召, 苏肇冰. 统计物理学进展, 第五章. 郝柏林, 于渌等主编. 北京: 科学出版社, 1981

[4] Zhou Guangzhao, Su Zhaobing, Hao Bai-lin, YU Lu. *Commun. in Theor.Phys.*(Beijing, China) 1982, 1: 295, 307, 389

[5] Nicolis G, Prigogine I. *Self-organization in nonequilibrium systems*. New York: Wiley, 1977

[6] Duderstadt J J, Martin W R. *Transport Theory*. New York: John Wiley & Sons, 1979

[7] Cercignani C. *Theory and Application of the Boltzmann Equation*. Edingburgh: Scotish Academic Press, 1975

[8] Chandrasekhar S. *Radiative Transfer*. London: Oxford University Press, 1950

[9] 戴维逊. 中子迁移理论. 北京: 科学出版社, 1961

[10] Case K M, Zweifel P F. *Linear Transport Theory*. Mass.: Addison-wesley, Reading, 1967

[11] Chapman S, Cowling T G. *The Mathematical Theory of Nonuniform Gases.*, 3rd ed. Cambridge: Cambridge University Press, 1973

[12] McCormick N J. *Transp. Theor. Stat. Phys.*, 1984, **13**: 15

[13] 黄祖洽. 核反应推动力学基础. 北京: 原子能出版社. 1983: 392

[14] 黄祖洽, 北京师范大学学报 (自然科学版) 一九八 ○ 年第三、四期, 第 53 页

[15] Case K M, de Hoffmann F, Placzek G. *Introduction to the theory of neutron diffusion*. Los Alamos Scientific Laboratory, 1953, Vol. I:35

[16] Muskhelishvili N I. *Singular Integral Equations*. Groningen: Noordhoff, 1953

[17] Carlson B G, Bell G I. *PICG*. 1958, 16: 535

[18] Miller, Jr W F, Reed W H. *Nucl. Sci. Eng.* 1977, **62**: 391

[19] Hageman L A. *Bettis Atomic Power Laboratory Report*. WAPD-TM-1125, 1973

[20] Alcouffe R E. *Nucl. Sci. Eng.* 1977, **64**: 344

[21] 黄祖洽, 物理学报. 1957, **13**: 257

[22] 裴鹿成, 张孝泽. 蒙特卡罗方法及其在粒子输运问题中的应用. 北京: 科学出版社, 1980

[23] Goertzel G, Kalos M H. *Monte Carlo Methods in Transport Problems. In: Physics and Mathematics, of Progress in Nuclear Energy*. New York: Pergamon Press, 1958, Vol. II, Series: 315.

[24] Spanier J, Gelbard E M. *Monte Carlo Principle and Neutron Transport Problems*. Mass.: Addison-Wesley, 1969

[25] Amster H J, Djomohri M J. *Nucl. Sci. Eng.* 1976, **60**: 131

[26] Lux I. *Nucl. Sci. Eng.* 1980, **78**: 66

[27] Landau and Lifshitz. *Statistical Physics*. 3rd ed., Part 1. Pergamon Press: 1980

[28] 王竹溪, 郭敦仁. 特殊函数概论. 北京: 科学出版社, 1965

[29] Wang Chang C S, Uhlenbeck G E. *In: Studies in Statistical Mechanics*. Vol. V, J. de Boer and G. E. Uhlenbeck eds., Amsterdam: North-Holland, 1970

[30] Бобылев А В. *ДАN*. 1975, **225**: 1041, 1296

[31] Бобылев А В. *ДАN*. 1981, **261**: 1099

[32] Krook M, Wu T T.*Phys. Rev. Lett.* 1976, **36**: 1107; *Phys. Fluids.* 1977, 20

[33] Ernst M H. *J. Stat. Phys.* 1984, **34**: 1001

[34] Ernst M H. *Phys. Lett.* 1979, **69A**: 390

[35] Ziff R H. *Phys. Rev.* 1981, **23A**: 916

[36] Hauge E H, Praestgaard E. *J. Stat. Phys.* 1981, **24**: 21

[37] 丁鄂江, 黄祖洽. 物理学报. 1984, **33**: 722; 1985, **34**: 65

[38] 丁鄂江, 黄祖洽. 物理学报. 1985, **34**: 77

[39] 丁鄂江, 黄祖洽. 物理学报. 1985, **34**: 213, 225

[40] 丁鄂江, 黄祖洽. 物理学报. 1985, **34**: 289

[41] Grad H. *Phys. Fluids.* 1963, **6**: 147

[42] Grad H.*In: Transport Theory.* Bellman et al. eds., *SIAM-AMS Proceedings.* 1968, Vol. I, *AMS, Providence*

[43] Bassanini P, Cercignani C, Pagani C D. *Int. J. Heat and Mass Transfer.* 1967, **10**: 447

[44] Albertoni S, Cercignani C, Gotosso L. *Phys. Fluids.* 1963, **6**: 993

[45] Sone Y. *J. Phys. Soc. Japan.* 1966, **21**: 1836.

[46] Mott H M. *Phys. Rev.* 1951, **82**: 885

[47] Salwen H, Grosch C, Ziering S. *Phys. Fluids.* 1969, **7**: 180

[48] Risken H. *The Fokker-Planck Equation.* Berlin, Heidelberg, New York, Tokyo: Springer-Verlag, 1984

[49] Banai N, Brenig L. *Physica.* 1983, **119A**: 512

[50] van Kampen N G. *Can. J. Phys.* 1961, **39**: 551

[51] van Kampen N G. *Adv. Chem. Phys.* 1976, **34**: 245

[52] Kubo R, Matsuo K, Kitahara K. *J. Stat. Phys.* 1973, **9**: 51

[53] Malek Mansour M, van den Broeck C, Nicolis G, Turner J W. *Ann. of Physics.* 1981, **131**: 283

[54] Ding E J. *Commun. Theor. Phys.* 1982, **1**: 37

[55] Tomita H, Ito A, Kidachi H. *Progr. Theor. Phys.* (Japan)1976, **56**:786

[56] Caroli B, Caroli C, Boulet B. *J. Stat. Phys.* 1979, **21**: 415

[57] Suzuki M. *Progr. Theor. Phys.* (Japan) 1976, **56**:77, 477; 1977, **57**: 380

[58] 胡岗, 物理学报. 1985, **34**: 573

[59] Suzuki M. *Physica.* 1983, **117A**: 103

[60] Fang Fu-kang and Jiang Lu, *commun Theor. Phys.* 1983, **2**: 1481

[61] Wang M C, Uhlenbeck G E. *Rev. Mod Phys.* 1945, **17**: 323

[62] Hinchen J J, Foley W M. *In: Rareficd Gas Dynamics.* J. H. de Leeuw, ed. New York: Academic Press, 1966, Vol. II: 505

[63] Zwanzig R. *In: Lectures in Theoretical Physics.* Vol. III, W. E. Brittin, W. B. Downs and J. Down, eds., New York: Wiley, 1961

[64] Mori H. *Progr. Theor. Phys.*, (Japan) 1965, **33**: 423

[65] Kubo R. *J. Phys. Soc.* (Japan) 1957, **12**: 570

[66] И. С. Градштейн и. И. М. Рыжик.«*Таблицы интегралов, сумм, ря-дов и произведений».* *Изд. «НАУКА»,* Москва (1971), Форм. 8.955.

[67] Lifshitz E M, Pitaevskii L P. *Physical Kinetics.* Pergamon Press, 1981

[68] Jahnke-Emde-Losch. *Tables of Higher Functions.* McGraw-Hill Book Company *Inc.*, 1960: 62

[69] Miura R M. et al., *J. Math. Phys.* 1968, **9**: 1204; M. D. Kruskal et al., *J. Math. Phys.* 1970, **11**: 952

[70] Agranovich Z. *The Inverse Problem of Scattering Theory.* New York: Gordon and Breach, 1964

[71] Kay I, Moses H E. *Nuovo Cimento.* 1956, **3**: 276

[72] L. D. 朗道, E. M. 栗弗席兹. 量子力学 (非相对论理论). 严肃译. 北京: 人民教育出版社, 1980: 91

[73] Н. Н. Боголюбов и Ю. А. Митропольский,. 非线性振动理论中的渐近方法. 金福临等译. 上海: 上海科学技术出版社, 1963

[74] Hasegawa A, Mima K. *Phys. Fluids.* 1978, **21**: 87; He Kai-fen and D.Biskamp, *Phys. Lett.* 1985, **108A**: 347

[75] L. D. 朗道, E. M. 栗弗席兹. 连续媒质电动力学. 周奇译. 人民教育出版社, 1963, §25

[76] Ding Ejiang and Huang Zuqia. *Chinese Phys. Lett.* 1985, **2**: 55

[77] S Succi. The lattice Boltzmann equation for fluid dynamics and beyond. Oxford: Clarendon Press, 2001

[78] U Frisch, B Hasslacher and Y.Pomeau. Lattice gas automata for the Navier-Stokes equation. *Phys. Rev. Lett.* 1986, **56**: 1505

[79] M A van der Hoef, D Frenkel and A J C Ladd. Self-diffusion of colloidal particles in a two-dimensional suspension: are deviations from Fick's law experimentally observable? *Phys. Rev. Lett.* 1991, **67**: 3459

[80] A J C Ladd, R Verberg. Lattice-Boltzmann simulations of particle-fluid suspensions. *J.Stat.Phys.* 2001, **104**: 1191

[81] D d'Humières, Y Pomeau and P Lallemand. Simulation d'allées de von Karman bidimensionelle à l'aide d'un gaz sur réseau. *C. R. Acad. Sci.* vol. II 1985, **301**: 1391

[82] D H Rothman. Cellular-automaton fluid: A model for flow in porous media. *Geophysics.* 1988, **53**: 509

[83] G McNamara, G Zanetti. Use of the Boltzmann equation to simulate lattice-gas automata. *Phys. Rev. Lett.* 1988, **61**: 2332

[84] S Chen, H Chen, D Martinez, W Matthaeus. Lattice Boltzmann model for simulation of magnetohydrodynamics. *Phys.Rev.Lett.* 1991, **67**: 3776

[85] Y Qian, D.d'Humières, P. Lallemand. Lattice BGK models for the Navier-Stokes equation. *Europhys. Lett.* 1992, **51**: 479

[86] A J C Ladd. Numerical simulations of particulate suspensions via a discretized Boltzmann equation. Part I, Theoretical foundation. *J Fluid Mech.* 1994, **271**: 285; Part II, Numerical results. *J.Fluid Mech.* 1994, **271**: 311

[87] P Latllemand and L S Luo, Theory of the lattice Boltzmann methos: dispersion, dissipation, isotropy, Galilean invariance, and stability. *Phys.Rev.E.* 2000, **61**: 6546

[88] S Hou, Q Zou, S Chen, and G Doolen, Simulation of cavity flow by the lattice Boltzmann method. *J. Comput. Phys.* 1995, **118**: 329

[89] C K Aidun, Y Lu, and E Ding, Direct analysis of particulate suspensions with inertia using the discrete Boltzmann equation. *J. Fluid Mech.* 1998, **373**: 287

[90] N Q Nguyen and A J C Ladd. Lubrication corrections for lattice-Boltzmann simulations of particle suspensions. *Phys.Rev.E.* 2002, **66**: 046708

[91] E Ding and C K Aidun. Extension of the lattice-Boltzmann method for direct simulation of suspended particles near contact. *J. Stat. Phys.* 2003, **112**: 685

[92] E Ding and C K Aidun. The dynamics and scaling law for particles suspended in shear flow with inertia. *J. Fluid Mech.* 2000, **423**: 317

[93] C K Aidun and E Ding. Dynamics of particle sedimentation in a vertical channel: period-doubling bifurcation and chaotic state. *Physics of Fluids.* 2003, **15**: 1612

[94]   D H Rothman and S Zaleski. Lattice-gas models of phase separation: interfaces, phase transitions, and multiphase flow. *Rev. Mod. Phys.* 1994, **66**: 1417

[95]   M M Dupin, I Halliday and C M Care. Multi-component lattice Boltzmann equation for mesoscale blood flow. *J. Phys. A:Math. Gen.* 2003, **36**: 8517

索　引

《现代物理基础丛书·典藏版》书目